实用混凝土结构构造手册

（第四版）

国振喜　孙　谌　孙　学　国　伟　主编

孙培生　高名游　国忠琦　主审

中国建筑工业出版社

图书在版编目（CIP）数据

实用混凝土结构构造手册/国振喜等主编. —4 版. —北京：
中国建筑工业出版社，2015.7
ISBN 978-7-112-18066-0

Ⅰ.①实…　Ⅱ.①国…　Ⅲ.①混凝土结构-建筑构造-手册
Ⅳ.①TU37-62

中国版本图书馆 CIP 数据核字(2015)第 084373 号

本书第四版是根据新颁布实施的国家标准《混凝土结构设计规范》GB 50010—2010、《建筑抗震设计规范》GB 50011—2010、《建筑地基基础设计规范》GB 50007—2011、《建筑结构荷载规范》GB 50009—2012 及国家行业标准《高层建筑混凝土结构技术规程》JGJ 3—2010 和其他有关标准、规范的规定，并结合新中国成立以来的工程实践和多方著述编写的实用工具书。

本书内容包括：混凝土结构材料标准与相关规定，钢筋混凝土板及板式楼梯，钢筋混凝土梁，钢筋混凝土单层厂房柱，钢筋混凝土柱牛腿设计，现浇钢筋混凝土柱及梁柱节点，钢筋混凝土基础，钢筋混凝土剪力墙及叠合构件与装配式结构，钢筋混凝土结构构件抗震构造，高层建筑混凝土结构构造，地下工程防水构造与做法，地下工程渗漏治理技术规定，预应力混凝土结构构件构造，钢筋混凝土结构预埋件及连接件，支撑系统，挡土墙及建筑基坑支护，混凝土结构加固，常用资料等。

全书以表格化、图形化表达，可直接查阅参考使用。

全书技术标准新，内容丰富，简明实用，可供房屋建筑结构设计人员、施工人员及监理人员使用，也可供大专院校土建师生及科学研究人员使用与参考。

本书下载部分，均在目录、章节前面加"●"标志号为下载内容。

责任编辑：赵梦梅　魏　枫　李东禧
责任校对：陈晶晶　刘　钰

本书配套资源请进入 http://book.cabplink.com/zydown.jsp 页面，搜索图书名称找到对应资源点击下载。（注：配套资源需免费注册网站用户并登录后才能完成下载，资源包解压密码为本书征订号：27300）

实用混凝土结构构造手册
（第四版）

国振喜　孙　谌　孙　学　国　伟　主编
孙培生　高名游　国忠琦　主审

＊

中国建筑工业出版社出版、发行（北京西郊百万庄）
各地新华书店、建筑书店经销
北 京 红 光 制 版 公 司 制 版
北京建筑工业印刷厂印刷

＊

开本：787×1092 毫米　1/16　印张：46¼　字数：1153 千字
2015 年 9 月第四版　　2015 年 9 月第八次印刷
定价：99.00 元（附网络下载）
ISBN 978-7-112-18066-0
（27300）

版权所有　翻印必究
如有印装质量问题，可寄本社退换
（邮政编码　100037）

前言（第四版）

《实用混凝土结构构造手册》自 1991 年出版以来，深受广大建筑人员的欢迎，先后印刷多次来满足读者的需要。与此同时，我们又接到不少读者来信，要求手册内容提供更多的混凝土结构构造做法和有关规定。

为适应我国建设事业的发展需要，进一步满足广大建筑人员的需求，并答谢广大读者对本书的关心和鼓励，我们决定按最新的国家标准、规范、规程和读者要求，对本书第三版进行全面、系统修订。本书修订的主要依据为国家标准《混凝土结构设计规范》GB 50010—2010、《建筑抗震设计规范》GB 50011—2010、《建筑地基基础设计规范》GB 50007—2011、《建筑结构荷载规范》GB 50009—2012 及国家行业标准《高层建筑混凝土结构技术规程》JGJ 3—2010 及其他有关标准、规范的规定，并结合新中国成立以来的工程实践和多方著述对本书第三版内容全面修订与补充，全书仍为 18 章，但调整了章序，更新了内容，使本书第四版以新的面目重新出版，奉献给广大建设工作者！

实用混凝土结构构造手册（第四版）是实施现行国家标准、规范、规程等的具体延伸、细化与补充。主要内容包括：混凝土结构材料标准与相关规定，钢筋混凝土板及板式楼梯，钢筋混凝土梁，钢筋混凝土单层厂房柱，钢筋混凝土柱牛腿设计，现浇钢筋混凝土柱及梁柱节点，钢筋混凝土基础，钢筋混凝土剪力墙及叠合构件与装配式结构，钢筋混凝土结构构件抗震构造，高层建筑混凝土结构构造，地下工程防水构造与做法，地下工程渗漏治理技术规定，预应力混凝土结构构件构造，钢筋混凝土结构预埋件及连接件，支撑系统，挡土墙及建筑基坑支护，混凝土结构加固，常用资料等。

本书下载部分，均在目录、章节前面加"●"标志号为下载内容。

在目录中：不下载部分，页码前用……点表示；下载部分，页码前用-----短线表示。

本书由国振喜、孙谌、孙学、国伟主编，由孙培生、高名游、国忠琦主审。参加编写工作的还有：李玉芝、曹立华、国刚、陈金霞、李树彬、李树凡、高振山、王茂、王枫、于英文、李艳荣、张树魁、国馨月、司文、焦芷薇、刘云鹏、何桂娟、焦德文、李兴武、孙澍宁、司念武、郭玉梅、司浩然、国英等参加了部分工作，还得到了其他许多同志的友好关心，热情支持和帮助，在此一并致谢！

由于编者水平有限，错误、不妥之处在所难免，敬请读者批评指教，以利改进。

国振喜

2014 年 12 月 15 日于鞍山

目 录

在目录、章节前面加"●"标志号为下载内容，页码为 1～419 页

第 1 章

混凝土结构材料标准与相关规定

1.1 混凝土选用及计算指标

1.1.1 混凝土结构术语和符号

混凝土结构术语和符号如表 1-1 所示。

混凝土结构术语和符号 表 1-1

序号	项 目	内 容
1	说明	(1) 为确保建筑结构在规定的时间内，能完成所赋予的各项功能，结构构件的承载力和刚度属第一位，但为保证构件承载力能得到充分发挥，对结构的选型、选材、布置、连接更为重要；也就是说，要采取措施，以保证各构件之间和内部传力直接、明确、合理，并具有足够的耐久性。这些问题统属构造问题，也称构造措施。它是从科学试验和工程实践中总结出来的宝贵经验，对保证工程质量具有十分重要的意义 (2) 本版手册编写的主要依据是新颁布实施的国家及行业标准： 1)《混凝土结构设计规范》GB 50010—2010 2)《建筑地基基础设计规范》GB 5007—2011 3)《建筑抗震设计规范》GB 50011—2010 4)《建筑结构荷载规范》GB 50009—2012 5)《高层建筑混凝土结构技术规程》JGJ 3—2010 6)《高层建筑筏形与箱型基础技术规范》JGJ 6—2011 (3) 为了满足使用者的要求，本版手册根据新中国成立后的工程实践和多方著述补充了新的内容，具有一定的先进性、实用性、安全性 (4) 本版手册的内容重点放在工业与民用建筑结构方面，并尽量用图或表阐述，以便于掌握及应用 (5) 我国是一个多地震的国家，地震基本烈度 6 度区以上的面积占全国总面积的 60%，故结构抗震措施是一个重要问题。因此，手册各章的内容都把抗震和非抗震的要求有机的联系在一起，以便于工程技术人员应用
2	术语	(1) 混凝土结构。以混凝土为主制成的结构，包括素混凝土结构、钢筋混凝土结构和预应力混凝土结构等 (2) 素混凝土结构。无筋或不配置受力钢筋的混凝土结构 (3) 普通钢筋。用于混凝土结构构件中的各种非预应力筋的总称 (4) 预应力筋。用于混凝土结构构件中施加预应力的钢丝、钢绞线和预应力螺纹钢筋等的总称 (5) 钢筋混凝土结构。配置受力普通钢筋的混凝土结构

序号	项　目	内　　容
2	术语	（6）预应力混凝土结构。配置受力的预应力筋，通过张拉或其他方法建立预加应力的混凝土结构 （7）现浇混凝土结构。在现场原位支模并整体浇筑而成的混凝土结构 （8）装配式混凝土结构。由预制混凝土构件或部件装配、连接而成的混凝土结构 （9）装配整体式混凝土结构。由预制混凝土构件或部件通过钢筋、连接件或施加预应力加以连接，并在连接部位浇筑混凝土而形成整体受力的混凝土结构 （10）叠合构件。由预制混凝土构件（或既有混凝土结构构件）和后浇混凝土组成，以两阶段成型的整体受力结构构件 （11）深受弯构件。跨高比小于 5 的受弯构件 （12）深梁。跨高比小于 2 的简支单跨梁或跨高比小于 2.5 的多跨连续梁 （13）先张法预应力混凝土结构。在台座上张拉预应力筋后浇筑混凝土，并通过放张预应力筋由粘结传递而建立预应力的混凝土结构 （14）后张法预应力混凝土结构。浇筑混凝土并达到规定强度后，通过张拉预应力筋并在结构上锚固而建立预应力的混凝土结构 （15）无粘结预应力混凝土结构。配置与混凝土之间可保持相对滑动的无粘结预应力筋的后张法预应力混凝土结构 （16）有粘结预应力混凝土结构。通过灌浆或与混凝土直接接触使预应力筋与混凝土之间相互粘结而建立预应力的混凝土结构 （17）结构缝。根据结构设计需求而采取的分割混凝土结构间隔的总称 （18）混凝土保护层。结构构件中钢筋外边缘至构件表面范围用于保护钢筋的混凝土，简称保护层 （19）锚固长度。受力钢筋依靠其表面与混凝土的粘结作用或端部构造的挤压作用而达到设计承受应力所需的长度 （20）钢筋连接。通过绑扎搭接、机械连接、焊接等方法实现钢筋之间内力传递的构造形式 （21）配筋率。混凝土构件中配置的钢筋面积（或体积）与规定的混凝土截面面积（或体积）的比值 （22）剪跨比。截面弯矩与剪力和有效高度乘积的比值 （23）横向钢筋。垂直于纵向受力钢筋的箍筋或间接钢筋
3	符号	（1）材料性能 　　E_c——混凝土的弹性模量 　　E_s——钢筋的弹性模量 　　$C30$——立方体抗压强度标准值为 $30N/mm^2$ 的混凝土强度等级 　HRB500——强度级别为 $500N/mm^2$ 普通热轧带肋钢筋 HRBF400——强度级别为 $400N/mm^2$ 的细晶粒热轧带肋钢筋 　RRB400——强度级别为 $400N/mm^2$ 的余热处理带肋钢筋 　HPB300——强度级别为 $300N/mm^2$ 的热轧光圆钢筋 HRB400E——强度级别为 $400N/mm^2$ 且有较高抗震性能的普通热轧带肋钢筋 　f_{ck}、f_c——混凝土轴心抗压强度标准值、设计值 　f_{tk}、f_t——混凝土轴心抗拉强度标准值、设计值 　f_{yk}、f_{pyk}——普通钢筋、预应力筋屈服强度标准值 　f_{stk}、f_{ptk}——普通钢筋、预应力筋极限强度标准值 　f_y、f_y'——普通钢筋抗拉、抗压强度设计值 　f_{py}、f_{py}'——预应力筋抗拉、抗压强度设计值

序号	项 目	内　　容
3	符号	f_{yv}——横向钢筋的抗拉强度设计值 δ_{gt}——钢筋最大力下的总伸长率，也称均匀伸长率 （2）作用和作用效应 　　N——轴向力设计值 N_k、N_q——按荷载标准组合、准永久组合计算的轴向力值 　N_{u0}——构件的截面轴心受压或轴心受拉承载力设计值 　N_{p0}——预应力构件混凝土法向预应力等于零时的预加力 　　M——弯矩设计值 M_k、M_q——按荷载标准组合、准永久组合计算的弯矩值 　M_u——构件的正截面受弯承载力设计值 　M_{cr}——受弯构件的正截面开裂弯矩值 　　T——扭矩设计值 　　V——剪力设计值 　　F_l——局部荷载设计值或集中反力设计值 σ_s、σ_p——正截面承载力计算中纵向钢筋、预应力筋的应力 　σ_{pe}——预应力筋的有效预应力 σ_l、σ'_l——受拉区、受压区预应力筋在相应阶段的预应力损失值 　　τ——混凝土的剪应力 　w_{max}——按荷载准永久组合或标准组合，并考虑长期作用影响的计算最大裂缝宽度 （3）几何参数 　　b——矩形截面宽度，T形、I形截面的腹板宽度 　　c——混凝土保护层厚度 　　d——钢筋的公称直径（简称直径）或圆形截面的直径 　　h——截面高度 　h_0——截面有效高度 l_{ab}、l_a——纵向受拉钢筋的基本锚固长度、锚固长度 　l_0——计算跨度或计算长度 　　s——沿构件轴线方向上横向钢筋的间距、螺旋筋的间距或箍筋的间距 　　x——混凝土受压区高度 　　A——构件截面面积 A_s、A'_s——受拉区、受压区纵向普通钢筋的截面面积 A_p、A'_p——受拉区、受压区纵向预应力筋的截面面积 　A_l——混凝土局部受压面积 　A_{cor}——箍筋、螺旋筋或钢筋网所围的混凝土核心截面面积 　　B——受弯构件的截面刚度 　　I——截面惯性矩 　　W——截面受拉边缘的弹性抵抗矩 　W_t——截面受扭塑性抵抗矩 （4）计算系数及其他 　α_E——钢筋弹性模量与混凝土弹性模量的比值 　　γ——混凝土构件的截面抵抗矩塑性影响系数 　　η——偏心受压构件考虑二阶效应影响的轴向力偏心距增大系数 　　λ——计算截面的剪跨比，即 $M/(Vh_0)$ 　　ρ——纵向受力钢筋的配筋率 　ρ_v——间接钢筋或箍筋的体积配筋率 　　ϕ——表示钢筋直径的符号，$\phi20$ 表示直径为20mm的钢筋

1.1.2　混凝土的定义及特性

在建筑工程材料中，混凝土是用量最大，用途最广的材料。混凝土的定义及特性如表 1-2 所示。

混凝土的定义及特性　　　　　　　　　　　　　　　　表 1-2

序号	项　目	内　　　容
1	混凝土的定义	通常所谓的混凝土，是将合格要求的以胶结料、细骨料（如砂子）、粗骨料（如石子）以及必要时掺入化学外加剂和混合材料等，按一定比例，经过均匀拌制、密实成型及养护硬化而成的人工石材，定义为混凝土
2	混凝土的优点	（1）原材料非常丰富。水泥的原材料以及砂、石、水等材料，在自然界极为普遍，极为丰富，均可以就地取材，而且价格低廉 （2）混凝土可以制成任何形状。混凝土在凝结前，可以按照模板的形状做成任何结构。微小的装饰花纹，几十万立方米的构筑物，都能单个预制，或连续不断地整体浇筑。制作简单，施工方便 （3）能适应各种用途。既可以按照需要配制成各种强度等级的混凝土，还可以按其使用性能在配料上、工艺上采取措施制成特定用途的混凝土。混凝土具有耐火、耐酸、耐油、防辐射等特点，用途广泛 （4）经久耐用，维修费少。混凝土对自然条件影响具有较好的适应性。对冷热、冻融、干湿等的变动，对风雨侵蚀、外力撞击、水流冲刷、使用磨损等都有一定的抵抗力。在各种使用情况下是一种寿命较长的工程材料
3	混凝土的缺点	（1）自重大，抗拉强度不高。早期强度低，不利于建造大跨度及高层建筑 （2）施工比钢结构复杂，建造期一般较长，不宜在冬期和雨天施工，必须采取相应的施工措施才能保证质量 （3）一般情况下浇筑混凝土要用模板，现场整浇时还要用脚手架（支架），因而需要一定数量的施工用木材，钢材或其他材料 （4）补强维修工作比较困难
4	混凝土的前景	（1）高强混凝土。混凝土的发展史，近几十年来表现在强度上是日益提高。世界各国混凝土的平均强度，在 20 世纪 30 年代混凝土的强度等级约为 C10，50 年代则为 C20，60 年代上升至 C30，70 年代已提高到 C40，我国目前的混凝土强度等级已用到 C80。国外已将高强混凝土的强度提高到 C100 等 （2）轻质混凝土。轻质混凝土已从三个方面开始发展：一是低强度，只作保温隔热的填充材料，如加气混凝土、膨胀珍珠岩混凝土等；二是中等强度，能作保温承重墙使用，如浮石混凝土、膨胀玻璃球混凝土等；三是强度较高，能作一般建筑结构构件用，如陶粒混凝土、矿渣膨胀珠混凝土等

1.1.3　混　凝　土　的　分　类

为使广大应用者了解各种混凝土的特性及用途，现将常用混凝土及特种混凝土等有各种不同名称的混凝土列于表 1-3 所示，供读者应用时参考。

混凝土的名称及特性　　　　　　　　　　　　　　　　表 1-3

序号	混凝土名称	混　凝　土　特　性
1	水泥混凝土	以硅酸盐水泥及各种混合水泥为胶结料。可用于各种混凝土结构 碎石混凝土施工参考配合比如表 1-72 所示 卵石混凝土施工参考配合比如表 1-73 所示

序号	混凝土名称	混 凝 土 特 性
2	石灰混凝土	以石灰、天然水泥、火山灰等活性硅酸盐或铝酸盐与消石灰的混合物为胶结料
3	石膏混凝土	以天然石膏及工业废料石膏为胶结料。可做天花板及内隔墙等
4	硫磺混凝土	硫磺加热熔化，冷却后硬化。可作黏结剂及低温防腐层
5	水玻璃混凝土	以钠水玻璃或钾水玻璃为胶结料。可做耐酸混凝土结构
6	矿渣混凝土	以磨细矿渣及碱溶液为胶结料。是一种新型混凝土，可做各种混凝土结构
7	沥青混凝土	(1) 用天然或人造沥青为胶结料。可做路面及耐酸、碱地面 (2) 采用石油沥青或焦油沥青（煤沥青）为胶结材料，与石粉、粗细骨料等矿物质混合料按照使用要求的配合比和温度加热拌匀，经铺筑、碾压或捣实的混凝土，称之沥青混凝土 (3) 沥青混凝土结构、整体长缝有一定弹性。材料来源广，价格低廉，施工简便，不需养护，冷固后即可使用，能耐中等浓度的无机酸、碱和盐类的腐蚀。缺点是耐热性较差（使用温度不超过 60℃）；夏季高温易流变，冬季低温易脆裂；易老化，强度低，遇重物易变形，色泽不美观；用于室内影响光线等 (4) 沥青混凝土根据组成材料或施工方法不同，分为以下两类： 1) 碾压沥青混凝土 2) 注入式沥青砂浆和沥青胶（玛琋脂） (5) 沥青混凝土根据其用途和性质又可分为以下三类： 1) 耐腐蚀沥青混凝土。耐腐蚀沥青混凝土包括： ①耐酸沥青混凝土 ②耐碱沥青混凝土 ③耐盐沥青混凝土 ④耐油沥青混凝土 2) 道路沥青混凝土。道路沥青混凝土包括： ①粗粒式沥青混凝土，最大粒径为 30mm 或 35mm ②中粒式沥青混凝土，最大粒径为 20mm 或 25mm，用作沥青路面基层，有时亦用作单层式沥青路面 ③细粒式沥青混凝土，最大粒径为 10mm 或 15mm，多用作沥青路面面层 ④砂粒式沥青混凝土，最大粒径 5mm，即沥青砂浆。道路沥青混凝土多用作沥青路面的面层 3) 水工沥青混凝土。水工沥青混凝土包括： ①密级配沥青混凝土 ②细级配沥青混凝土 ③开级配沥青混凝土 ④粗级配沥青混凝土 (6) 沥青混凝土主要用于铺筑路面、防腐工程及海港工程中的沥青护面、沥青衬里和沥青屋面等。沥青材料的强度与温度有密切关系，在施工时其环境温度不宜低于 5℃，最高使用温度不宜大于 60℃
8	聚合物水泥混凝土	(1) 聚合物水泥混凝土，是在普通水泥混凝土拌合物中再加入一种有机聚合物，以聚合物与水泥共同作胶凝材料粘结骨料配制而成。或者将成型、硬化、干燥好的水泥混凝土（构件）放在聚合物溶液单体中浸渍，然后直接加热辐射或催化，聚合成整体混凝土。由于聚合物水泥混凝土配制工艺比较简单，利用现有普通混凝土的生产设备即能生产，因而成本较低，实际应用颇广 (2) 将有机聚合物搅拌在混凝土中，聚合物在混凝土内形成膜状体，填充水泥水化产物和骨料之间的空隙，与水泥水化产物结成一体，起到增强同骨料粘结的作用。从而与普通混凝土相比，聚合物水泥混凝土获得了无与伦比的特点：不但提高了普通混凝土的密实度和强度，而且显著地增加抗拉、抗弯强度，不同程度地改善了防化学腐蚀性能和减少收缩变形等

序号	混凝土名称	混凝土特性
9	树脂混凝土	以聚酯树脂、环氧树脂、尿醛树脂等为胶结料。适于在侵蚀介质中使用
10	聚合物浸渍混凝土	以低黏度的聚合物单体浸渍水泥混凝土，然后以热催化法或辐射法处理，使单体在混凝土孔隙中聚合，能改善混凝土的各种性能
11	重混凝土	用钢球、铁矿石、重晶石等为骨料，混凝土干密度大于 $2800kg/m^3$，用于防射线混凝土工程
12	普通混凝土	用普通砂、石做骨料，混凝土干密度为 $2000\sim2800kg/m^3$，可做各种混凝土结构
13	轻骨料混凝土	用天然或人造轻骨料，混凝土干密度不大于 $2000kg/m^3$，依其干密度大小又分结构轻骨料混凝土及保温隔热轻骨料混凝土
14	无砂大孔混凝土	（1）不含细骨料的混凝土被称为无砂大孔混凝土。它是由水泥、粗骨料和水按照一定的比例拌和成型而成。由于无细骨料，在硬化后的混凝土体中存在着较大的孔洞，孔洞的大小与粗骨料的粒径大致相等。正是由于这些孔洞的存在，才使得无砂大孔混凝土显示出与一般普通混凝土不同之处 （2）无砂大孔混凝土的粗骨料可以是卵石、碎石或是轻骨料，如人造陶粒、浮石、煤渣块等。按照粗骨料种类不同，无砂大孔混凝土分为普通无砂大孔混凝土和轻骨料无砂大孔混凝土两类 （3）与普通混凝土相比，无砂大孔混凝土的主要特点在于以下几点： 1）堆密度小，通常介于 $500\sim1900kg/m^3$ 之间 2）导热系数小，通常在 $0.6\sim0.8W/m\cdot K$ 之间；当骨料本身是轻质材料时，则无砂大孔混凝土具有卓越的隔热性质，并且是一种特轻结构材料 3）水泥用量少，大约占同强度普通混凝土水泥用量的 1/2。因此，收缩值也小 4）表面存在蜂窝状孔洞，抹面施工方便，粘结力好 5）完全不用细骨料，简化运输及现场管理，降低成本 6）此外，无砂大孔混凝土的另一个尚未被人们重视的特点是毛细作用不显著，因而可以防水、滤水 （4）用途范围 1）广泛用作墙体材料，是因为它具有较好的保温、隔热和隔声性能 2）特别是采用现浇大模板工艺施工，无砂大孔混凝土不致产生离析现象，且对模板侧压力较小，施工简便，靠自身质量落料即可成型，不需振捣 3）可用于六层以上的多层结构中，通常把无砂大孔混凝土作为框架填充材料使用，即构成无砂大孔混凝土带框墙，因为它具有良好的保温隔热功能 4）值得重视的是无砂大孔混凝土是一种非常好的地坪垫层材料，这是由于它有较好的抗毛细作用。特别是在地下水位较高的地区，用无砂大孔混凝土作地坪，可使室内保持干燥，还可防止地下水在大气压作用下通过混凝土中的毛细管浸入墙体 5）无砂大孔混凝土还被广泛用作水井、水池的滤水层
15	细颗粒混凝土	以水泥与砂配制而成，可用于钢丝网水泥结构
16	水工混凝土	（1）水工混凝土，是用以修建能经常或周期性地承受淡水、海水或冰块的冲刷、侵蚀、渗透和撞击作用的水工建筑物和构筑物所用的混凝土 （2）用于大坝等水工构筑物，多数为大体积工程，要求有抗冲刷、耐磨及抗大气腐蚀性、依其不同使用条件可选用普通水泥、矿渣或火山灰水泥及大坝水泥等
17	海工混凝土	用于海洋工程（海岸及离岸工程）要求具有抗海水腐蚀性、抗冻性及抗渗性
18	防水混凝土	能承受 $0.6N/mm^2$ 以上的水压，不透水的混凝土可分为普通防水混凝土、掺外加剂防水混凝土及膨胀水泥防水混凝土，要求有高密实性及抗渗性，多用于地下工程及贮水构筑物 普通防水混凝土施工参考配合比如表 1-77 所示 矿渣碎石防水混凝土施工参考配合比如表 1-78 所示

续表 1-3

序号	混凝土名称	混 凝 土 特 性
19	道路混凝土	(1) 道路混凝土主要指的是以混凝土作为面层路面混凝土，也称为混凝土路面。混凝土路面，其上要有重型车辆通过，尤其是要受到风、雨、霜、热、日晒等大自然作用的影响，是暴露在严峻环境下的结构物，并且，行驶的车辆是高速运行的，如果混凝土路面不平坦，不仅给行人一种不舒适和不安全感，而且还会给混凝土面层施加一个很大的冲击力 (2) 道路混凝土分类 1) 按路面结构及所用机械分类： ①普通混凝土路面 ②连续配筋混凝土路面 ③预应力混凝土路面 ④钢筋混凝土板路面 2) 按路面材料及施工工艺分类： ①水泥混凝土路面 ②沥青混凝土路面 (3) 道路混凝土技术性质要求： 1) 抗折强度高，波动度小 2) 表面致密，要有良好的抗磨性 3) 要有承受气象作用的良好耐久性 4) 在温度和湿度的影响下体积变化不大 5) 表面易于整修 (4) 道路混凝土的施工特点是：混凝土面层较薄，而且质量的波动会大幅度地影响到结构强度，故应首先做到大型机械化施工，以便高效率地浇筑出数量多、质量好、尺寸准确的混凝土路面。其次在施工时还应注意到，混凝土路面的铺设浇筑与其他工种（如道路的跨越结构、人行道、排水沟、中央分离绿化带等）的施工有密切关系 (5) 优点和缺点 1) 优点。强度高，稳定性好，整体效果佳，耐久性优，防滑性良，色泽鲜明，成本低 2) 缺点。材料用量大，开放交通迟，接缝多，修复较困难
20	耐热混凝土	以铬铁矿、镁砖或耐火砖碎块等为骨料，以硅酸盐水泥、矾土水泥及水玻璃等为胶结料的混凝土，可在 350～1700℃高温下使用
21	耐酸混凝土	以水玻璃为胶结料，加入固化剂和耐酸骨料配制而成的混凝土。具有优良的耐酸及耐热性能
22	防辐射混凝土	能屏蔽 X 射线、γ 射线及中子射线的重混凝土，又称屏蔽混凝土或重混凝土，是原子能反应堆、粒子加速器等常用的防护材料
23	普通现浇混凝土	用一般现浇工艺施工的塑性混凝土
24	喷射混凝土	用压缩空气喷射施工的混凝土，多用于井巷及隧道衬砌工程，又分干喷及湿喷两种工艺
25	泵送混凝土	(1) 将搅拌好的混凝土，采用混凝土输送泵沿管道输送和浇筑，称泵送混凝土。由于施工工艺上的要求，所采用的施工设备和混凝土配合比都与普通施工方法不同 (2) 采用混凝土泵输送混凝土拌和物，可一次连续完成垂直和水平运输，而且可以进行浇筑，因而生产效率高，节约劳动力，特别适用于工地狭窄和有障碍物的施工现场，以及大体积混凝土结构物和高层建筑 (3) 泵送混凝土施工参考配合比如表 1-76 所示
26	灌浆混凝土	先铺好粗骨料，以后强制注入水泥砂浆的混凝土，适用于在大型基础等大体积混凝土工程
27	真空吸水混凝土	采用真空泵将混凝土中多余的水分吸出，以提高其密实度这样一种工艺制作的混凝土，可用于屋面、楼板、飞机跑道等工程

序号	混凝土名称	混 凝 土 特 性
28	振压混凝土	采用振动加压工艺成型的混凝土，用于制作混凝土板类的构件
29	挤压混凝土	以挤压机成型的混凝土，用生产于长线台座法的空心楼板、T 型小梁等构件
30	离心混凝土	以离心机成型的混凝土，用于生产混凝土管、电杆等管状构件
31	素混凝土	混凝土中不配置钢筋或根据某些规定配置构造钢筋的混凝土称为素混凝土 用于基础或垫层的低强度等级混凝土
32	钢筋混凝土	混凝土中根据受力性能的要求把钢筋以合理的形式浇筑在混凝土中，形成全新的结构材料，叫做钢筋混凝土 钢筋混凝土是应用最多的重要建筑材料
33	钢丝网混凝土	用钢丝网加强的无粗骨料混凝土，又称钢丝网砂浆，可用于制作薄壳船壳等薄壁构件
34	纤维混凝土	用各种纤维加强的混凝土，常用的为钢纤维混凝土，其抗冲击、抗拉、抗弯性能好，可用于路面、桥面、机场跑道护面、隧道衬砌及桩头、桩帽等
35	预应力混凝土	用先张法、后张法或化学方法使混凝土预压，以提高其抗拉、抗弯性能的配筋混凝土。可用于各种工程构筑物及建筑结构，特别是大跨度桥梁等
36	商品混凝土	(1) 商品混凝土生产是建筑工程中一项义重大的现代化生产形式，其全部内容就是把混凝土这一主要建筑工程材料从备料、拌制到运输一系列生产环节从传统的一揽子施工系统中游离出来，成为一个独立经济核算的材料加工企业——预拌混凝土工厂。混凝土的商品化生产不要生产技术和装备作根本性的改变，却能因生产的专业化、集中化等特点为建筑工程中节省水泥及砂石材料、改进施工组织、提高设备利用率、减轻劳动强度、降低生产成本提供可能，同时也因节省施工用地、改善劳动条件、减轻环境污染而使社会受益。国外实践表明，常用预拌混凝土之后，一般可提高劳动生产率 200%～250%，节约水泥 10%～15%，降低生产成本 5% 左右 (2) 预拌混凝土工厂根据用户的订货要求，生产出他们所需品种、强度等级的混凝土，然后用特定的运输工具，在约定的时间内，把混凝土运往施工现场，甚至直接浇灌到建筑物的模板中去。因其生产方式和运输方式上的特点，国外把这种在工厂中生产的混凝土称为预拌混凝土，又因其具有商品的属性，也称为商品混凝土 (3) 在我国推广商品混凝土，有以下十大优点： 1) 节约水泥 2) 有助于推广散装水泥 3) 减少砂石耗损 4) 工业废渣掺加混合材，有利于有效利用水泥熟料 5) 有利于掺外加剂改善混凝土的技术性能 6) 在现场掺加混合材，有利于有效利用水泥熟料 7) 减少施工单位工作量，加快施工进度，缩小施工场地，减少现场设施 8) 提高建筑工程质量，降低工程造价 9) 减少城市污染，充分利用城市废料 10) 节约能源
37	冬季施工混凝土	(1) 冬季施工混凝土，又称抗冻混凝土，即在低温寒冷条件下施工的混凝土 (2) 众所周知，混凝土之所以具有强度，是由于其组成中水泥与水进行化学反应（水化反应）的结果。水泥与水的化学反应，在低温条件下进行缓慢，在 4～5℃ 时尤其显著。因此，寒冷的冬季气候对混凝土工程的影响很大。新浇筑的混凝土对温度非常敏感，在低温条件下混凝土强度的增长要比常温下慢得多。如果温度降至 4℃ 以下，尤其是 -0.5～2.0℃，水泥所需的水即开始膨胀，这对脆弱的、新形成的水泥颗粒结构可能产生永久性损害。如果混凝土温度降至水的冰点（-4℃）以下，由于结冰的水不能与水泥化合，混凝土内化学反应停止，所产生的新复合物就大为减少—旦冻结时，不只是水化作用不能进行，其后即使给以适宜的温度养护，也会对强度、耐久性、水密性等性能带来不利影响，贻害于未来。因此，在混凝土凝结硬化初期，当预计到日平均气温在 4℃ 以下时，必须以适当的方法保护混凝土，不使其受到冻害

序号	混凝土名称	混凝土特性
38	水下灌筑混凝土	(1) 水下灌筑混凝土，系在陆地拌制而直接灌筑于水下结构部位就地成型硬化的混凝土 (2) 水下灌筑混凝土拌合物必须具备如下要求： 1) 具有较好的和易性，并表现在流动性，黏聚性和保水性三个方面 2) 具有良好的流动性保持能力 3) 要有较好的保水性，即较小的泌水率 4) 有较大的湿堆密度 (3) 灌筑混凝土的方法： 1) 导管法。在水上拌制混凝土混合物，进行水下灌筑 2) 预填骨料压力灌浆。在水上拌制胶凝砂浆，进行水下预填骨料压力灌浆
39	水下不分散混凝土	(1) 一般的普通混凝土在水下直接浇灌时，由于水的影响，产生分离，水泥流失，强度下降，污染环境。因此，在水下进行混凝土施工时，通常采用隔水法，即从施工机具上进行改进，使混凝土拌和物减少或杜绝与水的接触，从而避免水的影响，解决水中混凝土的浇筑和质量问题，由此使施工工艺变得复杂化，工程成本大大增加，并且难于保证水中混凝土的质量。从20世纪70年代开始，原西德、日本先后研制开发了配制水中混凝土的专用外加剂，从而制备出一种全新的混凝土，即水下不分散混凝土（亦称水中不离析混凝土、水中抗分散混凝土），从而大大简化了水中混凝土的施工工艺，促进了水中混凝土施工技术的发展，具有划时代的意义 (2) 配制水下不分散混凝土的关键技术是在混凝土拌和物中添加一种特殊的外加剂，该外加剂由原西德于1974年首先研制，1977年投入使用，外加剂取名为UWB (UnderWater Beton)；日本于1979年从原西德引进技术，根据本国国情进行了改进，1981年投入使用，到1992年其工程用量达70万 m³，2000年达150万 m³，日本称该混凝土为"特殊水中混凝土"。其外加剂被称为"特殊外加剂"。在日本，特殊外加剂有两大类，一类为丙烯酸系，一类为纤维素系。目前使用较多的主要是纤维素系，其使用量约占95%。我国在水下混凝土施工研究方面也在进行。1984年由中国石油天然气总公司工程技术研究所开始进行研究和开发，研制出具有先进水平的水中混凝土施工专用外加剂，如UWB型系列絮凝剂，SCR系列聚合剂，在各种工程中进行了应用，取得了良好的经济技术效益。交通部第二航务工程局科研设计所于1988年也研制成功PN系列水下不离析混凝土外加剂，并应用于各种工程中
40	高强混凝土	(1) 定义简述 1) 根据国际上的界定，强度等级不低于C60的混凝土称为高强混凝土 2) 在评价高强混凝土的特征时，过去人们总是习惯于把其强度超过所采用水泥的实际强度者认作高强混凝土。与此同时，也有些国家是把强度的下限等于40N/mm²或50N/mm²的混凝土称作高强混凝土，假如承认第一定义正确，那么当水泥等级为32.5级时用碎石制成的强度等级为C35混凝土，当属高强混凝土，而当水泥为62.5级制成的C60混凝土反属普通混凝土的范畴 3) 很显然，后一种提法比较适用，且容易被人们接受。因为在表征混凝土时，主要是指某一强度值，根据该值的大小，可将其认为是某一强度或某一强度等级的混凝土。这个标准是必要的，但尚不充分。假如我们采用32.5级与52.5级普通硅酸盐水泥在两种情况下同时制备C40混凝土，则当水泥强度较低（如32.5级水泥）时，混凝土混合物干硬，水灰比较小；当水泥等级较高（如52.5级水泥）时，混凝土混合物则是呈现为塑性或低流动性，即水灰比较大。在振动密实这些混凝土混合物时，前者要采用高频率低振幅振捣，时间较长，而后者则仅需要短时间的普通方式振动即可活化。但如后者也采用与前者相同的水灰比和振捣方式，则可不同程度地制出60~100N/mm²的混凝土

序号	混凝土名称	混 凝 土 特 性
40	高强混凝土	4）从此看出，高强混凝土的定义应该与其密实度和水泥强度联系起来，因为正如在鲍罗米混凝土强度公式中所表征的一样，混凝土在不同龄期的强度是与这些因素有关的。也即是说，混凝土的强度是水泥石与骨料共同工作的积分特性 5）因此，在我国也可以建议这样来表述高强混凝土的定义：即高强混凝土应被认为是强度等级不低于 C50 的混凝土，它是用优质骨料、等级不低于 42.5 级的水泥、较低的水灰比，在强烈振动密实作用下制取的 6）高强混凝土本身的堆密度可能较大，但用于结构物后，可以显著地减小断面尺寸，从而减轻结构自身质量，节约各种原材料。所以，单从结构整体考虑，高强与轻质是一致的统一 （2）性能特点 1）普通结构中有应用高强混凝土的趋势，其 28d 龄期抗压强度超过 55N/mm²。混凝土在 55～70N/mm² 范围内可以由预拌混凝土工厂（商品混凝土）提供，有资料表明在实验室内可制成抗压强度高达 1000 N/mm² 的混凝土。在预制和预应力混凝土工厂中应用高强混凝土，可加速生产并减少浇灌时的混凝土损失。在高层建筑中、高强混凝土的优点在于能减少静荷载，混凝土断面可较薄，跨度可较长。高强混凝土的缺点在于性能较脆。必须注意，这里所涉及的 28d 龄期或稍后达到高强混凝土，而早期想获得很高的强度（1～7d 龄期）却是十分困难的问题。高强混凝土 1d 龄期的抗压强度也可以稍有所提高，但也可以 28d 龄期抗压强度增加不多的情况下甚至获得更高的 1d 强度，这也不是不可能的 2）高强混凝土优点 ①强度高，变形小，能适用于大跨、重载、高耸结构 ②耐久性好，能承受恶劣环境条件的考验 ③能减小截面尺寸，降低结构自身质量荷载 ④抗渗性、抗冻性好，使用寿命长 ⑤能更早施加更大预应力，且预应力损失小 3）高强混凝土缺点 ①原材料要求严格 ②质量易受生产、运输、浇注和养护环境影响 ③延性较普通混凝土差，即脆性较大 （3）高强混凝土施工参考配合比如表 1-74 所示
41	流态混凝土	（1）在按常规方法制成的坍落度为 80～120mm 的塑性混凝土拌和物（即基准混凝土）中，于浇注前加入一定数量硫化剂，再经过二次搅拌，使基准混凝土拌合物的流动性顿时大增至 200～220mm，能像水一样流动的混凝土，称为流态混凝土。流态混凝土在英、美、加拿大等国称为超塑性混凝土，而在德国和日本又称为流动混凝土 （2）配制流态混凝土的一种最关键的基本材料是硫化剂或高效减水剂。它与普通混凝土中所采用的外加剂相比具有不同的化学结构，对水泥粒子具有高度的分散性，而且即使掺量过多，也几乎对混凝土不产生缓凝作用，引气量也相对较少，因而，可以大量使用。这种对水泥粒子具有高度吸附的扩散作用以及可大量使用的特点，具有极高的减水效果，可据以提高掺量来增加减水率，调节混凝土的硫化效果 （3）流态混凝土在国外采用比较广泛。主要具有以下特点： 1）坍落度 200mm 以上，流动性好，能像水一样流动，可以采用泵送浇注，不需要捣实。因而能获得省能、省力及减少噪声等效果 2）与坍落度相同的塑性混凝土相比，单位体积混凝土中的用水量可以大大地减少；如果保持水灰比相同，单位体积水泥用量也可以减少

序号	混凝土名称	混 凝 土 特 性
41	流态混凝土	3) 不增加单位体积混凝土中的用水量，但也不损害混凝土的泵送施工性能，可以大幅度地降低水灰比，因可以获得高耐久、不透水等方面性能良好的混凝土 4) 流态混凝土与大流动性的泵送混凝土相比，既能降低用水量，又能降低水泥用量，混凝土硬化后不易产生收缩和裂纹，而且还能保证泵送要求的施工性能，混凝土的质量可望获得大幅度的改善 (4) 流态混凝土施工参考配合比如表 1-75 所示
42	高性能混凝土	(1) 高性能混凝土定义为具有所要求的性能和匀质性的混凝土。这些性能包括：易于浇筑、捣实而不离析；高品质的、能长期保持的力学性能；早期强度高、韧性高和体积稳定性好；在恶劣的使用条件下寿命长。也即是说高性能混凝土要求高的强度、高的流动性与优异的耐久性 (2) 性能特点 1) 高性能混凝土必须是高强混凝土，或者可以说，高强混凝土属于高性能混凝土的范畴 2) 高性能混凝土必须是流动性好，可泵性好的混凝土，以保证混凝土施工后的密实性，从而提高耐久性 3) 高性能混凝土一般需要控制坍落度损失，以保证施工要求 (3) 用途范围 1) 在未来的几十年里，海底隧道、海上采油平台与堤坝、污水管道、核反应堆外壳、有害化学物的容器等恶劣环境下的结构物，对混凝土要求的使用寿命将为几百年，而不是普通混凝土要求的 40~50 年。十分明显，对混凝土要求的性能更高 2) 在很多特种结构中，混凝土是一种必不可少的建筑工程材料；而对这些结构工程来说，混凝土的耐久性与长期性能显得更加重要，甚至比强度都重要
43	大体积混凝土	(1) 大体积混凝土，是指混凝土结构物中实体尺寸大于 1m 的部位所用的混凝土 大体积混凝土，即为体积较大又就地浇筑、成型、养护的混凝土。常为蛮石、毛石（质量为 45kg 以上的大块荒石）、或石子粒径较大而水泥用量又较少的混凝土 (2) 大体积混凝土的最主要特点是以大区段为单位进行施工，且施工体积厚大，由此带来的问题是水泥水化作用所放出的热量使混凝土内部温度逐渐升高，由此产生的内部热量又不易导出造成较大的内外温差，加之混凝土早期抗压强度偏低，弹性模量小，致使混凝土冷却时发生裂缝、开裂，影响工程质量。为了防止裂缝的发生，必须采取切合实际的措施。如使用水化热小的水泥和掺粉煤灰、掺缓凝型减水剂的同时，使用单位水泥用量小的配合比，控制一次灌筑高度和浇注厚度，以及人工冷却控制温度等 (3) 大体积混凝土结构，如大坝、反应堆座、高层建筑深基础底板及其他重力底座结构物。这些结构物又都是依靠其结构形状、质量和强度来承受荷载的。因此，为了保证混凝土构筑物能够满足设计条件和坚固的稳定性，其混凝土必须具备耐久性好、水密性大、有足够的强度、满足单位工程质量要求，施工质量波动小等条件。大体积混凝土所选用的材料、配合比和施工方法等，应与大体积混凝土构筑物规模相适应，并且是最经济的 作为整体结构，大体积混凝土所需的强度是不高的，这一点可作为优点加以利用。因为通常可以用当地的骨料资源，甚至质量不太好的骨料亦可应用。骨料除碱、骨料反应外，其耐久性在大坝的核心部位将不是主要考虑的问题
44	泡沫混凝土	(1) 泡沫混凝土是用机械方法将泡沫剂水溶液制备成泡沫，再将泡沫加入含硅质材料（砂、粉煤灰等）、钙质材料（石灰、水泥等）、水及其他附加剂组成的料浆中，并经混合搅拌、浇注成型、蒸汽养护或蒸压养护而成的一种新型建筑材料 (2) 特点是质轻多孔，气孔率高达 85% 以上；堆密度小，约为 400~600kg/m³；强度较低，一般为 0.4~0.7N/mm²；导热系数小，仅为 0.15~0.21W/m·K；浇塑性好，可以生产各种不同尺寸规格的异形制品 (3) 泡沫混凝土一般主要用于建筑保温、隔热等工程，如冷库建筑的屋面、隔墙和供热工程的热力管道的保温层敷设等

序号	混凝土名称	混 凝 土 特 性
45	装饰混凝土	(1) 装饰混凝土主要指的是白色混凝土和彩色混凝土。白色混凝土是以白色水泥为胶凝材料，白色或浅色岩石为骨料，或掺入一定数量的白色颜料而配制成的装饰混凝土。而彩色混凝土则是以白色水泥、彩色水泥或白色水泥掺入彩色颜料，以及彩色骨料和白色或浅色骨料按一定比例配制而成的装饰混凝土 (2) 装饰混凝土的优点之一是它的多功能性，不仅可作建筑材料，而且也具有可作装饰材料的美术效果和艺术效果。混凝土可以浇筑成各种各样几何尺寸的复杂形状（可塑性）；并给以各种各样的表面涂层、组织结构和颜色；而且还用于雕塑、壁饰以及其他的美术创作品。可以用适当选择混凝土的原材料、模板形状、特别的浇筑工艺，或使硬化的混凝土表面具有某些组织结构来达到装饰效果。通常，装饰混凝土的价格比普通结构混凝土贵，成本也较高，但如普通混凝土用其他装饰作处理，例如涂色或镶砖作为比较的话，实际上装饰混凝土还是便宜的 (3) 白色和彩色混凝土主要用于建筑物内、外墙表面的装饰工程上，在国内外已经获得比较广泛地应用。此外，白色混凝土还常被用于道路工程中的行驶标志等，以保证夜间行驶安全，避免交通事故发生
46	耐火混凝土	(1) 耐火混凝土是以适当的胶凝材料（或加入外加剂）、耐火骨料（包括掺入磨细的矿物掺合材料）和水（或其液体）按一定比例组成，经搅拌、成型、养护而获得的耐火度高达 1500℃ 以上的特种混凝土 (2) 耐火混凝土主要代替耐火砖用于工业窑炉上。在窑炉的膛壁或主体结构上使用耐火混凝土与耐火砖相比，其优点是生产工艺简单，能预制成大块，施工效率高，易于满足异形部位施工和热工要求，维修费用少，使用寿命长，成本低廉，其应用日益广泛，现已成为不定形耐火材料的一个重要品种 (3) 按用途不同，可分为以下四类： 1) 结构用耐火混凝土 2) 耐热混凝土 3) 普通耐火混凝土 4) 超耐火混凝土
47	海砂混凝土	(1) 术语 1) 海砂。出产于海洋和入海口附近的砂，包括滩砂和海底砂和入海口附近的砂 2) 滩砂。出产于海滩的砂 3) 海底砂。出产于浅海或深海海底的砂 4) 海砂混凝土。细骨料全部或部分采用海砂的混凝土 5) 净化处理。采用专用设备对海砂进行淡水淘洗并使之符合有关要求的生产过程 (2) 基本规定 1) 用于配制混凝土的海砂应作净化处理 2) 海砂不得用于预应力混凝土 3) 配制海砂混凝土宜采用海底砂 4) 海砂宜与人工砂或天然砂混合使用 (3) 应符合现行标准《海砂混凝土应用技术规程》JGJ 206—2010 的规定

序号	混凝土名称	混 凝 土 特 性
48	纤维混凝土	(1) 术语 1) 钢纤维。由细钢丝切断、薄钢片切削、钢锭铣削或由熔钢抽取等方法制成的纤维 2) 纤维混凝土。掺加短钢纤维或短合成纤维的混凝土总称 3) 钢纤维混凝土。掺加短钢纤维作为增强材料的混凝土 4) 当量直径。纤维截面为非圆形时，按截面积相等原则换算成圆形截面的直径 5) 纤维长径比。纤维的长度与直径或当量直径的比值 6) 合成纤维。用有机合成材料经过挤出、拉伸、改性等工艺制成的纤维 7) 膜裂纤维。展开后能形成网状的合成纤维 8) 合成纤维混凝土。掺加短合成纤维作为增强材料的混凝土 9) 纤维用量。每立方米纤维混凝土中纤维的质量 10) 纤维体积率。纤维体积占混凝土体积的百分比 (2) 钢纤维 1) 钢纤维混凝土可采用碳钢纤维、低合金钢纤维或不锈钢纤维。钢纤维的形状可为平直形或异形，异形钢纤维又可为压痕形、波形、端钩形、大头形和不规则麻面形等 2) 钢纤维的几何参数宜符合表1-4的规定 3) 钢纤维抗拉强度等级及其抗拉强度应符合表1-5的规定。当采用制作钢纤维的母材做试验时，试件抗拉强度等级及其抗拉强度也应符合表1-5的规定 4) 钢纤维弯折性能的合格率不应低于90% 5) 钢纤维尺寸偏差的合格率不应低于90% 6) 异形钢纤维形状合格率不应低于85% 7) 样本平均根数与标称根数的允许偏差应为±10% 8) 钢纤维杂质含量不应超过钢纤维质量的1.0% 9) 钢纤维抗拉强度、弯折性能、尺寸偏差、异形钢纤维形状、钢纤维根数误差、钢纤维杂质含量的检验方法应符合有关的规定 (3) 合成纤维 1) 合成纤维混凝土可采用聚丙烯腈纤维。聚丙烯纤维、聚酰胺纤维或聚乙烯醇纤维等。合成纤维可为单丝纤维、束状纤维、膜裂纤维和粗纤维等。合成纤维应为无毒材料 2) 合成纤维的规格宜符合表1-6的规定 3) 合成纤维的性能应符合表1-7的规定 4) 合成纤维的分散性相对误差、混凝土抗压强度比和韧性指数应符合表1-8的规定 5) 单丝合成纤维的主要性能参数宜经试验确定；当无试验资料时，可按表1-9选用 6) 合成纤维主要性能的试验方法应符合现行国家标准《水泥混凝土和砂浆用合成纤维》GB/T 21120的规定 (4) 应符合现行标准《纤维混凝土应用技术规程》JGJ/T 221—2010的规定

钢纤维的几何参数 表1-4

序号	用 途	长度（mm）	直径（当量直径）（mm）	长径比
1	一般建筑钢纤维混凝土	20~60	0.3~0.9	30~80
2	钢纤维喷射混凝土	20~35	0.3~0.8	30~80
3	钢纤维混凝土抗震框架节点	35~60	0.3~0.9	50~80
4	钢纤维混凝土铁路轨枕	30~35	0.3~0.6	50~70
5	层布式钢纤维混凝土复合路面	30~120	0.3~1.2	60~100

钢纤维抗拉强度等级　　　　　　表1-5

序号	钢纤维抗拉强度等级	抗拉强度（N/mm²）	
		平均值	最小值
1	380级	600＞R≥380	342
2	600级	1000＞R≥600	540
3	1000级	R≥1000	900

合成纤维的规格　　　　　　表1-6

序号	外形	公称长度（mm）		当量直径（μm）
		用于水泥砂浆	用于水泥混凝土	
1	单丝纤维	3～20	6～40	5～100
2	膜裂纤维	5～20	15～40	—
3	粗纤维	—	15～60	＞100

合成纤维的性能　　　　　　表1-7

序号	项目	防裂抗裂纤维	增韧纤维
1	抗拉强度（N/mm²）	≥270	≥450
2	初始模量（N/mm²）	≥3.0×10³	≥5.0×10³
3	断裂伸长率（%）	≤40	≤30
4	耐碱性能（%）	≥95.0	

合成纤维的分散性相对误差、混凝土抗压强度比和韧性指数　　　　　　表1-8

序号	项目	防裂抗裂纤维	增韧纤维
1	分散性相对误差	－10%～＋10%	
2	混凝土抗压强度比	≥90%	
3	韧性指数（I_s）	—	≥3

单丝合成纤维的主要性能参数　　　　　　表1-9

序号	项目	聚丙烯腈纤维	聚丙烯纤维	聚丙烯粗纤维	聚酰胺纤维	聚乙烯醇纤维
1	截面形状	肾形或圆形	圆形或异形	圆形或异形	圆形	圆形
2	密度（g/cm³）	1.16～1.18	0.90～0.92	0.90～0.93	1.14～1.16	1.28～1.30
3	熔点（℃）	190～240	160～176	160～176	215～225	215～220
4	吸水率（%）	＜2	＜0.1	＜0.1	＜4	＜5

1.1.4　混凝土强度等级及选用规定

混凝土强度等级及选用规定如表1-10所示。

混凝土强度等级及选用规定　　　　　　　　　　表 1-10

序号	项　目	内　　容
1	混凝土强度等级	混凝土强度等级应按立方体抗压强度标准值确定。立方体抗压强度标准值系指按标准方法制作、养护的边长为 150mm 的立方体试件，在 28d 或设计规定龄期以标准试验方法测得的具有 95% 保证率的抗压强度值 混凝土强度等级分位 C15、C20、C25、C30、C35、C40、C45、C50、C55、C60、C65、C70、C75、C80 共 14 个强度等级
2	选用规定	素混凝土结构的混凝土强度等级不应低于 C15；钢筋混凝土结构的混凝土强度等级不应低于 C20；采用强度等级 400N/mm² 及以上的钢筋时，混凝土强度等级不应低于 C25 预应力混凝土结构的混凝土强度等级不宜低于 C40，且不应低于 C30 承受重复荷载的钢筋混凝土构件，混凝土强度等级不应低于 C30

1.1.5　混凝土轴心抗压强度的标准值与轴心抗拉强度的标准值

（1）混凝土轴心抗压强度的标准值 f_{ck} 应按表 1-11 采用。

混凝土轴心抗压强度标准值（N/mm²）　　　　　　表 1-11

序号	强度	混 凝 土 强 度 等 级													
		C15	C20	C25	C30	C35	C40	C45	C50	C55	C60	C65	C70	C75	C80
1	f_{ck}	10.0	13.4	16.7	20.1	23.4	26.8	29.6	32.4	35.5	38.5	41.5	44.5	47.4	50.2

（2）混凝土轴心抗拉强度的标准值 f_{tk} 应按表 1-12 采用。

混凝土轴心抗拉强度标准值（N/mm²）　　　　　　表 1-12

序号	强度	混 凝 土 强 度 等 级													
		C15	C20	C25	C30	C35	C40	C45	C50	C55	C60	C65	C70	C75	C80
1	f_{tk}	1.27	1.54	1.78	2.01	2.20	2.39	2.51	2.64	2.74	2.85	2.93	2.99	3.05	3.11

1.1.6　混凝土轴心抗压强度的设计值与轴心抗拉强度的设计值

（1）混凝土轴心抗压强度的设计值 f_c 应按表 1-13 采用。

混凝土轴心抗压强度设计值（N/mm²）　　　　　　表 1-13

序号	强度	混 凝 土 强 度 等 级													
		C15	C20	C25	C30	C35	C40	C45	C50	C55	C60	C65	C70	C75	C80
1	f_c	7.2	9.6	11.9	14.3	16.7	19.1	21.1	23.1	25.3	27.5	29.7	31.8	33.8	35.9

（2）混凝土轴心抗拉强度的设计值 f_t 应按表 1-14 采用。

混凝土轴心抗拉强度设计值（N/mm²）　　　　　　表 1-14

序号	强度	混 凝 土 强 度 等 级													
		C15	C20	C25	C30	C35	C40	C45	C50	C55	C60	C65	C70	C75	C80
1	f_t	0.91	1.10	1.27	1.43	1.57	1.71	1.80	1.89	1.96	2.04	2.09	2.14	2.18	2.22

1.1.7 混凝土弹性模量及其他计算标准

（1）混凝土受压和受拉的弹性模量 E_c 宜按表 1-15 采用。

混凝土的剪切变形模量 G_c 可按相应弹性模量值的 40% 采用。

混凝土泊松比 ν_c 可按 0.2 采用。

混凝土的弹性模量（$\times 10^4 \mathrm{N/mm^2}$）   表 1-15

序号	混凝土强度等级	C15	C20	C25	C30	C35	C40	C45	C50	C55	C60	C65	C70	C75	C80
1	E_c	2.20	2.55	2.80	3.00	3.15	3.25	3.35	3.45	3.55	3.60	3.65	3.70	3.75	3.80

注：1. 当有可靠试验依据时，弹性模量可根据实测数据确定；

2. 当混凝土中掺有大量矿物掺合料时，弹性模量可按规定龄期根据实测数据确定。

（2）混凝土轴心抗压疲劳强度设计值 f_c^f、轴心抗拉疲劳强度设计值 f_t^f 应分别按表 1-13、表 1-14 中的强度设计值乘疲劳强度修正系数 γ_ρ 确定。混凝土受压或受拉疲劳强度修正系数 γ_ρ 应根据疲劳应力比值 ρ_c^f 分别按表 1-16、表 1-17 采用；当混凝土承受拉-压疲劳应力作用时，疲劳强度修正系数 γ_ρ 取 0.60。

疲劳应力比值 ρ_c^f 应按下列公式计算：

$$\rho_c^f = \frac{\sigma_{c,min}^f}{\sigma_{c,max}^f} \qquad (1-1)$$

式中 $\sigma_{c,min}^f$、$\sigma_{c,max}^f$ ——构件疲劳验算时，截面同一纤维上混凝土的最小应力、最大应力。

混凝土受压疲劳强度修正系数 γ_ρ 表 1-16

序号	ρ_c^f	$0 \leqslant \rho_c^f < 0.1$	$0.1 \leqslant \rho_c^f < 0.2$	$0.2 \leqslant \rho_c^f < 0.3$	$0.3 \leqslant \rho_c^f < 0.4$	$0.4 \leqslant \rho_c^f < 0.5$	$\rho_c^f \geqslant 0.5$
1	γ_ρ	0.68	0.74	0.80	0.86	0.93	1.00

混凝土受拉疲劳强度修正系数 γ_ρ 表 1-17

序号	ρ_c^f	$0 < \rho_c^f < 0.1$	$0.1 \leqslant \rho_c^f < 0.2$	$0.2 \leqslant \rho_c^f < 0.3$	$0.3 \leqslant \rho_c^f < 0.4$	$0.4 \leqslant \rho_c^f < 0.5$
1	γ_ρ	0.63	0.66	0.69	0.72	0.74
序号	ρ_c^f	$0.5 \leqslant \rho_c^f < 0.6$	$0.6 \leqslant \rho_c^f < 0.7$	$0.7 \leqslant \rho_c^f < 0.8$	$\rho_c^f \geqslant 0.8$	—
1	γ_ρ	0.76	0.80	0.90	1.00	—

注：直接承受疲劳荷载的混凝土构件，当采用蒸汽养护时，养护温度不宜高于 60℃。

（3）混凝土疲劳变形模量 E_c^f 应按表 1-18 采用。

混凝土的疲劳变形模量（$\times 10^4 \mathrm{N/mm^2}$）   表 1-18

序号	强度等级	C30	C35	C40	C45	C50	C55	C60	C65	C70	C75	C80
1	E_c^f	1.30	1.40	1.50	1.55	1.60	1.65	1.70	1.75	1.80	1.85	1.90

（4）当温度在 0℃~100℃ 范围内时，混凝土的热工参数可按下列规定取值：

线膨胀系数 α_c：$1 \times 10^{-5}/℃$；

导热系数 λ：10.6kJ / (m・h・℃)；

比热容 c：0.96kJ / (kg・℃)。

1.1.8　混凝土强度等级的选用

混凝土结构的混凝土强度等级的选用应由设计者根据建筑结构的使用要求、耐久性的基本要求等具体情况确定，表1-19供选用时参考。

混凝土强度等级的选用　　　　　　　　　　表1-19

序号	结构类别		混凝土最低强度等级	混凝土适宜强度等级
1	素混凝土结构	垫层及填充用混凝土	C15	C15、C20
2		现浇式结构	C15	C15、C20
3		装配式结构	C20	C20、C25
4	钢筋混凝土结构	配 HPB300 级钢筋的结构	C20	C20、C25
5		配 HRB335 级钢筋的结构	C20	C20、C30、C40、C50
6		配 HRB400 和 RRB400、HRB500 级钢筋的结构	C25	C25、C30、C40、C50
7		承受重复荷载的结构	C20	C20、C30、C40、C50
8		叠合梁、板的叠合层	C20	C20、C30、C40
9		剪力墙	C20	C20、C30、C40
10		一级抗震等级的梁、柱、框架节点	C30	C30、C40、C50、C60
11		二、三级抗震等级的梁、柱、框架节点	C20	C30、C40、C50、C60
12		有侵蚀介质作用的现浇式结构	C30	C30、C40、C50
13		有侵蚀介质作用的装配式结构	C30	C30、C40、C50
14		处于露天或室内高湿度环境中的非主要承重构件	C25	C25、C30、C40
15		处于露天或室内高湿度环境中的主要承重构件	C30	C30、C40、C50
16		高层建筑	C40	C50、C55、C60、C70、C80
17	预应力混凝土结构	预应力混凝土结构	C30	C30、C40、C50
18		配钢绞线、钢丝、热处理钢筋的构件	C40	C40、C50、C60
19		配其他预应力钢筋的构件	C30	C30、C40
20	基础	刚性基础	C20	C20、C25
21		受侵蚀作用的刚性基础	C25	C25、C30
22		扩展基础	C20	C20、C25、C30
23		墙下筏板基础	C20	C20、C25
24		壳体基础	C20	C25、C30
25		桩基承台	C20	C20、C25
26		灌注桩	C20	C20、C25、C30
27		水下灌注桩	C20	C25、C30
28		预制桩	C30	C35、C40
29		大块式基础	C20	C20、C25
30		按受力确定的构架式基础	C20	C20、C25、C30
31		高层建筑箱形基础	C20	C20、C25、C30
32		高层建筑筏形基础和桩箱、桩筏基础	C30	C30、C40、C50

注：设防烈度为 9 度时，混凝土强度等级不宜超过 C60；设防烈度为 8 度时，混凝土强度等级不宜超过 C70。

1.1.9 混 凝 土 保 护 层

构件中混凝土保护层厚度如表 1-20 所示。

构件中混凝土保护层厚度   表 1-20

序号	项 目	内 容
1	混凝土保护层厚度要求	(1) 构件中普通钢筋及预应力钢筋的混凝土保护层厚度应满足下列要求： 1) 构件中受力钢筋的保护层厚度不应小于钢筋的公称直径 d 2) 设计使用年限为 50 年的混凝土结构，最外层钢筋的保护层厚度应符合表 1-21 的规定；设计使用年限为 100 年的混凝土结构，一类环境中，最外层钢筋的保护层厚度不应小于表 1-21 中数值的 1.4 倍（如表中括号内数值），二、三类环境中，应采取专门的有效措施 (2) 对上述 (1) 条的理解与应用： 1) 混凝土保护层厚度不小于受力钢筋直径（单筋的公称直径或并筋的等效直径）的要求，是为了保证握裹层混凝土对受力钢筋的锚固 2) 从混凝土碳化、脱钝和钢筋锈蚀的耐久性角度考虑，不再以纵向受力钢筋的外缘，而以最外层钢筋（包括箍筋、构造筋、分布筋等）的外缘计算混凝土保护层厚度 3) 根据本书表 1-22 对结构所处耐久性环境类别的划分，调整混凝土保护层厚度的数值。对一般情况下混凝土结构的保护层厚度稍有增加；而对恶劣环境下的保护层厚度则增幅较大 4) 简化表 1-21 的表达：根据混凝土碳化反应的差异和构件的重要性，按平面构件（板、墙、壳）及杆状构件（梁、柱、杆）分两类确定保护层厚度；表中不再列入强度等级的影响，C30 及以上统一取值，C25 及以下均增加 5mm 5) 考虑碳化速度的影响，使用年限 100 年的结构，保护层厚度取 1.4 倍。其余措施已在本书表 1-22 规定中表达，不再列出 6) 为保证基础钢筋的耐久性，根据工程经验基础底面要求做垫层，基底保护层厚度仍取 40mm
2	可适当减小混凝土保护层厚度的措施	当有充分依据并采取下列措施时，可适当减小混凝土保护层的厚度： (1) 构件表面有可靠的防护层 (2) 采用工厂化生产的预制构件 (3) 在混凝土中掺加阻锈剂或采用阴极保护处理等防锈措施 (4) 当对地下室墙体采取可靠的建筑防水做法或防护措施时，与土层接触一侧钢筋的保护层厚度可适当减少，但不应小于 25mm
3	对保护层采取的构造措施	(1) 当梁、柱、墙中纵向受力钢筋的保护层厚度大于 50mm 时，宜对保护层采取有效的构造措施。当在保护层内配置防裂、防剥落的焊接钢筋网片，网片钢筋的保护层厚度不应小于 25mm，并应采取有效的绝缘、定位措施（图 1-1） (2) 对上述 (1) 条的理解与应用： 当保护层很厚时（例如配置粗筋，框架顶层端节点弯弧钢筋以外的区域等），宜采取有效的措施对厚保护层混凝土进行拉结，防止混凝土开裂剥落、下坠。通常为保护层采用纤维混凝土或加配钢筋网片。为保证防裂钢筋网片不致成为引导锈蚀的通道，应对其采取有效的绝缘和定位措施，此时网片钢筋的保护层厚度可适当减小，但不应小于 25mm
4	当梁的混凝土保护层厚度大于 50mm 且配置表层钢筋网片时图例	当梁的混凝土保护层厚度大于 50mm 且配置表层钢筋网片时，应符合下列规定： (1) 表层钢筋宜采用焊接网片，其直径不宜大于 8mm，间距不应大于 150mm；网片应配置在梁底和梁侧，梁侧的网片钢筋应延伸至梁高的 2/3 处 (2) 两个方向上表层网片钢筋的截面积均不应小于相应混凝土保护层（图 1-2 阴影部分）面积的 1%

续表 1-20

序号	项　目	内　　　容
5	混凝土保护层厚度图例	(1) 梁混凝土保护层厚度示意如图 1-3 所示 (2) 柱混凝土保护层厚度示意如图 1-4 所示 (3) 剪力墙混凝土保护层厚度示意如图 1-5 所示 (4) 板混凝土保护层示意如图 1-6 所示 (5) 混凝土结构中的竖向构件在地上、地下由于所处环境类别不同，因此要求保护层厚度也不同，此时可对地下竖向构件采用外扩附加保护层的方法，使柱主筋在同一位置不变，如图 1-7 所示 (6) 当对地下室外墙采取的建筑防水做法或防护措施时，与土壤接触面的保护层厚度可适当减少，但不应小于 25mm，如图 1-8 所示 (7) 梁设置防裂剥落钢筋网片示意如图 1-2 所示 (8) 在工程中经常会遇到框架梁与框架柱的宽度相同，或者框架梁与框架柱一侧相平的情况，这时框架梁中的最外侧纵向受力钢筋应从框架柱外侧纵向钢筋的内侧穿过。这么做会造成保护层厚度大于 50mm 的情况，会使混凝土保护层产生开裂，影响对纵向受力的保护作用也影响结构的耐久性，必要时宜在此部位设置防裂防剥落钢筋网片，如图 1-9、图 1-10 所示 (9) 图中：d 为所标尺寸线处受力钢筋直径 $c_{\min}$ 如表 1-21 所示

混凝土保护层的最小厚度 $c_{\min}$（mm）   表 1-21

序号	环境类别	板、墙、壳	梁、柱、杆
1	一	15（20）	20（30）
2	二 a	20	25
3	二 b	25	35
4	三 a	30	40
5	三 b	40	50

注：1. 混凝土强度等级不大于 C25 时，表中保护层厚度数值应增加 5mm；

    2. 钢筋混凝土基础宜设置混凝土垫层，基础中钢筋的混凝土保护层厚度应从垫层顶面算起，且不应小于 40mm。

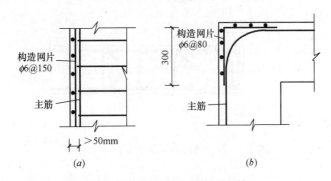

图 1-1　厚保护层中的表面配筋

（a）保护层厚度大于 50mm；（b）角节点的厚保护层

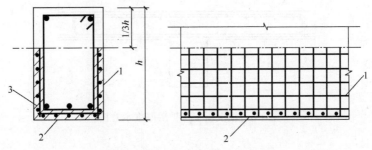

图 1-2　配置表层钢筋网片的构造要求

1—梁侧表层钢筋网片；2—梁底表层钢筋网片；3—配置网片钢筋区域

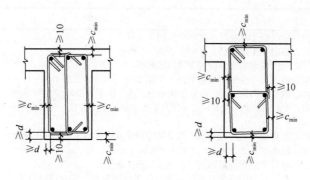

图 1-3　梁混凝土保护层厚度示意图

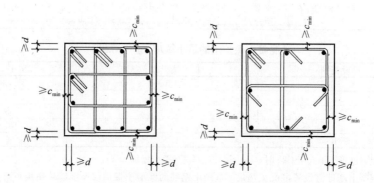

图 1-4　柱混凝土保护层厚度示意图

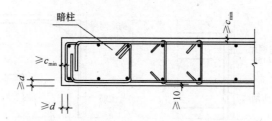

图 1-5　剪力墙混凝土保护层厚度示意图

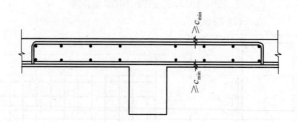

图 1-6　板混凝土保护层厚度示意图

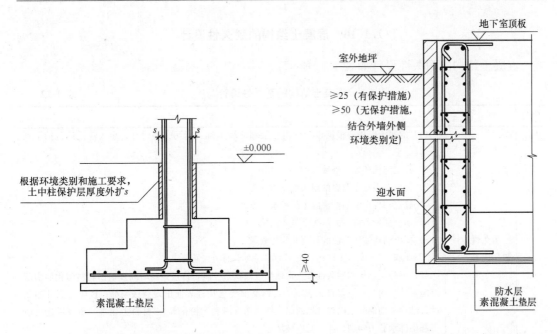

图 1-7 独立基础混凝土保护层厚度示意图

图 1-8 地下室外墙混凝土保护层厚度示意图
（图中外墙为有保护措施）

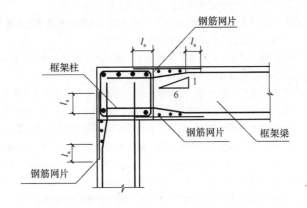

图 1-9 中间层框架柱与框架梁宽度相同

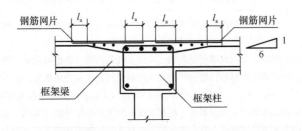

图 1-10 框架梁一侧与框架柱平

1.1.10　混凝土结构的耐久性设计

混凝土结构的耐久性设计如表 1-22 所示。

混凝土结构的耐久性设计　　　　　　　　　　　　　　　表 1-22

序号	项　目	内　　容
1	耐久性设计包括内容	（1）混凝土结构应根据设计使用年限和环境类别进行耐久性设计，耐久性设计包括下列内容： 1）确定结构所处的环境类别 2）提出对混凝土材料的耐久性基本要求 3）确定构件中钢筋的混凝土保护层厚度 4）不同环境条件下的耐久性技术措施 5）提出结构使用阶段的检测与维护要求 　对临时性的混凝土结构，可不考虑混凝土的耐久性要求 （2）混凝土结构的耐久性按正常使用极限状态控制，特点是随时间发展因材料劣化而引起性能衰减。耐久性极限状态表现为：钢筋混凝土构件表面出现锈胀裂缝；预应力筋开始锈蚀；结构表面混凝土出现可见的耐久性损伤（酥裂、粉化等）。材料劣化进一步发展还可能引起构件承载力问题，甚至发生破坏 　由于影响混凝土结构材料性能劣化的因素比较复杂，其规律不确定性很大，一般建筑结构的耐久性设计只能采用经验性的定性方法解决
2	混凝土结构的环境类别	（1）混凝土结构暴露的环境类别应按表 1-23 的要求划分 （2）结构所处环境是影响其耐久性的外因。环境类别是指混凝土暴露表面所处的环境条件，设计可根据实际情况确定适当的环境类别 　干湿交替主要指室内潮湿、室外露天、地下水浸润、水位变动的环境。由于水和氧的反复作用，容易引起钢筋锈蚀和混凝土材料劣化 　非严寒和非寒冷地区与严寒和寒冷地区的区别主要在于有无冰冻及冻融循环现象。关于严寒和寒冷地区的定义，《民用建筑热工设计规范》GB 50176—93 规定如下：严寒地区：最冷月平均温度低于或等于−10℃，日平均温度低于或等于 5℃ 的天数不少于 145d 的地区；寒冷地区：最冷月平均温度高于−10℃、低于或等于 0℃，日平均温度低于或等于 5℃ 的天数不少于 90d 且少于 145d 的地区。各地可根据当地气象台站的气象参数确定所属气候区域，也可根据《建筑气象参数标准》JGJ 35 提供的参数确定所属气候区域 　三类环境主要是指近海海风、盐渍土及使用除冰盐的环境。滨海室外环境与盐渍土地区的地下结构、北方城市冬季依靠喷洒盐水消除冰雪而对立交桥、周边结构及停车楼，都可能造成钢筋腐蚀的影响 　四类和五类环境的详细划分和耐久性设计方法由有关的标准规范解决
3	一类、二类和三类环境中，设计使用年限为 50 年的混凝土结构材料要求	（1）一类、二类和三类环境中设计使用年限为 50 年的混凝土结构，其混凝土材料宜符合表 1-24 的规定 （2）混凝土材料的质量是影响结构耐久性的内因。根据对既有混凝土结构耐久性状态的调查结果和混凝土材料性能的研究，从材料抵抗性能退化的角度，表 1-24 提出了设计使用年限为 50 年的一类、二类和三类环境中结构混凝土材料耐久性的基本要求 　影响耐久性的主要因素是：混凝土的水胶比、强度等级、氯离子含量和碱含量。近年来水泥中多加入不同的掺合料，有效胶凝材料含量不确定性较大，故配合比设计的水胶比难以反映有效成分的影响。混凝土的强度反映了其密实度而影响耐久性，故也提出了相应的要求 　试验研究及工程实践均表明，在冻融循环环境中采用引气剂的混凝土抗冻性能可显著改善。故对采用引气剂抗冻的混凝土，可以适当降低强度等级的要求，采用括号中的数值

序号	项 目	内 容
3	一类、二类和三类环境中，设计使用年限为50年的混凝土结构材料要求	长期受到水作用的混凝土结构，可能引发碱骨料反应。对一类环境中的房屋建筑混凝土结构则可不作碱含量限制；对其他环境中混凝土结构应考虑碱含量的影响，计算方法可参考协会标准《混凝土碱含量限值标准》CECS 53：93 试验研究及工程实践均表明：混凝土的碱性可使钢筋表面钝化，免遭锈蚀；而氯离子引起钢筋脱钝和电化学腐蚀，会严重影响混凝土结构的耐久性。这里加严了氯离子含量的限值。为控制氯离子含量，应严格限制使用含功能性氯化物的外加剂（例如含氯化钙的促凝剂等）
4	耐久性技术措施	(1) 混凝土结构及构件尚应采取下列耐久性技术措施： 1) 预应力混凝土结构中的预应力筋应根据具体情况采取表面防护、孔道灌浆、加大混凝土保护层厚度等措施，外露的锚固端应采取封锚和混凝土表面处理等有效措施 2) 有抗渗要求的混凝土结构，混凝土的抗渗等级应符合有关标准的要求 3) 严寒及寒冷地区的潮湿环境中，结构混凝土应满足抗冻要求，混凝土抗冻等级应符合有关标准的要求 4) 处于二、三类环境中的悬臂构件宜采用悬臂梁－板的结构形式，或在其上表面增设防护层 5) 处于二、三类环境中的结构构件，其表面的预埋件、吊钩、连接件等金属部件应采取可靠的防锈措施，对于后张预应力混凝土外露金属锚具，其防护要求应符合下列规定： ①无粘结预应力筋外露锚具应采用注有足量防腐油脂的塑料帽封闭锚具端头，并应采用无收缩砂浆或细石混凝土封闭 ②对处于二b、三a、三b类环境条件下的无粘结预应力锚固系统，应采用全封闭的防腐蚀体系，其封锚端及各连接部位应能承受 $10kN/m^2$ 的静水压力而不得透水 ③采用混凝土封闭时，其强度等级宜与构件混凝土强度等级一致，且不应低于C30。封锚混凝土与构件混凝土应可靠粘结，如锚具在封闭前将周围混凝土界面凿毛并冲洗干净，且宜配置1～2片钢筋网，钢筋网应与构件混凝土拉结 ④采用无收缩砂浆或混凝土封闭保护时，其锚具及预应力筋端部的保护层厚度不应小于：一类环境时20mm，二a、二b类环境时50mm，三a、三b类环境时80mm 6) 处在三类环境中的混凝土结构构件，可采用阻锈剂、环氧树脂涂层钢筋或其他具有耐腐蚀性能的钢筋、采取阴极保护措施或采用可更换的构件等措施 (2) 耐久性环境类别为四类和五类的混凝土结构，其耐久性要求应符合有关标准的规定
5	设计使用年限为100年的混凝土结构	(1) 一类环境中，设计使用年限为100年的混凝土结构应符合下列规定： 1) 钢筋混凝土结构的最低强度等级为C30；预应力混凝土结构的最低强度等级为C40 2) 混凝土中的最大氯离子含量为0.06% 3) 宜使用非碱活性骨料，当使用碱活性骨料时，混凝土中的最大碱含量为 $3.0kg/m^3$ 4) 混凝土保护层厚度应符合本书表1-20序号1之(1)条的规定；当采取有效的表面防护措施时，混凝土保护层厚度可适当减小 (2) 二、三类环境中，设计使用年限100年的混凝土结构应采取专门的有效措施
6	设计使用年限内尚应遵守的规定	混凝土结构在设计使用年限内尚应遵守下列规定： (1) 建立定期检测、维修制度 (2) 设计中可更换的混凝土构件应按规定更换 (3) 构件表面的防护层，应按规定维护或更换 (4) 结构出现可见的耐久性缺陷时，应及时进行处理

表 1-23

混凝土结构的环境类别

序号	环境类别	条件
1	一	(1) 室内干燥环境 (2) 无侵蚀性静水浸没环境
2	二 a	(1) 室内潮湿环境 (2) 非严寒和非寒冷地区的露天环境 (3) 非严寒和非寒冷地区与无侵蚀性的水或土壤直接接触的环境 (4) 严寒和寒冷地区的冰冻线以下与无侵蚀性的水或土壤直接接触的环境
3	二 b	(1) 干湿交替环境 (2) 水位频繁变动环境 (3) 严寒和寒冷地区的露天环境 (4) 严寒和寒冷地区冰冻线以上与无侵蚀性的水或土壤直接接触的环境
4	三 a	(1) 严寒和寒冷地区冬季水位变动区环境 (2) 受除冰盐影响环境 (3) 海风环境
5	三 b	(1) 盐渍土环境 (2) 受除冰盐作用环境 (3) 海岸环境
6	四	海水环境
7	五	受人为或自然的侵蚀性物质影响的环境

注：1. 室内潮湿环境是指构件表面经常处于结露或湿润状态的环境；
  2. 严寒和寒冷地区的划分应符合现行国家标准《民用建筑热工设计规范》GB 50176 的有关规定；
  3. 海岸环境和海风环境宜根据当地情况，考虑主导风向及结构所处迎风、背风部位等因素的影响，由调查研究和工程经验确定；
  4. 受除冰盐影响环境是指受到除冰盐盐雾影响的环境；受除冰盐作用环境是指被除冰盐溶液溅射的环境以及使用除冰盐地区的洗车房、停车楼等建筑；
  5. 暴露的环境是指混凝土结构表面所处的环境。

表 1-24

结构混凝土材料的耐久性基本要求

序号	环境等级	最大水胶比	最低强度等级	最大氯离子含量（%）	最大碱含量（kg/m³）
1	一	0.60	C20	0.30	不限制
2	二 a	0.55	C25	0.20	3.0
3	二 b	0.50 (0.55)	C30 (C25)	0.15	
4	三 a	0.45 (0.50)	C35 (C30)	0.15	
5	三 b	0.40	C40	0.10	

注：1. 氯离子含量系指其占胶凝材料总量的百分比；
  2. 预应力构件混凝土中的最大氯离子含量为 0.06%；其最低混凝土强度等级宜按表中的规定提高两个等级；
  3. 素混凝土构件的水胶比及最低强度等级的要求可适当放松；
  4. 有可靠工程经验时，二类环境中的最低混凝土强度等级可降低一个等级；
  5. 处于严寒和寒冷地区二 b、三 a 类环境中的混凝土应使用引气剂，并可采用括号中的有关参数；
  6. 当使用非碱活性骨料时，对混凝土中的碱含量可不作限制。

1.1.11 混凝土受弯构件的挠度限值与裂缝控制等级

受弯构件的挠度限值与裂缝控制等级如表 1-25 所示。

受弯构件的挠度限值与裂缝控制等级　　　　　　　表 1-25

序号	项　目	内　　容
1	受弯构件的挠度限值	(1) 钢筋混凝土受弯构件的最大挠度应按荷载的准永久组合，预应力混凝土受弯构件的最大挠度应按荷载的标准组合，并均应考虑荷载长期作用的影响进行计算，其计算值不应超过表 1-26 规定的挠度限值 (2) 构件变形挠度的限值应以不影响结构使用功能、外观及与其他构件的连接等要求为目的 　悬臂构件是工程实践中容易发生事故的构件，表 1-26 注 1 中规定设计时对其挠度的控制要求；表 1-26 注 4 中参照欧洲标准 EN1992 的规定，提出了起拱、反拱的限制，目的是为防止起拱、反拱过大引起的不良影响。当构件的挠度满足表 1-26 的要求，但相对使用要求仍然过大时，设计时可根据实际情况提出比表括号中的限值更加严格的要求
2	构件裂缝控制等级	(1) 结构构件正截面的受力裂缝控制等级分为三级，等级划分及要求应符合下列规定： 　1) 一级。严格要求不出现裂缝的构件，按荷载标准组合计算时，构件受拉边缘混凝土不应产生拉应力 　2) 二级。一般要求不出现裂缝的构件，按荷载标准组合计算时，构件受拉边缘混凝土拉应力不应大于混凝土抗拉强度的标准值 　3) 三级。允许出现裂缝的构件：对钢筋混凝土构件，按荷载准永久组合并考虑长期作用影响计算时，构件的最大裂缝宽度不应超过表 1-27 规定的最大裂缝宽度限值。对预应力混凝土构件，按荷载标准组合并考虑长期作用的影响计算时，构件的最大裂缝宽度不应超过本序号下述 (2) 条规定的最大裂缝宽度限值；对二 a 类环境的预应力混凝土构件，尚应按荷载准永久组合计算，且构件受拉边缘混凝土的拉应力不应大于混凝土的抗拉强度标准值 (2) 结构构件应根据结构类型和表 1-23 规定的环境类别，按表 1-27 的规定选用不同的裂缝控制等级及最大裂缝宽度限值 w_{lim}

受弯构件的挠度限值　　　　　　　表 1-26

序号	构件类型		挠度限值
1	吊车梁	手动吊车	$l_0/500$
2		电动吊车	$l_0/600$
3	屋盖、楼盖及楼梯构件	当 $l_0<7\text{m}$ 时	$l_0/200$（$l_0/250$）
4		当 $7\text{m}\leqslant l_0\leqslant9\text{m}$ 时	$l_0/250$（$l_0/300$）
5		当 $l_0>9\text{m}$ 时	$l_0/300$（$l_0/400$）

注：1. 表中 l_0 为构件的计算跨度；计算悬臂构件的挠度限值时，其计算跨度 l_0 按实际悬臂长度的 2 倍取用；
　　2. 表中括号内的数值适用于使用上对挠度有较高要求的构件；
　　3. 如果构件制作时预先起拱，且使用上也允许，则在验算挠度时，可将计算所得的挠度值减去起拱值；对预应力混凝土构件，尚可减去预加力所产生的反拱值；
　　4. 构件制作时的起拱值和预加力所产生的反拱值，不宜超过构件在相应荷载组合作用下的计算挠度值。

结构构件的裂缝控制等级及最大裂缝宽度的限值（mm）　　表 1-27

序号	环境类别	钢筋混凝土结构		预应力混凝土结构	
		裂缝控制等级	w_{lim}	裂缝控制等级	w_{lim}
1	一	三级	0.30（0.40）	三级	0.20
2	二 a				0.10
3	二 b		0.20	二级	——
4	三 a、三 b			一级	——

注：1. 对处于年平均相对湿度小于 60% 地区一类环境下的受弯构件，其最大裂缝宽度限值可采用括号内的数值；
　　2. 在一类环境下，对钢筋混凝土屋架、托架及需作疲劳验算的吊车梁，其最大裂缝宽度限值应取为 0.20mm；对钢筋混凝土屋面梁和托梁，其最大裂缝宽度限值应取为 0.30mm；
　　3. 在一类环境下，对预应力混凝土屋架、托架及双向板体系，应按二级裂缝控制等级进行验算；对一类环境下的预应力混凝土屋面梁、托梁、单向板，应按表中二 a 级环境的要求进行验算；在一类和二 a 类环境下需作疲劳验算的预应力混凝土吊车梁，应按裂缝控制等级不低于二级的构件进行验算；
　　4. 表中规定的预应力混凝土构件的裂缝控制等级和最大裂缝宽度限值仅适用于正截面的验算；
　　5. 对于烟囱、筒仓和处于液体压力下的结构，其裂缝控制要求应符合专门标准的有关规定；
　　6. 对处于四、五类环境下的结构构件，其裂缝控制要求应符合专门标准的有关规定；
　　7. 表中的最大裂缝宽度限值为用于验算荷载作用引起的最大裂缝宽度。

1.2　混凝土配合比设计

1.2.1　混凝土配合比设计原则

混凝土配合比设计原则如表 1-28 所示。

混凝土配合比设计原则　　表 1-28

序号	项目	内容
1	简述	混凝土的配合比是指混凝土的组成材料之间用量的比例关系，一般用水泥∶水∶砂∶石来表示。混凝土配合比的选择应根据工程的特点，组成原材料的质量、施工方法等因素及对混凝土的技术要进行计算，并经试验室试配试验再进行调整后确定，使拌出的混凝土符合设计要求的强度等级及施工对和易性的要求，并符合合理使用材料和节省水泥等经济原则，必要时还应满足混凝土在抗冻性、抗渗性等方面的特殊要求
2	一般规定	（1）最少用水量。混凝土在满足施工和易性的条件下，当水泥用量维持不变时，用水量越少，水灰比越小，则混凝土密实性越好，收缩值越小；当水胶比维持不变时，在保证混凝土强度的前提下，用水量越少，水泥用量越省，同时混凝土的体积变化也越小。因此，应力求最少的用水量 （2）最大石子粒径。石子最大粒径越大，则总表面越小，表面上需要包裹的水泥浆就越小，混凝土的密实性提高。但是石子最大粒径要受到结构断面尺寸和钢筋最小间距等条件限制下选择确定 （3）最多石子用量。混凝土是以石子为主体，砂子填充石子的空隙，水泥浆则使砂石胶结成一体。石子用量越多，则需要用的水泥浆越少。但石子用量不可任意增多，否则不利于混凝土拌合物黏聚性和浇捣后的密实性。因此，在原材料与混凝土和易性一定的条件下，应选择一个最优石子用量 （4）最密骨料级配。要使石子用量最多，砂石骨料混合物级配合适，密度最大，空隙率最小，且骨料级配并应与混凝土和易性相适应

序号	项　目	内　　容
3	满足强度要求	由于各个混凝土工程对混凝土的强度等级有不同的要求，因此，设计配合比时，首先要满足混凝土设计强度的要求，即达到要求的混凝土强度等级
4	满足耐久性要求	由于混凝土所处的自然环境（如冷热、干湿、冻融和水侵蚀等）以及使用条件（如荷载情况、冲击、磨损等）对混凝土的耐久性有影响，所以设计配合比时，均应事先查明，并把这些因素考虑进去，以选用适宜的水泥品种和相应条件的骨料、砂石级配以及掺入不同要求的掺和料等来满足耐久性要求
5	满足和易性要求	和易性的好坏关系到施工操作的难易和工程质量的好坏，设计配合比时，必须保证混凝土拌合物有良好的和易性，以满足耐久性要求
6	满足节约要求	在满足上述各项要求的前提下，应尽量就地取材，节约水泥用量，降低混凝土成本

1.2.2　混凝土配合比设计基本规定

混凝土配合比设计基本规定如表 1-29 所示。

混凝土配合比设计基本规定　　　　　　　　　表 1-29

序号	项　目	内　　容
1	配合比设计要求	（1）混凝土配合比设计应满足混凝土配制强度及其他力学性能、拌合物性能、长期性能和耐久性能的设计要求。混凝土拌合物性能、力学性能、长期性能和耐久性能的试验方法应分别符合现行国家标准《普通混凝土拌合物性能试验方法标准》GB/T 50080、《普通混凝土力学性能试验方法标准》GB/T 50081 和《普通混凝土长期性能和耐久性能试验方法标准》GB/T 50082 的规定 混凝土配合比设计不仅仅应满足配制强度要求，还应满足施工性能、其他力学性能、长期性能和耐久性能的要求 （2）混凝土配合比设计应采用工程实际使用的原材料；配合比设计所采用的细骨料含水率应小于 0.5%，粗骨料含水率应小于 0.2% 基于我国骨料的实际情况和技术条件，我国长期以来一直在建设工程中采用以干燥状态骨料为基准的混凝土配合比设计，具有可操作性，应用情况良好 （3）混凝土的最大水胶比应符合表 1-24 的规定 胶凝材料用量。每立方米混凝土中水泥用量和活性矿物掺合料用量之和水胶比。混凝土中用水量与胶凝材料用量的质量比 控制最大水胶比是保证混凝土耐久性能的重要手段，而水胶比又是混凝土配合比设计的首要参数
2	最小胶凝材料用量	（1）除配制 C15 及其以下强度等级的混凝土外，混凝土的最小胶凝材料用量应符合表 1-30 的规定 （2）在控制最大水胶比的条件下，表 1-30 中最小胶凝材料用量是满足混凝土施工性能和掺加矿物掺合料后满足混凝土耐久性能的胶凝材料用量下限
3	矿物掺合料掺量	（1）矿物掺合料掺量。混凝土中矿物掺合料用量占胶凝材料用量的质量百分比 （2）矿物掺合料在混凝土中的掺量应通过试验确定。采用硅酸盐水泥或普通硅酸盐水泥时，钢筋混凝土中矿物掺合料最大掺量宜符合表 1-31 的规定，预应力混凝土中矿物掺合料最大掺量宜符合表 1-32 的规定。对基础大体积混凝土，粉煤灰、粒化高炉矿渣粉和复合掺合料的最大掺量可增加 5%。采用掺量大于 30% 的 C 类粉煤灰的混凝土应以实际使用的水泥和粉煤灰掺量进行安定性检验 （3）规定矿物掺合料最大掺量主要是为了保证混凝土耐久性能。矿物掺合料在混凝土中的实际掺量是通过试验确定的，在配合比调整和确定步骤中规定了耐久性试验验证，以确保满足工程设计提出的混凝土耐久性要求。当采用超出表 1-31 和表 1-32 给出的矿物掺合料最大掺量时，全盘否定不妥，通过对混凝土性能进行全面试验论证，证明结构混凝土安全性和耐久性可以满足设计要求后，还是能够采用的

序号	项 目	内 容
4	氯离子含量、引气剂掺量及其矿物掺合料	(1) 混凝土拌合物中水溶性氯离子最大含量应符合表 1-33 的规定，其测试方法应符合现行行业标准《水运工程混凝土试验规程》JTJ 270 中混凝土拌合物中氯离子含量的快速测定方法的规定 这里按环境条件影响氯离子引起钢筋锈蚀的程度简明地分为四类，并规定了各类环境条件下的混凝土中氯离子最大含量。采用测定混凝土拌合物中氯离子的方法，与测试硬化后混凝土中氯离子的方法相比，时间大大缩短，有利于配合比设计和控制。表 1-33 中的氯离子含量是相对混凝土中水泥用量的百分比，与控制氯离子相对混凝土中胶凝材料用量的百分比相比，偏于安全 (2) 长期处于潮湿或水位变动的寒冷和严寒环境以及盐冻环境的混凝土应掺用引气剂。引气剂掺量应根据混凝土含气量要求经试验确定，混凝土最小含气量应符合表 1-34 的规定，最大不宜超过 7.0% 掺加适量引气剂有利于混凝土的耐久性，尤其对于有较高抗冻要求的混凝土，掺加引气剂可以明显提高混凝土的抗冻性能。引气剂掺量要适当，引气量太少作用不够，引气量太多混凝土强度损失较大 (3) 对于有预防混凝土碱骨料反应设计要求的工程，宜掺用适量粉煤灰或其他矿物掺合料，混凝土中最大碱含量不应大于 3.0kg/m³；对于矿物掺合料碱含量，粉煤灰碱含量可取实测值的 1/6，粒化高炉矿渣粉碱含量可取实测值的 1/2 将混凝土中碱含量控制在 3.0kg/m³ 以内，并掺加适量粉煤灰和粒化高炉矿渣粉等矿物掺合料，对预防混凝土碱一骨料反应具有重要意义。混凝土中碱含量是测定的混凝土各原材料碱含量计算之和，而实测的粉煤灰和粒化高炉矿渣粉等矿物掺合料碱含量并不是参与碱一骨料反应的有效碱含量，对于矿物掺合料中有效碱含量，粉煤灰碱含量取实测值的 1/6，粒化高炉矿渣粉碱含量取实测值的 1/2，已经被混凝土工程界采纳

混凝土的最小胶凝材料用量　　　　　　　　　　　　　　表 1-30

序号	最大水胶比	最小胶凝材料用量（kg/m³）		
		素混凝土	钢筋混凝土	预应力混凝土
1	0.60	250	280	300
2	0.55	280	300	300
3	0.50	320		
4	≤0.45	330		

钢筋混凝土中矿物掺合料最大掺量　　　　　　　　　　　　表 1-31

序号	矿物掺合料种类	水胶比	最大掺量（%）	
			采用硅酸盐水泥时	采用普通硅酸盐水泥时
1	粉煤灰	≤0.40	45	35
2		>0.40	40	30
3	粒化高炉矿渣粉	≤0.40	65	55
4		>0.40	55	45
5	钢渣粉	—	30	20
6	磷渣粉	—	30	20

续表 1-31

序号	矿物掺合料种类	水胶比	最大掺量（%）	
			采用硅酸盐水泥时	采用普通硅酸盐水泥时
7	硅灰	—	10	10
8	复合掺合料	≤0.40	65	55
9		>0.40	55	45

注：1. 采用其他通用硅酸盐水泥时，宜将水泥混合材掺量 20% 以上的混合材量计入矿物掺合料；

　　2. 复合掺合料各组分的掺量不宜超过单掺时的最大掺量；

　　3. 在混合使用两种或两种以上矿物掺合料时，矿物掺合料总掺量应符合表中复合掺合料的规定。

预应力混凝土中矿物掺合料最大掺量　　　　　　　表 1-32

序号	矿物掺合料种类	水胶比	最大掺量（%）	
			采用硅酸盐水泥时	采用普通硅酸盐水泥时
1	粉煤灰	≤0.40	35	30
2		>0.40	25	20
3	粒化高炉矿渣粉	≤0.40	55	45
4		>0.40	45	35
5	钢渣粉	—	20	10
6	磷渣粉	—	20	10
7	硅灰	—	10	10
8	复合掺合料	≤0.40	55	45
9		>0.40	45	35

注：1. 采用其他通用硅酸盐水泥时，宜将水泥混合材掺量 20% 以上的混合材量计入矿物掺合料；

　　2. 复合掺合料各组分的掺量不宜超过单掺时的最大掺量；

　　3. 在混合使用两种或两种以上矿物掺合料时，矿物掺合料总掺量应符合表中复合掺合料的规定。

混凝土拌合物中水溶性氯离子最大含量　　　　　　表 1-33

序号	环境条件	水溶性氯离子最大含量（%，水泥用量的质量百分比）		
		钢筋混凝土	预应力混凝土	素混凝土
1	干燥环境	0.30		
2	潮湿但不含氯离子的环境	0.20	0.06	1.00
3	潮湿且含有氯离子的环境、盐渍土环境	0.10		
4	除冰盐等侵蚀性物质的腐蚀环境	0.06		

混凝土最小含气量　　　　　　　　　　表 1-34

序号	粗骨料最大公称粒径（mm）	混凝土最小含气量（%）	
		潮湿或水位变动的寒冷和严寒环境	盐冻环境
1	40.0	4.5	5.0
2	25.0	5.0	5.5
3	20.0	5.5	6.0

注：含气量为气体占混凝土体积的百分比。

1.2.3　混凝土配制强度的确定

混凝土配制强度的确定如表 1-35 所示。

混凝土配置强度的确定　　　　　　　　　　　　　　　　表 1-35

序号	项　目	内　　容
1	混凝土配制强度的确定	混凝土配制强度应按下列规定确定： （1）当混凝土的设计强度等级小于 C60 时，配制强度应按下列公式确定： $$f_{cu,0} \geqslant f_{cu,k} + 1.645\sigma \qquad (1\text{-}2)$$ 式中　$f_{cu,0}$——混凝土配制强度（N/mm²） 　　　　$f_{cu,k}$——混凝土立方体抗压强度标准值，这里取混凝土的设计强度等级值（N/mm²） 　　　　σ——混凝土强度标准差（N/mm²） （2）当设计强度等级不小于 C60 时，配制强度应按下列公式确定： $$f_{cu,0} \geqslant 1.15 f_{cu,k} \qquad (1\text{-}3)$$
2	混凝土强度标准差的确定	混凝土强度标准差应按下列规定确定： （1）当具有近 1 个月～3 个月的同一品种、同一强度等级混凝土的强度资料，且试件组数不小于 30 时，其混凝土强度标准差 σ 应按下列公式计算： $$\sigma = \sqrt{\dfrac{\sum\limits_{i=1}^{n} f_{cu,i}^2 - n m_{fcu}^2}{n-1}} \qquad (1\text{-}4)$$ 式中　σ——混凝土强度标准差 　　　　$f_{cu,i}$——第 i 组的试件强度（N/mm²） 　　　　m_{fcu}——n 组试件的强度平均值（N/mm²） 　　　　n——试件组数 对于强度等级不大于 C30 的混凝土，当混凝土强度标准差计算值不小于 3.0N/mm² 时，应按公式（1-4）计算结果取值；当混凝土强度标准差计算值小于 3.0N/mm² 时，应取 3.0N/mm² 对于强度等级大于 C30 且小于 C60 的混凝土，当混凝土强度标准差计算值不小于 4.0N/mm² 时，应按公式（1-4）计算结果取值；当混凝土强度标准差计算值小于 4.0N/mm² 时，应取 4.0N/mm² （2）当没有近期的同一品种、同一强度等级混凝土强度资料时，其强度标准差 σ 可按表 1-36 取值
3	混凝土的配制强度计算用表	当施工单位不具有近期的同一品种混凝土强度资料时，其混凝土强度标准差 σ 可按表 1-36 常用，则混凝土的施工配制强度如表 1-37 所示

标准差 σ 值（N/mm²）　　　　　　　　　　　　　　　表 1-36

序号	混凝土强度标准值	C20	C25～C45	C50～C55
1	σ	4.0	5.0	6.0

混凝土的配制强度（N/mm²）　　　　　　　　　　　　　　表 1-37

序号	混凝土强度等级	σ 值					
		2.0	2.5	3.0	4.0	5.0	6.0
1	C15	18.29	19.11	19.94	21.58		
2	C20		24.11	24.94	26.58		

序号	混凝土强度等级	σ 值					
		2.0	2.5	3.0	4.0	5.0	6.0
3	C25		29.11	29.94	31.58	33.22	
4	C30			34.94	36.58	38.22	
5	C35			39.94	41.58	43.22	
6	C40			44.94	46.58	48.22	
7	C45			49.94	51.58	53.22	
8	C50			54.94	56.58	58.22	59.87
9	C55			59.94	61.58	63.22	64.87
10	C60	69.00					
11	C65	74.75					
12	C70	80.50					
13	C75	86.25					
14	C80	92.00					

1.2.4 混凝土配合比计算

混凝土配合比计算如表1-38所示。

混凝土配合比计算 表 1-38

序号	项目	内容
1	水胶比	(1) 当混凝土强度等级小于C60时，混凝土水胶比宜按下列公式计算： $$W/B = \frac{\alpha_a f_b}{f_{cu,0} + \alpha_a \alpha_b f_b} \quad (1-5)$$ 式中　W/B——混凝土水胶比 　　α_a、α_b——回归系数，按下述（2）条的规定取值 　　f_b——胶凝材料28d胶砂抗压强度（N/mm²），可实测，且试验方法应按现行国家标准《水泥胶砂强度检验方法（ISO）法》GB/T 17671执行；也可按下述（3）条确定 （2）回归系数（α_a、α_b）宜按下列规定确定： 1）根据工程所使用的原材料，通过试验建立的水胶比与混凝土强度关系式来确定 2）当不具备上述试验统计资料时，可按表1-39选用 （3）当胶凝材料28d胶砂抗压强度值（f_b）无实测值时，可按下列公式计算： $$f_b = \gamma_f \gamma_s f_{ce} \quad (1-6)$$ 式中　γ_f、γ_s——粉煤灰影响系数和粒化高炉矿渣粉影响系数，可按表1-40选用 　　f_{ce}——水泥28d胶砂抗压强度（N/mm²），可实测，也可按下述（4）条确定 （4）当水泥28d胶砂抗压强度（f_{ce}）无实测值时，可按下列公式计算： $$f_{ce} = \gamma_c f_{ce,g} \quad (1-7)$$ 式中　γ_c——水泥强度等级值的富余系数，可按实际统计资料确定；当缺乏实际统计资料时，也可按表1-41选用 　　$f_{ce,g}$——水泥强度等级值（N/mm²）

序号	项　目	内　　容
2	用水量和外加剂用量	（1）每立方米干硬性或塑性混凝土的用水量（m_{w0}）应符合下列规定： 1）混凝土水胶比在 0.40～0.80 范围时，可按表 1-42 和表 1-43 选取 2）混凝土水胶比小于 0.40 时，可通过试验确定 （2）掺外加剂时，每立方米流动性或大流动性混凝土的用水量（m_{w0}）可按下列公式计算： $$m_{w0} = m'_{w0}(1-\beta) \qquad (1-8)$$ 式中　m_{w0}——计算配合比每立方米混凝土的用水量（kg/m³） 　　　m'_{w0}——未掺外加剂时推定的满足实际坍落度要求的每立方米混凝土用水量（kg/m³），以表 1-43 中 90mm 坍落度的用水量为基础，按每增大 20mm 坍落度相应增加 5kg/m³ 用水量来计算，当坍落度增大到 180mm 以上时，随坍落度相应增加的用水量可减少 　　　β——外加剂的减水率（%），应经混凝土试验确定 （3）每立方米混凝土中外加剂用量（m_{a0}）应按下列公式计算： $$m_{a0} = m_{b0}\beta_a \qquad (1-9)$$ 式中　m_{a0}——计算配合比每立方米混凝土中外加剂用量（kg/m³） 　　　m_{b0}——计算配合比每立方米混凝土中胶凝材料用量（kg/m³）计算应符合本表序号 3 之（1）条的规定 　　　β_a——外加剂掺量（%），应经混凝土试验确定 （4）混凝土定义及维勃稠度与坍落度 1）目前我国普通混凝土的定义是按干表观密度范围确定的，即干表观密度为 2000～2800kg/m³ 的抗渗混凝土、抗冻混凝土、高强混凝土、泵送混凝土和大体积混凝土等均属于普通混凝土范畴。在建工行业，普通混凝土简称混凝土，是指水泥混凝土 2）用维勃稠度（s）可以合理表示坍落度很小甚至为零的混凝土拌合物稠度，维勃稠度等级划分应符合表 1-44 的规定 3）用坍落度可以合理表示塑性或流动性混凝土拌合物稠度，坍落度等级划分应符合表 1-45 的规定
3	胶凝材料、矿物掺合料和水泥用量	（1）每立方米混凝土的胶凝材料用量（m_{b0}）应按公式（1-10）计算，并应进行试拌调整，在拌合物性能满足的情况下，取经济合理的胶凝材料用量 $$m_{b0} = \frac{m_{w0}}{W/B} \qquad (1-10)$$ 式中　m_{b0}——计算配合比每立方米混凝土中胶凝材料用量（kg/m³） 　　　m_{w0}——计算配合比每立方米混凝土的用水量（kg/m³） 　　　W/B——混凝土水胶比 （2）每立方米混凝土的矿物掺合料用量（m_{f0}）应按下列公式计算： $$m_{f0} = m_{b0}\beta_f \qquad (1-11)$$ 式中　m_{f0}——计算配合比每立方米混凝土中矿物掺合料用量（kg/m³） 　　　β_f——矿物掺合料掺量（%），可结合本书表 1-29 序号 3 之（2）条和本表序号 1 之（1）条的规定确定 （3）每立方米混凝土的水泥用量（m_{c0}）应按下列公式计算： $$m_{c0} = m_{b0} - m_{f0} \qquad (1-12)$$ 式中　m_{c0}——计算配合比每立方米混凝土中水泥用量（kg/m³）

序号	项目	内容
4	砂率	(1) 砂率（β_s）应根据骨料的技术指标、混凝土拌合物性能和施工要求，参考既有历史资料确定 (2) 当缺乏砂率的历史资料时，混凝土砂率的确定应符合下列规定： 　1) 坍落度小于 10mm 的混凝土，其砂率应经试验确定 　2) 坍落度为 10～60mm 的混凝土，其砂率可根据粗骨料品种、最大公称粒径及水胶比按表 1-46 选取 　3) 坍落度大于 60m 的混凝土，其砂率可经试验确定，也可在表 1-46 的基础上，按坍落度每增大 20mm，砂率增大 1% 的幅度予以调整
5	粗、细骨料用量	(1) 当采用质量法计算混凝土配合比时，粗、细骨料用量应按公式（1-13）计算；砂率应按公式（1-14）计算： $$m_{f0}+m_{c0}+m_{g0}+m_{s0}+m_{w0}=m_{cp} \qquad (1\text{-}13)$$ $$\beta_s=\frac{m_{s0}}{m_{g0}+m_{s0}}\times100\% \qquad (1\text{-}14)$$ 式中　m_{g0}——计算配合比每立方米混凝土的粗骨料用量（kg/m³） 　　　m_{s0}——计算配合比每立方米混凝土的细骨料用量（kg/m³） 　　　β_s——砂率（%） 　　　m_{cp}——每立方米混凝土拌合物的假定质量（kg），可取 2350～2450kg/m³ (2) 当采用体积法计算混凝土配合比时，砂率应按公式（1-14）计算，粗、细骨料用量应按公式（1-15）计算： $$\frac{m_{c0}}{\rho_c}+\frac{m_{f0}}{\rho_f}+\frac{m_{g0}}{\rho_g}+\frac{m_{s0}}{\rho_s}+\frac{m_{w0}}{\rho_w}+0.01\alpha=1 \qquad (1\text{-}15)$$ 式中　ρ_c——水泥密度（kg/m³），可按现行国家标准《水泥密度测定方法》GB/T 208 测定，也可取 2900～3100kg/m³ 　　　ρ_f——矿物掺合料密度（kg/m³），可按现行国家标准《水泥密度测定方法》GB/T 208 测定 　　　ρ_g——粗骨料的表观密度（kg/m³），应按现行行业标准《普通混凝土用砂、石质量及检验方法标准》JGJ 52 测定 　　　ρ_s——细骨料的表观密度（kg/m³），应按现行行业标准《普通混凝土用砂、石质量及检验方法标准》JGJ 52 测定 　　　ρ_w——水的密度（kg/m³），可取 1000kg/m³ 　　　α——混凝土的含气量百分数，在不使用引气剂或引气型外加剂时，α 可取 1

回归系数（α_a、α_b）取值表　　　　　　　　　　表 1-39

序号	系数 ╲ 粗骨料品种	碎　石	卵　石
1	α_a	0.53	0.49
2	α_b	0.20	0.13

粉煤灰影响系数（γ_f）和粒化高炉矿渣粉影响系数（γ_s）　　　　表 1-40

序号	掺量（%） ╲ 种　类	粉煤灰影响系数 γ_f	粒化高炉矿渣粉影响系数 γ_s
1	0	1.00	1.00
2	10	0.85～0.95	1.00

续表1-40

序号	掺量（%） 种类	粉煤灰影响系数 γ_f	粒化高炉矿渣粉影响系数 γ_s
3	20	0.75～0.85	0.95～1.00
4	30	0.65～0.75	0.90～1.00
5	40	0.55～0.65	0.80～0.90
6	50	—	0.70～0.85

注：1. 采用 I 级、II 级粉煤灰宜取上限值；

2. 采用 S75 级粒化高炉矿渣粉宜取下限值，采用 S95 级粒化高炉矿渣粉宜取上限值，采用 S105 级粒化高炉矿渣粉可取上限值加 0.05；

3. 当超出表中的掺量时，粉煤灰和粒化高炉矿渣粉影响系数应经试验确定。

水泥强度等级值的富余系数（γ_c）

表1-41

序号	水泥强度等级值	32.5	42.5	52.5
1	富余系数	1.12	1.16	1.10

干硬性混凝土的用水量（kg/m³）

表1-42

序号	拌合物稠度		卵石最大公称粒径（mm）			碎石最大公称粒径（mm）		
1	项　目	指标	10.0	20.0	40.0	16.0	20.0	40.0
2	维勃稠度（S）	16～20	175	160	145	180	170	155
3		11～15	180	165	150	185	175	160
4		5～10	185	170	155	190	180	165

塑性混凝土的用水量（kg/m³）

表1-43

序号	拌合物稠度		卵石最大公称粒径（mm）				碎石最大公称粒径（mm）			
1	项　目	指标	10.0	20.0	31.5	40.0	16.0	20.0	31.5	40.0
2	坍落度（mm）	16～30	190	170	160	150	200	185	175	165
3		35～50	200	180	170	160	210	195	185	175
4		55～70	210	190	180	170	220	205	195	185
5		75～90	215	195	185	175	230	215	205	195

注：1. 本表用水量系采用中砂时的取值。采用细砂时，每立方米混凝土用水量可增加 5～10kg；采用粗砂时，可减少 5～10kg；

2. 掺用矿物掺合料和外加剂时，用水量应相应调整。

混凝土拌合物的维勃稠度等级划分

表1-44

序号	等　级	维勃时间（s）
1	V0	≥31
2	V1	30～21
3	V2	20～11
4	V3	10～6
5	V4	5～3

混凝土拌合物的坍落度等级划分   表 1-45

序号	等 级	坍 落 度 （mm）
1	S1	10～40
2	S2	50～90
3	S3	100～150
4	S4	160～210
5	S5	≥220

混凝土的砂率（％）   表 1-46

序号	水胶比	卵石最大公称粒径（mm）			碎石最大公称粒径（mm）		
		10.0	20.0	40.0	16.0	20.0	40.0
1	0.40	26～32	25～31	24～30	30～35	29～34	27～32
2	0.50	30～35	29～34	28～33	33～38	32～37	30～35
3	0.60	33～38	32～37	31～36	36～41	35～40	33～38
4	0.70	36～41	35～40	34～39	39～44	38～43	36～41

注：1. 本表数值系中砂的选用砂率，对细砂或粗砂，可相应地减少或增大砂率；

    2. 采用人工砂配制混凝土时，砂率可适当增大；

    3. 只用一个单粒级粗骨料配制混凝土时，砂率应适当增大。

1.2.5 混凝土配合比的试配、调整与确定

混凝土配合比的试配、调整与确定如表 1-47 所示。

混凝土配合比的试配、调整与确定   表 1-47

序号	项 目	内 容
1	试配	（1）混凝土试配应采用强制式搅拌机进行搅拌，并应符合现行行业标准《混凝土试验用搅拌机》JG 244 的规定，搅拌方法宜与施工采用的方法相同 （2）试验室成型条件应符合现行国家标准《普通混凝土拌合物性能试验方法标准》GB/T 50080 的规定 （3）每盘混凝土试配的最小搅拌量应符合表 1-48 的规定，并不应小于搅拌机公称容量的 1/4 且不应大于搅拌机公称容量 （4）在计算配合比的基础上应进行试拌。计算水胶比宜保持不变，并应通过调整配合比其他参数使混凝土拌合物性能符合设计和施工要求，然后修正计算配合比，提出试拌配合比 （5）在试拌配合比的基础上应进行混凝土强度试验，并应符合下列规定： 1）应采用三个不同的配合比，其中一个应为上述第 4 条确定的试拌配合比，另外两个配合比的水胶比宜较试拌配合比分别增加和减少 0.05，用水量应与试拌配合比相同，砂率可分别增加和减少 1％ 2）进行混凝土强度试验时，拌合物性能应符合设计和施工要求 3）进行混凝土强度试验时，每个配合比应至少制作一组试件，并应标准养护到 28d 或设计规定龄期时试压 调整好混凝土拌合物并形成试拌配合比后，即开始混凝土强度试验。无论是计算配合比还是试拌配合比，都不能保证混凝土配制强度是否满足要求，混凝土强度试验的目的是通过三个不同水胶比的配合比的比较，取得能够满足配制强度要求的、胶凝材料用量经济合理的配合比。由于混凝土强度试验是在混凝土拌合物调整适宜后进行，所以强度试验采用三个不同水胶比的配合比的混凝土拌合物性能应维持不变，即维持用水量不变，增加和减少胶凝材料用量，并相应减少和增加砂率，外加剂掺量也作减少和增加的微调 在没有特殊规定的情况下，混凝土强度试件在 28d 龄期进行抗压试验；当规定采用 60d 或 90d 等其他龄期的设计强度时，混凝土强度试件在相应的龄期进行抗压试验

序号	项　目	内　　容
2	配合比的调整与确定	（1）配合比调整应符合下列规定： 1）根据本表序号 1 之（5）条混凝土强度试验结果，宜绘制强度和胶水比的线性关系图或插值法确定略大于配制强度对应的胶水比 2）在试拌配合比的基础上，用水量（m_w）和外加剂用量（m_a）应根据确定的水胶比作调整 3）胶凝材料用量（m_b）应以用水量乘以确定的胶水比计算得出 4）粗骨料和细骨料用量（m_g 和 m_s）应根据用水量和胶凝材料用量进行调整 （2）混凝土拌合物表观密度和配合比校正系数的计算应符合下列规定： 1）配合比调整后的混凝土拌合物的表观密度应按下式计算： $$\rho_{c,c}=m_c+m_f+m_g+m_s+m_w \qquad (1\text{-}16)$$ 式中　$\rho_{c,c}$——混凝土拌合物的表观密度计算值（kg/m³） 　　　m_c——每立方米混凝土的水泥用量（kg/m³） 　　　m_f——每立方米混凝土的矿物掺合料用量（kg/m³） 　　　m_g——每立方米混凝土的粗骨料用量（kg/m³） 　　　m_s——每立方米混凝土的细骨料用量（kg/m³） 　　　m_w——每立方米混凝土的用水量（kg/m³） 2）混凝土配合比校正系数应按下列公式计算： $$\delta=\frac{\rho_{c,t}}{\rho_{c,c}} \qquad (1\text{-}17)$$ 式中　δ——混凝土配合比校正系数 　　　$\rho_{c,t}$——混凝土拌合物的表观密度实测值（kg/m³） （3）当混凝土拌合物表观密度实测值与计算值之差的绝对值不超过计算值的 2% 时，按上述（1）条调整的配合比可维持不变；当二者之差超过 2% 时，应将配合比中每项材料用量均乘以校正系数（δ） （4）配合比调整后，应测定拌合物水溶性氯离子含量，试验结果应符合表 1-33 的规定 （5）对耐久性有设计要求的混凝土应进行相关耐久性试验验证 （6）生产单位可根据常用材料设计出常用的混凝土配合比备用，并应在启用过程中予以验证或调整。遇有下列情况之一时，应重新进行配合比设计： 1）对混凝土性能有特殊要求时 2）水泥、外加剂或矿物掺合料等原材料品种、质量有显著变化时

混凝土试配的最小搅拌量　　　　　　　　　　　　　　表 1-48

序号	粗骨料最大公称粒径（mm）	拌合物数量（L）
1	≤31.5	20
2	40.0	25

1.2.6　有特殊要求的混凝土

有特殊要求的混凝土如表 1-49 所示。

有特殊要求的混凝土　　　　　　　　　　　　　　表 1-49

序号	项　目	内　　容
1	抗渗混凝土	（1）抗渗混凝土的原材料应符合下列规定： 1）水泥宜采用普通硅酸盐水泥 2）粗骨料宜采用连续级配，其最大公称粒径不宜大于 40.0mm，含泥量不得大于 1.0%，泥块含量不得大于 0.5%

序号	项目	内　容
1	抗渗混凝土	3）细骨料宜采用中砂，含泥量不得大于 3.0％，泥块含量不得大于 1.0％ 　4）抗渗混凝土宜掺用外加剂和矿物掺合料，粉煤灰等级应为Ⅰ级或Ⅱ级 　　原材料的选用和质量控制对抗渗混凝土非常重要。大量抗渗混凝土用于地下工程，为了提高抗渗性能和适合地下环境特点，掺加外加剂和矿物掺合料十分有利，也是普遍的做法。在以胶凝材料最小用量作为控制指标的情况下，采用普通硅酸盐水泥有利于提高混凝土耐久性能和进行质量控制。骨料粒径太大和含泥（包括泥块）较多都对混凝土抗渗性能不利 　（2）抗渗混凝土配合比应符合下列规定： 　1）最大水胶比应符合表 1-50 的规定 　2）每立方米混凝土中的胶凝材料用量不宜小于 320kg 　3）砂率宜为 35％～45％ 　　采用较小的水胶比可提高混凝土的密实性，从而使其有较好的抗渗性，因此，控制最大水胶比是抗渗混凝土配合比设计的重要法则。另外，胶凝材料和细骨料用量太少也对混凝土抗渗性能不利 　（3）配合比设计中混凝土抗渗技术要求应符合下列规定： 　1）配制抗渗混凝土要求的抗渗水压值应比设计值提高 0.2N/mm² 　2）抗渗试验结果应满足下列公式要求： $$P_t \geqslant \frac{P}{10} + 0.2 \qquad (1\text{-}18)$$ 式中　P_t——6 个试件中不少于 4 个未出现渗水时的最大水压值 　　　　P——设计要求的抗渗等级值 　　抗渗混凝土的配制抗渗等级比设计值要求高，有利于确保实际工程混凝土抗渗性能满足设计要求 　（4）掺用引气剂或引气型外加剂的抗渗混凝土，应进行含气量试验，含气量宜控制在 3.0％～5.0％ 　　在混凝土中掺用引气剂适量引气，有利于提高混凝土抗渗性能
2	抗冻混凝土	（1）抗冻混凝土的原材料应符合下列规定： 　1）水泥应采用硅酸盐水泥或普通硅酸盐水泥 　2）粗骨料宜选用连续级配，其含泥量不得大于 1.0％，泥块含量不得大于 0.5％ 　3）细骨料含泥量不得大于 3.0％，泥块含量不得大于 1.0％ 　4）粗、细骨料均应进行坚固性试验，并应符合现行行业标准《普通混凝土用砂、石质量及检验方法标准》JGJ 52 的规定 　5）抗冻等级不小于 F100 的抗冻混凝土宜掺用引气剂 　6）在钢筋混凝土和预应力混凝土中不得掺用含有氯盐的防冻剂；在预应力混凝土中不得掺用含有亚硝酸盐或碳酸盐的防冻剂 　　采用硅酸盐水泥或普通硅酸盐水泥配制抗冻混凝土是一个基本做法，目前寒冷或严寒地区一般都这样做。骨料含泥（包括泥块）较多和骨料坚固性差都对混凝土抗冻性能不利。一些混凝土防冻剂中掺用氯盐，采用后会引起混凝土中钢筋锈蚀，导致严重的结构混凝土耐久性问题。本书规定含亚硝酸盐或碳酸盐的防冻剂严禁用于预应力混凝土结构 　（2）抗冻混凝土配合比应符合下列规定： 　1）最大水胶比和最小胶凝材料用量应符合表 1-51 的规定 　2）复合矿物掺合料掺量宜符合表 1-52 的规定；其他矿物掺合料掺量宜符合表 1-31 的规定 　3）掺用引气剂的混凝土最小含气量应符合本书表 1-29 序号 4 之（2）条的规定 　　混凝土水胶比大则密实性差，对抗冻性能不利，因此要控制混凝土最大水胶比。在通常水胶比情况下，混凝土中掺入过量矿物掺合料也对混凝土抗冻性能不利。混凝土中掺用引气剂是提高混凝土抗冻性能的有效方法之一

序号	项　目	内　容
3	高强混凝土	（1）高强混凝土的原材料应符合下列规定： 　1）水泥应选用硅酸盐水泥或普通硅酸盐水泥 　2）粗骨料宜采用连续级配，其最大公称粒径不宜大于 25.0mm，针片状颗粒含量不宜大于 5.0%，含泥量不应大于 0.5%，泥块含量不应大于 0.2% 　3）细骨料的细度模数宜为 2.6～3.0，含泥量不应大于 2.0%，泥块含量不应大于 0.5% 　4）宜采用减水率不小于 25% 的高性能减水剂 　5）宜复合掺用粒化高炉矿渣粉、粉煤灰和硅灰等矿物掺合料；粉煤灰等级不应低于Ⅱ级；对强度等级不低于 C80 的高强混凝土宜掺用硅灰 （2）对上述（1）条的理解与应用 　1）在水泥方面，由于高强混凝土强度高，水胶比低，所以采用硅酸盐水泥或普通硅酸盐水泥无论是技术还是经济都比较合理；不仅胶砂强度较高，适合配制高强等级混凝土；而且水泥中混合材较少，可掺加较多的矿物掺合料来改善高强混凝土的施工性能 　2）在骨料方面，如果粗骨料粒径太大或（和）针片状颗粒含量较多，不利于混凝土中骨料合理堆积和应力合理分布，直接影响混凝土强度，也影响混凝土拌合物性能。细度模数为 2.6～3.0 的细骨料更适用于高强混凝土，使胶凝材料较多的高强混凝土中总体材料颗粒级配更加合理；骨料含泥（包括泥块）较多将明显降低高强混凝土强度 　3）在减水剂方面，目前采用具有高减水率的聚羧酸高性能减水剂配制高强混凝土相对较多，其主要优点是减水率高，可不低于 28%，混凝土拌合物保塑性较好，混凝土收缩较小；在矿物掺合料方面，采用复合掺用粒化高炉矿渣粉和粉煤灰配制高强混凝土比较普遍，对于强度等级不低于 C80 的高强混凝土，复合掺用粒化高炉矿渣粉、粉煤灰和硅灰比较合理，硅灰掺量一般为 3%～8% （3）高强混凝土配合比应经试验确定，在缺乏试验依据的情况下，配合比设计宜符合下列规定： 　1）水胶比、胶凝材料用量和砂率可按表 1-53 选取，并应经试配确定 　2）外加剂和矿物掺合料的品种、掺量，应通过试配确定矿物掺合料掺量宜为 25%～40%；硅灰掺量不宜大于 10% 　3）水泥用量不宜大于 500kg/m³ 　近年来，高强混凝土研究已经较多，工程应用也逐渐增多。根据国内外研究成果和工程应用的实践经验，推荐高强混凝土配合比参数范围对高强混凝土配合比设计具有指导意义。当经过充分试验验证，确认所设计的混凝土配合比满足拌合物性能、力学性能、长期性能和耐久性能要求时，可不受此条限制 （4）在试配过程中，应采用三个不同的配合比进行混凝土强度试验，其中一个可为依据表 1-53 计算后调整拌合物的试拌配合比，另外两个配合比的水胶比，宜较试拌配合比分别增加和减少 0.02 　高强混凝土水胶比变化对强度影响比一般强度等级混凝土敏感，因此，在试配的强度试验中，三个不同配合比的水胶比间距为 0.02 比较合理 （5）高强混凝土设计配合比确定后，尚应采用该配合比进行不少于三盘混凝土的重复试验，每盘混凝土应至少成型一组试件，每组混凝土的抗压强度不应低于配制强度 （6）高强混凝土抗压强度测定宜采用标准尺寸试件，使用非标准尺寸试件时，尺寸折算系数应经试验确定
4	泵送混凝土	（1）泵送混凝土所采用的原材料应符合下列规定： 　1）水泥宜选用硅酸盐水泥、普通硅酸盐水泥、矿渣硅酸盐水泥和粉煤灰硅酸盐水泥 　2）粗骨科宜采用连续级配，其针片状颗粒含量不宜大于 10%；粗骨料的最大公称粒径与输送管径之比宜符合表 1-54 的规定

序号	项　目	内　容
4	泵送混凝土	3）细骨料宜采用中砂，其通过公称直径为 $315\mu m$ 筛孔的颗粒含量不宜少于 15% 　4）泵送混凝土应掺用泵送剂或减水剂，并宜掺用矿物掺合料 　硅酸盐水泥、普通硅酸盐水泥、矿渣硅酸盐水泥和粉煤灰硅酸盐水泥配制的混凝土的拌合物性能比较稳定，易于泵送。良好的骨料颗粒粒型和级配有利于配制泵送性能良好的混凝土。在混凝土中掺用泵送剂或减水剂以及粉煤灰，并调整其合适掺量，是配制泵送混凝土的基本方法 　（2）泵送混凝土配合比应符合下列规定： 　1）胶凝材料用量不宜小于 $300kg/m^3$ 　2）砂率宜为 35%～45% 　如果胶凝材料用量太少，水胶比大则浆体太稀，黏度不足，混凝土容易离析，水胶比小则浆体不足，混凝土中骨料量相对过多，这些都不利于混凝土的泵送。泵送混凝土的砂率通常控制在 35%～45% 　（3）泵送混凝土试配时应考虑坍落度经时损失 　泵送混凝土的坍落度经时损失值可以通过调整外加剂进行控制，通常坍落度经时损失控制在 30mm/h 以内比较好
5	大体积混凝土	（1）大体积混凝土所用的原材料应符合下列规定： 　1）水泥宜采用中、低热硅酸盐水泥或低热矿渣硅酸盐水泥，水泥的 3d 和 7d 水化热应符合现行国家标准《中热硅酸盐水泥 低热硅酸盐水泥 低热矿渣硅酸盐水泥》GB 200 规定。当采用硅酸盐水泥或普通硅酸盐水泥时，应掺加矿物掺合料，胶凝材料的 3d 和 7d 水化热分别不宜大于 240kJ/kg 和 270kJ/kg。水化热试验方法应按现行国家标准《水泥水化热测定方法》GB/T 12959 执行 　2）粗骨料宜为连续级配，最大公称粒径不宜小于 31.5mm，含泥量不应大于 1.0% 　3）细骨料宜采用中砂，含泥量不应大于 3.0% 　4）宜掺用矿物掺合料和缓凝型减水剂 　（2）当采用混凝土 60d 或 90d 龄期的设计强度时，宜采用标准尺寸试件进行抗压强度试验 　（3）大体积混凝土配合比应符合下列规定： 　1）水胶比不宜大于 0.55，用水量不宜大于 $175kg/m^3$ 　2）在保证混凝土性能要求的前提下，宜提高每立方米混凝土中的粗骨料用量；砂率宜为 38%～42% 　3）在保证混凝土性能要求的前提下，应减少胶凝材料中的水泥用量，提高矿物掺合料掺量，矿物掺合料掺量应符合本书表 1-29 序号 3 之（3）条的规定 　（4）在配合比试配和调整时，控制混凝土绝热温升不宜大于 50℃ 　（5）大体积混凝土配合比应满足施工对混凝土凝结时间的要求

抗渗混凝土最大水胶比　　　　　　　　　　　　表 1-50

序号	设计抗渗等级	最大水胶比	
		C20～C30	C30 以上
1	P6	0.60	0.55
2	P8～P12	0.55	0.50
3	＞P12	0.50	0.45

最大水胶比和最小胶凝材料用量　　　　　　　　表 1-51

序号	设计抗冻等级	最大水胶比		最小胶凝材料用量（kg/m³）
		无引气剂时	掺引气剂时	
1	F50	0.55	0.60	300
2	F100	0.50	0.55	320
3	不低于 F150	—	0.50	350

复合矿物掺合料最大掺量　　　　　　　　表 1-52

序号	水胶比	最大掺量（%）	
		采用硅酸盐水泥时	采用普通硅酸盐水泥时
1	≤0.40	60	50
2	>0.40	50	40

注：1. 采用其他通用硅酸盐水泥时，可将水泥混合材掺量 20% 以上的混合材量计入矿物掺合料；

　　2. 复合矿物掺合料中各矿物掺合料组分的掺量不宜超过表 1-31 中单掺时的限量。

水胶比、胶凝材料用量和砂率　　　　　　　　表 1-53

序号	强度等级	水胶比	胶凝材料用量（kg/m³）	砂率（%）
1	≥C60，<C80	0.28～0.34	480～560	
2	≥C80，<C100	0.26～0.28	520～580	35～42
3	C100	0.24～0.26	550～600	

粗骨料的最大公称粒径与输送管径之比　　　　　　　　表 1-54

序号	粗骨料品种	泵送高度（m）	粗骨料最大公称粒径与输送管径之比
1	碎石	<50	≤1：3.0
2		50～100	≤1：4.0
3		>100	≤1：5.0
4	卵石	<50	≤1：2.5
5		50～100	≤1：3.0
6		>100	≤1：4.0

1.2.7　混凝土原材料技术指标

混凝土原材料技术指标如表 1-55 所示。

混凝土原材料技术指标　　　　　　　　　　　　表 1-55

序号	项　目	内　　容
1	通用硅酸盐水泥化学指标及对粗骨料与细骨料要求	(1) 通用硅酸盐水泥化学指标应符合表 1-56 的规定 (2) 粗骨料的颗粒级配范围应符合表 1-57 的规定 (3) 粗骨料中针、片状颗粒含量应符合表 1-58 的规定 (4) 粗骨料的含泥量和泥块含量应符合表 1-59 的规定 (5) 粗骨料的压碎指标值应符合表 1-60 的规定 (6) 细骨料的分区及级配范围应符合表 1-61 的规定 (7) 细骨料的含泥量和泥块含量应符合表 1-62 的规定
2	对其他原材料要求	(1) 粉煤灰应符合表 1-63 的规定 (2) 矿渣粉应符合表 1-64 的规定 (3) 硅灰应符合表 1-65 的规定 (4) 沸石粉应符合表 1-66 的规定 (5) 常用外加剂性能指标应符合表 1-67 的规定 (6) 混凝土拌合用水水质应符合表 1-68 的规定

通用硅酸盐水泥化学指标（％）　　　　　　　　表 1-56

序号	品　种	代　号	不溶物（质量分数）	烧失量（质量分数）	三氧化硫（质量分数）	氧化镁（质量分数）	氯离子（质量分数）
1	硅酸盐水泥	P·I	≤0.75	≤3.0	≤3.5	≤5.0	≤0.06
2		P·II	≤1.50	≤3.5			
3	普通硅酸盐水泥	P·O	—	≤5.0			
4	矿渣硅酸盐水泥	P·S·A	—	—	≤4.0	≤6.0	
5		P·S·B	—	—		—	
6	火山灰质硅酸盐水泥	P·P	—	—	≤3.5	≤6.0	
7	粉煤灰硅酸盐水泥	P·F	—	—			
8	复合硅酸盐水泥	P·C	—	—			

注：1. 硅酸盐水泥压蒸试验合格时，其氧化镁的含量（质量分数）可放宽至 6.0％；
　　2. A型矿渣硅酸盐水泥（P·S·A）、火山灰质硅酸盐水泥、粉煤灰硅酸盐水泥、复合硅酸盐水泥中氧化镁的含量（质量分数）大于 6.0％时，应进行水泥压蒸安定性试验并合格；
　　3. 氯离子含量有更低要求时，该指标由供需双方协商确定。

表 1-57

粗骨料的颗粒级配范围

序号	级配情况	公称粒级 (mm)	累计筛余，按质量 (%)　方孔筛筛孔边长尺寸 (mm)											
			2.36	4.75	9.5	16.0	19.0	26.5	31.5	37.5	53	63	75	90
1	连续粒级	5~10	95~100	80~100	0~15	0	—	—	—	—	—	—	—	—
2		5~16	95~100	85~100	30~60	0~10	0	—	—	—	—	—	—	—
3		5~20	95~100	90~100	40~80	—	0~10	0	—	—	—	—	—	—
4		5~25	95~100	90~100	—	30~70	—	0~5	0	—	—	—	—	—
5		5~31.5	95~100	90~100	70~90	—	15~45	—	0~5	0	—	—	—	—
6		5~40	—	95~100	70~90	—	30~65	—	—	0~5	0	—	—	—
7	单粒级	10~20	—	95~100	85~100	—	0~15	0	—	—	—	—	—	—
8		16~31.5	95~100	—	85~100	—	—	—	0~10	0	—	—	—	—
9		20~40	—	—	95~100	—	80~100	—	—	0~10	0	—	—	—
10		31.5~63	—	—	—	95~100	—	—	75~100	45~75	—	0~10	0	—
11		40~80	—	—	—	—	95~100	—	—	70~100	—	30~60	0~10	0

粗骨料中针、片状颗粒含量（%）　　　　　　　表 1-58

序号	混凝土强度等级	≥C60	C55~C30	≤C25
1	针片状颗粒含量（按质量计）	≤8	≤15	≤25

粗骨料的含泥量和泥块含量（%）　　　　　　表 1-59

序号	混凝土强度等级	≥C60	C55~C30	≤C25
1	含泥量（按质量计）	≤0.5	≤1.0	≤2.0
2	泥块含量（按质量计）	≤0.2	≤0.5	≤0.7

粗骨料的压碎指标值（%）　　　　　　　　表 1-60

序号	粗骨料种类	岩石品种	混凝土强度等级	压碎指标值
1	碎石	沉积岩	C60~C40	≤10
2			≤C35	≤16
3		变质岩或深成的火成岩	C60~C40	≤12
4			≤C35	≤20
5		喷出的火成岩	C60~C40	≤13
6			≤C35	≤30
7	卵石、碎卵石	—	C60~C40	≤12
8			≤C35	≤16

细骨料的分区及级配范围　　　　　　　　　表 1-61

序号	方孔筛筛孔尺寸	级配区		
		Ⅰ区	Ⅱ区	Ⅲ区
		累计筛余（%）		
1	9.50mm	0	0	0
2	4.75mm	10~0	10~0	10~0
3	2.36mm	35~5	25~0	15~0
4	1.18mm	65~35	50~10	25~0
5	600μm	85~71	70~41	40~16
6	300μm	95~80	92~70	85~55
7	100μm	100~90	100~90	100~90

注：除 4.75mm、600μm、150μm 筛孔外，其余各筛孔累计筛余可超出分界线，但其总量不得大于 5%。

细骨料的含泥量和泥块含量（%）　　　　　表 1-62

序号	混凝土强度等级	≥C60	C55~C30	≤C25
1	含泥量（按质量计）	≤2.0	≤3.0	≤5.0
2	泥块含量（按质量计）	≤0.5	≤1.0	≤2.0

粉煤灰技术要求　　　　　　　表 1-63

序号	项　目		技术要求		
			Ⅰ级	Ⅱ级	Ⅲ级
1	细度（45μm 方孔筛筛余）	F类粉煤灰	≤12.0%	≤25.0%	≤45.0%
		C类粉煤灰			
2	需水量比	F类粉煤灰	≤95%	≤105%	≤115%
		C类粉煤灰			
3	烧失量	F类粉煤灰	≤5.0%	≤8.0%	≤15.0%
		C类粉煤灰			
4	含水量	F类粉煤灰	≤1.0%		
		C类粉煤灰			
5	三氧化硫	F类粉煤灰	≤3.0%		
		C类粉煤灰			
6	游离氧化钙	F类粉煤灰	≤1.0%		
		C类粉煤灰	≤4.0%		
7	安定性（雷失夹沸煮后增加距离）(mm)	C类粉煤灰	≤5mm		

矿渣粉技术要求　　　　　　　表 1-64

序号	项　目		技 术 要 求		
			S105	S95	S75
1	密度（g/cm³）		≥2.8		
2	比表面积（m²/kg）		≥500	≥400	≥300
3	活性指数	7d	≥95%	≥75%	≥55%
4		28d	≥105%	≥95%	≥75%
5	流动度比		≥95%		
6	烧失量		≤3.0%		
7	含水量		≤1.0%		
8	三氧化硫		≤4.0%		
9	氯离子		≤0.06%		

硅灰技术要求　　　　　　　表 1-65

序号	项　目		技 术 要 求
1	比表面积		≥15000
2	SiO_2 含量		≥85%
3	烧失量		≤6%
4	Cl^- 含量		≤0.02%
5	需水量比		≤125%
6	含水率		≤3.0%
7	活性指数	28d	≥85%

沸石粉技术要求　　　　　　　表 1-66

序号	项　目	技 术 要 求		
		Ⅰ级	Ⅱ级	Ⅲ级
1	吸铵值（mmol/100g）	≥130	≥100	≥90
2	细度（80μm 方孔水筛筛余）	≤4%	≤10%	≤15%
3	需水量比	≤125%	≤120%	≤120%
4	28d 抗压强度比	≥75%	≥70%	≥62%

表 1-67

常用外加剂性能指标

序号	项目	高性能减水剂			高效减水剂		普通减水剂			引气减水剂	泵送剂	早强剂	缓凝剂	引气剂
		早强型	标准型	缓凝型	标准型	缓凝型	早强型	标准型	缓凝型					
1	减水率（%）	≥25	≥25	≥25	≥14	≥14	≥8	≥8	≥8	≥10	≥12	—	—	≥6
2	泌水率（%）	≤50	≤60	≤70	≤90	≤100	≤95	≤100	≤100	≤70	≤70	≤100	≤100	≤70
3	含气量（%）	≤6.0	≤6.0	≤6.0	≤3.0	≤4.5	≤4.0	≤4.0	≤5.5	≥3.0	≤5.5	—	—	≥3.0
4	凝结时间之差（min）初凝	-90~+90	-90~+120	>+90	-90~+120	>+90	-90~+90	-90~+120	>+90	-90~+120	—	-90~+90	>+90	-90~+120
5	终凝	—	—	—	—	—	—	—	—	—	—	—	—	—
6	坍落度（mm）	—	≤80	≤60	—	—	—	—	—	—	≤80	—	—	—
7	1h经时变化量 含气量（%）	—	—	—	—	—	—	—	—	-1.5~+1.5	—	—	—	-1.5~+1.5
8	抗压强度比（%） 1d	≥180	≥170	—	≥140	—	≥135	—	—	—	—	≥135	—	—
9	3d	≥170	≥160	—	≥130	—	≥130	—	—	—	—	≥130	—	≥95
10	7d	≥145	≥150	≥140	≥125	≥120	≥110	≥115	≥110	≥115	≥115	≥110	≥100	≥95
11	28d	≥130	≥140	≥130	≥120	≥120	≥100	≥110	≥110	≥110	≥110	≥100	≥100	≥90
12	收缩率比（%） 28d	≤110	≤110	≤110	≤135	≤135	≤135	≤135	≤135	≤135	≤135	≤135	≤135	≤135
13	相对耐久性（200次）（%）	—	—	—	—	—	—	—	—	≥80	—	—	—	≥80

注：1. 除含气量和相对耐久性外，表中所列数据应为掺外加剂混凝土与基准混凝土的差值或比值；

2. 凝结时间之差性能指标中的"—"号表示提前，"+"号表示延缓；

3. 相对耐久性（200次）性能指标中的"≥80"表示将28d龄期的受检混凝土试件快速冻融循环200次后，动弹性模量保留值≥80%；

4. 1h含气量经时变化量指标中的"—"号表示含气量增加，"+"号表示含气量减少；

5. 其他品种外加剂的相对耐久性指标的测定，由供、需双方协商确定，需要进行的补充试验项目，试验方法及指标，由供需双方协商决定。

6. 当用户对泵送剂等产品有特殊要求时，需由双方协商决定。

混凝土拌合用水水质要求　　　　　　　表 1-68

序号	项　目	预应力混凝土	钢筋混凝土	素混凝土
1	pH 值	≥5.0	≥4.5	≥4.5
2	不溶物（mg/L）	≤2000	≤2000	≤5000
3	可溶物（mg/L）	≤2000	≤5000	≤10000
4	氯化物（以 Cl^- 计，mg/L）	≤500	≤1000	≤3500
5	硫酸盐（以 SO_4^{2-} 计，mg/L）	≤600	≤2000	≤2700
6	碱含量（以当量 Na_2O 计，mg/L）	≤1500	≤1500	≤1500

1.2.8　混凝土强度检验评定标准

混凝土强度检验评定标准如表 1-69 所示。

混凝土强度检验评定标准　　　　　　　表 1-69

序号	项　目	内　容
1	基本规定	（1）混凝土的强度等级应按立方体抗压强度标准值划分。混凝土强度等级应采用符号 C 与立方体抗压强度标准值（以 N/mm² 表示 （2）立方体抗压强度标准值应为按标准方法制作和养护的边长为 150mm 的立方体试件，用标准试验方法在 28d 龄期测得的混凝土抗压强度总体分布中的一个值，强度低于该值的概率应为 5% （3）混凝土强度应分批进行检验评定。一个检验批的混凝土应由强度等级相同、试验龄期相同、生产工艺条件和配合比基本相同的混凝土组成 （4）对大批量、连续生产混凝土的强度应按本表序号 3 之（1）条中规定的统计方法评定。对小批量或零星生产混凝土的强度应按本表序号 3 之（2）条中规定的非统计方法评定
2	混凝土的取样与试验	（1）混凝土的取样 1）混凝土的取样，宜根据本表规定的检验评定方法要求制定检验批的划分方案和相应的取样计划 2）混凝土强度试样应在混凝土的浇筑地点随机抽取 3）试件的取样频率和数量应符合下列规定： ①每 100 盘，但不超过 100m³ 的同配合比混凝土，取样次数不应少于一次 ②每一工作班拌制的同配合比混凝土，不足 100 盘和 100m³ 时其取样次数不应少于一次 ③当一次连续浇筑的同配合比混凝土超过 1000m³ 时，每 200m³ 取样不应少于一次 ④对房屋建筑，每一楼层、同一配合比的混凝土，取样不应少于一次 4）每批混凝土试样应制作的试件总组数，除满足本表序号 3 规定的混凝土强度评定所必需的组数外，还应留置为检验结构或构件施工阶段混凝土强度所必需的试件 （2）混凝土试件的制作与养护 1）每次取样应至少制作一组标准养护试件 2）每组 3 个试件应由同一盘或同一车的混凝土中取样制作 3）检验评定混凝土强度用的混凝土试件，其成型方法及标准养护条件应符合现行国家标准《普通混凝土力学性能试验方法标准》GB/T 50081 的规定 4）采用蒸汽养护的构件，其试件应先随构件同条件养护，然后应置入标准养护条件下继续养护，两段养护时间的总和应为设计规定龄期 （3）混凝土试件的试验 1）混凝土试件的立方体抗压强度试验应根据现行国家标准《普通混凝土力学性能试验方法标准》GB/T 50081 的规定执行。每组混凝土试件强度代表值的确定，应符合下列规定：

序号	项 目	内 容
2	混凝土的取样与试验	①取 3 个试件强度的算术平均值作为每组试件的强度代表值 ②当一组试件中强度的最大值或最小值与中间值之差超过中间值的 15% 时，取中间值作为该组试件的强度代表值 ③当一组试件中强度的最大值和最小值与中间值之差均超过中间值的 15% 时，该组试件的强度不应作为评定的依据 　　注：对掺矿物掺合料的混凝土进行强度评定时，可根据设计规定，可采用大于 28d 龄期的混凝土强度 　2) 当采用非标准尺寸试件时，应将其抗压强度乘以尺寸折算系数，折算成边长为 150mm 的标准尺寸试件抗压强度。尺寸折算系数按下列规定采用： ①当混凝土强度等级低于 C60 时，对边长为 100mm 的立方体试件取 0.95，对边长为 200mm 的立方体试件取 1.05 ②当混凝土强度等级不低于 C60 时，宜采用标准尺寸试件；使用非标准尺寸试件时，尺寸折算系数应由试验确定，其试件数量不应少于 30 对组
3	混凝土强度的检验评定	(1) 统计方法评定 　1) 采用统计方法评定时，应按下列规定进行： ①当连续生产的混凝土，生产条件在较长时间内保持一致，且同一品种、同一强度等级混凝土的强度变异性保持稳定时，应按下述 2) 的规定进行评定 ②其他情况应按下述 3) 的规定进行评定 　2) 一个检验批的样本容量应为连续的 3 组试件，其强度应同时符合下列规定： $$m_{f_{cu}} \geqslant f_{cu,k} + 0.7\sigma_0 \qquad (1\text{-}19)$$ $$f_{cu,min} \geqslant f_{cu,k} - 0.7\sigma_0 \qquad (1\text{-}20)$$ 检验批混凝土立方体抗压强度的标准差应按下列公式计算： $$\sigma_0 = \sqrt{\dfrac{\sum\limits_{i=1}^{n} f_{cu,i}^2 - nm_{f_{cu}}^2}{n-1}} \qquad (1\text{-}21)$$ 当混凝土强度等级不高于 C20 时，其强度的最小值尚应满足下列公式要求： $$f_{cu,min} \geqslant 0.85 f_{cu,k} \qquad (1\text{-}22)$$ 当混凝土强度等级高于 C20 时，其强度的最小值尚应满足下列要求： $$f_{cu,min} \geqslant 0.90 f_{cu,k} \qquad (1\text{-}23)$$ 式中　$m_{f_{cu}}$——同一检验批混凝土立方体抗压强度的平均值（N/mm²），精确到 0.1（N/mm²） 　　　$f_{cu,k}$——混凝土立方体抗压强度标准值（N/mm²），精确到 0.1（N/mm²） 　　　σ_0——检验批混凝土立方体抗压强度的标准差（N/mm²），精确到 0.01（N/mm²）；当检验批混凝土强度标准差内计算值小于 2.5N/mm² 时，应取 2.5N/mm² 　　　$f_{cu,i}$——前一个检验期内同一品种、同一强度等级的第 i 组混凝土试件的立方体抗压强度代表值（N/mm²），精确到 0.1（N/mm²）；该检验期不应少于 60d，也不得大于 90d 　　　n——前一检验期内的样本容量，在该期间内样本容量不应少于 45 　　　$f_{cu,min}$——同一检验批混凝土立方体抗压强度的最小值（N/mm²），精确到 0.1（N/mm²） 　3) 当样本容量不少于 10 组时，其强度应同时满足下列要求： $$m_{f_{cu}} \geqslant f_{cu,k} + \lambda_1 \cdot S_{f_{cu}} \qquad (1\text{-}24)$$ $$f_{cu,min} \geqslant \lambda_2 \cdot f_{cu,k} \qquad (1\text{-}25)$$

序号	项 目	内　　容
3	混凝土强度的检验评定	同一检验批混凝土立方体抗压强度的标准差应按下列公式计算： $$S_{f_{cu}} = \sqrt{\dfrac{\sum_{i=1}^{n} f_{cu,i}^2 - mn_{f_{cu}}^2}{n-1}} \qquad (1\text{-}26)$$ 式中　$S_{f_{cu}}$——同一检验批混凝土立方体抗压强度的标准差（N/mm²），精确到 0.01（N/mm²）；当检验批混凝土强度标准差 $S_{f_{cu}}$ 计算值小于 2.5N/mm² 时，应取 2.5N/mm² 　　　λ_1，λ_2——合格评定系数，按表 1-70 取用 　　　n——本检验期内的样本容量 （2）非统计方法评定 1）当用于评定的样本容量小于 10 组时，应采用非统计方法评定混凝土强度 2）按非统计方法评定混凝土强度时，其强度应同时符合下列规定： $$m_{f_{cu}} \geqslant \lambda_3 \cdot f_{cu,k} \qquad (1\text{-}27)$$ $$f_{cu,min} \geqslant \lambda_4 \cdot f_{cu,k} \qquad (1\text{-}28)$$ 式中　λ_3，λ_4——合格评定系数，应按表 1-71 取用 （3）混凝土强度的合格性评定 1）当检验结果满足本表序号 3 之（1）条的 2）或 3）或（2）条的 2）的规定时，则该批混凝土强度应评定为合格；当不能满足上述规定时，该批混凝土强度应评定为不合格 2）对评定为不合格批的混凝土，可按国家现行的有关标准进行处理

混凝土强度的合格评定系数　　　　　　表 1-70

序号	试件组数	10～14	15～19	≥20
1	λ_1	1.15	1.05	0.95
2	λ_2	0.90	0.85	

混凝土强度的非统计法合格评定系数　　　　　表 1-71

序号	混凝土强度等级	<C60	≥C60
1	λ_3	1.15	1.10
2	λ_4	0.95	

1.3　混凝土配合比计算用表

1.3.1　碎石混凝土施工参考配合比

碎石混凝土施工参考配合比如表 1-72 所示。

1.3.2　卵石混凝土施工参考配合比

卵石混凝土施工参考配合比如表 1-73 所示。

碎石混凝土施工参考配合比 表 1-72

序号	混凝土强度等级	混凝土施工配制强度（N/mm²）	粗骨料最大粒径（mm）	水泥强度等级	水胶比	坍落度（mm）	砂率（%）	用料量（kg/m³）				配合比（W：C：S：G）
								水	水泥	砂	石子	
1	C15	21.58	16	32.5	0.68	10～30	37	200	294	687	1169	0.68：1：2.34：3.98
						35～50	38	210	309	696	1135	0.68：1：2.25：3.67
						55～70	39	220	324	704	1102	0.68：1：2.17：3.40
						75～90	40	230	338	713	1069	0.68：1：2.11：3.16
				42.5	0.86	10～30	39	200	233	748	1169	0.86：1：3.21：5.02
						35～50	40	210	244	758	1138	0.86：1：3.11：4.66
						55～70	41	220	256	768	1106	0.86：1：3.00：4.32
						75～90	42	230	267	778	1075	0.86：1：2.91：4.03
			20	32.5	0.68	10～30	38	185	272	719	1174	0.68：1：2.64：4.32
						35～50	39	195	287	729	1139	0.68：1：2.54：3.97
						55～70	40	205	301	738	1106	0.68：1：2.45：3.67
						75～90	41	215	316	746	1073	0.68：1：2.36：3.40
				42.5	0.86	10～30	39	185	215	760	1190	0.86：1：3.53：5.53
						35～50	40	195	227	771	1157	0.86：1：3.40：5.10
						55～70	41	205	238	782	1125	0.86：1：3.29：4.73
						75～90	42	215	250	792	1093	0.86：1：3.17：4.37
			31.5	32.5	0.68	10～30	36	175	257	690	1228	0.68：1：2.68：4.78
						35～50	37	185	272	700	1193	0.68：1：2.57：4.39
						55～70	38	195	287	710	1158	0.68：1：2.47：4.03
						75～90	39	205	301	719	1125	0.68：1：2.39：3.74
				42.5	0.86	10～30	39	175	203	769	1203	0.86：1：3.79：5.93
						35～50	40	185	215	780	1170	0.86：1：3.63：5.44
						55～70	41	195	227	790	1138	0.86：1：3.48：5.01
						75～90	42	205	238	801	1106	0.86：1：3.37：4.65
			40	32.5	0.68	10～30	35	165	243	680	1262	0.68：1：2.80：5.19
						35～50	36	175	257	690	1228	0.68：1：2.68：4.78
						55～70	37	185	272	700	1193	0.68：1：2.57：4.39
						75～90	38	195	287	710	1158	0.68：1：2.47：4.03
				42.5	0.86	10～30	39	165	192	777	1216	0.86：1：4.05：6.33
						35～50	40	175	203	789	1183	0.86：1：3.89：5.83
						55～70	41	185	215	800	1150	0.86：1：3.72：5.35
						75～90	42	195	227	810	1118	0.86：1：3.57：4.93

续表 1-72

序号	混凝土强度等级	混凝土施工配制强度（N/mm²）	粗骨料最大粒径（mm）	水泥强度等级	水胶比	坍落度（mm）	砂率（%）	用料量（kg/m³）				配合比（W：C：S：G）
								水	水泥	砂	石子	
2	C20	26.58	16	32.5	0.57	10～30	34	200	351	629	1220	0.57：1：1.79：3.48
						35～50	35	210	368	638	1184	0.57：1：1.73：3.22
						55～70	36	220	386	646	1148	0.57：1：1.67：2.97
						75～90	37	230	404	653	1113	0.57：1：1.62：2.75
				42.5	0.72	10～30	40	200	278	769	1153	0.72：1：2.77：4.15
						35～50	41	210	292	778	1120	0.72：1：2.66：3.84
						55～70	42	220	306	787	1087	0.72：1：2.57：3.55
						75～90	43	230	319	796	1055	0.72：1：2.50：3.31
			20	32.5	0.57	10～30	34	185	325	643	1247	0.57：1：1.98：3.84
						35～50	35	195	342	652	1211	0.57：1：1.91：3.54
						55～70	36	205	360	661	1174	0.57：1：1.84：3.26
						72～90	37	215	377	669	1139	0.57：1：1.77：3.02
				42.5	0.72	10～30	38	185	257	744	1214	0.72：1：2.89：4.72
						35～50	39	195	271	754	1180	0.72：1：2.78：4.35
						55～70	40	205	285	764	1146	0.72：1：2.68：4.02
						75～90	41	215	299	773	1113	0.72：1：2.59：3.72
			31.5	32.5	0.57	10～30	32	175	307	614	1304	0.57：1：2.00：4.25
						35～50	33	185	325	624	1266	0.57：1：1.92：3.90
						55～70	34	195	342	633	1230	0.57：1：1.85：3.60
						75～90	35	205	360	642	1193	0.57：1：1.78：3.31
				42.5	0.72	10～30	38	175	243	753	1229	0.72：1：3.10：5.06
						35～50	39	185	257	764	1194	0.72：1：2.97：4.65
						55～70	40	195	271	774	1160	0.72：1：2.86：4.28
						75～90	41	205	285	783	1127	0.72：1：2.75：3.95
			40	32.5	0.57	10～30	32	165	289	623	1323	0.57：1：2.16：4.58
						30～50	33	175	307	633	1285	0.57：1：2.06：4.19
						55～70	34	185	325	643	1247	0.57：1：1.98：3.84
						75～90	35	195	342	652	1211	0.57：1：1.91：3.54
				42.5	0.72	10～30	37	165	229	742	1264	0.72：1：3.24：5.52
						35～50	38	175	243	753	1229	0.72：1：3.10：5.06
						55～70	39	185	257	764	1194	0.72：1：2.97：4.65
						75～90	40	195	271	774	1160	0.72：1：2.86：4.28

序号	混凝土强度等级	混凝土施工配制强度（N/mm²）	粗骨料最大粒径（mm）	水泥强度等级	水胶比	坍落度（mm）	砂率（%）	用料量（kg/m³）				配合比（W:C:S:G）
								水	水泥	砂	石子	
3	C25	33.22	16	32.5	0.47	10~30	32	200	426	568	1206	0.47:1:1.33:2.83
						35~50	33	210	447	575	1168	0.47:1:1.29:2.61
						55~70	34	220	468	582	1130	0.47:1:1.24:2.41
						75~90	35	230	489	588	1093	0.47:1:1.20:2.24
				42.5	0.60	10~30	36	200	333	672	1195	0.60:1:2.02:3.59
						35~50	37	210	350	681	1159	0.60:1:1.95:3.31
						55~70	38	220	367	689	1124	0.60:1:1.88:3.06
						75~90	39	230	383	697	1090	0.60:1:1.82:2.85
			20	32.5	0.47	10~30	31	185	394	565	1256	0.47:1:1.43:3.19
						35~50	32	195	415	573	1217	0.47:1:1.38:2.93
						55~70	33	205	436	580	1179	0.47:1:1.33:2.70
						75~90	34	215	457	588	1140	0.47:1:1.29:2.49
				42.5	0.60	10~30	34	185	308	648	1259	0.60:1:2.10:4.09
						35~50	35	195	325	658	1222	0.60:1:2.02:3.76
						55~70	36	205	342	667	1186	0.60:1:1.95:3.47
						75~90	37	215	358	676	1151	0.60:1:1.89:3.22
			31.5	32.5	0.47	10~30	30	175	372	556	1297	0.47:1:1.49:3.49
						30~50	31	185	394	565	1256	0.47:1:1.43:3.19
						55~70	32	195	415	573	1217	0.47:1:1.38:2.93
						75~90	33	205	436	580	1179	0.47:1:1.33:2.70
				42.5	0.60	10~30	34	175	292	657	1276	0.60:1:2.25:4.37
						30~50	35	185	308	667	1240	0.60:1:2.17:4.03
						55~70	36	195	325	677	1203	0.60:1:2.08:3.70
						75~90	37	205	342	686	1167	0.60:1:2.01:3.41
			40	32.5	0.47	10~30	30	165	351	565	1319	0.47:1:1.61:3.76
						30~50	31	175	372	574	1279	0.47:1:1.54:3.44
						55~70	32	185	394	583	1238	0.47:1:1.48:3.14
						75~90	33	195	415	591	1199	0.47:1:1.42:2.89
				42.5	0.60	10~30	34	165	275	666	1294	0.60:1:2.42:4.71
						30~50	35	175	292	677	1256	0.60:1:2.32:4.30
						55~70	36	185	308	687	1220	0.60:1:2.23:3.96
						75~90	37	195	325	696	1184	0.60:1:2.14:3.64

续表 1-72

序号	混凝土强度等级	混凝土施工配制强度(N/mm²)	粗骨料最大粒径(mm)	水泥强度等级	水胶比	坍落度(mm)	砂率(%)	用料量(kg/m³)				配合比(W:C:S:G)
								水	水泥	砂	石子	
4	C30	38.22	16	42.5	0.53	10~30	34	200	377	620	1203	0.53:1:1.64:3.19
						35~50	35	210	396	628	1166	0.53:1:1.59:2.94
						55~70	36	220	415	635	1130	0.53:1:1.53:2.72
						75~90	37	230	434	642	1094	0.53:1:1.48:2.52
				52.5	0.64	10~30	37	200	312	699	1189	0.64:1:2.24:3.81
						35~50	38	210	328	708	1154	0.64:1:2.16:3.52
						55~70	39	220	344	716	1120	0.64:1:2.08:3.26
						75~90	40	230	359	724	1087	0.64:1:2.02:3.03
			20	42.5	0.53	10~30	32	185	349	597	1269	0.53:1:1.71:3.64
						35~50	33	195	368	606	1231	0.53:1:1.65:3.35
						55~70	34	205	387	615	1193	0.53:1:1.59:3.08
						75~90	35	215	406	623	1156	0.53:1:1.53:2.85
				52.5	0.64	10~30	36	185	289	693	1233	0.64:1:2.40:4.27
						35~50	37	195	305	703	1197	0.64:1:2.30:3.92
						55~70	38	205	320	712	1163	0.64:1:2.22:3.63
						75~90	39	215	336	721	1128	0.64:1:2.15:3.36
			31.5	42.5	0.53	10~30	32	175	330	606	1289	0.53:1:1.84:3.91
						35~50	33	185	349	616	1250	0.53:1:1.77:3.58
						55~70	34	195	368	625	1212	0.53:1:1.70:3.29
						75~90	35	205	387	633	1175	0.53:1:1.64:3.04
				52.5	0.64	10~30	36	175	273	703	1249	0.64:1:2.58:4.58
						35~50	37	185	289	713	1213	0.64:1:2.47:4.20
						55~70	38	195	305	722	1178	0.64:1:2.37:3.86
						75~90	39	205	320	731	1144	0.64:1:2.28:3.58
			40	42.5	0.53	10~30	31	165	311	596	1328	0.53:1:1.92:4.27
						35~50	32	175	330	606	1289	0.53:1:1.84:3.91
						55~70	33	185	349	616	1250	0.53:1:1.77:3.58
						75~90	34	195	368	625	1212	0.53:1:1.70:3.29
				52.5	0.64	10~30	37	165	258	731	1246	0.64:1:2.83:4.83
						35~50	38	175	273	742	1210	0.64:1:2.72:4.43
						55~70	39	185	289	751	1175	0.64:1:2.60:4.07
						75~90	40	195	305	760	1140	0.64:1:2.49:3.74

续表 1-72

序号	混凝土强度等级	混凝土施工配制强度（N/mm²）	粗骨料最大粒径（mm）	水泥强度等级	水胶比	坍落度（mm）	砂率（%）	用料量（kg/m³）				配合比（W：C：S：G）
								水	水泥	砂	石子	
5	C35	43.22	16	42.5	0.47	10～30	32	200	426	568	1206	0.47：1：1.33：2.83
						35～50	33	210	447	575	1168	0.47：1：1.29：2.61
						55～70	34	220	468	582	1130	0.47：1：1.24：2.41
						75～90	35	230	489	588	1093	0.47：1：1.20：2.24
				52.5	0.57	10～30	35	200	351	647	1202	0.57：1：1.84：3.42
						35～50	36	210	368	656	1166	0.57：1：1.78：3.17
						55～70	37	220	386	664	1130	0.57：1：1.72：2.93
						75～90	38	230	404	671	1095	0.57：1：1.66：2.71
			20	42.5	0.47	10～30	31	185	394	565	1256	0.47：1：1.43：3.19
						35～50	32	195	415	573	1217	0.47：1：1.38：2.93
						55～70	33	205	436	580	1179	0.47：1：1.33：2.70
						75～90	34	215	457	588	1140	0.47：1：1.29：2.49
				52.5	0.57	10～30	34	185	325	643	1247	0.57：1：1.98：3.84
						35～50	35	195	342	652	1211	0.57：1：1.91：3.54
						55～70	36	205	360	661	1174	0.57：1：1.84：3.26
						75～90	37	215	377	669	1139	0.57：1：1.77：3.02
			31.5	42.5	0.47	10～30	29	175	372	537	1316	0.47：1：1.44：3.54
						35～50	30	185	394	546	1275	0.47：1：1.39：3.24
						55～70	31	195	415	555	1235	0.47：1：1.34：2.98
						75～90	32	205	436	563	1196	0.47：1：1.29：2.74
				52.5	0.57	10～30	32	175	307	614	1304	0.57：1：2.00：4.25
						35～50	33	185	325	624	1266	0.57：1：1.92：3.90
						55～70	34	195	342	633	1230	0.57：1：1.85：3.60
						75～90	35	205	360	642	1193	0.57：1：1.78：3.31
			40	42.5	0.47	10～30	29	165	351	546	1338	0.47：1：1.56：3.81
						35～50	30	175	372	556	1297	0.47：1：1.49：3.49
						55～70	31	185	394	565	1256	0.47：1：1.43：3.19
						75～90	32	195	415	573	1217	0.47：1：1.38：2.93
				52.5	0.57	10～30	32	165	289	623	1323	0.57：1：2.16：4.58
						35～50	33	175	307	633	1285	0.57：1：2.06：4.19
						55～70	34	185	325	643	1247	0.57：1：1.98：3.84
						75～90	35	195	342	652	1211	0.57：1：1.91：3.54

续表 1-72

序号	混凝土强度等级	混凝土施工配制强度(N/mm²)	粗骨料最大粒径(mm)	水泥强度等级	水胶比	坍落度(mm)	砂率(%)	水	水泥	砂	石子	配合比(W:C:S:G)
6	C40	48.22	16	42.5	0.43	10~30	32	200	465	555	1180	0.43:1:1.19:2.54
						35~50	33	210	488	562	1140	0.43:1:1.15:2.34
						55~70	34	220	512	567	1101	0.43:1:1.11:2.15
						75~90	35	230	535	572	1063	0.43:1:1.07:1.99
				52.5	0.52	10~30	34	200	385	617	1198	0.52:1:1.60:3.11
						35~50	35	210	404	625	1161	0.52:1:1.55:2.87
						55~70	36	220	423	633	1124	0.52:1:1.50:2.66
						75~90	37	230	442	639	1089	0.52:1:1.45:2.46
			20	42.5	0.43	10~30	31	185	430	553	1232	0.43:1:1.29:2.87
						35~50	32	195	453	561	1191	0.43:1:1.24:2.63
						55~70	33	205	477	567	1151	0.43:1:1.19:2.41
						75~90	34	215	500	573	1112	0.43:1:1.15:2.22
				52.5	0.52	10~30	33	185	356	613	1246	0.52:1:1.72:3.50
						35~50	34	195	375	622	1208	0.52:1:1.66:3.22
						55~70	35	205	394	630	1171	0.52:1:1.60:2.97
						75~90	36	215	413	638	1134	0.52:1:1.54:2.75
			31.5	42.5	0.43	10~30	30	175	407	545	1273	0.43:1:1.34:3.13
						35~50	31	185	430	553	1232	0.43:1:1.29:2.87
						55~70	32	195	453	561	1191	0.43:1:1.24:2.63
						75~90	33	205	477	567	1151	0.43:1:1.19:2.41
				52.5	0.52	10~30	31	175	337	585	1303	0.52:1:1.74:3.87
						35~50	32	185	356	595	1264	0.52:1:1.67:3.55
						55~70	33	195	375	604	1226	0.52:1:1.61:3.27
						75~90	34	205	394	612	1189	0.52:1:1.55:3.02
			40	42.5	0.43	10~30	29	165	384	537	1314	0.43:1:1.40:3.42
						35~50	30	175	407	545	1273	0.43:1:1.34:3.13
						55~70	31	185	430	553	1232	0.43:1:1.29:2.87
						75~90	32	195	453	561	1191	0.43:1:1.24:2.63
				52.5	0.52	10~30	31	165	317	595	1323	0.52:1:1.88:4.17
						35~50	32	175	337	604	1284	0.52:1:1.79:3.81
						55~70	33	185	356	613	1246	0.52:1:1.72:3.50
						75~90	34	195	375	622	1208	0.52:1:1.66:3.22

续表 1-72

序号	混凝土强度等级	混凝土施工配制强度(N/mm²)	粗骨料最大粒径(mm)	水泥强度等级	水胶比	坍落度(mm)	砂率(%)	用料量(kg/m³)				配合比(W:C:S:G)
								水	水泥	砂	石子	
7	C45	53.22	16	52.5	0.47	10~30	32	200	426	568	1206	0.47:1:1.33:2.83
						35~50	33	210	447	575	1168	0.47:1:1.29:2.61
						55~70	34	220	468	582	1130	0.47:1:1.24:2.41
						75~90	35	230	489	588	1193	0.47:1:1.20:2.24
				62.5	0.55	10~30	36	200	364	661	1175	0.55:1:1.82:3.23
						35~50	37	210	382	669	1139	0.55:1:1.75:2.98
						55~70	38	220	400	676	1104	0.55:1:1.69:2.76
						75~90	39	230	418	683	1069	0.55:1:1.63:2.56
			20	52.5	0.47	10~30	32	185	394	583	1238	0.47:1:1.48:3.14
						35~50	33	195	415	591	1199	0.47:1:1.42:2.89
						55~70	34	205	436	598	1161	0.47:1:1.37:2.68
						75~90	35	215	457	605	1123	0.47:1:1.32:2.46
				62.5	0.55	10~30	35	185	336	658	1221	0.55:1:1.96:3.63
						35~50	36	195	355	666	1184	0.55:1:1.88:3.34
						55~70	37	205	373	674	1148	0.55:1:1.81:3.08
						75~90	38	215	391	682	1112	0.55:1:1.74:2.84
			31.5	52.5	0.47	10~30	29	175	372	537	1316	0.47:1:1.44:3.54
						35~50	30	185	394	546	1275	0.47:1:1.39:3.24
						55~70	31	195	415	555	1235	0.47:1:1.34:2.98
						75~90	32	205	436	563	1196	0.47:1:1.29:2.74
				62.5	0.55	10~30	33	175	318	629	1278	0.55:1:1.98:4.02
						35~50	34	185	336	639	1240	0.55:1:1.90:3.69
						55~70	35	195	355	648	1202	0.55:1:1.83:3.39
						75~90	36	205	373	656	1166	0.55:1:1.76:3.13
			40	52.5	0.47	10~30	30	165	351	565	1319	0.47:1:1.61:3.76
						35~50	31	175	372	574	1279	0.47:1:1.54:3.44
						55~70	32	185	394	583	1238	0.47:1:1.48:3.14
						75~90	33	195	415	591	1199	0.47:1:1.42:2.89
				62.5	0.55	10~30	33	165	300	639	1296	0.55:1:2.13:4.32
						35~50	34	175	318	648	1259	0.55:1:2.04:3.96
						55~70	35	185	336	658	1221	0.55:1:1.96:3.63
						75~90	36	195	355	666	1184	0.55:1:1.88:3.34

序号	混凝土强度等级	混凝土施工配制强度 (N/mm²)	粗骨料最大粒径 (mm)	水泥强度等级	水胶比	坍落度 (mm)	砂率 (%)	用料量（kg/m³）				配合比 (W:C:S:G)
								水	水泥	砂	石子	
8	C50	59.87	16	52.5	0.42	10～30	32	200	476	552	1172	0.42 : 1 : 1.16 : 2.46
						35～50	33	210	500	558	1132	0.42 : 1 : 1.12 : 2.26
						55～70	34	220	524	563	1093	0.42 : 1 : 1.07 : 2.09
						75～90	35	230	548	568	1054	0.42 : 1 : 1.04 : 1.92
				62.5	0.50	10～30	35	200	400	630	1170	0.50 : 1 : 1.58 : 2.92
						35～50	36	210	420	637	1133	0.50 : 1 : 1.52 : 2.70
						55～70	37	220	440	644	1096	0.50 : 1 : 1.46 : 2.49
						75～90	38	230	460	650	1060	0.50 : 1 : 1.41 : 2.30
			20	52.5	0.42	10～30	31	185	440	550	1225	0.42 : 1 : 1.25 : 2.78
						35～50	32	195	464	557	1184	0.42 : 1 : 1.20 : 2.55
						55～70	33	205	488	563	1144	0.42 : 1 : 1.15 : 2.34
						75～90	34	215	512	569	1104	0.42 : 1 : 1.11 : 2.16
				62.5	0.50	10～30	34	185	370	627	1218	0.50 : 1 : 1.69 : 3.29
						35～50	35	195	390	635	1180	0.50 : 1 : 1.63 : 3.03
						55～70	36	205	410	643	1142	0.50 : 1 : 1.57 : 2.79
						75～90	37	215	430	649	1106	0.50 : 1 : 1.51 : 2.57
			31.5	52.5	0.42	10～30	30	175	417	542	1266	0.42 : 1 : 1.30 : 3.04
						35～50	31	185	440	550	1225	0.42 : 1 : 1.25 : 2.78
						55～70	32	195	464	557	1184	0.42 : 1 : 1.20 : 2.55
						75～90	33	205	488	563	1144	0.42 : 1 : 1.15 : 2.34
				62.5	0.50	10～30	31	175	350	581	1294	0.50 : 1 : 1.66 : 3.70
						35～50	32	185	370	590	1255	0.50 : 1 : 1.59 : 3.39
						55～70	33	195	390	599	1216	0.50 : 1 : 1.54 : 3.12
						75～90	34	205	410	607	1178	0.50 : 1 : 1.48 : 2.87
			40	52.5	0.42	10～30	29	165	393	534	1308	0.42 : 1 : 1.36 : 3.33
						35～50	30	175	417	542	1266	0.42 : 1 : 1.30 : 3.04
						55～70	31	185	440	550	1225	0.42 : 1 : 1.25 : 2.78
						75～90	32	195	464	557	1184	0.42 : 1 : 1.20 : 2.55
				62.5	0.50	10～30	33	165	330	629	1276	0.50 : 1 : 1.91 : 3.87
						35～50	34	175	350	638	1237	0.50 : 1 : 1.82 : 3.53
						55～70	35	185	370	646	1199	0.50 : 1 : 1.75 : 3.24
						75～90	36	195	390	653	1162	0.50 : 1 : 1.67 : 2.98

序号	混凝土强度等级	混凝土施工配制强度（N/mm²）	粗骨料最大粒径（mm）	水泥强度等级	水胶比	坍落度（mm）	砂率（%）	用料量（kg/m³）				配合比（W∶C∶S∶G）
								水	水泥	砂	石子	
9	C55	64.87	16	52.5	0.39	10～30	31	200	513	523	1164	0.39∶1∶1.02∶2.27
						35～50	32	210	538	529	1123	0.39∶1∶0.98∶2.09
						55～70	33	220	564	533	1083	0.39∶1∶0.95∶1.92
						75～90	34	230	590	537	1043	0.39∶1∶0.91∶1.77
				62.5	0.46	10～30	34	200	435	600	1165	0.46∶1∶1.38∶2.68
						35～50	35	210	457	607	1126	0.46∶1∶1.33∶2.46
						55～70	36	220	478	613	1089	0.46∶1∶1.28∶2.28
						75～90	37	230	500	618	1052	0.46∶1∶1.24∶2.10
			20	52.5	0.39	10～30	30	185	474	522	1219	0.39∶1∶1.10∶2.57
						35～50	31	195	500	529	1176	0.39∶1∶1.06∶2.35
						55～70	32	205	526	534	1135	0.39∶1∶1.02∶2.16
						75～90	33	215	551	539	1095	0.39∶1∶0.98∶1.99
				62.5	0.46	10～30	33	185	402	598	1215	0.46∶1∶1.49∶3.02
						35～50	34	195	424	606	1175	0.46∶1∶1.43∶2.77
						55～70	35	205	446	612	1137	0.46∶1∶1.37∶2.55
						75～90	36	215	467	618	1100	0.46∶1∶1.32∶2.36
			31.5	52.5	0.39	10～30	29	175	449	515	1261	0.39∶1∶1.15∶2.81
						35～50	30	185	474	522	1219	0.39∶1∶1.10∶2.57
						55～70	31	195	500	529	1176	0.39∶1∶1.06∶2.35
						75～90	32	205	526	534	1135	0.39∶1∶1.02∶2.16
				62.5	0.46	10～30	32	175	380	590	1255	0.46∶1∶1.55∶3.30
						35～50	33	185	402	598	1215	0.46∶1∶1.49∶3.02
						55～70	34	195	424	606	1175	0.46∶1∶1.43∶2.77
						75～90	35	205	446	612	1137	0.46∶1∶1.37∶2.55
			40	52.5	0.39	10～30	28	165	423	507	1305	0.39∶1∶1.20∶3.09
						35～50	29	175	449	515	1261	0.39∶1∶1.15∶2.81
						55～70	30	185	474	522	1219	0.39∶1∶1.10∶2.57
						75～90	31	195	500	529	1176	0.39∶1∶1.06∶2.35
				62.5	0.46	10～30	31	165	359	582	1294	0.46∶1∶1.62∶3.60
						35～50	32	175	380	590	1255	0.46∶1∶1.55∶3.30
						55～70	33	185	402	598	1215	0.46∶1∶1.49∶3.02
						75～90	34	195	424	606	1175	0.46∶1∶1.43∶2.77

卵石混凝土施工参考配合比　　　　　　　　　　表1-73

序号	混凝土强度等级	混凝土施工配制强度 (N/mm²)	粗骨料最大粒径 (mm)	水泥强度等级	水胶比	坍落度 (mm)	砂率 (%)	用料量 (kg/m³) 水	水泥	砂	石子	配合比 (W∶C∶S∶G)
1	C15	21.58	10	32.5	0.68	10～30	35	190	284	657	1219	0.67∶1∶2.31∶4.29
						35～50	36	200	299	666	1185	0.67∶1∶2.23∶3.96
						55～70	37	210	313	676	1151	0.67∶1∶2.16∶3.68
						75～90	38	215	321	689	1125	0.67∶1∶2.15∶3.50
				42.5	0.86	10～30	39	190	221	756	1183	0.86∶1∶3.42∶5.35
						35～50	40	200	233	767	1150	0.86∶1∶3.29∶4.94
						55～70	41	210	244	777	1119	0.86∶1∶3.18∶4.59
						75～90	42	215	250	792	1093	0.86∶1∶3.17∶4.37
			20	32.5	0.67	10～30	34	170	254	655	1271	0.67∶1∶2.58∶5.00
						35～50	35	180	269	665	1236	0.67∶1∶2.47∶4.59
						55～70	36	190	284	675	1201	0.67∶1∶2.38∶4.23
						75～90	37	195	291	690	1174	0.67∶1∶2.37∶4.03
				42.5	0.86	10～30	38	170	198	753	1229	0.86∶1∶3.80∶6.21
						35～50	39	180	209	765	1196	0.86∶1∶3.66∶5.72
						55～70	40	190	221	776	1163	0.86∶1∶3.51∶5.26
						75～90	41	195	227	790	1138	0.86∶1∶3.48∶5.01
			31.5	32.5	0.67	10～30	32	160	239	624	1327	0.67∶1∶2.61∶5.55
						35～50	33	170	254	636	1290	0.67∶1∶2.50∶5.08
						55～70	34	180	269	646	1255	0.67∶1∶2.40∶4.67
						75～90	35	185	276	661	1228	0.67∶1∶2.39∶4.45
				42.5	0.86	10～30	36	160	186	721	1283	0.86∶1∶3.88∶6.90
						35～50	37	170	198	733	1249	0.86∶1∶3.70∶6.31
						55～70	38	180	209	745	1216	0.86∶1∶3.56∶5.82
						75～90	39	185	215	760	1190	0.86∶1∶3.53∶5.53
			40	32.5	0.67	10～30	33	150	224	652	1324	0.67∶1∶2.91∶5.91
						35～50	34	160	239	663	1288	0.67∶1∶2.77∶5.39
						55～70	35	170	254	674	1252	0.67∶1∶2.65∶4.93
						75～90	36	175	261	689	1225	0.67∶1∶2.64∶4.69
				42.5	0.86	10～30	37	150	174	750	1276	0.86∶1∶4.31∶7.33
						35～50	38	160	186	762	1242	0.86∶1∶4.10∶6.68
						55～70	39	170	198	773	1209	0.86∶1∶3.90∶6.11
						75～90	40	175	203	789	1183	0.86∶1∶3.89∶5.83

序号	混凝土强度等级	混凝土施工配制强度（N/mm²）	粗骨料最大粒径（mm）	水泥强度等级	水胶比	坍落度（mm）	砂率（%）	用料量（kg/m³）				配合比（W：C：S：G）
								水	水泥	砂	石子	
2	C20	26.58	10	32.5	0.56	10～30	32	190	339	299	1272	0.56：1：1.77：3.75
						35～50	33	200	357	608	1235	0.56：1：1.70：3.46
						55～70	34	210	375	617	1198	0.56：1：1.65：3.19
						75～90	35	215	384	630	1171	0.56：1：1.64：3.05
				42.5	0.71	10～30	36	190	268	699	1243	0.71：1：2.61：4.64
						35～50	37	200	282	710	1208	0.71：1：2.52：4.28
						55～70	38	210	296	720	1174	0.71：1：2.43：3.97
						75～90	39	215	303	734	1148	0.71：1：2.42：3.79
			20	32.5	0.56	10～30	32	170	304	616	1310	0.56：1：2.03：4.31
						35～50	33	180	321	627	1272	0.56：1：1.95：3.96
						55～70	34	190	339	636	1235	0.56：1：1.88：3.64
						72～90	35	195	348	650	1207	0.56：1：1.87：3.47
				42.5	0.71	10～30	36	170	239	717	1274	0.71：1：3.00：5.33
						35～50	37	180	254	727	1239	0.71：1：2.86：4.88
						55～70	38	190	268	738	1204	0.71：1：2.75：4.49
						75～90	39	195	275	753	1177	0.71：1：2.74：4.28
			31.5	32.5	0.56	10～30	30	160	286	586	1368	0.56：1：2.05：4.78
						35～50	31	170	304	597	1329	0.56：1：1.96：4.37
						55～70	32	180	321	608	1291	0.56：1：1.89：4.02
						75～90	33	185	330	622	1263	0.56：1：1.88：3.83
				42.5	0.71	10～30	34	160	225	685	1330	0.71：1：3.04：5.91
						35～50	35	170	239	697	1294	0.71：1：2.92：5.41
						55～70	36	180	254	708	1258	0.71：1：2.79：4.95
						75～90	37	185	261	723	1231	0.71：1：2.77：4.72
			40	32.5	0.56	10～30	31	150	268	614	1368	0.56：1：2.29：5.10
						30～50	32	160	286	625	1329	0.56：1：2.09：4.65
						55～70	33	170	304	636	1290	0.56：1：2.09：4.24
						75～90	34	175	312	650	1263	0.56：1：2.08：4.05
				42.5	0.71	10～30	35	150	211	714	1325	0.71：1：3.38：6.28
						35～50	36	160	225	725	1290	0.71：1：3.22：5.73
						55～70	37	170	239	737	1254	0.71：1：3.08：5.25
						75～90	38	175	246	752	1227	0.71：1：3.06：4.99

续表 1-73

序号	混凝土强度等级	混凝土施工配制强度（N/mm²）	粗骨料最大粒径（mm）	水泥强度等级	水胶比	坍落度（mm）	砂率（%）	用料量（kg/m³）				配合比（W∶C∶S∶G）
								水	水泥	砂	石子	
3	C25	33.22	10	32.5	0.45	10～30	30	190	422	536	1252	0.45∶1∶1.27∶2.97
						35～50	31	200	444	544	1212	0.45∶1∶1.23∶2.73
						55～70	32	210	467	551	1172	0.45∶1∶1.18∶2.51
						75～90	33	215	478	563	1144	0.45∶1∶1.18∶2.39
				42.5	0.58	10～30	33	190	328	621	1261	0.56∶1∶1.89∶3.84
						35～50	34	200	345	631	1224	0.56∶1∶1.83∶3.55
						55～70	35	210	362	640	1188	0.56∶1∶1.77∶3.28
						75～90	36	215	371	653	1161	0.56∶1∶1.76∶3.13
			20	32.5	0.45	10～30	31	170	378	574	1278	0.45∶1∶1.52∶3.38
						35～50	32	180	400	582	1238	0.45∶1∶1.46∶3.18
						55～70	33	190	422	590	1198	0.45∶1∶1.40∶2.84
						75～90	34	195	433	602	1170	0.45∶1∶1.39∶2.70
				42.5	058	10～30	32	170	293	620	1317	0.58∶1∶2.12∶4.49
						35～50	33	180	310	630	1280	0.58∶1∶2.03∶4.13
						55～70	34	190	328	640	1242	0.58∶1∶1.95∶3.79
						75～90	35	195	336	654	1215	0.58∶1∶1.95∶3.62
			31.5	32.5	0.45	10～30	28	160	356	528	1356	0.45∶1∶1.42∶3.81
						30～50	29	170	378	537	1315	0.45∶1∶1.42∶3.48
						55～70	30	180	400	546	1274	0.45∶1∶1.36∶3.18
						75～90	31	185	411	559	1245	0.45∶1∶1.36∶3.03
				42.5	0.58	10～30	34	160	276	668	1296	0.58∶1∶2.42∶4.70
						30～50	35	170	293	678	1259	0.58∶1∶2.31∶4.30
						55～70	36	180	310	688	1222	0.58∶1∶2.22∶3.94
						75～90	37	185	319	702	1194	0.58∶1∶2.20∶3.74
			40	32.5	0.45	10～30	29	150	333	556	1361	0.45∶1∶1.67∶4.09
						30～50	30	160	356	565	1319	0.45∶1∶1.59∶3.71
						55～70	31	170	378	574	1278	0.45∶1∶1.52∶3.38
						75～90	32	175	389	588	1248	0.45∶1∶1.51∶3.21
				42.5	0.58	10～30	33	150	259	657	1334	0.58∶1∶2.54∶5.15
						30～50	34	160	276	668	1296	0.58∶1∶2.42∶4.70
						55～70	35	170	293	678	1259	0.58∶1∶2.31∶4.30
						75～90	36	175	302	692	1231	0.58∶1∶2.29∶4.08

续表 1-73

序号	混凝土强度等级	混凝土施工配制强度（N/mm²）	粗骨料最大粒径（mm）	水泥强度等级	水胶比	坍落度（mm）	砂率（%）	用料量（kg/m³）				配合比（W：C：S：G）
								水	水泥	砂	石子	
4	C30	38.22	10	42.5	0.51	10～30	31	190	373	569	1268	0.51：1：1.53：3.40
						35～50	32	200	392	579	1229	0.51：1：1.48：3.14
						55～70	33	210	412	587	1191	0.51：1：1.42：2.89
						75～90	34	215	422	599	1164	0.51：1：1.42：2.76
				52.5	0.62	10～30	34	190	306	647	1257	0.62：1：2.11：4.11
						35～50	35	200	323	657	1220	0.62：1：2.03：3.78
						55～70	36	210	339	666	1185	0.62：1：1.96：3.50
						75～90	37	215	347	680	1158	0.62：1：1.96：3.34
			20	42.5	0.51	10～30	31	170	333	588	1309	0.51：1：1.77：3.93
						35～50	32	180	353	597	1270	0.51：1：1.69：3.60
						55～70	33	190	373	606	1231	0.51：1：1.62：3.30
						75～90	34	195	382	620	1203	0.51：1：1.62：3.15
				52.5	0.62	10～30	33	170	274	645	1311	0.62：1：2.35：4.78
						35～50	34	180	290	656	1274	0.62：1：2.26：4.39
						55～70	35	190	306	666	1238	0.62：1：2.18：4.05
						75～90	36	195	315	680	1210	0.62：1：2.16：3.84
			31.5	42.5	0.51	10～30	29	160	314	559	1367	0.51：1：1.78：4.35
						35～50	30	170	333	569	1328	0.51：1：1.71：3.99
						55～70	31	180	353	579	1288	0.51：1：1.64：3.65
						75～90	32	185	363	593	1259	0.51：1：1.63：3.47
				52.5	0.62	10～30	32	160	258	634	1348	0.62：1：2.46：5.22
						35～50	33	170	274	645	1311	0.62：1：2.35：4.78
						55～70	34	180	290	656	1274	0.62：1：2.26：4.39
						75～90	35	185	298	671	1246	0.62：1：2.25：4.18
			40	42.5	0.51	10～30	30	150	274	587	1369	0.51：1：2.00：4.66
						35～50	31	160	314	597	1329	0.51：1：1.90：4.23
						55～70	32	170	333	607	1290	0.51：1：1.82：3.87
						75～90	33	175	343	621	1261	0.51：1：1.81：3.68
				52.5	0.62	10～30	32	150	242	643	1365	0.62：1：2.66：5.64
						35～50	33	160	258	654	1328	0.62：1：2.53：5.15
						55～70	34	170	274	665	1291	0.62：1：2.43：4.71
						75～90	35	175	282	680	1263	0.62：1：2.41：4.48

序号	混凝土强度等级	混凝土施工配制强度(N/mm²)	粗骨料最大粒径(mm)	水泥强度等级	水胶比	坍落度(mm)	砂率(%)	用料量(kg/m³)				配合比(W∶C∶S∶G)
								水	水泥	砂	石子	
5	C35	43.22	10	42.5	0.45	10～30	30	190	422	536	1252	0.45∶1∶1.27∶2.97
						35～50	31	200	444	544	1212	0.45∶1∶1.23∶2.73
						55～70	32	210	467	551	1172	0.45∶1∶1.18∶2.51
						75～90	33	215	478	563	1144	0.45∶1∶1.18∶2.39
				52.5	0.55	10～30	33	190	345	615	1250	0.55∶1∶1.78∶3.62
						35～50	34	200	364	624	1212	0.55∶1∶1.71∶3.33
						55～70	35	210	382	633	1175	0.55∶1∶1.66∶3.08
						75～90	36	215	391	646	1148	0.55∶1∶1.65∶2.94
			20	42.5	0.45	10～30	29	170	378	537	1315	0.45∶1∶1.42∶3.48
						35～50	30	180	400	546	1274	0.45∶1∶1.36∶3.18
						55～70	31	190	422	554	1234	0.45∶1∶1.31∶2.92
						75～90	32	195	433	567	1205	0.45∶1∶1.31∶2.78
				52.5	0.55	10～30	31	170	309	596	1325	0.55∶1∶1.93∶4.29
						35～50	32	180	327	606	1287	0.55∶1∶1.85∶3.94
						55～70	33	190	345	615	1250	0.55∶1∶1.78∶3.62
						75～90	34	195	355	629	1221	0.55∶1∶1.77∶3.44
			31.5	42.5	0.45	10～30	28	160	356	528	1356	0.45∶1∶1.48∶3.81
						35～50	29	170	378	537	1315	0.45∶1∶1.42∶3.48
						55～70	30	180	400	546	1274	0.45∶1∶1.36∶3.18
						75～90	31	185	411	559	1245	0.45∶1∶1.36∶3.03
				52.5	0.55	10～30	30	160	291	575	1364	0.55∶1∶2.01∶4.69
						35～50	31	170	309	596	1325	0.55∶1∶1.93∶4.29
						55～70	32	180	327	606	1287	0.55∶1∶1.85∶3.94
						75～90	33	185	336	620	1259	0.55∶1∶1.85∶3.75
			40	42.5	0.45	10～30	28	150	330	537	1380	0.45∶1∶1.61∶4.14
						35～50	29	160	356	546	1338	0.45∶1∶1.53∶3.76
						55～70	30	170	378	556	1296	0.45∶1∶1.47∶3.43
						75～90	31	175	389	569	1267	0.45∶1∶1.46∶3.26
				52.5	0.55	10～30	30	150	273	593	1384	0.55∶1∶2.17∶5.07
						35～50	31	160	291	604	1345	0.55∶1∶2.08∶4.62
						55～70	32	170	309	615	1306	0.55∶1∶1.99∶4.23
						75～90	33	175	318	629	1278	0.55∶1∶1.98∶4.02

序号	混凝土强度等级	混凝土施工配制强度（N/mm²）	粗骨料最大粒径（mm）	水泥强度等级	水胶比	坍落度（mm）	砂率（%）	用料量（kg/m³）				配合比（W：C：S：G）
								水	水泥	砂	石子	
6	C40	48.22	10	42.5	0.41	10～30	29	190	463	507	1240	0.41：1：1.10：2.68
						35～50	30	200	488	514	1198	0.41：1：1.05：2.45
						55～70	31	210	512	520	1158	0.41：1：1.02：2.26
						75～90	32	215	524	532	1129	0.41：1：1.02：2.15
				52.5	0.50	10～30	31	190	380	567	1263	0.50：1：1.49：3.32
						35～50	32	200	400	576	1224	0.50：1：1.44：3.06
						55～70	33	210	420	584	1186	0.50：1：1.39：2.82
						75～90	34	215	430	597	1158	0.50：1：1.39：2.69
			20	42.5	0.41	10～30	28	170	415	508	1307	0.41：1：1.22：3.15
						35～50	29	180	439	516	1265	0.41：1：1.18：2.88
						55～70	30	190	463	524	1223	0.41：1：1.13：2.64
						75～90	31	195	476	536	1193	0.41：1：1.13：2.51
				52.5	0.50	10～30	30	170	340	567	1323	0.50：1：1.67：3.89
						35～50	31	180	360	577	1283	0.50：1：1.60：3.56
						55～70	32	190	380	586	1244	0.50：1：1.54：3.27
						75～90	33	195	390	599	1216	0.50：1：1.54：3.12
			31.5	42.5	0.41	10～30	27	160	390	500	1350	0.41：1：1.28：3.46
						35～50	28	170	415	508	1307	0.41：1：1.22：3.15
						55～70	29	180	439	516	1265	0.41：1：1.18：2.88
						75～90	30	185	451	529	1235	0.41：1：1.17：2.74
				52.5	0.50	10～30	29	160	320	557	1363	0.50：1：1.74：4.26
						35～50	30	170	340	567	1323	0.50：1：1.67：3.89
						55～70	31	180	360	577	1283	0.50：1：1.60：3.56
						75～90	32	185	370	590	1255	0.50：1：1.59：3.39
			40	42.5	0.41	10～30	27	150	366	509	1375	0.41：1：1.39：3.76
						35～50	28	160	390	518	1332	0.41：1：1.33：3.42
						55～70	29	170	415	526	1289	0.41：1：1.27：3.11
						75～90	30	175	427	539	1259	0.41：1：1.26：2.95
				52.5	0.50	10～30	29	150	300	566	1384	0.50：1：1.89：4.61
						35～50	30	160	320	576	1344	0.50：1：1.80：4.20
						55～70	31	170	340	586	1304	0.50：1：1.72：3.84
						75～90	32	175	350	600	1275	0.50：1：1.71：3.64

续表 1-73

序号	混凝土强度等级	混凝土施工配制强度（N/mm²）	粗骨料最大粒径（mm）	水泥强度等级	水胶比	坍落度（mm）	砂率（%）	用料量（kg/m³）				配合比（W：C：S：G）
								水	水泥	砂	石子	
7	C45	53.22	10	52.5	0.45	10～30	29	190	422	519	1269	0.45：1：1.23：3.01
						35～50	30	200	444	527	1229	0.45：1：1.19.2.77
						55～70	31	210	467	534	1189	0.45：1：1.14：2.55
						75～90	32	215	478	546	1161	0.45：1：1.14：2.43
				62.5	0.54	10～30	32	190	352	595	1263	0.54：1：1.69：3.59
						35～50	33	200	370	604	1226	0.54：1：1.63：3.31
						55～70	34	210	389	612	1189	0.54：1：1.57：3.06
						75～90	35	215	398	625	1162	0.54：1：1.57：2.92
			20	52.5	0.45	10～30	29	170	378	537	1315	0.45：1：1.42：3.48
						35～50	30	180	400	546	1274	0.45：1：1.36：3.18
						55～70	31	190	422	554	1234	0.45：1：1.31：2.92
						75～90	32	195	433	567	1205	0.45：1：1.31：2.78
				62.5	0.54	10～30	32	170	315	613	1302	0.54：1：1.95：4.13
						35～50	33	180	333	623	1264	0.54：1：1.87：3.80
						55～70	34	190	352	632	1226	0.54：1：1.80：3.48
						75～90	35	195	361	645	1199	0.54：1：1.79：3.32
			31.5	52.5	0.45	10～30	28	160	356	528	1356	0.45：1：1.48：3.81
						35～50	29	170	378	537	1315	0.45：1：1.42：3.48
						55～70	30	180	400	546	1274	0.45：1：1.36：3.18
						75～90	31	185	411	559	1245	0.45：1：1.36：3.03
				62.5	0.54	10～30	30	160	296	583	1361	0.54：1：1.97：4.60
						35～50	31	170	315	594	1321	0.54：1：1.89：4.19
						55～70	32	180	333	604	1283	0.54：1：1.81：4.19
						75～90	33	185	343	618	1254	0.54：1：1.80：3.66
			40	52.5	0.45	10～30	28	150	333	537	1380	0.45：1：1.61：4.14
						35～50	29	160	356	546	1338	0.45：1：1.53：3.76
						55～70	30	170	378	556	1296	0.45：1：1.47：3.43
						75～90	31	175	389	569	1267	0.45：1：1.46：3.26
				62.5	0.54	10～30	30	150	278	592	1380	0.54：1：2.13：4.96
						35～50	31	160	296	603	1341	0.54：1：2.04：4.53
						55～70	32	170	315	613	1302	0.54：1：1.95：4.13
						75～90	33	175	324	627	1274	0.54：1：1.94：3.93

序号	混凝土强度等级	混凝土施工配制强度（N/mm²）	粗骨料最大粒径（mm）	水泥强度等级	水胶比	坍落度（mm）	砂率（%）	用料量（kg/m³）				配合比（W：C：S：G）
								水	水泥	砂	石子	
8	C50	59.87	10	52.5	0.41	10～30	29	190	463	507	1240	0.41：1：1.10：2.68
						35～50	30	200	488	514	1198	0.41：1：1.05：2.45
						55～70	31	210	512	520	1158	0.41：1：1.02：2.26
						75～90	32	215	524	532	1129	0.41：1：1.02：2.15
				62.5	0.48	10～30	31	190	396	562	1252	0.48：1：1.42：3.16
						35～50	32	200	417	571	1212	0.48：1：1.37：2.91
						55～70	33	210	438	578	1174	0.48：1：1.32：2.68
						75～90	34	215	448	591	1146	0.48：1：1.32：2.56
			20	52.5	0.41	10～30	28	170	415	508	1307	0.41：1：1.22：3.15
						35～50	29	180	439	516	1265	0.41：1：1.18：2.88
						55～70	30	190	463	524	1223	0.41：1：1.13：2.64
						75～90	31	195	476	536	1193	0.41：1：1.13：2.51
				62.5	0.48	10～30	30	170	354	563	1313	0.48：1：1.59：3.71
						35～50	31	180	375	572	1273	0.48：1：1.53：3.39
						55～70	32	190	396	580	1234	0.48：1：1.46：3.12
						75～90	33	195	406	594	1205	0.48：1：1.46：2.97
			31.5	52.5	0.41	10～30	27	160	390	500	1350	0.41：1：1.28：3.46
						35～50	28	170	415	508	1307	0.41：1：1.22：3.15
						55～70	29	180	439	516	1265	0.41：1：1.18：2.88
						75～90	30	185	463	524	1223	0.41：1：1.13：2.64
				62.5	0.48	10～30	28	160	333	534	1373	0.48：1：1.60：4.12
						35～50	29	170	354	544	1332	0.48：1：1.54：3.76
						55～70	30	180	375	554	1291	0.48：1：1.48：3.44
						75～90	31	185	396	562	1252	0.48：1：1.42：3.16
			40	52.5	0.41	10～30	27	150	366	509	1375	0.41：1：1.39：3.76
						35～50	28	160	390	518	1332	0.41：1：1.33：3.42
						55～70	29	170	415	526	1289	0.41：1：1.27：3.11
						75～90	30	175	427	539	1259	0.41：1：1.26：2.95
				62.5	0.48	10～30	30	150	312	581	1357	0.48：1：1.86：4.35
						35～50	31	160	333	591	1316	0.48：1：1.77：3.95
						55～70	32	170	354	600	1276	0.48：1：1.69：3.60
						75～90	33	175	365	614	1246	0.48：1：1.68：3.41

序号	混凝土强度等级	混凝土施工配制强度 (N/mm²)	粗骨料最大粒径 (mm)	水泥强度等级	水胶比	坍落度 (mm)	砂率 (%)	用料量（kg/m³）				配合比 (W∶C∶S∶G)
								水	水泥	砂	石子	
9	C55	64.87	10	52.5	0.38	10～30	27	190	500	462	1248	0.38∶1∶0.92∶2.50
						35～50	28	200	526	469	1205	0.38∶1∶0.89∶2.29
						55～70	29	210	553	475	1162	0.38∶1∶0.86∶2.29
						75～90	30	215	566	486	1133	0.38∶1∶0.86∶2.00
				62.5	0.44	10～30	30	190	432	533	1245	0.44∶1∶1.23∶2.88
						35～50	31	200	455	541	1204	0.44∶1∶1.19∶2.65
						55～70	32	210	477	548	1165	0.44∶1∶1.15∶2.44
						75～90	33	215	489	560	1136	0.44∶1∶1.15∶2.32
			20	52.5	0.38	10～30	28	170	447	499	1284	0.38∶1∶1.12∶2.87
						35～50	29	180	474	506	1240	0.38∶1∶1.07∶2.62
						55～70	30	190	500	513	1197	0.38∶1∶1.03∶2.39
						75～90	31	195	513	525	1167	0.38∶1∶1.02∶2.27
				62.5	0.44	10～30	28	170	386	516	1328	0.44∶1∶1.34∶3.44
						35～50	29	180	409	525	1286	0.44∶1∶1.28∶3.14
						55～70	30	190	432	533	1245	0.44∶1∶1.23∶2.88
						75～90	31	195	443	546	1216	0.44∶1∶1.23∶2.74
			31.5	52.5	0.38	10～30	27	160	421	491	1328	0.38∶1∶1.17∶3.15
						35～50	28	170	447	499	1284	0.38∶1∶1.12∶2.87
						55～70	29	180	474	506	1240	0.38∶1∶1.07∶2.62
						75～90	30	185	487	518	1210	0.38∶1∶1.06∶2.48
				62.5	0.44	10～30	28	160	364	525	1351	0.44∶1∶1.44∶3.71
						35～50	29	170	386	535	1309	0.44∶1∶1.39∶3.39
						55～70	30	180	409	543	1268	0.44∶1∶1.33∶3.10
						75～90	31	185	420	556	1239	0.44∶1∶1.32∶2.95
			40	52.5	0.38	10～30	27	150	395	501	1354	0.38∶1∶1.27∶3.43
						35～50	28	160	421	509	1310	0.38∶1∶1.21∶3.11
						55～70	29	170	447	517	1266	0.38∶1∶1.16∶2.83
						75～90	30	175	461	529	1235	0.38∶1∶1.15∶2.68
				62.5	0.44	10～30	28	150	341	535	1374	0.44∶1∶1.57∶4.03
						35～50	29	160	364	544	1332	0.44∶1∶1.49∶3.66
						55～70	30	170	386	553	1291	0.44∶1∶1.43∶3.34
						75～90	31	175	398	566	1261	0.44∶1∶1.42∶3.17

1.4 有特殊要求的混凝土配合比计算用表

1.4.1 高强混凝土施工参考配合比

高强混凝土施工参考配合比如表 1-74 所示。

高强混凝土施工参考配合比 表 1-74

序号	混凝土强度等级	粗骨料最大粒径（mm）	水泥强度等级	坍落度（mm）	材料用量（kg/m³）				高效减水剂掺量（%）	矿物掺合料掺量（%）
					水	水泥	砂	石子		
1	C60	5～20	52.5	180～200	160	470	655	1115	1.2	25～40
2	C65	5～20	52.5	180～200	160	485	630	1125	1.2	25～40
3	C70	5～20	52.5	180～200	160	500	610	1130	1.2	25～40
4	C75	5～20	62.5	180～200	165	485	630	1120	1.2	25～40
5	C80	5～20	62.5	180～200	165	500	610	1125	1.2	25～40

注：1. 在混凝土中加入高效减水剂、矿物掺合料必须经过试验；
2. 表中百分数为质量分数。后面数表中未特别注明者均如此。

1.4.2 流态混凝土施工参考配合比

流态混凝土施工参考配合比如表 1-75 所示。

流态混凝土施工参考配合比 表 1-75

序号	混凝土强度等级	粗骨料最大粒径（mm）	水泥强度等级	水胶比	坍落度（mm）	砂率（%）	材料用量（kg/m³）				外加剂掺量（%）
							水	水泥	砂	石子	
1	C20	5～20	42.5	0.52	180～200	41	205	395	740	1060	1.2
2	C25	5～20	42.5	0.49	180～200	41	210	430	720	1040	1.2
3	C30	5～20	42.5	0.46	180～200	40	210	455	695	1040	1.2
4	C35	5～20	42.5	0.43	180～200	40	210	490	680	1020	1.2
5	C40	5～20	52.5	0.41	180～200	39	195	475	675	1055	1.2
6	C45	5～20	52.5	0.40	180～200	39	200	500	680	1070	1.2
7	C50	5～20	52.5	0.38	180～200	39	205	540	665	1040	1.2
8	C20	5～40	42.5	0.52	180～200	40	195	375	730	1100	1.2
9	C25	5～40	42.5	0.49	180～200	40	195	400	720	1085	1.2
10	C30	5～40	42.5	0.48	180～200	40	205	430	705	1060	1.2
11	C35	5～40	42.5	0.46	180～200	40	210	460	690	1040	1.2
12	C40	5～40	52.5	0.43	180～200	40	210	490	680	1020	1.2
13	C45	5～40	52.5	0.41	180～200	40	195	475	710	1070	1.2
14	C50	5～40	52.5	0.39	180～200	39	200	510	680	1060	1.2

1.4.3　泵送混凝土施工参考配合比

泵送混凝土施工参考配合比如表 1-76 所示。

泵送混凝土参考配合比　　　　　　　　　　表 1-76

序号	混凝土强度等级	粗骨料最大粒径(mm)	水泥强度等级	水胶比	坍落度(mm)	砂率(%)	材料用量（kg/m³）					外加剂掺量(%)
							水	水泥	砂	石子	粉煤灰	
1	C20	5～40	42.5	0.55	110～130	40	185	335	750	1130	0	1.2
2	C25	5～40	42.5	0.51	110～130	39	185	360	720	1135	0	1.2
3	C20	5～40	42.5	0.54	110～130	39	190	300	725	1134	51	1.2
4	C25	5～40	42.5	0.50	110～130	39	190	325	710	1118	57	1.2
5	C30	5～40	42.5	0.50	110～130	39	205	410	715	1070	0	1.2
6	C30	5～40	42.5	0.49	110～130	39	210	368	685	1075	62	1.2
7	C20	5～20	42.5	0.55	110～130	40	195	355	740	1110	0	1.2
8	C25	5～20	42.5	0.51	110～130	40	195	380	730	1095	0	1.2
9	C30	5～20	42.5	0.50	110～130	40	210	420	710	1060	0	1.2
10	C20	5～20	42.5	0.54	110～130	40	200	315	730	1101	54	1.2
11	C25	5～20	42.5	0.49	110～130	40	200	340	720	1081	59	1.2
12	C30	5～20	42.5	0.49	110～130	40	215	375	670	1075	65	1.2
13	C35	5～20	42.5	0.49	110～130	40	200	408	716	1076	70	1.2
14	C40	5～20	42.5	0.48	110～130	40	215	447	695	1043	75	1.2

1.4.4　普通防水混凝土施工参考配合比

普通防水混凝土施工参考配合比如表 1-77 所示。

普通防水混凝土施工参考配合比　　　　　　　　　表 1-77

序号	混凝土强度等级	抗渗等级(N/mm²)	水泥强度等级	石子粒径(mm)	坍落度(mm)	水胶比	砂率(%)	材料用量（kg/m³）				防水剂(%)	输送方法
								水	水泥	砂	石子		
1	C20	P8	42.5	5～40	50～70	0.50	37	185	370	683	1162	3	罐送人工
2	C20	P8	42.5	5～40	50～70	0.48	39	185	385	714	1116	3	罐送人工
3	C25	P10	42.5	5～40	50	0.50	41	175	350	769	1106	3	人工
4	C25	P10	42.5	5～40	50	0.49	41	175	357	766	1102	3	人工
5	C30	P12	42.5	5～40	50	0.45	41	175	388	753	1084	3	人工
6	C35	P12	42.5	5～40	50	0.44	40	175	397	731	1097	3	人工
7	C40	P12	42.5	5～40	50	0.43	39	175	406	709	1110	3	人工

注：1. 表中砂子粒径为中砂；
　　2. 表中水泥品种为矿渣水泥或普通水泥。

1.4.5　矿渣碎石防水混凝土施工参考配合比

矿渣碎石防水混凝土施工参考配合比如表 1-78 所示。

矿渣碎石防水混凝土施工参考配合比　　　表 1-78

序号	混凝土强度等级	设计抗渗等级	水泥		矿渣碎石粒径（mm）	坍落度（mm）	水胶比	砂率（%）	材料用量（kg/m³）				输送方法
			品种	强度等级					水	水泥	砂	石子	
1	C20	P6	矿渣水泥	32.5	5～40	70～90	0.50	42	190	380	770	1060	罐送
2	C20	P8	矿渣水泥	32.5	5～40	70～90	0.49	41	190	390	745	1075	罐送
3	C20	P10	矿渣水泥	32.5	5～40	70～90	0.46	41	190	415	735	1060	罐送
4	C20	P8	矿渣水泥	32.5	5～40	120～140	0.48	40	200	420	715	1065	泵送
5	C20	P10	矿渣水泥	32.5	5～40	120～140	0.45	40	200	440	705	1055	泵送
6	C20	P6	普通水泥	42.5	5～40	70～90	0.58	41	190	330	770	1110	罐送
7	C20	P8	普通水泥	42.5	5～40	70～90	0.55	41	190	345	765	1100	罐送
8	C20	P10	普通水泥	42.5	5～40	70～90	0.54	41	190	350	760	1100	罐送
9	C20	P12	普通水泥	42.5	5～40	70～90	0.52	41	190	365	755	1090	罐送
10	C20	P8	普通水泥	42.5	5～40	120～140	0.52	40	200	385	725	1090	泵送
11	C20	P10	普通水泥	42.5	5～40	120～140	0.50	40	200	400	720	1080	泵送
12	C20	P12	普通水泥	42.5	5～40	120～140	0.48	40	200	420	715	1065	泵送
13	C30	P8	普通水泥	42.5	5～40	70～90	0.42	40	190	455	700	1055	罐送
14	C30	P10	普通水泥	42.5	5～40	70～90	0.40	40	190	475	695	1040	罐送
15	C30	P12	普通水泥	42.5	5～40	70～90	0.39	40	190	490	690	1030	罐送
16	C.35	P12	普通水泥	42.5	5～40	70～90	0.38	39	190	500	666	1044	罐送
17	C40	P12	普通水泥	42.5	5～40	70～90	0.37	38	190	513	644	1053	罐送

注：1. 表中砂子粒径为中砂；
　　2. 外加剂品种为木钙，掺量为 0.25%。

1.5　通用硅酸盐水泥

1.5.1　通用硅酸盐水泥的定义与分类及组分与材料

通用硅酸盐水泥的定义与分类及组分与材料如表 1-79 所示。

通用硅酸盐水泥的定义与分类及组分与材料　　　表 1-79

序号	项目	内　容
1	定义与分类	（1）定义 以硅酸盐水泥熟料和适量的石膏，及规定的混合材料制成的水硬性胶凝材料 （2）分类 本规定的通用硅酸盐水泥按混合材料的品种和掺量分为硅酸盐水泥、普通硅酸盐水泥、矿渣硅酸盐水泥、火山灰质硅酸盐水泥、粉煤灰硅酸盐水泥和复合硅酸盐水泥 　1）硅酸盐水泥

序号	项目	内　　容
1	定义与分类	①特性 优点：强度等级高，快硬，早强，抗冻性好，耐磨性和不透水性好 缺点：水化热高，抗水性差，耐蚀性差 ②适用范围：适用于配制高强度等级混凝土、先张法预应力制品、道路及低温下施工的工程。不适用于大体积混凝土和地下工程 2）普通硅酸盐水泥 ①特性。与硅酸盐水泥相比无根本区别，但以下性能有所改变：早期强度增进率有减少，抗冻性、耐磨性稍有下降，低温凝结时间有所延长，抗硫酸盐侵蚀能力有所增强 ②适用范围：适应性较强，无特殊要求的工程都可使用 3）矿渣硅酸盐水泥 ①特性 优点：水化热低，抗硫酸盐侵蚀性好，蒸汽养护有较好的效果，耐热性能较普通硅酸盐水泥高 缺点：早期强度低，后期强度增进率大，保水性差，抗冻性差 ②适用范围：适用于地面、地下水中各种混凝土工程，高温车间建筑。不适用于需要早强和受冻融循环或干湿交替的工程 4）火山灰质硅酸盐水泥 ①特性 优点：保水性好、水化热低、抗硫酸盐侵蚀能力强 缺点：早期强度低，但后期强度增进率大；需水性大，干缩性大，抗冻性差 ②适用范围：适用于地下、水下工程，大体积混凝土工程，一般工业和民用建筑。不适用于需要早强、冻融循环或干湿交替的工程 5）粉煤灰硅酸盐水泥 ①特性 优点：保水性好、水化热低，抗硫酸盐侵蚀能力强，后期强度发展高，需水性及干缩率较小，抗裂性较好 缺点：早期强度增进率比矿渣水泥还低，其余缺点同火山灰水泥 ②适用范围：适用大体积混凝土工程、地下工程、一般工业和民用建筑。不适用范围与矿渣水泥相同 6）复合硅酸盐水泥 ①特性。复合水泥比矿渣水泥、火山灰水泥和粉煤灰水泥有较高的早期强度、比普通水泥有较好的和易性，易于成型、捣实，需水性较大，配制的混凝土耐久性不及普通水泥配制的混凝土 ②适用范围：适用于一般混凝土工程以及工业与民用建筑工程。不适用于耐腐蚀工程
2	组分与材料	（1）组分 通用硅酸盐水泥的组分应符合表 1-80 的规定 （2）材料 1）硅酸盐水泥熟料 由主要含 CaO、SiO_2、Al_2O_3、Fe_2O_3 的原料，按适当比例磨成细粉烧至部分熔融所得以硅酸钙为主要矿物成分的水硬性胶凝物质。其中硅酸钙矿物含量（质量分数）不小于 66%，氧化钙和氧化硅质量比不小于 2.0 2）石膏 ①天然石膏：应符合 GB/T 5483《石膏和硬石膏》中规定的 G 类或 M 类二级（含）以上的石膏或混合石膏 ②工业副产石膏：以硫酸钙为主要成分的工业副产物。采用前应经过试验证明对水泥性能无害

序号	项目	内　　容
2	组分与材料	3）活性混合材料 应符合现行 GB/T 203《用于水泥中的粒化高炉矿渣》、GB/T 18046《用于水泥和混凝土中的粒化高炉矿渣粉》、GB/T 1596《用于水泥和混凝土中的粉煤灰》、GB/T 2847《用于水泥中的火山灰质混合材料》标准要求的粒化高炉矿渣、粒化高炉矿渣粉、粉煤灰、火山灰质混合材料 4）非活性混合材料 活性指标分别低于现行 GB/T 203《用于水泥中的粒化高炉矿渣》、GB/T 18046《用于水泥和混凝土中粒化高炉矿渣粉》、GB/T 1596《用于水泥和混凝土中的粉煤灰》、GB/T 2847《用于水泥中的火山灰质混合材料》标准要求的粒化高炉矿渣、粒化高炉矿渣粉、粉煤灰、火山灰质混合材料；石灰石和砂岩，其中石灰石中的三氧化二铝含量（质量分数）应不大于 2.5% 5）窑灰 应符合现行 JC/T 742《掺入水泥中的回转窑窑灰》的规定 6）助磨剂 水泥粉磨时允许加入助磨剂，其加入量应不大于水泥质量的 0.5%，助磨剂应符合 JC/T 667 的规定

通用硅酸盐水泥组分（%）　　　　　　　　　　　　表 1-80

序号	品　　种	代　号	组分（质量分数）				
			熟料＋石膏	粒化高炉矿渣	火山灰质混合材料	粉煤灰	石灰石
1	硅酸盐水泥	P·I	100	—	—	—	—
		P·II	≥95	≤5	—	—	—
			≥95	—	—	—	—
2	普通硅酸盐水泥	P·O	≥80 且<95	>5 且≤20a			≤5
3	矿渣硅酸盐水泥	P·S·A	≥50 且<80	>20 且≤50b	—	—	—
		P·S·B	≥30 且<50	>50 且≤70b	—	—	—
4	火山灰质硅酸盐水泥	P·P	≥60 且<80	—	>20 且≤40c	—	—
5	粉煤灰硅酸盐水泥	P·F	≥60 且<80	—	—	>20 且≤40d	—
6	复合硅酸盐水泥	P·C	≥50 且<80	>20 且≤50e			

a. 本组分材料为复合表 1-79 序号 2 的（2）条之 3）的活性混合材料，其中允许用不超过水泥质量 8% 且符合表 1-79 序号 2 的（2）条之 4）的非活性混合材料或不超过水泥质量 5% 且符合表 1-79 序号 2 的（2）条之 5）的窑灰代替；

b. 本组分材料为符合现行 GB/T 203《用于水泥中的粒化高炉矿渣》或现行 GB/T 18046《用于水泥和混凝土中的粒化高炉矿渣粉》的活性混合材料，其中允许用不超过水泥质量 8% 且符合表 1-79 序号 2 的（2）条之 3）的非活性混合材料或符合表 1-79 序号 2 的（2）条之 4）非活性混合材料或符合表 1-79 序号 2 的（2）条之 5）的窑灰中的任一种材料代替；

c. 本组分材料为符合 GB/T 2847《用于水泥中的火山灰质混合材料》的活性混合材料；

d. 本组分材料为符合 GB/T 1596《用于水泥和混凝土中的粉煤灰》的活性混合材料；

e. 本组分材料为由两种（含）以上符合表 1-79 序号 2 的（2）条之 3）的活性混合材料或符合表 1-79 序号 2 的（2）条之 4）的非活性混合材料组成，其中允许用不超过水泥质量 8% 且符合表 1-79 序号 2 之（2）条的 5）的窑灰代替。掺矿渣时混合材料掺量不得与矿渣硅酸盐水泥重复。

1.5.2 通用硅酸盐水泥强度等级与技术要求

通用硅酸盐水泥强度等级与技术要求如表 1-81 所示。

通用硅酸盐水泥强度等级与技术要求 表 1-81

序号	项目	内　　容
1	强度等级	通用硅酸盐水泥的强度等级为： （1）硅酸盐水泥的强度等级分为 42.5、42.5R、52.5、52.5R、62.5、62.5R 六个等级 （2）普通硅酸盐水泥的强度等级分为 42.5、42.5R、52.5、52.5R 四个等级 （3）矿渣硅酸盐水泥、火山灰质硅酸盐水泥、粉煤灰硅酸盐水泥、复合硅酸盐水泥的强度等级分为 32.5、32.5R、42.5、42.5R、52.5、52.5R 六个等级 上述水泥强度等级带"R"者为早强型
2	技术要求	（1）化学指标 通用硅酸盐水泥化学指标如表 1-56 所示 （2）碱含量（选择性指标） 水泥中碱含量按 $Na_2O+0.658K_2O$ 计算值表示。若使用活性骨料，用户要求提供低碱水泥时，水泥中的碱含量应不大于 0.60% 或由买卖双方协商确定 （3）物理指标 1）凝结时间 硅酸盐水泥初凝时间不小于 45min，终凝时间不大于 390min 普通硅酸盐水泥、矿渣硅酸盐水泥、火山灰质硅酸盐水泥、粉煤灰硅酸盐水泥和复合硅酸盐水泥初凝不小于 45min，终凝不大于 600min 2）安定性 沸煮法合格 3）强度 不同品种不同强度等级的通用硅酸水泥，其不同龄期的强度应符合表 1-82 的规定 4）细度（选择性指标） 硅酸盐水泥和普通硅酸盐水泥的细度以比表面积表示，其比表面积不小于 300m²/kg；矿渣硅酸盐水泥、火山灰质硅酸盐水泥、粉煤灰硅酸盐水泥和复合硅酸盐水泥的细度以筛余表示，其 80μm 方孔筛筛余不大于 10% 或 45μm 方孔筛筛余不大于 30%
3	试验方法	（1）组分 由生产者按现行 GB/T 12960《水泥组分的定量测定》或选择准确度更高的方法进行。在正常生产情况下，生产者应至少每月对水泥组分进行校核，年平均值应符合表 1-79 序号 2 的规定，单次检验值应不超过本书规定最大限量的 2% 为保证组分测定结果的准确性，生产者应采用适当的生产程序和适宜的方法对所选方法的可靠性进行验证，并将经验证的方法形成文件 （2）不溶物、烧失量、氧化镁、三氧化硫和碱含量 按现行 GB/T 176《水泥化学分析方法》进行试验 （3）压蒸安定性 按现行 GB/T 750《水泥压蒸安定性试验方法》进行试验 （4）氯离子 按现行 JC/T 420《水泥原料中氯离子的化学分析方法》进行试验 （5）标准稠度用水量、凝结时间和安定性 按现行 GB/T 1346《水泥标准稠度用水量、凝结时间、安定性检验方法》进行试验 （6）强度

序号	项目	内　容
3	试验方法	按现行 GB/T 17671《水泥胶砂强度检验方法》(ISO) 进行试验。火山灰质硅酸盐水泥、粉煤灰硅酸盐水泥、复合硅酸盐水泥和掺火山灰质混合材料的普通硅酸盐水泥在进行胶砂强度检验时，其水量按 0.50 水胶比和胶砂流动度不小于 180mm 来确定。当流动度小于 180mm 时，应以 0.01 的整倍数递增的方法将水胶比调整至胶砂流动度不小于 180mm 胶砂流动度试验按现行 GB/T 2419《水泥胶砂流动度测定方法》进行，其中胶砂制备按现行 GB/T 17671《水泥胶砂强度检验方法》(ISO) 规定进行 　(7) 比表面积 　按现行 GB/T 8074《水泥比表面积测定方法》(勃氏法) 进行试验 　(8) 80μm 和 45μm 筛余 　按现行 GB/T 1345《水泥细度检验方法》(筛析法) 进行试验

通用硅酸盐水泥不同龄期的强度（N/mm²）　　　　表 1-82

序号	品　种	强度等级	抗压强度		抗折强度	
			3d	28d	3d	28d
1	硅酸盐水泥	42.5	≥17.0	≥42.5	≥3.5	≥6.5
2		42.5R	≥22.0		≥4.0	
3		52.5	≥23.0	≥52.5	≥4.0	≥7.0
4		52.5R	≥27.0		≥5.0	
5		62.5	≥28.0	≥62.5	≥5.0	≥8.0
6		62.5R	≥32.0		≥5.5	
7	普通硅酸盐水泥	42.5	≥17.0	≥42.5	≥3.5	≥6.5
8		42.5R	≥22.0		≥4.0	
9		52.5	≥23.0	≥52.5	≥4.0	≥7.0
10		52.5R	≥27.0		≥5.0	
11	矿渣硅酸盐水泥 火山灰硅酸盐水泥 粉煤灰硅酸盐水泥 复合硅酸盐水泥	32.5	≥10.0	≥32.5	≥2.5	≥5.5
12		32.5R	≥15.0		≥3.5	
13		42.5	≥15.0	≥42.5	≥3.5	≥6.5
14		42.5R	≥19.0		≥4.0	
15		52.5	≥21.0	≥52.5	≥4.0	≥7.0
16		52.5R	≥23.0		≥4.5	

1.5.3　通用硅酸盐水泥检验规则及包装、标志、运输与贮存

通用硅酸盐水泥检验规则及包装、标志、运输与贮存如表 1-83 所示。

通用硅酸盐水泥检验规则及包装、标志、运输与贮存　　　　表 1-83

序号	项目	内　容
1	检验规则	(1) 编号及取样 水泥出厂前按同品种、同强度等级编号和取样。袋装水泥和散装水泥应分别进行编号和取样。每一编号为一取样单位。水泥出厂编号按年生产能力规定为：

序号	项目	内　　容
1	检验规则	200×10^4 t 以上，不超过 4000t 为一编号 120×10^4 t～200×10^4 t，不超过 2400t 为一编号 60×10^4 t～120×10^4 t，不超过 1000t 为一编号 30×10^4 t～60×10^4 t，不超过 600t 为一编号 10×10^4 t～30×10^4 t，不超过 400t 为一编号 10×10^4 t 以下，不超过 200t 为一编号 取样方法按现行 GB 12573《水泥取样方法》进行。可连续取，亦可从 20 个以上不同部位取等量样品，总量至少 12kg。当散装水泥运输工具的容量超过该厂规定出厂编号吨数时，允许该编号的数量超过取样规定吨数 （2）水泥出厂 经确认水泥各项技术指标及包装质量符合要求时方可出厂 （3）出厂检验 出厂检验项目为表 1-81 序号 2 之（1）、（3）条 （4）判定规则 1）检验结果符合表 1-81 序号 2 之（1）、（3）条的规定为合格品 2）检验结果不符合表 1-81 序号 2 之（1）、（3）条中的任何一项技术要求为不合格品 （5）检验报告 检验报告内容应包括出厂检验项目、细度、混合材料品种和掺加量、石膏和助磨剂的品种及掺加量、属旋窑或立窑生产及合同约定的其他技术要求。当用户需要时，生产者应在水泥发出之日起 7d 内寄发除 28d 强度以外的各项检验结果，32d 内补报 28d 强度的检验结果 （6）交货与验收 1）交货时水泥的质量验收可抽取实物试样以其检验结果为依据，也可以生产者同编号水泥的检验报告为依据。采取何种方法验收由买卖双方商定，并在合同或协议中注明。卖方有告知买方验收方法的责任。当无书面合同或协议，或未在合同、协议中注明验收方法的，卖方应在发货票上注明"以本厂同编号水泥的检验报告为验收依据"字样 2）以抽取实物试样的检验结果为验收依据时，买卖双方应在发货前或交货地共同取样和签封。取样方法按现行 GB 12573《水泥取样方法》进行，取样数量为 20kg，缩分为二等份。一份由卖方保存 40d，一份由买方按本标准规定的项目和方法进行检验 在 40d 以内，买方检验认为产品质量不符合本标准要求，而卖方又有异议时，则双方将卖方保存的另一份试样送省级或省级以上国家认可的水泥质量监督检验机构进行仲裁检验。水泥安定性仲裁检验时，应在取样之日起 10d 以内完成 3）以生产者同编号水泥的检验报告为验收依据时，在发货前或交货时买方在同编号水泥中取样，双方共同签封后由卖方保存 90d，或认可卖方自行取样、签封并保存 90d 的同编号水泥的封存样 在 90d 内，买方对水泥质量有疑问时，则买卖双方应将共同认可的试样送省级或省级以上国家认可的水泥质量监督检验机构进行仲裁检验
2	包装、标志、运输与贮存	（1）包装 水泥可以散装或袋装，袋装水泥每袋净含量为 50kg，且应不少于标志质量的 99%；随机抽取 20 袋总质量（含包装袋）应不少于 1000kg。其他包装形式由供需双方协商确定，但有关袋装质量要求，应符合上述规定。水泥包装袋应符合现行 GB 9774《水泥包装袋》的规定 （2）标志 水泥包装袋上应清楚标明：执行标准、水泥品种、代号、强度等级、生产者名称、生产许可证标志（QS）及编号、出厂编号、包装日期、净含量。包装袋两侧应根据水泥的品种采用

续表 1-83

序号	项目	内　容
2	包装、标志、运输与贮存	不同的颜色印刷水泥名称和强度等级，硅酸盐水泥和普通硅酸盐水泥采用红色，矿渣硅酸盐水泥采用绿色；火山灰质硅酸盐水泥、粉煤灰硅酸盐水泥和复合硅酸盐水泥采用黑色或蓝色 散装发运时应提交与袋装标志相同内容的卡片 （3）运输与贮存 水泥在运输与贮存时不得受潮和混入杂物，不同品种和强度等级的水泥在贮运中避免混杂

1.6 混凝土外加剂

1.6.1 外加剂的总则及术语与符号

外加剂的总则及术语与符号如表 1-84 所示。

外加剂的总则及术语与符号　　　　　　　　　　表 1-84

序号	项　目	内　容
1	总则	（1）为规范混凝土外加剂应用，改善混凝土性能，满足设计和施工要求，保证混凝土工程质量，做到技术先进、安全可靠、经济合理、节能环保，编写本内容 混凝土外加剂已是混凝土不可或缺的第五组分，并在我国混凝土工程得以大量广泛应用。规范外加剂在混凝土中科学、合理和有效的应用，对满足设计和施工要求、保证工程质量和促进外加剂技术进步具有重要的意义 （2）内容适用于普通减水剂、高效减水剂、聚羧酸系高性能减水剂、引气剂、引气减水剂、早强剂、缓凝剂、泵送剂、防冻剂、速凝剂、膨胀剂、防水剂和阻锈剂在混凝土工程中的应用 （3）混凝土外加剂在混凝土工程中的应用，除应符合本书内容外，尚应符合国家现行有关标准的规定
2	术语	（1）减缩型聚羧酸系高性能减水剂。28d 收缩率比不大于 90% 的聚羧酸系高性能减水剂 （2）相容性。含减水组分的混凝土外加剂与胶凝材料、骨料、其他外加剂相匹配时，拌合物的流动性及其经时变化程度
3	符号	E——限制钢筋的弹性模量（N/mm²） h_0——试件高度的初始读数（mm） h_t——试件龄期为 t 时的高度读数（mm） h——试件基准高度（mm） L——初始长度测量值（mm） L_n——试件的基准长度（mm） L_1——所测龄期的试件长度测量值（mm） σ——膨胀或收缩应力（N/mm²） ε——所测龄期的限制膨胀率（%） ε_t——竖向膨胀率（%） μ——配筋率（%）

1.6.2 混凝土外加剂的基本规定

混凝土外加剂的基本规定如表 1-85 所示。

混凝土外加剂的基本规定

表 1-85

序号	项　目	内　　容
1	外加剂的选择	（1）外加剂种类应根据设计和施工要求及外加剂的主要作用选择 　　混凝土外加剂种类较多，掺量范围较宽、功能各异、使用效果易受多种因素影响，因此，外加剂种类的选择通过采用工程实际使用的原材料，经过试验验证，达到满足混凝土工作性能、力学性能、长期性能、耐久性能、安全性及节能环保等设计和施工要求。外加剂的选择可参考以下建议： 　　1）改善工作性、提高强度等宜选用本书表 1-86 序号 1 普通减水剂、表 1-86 序号 2 高效减水剂、表 1-86 序号 3 聚羧酸系高性能减水剂 　　2）改善工作性、提高抗冻融性，宜选用本书表 1-86 序号 4 引气减水剂 　　3）提高早期强度宜选用本书表 1-86 序号 5 早强剂 　　4）延长凝结时间，宜选用本书表 1-86 序号 6 缓凝剂 　　5）改善混凝土泵送性、提高工作性，宜选用本书表 1-86 序号 7 泵送剂 　　6）提高抗冻性和抗冻融性，宜选用本书表 1-86 序号 8 防冻剂 　　7）喷射混凝土或有速凝要求的混凝土，宜选用本书表 1-86 序号 9 速凝剂 　　8）配制补偿收缩混凝土与自应力混凝土，宜选用本书表 1-86 序号 10 膨胀剂 　　9）提高混凝土抗渗性，宜选用本书表 1-86 序号 11 防水剂 　　10）防止钢筋锈蚀，宜选用本书表 1-86 序号 12 阻锈剂 　　（2）当不同供方、不同品种的外加剂同时使用时，应经试验验证，并应确保混凝土性能满足设计和施工要求后再使用 　　（3）含有六价铬盐、亚硝酸盐和硫氰酸盐成分的混凝土外加剂，严禁用于饮水工程中建成后与饮用水直接接触的混凝土 　　（4）含有强电解质无机盐的早强型普通减水剂、早强剂、防冻剂和防水剂，严禁用于下列混凝土结构： 　　1）与镀锌钢材或铝铁相接触部位的混凝土结构 　　2）有外露钢筋预埋铁件而无防护措施的混凝土结构 　　3）使用直流电源的混凝土结构 　　4）距高压直流电源 100m 以内的混凝土结构 　　（5）含有氯盐的早强型普通减水剂、早强剂、防水剂和氯盐类防冻剂，严禁用于预应力混凝土、钢筋混凝土和钢纤维混凝土结构 　　（6）含有硝酸铵、碳酸铵的早强型普通减水剂、早强剂和含有硝酸铵、碳酸铵、尿素的防冻剂，严禁用于办公、居住等有人员活动的建筑工程 　　（7）含有亚硝酸盐、碳酸盐的早强型普遍减水剂、早强剂、防冻剂和含亚硝酸盐的阻锈剂，严禁用于预应力混凝土结构 　　（8）掺外加剂混凝土所用水泥，应符合本书 1.5 节（即表 1-79～表 1-83）和《中热硅酸盐水泥 低热硅酸盐水泥 低热矿渣硅酸盐水泥》GB 200 的规定；掺外加剂混凝土所用砂、石应符合现行行业标准《普通混凝土用砂、石质量及检验方法标准》JGJ 52 的规定；所用粉煤灰和粒化高炉矿渣粉等矿物接合料，应符合现行国家标准《用于水泥和混凝土中的粉煤灰》GB/T 1596 和《用于水泥和混凝土中的粒化高炉矿渣粉》GB/T 18046 的规定，并应检验外加剂与混凝土原材料的相容性，应符合要求后再使用。掺外加剂混凝土用水包括拌合用水和养护用水，应符合现行行业标准《混凝土用水标准》JGJ 63 的规定。硅灰应符合现行国家标准《高强高性能混凝土用矿物外加剂》GB/T 18736 的规定 　　（9）试配掺外加剂的混凝土应采用工程实际使用的原材料，检测项目应根据设计和施工要求确定，检测条件应与施工条件相同，当工程所用原材料或混凝土性能要求发生变化的，应重新试配

序号	项　目	内　　　容
2	外加剂的掺量	(1) 外加剂掺量应以外加剂质量占混凝土中胶凝材料总质量的百分数表示 (2) 外加剂掺量宜按供方的推荐掺量确定，应采用工程实际使用的原材料和配合比，经试验确定。当混凝土其他原材料或使用环境发生变化时，混凝土配合比、外加剂掺量可进行调整
3	外加剂的质量控制	(1) 外加剂进场时，供方应向需方提供下列质量证明文件： 　1) 型式检验报告 　2) 出厂检验报告与合格证 　3) 产品说明书 (2) 外加剂进场时，同一供方，同一品种的外加剂应按本书中各外加剂种类规定的检验项目与检验批量进行检验与验收，检验样品应随机抽取。外加剂进厂检验方法应符合现行国家标准《混凝土外加剂》GB 8076 的规定；膨胀剂应符合现行国家标准《混凝土膨胀剂》GB 23439 的规定；防冻剂、速凝剂、防水剂和阻锈剂应分别符合现行行业标准《混凝土防冻剂》JC 475、《喷射混凝土用速凝剂》JC 477、《凝土防水剂》JC 474 和《钢筋阻锈剂应用技术规程》JGJ/T 192 的规定。外加剂批量进货应与留样一致，应经检验合格后再使用 (3) 经进场检验合格的外加剂应按不同供方、不同品种和不同牌号分别存放，标识应清楚 (4) 当同一品种外加剂的供方、批次、产地和等级等发生变化时，需方应对外加剂进行复检，应合格并满足设计和施工要求后再使用 (5) 粉状外加剂应防止受潮结块，有结块时，应进行检验合格者应经粉碎至全部通过公称直径为 630μm 方孔筛后再使用液体外加剂应贮存在密闭容器内，并应防晒和防冻，有沉淀、异味、漂浮等现象时，应经检验合格后再使用 (6) 外加剂计量系统在投入使用前，应经标定合格后再使用，标识应清楚，计量应准确，计量允许偏差应为±1% (7) 外加剂在贮存、运输和使用过程中应根据不同种类和品种分别采取安全防护措施

1.6.3　混凝土外加剂应用技术要求

混凝土外加剂应用技术要求如表1-86所示。

混凝土外加剂应用技术要求　　　　　　　　　　　表1-86

序号	项　目	内　　　容
1	普通减水剂	(1) 品种 　1) 混凝土工程可采用木质素磷酸钙、木质素磺酸钠、木质素磺酸镁等普通减水剂 　2) 混凝土工程可采用由早强剂与普通减水剂复合而成的早强型普通减水剂 　3) 混凝土工程可采用由木质素磺酸盐类、多元醇类减水剂（包括糖钙和低聚糖类缓凝减水剂），以及木质素磺酸盐类、多元醇类减水剂与缓凝剂复合而成的缓凝型普通减水剂 (2) 适用范围 　1) 普通减水剂宜用于日最低气温 5℃ 以上强度等级为 C40 以下的混凝土 　2) 普通减水剂不宜单独用于蒸养混凝土 　3) 早强型普通减水剂宜用于常温、低温和最低温度不低于 -5℃ 环境中施工的有早强要求的混凝土工程。炎热环境条件下不宜使用早强型普通减水剂 　4) 缓凝型普通减水剂可用于大体积混凝土、碾压混凝土、炎热气候条件下施工的混凝土、大面积浇筑的混凝土、避免冷缝产生的混凝土、需长时间停放或长距离运输的混凝土、滑模施工或拉模施工的混凝土及其他需要延缓凝结时间的混凝土，不宜用于有早强要求的混凝土

序号	项 目	内 容
1	普通减水剂	5）使用含糖类或木质素磺酸盐类物质的缓凝型普通减水剂时，可按本书表 1-96 序号 1 的方法进行相容性试验，并应满足施工要求后再使用 （3）进场检验 1）普通减水剂应按每 50t 为一检验批，不足 50t 时也应按一个检验批计。每一检验批取样量不应少于 0.2t 胶凝材料所需用的减水剂量。每一检验批取样应充分混匀，并应分为两等份：其中一份应按本表序号 1 之（3）的 2）和 3）条规定的项目及要求进行检验，每检验批检验不得少于两次；另一份应密封留样保存半年，有疑问时，应进行对比检验 2）普遍减水剂进场检验项目应包括 pH 值、密度（或细度）、含固量（或含水率）、减水率，早强型普通减水剂还应检验 1d 抗压强度比，缓凝型普通减水剂还应检验凝结时间差 3）普通减水剂进场时，初始或经时坍落度（或扩展度）应按进场检验批次，采用工程实际使用的原材料和配合比与上批留样进行平行对比试验，其允许偏差应符合现行国家标准《混凝土质量控制标准》GB 50164 的有关规定 （4）施工 1）普通减水剂相容性的试验应按本书表 1-96 序号 1 的方法进行 2）普通减水剂掺量应根据供方的推荐掺量、环境温度、施工要求的混凝土凝结时间、运输距离、停放时间等经试验确定不应过量掺加 3）难溶和不溶的粉状普通减水剂应采用干掺法。粉状普通减水剂宜与胶凝材料同时加入搅拌机内，并宜延长搅拌时间 30s；液体普通减水剂宜与拌合水同时加入搅拌机内，计量应准确。减水剂的含水量应从拌合水中扣除 4）普通减水剂可与其他外加剂复合使用，其掺量应经试验确定。配制溶液时，如产生絮凝或沉淀等现象，应分别配制溶液并分别加入混凝土搅拌机内 5）早强型普通减水剂在日最低气温 0℃～−5℃条件下施工时，混凝土养护应加盖保温材料 6）掺普通减水剂的混凝土浇筑、振捣后，应及时抹压，并应始终保持混凝土表面潮湿，终凝后还应浇水养护，低温环境施工时，应加强保温养护
2.	高效减水剂	（1）品种 1）混凝土工程可采用下列高效减水剂： ①萘和萘的同系磺化物与甲醛缩合的盐类、氨基磺酸盐等多环芳香族磺酸盐类 ②磺化三聚氰胺树脂等水溶性树脂磺酸盐类 ③脂肪族羟烷基磺酸盐高缩聚物等脂肪族类 2）混凝土工程可采用由缓凝剂与高效减水剂复合而成的缓凝型高效减水剂 （2）适用范围 1）高效减水剂可用于素混凝土、钢筋混凝土、预应力混凝土，并可用于制备高强混凝土 2）缓凝型高效减水剂可用于大体积混凝土、碾压混凝土、炎热气候条件下施工的混凝土、大面积浇筑的混凝土、避免冷缝产生的混凝土、需较长时间停放或长距离运输的混凝土、自密实混凝土、滑模施工或拉模施工的混凝土及其他需要延缓凝结时间且有较高减水率要求的混凝土 3）标准型高效减水剂宜用于日最低气温 0℃以上施工的混凝土，也可用于蒸养混凝土 4）缓凝型高效减水剂宜用于日最低气温 5℃以上施工的混凝土 （3）进场检验 1）高效减水剂应按每 50t 为一检验批，不足 50t 时也应按一个检验批计。每一检验批取样量不应少于 0.2t 胶凝材料所需用的外加剂量。每一检验批取样应充分混匀，并应分为两等份：其中一份应按本表序号 2 之（3）的 2）和 3）条规定的项目及要求进行检验，每检验批检验不得少于两次；另一份应密封留样保存半年，有疑问时，应进行对比检验

序号	项 目	内 容
2	高效减水剂	2）高效减水剂进场检验项目应包括 pH 值、密度（或细度）、含固量（或含水率）、减水率，缓凝型高效减水剂还应检验凝结时间差 3）高效减水剂进场时，初始或经时坍落度（或扩展度）应按进场检验批次采用工程实际使用的原材料和配合比与上批留样进行平行对比试验，其允许偏差应符合现行国家标准《混凝土质量控制标准》GB 50164 的有关规定 （4）施工 1）高效减水剂相容性的试验应按本书表 1-96 序号 1 的方法进行 2）高效减水剂掺量应根据供方的推荐掺量、环境温度、施工要求的混凝土凝结时间、运输距离、停放时间等经试验确定 3）难溶和不溶的粉状高效减水剂应采用干掺法。粉状高效减水剂宜与胶凝材料同时加入搅拌机内，并宜延长搅拌时间 30s；液体高效减水剂宜与拌合水同时加入搅拌机内，计量应准确、减水剂的含水量应从拌合水中扣除 4）高效减水剂可与其他外加剂复合使用，其组成和掺量应经试验确定。配制溶液时，如产生絮凝或沉淀等现象，应分别配制溶液，并应分别加入搅拌机内 5）需二次添加高效减水剂时，应经试验确定，并应记录备案。二次添加的高效减水剂不应包括缓凝、引气组分。二次添加后应确保混凝土搅拌均匀，坍落度应符合要求后再使用 6）掺高效减水剂的混凝土浇筑，振捣后、应及时抹压，并应始终保持混凝土表面潮湿，终凝后应浇水养护 7）掺高效减水剂的混凝土采用蒸汽养护时，其蒸养制度应经试验确定
3	聚羧酸系高性能减水剂	（1）品种 1）混凝土工程可采用标准型、早强型和缓凝型聚羧酸系高性能减水剂 2）混凝土工程可采用具有其他特殊功能的聚羧酸系高性能减水剂 （2）适用范围 1）聚羧酸系高性能减水剂可用于素混凝土、钢筋混凝土和预应力混凝土 2）聚羧酸系高性能减水剂宜用于高强混凝土、自密实混凝土、泵送混凝土、清水混凝土、预制构件混凝土和钢管混凝土 3）聚羧酸系高性能减水剂宜用于具有高体积稳定性、高耐久性或高工作性要求的混凝土 4）缓凝型聚羧酸系高性能减水剂宜用于大体积混凝土，不宜用于日最低气温 5℃ 以下施工的混凝土 5）早强型聚羧酸系高性能减水剂宜用于有早强要求或低温季节施工的混凝土，但不宜用于日最低气温 −5℃ 以下施工的混凝土，且不宜用于大体积混凝土 6）具有引气性的聚羧酸系高性能减水剂用于蒸养混凝土时，应经试验验证 （3）进场检验 1）聚羧酸系高性能减水剂应按每 50t 为一检验批，不足 50t 时也应按一个检验批计。每一检验批取样量不应少于 0.2t 胶凝材料所需用的外加剂量。每一检验批取样应充分混匀，并应分为两等份；一份应按本表序号 3 之（3）的 2）和 3）条规定的项目及要求进行检验，每检验批检验不得少于两次；另一份应密封留样保存半年，有疑问时，应进行对比检验 2）聚羧酸系高性能减水剂进场检验项目应包括 pH 值、密度（或细度）、含固量（或含水率）、减水率，早强型聚羧酸系高性能减水剂应测 1d 抗压强度比，缓凝型聚羧酸系高性能减水剂还应检验凝结时间差 3）聚羧酸系高性能减水剂进场时，初始或经时坍落度（或扩展度），应按进场检验批次采用工程实际使用的原材料和配合比与上批留样进行平行对比试验，其允许偏差应符合现行国家标准《混凝土质量控制标准》GB 50164 的有关规定

序号	项　目	内　　容
3	聚羧酸系高性能减水剂	(4) 施工 1) 聚羧酸系高性能减水剂相容性的试验应按本书表1-96序号1的方法进行 2) 聚羧酸系高性能减水剂不应与萘系和氨基磺酸盐高效减水剂复合或混合使用，与其他种类减水剂复台或混合时，应经试验验证，并应满足设计和施工要求后再使用 3) 聚羧酸系高性能减水剂在运输、贮存时，应采用洁净的塑料、玻璃钢或不锈钢等容器，不宜采用铁质容器 4) 高温季节，聚羧酸系高性能减水剂应置于阴凉处；低温季节，应对聚羧酸系高性能减水剂采取防冻措施 5) 聚羧酸系高性能减水剂与引气剂同时使用时，宜分别掺加 6) 含引气剂或消泡剂的聚羧酸系高性能减水剂使用前应进行均化处理 7) 聚羧酸系高性能减水剂应按混凝土施工配合比规定的掺量添加 8) 使用聚羧酸系高性能减水剂生产混凝土时，应控制砂、石含水量、含泥量和泥块含量的变化 9) 聚羧酸系高性能减水剂的混凝土宜采用强制式搅拌机均匀搅拌。混凝土搅拌的最短时间可符合表1-87的规定。搅拌强度等级C60及以上的混凝土时，搅拌时间应适当延长 10) 掺用过其他类型减水剂的混凝土搅拌机和运输罐车、泵车等设备，应清洗干净后再搅拌和运输掺聚羧酸系高性能减水剂的混凝土 11) 使用标准型或缓凝型聚羧酸系高性能减水剂时，当环境温度低于10℃，应采取防止混凝土坍落度的经时增加的措施
4	引气剂及引气减水剂	(1) 品种 1) 混凝土工程可采用下列引气剂： ①松香热聚物、松香皂及改性松香皂等松香树脂类 ②十二烷基磺酸盐、烷基苯磺酸盐、石油磺酸盐等烷基和烷基芳烃磺酸盐类 ③脂肪醇聚氧乙烯磺酸钠、脂肪醇硫酸钠等脂肪醇磺酸盐类 ④脂肪醇聚氯乙烯醚、烷基苯酚聚氧乙烯醚等非离子聚醚类 ⑤三萜皂甙等皂甙类 ⑥不同品种引气剂的复合物 2) 混凝土工程中可采用由引气剂与减水剂复合而成的引气减水剂 (2) 适用范围 1) 引气剂及引气减水剂宜用于有抗冻融要求的混凝土、泵送混凝土和易产生泌水的混凝土 2) 引气剂及引气减水剂可用于抗渗混凝土、抗硫酸盐混凝土、贫混凝土、轻骨料混凝土、人工砂混凝土和有饰面要求的混凝土 3) 引气剂及引气减水剂不宜用于蒸养混凝土及预应力混凝土。必要时，应经试验确定 (3) 技术要求 1) 混凝土含气量的试验应采用工程实际使用的原材料和配合比，有抗冻融要求的混凝土含气量应根据混凝土抗冻等级和粗骨料最大公称粒径等经试验确定，但不宜超过表1-88规定的含气量 2) 用于改善新拌混凝土工作性时，新拌混凝土含气量宜控制在3%～5% 3) 混凝土施工现场含气量和设计要求的含气量允许偏差应为±10% (4) 进场检验 1) 引气剂应按每10t为一检验批，不足10t时也应按一个检验批计，引气减水剂应按每50t为一检验批，不足50t时也应按一个检验批计。每一检验批取样量不应少于0.2t胶凝材料所需用的外加剂。每一检验批取样应充分混匀，并应分为两等份；其中一份应按本表序号4之(4)的2)和3)条规定的项目及要求进行检验，每检验批检验不得少于两次；另一份应密封留样保存半年，有疑问时，应进行对比检验

序号	项　目	内　　　容
4	引气剂及引气减水剂	2）引气剂及引气减水剂进场时，检验项目应包括pH值、密度（或细度）、含固量（或含水率）、含气量、含气量经时损失，引气减水剂还应检测减水率 3）引气剂及引气减水剂进场时，含气量应按进场检验批次采用工程实际使用的原材料和配合比与上批留样进行平行对比试验，初始含气量允许偏差应为±1.0% （5）施工 1）引气减水剂相容性的试验应按本书表1-96序号1的方法进行 2）引气剂宜以溶液掺加，使用时应加入拌合水中，引气剂溶液中的水量应从拌合水中扣除 3）引气剂、引气减水剂配制溶液时，应充分溶解后再使用 4）引气剂可与减水剂、早强剂、缓凝剂、防冻剂等复合使用。配制溶液时，如产生絮凝或沉淀等现象，应分别配制溶液，并应分别加入搅拌机内 5）当混凝土原材料、施工配合比或施工条件变化时，引气剂或引气减水剂的掺量应重新试验并确定 6）掺引气剂、引气减水剂的混凝土宜采用强制式搅拌机搅拌，并应搅拌均匀。搅拌时间及搅拌量应经试验确定，最少搅拌时间可符合本书表1-87的规定。出料到浇筑的停放时间不宜过长。采用插入式振捣时，同一振捣点振捣时间不宜超过20s 7）检验混凝土的含气量应在施工现场进行取样。对含气量有设计要求的混凝土，当连续浇筑时每4h应现场检验一次；当间歇施工时，每浇筑200m³应检验一次。必要时，可增加检验次数
5	早强剂	（1）品种 1）混凝土工程可采用下列早强剂： ①硫酸盐、硫酸复盐、硝酸盐、碳酸盐、亚硝酸盐、氯盐、硫氰酸盐等无机盐类 ②三乙醇胺、甲酸盐、乙酸盐、丙酸盐等有机化合物类 2）混凝土工程可采用两种或两种以上无机盐类早强剂或有机化合物类早强剂复合而成的早强剂 （2）适用范围 1）早强剂宜用于蒸养、常温、低温和最低温度不低于−5℃环境中施工的有早强要求的混凝土工程。炎热条件以及环境温度低于−5℃时不宜使用早强剂 2）早强剂不宜用于大体积混凝土；三乙醇胺等有机胺类早强剂不宜用于蒸养混凝土 3）无机盐类早强剂不宜用于下列情况： ①处于水位变化的结构 ②露天结构及经常受水淋、受水流冲刷的结构 ③相对湿度大于80%环境中使用的结构 ④直接接触酸、碱或其他侵蚀性介质的结构 ⑤有装饰要求的混凝土，特别是要求色彩一致或表面有金属装饰的混凝土 （3）进场检验 1）早强剂应按每50t为一检验批，不足50t时应按一个检验批计。每一检验批取样量不应少于0.2t胶凝材料所需用的外加剂量。每一检验批取样应充分混匀，并应分为两等份：其中一份应按本表序号5之（3）的2）和3）条规定的项目和要求进行检验，每检验批检验不得少于两次；另一份应密封留样保存半年，有疑问时，应进行对比检验 2）早强剂进场检验项目应包括密度（或细度）、含固量（或含水率）、碱含量、氯离子含量和1d抗压强度比 3）检验含有硫氰酸盐、甲酸盐等早强剂的氯离子含量时，应采用离子色谱法

序号	项 目	内 容
5	早强剂	（4）施工 1）供方应向需方提供早强剂产品贮存方式、使用注意事项和有效期，对含有亚硝酸盐、硫氰酸盐的早强剂应有有关化学品的管理规定进行贮存和使用. 2）供方应向需方提供早强剂产品的主要成分及掺量范围。早强剂中硫酸钠掺入混凝土的量应符合本书表 1-89 的规定，三乙醇胺掺入混凝土的量不应大于胶凝材料质量的 0.05%，早强剂在素混凝土中引入的氯离子含量不应大于胶凝材料质量的 1.8%。其他品种早强剂的掺量应经试验确定 3）掺早强剂的混凝土采用蒸汽养护时，其蒸养制度应经试验确定 4）掺粉状早强剂的混凝土宜延长搅拌时间 30s 5）掺早强剂的混凝土应加强保温保湿养护
6	缓凝剂	（1）品种 1）混凝土工程可采用下列缓凝剂： ①葡萄糖、蔗糖、糖蜜、糖钙等糖类化合物 ②柠檬酸（钠）、酒石酸（钾钠）、葡萄糖酸（钠）、水杨酸及其盐类等羟基羧酸及其盐类 ③山梨醇、甘露醇等多元醇及其衍生物 ④2-膦酸丁烷-1，2，4-三羧酸（PBTC）、氨基三甲叉膦酸（ATMP）及其盐类等有机磷酸及其盐类 ⑤磷酸盐、锌盐、硼酸及其盐类、氟硅酸盐等无机盐类 2）混凝土工程可采用由不同缓凝组分复合而成的缓凝剂 （2）适用范围 1）缓凝剂宜用于延缓凝结时间的混凝土 2）缓凝剂宜用于对坍落度保持能力有要求的混凝土、静停时间较长或长距离运输的混凝土、自密实混凝土 3）缓凝剂可用于大体积混凝土 4）缓凝剂宜用于日最低气温 5℃ 以上施工的混凝土 5）柠檬酸（钠）及酒石酸（钾钠）等缓凝剂不宜单独用于贫混凝土 6）含有糖类组分的缓凝剂与减水剂复合使用时，可按本书表 1-96 序号 1 的方法进行相容性试验 （3）进场检验 1）缓凝剂应按每 20t 为一检验批，不足 20t 时也应按一个检验批计。每一批次检验批取样量不应少于 0.2t 胶凝材料所需用的外加剂量。每一检验批取样应充分混匀，并应分为两多份；其中一份应按本表序号 6 之（3）的 2）和 3）条规定的项目和要求进行检验，每检验批检验不得少于两次；另一份应密封留样保存半年，有疑问时，应进行对比检验 2）缓凝剂进场时检验项目应包括密度（或细度）、含固量（或含水率）和混凝土凝结时间差 3）缓凝剂进场时，凝结时间的检测应按进场检验批次采用工程实际使用的原材料和配合比与上批留样进行平行对比，初、终凝时间允许偏差应为 ±1h （4）施工 1）缓凝剂的品种、掺量应根根环境温度、施工要求的混凝土凝结时间、运输距离、静停时间、强度等经试验确定 2）缓凝剂用于连续浇筑的混凝土时，混凝土的初凝时间应满足设计和施工要求

序号	项 目	内 容
6	缓凝剂	3）缓凝剂宜以溶液掺加，使用时应加入拌合水中，缓凝剂溶液中的水量应从拌合水中扣除。难溶和不溶的粉状缓凝剂应采用干掺法，并宜延长搅拌时间 30s 4）缓凝剂可与减水剂复合使用。配制溶液时，如产生絮凝或沉淀等现象，宜分别配制溶液，并应分别加入搅拌机内 5）掺缓凝剂的混凝土浇筑、振捣后，应及时养护 6）当环境温度波动超过 10℃时，应经试验调整缓凝剂掺量
7	泵送剂	（1）品种 1）混凝土工程可采用一种减水剂与缓凝组分、引气组分、保水组分和黏度调节组分复合而成的泵送剂 2）混凝土工程可采用两种或两种以上减水剂与缓凝组分、引气组分、保水组分和黏度调节组分复合而成的泵送剂 3）混凝土工程可采用一种减水剂作为泵进剂 4）混凝土工程可采用两种或两种以上减水剂复合而成的泵送剂 （2）适用范围 1）泵送剂宜用于泵送施工的混凝土 2）泵送剂可用于工业与民用建筑结构工程混凝土、桥梁混凝土、水下灌注桩混凝土、大坝混凝土、清水混凝土、防辐射混凝土和纤维增强混凝土等 3）泵送剂宜用于日平均气温 5℃以上的施工环境 4）泵送剂不宜用于蒸汽养护混凝土和蒸压养护的预制混凝土 5）使用含糖类或木质素磺酸盐的泵送剂时，可按本书表 1-96 序号 1 进行相容性试验，并应满足施工要求后再使用 （3）技术要求 1）泵送剂使用时，其减水率宜符合表 1-90 的规定。减水率应按现行国家标准《混凝土外加剂》GB 8076 的有关规定进行测定 2）用于自密实混凝土泵送剂的减水率不宜小于 20% 3）掺泵送剂混凝土的坍落度 1h 经时变化量可按表 1-91 的规定选择。坍落度 1h 经时变化值应按现行国家标准《混凝土外加剂》GB 8076 的有关规定进行测定 （4）进场检验 1）泵送剂应按每 50t 为一检验批，不足 50t 的也应按一个检验批计。每一检验批取样量不应少于 0.2t 胶凝材料所需用的外加剂量。每一检验批取样应充分混匀，并应分为两等份：其中一份应按本表序号 7 之（4）的 2）和 3）条规定的项目和要求进行检验，每检验批检验不得少于两次；另一个应密封留样保存半年，有疑问时，应进行对比检验 2）泵送剂进场检验项目应包括 pH 值、密度（或细度）、含固量（含水率）、减水率和坍落度 1h 经时变化值 3）泵送剂进场时，减水率及坍落度 1h 经时变化值应按进场检验批次采用工程实际使用的原材料和配合比与上批留样进行平行对比试验，减水率允许偏差应为 ±2%，坍落度 1h 经时变化值允许偏差应为 ±20mm （5）施工 1）泵送剂相容性的试验应按本书表 1-96 序号 1 的方法进行 2）不同供方、不同品种的泵送剂不得混合使用 3）泵送剂的品种、掺量应根据工程实际使用的原材料、环境温度、运输距离、泵送高度和泵送距离等经试验确定

序号	项　目	内　　容
7	泵送剂	4）液体泵送剂宜与拌合水预混，溶液中的水量应从拌合水中扣除；粉状泵送剂宜与胶凝材料一起加入搅拌机内，并宜延长混凝土搅拌时间 30s 　5）泵送混凝土的原材料选择、配合比要求，应符合本书表 1-29～表 1-54 中的有关规定 　6）掺泵送剂的混凝土采用二次掺加法时，二次添加的外加剂品种及掺量应经试验确定，并应记录备案。二次添加的外加剂不应包括缓凝、引气组分。二次添加后应确保混凝土搅拌均匀，坍落度应符合要求后再使用 　7）掺泵送剂的混凝土浇筑、振捣后，应及时抹压，并应始终保持混凝土表面潮湿，终凝后还应浇水养扩，当气温较低时，应加强保温保湿养护
8	防冻剂	（1）品种 　1）混凝土工程可采用以某些醇类、尿素等有机化合物为防冻组分的有机化合物类防冻剂 　2）混凝土工程可采用下列无机盐类防冻剂： 　①以亚硝酸盐、硝酸盐、碳酸盐等无机盐为防冻组分的无氯盐类 　②含有阻锈组分，并以氯盐为防冻组分的氯盐阻锈类 　③以氯盐为防冻组分的氯盐类 　3）混凝土工程可采用防冻组分与早强、引气和减水组分复合而成的防冻剂 （2）适用范围 　1）防冻剂可用于冬期施工的混凝土 　2）亚硝酸钠防冻剂或亚硝酸钠与碳酸锂复合防冻剂，可用于冬期施工的硫铝酸盐水泥混凝土 （3）进场检验 　1）防冻剂应按每 100t 为一检验批，不足 100t 时也应按一个检验批计。每一检验批取样量不应少于 0.2t 胶凝材料所需用的外加剂量。每一检验批取样应充分混匀，并应分为两等份：一份应按本表序号 8 之（3）的 2）和 3）条规定的项目和要求进行检验，每检验批检验不得少于两次；另一份应密封留样保存半年，有疑问时，应进行对比检验 　2）防冻剂进场检验项目应包括氯离子含量、密度（或细度）、含固量（或含水率）、碱含量和含气量，复合类防冻剂还应检测减水率 　3）检验含有硫氰酸盐、甲酸盐等防冻剂的氯离子含量时，应采用离子色谱法 （4）施工 　1）含减水组分的防冻剂相容性的试验应按本书表 1-96 序号 1 的方法进行 　2）防冻剂的品种、掺量应以混凝土浇筑后 5d 内的预计日最低气温选用。在日最低气温为−5℃～−10℃、−10℃～−15℃、−15℃～−20℃时，应分别选用规定温度为−5℃、−10℃、−15℃的防冻剂 　3）掺防冻剂的混凝土所用原材料，应符合下列要求： 　①宜选用硅酸盐水泥、普通硅酸盐水泥 　②骨料应清洁，不得含有冰、雪、冻块及其他易冻裂物质 　4）防冻剂与其他外加剂同时使用时，应经试验确定，并应满足设计和施工要求后再使用 　5）使用液体防冻剂时，贮存和输送液体防冻剂的设备应采取保温措施 　6）掺防冻剂混凝土拌合物的入模温度不应低于 5℃ 　7）掺防冻剂混凝土的生产、运输、施工及养护，应符合现行行业标准《建筑工程冬期施工规程》JGJ/T 104 的有关规定

序号	项目	内容
9	速凝剂	(1) 品种 1) 喷射混凝土工程可采用下列粉状速凝剂： ①以铝酸盐、碳酸盐等为主要成分的粉状速凝剂 ②以硫酸铝、氢氧化铝等为主要成分与其他无机盐、有机物复合而成的低碱粉状速凝剂 2) 喷射混凝土工程可采用下列液体速凝剂： ①以铝酸盐、硅酸盐为主要成分与其他无机盐、有机物复合而成的液体速凝剂 ②以硫酸铝、氢氧化铝等为主要成分与其他无机盐、有机物复合而成的低碱液体速凝剂 (2) 适用范围 1) 速凝剂可用于喷射法施工的砂浆或混凝土，也可用于有速凝要求的其他混凝土 2) 粉状速凝剂宜用于干法施工的喷射混凝土，液体速凝剂宜用于湿法施工的喷射混凝土 3) 永久性支护或衬砌施工使用的喷射混凝土、对碱含量有特殊要求的喷射混凝土工程，宜选用碱含量小于 1％的低碱速凝剂 (3) 进场检验 1) 速凝剂应按每 50t 为一检验批、不足 50t 时也应按一个检验批计。每一检验批取样量不应少于 0.2t 胶凝材料所需用的外加剂量。每一检验批取样应充分混匀，并应分为两等份：其中一份应按本表序号 9 之 (3) 的 2) 和 3) 条规定的项目和要求进行检验，每检验批检验不得少于两次；另一份应密封留样保存半年，有疑问时，应进行对比检验 2) 速凝剂进场时检验项目应包括密度（或细度）、水泥净浆初凝和终凝时间 3) 速凝剂进场时，水泥净浆初、终凝时间应按进场检验批次采用工程实际使用的原材料和配合比与上批留样进行平行对比试验，其允许偏差应为±1min (4) 施工 1) 速凝剂掺量宜为胶凝材料质量的 2％～10％，当混凝土原材料、环境温度发生变化时，应根据工程要求，经试验调整速凝剂掺量 2) 喷射混凝土的施工宜选用硅酸盐水泥或普通硅酸盐水泥，不得使用过期或受潮结块的水泥。当工程有防腐、耐高温或其他特殊要求时，也可采用相应特种水泥 3) 掺速凝剂混凝土的粗骨料宜采用最大粒径不大于 20mm 的卵石或碎石，细骨料宜采用中砂 4) 掺速凝剂的喷射混凝土配合比宜通过试配试喷确定，其强度应符合设计要求，并应满足节约水泥、回弹量少等要求。特殊情况下，还应满足抗冻性和抗渗性等要求。砂率宜为45％～60％。湿喷混凝土拌合物的坍落度不宜小于 80mm 5) 湿法施工时，应加强混凝土工作性的检查。喷射作业时每班次混凝土坍落度的检查次数不应少于两次，不足一个班次时也应按一个班次检查。当原材料出现波动时应及时检查 6) 干法施工时，混合料的搅拌宜采用强制式搅拌机。当采用容量小于 400L 的强制式搅拌机时，搅拌时间不得少于 60s；当采用自落式或滚筒式搅拌机时，搅拌时间不得少于120s。当掺有矿物掺合料或纤维时，搅拌时间宜延长 30s 7) 干法施工时，混合料在运输、存放过程中，应防止受潮及杂物混入，投入喷射机前应过筛 8) 干法施工时，混合料应随拌随用。无速凝剂掺入的混合料，存放时间不应超过 2h，有速凝剂掺入的混合料，存放时间不应超过 20min 9) 喷射混凝土终凝 2h 后，应喷水养护。环境温度低于 5℃时，不宜喷水养护 10) 掺速凝剂喷射混凝土作业区日最低气温不应低于 5℃ 11) 掺速凝剂喷射混凝土施工时，施工人员应采取劳动防护措施，并应确保人身安全

序号	项　目	内　容
10	膨胀剂	（1）品种 1）混凝土工程可采用硫铝酸钙类混凝土膨胀剂 2）混凝土工程可采用硫铝酸钙－氧化钙类混凝土膨胀剂 3）混凝土工程可采用氧化钙类混凝土膨胀剂 （2）适用范围 1）用膨胀剂配制的补偿收缩混凝土宜用于混凝土结构自防水、工程接缝、填充灌浆，采取连续施工的超长混凝土结构，大体积混凝土工程等；用膨胀剂配制的自应力混凝土宜用于自应力混凝土输水管、灌注桩等 　目前膨胀剂主要是掺入硅酸盐类水泥中使用，用于配制补偿收缩混凝土或自应力混凝土。表 1-92 是其常见的一些用途 2）含硫铝酸钙类、硫铝酸钙－氧化钙类膨胀剂配制的混凝土（砂浆）不得用于长期环境温度为 80℃以上的工程 3）膨胀剂应用于钢筋混凝土工程和填充性混凝土工程 （3）技术要求 1）掺膨胀剂的补偿收缩混凝土，其限制膨胀率应符合表 1-93 的规定 2）补偿收缩混凝土限制膨胀率的试验和检验应按本书表 1-96 序号 2 的方法进行 3）补偿收缩混凝土的抗压强度应符合设计要求，其验收评定应符合本书表 1-69 的有关规定 4）补偿收缩混凝土设计强度不宜低于 C25；用于填充的补偿收缩混凝土设计强度不宜低于 C30 5）补偿收缩混凝土的强度试件制作和检验，应符合现行国家标准《普通混凝土力学性能试验方法标准》GB/T 50081 的有关规定。用于填充的补偿收缩混凝土的抗压强度试件制作和检测，应按现行行业标准《补偿收缩混凝土应用技术规程》JGJ/T 178—2009 的附录 A 进行 6）灌浆用膨胀砂浆，其性能应符合表 1-94 的规定。抗压强度应采用 40mm×40mm×160mm 的试模，无振动成型，拆模、养护、强度检验应按现行国家标准《水泥胶砂强度检验方法（ISO 法）》GB/T 17671 的有关规定执行，竖向膨胀率的测定应按本书表 1-96 序号 3 的方法进行 7）掺加膨胀剂配制自应力水泥时，其性能应符合现行行业标准《自应力硅酸盐水泥》JC/T 218 的有关规定： （4）进场检验 1）膨胀剂应按每 200t 为一检验批，不足 200t 时也应按一个检验批计。每一检验批取样量不应少于 10kg。每一检验批取样应充分混匀，并应分为两等份；其中一份应按本表序号 10 之（4）的 2）条规定的项目进行检验，每检验批检验不得少于两次；另一份应密封留样保存半年，有疑问时，应进行对比检验 2）膨胀剂进场时检验项目应为水中 7d 限制膨胀率和细度 （5）施工 1）掺膨胀剂的补偿收缩混凝土，其设计和施工应符合现行行业标准《补偿收缩混凝土应用技术规程》JGJ/T 178 的有关规定。其中，对暴露在大气中的混凝土表面应及时进行保水养护，养护期不得少于 14d；冬期施工时，构件拆模时间应延至 7d 以上，表层不得直接洒水，可采用塑料薄膜保水，薄膜上部应覆盖岩棉被等保温材料 2）大体积、大面积及超长结构的后浇带可采用膨胀加强措施连续施工，膨胀加强带的构造形式和超长结构浇筑方式，应符合现行行业标准《补偿收缩混凝土应用技术规程》JGJ/T 178 的有关规定

序号	项 目	内 容
10	膨胀剂	3）掺膨胀剂混凝土的胶凝材料最少用量应符合表 1-95 的规定 4）灌浆用膨胀砂浆施工应符合下列规定： 　①灌浆用膨胀砂浆的水料（胶凝材料＋砂）比宜为 0.12～0.16，搅拌时间不宜少于 3min 　②膨胀砂浆不得使用机械振捣，宜用人工插捣排除气泡，每个部位应从一个方向浇筑 　③浇筑完成后，应立即用湿麻袋等覆盖暴露部分，砂浆硬化后应立即浇水养护，养护期不宜少于 7d 　④灌浆用膨胀砂浆浇筑和养护期间，最低气温低于 5℃时，应采取保温保湿养护措施
11	防水剂	（1）品种 1）混凝土工程可采用下列防水剂： 　①氯化铁、硅灰粉末、锆化合物、无机铝盐防水剂、硅酸钠等无机化合物类 　②脂肪酸及其盐类、有机硅类（甲基硅醇钠、乙基硅醇钠、聚乙基羟基硅氧烷等）、聚合物乳液（石蜡、地沥青、橡胶及水溶性树脂乳液等）等有机化合物类 2）混凝土工程可采用下列复合型防水剂： 　①无机化合物类复合、有机化合物类复合、无机化合物类与有机化合物类复合 　②本条第①款各类与引气剂、减水剂、调凝剂等外加剂复合而成的防水剂 （2）适用范围 1）防水剂可用于有防水抗渗要求的混凝土工程 2）对有抗冻要求的混凝土工程宜选用复合引气组分的防水剂 （3）进场检验 1）防水剂应按每 50t 为一检验批，不足 50t 时也应按一个检验批计。每一检验批取样量不应少于 0.2t 胶凝材料所需用的外加剂量。每一检验批取样应充分混匀，并应分为两等份：其中一份应按本表序号 12 之（3）的 2）条规定的项目进行检验，每检验批检验不得少于两次；另一份应密封留样保存半年，有疑问时，应进行对比检验 2）防水剂进场检验项目应包括密度（或细度）、含固量（或含水率） （4）施工 1）含有减水组分的防水剂相容性的试验应按本书表 1-96 序号 1 的方法进行 2）掺防水剂的混凝土宜选用普通硅酸盐水泥。有抗硫酸盐要求时，宜选用抗硫酸盐硅酸盐水泥或火山灰质硅酸盐水泥，并应经试验确定 3）防水剂应按供方推荐掺量掺加，超量掺加时应经试验确定 4）掺防水剂混凝土宜采用最大粒径不大于 25mm 连续级配的石子 5）掺防水剂混凝土的搅拌时间应较普通混凝土延长 30s 6）掺防水剂混凝土应加强早期养护，潮湿养护不得少于 7d 7）处于侵蚀介质中掺防水剂的混凝土，应采取防腐蚀措施 8）掺防水剂混凝土的结构表面温度不宜超过 100℃，超过 100℃时，应采取隔断热源的保护措施
12	阻锈剂	（1）品种 1）混凝土工程可采用下列阻锈剂： 　①亚硝酸盐、硝酸盐、铬酸盐、重铬酸盐、磷酸盐、多磷酸盐、硅酸盐、钼酸盐、硼酸盐等无机盐类 　②胺类、醛类、炔醇类、有机磷化合物、有机硫化合物、羧酸及其盐类、磺酸及其盐类、杂环化合物等有机化合物类 2）混凝土工程可采用两种或两种以上无机盐类或有机化合物类阻锈剂复合而成的阻锈剂

续表 1-86

序号	项　目	内　　容
12	阻锈剂	（2）适用范围 1）阻锈剂宜用于容易引起钢筋锈蚀的侵蚀环境中的钢筋混凝土、预应力混凝土和钢纤维混凝土 2）阻锈剂宜用于新建混凝土工程和修复工程 3）阻锈剂可用于预应力孔道灌浆 （3）进场检验 1）阻锈剂应按每 50t 为一检验批，不足 50t 时也应按一个检验批计。每一检验批取样量不应少于 0.2t 胶凝材料所需用的外加剂量。每一检验批取样应充分混匀，并应分为两等份：其中一份应按本表序号 12 之（3）的 2）条规定的项目进行检验，每检验批检验不得少于两次；另一份应密封留样保存半年，有疑问时，应进行对比检验 2）阻锈剂进场检验项目应包括 pH 值、密度（或细度）、含固量（含水率） （4）施工 1）新建钢筋混凝土工程采用阻锈剂时，应符合下列规定： ①掺阻锈剂混凝土配合比设计应符合本书表 1-29～表 1-54 中的有关规定。当原材料或混凝土性能要求发生变化时，应重新进行混凝土配合比设计 ②掺阻锈剂或阻锈剂与其他外加剂复合使用的混凝土性能应满足设计和施工要求 ③掺阻锈剂混凝土的搅拌、运输、浇筑和养护，应符合现行国家标准《混凝土质量控制标准》GB 50164 的有关规定 2）使用掺阻锈剂的混凝土或砂浆对既有钢筋混凝土工程进行修复时，应符合下列规定： ①应先剔除已被腐蚀、污染或中性化的混凝土层，并应清除钢筋表面锈蚀物后再进行修复 ②当损坏部位较小、修补层较薄时，宜采用砂浆进行修复；当损坏部位较大、修补层较厚时，宜采用混凝土进行修复 ③当大面积施工时，可采用喷射式喷、抹结合的施工方法 ④修复的混凝土或砂浆的养护应符合现行国家标准《混凝土质量控制标准》GB 50164 的有关规定

混凝土搅拌的最短时间（s）　　　　　　　　　　　　　　表 1-87

序号	混凝土坍落度（mm）	搅拌机机型	搅拌机出料量（L）		
			<250	250～500	>500
1	≤40	强制式	60	90	120
2	>40 且<100	强制式	60	60	90
3	≥100	强制式	60		

掺引气剂或引气减水剂混凝土含气量限值　　　　　　　　表 1-88

序号	粗骨料最大公称粒径（mm）	混凝土含气量限值（%）
1	10	7.0
2	15	6.0
3	20	5.5
4	25	5.0
5	40	4.5

注：表中含气量，C50、C55 混凝土可降低 0.5%，C60 及 C60 以上混凝土可降低 1%，但不宜低于 3.5%。

硫酸钠掺量限值　　　　表 1-89

序号	混凝土种类	使用环境	掺量限值（胶凝材料质量%）
1	预应力混凝土	干燥环境	≤1.0
2	钢筋混凝土	干燥环境	≤2.0
		潮湿环境	≤1.5
3	有饰面要求的混凝土		≤0.8
4	素混凝土		≤3.0

减水率的选择　　　　表 1-90

序号	混凝土强度等级	减水率（%）
1	C30 及 C30 以上	12～20
2	C35～C55	16～28
3	C60 及 C60 以上	≥25

坍落度 1h 经时变化量的选择　　　　表 1-91

序号	运输和等候时间（min）	坍落度 1h 经时变化量（mm）
1	<60	≤80
2	60～120	≤40
3	>120	≤20

膨胀剂的一些常见用途　　　　表 1-92

序号	混凝土种类	常见问题
1	补偿收缩混凝土	地下、水中、海水中、隧道等构筑物；大体积混凝土（除大坝外）；配筋路面和板；屋面与厕浴间防水；构件补强、渗漏修补；预应力混凝土；回填槽、结构后浇缝、隧洞堵头、钢管与隧道之间的填充；机械设备的底座灌浆、地脚螺栓的固定、梁柱接头、加固等
2	自应力混凝土	自应力钢筋混凝土输水管、灌注桩等

补偿收缩混凝土的限制膨胀率　　　　表 1-93

序号	用途	限制膨胀率（%）	
		水中 14d	水中 14d 转空气中 28d
1	用于补偿混凝土收缩	≥0.015	≥-0.030
2	用于后浇带、膨胀加强带和工程接缝填充	≥0.025	≥-0.020

灌浆用膨胀砂浆性能　　　　表 1-94

序号	扩展度（mm）	竖向限制膨胀率（%）		抗压强度（N/mm²）		
		3d	7d	1d	3d	28d
1	≥250	≥0.10	≥0.20	≥20	≥30	≥60

胶凝材料最少用量   表 1-95

序号	用 途	胶凝材料最少用量（kg/m³）
1	用于补偿混凝土收缩	300
2	用于后浇带、膨胀加强带和工程接缝填充	350
3	用于自应力混凝土	500

混凝土外加剂与补偿收缩混凝土及灌浆用膨胀砂浆试验方法与测定方法   表 1-96

序号	项目	内 容
1	混凝土外加剂相容性快速试验方法	（1）混凝土外加剂相容性快速试验方法适用于含减水组分的各类混凝土外加剂与胶凝材料、细骨料和其他外加剂的相容性试验 （2）试验所用仪器设备应符合下列规定： 1）水泥胶砂搅拌机应符合现行行业标准《行星式水泥胶砂搅拌机》JC/T 681 的有关规定 2）砂浆扩展度筒应采用内壁光滑无接缝的筒状金属制品（图 1-11），尺寸应符合下列要求： ①筒壁厚度不应小于 2mm ②上口内径 d 尺寸为 50mm±0.5mm ③下口内径 D 尺寸为 100mm±1.5mm ④高度 h 尺寸为 150mm±0.5mm 3）捣棒应采用直径为 8mm±0.2mm、长为 300mm±3mm 的钢棒，端部应磨圆；玻璃板的尺寸应为 500mm×500mm×5mm；应采用量程为 500mm、分度值为 1mm 的钢直尺；应采用分度值为 0.1s 的秒表；应采用分度值为 1s 的时钟；应采用量程为 100g、分度值为 0.01g 的天平；应采用量程为 5kg、分度值为 1g 的台秤 （3）试验所用原材料、配合比及环境条件应符合下列规定： 1）应采用工程实际使用的外加剂、水泥和矿物掺合料 2）工程实际使用的砂、应筛除粒径大于 5mm 以上的部分，并应自然风干至气干状态 3）砂浆配合比应采用与工程实际使用的混凝土配合比中去除粗骨料后的砂浆配合比，水胶比应降低 0.02，砂浆总量不应小于 1.0L 4）砂浆初始扩展度应符合下列要求： ①普通减水剂的砂浆初始扩展度应为 260mm±20mm ②高效减水剂、聚羧酸系高性能减水剂和泵送剂的砂浆初始扩展度应为 350mm±20mm 5）试验应在砂浆成型室标准试验条件下进行，试验室温度应保持在 20℃±2℃，相对湿度不应低于 50% （4）试验方法应按下列步骤进行： 1）将玻璃板水平放置，用湿布将玻璃板、砂浆扩展度筒、搅拌叶片及搅拌锅内壁均匀擦拭，使其表面润湿 2）将砂浆扩展度筒置于玻璃板中央，并用湿布覆盖待用 3）按砂浆配合比的比例分别称取水泥、矿物掺合料、砂、水及外加剂待用 4）外加剂为液体时，先将胶凝材料、砂加入搅拌锅内预搅拌 10s，再将外加剂与水混合均匀加入；外加剂为粉状时，先将胶凝材料、砂及外加剂加入搅拌锅内预搅拌 10s，再加入水 5）加水后立即启动胶砂搅拌机，并按胶砂搅拌机程序进行搅拌，从加水时刻开始计时 6）搅拌完毕，将砂浆分两次倒入砂浆扩展度筒，每次倒入约筒高的 1/2，并用捣棒自边缘向中心按顺时针方向均匀插捣 15 下，各次插捣应在截面上均匀分布。插捣筒边砂浆时，捣棒可稍微沿筒壁方向倾斜。插捣底层时，捣棒应贯穿筒内砂浆深度，插捣第二层时，捣棒

序号	项目	内　容
1	混凝土外加剂相容性快速试验方法	应插透本层至下一层的表面。插捣完毕后，砂浆表面应用刮刀刮平，将筒缓慢匀速垂直提起，10s 后用钢直尺量取相互垂直的两个方向的最大直径，并取其平均值为砂浆扩展度 　　7）砂浆初始扩展度未达到要求时，应调整外加剂的掺量，并重复本条第 1）～6）款的试验步骤，直至砂浆初始扩展度达到要求 　　8）将试验砂浆重新倒入搅拌锅内，并用湿布覆盖搅拌锅，从计时开始后 10min（聚羧酸系高性能减水剂应做）、30min、60min，开启搅拌机，快速搅拌 1min，按本条第 7 款步骤测定砂浆扩展度 　　（5）试验结果评价应符合下列规定： 　　1）应根据外加剂掺量和砂浆扩展度经时损失判断外加剂的相容性 　　2）试验结果有异议时，可按实际混凝土配合比进行试验验证 　　3）应注明所用外加剂、水泥、矿物掺合料和砂的品种、等级、生产厂及试验室温度、湿度等
2	补偿收缩混凝土的限制膨胀率测定方法	（1）补偿收缩混凝土的限制膨胀率测定方法适用于测定掺膨胀剂混凝土的限制膨胀率及限制干缩率 　　（2）试验用仪器应符合下列规定： 　　1）测量仪可由千分表，支架和标准杆组成（图 1-12），千分表分辨率应为 0.001mm 　　2）纵向限制器应符合下列规定： 　　①纵向限制器应由纵向限制钢筋与钢板焊接制成（图 1-13） 　　②纵向限制钢筋采用直径为 10mm、横截面面积为 78.54mm^2，且符合现行国家标准《钢筋混凝土用钢 第 2 部分：热轧带肋钢筋》GB 1499.2 规定的钢筋。钢筋两侧应焊接 12mm 厚的钢板，材质应符合现行国家标准《碳素结构钢》GB 700 的有关规定，钢筋两端点各 7.5mm 范围内为黄铜或不锈钢，测头呈球面状，半径为 3mm，钢板与钢筋焊接处的焊接强度不应低于 260N/mm^2 　　③纵向限制器不应变形，一级检验可重复使用 3 次，仲裁检验只允许使用 1 次 　　④该纵向限制器的配筋率为 0.79％ 　　（3）实验室温度应符合下列规定： 　　1）用于混凝土试件成型和测量的试验室的温度应为 20℃±2℃ 　　2）用于养护混凝土试件的恒温水槽的温度应为 20℃±2℃，恒温恒湿室温度应为 20℃±2℃，湿度应为 60％±5％ 　　3）每日应检查、记录温度变化情况 　　（4）试件制作应符合下列规定： 　　1）用于成型试件的模型宽度和高度均应为 100mm，长度应大于 360mm 　　2）同一条件应有 3 条试件供测长用，试件全长应为 355mm，其中混凝土部分尺寸应为 100mm×100mm×300mm 　　3）首先应将纵向限制器具放入试模中，然后将混凝土一次装入试模，把试模放在振动台上振动至表面呈现水泥浆，不泛气泡为止，刮去多余的混凝土并抹平；然后把试件置于温度为 20℃±2℃的标准养护室内养护，试件表面用塑料布或湿布覆盖 　　4）应在成型 12h～16h 且抗压强度达到 3N/mm^2 后再拆模 　　（5）试件测长和养护应符合下列规定： 　　1）测长前 3h，应将测量仪、标准杆放在标准试验室内，用标准杆校正测量仪并调整千分表零点。测量前，应将试件及测量仪测头擦净。每次测量时，试件记有标志的一面与测量仪的相对位置应一致，纵向限制器的测头与测量仪的测头应正确接触，读数应精确到 0.001mm。不同龄期的试件应在规定时间±1h 内测量。试件脱模后应在 1h 内测量试件的初

序号	项目	内　容
2	补偿收缩混凝土的限制膨胀率测定方法	始长度。测量完初始长度的试件应立即放入恒温水槽中养护，应在规定龄期时进行测长。测长的龄期应从成型日算起，宜测量 3d、7d 和 14d 的长度变化。14d 后，应将试件移入恒温恒湿室中养护，应分别测量空气中 28d、42d 的长度变化。也可根据需要安排测量龄期 　2）养护时，应注意不损伤试件测头。试件之间应保持 25mm 以上间隔，试件支点距限制钢板两端宜为 70mm 　(6) 各龄期的限制膨胀率和导入混凝土中的膨胀或收缩应力，应按下列方法计算： 　1）各龄期的限制膨胀率应按下式计算，应取相近的 2 个试件测定值的平均值作为限制膨胀率的测量结果，计算值应精确至 0.001%： $$\varepsilon = \frac{L_t - L}{L_0} \times 100 \qquad (1\text{-}29)$$ 式中　ε——所测龄期的限制膨胀率（%） 　L_t——所测龄期的试件长度测量值，单位为毫米（mm） 　L——初始长度测量值，单位为毫米（mm） 　L_0——试件的基准长度，300mm 　2）导入混凝土中的膨胀或收缩应力应按下式计算，计算值应精确至 0.01N/mm² $$\sigma = \rho \cdot E \cdot \varepsilon \qquad (1\text{-}30)$$ 式中　σ——膨胀或收缩应力（N/mm²） 　ρ——配筋率（%） 　E——限制钢筋的弹性模量，取 $2.0 \times 10 \text{N/mm}^2$ 　ε——所测龄期的限制膨胀率（%）
3	灌浆用膨胀砂浆竖向膨胀率的测定方法	(1) 灌浆用膨胀砂浆竖向膨胀率的测定方法适用于灌浆用膨胀砂浆的竖向膨胀率的测定 (2) 测试仪器工具应符合下列规定： 　1）应采用量程为 10mm，分度值为 0.001mm 的千分表 　2）应采用钢质测量支架 　3）应采用 140mm×80mm×5mm 的玻璃板 　4）应采用直径为 70mm，厚为 5mm，质量为 150g 的钢质压块 　5）应采用 100mm×100mm×100mm 的试模，试模的拼装缝应填入黄油，不得漏水 　6）应采用宽为 60mm，长为 160mm 的铲勺 　7）捣板可用钢锯条替代 (3) 竖向膨胀率的测量装置（图 1-14）的安装，应符合下列要求： 　1）测量支架的垫板和测量支架横梁应采用螺母紧固，其水平度不应超过 0.02；测量支架应水平放置在工作台上，水平度也不应超过 0.02 　2）试模应放置在钢垫板上，不应摇动 　3）玻璃板应平放在试模中间位置，其左右两边与试模内侧边应留出 10mm 空隙 　4）钢质压块应置于玻璃板中央 　5）千分表与测量支架横梁应固定牢靠，但表杆应能自由升降。安装千分表时，应下压表头，宜使表针指到量程的 1/2 处 (4) 灌浆操作应按下列步骤进行： 　1）灌浆料用水量应按扩展度为 250mm±10mm 时的用水量 　2）灌浆料加水搅拌均匀后应立即灌模。应从玻璃板的一侧灌入。当灌到 50mm 左右高度时，用捣板在试模的每一侧插捣 6 次，中间部位也插捣 6 次。灌到 90mm 高度时，和前面相同再做插捣，尽量排出气体。最后一层灌浆料要一次灌至两侧流出灌浆料为上。要尽量减少灌浆料对玻璃板产生的向上冲浮作用

序号	项目	内　容
3	灌浆用膨胀砂浆竖向膨胀率的测定方法	3）玻璃板两侧灌浆料表面，用小刀轻轻抹成斜坡，斜坡的高边与玻璃相平。斜坡的低边与试模内侧顶面相平。抹斜坡的时间不应超过 30s。之后 30s 内，用两层湿棉布覆盖在玻璃板两侧灌浆料表面 4）把钢质压块置于玻璃板中央，再把千分表测量头垂放在钢质压块上，在 30s 内记录千分表读数 h_0，为初始读数 5）从测定初始读数起，每隔 2h 浇水 1 次、连续浇水 4 次。以后每隔 4h 浇水 1 次。保湿养护至要求龄期，测定 3d、7d 试件高度读数 6）从测量初始读数开始，测量装置和试件应保持静止不动，并不得振动 7）成型温度、养护温度均应为 20℃±3℃ （5）竖向膨胀率应按下式计算，试验结果应取一组三个试件的算术平均值，计算值应精确至 0.001%： $$\varepsilon_t = \frac{h_t - h_0}{h} \times 100 \tag{1-31}$$ 式中　ε_t——竖向膨胀率（%） 　　　h_0——试件高度的初始读数（mm） 　　　h_t——试件龄期为 t 时的高度读数（mm） 　　　h——试件基准高度，100mm

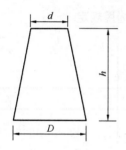

图 1-11　砂浆扩展度筒示意

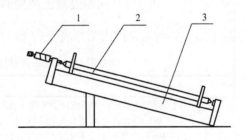

图 1-12　测量仪
1—电子千分表；2—标准杆；3—支架

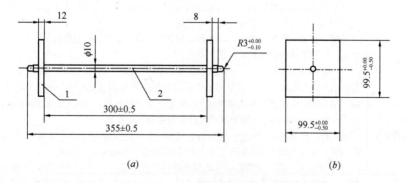

图 1-13　纵向限制器
（a）正视图；（b）侧视图
1—端板；2—钢筋

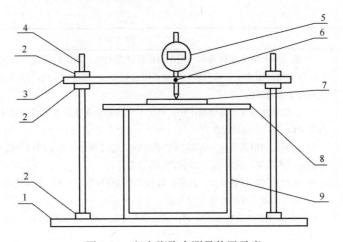

图 1-14 竖向膨胀率测量装置示意

1—测量支架垫板；2—测量支架紧固螺母；3—测量支架横梁；4—测量支架立杆；

5—千分表；6—紧固螺钉；7—钢制压块；8—玻璃板；9—试模

1.7 钢筋的选用及计算指标

1.7.1 钢筋混凝土结构的钢筋选用规定

钢筋混凝土结构的钢筋选用规定如表 1-97 所示。

钢筋混凝土结构的钢筋选用规定 表 1-97

序号	项 目	内 容
1	钢筋的选用规定	钢筋混凝土结构的钢筋应按下列规定选用： （1）纵向受力普通钢筋宜采用 HRB400、HRB500、HRBF400、HRBF500 钢筋，也可采用 HPB300、HRB335、HRBF335、RRB400 钢筋 （2）梁、柱纵向受力普通钢筋应采用 HRB400、HRB500、HRBF400、HRBF500 钢筋 （3）箍筋宜采用 HRB400、HRBF400、HPB300、HRB500、HRBF500 钢筋，也可采用 HRB335、HRBF335 钢筋
2	各种牌号钢筋的选用原则	根据钢筋产品标准的修改，不再限制钢筋材料的化学成分和制作工艺，而按性能确定钢筋的牌号和强度级别，并以相应的符号表达 根据"四节一环保"的要求，提倡应用高强、高性能钢筋。根据混凝土构件对受力的性能要求，规定了各种牌号钢筋的选用原则： （1）增加强度为 500N/mm² 级的热轧带肋钢筋；推广 400N/mm²、500N/mm² 级高强热轧带肋钢筋作为纵向受力的主导钢筋；限制并准备逐步淘汰 335N/mm² 级热轧带肋钢筋的应用；用 300N/mm² 级光圆钢筋取代 235N/mm² 级光圆钢筋。在规定的过渡期及对既有结构进行设计时，235N/mm² 光圆钢筋的设计值仍按原规定取值 （2）推广具有较好的延性、可焊性、机械连接性能及施工适应性的 HRB 系列普通热轧带肋钢筋。列入采用控温轧制工艺生产的 HRBF 系列细晶粒带肋钢筋 （3）RRB 系列余热处理钢筋由轧制钢筋经高温淬水，余热处理后提高强度。其延性、可焊性、机械连接性能及施工适应性降低，一般可用于对变形性能及加工性能要求不高的构件中，如基础、大体积混凝土、楼板、墙体以及次要的中小结构构件等 （4）箍筋用于抗剪、抗扭及抗冲切设计时，其抗拉强度设计值受到限制，不宜采用强度高于 400N/mm² 的钢筋。当用于约束混凝土的间接配筋（如连续螺旋配箍或封闭焊接箍）时，其高强度可以得到充分发挥，采用 500N/mm² 钢筋具有一定的经济效益

序号	项 目	内 容
2	各种牌号钢筋的选用原则	(5) 在有抗震设防要求的结构中，对材料的要求分为强制性要求和非强制性要求两种 按一、二、三级抗震等级设计的框架和斜撑构件（这类构件包括框架梁、框架柱、框支梁、框支柱、板柱—剪力墙的柱，以及伸臂桁架的斜撑、框架中楼梯的梯段等）中的纵向受力普通钢筋强屈比、超强比和均匀伸长率方面必须满足下列要求： 1) 强屈比：钢筋的抗拉强度实测值与屈服强度实测值的比值不宜小于 1.25；这是为了保证当构件某个部位出现塑性铰以后，塑性铰处有足够的转动能力和耗能能力，大变形下具有必要的强度潜力 2) 超强比：钢筋屈服强度实测值与标准值的比值不应大于 1.30；这是为了保证按设计要求实现"强柱弱梁"、"强剪弱弯"的效果，不会因钢筋强度离散性过大而受到干扰 3) 均匀伸长率：钢筋在最大拉力下的总伸长率实测值不应小于 9%；这是为了保证在抗震大变形的条件下，钢筋具有足够的塑性变形能力 其他普通钢筋应满足设计要求，宜优先采用延性、韧性和焊接性较好的钢筋 (6) 带肋钢筋包括普通热轧钢筋（HRB335、HRB400、HRB500）和细晶粒热轧钢筋（HRBF335、HRBF400、HRBF500），在《钢筋混凝土用钢 第2部分：热轧带肋钢筋》GB 1499.2 中还提供了牌号带"E"的钢筋：HRB335E、HRB400E、HRB500E、HRBF335E、HRBF400E、HRBF500E。这些牌号带"E"的钢筋在强屈比、超强比和均匀伸长率方面均满足 (5) 条中要求，抗震结构的关键部位及重要构件宜优先选用

1.7.2 普通钢筋强度标准值

钢筋的强度标准值应具有不小于 95% 的保证率。

普通钢筋的屈服强度标准值 f_{yk}、极限强度标准值 f_{stk} 应按表 1-98 采用。预应力钢丝、钢绞线和预应力螺纹钢筋的屈服强度标准值 f_{pyk}、极限强度标准值 f_{ptk} 应按表 1-99 采用。

普通钢筋强度标准值（N/mm²）　　　　　　　　　　　　　　　**表 1-98**

序号	牌号	符号	公称直径 d（mm）	屈服强度标准值 f_{yk}	极限强度标准值 f_{stk}
1	HPB300	Φ	6～22	300	420
2	HRB335	Φ	6～50	335	455
3	HRBF335	ΦF			
4	HRB400	Φ	6～50	400	540
5	HRBF400	ΦF			
6	RRB400	ΦR			
7	HRB500	Φ	6～50	500	630
8	HRBF500	ΦF			

预应力筋强度标准值（N/mm²）　　　　　　　　　　　　　　　**表 1-99**

序号	种 类		符号	公称直径 d（mm）	屈服强度标准值 f_{pyk}	极限强度标准值 f_{ptk}
1	中强度预应力钢丝	光面螺旋肋	ϕ^{PM}	5、7、9	620	800
2			ϕ^{HM}		780	970
3					980	1270
4	预应力螺纹钢筋	螺纹	ϕ^T	18、25、32、40、50	785	980
5					930	1080
6					1080	1230

续表 1-99

序号	种　类		符号	公称直径 d（mm）	屈服强度标准值 f_{pyk}	极限强度标准值 f_{ptk}
7	消除应力钢丝	光面	ϕ^P	5	—	1570
8					—	1860
9		螺旋肋	ϕ^H	7	—	1570
10				9	—	1470
11					—	1570
12	钢绞线	1×3（三股）	ϕ^S	8.6、10.8、12.9	—	1570
13					—	1860
14					—	1960
15		1×7（七股）		9.5、12.7、15.2、17.8	—	1720
16					—	1860
17					—	1960
18				21.6	—	1860

注：极限强度标准值为 1960N/mm² 的钢绞线做后张预应力配筋时，应有可靠的工程经验。

1.7.3　钢筋强度设计值

普通钢筋的抗拉强度设计值 f_y、抗压强度设计值 f_y' 应按表 1-100 采用。预应力筋的抗拉强度设计值 f_{py}、抗压强度设计值 f_{py}' 应按表 1-101 采用。

当构件中配有不同种类的钢筋时，每种钢筋应采用各自的强度设计值。因为尽管强度不同，但极限状态下按各种钢筋强度设计值进行计算。横向钢筋的抗拉强度设计值 f_{yv} 应按表中 f_y 的数值采用：当用作受剪、受扭、受冲切承载力计算时，其数值大于 360N/mm² 时应取 360N/mm²；但用作围箍约束混凝土的间接配筋时，其强度设计值不限。

普通钢筋强度设计值（N/mm²）　　　　　表 1-100

序号	牌　号	抗拉强度设计值 f_y	抗压强度设计值 f_y'
1	HPB300	270	270
2	HRB335、HRBF335	300	300
3	HRB400、HRBF400、RRB400	360	360
4	HRB500、HRBF500	435	410

预应力筋强度设计值（N/mm²）　　　　　表 1-101

序号	种　类	极限强度标准值 f_{ptk}	抗拉强度设计值 f_{py}	抗压强度设计值 f_{py}'
1	中强度预应力钢丝	800	510	410
2		970	650	
3		1270	810	
4	消除应力钢丝	1470	1040	410
5		1570	1110	
6		1860	1320	
7	钢绞线	1570	1110	390
8		1720	1220	
9		1860	1320	
10		1960	1390	
11	预应力螺纹钢筋	980	650	410
12		1080	770	
13		1230	900	

注：当预应力筋的强度标准值不符合表 1-101 的规定时，其强度设计值应进行相应的比例换算。

1.7.4　钢筋的弹性模量及其他计算标准

（1）普通钢筋和预应力钢筋的弹性模量 E_s 应按表 1-102 采用。

钢筋的弹性模量（$\times 10^5\,\text{N/mm}^2$）　　表 1-102

序号	牌号或种类	弹性模量 E_s
1	HPB300 钢筋	2.10
2	HRB335、HRB400、HRB500 钢筋	2.00
3	HRBF335、HRBF400、HRBF500 钢筋	
4	RRB400 钢筋	
5	预应力螺纹钢筋	
6	消除应力钢丝、中强度预应力钢丝	2.05
7	钢绞线	1.95

注：必要时可采用实测的弹性模量。

（2）普通钢筋及预应力筋在最大力下的总伸长率 δ_{gt} 不应小于表 1-103 规定的数值。

普通钢筋在最大力下的总伸长率限值　　表 1-103

序号	钢筋品种	普通钢筋			预应力筋
		HPB300	HRB335、HRBF335、HRB400、HRBF400、HRB500、HRBF500	RRB400	
1	δ_{gt}（%）	10.0	7.5	5.0	3.5

（3）普通钢筋和预应力筋的疲劳应力幅限值 $\triangle f_y^f$ 和 $\triangle f_{py}^f$ 应根据钢筋疲劳应力比值 ρ_s^f、ρ_p^f，分别按表 1-104、表 1-105 线性内插取值。

普通钢筋疲劳应力幅限值（N/mm^2）　　表 1-104

序号	疲劳应力比值 ρ_s^f	疲劳应力幅限值 $\triangle f_y^f$	
		HRB335	HRB400
1	0	175	175
2	0.1	162	162
3	0.2	154	156
4	0.3	144	149
5	0.4	131	137
6	0.5	115	123
7	0.6	97	106
8	0.7	77	85
9	0.8	54	60
10	0.9	28	31

注：当纵向受拉钢筋采用闪光接触对焊连接时，其接头处的钢筋疲劳应力幅限值应按表中数值乘以 0.8 取用。

预应力筋疲劳应力幅限值（N/mm²）　　　　　　　　　　　　表 1-105

序号	疲劳应力比值 ρ_p^f	钢绞线 $f_{ptk}=1570$	消除应力钢丝 $f_{ptk}=1570$
1	0.7	144	240
2	0.8	118	168
3	0.9	70	88

注：1. 当 ρ_{sv}^f 不小于 0.9 时，可不作预应力筋疲劳验算；

2. 当有充分依据时，可对表中规定的疲劳应力幅限值作适当调整。

普通钢筋疲劳应力比值 ρ_s^f 应按下列公式计算：

$$\rho_s^f = \frac{\sigma_{s,min}^f}{\sigma_{s,max}^f} \qquad (1-32)$$

式中　$\sigma_{s,min}^f$、$\sigma_{s,max}^f$——构件疲劳验算时，同一层钢筋的最小应力、最大应力。

预应力筋疲劳应力比值 ρ_p^f 应按下列公式计算：

$$\rho_p^f = \frac{\sigma_{p,min}^f}{\sigma_{p,max}^f} \qquad (1-33)$$

式中　$\sigma_{p,min}^f$、$\sigma_{p,max}^f$——构件疲劳验算时，同一层钢筋的最小应力、最大应力。

1.7.5　并筋的配置形式及钢筋代换

并筋的配置形式及钢筋代换如表 1-106 所示。

并筋的配置形式及钢筋代换　　　　　　　　　　　　表 1-106

序号	项　目	内　容
1	并筋的配置形式	构件中的钢筋可采用并筋（钢筋束）的配置形式。直径 28mm 及以下的钢筋并筋数量不应超过 3 根；直径 32mm 的钢筋并筋数量宜为 2 根；直径 36mm 及以上的钢筋不应采用并筋。并筋应按单根等效钢筋进行计算，等效钢筋的等效直径应按截面面积相等的原则换算确定 　计算并筋的间距及混凝土保护层时均以并筋钢筋的重心作为等效直径的圆心，并筋在构件中的排布方式以便于绑扎就位为原则，一般以贴近箍筋作上下排布 　相同直径的二并筋等效直径可取为 1.41 倍单根钢筋直径（图 1-15（a））；三并筋等效直径可取为 1.73 倍单根钢筋直径（图 1-15（b））。二并筋可按纵向（图 1-16（a））或横向（图 1-16（b））的方式布置；三并筋宜按品字形布置（图 1-16（c）、图 1-17（b）），并均按并筋的重心作为等效钢筋的重心 　梁并筋混凝土保护层厚度、钢筋间距要求如图 1-16 所示 　柱并筋混凝土保护层厚度如图 1-17 所示 　钢筋混凝土梁、柱并筋钢筋根数、等效钢筋直径如表 1-107 所示
2	钢筋代换	当进行钢筋代换时，除应符合设计要求的构件承载力、最大力下的总伸长率、裂缝宽度验算以及抗震规定以外，尚应满足最小配筋率、钢筋间距、保护层厚度、钢筋锚固长度、接头面积百分率及搭接长度等构造要求
3	钢筋焊接网片或钢筋骨架配筋时	当构件中采用预制的钢筋焊接网片或钢筋骨架配筋时，应符合国家现行有关标准的规定

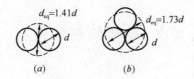

图 1-15 并筋形式示意

（a）二并筋；（b）三并筋

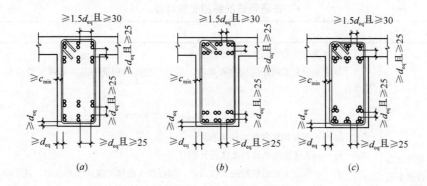

图 1-16 梁混凝土保护层厚度、钢筋间距要求示意

（a）二并筋纵向方式布置；（b）二并筋横向方式布置；（c）三并筋品字形布置

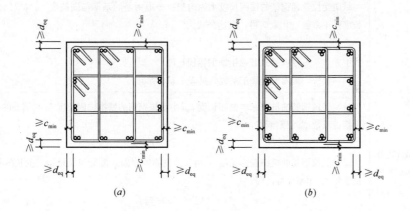

图 1-17 柱混凝土保护层厚度示意

（a）二并筋纵向（横向）方式布置；（b）三并筋品字形布置

梁并筋等效直径、最小净距 表 1-107

序号	单根钢筋直径 d（mm）	25		28		32	说 明
1	并筋钢筋根数	2	3	2	3	2	
2	等效钢筋直径 d_{eq}（mm）	35	43	39	48	45	见图 1-16 及图 1-17 所示
3	$1.5d_{eq}$	53	65	59	73	68	

注：1. c_{min} 按本书表 1-21 取值；

2. d_{eq} 为并筋等效直径。

1.8　普通钢筋的锚固

1.8.1　普通钢筋的锚固长度计算

普通钢筋的锚固长度计算如表 1-108 所示。

普通钢筋的锚固长度计算　　　　　　　　　　　　　表 1-108

序号	项　目	内　　容
1	不考虑地震作用普通钢筋的锚固长度计算	(1) 纵向受拉普通钢筋的基本锚固长度 当计算中充分利用钢筋的抗拉强度时，纵向受拉普通钢筋的基本锚固长度应按下列公式计算： $$l_{ab}=\alpha\frac{f_y}{f_t}d \qquad (1\text{-}34)$$ 式中　l_{ab}——受拉钢筋的基本锚固长度 　　　f_y——普通钢筋的抗拉强度设计值 　　　f_t——混凝土轴心抗拉强度设计值，当混凝土强度等级高于 C60 时，按 C60 取值 　　　d——锚固钢筋的直径 　　　α——锚固钢筋的外形系数，按表 1-109 取用 (2) 纵向受拉普通钢筋的锚固长度 纵向受拉普通钢筋的锚固长度由纵向受拉普通钢筋的基本锚固长度 l_{ab} 与锚固钢筋的外形长度修正系数 ζ_a 相乘而得，表达公式为 $$l_a=\zeta_a l_{ab} \qquad (1\text{-}35)$$ 式中　l_a——纵向受拉普通钢筋的锚固长度 　　　ζ_a——锚固长度修正系数，见表 1-110 所示
2	考虑地震作用普通钢筋的锚固长度计算	(1) 受拉钢筋的抗震基本锚固长度 l_{abE} 由受拉钢筋的基本锚固长度 l_{ab} 与钢筋的抗震锚固长度修正系数 ζ_{aE} 相乘而得，即： $$l_{abE}=\zeta_{aE} l_{ab} \qquad (1\text{-}36)$$ (2) 受拉钢筋的抗震锚固长度 l_{aE} 由受拉钢筋的锚固长度 l_a 与受拉钢筋的抗震锚固长度修正系数 ζ_{aE} 相乘而得，即： $$l_{aE}=\zeta_{aE} l_a \qquad (1\text{-}37)$$ 式中　ζ_{aE}——抗震锚固长度修正系数，如表 1-111 所示 其他式中符号意义同前
3	钢筋末端采取锚固措施	当纵向受拉普通钢筋末端采用弯钩或机械锚固措施时，包括弯钩或锚固端头在内的锚固长度（投影长度）可取为基本锚固长度 l_{ab} 的 60%。弯钩和机械锚固的形式（图 1-18）和技术要求应符合表 1-112 的规定
4	纵向受压普通钢筋及承受动力荷载的预制构件	(1) 混凝土结构中的纵向受压钢筋，当计算中充分利用其抗压强度时，锚固长度不应小于相应受拉锚固长度的 70% 受压钢筋不应采用末端弯钩和一侧贴焊锚筋的锚固措施 受压钢筋锚固长度范围内的横向构造钢筋应符合本书中的有关规定 (2) 承受动力荷载的预制构件，应将纵向受力普通钢筋末端焊接在钢板或角钢上，钢板或角钢应可靠地锚固在混凝土中。钢板或角钢的尺寸应按计算确定，其厚度不宜小于 10mm 其他构件中受力普通钢筋的末端也可通过焊接钢板或型钢实现锚固

续表 1-108

序号	项目	内　容
5	考虑地震的框架梁和框架柱节点	框架梁和框架柱的纵向受力钢筋在框架节点区的锚固和搭接应符合下列要求： （1）框架中间层中间节点处，框架梁的上部纵向钢筋应贯穿中间节点。贯穿中柱的每根梁纵向钢筋直径，对于9度设防烈度的各类框架和一级抗震等级的框架结构，当柱为矩形截面时，不宜大于柱在该方向截面尺寸的1/25，当柱为圆形截面时，不宜大于纵向钢筋所在位置柱截面弦长的1/25；对一、二、三级抗震等级，当柱为矩形截面时，不宜大于柱在该方向截面尺寸的1/20，对圆柱截面，不宜大于纵向钢筋所在位置柱截面弦长的1/20 （2）对于框架中间层中间节点、中间层端节点、顶层中间节点以及顶层端节点，梁、柱纵向钢筋在节点部位的锚固和搭接，应符合图1-19的相关构造规定。图中 l_{lE} 按本书公式（1-39）的规定取用，l_{abE} 按公式（1-36）取用
6	并筋的锚固	并筋端部的锚固，一般情况只允许采用直线锚固，并筋不可弯折，因此并筋适用于支座尺寸较大的公、铁路简支桥梁

锚固钢筋的外形系数 α　　　表 1-109

序号	钢筋类型	光圆钢筋	带肋钢筋	螺旋肋钢丝	三股钢绞线	七股钢绞线
1	α	0.16	0.14	0.13	0.16	0.17

注：光圆钢筋末端应做180°弯钩，弯后平直段长度不应小于3d，但作受压钢筋时可不做弯钩。

锚固长度修正系数　　　表 1-110

序号	钢筋的锚固条件	ζ_a
1	带肋钢筋的公称直径大于25mm时	1.10
2	环氧树脂涂层带肋钢筋	1.25
3	施工过程中易受扰动的钢筋	1.10
4	锚固区保护层厚度为3d时	0.80
5	锚固区保护层厚度为5d时	0.70
6	锚固区保护层厚度介于3d和5d之间时	按0.8和0.7内插取值

注：1. 任何情况下，受拉钢筋的锚固长度 l_a 不应小于200mm；
2. 一般情况下（即不存在表中的钢筋锚固条件时）$\zeta_a=1.0$；
3. 当表中钢筋的锚固条件多于一项时可按连乘计算，但 ζ_a 不应小于0.6。

受拉钢筋的抗震锚固长度修正系数　　　表 1-111

序号	抗震等级	一、二级	三级	四级
1	ζ_{aE}	1.15	1.05	1.0

钢筋弯钩和机械锚固的形式和技术要求　　　表 1-112

序号	锚固形式	技术要求
1	90°弯钩	末端90°弯钩，弯钩内径4d，弯后直段长度12d
2	135°弯钩	末端135°弯钩，弯钩内径4d，弯后直段长度5d
3	一侧贴焊锚筋	末端一侧贴焊长5d同直径钢筋
4	两侧贴焊锚筋	末端两侧贴焊长3d同直径钢筋
5	焊端锚板	末端与厚度d的锚板穿孔塞焊
6	螺栓锚头	末端旋入螺栓锚头

注：1. 焊缝和螺纹长度应满足承载力要求；
2. 螺栓锚头和焊接锚板的承压净面积不应小于锚固钢筋截面积的4倍；
3. 螺栓锚头的规格应符合相关标准的要求；
4. 螺栓锚头和焊接锚板的钢筋净间距不宜小于4d，否则应考虑群锚效应的不利影响；
5. 截面角部的弯钩和一侧贴焊锚筋的布筋方向宜向截面内侧偏置。

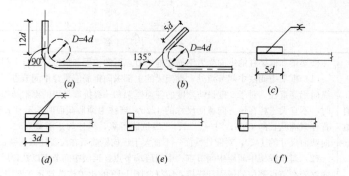

图1-18 弯钩和机械锚固的形式和技术要求

(a) 90°弯钩；(b) 135°弯钩；(c) 一侧贴焊锚筋；(d) 两侧贴焊锚筋；
(e) 穿孔塞焊锚板；(f) 螺栓锚头

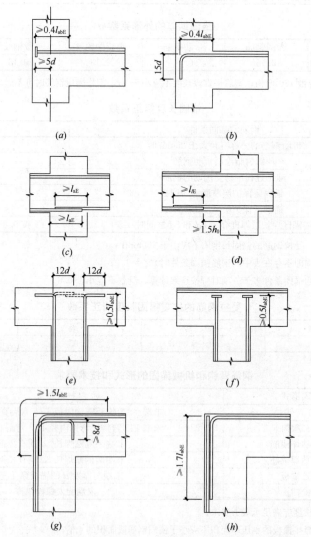

图1-19 梁和柱的纵向受力钢筋在节点区的锚固和搭接

(a) 中间层端节点梁筋加锚头（锚板）锚固；(b) 中间层端间节点梁筋90°弯折锚固；(c) 中间层中间节点梁筋在节点内直锚固；(d) 中间层中间节点梁筋在节点外搭接；(e) 顶层中间节点柱筋90°弯折锚固；(f) 顶层中间节点柱筋加锚头（锚板）锚固；(g) 钢筋在顶层端节点外侧和梁端顶部弯折搭接；(h) 钢筋在顶层端节点外侧直线搭接

1.8.2　普通钢筋的锚固长度计算用表

（1）应用公式（1-34）及公式（1-36）可求得非抗震及抗震等级结构受拉普通钢筋的基本锚固长度 l_{ab} 及 l_{abE} 如表 1-113 所示。

（2）应用公式（1-35）及公式（1-37）与表 1-111 可求得非抗震及四级抗震结构受拉普通钢筋的锚固长度 l_a 及 l_{aE} 如表 1-114 所示。

（3）应用公式（1-37）与表 1-111 可求得一、二级抗震等级结构受拉普通钢筋的锚固长度 l_{aE} 如表 1-115 所示。

（4）应用公式（1-37）与表 1-111 可求得三级抗震等级结构受拉普通钢筋的锚固长度 l_{aE} 如表 1-116 所示。

（5）无抗震设计要求的锚固长度 $0.35l_{ab}$、$0.4l_{ab}$ 及 $0.6l_{ab}$ 如表 1-117、表 1-118 及表 1-119 所示。

（6）有抗震设计要求的锚固长度 $0.4l_{abE}$ 及 $0.6l_{abE}$ 如表 1-120 及表 1-121 所示。

非抗震及抗震结构受拉普通钢筋基本锚固长度 l_{ab}、l_{abE} 值　　　　表 1-113

序号	钢筋牌号	抗震等级	混凝土强度等级								
			C20	C25	C30	C35	C40	C45	C50	C55	≥C60
1	HPB300 $f_y=270\text{N/mm}^2$	一、二级（l_{abE}）	45d	39d	35d	32d	29d	28d	26d	25d	24d
2		三级（l_{abE}）	41d	36d	32d	29d	26d	25d	24d	23d	22d
3		四级（l_{abE}）	39d	34d	30d	28d	25d	24d	23d	22d	21d
4		非抗震（l_{ab}）	39d	34d	30d	28d	25d	24d	23d	22d	21d
5	HRB335 HRBF335 $f_y=300\text{N/mm}^2$	一、二级（l_{abE}）	44d	38d	33d	31d	29d	26d	25d	24d	24d
6		三级（l_{abE}）	40d	35d	31d	28d	26d	24d	23d	22d	22d
7		四级（l_{abE}）	38d	33d	29d	27d	25d	23d	22d	21d	21d
8		非抗震（l_{ab}）	38d	33d	29d	27d	25d	23d	22d	21d	21d
9	HRB400 HRBF400 RRB400 $f_y=360\text{N/mm}^2$	一、二级（l_{abE}）	—	46d	40d	37d	33d	32d	31d	30d	29d
10		三级（l_{abE}）	—	42d	37d	34d	30d	29d	28d	27d	26d
11		四级（l_{abE}）	—	40d	35d	32d	29d	28d	27d	26d	25d
12		非抗震（l_{ab}）	—	40d	35d	32d	29d	28d	27d	26d	25d
13	HRB500 HRBF500 $f_y=435\text{N/mm}^2$	一、二级（l_{abE}）	—	55d	49d	45d	41d	39d	37d	36d	35d
14		三级（l_{abE}）	—	50d	45d	41d	38d	36d	34d	33d	32d
15		四级（l_{abE}）	—	48d	43d	39d	36d	34d	32d	31d	30d
16		非抗震（l_{ab}）	—	48d	43d	39d	36d	34d	32d	31d	30d

注：1. d 为钢筋公称直径，单位为 mm；

　　2. 锚固长度不应小于 200mm；

　　3. 其他见本书中有关规定。

非抗震及四级抗震等级结构受拉普通钢筋锚固长度 l_a、l_{aE} 值　　表1-114

序号	钢筋		C20		C25		C30		C35		C40		C45		C50		C55		≥C60	
	混凝土强度等级 钢筋直径 d (mm)		≤25	>25	≤25	>25	≤25	>25	≤25	>25	≤25	>25	≤25	>25	≤25	>25	≤25	>25	≤25	>25
1	HPB300 $f_y=270\text{N/mm}^2$	普通钢筋	39d	39d	34d	34d	30d	30d	28d	28d	25d	25d	24d	24d	23d	23d	22d	22d	21d	21d
2	HRB335 HRBF335 $f_y=300\text{N/mm}^2$	普通钢筋	38d	42d	33d	36d	29d	32d	27d	29d	25d	27d	23d	26d	22d	24d	21d	24d	21d	23d
3		环氧树脂涂层钢筋	48d	52d	41d	45d	37d	40d	33d	37d	31d	34d	29d	32d	28d	31d	27d	29d	26d	28d
4	HRB400 HRBF400 RRB400 $f_y=360\text{N/mm}^2$	普通钢筋			40d	44d	35d	39d	32d	35d	29d	32d	28d	31d	27d	29d	26d	28d	25d	27d
5		环氧树脂涂层钢筋			50d	55d	44d	48d	40d	44d	37d	41d	35d	38d	33d	37d	32d	35d	31d	34d
6	HRB500 HRBF500 $f_y=435\text{N/mm}^2$	普通钢筋			48d	53d	43d	47d	39d	43d	36d	39d	34d	37d	32d	35d	31d	34d	30d	33d
7		环氧树脂涂层钢筋			60d	66d	53d	59d	48d	53d	45d	49d	42d	47d	40d	44d	39d	43d	37d	41d

注: 1. d 为钢筋公称直径, 单位为 mm;

2. l_a、l_{aE} 值不应小于 200mm;

3. 其他见本书中有关规定。

一、二级抗震等级结构受拉普通钢筋锚固长度 l_{aE} 值　　表1-115

序号	钢筋		C20		C25		C30		C35		C40		C45		C50		C55		≥C60	
	混凝土强度等级 钢筋直径 d (mm)		≤25	>25	≤25	>25	≤25	>25	≤25	>25	≤25	>25	≤25	>25	≤25	>25	≤25	>25	≤25	>25
1	HPB300 $f_y=270\text{N/mm}^2$	普通钢筋	45d	45d	39d	39d	35d	35d	32d	32d	29d	29d	28d	28d	26d	26d	25d	25d	24d	24d
2	HRB335 HRBF335 $f_y=300\text{N/mm}^2$	普通钢筋	44d	48d	38d	42d	34d	37d	31d	34d	28d	31d	27d	30d	26d	28d	25d	27d	24d	26d
3		环氧树脂涂层钢筋	55d	60d	48d	52d	42d	46d	38d	42d	35d	39d	34d	37d	32d	35d	31d	34d	30d	33d

续表 1-115

序号	混凝土强度等级 钢筋直径 d (mm)		C20 ≤25	C20 >25	C25 ≤25	C25 >25	C30 ≤25	C30 >25	C35 ≤25	C35 >25	C40 ≤25	C40 >25	C45 ≤25	C45 >25	C50 ≤25	C50 >25	C55 ≤25	C55 >25	≥C60 ≤25	≥C60 >25
4	HRB400 HRBF400 RRB400 $f_y=360N/mm^2$	普通钢筋			46d	50d	41d	45d	37d	41d	34d	37d	32d	35d	31d	34d	30d	33d	28d	31d
5		环氧树脂涂层钢筋			57d	63d	51d	56d	46d	51d	42d	47d	40d	44d	38d	42d	37d	41d	36d	39d
6	HRB500 HRBF500 $f_y=435N/mm^2$	普通钢筋			55d	61d	49d	54d	45d	49d	41d	45d	39d	43d	37d	41d	36d	39d	34d	38d
7		环氧树脂涂层钢筋			69d	76d	61d	67d	56d	61d	51d	56d	49d	53d	46d	51d	45d	49d	43d	47d

注：1. d 为钢筋公称直径，单位为 mm；
　　2. l_{aE} 值不应小于 200mm；
　　3. 其他见本书中有关规定。

三级抗震等级结构受拉普通钢筋锚固长度 l_{aE} 值

表 1-116

序号	混凝土强度等级 钢筋直径 d (mm)		C20 ≤25	C20 >25	C25 ≤25	C25 >25	C30 ≤25	C30 >25	C35 ≤25	C35 >25	C40 ≤25	C40 >25	C45 ≤25	C45 >25	C50 ≤25	C50 >25	C55 ≤25	C55 >25	≥C60 ≤25	≥C60 >25
1	HPB300 $f_y=270N/mm^2$	普通钢筋	41d	41d	36d	36d	32d	32d	29d	29d	27d	27d	25d	25d	24d	24d	23d	23d	22d	22d
2	HRB335 HRBF335 $f_y=300N/mm^2$	普通钢筋	40d	44d	35d	38d	31d	34d	28d	31d	26d	28d	24d	27d	23d	26d	22d	25d	22d	24d
3		环氧树脂涂层钢筋	50d	55d	43d	48d	39d	42d	35d	39d	32d	35d	31d	34d	29d	32d	28d	31d	27d	30d
4	HRB400 HRBF400 RRB400 $f_y=360N/mm^2$	普通钢筋			42d	46d	37d	41d	34d	37d	31d	34d	29d	32d	28d	31d	27d	30d	26d	29d
5		环氧树脂涂层钢筋			52d	57d	46d	51d	42d	46d	39d	43d	37d	40d	35d	38d	34d	37d	32d	36d
6	HRB500 HRBF500 $f_y=435N/mm^2$	普通钢筋			50d	55d	45d	49d	41d	45d	37d	41d	36d	39d	34d	37d	33d	36d	31d	34d
7		环氧树脂涂层钢筋			63d	69d	56d	61d	51d	56d	47d	51d	44d	49d	42d	37d	41d	45d	39d	43d

注：1. d 为钢筋公称直径，单位为 mm；
　　2. l_{aE} 值不应小于 200mm；
　　3. 其他见本书中有关规定。

0.35l_{ab}选用表（mm）　表 1-117

序号	钢筋种类	混凝土强度等级								
		C20	C25	C30	C35	C40	C45	C50	C55	≥C60
1	HPB300	14d	12d	11d	10d	9d	8d	8d	8d	7d
2	HRB335、HRBF335	13d	12d	10d	9d	9d	8d	8d	7d	7d
3	HRB400、HRBF400、RRB400	—	14d	19d	11d	10d	10d	9d	9d	9d
4	HRB500、HRBF500	—	17d	15d	14d	13d	12d	11d	11d	11d

0.4l_{ab}选用表（mm）　表 1-118

序号	钢筋种类	混凝土强度等级								
		C20	C25	C30	C35	C40	C45	C50	C55	≥C60
1	HPB300	16d	14d	12d	11d	10d	10d	9d	9d	8d
2	HRB335、HRBF335	15d	13d	12d	11d	10d	9d	9d	8d	8d
3	HRB400、HRBF400、RRB400	—	16d	14d	13d	12d	11d	11d	10d	10d
4	HRB500、HRBF500	—	19d	17d	16d	14d	14d	13d	12d	12d

0.6l_{ab}选用表（mm）　表 1-119

序号	钢筋种类	混凝土强度等级								
		C20	C25	C30	C35	C40	C45	C50	C55	≥C60
1	HPB300	23d	20d	18d	17d	15d	14d	14d	13d	13d
2	HRB335、HRBF335	23d	20d	17d	16d	15d	14d	13d	13d	13d
3	HRB400、HRBF400、RRB400	—	24d	21d	19d	17d	17d	16d	16d	15d
4	HRB500、HRBF500	—	29d	26d	23d	22d	20d	19d	19d	18d

0.4l_{abE}选用表（mm）　表 1-120

序号	钢筋种类		混凝土强度等级								
			C20	C25	C30	C35	C40	C45	C50	C55	≥C60
1	HPB300	一、二级	18d	16d	14d	13d	12d	11d	10d	10d	10d
		三级	16d	14d	13d	12d	10d	10d	10d	9d	9d
2	HRB335、HRBF335	一、二级	18d	15d	13d	12d	12d	10d	10d	10d	10d
		三级	16d	14d	12d	11d	10d	10d	9d	9d	9d
3	HRB400、HRBF400	一、二级	—	18d	16d	15d	13d	13d	11d	12d	12d
		三级	—	17d	15d	14d	12d	12d	15d	11d	10d
4	HRB500、HRBF500	一、二级	—	22d	20d	18d	16d	16d	15d	14d	14d
		三级	—	20d	18d	16d	15d	14d	14d	13d	13d

0.6l_{abE}选用表（mm）　　　　　　　　　　　　　　　　表 1-121

序号	钢筋种类		混凝土强度等级								
			C20	C25	C30	C35	C40	C45	C50	C55	≥C60
1	HPB300	一、二级	27d	23d	21d	19d	17d	17d	16d	15d	14d
		三级	25d	22d	19d	17d	16d	15d	14d	14d	13d
2	HRB335、HRBF335	一、二级	26d	23d	20d	19d	17d	16d	15d	14d	14d
		三级	24d	21d	19d	17d	16d	14d	14d	13d	13d
3	HRB400、HRBF400	一、二级	—	28d	24d	22d	20d	19d	19d	18d	17d
		三级	—	25d	22d	20d	18d	17d	17d	16d	16d
4	HRB500、HRBF500	一、二级	—	33d	29d	27d	25d	23d	22d	22d	21d
		三级	—	35d	27d	25d	23d	22d	20d	20d	19d

注：表 1-117～表 1-121 中值根据表 1-113 计算得到，并按四舍五入取整。

1.9 普通钢筋的连接

1.9.1 普通钢筋的连接长度计算

钢筋的连接如表 1-122 所示。

普通钢筋的连接长度计算　　　　　　　　　　　　　　　　表 1-122

序号	项　目	内　　容
1	钢筋连接的原则	（1）钢筋连接可采用绑扎搭接、机械连接或焊接。机械连接接头及焊接接头的类型及质量应符合国家现行有关标准的规定 混凝土结构中受力钢筋的连接接头宜设置在受力较小处。在同一根受力钢筋上宜少设接头。在结构的重要构件和关键传力部位，纵向受力钢筋不宜设置连接接头 （2）轴心受拉及小偏心受拉杆件的纵向受力钢筋不得采用绑扎搭接；其他构件中的钢筋采用绑扎搭接时，受拉钢筋直径不宜大于 25mm，受压钢筋直径不宜大于 28mm
2	钢筋的绑扎搭接	（1）同一构件中相邻纵向受力钢筋的绑扎搭接接头宜互相错开。钢筋绑扎搭接接头连接区段的长度为 1.3 倍搭接长度，凡搭接接头中点位于该连接区段长度内的搭接接头均属于同一连接区段（图 1-20）。同一连接区段内纵向受力钢筋搭接接头面积百分率为该区段内有搭接接头的纵向受力钢筋与全部纵向受力钢筋截面面积的比值。当直径不同的钢筋搭接时，按直径较小的钢筋计算 （2）位于同一连接区段内的受拉钢筋搭接接头面积百分率：对梁类、板类及墙类构件，不宜大于 25%；对柱类构件，不宜大于 50%。当工程中确有必要增大受拉钢筋搭接接头面积百分率时，对梁类构件，不宜大于 50%；对板、墙、柱及预制构件的拼接处，可根据实际情况放宽 并筋采用绑扎搭接连接时，应按每根单筋错开搭接的方式连接。接头面积百分率应按同一连接区段内所有的单根钢筋计算。并筋中钢筋的搭接长度应按单筋分别计算 （3）纵向受拉钢筋绑扎搭接接头的搭接长度，应根据位于同一连接区段内的钢筋搭接接头面积百分率按下列公式计算，且不应小于 300mm $$l_l = \zeta_l l_a \qquad (1-38)$$ 式中　l_l——纵向受拉钢筋的搭接长度 　　　　ζ_l——纵向受拉钢筋搭接长度修正系数，按表 1-123 取用。当纵向搭接钢筋接头面积百分率为表的中间值时，修正系数可按内插取值

序号	项 目	内　　容
2	钢筋的绑扎搭接	（4）构件中的纵向受压钢筋当采用搭接连接时，其受压搭接长度不应小于上述（2）条纵向受拉钢筋搭接长度的 70%，且不应小于 200mm （5）在梁、柱类构件的纵向受力钢筋搭接长度范围内的横向构造钢筋应符合"当锚固钢筋的保护层厚度不大于 5d 时，锚固长度范围内应配置横向构造钢筋，其直径不应小于 d/4；对梁、柱、斜撑等构件间距不应大于 5d，对板、墙等平面构件间距不应大于 10d，且均不应大于 100mm，此处 d 为锚固钢筋的直径"的要求；当受拉钢筋直径大于 25mm 时，尚应在搭接接头两个端面外 100mm 的范围内各设置两道箍筋 （6）当采用搭接连接时，纵向受拉钢筋的抗震搭接长度 l_{lE} 应按下列公式计算： $$l_{lE}=\zeta_l l_{aE} \tag{1-39}$$ 式中　ζ_l——纵向受拉钢筋搭接长度修正系数，按表 1-123 确定 同一构件中相邻纵向受力钢筋的绑扎搭接接头宜互相错开（见图 1-21）
3	钢筋的机械连接	（1）纵向受力钢筋的机械连接接头宜相互错开。钢筋机械连接区段的长度为 35d，d 为连接钢筋的较小直径。凡接头中点位于该连接区段长度内的机械连接接头均属于同一连接区段（见图 1-22） 位于同一连接区段内的纵向受拉钢筋接头面积百分率不宜大于 50%；但对板、墙、柱及预制构件的拼接处，可根据实际情况放宽。纵向受压钢筋的接头百分率可不受限制 机械连接套筒的保护层厚度宜满足有关钢筋最小保护层厚度的规定。机械连接套筒的横向净间距不宜小于 25mm；套筒处箍筋的间距仍应满足相应的构造要求 直接承受动力荷载结构构件中的机械连接接头，除应满足设计要求的抗疲劳性能外，位于同一连接区段内的纵向受力钢筋接头面积百分率不应大于 50% （2）接头的设计原则和性能等级 1）接头的设计应满足强度及变形性能的要求 2）接头连接件的屈服承载力和受拉承载力的标准值不应小于被连接钢筋的屈服承载力和受拉承载力标准值的 1.10 倍 3）接头应根据其性能等级和应用场合，对单向拉伸性能、高应力反复拉压、大变形反复拉压、抗疲劳等各项性能确定相应的检验项目 4）接头应根据抗拉强度、残余变形以及高应力和大变形条件下反复拉压性能的差异，分为下列三个性能等级： Ⅰ级：接头抗拉强度等于被连接钢筋的实际拉断强度或不小于 1.10 倍钢筋抗拉强度标准值，残余变形小并具有高延性及反复拉压性能 Ⅱ级：接头抗拉强度不小于被连接钢筋抗拉强度标准值，残余变形较小并具有高延性及反复拉压性能 Ⅲ级：接头抗拉强度不小于被连接钢筋屈服强度标准值的 1.25 倍，残余变形较小并具有一定的延性及反复拉压性能 5）Ⅰ级、Ⅱ级、Ⅲ级接头的抗拉强度必须符合表 1-124 的规定 6）Ⅰ级、Ⅱ级、Ⅲ级接头应能经受规定的高应力和大变形反复拉压循环，且在经历拉压循环后，其抗拉强度仍应符合本书表 1-124 的规定 7）Ⅰ级、Ⅱ级、Ⅲ级接头的变形性能应符合表 1-125 的规定 8）对直接承受动力荷载的结构构件，设计应根据钢筋应力变化幅度提出接头的抗疲劳性能要求。当设计无专门要求时，接头的疲劳应力幅限值不应小于本书表 1-104 普通钢筋疲劳应力幅限值的 80%

序号	项 目	内 容
4	钢筋的焊接连接	(1) 细晶粒热轧带肋钢筋以及直径大于 28mm 的带肋钢筋，其焊接应经过试验确定；余热处理钢筋不宜焊接 (2) 纵向受力钢筋的焊接接头应相互错开。钢筋焊接接头连接区段的长度为 35d 且不小于 500mm，d 为连接钢筋的较小直径，凡接头中点位于该连接区段长度内的焊接接头均属于同一连接区段（见图 1-22） (3) 纵向受拉钢筋的接头面积百分率不宜大于 50%，但对预制构件的拼接处，可根据实际情况放宽。纵向受压钢筋的接头百分率可不受限制 (4) 常用焊接方法包括电阻点焊、闪光对焊、电渣压力焊、气压焊、电弧焊，使用中应注意： 　1) 电阻点焊：用于钢筋焊接骨架和钢筋焊接网。焊接骨架较小钢筋直径不大于 10mm 时，大小钢筋直径之比不宜大于 3 倍；较小直径为 12～16mm 时，大小钢筋直径之比不宜大于 2 倍。焊接网较小钢筋直径不得小于较大宜径的 60% 　2) 闪光对焊：钢筋直径较小的 400 级以下钢筋可采用"连续闪光焊"，钢筋直径较大，端面较平整时，宜采用"预热闪光焊"，钢筋直径较大，端面不平整时，应采用"闪光-预热闪光焊"。连续闪光对焊所能焊接的钢筋直径上限应根据焊接容量，钢筋牌号等具体情况而定，具体要求见《钢筋焊接及验收规程》JGJ 18—2012。不同直径钢筋焊接时径差不得超过 4mm 　3) 电渣压力焊：仅应用于柱、墙等构件中竖向或斜向（倾斜度不大于 10°）钢筋。不同直径钢筋焊接时径差不得超过 7mm 　4) 气压焊：可用于钢筋在垂直位置、水平位置或倾斜位置的对接焊接。不同直径钢筋焊接时径差不得超过 7mm 　5) 电弧焊：包括帮条焊、搭接焊、坡口焊、窄间隙焊和熔槽帮条焊。帮条焊、熔槽帮条焊使用时应注意钢筋间隙的要求。窄间隙焊用于直径≥16mm 钢筋的现场水平连接。熔槽帮条焊用于直径≥20mm 钢筋的现场安装焊接 　注：不同直径钢筋焊接时，接头百分率计算同机械连接
5	并筋的绑扎搭接	并筋采用绑扎搭接连接时，应按每根单筋错开搭接的方式连接。接头面积百分率应按同一连接区段内所有的单根钢筋计算。并筋中钢筋的搭接长度 l_l 仍按单根钢筋计算。对于两根或三根钢筋组成的并筋每根钢筋应在纵向用大于 1.3l_l 的长度交错搭接如图 1-23 所示
6	连接适用部位	钢筋连接的适用部位如表 1-126 所示
7	需进行疲劳验算的构件	需进行疲劳验算的构件，其纵向受拉钢筋不得采用绑扎搭接接头，也不宜采用焊接接头，除端部锚固外不得在钢筋上焊有附件 当直接承受吊车荷载的钢筋混凝土吊车梁、屋面梁及屋架下弦的纵向受拉钢筋采用焊接接头时，应符合下列规定： (1) 应采用闪光接触对焊，并去掉接头的毛刺及卷边 (2) 同一连接区段内纵向受拉钢筋焊接接头面积百分率不应大于 25%，焊接接头连接区段的长度应取为 45d，d 为纵向受力钢筋的较大直径 (3) 疲劳验算时，焊接接头应符合本书 1.7.4 节之（3）条疲劳应力幅限值的规定

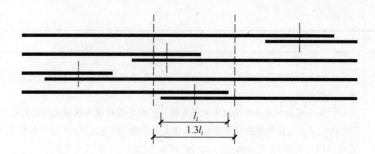

图 1-20　同一连接区段内纵向受拉钢筋的绑扎搭接接头（1）

注：图中所示同一连接区段内的搭接接头钢筋为两根，当钢筋直径相同
　　时，钢筋搭接接头面积百分率为 50%

纵向受拉钢筋搭接长度修正系数　　　　　　　　　　表 1-123

序号	纵向搭接钢筋接头面积百分率（%）	≤25	50	100
1	ζ_l	1.2	1.4	1.6

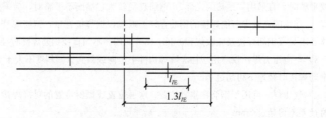

图 1-21　同一连接区段内纵向受拉钢筋的绑扎塔接接头（2）

注：图中所示同一连接区段内的搭接接头钢筋为两根，当钢筋
　　直径相同时，钢筋搭接接头面积百分率为 50%

图 1-22　同一连接区段内纵向受拉钢筋机械
连接、焊接接头

连接区段长度：机械连接为 35d；焊接为 35d 且≥500mm

纵向受拉钢筋机械连接要求　　　　　　　　　　表 1-124

序号	接头等级	Ⅰ 级	Ⅱ 级	Ⅲ 级
1	抗拉强度	$f_{mst}^0 \geqslant f_{stk}$　断于钢筋	$f_{mst}^0 \geqslant f_{stk}$	$f_{mst}^0 \geqslant 1.25 f_{yk}$
2		$f_{mst}^0 \geqslant 1.1 f_{stk}$　断于接头		

接头的变形性能　　　　　　　　　表 1-125

序号	接头等级		Ⅰ级	Ⅱ级	Ⅲ级
1	单向拉伸	残余变形（mm）	$u_0 \leqslant 0.10$ （$d \leqslant 32$） $u_0 \leqslant 0.14$ （$d > 32$）	$u_0 \leqslant 0.14$ （$d \leqslant 32$） $u_0 \leqslant 0.16$ （$d > 32$）	$u_0 \leqslant 0.14$ （$d \leqslant 32$） $u_0 \leqslant 0.16$ （$d > 32$）
2		最大力总伸长率（%）	$A_{sgt} \geqslant 6.0$	$A_{sgt} \geqslant 6.0$	$A_{sgt} \geqslant 3.0$
3	高应力反复拉压	残余变形（mm）	$u_{20} \leqslant 0.3$	$u_{20} \leqslant 0.3$	$u_{20} \leqslant 0.3$
4	大变形反复拉压	残余变形（mm）	$u_4 \leqslant 0.3$ 且 $u_8 \leqslant 0.6$	$u_4 \leqslant 0.3$ 且 $u_8 \leqslant 0.6$	$u_4 \leqslant 0.6$

注：当频遇荷载组合下，构件中钢筋应力明显高于 $0.6f_{yk}$ 时，设计部门可对单向拉伸残余变形 u_0 的加载峰值提出调整要求。

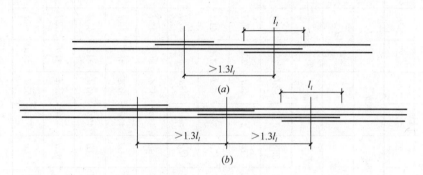

图 1-23　并筋受拉搭接

（a）二并筋搭接；（b）三并筋搭接

连接适用部位　　　　　　　　　表 1-126

序号	连接方式	适用部位
1	机械连接 或焊接	（1）框支梁 （2）框支柱 （3）一级抗震等级的框架梁 （4）一、二级抗震等级的框架柱及剪力墙的边缘构件 （5）三级抗震等级的框架柱底部及剪力墙底部构造加强部位的边缘构件
2	绑扎搭接	（1）二、三、四级抗震等级的框架梁 （2）三级抗震等级的框架柱除底部以外的其他部位 （3）四级抗震等级的框架柱 （4）三级抗震等级剪力墙非底部构造加强部位的边缘构件及四级剪力墙的边缘构件

注：1. 表中采用绑扎搭接的部位也可采用机械连接或焊接；

　　2. 剪力墙底部构造加强部位为底部加强部位及相邻上一层。

1.9.2　普通钢筋的连接长度计算用表

（1）非抗震及四级抗震等级结构纵向受拉普通钢筋绑扎搭接最小长度 l_l 如表 1-127 所示

（2）非抗震结构纵向受压普通钢筋绑扎搭接最小长度如表 1-128 所示

（3）一、二级抗震等级结构纵向受拉普通钢筋绑扎搭接长度 l_{lE} 如表 1-129 所示

（4）三级抗震等级结构纵向受拉普通钢筋绑扎搭接长度 l_{lE} 如表 1-130 所示

非抗震及四级抗震等级结构纵向受拉普通钢筋绑扎搭接最小长度 l_l

表 1-127

混凝土强度等级 —— 钢筋直径 d (mm)：每一强度等级下分 ≤25 与 >25 两列

序号	钢筋牌号	同一连接区段内的受拉钢筋搭接头百分率(%)	C20 ≤25	C20 >25	C25 ≤25	C25 >25	C30 ≤25	C30 >25	C35 ≤25	C35 >25	C40 ≤25	C40 >25	C45 ≤25	C45 >25	C50 ≤25	C50 >25	C55 ≤25	C55 >25	C60~C80 ≤25	C60~C80 >25
1	HPB300 $f_y=270\text{N/mm}^2$ ($d\leqslant25$)	≤25	47d		41d		36d		33d		30d		29d		27d		26d		25d	
2		50	55d		48d		42d		39d		35d		34d		32d		31d		30d	
3		100	63d		54d		48d		44d		40d		38d		37d		35d		34d	
4	HRB335 HRBF335 $f_y=300\text{N/mm}^2$	≤25	46d	50d	40d	44d	35d	39d	32d	35d	29d	32d	28d	31d	27d	29d	26d	28d	25d	27d
5		50	53d	59d	46d	51d	41d	45d	37d	41d	34d	38d	33d	36d	31d	34d	30d	33d	29d	32d
6		100	61d	67d	53d	58d	47d	52d	43d	47d	39d	43d	37d	41d	36d	39d	34d	38d	33d	36d
7	HRB400 HRBF400 RRB400 $f_y=360\text{N/mm}^2$	≤25			48d	52d	42d	47d	39d	42d	35d	39d	34d	37d	32d	35d	31d	34d	30d	33d
8		50			56d	61d	49d	54d	45d	49d	41d	45d	39d	43d	37d	41d	36d	40d	35d	38d
9		100			63d	70d	56d	62d	51d	56d	47d	52d	45d	49d	43d	47d	41d	45d	40d	43d
10	HRB500 HRBF500 $f_y=435\text{N/mm}^2$	≤25			58d	63d	51d	56d	47d	51d	43d	47d	41d	45d	39d	43d	37d	41d	36d	39d
11		50			67d	74d	60d	66d	54d	60d	50d	55d	47d	52d	45d	50d	44d	48d	42d	46d
12		100			77d	84d	68d	75d	62d	68d	57d	63d	54d	60d	52d	57d	50d	55d	48d	53d

注：1. d 为钢筋公称直径，单位为 mm；
　　2. l 值不应小于 200mm；
　　3. 其他见本书中有关规定。

表 1-128

非抗震结构纵向受压普通钢筋绑扎搭接最小长度 l_l

序号	钢筋牌号	同一连接区段内的受拉钢筋搭接接头面积百分率(%)	C20		C25		C30		C35		C40		C45		C50		C55		C60~C80	
		钢筋直径 d (mm)	≤25	>25	≤25	>25	≤25	>25	≤25	>25	≤25	>25	≤25	>25	≤25	>25	≤25	>25	≤25	>25
1	HPB300 $f_y=270\text{N/mm}^2$	≤25	33d		29d		25d		23d		21d		20d		19d		19d		18d	
2		50	38d		33d		30d		27d		25d		24d		22d		22d		21d	
3		100	44d		38d		34d		31d		28d		27d		26d		25d		24d	
4	HRB335 HRBF335 $f_y=300\text{N/mm}^2$	≤25	32d	35d	28d	31d	25d	27d	22d	25d	21d	23d	20d	22d	19d	21d	18d	20d	17d	19d
5		50	37d	41d	32d	36d	29d	32d	26d	29d	24d	26d	23d	25d	22d	24d	21d	23d	20d	22d
6		100	43d	47d	37d	41d	33d	36d	30d	33d	28d	30d	26d	29d	25d	27d	24d	26d	23d	25d
7	HRB400 HRBF400 RRB400 $f_y=360\text{N/mm}^2$	≤25			33d	37d	30d	33d	27d	30d	25d	27d	24d	26d	22d	25d	22d	24d	21d	23d
8		50			39d	43d	35d	38d	31d	35d	29d	32d	27d	30d	26d	29d	25d	28d	24d	27d
9		100			44d	49d	38d	43d	36d	40d	33d	36d	31d	34d	30d	33d	29d	32d	28d	30d
10	HRB500 HRBF500 $f_y=435\text{N/mm}^2$	≤25					40d	44d	36d	40d	33d	36d	30d	33d	27d	30d	26d	29d	25d	28d
11		50					47d	52d	42d	46d	38d	42d	33d	36d	32d	35d	30d	33d	29d	32d
12		100					54d	59d	48d	52d	43d	48d	38d	42d	36d	40d	35d	38d	33d	37d

注：1. d 为钢筋公称直径，单位为 mm;
　　2. l_l 值不应小于 300mm;
　　3. 其他见本书中有关规定。

一、二级抗震等级结构纵向受拉普通钢筋绑扎搭接长度 l_{lE}

表 1-129

序号	钢筋牌号	同一连接区段内的受拉钢筋搭接接头百分率(%)	C20 ≤25	C20 >25	C25 ≤25	C25 >25	C30 ≤25	C30 >25	C35 ≤25	C35 >25	C40 ≤25	C40 >25	C45 ≤25	C45 >25	C50 ≤25	C50 >25	C55 ≤25	C55 >25	C60~C80 ≤25	C60~C80 >25
1	HRB335、HRBF335 $f_y=300\text{N/mm}^2$	≤25	53d	58d	46d	50d	41d	45d	37d	41d	34d	37d	32d	35d	31d	34d	30d	33d	28d	31d
2		50	61d	68d	53d	59d	47d	52d	43d	47d	40d	43d	38d	41d	36d	39d	34d	38d	33d	36d
3	HRB400、HRBF400 RRB400 $f_y=360\text{N/mm}^2$	≤25			55d	60d	49d	54d	44d	49d	41d	45d	39d	43d	37d	40d	35d	39d	34d	38d
4		50			64d	70d	57d	62d	52d	57d	47d	52d	45d	50d	43d	47d	41d	46d	40d	44d
5	HRB500、HRBF500 $f_y=435\text{N/mm}^2$	≤25			66d	73d	59d	65d	54d	59d	49d	54d	47d	51d	44d	49d	43d	47d	41d	45d
6		50			77d	85d	69d	75d	62d	69d	57d	63d	54d	60d	52d	57d	50d	50d	48d	53d

注：应用时应符合本书中有关规定。

三级抗震等级结构纵向受拉普通钢筋绑扎搭接长度 l_{lE}

表 1-130

序号	钢筋牌号	同一连接区段内的受拉钢筋搭接接头百分率(%)	C20 ≤25	C20 >25	C25 ≤25	C25 >25	C30 ≤25	C30 >25	C35 ≤25	C35 >25	C40 ≤25	C40 >25	C45 ≤25	C45 >25	C50 ≤25	C50 >25	C55 ≤25	C55 >25	C60~C80 ≤25	C60~C80 >25
1	HRB335、HRBF335 $f_y=300\text{N/mm}^2$	≤25	48d	53d	42d	46d	37d	41d	34d	37d	31d	34d	29d	32d	28d	31d	27d	30d	26d	29d
2		50	56d	62d	49d	53d	43d	47d	39d	43d	36d	40d	34d	38d	33d	36d	32d	35d	30d	33d
3	HRB400、HRBF400 RRB400 $f_y=360\text{N/mm}^2$	≤25			50d	55d	44d	49d	40d	44d	37d	41d	35d	39d	34d	37d	32d	36d	31d	34d
4		50			58d	64d	52d	57d	47d	52d	43d	48d	41d	45d	39d	43d	38d	42d	36d	40d
5	HRB500、HRBF500 $f_y=435\text{N/mm}^2$	≤25			60d	66d	54d	59d	49d	54d	45d	49d	43d	47d	41d	45d	39d	43d	38d	41d
6		50			70d	78d	63d	69d	57d	63d	52d	58d	50d	55d	47d	52d	46d	50d	44d	48d

注：应用时应符合本书中有关规定。

1.10　建筑工程抗震设防分类标准

1.10.1　建筑工程抗震设防分类标准术语与基本规定

建筑工程抗震设防分类标准术语与基本规定如表 1-131 所示。

建筑工程抗震设防分类标准术语与基本规定 　　　　　　　表 1-131

序号	项　目	内　容
1	术语	(1) 抗震设防分类。根据建筑遭遇地震破坏后，可能造成人员伤亡、直接和间接经济损失、社会影响的程度及其在抗震救灾中的作用等因素，对各类建筑所做的设防类别划分 (2) 抗震设防烈度。按国家规定的权限批准作为一个地区抗震设防依据的地震烈度。一般情况下，取 50 年内超越概率 10% 的地震烈度 (3) 抗震设防标准。衡量抗震设防要求高低的尺度，由抗震设防烈度或设计地震动参数及建筑使用功能的重要性确定
2	基本规定	(1) 建筑抗震设防类别划分，应根据下列因素的综合分析确定： 1) 建筑破坏造成的人员伤亡、直接和间接经济损失及社会影响的大小 2) 城市的大小和地位、行业的特点、工矿企业的规模 3) 建筑使用功能失效后，对全局的影响范围大小、抗震救灾影响及恢复的难易程度 4) 建筑各区段的重要性有显著不同时，可按区段划分抗震设防类别 5) 不同行业的相同建筑，当所处地位及地震破坏所产生的后果和影响不同时，其抗震设防类别可不相同 　　注：区段指由防震缝分开的结构单元、平面内使用功能不同的部分、或上下使用功能不同的部分 (2) 建筑工程应分为以下四个抗震设防类别： 1) 特殊设防类：指使用上有特殊设施，涉及国家公共安全的重大建筑工程和地震时可能发生严重次生灾害等特别重大灾害后果，需要进行特殊设防的建筑。本书简称甲类 2) 重点设防类：指地震时使用功能不能中断或需尽快恢复的生命线相关建筑，以及地震时可能导致大量人员伤亡等重大灾害后果，需要提高设防标准的建筑。本书简称乙类 3) 标准设防类：指大量的上述 (2) 条中除 1)、2)、4) 款以外按标准要求进行设防的建筑。本书简称丙类 4) 适度设防类：指使用上人员稀少且震损不致产生次生灾害，允许在一定条件下适度降低要求的建筑。本书简称丁类 (3) 各抗震设防类别建筑的抗震设防标准，应符合下列要求： 1) 标准设防类，应按本地区抗震设防烈度确定其抗震措施和地震作用，达到在遭遇高于当地抗震设防烈度的预估罕遇地震影响时不致倒塌或发生危及生命安全的严重破坏的抗震设防目标 2) 重点设防类，应按高于本地区抗震设防烈度一度的要求加强其抗震措施；但抗震设防烈度为 9 度时应按比 9 度更高的要求采取抗震措施；地基基础的抗震措施，应符合有关规定。同时，应按本地区抗震设防烈度确定其地震作用 3) 特殊设防类，应按高于本地区抗震设防烈度提高一度的要求加强其抗震措施；但抗震设防烈度为 9 度时应按比 9 度更高的要求采取抗震措施。同时，应按批准的地震安全性评价的结果且高于本地区抗震设防烈度的要求确定其地震作用 4) 适度设防类，允许比本地区抗震设防烈度的要求适当降低其抗震措施，但抗震设防烈度为 6 度时不应降低。一般情况下，仍应按本地区抗震设防烈度确定其地震作用 　　注：对于划为重点设防类而规模很小的工业建筑，当改用抗震性能较好的材料且符合抗震设计规范对结构体系的要求时，允许按标准设防类设防 5) 根据上述规定与有关要求，则各类建筑抗震措施所应采用的抗震设防烈度要求如表 1-132～表 1-135 所示

甲类、乙类、丙类、丁类建筑的抗震设防标准　　　　　　表 1-132

序号	建筑抗震设防类别	地震作用计算	抗震措施
1	甲类	应高于本地区抗震设防烈度的要求，其值应按批准的地震安全性评价结果确定	当抗震设防烈度为 6～8 度时，应符合本地区抗震设防烈度提高一度的要求。当为 9 度时，应符合比 9 度抗震设防更高的要求
2	乙类	应符合本地区抗震设防烈度的要求（6 度时可不进行计算①）	一般情况下，当抗震设防烈度为 6～8 度时，应符合本地区抗震设防烈度提高一度的要求。当为 9 度时，应符合比 9 度抗震设防更高的要求
3	丙类	应符合本地区抗震设防烈度的要求（6 度时可不进行计算①）	应符合本地区抗震设防烈度的要求
4	丁类	一般情况下，应符合本地区抗震设防烈度的要求（6 度时可不进行计算）	允许比本地区抗震设防烈度的要求适当降低，但抗震设防烈度为 6 度时不应降低

①不规则建筑及建造于Ⅳ类场地上较高的高层建筑除外。

注：抗震设防标准是衡量抗震设防要求高低的尺度，由抗震设防烈度或设计地震动参数及建筑抗震设防类别确定。

地震作用要求　　　　　　表 1-133

序号	设防烈度	6	7	7 (0.15g)	8	8 (0.30g)	9
1	甲	根据地震安全性评价结果确定					
2	乙	6	7	7 (0.15g)	8	8 (0.30g)	9
3	丙	6	7	7 (0.15g)	8	8 (0.30g)	9
4	丁	6	7	7 (0.15g)	8	8 (0.30g)	9

注：地震作用由地震动引起的结构动态作用，包括水平地震作用和竖向地震作用。

抗震措施要求　　　　　　表 1-134

序号	设防烈度	6	7	7 (0.15g)	8	8 (0.30g)	9
1	甲	7	8		9		9^+
2	乙	7	8		9		9^+
3	丙	6	7		8		9
4	丁	6	7^-		8^-		9^-

注：1. 7^- 表示比 7 度适当降低的要求，8^- 表示比 8 度适当降低的要求；9^- 表示比 9 度适当降低的要求，9^+ 表示比 9 度更高的要求；

2. 抗震措施：除地震作用计算和抗力计算以外的抗震设计内容，包括抗震构造措施。

抗震构造措施要求　　　　　　表 1-135

序号	设防烈度	6		7		7 (0.10g)	7 (0.15g)	8		8 (0.20g)	8 (0.30g)	9	
	场地类别	Ⅰ	Ⅱ Ⅲ Ⅳ	Ⅰ	Ⅱ	Ⅲ Ⅳ	Ⅲ Ⅳ	Ⅰ	Ⅱ	Ⅲ Ⅳ	Ⅲ Ⅳ	Ⅰ	Ⅱ Ⅲ Ⅳ
1	甲	6	7	7	8	9	9	8	9	9^+	9^+	9	9^+
2	乙	6	7	7	8	9	9	8	9	9^+	9^+	9	9^+
3	丙	6	6	6	7	8	8	8	8	9	9	9	9

注：1. 9^+ 表示比 9 度更高的要求；

2. 抗震构造措施：根据抗震概念设计原则，一般不需计算而对结构和非结构各部分必须采取的各种细部要求。

1.10.2 部分行业的建筑抗震设防类别的划分

部分行业的建筑抗震设防类别的划分如表 1-136 所示。

部分行业的建筑抗震设防类别的划分　　　　　　　　　　表 1-136

序号	项　目	内　　容
1	防灾救灾建筑	（1）这里适用于城市和工矿企业与防灾和救灾有关的建筑 （2）防灾救灾建筑应根据其社会影响及在抗震救灾中的作用划分抗震设防类别 （3）医疗建筑的抗震设防类别，应符合下列规定： 1）三级医院中承担特别重要医疗任务的门诊、医技、住院用房，抗震设防类别应划为特殊设防类 2）二、三级医院的门诊、医技、住院用房，具有外科手术室或急诊科的乡镇卫生院的医疗用房，县级及以上急救中心的指挥、通信、运输系统的重要建筑，县级及以上的独立采供血机构的建筑，抗震设防类别应划为重点设防类 3）工矿企业的医疗建筑，可比照城市的医疗建筑示例确定其抗震设防类别 （4）消防车库及其值班用房，抗震设防类别应划为重点设防类 （5）20 万人口以上的城镇和县及县级市防灾应急指挥中心的主要建筑，抗震设防类别不应低于重点设防类 工矿企业的防灾应急指挥系统建筑，可比照城市防灾应急指挥系统建筑示例确定其抗震设防类别 （6）疾病预防与控制中心建筑的抗震设防类别，应符合下列规定： 1）承担研究、中试和存放剧毒的高危险传染病病毒任务的疾病预防与控制中心的建筑或其区段，抗震设防类别应划为特殊设防类 2）不属于上述 1）款的县、县级市及以上的疾病预防与控制中心的主要建筑，抗震设防类别应划为重点设防类 （7）作为应急避难场所的建筑，其抗震设防类别不应低于重点设防类
2	基础设施建筑　城镇给排水、燃气、热力建筑	（1）这里适用于城镇的给水、排水、燃气、热力建筑工程 工矿企业的给水、排水、燃气、热力建筑工程，可分别比照城市的给水、排水、燃气、热力建筑工程确定其抗震设防类别 （2）城镇和工矿企业的给水、排水、燃气、热力建筑，应根据其使用功能、规模、修复难易程度和社会影响等划分抗震设防类别。其配套的供电建筑，应与主要建筑的抗震设防类别相同 （3）给水建筑工程中，20 万人口以上城镇、抗震设防烈度为 7 度及以上的县及县级市的主要取水设施和输水管线、水质净化处理厂的主要水处理建（构）筑物、配水井、送水泵房、中控室、化验室等，抗震设防类别应划为重点设防类 （4）排水建筑工程中，20 万人口以上城镇、抗震设防烈度为 7 度及以上的县及县级市的污水干管（含合流），主要污水处理厂的主要水处理建（构）筑物、进水泵房、中控室、化验室，以及城市排涝泵站、城镇主干道立交处的雨水泵房，抗震设防类别应划为重点设防类 （5）燃气建筑中，20 万人口以上城镇、县及县级市的主要燃气厂的主厂房、贮气罐、加压泵房和压缩间、调度楼及相应的超高压和高压调压间、高压和次高压输配气管道等主要设施，抗震设防类别应划为重点设防类 （6）热力建筑中，50 万人口以上城镇的主要热力厂主厂房、调度楼、中继泵站及相应的主要设施用房，抗震设防类别应划为重点设防类

序号	项　目	内　容
3	电力建筑	(1) 这里适用于电力生产建筑和城镇供电设施 (2) 电力建筑应根据其直接影响的城市和企业的范围及地震破坏造成的直接和间接经济损失划分抗震设防类别 (3) 电力调度建筑的抗震设防类别，应符合下列规定： 1) 国家和区域的电力调度中心，抗震设防类别应划为特殊设防类 2) 省、自治区、直辖市的电力调度中心，抗震设防类别宜划为重点设防类 (4) 火力发电厂（含核电厂的常规岛）、变电所的生产建筑中，下列建筑的抗震设防类别应划为重点设防类： 1) 单机容量为 300MW 及以上或规划容量为 800MW 及以上的火力发电厂和地震时必须维持正常供电的重要电力设施的主厂房、电气综合楼、网控楼、调度通信楼、配电装置楼、烟囱、烟道、碎煤机室、输煤转运站和输煤栈桥、燃油和燃气机组电厂的燃料供应设施 2) 330kV 及以上的变电所和 220kV 及以下枢纽变电所的主控通信楼、配电装置楼、就地继电器室；330kV 及以上的换流站工程中的主控通信楼、阀厅和就地继电器室 3) 供应 20 万人口以上规模的城镇集中供热的热电站的主要发配电控制室及其供电、供热设施 4) 不应中断通信设施的通信调度建筑
4	基础设施建筑 交通运输建筑	(1) 这里适用于铁路、公路、水运和空运系统建筑和城镇交通设施 (2) 交通运输系统生产建筑应根据其在交通运输线路中的地位、修复难易程度和对抢险救灾、恢复生产所起的作用划分抗震设防类别 (3) 铁路建筑中，高速铁路、客运专线（含城际铁路）、客货共线 Ⅰ、Ⅱ 级干线和货运专线的铁路枢纽的行车调度、运转、通信、信号、供电、供水建筑，以及特大站和最高聚集人数很多的大型站的客运候车楼，抗震设防类别应划为重点设防类 (4) 公路建筑中，高速公路、一级公路、一级汽车客运站和位于抗震设防烈度为 7 度以上地区的公路监控室，一级长途汽车站客运候车楼，抗震设防类别应划为重点设防类 (5) 水运建筑中，50 万人口以上城市、位于抗震设防烈度为 7 度及以上地区的水运通信和导航等重要设施的建筑，国家重要客运站，海难救助打捞等部门的重要建筑，抗震设防类别应划为重点设防类 (6) 空运建筑中，国际或国内主要干线机场中的航空站楼、大型机库，以及通信、供电、供热、供水、供气、供油的建筑，抗震设防类别应划为重点设防类 　航管楼的设防标准应高于重点设防类 (7) 城镇交通设施的抗震设防类别，应符合下列规定： 1) 在交通网络中占关键地位、承担交通量大的大跨度桥应划为特殊设防类；处于交通枢纽的其余桥梁应划为重点设防类 2) 城市轨道交通的地下隧道、枢纽建筑及其供电、通风设施，抗震设防类别应划为重点设防类
5	邮电通信、广播电视建筑	(1) 这里适用于邮电通信、广播电视建筑 (2) 邮电通信、广播电视建筑，应根据其在整个信息网络中的地位和保证信息网络通畅的作用划分抗震设防类别。其配套的供电、供水建筑，应与主体建筑的抗震设防类别相同；当特殊设防类的供电、供水建筑为单独建筑时，可划为重点设防类 (3) 邮电通信建筑的抗震设防类别，应符合下列规定： 1) 国际出入口局、国际无线电台，国家卫星通信地球站，国际海缆登陆站，抗震设防类别应划为特殊设防类

序号	项 目		内 容
5	基础设施建筑	邮电通信、广播电视建筑	2) 省中心及省中心以上通信枢纽楼、长途传输一级干线枢纽站、国内卫星通信地球站、本地网通枢纽楼及通信生产楼、应急通信用房，抗震设防类别应划为重点设防类 3) 大区中心和省中心的邮政枢纽，抗震设防类别应划为重点设防类 (4) 广播电视建筑的抗震设防类别，应符合下列规定： 1) 国家级、省级的电视调频广播发射塔建筑，当混凝土结构塔的高度大于250m或钢结构塔的高度大于300m时，抗震设防类别应划为特殊设防类；国家级、省级的其余发射塔建筑，抗震设防类别应划为重点设防类。国家级卫星地球站上行站，抗震设防类别应划为特殊设防类 2) 国家级、省级广播中心、电视中心和电视调频广播发射台的主体建筑，发射总功率不小于200kW的中波和短波广播发射台、广播电视卫星地球站、国家级和省级广播电视监测台与节目传送台的机房建筑和天线支承物，抗震设防类别应划为重点设防类
6	公共建筑和居住建筑		(1) 这里适用于体育建筑、影剧院、博物馆、档案馆、商场、展览馆、会展中心、教育建筑、旅馆、办公建筑、科学实验建筑等公共建筑和住宅、宿舍、公寓等居住建筑 (2) 公共建筑，应根据其人员密集程度、使用功能、规模、地震破坏所造成的社会影响和直接经济损失的大小划分抗震设防类别 (3) 体育建筑中，规模分级为特大型的体育场，大型、观众席容量很多的中型体育场和体育馆(含游泳馆)，抗震设防类别应划为重点设防类 (4) 文化娱乐建筑中，大型的电影院、剧场、礼堂、图书馆的视听室和报告厅、文化馆的观演厅和展览厅、娱乐中心建筑，抗震设防类别应划为重点设防类 (5) 商业建筑中，人流密集的大型的多层商场抗震设防类别应划为重点设防类。当商业建筑与其他建筑合建时应分别判断，并按区段确定其抗震设防类别 (6) 博物馆和档案馆中，大型博物馆，存放国家一级文物的博物馆，特级、甲级档案馆，抗震设防类别应划为重点设防类 (7) 会展建筑中，大型展览馆、会展中心，抗震设防类别应划为重点设防类 (8) 教育建筑中，幼儿园、小学、中学的教学用房以及学生宿舍和食堂，抗震设防类别应不低于重点设防类 (9) 科学实验建筑中，研究、中试生产和存放具有高放射性物品以及剧毒的生物制品、化学制品、天然和人工细菌、病毒(如鼠疫、霍乱、伤寒和新发高危险传染病等)的建筑，抗震设防类别应划为特殊设防类 (10) 电子信息中心的建筑中，省部级编制和贮存重要信息的建筑，抗震设防类别应划为重点设防类 国家级信息中心建筑的抗震设防标准应高于重点设防类 (11) 高层建筑中，当结构单元内经常使用人数超过8000人时，抗震设防类别宜划为重点设防类 (12) 居住建筑的抗震设防类别不应低于标准设防类
7	工业建筑	采煤、采油和矿山生产建筑	(1) 这里适用于采煤、采油和天然气以及采矿的生产建筑 (2) 采煤、采油和天然气、采矿的生产建筑，应根据其直接影响的城市和企业的范围及地震破坏所造成的直接和间接经济损失的大小划分抗震设防类别 (3) 采煤生产建筑中，矿井的提升、通风、供电、供水、通信和瓦斯排放系统，抗震设防类别应划为重点设防类 (4) 采油和天然气生产建筑中，下列建筑的抗震设防类别应划为重点设防类： 1) 大型油、气田的联合站、压缩机房、加压气站泵房、阀组间、加热炉建筑

序号	项目		内容
7	采煤、采油和矿山生产建筑		2) 大型计算机房和信息贮存库 3) 油品储运系统液化气站，轻油泵房及氮气站、长输管道首末站、中间加压泵站 (4) 油、气田主要供电、供水建筑 (5) 采矿生产建筑中，下列建筑的抗震设防类别应划为重点设防类： 1) 大型冶金矿山的风机室、排水泵房、变电、配电室等 2) 大型非金属矿山的提升、供水、排水、供电、通风等系统的建筑
8	原材料生产建筑		(1) 这里适用于冶金、化工、石油化工、建材和轻工业原材料等工业原材料生产建筑 (2) 冶金、化工、石油化工、建材、轻工业的原材料生产建筑，主要以其规模、修复难易程度和停产后相关企业的直接和间接经济损失划分抗震设防类别 (3) 冶金工业、建材工业企业的生产建筑中，下列建筑的抗震设防类别应划为重点设防类： 1) 大中型冶金企业的动力系统建筑，油库及油泵房，全厂性生产管制中心、通信中心的主要建筑 2) 大型和不容许中断生产的中型建材工业企业的动力系统建筑 (4) 化工和石油化工生产建筑中，下列建筑的抗震设防类别应划为重点设防类： 1) 特大型、大型和中型企业的主要生产建筑以及对正常运行起关键作用的建筑 2) 特大型、大型和中型企业的供热、供电、供气和供水建筑 3) 特大型、大型和中型企业的通讯、生产指挥中心建筑 (5) 轻工原材料生产建筑中，大型浆板厂和洗涤剂原料厂等大型原材料生产企业中的主要装置及其控制系统和动力系统建筑，抗震设防类别应划为重点设防类 (6) 冶金、化工、石油化工、建材、轻工业原料生产建筑中，使用或生产过程中具有剧毒、易燃、易爆物质的厂房，当具有泄毒、爆炸或火灾危险性时，其抗震设防类别应划为重点设防类
9	工业建筑	加工制造业生产建筑	(1) 这里适用于机械、船舶、航空、航天、电子（信息）、纺织、轻工、医药等工业生产建筑 (2) 加工制造工业生产建筑，应根据建筑规模和地震破坏所造成的直接和间接经济损失的大小划分抗震设防类别 (3) 航空工业生产建筑中，下列建筑的抗震设防类别应划为重点设防类： 1) 部级及部级以上的计量基准所在的建筑，记录和贮存航空主要产品（如飞机、发动机等）或关键产品的信息贮存所在的建筑 2) 对航空工业发展有重要影响的整机或系统性能试验设施、关键设备所在建筑（如大型风门及其测试间，发动机高空试车台及其动力装置及测试间，全机电磁兼容试验建筑） 3) 存放国内少有或仅有的重要精密设备的建筑 4) 大中型企业主要的动力系统建筑 (4) 航天工业生产建筑中，下列建筑的抗震设防类别应划为重点设防类： 1) 重要的航天工业科研楼、生产厂房和试验设施，动力系统的建筑 2) 重要的演示、通信、计量、培训中心的建筑 (5) 电子信息工业生产建筑中，下列建筑的抗震设防类别应划为重点设防类： 1) 大型彩管、玻壳生产厂房及其动力系统 2) 大型的集成电路、平板显示器和其他电子类生产厂房 3) 重要的科研中心、测试中心、试验中心的主要建筑 (6) 纺织工业的化纤生产建筑中，具有化工性质的生产建筑，其抗震设防类别宜按本表序号 8 之（4）条划分 (7) 大型医药生产建筑中，具有生物制品性质的厂房及其控制系统，其抗震设防类别宜按本表序号 6 之（9）条划分 (8) 加工制造工业建筑中，生产或使用具有剧毒、易燃、易爆物质且具有火灾危险性的厂房及其控制系统的建筑，抗震设防类别应划为重点设防类 (9) 大型的机械、船舶、纺织、轻工、医药等工业企业的动力系统建筑应划为重点设防类 (10) 机械、船舶工业的生产厂房，电子、纺织、轻工、医药等工业的其他生产厂房，宜划为标准设防类

序号	项　目	内　　容
10	仓库类建筑	（1）这里适用于工业与民用的仓库类建筑 （2）仓库类建筑，应根据其存放物品的经济价值和地震破坏所产生的次生灾害划分抗震设防类别 （3）仓库类建筑的抗震设防类别，应符合下列规定： 1）储存高、中放射性物质或剧毒物品的仓库不应低于重点设防类，储存易燃、易爆物质等具有火灾危险性的危险品仓库应划为重点设防类 2）一般的储存物品的价值低、人员活动少、无次生灾害的单层仓库等可划为适度设防类

1.11　结构不考虑地震的普通钢筋的配筋率

1.11.1　钢筋混凝土结构构件中纵向受力钢筋的最小配筋百分率

（1）纵向受力钢筋的最小配筋百分率 $\rho_{\min}$（%）如表 1-137 所示。

纵向受力钢筋的最小配筋百分率 $\rho_{\min}$（%）　　　　　　　　　　　**表 1-137**

序号	受　力　类　型		最小配筋百分率
1	受压构件	全部纵向钢筋 强度等级 500N/mm²	0.50
2		全部纵向钢筋 强度等级 400N/mm²	0.55
3		全部纵向钢筋 强度等级 300N/mm²、335N/mm²	0.60
4		一侧纵向钢筋	0.20
5	受弯构件、偏心受拉、轴心受拉构件一侧的受拉钢筋		0.20 和 $45f_t/f_y$ 中的较大值

注：1. 受压构件全部纵向钢筋最小配筋百分率，当采用 C60 以上强度等级的混凝土时，应按表中规定增加 0.10；
　　2. 板类受弯构件（不包括悬臂板）的受拉钢筋，当采用强度等级 400N/mm²、500N/mm² 的钢筋时，其最小配筋百分率应允许采用 0.15 和 $45f_t/f_y$ 中的较大值；
　　3. 偏心受拉构件中的受压钢筋，应按受压构件一侧纵向钢筋考虑；
　　4. 受压构件的全部纵向钢筋和一侧纵向钢筋的配筋率以及轴心受拉构件和小偏心受拉构件一侧受拉钢筋的配筋率均应按构件的全截面面积计算；
　　5. 受弯构件、大偏心受拉构件一侧受拉钢筋的配筋率应按全截面面积扣除受压翼缘面积 $(b_f'-b)\,h_f'$ 后的截面面积计算；
　　6. 当钢筋沿构件截面周边布置时，"一侧纵向钢筋"系指沿受力方向两个对边中一边布置的纵向钢筋；
　　7. 卧置于地基上的混凝土板，板中受拉钢筋的最小配筋率可适当降低，但不应小于 0.15%；
　　8. 对结构中次要的钢筋混凝土受弯构件，当构造所需截面高度远大于承载的需求时，其纵向受拉钢筋的配筋率可按下列公式计算：

$$\rho_s \geqslant \frac{h_{cr}}{h}\rho_{\min} \tag{1-40}$$

$$h_{cr} = 1.05\sqrt{\frac{M}{\rho_{\min}f_y b}} \tag{1-41}$$

式中　ρ_s——构件按全截面计算的纵向受拉钢筋的配筋率；
　　　$\rho_{\min}$——纵向受力钢筋的最小配筋率，按本表取用；
　　　h_{cr}——构件截面的临界高度，当小于 $h/2$ 时取 $h/2$；
　　　h——构件截面的高度；
　　　b——构件的截面宽度；
　　　M——构件的正截面受弯承载力设计值。

（2）受弯构件、偏心受拉、轴心受拉构件一侧的纵向受拉钢筋的最小配筋百分率 ρ_{min}（％）如表 1-138 所示。

受弯构件、偏心受拉、轴心受拉构件一侧的纵向受拉钢筋的
最小配筋百分率 ρ_{min}（％）   表 1-138

序号	混凝土强度等级	HPB300 $f_y=270N/mm^2$	HRB335、HRBF335 $f_y=300N/mm^2$	HRB400、HRBF400、RRB400 $f_y=360N/mm^2$	HRB500、HRBF500 $f_y=435N/mm^2$
1	C20	0.200	0.200	0.200 (0.150)	0.200 (0.150)
2	C25	0.212	0.200	0.200 (0.159)	0.200 (0.150)
3	C30	0.238	0.214	0.200 (0.179)	0.200 (0.150)
4	C35	0.262	0.236	0.200 (0.196)	0.200 (0.162)
5	C40	0.285	0.256	0.214	0.200 (0.177)
6	C45	0.300	0.270	0.225	0.200 (0.186)
7	C50	0.315	0.284	0.236	0.200 (0.196)
8	C55	0.327	0.294	0.245	0.203
9	C60	0.340	0.306	0.255	0.211
10	C65	0.348	0.314	0.261	0.216
11	C70	0.357	0.321	0.268	0.221
12	C75	0.363	0.327	0.272	0.226
13	C80	0.370	0.333	0.278	0.230

注：1. 表中括号内数值可适用于板类受弯构件（不包括悬臂板）的受拉钢筋；

2. 本表是根据表 1-137 序号 5 要求制作。

（3）根据表 1-137 序号 1、序号 2 及序号 3 制作的受压构件全部纵向受力钢筋的最小配筋百分率 ρ_{min}（％）如表 1-139 所示。

受压构件全部纵向受力钢筋的最小配筋百分率 ρ_{min}（％）   表 1-139

钢筋种类	混凝土强度等级												
	C20	C25	C30	C35	C40	C45	C50	C55	C60	C65	C70	C75	C80
强度等级 500N/mm²	0.50	0.50	0.50	0.50	0.50	0.50	0.50	0.50	0.60	0.60	0.60	0.60	0.60
强度等级 400N/mm²	0.55	0.55	0.55	0.55	0.55	0.55	0.55	0.55	0.65	0.65	0.65	0.65	0.65
强度等级 300N/mm²、335 N/mm²	0.60	0.60	0.60	0.60	0.60	0.60	0.60	0.60	0.70	0.70	0.70	0.70	0.70

1.11.2 钢筋混凝土受弯构件纵向受力钢筋最大配筋百分率

钢筋混凝土受弯构件纵向受力钢筋最大配筋百分率 ρ_{max}（％）如表 1-140 所示。

钢筋混凝土受弯构件纵向受力钢筋最大配筋百分率 ρ_{max}（%）　　　表 1-140

序号	混凝土强度等级	HPB300 $f_y=270N/mm^2$	HRB335、HRBF335 $f_y=300N/mm^2$	HRB400、HRBF400、RRB400 $f_y=360N/mm^2$	HRB500、HRBF500 $f_y=435N/mm^2$
1	C20	2.048	1.760	1.381	1.064
2	C25	2.539	2.182	1.712	1.319
3	C30	3.051	2.622	2.058	1.585
4	C35	3.563	3.062	2.403	1.850
5	C40	4.075	3.502	2.748	2.116
6	C45	4.501	3.868	3.036	2.338
7	C50	4.928	4.235	3.324	2.560
8	C55	5.251	4.517	3.534	2.724
9	C60	5.550	4.770	3.736	2.875
10	C65	5.836	5.013	3.921	3.013
11	C70	6.072	5.210	4.079	3.137
12	C75	6.279	5.384	4.210	3.233
13	C80	6.474	5.546	4.331	3.328

注：1. ρ_{max}（%）计算公式为 $\rho_{max}=\xi_b\dfrac{\alpha_1 f_c}{f_y}$；

2. ξ_b 值见表 1-141 所示。

普通钢筋相对界限受压区高度 ξ_b 值　　　表 1-141

序号	抗拉强度设计值 f_y (N/mm²)	混凝土强度等级						
		C15	C20	C25	C30	C35	C40	C45
1	270	0.576	0.576	0.576	0.576	0.576	0.576	0.576
2	300	0.550	0.550	0.550	0.550	0.550	0.550	0.550
3	360	0.518	0.518	0.518	0.518	0.518	0.518	0.518
4	435	0.482	0.482	0.482	0.482	0.482	0.482	0.482

序号	抗拉强度设计值 f_y (N/mm²)	混凝土强度等级						
		C50	C55	C60	C65	C70	C75	C80
1	270	0.576	0.566	0.556	0.547	0.537	0.528	0.518
2	300	0.550	0.541	0.531	0.522	0.512	0.503	0.493
3	360	0.518	0.508	0.499	0.490	0.481	0.472	0.462
4	435	0.482	0.473	0.464	0.455	0.447	0.438	0.429

1.11.3　梁内受扭纵向钢筋的配筋率

梁内受扭纵向钢筋的配筋率如表 1-142 所示。

梁内受扭纵向钢筋的配筋率　　　　　　　　　　　　表 1-142

序号	项　目	内　　容
1	梁内受扭纵向钢筋的配筋率	(1) 梁内受扭纵向钢筋的配筋率 梁内受扭纵向钢筋的配筋率 ρ_{tl} 应按下列公式确定： $$\rho_{tl} = \frac{A_{stl}}{bh} \quad (1\text{-}42)$$ 式中　A_{stl}——沿截面周边布置的受扭纵向钢筋总截面面积 (2) 梁内受扭纵向钢筋的最小配筋率 $\rho_{tl,min}$ 应符合下列规定： $$\rho_{tl,min} = 0.6\sqrt{\frac{T}{Vb}}\frac{f_t}{f_y} \quad (1\text{-}43)$$ 当 $T/(Vb) > 2.0$ 时，取 $T/(Vb) = 2.0$。 式中　$\rho_{tl,min}$——受扭纵向钢筋的最小配筋率，取 $A_{stl}/(bh)$ 　　　　b——受剪的截面宽度，矩形截面的宽度，T 形或 I 形截面取腹板宽度，箱形截面 b 应以 b_h 代替，此处，b_h 为箱形截面的宽度 (3) 沿截面周边布置受扭纵向钢筋的间距不应大于 200mm 及梁截面短边长度；除应在梁截面四角设置受扭纵向钢筋外，其余受扭纵向钢筋宜沿截面周边均匀对称布置。受扭纵向钢筋应按受拉钢筋锚固在支座内 (4) 在弯剪扭构件中，配置在截面弯曲受拉边的纵向受力钢筋，其截面面积不应小于按本书表 1-137 规定的受弯构件受拉钢筋最小配筋率计算的钢筋截面面积与按本表受扭纵向钢筋配筋率计算并分配到弯曲受拉边的钢筋截面面积之和
2	受扭纵向受力钢筋的最小配筋率计算用表	梁内受扭纵向受力钢筋的最小配筋百分率 $\rho_{tl,min}$ 如表 1-143 所示 计算公式为　$\rho_{tl,min} = 0.6\sqrt{\frac{T}{Vb}}\frac{f_t}{f_t}\% = \left(0.6\sqrt{2}\frac{f_t}{f_y}\right)\%$

梁内受扭纵向受力钢筋的最小配筋百分率 $\rho_{tl,min}$（%）　　表 1-143

序号	混凝土强度等级	HPB300 $f_y=270N/mm^2$	HRB335、HRBF335 $f_y=300N/mm^2$	HRB400、HRBF400、RRB400 $f_y=360N/mm^2$	HRB500、HRBF500 $f_y=435N/mm^2$
1	C20	0.346	0.311	0.259	0.215
2	C25	0.399	0.359	0.299	0.248
3	C30	0.449	0.404	0.337	0.279
4	C35	0.493	0.444	0.370	0.306
5	C40	0.537	0.484	0.403	0.334
6	C45	0.566	0.509	0.424	0.351
7	C50	0.594	0.535	0.445	0.369
8	C55	0.616	0.554	0.462	0.382
9	C60	0.641	0.577	0.481	0.398

序号	混凝土 强度等级	HPB300 $f_y=270N/mm^2$	HRB335、HRBF335 $f_y=300N/mm^2$	HRB400、HRBF400、RRB400 $f_y=360N/mm^2$	HRB500、HRBF500 $f_y=435N/mm^2$
10	C65	0.657	0.591	0.493	0.408
11	C70	0.673	0.605	0.504	0.417
12	C75	0.685	0.617	0.514	0.425
13	C80	0.698	0.628	0.523	0.433

1.11.4　钢筋混凝土梁中箍筋的配筋率

钢筋混凝土梁中箍筋的配筋率如表 1-144 所示。

钢筋混凝土梁中箍筋的配筋率　表 1-144

序号	项目	内容
1	计算公式	(1) 梁中箍筋配筋率计算公式为 $$\rho_{sv}=\frac{A_{sv}}{bs}=\frac{nA_{sv1}}{bs}\qquad(1-44)$$ (2) 梁中箍筋的最大间距宜符合表 3-18 的规定；当 V 大于 $0.7f_tbh_0$ 时，箍筋的配筋率为 $$\rho_{sv}\geqslant0.24\frac{f_t}{f_{yv}}\qquad(1-45)$$ (3) 在弯剪扭构件中，梁箍筋的配筋率为 $$\rho_{sv}\geqslant0.28\frac{f_t}{f_{yv}}\qquad(1-46)$$ (4) 梁端设置的第一个箍筋距框架节点边缘不应大于 50mm。非加密区的箍筋间距不宜大于加密区箍筋间距的 2 倍。考虑地震作用沿梁全长箍筋的面积配筋率 ρ_{sv} 应符合下列规定： 1) 一级抗震等级 $$\rho_{sv}\geqslant0.30\frac{f_t}{f_{yv}}\qquad(1-47)$$ 2) 二级抗震等级 $$\rho_{sv}\geqslant0.28\frac{f_t}{f_{yv}}\qquad(1-48)$$ 3) 三、四级抗震等级 $$\rho_{sv}\geqslant0.26\frac{f_t}{f_{yv}}\qquad(1-49)$$ 上述公式中： ρ_{sv}——梁中箍筋的配筋率 A_{sv}——配置在同一截面内箍筋各肢的全部截面面积，$A_{sv}=nA_{sv1}$，其中，n 为同一截面内箍筋的肢数，A_{sv1} 为单肢箍筋的截面面积（假定各肢箍筋的直径均相同） b——梁截面宽度 s——沿构件（梁）长度方向箍筋的间距 f_t——混凝土轴心抗拉强度设计值，按表 1-14 采用 f_{yv}——箍筋的抗拉强度设计值，按表 1-100 中 f_y 的数值采用

序号	项目	内　　容
2	计算用表	（1）根据公式（1-45）～公式（1-49），应用公式 $\rho_{sv}=\dfrac{A_{sv}}{bs}\geqslant\dfrac{nf_t}{f_{yv}}$，则算得梁中箍筋最小面积配筋百分率 ρ_{sv}（%）如表 1-145 所示 （2）根据公式（1-45）～公式（1-49），应用公式 $\rho_{sv}=\dfrac{nA_{sv1}}{bs}$（%），可算得梁中箍筋不同直径、肢数和间距的百分率值如表 1-146 所示 （3）根据公式（1-45）～公式（1-49）可写成如下计算公式为 $$\alpha_v=\dfrac{nA_{sv1}}{bs}\dfrac{f_{yv}}{f_t}\qquad(1\text{-}50)$$ 式中　α_v——沿梁全长的箍筋配筋系数，非抗震时 $\alpha_v\geqslant0.24$；对弯剪扭构件 $\alpha_v\geqslant0.28$；对一级抗震等级 $\alpha_v\geqslant0.3$；对二级抗震等级 $\alpha_v\geqslant0.28$；对三、四级抗震等级 $\alpha_v\geqslant0.26$ 其他公式中符号意义同前 根据公式（1-50）制成计算用表如表 1-147（$f_{yv}=270\text{N/mm}^2$）、表 1-148（$f_{yv}=300\text{N/mm}^2$）以及表 1-149（$f_{yv}=360\text{N/mm}^2$）所示。则可根据混凝土强度等级、箍筋的抗拉强度设计值，及梁宽、箍筋直径、间距、肢数即可由表 1-147、表 1-148 及表 1-149 查得实际的箍筋配筋系数

梁中箍筋最小面积配筋百分率 ρ_{sv}（%）　　　　　表 1-145

混凝土强度等级	$f_{yv}=270\text{N/mm}^2$				$f_{yv}=300\text{N/mm}^2$				$f_{yv}=360\text{N/mm}^2$			
	n				n				n			
	0.24	0.26	0.28	0.30	0.24	0.26	0.28	0.30	0.24	0.26	0.28	0.30
C20	0.098	0.106	0.114	0.122	d0.088	0.095	0.103	0.110	0.073	0.079	0.086	0.092
C25	0.113	0.122	0.132	0.141	0.102	0.110	0.119	0.127	0.085	0.092	0.099	0.106
C30	0.127	0.138	0.148	0.159	0.114	0.124	0.133	0.143	0.095	0.103	0.111	0.119
C35	0.140	0.151	0.163	0.174	0.126	0.136	0.147	0.157	0.105	0.113	0.122	0.131
C40	0.152	0.165	0.177	0.190	0.137	0.148	0.160	0.171	0.114	0.124	0.133	0.143
C45	0.160	0.173	0.187	0.200	0.144	0.156	0.168	0.180	0.120	0.130	0.140	0.150
C50	0.168	0.182	0.196	0.210	0.151	0.164	0.176	0.189	0.126	0.137	0.147	0.158
C55	0.174	0.189	0.203	0.218	0.157	0.170	0.183	0.196	0.131	0.142	0.152	0.163
C60	0.181	0.196	0.212	0.227	0.163	0.177	0.190	0.204	0.136	0.147	0.159	0.170

注：1. 梁箍筋最小面积配筋率的计算公式为 $\rho_{sv}=\dfrac{A_{sv}}{bs}\geqslant nf_t/f_{yv}$；

2. 结合本书有关规定应用。

表1-146

梁中箍筋配筋百分率值 ρ_{sv} （%）

梁宽 b (mm)	箍筋肢数 n	箍筋直径6，箍距 s (mm) 为 100	150	200	250	300	箍筋直径8，箍距 s (mm) 为 100	150	200	250	300	箍筋直径10，箍距 s (mm) 为 100	150	200	250	300	箍筋直径12，箍距 s (mm) 为 100	150	200	250	300
200	2	0.283	0.189	0.142	0.113	0.094	0.503	0.335	0.252	0.201	0.168	0.785	0.523	0.393	0.314	0.262	1.131	0.754	0.566	0.452	0.377
250	2	0.226	0.151	0.113	0.091	0.075	0.402	0.268	0.201	0.161	0.134	0.628	0.419	0.314	0.251	0.209	0.905	0.603	0.452	0.362	0.302
300	2	0.189	0.126	0.094	0.075	0.063	0.335	0.224	0.168	0.134	0.112	0.523	0.349	0.262	0.209	0.174	0.754	0.503	0.377	0.302	0.251
300	4	0.377	0.252	0.189	0.151	0.126	0.671	0.447	0.335	0.268	0.224	1.047	0.698	0.523	0.419	0.349	1.508	1.005	0.754	0.603	0.503
350	2	0.162	0.108	0.081	0.065	0.054	0.287	0.192	0.144	0.115	0.096	0.449	0.299	0.224	0.179	0.150	0.646	0.431	0.323	0.259	0.215
350	4	0.323	0.216	0.162	0.129	0.108	0.575	0.383	0.287	0.230	0.192	0.897	0.598	0.449	0.359	0.299	1.293	0.862	0.646	0.517	0.431
400	4	0.283	0.189	0.142	0.113	0.094	0.503	0.335	0.252	0.201	0.168	0.785	0.523	0.393	0.314	0.262	1.131	0.754	0.566	0.452	0.377
450	4	0.252	0.168	0.126	0.101	0.084	0.447	0.298	0.224	0.179	0.149	0.698	0.465	0.349	0.279	0.233	1.005	0.670	0.503	0.402	0.335
500	4	0.226	0.151	0.113	0.091	0.075	0.402	0.268	0.201	0.161	0.134	0.628	0.419	0.314	0.251	0.209	0.905	0.603	0.452	0.362	0.302
500	6	0.340	0.226	0.170	0.136	0.113	0.604	0.402	0.302	0.241	0.201	0.942	0.628	0.471	0.377	0.314	1.357	0.905	0.679	0.543	0.452
550	4	0.206	0.137	0.103	0.082	0.069	0.366	0.244	0.183	0.146	0.122	0.571	0.381	0.285	0.228	0.190	0.823	0.548	0.411	0.329	0.274
550	6	0.309	0.206	0.154	0.123	0.103	0.549	0.366	0.274	0.219	0.183	0.856	0.571	0.428	0.343	0.285	1.234	0.823	0.617	0.494	0.411
600	4	0.189	0.126	0.094	0.075	0.063	0.335	0.224	0.168	0.134	0.112	0.523	0.349	0.262	0.209	0.174	0.754	0.503	0.377	0.302	0.251
600	6	0.283	0.189	0.142	0.113	0.094	0.503	0.335	0.252	0.201	0.168	0.785	0.523	0.393	0.314	0.262	1.131	0.754	0.566	0.452	0.377

注：结合本书有关规定应用。

框架梁梁沿梁全长的箍筋配箍筋配筋系数 α_{sv} 值

$f_{yv} = 270\text{N}/\text{mm}^2$

表 1-147

混凝土强度等级	梁宽 b (mm)	箍筋肢数 n	箍筋直径6, 箍距 s (mm) 为					箍筋直径8, 箍距 s (mm) 为					箍筋直径10, 箍距 s (mm) 为					箍筋直径12, 箍距 s (mm) 为				
			100	150	200	250	300	100	150	200	250	300	100	150	200	250	300	100	150	200	250	300
C20	200	2	0.69	0.46	0.35	0.28	0.23	1.23	0.82	0.62	0.49	0.41	1.93	1.28	0.96	0.77	0.64	2.78	1.85	1.39	1.11	0.93
	250	2	0.56	0.37	0.28	0.22	0.19	0.99	0.66	0.49	0.40	0.33	1.54	1.03	0.77	0.62	0.51	2.22	1.48	1.11	0.89	0.74
	300	2	0.46	0.31	0.23	0.19	0.15	0.82	0.55	0.41	0.33	0.27	1.28	0.86	0.64	0.51	0.43	1.85	1.23	0.93	0.74	0.62
	300	4	0.93	0.62	0.46	0.37	0.31	1.65	1.10	0.82	0.66	0.55	2.57	1.71	1.28	1.03	0.86	3.70	2.47	1.85	1.48	1.23
	350	2	0.40	0.26	0.20	0.16	0.13	0.71	0.47	0.35	0.28	0.24	1.10	0.73	0.55	0.44	0.37	1.59	1.06	0.79	0.63	0.53
	350	4	0.79	0.53	0.40	0.32	0.26	1.41	0.94	0.71	0.56	0.47	2.20	1.47	1.10	0.88	0.73	3.17	2.12	1.59	1.27	1.06
	400	4	0.69	0.46	0.35	0.28	0.23	1.23	0.82	0.62	0.49	0.41	1.93	1.28	0.96	0.77	0.64	2.78	1.85	1.39	1.11	0.93
	450	4	0.62	0.41	0.31	0.25	0.21	1.10	0.73	0.55	0.44	0.37	1.71	1.14	0.86	0.69	0.57	2.47	1.65	1.23	0.99	0.82
	500	4	0.56	0.37	0.28	0.22	0.19	0.99	0.66	0.49	0.40	0.33	1.54	1.03	0.77	0.62	0.51	2.22	1.48	1.11	0.89	0.74
	500	6	0.83	0.56	0.42	0.33	0.28	1.48	0.99	0.74	0.59	0.49	2.31	1.54	1.16	0.92	0.77	3.33	2.22	1.67	1.33	1.11
	550	4	0.51	0.34	0.25	0.20	0.17	0.90	0.60	0.45	0.36	0.30	1.40	0.93	0.70	0.56	0.47	2.02	1.35	1.01	0.81	0.67
	550	6	0.76	0.51	0.38	0.30	0.25	1.35	0.90	0.67	0.54	0.45	2.10	1.40	1.05	0.84	0.70	3.03	2.02	1.51	1.21	1.01
	600	4	0.46	0.31	0.23	0.19	0.15	0.82	0.55	0.41	0.33	0.27	1.28	0.86	0.64	0.51	0.43	1.85	1.23	0.93	0.74	0.62
	600	6	0.69	0.46	0.35	0.28	0.23	1.23	0.82	0.62	0.49	0.41	1.93	1.28	0.96	0.77	0.64	2.78	1.85	1.39	1.11	0.93
C25	200	2	0.60	0.40	0.30	0.24	0.20	1.07	0.71	0.53	0.43	0.36	1.67	1.11	0.83	0.67	0.56	2.40	1.60	1.20	0.96	0.80
	250	2	0.48	0.32	0.24	0.19	0.16	0.86	0.57	0.43	0.34	0.29	1.34	0.89	0.67	0.53	0.45	1.92	1.28	0.96	0.77	0.64
	300	2	0.40	0.27	0.20	0.16	0.13	0.71	0.48	0.36	0.29	0.24	1.11	0.74	0.56	0.45	0.37	1.60	1.07	0.80	0.64	0.53
	300	4	0.80	0.53	0.40	0.32	0.27	1.43	0.95	0.71	0.57	0.48	2.23	1.48	1.11	0.89	0.74	3.21	2.14	1.60	1.28	1.07
	350	2	0.34	0.23	0.17	0.14	0.11	0.61	0.41	0.31	0.24	0.20	0.95	0.64	0.48	0.38	0.32	1.37	0.92	0.69	0.55	0.46
	350	4	0.69	0.46	0.34	0.28	0.23	1.22	0.81	0.61	0.49	0.41	1.91	1.27	0.95	0.76	0.64	2.75	1.83	1.37	1.10	0.92
	400	4	0.60	0.40	0.30	0.24	0.20	1.07	0.71	0.53	0.43	0.36	1.67	1.11	0.83	0.67	0.56	2.40	1.60	1.20	0.96	0.80
	450	4	0.53	0.36	0.27	0.21	0.18	0.95	0.63	0.48	0.38	0.32	1.48	0.99	0.74	0.59	0.49	2.14	1.42	1.07	0.85	0.71
	500	4	0.48	0.32	0.24	0.19	0.16	0.86	0.57	0.43	0.34	0.29	1.34	0.89	0.67	0.53	0.45	1.92	1.28	0.96	0.77	0.64
	500	6	0.72	0.48	0.36	0.29	0.24	1.28	0.86	0.64	0.51	0.43	2.00	1.34	1.00	0.80	0.67	2.89	1.92	1.44	1.15	0.96
	550	4	0.44	0.29	0.22	0.18	0.15	0.78	0.52	0.39	0.31	0.26	1.21	0.81	0.61	0.49	0.40	1.75	1.17	0.87	0.70	0.58
	550	6	0.66	0.44	0.33	0.26	0.22	1.17	0.78	0.58	0.47	0.39	1.82	1.21	0.91	0.73	0.61	2.62	1.75	1.31	1.05	0.87
	600	4	0.40	0.27	0.20	0.16	0.13	0.71	0.48	0.36	0.29	0.24	1.11	0.74	0.56	0.45	0.37	1.60	1.07	0.80	0.64	0.53
	600	6	0.60	0.40	0.30	0.24	0.20	1.07	0.71	0.53	0.43	0.36	1.67	1.11	0.83	0.67	0.56	2.40	1.60	1.20	0.96	0.80

续表 1-147

混凝土强度等级	梁宽 b (mm)	箍筋肢数 n	箍筋直径 6, 箍距 s (mm) 为					箍筋直径 8, 箍距 s (mm) 为					箍筋直径 10, 箍距 s (mm) 为					箍筋直径 12, 箍距 s (mm) 为				
			100	150	200	250	300	100	150	200	250	300	100	150	200	250	300	100	150	200	250	300
C30	200	2	0.53	0.36	0.27	0.21	0.18	0.95	0.63	0.47	0.38	0.32	1.48	0.99	0.74	0.59	0.49	2.14	1.42	1.07	0.85	0.71
	250	2	0.43	0.28	0.21	0.17	0.14	0.76	0.51	0.38	0.30	0.25	1.19	0.79	0.59	0.47	0.40	1.71	1.14	0.85	0.68	0.57
	300	2	0.36	0.24	0.18	0.14	0.12	0.63	0.42	0.32	0.25	0.21	0.99	0.66	0.49	0.40	0.33	1.42	0.95	0.71	0.57	0.47
	300	4	0.71	0.47	0.36	0.28	0.24	1.27	0.84	0.63	0.51	0.42	1.98	1.32	0.99	0.79	0.66	2.85	1.90	1.42	1.14	0.95
	350	2	0.31	0.20	0.15	0.12	0.10	0.54	0.36	0.27	0.22	0.18	0.85	0.56	0.42	0.34	0.28	1.22	0.81	0.61	0.49	0.41
	350	4	0.61	0.41	0.31	0.24	0.20	1.09	0.72	0.54	0.43	0.36	1.69	1.13	0.85	0.68	0.56	2.44	1.63	1.22	0.98	0.81
	400	4	0.53	0.36	0.27	0.21	0.18	0.95	0.63	0.47	0.38	0.32	1.48	0.99	0.74	0.59	0.49	2.14	1.42	1.07	0.85	0.71
	450	4	0.47	0.32	0.24	0.19	0.16	0.84	0.56	0.42	0.34	0.28	1.32	0.88	0.66	0.53	0.44	1.90	1.27	0.95	0.76	0.63
	500	4	0.43	0.28	0.21	0.17	0.14	0.76	0.51	0.38	0.30	0.25	1.19	0.79	0.59	0.47	0.40	1.71	1.14	0.85	0.68	0.57
	500	6	0.64	0.43	0.32	0.26	0.21	1.14	0.76	0.57	0.46	0.38	1.78	1.19	0.89	0.71	0.59	2.56	1.71	1.28	1.03	0.85
	550	4	0.39	0.26	0.19	0.16	0.13	0.69	0.46	0.35	0.28	0.23	1.08	0.72	0.54	0.43	0.36	1.55	1.04	0.78	0.62	0.52
	550	6	0.58	0.39	0.29	0.23	0.19	1.04	0.69	0.52	0.41	0.35	1.62	1.08	0.81	0.65	0.54	2.33	1.55	1.16	0.93	0.78
	600	4	0.36	0.24	0.18	0.14	0.12	0.63	0.42	0.32	0.25	0.21	0.99	0.66	0.49	0.40	0.33	1.42	0.95	0.71	0.57	0.47
	600	6	0.53	0.36	0.27	0.21	0.18	0.95	0.63	0.47	0.38	0.32	1.48	0.99	0.74	0.59	0.49	2.14	1.42	1.07	0.85	0.71
C35	200	2	0.49	0.32	0.24	0.19	0.16	0.87	0.58	0.43	0.35	0.29	1.35	0.90	0.68	0.54	0.45	1.95	1.30	0.97	0.78	0.65
	250	2	0.39	0.26	0.19	0.16	0.13	0.69	0.46	0.35	0.28	0.23	1.08	0.72	0.54	0.43	0.36	1.56	1.04	0.78	0.62	0.52
	300	2	0.32	0.22	0.16	0.13	0.11	0.58	0.38	0.29	0.23	0.19	0.90	0.60	0.45	0.36	0.30	1.30	0.86	0.65	0.52	0.43
	300	4	0.65	0.43	0.32	0.26	0.22	1.15	0.77	0.58	0.46	0.38	1.80	1.20	0.90	0.72	0.60	2.59	1.73	1.30	1.04	0.86
	350	2	0.28	0.19	0.14	0.11	0.09	0.49	0.33	0.25	0.20	0.16	0.77	0.51	0.39	0.31	0.26	1.11	0.74	0.56	0.44	0.37
	350	4	0.56	0.37	0.28	0.22	0.19	0.99	0.66	0.49	0.40	0.33	1.54	1.03	0.77	0.62	0.51	2.22	1.48	1.11	0.89	0.74
	400	4	0.49	0.32	0.24	0.19	0.16	0.87	0.58	0.43	0.35	0.29	1.35	0.90	0.68	0.54	0.45	1.95	1.30	0.97	0.78	0.65
	450	4	0.43	0.29	0.22	0.17	0.14	0.77	0.51	0.38	0.31	0.26	1.20	0.80	0.60	0.48	0.40	1.73	1.15	0.86	0.69	0.58
	500	4	0.39	0.26	0.19	0.16	0.13	0.69	0.46	0.35	0.28	0.23	1.08	0.72	0.54	0.43	0.36	1.56	1.04	0.78	0.62	0.52
	500	6	0.58	0.39	0.29	0.23	0.19	1.04	0.69	0.52	0.42	0.35	1.62	1.08	0.81	0.65	0.54	2.33	1.56	1.17	0.93	0.78
	550	4	0.35	0.24	0.18	0.14	0.12	0.63	0.42	0.31	0.25	0.21	0.98	0.65	0.49	0.39	0.33	1.41	0.94	0.71	0.57	0.47
	550	6	0.53	0.35	0.27	0.21	0.18	0.94	0.63	0.47	0.38	0.31	1.47	0.98	0.74	0.59	0.49	2.12	1.41	1.06	0.85	0.71
	600	4	0.32	0.22	0.16	0.13	0.11	0.58	0.38	0.29	0.23	0.19	0.90	0.60	0.45	0.36	0.30	1.30	0.86	0.65	0.52	0.43
	600	6	0.49	0.32	0.24	0.19	0.16	0.87	0.58	0.43	0.35	0.29	1.35	0.90	0.68	0.54	0.45	1.95	1.30	0.97	0.78	0.65

续表 1-147

混凝土强度等级	梁宽 b (mm)	箍筋肢数 n	箍筋直径 6，箍距 s (mm) 为					箍筋直径 8，箍距 s (mm) 为					箍筋直径 10，箍距 s (mm) 为					箍筋直径 12，箍距 s (mm) 为				
			100	150	200	250	300	100	150	200	250	300	100	150	200	250	300	100	150	200	250	300
C40	200	2	0.45	0.30	0.22	0.18	0.15	0.79	0.53	0.40	0.32	0.26	1.24	0.83	0.62	0.50	0.41	1.79	1.19	0.89	0.71	0.60
	250	2	0.36	0.24	0.18	0.14	0.12	0.64	0.42	0.32	0.25	0.21	0.99	0.66	0.50	0.40	0.33	1.43	0.95	0.71	0.57	0.48
	300	2	0.30	0.20	0.15	0.12	0.10	0.53	0.35	0.26	0.21	0.18	0.83	0.55	0.41	0.33	0.28	1.19	0.79	0.60	0.48	0.40
	300	4	0.60	0.40	0.30	0.24	0.20	1.06	0.71	0.53	0.42	0.35	1.65	1.10	0.83	0.66	0.55	2.38	1.59	1.19	0.95	0.79
	350	2	0.26	0.17	0.13	0.10	0.09	0.45	0.30	0.23	0.18	0.15	0.71	0.47	0.35	0.28	0.24	1.02	0.68	0.51	0.41	0.34
	350	4	0.51	0.34	0.26	0.20	0.17	0.91	0.61	0.45	0.36	0.30	1.42	0.94	0.71	0.57	0.47	2.04	1.36	1.02	0.82	0.68
	400	4	0.45	0.30	0.22	0.18	0.15	0.79	0.53	0.40	0.32	0.26	1.24	0.83	0.62	0.50	0.41	1.79	1.19	0.89	0.71	0.60
	450	4	0.40	0.26	0.20	0.16	0.13	0.71	0.47	0.35	0.28	0.24	1.10	0.73	0.55	0.44	0.37	1.59	1.06	0.79	0.63	0.53
	500	4	0.36	0.24	0.18	0.14	0.12	0.64	0.42	0.32	0.25	0.21	0.99	0.66	0.50	0.40	0.33	1.43	0.95	0.71	0.57	0.48
	500	6	0.54	0.36	0.27	0.21	0.18	0.95	0.64	0.48	0.38	0.32	1.49	0.99	0.74	0.59	0.50	2.14	1.43	1.07	0.86	0.71
	550	4	0.32	0.22	0.16	0.13	0.11	0.58	0.39	0.29	0.23	0.19	0.90	0.60	0.45	0.36	0.30	1.30	0.87	0.65	0.52	0.43
	550	6	0.49	0.32	0.24	0.19	0.16	0.87	0.58	0.43	0.35	0.29	1.35	0.90	0.68	0.54	0.45	1.95	1.30	0.97	0.78	0.65
	600	4	0.30	0.20	0.15	0.12	0.10	0.53	0.35	0.26	0.21	0.18	0.83	0.55	0.41	0.33	0.28	1.19	0.79	0.60	0.48	0.40
	600	6	0.45	0.30	0.22	0.18	0.15	0.79	0.53	0.40	0.32	0.26	1.24	0.83	0.62	0.50	0.41	1.79	1.19	0.89	0.71	0.60
C45	200	2	0.42	0.28	0.21	0.17	0.14	0.75	0.50	0.38	0.30	0.25	1.18	0.79	0.59	0.47	0.39	1.70	1.13	0.85	0.68	0.57
	250	2	0.34	0.23	0.17	0.14	0.11	0.60	0.40	0.30	0.24	0.20	0.94	0.63	0.47	0.38	0.31	1.36	0.90	0.68	0.54	0.45
	300	2	0.28	0.19	0.14	0.11	0.09	0.50	0.34	0.25	0.20	0.17	0.79	0.52	0.39	0.31	0.26	1.13	0.75	0.57	0.45	0.38
	300	4	0.57	0.38	0.28	0.23	0.19	1.01	0.67	0.50	0.40	0.34	1.57	1.05	0.79	0.63	0.52	2.26	1.51	1.13	0.90	0.75
	350	2	0.24	0.16	0.12	0.10	0.08	0.43	0.29	0.22	0.17	0.14	0.67	0.45	0.34	0.27	0.22	0.97	0.65	0.48	0.39	0.32
	350	4	0.49	0.32	0.24	0.19	0.16	0.86	0.57	0.43	0.34	0.29	1.35	0.90	0.67	0.54	0.45	1.94	1.29	0.97	0.78	0.65
	400	4	0.42	0.28	0.21	0.17	0.14	0.75	0.50	0.38	0.30	0.25	1.18	0.79	0.59	0.47	0.39	1.70	1.13	0.85	0.68	0.57
	450	4	0.38	0.25	0.19	0.15	0.13	0.67	0.45	0.34	0.27	0.22	1.05	0.70	0.52	0.42	0.35	1.51	1.01	0.75	0.60	0.50
	500	4	0.34	0.23	0.17	0.14	0.11	0.60	0.40	0.30	0.24	0.20	0.94	0.63	0.47	0.38	0.31	1.36	0.90	0.68	0.54	0.45
	500	6	0.51	0.34	0.25	0.20	0.17	0.91	0.60	0.45	0.36	0.30	1.41	0.94	0.71	0.57	0.47	2.04	1.36	1.02	0.81	0.68
	550	4	0.31	0.21	0.15	0.12	0.10	0.55	0.37	0.27	0.22	0.18	0.86	0.57	0.43	0.34	0.29	1.23	0.82	0.62	0.49	0.41
	550	6	0.46	0.31	0.23	0.19	0.15	0.82	0.55	0.41	0.33	0.27	1.28	0.86	0.64	0.51	0.43	1.85	1.23	0.93	0.74	0.62
	600	4	0.28	0.19	0.14	0.11	0.09	0.50	0.34	0.25	0.20	0.17	0.79	0.52	0.39	0.31	0.26	1.13	0.75	0.57	0.45	0.38
	600	6	0.42	0.28	0.21	0.17	0.14	0.75	0.50	0.38	0.30	0.25	1.18	0.79	0.59	0.47	0.39	1.70	1.13	0.85	0.68	0.57

续表 1-147

混凝土强度等级	梁宽 b (mm)	箍筋肢数 n	箍筋直径 6，箍距 s (mm) 为					箍筋直径 8，箍距 s (mm) 为					箍筋直径 10，箍距 s (mm) 为					箍筋直径 12，箍距 s (mm) 为				
			100	150	200	250	300	100	150	200	250	300	100	150	200	250	300	100	150	200	250	300
C50	200	2	0.40	0.27	0.20	0.16	0.13	0.72	0.48	0.36	0.29	0.24	1.12	0.75	0.56	0.45	0.37	1.62	1.08	0.81	0.65	0.54
	250	2	0.32	0.22	0.16	0.13	0.11	0.57	0.38	0.29	0.23	0.19	0.90	0.60	0.45	0.36	0.30	1.29	0.86	0.65	0.52	0.43
	300	2	0.27	0.18	0.13	0.11	0.09	0.48	0.32	0.24	0.19	0.16	0.75	0.50	0.37	0.30	0.25	1.08	0.72	0.54	0.43	0.36
	300	4	0.54	0.36	0.27	0.22	0.18	0.96	0.64	0.48	0.38	0.32	1.50	1.00	0.75	0.60	0.50	2.15	1.44	1.08	0.86	0.72
	350	2	0.23	0.15	0.12	0.09	0.08	0.41	0.27	0.21	0.16	0.14	0.64	0.43	0.32	0.26	0.21	0.92	0.62	0.46	0.37	0.31
	350	4	0.46	0.31	0.23	0.18	0.15	0.82	0.55	0.41	0.33	0.27	1.28	0.85	0.64	0.51	0.43	1.85	1.23	0.92	0.74	0.62
	400	4	0.40	0.27	0.20	0.16	0.13	0.72	0.48	0.36	0.29	0.24	1.12	0.75	0.56	0.45	0.37	1.62	1.08	0.81	0.65	0.54
	450	4	0.36	0.24	0.18	0.14	0.12	0.64	0.43	0.32	0.26	0.21	1.00	0.66	0.50	0.40	0.33	1.44	0.96	0.72	0.57	0.48
	500	4	0.32	0.22	0.16	0.13	0.11	0.57	0.38	0.29	0.23	0.19	0.90	0.60	0.45	0.36	0.30	1.29	0.86	0.65	0.52	0.43
	500	6	0.49	0.32	0.24	0.19	0.16	0.86	0.57	0.43	0.34	0.29	1.35	0.90	0.67	0.54	0.45	1.94	1.29	0.97	0.78	0.65
	550	4	0.29	0.20	0.15	0.12	0.10	0.52	0.35	0.26	0.21	0.17	0.82	0.54	0.41	0.33	0.27	1.18	0.78	0.59	0.47	0.39
	550	6	0.44	0.29	0.22	0.18	0.15	0.78	0.52	0.39	0.31	0.26	1.22	0.82	0.61	0.49	0.41	1.76	1.18	0.88	0.71	0.59
	600	4	0.27	0.18	0.13	0.11	0.09	0.48	0.32	0.24	0.19	0.16	0.75	0.50	0.37	0.30	0.25	1.08	0.72	0.54	0.43	0.36
	600	6	0.40	0.27	0.20	0.16	0.13	0.72	0.48	0.36	0.29	0.24	1.12	0.75	0.56	0.45	0.37	1.62	1.08	0.81	0.65	0.54
C55	200	2	0.39	0.26	0.19	0.16	0.13	0.69	0.46	0.35	0.28	0.23	1.08	0.72	0.54	0.43	0.36	1.56	1.04	0.78	0.62	0.52
	250	2	0.31	0.21	0.16	0.12	0.10	0.55	0.37	0.28	0.22	0.18	0.87	0.58	0.43	0.35	0.29	1.25	0.83	0.62	0.50	0.42
	300	2	0.26	0.17	0.13	0.10	0.09	0.46	0.31	0.23	0.18	0.15	0.72	0.48	0.36	0.29	0.24	1.04	0.69	0.52	0.42	0.35
	300	4	0.52	0.35	0.26	0.21	0.17	0.83	0.55	0.46	0.37	0.31	1.44	0.96	0.72	0.58	0.48	2.08	1.38	1.04	0.83	0.69
	350	2	0.22	0.15	0.11	0.09	0.07	0.40	0.26	0.20	0.16	0.13	0.62	0.41	0.31	0.25	0.21	0.89	0.59	0.45	0.36	0.30
	350	4	0.45	0.30	0.22	0.18	0.15	0.79	0.53	0.40	0.32	0.26	1.24	0.82	0.62	0.49	0.41	1.78	1.19	0.89	0.71	0.59
	400	4	0.39	0.26	0.19	0.16	0.13	0.69	0.46	0.35	0.28	0.23	1.08	0.72	0.54	0.43	0.36	1.56	1.04	0.78	0.62	0.52
	450	4	0.35	0.23	0.17	0.14	0.12	0.62	0.41	0.31	0.25	0.21	0.96	0.64	0.48	0.38	0.32	1.38	0.92	0.69	0.55	0.46
	500	4	0.31	0.21	0.16	0.12	0.10	0.55	0.37	0.28	0.22	0.18	0.87	0.58	0.43	0.35	0.29	1.25	0.83	0.62	0.50	0.42
	500	6	0.47	0.31	0.23	0.19	0.16	0.83	0.55	0.42	0.33	0.28	1.30	0.87	0.65	0.52	0.43	1.87	1.25	0.93	0.75	0.62
	550	4	0.28	0.19	0.14	0.11	0.09	0.50	0.34	0.25	0.20	0.17	0.79	0.52	0.39	0.31	0.26	1.13	0.76	0.57	0.45	0.38
	550	6	0.43	0.28	0.21	0.17	0.14	0.76	0.50	0.38	0.30	0.25	1.18	0.79	0.59	0.47	0.39	1.70	1.13	0.85	0.68	0.57
	600	4	0.26	0.17	0.13	0.10	0.09	0.46	0.31	0.23	0.18	0.15	0.72	0.48	0.36	0.29	0.24	1.04	0.69	0.52	0.42	0.35
	600	6	0.39	0.26	0.19	0.16	0.13	0.69	0.46	0.35	0.28	0.23	1.08	0.72	0.54	0.43	0.36	1.56	1.04	0.78	0.62	0.52

续表 1-147

混凝土强度等级	梁宽 b (mm)	箍筋肢数 n	箍筋直径 6，箍距 s (mm) 为					箍筋直径 8，箍距 s (mm) 为					箍筋直径 10，箍距 s (mm) 为					箍筋直径 12，箍距 s (mm) 为				
			100	150	200	250	300	100	150	200	250	300	100	150	200	250	300	100	150	200	250	300
C60	200	2	0.37	0.25	0.19	0.15	0.12	0.67	0.44	0.33	0.27	0.22	1.04	0.69	0.52	0.42	0.35	1.50	1.00	0.75	0.60	0.50
	250	2	0.30	0.20	0.15	0.12	0.10	0.53	0.36	0.27	0.21	0.18	0.83	0.55	0.42	0.33	0.28	1.20	0.80	0.60	0.48	0.40
	300	2	0.25	0.17	0.12	0.10	0.08	0.44	0.30	0.22	0.18	0.15	0.69	0.46	0.35	0.28	0.23	1.00	0.67	0.50	0.40	0.33
	300	4	0.50	0.33	0.25	0.20	0.17	0.89	0.59	0.44	0.36	0.30	1.39	0.92	0.69	0.55	0.46	2.00	1.33	1.00	0.80	0.67
	350	2	0.21	0.14	0.11	0.09	0.07	0.38	0.25	0.19	0.15	0.13	0.59	0.40	0.30	0.24	0.20	0.86	0.57	0.43	0.34	0.29
	350	4	0.43	0.29	0.21	0.17	0.14	0.76	0.51	0.38	0.30	0.25	1.19	0.79	0.59	0.47	0.40	1.71	1.14	0.86	0.68	0.57
	400	4	0.37	0.25	0.19	0.15	0.12	0.67	0.44	0.33	0.27	0.22	1.04	0.69	0.52	0.42	0.35	1.50	1.00	0.75	0.60	0.50
	450	4	0.33	0.22	0.17	0.13	0.11	0.59	0.39	0.30	0.24	0.20	0.92	0.62	0.46	0.37	0.31	1.33	0.89	0.67	0.53	0.44
	500	4	0.30	0.20	0.15	0.12	0.10	0.53	0.36	0.27	0.21	0.18	0.83	0.55	0.42	0.33	0.28	1.20	0.80	0.60	0.48	0.40
	500	6	0.45	0.30	0.22	0.18	0.15	0.80	0.53	0.40	0.32	0.27	1.25	0.83	0.62	0.50	0.42	1.80	1.20	0.90	0.72	0.60
	550	4	0.27	0.18	0.14	0.11	0.09	0.48	0.32	0.24	0.19	0.16	0.76	0.50	0.38	0.30	0.25	1.09	0.73	0.54	0.44	0.36
	550	6	0.41	0.27	0.20	0.16	0.14	0.73	0.48	0.36	0.29	0.24	1.13	0.76	0.57	0.45	0.38	1.63	1.09	0.82	0.65	0.54
	600	4	0.25	0.17	0.12	0.10	0.08	0.44	0.30	0.22	0.18	0.15	0.69	0.46	0.35	0.28	0.23	1.00	0.67	0.50	0.40	0.33
	600	6	0.37	0.25	0.19	0.15	0.12	0.67	0.44	0.33	0.27	0.22	1.04	0.69	0.52	0.42	0.35	1.50	1.00	0.75	0.60	0.50

注：1. 结合本书有关规定应用。

2. 计算公式为 $\alpha_v = \dfrac{nA_{sv1}}{bs} \cdot \dfrac{f_{yv}}{f_t}$。

表 1-148

框架梁沿梁全长的箍筋配筋系数 α_v 值

$$f_{yv} = 300\text{N/mm}^2$$

混凝土强度等级	梁宽 b (mm)	箍筋肢数 n	箍筋直径 6, 箍距 s (mm) 100	150	200	250	300	箍筋直径 8, 箍距 s (mm) 100	150	200	250	300	箍筋直径 10, 箍距 s (mm) 100	150	200	250	300	箍筋直径 12, 箍距 s (mm) 100	150	200	250	300
C20	200	2	0.77	0.51	0.39	0.31	0.26	1.37	0.91	0.69	0.55	0.46	2.14	1.43	1.07	0.86	0.71	3.08	2.06	1.54	1.23	1.03
	250	2	0.62	0.41	0.31	0.25	0.21	1.10	0.73	0.55	0.44	0.37	1.71	1.14	0.86	0.69	0.57	2.47	1.65	1.23	0.99	0.82
	300	2	0.51	0.34	0.26	0.21	0.17	0.91	0.61	0.46	0.37	0.30	1.43	0.95	0.71	0.57	0.48	2.06	1.37	1.03	0.82	0.69
	300	4	1.03	0.69	0.51	0.41	0.34	1.83	1.22	0.91	0.73	0.61	2.85	1.90	1.43	1.14	0.95	4.11	2.74	2.06	1.65	1.37
	350	2	0.44	0.29	0.22	0.18	0.15	0.78	0.52	0.39	0.31	0.26	1.22	0.82	0.61	0.49	0.41	1.76	1.18	0.88	0.71	0.59
	350	4	0.88	0.59	0.44	0.35	0.29	1.57	1.05	0.78	0.63	0.52	2.45	1.63	1.22	0.98	0.82	3.53	2.35	1.76	1.41	1.18
	400	4	0.77	0.51	0.39	0.31	0.26	1.37	0.91	0.69	0.55	0.46	2.14	1.43	1.07	0.86	0.71	3.08	2.06	1.54	1.23	1.03
	450	4	0.69	0.46	0.34	0.27	0.23	1.22	0.81	0.61	0.49	0.41	1.90	1.27	0.95	0.76	0.63	2.74	1.83	1.37	1.10	0.91
	500	4	0.62	0.41	0.31	0.25	0.21	1.10	0.73	0.55	0.44	0.37	1.71	1.14	0.86	0.69	0.57	2.47	1.65	1.23	0.99	0.82
	500	6	0.93	0.62	0.46	0.37	0.31	1.65	1.10	0.82	0.66	0.55	2.57	1.71	1.28	1.03	0.86	3.70	2.47	1.85	1.48	1.23
	550	4	0.56	0.37	0.28	0.22	0.19	1.00	0.67	0.50	0.40	0.33	1.56	1.04	0.78	0.62	0.52	2.24	1.50	1.12	0.90	0.75
	550	6	0.84	0.56	0.42	0.34	0.28	1.50	1.00	0.75	0.60	0.50	2.34	1.56	1.17	0.93	0.78	3.36	2.24	1.68	1.35	1.12
	600	4	0.51	0.34	0.26	0.21	0.17	0.91	0.61	0.46	0.37	0.30	1.43	0.95	0.71	0.57	0.48	2.06	1.37	1.03	0.82	0.69
	600	6	0.77	0.51	0.39	0.31	0.26	1.37	0.91	0.69	0.55	0.46	2.14	1.43	1.07	0.86	0.71	3.08	2.06	1.54	1.23	1.03
C25	200	2	0.67	0.45	0.33	0.27	0.22	1.19	0.79	0.59	0.48	0.40	1.85	1.24	0.93	0.74	0.62	2.67	1.78	1.34	1.07	0.89
	250	2	0.53	0.36	0.27	0.21	0.18	0.95	0.63	0.48	0.38	0.32	1.48	0.99	0.74	0.59	0.49	2.14	1.42	1.07	0.85	0.71
	300	2	0.45	0.30	0.22	0.18	0.15	0.79	0.53	0.40	0.32	0.26	1.24	0.82	0.62	0.49	0.41	1.78	1.19	0.89	0.71	0.59
	300	4	0.89	0.59	0.45	0.36	0.30	1.58	1.06	0.79	0.63	0.53	2.47	1.65	1.24	0.99	0.82	3.56	2.37	1.78	1.42	1.19
	350	2	0.38	0.25	0.19	0.15	0.13	0.68	0.45	0.34	0.27	0.23	1.06	0.71	0.53	0.42	0.35	1.53	1.02	0.76	0.61	0.51
	350	4	0.76	0.51	0.38	0.31	0.25	1.36	0.91	0.68	0.54	0.45	2.12	1.41	1.06	0.85	0.71	3.05	2.04	1.53	1.22	1.02
	400	4	0.67	0.45	0.33	0.27	0.22	1.19	0.79	0.59	0.48	0.40	1.85	1.24	0.93	0.74	0.62	2.67	1.78	1.34	1.07	0.89
	450	4	0.59	0.40	0.30	0.24	0.20	1.06	0.70	0.53	0.42	0.35	1.65	1.10	0.82	0.66	0.55	2.37	1.58	1.19	0.95	0.79
	500	4	0.53	0.36	0.27	0.21	0.18	0.95	0.63	0.48	0.38	0.32	1.48	0.99	0.74	0.59	0.49	2.14	1.42	1.07	0.85	0.71
	500	6	0.80	0.53	0.40	0.32	0.27	1.43	0.95	0.71	0.57	0.48	2.23	1.48	1.11	0.89	0.74	3.21	2.14	1.60	1.28	1.07
	550	4	0.49	0.32	0.24	0.19	0.16	0.86	0.58	0.43	0.35	0.29	1.35	0.90	0.67	0.54	0.45	1.94	1.30	0.97	0.78	0.65
	550	6	0.73	0.49	0.36	0.29	0.24	1.30	0.86	0.65	0.52	0.43	2.02	1.35	1.01	0.81	0.67	2.91	1.94	1.46	1.17	0.97
	600	4	0.45	0.30	0.22	0.18	0.15	0.79	0.53	0.40	0.32	0.26	1.24	0.82	0.62	0.49	0.41	1.78	1.19	0.89	0.71	0.59
	600	6	0.67	0.45	0.33	0.27	0.22	1.19	0.79	0.59	0.48	0.40	1.85	1.24	0.93	0.74	0.62	2.67	1.78	1.34	1.07	0.89

续表 1-148

混凝土强度等级	梁宽 b (mm)	箍筋肢数 n	箍筋直径 6、箍距 s (mm) 为					箍筋直径 8、箍距 s (mm) 为					箍筋直径 10、箍距 s (mm) 为					箍筋直径 12、箍距 s (mm) 为				
			100	150	200	250	300	100	150	200	250	300	100	150	200	250	300	100	150	200	250	300
C30	200	2	0.59	0.40	0.30	0.24	0.20	1.06	0.70	0.53	0.42	0.35	1.65	1.10	0.82	0.66	0.55	2.37	1.58	1.19	0.95	0.79
	250	2	0.47	0.32	0.24	0.19	0.16	0.84	0.56	0.42	0.34	0.28	1.32	0.88	0.66	0.53	0.44	1.90	1.27	0.95	0.76	0.63
	300	2	0.40	0.26	0.20	0.16	0.13	0.70	0.47	0.35	0.28	0.23	1.10	0.73	0.55	0.44	0.37	1.58	1.05	0.79	0.63	0.53
	300	4	0.79	0.53	0.40	0.32	0.26	1.41	0.94	0.70	0.56	0.47	2.20	1.46	1.10	0.88	0.73	3.16	2.11	1.58	1.27	1.05
	350	2	0.34	0.23	0.17	0.14	0.11	0.60	0.40	0.30	0.24	0.20	0.94	0.63	0.47	0.38	0.31	1.36	0.90	0.68	0.54	0.45
	350	4	0.68	0.45	0.34	0.27	0.23	1.21	0.80	0.60	0.48	0.40	1.88	1.25	0.94	0.75	0.63	2.71	1.81	1.36	1.08	0.90
	400	4	0.59	0.40	0.30	0.24	0.20	1.06	0.70	0.53	0.42	0.35	1.65	1.10	0.82	0.66	0.55	2.37	1.58	1.19	0.95	0.79
	450	4	0.53	0.35	0.26	0.21	0.18	0.94	0.63	0.47	0.38	0.31	1.46	0.98	0.73	0.59	0.49	2.11	1.41	1.05	0.84	0.70
	500	4	0.47	0.32	0.24	0.19	0.16	0.84	0.56	0.42	0.34	0.28	1.32	0.88	0.66	0.53	0.44	1.90	1.27	0.95	0.76	0.63
	500	6	0.71	0.47	0.36	0.28	0.24	1.27	0.84	0.63	0.51	0.42	1.98	1.32	0.99	0.79	0.66	2.85	1.90	1.42	1.14	0.95
	550	4	0.43	0.29	0.22	0.17	0.14	0.77	0.51	0.38	0.31	0.26	1.20	0.80	0.60	0.48	0.40	1.73	1.15	0.86	0.69	0.58
	550	6	0.65	0.43	0.32	0.26	0.22	1.15	0.77	0.58	0.46	0.38	1.80	1.20	0.90	0.72	0.60	2.59	1.73	1.29	1.04	0.86
	600	4	0.40	0.26	0.20	0.16	0.13	0.70	0.47	0.35	0.28	0.23	1.10	0.73	0.55	0.44	0.37	1.58	1.05	0.79	0.63	0.53
	600	6	0.59	0.40	0.30	0.24	0.20	1.06	0.70	0.53	0.42	0.35	1.65	1.10	0.82	0.66	0.55	2.37	1.58	1.19	0.95	0.79
C35	200	2	0.54	0.36	0.27	0.22	0.18	0.96	0.64	0.48	0.38	0.32	1.50	1.00	0.75	0.60	0.50	2.16	1.44	1.08	0.86	0.72
	250	2	0.43	0.29	0.22	0.17	0.14	0.77	0.51	0.38	0.31	0.26	1.20	0.80	0.60	0.48	0.40	1.73	1.15	0.86	0.69	0.58
	300	2	0.36	0.24	0.18	0.14	0.12	0.64	0.43	0.32	0.26	0.21	1.00	0.67	0.50	0.40	0.33	1.44	0.96	0.72	0.58	0.48
	300	4	0.72	0.48	0.36	0.29	0.24	1.28	0.85	0.64	0.51	0.43	2.00	1.33	1.00	0.80	0.67	2.88	1.92	1.44	1.15	0.96
	350	2	0.31	0.21	0.15	0.12	0.10	0.55	0.37	0.27	0.22	0.18	0.86	0.57	0.43	0.34	0.29	1.23	0.82	0.62	0.49	0.41
	350	4	0.62	0.41	0.31	0.25	0.21	1.10	0.73	0.55	0.44	0.37	1.71	1.14	0.86	0.69	0.57	2.47	1.65	1.23	0.99	0.82
	400	4	0.54	0.36	0.27	0.22	0.18	0.96	0.64	0.48	0.38	0.32	1.50	1.00	0.75	0.60	0.50	2.16	1.44	1.08	0.86	0.72
	450	4	0.48	0.32	0.24	0.19	0.16	0.85	0.57	0.43	0.34	0.28	1.33	0.89	0.67	0.53	0.44	1.92	1.28	0.96	0.77	0.64
	500	4	0.43	0.29	0.22	0.17	0.14	0.77	0.51	0.38	0.31	0.26	1.20	0.80	0.60	0.48	0.40	1.73	1.15	0.86	0.69	0.58
	500	6	0.65	0.43	0.32	0.26	0.22	1.15	0.77	0.58	0.46	0.38	1.80	1.20	0.90	0.72	0.60	2.59	1.73	1.30	1.04	0.86
	550	4	0.39	0.26	0.20	0.16	0.13	0.70	0.47	0.35	0.28	0.23	1.09	0.73	0.55	0.44	0.36	1.57	1.05	0.79	0.63	0.52
	550	6	0.59	0.39	0.29	0.24	0.20	1.05	0.70	0.52	0.42	0.35	1.64	1.09	0.82	0.65	0.55	2.36	1.57	1.18	0.94	0.79
	600	4	0.36	0.24	0.18	0.14	0.12	0.64	0.43	0.32	0.26	0.21	1.00	0.67	0.50	0.40	0.33	1.44	0.96	0.72	0.58	0.48
	600	6	0.54	0.36	0.27	0.22	0.18	0.96	0.64	0.48	0.38	0.32	1.50	1.00	0.75	0.60	0.50	2.16	1.44	1.08	0.86	0.72

续表 1-148

混凝土强度等级	梁宽 b (mm)	箍筋肢数 n	箍筋直径 6，箍距 s (mm) 为					箍筋直径 8，箍距 s (mm) 为					箍筋直径 10，箍距 s (mm) 为					箍筋直径 12，箍距 s (mm) 为				
			100	150	200	250	300	100	150	200	250	300	100	150	200	250	300	100	150	200	250	300
C40	200	2	0.50	0.33	0.25	0.20	0.17	0.88	0.59	0.44	0.35	0.29	1.38	0.92	0.69	0.55	0.46	1.98	1.32	0.99	0.79	0.66
	250	2	0.40	0.26	0.20	0.16	0.13	0.71	0.47	0.35	0.28	0.24	1.10	0.73	0.55	0.44	0.37	1.59	1.06	0.79	0.63	0.53
	300	2	0.33	0.22	0.17	0.13	0.11	0.59	0.39	0.29	0.24	0.20	0.92	0.61	0.46	0.37	0.31	1.32	0.88	0.66	0.53	0.44
	300	4	0.66	0.44	0.33	0.26	0.22	1.18	0.78	0.59	0.47	0.39	1.84	1.22	0.92	0.73	0.61	2.65	1.76	1.32	1.06	0.88
	350	2	0.28	0.19	0.14	0.11	0.09	0.50	0.34	0.25	0.20	0.17	0.79	0.52	0.39	0.31	0.26	1.13	0.76	0.57	0.45	0.38
	350	4	0.57	0.38	0.28	0.23	0.19	1.01	0.67	0.50	0.40	0.34	1.57	1.05	0.79	0.63	0.52	2.27	1.51	1.13	0.91	0.76
	400	4	0.50	0.33	0.25	0.20	0.17	0.88	0.59	0.44	0.35	0.29	1.38	0.92	0.69	0.55	0.46	1.98	1.32	0.99	0.79	0.66
	450	4	0.44	0.29	0.22	0.18	0.15	0.78	0.52	0.39	0.31	0.26	1.22	0.82	0.61	0.49	0.41	1.76	1.18	0.88	0.71	0.59
	500	4	0.40	0.26	0.20	0.16	0.13	0.71	0.47	0.35	0.28	0.24	1.10	0.73	0.55	0.44	0.37	1.59	1.06	0.79	0.63	0.53
	500	6	0.60	0.40	0.30	0.24	0.20	1.06	0.71	0.53	0.42	0.35	1.65	1.10	0.83	0.66	0.55	2.38	1.59	1.19	0.95	0.79
	550	4	0.36	0.24	0.18	0.14	0.12	0.64	0.43	0.32	0.26	0.21	1.00	0.67	0.50	0.40	0.33	1.44	0.96	0.72	0.58	0.48
	550	6	0.54	0.36	0.27	0.22	0.18	0.96	0.64	0.48	0.39	0.32	1.50	1.00	0.75	0.60	0.50	2.16	1.44	1.08	0.87	0.72
	600	4	0.33	0.22	0.17	0.13	0.11	0.59	0.39	0.29	0.24	0.20	0.92	0.61	0.46	0.37	0.31	1.32	0.88	0.66	0.53	0.44
	600	6	0.50	0.33	0.25	0.20	0.17	0.88	0.59	0.44	0.35	0.29	1.38	0.92	0.69	0.55	0.46	1.98	1.32	0.99	0.79	0.66
C45	200	2	0.47	0.31	0.24	0.19	0.16	0.84	0.56	0.42	0.34	0.28	1.31	0.87	0.65	0.52	0.44	1.89	1.26	0.94	0.75	0.63
	250	2	0.42	0.28	0.21	0.17	0.14	0.75	0.50	0.37	0.30	0.25	1.05	0.70	0.52	0.42	0.35	1.51	1.01	0.75	0.60	0.50
	300	2	0.38	0.25	0.19	0.15	0.13	0.67	0.45	0.34	0.27	0.22	0.87	0.58	0.44	0.35	0.29	1.26	0.84	0.63	0.50	0.42
	300	4	0.63	0.42	0.31	0.25	0.21	1.12	0.75	0.56	0.45	0.37	1.74	1.16	0.87	0.70	0.58	2.51	1.68	1.26	1.01	0.84
	350	2	0.27	0.18	0.13	0.11	0.09	0.48	0.32	0.24	0.19	0.16	0.75	0.50	0.37	0.30	0.25	1.08	0.72	0.54	0.43	0.36
	350	4	0.54	0.36	0.27	0.22	0.18	0.96	0.64	0.48	0.38	0.32	1.50	1.00	0.75	0.60	0.50	2.15	1.44	1.08	0.86	0.72
	400	4	0.47	0.31	0.24	0.19	0.16	0.84	0.56	0.42	0.34	0.28	1.31	0.87	0.65	0.52	0.44	1.89	1.26	0.94	0.75	0.63
	450	4	0.42	0.28	0.21	0.17	0.14	0.75	0.50	0.37	0.30	0.25	1.16	0.78	0.58	0.47	0.39	1.68	1.12	0.84	0.67	0.56
	500	4	0.38	0.25	0.19	0.15	0.13	0.67	0.45	0.34	0.27	0.22	1.05	0.70	0.52	0.42	0.35	1.51	1.01	0.75	0.60	0.50
	500	6	0.57	0.38	0.28	0.23	0.19	1.01	0.67	0.50	0.40	0.34	1.57	1.05	0.79	0.63	0.52	2.26	1.51	1.13	0.90	0.75
	550	4	0.34	0.23	0.17	0.14	0.11	0.61	0.41	0.30	0.24	0.20	0.95	0.63	0.48	0.38	0.32	1.37	0.91	0.69	0.55	0.46
	550	6	0.51	0.34	0.26	0.21	0.17	0.91	0.61	0.46	0.37	0.30	1.43	0.95	0.71	0.57	0.48	2.06	1.37	1.03	0.82	0.69
	600	4	0.31	0.21	0.16	0.13	0.10	0.56	0.37	0.28	0.22	0.19	0.87	0.58	0.44	0.35	0.29	1.26	0.84	0.63	0.50	0.42
	600	6	0.47	0.31	0.24	0.19	0.16	0.84	0.56	0.42	0.34	0.28	1.31	0.87	0.65	0.52	0.44	1.89	1.26	0.94	0.75	0.63

续表 1-148

混凝土强度等级	梁宽 b (mm)	箍筋肢数 n	箍筋直径6，箍距 s (mm) 为					箍筋直径8，箍距 s (mm) 为					箍筋直径10，箍距 s (mm) 为					箍筋直径12，箍距 s (mm) 为				
			100	150	200	250	300	100	150	200	250	300	100	150	200	250	300	100	150	200	250	300
C50	200	2	0.45	0.30	0.22	0.18	0.15	0.80	0.53	0.40	0.32	0.27	1.25	0.83	0.62	0.50	0.42	1.80	1.20	0.90	0.72	0.60
	250	2	0.36	0.24	0.18	0.14	0.12	0.64	0.43	0.32	0.26	0.21	1.00	0.66	0.50	0.40	0.33	1.44	0.96	0.72	0.57	0.48
	300	2	0.30	0.20	0.15	0.12	0.10	0.53	0.35	0.27	0.21	0.18	0.83	0.55	0.42	0.33	0.28	1.20	0.80	0.60	0.48	0.40
	300	4	0.60	0.40	0.30	0.24	0.20	1.06	0.71	0.53	0.43	0.35	1.66	1.11	0.83	0.66	0.55	2.39	1.60	1.20	0.96	0.80
	350	2	0.26	0.17	0.13	0.10	0.09	0.46	0.30	0.23	0.18	0.15	0.71	0.47	0.36	0.28	0.24	1.03	0.68	0.51	0.41	0.34
	350	4	0.51	0.34	0.26	0.21	0.17	0.91	0.61	0.46	0.36	0.30	1.42	0.95	0.71	0.57	0.47	2.05	1.37	1.03	0.82	0.68
	400	4	0.45	0.30	0.22	0.18	0.15	0.80	0.53	0.40	0.32	0.27	1.25	0.83	0.62	0.50	0.42	1.80	1.20	0.90	0.72	0.60
	450	4	0.40	0.27	0.20	0.16	0.13	0.71	0.47	0.35	0.28	0.24	1.11	0.74	0.55	0.44	0.37	1.60	1.06	0.80	0.64	0.53
	500	4	0.36	0.24	0.18	0.14	0.12	0.64	0.43	0.32	0.26	0.21	1.00	0.66	0.50	0.40	0.33	1.44	0.96	0.72	0.57	0.48
	500	6	0.54	0.36	0.27	0.22	0.18	0.96	0.64	0.48	0.38	0.32	1.50	1.00	0.75	0.60	0.50	2.15	1.44	1.08	0.86	0.72
	550	4	0.33	0.22	0.16	0.13	0.11	0.58	0.39	0.29	0.23	0.19	0.91	0.60	0.45	0.36	0.30	1.31	0.87	0.65	0.52	0.44
	550	6	0.49	0.33	0.25	0.20	0.16	0.87	0.58	0.44	0.35	0.29	1.36	0.91	0.68	0.54	0.45	1.96	1.31	0.98	0.78	0.65
	600	4	0.30	0.20	0.15	0.12	0.10	0.53	0.35	0.27	0.21	0.18	0.83	0.55	0.42	0.33	0.28	1.20	0.80	0.60	0.48	0.40
	600	6	0.45	0.30	0.22	0.18	0.15	0.80	0.53	0.40	0.32	0.27	1.25	0.83	0.62	0.50	0.42	1.80	1.20	0.90	0.72	0.60
C55	200	2	0.43	0.29	0.22	0.17	0.14	0.77	0.51	0.38	0.31	0.26	1.20	0.80	0.60	0.48	0.40	1.73	1.15	0.87	0.69	0.58
	250	2	0.35	0.23	0.17	0.14	0.12	0.62	0.41	0.31	0.25	0.21	0.96	0.64	0.48	0.38	0.32	1.38	0.92	0.69	0.55	0.46
	300	2	0.29	0.19	0.14	0.12	0.10	0.51	0.34	0.26	0.21	0.17	0.80	0.53	0.40	0.32	0.27	1.15	0.77	0.58	0.46	0.38
	300	4	0.52	0.35	0.26	0.21	0.17	0.92	0.62	0.46	0.37	0.31	1.44	0.96	0.72	0.58	0.48	2.08	1.38	1.04	0.83	0.69
	350	2	0.32	0.21	0.16	0.13	0.11	0.56	0.37	0.28	0.22	0.19	0.87	0.58	0.44	0.35	0.29	1.26	0.84	0.63	0.50	0.42
	350	4	0.49	0.33	0.25	0.20	0.16	0.87	0.59	0.44	0.35	0.29	1.36	0.91	0.68	0.55	0.45	1.98	1.32	0.99	0.79	0.66
	400	4	0.43	0.29	0.22	0.17	0.14	0.77	0.51	0.38	0.31	0.26	1.20	0.80	0.60	0.48	0.40	1.73	1.15	0.87	0.69	0.58
	450	4	0.39	0.26	0.19	0.15	0.13	0.68	0.45	0.34	0.27	0.23	1.07	0.71	0.53	0.42	0.36	1.54	1.02	0.77	0.62	0.51
	500	4	0.35	0.23	0.17	0.14	0.12	0.62	0.41	0.31	0.25	0.21	0.96	0.64	0.48	0.38	0.32	1.38	0.92	0.69	0.55	0.46
	500	6	0.52	0.35	0.26	0.21	0.17	0.92	0.62	0.46	0.37	0.31	1.44	0.96	0.72	0.58	0.48	2.08	1.38	1.04	0.83	0.69
	550	4	0.32	0.21	0.15	0.13	0.11	0.56	0.37	0.28	0.22	0.18	0.87	0.58	0.43	0.35	0.29	1.26	0.84	0.63	0.50	0.42
	550	6	0.47	0.32	0.24	0.19	0.15	0.84	0.56	0.42	0.34	0.28	1.31	0.87	0.66	0.52	0.44	1.89	1.26	0.94	0.76	0.63
	600	4	0.29	0.19	0.14	0.12	0.10	0.51	0.34	0.26	0.21	0.17	0.80	0.53	0.40	0.32	0.27	1.15	0.77	0.58	0.46	0.38
	600	6	0.43	0.29	0.22	0.17	0.14	0.77	0.51	0.38	0.31	0.26	1.20	0.80	0.60	0.48	0.40	1.73	1.15	0.87	0.69	0.58

续表 1-148

混凝土强度等级	梁宽 b (mm)	箍筋肢数 n	箍筋直径 6，箍距 s (mm) 为					箍筋直径 8，箍距 s (mm) 为					箍筋直径 10，箍距 s (mm) 为					箍筋直径 12，箍距 s (mm) 为				
			100	150	200	250	300	100	150	200	250	300	100	150	200	250	300	100	150	200	250	300
C60	200	2	0.42	0.28	0.21	0.17	0.14	0.74	0.49	0.37	0.30	0.25	1.15	0.77	0.58	0.46	0.38	1.66	1.11	0.83	0.67	0.55
	250	2	0.33	0.22	0.17	0.13	0.11	0.59	0.39	0.30	0.24	0.20	0.92	0.62	0.46	0.37	0.31	1.33	0.89	0.67	0.53	0.44
	300	2	0.28	0.18	0.14	0.11	0.09	0.49	0.33	0.25	0.20	0.16	0.77	0.51	0.38	0.31	0.26	1.11	0.74	0.55	0.44	0.37
	300	4	0.55	0.37	0.28	0.22	0.18	0.99	0.66	0.49	0.39	0.33	1.54	1.03	0.77	0.62	0.51	2.22	1.48	1.11	0.89	0.74
	350	2	0.24	0.16	0.12	0.10	0.08	0.42	0.28	0.21	0.17	0.14	0.66	0.44	0.33	0.26	0.22	0.95	0.63	0.48	0.38	0.32
	350	4	0.48	0.32	0.24	0.19	0.16	0.85	0.56	0.42	0.34	0.28	1.32	0.88	0.66	0.53	0.44	1.90	1.27	0.95	0.76	0.63
	400	4	0.42	0.28	0.21	0.17	0.14	0.74	0.49	0.37	0.30	0.25	1.15	0.77	0.58	0.46	0.38	1.66	1.11	0.83	0.67	0.55
	450	4	0.37	0.25	0.18	0.15	0.12	0.66	0.44	0.33	0.26	0.22	1.03	0.68	0.51	0.41	0.34	1.48	0.99	0.74	0.59	0.49
	500	4	0.33	0.22	0.17	0.13	0.11	0.59	0.39	0.30	0.24	0.20	0.92	0.62	0.46	0.37	0.31	1.33	0.89	0.67	0.53	0.44
	500	6	0.50	0.33	0.25	0.20	0.17	0.89	0.59	0.44	0.36	0.30	1.39	0.92	0.69	0.55	0.46	2.00	1.33	1.00	0.80	0.67*
	550	4	0.30	0.20	0.15	0.12	0.10	0.54	0.36	0.27	0.22	0.18	0.84	0.56	0.42	0.34	0.28	1.21	0.81	0.60	0.48	0.40
	550	6	0.45	0.30	0.23	0.18	0.15	0.81	0.54	0.40	0.32	0.27	1.26	0.84	0.63	0.50	0.42	1.81	1.21	0.91	0.73	0.60
	600	4	0.28	0.18	0.14	0.11	0.09	0.49	0.33	0.25	0.20	0.16	0.77	0.51	0.38	0.31	0.26	1.11	0.74	0.55	0.44	0.37
	600	6	0.42	0.28	0.21	0.17	0.14	0.74	0.49	0.37	0.30	0.25	1.15	0.77	0.58	0.46	0.38	1.66	1.11	0.83	0.67	0.55

注：1. 结合本书有关规定应用。

2. 计算公式为　$\alpha_v = \dfrac{nA_{sv1}}{bs} \cdot \dfrac{f_{yv}}{f_t}$。

表 1-149

框架梁沿梁全长的箍筋配筋系数 α_v 值

$$f_{yv} = 360\text{N/mm}^2$$

混凝土强度等级	梁宽 b (mm)	箍筋肢数 n	箍筋直径 6, 箍距 s (mm) 为					箍筋直径 8, 箍距 s (mm) 为					箍筋直径 10, 箍距 s (mm) 为					箍筋直径 12, 箍距 s (mm) 为				
			100	150	200	250	300	100	150	200	250	300	100	150	200	250	300	100	150	200	250	300
C20	200	2	0.93	0.62	0.46	0.37	0.31	1.65	1.10	0.82	0.66	0.55	2.57	1.71	1.28	1.03	0.86	3.70	2.47	1.85	1.48	1.23
	250	2	0.74	0.49	0.37	0.30	0.25	1.32	0.88	0.66	0.53	0.44	2.06	1.37	1.03	0.82	0.69	2.96	1.97	1.48	1.18	0.99
	300	2	0.62	0.41	0.31	0.25	0.21	1.10	0.73	0.55	0.44	0.37	1.71	1.14	0.86	0.69	0.57	2.47	1.65	1.23	0.99	0.82
	300	4	1.23	0.82	0.62	0.49	0.41	2.19	1.46	1.10	0.88	0.73	3.43	2.28	1.71	1.37	1.14	4.94	3.29	2.47	1.97	1.65
	350	2	0.53	0.35	0.26	0.21	0.18	0.94	0.63	0.47	0.38	0.31	1.47	0.98	0.73	0.59	0.49	2.12	1.41	1.06	0.85	0.71
	350	4	1.06	0.71	0.53	0.42	0.35	1.88	1.25	0.94	0.75	0.63	2.94	1.96	1.47	1.17	0.98	4.23	2.82	2.12	1.69	1.41
	400	4	0.93	0.62	0.46	0.37	0.31	1.65	1.10	0.82	0.66	0.55	2.57	1.71	1.28	1.03	0.86	3.70	2.47	1.85	1.48	1.23
	450	4	0.82	0.55	0.41	0.33	0.27	1.46	0.98	0.73	0.59	0.49	2.28	1.52	1.14	0.91	0.76	3.29	2.19	1.65	1.32	1.10
	500	4	0.74	0.49	0.37	0.30	0.25	1.32	0.88	0.66	0.53	0.44	2.06	1.37	1.03	0.82	0.69	2.96	1.97	1.48	1.18	0.99
	500	6	1.11	0.74	0.56	0.44	0.37	1.98	1.32	0.99	0.79	0.66	3.08	2.06	1.54	1.23	1.03	4.44	2.96	2.22	1.78	1.48
	550	4	0.67	0.45	0.34	0.27	0.22	1.20	0.80	0.60	0.48	0.40	1.87	1.25	0.93	0.75	0.62	2.69	1.79	1.35	1.08	0.90
	550	6	1.01	0.67	0.51	0.40	0.34	1.80	1.20	0.90	0.72	0.60	2.80	1.87	1.40	1.12	0.93	4.04	2.69	2.02	1.62	1.35
	600	4	0.62	0.41	0.31	0.25	0.21	1.10	0.73	0.55	0.44	0.37	1.71	1.14	0.86	0.69	0.57	2.47	1.65	1.23	0.99	0.82
	600	6	0.93	0.62	0.46	0.37	0.31	1.65	1.10	0.82	0.66	0.55	2.57	1.71	1.28	1.03	0.86	3.70	2.47	1.85	1.48	1.23
C25	200	2	0.80	0.53	0.40	0.32	0.27	1.43	0.95	0.71	0.57	0.48	2.23	1.48	1.11	0.89	0.74	3.21	2.14	1.60	1.28	1.07
	250	2	0.64	0.43	0.32	0.26	0.21	1.14	0.76	0.57	0.46	0.38	1.78	1.19	0.89	0.71	0.59	2.56	1.71	1.28	1.03	0.85
	300	2	0.53	0.36	0.27	0.21	0.18	0.95	0.63	0.48	0.38	0.32	1.48	0.99	0.74	0.59	0.49	2.14	1.42	1.07	0.85	0.71
	300	4	1.07	0.71	0.53	0.43	0.36	1.90	1.27	0.95	0.76	0.63	2.97	1.98	1.48	1.19	0.99	4.27	2.85	2.14	1.71	1.42
	350	2	0.46	0.31	0.23	0.18	0.15	0.81	0.54	0.41	0.33	0.27	1.27	0.85	0.64	0.51	0.42	1.83	1.22	0.92	0.73	0.61
	350	4	0.92	0.61	0.46	0.37	0.31	1.63	1.09	0.81	0.65	0.54	2.54	1.70	1.27	1.02	0.85	3.66	2.44	1.83	1.47	1.22
	400	4	0.80	0.53	0.40	0.32	0.27	1.43	0.95	0.71	0.57	0.48	2.23	1.48	1.11	0.89	0.74	3.21	2.14	1.60	1.28	1.07
	450	4	0.71	0.48	0.36	0.29	0.24	1.27	0.84	0.63	0.51	0.42	1.98	1.32	0.99	0.79	0.66	2.85	1.90	1.42	1.14	0.95
	500	4	0.64	0.43	0.32	0.26	0.21	1.14	0.76	0.57	0.46	0.38	1.78	1.19	0.89	0.71	0.59	2.56	1.71	1.28	1.03	0.85
	500	6	0.96	0.64	0.48	0.39	0.32	1.71	1.14	0.86	0.68	0.57	2.67	1.78	1.34	1.07	0.89	3.85	2.56	1.92	1.54	1.28
	550	4	0.58	0.39	0.29	0.23	0.19	1.04	0.69	0.52	0.41	0.35	1.62	1.08	0.81	0.65	0.54	2.33	1.55	1.17	0.93	0.78
	550	6	0.88	0.58	0.44	0.35	0.29	1.56	1.04	0.78	0.62	0.52	2.43	1.62	1.21	0.97	0.81	3.50	2.33	1.75	1.40	1.17
	600	4	0.53	0.36	0.27	0.21	0.18	0.95	0.63	0.48	0.38	0.32	1.48	0.99	0.74	0.59	0.49	2.14	1.42	1.07	0.85	0.71
	600	6	0.80	0.53	0.40	0.32	0.27	1.43	0.95	0.71	0.57	0.48	2.23	1.48	1.11	0.89	0.74	3.21	2.14	1.60	1.28	1.07

续表 1-149

混凝土强度等级	梁宽 b (mm)	箍筋肢数 n	箍筋直径 6，箍距 s (mm) 为					箍筋直径 8，箍距 s (mm) 为					箍筋直径 10，箍距 s (mm) 为					箍筋直径 12，箍距 s (mm) 为				
			100	150	200	250	300	100	150	200	250	300	100	150	200	250	300	100	150	200	250	300
C30	200	2	0.71	0.47	0.36	0.28	0.24	1.27	0.84	0.63	0.51	0.42	1.98	1.32	0.99	0.79	0.66	2.85	1.90	1.42	1.14	0.95
	250	2	0.57	0.38	0.28	0.23	0.19	1.01	0.68	0.51	0.41	0.34	1.58	1.05	0.79	0.63	0.53	2.28	1.52	1.14	0.91	0.76
	300	2	0.47	0.32	0.24	0.19	0.16	0.84	0.56	0.42	0.34	0.28	1.32	0.88	0.66	0.53	0.44	1.90	1.27	0.95	0.76	0.63
	300	4	0.95	0.63	0.47	0.38	0.32	1.69	1.13	0.84	0.68	0.56	2.63	1.76	1.32	1.05	0.88	3.80	2.53	1.90	1.52	1.27
	350	2	0.41	0.27	0.20	0.16	0.14	0.72	0.48	0.36	0.29	0.24	1.13	0.75	0.56	0.45	0.38	1.63	1.08	0.81	0.65	0.54
	350	4	0.81	0.54	0.41	0.33	0.27	1.45	0.96	0.72	0.58	0.48	2.26	1.51	1.13	0.90	0.75	3.25	2.17	1.63	1.30	1.08
	400	4	0.71	0.47	0.36	0.28	0.24	1.27	0.84	0.63	0.51	0.42	1.98	1.32	0.99	0.79	0.66	2.85	1.90	1.42	1.14	0.95
	450	4	0.63	0.42	0.32	0.25	0.21	1.13	0.75	0.56	0.45	0.38	1.76	1.17	0.88	0.70	0.59	2.53	1.69	1.27	1.01	0.84
	500	4	0.57	0.38	0.28	0.23	0.19	1.01	0.68	0.51	0.41	0.34	1.58	1.05	0.79	0.63	0.53	2.28	1.52	1.14	0.91	0.76
	500	6	0.85	0.57	0.43	0.34	0.28	1.52	1.01	0.76	0.61	0.51	2.37	1.58	1.19	0.95	0.79	3.42	2.28	1.71	1.37	1.14
	550	4	0.52	0.35	0.26	0.21	0.17	0.92	0.61	0.46	0.37	0.31	1.44	0.96	0.72	0.57	0.48	2.07	1.38	1.04	0.83	0.69
	550	6	0.78	0.52	0.39	0.31	0.26	1.38	0.92	0.69	0.55	0.46	2.16	1.44	1.08	0.86	0.72	3.11	2.07	1.55	1.24	1.04
	600	4	0.47	0.32	0.24	0.19	0.16	0.84	0.56	0.42	0.34	0.28	1.32	0.88	0.66	0.53	0.44	1.90	1.27	0.95	0.76	0.63
	600	6	0.71	0.47	0.36	0.28	0.24	1.27	0.84	0.63	0.51	0.42	1.98	1.32	0.99	0.79	0.66	2.85	1.90	1.42	1.14	0.95
C35	200	2	0.65	0.43	0.32	0.26	0.22	1.15	0.77	0.58	0.46	0.38	1.80	1.20	0.90	0.72	0.60	2.59	1.73	1.30	1.04	0.86
	250	2	0.52	0.35	0.26	0.21	0.17	0.92	0.62	0.46	0.37	0.31	1.44	0.96	0.72	0.58	0.48	2.07	1.38	1.04	0.83	0.69
	300	2	0.43	0.29	0.22	0.17	0.14	0.77	0.51	0.38	0.31	0.26	1.20	0.80	0.60	0.48	0.40	1.73	1.15	0.86	0.69	0.58
	300	4	0.87	0.58	0.43	0.35	0.29	1.54	1.03	0.77	0.62	0.51	2.40	1.60	1.20	0.96	0.80	3.46	2.31	1.73	1.38	1.15
	350	2	0.37	0.25	0.19	0.15	0.12	0.66	0.44	0.33	0.26	0.22	1.03	0.69	0.51	0.41	0.34	1.48	0.99	0.74	0.59	0.49
	350	4	0.74	0.49	0.37	0.30	0.25	1.32	0.88	0.66	0.53	0.44	2.06	1.37	1.03	0.82	0.69	2.96	1.98	1.48	1.19	0.99
	400	4	0.65	0.43	0.32	0.26	0.22	1.15	0.77	0.58	0.46	0.38	1.80	1.20	0.90	0.72	0.60	2.59	1.73	1.30	1.04	0.86
	450	4	0.58	0.38	0.29	0.23	0.19	1.03	0.68	0.51	0.41	0.34	1.60	1.07	0.80	0.64	0.53	2.31	1.54	1.15	0.92	0.77
	500	4	0.52	0.35	0.26	0.21	0.17	0.92	0.62	0.46	0.37	0.31	1.44	0.96	0.72	0.58	0.48	2.07	1.38	1.04	0.83	0.69
	500	6	0.78	0.52	0.39	0.31	0.26	1.38	0.92	0.69	0.55	0.46	2.16	1.44	1.08	0.86	0.72	3.11	2.07	1.56	1.24	1.04
	550	4	0.47	0.31	0.24	0.19	0.16	0.84	0.56	0.42	0.34	0.28	1.31	0.87	0.65	0.52	0.44	1.89	1.26	0.94	0.75	0.63
	550	6	0.71	0.47	0.35	0.28	0.24	1.26	0.84	0.63	0.50	0.42	1.96	1.31	0.98	0.79	0.65	2.83	1.89	1.41	1.13	0.94
	600	4	0.43	0.29	0.22	0.17	0.14	0.77	0.51	0.38	0.31	0.26	1.20	0.80	0.60	0.48	0.40	1.73	1.15	0.86	0.69	0.58
	600	6	0.65	0.43	0.32	0.26	0.22	1.15	0.77	0.58	0.46	0.38	1.80	1.20	0.90	0.72	0.60	2.59	1.73	1.30	1.04	0.86

续表 1-149

混凝土强度等级	梁宽 b (mm)	箍筋肢数 n	箍筋直径 6, 箍距 s (mm) 为					箍筋直径 8, 箍距 s (mm) 为					箍筋直径 10, 箍距 s (mm) 为					箍筋直径 12, 箍距 s (mm) 为				
			100	150	200	250	300	100	150	200	250	300	100	150	200	250	300	100	150	200	250	300
C40	200	2	0.60	0.40	0.30	0.24	0.20	1.06	0.71	0.53	0.42	0.35	1.65	1.10	0.83	0.66	0.55	2.38	1.59	1.19	0.95	0.79
	250	2	0.48	0.32	0.24	0.19	0.16	0.85	0.56	0.42	0.34	0.28	1.32	0.88	0.66	0.53	0.44	1.90	1.27	0.95	0.76	0.63
	300	2	0.40	0.26	0.20	0.16	0.13	0.71	0.47	0.35	0.28	0.24	1.10	0.73	0.55	0.44	0.37	1.59	1.06	0.79	0.63	0.53
	300	4	0.79	0.53	0.40	0.32	0.26	1.41	0.94	0.71	0.56	0.47	2.20	1.47	1.10	0.88	0.73	3.17	2.12	1.59	1.27	1.06
	350	2	0.34	0.23	0.17	0.14	0.11	0.61	0.40	0.30	0.24	0.20	0.94	0.63	0.47	0.38	0.31	1.36	0.91	0.68	0.54	0.45
	350	4	0.68	0.45	0.34	0.27	0.23	1.21	0.81	0.61	0.48	0.40	1.89	1.26	0.94	0.76	0.63	2.72	1.81	1.36	1.09	0.91
	400	4	0.60	0.40	0.30	0.24	0.20	1.06	0.71	0.53	0.42	0.35	1.65	1.10	0.83	0.66	0.55	2.38	1.59	1.19	0.95	0.79
	450	4	0.53	0.35	0.26	0.21	0.18	0.94	0.63	0.47	0.38	0.31	1.47	0.98	0.73	0.59	0.49	2.12	1.41	1.06	0.85	0.71
	500	4	0.48	0.32	0.24	0.19	0.16	0.85	0.56	0.42	0.34	0.28	1.32	0.88	0.66	0.53	0.44	1.90	1.27	0.95	0.76	0.63
	500	6	0.71	0.48	0.36	0.29	0.24	1.27	0.85	0.64	0.51	0.42	1.98	1.32	0.99	0.79	0.66	2.86	1.90	1.43	1.14	0.95
	550	4	0.43	0.29	0.22	0.17	0.14	0.77	0.51	0.39	0.31	0.26	1.20	0.80	0.60	0.48	0.40	1.73	1.15	0.87	0.69	0.58
	550	6	0.65	0.43	0.32	0.26	0.22	1.16	0.77	0.58	0.46	0.39	1.80	1.20	0.90	0.72	0.60	2.60	1.73	1.30	1.04	0.87
	600	4	0.40	0.26	0.20	0.16	0.13	0.71	0.47	0.35	0.28	0.24	1.10	0.73	0.55	0.44	0.37	1.59	1.06	0.79	0.63	0.53
	600	6	0.60	0.40	0.30	0.24	0.20	1.06	0.71	0.53	0.42	0.35	1.65	1.10	0.83	0.66	0.55	2.38	1.59	1.19	0.95	0.79
C45	200	2	0.57	0.38	0.28	0.23	0.19	1.01	0.67	0.50	0.40	0.34	1.57	1.05	0.79	0.63	0.52	2.26	1.51	1.13	0.90	0.75
	250	2	0.45	0.30	0.23	0.18	0.15	0.80	0.54	0.40	0.32	0.27	1.26	0.84	0.63	0.50	0.42	1.81	1.21	0.90	0.72	0.60
	300	2	0.38	0.25	0.19	0.15	0.13	0.67	0.45	0.34	0.27	0.22	1.05	0.70	0.52	0.42	0.35	1.51	1.01	0.75	0.60	0.50
	300	4	0.75	0.50	0.38	0.30	0.25	1.34	0.89	0.67	0.54	0.45	2.09	1.40	1.05	0.84	0.70	3.02	2.01	1.51	1.21	1.01
	350	2	0.32	0.22	0.16	0.13	0.11	0.57	0.38	0.29	0.23	0.19	0.90	0.60	0.45	0.36	0.30	1.29	0.86	0.65	0.52	0.43
	350	4	0.65	0.43	0.32	0.26	0.22	1.15	0.77	0.57	0.46	0.38	1.79	1.20	0.90	0.72	0.60	2.59	1.72	1.29	1.03	0.86
	400	4	0.57	0.38	0.28	0.23	0.19	1.01	0.67	0.50	0.40	0.34	1.57	1.05	0.79	0.63	0.52	2.26	1.51	1.13	0.90	0.75
	450	4	0.50	0.34	0.25	0.20	0.17	0.89	0.60	0.45	0.36	0.30	1.40	0.93	0.70	0.56	0.47	2.01	1.34	1.01	0.80	0.67
	500	4	0.45	0.30	0.23	0.18	0.15	0.80	0.54	0.40	0.32	0.27	1.26	0.84	0.63	0.50	0.42	1.81	1.21	0.90	0.72	0.60
	500	6	0.68	0.45	0.34	0.27	0.23	1.21	0.80	0.60	0.48	0.40	1.88	1.26	0.94	0.75	0.63	2.71	1.81	1.36	1.09	0.90
	550	4	0.41	0.27	0.21	0.16	0.14	0.73	0.49	0.37	0.29	0.24	1.14	0.76	0.57	0.46	0.38	1.65	1.10	0.82	0.66	0.55
	550	6	0.62	0.41	0.31	0.25	0.21	1.10	0.73	0.55	0.44	0.37	1.71	1.14	0.86	0.69	0.57	2.47	1.65	1.23	0.99	0.82
	600	4	0.38	0.25	0.19	0.15	0.13	0.67	0.45	0.34	0.27	0.22	1.05	0.70	0.52	0.42	0.35	1.51	1.01	0.75	0.60	0.50
	600	6	0.57	0.38	0.28	0.23	0.19	1.01	0.67	0.50	0.40	0.34	1.57	1.05	0.79	0.63	0.52	2.26	1.51	1.13	0.90	0.75

续表 1-149

混凝土强度等级	梁宽 b (mm)	箍筋肢数 n	箍筋直径 6，箍距 s (mm) 为					箍筋直径 8，箍距 s (mm) 为					箍筋直径 10，箍距 s (mm) 为					箍筋直径 12，箍距 s (mm) 为				
			100	150	200	250	300	100	150	200	250	300	100	150	200	250	300	100	150	200	250	300
C50	200	2	0.54	0.36	0.27	0.22	0.18	0.96	0.64	0.48	0.38	0.32	1.50	1.00	0.75	0.60	0.50	2.15	1.44	1.08	0.86	0.72
	250	2	0.43	0.29	0.22	0.17	0.14	0.77	0.51	0.38	0.31	0.26	1.20	0.80	0.60	0.48	0.40	1.72	1.15	0.86	0.69	0.57
	300	2	0.36	0.24	0.18	0.14	0.12	0.64	0.43	0.32	0.26	0.21	1.00	0.66	0.50	0.40	0.33	1.44	0.96	0.72	0.57	0.48
		4	0.72	0.48	0.36	0.29	0.24	1.28	0.85	0.64	0.51	0.43	1.99	1.33	1.00	0.80	0.66	2.87	1.91	1.44	1.15	0.96
	350	2	0.31	0.21	0.15	0.12	0.10	0.55	0.36	0.27	0.22	0.18	0.85	0.57	0.43	0.34	0.28	1.23	0.82	0.62	0.49	0.41
		4	0.62	0.41	0.31	0.25	0.21	1.09	0.73	0.55	0.44	0.36	1.71	1.14	0.85	0.68	0.57	2.46	1.64	1.23	0.98	0.82
	400	4	0.54	0.36	0.27	0.22	0.18	0.96	0.64	0.48	0.38	0.32	1.50	1.00	0.75	0.60	0.50	2.15	1.44	1.08	0.86	0.72
	450	4	0.48	0.32	0.24	0.19	0.16	0.85	0.57	0.43	0.34	0.28	1.33	0.89	0.66	0.53	0.44	1.91	1.28	0.96	0.77	0.64
	500	4	0.43	0.29	0.22	0.17	0.14	0.77	0.51	0.38	0.31	0.26	1.20	0.80	0.60	0.48	0.40	1.72	1.15	0.86	0.69	0.57
		6	0.65	0.43	0.32	0.26	0.22	1.15	0.77	0.57	0.46	0.38	1.79	1.20	0.90	0.72	0.60	2.59	1.72	1.29	1.03	0.86
	550	4	0.39	0.26	0.20	0.16	0.13	0.70	0.46	0.35	0.28	0.23	1.09	0.72	0.54	0.43	0.36	1.57	1.04	0.78	0.63	0.52
		6	0.59	0.39	0.29	0.24	0.20	1.05	0.70	0.52	0.42	0.35	1.63	1.09	0.82	0.65	0.54	2.35	1.57	1.18	0.94	0.78
	600	4	0.36	0.24	0.18	0.14	0.12	0.64	0.43	0.32	0.26	0.21	1.00	0.66	0.50	0.40	0.33	1.44	0.96	0.72	0.57	0.48
		6	0.54	0.36	0.27	0.22	0.18	0.96	0.64	0.48	0.38	0.32	1.50	1.00	0.75	0.60	0.50	2.15	1.44	1.08	0.86	0.72
C55	200	2	0.52	0.35	0.26	0.21	0.17	0.92	0.62	0.46	0.37	0.31	1.44	0.96	0.72	0.58	0.48	2.08	1.38	1.04	0.83	0.69
	250	2	0.42	0.28	0.21	0.17	0.14	0.74	0.49	0.37	0.30	0.25	1.15	0.77	0.58	0.46	0.38	1.66	1.11	0.83	0.66	0.55
	300	2	0.35	0.23	0.17	0.14	0.12	0.62	0.41	0.31	0.25	0.21	0.96	0.64	0.48	0.38	0.32	1.38	0.92	0.69	0.55	0.46
		4	0.69	0.46	0.35	0.28	0.23	1.23	0.82	0.62	0.49	0.41	1.92	1.28	0.96	0.77	0.64	2.77	1.85	1.38	1.11	0.92
	350	2	0.30	0.20	0.15	0.12	0.10	0.53	0.35	0.26	0.21	0.18	0.82	0.55	0.41	0.33	0.27	1.19	0.79	0.59	0.47	0.40
		4	0.59	0.40	0.30	0.24	0.20	1.06	0.70	0.53	0.42	0.35	1.65	1.10	0.82	0.66	0.55	2.37	1.58	1.19	0.95	0.79
	400	4	0.52	0.35	0.26	0.21	0.17	0.92	0.62	0.46	0.37	0.31	1.44	0.96	0.72	0.58	0.48	2.08	1.38	1.04	0.83	0.69
	450	4	0.46	0.31	0.23	0.18	0.15	0.82	0.55	0.41	0.33	0.27	1.28	0.85	0.64	0.51	0.43	1.85	1.23	0.92	0.74	0.62

续表 1-149

混凝土强度等级	梁宽 b (mm)	箍筋肢数 n	箍筋直径 6, 箍距 s (mm) 为					箍筋直径 8, 箍距 s (mm) 为					箍筋直径 10, 箍距 s (mm) 为					箍筋直径 12, 箍距 s (mm) 为				
			100	150	200	250	300	100	150	200	250	300	100	150	200	250	300	100	150	200	250	300
C55	500	4	0.42	0.28	0.21	0.17	0.14	0.74	0.49	0.37	0.30	0.25	1.15	0.77	0.58	0.46	0.38	1.66	1.11	0.83	0.66	0.55
	500	6	0.62	0.42	0.31	0.25	0.21	1.11	0.74	0.55	0.44	0.37	1.73	1.15	0.87	0.69	0.58	2.49	1.66	1.25	1.00	0.83
	550	4	0.38	0.25	0.19	0.15	0.13	0.67	0.45	0.34	0.27	0.22	1.05	0.70	0.52	0.42	0.35	1.51	1.01	0.76	0.60	0.50
	550	6	0.57	0.38	0.28	0.23	0.19	1.01	0.67	0.50	0.40	0.34	1.57	1.05	0.79	0.63	0.52	2.27	1.51	1.13	0.91	0.76
	600	4	0.35	0.23	0.17	0.14	0.12	0.62	0.41	0.31	0.25	0.21	0.96	0.64	0.48	0.38	0.32	1.38	0.92	0.69	0.55	0.46
	600	6	0.52	0.35	0.26	0.21	0.17	0.92	0.62	0.46	0.37	0.31	1.44	0.96	0.72	0.58	0.48	2.08	1.38	1.04	0.83	0.69
C60	200	2	0.50	0.33	0.25	0.20	0.17	0.89	0.59	0.44	0.36	0.30	1.39	0.92	0.69	0.55	0.46	2.00	1.33	1.00	0.80	0.67
	250	2	0.40	0.27	0.20	0.16	0.13	0.71	0.47	0.36	0.28	0.24	1.11	0.74	0.55	0.44	0.37	1.60	1.06	0.80	0.64	0.53
	300	2	0.33	0.22	0.17	0.13	0.11	0.59	0.39	0.30	0.24	0.20	0.92	0.62	0.46	0.37	0.31	1.33	0.89	0.67	0.53	0.44
	300	4	0.67	0.44	0.33	0.27	0.22	1.18	0.79	0.59	0.47	0.39	1.85	1.23	0.92	0.74	0.62	2.66	1.77	1.33	1.06	0.89
	350	2	0.29	0.19	0.14	0.11	0.10	0.51	0.34	0.25	0.20	0.17	0.79	0.53	0.40	0.32	0.26	1.14	0.76	0.57	0.46	0.38
	350	4	0.57	0.38	0.29	0.23	0.19	1.01	0.68	0.51	0.41	0.34	1.58	1.06	0.79	0.63	0.53	2.28	1.52	1.14	0.91	0.76
	400	4	0.50	0.33	0.25	0.20	0.17	0.89	0.59	0.44	0.36	0.30	1.39	0.92	0.69	0.55	0.46	2.00	1.33	1.00	0.80	0.67
	450	4	0.44	0.30	0.22	0.18	0.15	0.79	0.53	0.39	0.32	0.26	1.23	0.82	0.62	0.49	0.41	1.77	1.18	0.89	0.71	0.59
	500	4	0.40	0.27	0.20	0.16	0.13	0.71	0.47	0.36	0.28	0.24	1.11	0.74	0.55	0.44	0.37	1.60	1.06	0.80	0.64	0.53
	500	6	0.60	0.40	0.30	0.24	0.20	1.07	0.71	0.53	0.43	0.36	1.66	1.11	0.83	0.66	0.55	2.40	1.60	1.20	0.96	0.80
	550	4	0.36	0.24	0.18	0.15	0.12	0.65	0.43	0.32	0.26	0.22	1.01	0.67	0.50	0.40	0.34	1.45	0.97	0.73	0.58	0.48
	550	6	0.54	0.36	0.27	0.22	0.18	0.97	0.65	0.48	0.39	0.32	1.51	1.01	0.76	0.60	0.50	2.18	1.45	1.09	0.87	0.73
	600	4	0.33	0.22	0.17	0.13	0.11	0.59	0.39	0.30	0.24	0.20	0.92	0.62	0.46	0.37	0.31	1.33	0.89	0.67	0.53	0.44
	600	6	0.50	0.33	0.25	0.20	0.17	0.89	0.59	0.44	0.36	0.30	1.39	0.92	0.69	0.55	0.46	2.00	1.33	1.00	0.80	0.67

注: 1. 结合本书有关规定应用。

2. 计算公式为 $\alpha_v = \dfrac{nA_{sv1}}{bs} \cdot \dfrac{f_{yv}}{f_t}$。

1.12 结构考虑地震作用组合的普通钢筋的配筋率

1.12.1 框架梁全长箍筋最小配筋百分率

考虑地震作用的框架梁全长箍筋最小配筋百分率 ρ_{sv}（%）如表 1-150 所示。

地震作用的框架梁全长箍筋最小配筋百分率 ρ_{sv}（%）　　　　表 1-150

序号	抗震等级	f_{yv} (N/mm²)	混凝土强度等级												
			C20	C25	C30	C35	C40	C45	C50	C55	C60	C65	C70	C75	C80
1	特一级（加密区）	270			0.212	0.233	0.253	0.267	0.280	0.290	0.302	0.310	0.317	0.323	0.329
2		300			0.191	0.209	0.228	0.240	0.252	0.261	0.272	0.279	0.285	0.291	0.296
3		360			0.159	0.174	0.190	0.200	0.210	0.218	0.227	0.232	0.238	0.242	0.247
4	特一级（非加密区）一级	270			0.159	0.174	0.190	0.200	0.210	0.218	0.227	0.232	0.238	0.242	0.247
5		300			0.143	0.157	0.171	0.180	0.189	0.196	0.204	0.209	0.214	0.218	0.222
6		360			0.119	0.131	0.143	0.150	0.158	0.163	0.170	0.174	0.178	0.182	0.185
7	二级	270	0.114	0.132	0.148	0.163	0.177	0.187	0.196	0.203	0.202	0.217	0.222	0.226	0.230
8		300	0.103	0.119	0.133	0.147	0.160	0.168	0.176	0.183	0.190	0.195	0.200	0.203	0.207
9		360		0.099	0.111	0.122	0.133	0.140	0.147	0.152	0.159	0.163	0.166	0.170	0.173
10	三、四级	270	0.106	0.122	0.138	0.151	0.165	0.173	0.182	0.189	0.196	0.201	0.206	0.210	0.214
11		300	0.095	0.110	0.124	0.136	0.148	0.156	0.164	0.170	0.177	0.181	0.185	0.189	0.192
12		360		0.092	0.103	0.113	0.124	0.130	0.137	0.142	0.147	0.151	0.155	0.157	0.160

注：1. 计算公式：
　　1) 特一级（加密区）　$\rho_{sv} \geqslant 0.4 f_t / f_{yv}$；
　　2) 特一级、一级　　　$\rho_{sv} \geqslant 0.3 f_t / f_{yv}$；
　　3) 二级　　　　　　　$f_{yv} \geqslant 0.28 f_t / f_{yv}$；
　　4) 三、四级　　　　　$f_{yv} \geqslant 0.26 f_t / f_{yv}$。
2. 结合本书有关规定应用。

1.12.2 框架梁纵向受拉钢筋的最小配筋百分率

框架梁纵向受拉钢筋的最小配筋百分率 ρ_{min}（%）如表 1-151、表 1-152、表 1-153 及表 1-154 所示。其中表 1-151 是框架梁纵向受拉钢筋的最小配筋百分率的基本规定；则表 1-152、表 1-153 及表 1-154 是为满足设计方便的需要，按不同的抗震等级、不同的混凝土强度等级及不同的钢筋牌号根据表 1-151 的规定编制的。

框架梁纵向受拉钢筋的最小配筋百分率 ρ_{min}（%）　　　　表 1-151

序号	抗震等级	梁中位置	
		支座	跨中
1	特一级、一级	0.40 和 $80 f_t / f_y$ 中的较大值	0.30 和 $65 f_t / f_y$ 中的较大值
2	二级	0.30 和 $65 f_t / f_y$ 中的较大值	0.25 和 $55 f_t / f_y$ 中的较大值
3	三、四级	0.25 和 $55 f_t / f_y$ 中的较大值	0.20 和 $45 f_t / f_y$ 中的较大值

框架梁纵向受拉钢筋的最小配筋百分率 ρ_{min} （%）   表 1-152

HRB335、HRBF335 $f_y = 300 \text{N/mm}^2$

序号	混凝土强度等级	抗 震 等 级					
		特一级、一级		二 级		三、四级	
		梁 中 位 置					
		支 座	跨 中	支 座	跨 中	支 座	跨 中
1	C20			0.300	0.250	0.250	0.200
2	C25			0.300	0.250	0.250	0.200
3	C30	0.400	0.310	0.310	0.262	0.262	0.214
4	C35	0.419	0.340	0.340	0.288	0.288	0.236
5	C40	0.456	0.371	0.371	0.314	0.314	0.256
6	C45	0.480	0.390	0.390	0.330	0.330	0.270
7	C50	0.504	0.410	0.410	0.346	0.346	0.284
8	C55	0.523	0.425	0.425	0.359	0.359	0.294
9	C60	0.544	0.442	0.442	0.374	0.374	0.306
10	C65	0.557	0.453	0.453	0.383	0.383	0.314
11	C70	0.571	0.464	0.464	0.392	0.392	0.321
12	C75	0.581	0.472	0.472	0.400	0.400	0.327
13	C80	0.592	0.481	0.481	0.407	0.407	0.333

框架梁纵向受拉钢筋的最小配筋百分率 ρ_{min} （%）   表 1-153

HRB400、HRBF400、RRB400 $f_y = 360 \text{N/mm}^2$

序号	混凝土强度等级	抗 震 等 级					
		特一级、一级		二 级		三、四级	
		梁 中 位 置					
		支 座	跨 中	支 座	跨 中	支 座	跨 中
1	C20			0.300	0.250	0.250	0.200
2	C25			0.300	0.250	0.250	0.200
3	C30	0.400	0.300	0.300	0.250	0.250	0.200
4	C35	0.400	0.300	0.300	0.250	0.250	0.200
5	C40	0.400	0.309	0.309	0.261	0.261	0.214
6	C45	0.400	0.325	0.325	0.275	0.275	0.225
7	C50	0.420	0.341	0.341	0.289	0.289	0.236
8	C55	0.436	0.354	0.354	0.299	0.299	0.245
9	C60	0.453	0.368	0.368	0.312	0.312	0.255
10	C65	0.464	0.377	0.377	0.319	0.319	0.261
11	C70	0.476	0.386	0.386	0.327	0.327	0.268
12	C75	0.484	0.394	0.394	0.333	0.333	0.272
13	C80	0.493	0.401	0.401	0.339	0.339	0.278

框架梁纵向受拉钢筋的最小配筋百分率 $\rho_{\min}$（％）　　表 1-154

HRB500、HRBF500　$f_y=435\text{N/mm}^2$

序号	混凝土强度等级	抗　震　等　级					
		特一级、一级		二　级		三、四级	
		梁　中　位　置					
		支　座	跨　中	支　座	跨　中	支　座	跨　中
1	C20			0.300	0.250	0.250	0.200
2	C25			0.300	0.250	0.250	0.200
3	C30	0.400	0.300	0.300	0.250	0.250	0.200
4	C35	0.400	0.300	0.300	0.250	0.250	0.200
5	C40	0.400	0.300	0.300	0.250	0.250	0.200
6	C45	0.400	0.300	0.300	0.250	0.250	0.200
7	C50	0.400	0.300	0.300	0.250	0.250	0.200
8	C55	0.400	0.300	0.300	0.250	0.250	0.203
9	C60	0.400	0.305	0.305	0.258	0.258	0.211
10	C65	0.400	0.312	0.312	0.264	0.264	0.216
11	C70	0.400	0.320	0.320	0.271	0.271	0.221
12	C75	0.401	0.326	0.326	0.276	0.276	0.226
13	C80	0.408	0.332	0.332	0.281	0.281	0.230

1.12.3　框架梁纵向受拉钢筋的最大配筋率

框架梁纵向受拉钢筋的最大配筋率如表 1-155 所示。

框架梁纵向受拉钢筋的最大配筋率　　表 1-155

序号	项　目	内　容
1	梁端混凝土受压区高度	为了提高框架梁的抗震性能和防止过高的纵向钢筋配筋率，使梁具有足够的曲率延性，避免受压区混凝土过早压碎，故对其纵向受拉钢筋的配筋率需严格限制 梁正截面受弯承载力计算中，计入纵向受压钢筋的梁端混凝土受压区高度应符合下列要求： 特一级、一级抗震等级 $$x \leqslant 0.25h_0 \tag{1-51}$$ 二、三级抗震等级 $$x \leqslant 0.35h_0 \tag{1-52}$$ 式中　x——混凝土受压区高度 　　　h_0——截面有效高度 且梁端纵向受拉钢筋的配筋率不宜大于 2.5％
2	计算用表	梁端纵向受拉钢筋的最大配筋百分率可按表 1-156 选用。此时表中梁端纵向受拉钢筋百分率没有计入纵向受压钢筋，当框架梁端有受压钢筋时，应使受拉受压钢筋的总量计算所得的配筋百分率≤2.5％

有地震作用组合框架梁纵向普通受拉钢筋最大配筋 ρ_{max}（%）   表 1-156

普通钢筋	抗震等级	混 凝 土 强 度 等 级												
		C20	C25	C30	C35	C40	C45	C50	C55	C60	C65	C70	C75	C80
HPB300 $f_y=270N/mm^2$	特一级、一级			1.32	1.55	1.77	1.95	2.14	2.32	2.50	2.50	2.50	2.50	2.50
	二、三极	1.24	1.54	1.85	2.16	2.48	2.50	2.50	2.50	2.50	2.50	2.50	2.50	2.50
HRB335 HRBF335 $f_y=300N/mm^2$	特一级、一级			1.19	1.39	1.59	1.76	1.92	2.09	2.25	2.40	2.50	2.50	2.50
	二、三极	1.12	1.39	1.67	1.95	2.23	2.46	2.50	2.50	2.50	2.50	2.50	2.50	2.50
HRB400 HRBF400 RRB400 $f_y=360N/mm^2$	特一级、一级			0.99	1.16	1.33	1.47	1.60	1.74	1.87	2.00	2.12	2.23	2.34
	二、三极	0.93	1.16	1.39	1.62	1.86	2.05	2.25	2.44	2.50	2.50	2.50	2.50	2.50
HRB500 HRBF500 $f_y=435N/mm^2$	特一级、一级			0.82	0.96	1.10	1.21	1.33	1.44	1.55	1.66	1.75	1.85	1.94
	二、三极	0.77	0.96	1.15	1.34	1.54	1.70	1.86	2.02	2.17	2.32	2.46	2.50	2.50

1.13   其他构件配筋率

1.13.1   钢筋混凝土柱纵向钢筋的最大配筋率

钢筋混凝土柱纵向钢筋的最大配筋率如表 1-157 所示。

钢筋混凝土柱纵向钢筋的最大配筋率   表 1-157

序号	结构类型	ρ_{max}（%）
1	非抗震结构柱	$\rho_{max}(\%)=\dfrac{A_s+A_s'}{bh_0}=5\%$
2	抗震结构框架柱、框支柱	$\rho_{max}(\%)=\dfrac{A_s+A_s'}{bh_0}=5\%$

注：1. 当按一级抗震等级设计，且柱的剪跨比 λ 不大于 2 时，柱每侧纵向受拉钢筋配筋率不宜大于 1.2%，且应沿柱全长采用复合箍筋。

2. 框架边柱、角柱及剪力墙端柱在地震组合下处于小偏心受拉时，柱内纵向受力钢筋总截面面积应比计算值增加 25%。

1.13.2   柱牛腿纵向受拉钢筋配筋率

钢筋混凝土柱牛腿承受竖向力所需的纵向受拉钢筋的配筋率如表 1-158 所示。

柱牛腿纵向受拉钢筋的配筋百分率　　　　　　　　　表 1-158

序号	项　目	配筋百分率（%）
1	按柱牛腿有效截面计算不应小于	0.2 或 $45f_t/f_y$
2	按柱牛腿有效截面计算不宜大于	0.6

注：表中序号1的"0.2 或 $45f_t/f_y$"具体数值详见表 1-152、表 1-153 及表 1-154 中抗震等级三、四的"跨中"栏内的数值。

1.13.3　剪力墙的水平和竖向分布钢筋的最小配筋率

剪力墙的水平和竖向分布钢筋的最小配筋率如表 1-159 所示。

剪力墙的水平和竖向分布钢筋的最小配筋率　　　　　　　表 1-159

序号	结构类型	最　小　配　筋　率
1	非抗震剪力墙	钢筋混凝土剪力墙的水平和竖向分布钢筋的配筋率 ρ_{sh} 和 ρ_{sv}（$\rho_{sh}=\dfrac{A_{sh}}{bs_v}$，$\rho_{sv}=\dfrac{A_{sv}}{bs_h}$，$s_h$、$s_v$ 为竖向、水平分布钢筋的间距）不宜小于 0.2%。重要部位的剪力墙，其水平和竖向分布钢筋的配筋率宜适当提高 墙中温度、收缩应力较大的部位，水平分布钢筋的配筋率宜适当提高
2	抗震剪力墙	（1）一、二、三级抗震等级的剪力墙的水平和竖向分布钢筋配筋率均不应小于 0.25%；四级抗震等级剪力墙不应小于 0.2% （2）部分框支剪力墙结构的剪力墙底部加强部位，水平和竖向分布钢筋配筋率不应小于 0.3% 　　对高度小于 24m 且剪压比很小的四级抗震等级剪力墙，其竖向分布筋最小配筋率应允许按 0.15% 采用

1.13.4　深梁中纵向受拉钢筋的配筋率

深梁的纵向受拉钢筋配筋率 $\rho\left(\rho=\dfrac{A_s}{bh}\right)$、水平分布钢筋配筋率 $\rho_{sh}\left(\rho_{sh}=\dfrac{A_{sh}}{bs_v}，s_v\right.$ 为水平分布钢筋的间距）和竖向分布钢筋配筋率 $\rho_{sv}\left(\rho_{sv}=\dfrac{A_{sv}}{bs_h}，s_h\right.$ 为竖向分布钢筋的间距）不宜小于表 1-160 规定的数值。

深梁中钢筋的最小配筋百分率（%）　　　　　　　　表 1-160

序号	钢筋种类	纵向受拉钢筋	水平分布钢筋	竖向分布钢筋
1	HPB300	0.25	0.25	0.20
2	HRB400、HRBF400、RRB400、HRB335、HRBF335	0.20	0.20	0.15
3	HRB500、HRBF500	0.15	0.15	0.10

注：当集中荷载作用于连续深梁上部 1/4 高度范围内且 l_0/h 大于 1.5 时，竖向分布钢筋最小配筋百分率应增加 0.05。

1.14　建筑结构变形缝的设置

1.14.1　一般建筑结构变形缝的设置

一般建筑结构变形缝的设置如表 1-161 所示。

一般建筑结构变形缝的设置　　　　　　　　　　　　　　表 1-161

序号	项　目	内　容
1	说明	混凝土结构变形缝包括伸缩缝、沉降缝及防震缝
2	伸缩缝	（1）混凝土结构的伸（膨胀）缝、缩（收缩）缝合称伸缩缝。伸缩缝是结构缝的一种，目的是为减小由于温差（早期水化热或使用期季节温差）和体积变化（施工期或使用早期的混凝土收缩）等间接作用效应积累的影响，将混凝土结构分割为较小的单元，避免引起较大的约束应力和开裂 　　由于现代水泥强度等级提高、水化热加大、凝固时间缩短；混凝土强度等级提高、拌合物流动性加大、结构的体量越来越大；为满足混凝土泵送、免振等工艺，混凝土的组分变化造成收缩增加，近年由此而引起的混凝土体积收缩呈增大趋势，现浇混凝土结构的裂缝问题比较普遍 　　工程调查和试验研究表明，影响混凝间接裂缝的因素很多，不确定性很大，而且近年间接作用的影响还有增大的趋势 　　工程实践表明，超长结构采取有效措施后也可以避免发生裂缝 　　（2）素混凝土结构构件 　　1）素混凝土构件主要用于受压构件。素混凝土受弯构件仅允许用于卧置在地基上以及不承受活荷载的情况 　　2）素混凝土结构构件应进行正截面承载力计算；对承受局部荷载的部位尚应进行局部受压承载力计算 　　3）素混凝土墙和柱的计算长度 l_0 可按下列规定采用： 　　①　两端支承在刚性的横向结构上时，取 $l_0=H$ 　　②　具有弹性移动支座时，取 $l_0=1.25\sim1.50H$ 　　③　对自由独立的墙和柱，取 $l_0=2H$ 　　此处，H 为墙或柱的高度，以层高计 　　4）素混凝土结构伸缩缝的最大间距，可按表 1-162 的规定采用 　　（3）钢筋混凝土结构 　　1）钢筋混凝土结构伸缩缝的最大间距可按表 1-163 确定 　　表 1-163：注 1 中的装配整体式结构，也包括由叠合构件加后浇层形成的结构。由于预制混凝土构件已基本完成收缩，故伸缩缝的间距可适当加大。应根据具体情况，在装配与现浇之间取值。注 2 中的规定同理。注 3、注 4 则由于受到环境条件的影响较大，加严了伸缩缝间距的要求 　　2）对下列情况，对表 1-163 中的伸缩缝最大间距宜适当减小： 　　①　柱高（从基础顶面算起）低于 8m 的排架结构 　　②　屋面无保温、隔热措施的排架结构 　　③　位于气候干燥地区、夏季炎热且暴雨频繁地区的结构或经常处于高温作用下的结构 　　④　采用滑模类工艺施工的各类墙体结构 　　⑤　混凝土材料收缩较大，施工期外露时间较长的结构 　　3）如有充分依据对下列情况，对表 1-163 中的伸缩缝最大间距可适当增大：

续表 1-161

序号	项目	内　容
2	伸缩缝	① 采取减小混凝土收缩或温度变化的措施 ② 采用专门的预加应力或增配构造钢筋的措施 ③ 采用低收缩混凝土材料，采取跳仓浇筑、后浇带、控制缝等施工方法．并加强施工养护 当伸缩缝间距增大较多时，尚应考虑温度变化和混凝土收缩对结构的影响 4）当设置伸缩缝时，框架、排架结构的双柱基础可不断开
3	沉降缝	(1) 沉降缝的作用及设置如表 1-164 所示 (2) 房屋沉降缝的宽度，一般可按表 1-165 采用
4	防震缝	(1) 防震缝的设置及做法如表 1-166 所示 (2) 防震缝设置的条件和宽度如表 1-168 所示

素混凝土结构伸缩缝最大间距（m）　　　　　　　　　　表 1-162

序号	结构类别	室内或土中	露　天
1	装配式结构	40	30
2	现浇式结构（配有构造钢筋）	30	20
3	现浇式结构（未配构造钢筋）	20	10

注：整片素混凝土墙壁式结构，其伸缩缝宜做成贯通式，将基础断开。

钢筋混凝土结构伸缩缝最大间距（m）　　　　　　　　　表 1-163

序号	结构类别		室内或土中	露　天
1	排架结构	装配式	100	70
2	框架结构	装配式	75	50
3		现浇式	55	35
4	剪力墙结构	装配式	65	40
5		现浇式	45	30
6	挡土墙、地下室墙壁等类结构	装配式	40	30
7		现浇式	30	20

注：1. 装配整体式结构的伸缩缝间距，可根据结构的具体情况取表中装配式结构与现浇式结构之间的数值；
　　2. 框架-剪力墙结构或框架-核心筒结构房屋的伸缩缝间距，可根据结构的具体情况取表中框架结构与剪力墙结构之间的数值；
　　3. 当屋面无保温或隔热措施时，框架结构、剪力墙结构的伸缩缝间距宜按表中露天栏的数值取用；
　　4. 现浇挑檐、雨罩等外露结构的局部伸缩缝间距不宜大于 12m。

建筑物的沉降缝　　　　　　　　　　　　　　　　　　表 1-164

序号	项　目	内　容
1	沉降缝的作用	是防止地基不均匀沉降时，可能造成房屋破坏所采取的一种措施
2	沉降缝的设置	建筑物的下列部位，宜设置沉降缝： (1) 建筑平面的转折部位 (2) 高度差异（或荷载差异）处 (3) 长高比过大的砌体承重结构或钢筋混凝土框架结构的适当部位 (4) 地基上的压缩性有显著差异处 (5) 建筑结构（或基础）类型不同处 (6) 分期建造房屋的交界处

房屋沉降缝的宽度 表 1-165

序号	房屋层数	沉降缝宽度（mm）
1	二～三	50～80
2	四～五	80～120
3	五层以上	不小于120

注：在沉降处房屋应连同基础一起断开。缝内一般不填塞材料，当必须填塞时，应防止缝内两侧因房屋内倾而相互挤压影响沉降效果。

防震缝的设置及做法 表 1-166

序号	项目	内容
1	防震缝的设置	符合下列情况宜设置防震缝： (1) 如图 1-24 所示平面各项尺寸超过表 1-167 的限值而无加强措施 (2) 房屋有较大错层 (3) 各部分结构的刚度或荷载相差悬殊而未采取有效措施 (4) 当设置防震缝时，应将建筑分成规则的结构单元。防震缝应根据地震烈度、场地类别、房屋类型等具有足够的宽度，其两侧的上部结构应完全分开，详见表 1-168。在地震区的伸缩缝和沉降缝应符合防震缝的要求
2	防震缝做法	(1) 如图 1-25 所示，防震缝的做法应符合下列要求 1) 防震缝应沿全房高设置 2) 基础可不设防震缝，但在防震缝处基础应加强构造和连接 3) 结构单元之间或主楼与裙房之间，不应采用牛腿托梁的做法设置防震缝（应采用双柱或挑梁做法） (2) 防震缝可以结合沉降要求贯通到地基，当无沉降问题时也可以从基础或地下室以上贯通。当有多层地下室形成大底盘，上部结构为带裙房多塔结构时，可将裙房用防震缝自地下室以上分隔，地下室顶板应有良好的整体性和刚度，能将上部结构地震作用分布到地下室结构 (3) 8、9度框架结构房屋防震缝两侧结构高度、刚度或层高相差较大时，可在防震缝两侧房屋的尽端沿全高设置垂直于防震缝的抗撞墙。每一侧抗撞墙的数量不应少于两道，宜分别对称布置，墙肢长度可不大于一个柱距，框架和抗撞墙内力按设置和不设置撞墙两种情况进行分析，并按不利情况取值（图 1-26）。防震缝两侧抗撞墙的端柱和框架的边柱，箍筋应沿房屋全高加密 (4) 采取隔震设计的建筑结构，隔震层以上的上部结构，其周边应设置防震缝，缝宽不宜小于各隔震支座在罕遇地震下的最大水平位移值的 1.2 倍

注：1. 防震缝内最好留空，不要镶嵌其他材料；
　　2. 房屋结构因其他方面要求而设置的沉降缝、伸缩缝等，缝宽和构造应符合防震缝的要求。

建筑平面尺寸的限值 表 1-167

序号	设防烈度	L/B	L/B_{max}	l/b
1	6、7度	≤6	≤0.35	≤2
2	8、9度	≤5	≤0.30	≤1.5

注：见图 1-24。

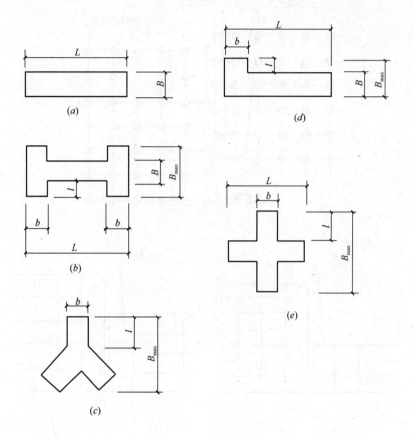

图 1-24 建筑平面

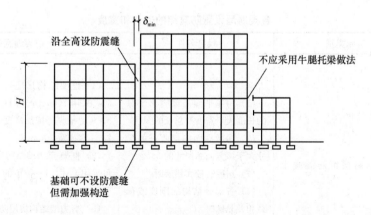

图 1-25 防震缝做法

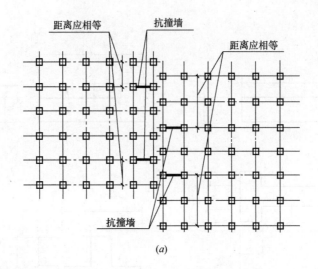

(a)

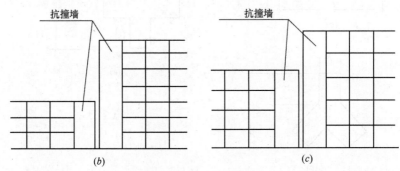

(b)   *(c)*

图 1-26   抗撞墙

（*a*）平面图；（*b*）抗震缝两边高度、刚度相差较大；（*c*）抗震缝两边房屋层高不同

各类房屋设置防震缝的条件和宽度   表 1-168

序号	房屋类别	设缝条件	防震缝宽度
1	多层和高层钢筋混凝土房屋	（1）房屋平面局部突出部分的长度大于宽度及总长的30% （2）房屋立面局部收进的尺寸大于该方向总尺寸的30% （3）房屋有较大错层时 （4）各部分结构的刚度或荷载相差悬殊时 （5）地基不均匀，各部分的沉降差过大时	（1）框架结构房屋，当高度 H≤15m 时，采用 100mm；当 H>15m 时，6、7、8、9 度相应每增加高度 5m、4m、3m 和 2m，宜加宽 20mm （2）框架-剪力墙结构房屋防震缝宽度，可采用上述（1）数值的70%，且不宜小于100mm （3）剪力墙结构房屋防震缝宽度，可采用上述（1）数值的50%，且不宜小于100mm 见表 1-171

序号	房屋类别		设缝条件	防震缝宽度
2	单层工业厂房	钢筋混凝土柱	厂房体型复杂或有贴建房屋和构筑物	(1) 在厂房纵横跨交接处、大柱网厂房或不设柱间支撑的厂房可采用 100～150mm (2) 其他情况可采用 50～90mm，防震缝处应设置双柱或双墙
		砖柱		(1) 轻型屋盖（指木屋盖和轻钢屋架、瓦楞铁、石棉瓦屋面的屋盖），可不设防震缝 (2) 钢筋混凝土屋盖厂房与贴建的建（构）筑物间可采用：50～70mm
3	单层空旷房屋（如影剧院、俱乐部、礼堂、食堂等）			大厅、前厅、舞台之间，不宜设防震缝；大厅与两侧附属房屋之间可不设防震缝，但不设缝时应加强连接

注：1. 防震缝两侧结构体系不同时，防震缝宽度应按不利的结构类型确定；防震缝两侧的房屋刚度不同时，防震缝宽度应按较低的房屋高度确定；

2. 当相邻结构的基础存在较大沉降差时，宜增大防震缝的宽度；

3. 防震缝宜沿房屋全高设置；地下室、基础可不设防震缝，但在与上部防震缝对应处应加强构造和连接；

4. 结构单元之间或主楼与裙房之间如无可靠措施，不应采用牛腿托梁的做法设置防震缝。

1.14.2 高层建筑结构变形缝设置

高层建筑结构变形缝设置如表 1-169 所示。

高层建筑结构变形缝设置 表 1-169

序号	项　　目	内　　容
1	说明	(1) 在高层建筑平面布置时，要考虑梁、柱、墙等的位置及规则性、收缩和温度应力、不均匀沉降对结构的不利影响等，常常需要设置变形缝。变形缝包括伸缩缝、沉降缝、防震缝。高层建筑中是否设置变形缝，是进行结构平面布置时要考虑的重要问题之一 (2) 在地震作用时，由于结构开裂、局部损坏和进入弹塑性变形，其水平位移比弹性状态下增大很多（可达 3 倍以上），因此，伸缩缝和沉降缝的两侧很容易发生碰撞，需考虑设置满足要求的缝宽 (3) 复杂平面形状的高层建筑物无法调整其平面形状的结构布置使之成为较规则的结构时，可以设置防震缝划分为较简单的几个结构。当需要设缝时，则有抗震设防时必须满足地震中互不相碰的要求，留有足够宽度；无抗震设防时，也要防止因基础倾斜而顶部相碰
2	伸缩缝	(1) 伸缩缝的设置 1) 伸缩缝也称为温度缝，可以释放建筑平面尺寸较大的房屋因温度变化和混凝土干缩产生的结构内力 2) 高层建筑结构不仅平面尺度大，而且竖向的高度也很大，温度变化和混凝土收缩不仅会产生水平方向的变形和内力，而且也会产生竖向的变形和内力 但是，高层钢筋混凝土结构一般不计算由于温度、收缩产生的内力。因为一方面高层建筑的温度场分布和收缩参数等都很难准确地决定；另一方面混凝土又不是弹性材料，它既有塑性变形，还有徐变和应力松弛，实际的内力要远小于按弹性结构的计算值

序号	项　目	内　容
2	伸缩缝	钢筋混凝土高层建筑结构的温度-收缩问题，一般由构造措施来解决 　当屋面无隔热或保温措施时，或位于气候干燥地区、夏季炎热且暴雨频繁地区的结构，可适当减少伸缩缝的距离 　当混凝土的收缩较大或室内结构因施工而外露时间较长时，伸缩缝的距离也应减小 　相反，当有充分依据，采取有效措施时，伸缩缝间距可以放宽 　3) 在未采取措施的情况下，伸缩缝的间距不宜超出表 1-170 的限制。当有充分依据、采取有效措施时，表 1-170 中的数值可以放宽 　伸缩缝只设在上部结构，基础可不设伸缩缝 　伸缩缝处宜做双柱，伸缩缝最小宽度为 50mm 　伸缩缝与结构平面布置有关。结构平面布置不好时，可能导致房屋开裂 　(2) 增大伸缩缝间距的措施 　当采取以下构造措施和施工措施减少温度和收缩应力时，可适当增大伸缩缝的间距： 　1) 在温度变化影响较大的部位提高配筋率。如顶层、底层、山墙、纵墙端开间。对于剪力墙结构，这些部位的最小构造的配筋率为 0.25%，实际工程一般都为 0.3%以上 　2) 顶层加强保温隔热措施，或设置架空通风屋面，避免屋面结构温度梯度过大。外墙可设置保温层 　3) 顶层可以局部改变为刚度较小的形式（如剪力墙结构顶层局部改为框架），或顶层设温度缝，将结构划分为长度较短的区段 　4) 施工中留后浇带。一般每隔 30~40m 设一道，后浇带宽 800~1000mm，混凝土后浇，钢筋采用搭接接头，一些后浇施工缝的做法如表 1-178。留出后浇带后，施工过程中混凝土可以自由收缩，从而大大减少了收缩应力。混凝土的抗拉强度可以大部分用来抵抗温度应力，提高结构抵抗温度变化的能力 　后浇带的混凝土可在主体混凝土施工后 60d 浇筑，至少也不应少于 30d。后浇混凝土浇筑时的温度宜低于主体混凝土浇筑时的温度。后浇带应贯通建筑物的整个横截面，将全部剪力墙、梁和板分开，使得缝两边结构都可自由伸缩。后浇带可以选择对结构影响较小的部位曲线通过，不要在一个平面内，以免全部钢筋在同一个平面内搭接。一般情况下，后浇带可设在框架梁和楼板的 1/3 跨处或剪力墙连梁跨中和内外墙连接处，如图 1-27 所示 　后浇带两侧结构长期处于悬臂状态，所以支撑模板暂时不能全部拆除。当框架主梁跨度较大时，梁的钢筋可以直通而不切断，以免搭接长度过长产生施工困难，也防止悬臂状态下产生不利的内力和变形 　5) 采用收缩小的水泥、减少水泥用量、在混凝土中加入适宜的外加剂 　6) 提高每层楼板的构造配筋率或采用部分预应力结构
3	沉降缝	(1) 当同一建筑物中的各部分的基础发生不均匀沉降时，有可能导致结构构件较大的内力和变形。此时可采用设置沉降缝的方法将各部分分开。沉降缝不但应贯通上部结构，而且应贯通基础本身 　(2) 高层建筑层数多、高度高，体量大，对不均匀沉降较敏感。特别是当房屋的地基不均匀或房屋不同部位的高差较大时，不均匀沉降的可能性更大 　(3) 一般情况下，当差异沉降小于 5mm 时，其影响较小，可忽略不计；当已知或预知差异沉降量大于 10mm 时，必须计及其影响，并采取相应构造加强措施，如控制下层边柱设计轴压比，下层框架梁边支座配筋要留有余地 　(4) 当高层建筑与裙房之间不设沉降缝时，宜在裙房一侧设置后浇带，后浇带的位置宜设在距主楼边的第二跨内。后浇带混凝土宜根据实测沉降情况确定浇注时间 　(5) 高层建筑在下述平面位置处，应考虑设置沉降缝：

序号	项　目	内　　容
3	沉降缝	1) 高度差异或荷载差异较大处 2) 上部不同结构体系或结构类型的相邻交界处 3) 地基土的压缩性有显著的差异处 4) 基础底面标高相差较大，或基础类型不一致处 　　设置沉降缝后，上部结构应在缝的两侧分别布置抗侧力结构，形成所谓双梁、双柱和双墙的现象。但将导致其他问题，如建筑立面处理困难、地下室渗漏不容易解决等 　　(6) 一般地，高层建筑物各部分不均匀沉降有三种处理方法： 　　1) 放。设沉降缝，让各部分自由沉降，互不影响，避免出现由于不均匀沉降时产生的内力，此为传统方法。缺点是在结构、建筑和施工上都较复杂，而且在高层建筑中采用此法往往使地下室容易渗水 　　2) 抗。采用端承桩避免显著地沉降或利用刚度很大的基础来抵抗沉降，此法消耗材料较多，不经济，只宜在一定情况下使用 　　3) 调。在设计和施工中，采取措施，如调整地基压力、调整施工顺序（先主楼后裙房）、预留沉降差等，这是处于"放"和"抗"之间的一种方法
4	防震缝	(1) 地震区为防止房屋或结构单元在发生地震时相互碰撞而设置的缝，称为防震缝 　　按抗震设计的高层建筑在下列情况下宜设防震缝： 　　1) 平面长度和外伸长度尺寸超出了规定限值而又没有采取加强措施时 　　2) 各部分结构刚度相差很远，采取不同材料和不同结构体系时 　　3) 各部分质量相差很大时 　　4) 各部分有较大错层时 　　(2) 抗震设计时，高层建筑宜调整平面形状和结构布置，避免设置防震缝。体型复杂、平立面不规则的建筑，应根据不规则刚度、地基基础条件和技术经济等因素的比较分析，确定是否设置防震缝 　　(3) 设置防震缝时，应符合下列规定： 　　1) 防震缝宽度应符合下列规定： 　　① 框架结构房屋，高度不超过 15m 时不应小于 100mm；超过 15m 时，6 度、7 度、8 度和 9 度分别每增加高度 5m、4m、3m 和 2m，宜加宽 20mm 　　详见表 1-171 所示 　　② 框架-剪力墙结构房屋不应小于本款①项规定数值的 70%，剪力墙结构房屋不应小于本款①项规定数值的 50%，且二者均不宜小于 100mm 　　2) 防震缝两侧结构体系不同时，防震缝宽度应按不利的结构类型确定 　　3) 防震缝两侧的房屋高度不同时，防震缝宽度可按较低的房屋高度确定 　　4) 8 度、9 度抗震设计的框架结构房屋，防震缝两侧结构层高相差较大时，防震缝两侧框架柱的箍筋应沿房屋全高加密，并可根据需要沿房屋全高在缝两侧各设置不少于两道垂直于防震缝的抗撞墙 　　5) 当相邻结构的基础存在较大沉降差时，宜增大防震缝的宽度 　　6) 防震缝宜沿房屋全高设置，地下室、基础可不设防震缝，但在与上部防震缝对应处应加强构造和连接 　　7) 结构单元之间或主楼与裙房之间不宜采用牛腿托梁的做法设置防震缝，否则应采取可靠措施 　　(4) 抗震设计时，伸缩缝、沉降缝的宽度均应符合上述（3）条关于防震缝宽度的要求

伸缩缝的最大间距　　　　　　　　表 1-170

序号	结构体系	施工方法	最大间距（m）
1	框架结构	现浇	55
2	剪力墙结构	现浇	45

注：1. 框架-剪力墙的伸缩缝间距可根据结构的具体布置情况取表中框架结构与剪力墙结构之间的数值；

　　2. 当屋面无保温或隔热措施、混凝土的收缩较大或室内结构因施工外露时间较长时，伸缩缝间距应适当减小；

　　3. 位于气候干燥地区、夏季炎热且暴雨频繁地区的结构，伸缩缝的间距宜适当减小。

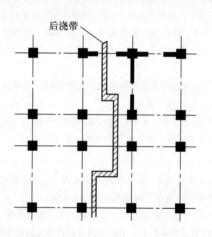

图 1-27　后浇带的位置

房屋高度超过 15m 防震缝宽度增加值（mm）　　　　　　　　表 1-171

序号		设防烈度	6	7	8	9
		高度每增加值（m）	5	4	3	2
1	结构类型	框架	20	20	20	20
2		框架-剪力墙	14	14	14	14
3		剪力墙	10	10	10	10

1.14.3　后 浇 施 工 缝

后浇施工缝的做法如表 1-172 所示。

后浇施工缝　　　　　　　　表 1-172

序号	项　目	内　　容
1	简述	钢筋混凝土结构的长度如超过规定的伸缩缝最大间距时，一般应设置伸缩缝。如施工季节的气候条件有利于后浇施工缝施工时，可以不设伸缩缝，采取后浇施工缝（后浇带）的办法处理，如图 1-28 所示。后浇施工缝的宽度为 800～1000mm，结构中的钢筋不应切断，且要配置适量的加强钢筋，待后浇施工缝两侧浇完混凝土 28d 以后，将缝两侧的混凝土表面凿毛，再用比设计的混凝土强度等级高一级的混凝土（最好用浇筑水泥配制）浇灌，并加强养护
2	现浇钢筋混凝土板	现浇钢筋混凝土板的后浇施工缝宜布置在剪力较小的跨度中间范围内，且需配置适量的加强钢筋，如图 1-29 所示

序号	项　目	内　　　容
3	现浇钢筋混凝土梁	现浇钢筋混凝土梁的后浇施工缝宜布置在剪力较小的跨度中间范围内，根据梁截面面积的大小，需配置适量的加强钢筋，如图 1-30 所示
4	其他	钢筋混凝土挡土墙、地下室墙壁、箱形基础等类结构的后浇施工缝一般为结构长度大于 40～60m 时宜设一道，设置在剪力较小的柱距三等分的中间范围内，并按垂直后浇施工缝主钢筋截面面积的一半配置加强钢筋，如图 1-31 所示

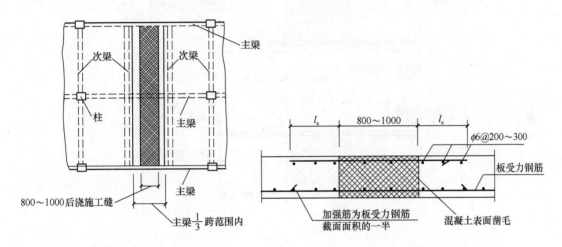

图 1-28　钢筋混凝土结构后浇施工缝

图 1-29　现浇板的后浇施工缝结构

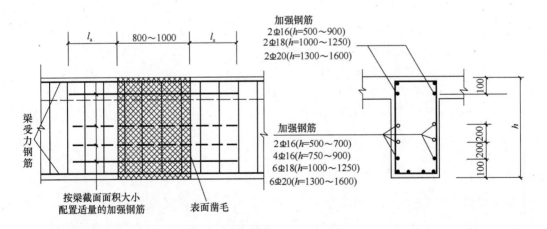

图 1-30　现浇梁的后浇施工缝结构

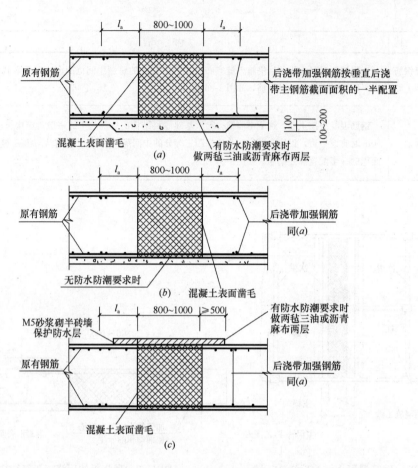

图 1-31　挡土墙、地下室墙壁、箱形基础等类结构的后浇施工缝结构

(a) 底板（有防水、防潮要求）；(b) 底板（无防水、防潮要求）；(c) 侧壁及顶部

第 2 章

钢筋混凝土板及板式楼梯

2.1 板的截面选择

2.1.1 单向板

钢筋混凝土现浇单向板的定义及截面选择如表 2-1 所示。

现浇单向板定义及截面选择 表 2-1

序号	项 目	内 容
1	定义	沿两对边支承的板应按单向板计算的板称为单向板（也称梁式板）。四边支承的板当长边与短边长度之比大于或等于 3 时，可按沿短边方向受力的单向板计算
2	确定板的厚度的原则	(1) 板的厚度应由设计计算确定，即应满足承载力、刚度和裂缝控制的要求 (2) 板的厚度应满足使用要求（包括防火要求）、预埋管线施工方便要求及经济要求 (3) 板的厚度应满足构造方面的最小厚度要求，如表 2-2、表 2-3 所示，并取上述两个表中的较大值确定板的厚度
3	板的厚度与跨度的最小比值	现浇单向板的截面厚度 h 与计算跨度 L 的最小比值（即 h/L），如表 2-2 中序号 1、序号 2 所示
4	板的最小构造厚度	现浇单向板构造要求的最小厚度 h 如表 2-3 中序号 1、序号 2、序号 3 所示
5	板的经济跨度	由工程设计实践经验表明：钢筋混凝土现浇单向板跨度为 1.7～2.7m 较为经济合理
6	板的计算跨度	现浇板的计算跨度应按表 2-4 确定
7	板的经济配筋率	现浇钢筋混凝土板的经济配筋率为 $\rho=0.4\%\sim0.8\%$
8	按预埋管道直径确定现浇板的最小厚度	当现浇板内需要预埋管道（如电线套管等）时，在不显著降低板的强度和其他不利影响的前提下，可允许在板内预埋管道。此时，板的最小厚度应大于 3 倍预埋管道外径；当有交叉管道预埋在板内时，板的最小厚度还要适当增加。预埋管道应放置在板顶部和底部钢筋之间，且其混凝土保护层厚度不宜小于 40mm。对住宅中的现浇板，当预埋一根电线套管 $\phi25$ 时板的最小厚度通常为 100mm，当板内有交叉套管时（2$\phi25$），板的最小厚度通常为 120mm。在与预埋管道垂直方向宜加配防裂钢筋网等，防止沿预埋管道产生裂缝
9	其他	在楼盖和有防水层的屋盖中，现浇多跨单向板和双向板在进行内力计算时，可考虑塑性内力重分布。但直接承受动力荷载以及要求不出现裂缝的构件应除外

现浇板的厚度与跨度的最小比值（h/L） 表 2-2

序号	板的种类		h/L	常用跨度（m）	适用范围	备 注
1	单向板	简支	1/30	≤4	民用建筑的楼板	当 $L>4$m 时应 适当加厚
2		连续	1/40			
3	双向板	简支	1/40	≤8	民用建筑的楼板	当 $L>4$m 时应 适当加厚
4		连续	1/50			
5	悬臂板		1/10	≤1.5	雨篷阳台或 其他悬挑构件	当 $L>1.5$m 时宜 做挑梁
6	无梁楼盖 （双向平板）	无柱帽	1/25～1/30	≤7	民用建筑的楼板等	
7		有柱帽	1/30～1/35	≤9		
8	无梁楼盖 （带肋板）	双向密肋板	1/20～1/30	7～10	民用建筑的楼板等	肋距 600～1200mm （周边设置边梁）
9		格梁板（井式）	1/20			格梁净距 1500～3000mm
10	单向密肋板		1/18～1/20			肋净距 500～700mm
11	普通板式楼梯		1/25～1/38			L 为楼梯水平投影长度
12	螺旋板式楼梯		1/25～1/30			L 为计算轴线的展开长度

注：1. 序号 3、序号 4 中 L 为板的短边计算跨度；序号 6 至序号 9 中 L 为板的长边计算跨度；序号 8 至序号 10 中 h 为肋高（含面层板厚度）；

2. 双向板系指板的长边与短边之比等于 1 的情况，大于 1 时，板厚宜适当加厚；

3. 荷载较大时，板厚另行考虑；

4. 密肋板当肋距较小时，空格内可填置加气混凝土块或 GRC 等材料；当肋距较大时，可采用模壳施工工艺。

钢筋混凝土现浇板的最小厚度（mm） 表 2-3

序号	板 的 种 类		板的最小厚度
1	梁式板（一）	屋面板	60
2		民用建筑的层间楼板	60
3		行车道下的楼板	80
4	双向板		80
5	密肋板（单向与双向）	肋的间距≤700	40
6		肋的间距＞700	50
7	悬臂板	悬臂长度≤500	板的根部≥70
8		悬臂长度＞500	板的根部≥80 及不小于悬臂长度的 1/10
9	无梁楼盖	有柱帽	150
10		无柱帽	150
11	阳台	悬挑阳台板	100
12		悬挑阳台的现浇栏板	80
13	楼梯	板式楼梯板	80
14		梁式楼梯板	40
15		普通休息板	80
16		悬挑楼梯板	根部 100
17		螺旋楼梯板	180

续表 2-3

序号	板　的　种　类			板的最小厚度
18	底部框架上部多层砌体砖房		首层顶板	120
19	梁式板（二）	高层建筑	普通地下室顶板	150
20			人防顶板	250
21			标准层楼板	80（板内有预埋管者 100）
22			顶层楼板	120
23			结构转换层	180
24			上部结构嵌固部位的地下室顶板	180
25			现浇预应力混凝土楼板	150

注：1. 液体作用下的侧壁和底板厚度不得小于 100mm；

　　2. 现浇钢筋混凝土板的厚度一般为 10mm 的倍数；

　　3. 悬臂板设置挑梁时，其厚度按序号 1 和 4 规定采用。

现浇板的计算跨度　　表 2-4

序号	构件名称	支座情况		计算跨度
1	单跨板	简支		L_0+h
2		一端简支另一端与梁整体固定		$L_0+h/2$
3		两端均与梁整体固定		L_0
4	多跨板	简支	$a\leqslant0.1L_c$	L_c
5			$a>0.1L_c$	$1.1L_0$
6		两端均与梁整体固定	按塑性计算	L_0
7			按弹性计算	L_c
8		一端嵌固墙内	$a\leqslant0.1L_c$	$L_0+(h+a)/2$
9		一端简支	$a>0.1L_c$	$1.05L_0+h/2$
10		一端嵌固墙内	按塑性计算	$L_0+h/2$
11		一端与梁固定	按弹性计算	$L_0+(h+a)/2$

注：L_0 为支座间净距；L_c 为支座中心间的距离；a 为支座宽度；h 为板的厚度。

2.1.2　双　向　板

钢筋混凝土现浇双向板的定义及其他有关要求如表 2-5 所示。

双向板的定义及其他要求　　表 2-5

序号	项　目	内　　容
1	定义	（1）在肋梁楼（屋）盖中，四边都支承在墙（或梁）上的钢筋混凝土矩形区格板，在均布荷载作用下其长边 l_2 与短边 l_1 的长度之比小于 2 时，或其长边 l_2 与短边 l_1 长度之比大于 2，但小于 3 时的板称为双向板，如图 2-1 所示 （2）四边支承板应按以下原则计算：当长边与短边长度比值不小于 3 时，可按沿短边方向受力的单向板计算，并应沿长边方向布置构造钢筋；当长边与短边长度比值大于 2，但小于 3 时，宜按双向板计算；其中当长边与短边长度比值介于 2～3 之间时，亦可按沿短边方向的单向板计算，但应沿长边方向布置足够数量的构造钢筋；当长边与短边长度比值不大于 2 时，应按双向板计算 （3）当按双向板设计时，应沿两个相互垂直的方向布置受力钢筋

序号	项　目	内　容
2	板带的划分	（1）按弹性理论计算的双向板，当短边跨度 $l_1 \geqslant 2500\text{mm}$ 时，为节省板底部钢筋可将板在两个方向各分为三个板带。两边板带的宽度均为短边跨度 l_1 的 1/4，其余则为中间板带，如图 2-2 所示。在中间板带内，应按最大跨中计算弯矩配筋，而在边板带内的配筋各为其相应中间板带的一半，且每米宽度内的钢筋间距应符合表 2-9 的要求。此时，连续板的中间支座按最大计算负弯矩配筋，可不分板带均匀配置。当短边跨度 $l_1 < 2500\text{mm}$ 时，则不分板带。跨中及支座均按计算弯矩均匀配筋 （2）按塑性理论计算的双向板，为施工方便，跨中及支座钢筋皆可均匀配置而不分板带（跨中钢筋的全部或一半伸入支座） （3）双向板当同一截面部位的纵横两个方向弯矩同号时，纵横钢筋必须分别选置，此时应将较大弯矩方向的受力钢筋配置在外层，另一方向的受力钢筋设在内层
3	板的厚度	板的厚度如表 2-2 序号 3、序号 4 及表 2-3 序号 4 所示

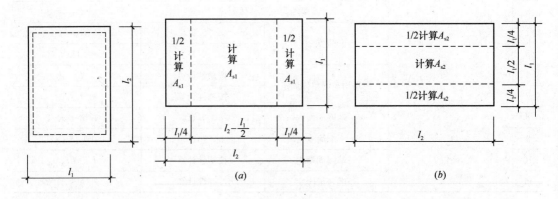

图 2-1　四边支承（简支）　　　　　图 2-2　双向板的板带划分（$l_1 < l_2$）
　　双向板（$l_1 < l_2$）　　　（a）沿短边跨度方向的配筋；（b）沿长边跨度方向的配筋

2.1.3　悬　臂　板

现浇钢筋混凝土悬臂板的最小厚度应符合表 2-3 序号 7 和序号 8 的规定。

2.1.4　预　制　板

钢筋混凝土预制板的厚度除应满足计算要求外，还应根据钢筋的配置和混凝土保护层厚度的要求确定，但厚度不得小于 30mm，装配式板的厚度一般为 5mm 的倍数。

为了提高预制肋形板的整体性和横向刚度，可设置端横肋，端横肋的受力钢筋应弯入纵肋内。当采用先张长线法生产有端横肋的预应力混凝土板时，应在设计和制作上采取防止放张预应力时端横肋产生裂缝的适当措施。

2.2 板的支承长度

2.2.1 现浇板的支承长度

现浇钢筋混凝土板的支承长度应满足表 2-6 的要求。

现浇板的支承长度要求　　　　　　　　　表 2-6

序号	内　容
1	板的支承长度应满足板内受力钢筋在支座内的锚固要求,详见表 1-108
2	板搁置在砖墙上的支承长度 a 一般应不小于板厚 h,并应不小于 120mm,即 1/2 砖长,如图 2-3(a)所示

2.2.2 预制板的支承长度

现浇钢筋混凝土预制板的支承长度应满足表 2-7 的要求。

预制板的支承长度要求　　　　　　　　　表 2-7

序号	内　容
1	板搁置在钢屋架上时,其支承长度 a 应不小于 60mm,如图 2-3(b)所示,还应按设计要求,将预制板与钢屋架进行有效连接
2	板搁置在钢筋混凝土屋架上或钢筋混凝土梁上时,支承长度 a 不应小于 80mm,如图 2-3(c)所示,还应按设计要求,将预制板与钢筋混凝土屋架或钢筋混凝土梁进行有效连接
3	板搁在砖墙上时,板在外墙上的支承长度 a 不应小于 120mm,在内墙上的支承长度 a 不宜小于 100mm,还应按有关构造要求,与砖墙进行可靠的拉接

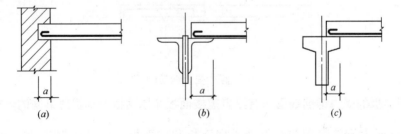

图 2-3　板的支承长度

(a)板搁置在砖墙上;(b)板搁置在钢屋架上;
(c)板搁置在钢筋混凝土屋架上或钢筋混凝土梁上

2.3 板的受力钢筋

2.3.1 受力钢筋的直径

采用绑扎钢筋配筋时,板中受力钢筋的直径宜符合表 2-8 的规定。

板中受力钢筋的直径（mm） 表2-8

序号	钢筋直径	支承板			悬臂板		预制板
		板厚			悬出长度		板厚
		$h<100$	$100\leqslant h\leqslant150$	$h>150$	$l\leqslant500$	$l>500$	$h\leqslant50$
1	最小钢筋直径	6	8	10	6	8	4
2	常用钢筋直径	6，8，10	8，10，12	10，12，14，16	8，10	8，10，12	4，5，6

注：1. 板中受力钢筋一般只配一种钢筋直径；

2. 采用焊接网时，受力钢筋的直径不宜小于5mm。

2.3.2 受力钢筋的间距

现浇板中采用绑扎钢筋作配筋时，其受力钢筋的间距应根据计算确定，但还应符合表2-9的规定。

现浇板中受力根据的间距（mm） 表2-9

序号	钢筋间距	跨 中		支 座	
		板厚$h\leqslant150$	板厚$h>150$	下部	上部
1	最大钢筋间距	200	1.5h 及≤250 中的较小者	400	200
2	最小钢筋间距	70	70	70	70

注：1. 表中支座处下部受力钢筋截面面积不应小于跨中受力钢筋截面面积的1/3；

2. 当采用焊接网时，受力钢筋间距不宜大于200mm；

3. 板中受力钢筋一般距墙边或梁边50mm开始配置，如图2-4所示。

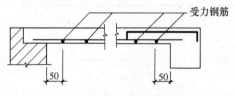

图 2-4 板中受力钢筋位置

2.3.3 现浇板的受力钢筋锚固与有梁楼盖楼面板和屋面板上部贯通钢筋的连接及其他

现浇板的受力钢筋锚固与有梁楼盖楼面板和屋面板上部贯通钢筋的连接如表 2-10 所示。

现浇板的受力钢筋锚固与有梁楼盖楼面板和屋面板上部贯通钢筋的连接及其他 表 2-10

序号	项 目	内 容
1	板在端部支座的锚固要求	采用绑扎钢筋的板，板在端部支座的锚固长度应符合下列要求： （1）端部支座为砌体墙。如图 2-5（a）所示，板伸入支座的长度为大于等于120mm，并大于等于板厚h，大于等于二分之一墙厚，取三者中的大者 （2）端部支座为砌体墙的圈梁。如图 2-5（b）所示，上部钢筋的锚固长度为：设计按铰接时，$\geqslant0.35l_{ab}$；充分利用钢筋的抗拉强度时，$\geqslant0.6l_{ab}$，下部纵向钢筋的锚固长度为大于等于5d（d 为下部纵向受力钢筋的直径）且不少于到圈梁的中心线

序号	项　目	内　容
1	板在端部支座的锚固要求	（3）端部支座为现浇钢筋混凝土梁。如图 2-5（c）所示，上部纵向钢筋的锚固长度为：设计按铰接时，$\geqslant 0.35 l_{ab}$；充分利用钢筋的抗拉强度时，$\geqslant 0.6 l_{ab}$，下部纵向钢筋的锚长度为大于等于 $5d$（d 为下部纵向受力钢筋的直径）且至少到梁中心线 （4）端部支座为剪力墙。板端支座为剪力墙的详细要求如图 2-5（d）所示 （5）图 2-5 中括号内的锚固长度 l_a 用于梁板式转换层的板 （6）图 2-5 中"设计按铰接时"、"充分利用钢筋的抗拉强度时"由设计指定 （7）纵筋在端支座应伸至支座（梁、圈梁或剪力墙）外侧纵筋内侧后弯折，当直段长度$\geqslant$$l_a$时可不弯折
2	多跨连续板上部贯通纵向钢筋的要求	（1）等跨有梁楼盖楼面板和屋面板上部贯通纵向钢筋连接配置要求如图 2-6 所示，括号内的锚固长度 l_a 用于梁板式转换层的板。图 2-6 中板的中间支座均按梁绘制，当支座为混凝土剪力墙、砌体墙或圈梁时，其构造相同 当相邻等跨或不等跨的上部贯通纵筋配置不同时，应将配置较大者越过其标注的跨数终点或起点伸出至相邻跨的跨中连接区域连接 除图 2-6 所示搭接连接外，板纵筋可采用机械连接或焊接连接。接头位置：上部钢筋见图 2-6 所示连接区，下部钢筋宜在距支座 1/4 净跨内 板贯通纵筋的连接要求如表 1-122 所示，且同一连接区段内钢筋接头百分率不宜大于 50% （2）不等跨板上部贯通纵向钢筋连接构造如图 2-7 所示。图 2-7（a）为不等跨板上部贯通纵向钢筋连接构造一，图 2-7（b）为不等跨板上部贯通纵向钢筋连接构造二，图 2-7（c）为不等跨板上部贯通纵向钢筋连接构造三；当钢筋足够长时能通则通。图 2-7 中 l'_{0x} 是柱轴线 A 左右两跨之较大跨度值；l'_{0y} 是柱轴线 Ⓒ 左右两跨之较大跨度值。除图 2-7 所示搭接连接外，板上部纵向钢筋在跨内也可采用机械连接，在连接区内也可采用焊接，但钢筋接头面积百分率不应超过 50% （3）板纵向钢筋采用非接触搭接构造，如图 2-8 所示。图 2-8（a）为纵向钢筋非接触搭接构造一，图 2-8（b）为纵向钢筋非接触搭接构造二 （4）当采用非接触方式的绑扎搭接连接时，其搭接部位的钢筋净距不宜小于 30mm，且钢筋中心距不应大于 $0.2 l_1$ 及 150mm 中的较小者。在搭接范围内，相互搭接的纵向钢筋与横向钢筋的每个交叉点均应进行绑扎。当纵向搭接钢筋的非搭接部分需要在一条轴线上时，采用非接触搭接构造二（图 2-8（b）） （5）非接触搭接使混凝土能够与搭接范围内所有钢筋的全表面充分粘接，可以提高搭接钢筋之间通过混凝土传力的可靠度 （6）除图 2-6 所示搭接连接外，板上部纵向钢筋在跨内也可采用机械连接，在连接区内也可采用焊接，但钢筋接头面积百分率不应超过 50% （7）当相邻等跨或不等跨的上部贯通纵向钢筋配置不同时，应将配置较大者越过其标注的跨数终点或起点延伸至相邻跨的跨中连接区域连接 （8）板位于同一层面的两向交叉纵向钢筋何向在下何向在上，应按具体设计说明，可参照图 2-9 所示 （9）当为 HPB300 光圆钢筋时，端部应设 180°弯钩，其平直段长度为 $3d$ （10）见表 1-122 的有关规定

序号	项　目	内　　容
3	其他	(1) 单（双）向板配筋示意 1) 单（双）向板配筋示意如图 2-10 所示 2）在搭接范围内，相互搭接的纵筋与横向钢筋的每个交叉点均应进行绑扎 3）抗裂构造钢筋自身及其与受力主筋搭接长度为 150mm，抗温度筋自身及其与受力主筋搭接长度为 l_l 4）板上下贯通筋可兼作抗裂构造筋和抗温度筋。当下部贯通筋兼作抗温度钢筋时，其在支座的锚固由设计者确定 5）分布筋自身及与受力主筋、构造钢筋的搭接长度为 150mm；当分布筋兼作抗温度筋时，其自身及与受力主筋、构造钢筋的搭接长度为 l_l；其在支座的锚固按受拉要求考虑 6）其余要求见本表序号 1，2 的有关规定 (2) 采用分离式配筋的多跨板，板底钢筋宜全部伸入支座；支座负弯矩钢筋向跨内延伸的长度应根据负弯矩图确定，并满足钢筋锚固的要求 　简支板或连续板下部纵向受力钢筋伸入支座的锚固长度不应小于钢筋直径的 5 倍，且宜伸过支座中心线。当连续板内温度、收缩应力较大时，伸入支座的长度宜适当增加 (3) 现浇混凝土空心楼板的体积空心率不宜大于 50% 　采用箱形内孔时，顶板厚度不应小于肋间净距的 1/15 且不应小于 50mm。当底板配置受力钢筋时，其厚度不应小于 50mm。内孔间肋宽与内孔高度比不宜小于 1/4，且肋宽不应小于 60mm，对预应力板不应小于 80mm 　采用管形内孔时，孔顶、孔底板厚均不应小于 40mm，肋宽与内孔径之比不宜小于 1/5，且肋宽不应小于 50mm，对预应力板不应小于 60mm

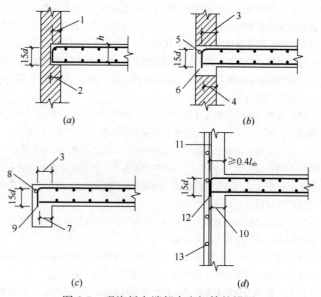

图 2-5　现浇板在端部支座钢筋的锚固

(*a*) 端部支座为砌体墙；(*b*) 端部支座为砌体墙的圈梁；(*c*) 端部支座为钢筋混凝土梁；(*d*) 端部支座为剪力墙
（当用于屋面处，板上部钢筋锚固要求与图示不同时由设计明确）

1—$\geqslant 0.35l_{ab}$；2—$\geqslant 120$，$\geqslant h\geqslant$墙厚/2；3—设计按铰接时：$\geqslant 0.35l_{ab}$，充分利用钢筋的抗拉强度时：$\geqslant 0.6l_{ab}$；

4—$\geqslant 5d$ 且至少到圈梁中线；5—圈梁外侧角筋；6—圈梁；7—$\geqslant 5d$ 且至少到梁中线（l_a）；8—外侧梁角筋；

9—在梁角筋内侧弯钩；10—$\geqslant 5d$ 且至少到墙中线（l_a）；11—墙外侧竖向分布筋；

12—在墙外侧水平分布筋内侧弯钩；13—墙外侧水平分布筋

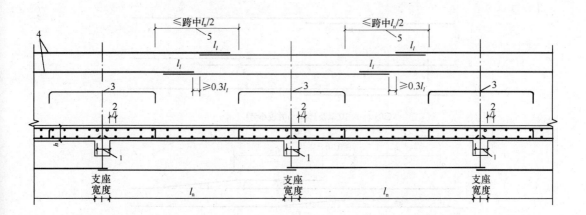

图 2-6　等跨有梁楼盖楼面板和屋面板上部贯通纵向钢筋连接构造

1—≥5d 且至少到梁中线（l_n）；2—距梁边为 1/2 板筋间距；3—向跨内伸出长度按设计标注；

4—是否设置板上部贯通纵向钢筋根据具体设计；5—上部贯通纵筋连接区

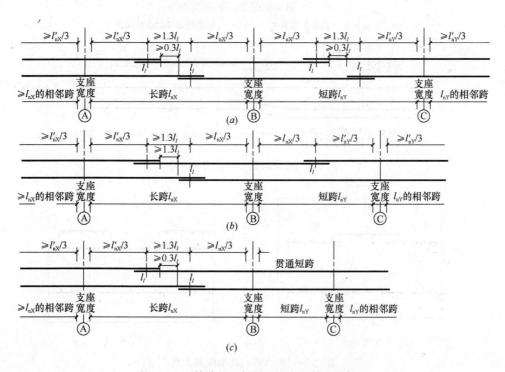

图 2-7　不等跨板上部贯通纵向钢筋连接构造

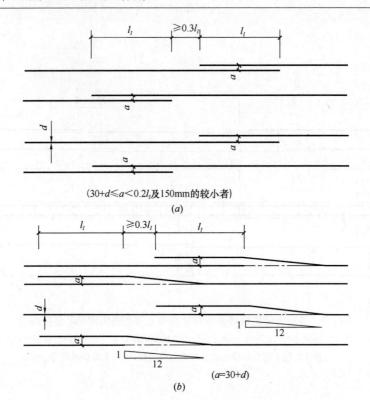

$(30+d \leqslant a < 0.2l_l$ 及 150mm 的较小者)

(a)

$(a=30+d)$

(b)

图 2-8 纵向钢筋非接触搭接构造

(a) 纵向钢筋非接触搭接构造一；(b) 纵向钢筋非接触搭接构造二

图 2-9 同层面受力钢筋交叉构造

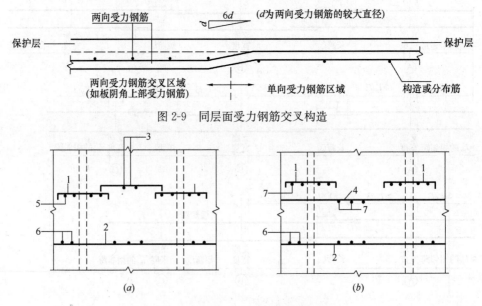

图 2-10 单（双）向板配筋示意

(a) 分离式配筋；(b) 部分贯通式配筋

1—上部受力钢筋；2—下部受力钢筋；3—抗裂、抗温度钢筋设计者确定是否设置；4—上部贯通筋；
5—分布钢筋；6—分布钢筋（下部受力钢筋）；7—分布钢筋（另一方向贯通钢筋）

2.3.4　受力钢筋的弯起

现浇板中受力钢筋的弯起可按表 2-11 用。

现浇板中受力钢筋的弯起　　　　　　　　　　　　　表 2-11

序号	项　目	内　　容
1	要求	在弯起式配筋方式中，钢筋的弯起位置应满足覆盖正、负弯矩图的要求，板中弯起钢筋的弯起角不宜小于 $30°$
2	弯起角度	当板厚 $h<120mm$ 时，钢筋的弯起角一般采用 $30°$，当板厚 $h \geqslant 120mm$ 时，弯起角可采用 $45°$
3	弯起数量	板中受力钢筋一般可将跨中钢筋的 1/3 弯起，但不应超过 2/3
4	弯起长度	弯起钢筋的上部弯折点至支座边缘的距离，当简支板时为 $l_n/10$（l_n 为板的净跨度），如图 2-11 所示
5	弯折部分长度	常用板厚中弯起钢筋弯折部分的长度如表 2-12、表 2-13 和图 2-12 所示

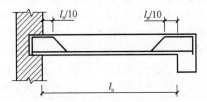

图 2-11　弯起钢筋上部弯折点至支座边缘的距离

板中弯起钢筋弯折部分的长度（弯起角度为 $30°$）（mm）　　　　表 2-12

序号	板厚	70	80	90	100	110	120
1	斜高 h_1	40	50	60	70	80	90
2	水平长 l	70	90	100	120	140	160
3	斜长 S	80	100	120	140	160	180

注：弯起钢筋的混凝土保护层按 15mm 考虑。

板中弯起钢筋弯折部分的长度（弯起角度为 $45°$）（mm）　　　　表 2-13

序号	板厚	120	130	140	150	160	170	180	190	200	210	220	230	240	250
1	斜高 h_1	90	100	110	120	130	140	150	160	170	180	190	200	210	220
2	水平长 l	90	100	110	120	130	140	150	160	170	180	190	200	210	220
3	斜长 S	130	140	160	170	180	200	210	230	240	250	270	280	300	310

注：弯起钢筋的混凝土保护层按 15mm 考虑。

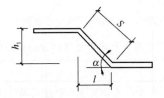

图 2-12　弯起钢筋弯折部分的长度

$\alpha=30°$ 时　　　$l=1.731h_1$　　　$S=2h_1$

$\alpha=45°$ 时　　　$l=h_1$　　　$S=1.41h_1$

2.4　板 的 分 布 钢 筋

2.4.1　分布钢筋的配置要求

现浇板中分布钢筋的配置要求如表 2-14 所示。

现浇板中分布钢筋的配置要求　　　　　　　　　　　　表 2-14

序号	项　目	内　容
1	分布钢筋的作用	(1) 能起到承受和分布板上局部荷载产生的内力 (2) 在浇筑混凝土时起固定受力钢筋的位置 (3) 可抵抗混凝土收缩和温度变化所产生的拉应力
2	分布钢筋的配置要求	(1) 当按单向板设计时，除沿受力方向布置受力钢筋外，还应在垂直受力方向布置分布钢筋。单位长度上分布钢筋的截面面积不小于单位宽度上受力钢筋截面面积的 15%，且不应小于该方向板截面面积的 0.15%，分布钢筋的间距不应大于 250mm，直径不宜小于 6mm。对于温度变化较大或集中荷载较大的情况，分布钢筋间距不宜大于 200mm (2) 分布钢筋应配置在受力钢筋的转折处及直线段，在梁截面范围可不配置 (3) 当有实践经验和可靠措施时，预制板的分布钢筋可适当减少 (4) 当板所受的温度变化较大时，其分布钢筋应适当增加 (5) 当板面作用较大的集中荷载或对防止出现裂缝要求较严时，其分布钢筋应适当增加

2.4.2　分布钢筋的直径及间距

单向现浇板的分布钢筋直径及间距如表 2-15 所示。

单向现浇板的分布钢筋直径及间距（mm）　　　　　　表 2-15

序号	受力钢筋直径	受力钢筋间距												
		70	75	80	85	90	95	100	110	120	130	140	150	160	170~200
1	6~8	$\phi6@250$												
2	10	$\phi6@150$ 或 $\phi8@250$			$\phi6@200$				$\phi6@250$					
3	12	$\phi8@200$			$\phi8@250$					$\phi6@200$				
4	14	$\phi8@150$			$\phi8@200$					$\phi8@250$			$\phi6@200$	
5	16	$\phi10@150$		$\phi10@200$				$\phi10@250$ 或 $\phi8@150$			$\phi8@250$			

注：1. 当有实践经验或可靠措施时，预制单向板的分布钢筋可不受此表规定的限制；
　　2. 本表适用于绑扎方式配筋的板；
　　3. 常用的分布钢筋直径及间距允许的单向现浇板最大厚度如表 2-16 所示。

常用分布钢筋直径及间距允许的单向现浇板最大厚度　　　表 2-16

序号	分布钢筋直径/mm	$\phi6$			$\phi8$			$\phi10$		
1	分布钢筋间距/mm	250	200	150	250	200	150	250	200	150
2	允许单向现浇板的最大厚度/mm	70	90	120	130	160	220	200	260	340

注：本表适用于绑扎方式配筋的板。按分布钢筋的配筋率不宜小于 0.15% 条件确定表中数值。

2.5 板的构造钢筋及其他

2.5.1 板的构造钢筋配置

板的构造钢筋配置如表 2-17 所示。

板的构造钢筋配置 表 2-17

序号	项 目	内 容
1	板的构造配筋规定	(1) 按简支边或非受力边设计的现浇混凝土板，当与混凝土梁、墙整体浇筑或嵌固在砌体墙内时，应设置板面构造钢筋，并符合下列要求： 1) 钢筋直径不宜小于 8mm，间距不宜大于 200mm，且单位宽度内的配筋面积不宜小于跨中相应方向板底钢筋截面面积的 1/3。与混凝土梁、混凝土墙整体浇筑单板的非受力方向，钢筋截面面积尚不宜小于受力方向跨中板底钢筋截面面积的 1/3 2) 钢筋从混凝土梁边、柱边、墙边伸入板内的长度不宜小于 $l_1/4$，砌体墙支座处钢筋伸入板边的长度不宜小于 $l_1/7$，其中计算跨度 l_1 对单向板按受力方向考虑，对双向板按短边方向考虑 3) 在楼板角部，宜沿两个方向正交、斜向平行或放射状布置附加钢筋 4) 钢筋应在梁内、墙内或柱内可靠锚固 (2) 当按单向板设计时，应在垂直于受力的方向布置分布钢筋，单位宽度上的配筋不宜小于单位宽度上的受力钢筋的 15%，且配筋率不宜小于 0.15%；分布钢筋直径不宜小于 6mm，间距不宜大于 250mm；当集中荷载较大时，分布钢筋的配筋面积尚应增加，且间距不宜大于 200mm 当有实践经验或可靠措施时，预制单向板的分布钢筋可不受本条的限制 (3) 在温度、收缩应力较大的现浇板区域，应在板的表面双向配置防裂构造钢筋。配筋率均不宜小于 0.10%，间距不宜大于 200mm。防裂构造钢筋可利用原有钢筋贯通布置，也可另行设置钢筋并与原有钢筋按受拉钢筋的要求搭接或在周边构件中锚固 楼板平面的瓶颈部位宜适当增加板厚和配筋。沿板的洞边、凹角部位宜加配防裂构造钢筋，并采取可靠的锚固措施 (4) 混凝土厚板及卧置于地基上的基础筏板，当板的厚度大于 2m 时，除应沿板的上、下表面布置的纵、横方向钢筋外，尚宜在板厚度不超过 1m 范围内设置与板面平行的构造钢筋网片，网片钢筋直径不宜小于 12mm，纵横方向的间距不宜大于 300mm (5) 当混凝土板的厚度不小于 150mm 时，对板的无支承边的端部，宜设置 U 形构造钢筋并与板顶、板底的钢筋搭接，搭接长度不宜小于 U 形构造钢筋直径的 15 倍且不宜小于 200mm；也可采用板面、板底钢筋分别向下、上弯折搭接的形式
2	嵌固在砌体墙内的现浇板构造钢筋及图例	嵌固在砌体墙内的现浇混凝土板，采用绑扎钢筋或焊接钢筋网配筋时，在板的上部均应配置构造钢筋 (1) 构造钢筋应垂直于板的嵌固边缘配置并伸入板内。伸入板的长度从墙边算起不宜小于板短边跨度的七分之一（图 2-13） (2) 对两边嵌固于砌体墙内的板角部分，应配置双向上部构造钢筋，其伸入板内的长度从墙边算起不宜小于板短边跨度的四分之一，如图 2-13 所示 (3) 沿板的受力方向配置的上部构造钢筋，其截面面积不宜小于该方向跨中受力钢筋截面面积的三分之一。沿非受力方向配置的上部构造钢筋，可根据经验适当减少 (4) 构造钢筋的直径不宜小于 8mm，间距不宜大于 200mm

序号	项　目	内　容
3	与梁或墙整浇的现浇板构造钢筋及图例	周边与混凝土梁或混凝土墙整体浇筑的单向板或双向板，应在板边上部配置垂直于板边的构造钢筋 (1) 构造钢筋的截面面积不宜小于板跨中相应方向纵向钢筋截面面积的三分之一 (2) 构造钢筋自梁边或墙边伸入板内的长度，在单向板中不宜小于受力方向板的计算跨度的四分之一（图 2-14），在双向板中不宜小于板短跨方向计算跨度的四分之一（图 2-15） (3) 在板角处构造钢筋应沿两个垂直方向布置或按放射状布置。当柱角或墙的阳角突出到板内尺寸较大时，应沿柱边或墙阳角边布置构造钢筋，该钢筋伸入板内的长度应从柱边或墙边算起（图 2-16） (4) 构造钢筋应按受拉钢筋锚固在梁内、墙内或柱内 (5) 构造钢筋的直径不宜小于 8mm，间距不宜大于 200mm
4	抗温度、收缩应力构造钢筋及图例	在温度、收缩应力较大的现浇板区域内（如跨度较大与混凝土梁或墙整浇的双向板的中部区域；与梁或墙整浇的单向板，当垂直于跨度方向的长度较长时，在长向的中部区域等）宜配置限制温度、收缩裂缝开展的构造钢筋 (1) 抗温度、收缩构造钢筋应布置在板未配置钢筋的表面。其间距宜取 150～200mm，并使板的上、下表面沿纵、横两个方向的配筋率（受力主筋可包括在内）均不宜小于 0.1%。抗温度、收缩构造钢筋的最小配筋量可参考表 2-18 配置 (2) 抗温度、收缩构造钢筋可利用原有上部钢筋贯通布置，也可另行设置构造钢筋网（图 2-17），并与原有钢筋按受拉钢筋的要求搭接或在周边构件中锚固
5	现浇屋面板挑檐转角处的构造钢筋及图例	(1) 屋面板挑檐转角处应配置承受负弯矩的放射状构造钢筋（图 2-18a、b），其间距沿 $l/2$ 处应不大于 200mm（l 为挑檐长度），钢筋的锚固长度一般取 $l_a > l$，钢筋的直径与悬臂板支座处受力钢筋相同且不小于 $\phi 8mm$。阴角处挑檐，当挑檐因故未按要求设置伸缩缝（间距≤12m），且挑檐长度 $l \geqslant 1.2m$ 时，宜按图 2-18 在板上下面各设置 3 根 $\phi 10 \sim \phi 14$ 的构造钢筋 (2) 悬挑板端部钢筋在檐板内连接构造如图 2-19 所示。图 2-19（a）为下悬檐板，配筋图详见具体设计；图 2-19（b）为上翻檐板，配筋图详见具体设计

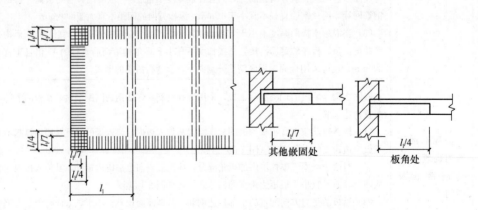

图 2-13　嵌固在砌体墙内的板上部构造钢筋的配置（绑扎钢筋）

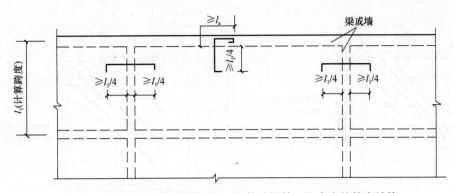

图 2-14 周边与梁整浇的单向板上部构造钢筋（边支座按简支计算）

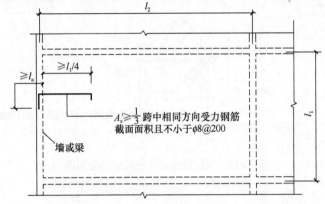

图 2-15 双向板边支座按简支计算时的上部构造钢筋

l_1—短向计算跨度；l_2—长向计算跨度

抗温度、收缩构造钢筋最小配筋量参考表 表 2-18

板厚度/mm	≤120	130～200	≥210
抗温度、收缩构造钢筋	$\phi6@150$	$\phi8@200$	$\phi10@200$

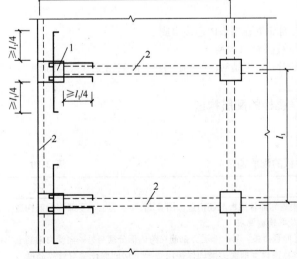

图 2-16 双向板在柱角处的上部构造钢筋（$l_1<l_2$）

1—柱；2—墙或梁

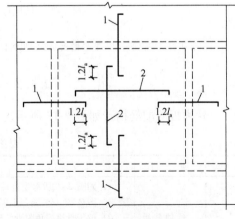

图 2-17 在板的上表面配置温度钢筋

1—板中上部原有受力钢筋；
2—板上表面另行配置的抗温度、收缩应力钢筋

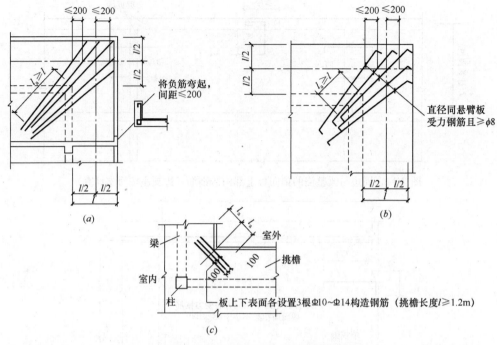

图 2-18 屋面板挑檐转角处的构造配筋

(a) 有肋挑檐；(b) 平板挑檐；(c) 阴角处挑檐

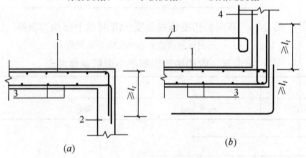

图 2-19 悬挑板端部钢筋在檐板内连接构造

(a) 下悬挑板；(b) 上翻檐板

1—悬挑板受力钢筋；2—下悬檐板配筋详见具体设计；3—构造筋、分布筋；4—上悬檐板配筋详见具体设计

2.5.2 悬挑板的配筋构造

悬挑板的配筋构造如表 2-19 所示。

悬挑板的配筋构造

表 2-19

序号	项目	内容
1	延伸悬挑板配筋构造	(1) 如图 2-20 所示为有梁楼盖延伸悬挑板配筋构造。图 2-20 (a) 为上、下部均配筋构造要求，图 2-20 (b) 为仅上部配筋构造要求 (2) 位于悬挑阳角附近的延伸悬挑板，其上部受力钢筋在跨内部分须与另一向受力钢筋上下交叉，为保证悬挑阳角两边悬挑板上部受力筋的保护层等厚（均能保证受弯计算高度），在下交叉的钢筋应按图 2-9 同层面受力钢筋交叉构造施工 (3) 当为 HPB300 光圆钢筋时，在钢筋端点应设设 180° 弯钩，其平直段长度为 3d

序号	项 目	内 容
2	纯悬挑板配筋构造	(1) 如图 2-21 所示悬挑板端部为现浇钢筋混凝土梁。图 2-21（a）为上、下部均配筋构造要求，图 2-21（b）为仅上部配筋构造要求 (2) 如图 2-22 所示悬挑板，其中图 2-22（a）为上、下部均配筋构造要求，图 2-22（b）为仅上部配筋构造要求
3	板翻边构造	(1) 图 2-23 为板下翻边配筋构造图例。其中图 2-23（a）为上、下部均配筋构造要求，图 2-23（b）为仅上部配筋构造要求 (2) 图 2-24 为板上翻边配筋构造图例。其中图 2-24（a）为上、下部均配筋构造要求，图 2-24（b）为仅上部配筋构造要求

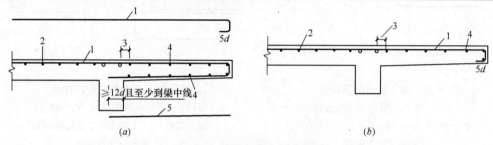

图 2-20　延伸悬挑板钢筋构造

（a）上、下部均配筋；（b）仅上部配筋

1—受力钢筋；2—跨内板上部另向受力纵向钢筋、构造或分布筋；

3—距梁角筋为 1/2 板筋间距；4—构造或发分布筋；5—构造筋

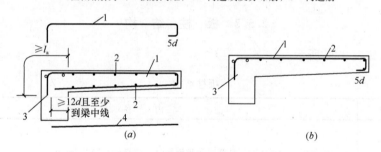

图 2-21　纯悬挑板钢筋构造一

（a）上、下部均配筋；（b）仅上部配筋

1—受力钢筋；2—构造或分布筋；3—在梁角筋内弯钩；4—构造筋

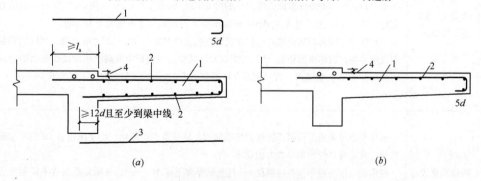

图 2-22　纯悬挑板钢筋构造二

（a）上、下部均配筋；（b）仅上部配筋

1—受力钢筋；2—构造或分布筋；3—构造筋；4—由设计者定，一般为 50mm

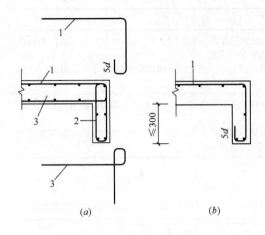
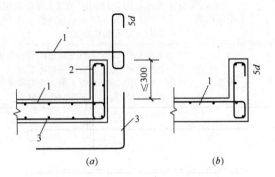

图 2-23　板下翻边配筋构造

（a）上、下部均配筋；（b）仅上部配筋

1—受力钢筋；2—下翻边尺寸详见具体设计；

3—构造或受力钢筋

图 2-24　板上翻边配筋构造

（a）上、下部均配筋；（b）仅上部配筋

1—受力钢筋；2—上翻边尺寸详见具体设计；

3—构造或受力钢筋

2.5.3　板　柱　结　构

板柱结构如表 2-20 所示。

板柱结构　　　　　　　　　　　　　　　　　　　　　　表 2-20

序号	项　目	内　容
1	抗冲切箍筋或弯起钢筋构造要求	混凝土板中配置抗冲切箍筋或弯起钢筋时，应符合下列构造要求： （1）板的厚度不应小于 150mm （2）按计算所需的箍筋及相应的架立钢筋应配置在与 45°冲切破坏锥面相交的范围内，且从集中荷载作用面或柱截面边缘向外的分布长度不应小于 $1.5h_0$（图 2-25（a））；箍筋直径不应小于 6mm，且应做成封闭式，间距不应大于 $h_0/3$，且不应大于 100mm （3）按计算所需弯起钢筋的弯起角度可根据板的厚度在 30°～45°之间选取；弯起钢筋的倾斜段应与冲切破坏锥面相交（图 2-25（b）），其交点应在集中荷载作用面或柱截面边缘以外（$1/2$～$2/3$）h 的范围内。弯起钢筋直径不宜小于 12mm，且每一方向不宜少于 3 根
2	板柱节点的结构形式	板柱节点可采用带柱帽或托板的结构形式。板柱节点的形状、尺寸应包容 45°的冲切破坏锥体，并应满足受冲切承载力的要求 柱帽的高度不应小于板的厚度 h；托板的厚度不应小于 $h/4$。柱帽或托板在平面两个方向上的尺寸均不宜小于同方向上柱截面宽度 b 与 $4h$ 的和（图 2-26）

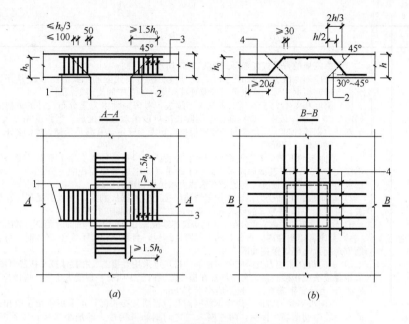

图 2-25 板中抗冲切钢筋布置

(*a*) 用箍筋作抗冲切钢筋；(*b*) 用弯起钢筋作抗冲切钢筋

1—架立钢筋；2—冲切破坏锥面；3—箍筋；4—弯起钢筋

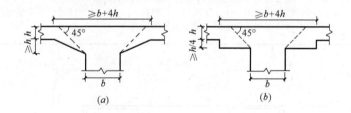

图 2-26 带柱帽或托板的板柱结构

(*a*) 柱帽；(*b*) 托板

2.6 现浇单向板的配筋及图例

2.6.1 分 离 式 配 筋

现浇单向板的分离式配筋要求如表 2-21 所示。

现浇单向板的分离式配筋要求 表 2-21

序号	项 目	内 容
1	适用范围及要求	(1) 分离式配筋一般用于板厚 $h \leqslant 150\mathrm{mm}$ 的板 (2) 当多跨单向板采用分离式配筋时，跨中正弯矩钢筋宜全部伸入支座，支座负弯矩钢筋向跨内的延伸长度应满足覆盖负弯矩图和钢筋锚固的要求

序号	项　目	内　　容
2	配筋图例	(1) 单跨板的分离式配筋形式如图 2-27 所示 (2) 考虑塑性内力重分布设计的等跨连续板的分离式配筋形式如图 2-28 所示。板中的下部受力钢筋根据实际长度也可以采取连续配筋，不在中间支座处截断 (3) 跨度相差不大于 20％的不等跨连续板，考虑塑性内力重分布设计的分离式配筋形式如图 2-29 所示。板中下部钢筋根据实际长度可以采取连续配筋。当跨度相差大于 20％时，上部受力钢筋伸过支座边缘的长度应根据弯矩图形确定，并满足延伸长度的要求 (4) 钢筋焊接网配筋 　1) 单向板的下部受力钢筋焊接网不宜设置搭接接头。伸入支座下部纵向受力钢筋的间距不应大于 400mm，其截面面积不应小于跨中受力钢筋截面面积的三分之一。未伸入支座下部纵向受力钢筋的长度应满足受弯承载力和延伸长度的要求 　2) 单向板的上部受力钢筋和构造钢筋焊接网应根据板的实际支承情况和计算假定进行配置，可按表 2-19 序号 2 的要求和参照分离式配筋的原则进行配筋 　3) 考虑弯矩塑性内力重分布的单向等跨连续板采用钢筋焊接网配筋示意图，如图 2-30 所示 　4) 考虑弯矩塑性内力重分布的不等跨连续板，当跨度相差不大于 20％时，可参照绑扎配筋方式配置上部焊接钢筋网 　5) 单向板在非受力方向的分布钢筋的搭接可采用叠接法、扣接法或平接法 (图 2-31)。当采用叠接法或扣接法时，每个网片在搭接范围内至少应有一根受力主筋，搭接长度不应小于 $20d$（d 为分布钢筋直径）且不应小于 150mm 　6) 单向板当受力方向的焊接钢筋网需要设置搭接接头时，可采用叠接法或扣接法，对热轧或冷轧带肋钢筋焊接网，两片网末端之间钢筋搭接接头的最小搭接长度不应小于 $1.3l_a$（l_a 为受力钢筋的最小锚固长度）且不应小于 200mm（图 2-32）；在搭接区内每张焊接网片的横向钢筋不应少于一根，两网片最外一根横向钢筋之间搭接长度不应小于 50mm。若两网片中有一片在搭接区内无横向钢筋，则最小搭接长度不应小于表 2-22 规定的数值 　两片光圆钢筋焊接网末端之间钢筋搭接接头的最小搭接长度，不宜小于 $1.3l_a$ 且不应小于 250mm（图 2-33）。在搭接区内每张焊接网片的横向钢筋不应少于二根，两网片最外边横向钢筋间的搭接长度不少于一个网格。若两网片中有一片在搭接区内无横向钢筋且无附加钢筋网片或附加锚固构造措施时，则不得采用搭接

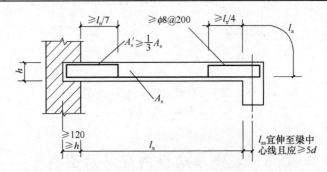

图 2-27　单跨板的分离式配筋

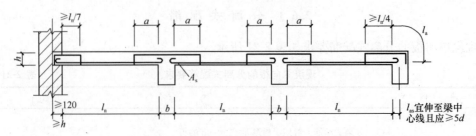

图 2-28　等跨连续板的分离式配筋

当 $q \leqslant 3g$ 时，$a \geqslant l_n/4$；当 $q > 3g$ 时，$a \geqslant l_n/3$

式中　q—均布活荷载设计值；g—均布恒荷载设计值

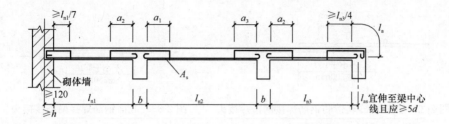

图 2-29　跨度相差不大于 20% 的不等跨连续板的分离式配筋

当 $q \leqslant 3g$ 时，$a_1 \geqslant l_{n1}/4$，$a_2 \geqslant l_{n2}/4$，$a_3 \geqslant l_{n3}/4$；当 $q > 3g$ 时，$a_1 \geqslant l_{n1}/3$，$a_2 \geqslant l_{n2}/3$，$a_3 \geqslant l_{n3}/3$

式中　q—均布活荷载设计值；g—均布恒荷载设计值

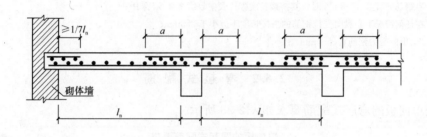

图 2-30　单向等跨连续板采用焊接钢筋网配筋

当 $q \leqslant 3g$ 时，$a \geqslant l_0/4$；当 $q > 3g$ 时，$a \geqslant l_0/3$

式中　q—均布活荷载设计值；g—均布恒荷载设计值

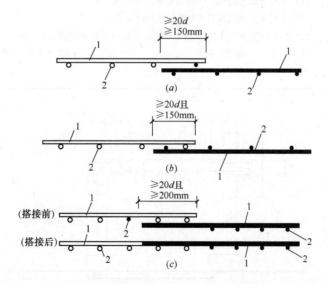

图 2-31　钢筋焊接网在非受力方向的搭接

(a) 叠接法；(b) 扣接法；(c) 平接法

1—分布钢筋；2—受力钢筋

注：当搭接区内分布钢筋的直径 $d > 8mm$ 时本图中的搭接长度规定值应增加 $5d$。

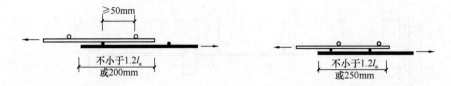

图 2-32   热轧或冷轧带肋钢筋焊接网搭接接头　　图 2-33   光面钢筋焊接网搭接接头

搭接区内两张网片中有一片无横筋时焊接网的最小搭接长度（mm）　　表 2-22

焊接网类别	混凝土强度等级		
	C20	C25	≥C30
热轧或冷轧带肋钢筋焊接网	45d	40d	35d

注：1. 当钢筋的直径 d>8mm 时，其搭接长度应按表中数值增加 5d 采用；

　　2. 在任何情况下，纵向受拉钢筋的搭接长度不应小于 250mm；

　　3. d 为纵向受力钢筋直径（mm）。

2.6.2 弯 起 式 配 筋

现浇单向板的弯起式配筋要求如表 2-23 所示。

单向板的弯起式配筋要求　　　　　　　　表 2-23

序号	项　　目	内　　容
1	适用范围	弯起式配筋一般用于板厚 h>150mm 及经常承受动荷载的板
2	配筋图例	（1）单跨板的弯起式配筋形式如图 2-34 所示 （2）等跨连续板的弯起式配筋形式如图 2-35 所示 （3）跨度相差不大于 20% 的不等跨连续板的弯起式配筋形式如图 2-36 所示。当跨度相差大于 20% 时，上部受力钢筋伸过支座边缘的长度，应根据弯矩图形确定，并满足延伸长度的要求

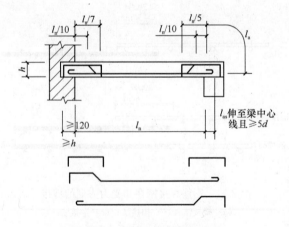

图 2-34   单跨板的弯起式配筋

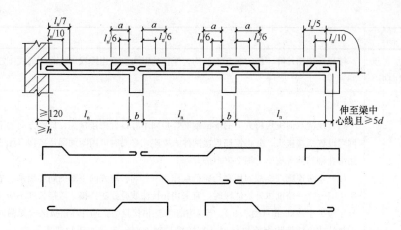

图 2-35 等跨连续板的弯起式配筋

当 $q \leqslant 3g$ 时，$a=l_n/4$；当 $q>3g$ 时，$a=l_n/3$

式中 q—均布活荷载设计值；g—均布恒荷载设计值

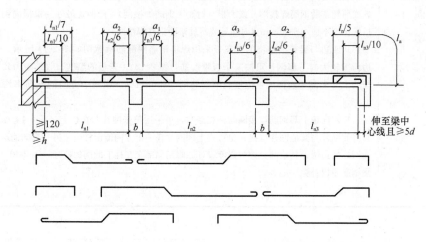

图 2-36 跨度相差不大于 20% 的不等跨连续板的弯起式配筋

当 $q \leqslant 3g$ 时，$a_1=l_{n1}/4$，$a_2=l_{n2}/4$，$a_3=l_{n3}/4$；当 $q>3g$ 时，$a_1=l_{n1}/3$，$a_2=l_{n2}/3$，$a_3=l_{n3}/3$

式中 q—均布活荷载设计值；g—均布恒荷载设计值

2.7 现浇双向板的配筋及图例

2.7.1 分离式配筋

现浇双向板分离式配筋要求如表 2-24 所示。

现浇双向板的分离式配筋要求   表 **2-24**

序号	项　目	内　容
1	四边支承单跨双向板	按弹性理论计算，板的底部钢筋均匀配置的四边支承单跨双向板的分离式配筋形式如图 2-37 所示

序号	项　目	内　容
2	四边支承连续双向板	按弹性理论计算，板的底部钢筋均匀配置的四边支承连续双向板的分离式配筋形式如图 2-38 所示
3	钢筋焊接网配筋	（1）现浇双向板短跨方向的下部钢筋焊接网不宜设置搭接接头；长跨方向的下部钢筋焊接网可设置搭接接头，并将钢筋焊接网伸入支座，必要时可用附加网片搭接（图 2-39（a））或用绑扎钢筋伸入支座（图 2-39（b）） （2）多跨连续现浇双向板在均布荷载作用下，当长跨方向下部钢筋焊接网的搭接接头位于跨中三分之一跨度以外的区段时，宜采用扣接法或叠接法搭接，搭接长度不应少于一个网格且不应少于 200mm（图 2-40）。当采用平接法搭接且一张网片在搭接区内无横向钢筋时，对于热轧或冷轧带肋钢筋焊接网，其搭接长度不应小于最小受拉锚固长度 l_a，且不应小于 200mm。当上述搭接接头位于边跨且处于靠近边梁或边支座的三分之一跨度区段时，其搭接长度尚应满足 $1.3 l_a$ 且不应小于 200mm（对热轧或冷轧带肋钢筋焊接网）或 250mm（对光圆钢筋焊接网）的要求（图 2-41）；此外搭接区内每张网片的横向钢筋不得少于一根（对冷轧或热轧带肋钢筋焊接网）或两根（对光圆钢筋焊接网），两片网片最外一根横向钢筋之间的搭接长度不应小于 50mm（对热轧或冷轧带肋钢筋焊接网） （3）四边与梁或墙整浇的双向板采用焊接钢筋网配筋示意图如图 2-41 所示。当板的短边跨度较大时下部网片可按三个板带配筋（图 2-42）。若板的温度、收缩应力较大时，在板的上部未配筋表面配置温度收缩钢筋网，此处沿纵、横两个方向的配筋率均不宜小于 0.1% （4）双向板上部钢筋焊接网与柱相遇时，可采用整张网片套在柱上（图 2-43（a）），然后再将此网片与其他网片搭接；也可将上部网片在一个方向铺至柱边，另一方向铺至前一个方向网片的边缘，其余部分按等强度设计原则用局部套在柱上的网片补强（图 2-43（b））或附加钢筋予以补强（图 2-43（c））

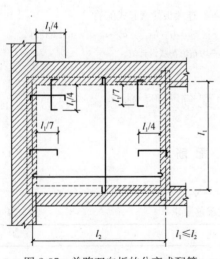

图 2-37　单跨双向板的分离式配筋

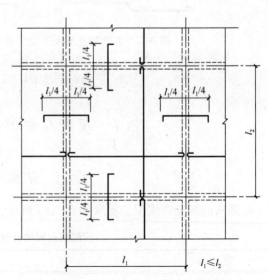

图 2-38　连续双向板的分离式配筋

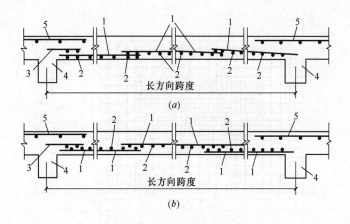

图 2-39　钢筋焊接网在双向板长跨方向的搭接

(a) 叠接法搭接；(b) 扣接法搭接

1—长跨方向钢筋；2—短跨方向钢筋；3—伸入支座的附加网片；4—支承梁；5—支座上部钢筋

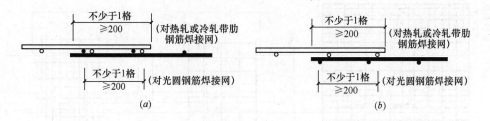

图 2-40　双向板长跨方向下部钢筋焊接网的搭接

(a) 扣接法；(b) 叠接法

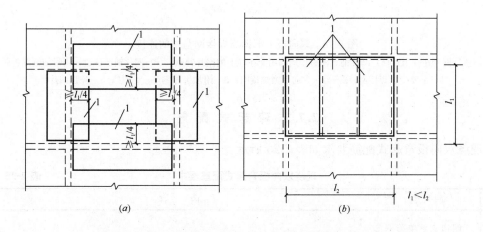

图 2-41　双向板焊接钢筋网配筋示意（长跨方向搭接）

(a) 板上部钢筋焊接网；(b) 板下部钢筋焊接网

1—钢筋焊接网

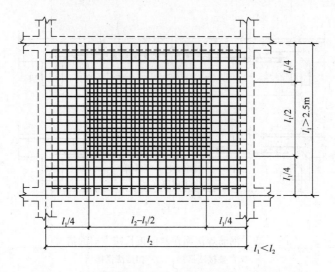

图 2-42　双向板下部钢筋焊接网按三个板带配筋示意

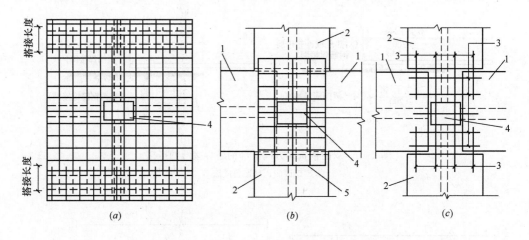

图 2-43　双向板上部钢筋焊接网与柱的连接

(a) 整片网套在柱上; (b) 网片铺至柱边, 局部用套在柱上的网片补强; (c) 网片铺至柱边, 用附加钢筋补强

1—主要受力焊接网; 2—另一方向受力焊接网; 3—附加绑扎钢筋; 4—柱; 5—补强网片

2.7.2 弯起式配筋

现浇双向板弯起式配筋要求如表 2-25 所示。

现浇双向板弯起式配筋要求　　　　　　　　　　　　　　表 2-25

序号	项　目	内　容
1	四边支承单跨双向板	钢筋混凝土四边支承单跨双向板的弯起式配筋形式如图 2-44 所示
2	四边支承多跨双向板	钢筋混凝土四边支承多跨双向板的弯起式配筋形式如图 2-45 所示及图 2-46 所示

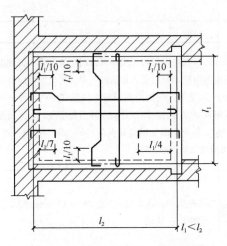

图 2-44　单跨双向板的弯起式配筋

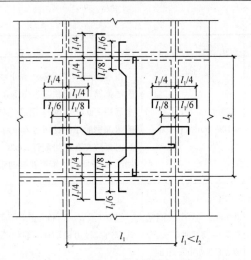

图 2-45　多跨双向板弯起式配筋图（1）

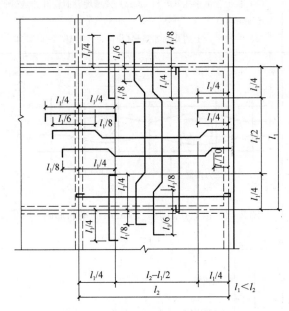

图 2-46　多跨双向板弯起式配筋图（2）

2.8　板上开洞时的加固配筋

2.8.1　楼板上开孔洞边加固配筋

楼板上开孔洞时的加固配筋如表 2-26 所示。

楼板上开孔洞边加固配筋　　　　　　　　　　　表 2-26

序号	项　　目	内　　容
1	d（或 b）$\leqslant$300mm	当板上圆形孔洞直径 d 及矩形孔洞宽度 b（b 为垂直于板跨度方向的孔洞宽度）不大于 300mm 时，可将受力钢筋绕过洞边，不需切断并可不设孔洞的附加钢筋，如图 2-47 所示

序号	项 目	内 容
2	300mm$<d$（或 b）$\leqslant$1000mm	当300mm$<d$（或 b）$\leqslant$1000mm，并在孔洞周边无集中荷载时，应在孔洞每侧配置附加钢筋，其面积应不小于孔洞宽度内被切断的受力钢筋的一半，且根据板面荷载大小选用 2Φ8～2Φ12 钢筋。对单向板受力方向的附加钢筋应伸至支座内，另一方向的附加钢筋应伸过洞边 l_a；对双向板两方向的附加钢筋均应伸至支座内。当为圆形孔洞时尚应在孔洞边配置 2Φ8～2Φ12 的环形附加钢筋及 ϕ6@200～300 的放射形钢筋，如图 2-48 所示。矩形孔洞的附加钢筋如图 2-49 所示
3	当 b（或 d）$>$300mm，且孔洞周边有集中荷载时，或（b 或 d）$>$1000mm 时	当 b（或 d）$>$300mm，且孔洞周边有集中荷载或当 b（或 d）$>$1000mm 时，应在孔洞边加设边梁，其配筋如图 2-50 及图 2-51 所示
4	其他	（1）板上预留小孔（$d\leqslant$150mm）或预埋管时，孔边或管壁至板边缘净距一般应不少于 40mm （2）冲洗平台上的孔洞如需起台时，可参照图 2-52 处理

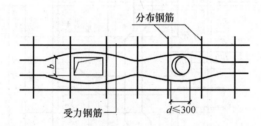

图 2-47　板上孔洞小于 300mm 的钢筋加固

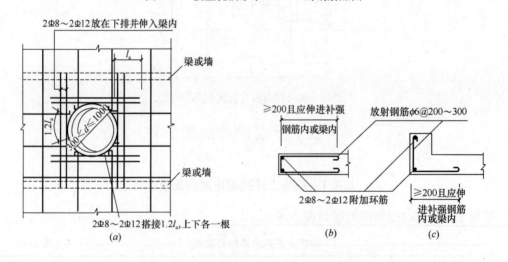

图 2-48　300mm$<d\leqslant$1000mm 的圆形孔洞钢筋的加固

(a) 附加钢筋斜向放置；(b) 附加钢筋平行于受力钢筋放置；

(c) 孔洞边的环形附加钢筋及放射形钢筋

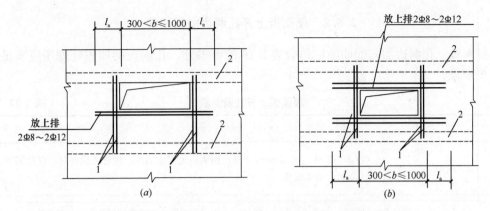

图 2-49 300mm＜b≤1000mm 的矩形孔洞洞边不设边梁的配筋

（a）孔洞一周边与支承梁边齐平；（b）孔洞边不设边梁

1—孔洞宽度内被切断钢筋的一半；2—板的支承梁

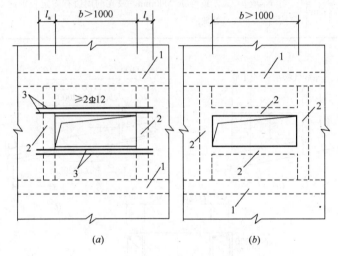

图 2-50 矩形孔洞边加设边梁的加固

（a）沿板跨度方向在孔洞边加设边梁；（b）孔洞周边均加设边梁

1—板的支承梁；2—孔洞边梁；3—垂直于板跨度方向的附加钢筋

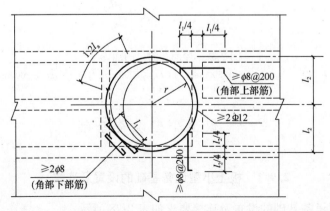

图 2-51 圆形孔洞边加设边梁的配筋（角部下部筋按跨度 l_1 的简支板计算配筋 $l_1＝0.83r$）

2.8.2　屋面板上开孔洞边加固配筋

屋面板上孔洞边加固配筋除应符合表 2-26 的要求外，孔洞边的加固处理还应满足表 2-27 的要求。

屋面板上开孔洞要求　　　　　　　　　　　　表 2-27

序号	项　　目	内　　容
1	d（或 b）<500mm	当 d（或 b）小于 500mm，且孔洞周边无固定的烟、气管等设备时，应按图 2-52（a）处理，可不配筋
2	500mm≤d（或 b）<2000mm	当 500mm≤d（或 b）<2000mm，或孔洞周边有固定较轻的烟、气管等设备时，应按图 2-52（b）处理
3	d（或 b）≥2000mm	当 d（或 b）大于或等于 2000mm，或孔洞周边有固定较重的烟、气管等设备时，应按图 2-52（c）处理

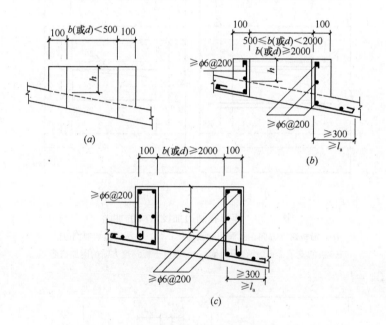

图 2-52　屋面孔洞口的加固

（a）b（d）<500mm；（b）500mm≤b（d）≤2000mm；（c）b（d）≥2000mm

2.9　板上小型设备基础

2.9.1　板上小型设备基础的设置及连接

现浇板上小型设备基础的设置及连接要求如表 2-28 所示。

板上小型设备基础的设置及连接要求　　　　　　　　　　　　　　　表 2-28

序号	项　目	内　　容
1	设置要求	板上设有集中荷载较大或振动较大的小型设备时，设备基础应设置在梁上；设备荷载分布的局部面积较小时，可设置单梁；局部面积较大时，应设置双梁，如图 2-53 所示
2	连接要求	板上的小型设备基础宜与板同时浇灌混凝土。因施工条件限制允许作二次浇灌，但必须将设备基础处的板面凿成毛面，洗刷干净后在进行浇灌。当设备的振动较大时，需配置板与基础的连接钢筋，如图 2-54 所示

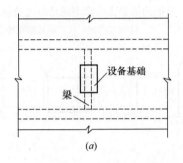 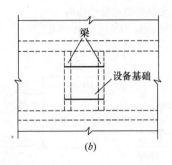

图 2-53　板上小型设备基础的设置
(a) 设备底面积较小；(b) 设备底面积较大

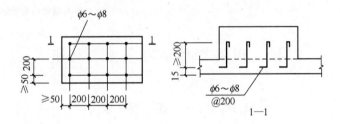

图 2-54　板与设备基础的连接钢筋布置

2.9.2　其他要求

板上小型设备基础的其他要求如表 2-29 所示。

板上小型设备基础的其他要求　　　　　　　　　　　　　　　　　表 2-29

序号	项　　目	内　　容
1	设备基础预埋螺栓	设备基础上预埋螺栓的中心线至基础外边缘的距离应≥50mm 或 4d（d 为螺栓直径），如图 2-55（a）所示；当设备基础上预留孔洞时，其孔洞壁外边缘至基础外边缘的距离及孔洞底至板上表面的距离均应≥100mm，如图 2-55（b）所示。若不能满足上述要求时，可按图 2-56 所示方法进行处理 若地脚螺栓拔出力量较大时，需按图 2-57 配置构造钢筋
2	设备基础与板的总厚度	当设备基础与板的总厚度不能满足预埋螺栓的锚固长度时，可按图 2-58 的几种方法进行处理

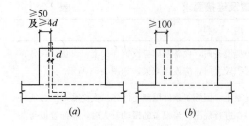

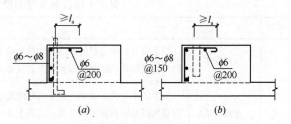

图 2-55　设备基础上预埋螺栓或预
留孔至基础边的最小距离

（a）设预埋螺栓；（b）设预留螺栓孔

图 2-56　设备基础上预埋螺栓或预留孔至
基础边的最小距离不满足时的处理方法

（a）设预埋螺栓；（b）设预留螺栓孔

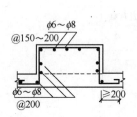

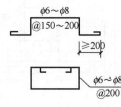

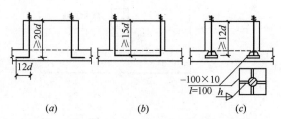

图 2-57　设备基础构造钢筋的配置

图 2-58　预埋螺栓埋设长度的处理

（a）弯钩预埋螺栓；（b）U 形预埋螺栓；

（c）有锚板的预埋螺栓

2.10　现浇钢筋混凝土无梁楼板

2.10.1　一　般　要　求

现浇钢筋混凝土无梁楼板一般要求如表 2-30 所示。

现浇钢筋混凝土无梁楼板一般要求　　　　　　　　　表 2-30

序号	项　目	内　容
1	类型及柱网尺寸	现浇无梁楼板按有无柱帽可分为有柱帽无梁楼板及无柱帽无梁楼板两种类型。其柱网一般布置成正方形或矩形，以正方形比较经济，跨度通常为 6m 左右
2	截面尺寸	无梁楼板的厚度 h 由受弯、受冲切计算确定，并非抗震设计时不应小于 150mm，抗震设计时不应小于 200mm；板的厚度 h 详见本书表 2-2、表 2-3 的有关规定
3	其他要求	（1）为改善无梁楼板的受力性能、节约材料、方便施工，可将沿周边的板伸出边柱外侧，伸出长度（从板边缘至外柱中心）不宜超过板沿伸出方向跨度的 0.4 倍 （2）当无梁楼板不伸出外柱外侧时，在板的周边应设置圈梁，圈梁截面高度不应小于板厚度的 2.5 倍。圈梁除与半个柱上板带共同承受弯矩和剪力外，还承受扭矩，因此应配置沿截面周边布置的抗扭构造纵向钢筋 A_{stl} 和箍筋。沿周边布置的抗扭纵向钢筋配筋率 $\rho = \dfrac{A_{stl}}{bh}$ 不应小于 $0.6\sqrt{\dfrac{T}{Vb}}\dfrac{f_t}{f_y}$。箍筋的配筋率 $\rho_{sv} = \dfrac{A_{sv}}{bs}$ 不应小于 $0.28 f_t / f_{yv}$

续表 2-30

序号	项　目	内　容
3	其他要求	（3）对设有柱帽或托板的无梁楼板，柱帽或托板的形式及尺寸一般由建筑美观和结构受力要求确定。常用柱帽或托板及其配筋如图 2-59 所示，其外形尺寸应包容柱周边可能产生的 45° 冲切破坏锥体并应满足受冲切承载力的要求。柱帽的高度不应小于板的厚度 h；托板的厚度不应小于 $h/4$。柱帽或托板在平面两个方向上的尺寸不宜小于同方向上柱截面宽度 b 与 $4h$ 的和。抗震设防烈度为 8 度时，无梁楼板宜采用有柱帽或托板的类型

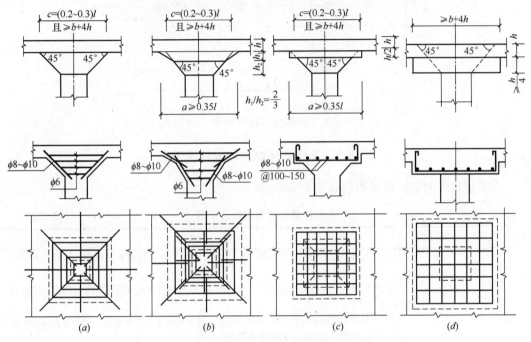

图 2-59　无梁楼板柱帽的柱帽形式及配筋

（a）用于轻荷载；（b）用于重荷载；（c）用于受力要求稍次于（b）的重荷载；（d）托板

2.10.2　无梁楼板的配筋

无梁楼板的配筋如表 2-31 所示。

无梁楼板的配筋　　　　　　　　　　　表 2-31

序号	项　目	内　容
1	板带的划分	承受垂直荷载的无梁楼板通常以纵横两个方向划分为柱上板带及跨中板带进行配筋，划分范围如图 2-60 所示
2	板带的配筋	（1）柱上板带及跨中板带的配筋有两种形式，即分离式与弯起式。分离式一般用于非地震情况；当设防烈度为 7 度时，无柱帽无梁楼板的柱上板带应采用弯起式配筋；当设防烈度为 8 度时，所有的柱上板带均应采用弯起式配筋 （2）考虑地震的无梁楼板，板面应配置抗震钢筋，其配筋率应大于 0.25ρ（ρ 为支座处负钢筋的配筋率），伸入支座正钢筋的配筋率应大于 0.5ρ （3）有关无梁楼板的配筋一般构造要求，包括混凝土保护层厚度、钢筋伸入支座的锚固长度等，应符合表 1-21、表 1-108 的有关规定 （4）当板厚 h 为 150mm 时，受力钢筋间距不应大于 200mm；当板厚大于 150mm 时，受力钢筋间距不应大于 $1.5h$，且不应大于 250mm

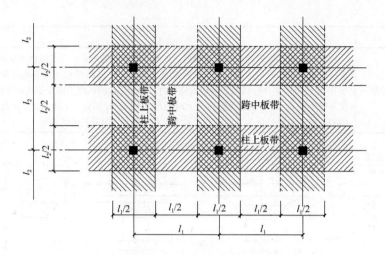

图 2-60　无梁楼板的板带划分（$l_1 \leqslant l_2$）

2.10.3　无梁楼板纵向钢筋构造图例

无梁楼板纵向钢筋构造图例如表 2-32 所示。

无梁楼板纵向钢筋构造图例　　　　　　　　　　　　　表 2-32

序号	项　目	内　容
1	柱上板带纵向钢筋构造与跨中板带纵向钢筋构造	（1）柱上板带纵向钢筋构造如图 2-61 所示，板带上部非贯通纵筋跨内伸出长度按设计标注 （2）跨中板带纵向钢筋构造如图 2-62 所示，板带上部非贯通纵筋向跨内伸出长度按设计标注 （3）当相邻等跨或不等跨的上部贯通纵筋配置不同时，应将配置较大者越过其标注的跨数终点或起点伸出至相邻跨的跨中连接区域连接 （4）板带贯通纵筋的连接要求详见本书表 1-122 纵向钢筋连接构造，同一连接区段内钢筋接头百分率不宜大于 50%，不等跨板上部贯通纵筋连接构造详见图 2-7 所示。当采用非接触方式的绑扎搭接连接时，具体构造要求详见图 2-8 及图 2-10 所示 （5）板贯通纵筋在连接区域内可采用机械连接或焊接连接 （6）板位于同一层面的两向交叉纵筋何向在下何向在上，应按具体设计说明 （7）本图构造同样适用于无柱帽的无梁楼盖 （8）板带端支座与悬挑端的纵向钢筋构造见图 2-63、图 2-64 及图 2-65 所示 （9）抗震设计时，无梁楼盖柱上板带内贯通纵筋搭接长度应为 l_{lE}，无柱帽上板带的下部贯通纵筋，宜在距柱面 2 倍板厚以外连接，采用搭接时钢筋端部宜设置垂直于板面的弯钩
2	板带端支座纵向钢筋构造与柱上板带暗梁钢筋构造及板带悬挑端纵向钢筋构造	（1）板带端支座纵向钢筋构造如图 2-63 所示，板带上部非贯通纵筋向跨内伸出长度按设计标注 （2）柱上板带暗梁钢筋构造如图 2-64 所示，纵向钢筋做法同柱上板带钢筋（图 2-61） （3）板带悬挑端纵向钢筋构造如图 2-65 所示，板带上部非贯通纵筋向跨内伸出长度按设计标注 （4）本图板带端支座纵向钢筋构造、板带悬挑端纵向钢筋构造同样适用于无柱帽的无梁楼盖，且仅用于中间楼层。屋面处节点构造由设计者补充 （5）柱上板带暗梁仅用于无柱帽的无梁楼盖，箍筋加密区仅用于抗震设计时 （6）其余要求见表序号 1 有关规定 （7）图中"设计按铰接时"、"充分利用钢筋的抗拉强度时"由设计指定

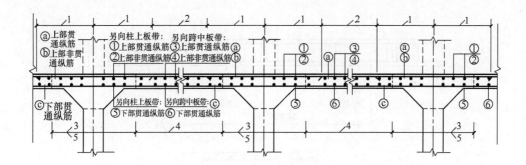

图 2-61 柱上板带纵向钢筋构造

1—上部非贯通纵筋伸出长度；2—上部贯通纵筋连接区；3—正交方向柱上板带宽度；

4—正交方向跨中板带宽度；5—下部贯通纵筋连接区

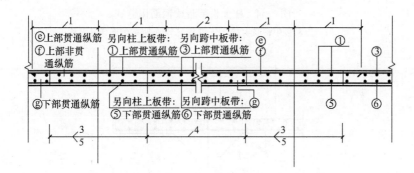

图 2-62 跨中板带纵向钢筋构造

1—上部非贯通纵筋伸出长度；2—上部贯通纵筋连接区；3—正交方向柱上板带宽度；

4—正交方向跨中板带宽度；5—下部贯通纵筋连接区

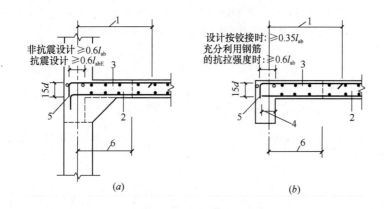

图 2-63 板带端支座纵向钢筋构造

（a）柱上板带；（b）跨中板带

1—上部非贯通纵筋伸出长度；2—下部贯通纵筋；3—上部贯通与非贯通纵筋；

4—12d 且至少到梁中线；5—在梁角筋内侧弯钩；6—正交方向边边柱列柱上板带宽度

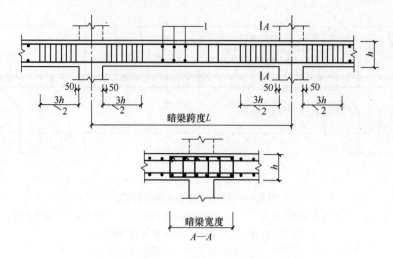

图 2-64   柱上板带暗梁钢筋构造

1—另一方向板中钢筋示意；2—加密区 A-A 暗梁配筋详见设计

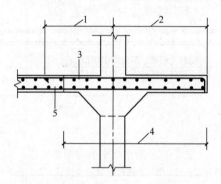

图 2-65   板带悬挑端纵向钢筋构造

1—上部非贯通纵筋伸出长度；2—上部贯通与非贯通纵筋至悬挑端部；3—上部贯通与非贯通纵筋；

4—正交方向边柱列柱上板带宽度；5—下部贯通纵筋

第 3 章

钢 筋 混 凝 土 梁

3.1 梁 的 截 面 选 择

3.1.1 梁 的 截 面 形 式

根据工程需要，钢筋混凝土梁有各种各样的截面形式，如矩形、T形、倒T形、工形、花篮形、空心形和双肢形等，如图3-1所示。

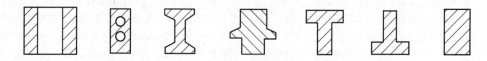

图 3-1 梁的截面形式

梁的截面应根据不同要求，选择不同的形式。在现浇式钢筋混凝土结构中，为了施工方便，梁的截面形式常采用矩形和T形；在装配式楼盖中，为了搁置预制板，梁的截面形式常采用倒T形或花篮形。

3.1.2 梁 的 截 面 尺 寸

梁的截面尺寸应根据设计计算确定。根据设计实践经验，梁截面的最小高度 h 一般可按表3-1的规定进行选用，当满足表3-1的要求时，通常可不做挠度验算。

钢筋混凝土结构梁截面尺寸的一般规定   表 3-1

序号	梁的种类		梁截面高度	常用跨度(m)	适用范围	备 注
1	现浇整体楼盖	普通主梁	$h = l/10 \sim l/15(l/10)$	$l \leqslant 9$	民用建筑框架结构、框-剪结构、框-筒结构	(1) ($l/10$) 表示常用 (2) 扁主梁宜采用等刚度计算方法确定，其宽度不宜超过柱宽
2		扁主梁(宽扁主梁)	$h = l/15 \sim l/18$			
3		次梁	$h = l/12 \sim l/15$			
4	独立梁	简支梁	$h = l/8 \sim l/12$	$l \leqslant 12$	混合结构	
5		连续梁	$h = l/12 \sim l/15$			
6	悬臂梁		$h = l/5 \sim l/6$	$l \leqslant 4$		

序号	梁的种类	梁截面高度	常用跨度(m)	适用范围	备 注
7	井字梁	$h = l/15 \sim l/20$	$l \leqslant 15$	长宽比小于 1.5 的楼屋盖	梁间距小于 3.6m 且周边应有边梁
8	框支梁	$h = l/6(l/8)$	$l \leqslant 9$	框支剪力墙结构	括号内数值为非抗震设计

注：1. 表中 h 为梁的截面高度，b 为梁的截面宽度，l 为梁的计算跨度。梁截面宽度 b 与截面高度 h 的比值(b/h)，对于矩形截面梁一般为 $1/2 \sim 1/3.5$；对于 T 形截面梁一般为 $1/2.5 \sim 1/4$；

2. 如构件计算跨度 $l \geqslant 9m$ 时，表中的数值应乘以系数 1.2；

3. 在设计上确有实践经验时，可不受本表限制；

4. 为了方便施工，在确定梁截面时，应统一规格尺寸，一般按下列情况采用：

梁截面宽度 b 一般宜采用 150、180、200、220、250、330mm，如大于 250mm 时，一般应以 50mm 为模数。圈梁的截面宽度应按墙厚确定；

梁截面高度 h 一般宜采用 250、300、350、…、700、800、900mm，如 h 大于 800mm 时，一般应以 100mm 为模数；

5. 现浇钢筋混凝土结构中，主梁的截面宽度应不小于 220mm，次梁的截面宽度应不小于 150mm；

6. 现浇钢筋混凝土结构中，如主梁下部钢筋为单层配置时，一般主梁至少应比次梁高出 50mm，并应将次梁下部纵向钢筋设置在主梁下部纵向钢筋上面，以保证次梁支座反力传给主梁。如主梁下部钢筋为双层配置，或附加横向钢筋采用吊筋时，主梁应比次架高出 100mm；当次梁高度大于主梁时，应将次梁接近支座(主梁)附近设计成变截面，使主梁比次梁高出不小于 50mm；如主梁与次梁必须等高时，次梁底层钢筋应置于主梁底层钢筋上面并加强主梁在该处的箍筋或设置吊筋；

7. 框架扁梁的截面高度除应满足表中规定的数值外，还应满足刚度要求，跨度较大时截面高度 h 取较大值，跨度较小时截面高度 h 宜取较小值。同时扁梁的截面高度 h 不宜小于 2.5 倍板的厚度；

8. 井字梁详见表 3-4。

3.1.3 梁的跨度

梁的跨度在首先满足各方面的实际需要前提下，要尽量经济合理、节省材料、降低造价。根据工程设计经验：次梁跨度为 $4 \sim 7m$，主梁跨度为 $5 \sim 9m$ 较为经济合理。

梁的计算跨度按表 3-2 采用。

梁的计算跨度　　　　　　　　　　　　　　　　　　　表 3-2

序号	构件名称	支座情况		计算跨度 l
1	单跨梁			$l_0 + a \leqslant 1.05 l_0$
2	连续梁	简支	$a \leqslant 0.05 l_c$	l_c
			$a > 0.05 l_c$	$1.05 l_0$
3		两端均与梁整体固定	按塑性计算	l_0
			按弹性计算	l_c
4		一端嵌固墙内一端简支	$a \leqslant 0.05 l_c$	$1.025 l_0 + a/2$
			$a > 0.05 l_c$	$1.05 l_0$
5		一端嵌固墙内一端与梁固定	按塑性计算	$1.05 l_0$
			按弹性计算	$l_c \leqslant 1.025(l_0 + a/2)$

注：l_0 为支座间净距；l_c 为支座中心间的距离；a 为支座宽度。

3.1.4　梁的支承长度

梁的支承长度可按表 3-3 的规定采用。

钢筋混凝土梁的支承长度规定　　　　　　　　　　　表 3-3

序号	项　目	规　　定
1	锚固长度	梁的支承长度应满足纵向钢筋在支座处的锚固长度要求
2	梁支承在砖墙、砖柱上	梁支承在砖墙、砖柱上的支承长度 a，一般采用： （1）梁高 $h \leqslant 500mm$ 时，$a \geqslant 180mm$ （2）架高 $h > 500mm$ 时，$a \geqslant 240mm$ 以上均应设置钢筋混凝土梁垫 （3）当支座反力较大时，应验算梁下部砌体的局部受压承载力，以确定是否需要扩大支承面积
3	梁支承在钢筋混凝土梁（柱）上	梁支承在钢筋混凝土梁（柱）上的支承长度，应采用 $a = 180mm$
4	钢筋混凝土檩条	钢筋混凝土檩条的支承长度 a，一般采用： （1）支承在砖墙上时，$a \geqslant 120mm$ （2）支承在钢筋混凝土梁上时，$a \geqslant 80mm$
5	考虑地震作用要求	对于抗震设防烈度为 8 度和 9 度的多层砌体房屋，楼梯间及门厅内墙阳角处的大梁支承长度不应小于 500mm，并应与圈梁连接。对于地震区多层多排柱内框架房屋，外纵墙及外横墙上梁的支承长度不应小于 300mm，并应与圈梁连接

3.1.5　井　字　梁

钢筋混凝土井字梁如表 3-4 所示。

钢筋混凝土井字梁　　　　　　　　　　　表 3-4

序号	项　目	内　容
1	简述	钢筋混凝土井式楼盖是从钢筋混凝土双向板的设计理论演变出来的一种结构。当双向板跨度增大时，板的厚度也相应加厚。但是，由于板厚而自重加大，而板下部受拉区域的混凝土往往拉裂不能参加工作，所以为了减轻板的自重，而不考虑混凝土的作用，受拉主要靠下面的受拉钢筋来承担。因此当双向板跨度较大时，我们把板下部的混凝土从受拉区挖去一部分，但不能全部挖去，余下的部分混凝土，只要能布置受拉钢筋就行了，让受拉钢筋布置到几条相互垂直线上，这样就形成横纵两个方向相互垂直的井字梁。它和原来的矩形截面板相比，其强度计算值与原来矩形截面板相同，从而可以节省混凝土使用量，减少结构本身的自重。这个相互垂直的井字梁，设计时，一般都取相同的梁高 h 值，也不分主梁和次梁。由于井字梁在横纵两个方向都有较大的刚度，适用于使用上要求有较大空间的建筑，如民用房屋的门厅、餐厅、会议室和展览大厅等

序号	项　目	内　　容
2	井 式 楼 盖设计	（1）井式楼盖平面尺寸的布置 平面尺寸布置要求横纵两个方向的井字梁的跨度不一定相同，设短跨为 l_1，长跨为 l_2，设计时应尽量控制长跨与短跨之比值不能过大，最好是 $l_2/l_1 \leq 1.5$，选用正交井字梁为最好。如果设计确实需要 $l_2/l_1 > 1.5$ 时，则选用斜交井字梁较为合适，由于斜交井字梁对整个井式楼盖静力分布有利，主要是短跨的角梁，对其他长梁可以视为中间的弹性支座。因此当狭长的井式楼盖平面采用斜交的井字梁，较美观，也是建筑上的一大优点 （2）井字梁之间的距离 横纵两个方向井字梁之间的距离最好是相等，设纵向井字梁之间的距离为 y 值，横向井字梁之间的距离为 x 值。一般要求 $y/x = 0.6 \sim 1.6$，最好设计 $y/x = 1$。根据设计经验，认为 x 值或 y 值最大不宜超过 3.3m （3）井字梁的高度 h 值的确定 横纵两个方向的井字梁高度 h 值应相等，对于梁高 h 值的大小，可根据荷载设计值的大小和跨度长短来确定，即 $h = l_1/20$（或 $l_2/20$）。当荷载设计值大于或等于 $10kN/m^2$ 时，取长跨 l 值；当荷载设计值小于 $10kN/m^2$ 时，取短跨 l 值 井字梁梁高 h 值的选用参考值见表 3-5 （4）井字梁的宽度 b 值的确定 现浇井字梁，设计时按 T 形截面梁计算。一般梁宽取梁高 h 值的三分之一（h 值较小），或四分之一（h 值较大）。T 形截面计算宽度 b_f' 按表 3-6 的规定取值 （5）井字梁挠度的取值为 一般挠度 $f \leq l/250$ 要求较高 $f \leq l/400$ （6）井式楼盖楼板的设计 按双向板计算。首先假定双向板支承在固定支座上，双向板的最小厚度为 80mm，且应大于或等于板短跨边长的 1/45（单跨板），或 1/50（多跨板） （7）井字梁的计算 井式楼盖结构是高次超静定结构。根据井字梁间距的大小，可用不同的方法计算 1）当井字梁间距 $\leq 1.25m$ 时，因梁的分布较密，可近似地按双向板计算，即将梁的混凝土折算成板的厚度计算 2）当井字梁间距大于 1.25m 时，则应按井字梁计算 （8）井字梁的配筋 井字梁的配筋和一般梁的配筋基本相同，但必须注意，在横梁与纵梁交叉点处，短跨方向梁的受拉纵向主筋，应放在长跨方向梁的受拉纵向主筋的下面。与此同时还要注意，在横梁与纵梁交叉点处，两个方向的梁在其上部还有适量的构造负钢筋，以防荷载不均匀分布时可能产生的负弯矩。这种负钢筋的截面积一般相当于下部受拉纵向主筋截面积的 $1/4 \sim 1/5$。所以要求长跨梁的负筋应放在短跨梁负筋的上面。因此，不论长跨梁和短跨梁，其箍筋高度都等于梁高 $h - 75mm$。为解决横纵方向井字梁端部剪力过大，当箍筋不能满足端部剪力的前提下。把端部最大剪力值减去箍筋承担的剪力，余下的剪力，采用增加弯起鸭筋来解决（见图 3-2（b））。对鸭筋的构造要求，由端支座内边到第一排钢筋弯起点的距离不应大于 50mm。对于梁中箍筋，则按照一般梁的箍筋要求布置，即箍筋直径相同、间距不等的办法来平衡各段剪力的大小。对于剪力不大的井字梁，即箍筋能满足抗剪要求，则各端支座按图 3-2（a）增加构造负筋

井字梁高度　　　　　　　　　　　　　　表 3-5

序号	梁距离/m	正交井字梁梁高 h 值	斜交井字梁高 h 值
1	2	$h = \frac{1}{18}l$	$h = \frac{1}{20}l$
2	3	$h = \frac{1}{17}l$	$h = \frac{1}{19}l$
3	>3	$h = \frac{1}{16}l$	$h = \frac{1}{18}l$

注：$l = l_1$（或 l_2）。

T 形、I 形及倒 L 形截面受弯构件受压区有效翼缘计算宽度 b'_f　　　　表 3-6

序号	情　况		T 形、I 形截面		倒 L 形截面
			肋形梁（板）	独立梁	肋形梁（板）
1	按计算跨度 l_0 考虑		$l_0/3$	$l_0/3$	$l_0/6$
2	按梁（肋）净距 s_n 考虑		$b + s_n$	—	$b + s_n/2$
3	按翼缘高度 h'_f 考虑	$h'_f/h_0 \geqslant 0.1$	—	$b + 12h'_f$	—
4		$0.1 > h'_f/h_0 \geqslant 0.05$	$b + 12h'_f$	$b + 6h'_f$	$b + 5h'_f$
5		$h'_f/h_0 < 0.05$	$b + 12h'_f$	b	$b + 5h'_f$

注：1. 表中 b 为梁的腹板厚度；
　　2. 肋形梁在梁跨内设有间距小于纵肋间距的横肋时，则可不考虑表列序号 3、4、5 的规定；
　　3. 加腋的 T 形、I 形和倒 L 形截面，当受压区加腋的高度 $h_h \geqslant h'_f$ 且加腋的长度 $b_h \leqslant 3h_h$ 时，其翼缘计算宽度可按表列序号 3、4、5 的规定分别增加 $2b_h$（T 形、I 形截面）和 b_h（倒 L 形截面）；
　　4. 独立梁受压区的翼缘板在荷载作用下经验算沿纵肋方向可能产生裂缝时，其计算宽度应取腹板宽度 b。

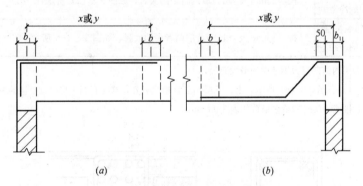

图 3-2　井字梁端部支座构造负筋及鸭筋布置图
（a）增加构造负筋；（b）增加抗剪鸭筋

3.2　梁的纵向受力钢筋

3.2.1　梁的纵向受力钢筋的直径

　　钢筋混凝土梁的纵向受力钢筋的直径及伸入支座的钢筋根数，应按设计计算确定，并应符合表 3-7 的规定。

纵向受力钢筋直径及伸入支座的钢筋根数　　　　表3-7

序号	梁截面宽 b/mm	梁截面高 h/mm	钢筋直径 d/mm	伸入支座钢筋根数（n）
1	$b<100$	$h<300$	$d\geqslant8$	$n\geqslant1$
2	$b\geqslant100$	$h\geqslant300$	$d\geqslant10$	$n\geqslant2$

注：1. 梁内纵向钢筋直径常取为 $d=12\sim25$mm，一般不宜大于28mm；

2. 同一根梁内纵向钢筋直径的种类宜少，两种不同直径的钢筋，其直径差不宜小于2mm，亦不宜大于2级。

3.2.2　梁的纵向受力钢筋的层数及间距

梁内纵向受力钢筋的层数及间距要求如表3-8所示。

梁内纵向受力钢筋的层数及间距规定　　　　表3-8

序号	项　目	内　容
1	简述	（1）纵向受力钢筋的层数，与梁的宽度、钢筋根数、直径、间距、保护层厚度等有关。通常将钢筋沿梁宽度内平均放置，并尽可能地排成一层，以增大梁截面的内力臂，提高梁的受弯承载力，当钢筋根数较多，以致排成一层不能满足钢筋净距、保护层厚度的要求时，可排成两层，但其受弯承载力较差。一般不宜多于二层 （2）梁的上部纵向钢筋水平方向的净距，不应小于30mm和1.5d（d为钢筋的最大直径）。下部纵向钢筋水平方向的净距，不应小于25mm和d。梁的下部纵问钢筋配置多于两层时，两层以上钢筋水平方向的中距应比下面两层的中距增大一倍。各层钢筋之间的净距不应小于25mm和d （3）在梁的配筋密集区域宜采用并筋的配筋形式
2	梁的下部纵向钢筋水平方向的净距	按$\geqslant25$mm及$\geqslant d$，取两者中的大者，如图3-3（a）所示
3	梁的上部纵向钢筋水平方向的净距	按$\geqslant30$mm及$\geqslant1.5d$，取两者中的大者，如图3-3（b）所示

注：1. 表中 d 为梁内纵向受力钢筋中的最大直径；

2. 如图3-3（a）、图3-3（b）所示，上、下层钢筋宜相互对齐，这将有利于将混凝土浇筑密实；

3. 梁内钢筋排成一层时的最多根数如表3-9所示。

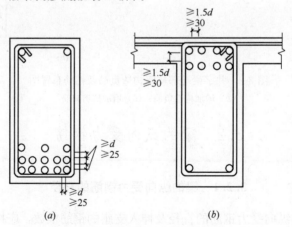

图3-3　梁内纵向受力钢筋布置规定

（a）梁的下部纵向受力钢筋水平方向布置规定；（b）梁的上部纵向受力钢筋水平方向布置规定

梁宽内纵向受力钢筋排成一层时的最多根数　　　　　　　　表 3-9

梁宽 (mm)	钢筋直径（mm）								
	10	12	14	16	18	20	22	25	28
150	$3\left(\frac{2}{3}\right)$	$\frac{2}{3}\left(\frac{2}{3}\right)$	$\frac{2}{3}\left(\frac{2}{3}\right)$	$2\,(2)$	$2\,(2)$	$2\,(2)$	$2\,(2)$		
200	$4\,(4)$	$4\left(\frac{3}{4}\right)$	$\frac{3}{4}\left(\frac{3}{4}\right)$	$\frac{3}{4}\left(\frac{3}{4}\right)$	$3\,(3)$	$3\,(3)$	$3\,(3)$		
250	$\frac{5}{6}\left(\frac{5}{6}\right)$	$5\,(5)$	$5\left(\frac{4}{5}\right)$	$\frac{4}{5}\left(\frac{4}{5}\right)$	$\frac{4}{5}(4)$	$4\,(4)$	$4\left(\frac{3}{4}\right)$	$\frac{3}{4}\left(\frac{3}{4}\right)$	
300	$\frac{6}{7}\left(\frac{6}{7}\right)$	$\frac{6}{7}\left(\frac{6}{7}\right)$	$6\,(6)$	$\frac{5}{6}\left(\frac{5}{6}\right)$	$\frac{5}{6}\left(\frac{5}{6}\right)$	$5\,(5)$	$5\left(\frac{4}{5}\right)$	$\frac{4}{5}\left(\frac{4}{5}\right)$	$4\,(4)$
350	$\frac{7}{8}\left(\frac{7}{8}\right)$	$\frac{7}{8}(7)$	$\frac{6}{7}\left(\frac{6}{7}\right)$	$\frac{6}{7}\left(\frac{6}{7}\right)$	$\frac{6}{7}(6)$	$6\left(\frac{5}{6}\right)$	$\frac{5}{6}\left(\frac{5}{6}\right)$	$5\left(\frac{4}{5}\right)$	$\frac{4}{5}\left(\frac{4}{5}\right)$
400	$\frac{8}{10}\left(\frac{8}{9}\right)$	$\frac{8}{9}\left(\frac{8}{9}\right)$	$\frac{8}{9}\left(\frac{7}{8}\right)$	$\frac{7}{8}\left(\frac{7}{8}\right)$	$\frac{7}{8}\left(\frac{7}{8}\right)$	$7\left(\frac{6}{7}\right)$	$\frac{6}{7}\left(\frac{6}{7}\right)$	$\frac{5}{7}\left(\frac{5}{6}\right)$	$\frac{5}{6}\left(\frac{5}{6}\right)$
450	$\frac{10}{11}\left(\frac{9}{11}\right)$	$\frac{9}{10}\left(\frac{9}{10}\right)$	$\frac{9}{10}\left(\frac{9}{10}\right)$	$\frac{8}{10}\left(\frac{8}{9}\right)$	$\frac{8}{9}\left(\frac{8}{9}\right)$	$8\left(\frac{7}{8}\right)$	$\frac{7}{8}\left(\frac{7}{8}\right)$	$\frac{6}{7}\left(\frac{6}{7}\right)$	$\frac{6}{7}\left(\frac{5}{7}\right)$
500	$\frac{11}{12}\left(\frac{11}{12}\right)$	$\frac{10}{12}\left(\frac{10}{12}\right)$	$\frac{10}{11}\left(\frac{10}{11}\right)$	$\frac{9}{11}\left(\frac{9}{10}\right)$	$\frac{9}{10}\left(\frac{9}{10}\right)$	$\frac{9}{10}\left(\frac{8}{9}\right)$	$\frac{8}{9}\left(\frac{8}{9}\right)$	$\frac{7}{8}\left(\frac{7}{8}\right)$	$\frac{6}{8}\left(\frac{6}{7}\right)$

注：1. 表中分数值，其分子为梁截面上部钢筋排成一层时的钢筋最多根数；分母为梁截面下部钢筋排成一层时的钢筋最多根数；不是分数的，说明梁截面上部、下部钢筋根数都一样多；

2. 表中采用梁的混凝土保护层厚度为 20mm（25mm）两种；

3. 本表采用的箍筋直径为 8mm；

4. 梁宽为 150mm、200mm、250mm 及 300mm 采用 2 肢箍；

5. 梁宽为 350mm、400mm、450mm 及 500mm 采用 4 肢箍。

3.2.3　纵向受力钢筋在梁支座的锚固

钢筋混凝土梁纵向受力钢筋在支座的锚固要求如表 3-10 所示。

纵向受力钢筋在支座的锚固　　　　　　　　表 3-10

序号	项目	内容
1	应符合的规定	钢筋混凝土简支梁和连续梁简支端的下部纵向受力钢筋伸入梁的支座范围内的锚固长度 l_{as} 应如图 3-4 所示伸至梁端，且应符合表 3-11 的规定 支承在砌体结构上的钢筋混凝土独立梁，在纵向受力钢筋的锚固长度 l_{as} 范围内应配置不少于两个箍筋，其直径不宜小于纵向受力钢筋最大直径的 0.25 倍，间距不宜大于纵向受力钢筋最小直径的 10 倍

序号	项　　目	内　　容
2	锚固措施	简支梁下部纵向受力钢筋伸入支座范围内的锚固长度不符合规定时，应采取下列锚固措施： （1）将纵向受力钢筋焊在梁端支座的预埋件上，如图 3-5 所示，但伸入支座内的水平长度 l_{as} 不宜小于 $5d$ （2）当 HRB335、HRB400 和 RRB400 级钢筋末端采用下列机械锚固措施之一时，伸入支座内的锚固长度可取 $l_{as}=5d$ 　1）在纵向受力钢筋端头双面贴焊锚固钢筋，如图 3-6（a）所示 　2）在纵向受力钢筋端头加焊锚固钢板，如图 3-6（b）所示 　3）将纵向受力钢筋末端弯成 135°弯钩，弯钩平直段长度为 $5d$，如图 3-6（c）所示 当采用机械锚固措施时，在锚固长度范围内的箍筋不应少于二个；直径不宜小于受力钢筋最大直径的 0.25 倍；间距不宜大于受力钢筋最小直径的 5 倍
3	承受重复荷载的预制构件	对承受重复荷载的预制构件，应将非预应力受拉钢筋末端焊接在钢板或角钢上，钢板或角钢应可靠地锚固在混凝土中。钢板或角钢的尺寸应按计算确定，其厚度不宜小于 10mm
4	在端支座上纵向受力钢筋的锚固	当梁端实际受到部分约束但按简支计算时，应在支座区上部设置构造负弯矩钢筋（图 3-7（b）及图 3-8） （1）支承在砖墙或砖柱上的简支梁，支座处的弯起钢筋及构造负弯矩钢筋的锚固应满足图 3-7 的要求 （2）梁与梁或梁与柱的整体连接，在计算中端交座按简支考虑时，支座处的弯起钢筋及构造负弯矩钢筋的锚固应满足图 3-8 的要求 图 3-7（b）和图 3-8 中的①号构造负弯矩钢筋，如利用架立钢筋或另设钢筋时，其截面面积不应小于梁跨中下部纵向受力钢筋计算所需截面面积的 1/4，且不应少于 2 根。该附加纵向钢筋自支座边缘向跨内的伸出长度不应小于 $0.2l_0$，l_0 为该跨的计算跨度
5	在中间支座上纵向受力钢筋的锚固	（1）当梁的中间支座负弯矩承载力计算不需设置受压钢筋，且不会出现正弯矩时，一般将下部纵向受力钢筋伸至支座中心线，且不小于表 3-11 规定的锚固长度 l_{as}，如图 3-9 所示 （2）当梁的中间支座下部按计算需要配置受压钢筋或受拉钢筋时，一般将支座两侧下部受力钢筋贯通支座。如两侧部分受力钢筋直径不同，且在同一截面内该钢筋数量不超过：受压时为总钢筋数量的 50%，受拉时为总钢筋数量的 25%，应将该钢筋伸过支座中心线，且不应小于规定的受拉钢筋搭接长度 l_l 和 300mm 的较大值，如图 3-10 所示。当下部钢筋受压时，不应小于 $0.7l_l$ 和 200mm 的较大值。受拉钢筋搭接长度 l_l 按较小直径 d 确定

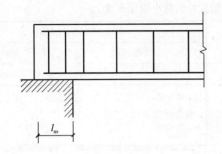 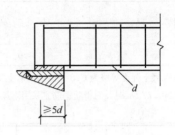

图 3-4　纵向受力钢筋伸入梁简支支座的锚固　　　图 3-5　受力钢筋焊在预埋件上

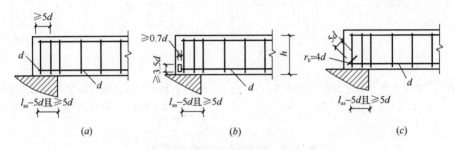

图 3-6　钢筋末端采用的机械锚固措施

（a）加焊锚固钢筋；（b）加焊锚固钢板；（c）135°弯钩

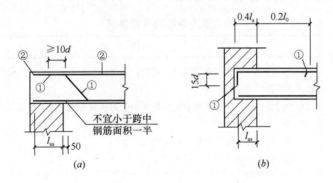

图 3-7　砌体墙或砖柱上梁的受力钢筋的锚固

（a）梁支承在砌体墙或砖柱上；（b）梁嵌入支承在砌体墙或砖柱上

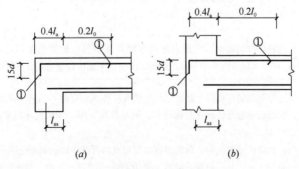

图 3-8　梁柱连接的受力筋锚固

（a）梁与梁连接；（b）梁与柱连接

受力钢筋伸入支座范围内的最小锚固长度 l_{as}   表 3-11

情　　况	$V \leqslant 0.7 f_t b h_0$	$V > 0.7 f_t b h_0$	
		带肋钢筋	光面钢筋
l_{as}	$5d$	$12d$	$15d$

注：对混凝土强度等级为 C25 及以下的简支梁和连续梁的简支端，当距支座边 1.5h 范围内作用有集中荷载，且 $V > 0.7 f_t b h_0$ 时，对带肋钢筋宜采用附加锚固措施，或取锚固长度 $l_{as} \geqslant 15d$。

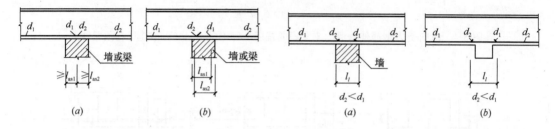

图 3-9　中间支座下部受力钢筋的锚固   图 3-10　中间支座下部受力钢筋的搭接
(a) 宽支座；(b) 窄支座   (a) 梁支承在墙上；(b) 次梁支承在主梁上

3.2.4　纵向受力钢筋的弯起

纵向受力钢筋的弯起要求如表 3-12 所示。

纵向受力钢筋的弯起要求   表 3-12

序号	项　目	内　　容
1	弯起钢筋的设置	(1) 在采用绑扎骨架的钢筋混凝土梁中，承受剪力的钢筋，宜优先采用箍筋。弯起钢筋应根据计算配置 (2) 当需要设置弯起钢筋以满足斜截面的受剪承载力要求时，则应留有足够根数的纵向钢筋可供弯起 (3) 梁底层钢筋中角部钢筋不应弯起 (4) 弯起钢筋不应采用浮筋，如图 3-14 (b) 所示
2	弯起钢筋的弯起角度和弯转半径	(1) 弯起钢筋一般是由纵向钢筋弯起而成。弯起钢筋的弯起角度一般为 45°，梁截面高 h > 800mm 时，可弯 60°；梁截面高较小，并有集中荷载时，可为 30° (2) 为了避免弯起钢筋在弯转处因其合力将该处的混凝土压碎，钢筋在弯转处应有一定的圆弧半径，一般不小于 $10d$，如图 3-11 所示
3	弯起钢筋的锚固	当设置弯起钢筋时，弯起钢筋的弯终点外应留有锚固长度，其长度在受拉区不应小于 $20d$，在受压区不应小于 $10d$；对光面钢筋在末端应设置弯钩，如图 3-11 所示
4	弯起钢筋的布置	(1) 弯起钢筋应在同一截面中与梁轴线成对称对弯起，当两个截面中各弯起一根钢筋时，这两根钢筋也应沿梁轴线对称弯起。钢筋弯起顺序，一般按先内层后外层，先外侧后内侧进行 (2) 在梁的受拉区中，弯起钢筋的弯起点，可设在按正截面受弯承载力计算不需要该钢筋截面面积之前弯起；但弯起钢筋与梁中心线的交点，应在不需要该钢筋的截面之外（图 3-12）；同时，弯起点与按计算充分利用该钢筋的截面之间的距离，不应小于 $h_0/2$

序号	项　目	内　　容
4	弯起钢筋的布置	（3）当按计算需设置弯起钢筋时，前一排（对支座而言）的弯起点至后一排的弯终点的距离 S_{max} 不应大于表 3-18 中 $V>0.7f_tbh_0$ 栏的规定，如图 3-11 所示；对需要进行验算疲劳的梁，当需要设置计算弯起钢筋时，其距离尚不应大于 $h_0/2$。同时，第一排弯起钢筋的弯终点距支座边缘的距离不应大于 50mm，一般取用 50mm （4）当纵向受力钢筋不能在需要的地方弯起，或弯起钢筋不足以承受剪力时，需增设附加弯起钢筋，且其两端应锚固在受压区内（鸭筋），弯起钢筋不应采用浮筋，如图 3-14 所示

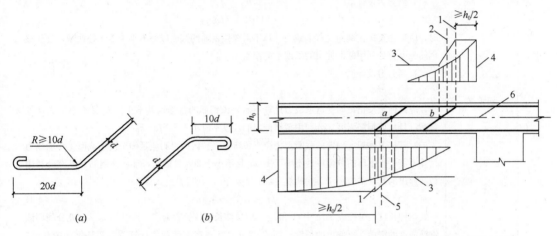

图 3-11　弯起钢筋端部构造
（带肋钢筋末端不设弯钩）
（a）受拉区；（b）受压区

图 3-12　弯起钢筋弯起点与弯矩图形的关系
1—在受拉区的弯起点；2—按计算不需要钢筋"b"的截面；3—正截面受弯承载力图；4—按计算充分利用钢筋"a"或"b"强度的截面；5—按计算不需要钢筋"a"的截面；6—梁中心线

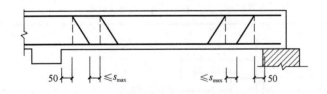

图 3-13　弯起钢筋的距离

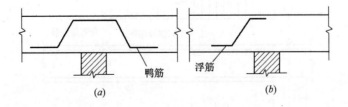

图 3-14　附加斜钢筋（鸭筋）的设置
（a）鸭筋；（b）浮筋

3.2.5 梁支座截面负弯矩纵向受拉钢筋

梁支座截面负弯矩纵向受拉钢筋如表 3-13 所示。

梁支座截面负弯矩纵向受拉钢筋 表 3-13

序号	项 目	内 容
1	连续梁	钢筋混凝土梁支座截面负弯矩钢筋的长度，应按弯矩图、受拉钢筋的弯起点（图 3-12）及受拉钢筋的延伸长度 l_d（图 3-15）的规定确定。纵向受拉钢筋不宜在受拉区截断，当必须截断时，应符合以下规定： （1）当剪力设计值 $$V \leqslant 0.7 f_t b h_0 \qquad (3\text{-}1)$$ 时，应延伸至按正截面受弯承载力计算不需要该钢筋的截面以外不小于 $20d$ 处截断，且从该钢筋强度充分利用截面伸出的长度不应小于 $1.2 l_a$ （2）当剪力设计值 $$V > 0.7 f_t b h_0 \qquad (3\text{-}2)$$ 时，应延伸至按正截面受弯承载力计算不需要该钢筋的截面以外不小于 h_0 且不小于 $20d$ 处截断，且从该钢筋强度充分利用截面伸出的长度不应小于 $1.2 l_a + h_0$ （3）若按上述规定确定的截断点仍位于负弯矩受拉区内，则应延伸至按正截面受弯承载力计算不需要该钢筋的截面以外不小于 $1.3 h_0$ 且不小于 $20d$ 处截断，且从该钢筋强度充分利用截面伸出的长度不应小于下式的规定： $$l_d \geqslant 1.2 l_a + 1.7 h_0 \qquad (3\text{-}3)$$ 其延伸长度 l_d 可按表 3-14 中 l_{d1} 和 l_{d2} 中取外伸长度较长者确定。其中 l_{d1} 是从"充分利用该钢筋强度的截面"延伸出的长度；而 l_{d2} 是从"按正截面承载力计算不需要该钢筋的截面"延伸出的长度（图 3-15）
2	悬臂梁	（1）在钢筋混凝土悬臂梁中，应有不少于两根上部钢筋伸至悬臂梁外端，并向下弯折不小于 $12d$；其余钢筋不应在梁的上部截断，而应按表 3-12 序号 4 的有关规定的弯起点位置向下弯折，并按表 3-12 序号 2、序号 3 的有关规定在梁的下边锚固 （2）见表 3-29 序号 1 及表 3-38 序号 1 的有关规定

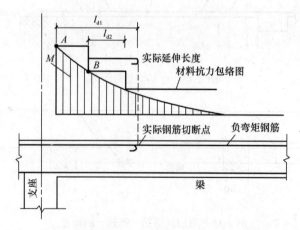

图 3-15 梁支座截面负弯矩纵向受拉钢筋截断点的延伸长度
A—钢筋强度充分利用截面；B—按计算不需要该钢筋的截面

负弯矩钢筋的延伸长度 l_d（mm）　　　　　　　表 3-14

序号	截面条件	充分利用截面伸出 l_d1	计算不需要截面伸出 l_d2
1	$V \leqslant 0.7 bh_0 f_\mathrm{t}$	$1.2 l_\mathrm{a}$	$20d$
2	$V > 0.7 bh_0 f_\mathrm{t}$	$1.2 l_\mathrm{a} + h_0$	$20d$ 且 h_0
3	$V > 0.7 bh_0 f_\mathrm{t}$ 且断点仍在负弯矩受拉区内	$1.2 l_\mathrm{a} + 1.7 h_0$	$20d$ 且 $1.3 h_0$

3.2.6　纵向钢筋弯折与梁、柱和拉筋弯钩构造要求

纵向钢筋弯折与梁、柱和拉筋弯钩构造要求如表 3-15 所示。

纵向钢筋弯折与梁、柱和拉筋弯钩构造要求　　　　　表 3-15

序号	项　目	内　　容
1	纵向钢筋弯折	纵向钢筋弯折如图 3-16 所示，图中 d 为钢筋直径，r 为弯折半径，括号内数字为顶层边节点要求
2	梁、柱箍筋和拉筋弯钩构造	如图 3-17 所示为梁、柱箍筋和拉筋弯钩构造。复合箍筋中的拉筋，宜紧靠纵向钢筋并钩住封闭箍筋（图 3-17d）。箍筋弯钩的要求，见本书表 18-2 的有关规定，其中 135°弯钩与纵筋的关系见图 3-17（a）及（b）

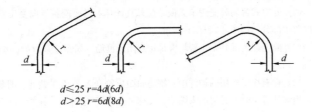

$d \leqslant 25\ r = 4d(6d)$
$d > 25\ r = 6d(8d)$

图 3-16　纵向钢筋弯折构造

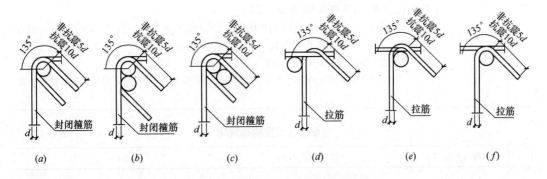

图 3-17　梁、柱箍筋和拉筋弯钩构造

（a）、（b）、（c）为箍筋角部构造；（d）拉筋紧靠纵筋并钩住箍筋；
（e）拉筋同时钩住纵筋与箍筋；（f）拉筋钩住纵筋并紧靠箍筋

3.3　梁的箍筋与鸭筋

3.3.1　梁　的　箍　筋

梁的箍筋设置、布置及间距规定如表 3-16 所示。

梁的箍筋   表 3-16

序号	项　目	内　容
1	箍筋的设置	混凝土梁宜采用箍筋作为承受剪力的钢筋 箍筋沿梁跨长设置范围应由计算确定，如按计算不需要箍筋时，应满足表 3-17 的构造规定
2	支座处箍筋的布置	支座处箍筋的位置，可按图 3-18 设置。支应处的第一道箍筋离支座边宜大于或等于 50mm，一般取用 50mm。支座范围内每隔 100～200mm 设置箍筋，并在纵向钢筋的端部宜设置一道箍筋
3	箍筋的间距	箍筋的间距应由计算确定，但为了使绑扎出的箍筋骨架具有足够的刚度，同时也为了使可能出现在两根箍筋之间而不与任何箍筋相交的斜裂缝不至于过于平缓，以至降低了梁的受剪承载力，则要求梁内箍筋不得超过表 3-18 规定的最大间距
4	箍筋的直径	箍筋的直径应由计算确定，但为了在施工中使箍筋骨架能够具有一定的刚度，根据设计经验，箍筋的最小直径应符合表 3-19 的规定
5	箍筋的形式	(1) 箍筋的形式有开口式和封闭式 (2) 开口式箍筋只能用于无振动荷载且计算不需要配置纵向受压钢筋的现浇 T 形截面梁的跨中部分，如图 3-19 (a) 所示 (3) 除上述情况外，一般均应采用封闭式箍筋，如图 3-19 (b)、(c)、(d)、(e)、(f)、(g) 所示 (4) 在有扭矩作用的构件中，箍筋间距应符合表 3-18 的规定，且箍筋必须为封闭式，当采用绑扎骨架时，骨架的末端应做成不小于 135°弯钩，弯钩端头平直段长度不应小于 10d（d 为箍筋直径）和 100mm
6	箍筋的肢数	(1) 当梁宽度 b＜350mm，采用双肢箍（图 3-19b），当梁承受的剪力较大、b≥350mm 时宜采用符合箍筋：4 肢箍或 3 肢箍（图 3-19c） (2) 当梁宽度 b≤400mm，且一层内的纵向受压钢筋不多于 3 根时，可采用双肢箍，但当一层内的纵向受压钢筋多于 4 根时，应设置符合箍筋（图 3-19d、e）。当梁承受的剪力较小时，可设置 3 肢箍；当梁承受的剪力较大时，应设置≥4 肢箍 (3) 当梁的宽度大于 400mm 且一层内的纵向受压钢筋多于 3 根时，应设置复合箍筋（图 3-19f、g）

箍筋设置范围构造规定   表 3-17

序号	梁截面高度（h）	箍筋设置范围	备　注
1	h＜150mm	可不设置箍筋	
2	h＝150～300mm	可仅在梁端部各 1/4 跨度范围内设置箍筋	但当在梁的中部 1/2 跨度范围内有集中荷载作用时，则应沿梁全长设置箍筋
3	h＞300mm	应沿梁全长设置箍筋	

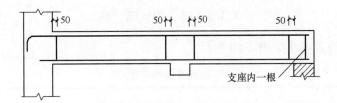

图 3-18　支座处箍筋的布置

梁中箍筋的最大间距（mm）　　　　　　　　　　　　表 3-18

序号	梁高 h	$V>0.7f_tbh_0$	$V\leqslant0.7f_tbh_0$
1	$150<h\leqslant300$	150	200
2	$300<h\leqslant500$	200	300
3	$500<h\leqslant800$	250	350
4	$h>800$	300	400

注：1. 当梁中配有按计算需要的纵向受压钢筋时，箍筋应作成封闭式；此时，箍筋的间距在绑扎骨架中不应大于 15d，在焊接骨架中不应大于 20d（d 为纵向受压钢筋的最小直径），同时在任何情况下均不应大于 400mm；当一层内的纵向受压钢筋多于 3 根时，应设置复合箍筋；当一层内的纵向受压钢筋多于 5 根且直径大于 18mm 时，箍筋间距不应大于 10d；当梁的宽度不大于 400mm，且一层内的纵向受压钢筋不多于 4 根时，可不设置复合箍筋；

　　2. 梁中配有两片及两片以上的焊接骨架时，应设置横向连系筋，并用点焊或绑扎方法使其与骨架的纵向钢筋连成一体。横向连系钢筋的间距不应大于 500mm，且不宜大于梁宽的二倍。当梁设置有计算需要的纵向受压钢筋时，横向连系钢筋的间距尚应符合下列要求：
　　　点焊时不应大于 20d，绑扎时不应大于 15d，d 为纵向受压钢筋中的最小直径；

　　3. 在绑扎骨架中非焊接的搭接接头长度范围内：当搭接钢筋为受拉时，其箍筋的间距不应大于 5d，且不应大于 100mm；当搭接钢筋为受压时，其箍筋的间距不应大于 10d，且不应大于 200mm。d 为受力钢筋中的最小直径；

　　4. 梁中箍筋的最大间距宜符合表 3-18 的规定，当 $V>0.7f_tbh_0$ 时，箍筋的配筋率 $\rho_{sv}(\rho_{sv}=A_{sv}/bs)$ 尚不应小于 $0.24f_t/f_{yv}$（见表 1-144 及表 1-145），式中 A_{sv} 为配置在同一截面内箍筋各肢的全部截面面积。

梁中箍筋最小直径（mm）　　　　　　　　　　　　表 3-19

序号	梁截面高 h	箍筋最小直径 d	一般采用直径 d
1	$h\leqslant800$	$d\geqslant6$	$d=6\sim10$
2	$h>800$	$d\geqslant8$	$d=8\sim12$

注：1. 梁中配有计算需要受压钢筋时，箍筋直径不应小于 $d/4$（d 为纵向受压钢筋的最大直径）；

　　2. 在受力钢筋搭接长度范围内，箍筋直径不应小于搭接钢筋较大直径的 0.25 倍。

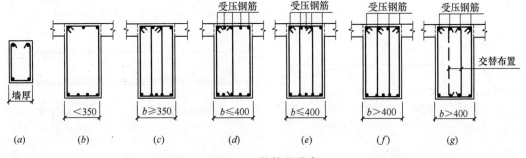

图 3-19　箍筋的形式
（a）开口式箍筋；（b）、（c）、（d）、（e）、（f）、（g）封闭式箍筋

3.3.2 梁 的 鸭 筋

梁的鸭筋的设置要求如表 3-20 所示。

梁的鸭筋的设置   表 3-20

序号	项　目	内　容
1	鸭筋与浮筋	当纵向受力钢筋不能在需要的地方弯起（如跨中受集中荷载作用），或弯起钢筋不够承受剪力时，则专为承受剪力单独设置一种弯筋称为鸭筋，如图 3-20 (a) 所示。此时，应将鸭筋的两端均锚固在受压区内，禁止使用一端在受拉区的所谓"浮筋"，如图 3-20 (b) 所示
2	鸭筋的设置	(1) 需要指出的是，在如图 3-21 所示的以承受集中荷载为主的梁中，如果在集中荷载到简支支座之间的区段需要配置弯起钢筋，从斜截面受剪角度要求离集中荷载最近的一排弯起钢筋的弯起点到集中荷载作用点之间的距离 S_1 不得大于表 3-18 的规定的箍筋的最大间距；而从斜截面受弯角度又要求 S_1 不得小于 $0.5h_0$。这两个要求往往是有矛盾的。这时，可以采用图 3-21 (a) 所示的附加"鸭筋"的办法来承受剪力。如果需要像图 3-21 (b) 中所示的那样，把纵向钢筋弯起以承受剪力，则在靠近集中荷载这一排中弯起的纵向钢筋在正截面中不能作为受弯钢筋使用，而只能看作是附加钢筋 (2) 在连续梁之间支座两侧也会出现上述矛盾。这时也可以采用附加"鸭筋"作为最靠近支座的那一排弯起钢筋参加斜截面受剪，也可以采用图 3-22 所示的做法，即令左跨最靠近支座的一排弯起钢筋只参与受剪，在支座左侧的正截面中不考虑这些钢筋参与承受负弯矩。待它伸过支座后，再在承受右侧正截面中考虑它参加承担负弯矩。对于由右跨弯上来的最靠支座的一排弯起钢筋也按同样原则处理。但不得采用图 3-20 (b) 中所示的"浮筋"来作为参与受剪的弯起钢筋，因为这种钢筋两端锚固不足，不可能在斜截面中有效地发挥受剪作用 (3) 主梁承受荷载较大，同一最大剪力值的区段较大，除箍筋外往往需要较多的弯起钢筋，才能满足斜截面的受剪承载力要求，但跨中受力钢筋的弯起数量有时又不能满足要求。这时，应在支座附近或在集中荷载处（次梁部位）设置补充的斜钢筋即鸭筋，以满足需要。如图 3-23 所示

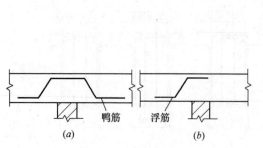

图 3-20　鸭筋与浮筋
(a) 鸭筋；(b) 浮筋

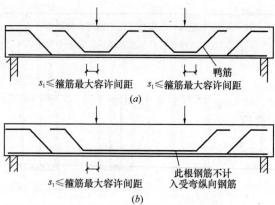

图 3-21　鸭筋（1）

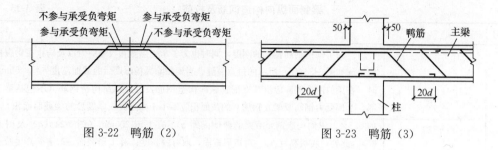

图 3-22　鸭筋（2）　　　　　　　　　图 3-23　鸭筋（3）

3.4　梁的纵向构造钢筋

3.4.1　梁的上部纵向构造钢筋与架立钢筋

梁的上部纵向构造钢筋与架立钢筋的设置要求如表 3-21 所示。

梁的上部纵向构造钢筋与架立钢筋的设置　　　　　　　　表 3-21

序号	项　目	内　容
1	梁的上部纵向构造钢筋与架立钢筋的设置与作用	（1）当梁端按简支计算但实际受到部分约束时，应在支座区上部设置纵向构造钢筋。其截面面积不应小于梁跨中下部纵向受力钢筋计算所需截面面积的 1/4，且不应少于 2 根。该纵向构造钢筋自支座边缘向跨内伸出的长度不应小于 $l_0/5$，l_0 为梁的计算跨度 （2）当梁内配置箍筋，并在梁顶面箍筋转角处无纵向受力钢筋时，应设置架立钢筋。架立钢筋的作用是形成钢筋骨架和承受温度和收缩应力以及构件吊装过程中可能产生的拉力
2	架立钢筋的根数	绑扎骨架配筋中，采用双肢箍筋时，架立钢筋为 2 根，采用四肢箍筋时，架立钢筋为 4 根
3	架立钢筋与受力钢筋的搭接长度	架立钢筋与受力钢筋的搭接长度应符合下列规定： （1）架立钢筋直径<10mm 时，搭接长度为 100mm （2）架立钢筋直径≥10mm 时，搭接长度为 150mm
4	架立钢筋的最小直径	架立钢筋的最小直径如表 3-22 所示

架立钢筋的最小直径规定　　　　　　　　　　表 3-22

序号	梁的计算跨度 l（m）	架立钢筋的最小直径 d（mm）
1	$l<4$	$d\geqslant 8$
2	$l=4\sim 6$	$d\geqslant 10$
3	$l>6$	$d\geqslant 12$

3.4.2　梁侧面纵向构造钢筋及拉筋

对梁侧面纵向构造钢筋及拉筋的要求如表 3-23 所示。

梁侧面纵向构造钢筋及拉筋　　　　　　　　表 3-23

序号	项　目	内　容
1	梁侧面纵向构造钢筋的设置	（1）为了保持钢筋骨架的刚度，同时也为了承受温度和收缩应力以及防止在梁腹板内出现如图 3-24（b）所示的过宽裂缝。当梁扣除翼板厚度后的截面高度 h_w≥450mm 时，在梁的两个侧面应沿高度配置纵向构造钢筋，每侧纵向构造钢筋（不包括梁下部、上部受力钢筋及架立钢筋）的截面积应不小于扣除翼板厚度后的梁截面面积 bh_w 的 0.1%。纵向构造钢筋沿梁的两侧间距 a 不宜大于 200mm（图 3-24（a）及图 3-25）。此处，腹板高度 h_w：对矩形截面，取有效高度；对 T 形截面，取有效高度减去翼缘高度；对 I 形截面，取腹板净高，纵向构造钢筋的直径按构造设置时可按表 3-24 选用 （2）梁的两侧面纵向构造钢筋根据需要由设计确定；按构造设置时，一般伸至梁端，不做弯钩；若按计算配置时，则在梁端应满足受拉时的锚固要求 （3）梁侧面构造纵向钢筋和受扭纵向钢筋的搭接与锚固长度应符合下列要求： 1）当为梁侧面构造钢筋时，其搭接与锚固长度可取为 15d 2）当为梁侧面受扭纵向钢筋时，其搭接长度为 l_l 或 l_{lE}（抗震）；其锚固长度与方式同框架梁下部纵向钢筋 （4）当箍筋为多肢复合箍时，应采用大箍套小箍的形式 （5）箍筋及拉筋弯钩构造如图 3-17 所示
2	梁侧面纵向构造钢筋及拉筋设置图例	梁两侧面的纵向构造钢筋宜用拉筋联系。当梁宽≤350mm 时拉筋直径用 $\phi6$；梁宽>350mm 时拉筋宜用 $\phi8$，拉筋间距为 500～600mm，一般为两倍的箍筋间距，如图 3-25 所示
3	需作疲劳验算的钢筋混凝土梁	对钢筋混凝土薄腹梁或需要作疲劳验算的钢筋混凝土梁，应在下部二分之一梁高的腹板内沿两侧配置纵向构造钢筋，其直径为 8～14mm，间距为 100～150mm，并按下密上疏的方式布置；在上部二分之一梁高的腹板内可按本表序号 1 的有关规定配置纵向构造钢筋

梁侧纵向构造钢筋直径　　　　　　　　表 3-24

序号	梁宽（mm）	纵向构造钢筋最小直径（mm）
1	b≤250	8
2	250<b≤350	10
3	350<b≤550	12
4	550<b≤750	14

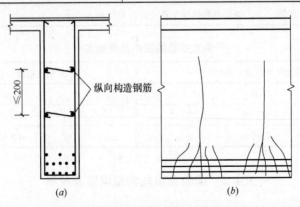

图 3-24　梁侧面纵向构造钢筋的设置

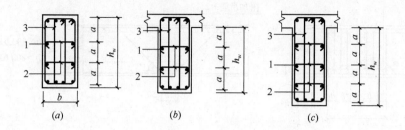

图 3-25　梁侧面纵向构造钢筋及拉筋布置

(*a*) 无翼板梁四肢箍筋；(*b*) 有翼板梁四肢箍筋（1）；(*c*) 有翼板梁四肢箍筋（2）

1—梁侧面纵向构造钢筋；2—拉筋；3—箍筋

3.5　梁受集中荷载时（包括次梁支承在主梁上）的附加横向钢筋

3.5.1　梁的附加横向钢筋的作用与设置

附加横向钢筋的作用与设置如表 3-25 所示。

附加横向钢筋的作用与设置　　　　　　　　　　　表 3-25

序号	项　　目	内　　容
1	附加横向钢筋的作用	在次梁与主梁的交接处，由于次梁在负弯矩作用下将于主梁侧面的上部开裂，因而次梁上的全部荷载只能通过受压区混凝土以剪力的形式传给主梁，故该力将作用于主梁高度的中、下部，有可能使主梁下部混凝土产生如图 3-26 所示上的八字形裂缝。为使次梁荷载可靠地传给主梁，应设置横向钢筋（附加箍筋或附加吊筋）使次梁传来的力传至主梁截面上部的受压区
2	适用范围	位于梁下部或在梁截面高度范围内的集中荷载，应全部由抗剪、抗扭所需横向钢筋以外的附加横向钢筋（箍筋、吊筋）承担。附加横向钢筋应布置在长度为 $s(s = 2h_1 + 3b)$ 的范围内，如图 3-27 (*a*)、(*b*) 所示 　　当梁下部有长度较长的悬臂板时，悬挂悬臂板的吊筋构造如图 3-27 (*c*) 所示。箍筋不作为吊筋考虑
3	附加横向钢筋的选用原则	（1）次梁在主梁上部或集中荷载较小时，一般在次梁每侧配置 2～3 根附加箍筋，如图 3-27 (*a*) 所示；按构造配置附加箍筋时，次梁每侧不得少于 2φ6 　　（2）次梁在主梁上部或集中荷载较大时，宜配置附加吊筋，如图 3-27 (*b*) 所示，该附加吊筋不得小于 2φ12 　　（3）在整体式梁板结构中，当次梁位于主梁下部时可按图 3-28 (*a*) 增设吊筋；当梁中预埋钢管或螺栓传递集中荷载时可按图 3-28 (*b*)、(*c*) 配置吊筋 　　（4）附加横向钢筋宜优先采用箍筋。当采用吊筋时，其弯起段应伸至梁上边缘，且末端水平段长度不应小于表 3-12 序号 3 的规定
4	其他	箍筋及拉筋弯钩构造如图 3-17 所示

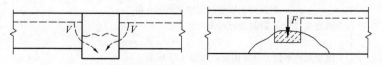

图 3-26　主次梁相交裂缝示图

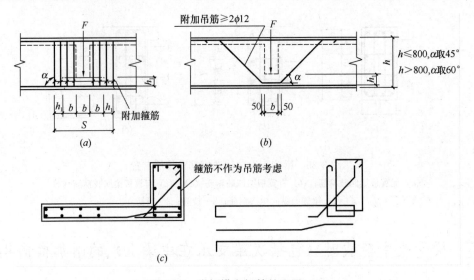

图 3-27   附加横向钢筋的配置（1）

（*a*）附加箍筋；（*b*）附加吊筋；（*c*）悬臂板的吊筋

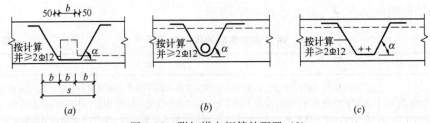

图 3-28   附加横向钢筋的配置（2）

（*a*）次梁位于主梁下部；（*b*）梁中设预埋钢管传递集中荷载；（*c*）梁中设螺栓传递集中荷载

3.5.2   梁的附加横向钢筋与折角钢筋的计算

梁的附加横向钢筋与折角钢筋的计算如表 3-26 所示。

梁的附加横向钢筋与折角钢筋的计算　　　　　　　　　　　　　　**表 3-26**

序号	项　目	内　容
1	梁的附加横向钢筋	位于梁下部或梁截面高度范围内的集中荷载，应全部由附加横向钢筋承担；附加横向钢筋宜采用箍筋 箍筋应布置在长度为 $2h_1$ 与 $3b$ 之和的范围内（图 3-29）。当采用吊筋时，弯起段应伸至梁的上边缘，且其末端水平段长度应符合本书的有关规定 附加横向钢筋所需的总截面面积应符合下列规定： $$A_{sv} \geqslant \frac{F}{f_{yv}\sin\alpha} \qquad (3\text{-}4)$$ 式中　A_{sv}——承受集中荷载所需的附加横向钢筋总截面面积；当采用附加吊筋时，A_{sv} 应为左、右弯起段截面面积之和 　　　F——作用在梁的下部或梁截面高度范围内的集中荷载设计值 　　　α——附加横向钢筋与梁轴线间的夹角 由公式（3-4）得制表公式为 $$F = A_{sv} f_{yv} \sin\alpha = [F] \qquad (3\text{-}5)$$ 附加箍筋承载力计算用表，如表 3-27 所示 附加吊筋承载力计算用表，如表 3-28 所示

序号	项　目	内　容
2	梁折角处钢筋计算	（1）折梁的内折角处应增设箍筋（图 3-30）。箍筋应能承受未在压区锚固纵向受拉钢筋的合力，且在任何情况下不应小于全部纵向钢筋合力的 35% 由箍筋承受的纵向受拉钢筋的合力按下列公式计算： 未在受压区锚固的纵向受拉钢筋的合力为： $$N_{s1} = 2f_y A_{s1} \cos\frac{\alpha}{2} \qquad (3\text{-}6)$$ 全部纵向受拉钢筋合力的 35% 为： $$N_{s2} = 0.7 f_y A_s \cos\frac{\alpha}{2} \qquad (3\text{-}7)$$ 式中　A_s——全部纵向受拉钢筋的截面面积 　　　　A_{s1}——未在受压区锚固的纵向受拉钢筋的截面面积 　　　　α——构件的内折角 按上述条件求得的箍筋应设置在长度 s 等于 $h\tan(3\alpha/8)$ 的范围内，即 $$s = h\tan\frac{3}{8}\alpha \qquad (3\text{-}8)$$ （2）当梁的内折角 $\alpha < 160°$ 时，可采用图 3-30 的配筋形式，也可采用如图 3-31 所示的配筋形式。此时，在 s 范围内的箍筋所承受的拉力为： $$N_s = f_y A_s \cos\frac{\alpha}{2} \qquad (3\text{-}9)$$ $$s = 0.5 h\tan\frac{3}{8}\alpha \qquad (3\text{-}10)$$

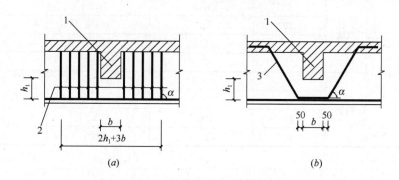

图 3-29　梁截面高度范围内有集中荷载作用时附加横向钢筋的布置

（a）附加箍筋；（b）附加吊筋

1—传递集中荷载的位置；2—附加箍筋；3—附加吊筋

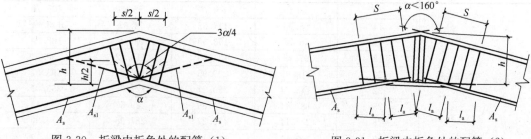

图 3-30　折梁内折角处的配筋（1）　　　　图 3-31　折梁内折角处的配筋（2）

附加箍筋承受集中荷载承载力 $[F]$（kN）   表 3-27

钢筋强度设计值	箍 筋		箍 筋 个 数		
	肢数	直径（mm）	每边 1 个（共 2 个）	每边 2 个（共 4 个）	每边 3 个（共 6 个）
$f_{yv}=270\text{N/mm}^2$	双肢	6	30.6	61.1	91.7
		8	54.3	108.6	163.0
		10	84.8	169.6	254.3
		12	122.1	244.3	366.4
	四肢	6	61.1	122.3	183.4
		8	108.6	217.3	325.9
		10	169.6	339.1	508.7
		12	244.3	488.6	732.9
$f_{yv}=300\text{N/mm}^2$	双肢	6	33.9	67.9	101.8
		8	60.3	120.6	181.0
		10	94.2	188.5	282.7
		12	135.7	271.4	407.2
	四肢	6	67.9	135.7	203.6
		8	120.6	241.3	361.9
		10	188.5	377.0	565.5
		12	271.4	542.9	814.3
$f_{yv}=360\text{N/mm}^2$	双肢	6	40.8	81.5	122.3
		8	72.4	144.9	217.3
		10	113.0	226.1	339.1
		12	162.9	325.7	488.6
	四肢	6	81.5	163.0	244.5
		8	144.9	189.7	434.6
		10	226.1	452.2	678.2
		12	325.7	651.5	977.2

注：见图 3-29（a）。

附加吊筋承受集中荷载承载力 $[F]$（kN）   表 3-28

钢筋强度设计值	钢筋直径（mm）	弯 起 角 度			
		$\alpha=45°$		$\alpha=60°$	
		1 根	2 根	1 根	2 根
$f_{yv}=270\text{N/mm}^2$	12	43.19	86.37	52.89	105.78
	14	58.76	117.53	71.97	143.94
	16	76.78	153.58	94.05	188.09
	18	97.18	194.36	119.02	338.04
	20	119.97	239.95	146.94	293.87
	22	145.14	290.27	177.76	355.51
	25	187.44	374.89	229.57	459.14
	28	235.14	470.27	287.98	575.96
	32	307.07	614.15	376.09	752.17

钢筋强度设计值	钢筋直径（mm）	弯 起 角 度			
		$\alpha=45°$		$\alpha=60°$	
		1根	2根	1根	2根
$f_{yv}=300\text{N/mm}^2$	12	47.98	95.97	58.77	117.53
	14	65.31	130.62	79.99	159.98
	16	85.30	170.61	104.47	208.95
	18	107.96	215.92	132.23	264.45
	20	133.29	266.57	163.24	326.48
	22	161.28	322.55	197.52	395.05
	25	208.26	416.52	255.07	510.13
	28	261.24	522.48	319.95	639.91
	32	341.21	682.43	417.90	835.80
$f_{yv}=360\text{N/mm}^2$	12	57.58	115.16	70.52	141.04
	14	78.35	156.71	95.96	191.93
	16	102.38	204.77	125.39	250.79
	18	129.57	259.14	158.69	317.38
	20	159.56	319.93	195.92	391.83
	22	193.52	387.03	237.01	474.01
	25	249.93	499.85	306.09	612.19
	28	313.51	627.03	383.97	767.95
	32	409.43	818.86	501.45	1002.90

注：见图 3-29 （b）。

3.5.3 计 算 例 题

［例题 3-1］已知 $F=243\text{kN}$，采用附加箍筋，$\alpha=90°$，如图 3-29 （a）所示，钢筋种类为 HPB300 级钢筋，$f_{yv}=270\text{N/mm}^2$。试求附加箍筋的数量。

［解］由公式 （3-4）计算，得

$$A_{sv}=\frac{F}{f_{yv}\sin\alpha}=\frac{243000}{270\times\sin90°}=900\text{ mm}^2$$

选用 8ϕ12，$A_{sv}=904\text{mm}^2$，因系双肢箍，故取 4ϕ12，即每边 2ϕ12。查表 3-27 可得同样结果（每边 2ϕ12，［F］$=244.3\text{kN}>243\text{kN}$）。

［例题 3-2］已知 $F=215\text{kN}$，采用附加吊筋，$\alpha=45°$，如图 3-29 （b）所示，钢筋种类为 HRB335 级钢筋，$f_{yv}=300\text{N/mm}^2$。试求附加吊筋的数量。

［解］由公式 （3-4）计算，得

$$A_{sv}=\frac{F}{f_{yv}\sin\alpha}=\frac{215000}{300\times\sin45°}=1014\text{mm}^2$$

选用 4 Φ 18，$A_{sv}=1017\text{mm}^2$，因每根吊筋两边都有弯起部分，故取 2 Φ 18 吊筋。查表 3-28 可得同样结果（2 Φ 18，［F］$=215.92\text{kN}>215\text{kN}$）。

[**例题 3-3**] 如图 3-30 所示，已知梁的内折角 $\alpha=120°$，处于受拉区，纵向受拉钢筋采用 HRB335 级钢筋，$f_y=300\text{N/mm}^2$，3 Φ 18，$A_s=763\text{mm}^2$，$S/2=346.5\text{mm}$，$h/2=346.5\text{mm}$。

试求：(1) 当 3 Φ 18 钢筋全部伸入混凝土受压区时所需箍筋数量；

(2) 当 3 Φ 18 钢筋全部未伸入混凝土受压区时所需箍筋数量；

(3) 当 3 Φ 18 钢筋中只有 1 Φ 18 未伸入混凝土受压区时所需的箍筋数量。

[**解**]

(1) 全部纵向钢筋 3 Φ 18（$A_s=763\text{mm}^2$）伸入混凝土受压区时，纵向受拉钢筋合力的 35% 由箍筋承担，需由箍筋承担的合力为

$$
\begin{aligned}
N_{s2} &= 0.7 f_y A_s \cos(\alpha/2) \\
&= 0.7 \times 300 \times 763 \cos(120°/2) \\
&= 80115\text{N}
\end{aligned}
$$

应增设箍筋面积：

$$A_{sv} = N_{s2}/f_{yv} = 80115/270 = 297\text{mm}^2$$

选用 3ϕ8 双肢箍筋，$A_{sv}=302\text{mm}^2$，箍筋设置范围的长度为

$$S = h\text{tg}(3\alpha/8) = 693 \times \text{tg}(3 \times 120°/8) = 693\text{mm}$$

(2) 全部纵向钢筋未伸入混凝土受压区时，纵向受拉钢筋的合力全部由箍筋承担，这合力数为

$$
\begin{aligned}
N_{s1} &= 2 f_y A_s \cos(\alpha/2) \\
&= 2 \times 300 \times 763 \cos(120°/2) \\
&= 228900\text{N}
\end{aligned}
$$

应增设箍筋面积：

$$A_{sv} = N_{s1}/f_{yv} = 228900/270 = 848\text{mm}^2$$

选用 6ϕ10 双肢箍筋，$A_{sv}=942\text{mm}^2>848\text{mm}^2$，箍筋设置范围的长度为

$$S = h\text{tg}(3\alpha/8) = 693 \times \text{tg}(3 \times 120°/8) = 693\text{mm}$$

(3) 当 3 Φ 18 钢筋中只有 1 Φ 18（$A_{s1}=254.5\text{mm}^2$）钢筋未伸入混凝土受压区时，箍筋承担纵向钢筋合力为

$$
\begin{aligned}
N_{s3} &= 2 f_y A_{s1} \cos(\alpha/2) + 0.7 f_y A_s \cos(\alpha/2) \\
&= 2 \times 300 \times 254.5 \cos(120°/2) + 0.7 \times 300 \times 509 \cos(120°/2) \\
&= 129795\text{N}
\end{aligned}
$$

应增设箍筋面积：

$$A_{sv} = N_{s3}/f_{yv} = 129795/270 = 481\text{mm}^2$$

选用 4ϕ10 双肢箍筋，$A_{sv}=628\text{mm}^2$，箍筋设置范围的长度为 $s=693\text{mm}$。

3.6   悬臂梁及梁支托和圈梁

3.6.1   悬臂梁及梁支托

悬臂梁及梁支托如表 3-29 所示。

<table>
</table>

	悬臂梁及梁支托	表 3-29

序号	项　目	内　容
1	悬臂梁	(1) 梁顶面的纵向受力钢筋不少于 2 根，应按计算确定，沿梁角配置，伸至梁外端，并向下弯折不小于 12d，其余钢筋不应在梁的上面截断，按规定的弯起点位置向下弯折 (2) 弯起钢筋应根据施工对钢筋骨架的稳定和结构计算确定。当悬臂长度大于 1.5m 时，不论计算是否需要，均宜设置一排（从根部算起）弯起钢筋。若悬臂端有集中荷载作用时，宜设置多排弯起钢筋，如图 3-32 所示 (3) 梁底部架立钢筋应不少于 2 根，其直径不小于 12mm (4) 应符合表 3-13 序号 2 的规定 (5) 当悬臂梁端设有次梁的间接加载时，应在次梁内侧增设附加箍筋 (6) 应符合表 3-38 序号 1 的有关规定
2	梁支托	当 $V>0.25f_cbh_0$ 又不增加整个梁的截面高度，或柱与横梁刚度相差较大或有其他构造要求时，应设置支托（图 3-33）。增设梁支托后的梁截面高度应满足 $V\leqslant0.25f_cbh_0$ 要求支托长度从支座轴线算起不应小于 $l/10$，一般取 $(1/6\sim1/8)\,l$，l 为梁的跨度；支托高度 $h'\leqslant0.4h$，h 为梁的高度；支托坡度一般为 1:3。支托下部的斜向钢筋面积不应小于跨中截面受力钢筋面积的 1/4，且不少于 2Φ12（双肢箍时）或 4Φ12（四肢箍时），一般应与横梁伸进支托的下部纵向钢筋的直径和根数相同；支托内箍筋按计算确定，其间距一般为梁内箍筋间距的一半 在图 3-33 中 l_s：当不利用其强度时，取 $l_s=l_{as}$；当充分利用其抗压强度是，取 $l_s=0.7l_a$；当充分利用其抗拉强度时，取 $l_s=l_a$

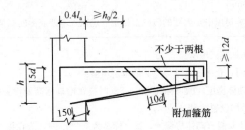

图 3-32　悬臂梁的配筋

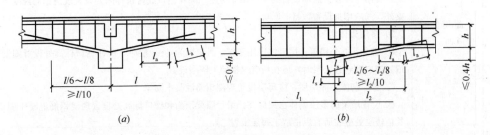

图 3-33　梁支托的配筋

(a) 双倾斜支托；(b) 单倾斜支托

3.6.2 圈   梁

现浇钢筋混凝土圈梁设置如表 3-30 所示。

现浇钢筋混凝土圈梁   表 3-30

序号	项 目	内 容
1	圈梁的形式及连接	(1) 非地震区房屋 1) 圈梁宜连续设置在同一水平面上,并形成封闭状。当圈梁被门窗洞口截断时,应在洞口上部增设相同截面的附加圈梁。附加圈梁与圈梁的搭接长度 l 不应小于 $2H$,且不得小于 1000mm,如图 3-34 所示。圈梁宜与预制板设在同一标高处或紧靠板底 2) 纵横墙交接处的圈梁应有可靠的连接。对于现行《砌体结构设计规范》GB 50003 规定的刚性方案房屋,圈梁应与横墙加以连接,其间距 s 不宜大于表 3-31 规定的相应横墙间距,连接方式可将圈梁伸入横墙 1.5~2.0m,或在该墙上设置贯通圈梁;刚弹性和弹性方案房屋,圈梁应与屋架、大梁等构件可靠连接 (2) 地震区房屋 1) 多层黏土砖房及多层砌块房屋中,楼屋盖的钢筋混凝土梁或屋架应与圈梁可靠连接;坡顶顶房屋的屋架应与顶层圈梁可靠连接;预制阳台应与圈梁可靠连接。抗震设防烈度为 8 度和 9 度时,楼梯间及门厅内墙阳角处的大梁应与圈梁连接;突出屋顶的楼、电梯间,构造柱应与顶部圈梁连接 2) 底部框架-抗震墙房屋和多排柱内框架房屋的抗震构造措施同上述 1) 的规定 3) 单层钢筋混凝土柱厂房中,圈梁应与柱或屋架牢固连接;顶部圈梁与柱或屋架连接的锚拉钢筋不宜少于 $4\phi12$,且锚固长度不宜少于 35 倍钢筋直径,防震缝处圈梁与柱或屋架的拉结宜加强 4) 单层砖柱厂房中屋架(屋面梁)与墙顶圈梁应采用螺栓或焊接拉结;墙顶圈梁应与柱顶垫块整浇;抗震设防烈度为 9 度时,在垫块两侧各 500mm 范围内,圈梁的箍筋间距不应大于 100mm 5) 空旷房屋中,大厅的砖柱上端钢筋应锚入屋架底部的圈梁内
2	圈梁的设置原则	(1) 非地震区房屋 1) 车间、仓库、食堂等空旷的单层房屋: ① 砖砌体房屋,檐口标高为 5~8m 时应在檐口标高处设置圈梁一道;檐口标高大于 8m 时,应增加设置数量 ② 砌块及料石砌体房屋中,檐口标高为 4~5m 时,应在檐口标高处设置圈梁一道,檐口标高大于 5m 时,应增加设置数量 对有吊车或较大振动设备的单层工业房屋,除在檐口或窗顶标高处设置现浇钢筋混凝土圈梁外,尚应增加设置数量 2) 多层砌体房屋: ① 宿舍、办公楼等多层砌体民用房屋,且层数为 3~4 层时,应在檐口标高处设置圈梁一道。当层数超过 4 层时,应在所有纵横墙上隔层设置 ② 多层砌体工业房屋,应每层设置现浇钢筋混凝土圈梁 ③ 设置墙梁的多层砌体房屋应在托梁、墙梁顶面和檐口标高处设置现浇钢筋混凝土圈梁,其他楼层处应在所有纵横墙上每层设置 3) 采用现浇钢筋混凝土楼(屋)盖的多层砌体结构房屋,当层数超过 8 层时,除在檐口标高处设置一道圈梁外,可隔层设置圈梁,并与楼(屋)面板一起现浇。未设置圈梁的楼面板嵌入墙内的长度不应小于 120mm,并沿墙长配置不小于 $2\phi10$ 的纵向钢筋

序号	项　目	内　　容
2	圈梁的设置原则	4）组合砖墙砌体结构房屋应在基础顶面及有组合墙的楼层处设置现浇钢筋混凝土圈梁。纵向钢筋应伸人构造柱内，并应符合受拉钢筋的锚固要求 5）配筋砌块砌体剪力墙房屋应在楼（屋）盖的所有纵横墙顶处设置现浇钢筋混凝土圈梁。圈梁的混凝土强度等级不宜低于同层混凝土块体强度等级的 2 倍，或该层灌孔混凝土的强度等级，也不应低于 C20 6）建筑在软弱地基或不均匀地基上的砌体房屋： ① 在多层房屋的基础和顶层处宜各设置一道，其他各层可隔层设置，必要时也可层层设置 ② 单层工业厂房、仓库，可结合基础梁、联系梁、过梁等酌情设置 7）在温差较大地区的房屋，为防止墙体开裂，圈梁不宜外露，以减小圈梁与砌体的温差 （2）地震区房屋 1）当 6 度 8 层、7 度 7 层和 8 度 6 层时应在所有楼（处）盖处的纵横墙上设置钢筋混凝土圈梁 2）多层普通砖、多孔砖房屋： ① 装配式钢筋混凝土楼、屋盖，或木楼、屋盖的砖房，横墙承重时应按表 3-32 的要求设置圈梁；纵墙承重时，每层均应设置圈梁，且抗震横墙上圈梁的间距应比表内要求适当加密。当表 3-32 要求的间距内无横墙时，应利用梁或板缝中配筋替代圈梁 ② 现浇或装配整体式钢筋混凝土楼、屋盖与墙体有可靠连接的房屋，允许不另设圈梁，但楼板沿墙体周边应加强配筋并应与相应的构造柱钢筋可靠连接 ③ 同一结构单元的基础（或桩承台），宜采用同一类型的基础且底面宜埋置在同一标高上，否则应增设基础圈梁并应按 1∶2 的台阶逐步放坡 ④ 横墙较小的住宅楼总高度和层数接近或达到《建筑抗震设计规范》GB 50011—2010 规定的限值时，所有纵横墙均应在楼、屋盖标高处设置加强的现浇钢筋混凝土圈梁，圈梁的截面高度不宜小于 150mm，上下纵筋各不应少于 3φ10，箍筋不少于 φ6，间距不大于 300mm 3）多层砌块房屋，对小砌块房屋的圈梁：8 度区应按表 3-32 中 9 度区设置；6、7 度区应按表 3-32 中 8 度区设置，但屋盖处间距可不做限制 4）底部框架-抗震墙房屋，除过渡层以外的其他楼层，采用装配式钢筋混凝土楼板时均应设现浇圈梁；采用现浇钢筋混凝土楼板时允许不另设圈梁，但楼板沿墙体周边应加强配筋并应与相应的构造柱可靠连接 5）多层多排柱内框架房屋，采用现浇钢筋混凝土楼板时应允许不设圈梁，单楼板沿墙体周边应加强配筋并应与相应的构造柱可靠连接 6）单层钢筋混凝土柱厂房，在砌体围护墙下列部位应设置现浇钢筋混凝土圈梁： ① 梯形屋架端部上弦和柱顶的标高处应各设一道，但屋架端部高度不大于 900mm 时可合并设置 ② 抗震设防烈度为 8 度和 9 度时，应按上密下稀的原则每隔 4m 左右在窗顶增设圈梁一道 ③ 不等高厂房的高低跨封墙和纵横跨交接处的悬墙，圈梁的竖向间距不应大于 3m ④ 抗震设防烈度为 8 度Ⅲ类、Ⅳ类场地和 9 度时，当砖围护墙下另设条形基础时，在柱基础顶面标高处应设置连续的现浇钢筋混凝土圈梁 7）单层砖柱厂房，厂房柱顶标高处应沿房屋外墙及承重内墙设置现浇闭合圈梁，抗震设防烈度为 8 度和 9 度时还应沿墙高每隔 3～4m 增设圈梁一道。当地基为软弱黏性土、液化土、新近填土或严重不均匀土层时，尚应设置基础圈梁 8）单层空旷房屋，大厅柱（墙）顶标高处应设置现浇圈梁，并宜沿墙高每隔 3m 左右增设一道圈梁。梯形屋架端部高度大于 900mm 时尚应在上弦标高处增设圈梁一道。大厅与两侧附属房屋间不设防震缝时，应在同一标高处设置封闭圈梁并在交接处拉通 9）多层石结构房屋，每层的纵横墙均应设置圈梁 10）组合砖墙砌体结构房屋，抗震设计时的圈梁设置及其构造措施同非抗震设计 11）配筋砌块砌体剪力墙房屋，楼、屋盖处应设置钢筋混凝土圈梁。圈梁混凝土强度等级不宜小于砌块强度等级的 2 倍，或该层灌孔混凝土的强度等级，但不应低于 C20

续表 3-30

序号	项　目	内　　容
3	圈梁的截面尺寸	圈梁的宽度宜与墙厚相同，当墙厚 $d \geqslant 240mm$ 时，圈梁的宽度不宜小于 $2d/3$。圈梁的高度应为砌体每皮厚度的倍数，且不应小于 120mm；对于组合砖墙砌体结构房屋的圈梁高度不宜小于 240mm；对于配筋砌块砌体剪力墙房屋的圈梁宽度和高度宜等于墙厚和砌块高度 　　对于地震区的小砌块房屋，圈梁宽度不应小于 190mm；对于多层砌体房屋中的基础圈梁、单层钢筋混凝土柱厂房的砌体围护墙和砖柱厂房中砖外墙和承重内墙的圈梁以及单层空旷房屋中大厅柱（墙）顶标高处的圈梁，其高度不应小于 180mm；对于配筋小型空心砌块房屋，现浇楼板的圈梁高度不宜小于 200mm，装配整体式楼板的板底圈梁高度不宜小于 120mm。对 6 度 8 层，7 度 7 层和 8 度 6 层的所有楼（屋）盖处纵横墙上圈梁的截面尺寸不应小于 $240mm \times 180mm$。对配筋砌块砌体剪力墙房屋，圈梁的宽度宜为墙厚，高度不宜小于 200mm
4	圈梁的配筋	圈梁的纵向钢筋不应少于 $4\phi10$，钢筋的搭接长度按受拉钢筋考虑，箍筋的间距不应大于 300mm。组合砖墙砌体结构房屋圈梁的纵向钢筋不宜小于 $4\phi12$，箍筋宜采用 $\phi6$、间距 200mm。根据房屋类型，圈梁配筋不应少于表 3-33 的规定。当 6 度 8 层，7 度 7 层和 8 度 6 层时，圈梁主筋不应少于 $4\phi12$，箍筋 $\phi6$、间距 200mm 　　圈梁兼作过梁时，过梁部分的钢筋应按计算用量另行增配。对单层砖柱厂房抗震设计，当圈梁兼作门窗过梁或抵抗不均匀沉降影响时，其截面和配筋除满足抗震要求外，尚应根据实际受力计算确定
5	圈梁配筋构造	圈梁转角处的配筋构造如图 3-35 所示。对于地震区，图中 l_a 采用 l_{aE} 值；各圈梁在转角处应增设水平斜筋，其直径与纵筋直径相同

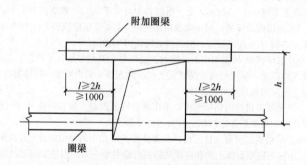

图 3-34　圈梁切断时的布置

房屋的静力计算方案　　　　　　　　　　　　　　　　　　　　表 3-31

序号	屋盖或楼盖类别	刚性方案	刚弹性方案	弹性方案
1	整体式、装配整体和装配式无檩体系钢筋混凝土屋盖或钢筋混凝土楼盖	$s < 32m$	$32m \leqslant s \leqslant 72m$	$s > 72m$
2	装配式有檩体系钢筋混凝土屋盖、轻钢屋盖和有密铺望板的木屋盖或木楼盖	$s < 20m$	$20m \leqslant s \leqslant 48m$	$s > 48m$
3	瓦材屋面的木屋盖和轻钢屋盖	$s < 16m$	$16m \leqslant s \leqslant 36m$	$s > 36m$

　　注：1. 表中 s 为房屋横墙间距；

　　　　2. 对无围墙或伸缩缝处无横墙的房屋，应按弹性方案考虑。

砖房现浇钢筋混凝土圈梁设置要求　　　　　　　表 3-32

序号	墙 类	设防烈度		
		6、7	8	9
1	外墙及内纵墙	屋盖处及每层楼盖处	屋盖处及每层楼盖处	屋盖处及每层楼盖处
2	内横墙	同上；屋盖处间距不应大于 4.5m；楼盖处间距不应大于 7.2m，构造柱对应部位	同上；各层所有横墙，且间距不应大于 4.5m；构造柱对应部位	同上；各层所有横墙

圈梁的配筋要求　　　　　　　表 3-33

序号	墙 类	房 屋 类 型	非抗震	抗震设防烈度		
				6、7	8	9
1	最小纵筋	多层砌体房屋和底部框架、内框架房屋的一般圈梁	$4\phi10$	$4\phi10$	$4\phi12$	$4\phi14$
2		多层石结构房屋的圈梁	$4\phi10$	$4\phi10$		
3		多层小砌块房屋的圈梁，多层砌体房屋及多层砌块房屋的基础圈梁，单层砖柱厂房及单层空旷房屋中大厅柱（墙）顶标高处的圈梁	$4\phi10$	$4\phi12$		
4	最小纵筋	配筋砌块砌体剪力墙房屋	$4\phi10$	纵筋直径不应小于墙中水平分布钢筋直径，且不宜小于 $4\phi12$		
5		单层钢筋混凝土柱厂房一般圈梁	$4\phi10$	$4\phi12$		$4\phi14$
6		单层钢筋混凝土柱厂房转角处柱顶圈梁在端开间范围内（转角处应增设 3 根同直径水平斜筋）	$4\phi12$	$4\phi14$		$4\phi16$
7	最大箍筋间距（mm）	单层钢筋混凝土柱厂房转角处两侧各 1m 范围内的柱顶圈梁	$\phi6@100$	$\phi8@100$		
8		单层空旷房屋、多层小砌块房屋、配筋砌块砌体剪力墙房屋及多层石结构房屋的圈梁	$\phi6@300$	$\phi6@200$		
9		其他房屋的圈梁，箍筋用 $\phi6$	300	250	200	150

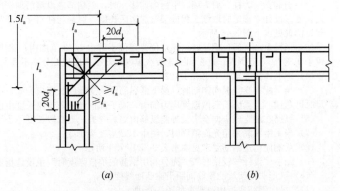

图 3-35　圈梁转角处的配筋构造

（a）外纵、横墙交接处；（b）外纵墙与内横墙交接处

3.7　非抗震钢筋混凝土梁配筋图例

3.7.1　顶层屋面框架梁纵向钢筋构造

顶层屋面框架梁纵向钢筋构造如表 3-34 所示。

顶层屋面框架梁纵向钢筋配筋构造图例　　　　　　　　表 3-34

序号	项　目	内　　容
1	顶层屋面框架梁纵向钢筋构造	顶层屋面框架梁纵向钢筋构造如图 3-36 所示，要求如下： (1) 跨度值 l_n 为左跨 l_{ni} 和右跨 l_{ni+1} 之较大值，其中 $i=1,2,3\cdots$ (2) 图中 h_c 为柱截面沿框架方向的高度 (3) 当梁上部有通长钢筋时，连接位置宜位于跨中 $l_{ni}/3$ 范围内；梁下部钢筋连接位置宜位于支座 $l_{ni}/3$ 范围内；且在同一连接区段内钢筋接头面积百分率不宜大于 50% (4) 钢筋连接要求见本书表 1-122 所示 (5) 当具体工程对框架梁下部纵筋在中间支座或边支座的锚固长度要求不同时，应由设计者指定 (6) 应符合本书表 6-8 的有关规定 (7) 纵向钢筋弯折构造要求如图 3-16 所示 (8) l_a 见表 1-114 的有关规定 (9) 梁侧面构造钢筋要求如表 3-23 序号 1 所示 (10) 顶层端节点处梁上部钢筋与附加角部钢筋构造要求见本书图 6-12 及图 6-13 所示
2	顶层端节点下部钢筋的锚固	顶层端节点下部钢筋的锚固如图 2-37 所示，要求如下： (1) 顶层端节点梁下部钢筋端头加锚头（锚板）锚固如图 3-37 (a) 所示，顶层端支座梁下部钢筋直锚如图 3-37 (b) 所示 (2) l_{ab} 见本书表 1-113 所示 (3) 见本表序号 1 中的有关规定
3	顶层中间节点梁下部筋在节点处搭接	顶层中间节点梁下部筋在节点处搭接如图 3-38 所示，要求如下： (1) 梁下部钢筋不能再柱内锚固时，可在节点外搭接。相邻跨钢筋直径不同时，搭接位置位于较小直径一跨 (2) l_l 见本书表 1-127 及表 1-128 所示 (3) 见本表序号 1 中的有关规定
4	非框架梁配筋构造	非框架梁配筋构造如图 3-39 所示，要求如下： (1) 跨度值 l_n 为左跨 l_{ni} 和右跨 l_{ni+1} 之较大值，其中 $i=1,2,3\cdots$ (2) 当端支座为柱、剪力墙（平面内连接）时，梁端部应设箍筋加密区，设计应确定加密区长度。设计未确定时取该工程框架梁加密区长度。梁端与柱斜交，或与圆柱相交时的箍筋起始位置见本书图 3-46 所示 (3) 当梁上部有通长钢筋时，连接位置宜位于跨中 $l_{ni}/3$ 范围内；梁下部钢筋连接位置宜位于支座 $l_{ni}/4$ 范围内；且在同一连接区段内钢筋接头面积百分率不宜大于 50% (4) 钢筋连接要求见本书表 1-122 所示 (5) 当梁配有受扭纵向钢筋时，梁下部纵筋锚入支座的长度应为 l_a，在端支座直锚长度不足时可弯锚。当梁纵筋兼做温度应力筋时，梁下部钢筋锚入支座长度由设计确定 (6) 纵筋在端支座应伸至主梁外侧纵筋内侧后弯折，当直段长度不小于 l_a 时可不弯折 (7) 当梁中筋采用光面钢筋时，图中 $12d$ 应改为 $15d$ (8) 梁侧面构造钢筋要求见本书表 3-23 序号 1 所示 (9) 图中"设计按铰接时"、"充分利用钢筋的抗拉强度时"由设计指定 (10) 弧形非框架梁的箍筋间距沿梁凸面线度量 (11) 纵向钢筋弯折构造要求如图 3-16 所示 (12) 长度值 l_{ab} 见本书表 1-113 所示

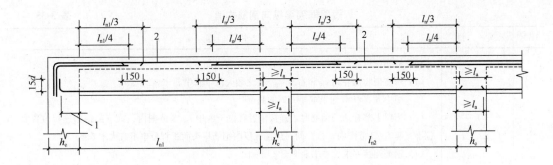

图 3-36　屋面框架梁纵向钢筋构造

1—伸至梁上部纵筋弯钩段内侧，且$\geqslant 0.4 l_{ab}$；2—架立筋

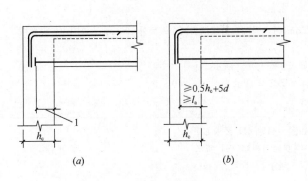

(a)　　　　　　　　　(b)

图 3-37　顶层端节点梁下部钢筋构造

(a) 顶层端节点梁下部钢筋端头加锚头（锚板）锚固；

(b) 顶层端支座梁下部钢筋直锚

1—伸至柱外侧纵筋内侧，且$\geqslant 0.4 l_{ab}$

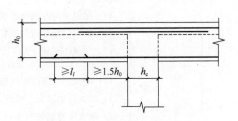

图 3-38　顶层中间节点梁下部

筋在节点外搭接

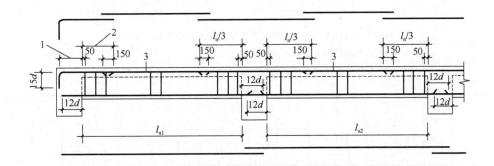

图 3-39　非框架梁配筋构造

1—设计按铰接时：$\geqslant 0.35 l_{ab}$，充分利用钢筋的抗拉强度时：$\geqslant 0.6 l_{ab}$；

2—设计按铰接时：$l_{n1}/5$，充分利用钢筋的抗拉强度时：$l_{n1}/3$；3—（通长筋）架立筋

3.7.2　楼层框架梁纵向钢筋构造

楼层框架梁纵向钢筋构造如表 3-35 所示。

楼层框架梁纵向钢筋构造　　　　　　　　　　　　　　　　　　表 3-35

序号	项　目	内　容
1	楼层框架梁纵向钢筋构造	楼层框架梁纵向钢筋构造如图 3-40 所示，要求如下： (1) 跨度值 l_n 为左跨 l_{ni} 和右跨 $l_{ni}+1$ 之较大值，其中 $i=1$，2，3… (2) 图中 h_c 为柱截面沿框架方向的高度 (3) 当梁上部有通长钢筋时，连接位置宜位于跨中 $l_{ni}/3$ 范围内；梁下部钢筋连接位置宜位于支座 $l_{ni}/3$ 范围内；且在同一连接区段内钢筋接头面积百分率不宜大于 50% (4) 钢筋连接要求见本书表 1-122 所示 (5) 当具体工程对框架梁下部纵筋在中间支座或边支座的锚固长度要求不同时，应由设计者指定 (6) 当梁纵筋采用绑扎搭接接长时，搭接区内箍筋直径及间距要求为： 1) 搭接区内箍筋直径不小于 $d/4$ (d 为搭接钢筋最大直径)，间距不应大于 100mm 及 5d (d 为搭接钢筋最小直径) 2) 当受压钢筋直径大于 25mm 时，尚应在搭接接头两个端面外 100mm 的范围内各设置两道箍筋 (7) 梁侧面构造钢筋要求如表 3-23 序号 1 所示 (8) 纵向钢筋弯折构造要求如图 3-16 所示 (9) l_{ab} 见本书表 1-113 所示
2	端支座纵筋锚固与中间层中间节点梁下部筋在节点外搭接	(1) 端支座纵筋锚固构造如图 3-41 所示，要求如下： 1) 端支座加锚头（锚板）锚固如图 3-41 (a) 所示 2) 端支座直锚如图 3-41 (b) 所示 3) 见本表序号 1 的有关规定 (2) 中间层中间节点梁下部筋在节点外搭接如图 3-42 所示，要求如下： 1) 梁下部钢筋不能在柱内锚固时，可在节点外搭接。相邻跨钢筋直径不同时，搭接位置位于较小直径一跨 2) l_t 见本书表 1-127 及表 1-128 所示 3) 见本表序号 1 中有关规定
3	不伸入支座的两下部纵向钢筋断点位置	不伸入支座的梁下部纵向钢筋断点位置如图 3-43 所示，要求如下： (1) 本构造详图不适用于框支梁 (2) 伸入支座的梁下部纵向钢筋锚固构造见图 3-40 及图 3-41 所示

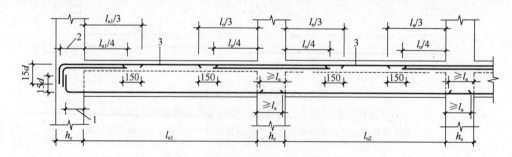

图 3-40　楼层框架梁纵向钢筋构造

1—伸至梁上部纵筋弯钩段内侧或柱外侧纵筋内侧，且 $\geq 0.41 l_{ab}$；

2—伸至柱外侧纵筋内侧，且 $\geq 0.4 l_{ab}$；3—架立筋

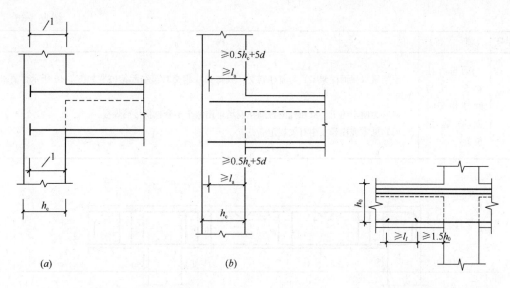

图 3-41 端支座纵筋锚固

(a) 端支座加锚头（锚板）锚固；(b) 端支座直锚

1—伸至柱外侧纵筋内侧，且 $\geqslant 0.4l_{ab}$

图 3-42 中间层中间节点梁
下部筋在节点外搭接

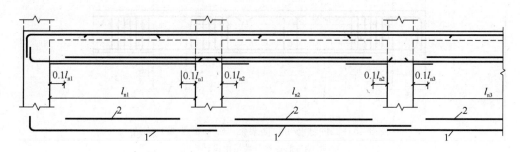

图 3-43 不伸入支座的梁下部纵向钢筋断点位置

1—伸入支座的钢筋；2—不伸入支座的钢筋

3.7.3 框架梁（屋面框架梁）箍筋间距构造

框架梁（屋面框架梁）箍筋间距构造如表 3-36 所示。

框架梁（屋面框架梁）箍筋间距构造   表 3-36

序号	项　　目	内　　容
1	一种箍筋间距构造	一种箍筋间距的框架梁（屋面框架梁）的构造如图 3-44 所示，要求如下： (1) 弧形梁沿梁中心线展开，箍筋间距沿凸面线量度 (2) 梁中附加箍筋、吊筋构造见本书表 3-23 及表 3-25 所示 (3) 见表 3-35 序号 1 之（6）条的规定
2	两种箍筋间距构造	二种箍筋间距的框架梁（屋面框架梁）的构造如图 3-45 所示，要求如下： (1) 弧形梁沿梁中心线展开，箍筋间距沿凸面线量度 (2) 见本表序号 1 中有关规定

序号	项　目	内　容
3	梁与方柱斜交、或与圆柱相交时箍筋起始位置	框架梁（屋面框架梁）与方柱斜交、或与圆柱相交时箍筋起始位置如图 3-46 所示，要求如下： （1）为便于施工，梁在柱内箍筋在现场可用两个半套箍搭接或焊接 （2）见本表序号 1 中有关规定

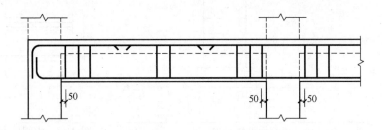

图 3-44　一种箍筋间距框架梁（屋面框架梁）构造

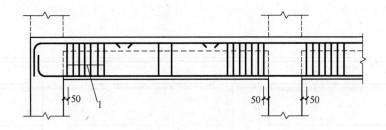

图 3-45　二种箍筋间距框架梁（屋面框架梁）构造

1—梁端箍筋规格及数量由设计标注

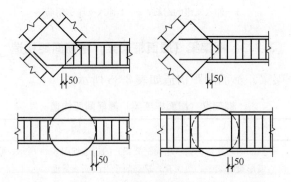

图 3-46　梁与方柱斜交或与圆柱相交时箍筋起始位置

3.7.4　连续梁中间支座纵向钢筋构造

连续梁中间支座纵向钢筋构造如表 3-37 所示。

连续梁中间支座纵向钢筋构造		表 3-37

序号	项 目	内 容
1	顶层屋面框架梁中间支座纵向钢筋构造	(1) 顶层屋面框架梁中间支座纵向钢筋构造如图 3-47 所示 (2) 图 3-47 中，括号内为非抗震梁纵筋的锚固长度 (3) 图 3-47 中标注可直锚的钢筋，当支座宽度满足直锚要求时可直锚，具体构造要求见本书图 3-41 (b) 所示 (4) 纵向钢筋弯折构造要求如图 3-16 所示
2	中间层中间支座框架梁纵向钢筋构造	(1) 中间层中间支座框架梁纵向钢筋构造如图 3-48 所示 (2) 其他同本表序号 1 中有关规定
3	非框架梁中间支座纵向钢筋构造	(1) 非框架梁中间支座纵向钢筋构造如图 3-49 所示 (2) 当支座两边梁宽不同或错开布置时，将无法直通的纵筋弯锚入梁内。或当支座两边纵筋根数不同时，可将多出的纵筋弯锚入梁内 (图 3-49 (c)) (3) 梁下部纵向筋锚固要求见本书图 3-39 所示

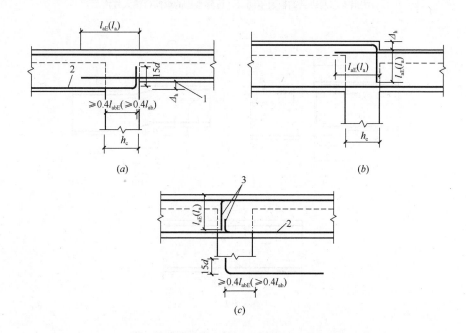

图 3-47 屋面框架梁中间支座纵向钢筋构造

1—当 $\Delta_h/(h_c-50) \leqslant 1/6$ 时参见图 3-48 (b) 做法；2—可直锚；3—当支座两边梁宽不同或错开布置时，将无法直通的纵筋弯锚入柱内；或当支座两边纵筋根数不同时，可将多出的纵筋弯锚入柱内

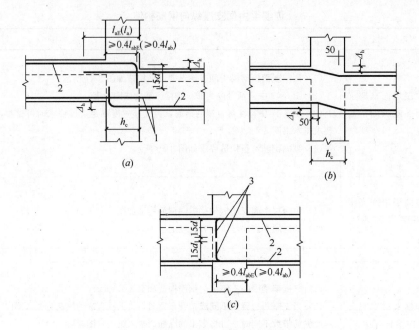

图 3-48　框架梁中间支座纵向钢筋构造

(a) $\Delta_h/(h_c-50)>1/6$；(b) $\Delta_h/(h_c-50)\leqslant1/6$ 时，纵筋可连续布置；(c) 当支座两边梁宽不同或错开布置时
1—锚固构造同上部钢筋；2—可直锚；3—当支座两边梁宽不同或错开布置时，将无法直通的纵筋弯锚入柱内；
或当支座两边纵筋根数不同时，可将多出的纵筋弯锚入柱内

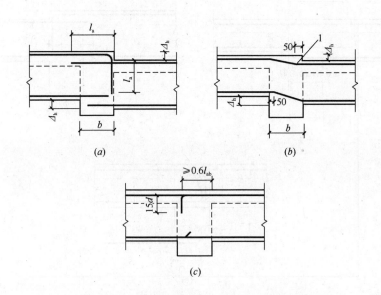

图 3-49　非框架梁中间支座纵向钢筋构造

(a) $\Delta_h/(h_c-50)>1/6$ 时，支座两边纵筋互锚梁下部纵向筋锚固要求见图 3-39；
(b) $\Delta_h/(h_c-50)\leqslant1/6$ 时，纵筋连续布置；(c) 当支座两边梁宽不同或错开布置时
1—平直段入支座 50mm

3.7.5　悬挑梁与框架梁加腋配筋构造

悬挑梁与框架梁加腋配筋构造如表 3-38 所示。

悬挑梁与框架梁加腋配筋构造　　　　　　　　　　表 3-38

序号	项　目	内　　容
1	悬挑梁配筋构造	（1）梁顶面纵向受力直通钢筋不应少于 2 根，并沿梁角布置，且伸至梁外端，同时向下弯折不小于 12d；其余上部纵向受拉钢筋不应在梁的上部截断，但可按弯矩图分批向下弯折锚入梁的受压区内，向下弯折角度宜取 45°或 60°（见图 3-50）。具体按下述（2）、（3）两种情况分别确定 （2）在较短（$l \leqslant 1.5$m）的悬臂梁中，宜将全部负弯矩钢筋伸至梁端，并向下弯折不小于 12d （3）当悬臂梁较长时，应至少将 2 根角筋，并不少于梁顶 25% 的负弯矩钢筋伸至梁端并向下弯折锚固外，其余负钢筋宜按本书表 3-12 中关于弯起钢筋弯折点位置的一般规定分批向下弯折并锚固在梁的受压区内（锚固长度不应小于 10d），而不应采用将梁顶钢筋分批截断的做法。当悬臂梁 $l \geqslant 3$m 或梁端集中力很大时，应结合其他条件，采取相应的构造措施 （4）在纯悬臂梁（图 3-50（a））支座处，当充分利用该钢筋的抗拉强度，采用直线锚固形式时，锚固长度不应小于 l_a，且应伸过柱中心线，伸过的长度不宜小于 5d，d 为悬臂梁上部纵向钢筋的直径；当支座尺寸不满足直线锚固要求时，可采用 90°弯折锚固形式（图 3-50（a）），或采用机械锚头的锚固形式，悬臂梁上部纵向钢筋宜伸至柱外侧纵向钢筋内边，包括机械锚头在内的水平投影锚固长度应 $\geqslant 0.4l_a$。当支座宽度无法满足 0.4l_a 的水平锚固长度时，可减小钢筋的直径或改变支座的尺寸 当悬臂梁从框架梁内伸出，悬臂梁顶低于连续梁顶面较多时，悬臂梁的受力钢筋伸入支座的长度应满足锚固要求，见图 3-50（b）。当悬臂梁顶面低于连续梁顶或高于连续梁顶且 $c/(h_c - 50) \leqslant 1/6$ 时，上部纵向钢筋经弯折后可连续布置，平直入柱 50mm，如图 3-51 所示 （5）在钢筋混凝土悬臂梁中，宜采用箍筋作为承受剪力的钢筋，箍筋间距不宜大于 100mm。当箍筋不足以承受全部剪力时，可采取其他办法如加大梁截面或加大箍筋直径等方法来满足抗剪的要求 当悬臂梁端设有次梁时，应在次梁内侧增设附加箍筋 （6）悬臂梁下部的架立钢筋不应少于两根，其直径应 $\geqslant 12$mm （7）当楼盖结构中连续悬臂梁外端设置次梁时，宜按下列情况进行构造处理： 1）悬挑梁高度等于次梁（边梁）高度时，按图 3-52（a）、（b）构造 2）当次梁（边梁）高度小于悬挑梁端部高度时，按图 3-53 构造 3）当次梁高度大于主梁或悬臂梁时，可按图 3-54 所示方法设置附加吊筋
2	框架水平、竖向加腋构造	（1）框架梁水平加腋构造如图 3-55 所示，要求如下： 1）括号内为非抗震梁纵筋的锚固长度 2）当梁结构平法施工图中，水平加腋部位的配筋设计未给出时，其梁腋上下部斜纵筋（仅设置第一排）直径分别同梁内上下纵筋，水平间距不宜大于 200；水平加腋部位侧面纵向构造筋的设置及构造要求同梁内侧面纵向构造筋，见本表表 3-23 序号 1 所示 3）加腋部位箍筋规格及肢距与梁端部的箍筋相同 4）图中 c_3 取值：抗震等级为一级：$\geqslant 2.0h_b$ 且 $\geqslant 500$mm，抗震等级为二～四级：$\geqslant 1.5h_b$ 且 $\geqslant 500$mm 5）见本表序号 1 中的有关规定 6）见本书表 3-29 序号 2 中的有关规定 （2）框架梁竖向加腋构造如图 3-56 所示，要求如下： 1）本图中框架梁竖向加腋构造适用于加腋部分参与框架梁计算，配筋由设计标注；其他情况设计应另行给出做法 2）见上述（1）中有关规定

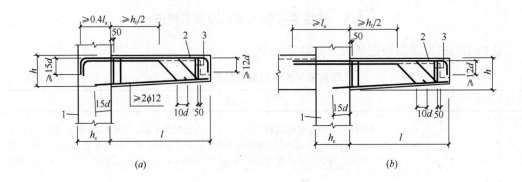

图 3-50　悬挑梁的配筋构造

（a）纯悬臂梁；（b）悬臂梁从框架梁内伸出

1—柱或墙；2—至少 2 根角筋，并不少于梁顶 25% 的钢筋；3—附加箍筋

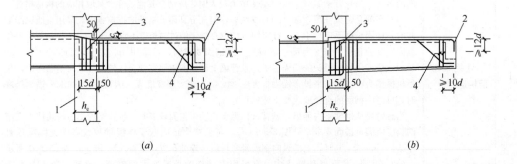

图 3-51　各类梁的悬挑端配筋构造

（a）悬臂梁顶面低于连续梁顶面；（b）悬臂梁顶面高于连续梁顶面

1—柱或墙；2—至少两根角筋，并不少于梁顶 25% 的钢筋；3—加箍筋（弯钩在下部）；4—附加箍筋

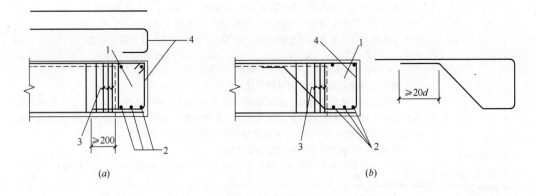

图 3-52　悬臂梁与次梁等高时的配筋

（a）次梁作用力较小时；（b）次梁作用力较大时

1—次梁；2—次梁钢筋；3—附加箍筋；4—至少两根角筋，并不少于梁顶 25% 的钢筋

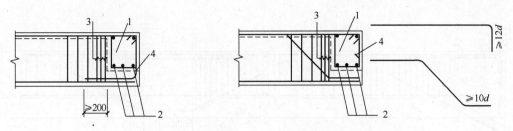

图 3-53 悬臂梁高度大于边梁高度时的配筋构造

1—次梁；2—次梁钢筋；3—附加箍筋；4—至少两根角筋，并不少于梁顶 25% 的钢筋

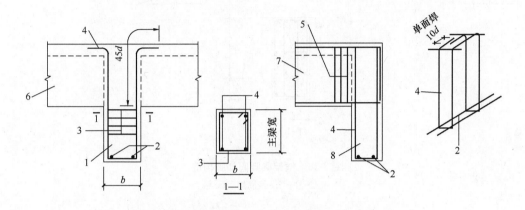

图 3-54 次梁高度大于主梁或悬臂梁时的构造

1—吊柱；2—次梁钢筋；3—吊柱箍筋 $\phi 6@200$；4—吊筋；

5—附加箍筋；6—主梁；7—悬臂梁；8—次梁

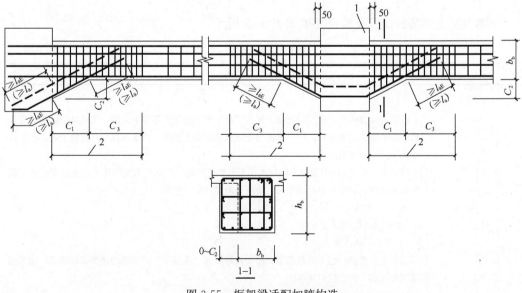

图 3-55 框架梁适配加腋构造

1—柱；2—箍筋加密区

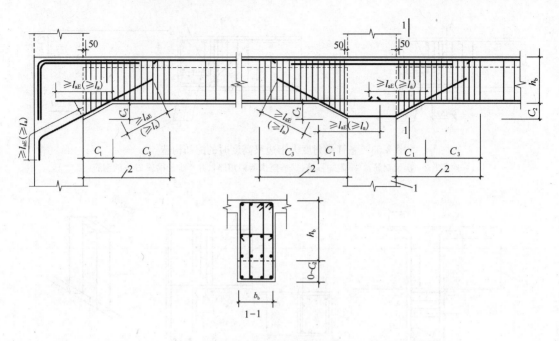

图 3-56　框架梁竖向加腋构造

1—柱；2—箍筋加密区

3.8　梁垫及带小悬臂板的梁

3.8.1　梁　垫

钢筋混凝土梁垫的设置及构造要求如表 3-39 所示。

钢筋混凝土梁垫　　　　　　　　　表 3-39

序号	项　目	内　容
1	梁垫的设置	（1）砖墙或砖柱上承受屋面梁、屋架、吊车梁及楼面梁等集中荷载，支承处砌体局部受压承载力不能满足要求时，应设置混凝土或钢筋混凝土梁垫。若支承在独立砖柱上时，不论跨度大小均应设置梁垫 （2）跨度大于 6m 的屋架和跨度大于下列数值的梁，应在支承处砌体上设置混凝土或钢筋混凝土垫块；当墙中设有圈梁时，垫块与圈梁宜浇成整体 　1）对砖砌体为 4.8m 　2）对砌块和料石砌体为 4.2m 　3）对毛石砌体为 3.9m （3）支承在墙、柱上的吊车梁、屋架及跨度大于或等于下列数值的预制梁的端部，应采用锚固件与墙、柱上的垫块锚固： 　1）对砖砌体为 9m 　2）对砌块和料石砌体为 7.2m

序号	项目	内容
2	梁垫的构造	（1）梁垫能按刚性角传力时，可采用混凝土梁垫，如图 3-57（a）所示；梁垫不能按刚性角传力时，梁垫应配置钢筋，如图 3-57（b）所示 （2）刚性垫块的高 t_b 不宜小于 180mm，自梁边长度算起的垫块挑出长度不宜大于 t_b （3）在带壁柱墙的壁柱内设刚性垫块时（图 3-58），其计算面积应取壁柱范围内的面积，而不应计算翼缘部分，同时壁柱上垫块伸入翼墙内的长度不应小于 120mm （4）当现浇垫块与梁端整体浇筑时，垫块可在梁高范围内设置 （5）用于地震区的单层砖柱厂房柱顶垫块应现浇，其厚度不应小于 240mm，并应配置两层直径不小于 8 间距不大于 100mm 的钢筋网；墙顶圈梁应与柱顶垫块整浇；9 度时，在垫块两侧各 500mm 范围内，圈梁的箍筋间距不应大于 100mm （6）按构造要求配置双层钢筋网的梁垫，钢筋网的钢筋总用量不应小于梁垫体积的 0.5%，且钢筋网片不得小于 $\phi6@100$，如图 3-59（a）所示 （7）当采用绑扎骨架时，梁垫的配筋应采用封闭式箍筋。如图 3-59（b）所示

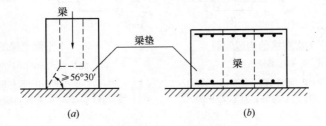

图 3-57 梁垫的构造

（a）按刚性角传力；（b）不能按刚性角传力

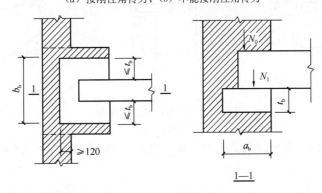

图 3-58 梁垫的尺寸

图 3-59 梁垫的配筋

（a）网片式配筋；（b）封闭式箍筋

3.8.2　带小悬臂板的梁

常用带小悬臂板梁截面构造配筋要求如表 3-40 所示。

常用带小悬臂板梁截面构造配筋要求　　　　　　　　　　　　表 3-40

序号	项　目	内　容
1	＋字形截面梁	＋字形截面梁翼缘的构造配筋要求如图 3-60 所示
2	T 形截面梁	T 形截面梁翼缘的构造配筋要求如图 3-61 所示
3	┏形截面梁	┏形截面梁的构造配筋要求如图 3-62 所示
4	┗形截面梁	┗形截面梁的构造配筋要求如图 3-63 所示

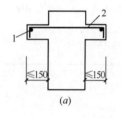
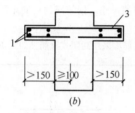
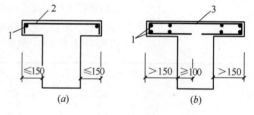

图 3-60　十字形梁翼缘的构造配筋　　　　　图 3-61　T 形梁翼缘的构造配筋

（a）配筋形式一；（b）配筋形式二　　　　　　（a）配筋形式一；（b）配筋形式二

1—≥ϕ8；2—≥ϕ6，间距同肋箍筋，且不大于 200；　　1—≥ϕ8；2—≥ϕ6 间距同肋箍筋，且不大于 200；

3—按计算，≥ϕ6，间距同肋箍筋，且不大于 200　　　3—按计算，≥ϕ6，间距同肋箍筋，且不大于 200

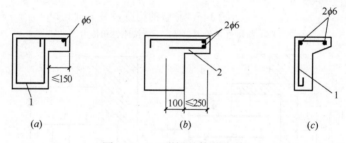

图 3-62　┏形梁的构造配筋

（a）配筋形式一；（b）配筋形式二；（c）配筋形式三

1—≥ϕ6，间距不大于 200；2—≥ϕ6，间距等于梁内箍筋间距，且不大于 200

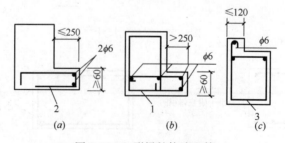

图 3-63　L 形梁的构造配筋

（a）配筋形式一；（b）配筋形式二；（c）配筋形式三

1—按计算，且≥ϕ6，间距不大于 200；2—≥ϕ6，间距等于梁内箍筋间距，且不大于 200；3—≥ϕ6，间距不大于 200

第4章

钢筋混凝土单层厂房柱

4.1 铰接排架柱的选型与截面选择

4.1.1 刚性屋盖单层房屋排架柱、露天吊车柱和栈桥柱的计算长度

轴心受压和偏心受压的刚性屋盖单层房屋排架柱、露天吊车柱和栈桥柱，其计算长度 l_0 可按表 4-1 的规定取用。

采用刚性屋盖的单层房屋排架柱、露天吊车柱和栈桥柱的计算长度 l_0 表 4-1

序号	柱的类型		排架方向	垂直排架方向	
				有柱间支撑	无柱间支撑
1	无吊车房屋柱	单跨	$1.5H$	$1.0H$	$1.2H$
		两跨及多跨	$1.25H$	$1.0H$	$1.2H$
2	有吊车房屋柱	上柱	$2.0H_u$	$1.25H_u$	$1.5H_u$
		下柱	$1.0H_l$	$0.8H_l$	$1.0H_l$
3	露天吊车和栈桥柱		$2.0H_l$	$1.0H_l$	—

注：1. 表中 H 为从基础顶面算起的柱子全高；H_l 为从基础顶面至装配式吊车梁底面或现浇式吊车梁顶面的柱子下部高度；H_u 为从装配式吊车梁底面或从现浇式吊车梁顶面算起的柱子上部高度；

    2. 表中有吊车房屋排架柱的计算长度，当计算中不考虑吊车荷载时，可按无吊车房屋的计算长度采用，但上柱的计算长度仍按有吊车房屋采用；

    3. 表中有吊车房屋排架柱的上柱在排架方向的计算长度，仅适用于 H_u/H_l 不小于 0.3 的情况；当 H_u/H_l 小于 0.3 时，计算长度宜采用 $2.5H_u$。

4.1.2 单层厂房常用柱的截面形式

单层厂房铰接排架柱一般采用预制柱，柱顶与屋架铰接，柱根与杯形基础固接，常用柱的截面形式如表 4-2 所示。

单层厂房柱选用柱截面参考   表 4-2

序号	柱截面高度（h）	宜采用柱的截面形式	序号	柱截面高度（h）	宜采用柱的截面形式
1	$h \leqslant 500mm$	矩形截面柱	4	$h=1300 \sim 1500mm$	工形截面柱或双肢柱
2	$h=600 \sim 800mm$	矩形或工形截面柱	5	$h>1600mm$	双肢柱
3	$h=900 \sim 1200mm$	工形截面柱			

注：1. 设防烈度为 8 度和 9 度时，宜采用斜腹杆双肢柱；

    2. 当抗震设防烈度为 8 度和 9 度时，不得采用薄壁工字型柱、腹板开孔工字型柱、预制腹板的工字形柱和管柱；

    3. 工字形截面柱，由于施工、预制和吊装的原因、在工程中已很少采用，大截面混凝土柱已逐步被钢柱、双肢柱替代。

4.1.3　单层厂房常用柱的截面尺寸

（1）柱的截面尺寸应由设计计算确定，必须满足强度和刚度要求。

（2）6m 柱距的厂房柱和露天吊车栈桥柱，其截面最小尺寸符合表 4-3 的要求时，可不进行刚度验算。

（3）对于单层厂房常用柱的截面尺寸可参照表 4-4、表 4-5 及表 4-6 采用。

（4）抗震设防时，大柱网厂房柱截面宜采用正方形或接近正方形的矩形，边长不宜小于柱全高的 1/18～1/16。

6m 柱距实腹柱截面尺寸　　　　　　　　　　　　　　　　表 4-3

项目	简　　图	分　　项		截面高度 h	截面宽度 b
无吊车厂房		单　跨		$\geqslant H/18$	$\geqslant H/30$ 并$\geqslant300\text{mm}$
		多　跨		$\geqslant H/20$	
有吊车厂房		$Q\leqslant10\text{t}$		$\geqslant H_t/14$	$\geqslant H_l/25$ 并$\geqslant300\text{mm}$
		$Q=15\sim20\text{t}$	$H_t\leqslant10\text{m}$	$\geqslant H_t/11$	
			$10\text{m}<H_t\leqslant12\text{m}$	$\geqslant H_t/12$	
		$Q=30\text{t}$	$H_t\leqslant10\text{m}$	$\geqslant H_t/10$	
			$H_t\geqslant12\text{m}$	$\geqslant H_t/11$	
		$Q=50\text{t}$	$H_t\leqslant11\text{m}$	$\geqslant H_t/9$	
			$H_t\geqslant13$	$\geqslant H_t/10$	
		$Q=75\sim100\text{t}$	$H_t\leqslant12\text{m}$	$\geqslant H_t/8$	
			$H_t\geqslant14\text{m}$	$\geqslant H_t/8.5$	
露天栈桥		$Q\leqslant10\text{t}$		$\geqslant H_t/10$	$\geqslant H_t/25$ 并$\geqslant500\text{mm}$
		$Q\leqslant15\sim30\text{t}$	$H_t\leqslant12\text{m}$	$\geqslant H_t/9$	
		$Q=50\text{t}$	$H_t\leqslant12\text{m}$	$\geqslant H_t/8$	

注：1. 表中 Q 为吊车起重量，H 为基础顶面至柱顶的总高度，H_t 为基础顶面至吊车梁顶的高度，H_l 为基础顶面至吊车梁底的高度，r 为管柱的单管回转半径，D 为管柱的单管外径；

2. 当采用平腹杆双肢柱时，截面高度 h 应乘以系数 1.1，采用斜腹杆双肢柱时，截面高度 h 应乘系数 1.05；

3. 表中有吊车厂房的柱截面高度系按吊车工作级别 A_6、A_7 考虑的；当吊车工作级别为 $A_1\sim A_5$ 时，可乘以系数 0.95；

4. 当厂房柱距为 12m 时，柱的截面尺寸宜乘以系数 1.1；

5. 柱顶端为不动支点（复式排架如带有贮仓）时，有吊车厂房的柱截面可按下列情况确定：

当 $Q\leqslant10\text{t}$ 时，h 为 $\dfrac{H_t}{16}\sim\dfrac{H_t}{18}$，$b\geqslant\dfrac{H}{30}$ 且 $b\geqslant300\text{mm}$，

当 $Q>10\text{t}$ 时，h 为 $\dfrac{H_t}{14}\sim\dfrac{H_t}{16}$，$b\geqslant\dfrac{H}{25}$ 且 $b\geqslant400\text{mm}$，

6. 山墙柱、壁柱的上柱截面尺寸（$h\times b$）不宜小于 350mm×300mm，下柱截面尺寸应满足下列尺寸要求：

截面高度 $h\geqslant\dfrac{1}{25}H_{xl}$，且 $h\geqslant600\text{mm}$（中、轻型厂房中 h 允许减少，但不宜小于排架柱的截面高度）；

截面宽度 $b\geqslant\dfrac{1}{30}H_{yl}$，且 $b\geqslant400\text{mm}$；

式中，H_{xl} 为自基础顶面至屋架或抗风桁架与壁柱较低连结点的距离，H_{yl} 为柱宽方向两支点间的最大间距。

壁柱与屋架及基础的连结点均可视为柱宽方向的支点；在柱高范围内，与柱有钢筋拉结的墙梁及与柱刚性连结的大型墙板亦可视为柱宽方向的支点。

表 4-4

6m柱距厂房钢筋混凝土柱的截面尺寸选用表 (mm)

吊车起重量(t)	轨顶标高(m)	柱截面简图	边柱 上柱 无吊车走道	边柱 上柱 有吊车走道	边柱 下柱 实腹柱、工字形柱及平腹杆双肢柱	边柱 下柱 斜腹杆双肢柱	中柱 上柱 无吊车走道	中柱 上柱 有吊车走道	中柱 下柱 实腹柱、工字形柱及平腹杆双肢柱	中柱 下柱 斜腹杆双肢柱
5	6~8.4	矩形	矩400×400		($b×h$) 矩400×600		矩400×400		($b×h$) 矩400×600	
10	8.4		矩400×400	矩400×800	($b×h×h_i×b_i$) 1400×800×150×120		矩400×600	矩400×800	($b×h×h_i×b_i$) 1400×800×150×120	
10	10.2		矩400×400	矩400×800	1400×800×150×120		矩400×600	矩400×800	1400×800×150×120	
10	12		矩500×400	矩500×800	1500×1000×150×120		矩500×600	矩500×800	1500×1000×150×120	
15~20	8.4	工字形	矩400×400	矩400×800	1400×800×150×120		矩400×600	矩400×800	1400×800×150×100	
15~20	10.2		矩500×400	矩400×800	1400×1000×150×120		矩400×600	矩400×800	1400×1000×150×120	
15~20	12		矩500×400	矩500×800	1500×1000×200×120		矩500×600	矩500×800	1500×1000×200×120	
30	10.2		矩500×500	矩500×800	1500×1200×150×120		矩500×600	矩500×800	1500×1200×150×120	
30	12		矩500×500	矩500×800	1500×1200×200×120		矩500×600	矩500×800	1500×1200×200×120	
30	14.4		矩600×600	矩600×800	1600×1400×200×300		矩600×600	矩600×800	($b×h×h_c$) 双600×1400×300	双500×1600×300
50	10.2		矩500×600	矩500×800	1500×1200×200×120		矩500×600	矩500×800	双500×1600×300	双500×1600×300
50	12		矩500×600	矩500×800	1500×1200×200×120		矩500×600	矩500×800	双500×1600×300	双600×1600×300
50	14.4	双肢	矩600×600	矩600×800	($b×h×h_c$) 双600×1400×300		矩600×600	矩600×800	双600×1600×300	双600×1600×300
75	12		矩600×700	矩600×900	双600×1800×300	双600×1600×300	矩600×700	矩600×900	($b×h×h_c$) 双600×1800×300	双500×1600×300
75	14.4		矩600×900	矩600×900	双700×1800×300	双600×1600×300	矩600×700	矩600×900	双600×2000×300	双500×1600×300
75	16.2		矩700×900	矩700×900	双700×1800×300	双700×1800×300	矩700×700	矩700×900	双700×2000×350	双600×1600×300
100	12		矩600×900	矩600×900	双600×1800×300	双600×1800×300	矩600×700	矩600×900	双600×2000×350	双600×1800×300
100	14.4		矩600×900	矩600×900	双600×2000×350	双600×1800×350	矩600×700	矩600×900	双600×2000×350	双600×2000×350
100	16.2		矩700×900	矩700×900	双700×2000×350	双700×1800×350	矩700×700	矩700×900	双700×2200×350	双700×2000×350

注：当边柱柱的上柱设有安全走道人孔时，可将原上柱截面高度加大400mm以满足人员通行要求；也可以不加大柱截面高度，设置宽度大400mm安全通行走道盖板，人员绕柱内侧通行。以上两种做法均应校核吊车轨道中心到走道内边板边或走道板边的距离，以确保吊车通行。必要时柱网定位可增加插入距。

12m柱距厂房钢筋混凝土柱的截面尺寸选用表(mm)

表 4-5

吊车起重量(t)	轨顶标高(m)	柱截面简图	边柱 上柱 无吊车走道 (b×h)	边柱 上柱 有吊车走道	边柱 下柱 工字形柱及平腹杆双肢柱 (b×h×hi×bi)	边柱 下柱 斜腹杆双肢柱	中柱 上柱 无吊车走道	中柱 上柱 有吊车走道	中柱 下柱 工字形柱及平腹杆双肢柱 (b×h×hi×bi)	中柱 下柱 斜腹杆双肢柱
5	6~8.4	矩形	矩400×400		1400×700×150×120		矩500×600	矩500×800	1500×1000×150×120	
10	8.4		矩400×400	400×800	1400×1000×150×120		矩500×600	矩500×800	1500×1100×200×120	
10	10.2		矩400×400	400×800	1400×1000×150×120		矩500×600	矩500×800	1500×1100×200×120	
10	12		矩500×400	500×800	1500×1000×150×120		矩500×600	矩500×800	1500×1200×200×120	
15~20	8.4	工字形	矩400×400	400×800	1400×1000×150×120		矩500×600	矩500×800	双500×1600×300	双500×1600×300
15~20	10.2		矩500×400	500×800	1500×1100×150×120		矩500×600	矩500×800	双500×1600×300	双500×1600×300
15~20	12		矩500×400	500×800	1500×1100×150×120		矩500×600	矩500×800	双500×1600×300	双500×1600×300
30	10.2		矩500×500	500×800	1500×1100×200×120		矩500×600	矩500×800	双500×1600×300	双500×1600×300
30	12		矩500×500	500×800	1500×1200×200×120		矩500×600	矩500×800	双500×1600×300	双500×1600×300
30	14.4	双肢	矩600×500	600×900	双600×1300×300	双600×1600×300	矩600×600	矩600×800	双600×1600×300	双600×1600×300
50	10.2		矩500×600	500×900	双500×1400×300	双600×1800×300	矩600×700	矩600×900	双600×1800×300	双600×1800×300
50	12		矩500×600	500×900	双500×1400×300	双600×2000×350	矩600×700	矩600×900	双600×1800×300	双600×1800×300
50	14.4		矩600×600	600×900	双600×1600×300	双700×2000×350	矩600×700	矩600×900	双600×1800×300	双600×1800×300
75	12			矩600×900	(b×h×hc) 双600×1800×300	双600×2000×350	矩600×700	矩600×900	(b×h×hc) 双600×2000×350	双600×2000×350
75	14.4			矩600×900	双600×2000×350	双600×2000×350	矩600×700	矩600×900	双600×2000×350	双600×2000×350
75	16.2			矩700×900	双700×2000×350	双700×2200×350	矩700×700	矩700×900	双700×2200×350	双700×2200×350
100	12			矩600×900	双600×2000×350	双600×2200×350	矩600×700	矩600×900	双600×2200×350	双600×2200×350
100	14.4			矩600×900	双600×2200×350	双600×2200×350	矩600×700	矩600×900	双600×2200×350	双600×2200×350
100	16.2			矩700×900	双700×2200×350	双700×2200×400	矩700×700	矩700×900	双700×2400×400	双700×2400×400

注：同表 4-4 注。

露天栈桥钢筋混凝土柱截面尺寸选用表（mm） 表 4-6

吊车起重量 （t）	轨顶标高 （m）	6m 柱距	9m 柱距	12m 柱距
5	8	I400×800×150×100	I400×800×150×120	I400×1000×150×120
	9	I400×900×150×100	I400×900×150×120	I400×1000×150×120
	10	I400×1000×150×100	I400×1000×200×120	I400×1100×200×120
10	8	I400×900×150×100	I400×1000×150×120	I400×1100×150×120
	9	I400×1000×150×100	I400×1100×200×120	I400×1100×200×120
	10	I400×1000×200×120	I500×1100×200×120	I500×1100×200×120
15	8	I400×1000×150×100	I500×1100×200×120	I500×1100×200×120
	9	I500×1000×200×120	I500×1100×200×120	I500×1100×200×120
	10	I500×1100×200×120	I500×1200×200×120	I500×1200×200×120
	12	双 500×1300×250	双 500×1300×250	双 500×1300×250
20	8	I400×1000×150×100	I500×1100×200×120	I500×1100×200×120
	9	I500×1000×200×120	I500×1100×200×120	I500×1200×200×120
	10	I500×1100×200×120	I500×1200×200×120	双 500×1300×250
	12	双 500×1300×250	双 500×1300×250	双 500×1400×250
30	8	I500×1000×200×120	I500×1100×200×120	I500×1100×200×120
	9	I500×1100×200×120	I500×1200×200×120	双 500×1300×250
	10	I500×1200×200×120	双 500×1300×250	双 500×1400×250
	12	双 500×1300×250	双 500×1600×250	双 500×1600×250
50	10	双 500×1400×250	双 500×1600×300	双 600×1600×350
	12	双 600×1600×300	双 600×1800×300	双 600×1800×350

4.1.4 柱的侧向变形允许值

设有 A_7、A_8 级吊车的厂房柱和设有中级和重级工作制吊车的露天栈桥柱，在吊车梁或吊车桁架的顶标高处，由一台最大吊车水平荷载（按荷载规范取值）所产生的侧向变形值，不应超过表 4-7 所规定的水平位移允许值。

柱的允许计算变形 表 4-7

序号	变形的种类	按平面结构图形计算	按空间结构图形计算
1	厂房柱的横向位移	$H_c/1250$	$H_t/2000$
2	露天栈桥柱的横向位移	$H_c/2500$	—
3	厂房和露天栈桥柱的纵向位移	$H_c/4000$	—

注：1. H_c 为基础顶面至吊车梁顶面的高度；

2. 计算厂房或露天栈桥柱的纵向变形时，可假定吊车的纵向水平制动力分配在温度区段内所有柱间支撑或纵向排架上；

3. 在设有 A8 级起重机的厂房中，厂房柱的水平位移允许值宜减小 10%；

4. 在设有 A6 级起重机的厂房柱的纵向位移宜符合表中的要求。

4.1.5　工字形柱的外形构造尺寸

工字形柱的外形构造尺寸非抗震时宜满足图 4-1 中规定的要求。当抗震设防时，柱底至室内地坪以上 500mm 范围内和阶形柱的上柱宜采用矩形截面。

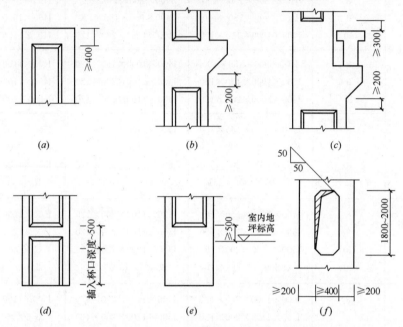

图 4-1　工形柱的外形尺寸

(*a*) 柱顶；(*b*)、(*c*) 牛腿上、下部；(*d*) 柱根；(*e*) 用于抗震设防或腹板较薄处；(*f*) 人孔

4.1.6　露天栈桥柱与吊车梁的连接形式

（1）常用的连接形式如图 4-2、图 4-3 所示（走道板栏杆未表示）。

（2）当柱截面高度 *h*＜1200mm，且不设走道板或仅设单侧走道板时，也可采用图 4-3 的形式。

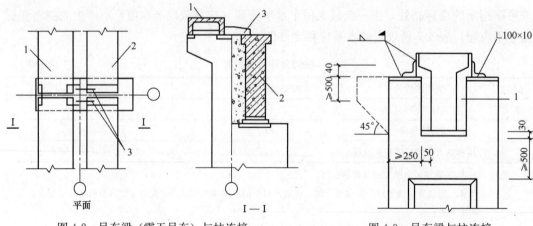

图 4-2　吊车梁（露天吊车）与柱连接　　　图 4-3　吊车梁与柱连接

1—走道板；2—吊车梁；3—连接件　　　1—C20 细石混凝土填塞（30 厚找平层）

4.1.7　双肢柱外形构造尺寸

双肢柱外形构造尺寸要求如表 4-8 所示。

双肢柱外形构造尺寸要求　　表 4-8

序号	项　目	内　　容
1	斜腹杆双肢柱	斜腹杆双肢柱的截面尺寸应满足图 4-4 的要求
2	平腹杆双肢柱	平腹杆双肢柱的截面尺寸应满足图 4-5 的要求 腹杆刚度 K_{w1}（$K_{w1} = I_w/l'_w$）宜大于肢杆刚度 K_c（$K_c = I_c/l'_c$）的 5 倍，且 $h_w \geqslant 400mm$ $b \geqslant H_l/25$，且 $b \geqslant 500mm$ $b_{w1} = b - 100mm$ $h_c \geqslant 250mm$ $h_{w1} \geqslant 400mm$ $h_{w2} \geqslant 250mm$ 肢杆节间的净长 l'_c 不宜大于 $10h_c$，一般采用 1800～2500mm
3	双肢柱外形构造	双肢柱的肢柱中心应尽量与吊车梁中心重合；如不能重合，吊车中心也不宜超出柱肢外缘。斜腹杆双肢柱的斜腹杆与水平面的夹角 β 宜为 45°左右，一般在 35°～55°之间，且不大于 60°。设有吊车梁的柱肢上端应为斜腹杆的设置起点，如两柱肢均设有吊车时，则以承受吊车荷载较大的柱肢为斜腹杆的设置起点，如图 4-6 所示
4	柱脚形式	双肢柱的柱脚，当基础设计为单杯口时，宜采用如图 4-7 所示的形式；当柱脚采用分肢插入基础杯口时，应采用如图 4-4 或图 4-5 所示的形式
5	双肢柱肩梁	双肢柱的肩梁高度 h_s 应符合下列要求： (1) $h_s \geqslant 2h_c$，且 $\geqslant 600mm$ (2) 应满足柱肢及上柱内纵向受力钢筋锚固长度的要求 (3) 肩梁刚度 $K_s \left(K_s s = \dfrac{I_s}{l'_w} \right)$ 宜为肢杆刚度 $K_c \left(K_c = \dfrac{I_s}{l'_c} \right)$ 的 20 倍以上
6	其他	双肢柱上段柱开设人孔时，人孔的底标高宜与吊车轨顶面相近。肩梁下段设置牛腿时，牛腿区段范围内的柱宜为实腹矩形截面

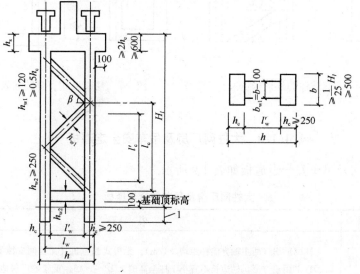

图 4-4　斜腹杆双肢柱的截面尺寸（分肢插入杯口）

1—插入基础杯口深度

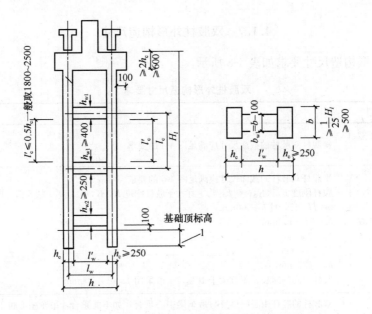

图 4-5　平腹杆双肢柱的截面尺寸（分肢插入杯口）

1—插入基础杯口深度

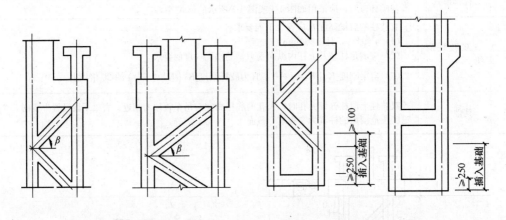

图 4-6　双肢柱的外形构造　　　　图 4-7　柱脚形式（合肢插入杯口）

4.1.8　大柱网厂房及吊车安全走道板

大柱网厂房及吊车安全走道板如表 4-9 所示。

大柱网厂房及吊车安全走道板　　　　　　　　　　　　表 4-9

序号	项　　目	内　　容
1	大柱网厂房	大柱网厂房（两主轴方向柱距均≥12m）。无桥式起重机且无柱间支撑的大柱网厂房，柱截面宜采用正方形，柱边长不宜小于柱全高的 1/18～1/16。重屋盖厂房地震组合柱轴压比，6、7 度时不宜大于 0.8，8 度时不宜大于 0.7，9 度时不应大于 0.6

序号	项　目	内　容
2	吊车安全走道板	吊车安全走道板的设置应满足以下要求： （1）工作级别 A_6～A_8 的吊车、工作级别 A_1～A_5 的吊车轨高＞8m 时均应在跨度两侧设置宽度不小于 0.8m 的安全走道板（图 4-8） （2）工作级别 A_1～A_5 的吊车轨高≤8m 时，在吊车操纵室一侧设置通长安全走道板 （3）工作级别 A_1～A_3 的吊车轨高≤8m 时，当未设置安全走道板时，在厂房两端山墙处各设一个长度为厂房跨度的检修平台 （4）4 轮吊车桥架外缘至安全走道板边缘的净距应≥80mm；工作级别 A_6～A_8 的吊车及 8 轮吊车外缘至安全走道板的净距应≥100mm，其安全走道板突出柱内侧的尺寸应≥400mm

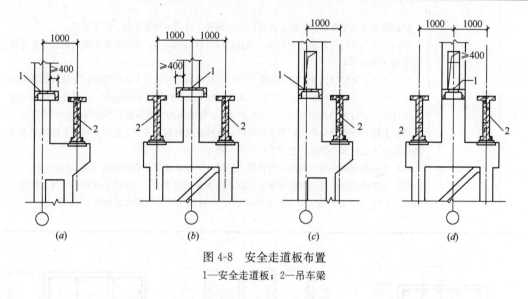

图 4-8　安全走道板布置

1—安全走道板；2—吊车梁

4.2　铰接排架柱的纵向钢筋与箍筋

4.2.1　铰接排架柱的纵向钢筋

铰接排架柱的纵向钢筋如表 4-10 所示。

铰接排架柱的纵向钢筋　　　　　　　　　　　　　　表 4-10

序号	项　目	内　容
1	纵向受力钢筋	（1）铰接排架柱纵向受力钢筋的最小配筋百分率应符合本书表 1-137、表 1-138、表 1-139 的规定。纵向钢筋的最大配筋率不应小于 5%（按全部纵向钢筋计算） （2）柱中纵向受力钢筋一般为对称配置。当铰接排架柱的纵向受力钢筋按构造设置时，其直径宜≥14mm（小型厂房柱）或 16mm（大型厂房柱） （3）纵向受力钢筋的净距不应小于 50mm，且不宜大于 300mm；对水平浇筑的预制柱，纵向受力钢筋的净距不应小于 25mm 及 d（d 为钢筋最大直径） （4）在偏心受压柱中，垂直于弯矩作用平面的侧面上的纵向受力钢筋以及轴心受压柱中各边的纵向受力钢筋，其间距不宜大于 300mm，如图 4-9 所示 （5）抗震设防时大柱网厂房柱纵向受力钢筋宜沿柱截面周边对称配置，间距不宜大于 200mm，角部宜配置直径较大的钢筋

序号	项　目	内　　容
2	纵向构造钢筋	（1）柱截面高度 $h > 600mm$ 时，可根据柱的截面大小，在柱的侧边应设置直径 10～16mm 的构造钢筋，其间距不应大于 500mm（对于平腹杆双肢柱，其间距不应大于 400mm）。矩形截面柱的纵向构造钢筋见图（4-10）。工字形截面柱的纵向构造钢筋见图 4-11。双肢柱的纵向构造钢筋见图 4-12，当 $H_c \geqslant 400mm$ 时，按钢筋排布需要设置复合箍筋（图 4-16） （2）设有柱间支撑的柱其侧面应按计算设置纵向受力钢筋，其间距宜 $\leqslant 300mm$ 见图 4-9；其余没有与柱间支撑连接的柱，其侧面可设置纵向构造钢筋。抗震时纵向受力钢筋的间距在柱箍筋加密区应双向满足箍筋最大肢距要求
3	变截面预制柱	铰接排架中的变截面预制柱，其纵向受力钢筋的锚固与连接应符合以下要求： （1）上柱与下柱的纵向受力钢筋，其直径与根数均相同时，下柱外侧的纵向钢筋可直接伸入上柱（图 4-13a） （2）上柱、下柱纵向受力钢筋根数相同，下柱纵筋直径大于上柱纵筋时，下柱外侧纵筋应伸入上柱与上柱纵筋搭接（图 4-13b）；当下柱纵筋直径小于上柱纵筋时，上柱外侧纵筋应锚入下柱并与下柱纵筋搭接（4-13c）（通常下柱外侧的纵向受力钢筋其强度均未充分利用） （3）上柱、下柱纵向受力钢筋直径相同，下柱纵筋的根数多于上柱时，可将下柱外侧多余的纵筋伸入上柱满足锚固长度要求后切断（图 4-13d） （4）上柱内侧纵向受力钢筋一般情况下应锚入下柱牛腿满足锚固要求（图 4-13a～d） （5）下柱内侧纵向受力钢筋应伸入牛腿顶并满足直锚要求，当牛腿高度较小时其直线段应为 $0.6l_a$（$l_{a,aE}$）并弯折 15d（图 4-13a～d）。中柱纵向受力钢筋构造如图 4-13e 所示

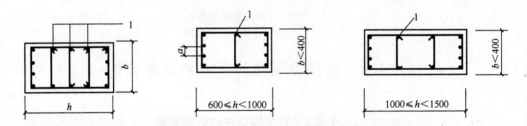

图 4-9　矩形柱出平面纵向受力钢筋　　　　　　图 4-10　矩形截面柱的纵向构造钢筋
　　　1—出平面纵向受力钢筋　　　　　　　　　　　　1—纵向构造钢筋

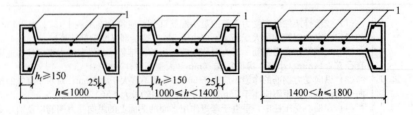

图 4-11　工字形截面柱的纵向构造钢筋
1—纵向构造钢筋

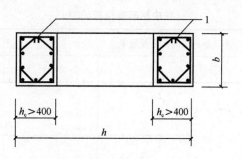

图 4-12 双肢柱的纵向构造钢筋

1—纵向构造钢筋

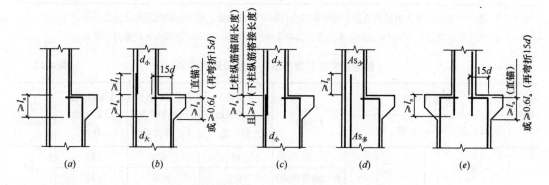

图 4-13 预制柱纵向受力钢筋的锚固与连接

(抗震时，图中 l_a、l_l 均相应改为 l_{aE}、l_{lE})

4.2.2 铰接排架柱的箍筋

铰接排架柱的箍筋如表 4-11 所示。

铰接排架柱的箍筋   表 4-11

序号	项　目	内　容
1	箍筋的形式、直径及间距	(1) 柱周边箍筋应做成封闭式，箍筋末端应做成 135° 弯钩，且弯钩末端平直段长度不应小于箍筋直径的 5d，抗震时不应小于 10d。焊接（闪光对焊）封闭式箍筋应在抗震设防时优先采用 (2) 箍筋的直径和间距应满足表 4-12 的要求 (3) 抗震设计时，铰接排架柱的柱顶、吊车梁、牛腿和柱根等区段的箍筋应加密。箍筋加密区段的长度、箍筋加密区的最大肢距、箍筋最小直径及最大间距应遵守表 4-13 规定
2	复合箍筋	(1) 当矩形截面柱短边尺寸大于 400，且各边纵向钢筋多于三根时，应设置复合箍筋；当柱子短边不大于 400mm 且纵向钢筋不多于四根时，可不设置复合箍筋（图 4-14）。抗震设防时，箍筋的设置应按表 4-13 满足最大肢距要求 (2) 复合箍筋可采用多个矩形箍组成或矩形箍加拉筋、三角筋、菱形筋等。在保证满足纵向受力钢筋稳定、斜截面受剪承载力和柱延性的基础上，力求箍筋用量最少 (3) 见表 3-15 的规定 (4) 工字形截面柱的箍筋形式如图 4-15 所示 (5) 双肢柱的箍筋形式如图 4-16 所示

柱中箍筋直径和间距　　　　　　　　　　表 4-12

序号	箍筋	纵向受力钢筋配筋率		纵向钢筋的搭接区
		≤3%	>3%	
1	直径	采用热轧钢筋：$\geqslant \frac{1}{4}d$ 及 6mm	$\geqslant \frac{1}{4}d$ 及 8mm	
2	间距	(1) ≤400mm (2) 柱截面短边尺寸 (3) ≤15d（绑扎骨架）、20d（焊接骨架）	(1) ≤200mm (2) ≤10d	受拉时：≤100mm；≤5d 受压时：≤200mm；≤10d

注：1. 表中 d 为纵向受力钢筋的直径；用于箍筋直径取 d 的最大值；用于箍筋间距取 d 的最小值；

2. 当受压钢筋直径 d>25mm 时，尚应在搭接接头两个端面外 100mm 范围内各设置两个箍筋。

箍筋加密区的箍筋最小直径和最大间距　　　　　　　　表 4-13

序号	箍筋加密区		有无支撑的柱	8度Ⅲ、Ⅳ类场地和9度	7度Ⅲ、Ⅳ类场地和8度Ⅰ、Ⅱ类场地	6度和7度Ⅰ、Ⅱ类场地	最大间距（mm）
	区段	草图					
1	一般柱顶		无	$\phi 8$	$\phi 8$	$\phi 6$	100
			有（或有约束）	$\phi 12$	$\phi 10$	$\phi 8$	
2	角柱柱顶		有或无	$\phi 12$	$\phi 10$	$\phi 8$	100
3	—		按表 4-12				
4	吊车梁及牛腿		有或无	$\phi 10$	$\phi 8$	$\phi 8$	100
5	—		按表 4-12				
6	主根		无	$\phi 10$	$\phi 8$	$\phi 6$	100
		刚性地坪	有	$\phi 10$	$\phi 8$	$\phi 8$	
7	箍筋最大肢距（mm）			200	250	300	

注：1. 表中有约束是指柱变位受到约束。当铰接排架侧向受约束且约束点至柱顶长度 l 不大于柱截面边长的两倍（排架平面：$l \leqslant 2h$，垂直排架平面：$l \leqslant 2b$）时，柱顶预埋钢板和柱顶箍筋加密区的构造尚应符合下列要求：

(1) 柱顶预埋钢板沿排架平面方向的长度，宜取柱顶的截面高度 h，但在任何情况下不得小于 $h/2$ 及 300mm，预埋钢筋上的直锚筋：一级抗震等级：取 $4\phi 16$，二级抗震等级，取 $4\phi 14$，三、四级抗震等级，取 $4\phi 12$；

(2) 柱顶轴向力在排架平面内的偏心距 e_0 在 $h/6 \sim h/4$ 范围内时，柱顶箍筋加密区，宜配置四肢箍，肢距不大于 200mm，箍筋体积配筋率不宜小于下列规定：一级抗震等级为 1.2%；二级抗震等级为 1.0%；三、四级抗震等级为 0.8%；当 $e_0 \leqslant h/6$ 时，宜符合表 9-49、表 9-50 及表 9-51 的规定。

2. 括号内数据用于大柱网厂房，其纵向钢筋宜沿柱截面周边对称配置，间距不宜大于 200mm，角部宜配置直径较大的钢筋；

3. 柱间支撑与柱连接点和柱变位受平台等约束的部位，柱的箍筋加密范围取节点上、下各 300mm。

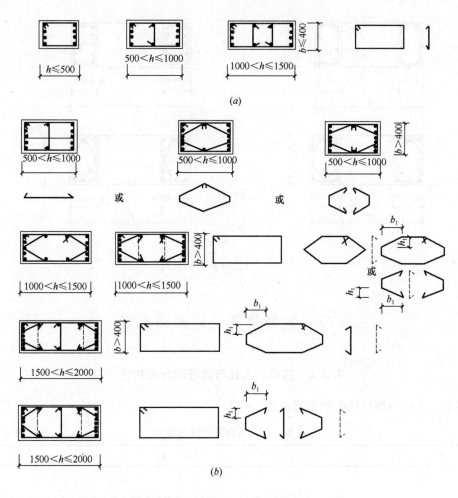

图 4-14 矩形截面柱的箍筋形式

(a) $b \leqslant 400$; (b) $b > 400$

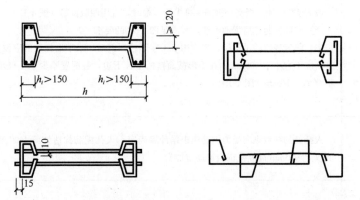

图 4-15 工字形截面柱的箍筋形式

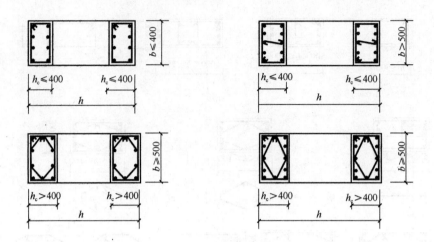

图 4-16   双肢柱的箍筋形式

4.3   铰接排架柱的细部配筋

4.3.1   肩梁、人孔与腹杆的配筋构造

肩梁、人孔与腹杆的配筋构造如表 4-14 所示。

肩梁、人孔与腹杆的配筋构造   表 4-14

序号	项 目	内 容
1	肩梁	（1）双肢柱中柱的肩梁，当 $l'_w/h_s \leqslant 2$ 时，应参照牛腿的有关规定设计并配筋。肩梁的截面尺寸应满足裂缝控制的要求。肩梁上、下水平纵向钢筋不宜少于 4 根，直径不宜小于 16mm，水平箍筋一般采用 $\phi8 \sim \phi12$ 的 HPB300 级钢筋，其间距为 100～150mm，垂直箍筋一般为 $\phi8@100$。当水平钢筋一排多于 5 根时，宜用四肢箍筋（图 4-17） （2）双肢柱边柱肩梁的配筋，宜满足图 4-18 的要求 （3）露天栈桥的吊车梁，当作用于工字形柱顶部时，工字形柱顶部应设置矩形截面边框，其高度不宜小于 500mm，在矩形截面框的上、下边，各配置不少于 4 根水平钢筋，其直径不宜小于 16mm（图 4-19）
2	人孔	人孔处的柱肢纵向受力钢筋应根据计算确定，人孔配筋构造如图 4-20 所示。人孔及其顶面以上 300mm 高度范围内箍筋应加密
3	腹杆的配筋构造	双肢柱腹杆受力钢筋应根据计算确定，并应对称配置。斜腹杆的受力钢筋，每边不应少于 2 根（图 4-21），平腹杆的每边不应少于 4 根（图 4-22）。钢筋直径均不应小于 12mm，钢筋伸入柱肢内的长度应符合锚固长度要求

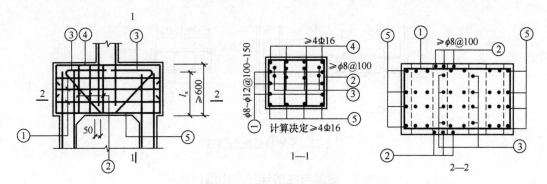

图 4-17 中柱肩梁的配筋构造

注：其中③为弯起钢筋 $A_{sb} \geqslant \dfrac{1}{2} A_s$，$\geqslant 0.002bh$，$\geqslant 3\,\phi 12$

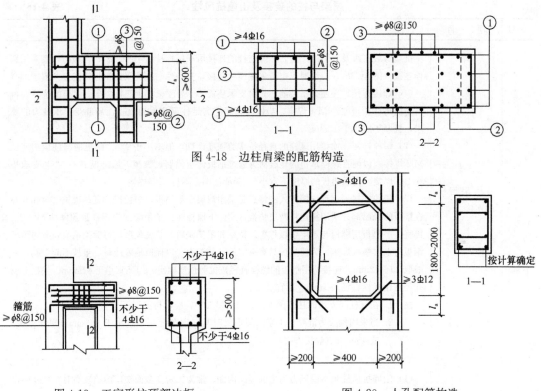

图 4-18 边柱肩梁的配筋构造

图 4-19 工字形柱顶部边框   图 4-20 人孔配筋构造

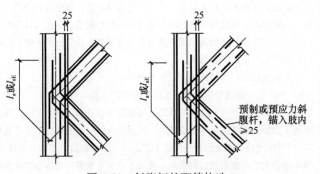

图 4-21 斜腹杆的配筋构造

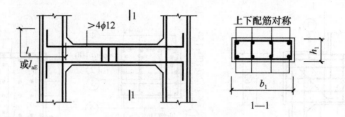

图 4-22 平腹杆的配筋构造

4.3.2 屋架与柱的连接及山墙抗风柱

屋架与柱的连接及山墙抗风柱如表 4-15 所示。

屋架与柱的连接及山墙抗风柱   表 4-15

序号	项 目	内 容
1	屋架与柱的连接	抗震等级三级及以下的厂房，屋架与柱的连接可采用焊接（图 4-23a）；二级时，宜采用螺栓连接（图 4-23b）；一级时，也可采用螺栓连接，有条件时，宜采用钢板铰连接（图 4-23c） （1）焊接连接。在屋架吊装前，先将支承垫板 B-1 与屋架支承底板焊牢。屋架就位后，再将垫板与柱顶预埋件 M-1 焊牢。垫板的宽度应满足柱顶和屋架混凝土局部受压承载力的要求，板厚不宜小于 10mm （2）螺栓连接。连接用螺栓的直径按弯剪强度计算，但不小于 $\phi25$。螺栓应与柱顶预埋件 M-2 焊接，以便将螺栓承担的地震剪力通过钢板传至锚筋。螺帽下加垫板 B-3，并与支承垫板 B-2 焊接。支承垫板的厚度不宜小于 16mm。B-2 不与 M-2 焊接 （3）板铰连接。这种连接方式的特点是采用双层支承垫板，垫板比柱宽每边长出 80mm 并在垫板的悬出部分采用螺栓将两块垫板拧牢。下层板在柱子吊装前焊于柱顶预埋件 M-3 上，再将上层垫板用螺栓与下层垫板拧牢。待柱和屋架先后吊装就位后，将屋架端头底面的预埋钢板与上层垫板焊牢。为使垫板具有一定的转动能力，以耗散地震能量，垫板不能太厚，一般取 10～12mm。连接两层垫板的螺栓直径按抗剪强度确定，但不宜小于 $\phi25mm$。垫板上的孔径宜比螺栓直径大 1mm，不宜过大 注：1. 在有柱间支撑的柱顶预埋件 M-1～M-3 中，应设抗剪钢板 2. 当采用预应力混凝土工字形屋面梁时其柱顶宽度 b_c 不宜小于 500mm（螺栓方案）或 450mm（焊接方案）
2	山墙抗风柱	（1）山墙抗风柱是承受风力为主的竖向构件、常为二阶变截面柱，山墙较高时在柱外侧设置牛腿承受墙梁传来的竖向荷载（图 4-24）。抗风柱截面尺寸要求见表 4-3 注 6。计算时柱顶为不动铰，柱根固定在基础上，可按受弯构件计算；预制柱尚应进行脱模起吊与安装起吊验算。一般情况下吊装验算常控制抗风柱的截面与配筋。当抗风柱与屋架下弦相连接时，应进行下弦横向支撑杆件的截面和连接节点抗震承载力验算。8度和9度时，高大山墙的抗风柱应进行平面外截面抗震验算 （2）抗风柱与厂房的连接应符合下列要求： 1）当厂房屋面设置屋面梁或虽设置屋架但山墙高度不大且厂房又未设置下弦横向水平支撑时，山墙柱柱顶应与屋面梁翼缘或屋架的上弦连接（图 4-25）。当厂房跨度与高度较大且屋架下弦设置下弦横向水平支撑时，山墙抗风柱应与屋架的上下弦连接（图 4-26） 2）当抗风柱与屋架的连接部位不在上、下弦水平横向支撑与屋架的连接点处时，可在支撑中增设次腹杆或设置型钢横梁，将风力或水平地震作用传至节点部位（图 4-27）

序号	项　目	内　容
2	山墙抗风柱	3) 当屋架横向水平支撑设置在第二开间时应设置刚性斜撑将山墙风力或水平地震作用传至支撑节点处（图 4-28）。斜撑长细比应按表 4-34 选用 4) 抗风柱柱顶应设置预埋件，使柱顶与屋架上弦可靠连接（图 4-29），预埋件的锚筋可按以下要求设置： 6、7 度时不宜少于 4φ12；8 度时不宜少于 4φ14；9 度时不宜少于 4φ16 (3) 山墙抗风柱的配筋，应符合下列要求： 1) 抗风柱柱顶以下 300mm 和牛腿（柱肩）面以上 300mm 范围内的箍筋，直径不宜小于 8mm，间距不应大于 100mm，肢距不宜大于 250mm 2) 抗风柱的变截面牛腿（柱肩）处，宜设置纵向受拉钢筋（图 4-30）

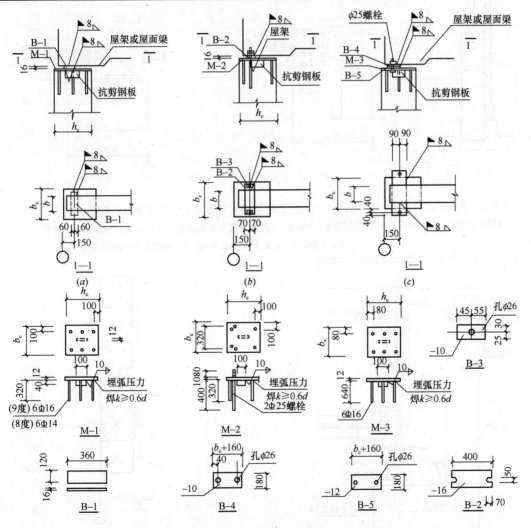

图 4-23　屋架与柱的连接

(a) 焊接方案；(b) 螺栓方案；(c) 钢板铰方案

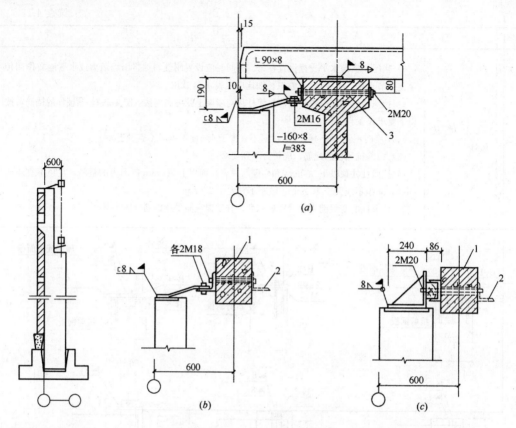

图 4-24　山墙抗
风柱示意图

图 4-25　山墙柱与屋架及屋架上弦连接节点示意图

(a) 与屋架连屋；(b) 6、7 度时与屋架上弦连接；(c) 8、9 度与屋架上弦连接

1—屋架上弦；2—上弦支撑节点角钢；3—预留孔 $D=24$ 孔距 160

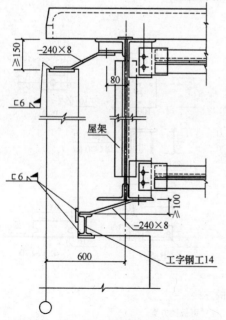

图 4-26　山墙柱与屋架连接节点示意图

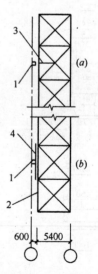

图 4-27　抗风柱位置不在支撑节点处示意图

(a) 增设次腹杆；(b) 增设型钢横梁

1—抗风柱；2—屋架；3—次腹杆；4—型钢横梁

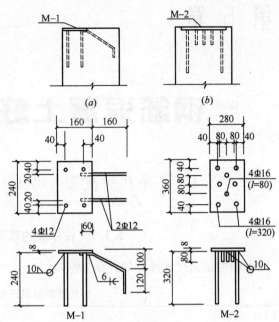

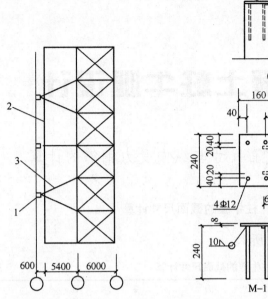

图 4-28 横向水平支撑设在第二开门

1—抗风柱；2—屋架；3—刚性斜撑

图 4-29 柱顶预埋件

(a) 用于 6、7 度；(b) 用于 8～9 度

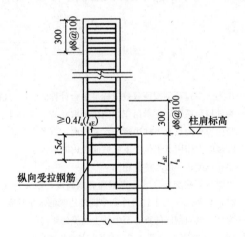

图 4-30 抗风柱柱肩配筋

第 5 章

钢筋混凝土柱牛腿设计

5.1 柱牛腿的截面尺寸与纵向受力钢筋的计算

5.1.1 柱牛腿的截面尺寸计算

柱牛腿的截面尺寸计算如表 5-1 所示。

柱牛腿的截面尺寸计算 表 5-1

序号	项 目		内 容
1	竖向力作用下的柱牛腿截面尺寸计算		钢筋混凝土柱牛腿是支承屋盖、墙梁和吊车梁等构件的重要结构 对于 a 不大于 h_0 的柱牛腿（图 5-1），其截面尺寸应符合下列要求： 当牛腿仅有 F_{vk} 竖向力作用时，牛腿的裂缝控制应符合以下条件： $$F_{vk} \leqslant \beta \frac{f_{tk} b h_0}{0.5 + a/h_0} \tag{5-1}$$ $$h_0 = \frac{0.5 F_{vk} + \sqrt{(0.5 F_{vk})^2 + 4\beta ab F_{vk} f_{tk}}}{2\beta b f_{tk}} \tag{5-2}$$ $$h = h_0 + a_s \tag{5-3}$$ 式中 F_{vk}——作用于牛腿顶部按荷载效应标准组合计算的竖向力值 β——裂缝控制系数：支承吊车梁的牛腿取 0.65；其他牛腿取 0.80 a——竖向力作用点至下柱边缘的水平距离，应考虑安装偏差 20mm；当考虑安装偏差后的竖向力作用点仍位于下柱截面以内时取等于 0 b——牛腿宽度；一般与柱宽相同 h_0——牛腿与下柱交接处的垂直截面有效高度，取 $h_0 = h_1 - a_s + c \cdot \tan\alpha$，当 α 大于 45°时，取 45°，c 为下柱边缘到牛腿外边缘的水平长度 a_s——为牛腿纵向钢筋的重心至牛腿上边缘的距离 牛腿的外边缘高度 h_1 不应小于 $h/3$，且不应小于 200mm
2	竖向力和水平拉力共向作用下的柱牛腿截面尺寸计算	或	当柱牛腿同时有 F_{vk}、F_{hk}（图 5-1，$a \leqslant h_0$）作用时，牛腿的裂缝控制要求计算公式为 $$F_{vk} \leqslant \beta \left(1 - 0.5 \frac{F_{hk}}{F_{vk}}\right) \frac{f_{tk} b h_0}{0.5 + a/h_0} \tag{5-4}$$ $$h_0 = \frac{0.5 F_{vk} + \sqrt{(0.5 F_{vk})^2 + 4\beta ab F_{vk} f_{tk}(1 - 0.5 F_{hk}/F_{vk})}}{2\beta b f_{tk}(1 - 0.5 F_{hk}/F_{vk})} \tag{5-5}$$ $$h = h_0 + a_s$$ 式中 F_{hk}——作用于牛腿顶部按荷载效应标准组合计算的水平拉力值 其他公式中符号意义与公式（5-1）、公式（5-2）及公式（5-3）相同

序号	项　目	内　　　　　容
3	柱牛腿局部受压应力计算	在牛腿顶面的受压面上，在竖向力 F_{vk} 作用下，其局部受压应力计算公式为 $$\sigma = \frac{F_{vk}}{A} \leqslant 0.75f_c \quad (5\text{-}6)$$ 式中　A——局部受压面积，$A = a \times b$，此处 a、b 分别为垫板的长和宽 　　　f_c——混凝土轴心抗压强度设计值 　当不满足公式（5-6）要求时，可调整垫板尺寸，或提高混凝土强度等级，或在牛腿中设置钢筋网等 　$0.75f_c$ 值如表 5-2 所示

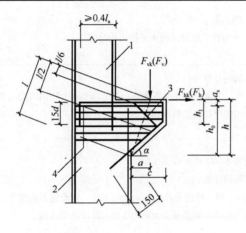

图 5-1　牛腿的外形及钢筋配置

注：图中尺寸单位 mm

1—上柱；2—下柱；3—弯起钢筋；4—水平箍筋

$0.75f_c$ 值计算表（N/mm²）　　　　　　　　　　　　　　表 5-2

序号	混凝土强度等级	f_c	$0.75f_c$	序号	混凝土强度等级	f_c	$0.75f_c$
1	C15	7.2	5.4	8	C50	23.1	17.325
2	C20	9.6	7.2	9	C55	25.3	18.975
3	C25	11.9	8.925	10	C60	27.5	20.625
4	C30	14.3	10.725	11	C65	29.7	22.275
5	C35	16.7	12.525	12	C70	31.8	23.85
6	C40	19.1	14.325	13	C75	33.8	25.35
7	C45	21.1	15.825	14	C80	35.9	26.925

5.1.2　柱牛腿的纵向受力钢筋计算

柱牛腿的纵向受力钢筋计算如表 5-3 所示。

柱牛腿的纵向受力钢筋计算 表 5-3

序号	项 目	内 容
1	竖向力作用柱牛腿纵向受力钢筋的计算	在牛腿中，由承受竖向力作用所需的受拉钢筋截面面积（见图 5-1），应按下列公式计算 $$A_s = \frac{F_v a}{0.85 f_y h_0} \qquad (5\text{-}7)$$ 当 $a < 0.3 h_0$ 时，取 $a = 0.3 h_0$ 式中 F_v——作用在牛腿顶部的竖向力设计值
2	竖向力和水平拉力共同作用下柱牛腿纵向受力钢筋的计算	在牛腿中，由承受竖向力所需的受拉钢筋截面面积和承受水平拉力所需的锚筋截面面积所组成的纵向受力钢筋的总截面面积，按下列公式计算 $$A_s \geqslant \frac{F_v a}{0.85 f_y h_0} + 1.2 \frac{F_h}{f_y}$$ $$= A_{s1} + A_{s2} \qquad (5\text{-}8)$$ 当 $a < 0.3 h_0$ 时，取 $a = 0.3 h_0$ 式中 F_h——作用在牛腿顶部的水平拉力设计值
3	柱牛腿的水平箍筋与弯起钢筋的计算	（1）水平箍筋的计算 如图 5-1 所示，牛腿应设置水平箍筋，在上部 $2h_0/3$ 范围内的水平箍筋总截面面积 A_{sh} 不应小于承受竖向力作用的受拉钢筋截面面积的 1/2，计算公式为 $$A_{sh} \geqslant \frac{F_v a}{1.7 f_y h_0} \qquad (5\text{-}9)$$ 其他要求见表 5-4 序号 4 （2）弯起钢筋的计算 如图 5-1 所示，当牛腿的剪跨比 $a/h_0 \geqslant 0.3$ 时，宜设置弯起钢筋，其弯起钢筋截面面积 A_{sb} 不宜小于承受竖向力的受拉钢筋截面面积的 1/2，其计算公式为 $$A_{sb} \geqslant \frac{F_v a}{1.7 f_y h_0} \qquad (5\text{-}10)$$ 其他要求见表 5-4 序号 4

5.2 柱牛腿钢筋配置要求及配筋图例

5.2.1 柱牛腿钢筋配置要求

柱牛腿钢筋配置要求如表 5-4 所示。

柱牛腿钢筋配置要求 表 5-4

序号	项 目	内 容
1	钢筋的选用及锚固	沿牛腿顶部配置的纵向受力钢筋，宜采用 HRB400 级或 HRB500 级热轧带肋钢筋。全部纵向受力钢筋及弯起钢筋宜沿牛腿外边缘向下伸入下柱内 150mm 后截断（图 5-1） 纵向受力钢筋及弯起钢筋伸入上柱的锚固长度，当采用直线锚固时不应小于本书表 1-108 序号 1 中规定的受拉钢筋锚固长度 l_a；当上柱尺寸不足时，钢筋的锚固应符合本书表 6-8 序号 1 之（1）条梁上部钢筋在框架中间层端节点中带 90°弯折的锚固规定。此时，锚固长度应从上柱内边算起 当牛腿设于上柱柱顶时，宜将牛腿对边的柱外侧纵向受力钢筋沿柱顶水平弯入牛腿，作为牛腿纵向受力钢筋使用。当牛腿顶面纵向受拉钢筋与牛腿对边的柱外侧纵向钢筋分开配置时，牛腿顶面纵向受拉钢筋应弯入柱外侧，并应符合本书中有关钢筋搭接的规定

序号	项 目	内　　容
2	配筋率	承受竖向力所需的纵向受力钢筋的配筋率不应小于 0.20％及 0.45f_t/f_y（详见表 1-158），也不宜大于 0.60％，钢筋数量不宜少于 4 根直径 12mm 的钢筋
3	锚筋焊接	（1）承受水平拉力的锚筋应焊在牛腿顶面外端的预埋件上，且不应少于 2 根，直径不应小于 12mm，如图 5-2 所示 （2）在地震组合的竖向力和水平拉力作用下，支承不等高厂房低跨屋面梁、屋架等屋盖结构的柱牛腿，除应按本书的有关规定进行计算和配筋外，尚应符合下列要求： 　1）承受水平拉力的锚筋（图 5-2 中的 A_{s2}）：一级抗震等级不应少于 2 根直径为 16mm 的钢筋，二级抗震等级不应少于 2 根直径为 14mm 的钢筋，三、四级抗震等级不应少于 2 根直径为 12mm 的钢筋 　2）牛腿中的纵向受拉钢筋和锚筋的锚固措施及锚固长度应符合本表序号 1 的有关规定，但其中的受拉钢筋锚固长度 l_a 应以 l_{aE} 代替 　3）牛腿水平箍筋最小直径为 8mm，最大间距为 100mm （3）铰接排架柱柱顶预埋件直锚筋除应符合本书有关的要求外，尚应符合下列规定： 　1）一级抗震等级时，不应小于 4 根直径 16mm 的直锚钢筋 　2）二级抗震等级时，不应小于 4 根直径 14mm 的直锚钢筋 　3）有柱间支撑的柱子，柱顶预埋件应增设抗剪钢板
4	水平箍筋与弯起钢筋设置	牛腿应设置水平箍筋，箍筋直径宜为 6～12mm，间距宜为 100～150mm；在上部 $2h_0/3$ 范围内的箍筋总截面面积不宜小于承受竖向力的受拉钢筋截面面积的 1/2 当牛腿的剪跨比不小于 0.3 时，宜设置弯起钢筋。弯起钢筋宜采用 HRB400 级或 HRB500 级热轧带肋钢筋，并宜使其与集中荷载作用点到牛腿斜边下端点连线的交点位于牛腿上部 $l/6～l/2$ 之间的范围内，l 为该连线的长度（图 5-1）。弯起钢筋截面面积不宜小于承受竖向力的受拉钢筋截面面积的 1/2，且不宜少于 2 根直径 12mm 的钢筋。纵向受拉钢筋不得兼作弯起钢筋
5	抗震等级及有关要求	（1）牛腿的抗震等级应与柱的抗震等级一致 （2）牛腿的承载力抗震调整系数，可采用 $\gamma_{RE}=1.0$ （3）考虑抗震要求的钢筋锚固长度可将本章图中的 l_a 改为 l_{aE}，l_{aE} 计算如公式（1-37）所示

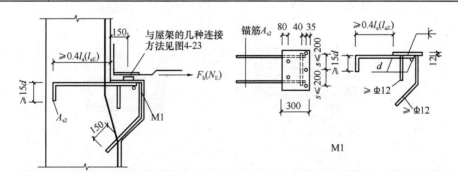

图 5-2　有水平拉力的牛腿锚筋

5.2.2　钢筋混凝土柱牛腿配筋图例

（1）支承屋架、梁的牛腿配筋图例如图 5-3 所示

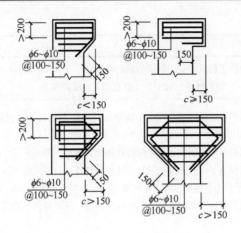

图 5-3　支承屋架、梁的牛腿配筋图例

（2）牛腿配筋图例如图 5-4 所示。

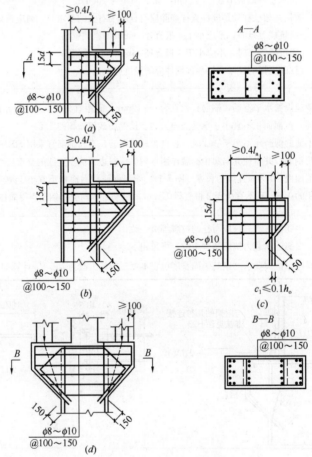

图 5-4　牛腿配筋图例

5.3　钢筋混凝土柱牛腿承载力计算用表

5.3.1　竖向力作用下柱牛腿承载力计算用表

柱牛腿承受竖向力所需的纵向受力钢筋的最大截面面积 $A_{s,max}$ 和最小的截面面积 $A_{s,min}$ 如表 5-5 所示。

柱牛腿承受竖向力所需的最大、最小纵向受力钢筋的截面面积（mm²）　　表 5-5

$f_y = 300N/mm^2$（$f_y = 360N/mm^2$）　$a_s = 40mm$

混凝土强度等级	柱牛腿高 h (mm)	柱牛腿宽 b (mm)										
		300		350		400		450		500		600	
		$A_{s,max}$	$A_{s,min}$	$A_{s,max}$	$A_{s,min}$	$A_{s,max}$	$A_{s,min}$	$A_{s,max}$	$A_{s,min}$	$A_{s,max}$	$A_{s,min}$	$A_{s,max}$	$A_{s,min}$
C20	400	648 (648)	216 (216)	756 (756)	252 (252)	864 (864)	288 (288)	972 (972)	324 (324)	1080 (1080)	360 (360)	1296 (1296)	432 (432)
	500	828 (828)	276 (276)	966 (966)	322 (322)	1104 (1104)	368 (368)	1242 (1242)	414 (414)	1380 (1380)	460 (460)	1656 (1656)	552 (552)
	600	1008 (1008)	336 (336)	1176 (1176)	392 (392)	1344 (1344)	448 (448)	1512 (1512)	504 (504)	1680 (1680)	560 (560)	2016 (2016)	672 (672)
	700	1188 (1188)	396 (396)	1386 (1386)	462 (462)	1584 (1584)	528 (528)	1782 (1782)	594 (594)	1980 (1980)	660 (660)	2376 (2376)	792 (792)
	800	1368 (1368)	456 (456)	1596 (1596)	532 (532)	1824 (1824)	608 (608)	2052 (2052)	684 (684)	2280 (2280)	760 (760)	2736 (2736)	912 (912)
	900	1548 (1548)	516 (516)	1806 (1806)	602 (602)	2064 (2064)	688 (688)	2322 (2322)	774 (774)	2580 (2580)	860 (860)	3096 (3096)	1032 (1032)
	1000	1728 (1728)	576 (576)	2016 (2016)	672 (672)	2304 (2304)	768 (768)	2592 (2592)	864 (864)	2880 (2880)	960 (960)	3456 (3456)	1152 (1152)
	1100	1908 (1908)	636 (636)	2226 (2226)	742 (742)	2544 (2544)	848 (848)	2862 (2862)	954 (954)	3180 (3180)	1060 (1060)	3816 (3816)	1272 (1272)
	1200	2088 (2088)	696 (696)	2436 (2436)	812 (812)	2784 (2784)	928 (928)	3132 (3132)	1044 (1044)	3480 (3480)	1160 (1160)	4176 (4176)	1392 (1392)
	1300	2268 (2268)	756 (756)	2646 (2646)	882 (882)	3024 (3024)	1008 (1008)	3402 (3402)	1134 (1134)	3780 (3780)	1260 (1260)	4536 (4536)	1512 (1512)
	1400	2448 (2448)	816 (816)	2856 (2856)	952 (952)	3264 (3264)	1088 (1088)	3672 (3672)	1224 (1244)	4080 (4080)	1360 (1360)	4896 (4896)	1632 (1632)
	1500	2628 (2628)	876 (876)	3066 (3066)	1022 (1022)	3504 (3504)	1168 (1168)	3942 (3942)	1314 (1314)	4380 (4380)	1460 (1460)	5256 (5256)	1752 (1752)

混凝土强度等级	柱牛腿高 h (mm)	柱牛腿宽 b (mm)										
		300		350		400		450		500		600	
		$A_{s,max}$	$A_{s,min}$	$A_{s,max}$	$A_{s,min}$	$A_{s,max}$	$A_{s,min}$	$A_{s,max}$	$A_{s,min}$	$A_{s,max}$	$A_{s,min}$	$A_{s,max}$	$A_{s,min}$
C25	400	648 (648)	216 (216)	756 (756)	252 (252)	864 (864)	288 (288)	972 (972)	324 (324)	1080 (1080)	360 (360)	1296 (1296)	432 (432)
	500	828 (828)	276 (276)	966 (966)	322 (322)	1104 (1104)	368 (368)	1242 (1242)	414 (414)	1380 (1380)	460 (460)	1656 (1656)	552 (552)
	600	1008 (1008)	336 (336)	1176 (1176)	392 (392)	1344 (1344)	448 (448)	1512 (1512)	504 (504)	1680 (1680)	560 (560)	2016 (2016)	672 (672)
	700	1188 (1188)	396 (396)	1386 (1386)	462 (462)	1584 (1584)	528 (528)	1782 (1782)	594 (594)	1980 (1980)	660 (660)	2376 (2376)	792 (792)
	800	1368 (1368)	456 (456)	1596 (1596)	532 (532)	1824 (1824)	608 (608)	2052 (2052)	684 (684)	2280 (2280)	760 (760)	2736 (2736)	912 (912)
	900	1548 (1548)	516 (516)	1806 (1806)	602 (602)	2064 (2064)	688 (688)	2322 (2322)	774 (774)	2580 (2580)	860 (860)	3096 (3096)	1032 (1032)
	1000	1728 (1728)	576 (576)	2016 (2016)	672 (672)	2304 (2304)	768 (768)	2592 (2592)	864 (864)	2880 (2880)	960 (960)	3456 (3456)	1152 (1152)
	1100	1908 (1908)	636 (636)	2226 (2226)	742 (742)	2544 (2544)	848 (848)	2862 (2862)	954 (954)	3180 (3180)	1060 (1060)	3816 (3816)	1272 (1272)
	1200	2088 (2088)	696 (696)	2436 (2436)	812 (812)	2784 (2784)	928 (928)	3132 (3132)	1044 (1044)	3480 (3480)	1160 (1160)	4176 (4176)	1392 (1392)
	1300	2268 (2268)	756 (756)	2646 (2646)	882 (882)	3024 (3024)	1008 (1008)	3402 (3402)	1134 (1134)	3780 (3780)	1260 (1260)	4536 (4536)	1512 (1512)
	1400	2448 (2448)	816 (816)	2856 (2856)	952 (952)	3264 (3264)	1088 (1088)	3672 (3672)	1224 (1224)	4080 (4080)	1360 (1360)	4896 (4896)	1632 (1632)
	1500	2628 (2628)	876 (876)	3066 (3066)	1022 (1022)	3504 (3504)	1168 (1168)	3942 (3942)	1314 (1314)	4380 (4380)	1460 (1460)	5256 (5256)	1752 (1752)
C30	400	648 (648)	231 (216)	756 (756)	270 (252)	864 (864)	308 (288)	972 (972)	347 (324)	1080 (1080)	385 (360)	1296 (1296)	462 (432)
	500	828 (828)	295 (276)	966 (966)	345 (322)	1104 (1104)	394 (368)	1242 (1242)	443 (414)	1380 (1380)	492 (460)	1656 (1656)	591 (552)
	600	1008 (1008)	360 (336)	1176 (1176)	419 (392)	1344 (1344)	479 (448)	1512 (1512)	539 (504)	1680 (1680)	599 (560)	2016 (2016)	719 (672)
	700	1188 (1188)	424 (396)	1386 (1386)	494 (462)	1584 (1584)	565 (528)	1782 (1782)	636 (594)	1980 (1980)	706 (660)	2376 (2376)	847 (792)
	800	1368 (1368)	488 (456)	1596 (1596)	569 (532)	1824 (1824)	651 (608)	2052 (2052)	732 (684)	2280 (2280)	813 (760)	2736 (2736)	976 (912)

混凝土强度等级	柱牛腿高 h (mm)	柱 牛 腿 宽 b (mm)										
		300		350		400		450		500		600	
		$A_{s,max}$	$A_{s,min}$	$A_{s,max}$	$A_{s,min}$	$A_{s,max}$	$A_{s,min}$	$A_{s,max}$	$A_{s,min}$	$A_{s,max}$	$A_{s,min}$	$A_{s,max}$	$A_{s,min}$
C30	900	1548 (1548)	552 (516)	1806 (1806)	644 (602)	2064 (2064)	736 (688)	2322 (2322)	838 (774)	2580 (2580)	920 (860)	3096 (3096)	1104 (1032)
	1000	1728 (1728)	616 (576)	2016 (2016)	719 (672)	2304 (2304)	822 (768)	2592 (2592)	924 (864)	2880 (2880)	1027 (960)	3456 (3456)	1233 (1152)
	1100	1908 (1908)	681 (636)	2226 (2226)	794 (742)	2544 (2544)	907 (848)	2862 (2862)	1021 (954)	3180 (3180)	1134 (1060)	3816 (3816)	1361 (1272)
	1200	2088 (2088)	745 (696)	2436 (2436)	869 (812)	2784 (2784)	993 (928)	3132 (3132)	1117 (1044)	3480 (3480)	1241 (1160)	4176 (4176)	1489 (1392)
	1300	2268 (2268)	809 (756)	2646 (2646)	944 (882)	3024 (3024)	1079 (1008)	3402 (3402)	1213 (1134)	3780 (3780)	1348 (1260)	4536 (4536)	1618 (1512)
	1400	2448 (2448)	873 (816)	2856 (2856)	1019 (952)	3264 (3264)	1164 (1088)	3672 (3672)	1310 (1224)	4080 (4080)	1455 (1360)	4896 (4896)	1746 (1632)
	1500	2628 (2628)	937 (876)	3066 (3066)	1094 (1022)	3504 (3504)	1250 (1168)	3942 (3942)	1406 (1314)	4380 (4380)	1562 (1460)	5256 (5256)	1875 (1752)
C35	400	648 (648)	255 (216)	756 (756)	297 (252)	864 (864)	340 (288)	972 (972)	382 (324)	1080 (1080)	452 (360)	1296 (1296)	510 (432)
	500	828 (828)	326 (276)	966 (966)	380 (322)	1104 (1104)	434 (368)	1242 (1242)	489 (414)	1380 (1380)	543 (460)	1656 (1656)	651 (552)
	600	1008 (1008)	396 (336)	1176 (1176)	463 (392)	1344 (1344)	529 (448)	1512 (1512)	595 (504)	1680 (1680)	661 (560)	2016 (2016)	793 (672)
	700	1188 (1188)	467 (396)	1386 (1386)	545 (462)	1584 (1584)	623 (528)	1782 (1782)	701 (594)	1980 (1980)	779 (660)	2376 (2376)	935 (792)
	800	1368 (1368)	538 (456)	1596 (1596)	628 (532)	1824 (1824)	717 (608)	2052 (2052)	807 (684)	2280 (2280)	897 (760)	2736 (2736)	1076 (912)
	900	1548 (1548)	609 (516)	1806 (1806)	710 (602)	2064 (2064)	812 (688)	2322 (2322)	913 (774)	2580 (2580)	1015 (860)	3096 (3096)	1218 (1032)
	1000	1728 (1728)	680 (576)	2016 (2016)	793 (672)	2304 (2304)	906 (768)	2592 (2592)	1020 (864)	2880 (2880)	1133 (960)	3456 (3456)	1359 (1152)
	1100	1908 (1908)	750 (636)	2226 (2226)	876 (742)	2544 (2544)	1001 (848)	2862 (2862)	1126 (954)	3180 (3180)	1251 (1060)	3816 (3816)	1501 (1272)
	1200	2088 (2088)	821 (696)	2436 (2436)	958 (812)	2784 (2784)	1095 (928)	3132 (3132)	1232 (1044)	3480 (3480)	1369 (1160)	4176 (4176)	1643 (1392)
	1300	2268 (2268)	892 (756)	2646 (2646)	1041 (882)	3024 (3024)	1189 (1008)	3402 (3402)	1338 (1134)	3780 (3780)	1487 (1260)	4536 (4536)	1784 (1512)
	1400	2448 (2448)	963 (816)	2856 (2856)	1123 (952)	3264 (3264)	1284 (1088)	3672 (3672)	1444 (1224)	4080 (4080)	1605 (1360)	4896 (4896)	1926 (1632)
	1500	2628 (2628)	1034 (876)	3066 (3066)	1206 (1022)	3504 (3504)	1378 (1168)	3942 (3942)	1551 (1314)	4380 (4380)	1723 (1460)	5256 (5256)	2067 (1752)

混凝土强度等级	柱牛腿高 h (mm)	柱牛腿宽 b (mm)										
		300		350		400		450		500		600	
		$A_{s,max}$	$A_{s,min}$	$A_{s,max}$	$A_{s,min}$	$A_{s,max}$	$A_{s,min}$	$A_{s,max}$	$A_{s,min}$	$A_{s,max}$	$A_{s,min}$	$A_{s,max}$	$A_{s,min}$
C40	400	648 (648)	276 (231)	756 (756)	323 (270)	864 (864)	369 (308)	972 (972)	415 (347)	1080 (1080)	461 (385)	1296 (1296)	553 (462)
	500	828 (828)	353 (295)	966 (966)	412 (345)	1104 (1104)	471 (394)	1242 (1242)	530 (443)	1380 (1380)	589 (492)	1656 (1656)	707 (591)
	600	1008 (1008)	430 (360)	1176 (1176)	502 (419)	1344 (1344)	573 (479)	1512 (1512)	645 (539)	1680 (1680)	717 (599)	2016 (2016)	860 (719)
	700	1188 (1188)	507 (424)	1386 (1386)	591 (494)	1584 (1584)	676 (565)	1782 (1782)	760 (636)	1980 (1980)	845 (706)	2376 (2376)	1014 (847)
	800	1368 (1368)	584 (488)	1596 (1596)	681 (569)	1824 (1824)	778 (651)	2052 (2052)	876 (732)	2280 (2280)	973 (813)	2736 (2736)	1167 (976)
	900	1548 (1548)	660 (552)	1806 (1806)	771 (644)	2064 (2064)	881 (736)	2322 (2322)	991 (828)	2580 (2580)	1101 (920)	3096 (3096)	1321 (1104)
	1000	1728 (1728)	737 (616)	2016 (2016)	860 (719)	2304 (2304)	983 (822)	2592 (2592)	1106 (924)	2880 (2880)	1229 (1027)	3456 (3456)	1475 (1233)
	1100	1908 (1908)	814 (681)	2226 (2226)	950 (794)	2544 (2544)	1085 (907)	2862 (2862)	1221 (1021)	3180 (3180)	1357 (1134)	3816 (3816)	1628 (1361)
	1200	2088 (2088)	891 (745)	2436 (2436)	1039 (869)	2784 (2784)	1188 (993)	3132 (3132)	1336 (1117)	3480 (3480)	1485 (1241)	4176 (4176)	1782 (1489)
	1300	2268 (2268)	968 (809)	2646 (2646)	1129 (944)	3024 (3024)	1290 (1079)	3402 (3402)	1452 (1213)	3780 (3780)	1613 (1248)	4536 (4536)	1935 (1618)
	1400	2448 (2448)	1044 (873)	2856 (2856)	1219 (1019)	3264 (3264)	1393 (1164)	3672 (3672)	1567 (1310)	4080 (4080)	1741 (1455)	4896 (4896)	2089 (1746)
	1500	2628 (2628)	1121 (937)	3066 (3066)	1308 (1094)	3504 (3504)	1495 (1250)	3942 (3942)	1682 (1406)	4380 (4380)	1869 (1562)	5256 (5256)	2243 (1875)
C45	400	648 (648)	292 (243)	756 (756)	340 (284)	864 (864)	389 (324)	972 (972)	437 (364)	1080 (1080)	486 (405)	1296 (1296)	583 (486)
	500	828 (828)	373 (310)	966 (966)	435 (362)	1104 (1104)	497 (414)	1242 (1242)	559 (466)	1380 (1380)	621 (518)	1656 (1656)	745 (621)
	600	1008 (1008)	452 (378)	1176 (1176)	529 (441)	1344 (1344)	605 (504)	1512 (1512)	680 (567)	1680 (1680)	756 (630)	2016 (2016)	907 (756)
	700	1188 (1188)	535 (446)	1386 (1386)	624 (520)	1584 (1584)	713 (594)	1782 (1782)	802 (668)	1980 (1980)	891 (742)	2376 (2376)	1069 (891)
	800	1368 (1368)	616 (513)	1596 (1596)	718 (599)	1824 (1824)	821 (684)	2052 (2052)	923 (770)	2280 (2280)	1026 (855)	2736 (2736)	1231 (1026)

混凝土强度等级	柱牛腿高 h (mm)	柱牛腿宽 b (mm)											
		300		350		400		450		500		600	
		$A_{s,max}$	$A_{s,min}$	$A_{s,max}$	$A_{s,min}$	$A_{s,max}$	$A_{s,min}$	$A_{s,max}$	$A_{s,min}$	$A_{s,max}$	$A_{s,min}$	$A_{s,max}$	$A_{s,min}$
C45	900	1548 (1548)	697 (580)	1806 (1806)	813 (677)	2064 (2064)	929 (774)	2322 (2322)	1045 (871)	2580 (2580)	1161 (968)	3096 (3096)	1393 (1161)
	1000	1728 (1782)	778 (648)	2016 (2016)	907 (756)	2304 (2304)	1037 (864)	2592 (2592)	1166 (972)	2880 (2880)	1296 (1080)	3456 (3456)	1555 (1296)
	1100	1908 (1908)	859 (716)	2226 (2226)	1002 (835)	2544 (2544)	1145 (954)	2862 (2862)	1288 (1073)	3180 (3180)	1431 (1192)	3816 (3816)	1717 (1431)
	1200	2088 (2088)	940 (783)	2436 (2436)	1096 (914)	2784 (2784)	1253 (1044)	3132 (3132)	1409 (1174)	3480 (3480)	1566 (1305)	4176 (4176)	1879 (1566)
	1300	2268 (2268)	1021 (850)	2646 (2646)	1191 (992)	3024 (3024)	1361 (1134)	3402 (3402)	1531 (1276)	3780 (3780)	1701 (1418)	4536 (4536)	2041 (1701)
	1400	2448 (2448)	1102 (918)	2856 (2856)	1285 (1071)	3264 (3264)	1469 (1224)	3672 (3672)	1652 (1377)	4080 (4080)	1836 (1530)	4896 (4896)	2203 (1836)
	1500	2628 (2628)	1183 (986)	3066 (3066)	1380 (1150)	3504 (3504)	1577 (1314)	3942 (3942)	1774 (1478)	4380 (4380)	1971 (1642)	5256 (5256)	2365 (1971)
C50	400	648 (648)	307 (255)	756 (756)	358 (297)	864 (864)	409 (340)	972 (972)	460 (382)	1080 (1080)	511 (425)	1296 (1296)	613 (510)
	500	828 (828)	392 (326)	966 (966)	457 (380)	1104 (1104)	523 (434)	1242 (1242)	588 (489)	1380 (1380)	653 (543)	1656 (1656)	784 (651)
	600	1008 (1008)	477 (396)	1176 (1176)	557 (463)	1344 (1344)	636 (529)	1512 (1512)	716 (595)	1680 (1680)	795 (661)	2016 (2016)	954 (793)
	700	1188 (1188)	562 (467)	1386 (1386)	656 (545)	1584 (1584)	750 (623)	1782 (1782)	843 (701)	1980 (1980)	937 (779)	2376 (2376)	1125 (935)
	800	1368 (1368)	648 (538)	1596 (1596)	755 (628)	1824 (1824)	863 (717)	2052 (2052)	971 (807)	2280 (2280)	1079 (897)	2736 (2736)	1295 (1076)
	900	1548 (1548)	733 (609)	1806 (1806)	855 (710)	2064 (2064)	977 (812)	2322 (2322)	1099 (913)	2580 (2580)	1221 (1015)	3096 (3096)	1465 (1218)
	1000	1728 (1728)	818 (680)	2016 (2016)	954 (793)	2304 (2304)	1091 (906)	2592 (2592)	1227 (1020)	2880 (2880)	1363 (1133)	3456 (3456)	1636 (1359)
	1100	1908 (1908)	903 (750)	2226 (2226)	1054 (876)	2544 (2544)	1204 (1001)	2862 (2862)	1355 (1126)	3180 (3180)	1505 (1251)	3816 (3816)	1803 (1501)
	1200	2088 (2088)	988 (821)	2436 (2436)	1153 (958)	2784 (2784)	1318 (1095)	3132 (3132)	1482 (1232)	3480 (3480)	1647 (1369)	4176 (4176)	1977 (1634)
	1300	2268 (2268)	1074 (892)	2646 (2646)	1252 (1041)	3024 (3024)	1431 (1189)	3402 (3402)	1610 (1338)	3780 (3780)	1789 (1487)	4536 (4536)	2147 (1784)
	1400	2448 (2448)	1159 (963)	2856 (2856)	1352 (1123)	3264 (3264)	1545 (1284)	3672 (3672)	1738 (1444)	4080 (4080)	1931 (1605)	4896 (4896)	2317 (1926)
	1500	2628 (2628)	1244 (1034)	3066 (3066)	1451 (1206)	3504 (3504)	1659 (1378)	3942 (3942)	1866 (1551)	4380 (4380)	2073 (1723)	5256 (5256)	2488 (2067)

混凝土强度等级	柱牛腿高 h (mm)	柱牛腿宽 b (mm)										
		300		350		400		450		500		600	
		$A_{s,max}$	$A_{s,min}$	$A_{s,max}$	$A_{s,min}$	$A_{s,max}$	$A_{s,min}$	$A_{s,max}$	$A_{s,min}$	$A_{s,max}$	$A_{s,min}$	$A_{s,max}$	$A_{s,min}$
C55	400	648 (648)	318 (265)	756 (756)	370 (309)	864 (864)	423 (353)	972 (972)	476 (397)	1080 (1080)	529 (441)	1296 (1296)	635 (529)
	500	828 (828)	406 (338)	966 (966)	473 (394)	1104 (1104)	541 (451)	1242 (1242)	609 (507)	1380 (1380)	676 (564)	1656 (1656)	881 (676)
	600	1008 (1008)	494 (412)	1176 (1176)	576 (480)	1344 (1344)	659 (549)	1512 (1512)	741 (617)	1680 (1680)	823 (686)	2016 (2016)	988 (823)
	700	1188 (1188)	582 (485)	1386 (1386)	679 (566)	1584 (1584)	776 (647)	1782 (1782)	873 (728)	1980 (1980)	970 (808)	2376 (2376)	1164 (970)
	800	1368 (1368)	670 (559)	1596 (1596)	782 (652)	1824 (1824)	894 (745)	2052 (2052)	1005 (838)	2280 (2280)	1117 (931)	2736 (2736)	1341 (1117)
	900	1548 (1548)	759 (632)	1806 (1806)	885 (737)	2064 (2064)	1011 (843)	2322 (2322)	1138 (948)	2580 (2580)	1264 (1054)	3096 (3096)	1517 (1264)
	1000	1728 (1728)	847 (706)	2016 (2016)	988 (823)	2304 (2304)	1129 (941)	2592 (2592)	1270 (1058)	2880 (2880)	1411 (1176)	3456 (3456)	1693 (1411)
	1100	1908 (1908)	935 (779)	2226 (2226)	1091 (909)	2544 (2544)	1247 (1039)	2862 (2862)	1402 (1169)	3180 (3180)	1558 (1298)	3816 (3816)	1870 (1558)
	1200	2088 (2088)	1023 (853)	2436 (2436)	1194 (995)	2784 (2784)	1364 (1137)	3132 (3132)	1535 (1279)	3480 (3480)	1705 (1421)	4176 (4176)	2046 (1705)
	1300	2268 (2268)	1111 (926)	2646 (2646)	1297 (1080)	3024 (3024)	1482 (1235)	3402 (3402)	1667 (1389)	3780 (3780)	1852 (1544)	4536 (4536)	2223 (1852)
	1400	2448 (2448)	1200 (1000)	2856 (2856)	1399 (1166)	3264 (3264)	1599 (1333)	3672 (3672)	1799 (1499)	4080 (4080)	1999 (1666)	4896 (4896)	2399 (1999)
	1500	2628 (2628)	1288 (1073)	3066 (3066)	1502 (1252)	3504 (3504)	1717 (1431)	3942 (3942)	1932 (1610)	4380 (4380)	2146 (1788)	5256 (5256)	2575 (2146)
C60	400	648 (648)	330 (275)	756 (756)	386 (321)	864 (864)	441 (367)	972 (972)	496 (413)	1080 (1080)	551 (459)	1296 (1296)	661 (551)
	500	828 (828)	422 (352)	966 (966)	493 (411)	1104 (1104)	563 (469)	1242 (1242)	633 (528)	1380 (1380)	704 (586)	1656 (1656)	845 (704)
	600	1008 (1008)	514 (428)	1176 (1176)	600 (500)	1344 (1344)	685 (571)	1512 (1512)	771 (643)	1680 (1680)	857 (714)	2016 (2016)	1028 (857)
	700	1188 (1188)	606 (505)	1386 (1386)	707 (589)	1584 (1584)	808 (673)	1782 (1782)	909 (757)	1980 (1980)	1010 (842)	2376 (2376)	1212 (1010)
	800	1368 (1368)	698 (581)	1596 (1596)	814 (678)	1824 (1824)	930 (775)	2052 (2052)	1047 (872)	2280 (2280)	1163 (969)	2736 (2736)	1395 (1163)

混凝土强度等级	柱牛腿高 h (mm)	柱牛腿宽 b (mm)										
		300		350		400		450		500		600	
		$A_{s,max}$	$A_{s,min}$	$A_{s,max}$	$A_{s,min}$	$A_{s,max}$	$A_{s,min}$	$A_{s,max}$	$A_{s,min}$	$A_{s,max}$	$A_{s,min}$	$A_{s,max}$	$A_{s,min}$
C60	900	1548 (1548)	789 (658)	1806 (1806)	921 (768)	2064 (2064)	1053 (877)	2322 (2322)	1184 (987)	2580 (2580)	1316 (1096)	3096 (3096)	1579 (1316)
	1000	1728 (1728)	881 (734)	2016 (2016)	1028 (857)	2304 (2304)	1175 (979)	2592 (2592)	1322 (1102)	2880 (2880)	1469 (1224)	3456 (3456)	1763 (1469)
	1100	1908 (1908)	973 (811)	2226 (2226)	1135 (946)	2544 (2544)	1297 (1081)	2862 (2862)	1460 (1216)	3180 (3180)	1622 (1352)	3816 (3816)	1946 (1622)
	1200	2088 (2088)	1065 (887)	2436 (2436)	1242 (1035)	2784 (2784)	1420 (1183)	3132 (3132)	1597 (1331)	3480 (3480)	1775 (1479)	4176 (4176)	2130 (1775)
	1300	2268 (2268)	1157 (964)	2646 (2646)	1349 (1125)	3024 (3024)	1542 (1285)	3402 (3402)	1735 (1446)	3780 (3780)	1928 (1606)	4536 (4536)	2313 (1928)
	1400	2448 (2448)	1248 (1040)	2856 (2856)	1547 (1214)	3264 (3264)	1665 (1387)	3672 (3672)	1873 (1561)	4080 (4080)	2081 (1734)	4896 (4896)	2497 (2081)
	1500	2628 (2628)	1340 (1117)	3066 (3066)	1564 (1303)	3504 (3504)	1787 (1489)	3942 (3942)	2010 (1675)	4380 (4380)	2234 (1862)	5256 (5256)	2681 (2234)
C65	400	648 (648)	339 (282)	756 (756)	396 (329)	864 (864)	452 (376)	972 (972)	509 (423)	1080 (1080)	565 (470)	1296 (1296)	678 (564)
	500	828 (828)	433 (360)	966 (966)	506 (420)	1104 (1104)	578 (480)	1242 (1242)	650 (540)	1380 (1380)	722 (600)	1656 (1656)	867 (720)
	600	1008 (1008)	528 (438)	1176 (1176)	615 (512)	1344 (1344)	703 (585)	1512 (1512)	791 (658)	1680 (1680)	879 (731)	2016 (2016)	1055 (877)
	700	1188 (1188)	622 (517)	1386 (1386)	725 (603)	1584 (1584)	829 (689)	1782 (1782)	933 (775)	1980 (1980)	1036 (861)	2376 (2376)	1243 (1034)
	800	1368 (1368)	716 (595)	1596 (1596)	835 (694)	1824 (1824)	955 (793)	2052 (2052)	1074 (893)	2280 (2280)	1193 (992)	2736 (2736)	1432 (1190)
	900	1548 (1548)	810 (673)	1806 (1806)	945 (786)	2064 (2064)	1080 (898)	2322 (2322)	1215 (1010)	2580 (2580)	1350 (1122)	3096 (3096)	1620 (1347)
	1000	1728 (1728)	904 (752)	2016 (2016)	1055 (877)	2304 (2304)	1206 (1002)	2592 (2592)	1356 (1128)	2880 (2880)	1507 (1253)	3456 (3456)	1809 (1503)
	1100	1908 (1908)	999 (830)	2226 (2226)	1165 (968)	2544 (2544)	1331 (1107)	2862 (2862)	1498 (1245)	3180 (3180)	1664 (1383)	3816 (3816)	1997 (1660)
	1200	2088 (2088)	1093 (908)	2436 (2436)	1275 (1060)	2784 (2784)	1457 (1211)	3132 (3132)	1639 (1362)	3480 (3480)	1821 (1514)	4176 (4176)	2185 (1817)
	1300	2268 (2268)	1187 (987)	2646 (2646)	1385 (1151)	3024 (3024)	1583 (1315)	3402 (3402)	1780 (1480)	3780 (3780)	1978 (1644)	4536 (4536)	2374 (1973)
	1400	2448 (2448)	1281 (1065)	2856 (2856)	1495 (1242)	3264 (3264)	1708 (1420)	3672 (3672)	1922 (1597)	4080 (4080)	2135 (1775)	4896 (4896)	2562 (2130)
	1500	2628 (2628)	1375 (1143)	3066 (3066)	1605 (1334)	3504 (3504)	1834 (1524)	3942 (3942)	2063 (1715)	4380 (4380)	2292 (1905)	5256 (5256)	2751 (2286)

混凝土强度等级	柱牛腿高 h (mm)	柱牛腿宽 b (mm)										
		300		350		400		450		500		600	
		$A_{s,max}$	$A_{s,min}$	$A_{s,max}$	$A_{s,min}$	$A_{s,max}$	$A_{s,min}$	$A_{s,max}$	$A_{s,min}$	$A_{s,max}$	$A_{s,min}$	$A_{s,max}$	$A_{s,min}$
C70	400	648 (648)	347 (289)	756 (756)	404 (338)	864 (864)	462 (386)	972 (972)	520 (434)	1080 (1080)	578 (482)	1296 (1296)	693 (579)
	500	828 (828)	443 (370)	966 (966)	517 (431)	1104 (1104)	591 (493)	1242 (1242)	664 (555)	1380 (1380)	738 (616)	1656 (1656)	886 (740)
	600	1008 (1008)	539 (450)	1176 (1176)	629 (525)	1344 (1344)	719 (600)	1512 (1512)	809 (675)	1680 (1680)	899 (750)	2016 (2016)	1079 (900)
	700	1188 (1188)	636 (531)	1386 (1386)	742 (619)	1584 (1584)	847 (708)	1782 (1782)	953 (796)	1980 (1980)	1059 (884)	2376 (2376)	1271 (1061)
	800	1368 (1368)	732 (611)	1596 (1596)	854 (713)	1824 (1824)	976 (815)	2052 (2052)	1098 (917)	2280 (2280)	1220 (1018)	2736 (2736)	1464 (1222)
	900	1548 (1548)	828 (691)	1806 (1806)	966 (713)	2064 (2064)	1104 (922)	2322 (2322)	1242 (1037)	2580 (2580)	1380 (1152)	3096 (3096)	1656 (1383)
	1000	1728 (1728)	924 (772)	2016 (2016)	1079 (900)	2304 (2304)	1233 (1029)	2592 (2592)	1387 (1158)	2880 (2880)	1541 (1286)	3456 (3456)	1849 (1544)
	1100	1908 (1908)	1021 (852)	2226 (2226)	1191 (994)	2544 (2544)	1361 (1136)	2862 (2862)	1531 (1278)	3180 (3180)	1701 (1420)	3816 (3816)	2042 (1704)
	1200	2088 (2088)	1117 (933)	2436 (2436)	1303 (1088)	2784 (2784)	1489 (1244)	3132 (3132)	1676 (1399)	3480 (3480)	1862 (1554)	4176 (4176)	2234 (1865)
	1300	2268 (2268)	1213 (1013)	2646 (2646)	1416 (1182)	3024 (3024)	1618 (1351)	3402 (3402)	1820 (1520)	3780 (3780)	2022 (1688)	4536 (4536)	2427 (2026)
	1400	2448 (2448)	1310 (1093)	2856 (2856)	1528 (1276)	3264 (3264)	1716 (1458)	3672 (3672)	1965 (1640)	4080 (4080)	2183 (1822)	4896 (4896)	2619 (2187)
	1500	2628 (2628)	1406 (1174)	3066 (3066)	1640 (1369)	3504 (3504)	1875 (1565)	3942 (3942)	2109 (1761)	4380 (4380)	2348 (1956)	5256 (5256)	2812 (2348)
C75	400	648 (648)	353 (294)	756 (756)	412 (343)	864 (864)	471 (392)	972 (972)	530 (441)	1080 (1080)	589 (490)	1296 (1296)	706 (588)
	500	828 (828)	451 (375)	966 (966)	526 (438)	1104 (1104)	602 (500)	1242 (1242)	677 (563)	1380 (1380)	752 (626)	1656 (1656)	903 (751)
	600	1008 (1008)	549 (457)	1176 (1176)	641 (533)	1344 (1344)	732 (609)	1512 (1512)	824 (685)	1680 (1680)	916 (762)	2016 (2016)	1099 (914)
	700	1188 (1188)	647 (539)	1386 (1386)	755 (628)	1584 (1584)	863 (718)	1782 (1782)	971 (808)	1980 (1980)	1079 (898)	2376 (2376)	1295 (1077)
	800	1368 (1368)	746 (620)	1596 (1596)	870 (724)	1824 (1824)	994 (827)	2052 (2052)	1118 (930)	2280 (2280)	1243 (1034)	2736 (2736)	1491 (1240)

混凝土强度等级	柱牛腿高 h (mm)	柱牛腿宽 b (mm)										
		300		350		400		450		500		600	
		$A_{s,max}$	$A_{s,min}$	$A_{s,max}$	$A_{s,min}$	$A_{s,max}$	$A_{s,min}$	$A_{s,max}$	$A_{s,min}$	$A_{s,max}$	$A_{s,min}$	$A_{s,max}$	$A_{s,min}$
C75	900	1548 (1548)	844 (702)	1806 (1806)	984 (819)	2064 (2064)	1125 (936)	2322 (2322)	1265 (1053)	2580 (2580)	1406 (1170)	3096 (3096)	1687 (1404)
	1000	1728 (1728)	942 (783)	2016 (2016)	1099 (914)	2304 (2304)	1256 (1044)	2592 (2592)	1413 (1175)	2880 (2880)	1570 (1306)	3456 (3456)	1884 (1567)
	1100	1908 (1908)	1040 (865)	2226 (2226)	1213 (1009)	2544 (2544)	1386 (1153)	2862 (2862)	1560 (1297)	3180 (3180)	1733 (1442)	3816 (3816)	2080 (1730)
	1200	2088 (2088)	1138 (947)	2436 (2436)	1328 (1104)	2784 (2784)	1517 (1262)	3132 (3132)	1707 (1420)	3480 (3480)	1897 (1578)	4176 (4176)	2276 (1893)
	1300	2268 (2268)	1236 (1028)	2646 (2646)	1442 (1200)	3024 (3024)	1648 (1371)	3402 (3402)	1854 (1542)	3780 (3780)	2060 (1714)	4536 (4536)	2472 (2056)
	1400	2448 (2448)	1334 (1110)	2856 (2856)	1557 (1295)	3264 (3264)	1779 (1480)	3672 (3672)	2001 (1665)	4080 (4080)	2224 (1850)	4896 (4896)	2668 (2220)
	1500	2628 (2628)	1432 (1191)	3066 (3066)	1671 (1390)	3504 (3504)	1910 (1588)	3942 (3942)	2148 (1787)	4380 (4380)	2387 (1986)	5256 (5256)	2865 (2383)
C80	400	648 (648)	360 (300)	756 (756)	420 (350)	864 (864)	480 (400)	972 (972)	539 (450)	1080 (1080)	599 (500)	1296 (1296)	719 (600)
	500	828 (828)	460 (384)	966 (966)	536 (448)	1104 (1104)	613 (512)	1242 (1242)	689 (575)	1380 (1380)	766 (639)	1656 (1656)	919 (767)
	600	1008 (1008)	559 (467)	1176 (1176)	653 (545)	1344 (1344)	746 (623)	1512 (1512)	839 (701)	1680 (1680)	932 (778)	2016 (2016)	1119 (934)
	700	1188 (1188)	659 (550)	1386 (1386)	769 (642)	1584 (1584)	879 (734)	1782 (1782)	989 (826)	1980 (1980)	1099 (917)	2376 (2376)	1319 (1101)
	800	1368 (1368)	759 (634)	1596 (1596)	886 (739)	1824 (1824)	1012 (845)	2052 (2052)	1139 (951)	2280 (2280)	1265 (1056)	2736 (2736)	1518 (1268)
	900	1548 (1548)	859 (717)	1806 (1806)	1002 (837)	2064 (2064)	1146 (956)	2322 (2322)	1289 (1076)	2580 (2580)	1432 (1195)	3096 (3096)	1718 (1434)
	1000	1728 (1728)	959 (801)	2016 (2016)	1119 (934)	2304 (2304)	1279 (1068)	2592 (2592)	1439 (1201)	2880 (2880)	1598 (1334)	3456 (3456)	1918 (1601)
	1100	1908 (1908)	1059 (884)	2226 (2226)	1235 (1031)	2544 (2544)	1412 (1179)	2862 (2862)	1588 (1326)	3180 (3180)	1765 (1473)	3816 (3816)	2118 (1768)
	1200	2088 (2088)	1159 (967)	2436 (2436)	1352 (1129)	2784 (2784)	1545 (1290)	3132 (3132)	1738 (1451)	3480 (3480)	1931 (1612)	4176 (4176)	2318 (1935)
	1300	2268 (2268)	1259 (1051)	2646 (2646)	1469 (1226)	3024 (3024)	1678 (1401)	3402 (3402)	1888 (1576)	3780 (3780)	2098 (1751)	4536 (4536)	2517 (2102)
	1400	2448 (2448)	1359 (1134)	2856 (2856)	1585 (1323)	3264 (3264)	1812 (1512)	3672 (3672)	2038 (1701)	4080 (4080)	2264 (1890)	4896 (4896)	2717 (2268)
	1500	2628 (2628)	1459 (1218)	3066 (3066)	1702 (1421)	3504 (3504)	1945 (1624)	3942 (3942)	2188 (1826)	4380 (4380)	2431 (2029)	5256 (5256)	2917 (2435)

注：1. 表中采用 HRB335 级钢筋 $f_y = 300\text{N/mm}^2$（表中不带括号数据）和 HRB400 级钢筋 $f_y = 360\text{N/mm}^2$（表中带括号数据）计算的；

2. 表中 b 为牛腿宽度，h 为牛腿高度，牛腿的有效截面面积取 bh_0，$h_0 = h - a_s$，这里取 $a_s = 40\text{mm}$；

3. 表中 $A_{s,max}$ 为牛腿承受竖向力的纵向受力钢筋的最大截面面积；$A_{s,min}$ 为牛腿承受竖向力的纵向受力钢筋的最小截面面积。

5.3.2　水平拉力作用下柱牛腿锚筋承载力计算用表

水平拉力作用下柱牛腿锚筋承载力 F_h 的制表计算公式为

$$F_h = \frac{A_s f_y}{1.2} \tag{5-11}$$

式中　A_s——水平拉力作用下柱牛腿锚筋截面面积（mm^2）

　　　f_y——柱牛腿锚筋抗拉强度设计值

水平拉力作用下牛腿锚筋承载力 F_h 计算用表如表 5-6 所示。

水平拉力作用下柱牛腿锚筋承载力 F_h 值　　　　表 5-6

钢筋级别	锚筋直径	2 根		3 根		4 根	
		A_s/mm^2	F_h/kN	A_s/mm^2	F_h/kN	A_s/mm^2	F_h/kN
HRB335 $f_y=300N/mm^2$	12	226	56.55	339	84.82	452	113.10
	14	308	76.97	462	115.45	616	153.94
	16	402	100.53	603	150.80	804	201.06
	18	509	127.23	763	190.85	1018	254.47
	20	628	157.08	942	235.62	1257	314.16
	22	760	190.07	1140	285.10	1521	380.13
	25	982	245.44	1473	368.16	1963	490.87
HRB400 $f_y=360N/mm^2$	12	226	67.86	339	101.79	452	135.72
	14	308	92.36	462	138.54	616	184.73
	16	402	120.64	603	180.96	804	241.27
	18	509	152.68	763	229.02	1018	305.36
	20	628	188.50	942	282.74	1257	376.99
	22	760	228.08	1140	342.12	1521	456.16
	25	982	294.52	1473	441.79	1963	589.05

第 6 章

现浇钢筋混凝土柱及梁柱节点

6.1　柱的截面选择

6.1.1　梁与柱为刚接的钢筋混凝土框架柱

轴心受压和偏心受压的一般多层房屋中梁柱为刚接的框架结构各层柱段，其计算长度可按表 6-1 的规定取用。

框架结构各层柱段的计算长度　　　　　　　　　　　　　　表 6-1

序号	楼盖类型	柱段	计算长度 l_0	序号	楼盖类型	柱段	计算长度 l_0
1	现浇楼盖	底层柱段	$1.0H$	2	装配式楼盖	底层柱段	$1.25H$
		其余各层柱段	$1.25H$			其余各层柱段	$1.5H$

注：1. 具有非轻质填充墙且梁柱为刚接的框架结构各层柱段，当框架为三跨及三跨以上，或为两跨且框架总宽度不小于其总高度的三分之一时，各层柱段的计算长度可取为 H；
　　2. 对底层柱段，H 为从基础顶面到一层楼盖顶面的高度；对其余各层柱段，H 为上、下两层楼盖顶面之间的高度；
　　3. 按有侧移考虑的框架结构，当竖向荷载较小或竖向荷载大部分作用在框架节点上或其附近时，各层柱段的计算长度应根据可靠设计经验取用较上述规定更大的数值。

6.1.2　框架柱的截面尺寸

钢筋混凝土框架柱的截面尺寸如表 6-2 所示。

框架柱的截面尺寸要求　　　　　　　　　　　　　　表 6-2

序号	项目	内　　容
1	柱截面尺寸的高度与宽度	(1) 框架柱的截面尺寸，宜符合下列规定： 1) 框架柱的截面一般采用矩形、方形、圆形或多角形等 2) 矩形截面柱的边长不宜小 300mm，圆形截面柱的直径不宜小于 350mm 3) 柱剪跨比宜大于 2 4) 柱截面长边与短边的边长比不宜大于 3 (2) 框架柱的截面尺寸应由设计计算确定，也可先按下列方法进行估算 1) 框架柱的截面高度与宽度可取不宜小于 $(1/15 \sim 1/20)$ H（H 为框架柱层高），且不小于 300mm 2) 当框架柱以承受轴向压力为主时，可按轴向受压构件估算截面尺寸，但考虑到实际存在的弯矩影响，可将轴向压力乘以 $1.2 \sim 1.4$ 的系数予以增大 3) 当水平风荷载影响较大时，由风荷载引起的弯矩可近似按 $M = \dfrac{\sum F}{n} \cdot \dfrac{H}{2}$ 计算（$\sum F$ 为计算层以上所有各层水平风荷载的总和，n 为同层柱子的根数，H 为层高）

序号	项　目	内　　容
2	其 他 要求	(1) 框架柱的柱截面宽度 b_c 小于等于 500mm 时，取 50mm 的倍数，宽度 b_c 大于 500mm 时，取 100mm 的倍数。框架柱的柱截面高度 h_c 应取 100mm 的倍数 (2) 柱截面尺寸 $\frac{h_c}{b_c}\leqslant3$，宜满足 $h_c\geqslant\frac{l_0}{25}$，$b_c\geqslant\frac{l_0}{30}$，$l_0$ 为柱子计算长度 (3) 框架边柱的截面应满足梁的纵向受拉钢筋在节点内的锚固要求如图 3-32 所示 (4) 柱可沿全高分阶段改变截面尺寸和混凝土强度等级，但不宜在同一楼层同时改变截面尺寸和混凝土强度等级

6.1.3　框架宽扁梁

框架宽扁梁如表 6-3 所示。

框架宽扁梁　　　　　　　　　　　表 6-3

序号	项　目	内　　容
1	说明	框架梁采用宽扁梁时，应进行挠度及裂缝宽度的验算，采用现浇楼板，梁中线宜与柱中线重合，扁梁应双向布置，且不宜用于一级抗震等级的框架结构
2	截 面 尺寸	框架宽扁梁的截面尺寸要求： (1) 框架扁梁的截面高度应满足刚度要求，对于钢筋混凝土宽扁梁的梁高可取梁计算跨度的 1/16～1/22（对钢筋混凝土预应力梁可取 1/20～1/25），跨度较大时截面高度宜取较大值。扁梁的截面高度不宜小于 2.5 倍板的厚度（对钢筋混凝土预应力扁梁的截面高度不宜小于 2 倍板的厚度）。截面高宽比 b/h 不宜超过 3。其截面尺寸应符合下列要求：$b_b\leqslant2b_c$，$b_b\leqslant b_c+h_b$，$h_b\geqslant16d$；其中，b_c 为柱截面宽度，圆形截面取柱直径的 0.8 倍；b_b、h_b 分别为梁截面宽度和高度；d 为柱纵筋直径（图 6-1） (2) 宽扁梁框架的边梁不宜采用宽度大于柱截面在该方向尺寸的梁；当与框架边梁相交的内部框架宽扁梁大于柱宽时，对边梁应采取措施，以考虑其受扭的不利影响
3	最小配筋率及构造	框架宽扁梁的最小配筋率（纵向钢筋）及构造要求： (1) 宽扁梁纵向受力钢筋的最小配筋率，除应符合本书有关的规定外，尚不应小于 0.3%，一般为单层放置，间距不宜大于 100mm (2) 宽扁梁节点的内、外核心区均可视为梁的支座，梁纵向受力钢筋在支座区的锚固和搭接均按有关框架梁的规定执行，如图 6-2 所示。其中支座梁底的钢筋宜贯通或按受拉钢筋一样搭接；梁顶面钢筋宜有 1/4～1/3 贯通

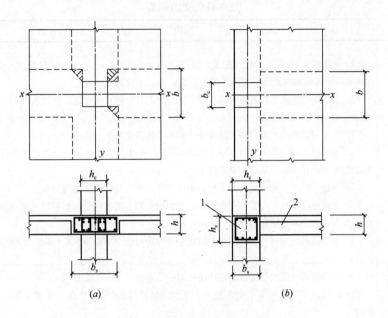

图 6-1　框架扁梁柱节点

（a）中柱节点；（b）边柱节点

1—框架边梁；2—框架扁梁

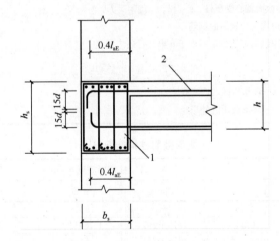

图 6-2　框架扁梁与边梁的连接构造

1—框架边梁；2—框架扁梁

6.2　柱中纵向钢筋

6.2.1　柱中纵向受力钢筋

对柱中纵向受力钢筋的要求如表 6-4 所示。

柱中纵向受力钢筋　　　　　　　　　　　　　　　表 6-4

序号	项 目	内　　　容
1	一般规定	（1）纵向受力钢筋一般对称配置，其直径不宜小于 12mm，也不宜大于 32mm，最大不超过 36mm；全部纵向钢筋的配筋率不宜大于 5% （2）受力钢筋的最小配筋百分率应符合表 1-137 中的有关规定，全部纵向钢筋配筋率不宜超过表 1-157 序号 1 的规定 （3）柱中纵向钢筋的净间距不应小于 50mm，且不宜大于 300mm （4）偏心受压柱的截面高度不小于 600mm 时，在柱的侧面上应设置直径不小于 10mm 的纵向构造钢筋，并相应设置复合箍筋或拉筋 （5）圆柱中纵向钢筋不宜少于 8 根，不应少于 6 根，且宜沿周边均匀布置 （6）在偏心受压柱中，垂直于弯矩作用平面的侧面上的纵向受力钢筋以及轴心受压柱中各边的纵向受力钢筋，其中距不宜大于 300mm （7）水平浇筑的预制柱，纵向钢筋的最小净间距可按本书表 3-8 关于梁的有关规定取用
2	构造配置	（1）矩形截面柱纵向受力钢筋按构造配置时，可参照表 6-5 选用 （2）圆形、环形截面偏心受压柱纵向受力钢筋的配置除应符合一般规定外，还应符合下列要求： 1）圆形截面偏心受压柱 ①沿周边均匀配置纵向钢筋 ②截面内纵向钢筋数量不少于 6 根 2）环形截面偏心受压柱 ①沿周边均匀配置纵向钢筋 ②截面内纵向钢筋数量不少于 6 根，且还应满足 $$\frac{r_1}{r_2} \geqslant 0.5$$ 式中　r_1——环形截面的内半径 　　　r_2——环形截面的外半径

矩形截面柱构造配筋　　　　　　　　　　　　表 6-5

柱截面高度 h（mm）	柱截面宽度 b（mm）				
	300	350	400	500	600
400	4φ16	4φ18	4φ18		
500	6φ14	4φ16+2φ14	6φ16	8φ16	
600	4φ16+2φ14	4φ18+2φ16	6φ18	6φ16+2φ18	6φ18+2φ20
700		6φ18	4φ20+2φ18	6φ18+2φ20	8φ20
800			4φ20+2φ22	8φ20	6φ22+2φ20
900				6φ20+4φ18	6φ20+4φ22
1000				10φ20	6φ22+4φ20
1200					6φ25+4φ22

注：1. 按构造配筋时宜采用 HPB300 级热轧钢筋；
　　2. 表中配筋按 bh×0.6% 计算。

6.2.2　柱中纵向构造钢筋与复合箍筋及芯柱配筋

钢筋混凝土柱中纵向构造钢筋与复合箍筋及芯柱配筋的设置如表 6-6 所示。

		柱中纵向构造钢筋与复合箍筋及芯柱配筋设置	表 6-6
序号	项　目	内　　容	
1	纵向构造钢筋设置	(1) 当偏心受压柱的截面高度 $h \geqslant 600\text{mm}$ 时，可根据柱的截面大小，在柱侧边应配置直径为 10～16mm 的纵向构造钢筋（预制柱一般为 12mm，现浇柱一般为 16mm），其间距不应大于 500mm（对于平腹杆双肢柱，其间距不应大于 400mm） (2) 矩形截面柱的纵向构造钢筋如图 6-3 所示	
2	复合箍筋的设置	(1) 当柱截面短边尺寸大于 400mm 且各边纵向钢筋多于 3 根时，或当柱截面短边尺寸不大于 400mm 但各边纵向钢筋多于 4 根时，应设置复合箍筋 (2) 设置在柱的周边的纵向受力钢筋，除圆形截面外，$b > 400\text{mm}$ 时，宜使纵向受力钢筋每隔一根置于箍筋转角处 (3) 复合箍筋可采用多个矩形箍组成或矩形箍加拉筋、三角形筋、菱形筋等 (4) 复合箍筋中的拉筋宜紧靠纵向钢筋并勾住封闭箍筋，如图 3-17 所示 (5) 矩形截面柱的复合箍筋设置如图 6-4 所示 (6) 矩形复合箍筋的基本复合方式可为： 1) 沿复合箍筋周边，箍筋局部重叠不宜多于两层。以复合箍筋最外围的封闭箍筋为基准，柱内的横向箍筋紧挨其设置在下（或在上），柱内纵向箍筋紧挨其设置在上（或在下） 2) 柱内复合箍筋可全部采用拉筋，拉筋须同时钩住纵向钢筋和外围封闭箍筋 3) 为使箍筋外围局部重叠不多于两层，当拉筋设在旁边时，可沿竖向将相邻两道箍筋按其各自平面位置交错放置，如图 6-4d、e、g 所示	
3	芯柱配筋设置	(1) 试验研究和工程经验都证明根据设计需要在矩形或圆形截面柱内的中部设置矩形核芯柱（或称附加芯柱、芯柱），如图 6-5 所示，不但可以提高柱的受压承载力，还可以提高柱的变形能力。在压、弯、剪作用下，当柱出现弯、剪裂缝，在大变形情况下芯柱可以有效地减小柱的压缩，保持柱的外形和截面承载力，特别对于承受高轴压的短柱，更有利于提高变形能力，延缓倒塌 (2) 为了便于梁中钢筋通过，芯柱边长不宜小于柱边长或直径的 1/3，且不宜小于 250mm (3) 纵向钢筋的连接及根部锚固同框架柱，往上直通至芯柱柱顶标高 (4) 芯柱配置的纵向钢筋与箍筋由设计者按具体情况确定	

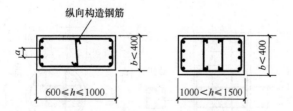

图 6-3　矩形截面柱的纵向构造钢筋

6.2.3　柱中纵向钢筋的接头

柱中纵向钢筋的接头要求如表 6-7 所示。

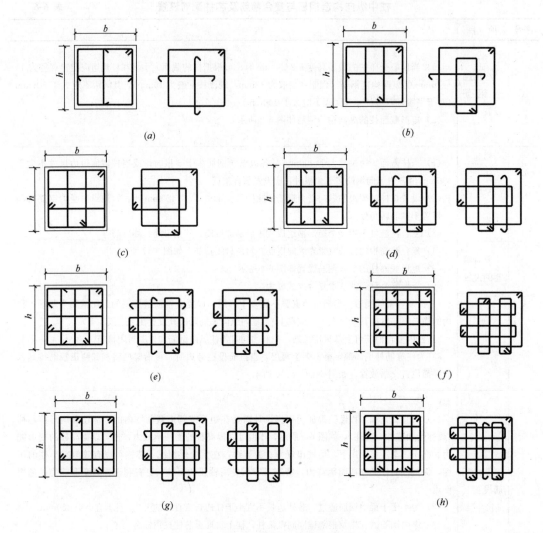

图 6-4　矩形柱截面的复合箍筋形式

(a) 箍筋肢数 3×3；(b) 箍筋肢数 4×3；(c) 箍筋肢数 4×4；(d) 箍筋肢数 5×4；

(e) 箍筋肢数 5×5；(f) 箍筋肢数 6×6；(g) 箍筋肢数 6×5；(h) 箍筋肢数 7×6

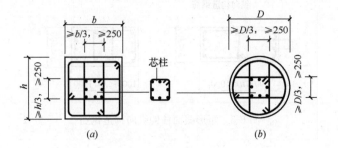

图 6-5　芯柱配筋构造

(a) 矩形柱截面；(b) 圆形柱截面

| | | 柱中纵向钢筋的接头要求 | 表 6-7 |

序号	项目	内　容
1	现浇柱中纵向钢筋的接头	现浇柱中的纵向钢筋，应优先采用焊接或机械连接的接头 柱中纵向受拉钢筋的焊接接头应符合表 1-122 中的有关规定 柱中纵向受力钢筋的机械连接接头应符合表 1-122 中的有关规定
2	柱中纵向钢筋的搭接接头	（1）应符合表 1-122 中的规定 （2）柱中纵向钢筋各部位的接头采用搭接接头方案时，搭接方案宜满足下列要求： 1）受压钢筋直径 $d \leqslant 32$mm；受拉钢筋直径 $d \leqslant 28$mm 2）搭接位置可以从基础顶面开始或各层楼面开始 3）当柱的每边钢筋不多于 4 根时，可在同一水平截面上接头，如图 6-6（a）所示；每边钢筋为 5～8 根时，应在两个水平截面上接头，如图 6-6（b）所示；每边钢筋为 9～12 根时，应在三个水平截面上接头，如图 6-6（c）所示。当钢筋受拉时，其搭接长度 l_1 为按接头面积百分率规定确定，且不小于 300mm；钢筋受压时，l_1 为按接头面积百分率规定确定，且不小于 200mm 当 $e_0 \leqslant 0.2h$ 时，按受压钢筋的搭接长度取用；当 $e_0 > 0.2h$ 时，按受拉钢筋的搭接长度取用 （3）下柱伸入上柱搭接钢筋的根数及直径应满足上柱受力筋的要求。当上下柱内钢筋直径不同时，搭接长度应按上柱内钢筋直径计算 （4）当钢筋的折角大于 1∶6 时，应设插筋或将上柱内钢筋锚在下柱内（图 6-7（a）），当折角不大于 1∶6 时，钢筋可以弯曲伸入上柱搭接（图 6-7（b））

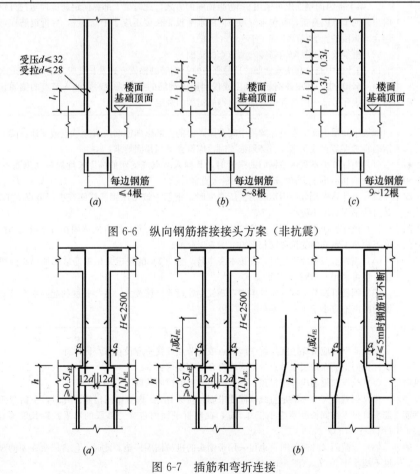

图 6-6　纵向钢筋搭接接头方案（非抗震）

图 6-7　插筋和弯折连接

（a）$\dfrac{b}{a} > \dfrac{1}{6}$ 时；（b）$\dfrac{b}{a} \leqslant \dfrac{1}{6}$ 时

注：重要工程插筋锚入长度可改为 $1.2l_a$（$1.2l_{aE}$）。

6.3　梁 柱 节 点

6.3.1　梁柱节点锚固要求

梁柱节点锚固要求如表 6-8 所示。

梁柱节点锚固要求　　　　　　　　　　　　　　　　　　表 6-8

序号	项　目	内　　　容
1	梁纵向钢筋在框架中间层端节点的锚固	梁纵向钢筋在框架中间层端节点的锚固应符合下列要求： (1) 梁上部纵向钢筋伸入节点的锚固： 1) 当采用直线锚固形式时，锚固长度不应小于 l_a，且应伸过柱中心线，伸过的长度不宜小于 $5d$，d 为梁上部纵向钢筋的直径 2) 当柱截面尺寸不满足直线锚固要求时，梁上部纵向钢筋可采用本书表 1-102 序号 3 钢筋端部加机械锚头的锚固方式。梁上部纵向钢筋宜伸至柱外侧纵向钢筋内边，包括机械锚头在内的水平投影锚固长度不应小于 $0.4l_{ab}$（图 6-8（a）） 3) 梁上部纵向钢筋也可采用 90°弯折锚固的方式，此时梁上部纵向钢筋应伸至柱外侧纵向钢筋内边并向节点内弯折，其包含弯弧在内的水平投影长度不应小于 $0.4l_{ab}$，弯折钢筋在弯折平面内包含弯弧段的投影长度不应小于 $15d$（图 6-8（b）） (2) 框架梁下部纵向钢筋伸入端节点的锚固： 1) 当计算中充分利用该钢筋的抗拉强度时，钢筋的锚固方式及长度应与上部钢筋的规定相同 2) 当计算中不利用该钢筋的强度或仅利用该钢筋的抗压强度时，伸入节点的锚固长度应分别符合本表序号 2 中间节点梁下部纵向钢筋锚固的规定
2	框架中间层中间节点或连续梁中间支座的锚固	框架中间层中间节点或连续梁中间支座，梁的上部纵向钢筋应贯穿节点或支座。梁的下部纵向钢筋宜贯穿节点或支座。当必须锚固时，应符合下列锚固要求： (1) 当计算中不利用该钢筋的强度时，其伸入节点或支座的锚固长度对带肋钢筋不小于 $12d$，对光面钢筋不小于 $15d$，d 为钢筋的最大直径 (2) 当计算中充分利用钢筋的抗压强度时，钢筋应按受压钢筋锚固在中间节点或中间支座内，其直线锚固长度不应小于 $0.7l_a$ (3) 当计算中充分利用钢筋的抗拉强度时，钢筋可采用直线方式锚固在节点或支座内，锚固长度不应小于钢筋的受拉锚固长度 l_a（图 6-9（a）） (4) 当柱截面尺寸不足时，宜按本表序号 1 之（1）的规定采用钢筋端部加锚头的机械锚固措施，也可采用 90°弯折锚固的方式 (5) 钢筋可在节点或支座外梁中弯矩较小处设置搭接接头，搭接长度的起始点至节点或支座边缘的距离不应小于 $1.5h_0$（图 6-9（b））
3	柱纵向钢筋及柱纵向钢筋在顶层中节点的锚固	柱纵向钢筋应贯穿中间层的中间节点或端节点，接头应设在节点区以外 柱纵向钢筋在顶层中节点的锚固应符合下列要求： (1) 柱纵向钢筋应伸至柱顶，且自梁底算起的锚固长度不应小于 l_a (2) 当截面尺寸不满足直线锚固要求时，可采用 90°弯折锚固措施。此时，包括弯弧在内的钢筋垂直投影锚固长度不应小于 $0.5l_{ab}$，在弯折平面内包含弯弧段的水平投影长度不宜小于 $12d$（图 6-10（a）） (3) 当截面尺寸不足时，也可采用带锚头的机械锚固措施。此时，包含锚头在内的竖向锚固长度不应小于 $0.5l_{ab}$（图 6-10（b）） (4) 当柱顶有现浇楼板且板厚不小于 100mm 时，柱纵向钢筋也可向外弯折，弯折后的水平投影长度不宜小于 $12d$（图 6-10（a））

序号	项　目	内　　　容
4	顶层端节点梁、柱纵向钢筋锚固与搭接	顶层端节点柱外侧纵向钢筋可弯入梁内作梁上部纵向钢筋；也可将梁上部纵向钢筋与柱外侧纵向钢筋在节点及附近部位搭接，搭接可采用下列方式： （1）搭接接头可沿顶层端节点外侧及梁端顶部布置，搭接长度不应小于 $1.5l_{ab}$（图 6-11（a））。其中，伸入梁内的柱外侧钢筋截面面积不宜小于其全部面积的 65%；梁宽范围以外的柱外侧钢筋宜沿节点顶部伸至柱内边锚固。当柱外侧纵向钢筋位于柱顶第一层时，钢筋伸至柱内边后宜向下弯折不小于 $8d$ 后截断（图 6-11（a）），d 为柱纵向钢筋的直径；当柱外侧纵向钢筋位于柱顶第二层时，可不向下弯折。当现浇板厚度不小于 100mm 时，梁宽范围以外的柱外侧纵向钢筋也可伸入现浇板内，其长度与伸入梁内的柱外侧纵向钢筋相同 （2）当柱外侧纵向钢筋配筋率大于 1.2% 时，伸入梁内的柱外侧纵向钢筋应满足上述（1）规定且宜分两批截断，截断点之间的距离不宜小于 $20d$，d 为柱外侧纵向钢筋的直径。梁上部纵向钢筋应伸至节点外侧并向下弯至梁下边缘高度位置截断 （3）纵向钢筋搭接接头也可沿节点柱顶外侧直线布置（图 6-11（b）），此时，搭接长度自柱顶算起不应小于 $1.7l_{ab}$。当梁上部纵向钢筋的配筋率大于 1.2% 时，弯入柱外侧的梁上部纵向钢筋应满足上述（1）规定的搭接长度，且宜分两批截断，其截断点之间的距离不宜小于 $20d$，d 为梁上部纵向钢筋的直径 （4）当梁的截面高度较大，梁、柱纵向钢筋相对较小，从梁底算起的直线搭接长度未延伸至柱顶即已满足 $1.5l_{ab}$ 的要求时，应将搭接长度延伸至柱顶并满足搭接长度 $1.7l_{ab}$ 的要求；或者从梁底算起的弯折搭接长度未延伸至柱内侧边缘即已满足 $1.5l_{ab}$ 的要求时，其弯折后包括弯弧在内的水平段的长度不应小于 $15d$，d 为柱纵向钢筋的直径 （5）柱内侧纵向钢筋的锚固应符合本表序号 3 关于顶层中节点的规定

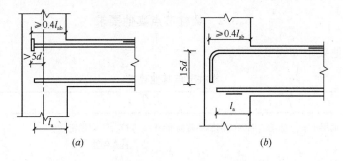

图 6-8　梁上部纵向钢筋在中间层端节点内的锚固

（a）钢筋端部加锚头锚固；（b）钢筋末端 90° 弯折锚固

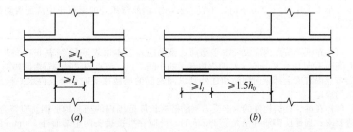

图 6-9　梁下部纵向钢筋在中间节点或中间支座范围的锚固与搭接

（a）下部纵向钢筋在节点中直线锚固；（b）下部直线钢筋在节点或支座范围外的搭接

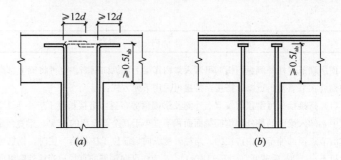

图 6-10　顶层节点中柱纵向钢筋在节点内的锚固

（a）柱纵向钢筋 90°弯折锚固；（b）柱纵向钢筋端头加锚板锚固

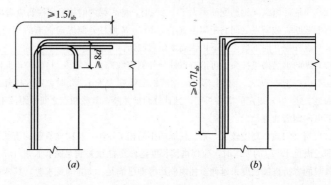

图 6-11　顶层端节点梁、柱纵向钢筋在节点内的锚固与搭接

（a）搭接接头沿顶层端节点外侧及梁端顶部布置；（b）搭接接头沿节点外侧直线布置

6.3.2　梁柱节点其他要求

梁柱节点其他要求如表 6-9 所示。

梁柱节点其他要求　　　　　　　　　　　　　　　　表 6-9

序号	项　目	内　　　　容
1	顶层端节点处梁上部纵向钢筋截面面积	顶层端节点处梁上部纵向钢筋的截面面积 A_s 应符合下列规定 $$A_s \leqslant \frac{0.35\beta_c f_c b_b h_0}{f_y} \qquad (6\text{-}1)$$ 式中　b_b——梁腹板宽度 　　　　h_0——梁截面有效高度 　　梁上部纵向钢筋与柱外侧纵向钢筋在节点角部的弯弧内半径，当钢筋直径不大于 25mm 时，不宜小于 $6d$；大于 25mm 时，不宜小于 $8d$。钢筋弯弧外的混凝土中应配置防裂、防剥落的构造钢筋
2	框架节点内水平箍筋的设置	（1）在框架节点内应设置水平箍筋，箍筋应符合本书表 6-13 与表 6-14 柱中箍筋的构造规定，但间距不宜大于 250mm。对四边均有梁的中间节点，节点内可只设置沿周边的矩形箍筋。当顶层端节点内有梁上部纵向钢筋和柱外侧纵向钢筋的搭接接头时，节点内水平箍筋应符合下述（2）条的规定 　　（2）在梁、柱类构件的纵向受力钢筋搭接长度范围内的横向构造钢筋应符合下述（3）条的构造要求；当受压钢筋直径大于 25mm 时，尚应在搭接接头两个端面外 100mm 的范围内各设置两道箍筋 　　（3）当锚固钢筋的保护层厚度不大于 $5d$ 时，锚固长度范围内应配置横向构造钢筋，其直径不应小于 $d/4$；对梁、柱、斜撑等构件间距不应大于 $5d$，对板、墙等平面构件间距不应大于 $10d$，且均不应大于 100mm，此处 d 为锚固钢筋的直径

6.4 非抗震现浇框架柱中纵向钢筋配筋构造图例

6.4.1 框架柱柱顶纵向钢筋配筋构造

框架柱柱顶纵向钢筋配筋构造如表 6-10 所示。

框架柱柱顶纵向钢筋配筋构造　　　　　　　表 6-10

序号	项　目	内　　　容
1	框架边柱和角柱柱顶纵向钢筋配筋构造	(1) 框架边柱和角柱柱顶纵向钢筋配筋构造如图 6-12 与图 6-13 所示 (2) 图 6-12 (a) 1) 如图 6-12 (a) 所示，为柱筋作为梁上部钢筋使用 2) 见表 6-8 序号 4 中的有关规定 (3) 图 6-12 (b) 1) 如图 6-12 (b) 所示，为从梁底算起 $1.5l_{ab}$ 超过柱内侧边缘 2) 见表 6-8 序号 4 中的有关规定 (4) 图 6-12 (c) 1) 如图 6-12 (c) 所示，为从梁底算起 $1.5l_{ab}$ 未超过柱内侧边缘 2) 见表 6-8 序号 4 中的有关规定 (5) 图 6-13 (a) 1) 如图 6-13 (a) 所示，用于图 6-12 (b) 或图 6-12 (c) 节点未伸入梁内的柱外侧钢筋锚固，当现浇板厚度不小于 100mm 时，也可按图 6-12 (b) 节点方式伸入板内锚固，且伸入板内长度不宜小于 15d 2) 见表 6-8 中的有关规定 (6) 图 6-13 (b) 1) 如图 6-13 (b) 所示，用于梁、柱纵向钢筋搭接接头沿节点外侧直线布置 2) 见表 6-8 中的有关规定 (7) 其他规定 1) 图 6-12 (a)、(b)、(c) 和图 6-13 (a) 应配合使用，图 6-13 (a) 不应单独使用（仅用于未伸入梁内的柱外侧纵筋锚固），伸入梁内的柱外侧纵筋不宜少于柱外侧全部纵筋面积的 65%。可选择图 6-12 (b) ＋图 6-13 (a) 或图 6-12 (c) ＋图 6-13 (a) 或图 6-12 (a) ＋图 6-12 (b) ＋图 6-13 (a) 或图 6-12 (a) ＋图 6-12 (c) ＋图 6-13 (a) 的做法 2) 图 6-13 (b) 用于梁、柱纵向钢筋接头沿节点柱顶外侧直线布置的情况，可与图 6-12 (a) 组合使用 3) l_{ab} 见本书表 1-113 所示 4) 纵向钢筋弯折构造要求见本书图 3-16 所示 5) 见本书表 6-8 中的有关规定 6) 节点纵向钢筋弯折构造如图 3-16 所示
2	框架中柱柱顶纵向钢筋配筋构造	(1) 框架中柱柱顶纵向钢筋可用直线方式锚入柱顶节点，自梁底算起的锚固长度不应小于 l_a，且柱纵向钢筋必须伸至柱顶，配筋构造如图 6-14 所示 (2) 如图 6-14 (a) 所示，当直线长度＜l_a 时，将柱两侧纵向钢筋伸入柱顶的锚固长度不小于 $0.5l_{ab}$ 后向柱内水平弯折，弯折后的水平段投影长度不应小于 12d，此处，d 为柱两侧纵向钢筋直径

续表 6-10

序号	项　目	内　　　容
2	框架中柱柱顶纵向钢筋配筋构造	（3）如图 6-14（b）所示，当直锚长度<l_a，且顶层为现浇钢筋混凝土板，其混凝土强度等级不低于 C20、板厚不小于 100mm 时，将柱两侧纵向钢筋伸入柱顶的锚固长不小于 0.5l_{ab} 后向节点外水平弯折锚入现浇钢筋混凝土板内，弯折后的水平段投影长度不应小于 12d，此处，d 为柱两侧纵向钢筋直径 （4）如图 6-14（c）所示，柱纵向钢筋端头加锚头（锚板），自梁底算起的锚固长度不小于 0.5l_{ab} （5）如图 6-14（d）所示，自梁底算起的锚固长度不小于 l_a 时，则柱两侧的纵向钢筋用直线方式锚入柱顶 （6）上述中柱柱头纵向钢筋构造的四种构造做法，施工人员应根据各种做法所要求的条件正确应用 （7）l_a 见表 1-114 所示 （8）l_{ab} 见表 1-113 所示 （9）节点纵向钢筋弯折要求如图 3-16 所示

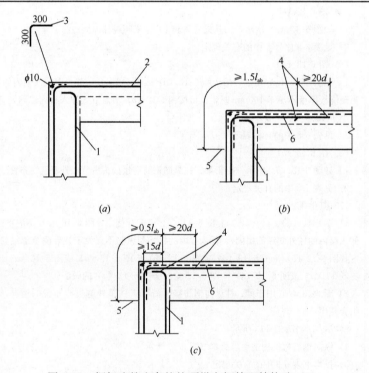

图 6-12　框架边柱和角柱柱顶纵向钢筋配筋构造（1）

（a）柱筋作为梁上部钢筋使用；（b）从梁底算起 1.5l_{ab} 超过柱内侧边缘；（c）从梁底算起 1.5l_{ab} 未超过柱内侧边缘
1—柱内侧纵筋同中柱柱顶纵向钢筋构造，见图 6-14 所示；2—柱外侧纵向钢筋直径不小于梁上部钢筋时，
可弯入梁内作梁上部纵向钢筋；3—当柱纵筋直径≥25 时，在柱宽范围的柱箍筋内侧设置间距>150，
但不少于 3ϕ10 的角部附加钢筋；4—柱外侧纵向钢筋配筋率>1.2% 时，分两批截断；
5—梁底；6—梁上部纵筋

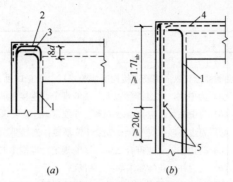

图 6-13　框架边柱和角柱柱顶纵向钢筋配筋构造 (2)

(a) 柱梁侧纵筋在顶部的锚固；(b) 梁上部纵向钢筋配筋率＞1.2%时，搭接接头沿柱顶外侧布置
1—柱内侧纵筋同中柱柱顶纵向钢筋构造，如图 6-14 所示；2—柱顶第一层钢筋伸至柱内边向下弯折 8d；
3—柱顶第二层钢筋伸至柱内边；4—梁上部纵筋；5—梁上部纵向钢筋配筋
率＞1.2%时，应分两批截断当梁上部纵向钢筋为两排时，先断第二排钢筋

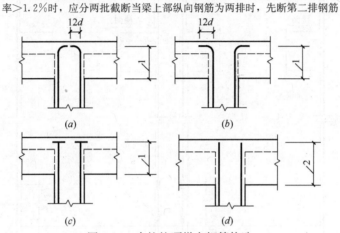

图 6-14　中柱柱顶纵向钢筋构造

(a) 当直锚长度小于 l_a 时；(b) 当柱顶有不小于 100mm 厚的现浇板；
(c) 柱纵向钢筋端头加锚头（锚板）；(d) 当直锚长度 ≥ l_a 时
1—伸至柱顶，且 ≥ $0.5l_{ab}$；2—伸至柱顶，且 ≥ l_a

6.4.2　框架中柱与柱变截面位置纵向钢筋连接构造

框架中柱与柱变截面位置纵向钢筋连接构造如表 6-11 所示。

框架中柱与柱变截面位置纵向钢筋连接构造　　　　表 6-11

序号	项　目	内　　　　容
1	中柱纵向钢筋连接构造	(1) 框架中柱柱两边钢筋相同时纵向钢筋的连接构造如图 6-15 所示。图 6-15 (a) 为钢筋的绑扎搭接连接接头，图 6-15 (b) 为钢筋的机械连接接头，图 6-15 (c) 为钢筋的焊接连接接头 (2) 框架中柱之上柱与下柱的钢筋不同时的连接构造如图 6-16 所示。图 6-16 (a) 为上柱钢筋比下柱钢筋多时的连接构造；图 6-16 (b) 为上柱钢筋直径比下柱钢筋直径大时的连接构造，此时将柱下端的连接位置上移至柱上端；图 6-16 (c) 为下柱钢筋比上柱钢筋多时的连接构造；图 6-16 (d) 为下柱钢筋直径比上柱钢筋直径大时的连接构造。图 6-16 为钢筋的绑扎搭接接头，也可采用钢筋的机械连接或对焊连接接头 (3) 柱纵向钢筋连接接头应相互错开。在同一截面内的钢筋接头面积百分率：对于绑扎搭接和机械连接不宜大于 50%；对于焊接连接不应大于 50% (4) 框架柱纵向钢筋直径 d＞28 时，不宜采用绑扎搭接接头 (5) 钢筋的连接应符合表 1-122 及表 6-7 的有关规定 (6) l_l 取值长度如表 1-127、表 1-128 所示

序号	项　目	内　　　容
2	柱变截面位置纵向钢筋连接构造	(1) 框架柱变截面位置纵向钢筋连接构造如图 6-17、图 6-18 所示 (2) 图 6-17（a）为中柱，且应符合 $\Delta/h_b > 1/6$ 规定，连接要求如图中所示 (3) 图 6-17（b）为中柱，且应符合 $\Delta/h_b \leqslant 1/6$ 规定，连接要求如图中所示 (4) 图 6-17（c）为边柱，且应符合 $\Delta/h_b > 1/6$ 规定，连接要求如图中所示 (5) 图 6-18（a）为边柱，且应符合 $\Delta/h_b \leqslant 1/6$ 规定，连接要求如图中所示 (6) 图 6-18（b）为边柱，连接要求如图中所示 (7) 图 6-17 及图 6-18 中楼层以上柱纵筋连接构造如图 6-15 及图 6-16 所示

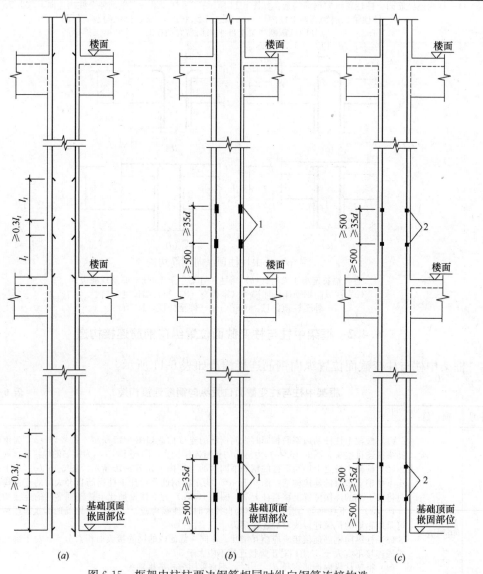

图 6-15　框架中柱柱两边钢筋相同时纵向钢筋连接构造

（a）绑扎搭接接头；（b）机械连接接头；（c）焊接连接接头

1—相邻纵筋交错机械连接；2—相邻纵筋交错焊接连接

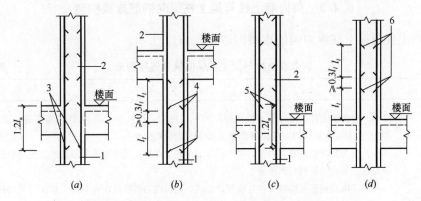

图 6-16 框架中柱之上柱与下柱的钢筋不同时连接构造

(a) 上柱钢筋比下柱钢筋多时；(b) 上柱钢筋直径比下柱钢筋直径大时；

(c) 下柱钢筋比上柱钢筋多时；(d) 下柱钢筋直径比上柱钢筋直径大时

1—下柱；2—上柱；3—上柱比下柱多出的钢筋；4—上柱较大直径钢筋；

5—下柱比上柱多出的钢筋；6—下柱较大直径钢筋

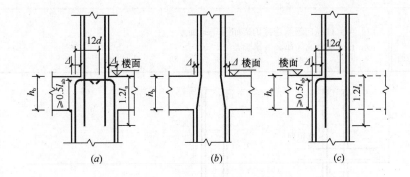

图 6-17 柱变截面位置纵向钢筋构造（1）

(a) 中柱，且 $\Delta/h_b > 1/6$ 情况；(b) 中柱，且 $\Delta/h_b \leqslant 1/6$ 情况；

(c) 边柱，且 $\Delta/h_b > 1/6$ 情况

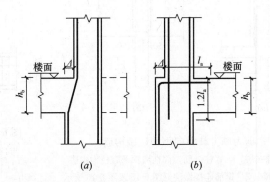

图 6-18 柱变截面位置纵向钢筋构造（2）

(a) 边柱，且 $\Delta/h_b \leqslant 1/6$ 情况；(b) 边柱，按图示情况

6.4.3 剪力墙上柱与梁上柱纵向钢筋连接构造

剪力墙上柱与梁上柱纵向钢筋连接构造如表6-12所示。

剪力墙上柱与梁上柱纵向钢筋连接构造 表6-12

序号	项 目	内 容
1	剪力墙上柱纵向钢筋连接构造	(1) 剪力墙上柱纵向钢筋连接构造如图6-19所示。图6-19 (*a*) 为柱与墙重叠一层构造做法，图6-19 (*b*) 为柱纵向钢筋锚固在墙顶部时柱根部构造做法 (2) 当为复合箍筋时，对于四边均有梁的中间节点，在四根梁端的最高梁底至楼板顶范围内可只设置沿周边的矩形封闭箍筋 (3) 柱纵向钢筋连接接头相互错开，在同一截面内的钢筋接头百分率：对于绑扎搭接和机械连接不宜大于50%；对于焊接连接不应大于50% (4) 柱纵向钢筋直径 $d>28$ 时，不宜采用绑扎搭接接头 (5) 墙上起柱（柱纵筋锚固在墙顶部时）和梁上起柱时，墙体和梁的平面外方向应设梁，以平衡柱脚在该方向的弯矩；当柱宽度大于梁宽时，梁应设水平加腋 (6) 钢筋连接应符合表1-122的有关规定 (7) 纵向钢筋弯折构造见图3-16所示
2	梁上柱纵向钢筋连接构造	(1) 梁上柱纵向钢筋连接构造如图6-20所示 (2) 见本表序号1中的有关规定

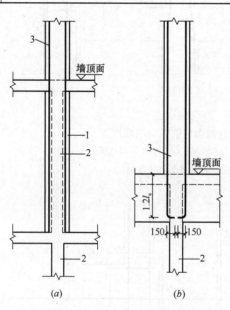

图6-19 剪力墙上柱纵向钢筋连接构造

（*a*）柱与墙重叠一层；（*b*）柱纵筋锚固在墙顶部时柱根构造

1—柱；2—剪力墙；3—钢筋连接做法见图6-15或图6-16所示

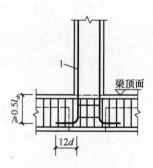

图6-20 梁上柱纵向钢筋连接构造

1—钢筋连接做法见图6-15或图6-16所示

6.5 柱 中 箍 筋

6.5.1 柱中箍筋的形式及直径

对柱中箍筋的形式及直径要求如表 6-13 所示。

柱中箍筋的形式及直径　　　　　　　　　　表 6-13

序号	项　目	内　　　容
1	箍筋形式	在柱中及其他受压构件中的箍筋应为封闭式。当柱中全部纵向受力钢筋的配筋率超过 3% 时，箍筋应焊成封闭环式，或在箍筋末端做成不小于 135° 的弯钩，弯钩末端平直段长度不应小于 10 倍箍筋直径
2	箍筋直径	柱中箍筋直径由计算确定，还应符合下列规定： (1) 箍筋直径不应小于 $d/4$，且不应小于 6mm，d 为纵向钢筋的最大直径 (2) 柱中全部纵向受力钢筋的配筋率超过 3% 时，箍筋直径不宜小于 8mm

6.5.2 柱中箍筋间距

（1）柱中箍筋间距指中到中。

（2）柱中箍筋间距应由计算确定，但还应符合表 6-14 的构造规定。

柱中箍筋最大间距　　　　　　　　　　表 6-14

序号	柱中全部纵向钢筋配筋百分率	箍筋最大间距
1	≤3%	箍筋间距不应大于 400mm，且不应大于构件截面的短边尺寸；同时，在绑扎骨架中，不应大于 15d；在焊接骨架中不应大于 20d，d 为纵向钢筋的最小直径
2	>3%	间距不应大于纵向钢筋最小直径的 10 倍，且不应大于 200mm

注：1. 在配有螺旋式或焊接环式间接钢筋的柱中，如计算中考虑间接钢筋的作用，则间接钢筋的间距不应大于 80mm 及 $d_{cor}/5$（d_{cor} 为按间接钢筋内表面确定的直径），且不应小于 40mm（图 6-21）；间接钢筋的直径应符合表 6-13 序号 2 的规定；
2. 柱内纵向钢筋搭接长度范围内的箍筋间距要求应符合表 1-122 序号 2 的规定；
3. 框架柱纵向钢筋搭接区范围箍筋加密构造如图 6-22 所示。

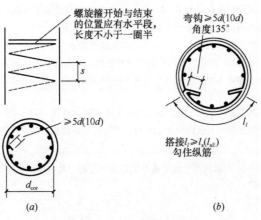

图 6-21　间接钢筋的间距

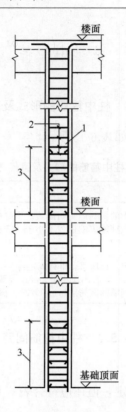

图 6-22　框架柱箍筋配置构造
1—柱纵向钢筋；2—箍筋；
3—柱纵向钢筋搭接区范围箍筋加密

6.5.3　柱中复合箍筋的设置及箍筋的布置图例

柱中复合箍筋的设置及箍筋的布置如表 6-15 所示。

柱中复合箍筋的设置及箍筋的布置　　　　　　　　　　　　表 6-15

序号	项　目	内　　　容
1	柱中复合箍筋的设置	(1) 箍筋的形式如图 6-23 所示 (2) 当柱截面短边长度大于 400mm，且各边纵向钢筋多于 3 根，或当柱截面短边长度未超过 400mm，但各边纵向钢筋多于 4 根时，应设置复合箍筋 (3) 仅当柱子短边长度 $b \leqslant 400$mm，且纵向钢筋不多于 4 根，可不设置复合箍筋，如图 6-24 (a) 和图 6-25 (a) 所示。当与拉筋组成箍筋时，拉筋宜紧靠纵向钢筋并勾住封闭箍筋 (4) 复合箍筋可采用多个矩形箍组成或矩形箍加拉筋、菱形筋等
2	箍筋布置及体积配筋率	(1) 常用的方形、圆形、矩形柱，其箍筋布置可参考图 6-24 和图 6-25 配置 (2) 在箍筋加密区长度内配置矩形箍、复合箍或螺旋箍，其体积配筋率不宜小于有关的规定
3	复合箍筋的体积配筋率计算	(1) 如图 6-26 所示的多个矩形箍及矩形箍加拉筋，其体积配筋率的计算公式（箍筋相重叠部分不计算，下同）为 $$\rho_v = \frac{n_1 A_{sv1} l_1 + n_2 A_{sv2} l_2}{l_1 l_2 S} \qquad (6\text{-}2)$$

序号	项 目	内　　　　容
3	复合箍筋的体积配筋率计算	（2）如图 6-27 所示的矩形箍加菱形箍，其体积配筋率的计算公式为 $$\rho_v = \frac{n_1 A_{sv1} l_1 + n_2 A_{sv2} l_2 + n_3 A_{sv3} l_3}{l_1 l_2 S} \qquad (6\text{-}3)$$ 式中　n_1、n_2、n_3——配置在同一截面内，同一方向，截面面积相同的箍筋肢数 （3）如图 6-28 所示的螺旋箍，其体积配筋率的计算公式为 $$\rho_v = \frac{4 A_{sv}}{d_{cor} S} \qquad (6\text{-}4)$$ （4）如图 6-29（图中 $n=4$）所示的多个矩形箍，其体积配筋率的计算公式为 $$A_{sv} = n A_{sv1} \qquad (6\text{-}5)$$ （5）在箍筋加密区长度以外，箍筋配筋率不宜小于加密区配筋率的一半，一般采用扩大箍筋间距的办法来减小配筋率，但应满足有关规定的最大间距的要求 （6）如图 6-30（图中 $n_1 = n_2 = 2$）所示的矩形箍加拉筋，其体积配筋率的计算公式为 $$A_{sv} = n_1 A_{sv1} + n_2 A_{sv2} \qquad (6\text{-}6)$$ （7）如图 6-31（图中 $n_1 = n_2 = 2$）所示的矩形箍加菱形箍，其体积配筋率的计算公式为 $$A_{sv} = n_1 A_{sv1} + n_2 \cos\alpha A_{sv2} \qquad (6\text{-}7)$$

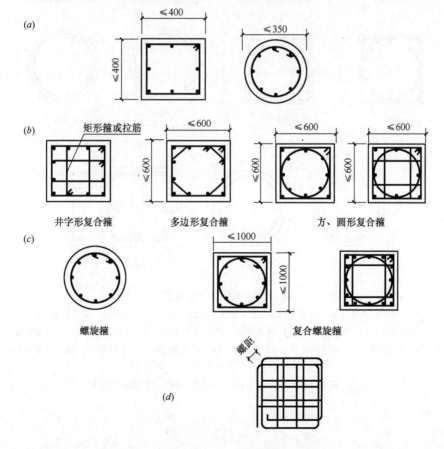

图 6-23　各类箍筋示意

（a）普通箍；（b）复合箍；（c）螺旋箍；（d）连续复合螺旋箍（用于矩形截面柱）

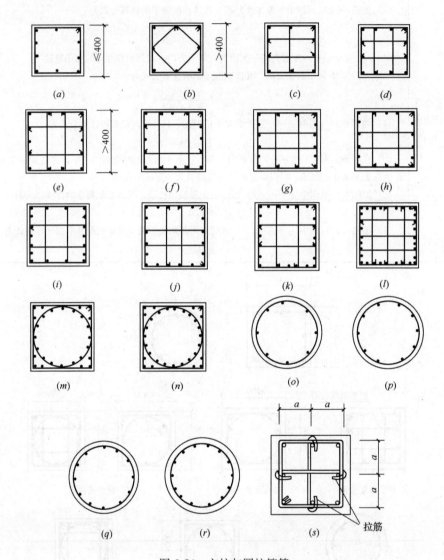

图 6-24 方柱与圆柱箍筋

(a) 仅用于非抗震设计和加密区以外区段；(b) 8 根钢筋；(c) 10 根钢筋；(d) 12 根钢筋；
(e) 14 根钢筋；(f) 16 根钢筋；(g) 16 根钢筋；(h) 18 根钢筋；(i) 18 根钢筋；(j) 20 根钢筋；
(k) 24 根钢筋；(l) 32 根钢筋；(m) 28 根钢筋；(n) 32 根钢筋；(o) 8 根钢筋；(p) 10 根钢筋；
(q) 12 根钢筋；(r) 14 根钢筋；(s) 拉筋大样

注：1. 箍筋弯钩大样见图 3-17。2. 所有圆柱最好设螺旋形箍筋。

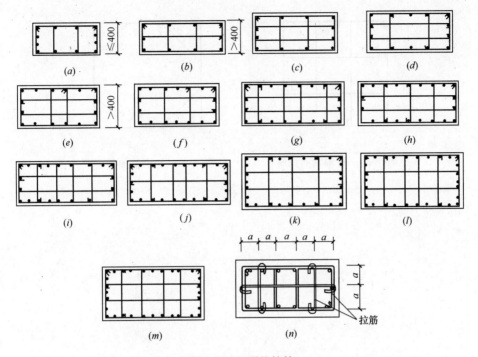

图 6-25　矩形柱箍筋

(a) 仅用于非抗震设计和加密区以外区段；(b) 10 根钢筋；(c) 12 根钢筋；(d) 14 根钢筋；
(e) 16 根钢筋；(f) 18 根钢筋；(g) 20 根钢筋；(h) 22 根钢筋；(i) 24 根钢筋；(j) 26 根钢筋；
(k) 28 根钢筋；(l) 30 根钢筋；(m) 32 根钢筋；(n) 拉筋大样

注：箍筋弯钩大样见图 3-17。

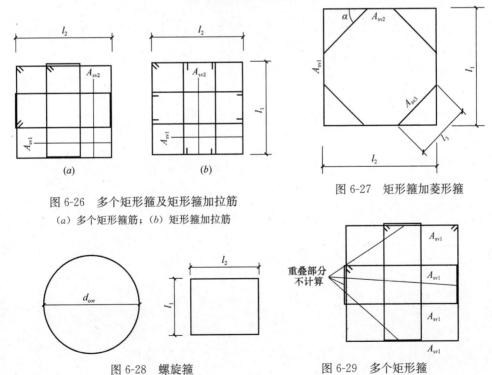

图 6-26　多个矩形箍及矩形箍加拉筋

(a) 多个矩形箍筋；(b) 矩形箍加拉筋

图 6-27　矩形箍加菱形箍

图 6-28　螺旋箍

图 6-29　多个矩形箍

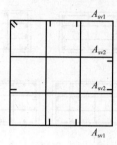

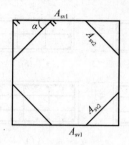

图 6-30　矩形箍加拉筋　　　　图 6-31　矩形箍加菱形箍

第 7 章

钢筋混凝土基础

7.1 地 基 与 基 础

7.1.1 地基与基础概述

地基与基础概述如表 7-1 所示。

地基与基础概述 表 7-1

序号	项 目	内 容
1	名词术语	(1) 地基。为支承基础的土体或岩体 (2) 基础。将结构所承受的各种作用传递到地基上的结构组成部分 (3) 地基承载力特征值。指由载荷试验测定的地基土压力变形曲线线性变形段内规定的变形所对应的压力值，其最大值为比例界限值 (4) 重力密度（重度）。单位体积岩土所承受的重力，为岩土体的密度与重力加速度的乘积 (5) 岩体结构面。岩体内开裂的和易开裂的面，如层面、节理、断层、片理等，又称不连续构造面 (6) 标准冻结深度。在地面平坦、裸露、城市之外的空旷场地中不少于 10 年的实测最大冻结深度的平均值 (7) 地基变形允许值。为保证建筑物正常使用而确定的变形控制值 (8) 土岩组合地基。在建筑地基（或被沉降缝分隔区段的建筑地基）的主要受力层范围内，有下卧基岩表面坡度较大的地基；或石芽密布并有出露的地基；或大块孤石或个别石芽出露的地基 (9) 地基处理。指为提高地基土的承载力，或改善其变形性质或渗透性质而采取的工程措施 (10) 复合地基。部分土体被增强或被置换，而形成的由地基土和增强体共同承担荷载的人工地基 (11) 扩展基础。为扩散上部结构传来的荷载，使作用在基底的压应力满足地基承载力的设计要求，且基础内部的应力满足材料强度的设计要求，这种起到压力向侧边扩展作用的基础称为扩展基础 (12) 无筋扩展基础。由砖、毛石、混凝土或毛石混凝土、灰土和三合土等材料组成的，且不需配置钢筋的墙下条形基础或柱下独立基础 (13) 桩基础。由设置于岩土中的桩和连接于桩顶端的承台组成的基础 (14) 支挡结构。使岩土边坡保持稳定、控制位移、主要承受侧向荷载而建造的结构物 (15) 基坑工程。为保证地面向下开挖形成的地下空间在地下结构施工期间的安全稳定所需的挡土结构及地下水控制、环境保护等措施的总称

序号	项　目	内　　　容
2	地 基、基础	（1）受建筑物荷载的影响，建筑物下一定范围内土层将产生应力和变形，应力和变形不可忽略的那部分地层称为地基（图7-1）。由于土在形成过程中，不同阶段沉积的物质成分、颗粒大小等不同，沿竖向呈层状构造。基础以下的土层称为持力层，在地基范围内持力层以下的土层称为下卧层，如果下卧层的承载力低于持力层，则称为软弱下卧层 （2）作为承托建筑物的地基应满足如下两方面的要求： 1）地基的承载能力不小于作用于地基的压力，在防止地基整体破坏和建筑物失稳方面具有足够的安全储备 2）地基的变形值不能过大，保证建筑物不因沉降过大而损坏或影响正常使用 （3）所选择的建筑场地下的土层，能否满足建筑物或构筑物对地基的上述要求，必须在设计之前进行工程地质勘查，提出勘查报告，然后根据拟建建筑物的结构形式、荷载、构造和使用等方面的要求，进行承载力、变形、稳定性分析。凡是基础直接建造在未经加固的天然地层上时，这种地基称为天然地基。如天然地基较软弱，不能满足承载力、变形、稳定性要求，则需对地基进行加固处理，这种经过加工处理的地基称为人工地基。天然地基施工简单，造价经济；而人工地基一般比天然地基施工复杂，造价也高。因此，在一般情况下，应尽量采用天然地基 （4）建筑物为满足稳定性要求及使之落在较好的土层上，一般要埋入地下一定深度，埋入这部分结构，起着支撑上部结构，并将上部结构荷载传给地基的作用，称为基础。基础的形式有很多，设计时应选择能适应上部结构和场地工程地质条件、符合使用要求，满足地基设计基本要求及技术上合理的基础结构方案，还应保证基础本身在上部结构荷载及地基反力共同作用下不至于破坏。基础依其埋置深度，可分为浅基础及深基础。一般地基埋置较浅（一般小于5m），可用简单方法进行基坑开挖、排水等施工程序就可建造起来的基础称为浅基础。例如，单独基础、条形基础、十字交叉基础、筏基础、箱基等。如果建筑物荷载较大且上层土质较软弱时，须将基础埋于较深的土层上，这时要借助于特殊施工方法建造的基础，称为深基础。例如，桩基础、沉井、地下连续墙等某些特殊的施工方法修建的基础则称为深基础 （5）建筑物的地基、基础和上部结构，虽然各自功能不同，研究方法各异，但三者是彼此联系、相互制约的整体。如软弱地基除考虑采用人工处理地基之外，还要增大基础底面尺寸、适当加强上部结构的整体刚度或采用桩基础、沉井等方案。各种设计方案进行经济技术比较，以使所选择的方案安全可靠、经济合理、技术先进、施工方便 （6）地基和基础是建筑物的根基，又属于地下隐蔽工程，它的勘查、设计和施工质量直接关系到建筑物的安危。实践表明，许多建筑物的工程质量事故往往发生在地基基础之上，而且，一旦事故发生，补救并非易事。此外，随着城市的发展，高层建筑越来越多，基础的埋置深度越来越大，因此，基础工程费用约占建筑物总投资的1/5左右。所以地基和基础在建筑工程中的重要性是显而易见的

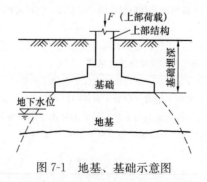

图 7-1　地基、基础示意图

7.1.2　建筑地基基础设计基本规定

建筑地基基础设计基本规定如表 7-2 所示。

建筑地基基础设计基本规定　　　　　　　　　　　　　表 7-2

序号	项　目	内　　　　容
1	建筑地基基础设计内容、等级及应符合的规定	（1）地基基础设计包括 3 个内容，即地基承载力计算、变形计算和稳定性计算 　地基承载力计算是每项工程都必须进行的基本设计内容。稳定性计算并不要求所有的工程都需要进行。只有两种情况才需要计算建筑物的稳定性，一种是经常受水平荷载的高层建筑和高耸结构；另一种是建造在斜坡上的建筑物和构筑物。对变形计算按本序号下述（3）的规定范围执行 　（2）地基基础设计应根据地基复杂程度、建筑物规模和功能特征以及由于地基问题可能造成建筑物破坏或影响正常使用的程度，将地基基础设计分为三个设计等级，设计时应根据具体情况，按表 7-3 选用 　（3）根据建筑物地基基础设计等级及长期荷载作用下地基变形对上部结构的影响程度，地基基础设计应符合下列规定： 　1）所有建筑物的地基计算均应满足承载力计算的有关规定 　2）设计等级为甲级、乙级的建筑物，均应按地基变形设计 　3）表 7-4 所列范围内设计等级为丙级的建筑物可不做变形验算，如有下列情况之一时应做变形验算： 　①地基承载力特征值小于 130kN/m²，且体型复杂的建筑 　②在基础上及其附近有地面堆载或相邻基础荷载差异较大，可能引起地基产生过大的不均匀沉降时 　③软弱地基上的建筑物存在偏心荷载时 　④相邻建筑距离近，可能发生倾斜时 　⑤地基内有厚度较大或厚薄不均的填土，其自重固结未完成时 　4）对经常受水平荷载作用的高层建筑、高耸结构和挡土墙等，以及建造在斜坡上或边坡附近的建筑物和构筑物，尚应验算其稳定性 　5）基坑工程应进行稳定性验算 　6）建筑地下室或地下构筑物存在上浮问题时，尚应进行抗浮验算 　（4）为了更好地理解上述（1）、（2）、（3）的规定，可用表 7-5 完整的描述地基的设计计算
2	地基基础设计荷载规定	（1）荷载术语 　1）永久荷载 　在结构使用期间，其值不随时间变化，或其变化与平均值相比可以忽略不计，或其变化是单调的并能趋于限值的荷载 　2）可变荷载 　在结构使用期间，其值随时间变化，且其变化与平均值相比不可以忽略不计的荷载 　3）偶然荷载 　在结构设计使用年限内不一定出现，而一旦出现其量值很大，且持续时间很短的荷载 　4）荷载代表值 　设计中用以验算极限状态所采用的荷载量值，例如标准值、组合值、频遇值和准永久值 　5）设计基准期 　为确定可变荷载代表值而选用的时间参数 　6）标准值 　荷载的基本代表值，为设计基准期内最大荷载统计分布的特征值（例如均值、众值、中值或某个分位值）

序号	项　目	内　　　容
2	地基基础设计荷载规定	7）组合值 对可变荷载，使组合后的荷载效应在设计基准期内的超越概率，能与该荷载单独出现时的相应概率趋于一致的荷载值；或使组合后的结构具有统一规定的可靠指标的荷载值 8）频遇值 对可变荷载，在设计基准期内，其超越的总时间为规定的较小比率或超越频率为规定频率的荷载值 9）准永久值 对可变荷载，在设计基准期内，其超越的总时间约为设计基准期一半的荷载值 10）荷载设计值 荷载代表值与荷载分项系数的乘积 11）荷载效应 由荷载引起结构或结构构件的反应，例如内力、变形和裂缝等 12）荷载组合 按极限状态设计时，为保证结构的可靠性而对同时出现的各种荷载设计值的规定 13）基本组合 承载能力极限状态计算时，永久荷载和可变荷载的组合 14）偶然组合 承载能力极限状态计算时永久荷载、可变荷载和一个偶然荷载的组合，以及偶然事件发生后受损结构整体稳定性验算时永久荷载与可变荷载的组合 15）标准组合 正常使用极限状态计算时，采用标准值或组合值为荷载代表值的组合 16）频遇组合 正常使用极限状态计算时，对可变荷载采用频遇值或准永久值为荷载代表值的组合 17）准永久组合 正常使用极限状态计算时，对可变荷载采用准永久值为荷载代表值的组合 18）等效均布荷载 结构设计时，楼面上不连续分布的实际荷载，一般采用均布荷载代替；等效均布荷载系指其在结构上所得的荷载效应能与实际的荷载效应保持一致的均布荷载 19）从属面积 考虑梁、柱等构件均布荷载折减所采用的计算构件负荷的楼面面积 20）动力系数 承受动力荷载的结构或构件，当按静力设计时采用的等效系数，其值为结构或构件的最大动力效应与相应的静力效应的比值 21）基本雪压 雪荷载的基准压力，一般按当地空旷平坦地面上积雪自重的观测数据，经概率统计得出 50 年一遇最大值确定 22）基本风压 风荷载的基准压力，一般按当地空旷平坦地面上 10m 高度处 10min 平均的风速观测数据，经概率统计得出 50 年一遇最大值确定的风速，再考虑相应的空气密度，按有关规定确定的风压 23）地面粗糙度 风在到达结构物以前吹越过 2km 范围内的地面时，描述该地面上不规则障碍物分布状况的等级 24）温度作用 结构或结构构件中由于温度变化所引起的作用

序号	项　目	内　　　　容
2	地基基础设计荷载规定	25）气温 在标准百叶箱内测量所得按小时定时记录的温度 26）基本气温 气温的基准值，取 50 年一遇月平均最高气温和月平均最低气温，根据历年最高温度月内最高气温的平均值和最低温度月内最低气温的平均值经统计确定 27）均匀温度 在结构构件的整个截面中为常数且主导结构构件膨胀或收缩的温度 28）初始温度 结构在施工某个特定阶段形成整体约束的结构系统时的温度，也称合拢温度 （2）荷载分类和荷载代表值 1）建筑结构的荷载可分为下列三类： ①永久荷载，包括结构自重、土压力、预应力等 ②可变荷载，包括楼面活荷载、屋面活荷载和积灰荷载、吊车荷载、风荷载、雪荷载、温度作用等 ③偶然荷载，包括爆炸力、撞击力等 2）建筑结构设计时，应按下列规定对不同荷载采用不同的代表值： ①对永久荷载应采用标准值作为代表值 ②对可变荷载应根据设计要求采用标准值、组合值、频遇值或准永久值作为代表值 ③对偶然荷载应按建筑结构使用的特点确定其代表值 3）确定可变荷载代表值时应采用 50 年设计基准期 4）荷载的标准值，应按有关的规定采用 5）承载能力极限状态设计或正常使用极限状态按标准组合设计时，对可变荷载应按规定的荷载组合采用荷载的组合值或标准值作为其荷载代表值。可变荷载的组合值，应为可变荷载的标准值乘以荷载组合值系数 6）正常使用极限状态按频遇组合设计时，应采用可变荷载的频遇值或准永久值作为其荷载代表值；按准永久组合设计时，应采用可变荷载的准永久值作为其荷载代表值 可变荷载的频遇值，应为可变荷载标准值乘以频遇值系数 可变荷载准永久值，应为可变荷载标准值乘以准永久值系数 （3）地基基础设计时，所采用的作用效应与相应的抗力限值应符合下列规定： 1）按地基承载力确定基础底面积及埋深或按单桩承载力确定桩数时，传至基础或承台底面上的作用效应应按正常使用极限状态下作用的标准组合；相应的抗力应采用地基承载力特征值或单桩承载力特征值 2）计算地基变形时，传至基础底面上的作用效应应按正常使用极限状态下作用的准永久组合，不应计入风荷载和地震作用。相应的限值应为地基变形允许值 3）计算挡土墙、地基或滑坡稳定以及基础抗浮稳定时，作用效应应按承载能力极限状态下作用的基本组合，但其分项系数均为 1.0 4）在确定基础或桩基承台高度、支挡结构截面、计算基础或支挡结构内力、确定配筋和验算材料强度时，上部结构传来的作用效应和相应的基底反力、挡土墙土压力以滑坡推力，应按承载能力极限状态下作用的基本组合，采用相应的分项系数；当需要验算基础裂缝宽度时，应按正常使用极限状态下作用的标准组合 5）基础设计安全等级、结构设计使用年限、结构重要性系数应按有关规范的规定采用，但结构重要性系数 γ_0 不应小于 1.0 （4）地基基础设计时，作用组合的效应设计值应符合下列规定

序号	项　目	内　　　容
2	地基基础设计荷载规定	1) 正常使用极限状态下，标准组合的效应设计值 S_k 应按下列公式确定： $$S_k = S_{Gk} + S_{Q1k} + \psi_{c2} S_{Q2k} + \cdots\cdots + \psi_{ci} S_{Qik} \qquad (7\text{-}1)$$ 式中　S_{Gk}——永久作用标准值 G_k 的效应 　　　S_{Qik}——第 i 个可变作用标准值 Q_{ik} 效应 　　　ψ_{ci}——第 i 个可变作用 Q_i 的组合值系数，按现行国家标准《建筑结构荷载规范》GB 5009—2012 的规定取值 2) 准永久组合的效应设计值 S_k 应按下列公式确定： $$S_k = S_{Gk} + \psi_{q1} S_{Q1k} + \psi_{q2} S_{Q2k} + \cdots\cdots + \psi_{qi} S_{Qik} \qquad (7\text{-}2)$$ 式中　ψ_{qi}——第 i 个可变作用的准永久值系数，按现行国家标准《建筑结构荷载规范》GB 50009—2012 的规定取值 3) 承载能力极限状态下，由可变作用控制的基本组合的效应设计值 S_d，应按下列公式确定： $$S_d = \gamma_G S_{Gk} + \gamma_{Q1} \psi_{Q1} S_{Q1k} + \gamma_{Q2} \psi_{q2} S_{Q2k} + \cdots\cdots + \gamma_{Qi} \psi_{qi} S_{Qik} \qquad (7\text{-}3)$$ 式中　γ_G——永久作用的分项系数，按现行国家标准《建筑结构荷载规范》GB 50009—2012 的规定取值 　　　γ_{Qi}——第 i 个可变作用的分项系数，按现行国家标准《建筑结构荷载规范》GB 50009—2012 的规定取值 4) 对由永久作用控制的基本组合，也可采用简化规则，基本组合的设计值 S_d 可按下列公式确定： $$S_d = 1.35 S_k \qquad (7\text{-}4)$$ 式中　S_k——标准组合的作用效应设计值 　(5) 荷载是上部结构对于基础的一种力学作用，是上部结构设计与地基基础设计之间的数值联系。地基基础设计的荷载是上部结构设计的结果，地基基础设计的荷载必须和上部结构设计的荷载组合与取值一致。但由于地基基础设计与上部结构设计在概念与设计方法上都有差异，在设计原则上也不统一，造成了地基基础设计荷载规定中的某些方面与上部结构设计中的习惯并不完全一致，为了进行地基基础设计，在荷载计算时，必须进行 3 套（标准组合、基本组合和准永久组合）荷载传递的计算。荷载传递计算的结果各适用于不同的计算项目 　地基基础设计荷载规定可用表 7-6 的形式简明表达，以方便应用
3	岩土工程勘查规定	地基基础设计前应进行岩土工程勘查，并应符合下列规定： 　(1) 岩土工程勘查报告应提供下列资料： 　1) 有无影响建筑场地稳定性的不良地质作用，评价其危害程度 　2) 建筑物范围内的地层结构及其均匀性，各岩土层的物理力学性质指标，以及对建筑材料的腐蚀性 　3) 地下水埋藏情况、类型和水位变化幅度及规律，以及对建筑材料的腐蚀性 　4) 在抗震设防区应划分场地类别，并对饱和砂土及粉土进行液化判别 　5) 对可供采用的地基基础设计方案进行论证分析，提出经济合理、技术先进的设计方案建议；提供与设计要求相对应的地基承载力及变形计算参数，并对设计与施工应注意的问题提出建议 　6) 当工程需要时，尚应提供下列资料： 　①深基坑开挖的边坡稳定计算和支护设计所需的岩土技术参数，论证其对周边环境的影响 　②基坑施工降水的有关技术参数及地下水控制方法的建议 　③用于计算地下水浮力的设防水位 　(2) 地基评价宜采用钻探取样、室内土工试验、触探，并结合其他原位测试方法进行。设计等级为甲级的建筑物应提供载荷试验指标、抗剪强度指标、变形参数指标和触探资料；设计等级为乙级的建筑物应提供抗剪强度指标、变形参数指标和触探资料；设计等级为丙级的建筑物应提供触探及必要的钻探和土工试验资料 　(3) 建筑物地基均应进行施工验槽。如地基条件与原勘查报告不符时，应进行施工勘查
4	设计使用年限	地基基础的设计使用年限不应小于建筑结构的设计使用年限

地基基础设计等级　　　　表 7-3

序号	设计等级	建筑和地基类型
1	甲级	(1) 重要的工业与民用建筑物 (2) 30 层以上的高层建筑 (3) 体型复杂，层数相差超过 10 层的高低层连成一体建筑物 (4) 大面积的多层地下建筑物（如地下车库、商场、运动场等） (5) 对地基变形有特殊要求的建筑物 (6) 复杂地质条件下的坡上建筑物（包括高边坡） (7) 对原有工程影响较大的新建建筑物 (8) 场地和地基条件复杂的一般建筑物 (9) 位于复杂地质条件及软土地区的二层及二层以上地下室的基坑工程 (10) 开挖深度大于 15m 的基坑工程 (11) 周边环境条件复杂、环境保护要求高的基坑工程
2	乙级	(1) 除甲级、丙级以外的工业与民用建筑物 (2) 除甲级、丙级以外的基坑工程
3	丙级	(1) 场地和地基条件简单、荷载分布均匀的七层及七层以下民用建筑及一般工业建筑；次要的轻型建筑物 (2) 非软土地区且场地地质条件简单、基坑周边环境条件简单、环境保护要求不高且开挖深度小于 5.0m 的基坑工程

可不做地基变形验算的设计等级为丙级的建筑物范围　　　　表 7-4

序号	地基主要受力层情况			$80 \leqslant f_{ak}$ <100	$100 \leqslant f_{ak}$ <130	$130 \leqslant f_{ak}$ <160	$160 \leqslant f_{ak}$ <200	$200 \leqslant f_{ak}$ <300
		地基承载力特征值 f_{ak}（kN/m²）						
		各土层坡度（%）		≤5	≤10	≤10	≤10	≤10
1	建筑类型	砌体承重结构、框架结构（层数）		≤5	≤5	≤6	≤6	≤7
2		单层排架结构（6m 柱距）	单跨	吊车额定起重量（t）	10~15	15~20	20~30	30~50	50~100
3				厂房跨度（m）	≤18	≤24	≤30	≤30	≤30
4			多跨	吊车额定起重量（t）	5~10	10~15	15~20	20~30	30~75
5				厂房跨度（m）	≤18	≤24	≤30	≤30	≤30
6		烟囱	高度（m）	≤40	≤50	≤75		≤100
7		水塔	高度（m）	≤20	≤30	≤30		≤30
8			容积（m³）	50~100	100~200	200~300	300~500	500~1000

注：1. 地基主要受力层系指条形基础底面下深度为 3b（b 为基础底面宽度），独立基础下为 1.5b，且厚度均不小于 5m 的范围（二层以下一般的民用建筑除外）；

2. 地基主要受力层中如有承载力特征值小于 130kN/m² 的土层，表中砌体承重结构的设计，应符合软弱地基的有关要求；

3. 表中砌体承重结构和框架结构均指民用建筑，对于工业建筑可按厂房高度、荷载情况折合成与其相当的民用建筑层数；

4. 表中吊车额定起重量、烟囱高度和水塔容积的数值系指最大值。

地基设计计算规定   表 7-5

序号	计算项目		计算内容及要求
1	承载力计算		甲级、乙级、丙级均需计算承载力
2	变形验算	甲级、乙级	必须验算变形
3		丙级	凡属表 7-4 范围以外的情况都必须验算变形
4			虽然在表 7-4 范围以内，但又符合表 7-2 序号 1 之（3）的 3）规定的 5 个补充条件之一时，仍然需要验算变形
5			其余情况不需要验算变形
6	稳定性验算		经常受水平荷载的高层建筑、高耸结构和挡土墙等，建造在斜坡上的建筑物和构筑物

注：甲级、乙级、丙级的建筑和地基类型见表 6-3。

地基计算荷载规定   表 7-6

序号	计算项目	计算内容	荷载组合	抗力限值
1	地基承载力计算	确定基础底面积及埋深	正常使用极限状态下的标准组合	地基承载力特征值或单桩承载力特征值
2	地基变形计算	建筑物沉降	正常使用极限状态下的准永久组合	地基变形允许值
3	稳定性验算	土压力、滑坡推力、地基及斜坡的稳定性	承载力极限状态下的基本组合，但分项系数取 1.0	
4	基础结构承载力计算	基础或承台高度、结构截面、结构内力、配筋及材料强度验算	承载力极限状态下的基本组合，采用相应的分项系数	材料强度的设计值
5	基础抗裂验算	基础裂缝宽度	正常使用极限状态下的标准组合	

注：1. 地基承载力计算
  地基承载力计算按正常使用极限状态设计，荷载取标准组合。
2. 变形验算
  变形验算的荷载组合应考虑长期效应组合，荷载取值采用准永久组合。这是由于地基变形主要是由土层的固结引起的，而土的固结常常延续很长的时间。作用时间很短的可变荷载不可能引起固结沉降，因此计算沉降时不计风荷载和地震荷载。
3. 稳定性验算
  稳定性验算应当属于按承载力极限状态设计的范畴，因此荷载组合取基本组合，荷载取值采用设计值。但又规定分项系数取 1.0，说明实际采用的荷载还是标准值。这从挡土墙的稳定性验算的规定可知，当作用和抗力都是由土的体积力所引起时，稳定性验算时仍采用安全系数的设计方法，因此荷载只能取标准值。但当将计算得到的土压力或滑坡推力用于计算抗滑桩的截面与配筋时，必须乘以 1.35 的分项系数，见公式（7-4）所示；在验算桩的水平承载力时则取分项系数为 1.0。
4. 基础结构设计
  对于基础结构设计，应完全遵从上部结构的设计原则，荷载采用承载力极限状态下的基本组合，并取用相应的分项系数，抗力采用各种材料的强度设计值。

7.1.3 荷 载 计 算 例 题

[例题 7-1] 已知一种基础埋置深度为 3m，基础底面以上土的平均重度为 16kN/m³。

在各种荷载条件作用下，建筑物上部结构的荷载传至基础底面的压力及土和基础的自重压力如下：

（1）承载力极限状态：

基本组合为 $190kN/m^2$

（2）正常使用极限状态：

1）标准组合为 $175kN/m^2$

2）准永久组合为 $160kN/m^2$

（3）土和基础的自重压力为 $70kN/m^2$

试求：

（1）确定基础尺寸时，基础底面的压力值；

（2）计算地基变形时，基础底面的压力值；

（3）需验算建筑物的地基稳定时，基础底面的压力值；

（4）计算基础结构内力时，基础底面压力；

（5）验算基础裂缝宽度时，基础底面压力。

［解］

（1）由表 7-2 序号 2 之（3）的 1）的规定：

按地基承载力确定基础底面积及埋深或按单桩承载力确定桩数时，传至基础或承台底面上的荷载效应应按正常使用极限状态下荷载效应的标准组合。

由题给条件中，$175kN/m^2$ 为上部结构传至基础底面的压力标准值，再加上土和基础的自重压力 $70kN/m^2$，得 $245kN/m^2$。

（2）由表 7-2 序号 2 之（3）的 2）的规定：

计算地基变形时，传至基础底面上的荷载效应应按正常使用极限状态下荷载效应的准永久组合，不应计入风荷载和地震作用。

由题给条件中，按要求取上部结构传至基础底面的压力准永久值 $160kN/m^2$，加上土和基础的自重 $70kN/m^2$，得基础底面总压力为 $230kN/m^2$，再减去基础底面处土的有效自重压力 $48kN/m^2$，得变形计算时的基础底面附加压力为 $182N/m^2$。

（3）由表 7-2 序号 2 之（3）的 3）的规定：

计算挡土墙土压力、地基或斜坡稳定及滑坡推力时，荷载效应应按承载能力极限状态下荷载效应的基本组合，但其荷载分项系数均为 1.0。

由题给条件中，$190kN/m^2$ 为上部结构传至基础底面的压力，再加上土和基础的自重压力 $70kN/m^2$，得 $260kN/m^2$。

（4）由表 7-2 序号 2 之（3）的 4）的规定：

在确定基础或桩台高度、支挡结构截面、计算基础或支挡结构内力、确定配筋和验算材料强度时，上部结构传来的荷载效应组合和相应的基底反力，应按承载能力极限状态下荷载效应的基本组合，采用相应的荷载分项系数。

由题给条件中，取相应于荷载标准值的基底净反力 $190kN/m^2$，乘以 1.35 的分项系数，得反力设计值为 $256.5kN/m^2$。

（5）由表 7-2 序号 2 之（3）的 4）的规定：

当需要验算基础裂缝宽度时，应按正常使用极限状态荷载效应标准组合。

由题给条件中，正常使用极限状态标准组合为 $175\text{kN}/\text{m}^2$。

7.2   地基承载力计算

7.2.1   非抗震设计天然地基的承载力计算

天然地基基础底面的压力，应符合下列要求：

（1）当轴心荷载作用时

$$P_k \leqslant f_a \tag{7-5}$$

$$P_k = \frac{F_k + G_k}{A} = \frac{F_k}{A} + \gamma_m d \tag{7-6}$$

式中 P_k——相应于作用的标准组合时，基础底面处的平均压力值（kN/m^2）；

f_a——修正后的地基承载力特征值（kN/m^2）；

F_k——相应于作用的标准组合时，上部结构传至基础顶面的竖向力值（kN）；

G_k——基础自重和基础上的土重（kN）；

A——基础底面面积（m^2）；

γ_m——基础和基础上土的平均重度，一般取 $20\text{kN}/\text{m}^3$；

d——为基础埋深。由公式（7-5）持力层承载力的要求，得

$$\frac{F_k}{A} + \gamma_m d \leqslant f_a$$

由此可得，矩形基础底面面积为：

$$A \geqslant \frac{F_k}{f_a - \gamma_m d} \tag{7-7}$$

对于条形基础，可沿基础长度的方向取单位长度进行计算，荷载同样是单位长度上的荷载，则基础宽度为

$$b \geqslant \frac{F_k}{f_a - \gamma_m d} \tag{7-8}$$

公式（7-7）和公式（7-8）中的地基承载力特征值，在基础底面未确定以前可先只考虑深度修正，初步确定基底尺寸以后，再将宽度修正项加上，重新确定承载力特征值。直至设计出最佳的基础底面尺寸。

（2）当偏心荷载作用时

当偏心荷载作用时，除应符合公式（7-5）要求外，尚应符合下列公式要求：

$$P_{k,\max} \leqslant 1.2 f_a \tag{7-9}$$

式中 $P_{k,\max}$——相应于作用的标准组合时，基础底面边缘的最大压力值（kN/m^2）。

对于偏心荷载作用下的基础底面尺寸常采用试算法确定。计算方法如下：

1）先按中心荷载作用条件，利用公式（7-7）或公式（7-8）初步估算基础底面尺寸。

2）根据偏心程度，将基础底面积扩大 $10\% \sim 40\%$，并以适当的比例确定矩形基础的长 l 和宽 b，一般取 $l/b = 1 \sim 2$。

3）计算基底最大压力，计算基底平均压力，并使其满足公式（7-5）和公式（7-9）要求。

另外为避免基础底面由于偏心过大而与地基土翘离，箱形基础还要求基底边缘最小压力值满足下列公式为

$$p_{kmin} \geqslant 0 \quad 或 \quad e = \frac{M_k}{F_k + G_k} \leqslant b/6 \tag{7-10}$$

筏形基础要求

$$e \leqslant 0.1W/A \tag{7-11}$$

式中　e——偏心距；

M_k——相应于作用的标准组合时，作用于基础底面的力矩值（kN·m）；

F_k、G_k——相应于作用的标准组合时，上部结构传至基础顶面的竖向力值、基础自重和基础上的土重（kN）；

b——偏心方向的边长（m）；

W——基础底面的抵抗矩（m³）。

若持力层下有相对软弱的下卧土层，还须对软弱下卧层进行强度验算。如果建筑物有变形验算要求，应进行变形验算。承受水平力较大的高层建筑和不利于稳定的地基上的结构还须进行稳定性验算。

7.2.2　抗震设计天然地基承载力计算

（1）下列建筑可不进行天然地基及基础的抗震承载力验算：

1）砌体房屋；

2）地基主要受力层范围内不存在软弱黏性土层的一般单层厂房、单层空旷房屋和8层、高度24m以下的一般民用框架房屋及与其基础荷载相当的多层框架厂房；

3）表7-4规定的可不进行上部结构抗震验算的建筑。

注：软弱黏性土层指7度、8度和9度时，地基土静承载力特征值分别小于80kN/m²、100kN/m²和120kN/m²的土层。

（2）天然地基基础抗震验算时，地基抗震承载力应按下式计算：

$$f_{aE} = \zeta_a f_a \tag{7-12}$$

式中　f_{aE}——调整后的地基抗震承载力；

ζ_a——地基抗震承载力调整系数，应按表7-7采用；

f_a——深宽修正后的地基承载力特征值，如公式（7-15）所示。

地基土抗震承载力调整系数　　　　　　　　　　　　表7-7

序号	岩土名称和性状	ζ_a
1	岩石，密实的碎石土，密实的砾、粗、中砂，$f_{ak} \geqslant 300$ 的黏性土和粉土	1.5
2	中密、稍密的碎石土，中密和稍密的砾、粗、中砂，密实和中密的细、粉砂，$150 \leqslant f_{ak} < 300$ 的黏性土和粉土，坚硬黄土	1.3
3	稍密的细、粉砂，$100 \leqslant f_{ak} < 150$ 的黏性土和粉土，可塑黄土	1.1
4	淤泥，淤泥质土，松散的砂，杂填土，新近堆积黄土及流塑黄土	1.0

（3）验算天然地基地震作用下的竖向承载力时，按地震作用效应标准组合的基础底面

平均压力和边缘最大压力应符合下列各公式要求：

$$P \leqslant f_{aE} \tag{7-13}$$

$$P_{max} \leqslant 1.2 f_{aE} \tag{7-14}$$

式中 P——地震作用效应标准组合的基础底面平均压力；

P_{max}——地震作用效应标准组合的基础边缘的最大压力。

高宽比大于4的高层建筑，在地震作用下基础底面不宜出现脱离区（零应力区）；其他建筑，基础底面与地基土之间脱离区（零应力区）面积不应超过基础底面面积的15％。

7.2.3 地基承载力特征值的确定

地基承载力特征值的确定如表7-8所示。

地基承载力特征值的确定　　　　　　　　　　　表7-8

序号	项目	内 容
1	地基承载力特征值的确定原则	地基承载力特征值可由载荷试验或其他原位测试，公式计算，并结合工程实践经验等方法综合确定
2	由深层平板载荷试验确定地基承载力特征值	深层平板载荷试验要点： （1）深层平板载荷试验可适用于确定深部地基土层及大直径桩桩端土层在承压板下应力主要影响范围内的承载力 （2）深层平板载荷试验的承压板采用直径为0.8m的刚性板，紧靠承压板周围外侧的土层高度应不少于80cm （3）加荷等级可按预估极限承载力的1/10～1/15分级施加 （4）每级加荷后，第一个小时内按间隔10min、10min、10min、15min、15min，以后为每隔半小时测读一次沉降。当在连续两小时内，每小时的沉降量小于0.1mm时，则认为已趋稳定，可加下一级荷载 （5）当出现下列情况之一时，可终止加载： 1）沉降s急骤增大，荷载—沉降（p—s）曲线上有可判定极限承载力的陡降段，且沉降量超过0.04d（d为承压板直径） 2）在某级荷载下，24h内沉降速率不能达到稳定 3）本级沉降量大于前一级沉降量的5倍 4）当持力层土层坚硬，沉降量很小时，最大加载量不小于设计要求的2倍 （6）承载力特征值的确定应符合下列规定： 1）当p—s曲线上有比例界限时，取该比例界限所对应的荷载值 2）满足前三条终止加载条件之一时，其对应的前一级荷载定为极限荷载，当该值小于对应比例界限的荷载值的2倍时，取极限荷载值的一半 3）不能按上述二款要求确定时，可取s/d=0.01～0.015所对应的荷载值，但其值不应大于最大加载量的一半 （7）同一土层参加统计的试验点不应少于三点，当试验实测值的极差不超过平均值的30％时，取此平均值作为该土层的地基承载力特征值f_{ak}

7.2.4 修正后地基承载力特征值的计算

（1）当基础宽度大于3m或埋置深度（简称埋深）大于0.5m时，从荷载试验或其他原位测试、经验值等方法确定的地基承载力特征值，尚应按下列公式修正：

$$f_a = f_{ak} + \eta_b \gamma (b-3) + \eta_d \gamma_m (d-0.5) \tag{7-15}$$

式中　f_a——修正后的地基承载力特征值（kN/m²）；

　　　f_{ak}——地基承载力特征值（kN/m²），按表 6-8 的原则确定；

　　　η_b、η_d——基础宽度和埋深的地基承载力修正系数，按基底下土类查表 7-9；

　　　γ——基础底面以下土的重度（kN/m³），地下水位以下取浮重度；

　　　b——基础底面宽度（m），当基础底面宽度小于 3m 按 3m 取值，大于 6m 时按 6m 取值；

　　　γ_m——基础底面以上土的加权平均重度（kN/m³），位于地下水位以下的土层取有效重度；

　　　d——基础埋置深度（m），宜自室外地面标高算起。在填方整平地区，可自填土地面标高算起，但填土在上部结构施工后完成时，应从天然地面标高算起。对于地下室，当采用箱形基础或筏基时，基础埋置深度自室外地面标高算起；当采用独立基础或条形基础时，应从室内地面标高算起。

承载力修正系数　　　　　　　　　　表 7-9

序号	土 的 类 别		η_b	η_d
1		淤泥和淤泥质土	0	1.0
2		人工填土 e 或 I_L 大于等于 0.85 的黏性土	0	1.0
3	红黏土	含水比 $a_w>0.8$	0	1.2
4		含水比 $a_w \leqslant 0.8$	0.15	1.4
5	大面积压实填土	压实系数大于 0.95、黏粒含量 $\rho_c \geqslant 10\%$ 的粉土	0	1.5
6		最大干密度大于 2.1t/m³ 的级配砂石	0	2.0
7	粉土	黏粒含量 $\rho_c \geqslant 10\%$ 的粉土	0.3	1.5
8		黏粒含量 $\rho_c < 10\%$ 的粉土	0.5	2.0
9		e 及 I_L 均小于 0.85 的黏性土	0.3	1.6
10		粉砂、细砂（不包括很湿与饱和时的稍密状态）	2.0	3.0
11		中砂、粗砂、砾砂和碎石土	3.0	4.4

注：1. 强风化和全风化的岩石，可参照所风化成的相应土类取值，其他状态下的岩石不修正；
　　2. 地基承载力特征值按表 6-8 序号 2 时的深层平板载荷试验确定时 η_d 取 0；
　　3. 含水比是指土的天然含水量与液限的比值；
　　4. 大面积压实填土是指填土范围大于两倍基础宽度的填土。

（2）也可以根据公式（7-15）和表 7-9 制成计算用表求修正后的地基承载力特征值 f_a 极为快速、方便。此表可见国振喜 曲昭嘉编"建筑地基基础设计手册"机械工业出版社，2008 年 1 月。

7.2.5　修正后地基承载力计算例题

［例题 7-2］ 已知某工程地质资料：$f_{ak}=170$kN/m²，$\eta_b=0.15$，$\eta_d=1.4$，$\gamma=16$kN/m³，$\gamma_m=16$kN/m³。假定基础宽度 $b=1.5$m，$d=2.1$m。求修正后地基承载力特征值 f_a。

[解]

应用公式（7-15）计算，得

因 $b=1.5\text{m}<3\text{m}$，$d=2.1\text{m}>0.5\text{m}$，故只需深度修正。

所以

$$f_\text{a}=f_\text{ak}+\eta_\text{d}\gamma_\text{m}(d-0.5)=170+1.4\times16\times(2.1-0.5)=206\text{kN/m}^2$$

查表计算。根据已知条件，查表 6-6（表 6-6 见《建筑地基基础设计手册》）得，$f_\text{a}=206\text{kN/m}^2$。

[例题 7-3] 已知某工程为独立基础，根据地质资料：$f_\text{ak}=250\text{kN/m}^2$，$\eta_\text{b}=2$，$\eta_\text{d}=3$，$\gamma=18\text{kN/m}^3$，$\gamma_\text{m}=20\text{kN/m}^3$。假定基础宽度 $b=4.5\text{m}$，$d=2.5\text{m}$。求修正后地基承载力特征值 f_a。

[解]

应用公式（7-15）计算，得

因 $b=4.5\text{m}>3\text{m}$，$d=2.5\text{m}>0.5\text{m}$，故宽度深度均需修正。所以

$$f_\text{a}=f_\text{ak}+\eta_\text{b}\gamma(b-3)+\eta_\text{d}\gamma_\text{m}(d-0.5)=250+2\times18\times(4.5-3)+3\times20\times(2.5-0.5)=424\text{kN/m}^2$$

7.3 基 础 一 般 规 定

7.3.1 地基基础设计一般规定

地基基础设计一般规定如表 7-10 所示。

地基基础设计一般规定　　　　　　　　　　表 7-10

序号	项目	内　　　容
1	简述	(1) 由于地基基础是隐蔽工程，不论地基和基础哪一方面出现问题，既不容易发现也难于修复，轻者会影响使用，严重者还会导致建筑物破坏甚至酿成灾害。因此，地基基础的设计应引起高度重视 (2) 地基基础设计是建筑结构设计的重要内容之一，与建筑物的安全和正常使用有密切关系。设计时必须根据上部结构的使用要求、建筑物的安全等级、上部结构类型特点、工程地质条件、水文地质条件以及施工条件、造价和环境保护等各种条件，合理选择地基基础方案，因地制宜，精心设计，以确保建筑物的安全和正常使用。力求做到使基础工程安全可靠、经济合理、技术先进和施工方便 (3) 设计者要熟悉地基基础的设计原则；熟悉基础选型、基础埋置深度的选择；掌握地基承载力特征值的确定，基础底面积的确定，地基持力层和软弱下卧层的承载力验算；掌握钢筋混凝土墙下条形基础、独立基础的设计和柱下条形基础的设计；了解地基基础与上部结构共同作用的概念；熟悉减轻不均匀沉降的措施
2	地基基础设计等级	根据地基复杂程度、建筑物规模和功能特征以及由于地基问题可能造成建筑物破坏或影响正常使用的程度（危及人的生命，造成经济损失和社会影响及修复的可能性），将地基基础设计分为三个设计等级，设计时应根据具体情况，按表 7-3 选用

序号	项 目	内　　　容
3	地基基础设计基本要求	根据建筑物地基基础设计等级及长期荷载作用下地基变形对上部结构的影响程度，地基基础设计应符合下列基本要求： （1）地基土体强度条件。要求所有建筑物基础底面尺寸均应满足地基承载力计算的有关规定 （2）地基变形条件。设计等级为甲级、乙级的建筑物，均应按地基变形设计；表 7-3 所列范围内设计等级为丙级的建筑物可不作变形验算，但如有下列情况之一时，仍应做变形验算： 　1）地基承载力特征值小于 $130kN/m^2$，且体型复杂的建筑 　2）在基础上及其附近有地面堆载或相邻基础荷载差异较大，可能引起地基产生过大的不均匀沉降时 　3）软弱地基上的建筑物存在偏心荷载时 　4）相邻建筑距离过近，可能发生倾斜时 　5）地基内有厚度较大或厚薄不均的填土，其自重固结未完成时 （3）地基稳定性验算。经常受水平荷载作用的高层建筑、高耸结构和挡土墙等，尚应验算其稳定性；基坑工程应进行稳定性验算 （4）建筑物抗浮验算。当地下水埋藏较浅，建筑地下室或地下构筑物存在上浮问题时，尚应进行抗浮验算 （5）其他详见表 7-2 序号 1 的有关规定
4	基础荷载规定	地基基础设计时，所采用的荷载效应最不利组合与相应的抗力限值应按下列规定： （1）按地基承载力确定基础底面积及埋深或按单桩承载力确定桩数时，传至基础或承台底面上的荷载效应应按正常使用极限状态下荷载效应的标准组合。相应的抗力应采用地基承载力特征值或单桩承载力特征值 （2）计算地基变形时，传至基础底面上的荷载效应应按正常使用极限状态下荷载效应的准永久组合，不应计入风荷载和地震作用。相应的限值应为地基变形允许值 （3）计算挡土墙土压力、地基或斜坡稳定及滑推力时，荷载效应应按承载能力极限状态下荷载效应的基本组合，但其分项系数均为 1.0 （4）在确定基础或桩台高度、支挡结构截面、计算基础或支挡结构内力、确定配筋和验算材料强度时，上部结构传来的荷载效应组合和相应的基底反力，应按承载能力极限状态下荷载效应的基本组合，采用相应的分项系数 （5）当需要验算基础裂缝宽度时，应按正常使用极限状态荷载效应标准组合 （6）基础设计安全等级、结构设计使用年限、结构重要性系数应按有关规范的规定采用，但结构重要性系数 γ_0 不应小于 1.0 （7）其他详见表 7-2 序号 2 的有关规定
5	浅基础的设计步骤	（1）天然地基上的基础，一般是指建造在未经过人工处理的地基上的基础。它比桩基础和其他人工地基施工简单，不需要复杂的施工设备，因此可以缩短工期、降低工程造价。所以，在设计地基基础时，首先应当先考虑采用天然地基浅基础的设计方案 （2）在一般情况下，进行地基基础设计时，需具备下列资料： 　1）建筑物场地的地形图 　2）建筑场地的工程地质勘查资料 　3）建筑的平面、立面、剖面图，作用在基础上的荷载、设备基础以及各种设备管道的布置及标高 　4）建筑材料的供应情况，以及施工单位的设备和人员的技术力量等 （3）天然地基浅基础的设计，应根据上述情况的地基勘查资料、水文地质条件等和建筑物的类型、结构特点、建筑施工工期与条件等进行全面的了解，按下列设计步骤进行：

序号	项　目	内　　　容
5	浅基础的设计步骤	1）选择基础的材料和构造形式 2）确定基础的埋置深度 3）确定地基土的承载力特征值 4）确定基础底面尺寸，必要时进行下卧层强度验算 5）对设计等级为甲级、乙级的建筑物，以及不符合表 7-2 有关规定的丙级建筑物，进行地基变形验算 6）对建于斜坡上的建筑物和构筑物及经常承受较大水平荷载的高层建筑和高耸结构，进行地基稳定性验算 7）按基础材料强度确定基础的剖面尺寸，进行基础结构计算 8）绘制基础的设计图和施工详图，编制工程预算书和工程设计施工说明书

7.3.2　基础类型和基础材料

基础类型和基础材料如表 7-11 所示。

基础类型和基础材料　　　　　　　　　　　　　表 7-11

序号	项　目	内　　　容
1	简述	在建筑物的设计和施工中，地基和基础占有很重要的位置，它对建筑物的安全使用和工程造价有着很大的影响，因此正确选择地基基础的类型和基础材料十分重要。在选择地基基础类型和基础材料时，应考虑下面三个方面的因素： （1）建筑物的性质（包括它的用途、重要性、结构形式、荷载性质和荷载大小等） （2）地基的地质情况（包括建筑场地和地基的土层分布、土的性质和地下水等） （3）施工情况（包括施工条件、施工技术、施工设备、工期、造价等） 在综合考虑上述三方面因素的基础上，合理选择地基基础方案和基础材料，因地制宜、精心设计，精心施工，以保证建筑物的安全和正常使用
2	基　础类　型	（1）说明 基础的作用就是把建筑物的荷载安全可靠地传递给地基，保证地基不会发生强度破坏或者产生过大的变形，同时还要充分发挥地基的承载能力。因此，基础的结构类型必须根据建筑物的结构形式、荷载的性质大小和地基土层的情况来选定。随着上部结构类型的增多、使用功能的需求、地基条件、建筑材料和施工方法的发展，浅基础类型有多种形式，形成了从独立的、条形的到交叉的、成片的乃至空间整体的基础系列 （2）条形基础 条形基础是指基础长度远大于其宽度（至少 5 倍以上）的一种基础形式。可分为墙下条形基础和柱下条形基础 1）墙下条形基础 墙下条形基础是承重墙基础的主要形式，常用砖、毛石、三合土和灰土建造。当上部结构荷重较大而土质较差时，可采用混凝土或钢筋混凝土建造。墙下钢筋混凝土条形基础一般做成无肋式，如图 7-2（a）所示；如果地基在水平方向上压缩不均匀，为了增加基础的整体性，减少不均匀沉降，也可做成有肋式的条形基础，如图 7-2（b）所示 2）柱下条形基础

序号	项 目	内 容
2	基 础 类型	如果柱子的荷载较大而土层的承载力又较低,做单独基础需要很大的面积,因而互相接近,为增加基础的整体性并方便施工,在这种情况下,将同一排的柱基础连通做成柱下钢筋混凝土条形基础,如图 7-3 所示。荷载较大的高层建筑,如土质较弱,为进一步增加基础的整体刚度,减少不均匀沉降,可在柱网下纵横方向设置钢筋混凝土条形基础,形成柱下交叉梁基础,如图 7-4 所示 (3) 单独基础 按支承的上部结构形式,可分为柱下单独基础和墙下单独基础 1) 柱下单独基础 柱的基础一般都是单独基础。依据柱的材料和荷载大小确定基础所用的材料。砌体柱下常采用刚性基础,材料一般为砖、石、灰土或三合土、混凝土等。现浇柱下一般采用钢筋混凝土扩展基础。预制柱下一般采用钢筋混凝土杯形基础。基础截面形式可做成阶梯形、锥形、杯形,如图 7-5 所示 2) 墙下单独基础 ①墙下单独基础是在当上层土质松散而在不深处有较好的土层时,为了节省基础材料和减少开挖量而采用的一种基础形式。图 7-6 (a) 所示是在单独基础之间放置钢筋混凝土过梁,以承受上部结构传来的荷载。单独基础应布置在墙的转角,两墙交叉和窗间墙处,其间距一般不超过 4m。在我国北方为防止梁下土受冻膨胀而使梁破坏,需在梁下留 60~90mm 空隙,两侧用砖挡土,空隙下面铺 500~600mm 厚的松砂或干煤渣 ②当上部结构荷载较小时,也可用砖拱承受上部结构传来的荷载,如图 7-6 (b) 所示。因砖拱有横向推力,墙两端的单独基础要适当加大,柱基周围填土要密实,以抵抗横向推力;有时将端部一跨基础改为条形基础,以增加其稳定性 (4) 片筏基础 ①当柱或墙传来的荷载很大,地基土较软弱,用十字交叉条形基础仍不能满足地基承载力的要求时;或相邻基槽距离很小,施工不便时;或地下水常年在地下室的地坪以上,为了防止地下水渗入室内时,往往需要把整个房屋底面(或地下室部分)做成一整块钢筋混凝土连续板,称筏形基础或片筏基础,如图 7-7 所示。按构造不同它可分为平板式和梁板式两类 ②在多层住宅和办公楼等民用建筑中也常采用墙下筏形基础,墙下筏形通常做成一块不带梁的等厚的钢筋混凝土平板,筏板厚度一般可根据楼层层数大约按每层 50mm 确定,但不得小于200mm。具体厚度尚需根据筏板的抗冲切、抗剪切要求确定 (5) 箱形基础 箱形基础由钢筋混凝土底板、顶板和纵横交叉的隔墙构成,如图 7-8 所示。底板、顶板和隔墙共同工作、具有很大的整体刚度。基础中空部分构成地下室。与实体基础相比可减少基底压力。箱形基础的主要特点是刚性大,而且挖去很多土,减少了基础底面的附加压力,因而适用于地基软弱土层厚、荷载大和建筑面积不太大的一些重要建筑物基础。某些对不均匀沉降有严格要求的设备间或构造物,也可采用箱形基础。目前高层建筑中多采用箱形基础 (6) 大块基础 水塔、烟囱、高炉和其他一些独立构筑物常把全部结构支承在一个整体的大块基础上,如图 7-9 所示之水塔基础。这类基础的稳定性要求较高。大块基础可以是实体的,但为了减少基础体积和重量,也可以做成空心的 (7) 壳体基础 1) 壳体基础是一类较新的基础形式,一般适于作水塔、烟囱、料仓和中小型高炉等构筑物的基础 2) 为改善基础的受力性能,基础的形状可做成各种形式的壳体,称为壳体基础,如图 7-10 所示。壳体基础常见形式是正圆锥壳及其组合形式。主要在高耸建筑物,如烟囱、水塔、电视塔、储仓和中小型高炉等筒形构筑物使用。图 7-11 是某高 271m 的远距离信报塔的空壳基础的结构示意图

序号	项　目	内　　容
3	基　础材料	（1）说明 基础常用的材料有：砖、石、灰土或三合土、混凝土、毛石混凝土和钢筋混凝土。基础埋在土中，经常受潮，容易受侵蚀，而且它是建筑物的隐蔽部分，破坏了不容易发现，也不容易修复，所以必须要求基础的材料要有足够的强度和耐久性 （2）砖 砖砌体具有一定的抗压强度，但抗拉强度和抗剪强度较低。根据地基土的潮湿程度和地区的寒冷程度而有不同的要求。地面以下或防潮层以下的砖砌体所用的材料最低强度等级不得低于表 6-12 所对应的数值。地下水位以下或地基土潮湿时应采用水泥砂浆砌筑。砖基础底面以下一般应设垫层。砖具有取材容易、价格便宜、施工简便的特点，广泛应用于 6 层及 6 层以下的民用建筑和墙承重厂房 （3）石料 料石（经过加工、形状规则的石块）、毛石（未经加工凿平的石材）和大漂石有相当高的强度和抗冻性，是基础的良好材料。特别在山区，石料丰富，应就地取材，充分利用。做基础的石料要选用质地坚硬、不易风化的岩石，石块的厚度不宜小于 150mm。石料的强度等级和砂浆的强度等级要求如表 7-12 所示。对毛石基础，由于毛石之间间隙较大，如果砂浆粘结的性能较差，则不能用于层数较多的建筑物，且不宜用于地下水位以下 （4）混凝土和毛石混凝土 混凝土的强度、耐久性、抗冻性都较好，且便于机械化施工和预制。当荷载较大或位于地下水位以下时，常采用混凝土基础。混凝土强度等级一般采用 C10～C15。混凝土可建造比砖和砌石有较大刚性角的基础，因此同样的基础宽度，用混凝土时，基础的高度可以小一些，但混凝土造价稍高，耗水泥量大。如果基础体积较大，为了节约混凝土用量，可以在混凝土中掺入体积 20%～30% 的毛石，做成毛石混凝土基础。掺入的毛石尺寸不得大于 300mm，使用前须冲洗干净 （5）灰土或三合土 1）灰土由石灰和黏性土料配制而成。我国早在一千多年以前就采用灰土作为基础垫层，效果很好。灰土多用于基础砌体下部受力不大的情况，以代替砖、石、混凝土。做基础材料用的灰土、石灰和土料的体积比一般为 3：7 或 2：8。石灰以块状生石灰为宜，使用前加水熟化 1～2d 后焖成粉末，过 5～10mm 筛即可使用。土料应以有机质含量低的粉质黏土为宜，不要太干或太湿。使用前也应过 10～20mm 筛。加适量水拌和后合格灰土的简易判别方法就是："握紧成团，落地开花"。拌匀的灰土分层铺入基槽内夯压密实。施工中通常每层虚铺厚度 220～250mm，夯实后厚度 150mm（一步灰土）。施工后要求灰土达到的干重度不小于 14.5～15.5kN/m³。一般可铺 2～3 步灰土。夯实合格的灰土，承载力特征值可采用 200～250kN/m²。灰土在水中硬化慢、早期强度低、抗水性差，宜在比较干燥的土层中使用。因其本身具有一定的抗冻性，在我国华北和西北地区广泛用于 5 层和 5 层以下的民用房屋 2）在灰土中加入水泥或由石灰、砂、骨料（碎石、碎砖、矿渣等）按体积比 1：2：4 或 1：3：6 做成三合土，可以有更高的强度和抗水性。三合土基础常用于南方地区地下水位较低、4 层及 4 层以下的民用建筑 （6）钢筋混凝土 钢筋混凝土是质量很好的基础材料，其强度、耐久性和抗冻性都较理想，特别是具有较强的抗弯、抗剪能力。在相同条件下可减少基础的高度，用于荷载大、土质软弱的情况或地下水以上的扩展基础、筏基、箱基、壳体基础。对于一般的钢筋混凝土基础，混凝土的强度等级应不低于 C20，壳体基础的混凝土强度等级不宜低于 C25

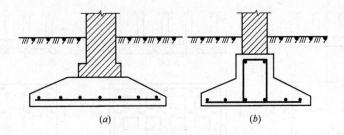

图 7-2 墙下钢筋混凝土条形基础

(a) 无肋式；(b) 有肋式

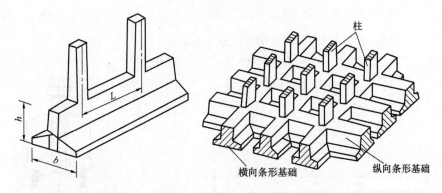

图 7-3 柱下钢筋混凝土条形基础　　　　图 7-4 柱下交叉条形基础

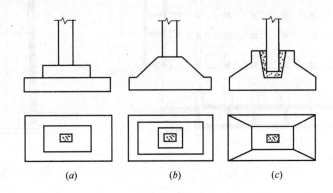

图 7-5 柱下单独基础

(a) 阶梯形基础；(b) 锥形基础；(c) 杯形基础

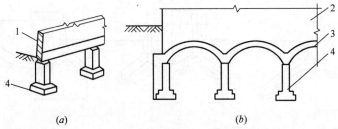

图 7-6 墙下单独基础

(a) 过梁；(b) 砖拱

1—过梁；2—砖墙；3—砖拱；4—单独基础

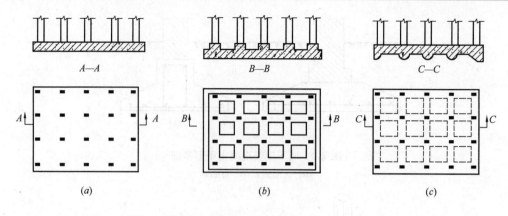

图 7-7　片筏基础

(a) 平板式；(b)、(c) 梁板式

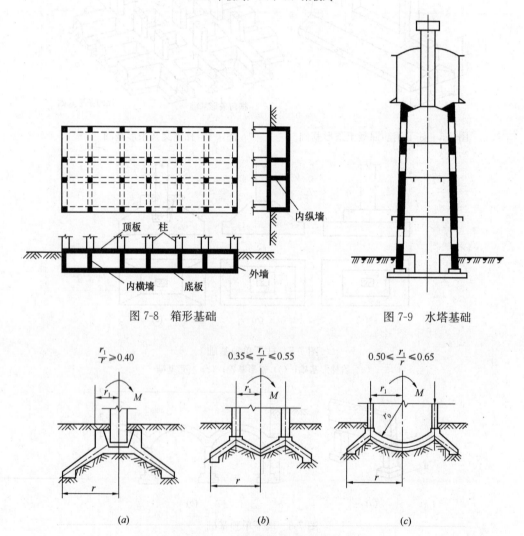

图 7-8　箱形基础

图 7-9　水塔基础

图 7-10　壳体基础的结构形式

(a) 正圆锥体；(b) M 型组合壳；(c) 内球外锥组合壳

0

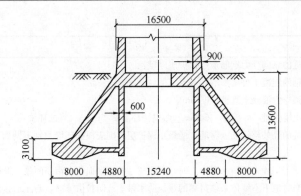

图 7-11　哈姆布格（Hamburg）远距离信报塔基础结构示意图
（塔身总高度 $H=271$m，混凝土结构部分高度 $h=204$m，1967）

地面以下或防潮层以下的砌体、潮湿房间墙所用材料的最低强度等级　　表 7-12

序号	潮湿程度	烧结普通砖	混凝土普通砖、蒸压灰砂砖	混凝土砌块	石材	水泥砂浆
1	稍潮湿的	MU15	MU20	MU7.5	MU30	M5
2	很潮湿的	MU20	MU20	MU10	MU30	M7.5
3	含水饱和的	MU20	MU25	MU15	MU40	M10

注：1. 在冻胀地区，地面以下或防潮层以下的砌体，不宜采用多孔砖，如采用时，其孔洞应用不低于 M10 的水泥砂浆预先灌实。当采用混凝土空心砌块时，其孔洞应采用强度等级不低于 Cb20 的混凝土预先灌实；
　　　2. 对安全等级为一级或设计使用年限大于 50 年的房屋，表中材料强度等级应至少提高一级。

7.3.3　混凝土基础的材料选用及其他规定

混凝土基础的材料选用及其他规定如表 7-13 所示。

混凝土基础的材料选用及其他规定　　表 7-13

序号	项目	内容
1	材料选用规定	（1）设计使用年限为 50 年，处于非腐蚀环境中的各类钢筋混凝土基础的混凝土强度等级按表 7-14 选用 （2）对处于地下水位以下，需要用防水混凝土的带地下室筏形基础或箱形基础，其防水混凝土的设计抗渗等级应符合表 7-15 的规定 （3）无筋扩展基础的混凝土强度等级不应小于 C15。一般采用 C20、C30 （4）钢筋混凝土基础的垫层，其混凝土强度等级不应小于 C10，厚度不应小于 70mm；对采用防水混凝土基础的垫层，其混凝土强度等级不应小于 C15，厚度不应小于 100mm、在软弱土层中尚不应小于 150mm （5）预制钢筋混凝土柱与杯口之间的空隙，应采用比基础混凝土强度等级高一级的细石混凝土充填密实，如图 7-12 所示
2	设计使用年限 50 年混凝土基础钢筋的最小混凝土保护层厚度	（1）基础底板最外层钢筋的最小混凝土保护层厚度，有混凝土垫层时为 40mm（从垫层顶面算起）；无垫层时为 70mm（由于无垫层时，在施工中的钢筋定位不方便且钢筋表面易受泥污沾染，对工程质量造成不良影响，近年来在工程中已很少采用此种做法）。桩基承台底部最外层受力钢筋的最小混凝土保护层厚度应不小于桩顶嵌入承台底板内的长度。当基础混凝土处于强、中、弱腐蚀环境时，其受力钢筋的保护层最小厚度为 50mm

序号	项 目	内 容
2	设计使用年限 50 年混凝土基础钢筋的最小混凝土保护层厚度	(2) 桩的纵向受力钢筋最小保护层厚度： 预制钢筋混凝土桩　　　　45mm 预制预应力混凝土管桩　　35mm 混凝土灌注桩　　　　　　50mm（微腐蚀环境）、55mm（腐蚀环境） (3) 桩的最外层钢筋（箍筋）的最小保护层厚度应根据环境类别不同而定，并符合本书的有关规定 (4) 地下工程采用防水混凝土时，其主体结构迎水面受力钢筋的最小保护层厚度为 50mm (5) 当时地下室墙体采取可靠的建筑防水做法或防护措施时，与土层接触一侧钢筋的保护层厚度可适当减少，但不应小于 25mm (6) 设计使用年限超过 50 年及处于腐蚀环境中的基础、桩等构件的保护层除符合以上规定外，尚应符合有关标准的规定
3	基础、承台、基础梁等地下构件顶面的标高及基础底板尺寸	(1) 基础、承台、基础梁（包括基础、承台间的连系梁）等地下构件顶面的标高，一般均匀低于室外设计地面、内墙基础顶面也不应高室内设计地面。确定地下构件顶面的标高时，尚需考虑地下管沟或管线的影响 (2) 基础底板尺寸 1) 轴心受压基础的底板一般应采用正方形，其边长应为 100mm 的倍数 2) 偏心受压基础的底板一般采用矩形，其长边与短边长度之比一般为 2，最大不应大于 3，长边和短边的边长应为 100mm 的倍数
4	现浇钢筋混凝土柱、墙的纵向受力钢筋（包括插筋）在基础、承台内的锚固长度	(1) 当基础或承台高度满足混凝土柱或墙内最大直径纵向受拉钢筋的锚固长度 l_a 或 l_{aE} 时，可采用直线锚固（图 7-13）。当条形或筏板基础的厚度大于剪力墙伸入基础的竖向钢筋的锚固长度 l_a（l_{aE}）时，宜将 1/3～1/2 竖向钢筋伸至基础底的钢筋网片上，以支持剪力墙钢筋骨架，其余钢筋应伸入基础顶面下 $0.8l_a$（l_{aE}）处。为便于施工，在纵向受力钢筋末端可设置 90°弯折构造直钩，其弯折长度不小于 150mm，并将纵向受力钢筋支承于基础底部的钢筋网上 (2) 当基础或承台高度不满足混凝土柱或墙内最大直径纵向受拉钢筋（或插筋）的锚固长度 l_a 或 l_{aE} 时，可根据基础内钢筋的锚固条件具体情况。缩短锚固长度，并符合下列要求： 1) 当锚固钢筋周边的混凝土保护层厚度为 $3d$ 时，其基本锚固长度可乘以修正系数 0.8；当锚固钢筋周边的混凝土保护层厚度为 $5d$ 时，其基本锚固长度可乘以修正系数 0.7；当保护层厚度为上述 $3\sim5d$ 的中间位时，修正系数可按内插法取值 2) 当在纵向受拉钢筋末端采用弯钩措施时（末端 90°弯钩、弯钩内径 $4d$、弯折后直线段长度 $12d$），其基本锚固长度可乘以修正系数 0.6，弯钩的自由端宜指向柱中心 3) 当在纵向受拉钢筋末端采用机械锚固措施时（其锚固的形式和技术要求应符合本书表 1-113、表 1-114 及表 1-115 的规定），其基本锚固长度可乘以修正系数 0.6 4) 当在纵向受拉钢筋末端采用钢筋锚固板在基础中锚固，且基础的混凝土强度等级不低于 C30 时，锚固长度不宜小于 $0.4l_a$ 或 $0.4l_{aE}$
5	基础中的纵向受力钢筋最小配筋率	(1) 各类型钢筋混凝土基础（包括桩基承台）中的纵向受力钢筋通常以设计控制截面的最大弯矩值按计算确定所需配筋量 A_s，此外其配筋量尚需满足该截面受弯最小配筋率 $A_s/bh \geqslant 0.15\%$ 的要求，其中 bh 对矩形截面构件为截面宽度及高度 (2) 柱下钢筋混凝土阶形和锥形基础（图 7-14）的纵向受力钢筋最小配筋率可按下列方法确定： 1) 阶形基础或锥形基础的纵向受力钢筋最小配筋率应满足不小于 0.15% 的要求，当设计控制截面为非矩形的倒 T 形或梯形时，可采用截面折算宽度与截面高度的乘积作为折算截面面积确定纵向受力钢筋最小配筋率

续表 7-13

序号	项目	内　容
5	基础中的纵向受力钢筋最小配筋率	2）阶形基础设计控制截面 2-2 及 4-4 的折算宽度 b_x 及 b_y 按下列公式确定： $$b_x = (b_{x1}h_1 + b_{x2}h_2) / (h_1 + h_2) \qquad (7\text{-}16)$$ $$b_y = (b_{y1}h_1 + b_{y2}h_2) / (h_1 + h_2) \qquad (7\text{-}17)$$ 3）锥形基础设计控制截面 1-1 及 2-2 的折算宽度 b_x 及 b_y 按下列公式确定： $$b_x = \left[1 - 0.5\frac{h_1}{h_0}\left(1 - \frac{b_{x2}}{b_{x1}}\right)/(h_1 + h_2)\right]b_{x1} \qquad (7\text{-}18)$$ $$b_y = \left[1 - 0.5\frac{h_1}{h_0}\left(1 - \frac{b_{y2}}{b_{y1}}\right)/(h_1 + h_2)\right]b_{y1} \qquad (7\text{-}19)$$ 4）阶形基础的纵向受力钢筋最小配筋量应选用同一配筋方向的各设计控制截面计算所得最小配筋量的较大值（对两阶基础）或最大值（三阶和三阶以上基础） （3）预制混凝土桩的最小配筋率不宜小于 0.8％（锤击沉桩法施工时）、0.6％（静压沉桩法施工时） （4）预应力混凝土空心桩（包括离心法生产的管桩和方桩）的最小配筋率不宜小于 0.5％ （5）灌注混凝土桩最小配筋率不宜小于桩截面面积的 0.2％～0.65％（小直径桩取大值、大直径桩取小值）

钢筋混凝土基础的混凝土强度等级选用 　　表 7-14

序号	基 础 类 型		混凝土强度等级
1	（1）柱下独立基础或条形基础、墙下条形基础 （2）多层建筑墙下筏形基础		不应低于 C25
2	（1）高层建筑筏形基础 （2）高层建筑桩筏基础 （3）高层建筑桩箱基础		不应低于 C30
3	高层建筑箱形基础		不应低于 C25
4	桩基础	预制桩	不应低于 C30
5		灌注桩	不应低于 C25，水下灌注时不宜高于 C40
6		预应力桩	不应低于 C40
7		承台	不应低于 C25

注：1. 对处于环境类别为二 b 类严寒和寒冷地区冰冻线以上与无侵蚀性的水或土壤直接接触的环境的基础表中的混凝土强度等级 C25 应改为 C30；
　　2. 对处于二 b 类环境及三、四、五类微腐蚀环境中的桩，其混凝土强度等级不应低于 C30；
　　3. 对处于腐蚀环境中的各类型基础的混凝土强度等级应符合本书及《工业建筑防腐蚀设计规范》GB 50046 的有关规定；
　　4. 对设计使用年限大于 50 年的各类型基础的最低强度等级应符合专门的规定。

带地下室筏形基础或箱形基础的防水混凝土设计抗渗等级 　　表 7-15

序号	基础埋置深度 d（m）	设计抗渗等级
1	$d < 10$	P6
2	$10 \leqslant d < 20$	P8
3	$20 \leqslant d < 30$	P10
4	$d \geqslant 30$	P12

注：对重要建筑物，其地下室及基础宜采用自防水并设置架空排水层。

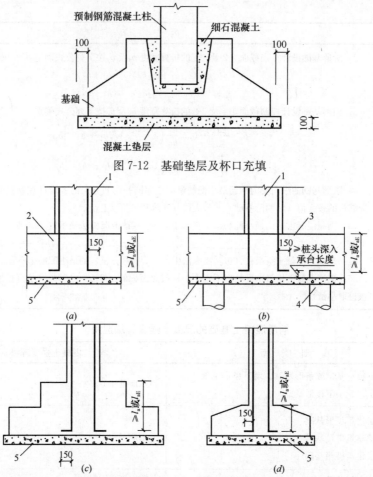

图 7-12　基础垫层及杯口充填

图 7-13　基础或承台高度满足纵向受拉钢筋（或插筋）直线锚固长度要求
（a）柱内钢筋锚入筏板基础；（b）柱内钢筋锚入承台；（c）柱内钢筋锚入独立基础；（d）墙内钢筋锚入条形基础
1—柱；2—筏板基础；3—承台；4—桩；5—混凝土垫层

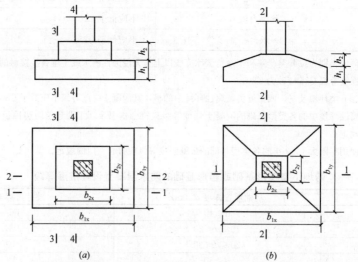

图 7-14　柱下钢筋混凝土阶形和锥形基础弯矩设计控制截面位置示意图
（a）阶形基础；（b）锥形基础

7.3.4 基础的选型

基础的选型一般可按表 7-16 采用。

基础的选型   表 7-16

序号	项目	内容
1	选型原则	基础的选型应根据上部结构类型、有无地下室、工程地质水文地质情况、施工条件、荷载大小性质、场地类别与环境等因素综合考虑确定
2	民用建筑	一般民用建筑选用刚性条形基础,如条件许可(地下水位较深)时,可采用刚性灰土条形基础;当地下水位较高或冬季施工时,可采用刚性混凝土条形基础。如基础宽度大于 2.5m 时,宜采用墙下钢筋混凝土条形基础 如遇软弱地基或需要抗震设防时,应在室内地面下设置基础圈梁。基础圈梁应纵横拉通,设防烈度 7 度,其间距不宜大于 15m;8 度不宜大于 11m
3	多层内框架结构	多层内框架结构,当地基较差时,中柱宜选用柱下钢筋混凝土条形基础或墙下钢筋混凝土条形基础
4	框架或剪力墙结构	框架结构,无地下室、地基较好、荷载较小、柱网分布较均匀时,可采用柱下钢筋混凝土独立基础。对需要抗震设防的建筑,其纵横方向应设连系梁,连系梁可按柱荷载的 10% 引起的拉力验算 框架或剪力墙结构,当无地下室、地基较差、荷载较大,为了增强整体性、减小不均匀沉降,可选用十字交叉钢筋混凝土条形基础;如选用上述基础不能满足变形条件要求,又不宜采用桩基或其他人工地基时,可选用墙下钢筋混凝土筏形基础 框架或剪力墙结构,有地下室,上部结构对不均匀沉降限制较严,防水要求较高时,宜选用箱形基础
5	框架-剪力墙结构	框架-剪力墙结构,无地下室,宜采用十字交叉钢筋混凝土条形基础或钢筋混凝土筏形基础 框架-剪力墙结构,有地下室,无特殊防水要求,柱网、荷载及墙轴分布比较均匀,地基较好时,可选用十字交叉墙下钢筋混凝土条形基础。当有抗震设防要求时,宜用箱形基础
6	地质土质较差	当地基土质较差时,采用上述各种类型基础仍不能满足设计要求时,可选用桩基或其他有效的人工地基
7	高层建筑	高层建筑如遇下列情况,与深基或其他人工地基相比较为经济且施工条件又可能时,宜采用桩基: (1)地基较弱,作为天然地基,其承载力或沉降量不能满足设计要求时 (2)相邻建筑物之间,或建筑物各单元之间,地基压力相互影响而引起过大不均匀沉降差,难以满足容许值时 (3)对倾斜有特殊要求时 (4)限于现场已有建筑物条件,新建物的基础必须采用深基而又影响已有建筑物,施工时既不允许开挖,又无其他施工手段等情况时 (5)土层变化较大、厚度不均匀、荷载较大或下卧基岩岩面起伏相差过大而引起过大的不均匀沉降时 (6)采用深埋天然地基,在经济上不合理,施工有困难时
8	高层建筑基础选用	对于建在属于一般工程地质条件地基上的高层建筑基础类型,可按建筑物层数参照表 7-17 选用

高层建筑基础选用 表 7-17

序号	建筑物层数	可 选 用 的 基 础 类 型
1	8~12	筏形基础、箱形基础、桩基础
2	12~20	箱形基础、桩基础
3	20 以上	桩基础

7.3.5 基础的埋置深度

基础的埋置深度要求如表 7-18 所示。

基础的埋置深度 表 7-18

序号	项 目	内 容
1	确定埋置深度的条件	基础的埋置深度，应按下列条件确定： (1) 建筑物的用途，有无地下室、设备基础和地下设施，基础的形式和构造 (2) 作用在地基上的荷载大小和性质 (3) 工程地质和水文地质条件 (4) 相邻建筑物的基础埋深 (5) 地基土冻胀和融陷的影响
2	最小埋深	在满足地基稳定和变形要求前提下，基础应尽量浅埋，当上层地基的承载力大于下层土时，宜利用上层土作持力层。除岩石地基外，基础埋深不宜小于 0.5m
3	高层建筑	高层建筑基础的埋置深度应满足地基承载力、变形和稳定性要求。位于岩石地基上的高层建筑，其基础埋深应满足抗滑稳定性要求。在抗震设防区，除岩石地基外，天然地基上的箱形和筏形基础其埋置深度不宜小于建筑物高度的 1/15；桩箱或桩筏基础的埋置深度（不计桩长）不宜小于建筑物高度的 1/18
4	地下水	基础宜埋置在地下水位以上，当必须埋在地下水位以下时，应采取地基土在施工时不受扰动的措施 当基础埋置在易风化的软质岩层上，施工时应在基坑挖好后立即铺筑垫层
5	条形基础	条形基础的埋置深度有变化时，应做成阶梯过渡，阶高与阶长之比取 1：2，每阶高度不宜大于 500mm
6	存在相邻建筑物时的基础埋深	当存在相邻建筑物时，新建建筑物的基础埋深不宜大于原有建筑基础。当埋深大于原有建筑基础时，两基础间应保持一定净距，其数值应根据荷载大小、基础形式和土质情况而定，一般取相邻两基础底面高差的 1~2 倍。如上述要求不能满足时，应采取分段施工、设临时加固支撑，打板桩、地下连续墙等施工措施，或加固原有建筑物地基
7	防冻害措施	地基土的冻胀类别分为不冻胀、弱冻胀、冻胀、强冻胀和特强冻胀，可按表 7-19、表 7-20 查取。在冻胀、强冻胀和特强冻胀地基上采用防冻害措施时应符合下列规定： (1) 对在地下水位以上的基础，基础侧表面应回填不冻胀的中、粗砂，其厚度不应小于 200mm；对在地下水位以下的基础，可采用桩基础、保温性基础、自锚式基础（冻土层下有扩大板或扩底短桩），也可将独立基础或条形基础做成正梯形的斜面基础

续表 7-18

序号	项　目	内　　容
7	防冻害措施	（2）宜选择地势高、地下水位低、地表排水条件好的建筑场地。对低洼场地，建筑物的室外地坪标高应至少高出自然地面 300～500mm，其范围不宜小于建筑四周向外各一倍冻结深度距离的范围 （3）应做好排水设施，施工和使用期间防止水浸入建筑地基。在山区应设截水沟或在建筑物下设置暗沟，以排走地表水和潜水 （4）在强冻胀性和特强冻胀性地基上，其基础结构应设置钢筋混凝土圈梁和基础梁，并控制建筑的长高比 （5）当独立基础连系梁下或桩基础承台下有冻土时，应在梁或承台下留有相当于该土层冻胀量的空隙 （6）外门斗、室外台阶和散水坡等部位宜与主体结构断开，散水坡分段不宜超过 1.5m，坡度不宜小于 3%，其下宜填入非冻胀性材料 （7）对跨年度施工的建筑，入冬前应对地基采取相应的防护措施；按采暖设计的建筑物，当冬季不能正常采暖时，也应对地基采取保温措施

地基土的冻胀性分类　　　　　　　　　　　　　　　　　表 7-19

序号	土的名称	冻前天然含水量 w（%）	冻结期间地下水位距冻结面的最小距离 h_w（m）	平均冻胀率 η（%）	冻胀等级	冻胀类别
1	碎（卵）石，砾、粗、中砂（粒径小于 0.075mm 颗粒含量大于 15%），细砂（粒径小于 0.075mm 颗粒含量大于 10%）	$w \leqslant 12$	>1.0	$\eta \leqslant 1$	I	不冻胀
			≤1.0	$1 < \eta \leqslant 3.5$	II	弱胀冻
2		$12 < w \leqslant 18$	>1.0			
			≤1.0	$3.5 < \eta \leqslant 6$	III	胀冻
3		$w > 18$	>0.5			
			≤0.5	$6 < \eta \leqslant 12$	IV	强胀冻
4	粉砂	$w \leqslant 14$	>1.0	$\eta \leqslant 1$	I	不冻胀
			≤1.0	$1 < \eta \leqslant 3.5$	II	弱胀冻
5		$14 < w \leqslant 19$	>1.0			
			≤1.0	$3.5 < \eta \leqslant 6$	III	胀冻
6		$19 < w \leqslant 23$	>1.0			
			≤1.0	$6 < \eta \leqslant 12$	IV	强胀冻
7		$w > 23$	不考虑	$\eta > 12$	V	特强胀冻
8	粉土	$w \leqslant 19$	>1.5	$\eta \leqslant 1$	I	不冻胀
			≤1.5	$1 < \eta \leqslant 3.5$	II	弱胀冻
9		$19 < w \leqslant 22$	>1.5	$1 < \eta \leqslant 3.5$	II	弱胀冻
			≤1.5	$3.5 < \eta \leqslant 6$	III	胀冻
10		$22 < w \leqslant 26$	>1.5			
			≤1.5	$6 < \eta \leqslant 12$	IV	强胀冻
11		$26 < w \leqslant 30$	>1.5			
			≤1.5	$\eta > 12$	V	特强胀冻
12		$w > 30$	不考虑			

续表 7-19

序号	土的名称	冻前天然含水量 w（%）	冻结期间地下水位距冻结面的最小距离 h_w（m）	平均冻胀率 η（%）	冻胀等级	冻胀类别
13	黏性土	$w \leqslant w_p + 2$	>2.0	$\eta \leqslant 1$	I	不冻胀
			≤2.0	$1 < \eta \leqslant 3.5$	II	弱胀冻
14		$w_p + 2 < w \leqslant w_p + 5$	>2.0			
			≤2.0	$3.5 < \eta \leqslant 6$	III	胀冻
15		$w_p + 5 < w \leqslant w_p + 9$	>2.0			
			≤2.0	$6 < \eta \leqslant 12$	IV	强胀冻
16		$w_p + 9 < w \leqslant w_p + 15$	>2.0			
			≤2.0			
17		$w > w_p + 15$	不考虑	$\eta > 12$	V	特强胀冻

注：1. w_p——塑限含水量（%）；

w——在冻土层内冻前天然含水量的平均值（%）；

2. 盐渍化冻土不在表列；

3. 塑性指数大于 22 时，冻胀性降低一级；

4. 粒径小于 0.005mm 的颗粒含量大于 60% 时，为不冻胀土；

5. 碎石类土当充填物大于全部质量的 40% 时，其冻胀性按充填物土的类别判断；

6. 碎石土、砾砂、粗砂、中砂（粒径小于 0.075mm 颗粒含量不大于 15%）、细砂（粒径小于 0.075mm 颗粒含量不大于 10%）均按不冻胀考虑。

建筑基础底面下允许冻土层最大厚度 h_{max}（m）　表 7-20

序号	冻胀性	基础形式	采暖情况	110	130	150	170	190	210
1	弱冻胀土	方形基础	采暖	0.90	0.95	1.00	1.10	1.15	1.20
			不采暖	0.70	0.80	0.95	1.00	1.05	1.10
2		条形基础	采暖	>2.50	>2.50	>2.50	>2.50	>2.50	>2.50
			不采暖	2.20	2.50	>2.50	>2.50	>2.50	>2.50
3	冻胀土	方形基础	采暖	0.65	0.70	0.75	0.80	0.85	—
			不采暖	0.55	0.60	0.65	0.70	0.75	—
4		条形基础	采暖	1.55	1.80	2.00	2.20	2.50	—
			不采暖	1.15	1.35	1.55	1.75	1.95	—

注：1. 本表只计算法向冻胀力，如果基侧存在切向冻胀力，应采取防切向力措施；

2. 基础宽度小于 0.6m 时不适用，矩形基础取短边尺寸按方形基础计算；

3. 表中数据不适用于淤泥、淤泥质土和欠固结土；

4. 计算基底平均压力时取永久作用的标准组合值乘以 0.9，可以内插。

7.3.6　现浇钢筋混凝土框架基础梁

现浇钢筋混凝土框架基础梁如表 7-21 所示。

现浇钢筋混凝土框架基础梁　　　　　　　　　　表 7-21

序号	项　目	内　　　　容
1	基础梁箍筋复合形式	(1) 基础梁截面纵向钢筋外围应采用封闭箍筋,当为多肢复合箍筋时,其截面内箍可采用开口箍或封闭箍 (2) 封闭箍的弯钩可在四角的任何部位,开口箍的弯钩宜设在基础底板内 (3) 当多于 6 肢箍时,偶数肢增加小开口箍或小套箍,奇数肢加一单肢箍 (4) 图 7-15 为基础梁箍筋的复合形式。图 7-15 (a) 为三肢箍,图 7-15 (b) 为四肢箍,图 7-15 (c) 为五肢箍,图 7-15 (d) 为六肢箍
2	等高地下框架梁中间支座锚固与交叉构造	(1) 等高地下框架梁支座锚固与交叉构造,是在两向地下框架梁的上部纵向钢筋均通过支座、下部纵向钢筋均锚入支座的情况下,为保证上部双向纵向钢筋顺通交叉、下部纵向钢筋既能顺通交叉又避免出现平行接触锚固的情况,以保证节点内相邻纵向钢筋各方向的净距均能满足规定要求,并易于保证节点部位钢筋混凝土的浇筑质量所采取的构造措施 (2) 当两向地下框架梁采用等高截面时,可任选一向地下框架梁按设计标高,将另一向地下框架梁顶的设计标高降低 d(d 为相交地下框架梁的纵向钢筋直径)后进行施工 (3) 当柱两边的地下框架梁下部纵向钢筋相对伸入支座锚固且钢筋中心线相对时,按图 6-14 将柱一边的纵向钢筋微弯起伸入支座,实现与对面来筋的非接触锚固 (4) 图 7-16 为等高地下框架梁中间支座锚固与交叉构造图例 (5) l_a、l_{aE} 值长度见表 1-114 及表 1-115、表 1-116 所示

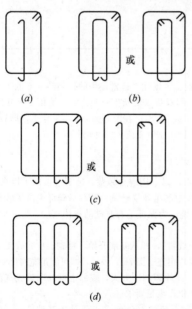

图 7-15　基础梁箍筋复合形式

(a) 三肢箍;(b) 四肢箍;(c) 五肢箍;(d) 六肢箍

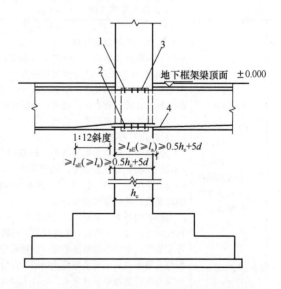

图 7-16　等高地下框架梁中间支座锚固与交叉构造

1—另一方向的梁上部钢筋;2—另一方向的梁下部钢筋;

3—另一方向的梁整体降低 d;4—垂直净距≥25mm

7.4　无　筋　扩　展　基　础

7.4.1　基础特点及材料

无筋扩展基础特点及材料如表 7-22 所示。

基础特点及材料　　　　　　　　　　　　　　表 7-22

序号	项　目	内　　　容
1	无筋扩展基础的特点及设计	（1）无筋扩展基础又称刚性基础，系指由砖、石、混凝土或毛石混凝土、灰土和三合土等材料组成的墙下条形基础或柱下独立基础 （2）无筋扩展基础是最基本的形式，具有施工简单、便于就地取材等特点，适用于多层民用建筑和轻型厂房 （3）无筋扩展基础用脆性材料砌筑而成，常用的基础类型剖面参见图 7-17 所示。由于材料的抗压强度较高，抗拉、抗剪强度较低，因此稍有挠曲变形，基础内拉应力就会超过材料的抗拉强度，在基础的一边（条形基础）或一角（柱下独立基础）产生裂缝。裂缝发展很快，随后基底反力和基础内力重分布，其他部分也继续出现裂缝，直至贯通，基础破坏，如图 7-18 所示 （4）为弥补脆性材料这一弱点，保证基础正常工作，设计时采取了限定基础和每个台阶的相对高度（高度与相应宽度之比）的措施，使基础具有足够的刚度。这样，在荷载作用下，基础几乎就不会发生挠曲变形 （5）无筋扩展基础设计步骤 1）根据就地取材原则，考虑上部结构荷载和地基条件，确定基础形式和埋深 2）根据持力层承载力计算基础底面积，并确定其形状 3）根据容许台阶高宽比设计剖面形状及尺寸 4）验算基础顶面或两种材料接触面上的抗压强度 5）如有软弱下卧层，尚需做下卧层承载力验算 6）根据规定还需做地基的变形计算 7）绘制基础施工图
2	无筋扩展基础材料及操作要点	（1）无筋扩展基础材料 刚性无筋扩展基础所用材料带有明显的地方性、区域性。最常使用的机制砖（不低于 MU10）和混凝土（C15）；北方干燥地区也多用于灰土，即石灰（块状生石灰为宜，消化 1～2d 后使用）与塑性指数较低的黏性土配制而成（体积比 3∶7 或 2∶8）；在南方则常采用三合土，即石灰、砂和骨料（碎砖、碎石、矿渣等）配制而成（体积比 1∶2∶4 或 1∶3∶6） （2）无筋扩展基础操作要点 1）砖和毛石基础 ①这两种基础均为砌筑成形。砖基础在地下水位以上用混合砂浆，地下水位以下用水泥砂浆（不低于 M5）砌筑。在寒冷地区宜用高强度等级的水泥砂浆砌筑。毛石基础可用白灰砂浆砌筑，一般成阶梯形（图 7-17（c））。因毛石形状不规整，为保证毛石基础的整体刚性，传力均匀，须满足基础台阶高宽比的允许值 ②砖基础习惯上采用"二一间隔法"砌成"大放脚"，即从基底开始，每砌二皮砖收 1/4 砖长，再砌一皮砖收 1/4 砖长，如此反复至与墙体（柱）相连（图 7-17（e）），即可满足宽高比要求。实际上是将砖砌体作为整体考虑。如埋深较大，上述放脚剖面太大，底部也可以砌筑成宽台阶式，即与混凝土、灰土等基础形式相似，台阶宽高比仍需满足要求 ③基底可铺设垫层（灰土、三合土均可），一般不超过 100mm 厚，不计入基础总高。在南方，垫层厚度可达 150～250mm，此时垫层作为基础的一部分考虑。垫层宽度两侧各宽出基础 50～100mm，垫层的作用主要是整平砌筑基础底面。砌筑前必须先铺底灰，用水将砖浇透，并保证砂浆饱满

序号	项　目	内　　　　容
2	无筋扩展基础材料及操作要点	2）混凝土和毛石混凝土基础 ①混凝土基础为现场浇筑成形。在混凝土中加入少量毛石（小于基础体积的 30％）即为毛石混凝土基础，毛石强度等级不低于 MU20，其长度不大于 300mm。在寒冷地区，混凝土和毛石强度等级相应提高至 MU10 和 MU30 以上。三层以上房屋若地基潮湿、地下水位较高不宜做灰土基础时，多采用这种材料，但应注意地下水质对混凝土的侵蚀作用。基础剖面为阶梯形和角锥形两种（图 7-17（g））。混凝土基础下可铺设低强度等级素混凝土垫层，尺寸同上 ②毛石混凝土基础的底层应先铺设 120～150mm 的混凝土层，再铺设毛石。毛石插入混凝土约一半深度后，再灌混凝土，填空所有空隙，反复施工 3）灰土和三合土基础 ①这两种基础是在基槽内分层铺土夯实而成。每层虚铺厚度量 250mm，夯实至 150mm，（俗称一步）。三层及三层以下房屋可用二步，三层以上宜用三步。施工时应注意保持基坑干燥，控制灰土的含水量，灰土含水量过大或过小均不易夯实，施工前应通过实验求得压实最佳含水量，在最佳含水量下夯实达到最大密实度（粉质黏土 15～15.5kN/m³，黏土为 14.5kN/m³） ②如在水下施工，应排干基坑内积水。若地基过分软弱，底部灰土不易夯实，可先铺设薄砂层作为垫层。基础夯实后应及时回填，以避免雨水冲蚀。若遭雨水侵蚀，则应刮去软弱表层，重新铺设夯实 ③灰土强度受冻结影响不大。在 −15℃ 以下的冻融试验表明，不饱和灰土解冻后强度仍可增加。有水供给时，龄期超过三个月，冻结强度无明显下降，故在寒冷地区也可使用，但应注意防止灰土早期受冻。灰土基础上皮距室内设计地面之距离应不小于 400～800mm，视土质、冻深及灰土龄期而定 ④灰土基础在我国应用历史悠久，因其造价低廉（仅为砖石或混凝土基础的 1/2～1/3）耐久性强而被广泛采用。灰土基础与砖墙衔接部分，要做砖放脚 ⑤三合土基础夯实至设计标高后，最后一遍夯打宜浇浓灰浆，待其表面略为风干后，再铺一层薄砂，最后整平夯实。因三合土强度低，仅限于低层（四层以下）房屋使用

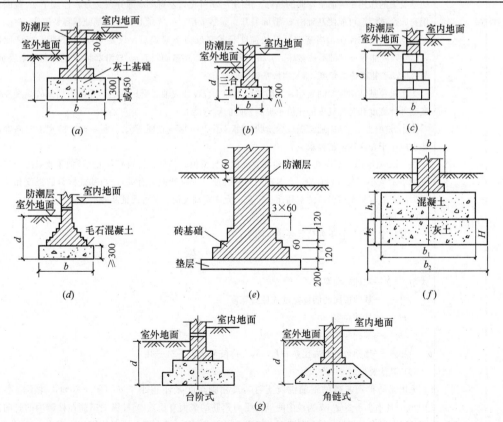

图 7-17　刚性基础剖面图

(a)灰土基础;(b)三合土基础;(c)毛石基础;(d)毛石混凝土基础;(e)砖基础;(f)迭合基础;(g)混凝土基础

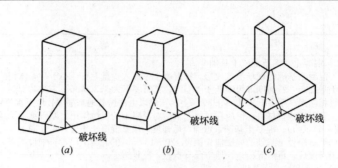

图 7-18　基础的典型破坏形式

(a) 条形基础（$\alpha = 55°$）；(b) 条形基础（$\alpha = 45°$）；(c) 方形基础

7.4.2　无筋扩展基础构造与计算

无筋扩展基础构造与计算如表 7-23 所示。

无筋扩展基础构造与计算　　　　　　　　　　　　　　　　　　表 7-23

序号	项　目	内　　容
1	无筋扩展基础构造	（1）一般分析 　　由于无筋扩展基础材料抗压性能好而抗拉、抗弯强度低，不能承受较大的弯曲应力。而基础在地基反力的作用下有向上弯曲的趋势。由图 7-19 可见，基础 abc 部分在反力 p 作用下 ac 截面作用有一个弯矩，可能使基础沿 ac 截面裂开。显然 p 值、b_1/h 值越大，则基础越容易破坏 　　根据实验研究证明，当基础材料的强度和基底反力 p 确定后，只要 b_1/h 小于某一容许值 $[b_1/h]$，就能保证基础不被破坏。b_1/h 的数值也可以用基础斜面 ab 与铅垂面 ac 的夹角 α 来表示，与 $[b_1/h]$ 相对应的角度 $[\alpha]$ 叫做基础的刚性角 　　为了避免基础出现弯曲破坏，无筋扩展基础一般设计成轴心受压基础。并用增加基础高度控制基础外伸宽度和基础高度的比值来提高基础的抗弯能力 　　为了方便施工，基础通常做成台阶状剖面（图 7-19 虚线轮廓所示），每一台阶的宽度与高度之比也应小于允许值的要求 　　表 7-24 就给出了刚性基础各台阶的宽高比的允许值，各种材料的宽高比允许值主要取决于基底反力 p 的大小（与弯矩有关）和基础材料的强度（与抗弯能力有关）。当基础材料的强度和地基反力确定后，只要各台阶的宽高比小于某一允许宽高比值，就可保证基础不会破坏 （2）基础高度 　　基础高度，应符合下列公式要求（图 7-20） $$H_0 \geqslant \frac{b - b_0}{2\tan\alpha} \qquad (7\text{-}20)$$ 式中　b——基础底面宽度 　　　　b_0——基础顶面的墙体宽度或柱脚宽度 　　　　H_0——基础高度 　　　　b_2——基础台阶宽度 　　　　$\tan\alpha$——基础台阶高比 b_2/H_0，其允许值可按表 7-24 选用 （3）其他要求 　　采用无筋扩展基础的钢筋混凝土柱，其柱脚高度 h_1 不得小于 b_1（图 7-20b），并不应小于 300mm 且不小于 20d（d 为柱中的纵向受力钢筋的最大直径）。当柱纵向钢筋在柱脚内的竖向锚固长度不符合关于最小锚固长度时，可沿水平方向弯折，弯折后的水平锚固长度不应小于 10d 也不应大于 20d

序号	项 目	内　　　容
2	无筋扩展基础的结构计算	无筋扩展基础底面的宽度，除应满足地基承载力要求外，还受允许宽高比限制，应满足： $$b \leqslant b_0 + 2H_0 \tan\alpha \qquad (7\text{-}21)$$ 　　为了方便施工，基础通常做成台阶状剖面，其剖面尺寸的设计除满足承载力要求、变形要求、构造要求外，还应满足基础台阶宽高比允许值的要求，即 $$\frac{b_2}{H_0} \leqslant \left[\frac{b_2}{H_0}\right] = \tan\alpha \qquad (7\text{-}22)$$ 　　当台阶宽度确定时，基础高度为 $$H_0 \leqslant \frac{b-b_0}{2\left[\dfrac{b_2}{H_0}\right]} = \frac{b_2}{\tan\alpha} \qquad (7\text{-}23)$$ 　　当台阶高度确定时，台阶宽度为 $$b_2 \leqslant \left[\frac{b_2}{H_0}\right]H_0 = \tan\alpha \cdot H_0 \qquad (7\text{-}24)$$ 式中　b——基础底面宽度（m） 　　　b_0——基础顶面的墙体宽度或柱脚宽度（m） 　　　H_0——基础高度或台阶高度（m） 　　　b_2——基础台阶宽度（m） 　　　$\tan\alpha$——基础台阶宽高比 b_2/H_0，其允许值按表 7-24 选用 　　基础大放脚采用两皮一收与一皮一收相同的作法，每收一次其两边各收 1/4 砖长。大放脚每边台阶数目可按下式计算（见图 7-20a） $$n \geqslant \left(\frac{b}{2} - \frac{a}{2} - b_2\right) \times \frac{1}{60} \qquad (7\text{-}25)$$ 式中　b——基础地面宽度（mm） 　　　a——砖墙墙厚（mm） 　　　b_2——基础的最大允许悬挑长度（mm） 　　按基础台阶宽高比允许值设计的基础，一般已具有足够的刚度，不需再作抗弯、抗剪验算。为了保证基础的质量，还应满足构造要求
3	无筋扩展基础的设计步骤	（1）根据材料选择基础台阶高度 H_0 　　无筋扩展基础台阶的高度是由所用材料的模数决定的，台阶宽度则根据与台阶高度的比值满足允许宽高比要求来确定。不同材料的无筋扩展基础，其台阶高度也不同，一般规定如下： 　　1）混凝土基础。混凝土阶梯形基础的高度不宜小于 300mm；锥形断面应按刚性角放坡，为使基底不出现锐角而发生破坏，基底应放一台阶，其高度不小于 200mm 　　2）砖基础。为了施工方便及减少砍砖损耗，基础台阶的高度及宽度应符合砖的模数，这种基础又称大放脚基础。砖基础一般采用等高式或间隔式砌法。等高式是两皮一收的砌法，间隔式砌法是两皮一收与一皮一收相间。相比较而言，在相同底宽的情况下，采用间隔式可减少基础高度，也较节省材料。砖基础下一般应先做 100mm 厚 C10 或 C15 的混凝土垫层 　　3）毛石基础。毛石基础建造的台阶高一般不小于 200mm 　　4）三合土和灰土基础。基础高度应是 150mm 的倍数 　　（2）基础宽度的确定 先根据地基承载力要求初步确定基础宽度，再根据允许宽高比验算，如不满足则应调整基础高度重新验算，直至满足要求为止 　　（3）局部抗压强度验算 当基础由不同材料组成时，应对接触部分作局部抗压强度验算 　　（4）对混凝土基础，当基础底面平均压力超过 300kN/m² 时，还应对台阶高度变化处的断面进行抗剪强度验算

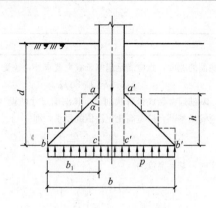

图 7-19   刚性基础的计算

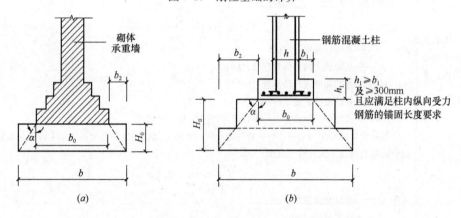

图 7-20   无筋扩展基础构造示意图
(a) 砌体承重墙下无筋扩展基础；(b) 柱下无筋扩展基础

无筋扩展基础台阶宽高比的允许值 $[b_2/H_0]$ 表 7-24

序号	基础材料	质 量 要 求	台阶宽高比的允许值		
			$p_k \leqslant 100$	$100 < p_k \leqslant 200$	$200 < p_k \leqslant 300$
1	混凝土基础	C15 混凝土	1:1.00	1:1.00	1:1.25
2	毛石混凝土基础	C15 混凝土	1:1.00	1:1.25	1:1.50
3	砖基础	砖不低于 MU10、砂浆不低于 M5	1:1.50	1:1.50	1:1.50
4	毛石基础	砂浆不低于 M5	1:1.25	1:1.50	—
5	灰土基础	体积比为 3:7 或 2:8 的灰土，其最小干密度： 粉土　　　1.55t/m³ 粉质黏土　1.50t/m³ 黏土　　　1.45t/m³	1:1.25	1:1.50	
6	三合土基础	体积比 1:2:4～1:3:6（石灰：砂：骨料），每层约虚铺 220mm，夯至 150mm	1:1.50	1:2.00	—

注：1. p_k 为作用的标准组合时基础底面处的平均压力值（kN/m²）；
　　2. 阶梯形毛石基础的每阶伸出宽度，不宜大于 200mm；
　　3. 当基础由不同材料叠合组成时，应对接触部分作抗压验算；
　　4. 混凝土基础单侧扩展范围内基础底面处的平均压力值超过 300kN/m²，尚应进行抗剪验算；对基底反力集中于立柱附近的岩石地基，应进行局部受压承载力验算。

7.4.3　无筋扩展基础计算例题

[例题 7-4]　某承重砖墙厚 240mm，基础埋置深度 0.8m，$p_k < 200$kN/m^2，经计算基础底面宽度 1.2m，要求设计基础顶面至少低于室外地面 0.1m 的刚性条形基础。

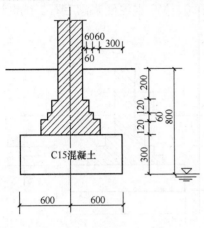

图 7-21　[例题 7-4] 简图

[解]

基础下层采用 300mm 厚的 C15 素混凝土，其上采用"二、一间隔收"砖基础。查表 7-24 序号 1 得台阶宽高比的允许值为 1∶1 所以混凝土层收进 300mm。砖基础所需台阶数为

$$n = \frac{1200 - 240 - 2 \times 300}{2 \times 60} = 3(\text{阶})$$

基础高度 $H_0 = 120 \times 2 + 60 \times 1 + 300 = 600$mm 满足要求。绘制基础剖面如图 7-21 所示。

[例题 7-5]　某砌体结构房屋，底层内纵墙厚 0.37m，上部结构传至基础顶面处竖向力值 $F_k = 300$kN/m，已知基础埋深 $d = 2.0$m，基础材料采用 MU20 毛石，M5 砂浆砌筑，地基土为黏土，其重度 $\gamma = 18$kN/m^3，经深度修正后的地基承载力特征值 $f_a = 224$kN/m^2。试确定条形毛石基础宽度及剖面尺寸，并绘出基础剖面图形。

[解]

（1）应用公式（7-8）确定毛石条形基础宽度为

$$b \geqslant \frac{F_k}{f_a - \gamma_m d} = \frac{300}{224 - 20 \times 2.0} = 1.63\text{m} < 3\text{m} \qquad \text{取 } b = 1.7\text{m}$$

（2）确定毛石条形基础台阶宽高比允许值

应用公式（7-6）求该基底反力为

$$p_k = \frac{F_k + G_k}{A} = \frac{300 + 20 \times 2.0}{1.7 \times 1.0} = 200 \text{ kN/}m^2$$

查表 7-24 序号 4 得毛石基础台阶宽高比允许值为 1∶1.5。

（3）毛石基础所需台阶数（要求每台阶宽≤200mm）为

$$n = \frac{b - b_0}{2} \times \frac{1}{200} = \frac{1700 - 370}{2} \times \frac{1}{200} = 3.3(\text{阶})$$

需设置四步台阶。

（4）确定基础剖面尺寸并绘出图形（见图 7-22所示）。

（5）验算台阶宽高比

基础宽高比为

$$\frac{b_2}{H_0} = \frac{665}{1600} = \frac{1}{2.4} < \frac{1}{1.5}$$

每阶宽高比为

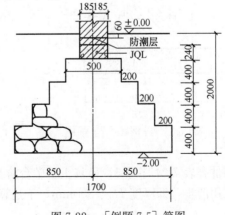

图 7-22　[例题 7-5] 简图

$$\frac{b_2}{H_0} = \frac{200}{400} = \frac{1}{2} < \frac{1}{1.5}$$

满足要求。

[例题7-6] 已知由砖墙传来竖向力值 $F_k=100\text{kN/m}$，基础埋置深度 $d=1.0\text{m}$，修正后的地基承载力特征值 $f_a=120\text{kN/m}^2$，基础采用 MU20、M5 水泥砂浆砌毛石。试设计毛石条形基础的剖面尺寸（见图7-23所示）。

[解]

（1）应用公式（7-8）求基础宽度为

$$b = \frac{F_k}{f_a - \gamma_m d} = \frac{100}{120 - 20 \times 1} = 1\text{m} < 3\text{m}$$

（2）确定台阶宽度为

基础采用一层毛石，上层用砖砌三层大放脚，大放脚采用二皮一收的等高式，每二皮标注尺寸为120mm。如图7-23所示，求 b_2 为

$$b_2 = (1-0.24-6\times0.6)/2 = 0.2\text{m}$$

符合构造要求。

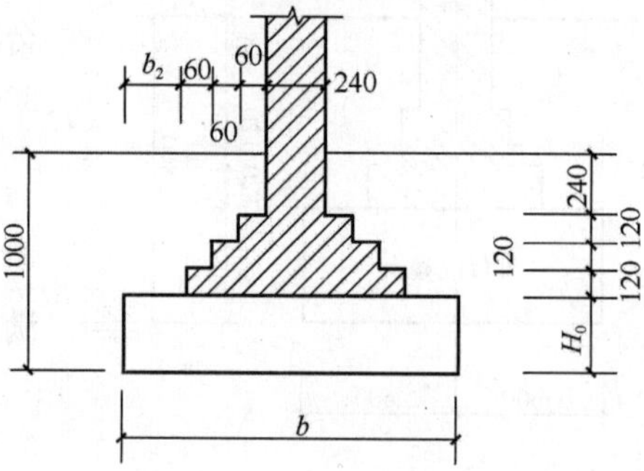

（3）求毛石台阶高度 H_0

查表7-24序号4，得允许宽高比 $[b_2/H_0]=1/1.5$

则应用公式（7-23）求毛石台阶高度 H_0 为

$$H_0 \geqslant \frac{b_2}{[b_2/H_0]} = \frac{0.2}{1/1.5} = 0.3\text{m}$$

结合构造要求，取 $H_0=0.4\text{m}$。

（4）最上层砖台阶顶面距室外设计地坪距离为 $1000-400-3\times120=240>100$，故符合构造要求。

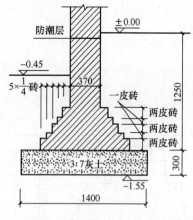

图 7-23　[例题7-6] 简图

[例题7-7] 某办公楼外墙厚度360mm，从室内设计地面起算的埋深1.55m，上部结构荷载标准值 $F_k=88\text{kN/m}$（图7-24）。地基土经深度修正后的承载力特征值 $f_a=90\text{kN/m}^2$，室内外高差为0.45m。试设计计算此外墙条形基础。

[解]

设采用两步灰土基础。基础自重计算高度为

$$d = 1.55 - \frac{0.45}{2} = 1.32\text{m}$$

按公式（7-8）算出基底宽度 b 为

$$b = \frac{F_k}{f_a - \gamma_m d} = \frac{88}{90 - 20 \times 1.32} = 1.38\text{m}, \text{取} \ b = 1.40\text{m}$$

因为 $p_k = f_a = 90\text{kN/m}^2 < 100\text{kN/m}^2$，根据题给条件查表7-24序号5，得灰土基础台阶宽高比允许值 $[b_2/H_0]=1/1.25$，本题灰土基础采用两步，即厚度 $H_0=300\text{mm}$，于是算得最大允许悬挑长度为

图 7-24　[例题7-7] 简图

$$b_2 = \frac{1}{1.25} \times H_0 = \frac{1}{1.25} \times 300 = 240\text{mm}$$

根据公式（7-25），算大放脚每边台阶数目为

$$n = \left(\frac{1400}{2} - \frac{370}{2} - 240\right)\frac{1}{60} = 4.58，\text{取 } n = 5$$

根据图 7-24 所示各部尺寸，而实际的 b_2 值为

$$b_2 = \frac{b}{2} - \frac{a}{2} - 5 \times 60 = \frac{1400}{2} - \frac{370}{2} - 300 = 214\text{mm} < 240\text{mm}$$

满足要求。

7.5　钢筋混凝土扩展基础

7.5.1　包括内容与基础构造

钢筋混凝土扩展基础包括内容与基础构造如表 7-25 所示。

包括内容与基础构造　　　　　　　　　　表 7-25

序号	项　目	内　　容
1	包　括内　容	（1）钢筋混凝土扩展基础又称柔性基础 （2）钢筋混凝土扩展基础包括钢筋混凝土柱下独立基础和墙下钢筋混凝土条形基础。这种基础通过钢筋来承受弯曲产生的拉应力，其高度不受刚性角的限制，构造高度可以较小，但需要满足抗弯、抗剪和抗冲切破坏的要求 （3）钢筋混凝土扩展基础，通常能在较小的埋深内，把基础底面扩大到所需的面积，因此是最常用的一种基础形式。为使扩展基础具有一定的刚度，要求基础台阶的宽高比不大于 2.5。从基础受力特点分析，钢筋混凝土扩展基础仍为一板式基础，基础底板的厚度应满足抗冲切的要求，并按板的受力分析进行抗剪及抗弯强度计算
2	一般构造规定	扩展基础的构造，应符合下列规定： （1）锥形基础的边缘高度不宜小于 200mm；且两个方向的坡度不宜大于 1：3；阶梯形基础的每阶高度，宜为 300～500mm （2）垫层的厚度不宜小于 70mm，垫层混凝土强度等级不宜低于 C10 或 C15。垫层周边伸出基础边缘宜为 100mm （3）扩展基础受力钢筋最小配筋率不应小于 0.15%，底板受力钢筋的最小直径不应小于 10mm，间距不应大于 200mm，也不应小于 100mm。墙下钢筋混凝土条形基础纵向分布钢筋的直径不应小于 8mm，间距不应大于 300mm，每延米分布钢筋的面积不应小于受力钢筋面积的 15%。当有垫层时钢筋保护层的厚度不应小于 40mm；无垫层时不应小于 70mm （4）混凝土强度等级不应低于 C20 （5）当柱下钢筋混凝土独立基础的边长和墙下钢筋混凝土条形基础的宽度大于或等于 2.5m 时，除外侧钢筋外，底板受力钢筋的长度可取边长或宽度的 0.9 倍，并宜交错布置（图 7-25） （6）钢筋混凝土条形基础底板在 T 形及十字形交接处，底板横向受力钢筋仅沿一个主要受力方向通长布置，另一方向的横向受力钢筋可布置到主要受力方向底板宽度的 1/4 处（图 7-26）。在拐角处底板横向受力钢筋应沿两个方向布置（图 7-27） （7）当条形基础设有基础梁时，基础底板的分布钢筋在梁宽范围内不设置 （8）在两向受力钢筋交接处的网状部位，分布钢筋与同向受力钢筋的构造搭接长度为 150mm

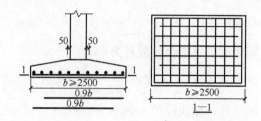

图 7-25　柱下独立基础底板受力钢筋布置

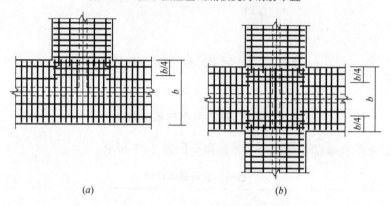

图 7-26　条形基础底板钢筋布置示意（1）

(a) 丁字交接基础底板；(b) 十字交接基础底板

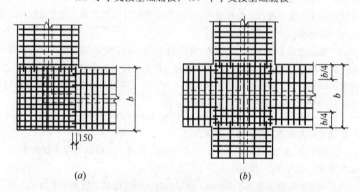

图 7-27　条形基础底板钢筋布置示意（2）

（a）转角梁板端部无纵向延伸；（b）转角梁板端部均有纵向延伸

7.5.2　柱和剪力墙纵向受力钢筋在混凝土基础内的锚固

钢筋混凝土柱和剪力墙纵向受力钢筋在基础内的锚固长度应符合下列规定：

（1）钢筋混凝土柱和剪力墙纵向受力钢筋在基础内锚固长度（l_a）应根据本书的有关规定确定；

（2）抗震设防烈度为 6 度、7 度、8 度和 9 度地区的建筑工程，纵向受力钢筋的抗震锚固长度（l_{aE}）应按下列公式计算：

1）一、二级抗震等级纵向受力钢筋的抗震锚固长度（l_{aE}）应按下列公式计算

$$l_{aE} = 1.15 l_a \tag{7-26}$$

2) 三级抗震等级纵向受力钢筋的抗震锚固长度（l_{aE}）应按下列公式计算：

$$l_{aE}=1.05l_a \tag{7-27}$$

3) 四级抗震等级纵向受力钢筋的抗震锚固长度（l_{aE}）应按下列公式计算：

$$l_{aE}=l_a \tag{7-28}$$

式中　l_a——纵向受拉钢筋的锚固长度，详见表 1-113、表 1-114 及表 1-115 所示。

（3）当基础高度小于 l_a（l_{aE}）时，纵向受力钢筋的锚固总长度除符合上述要求外，其最小直锚段的长度不应小于 $20d$，弯折段的长度不应小于 150mm。

7.6 现浇柱下钢筋混凝土独立基础

7.6.1 一般构造要求

现浇柱下钢筋混凝土独立基础一般构造要求如表 7-26 所示。

一般构造要求　　　　　　　　　　　　　　　　　　表 7-26

序号	项　目	内　　　　容
1	基础形式	（1）钢筋混凝土柱下独立基础，一般设计成阶梯形，如图 7-28（a）所示；或锥形，如图 7-28（b）所示 （2）承受轴心荷载的基础，底板一般采用正方形，其边长宜为 100mm 的倍数。承受偏心荷载的基础，底板一般采用矩形，其长宽比一般不大于 2，最大不大于 3；其边长宜为 100mm 的倍数基础底板中心线一般与柱中心线重合，如图 7-28（c）所示。当作用在底板上荷载的偏心距 $e_0=\dfrac{M_k}{N_k}$ 很大时，可设计成不对称的基础，如图 7-28（d）所示 （3）阶梯形基础在长宽两个方向的阶数一般相等，如图 7-28（c）所示，当 $\dfrac{l}{b}$ 较大，构造上有困难时，在短边方向可减少一阶，即长短边方向阶数不同，如图 7-29 所示 （4）当基础埋置深度较大（例如埋深 $h \geqslant 3m$ 时），宜设置短柱，如图 7-30（a）所示。当埋深不很大，或仅个别基础稍深时，可采用加厚垫层的办法解决，如图 7-30（b）所示 （5）当柱基础与相邻的设备基础相碰时，可参照图 7-31 的方法处理
2	基础高度	钢筋混凝土基础高度 h 应按受冲切承载能力及剪切承载能力和柱内纵向钢筋在基础内的锚固长度的要求确定，一般为 100mm 的倍数
3	阶梯形基础的阶高及阶数	钢筋混凝土阶梯形基础的阶高一般为 300～500mm，阶数按下列规定采用，且不多于三阶，如图 7-32 所示 $h \leqslant 500mm$ 时，　　　　　　为一阶 $500mm < h \leqslant 900mm$ 时，　　为二阶 $h > 900mm$ 时，　　　　　　为三阶

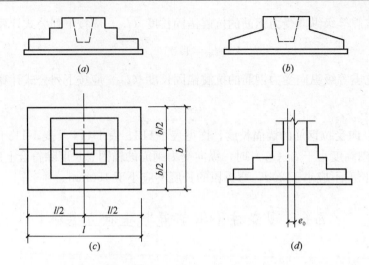

图 7-28　基础形式一

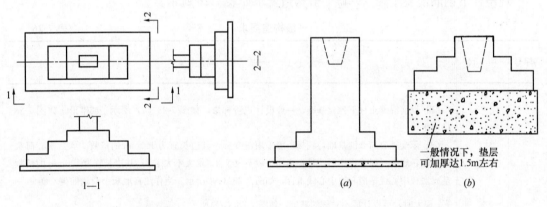

图 7-29　基础形式二　　　　　　　　　　图 7-30　基础形式三

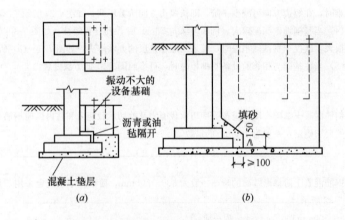

图 7-31　柱基础与设备基础相碰时的处理方法

(a) 沥青或油毡隔断；(b) 填砂隔断

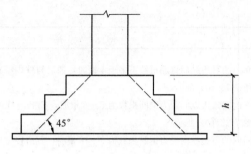

图 7-32　阶梯形基础的阶数

7.6.2　基础构造与柱的连接

基础构造与柱的连接要求如表 7-27 所示。

<table>
<tr><td colspan="3" align="right">基础构造与柱的连接　　　　　　　　　　　　　　　　　　表 7-27</td></tr>
<tr><td>序号</td><td>项　目</td><td>内　　　容</td></tr>
<tr>
<td>1</td>
<td>锥形及阶梯形基础</td>
<td>
（1）锥形基础的边缘高度 h_1 不应小于 200mm，锥形基础顶面的坡度可根据浇灌混凝土时能保持基础外形的条件确定，一般情况下取 $\alpha \leqslant 30^\circ$，如图 7-33 所示

（2）阶梯形基础的外边线应在 45°线以外，其阶高 h 及阶宽 b 一般按下述要求选用（图 7-34）：
$$\frac{b_3}{h_3} \geqslant 1；\frac{b_2+b_3}{h_2+h_3} \geqslant 1；\frac{b_1+b_2+b_3}{h} \geqslant 1$$
（3）钢筋混凝土基础的阶高 h 及阶宽 b，应采用 100mm 的倍数
</td>
</tr>
<tr>
<td>2</td>
<td>柱与基础的连接</td>
<td>
（1）基础顶面尺寸
　为便于模板搁置，基础顶面的每边应比柱的截面尺寸大于或等于 50mm，如按构造需要，一般取用 50mm，如图 7-34 所示
　（2）现浇柱基础的插筋构造
现浇柱的基础中应伸出插筋与柱内的纵向钢筋连接宜优先采用焊接或机械连接的接头。插筋应符合下列要求：
　1）插筋的直径，钢筋种类、根数及其间距应与柱内的纵向钢筋相同。插筋的下端宜做成直钩放在基础底板的网片上，或下端不做直钩直接放在基础底板的垫层上
　2）基础中插筋与箍筋共同组成骨架，竖立于基础底板钢筋网上，如图 7-35 所示。当符合下列条件之一时，可仅将四角的插筋伸至底板钢筋网上，其余插筋锚固在基础顶面下 l_a 或 l_{aE} 处
　　①柱为轴心受压或小偏心受压，基础高度大于或等于 1200mm
　　②柱为大偏心受压，基础高度大于或等于 1400mm
　3）基础中的插筋与柱中纵向钢筋搭接位置，搭接长度的要求，应符合下列规定：
　　①当基础台阶顶面至设计地面高度 $H_1 < 1500$mm 时，柱与基础插筋搭接位置应在基础顶面处，如图 7-36（a）所示。如设置基础梁时，应将基础梁搁置在 C15 混凝土柱墩上，如图 7-36（b）所示
　　②当 1500mm $\leqslant H_1 \leqslant 3000$mm 时，插筋搭接位置应在地面标高下 150mm 处，如图 7-37（a）所示
　　③当 $H_1 > 3000$mm 时，插筋搭接位置应在基础顶面处和地面标高下 150mm 处，如图 7-37（b）所示
　　④在搭接长度范围内，箍筋间距不应大于 100mm，也不应大于 $5d$（d 为纵向受力钢筋中的最小直径）
　　⑤基础内需按构造要求放置两个箍筋，箍筋形式与柱内箍筋形式相同，分别设在基础顶面下 100mm 处和插筋下端处
　4）基础内伸出的插筋与柱内纵向钢筋的搭接根数，应符合下列规定：
</td>
</tr>
</table>

序号	项　目	内　　容
2	柱与基础的连接	①当柱截面内的每边纵向钢筋根数不多于 4 根时，插筋与柱内所有纵向钢筋的搭接可在同一个平面上，如图 7-38（a）所示 ②当柱截面内的每边纵向受力钢筋根数为 5～8 根时，插筋与柱内纵向钢筋应在两个平面上进行搭接，如图 7-38（b）所示 ③当柱截面内的每边纵向受力钢筋根数为 9～12 根时，其搭接位置应设在三个平面上，如图 7-39 所示 5）l_l 值应符合表 1-122 及表 1-127 的有关规定

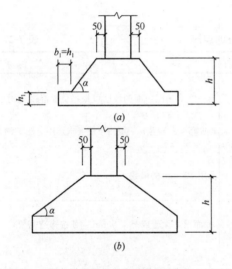

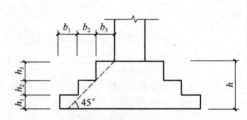

图 7-33　现浇柱的锥形基础　　　　　图 7-34　基础阶高及阶宽
（a）类型一；（b）类型二

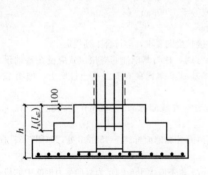

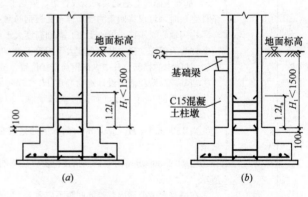

图 7-35　现浇柱的基础中插筋构造示意　　图 7-36　基础中插筋与柱中纵向钢筋搭接位置一

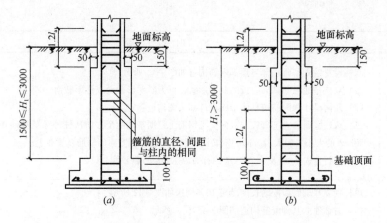

图 7-37　基础中插筋与柱中纵向钢筋搭接位置二

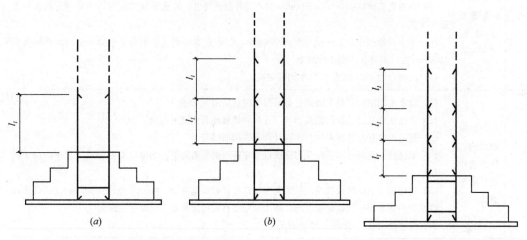

图 7-38　基础中插筋与柱
中纵向钢筋搭接位置三

图 7-39　基础中插筋与柱
中纵向钢筋搭接位置四

7.6.3　柱独立基础配筋构造图例

柱独立基础配筋构造图例如表 7-28 所示。

柱独立基础配筋构造图例　　　　　　　　　　　表 7-28

序号	项　目	内　　容
1	单柱独立基础底板配筋构造	单柱独立基础底板配筋构造如图 7-40 所示 (1) 图 7-40 (a) 为阶梯形基础底板配筋构造 (2) 图 7-40 (b) 为锥形基础底板配筋构造 (3) 独立基础底板配筋构造适用于普通独立基础和杯口独立基础 (4) 几何尺寸和配筋按具体结构设计和本图构造确定 (5) 独立基础底板双向交叉钢筋长向设置在下，短向设置在上 (6) 应符合表 7-25 及表 7-26 中的有关规定

序号	项　目	内　　　容
2	双柱普通独立基础底部与顶部配筋构造	双柱设置独立基础底部与顶部配筋构造如图 7-41 所示 (1) 双柱普通独立基础底板的截面形状，可为阶梯形截面或锥形截面 (2) 几何尺寸和配筋按具体结构设计和本图构造确定 (3) 双柱普通独立基础底部双向交叉钢筋，根据基础两个方向从柱外缘至基础外缘的伸出长度 ex 和 ex' 的大小，较大者方向的钢筋设置在下，较小者方向的钢筋设置在上 (4) 应符合表 7-25 及表 7-26 中的有关规定，l_a 见本书表 1-114
3	单柱独立基础底板配筋长度减短 10％构造	单柱独立基础底板配筋长度减短 10％构造如图 7-42 所示 (1) 对称独立基础配筋构造如图 7-42 (a) 所示 (2) 非对称独立基础配筋构造如图 7-42 (b) 所示 (3) 当独立基础底板长度≥2500mm 时，除外侧钢筋外，底板配筋长度可取相应方向底板长度的 0.9 倍 (4) 当非对称独立基础底板长度≥2500mm，但该基础某侧从柱中心至基础底板边缘的距离＜1250mm 时，钢筋在该侧不应减短 (5) 应符合表 7-25 及表 7-26 中的有关规定
4	设置基础梁的双柱普通独立基础配筋构造	(1) 设置基础梁的双柱普通独立基础配筋构造如图 7-43 所示 (2) 双柱独立基础底板的截面形状，可为阶梯形截面或锥形截面 (3) 几何尺寸和配筋按具体结构设计和有关构造确定 (4) 双柱独立基础底部短向受力钢筋设置在基础梁纵筋之下，与基础梁箍筋的下水平段位于同一层面 (5) 双柱独立基础所设置的基础梁宽度，宜比柱截面宽度≥100mm（每边≥50mm）。当具体设计的基础梁宽度小于柱截面宽度时，施工时应按有关构造规定增设架包柱侧腋 (6) 应符合表 7-25 及表 7-26 中有关规定

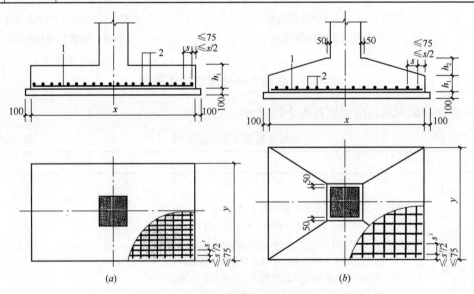

图 7-40　单柱独立基础底板配筋构造

(a) 阶梯形基础；(b) 锥形基础

1—x 向配筋；2—y 向配筋

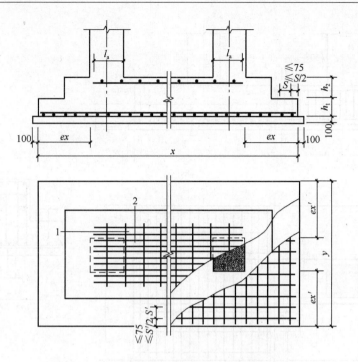

图 7-41　双柱普通独立基础底部与顶部配筋构造
1—分布钢筋；2—顶部柱间纵向配筋

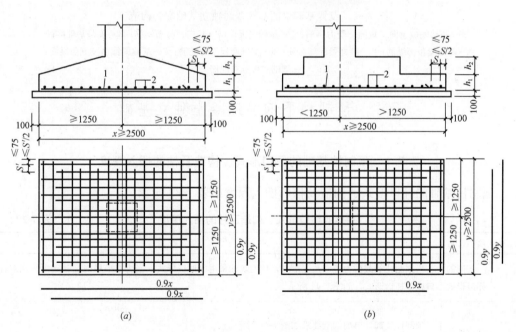

图 7-42　单柱独立基础底板配筋长度减短 10% 构造

（a）对称独立基础；（b）非对称独立基础

1—x 向配筋；2—y 向配筋

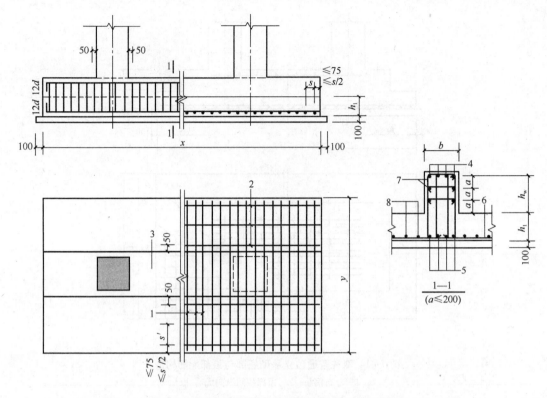

图 7-43 设置基础梁的双柱普通独立基础配筋构造

1—基础底板 y 向（短向）受力钢筋；2—基础底板 x 向（长向）分布钢筋；3—单跨基础梁；
4—基础梁顶部纵筋；5—基础梁底部纵筋；6—基础底板受力配筋；7—基础梁箍筋及侧面纵筋；
8—基础底板分布配筋

7.7 预制柱下钢筋混凝土独立基础

7.7.1 预制柱基础的杯口形式、构造及柱的插入深度

预制柱基础的杯口形式、构造及柱的插入深度如表 7-29 所示。

基础的杯口形式、构造及柱的插入深度 表 7-29

序号	项 目	内 容
1	基础的杯口形式	当预制柱的截面为矩形及工形时，柱的基础采用单杯口形式；当为双肢柱时，基础可采用双杯口或单杯口形式，如图 7-44 所示
2	基础的杯口构造	预制柱基础杯口的构造要求如图 7-44 所示
3	基础的杯底厚度和杯壁厚度	基础的杯底厚度和杯壁厚度，可按表 7-30 选用。但基础的下阶边缘厚度 a_2 应大于或等于杯底厚度 a_1，并应大于 200mm

序号	项 目	内 容
4	柱的插入深度	预制柱插入基础杯口的深度为 h_1 加 50mm。预制柱的插入深度 h_1 取用下列三条件中的最大值: (1) 满足表 7-31 的要求 (2) 满足柱内纵向受力钢筋在基础内的锚固长度 l_a（l_{aE}）的要求 (3) 满足吊装时柱的稳定性要求，h_1 不应小于吊装时柱长的 0.05 倍

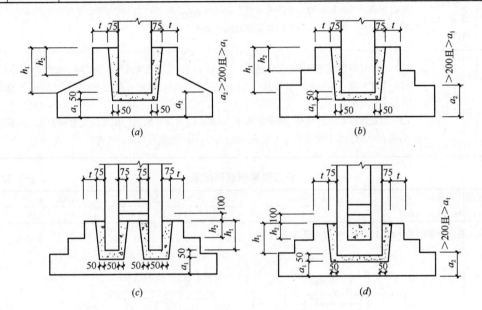

图 7-44　预制柱基础的杯口构造

(a) 矩形及工字形柱单杯口基础（1）；(b) 矩形及工字形柱单杯口基础（2）；

(c) 双肢柱双杯口基础；(d) 双肢柱单杯口基础

基础的杯底厚度和杯壁厚度　　　　　　　　　　　　　表 7-30

序号	柱截面长边尺寸 h（mm）	杯底厚度 a_1（mm）	杯壁厚度 t（mm）
1	$h<500$	≥150	150～200
2	$500 \leqslant h<800$	≥200	≥200
3	$800 \leqslant h<1000$	≥200	≥300
4	$1000 \leqslant h<1500$	≥250	≥350
5	$1500 \leqslant h<2000$	≥300	≥400

注：1. 双肢柱的杯底厚度值，可适当加大；

　　2. 当有基础梁时，基础梁下的杯壁厚度，应满足其支承宽度的要求；

　　3. 柱子插入杯口部分的表面应凿毛，柱子与杯口之间的空隙，应用比基础混凝土强度等级高一级的细石混凝土充填密实，当达到材料设计强度的 70% 以上时，才能进行上部吊装。

柱的插入深度 h_1（mm）　　　　　　　　　　　　　表 7-31

矩 形 或 工 字 形 柱				双肢柱
$h<500$	$500 \leqslant h<800$	$800 \leqslant h<1000$	$h>1000$	$(1/3～2/3) h_a$
$h～1.2h$	h	$0.9h \geqslant 800$	$0.8h \geqslant 1000$	$(1.5～1.8) h_b$

注：1. h 为柱截面长边尺寸；h_a 为双肢柱全截面长边尺寸；h_b 为双肢柱全截面短边尺寸；

　　2. 柱轴心受压或小偏心受压时，h_1 可适当减小，偏心距大于 $2h$（或 $2d$）时，h_1 应适当加大。

7.7.2 无短柱基础杯口的配筋构造

无短柱基础杯口的配筋构造如表 7-32 所示。

无短柱基础杯口的配筋构造 表 7-32

序号	项 目	内 容
1	杯壁不配筋的条件	杯口基础当预制柱为轴心受压或小偏心受压且 $t/h_2 \geqslant 0.65$ 时，或大偏心受压且 $t/h_2 \geqslant 0.75$ 时，杯壁可不配筋，但杯口顶部需配焊接钢筋网，如图 7-45 所示
2	杯壁配筋的条件	(1) 一般杯口顶面应配置钢筋直径为 8~10mm 的焊接钢筋网或绑扎钢筋网，如图 7-45 所示 (2) 当柱为轴心或小偏心受压且 $0.5 \leqslant t/h_2 < 0.65$ 时，杯壁可按表 7-33 构造配筋；其他情况下，应按计算配筋 (3) 当双杯口基础的中间隔板宽度小于 400mm 时，应在隔板内配置钢筋直径为 12mm 间距为 200mm 的纵向钢筋和钢筋直径为 8mm 间距为 300mm 的横向钢筋，如图 7-45 (b) 所示

杯口顶层钢筋网配筋 表 7-33

柱截面长边尺寸 h（mm）	$h < 1000$	$1000 \leqslant h < 1500$	$1500 \leqslant h \leqslant 2000$
钢筋网直径（mm）	8~10	10~12	12~16

注：表中钢筋网置于杯口顶部，每边两根。

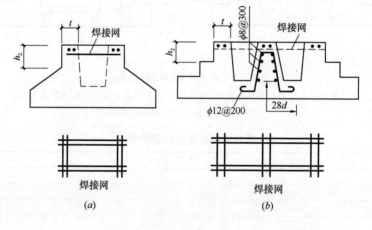

图 7-45 杯口基础杯口配筋构造

（a）单杯口；（b）双杯口

7.7.3 预制钢筋混凝土柱与高杯口的连接

预制钢筋混凝土柱与高杯口的连接要求如表 7-34 所示。

预制钢筋混凝土柱与高杯口的连接 表 7-34

序号	项 目	内 容
1	柱插入高杯口深度	预制钢筋混凝土柱（包括双肢柱）与高杯口基础的连接如图 7-46 所示；应符合表 7-31 插入深度的规定

序号	项　目	内　　容
2	应符合的规定及高杯口壁配筋	预制钢筋混凝土柱（包括双肢柱），当满足下列要求时且杯壁厚度符合表 7-35 的规定外，尚应符合下列规定： （1）起重机起重量小于或等于 750kN，轨顶标高小于或等于 14m，基本风压小于 0.5kN/m² 的工业厂房，且基础短柱的高度不大于 5m （2）起重机起重量大于 750kN，基本风压大于 0.5kN/m²，且符合下列表达式时： $$\frac{E_2 J_2}{E_1 J_1} \geqslant 10 \qquad (7\text{-}29)$$ 式中　E_1——预制钢筋混凝土柱的弹性模量（kN/m²） 　　　J_1——预制钢筋混凝土柱对其截面短轴的惯性矩（m⁴） 　　　E_2——短柱的钢筋混凝土弹性模量（kN/m²） 　　　J_2——短柱对其截面短轴的惯性矩（m⁴） （3）当基础短柱的高度大于 5m，并符合下列表达式时： $$\frac{\Delta_2}{\Delta_1} \leqslant 1.1 \qquad (7\text{-}30)$$ 式中　Δ_1——单位水平力作用在以高杯口基础顶面为固定端的柱顶时，柱顶的水平位移（m） 　　　Δ_2——单位水平力作用在以短柱底面为固定端的柱顶时，柱顶的水平位移（m） （4）杯壁厚度应符合表 7-35 的规定。高杯口基础短柱的纵向钢筋，除满足计算要求外，在非地震区及抗震设防烈度低于 9 度地区，且满足上述（1）、（2）、（3）条的要求时，短柱四角纵向钢筋的直径不宜小于 20mm，并延伸至基础底板的钢筋网上；短柱长边的纵向钢筋，当长边尺寸小于或等于 1000mm 时，其钢筋直径不应小于 12mm，间距不应大于 300mm；当长边尺寸大于 1000mm 时，其钢筋直径不应小于 16mm，间距不应大于 300mm，且每隔一米左右伸下一根并做 150mm 的直钩支承在基础底部的钢筋网上，其余钢筋锚固至基础底板顶面下 l_a 处（图 7-47）。短柱短边每隔 300mm 应配置直径不小于 12mm 的纵向钢筋且每边的配筋率不少于 0.05% 短柱的截面面积。短柱中的杯壁内横向箍筋不应小于 $\phi 8@150mm$，短柱中其他部位的箍筋直径不应小于 8mm，间距不应大于 300mm；当抗震设防烈度为 8 度和 9 度时，箍筋直径不应小于 8mm，间距不应大于 150mm

高杯口基础的杯壁厚度 *t*　　　　　　　　　　表 7-35

序号	柱截面的长边尺寸 h（mm）	杯壁厚度 t（mm）
1	$600 < h \leqslant 800$	$\geqslant 250$
2	$800 < h \leqslant 1000$	$\geqslant 300$
3	$1000 < h \leqslant 1400$	$\geqslant 350$
4	$1400 < h \leqslant 1600$	$\geqslant 400$

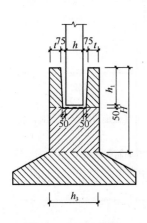

图 7-46　高杯口基础

H—短柱高度

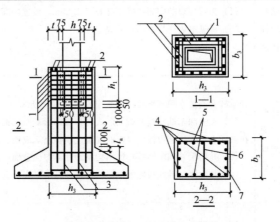

图 7-47　高杯口基础构造配筋

1—杯口壁内横向箍筋φ8@150；2—顶层焊接钢筋网；
3—插入基础底部的纵向钢筋不应少于每米 1 根；
4—短柱四角钢筋一般不少于φ20；5—短边长边纵向钢筋当
$h_3 \leqslant 1000$ 用φ12@300，当 $h_3 > 1000$ 用φ16@300；
6—按构造要求；7—短柱短边纵向钢筋每边不小于
$0.05\% b_3 h_3$（不小于φ12@300）

7.7.4 带杯口独立基础及深基础构造图例

带杯口独立基础及深基础构造图例如表 7-36 所示。

带杯口独立基础及深基础构造图例   表 7-36

序号	项 目	内 容
1	单杯口和双杯口独立基础构造	单杯口和双杯口独立基础构造如图 7-48 所示 (1) 图 7-48 (a) 为单杯口独立基础构造 (2) 图 7-48 (b) 为双杯口独立基础构造 (3) 图 7-48 (c) 为杯口顶部焊接钢筋网 (4) 杯口独立基础底板的截面形状可为阶梯形截面或锥形截面。当为锥形截面且坡度较大时，应在坡面上安装顶部模板，以确保混凝土能够浇筑成型、振捣密实 (5) 几何尺寸和配筋按具体结构和本图构造确定 (6) 基础底板底部钢筋构造，详见本书表 7-28 序号 1、3 的有关规定 (7) 当双杯口的中间杯壁宽度 $t_5 < 400mm$ 时，按本图所示设置构造配筋施工
2	单高杯口独立基础杯壁和基础短柱配筋构造	单高杯口独立基础杯壁和基础短柱配筋构造如图 7-49 所示 (1) 高杯口独立基础底板的截面形状可为阶梯形截面或锥形截面。当为锥形截面且坡度较大时，应在坡面上安装顶部模板，以确保混凝土能够浇筑成型、振捣密实 (2) 几何尺寸和配筋按具体结构设计和本图构造确定，施工按相应有关制图规则 (3) 基础底板底部钢筋构造，详见本书表 7-28 序号 1、3 的有关规定
3	双高杯口独立基础杯壁和基础短柱配筋构造	双高杯口独立基础杯壁和基础短柱配筋构造如图 7-50 所示 (1) 当双杯口的中间杯壁宽度 $t_5 < 400mm$，设置中间杯壁构造配筋 (2) 详见本表序号 2 的有关规定
4	单柱普通独立深基础短柱配筋构造	单柱普通独立深基础短柱配筋构造如图 7-51 所示 (1) 独立深基础底板的截面形式可为阶梯形截面或锥形截面。当为锥形截面且坡度较大时，应在坡面上安装顶部模板，以确保混凝土能够浇筑成型、振捣密实 (2) 几何尺寸和配筋按具体结构设计和本图构造确定，施工按相应有关制图规则 (3) 独立深基础底板底部钢筋构造，详见本书表 7-28 序号 1、3 的有关规定
5	双柱普通独立深基础短柱配筋构造	双柱普通独立深基础短柱配筋构造如图 7-52 所示 (1) 独立深基础底板的截面形式可为阶梯形截面或锥形截面。当为锥形截面且坡度较大时，应在锥面上安装顶部模板，以确保混凝土能够浇筑成型、振捣密实 (2) 几何尺寸和配筋按具体结构设计和本图构造确定，施工按相应有关制图规则 (3) 独立深基础底板底部钢筋构造，详见本书表 7-28 序号 1、3 的有关规定

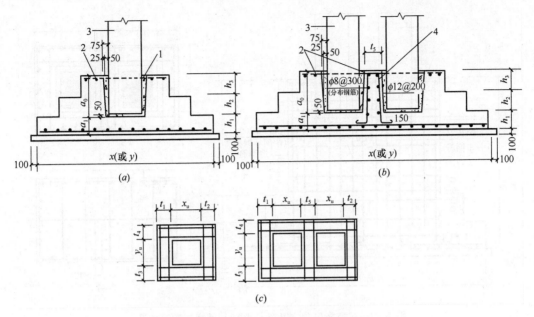

图 7-48　单杯口和双杯口独立基础构造

1—柱插入杯口部分的表面应凿毛，柱子与杯口之间的空隙用比基础混凝土强度

等级高一级的细石混凝土先填底部，将柱校正后灌注振实四周；

2—杯口顶部焊接钢筋网；3—钢筋混凝土柱；4—当中间杯壁宽度 $t_5<400$ 时的构造配筋

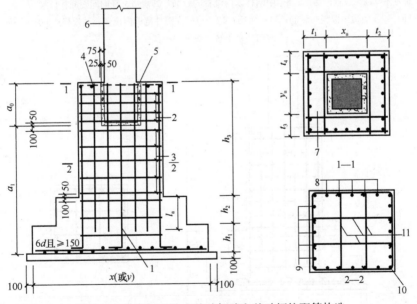

图 7-49　单高杯口独立基础杯壁和基础短柱配筋构造

1—插至基底纵筋间距≤1m 支在底板钢筋网上；2—杯口范围内箍筋间距；3—杯口范围以外箍筋间距；

4—杯口顶部焊接钢筋网；5—柱插入杯口部分的表面应凿毛，柱子与杯口之间的空隙用比基础混凝土强度

等级高一级的细石混凝土先填底部，将柱校正后灌注振实四周；6—钢筋混凝土柱；

7—杯口顶部焊接钢筋网，其下方外围为杯口范围设置的箍筋；8—长边中部竖向纵筋；

9—短边中部竖向纵筋；10—角筋；11—拉筋在短柱范围内设置，其规格、间距同

短柱箍筋，两向相对于短柱纵筋隔一拉一

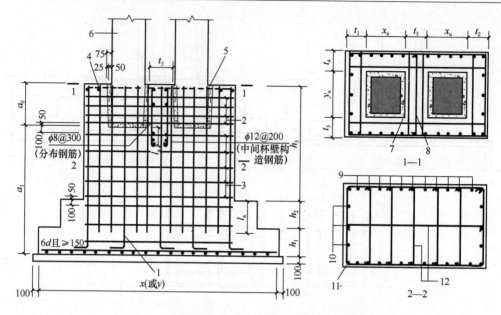

图7-50　双高杯口独立基础杯壁和基础短柱配筋构造

1—插至基底纵筋间距≤1m支在底板钢筋网上；2—杯口范围内箍筋间距；3—杯口范围以外箍筋间距；
4—杯口顶部焊接钢筋网；5—柱插入杯口部分的表面应凿毛，柱子与杯口之间的空隙用比基础混凝土强度
等级高一级的细石混凝土先填底部，将柱校正后灌注振实四周；6—钢筋混凝土柱；7—杯口顶部焊接钢筋网，
其下方外围为杯口范围设置的箍筋；8—中间杯壁内设置的拉筋，其规格、竖向间距同杯口箍筋；9—长边中部
竖向纵筋；10—短边中部竖向纵筋；11—角筋；12—拉筋在短柱范围内设置，其规格、间距同短柱箍筋，
两向相对于短柱纵筋隔一拉一

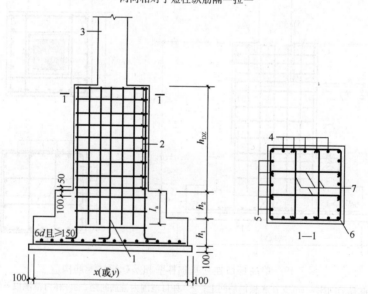

图7-51　单柱普通独立深基础短柱配筋构造

1—插至基底纵筋间距≤1m支在底板钢筋网上；2—短柱范围箍筋间距；3—钢筋混凝土柱；
4—x向中部竖向纵筋；5—y向中部竖向纵筋；6—角筋；7—拉筋在短柱范围
内设置，其规格、间距同短柱箍筋，两向相对于短柱纵筋隔一拉一

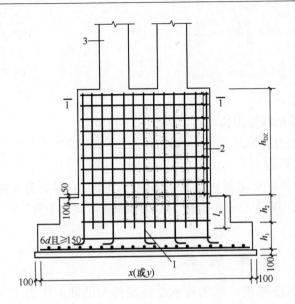

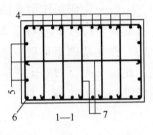

图 7-52　双柱普通独立深基础短柱配筋构造

1—插至基底纵筋间距≤1m 支在底板钢筋网上；2—短柱范围箍筋间距；3—钢筋混凝土柱；

4—长边中部竖向纵筋；5—短边中部竖向纵筋；6—角筋；7—拉筋在短柱范围内设置，

其规格、间距同短柱箍筋，两向相对于短柱纵筋隔一拉一

7.8　独立基础矩形底面积 A 值计算

7.8.1　计 算 公 式

（1）轴心受压基础的计算。轴心受压矩形基础底面积 A 值的计算公式为

$$A = \frac{F_k}{f_a - d\gamma_m} \tag{7-31}$$

$$A = bl \tag{7-32}$$

式中　A——基础底面积；

　　F_k——相应于荷载效应标准组合时，上部结构传至基础顶面的竖向力值；

　　b——基础底边的宽度；

　　l——基础底边的长度；

　　f_a——修正后的地基承载力特征值；

　　d——基础埋置深度；

　　γ_m——基础底面以上土的加权平均重度，地下水位以下取浮重度，一般取 20kN/m³。

（2）偏心受压基础的计算。首先求轴心受压基础底面积 A 值，然后根据柱截面尺寸和基础底面积 A 值确定基础底边宽 b 值和基础底边长 l 值。计算公式为

$$p_{k,max} = \frac{F_k + G_k}{A} + \frac{6M_k}{bl^2} \leqslant 1.2f_a \tag{7-33}$$

$$p_{k,min} = \frac{F_k + G_k}{A} - \frac{6M_k}{bl^2} \tag{7-34}$$

$$p_k = \frac{1}{2}(p_{k,max} + p_{k,min}) \tag{7-35}$$

式中　p_k——基础底面积的平均压力值；

　　　　b——为垂直弯矩作用平面的基础底边边长；

　　　　l——为弯矩作用平面的基础底边边长。

其他式中符号 F_k、G_k、M_k 等意义同前。

（3）独立基础矩形底面积 A 值计算，可编制成计算用表进行计算，应用更为方便、迅速。此表（表 5-113 至表 5-143）见国振喜　曲昭嘉编"建筑地基基础设计手册"机械工业出版社，2008 年 1 月。

7.8.2　计　算　例　题

[例题 7-8]　已知某工程基础为条形基础，每米长承受砖墙传来的轴向压力 $F_k = 272kN$，根据地质资料确定的埋深 $d = 1.5m$，修正后地基承载力特征值为 $f_a = 200kN/m^2$，基础砌体和基础覆盖土的平均重度 $\gamma_m = 20kN/m^3$。求此基础宽度 b 值。

[解]

取轴心受压条形基础长度方向 $l = 1m$，则应用公式（7-8）或公式（7-31）及公式（7-32）计算，得

$$b = \frac{F_k}{(f_a - d\gamma_m)l} = \frac{272}{(200 - 1.5 \times 20) \times 1} = 1.6m$$

即为所求。

[例题 7-9]　已知某宿舍楼采用条形基础，每米长承受砖墙传来的轴向压力 $F_k = 369.6kN$，根据地质资料确定的基础埋设深度 $d = 2m$，修正后地基承载力特征值 $f_a = 250kN/m^2$。基础砌体和基础覆盖土的重度 $\gamma_m = 20kN/m^3$。求此条形基础的宽度 b 值。

[解]

取轴心受压条形基础长度方向 $l = 1m$ 计算，则应用公式（7-8）或公式（7-31）及公式（7-32）计算，得

$$b = \frac{F_k}{(f_a - d\gamma_m)l} = \frac{369.6}{(250 - 2 \times 20) \times 1} = 1.76m$$

即为所求。

[例题 7-10]　已知某工程为轴心受压独立基础，基础埋置深度为 2.2m，$\gamma_m = 20kN/m^3$，地基承载力特征值 $f_a = 280kN/m^2$，基础顶面竖向力值 $F_k = 1410kN$。试求基础底面积 A 值。

[解]

根据公式（7-31）进行计算，得

$$A = \frac{F_k}{f_a - d\gamma_m} = \frac{1410}{280 - 20 \times 2.2} = 6m^2$$

按方形基础考虑，则

$$b = l = \sqrt{A} = \sqrt{6} = 2.45\text{m}$$

即为所求。

[例题 7-11]　已知某工程为矩形独立基础，基础顶面承受轴心受压竖向力值 $F_k = 680\text{kN}$，$\gamma_m = 20\text{kN/m}^3$，基础埋置深度 $d = 1.8\text{m}$，地基承载力特征值为 $f_a = 150\text{kN/m}^2$，基础顶面柱截面为 $a \times h = 400\text{mm} \times 600\text{mm}$。试求基础底面积及基础底边宽 b 和长 l 值。

[解]

根据公式（7-31）进行计算，得

$$A = \frac{F_k}{f_a - d\gamma_m} = \frac{680}{150 - 1.8 \times 20} = 6\text{m}^2$$

根据柱长边与宽边比　$\dfrac{h}{a} = \dfrac{600}{400} = 1.5$

可得基础底边宽为　$b = \sqrt{A \div 1.5} = \sqrt{6 \div 1.5} = 2\text{m}$

所以基础底边长为　$l = A \div b = 6 \div 2 = 3\text{m}$

故基础底面积为

$$A = b \times l = 2 \times 3 = 6\text{m}^2$$

即基础的底面积为 $A = 6\text{m}^2$，基础底边宽为 $b = 2\text{m}$，基础底边长为 $l = 3\text{m}$。

[例题 7-12]　已知某工程为偏心受压矩形基础，基础埋置深度为 $d = 2.8\text{m}$，$\gamma_m = 20\text{kN/m}^3$，地基承载力特征值为 $f_a = 260\text{kN/m}^2$，基础顶面承受轴心压力竖向力值为 $F_k = 1830\text{kN}$，沿基础长边底面承受的弯矩值为 $M_k = 120\text{kN} \cdot \text{m}$。求基础底面面积 A 值和基础底边 b 值和 l 值。

[解]

根据已知条件，$d = 2.8\text{m}$，$f_a = 260\text{kN/m}^2$，查表 5-131（见《建筑地基基础设计手册》），得 $A = 9\text{m}^2$（查 $F_k = 1836\text{kN} > 1830\text{kN}$）。

根据柱断面尺寸确定基础底宽和底长。

$$b \times l = 2.4 \times 3.8 = 9.12\text{m}^2$$

根据式（7-33）进行计算，得

$$P_{k,\max} = \frac{F_k + G_k}{A} + \frac{6M_k}{bl^2}$$

$$= \frac{1830 + (2.4 \times 3.8 \times 2.8 \times 20)}{2.4 \times 3.8} + \frac{6 \times 120}{2.4 \times 3.8^2}$$

$$= 257 + 21$$

$$= 278\text{kN/m}^2$$

验算　　　　　　　　　　$1.2f_a = 1.2 \times 260 = 312\text{kN/m}^2$

则　　　　　　　　　　$P_{k,\max} = 278\text{kN/m}^2 < 1.2f_a = 312\text{kN/m}^2$

满足要求。

故基础底面积为

$$A=b\times l=2.4\times3.8=9.12\mathrm{m}^2$$

7.9 钢筋混凝土条形基础

7.9.1 墙下钢筋混凝土条形基础

对墙下钢筋混凝土条形基础的构造要求如表 7-37 所示。

墙下钢筋混凝土条形基础   表 7-37

序号	项目	内 容
1	采用条件	墙下钢筋混凝土条形基础是在上部结构的荷载比较大，地基土质软弱，用一般砖石和混凝土砌体又不经济时采用
2	基础的外形尺寸	(1) 墙下钢筋混凝土条形基础按外形不同可分为无纵肋板式条形基础和有纵肋的板式条形基础，如图 7-53 所示 (2) 墙下条形基础的高度 h 应按受冲切计算确定。构造要求一般为 $h\geqslant\dfrac{b}{7}\sim\dfrac{b}{8}$，且 $h\geqslant$ 300mm，式中 b 为基础宽度。当悬挑长度 $\dfrac{b}{2}$ 小于或等于 750mm 时，基础高度可做成等厚度；当 $\dfrac{b}{2}>200$mm 时，可做成变厚度，且板的边缘厚度应 $\geqslant200$mm，坡度 $i\leqslant1:3$ (3) 当墙下的地基土质不均匀或沿地基纵向荷载分布不均匀时，为了抵抗不均匀沉降和加强条形基础的纵向抗弯能力，可做成有纵肋板式条形基础。纵肋的宽度为墙厚加 100mm。翼板厚度宜以不配箍筋或弯起钢筋的条件按受弯承载力计算确定。当悬挑长度小于或等于 750mm 时，基础的翼板可做成等厚度；当悬挑长度大于 750mm 或翼板厚度大于 250mm 可做成变厚度，此时翼板边缘厚度不应小于 200mm，且坡度 $i\leqslant1:3$，如图 7-53 (b) 所示
3	基础的配筋	(1) 墙下条形基础的横向受力钢筋宜采用 HRB335 及 HRB400 级钢筋，其直径不小于 10mm，钢筋间距不应大于 200mm，且配筋率不应小于 0.15%。墙下条形基础的纵向钢筋一般按构造配置，宜采用直径为 8~12mm，间距不应大于 300mm。当基础下的地基局部软弱时，可在底板内设置暗梁局部加强，如图 7-54 所示 (2) 有纵肋的板式条形基础，当肋宽大于 350mm 时，肋内应配置四肢箍筋；当肋宽大于 800mm 时，应配置六肢箍筋。箍筋直径一般为 6~8mm 间距为 200~400mm，纵肋内的纵向受力钢筋，按构造要求配置上下相同的双筋，其配筋率应满足受弯构件最小配筋率要求 (3) 当底板宽度 b 大于或等于 2500mm 时，底板的横向受力钢筋长度 l 可按 0.9 $(b-50)$ 交错布置 (图 7-54)，并应满足关于截断钢筋对延伸长度的要求 (4) 底板纵横交接处的配筋平面布置可参见图 7-26 及图 7-27 设置

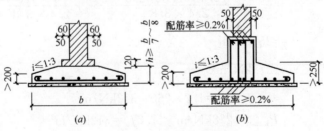

图 7-53 墙下条形基础构造

(a) 无纵肋；(b) 有纵肋

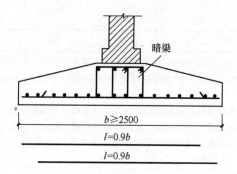

图 7-54　底板横向钢筋交错布置

7.9.2　柱下钢筋混凝土条形基础构造

钢筋混凝土柱下条形基础一般采用倒 T 形截面，由肋梁和翼板组成。

柱下条形基础的构造，除参照表 7-37 序号 2 的规定外，尚应符合表 7-38 的规定。

柱下钢筋混凝土条形基础构造

表 7-38

序号	项 目	内　　　　容
1	基础的外形尺寸	（1）柱下钢筋混凝土条形基础的肋高 h 宜为柱距的 1/4～1/8（柱距小于或等于 6m）；肋梁宽 b 等于柱宽加 100mm，且 $b \geqslant b_f/4$，如图 7-55 所示 （2）翼板厚度不应小于 200mm。当翼板厚度 h_f 为 200～250mm 时，宜采用等厚度翼板，如图 7-55（a）所示，当翼板厚度 h_f 大于 250mm 时，宜采用变厚度翼板，其坡度≤1∶3，其边缘厚度不应小于 200mm，如图 7-55（b）所示 （3）一般情况下，条形基础的端部应有向外悬臂伸出，其长度宜为第一跨距的（0.25～0.3）倍，如图 7-56 所示 （4）现浇柱与条形基础肋梁的交接处，其平面尺寸不应小于图 7-57 的规定 （5）预制柱与肋梁交接处的杯口构造：当杯口顶面与肋梁顶面标高相同时，其平面尺寸宜符合图 7-58 及表 7-30 的要求；当杯口顶面高于肋梁顶面时，要求与柱下独立基础相同 （6）柱下条形基础的混凝土强度等级，一般应采用≥C20 级混凝土
2	基础的配筋	（1）柱下条形基础肋梁顶面和底面的纵向受力钢筋除应满足计算要求外，顶部钢筋应按计算配筋全部贯通配置，底部通长钢筋不应少于底部受力钢筋截面总面积的 1/3。纵向受力钢筋的直径不应小于 12mm （2）条形基础梁的纵向受力钢筋应按计算确定，并沿梁上下配置，其配筋率均不得小于 0.2%，钢筋直径不应小于 12mm，如图 7-55 所示 （3）肋宽 b 小于或等于 350mm 时，采用双肢箍筋 350mm＜b≤800mm 时，采用四肢箍筋 b 大于 800mm 时，采用六肢箍筋 （4）肋梁箍筋应采用封闭式，其直径不应小于 8mm，间距按计算确定，但不应大于 15d（d 为纵向受力钢筋直径），也不应大于 400mm；在距支座 0.25～0.3 柱距范围内应加密配置 （5）当肋梁腹板高 $h_w \geqslant 450$mm 时，应在腹板两侧配置直径不小于 14mm 的纵向构造钢筋。该纵向构造钢筋的间距为 200mm，其截面面积不应小于腹板截面面积 bh_w 的 0.1% （6）翼板的横向受力钢筋由计算确定，但直径不应小于 10mm，间距为 100～200mm。纵向分布钢筋的直径为 8～10mm，间距不大于 250mm

序号	项 目	内 容
2	基础的配筋	（7）在柱下钢筋混凝土条形基础的 T 形和十字形交接处，翼板横向受力钢筋仅沿一个主要受力轴方向通长放置，而另一轴向的横向受力钢筋，伸入受力轴方向底板宽度 1/4 即可。如图 7-26 所示 （8）当条形基础底板在 L 形拐角处，其底板横向受力钢筋应沿两个轴向通长放置，如图 7-27 所示，分布钢筋在主要受力轴通长放置，而另一轴向的分布钢筋可在交接边缘处断开 （9）柱下钢筋混凝土条形基础的肋梁箍筋在中段 0.4l 范围内，间距可适当增大，但不宜大于 400mm，如图 7-59 所示
3	肋梁的连接及配筋	柱与条形基础肋梁的连接及配筋要求如表 7-39 所示

柱与条形基础肋梁的连接及配筋要求   表 7-39

序号	项 目	内 容
1	现浇柱与肋梁的连接	当柱边长<600mm 且 $h_c<b$ 时，肋梁内应伸出插筋与柱内纵向钢筋连接，宜采用焊接或机械连接方法；当柱边长≥600mm 且 $h_c≥b$ 时，肋梁内除应伸出插筋与柱内纵向钢筋连接外，肋梁在与柱连接处可按图 7-60 所示配筋
2	预制柱与基础肋梁杯口连接处	预制柱与基础肋梁杯口连接处，肋梁的配筋构造如图 7-61 所示

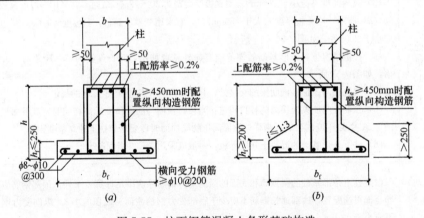

图 7-55 柱下钢筋混凝土条形基础构造

（a）等厚度翼板；（b）变厚度翼板

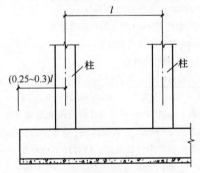

图 7-56 柱列端部肋梁悬挑长度

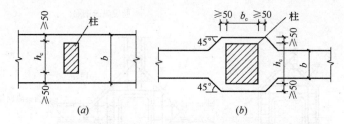

图 7-57 现浇柱与条形基础肋梁交接处平面尺寸

(a) 与肋梁轴线垂直的柱边长 $h_c < 600mm$ 且 $h_c < b$ 时;

(b) 与肋梁轴线垂直的柱边长 $h_c \geqslant 600mm$ 且 $h_c \geqslant b$ 时

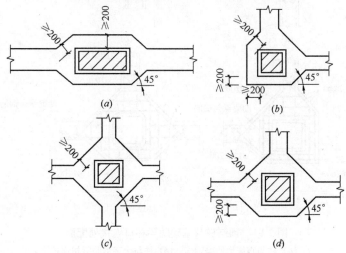

图 7-58 预制柱肋梁交接处杯口尺寸

(a) 柱与直线形肋梁相连;(b) 柱与角形肋梁相连;(c) 柱与十字形肋梁相连;(d) 柱与 T 形肋梁相连

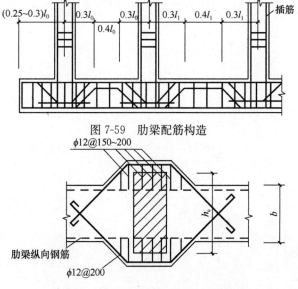

图 7-59 肋梁配筋构造

图 7-60 现浇柱与肋梁连接处构造配筋

($h_c \geqslant b$ 时)

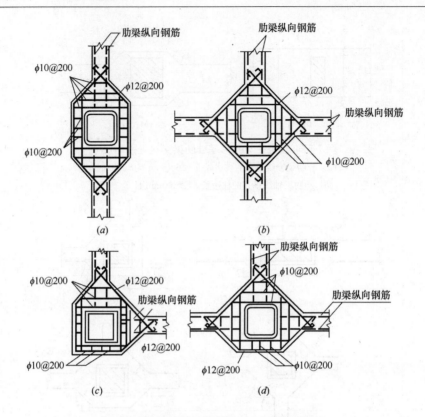

图 7-61　预制柱与基础肋梁杯口连接处配筋

(a) 柱与直线形肋梁相连；(b) 柱与十字形肋梁相连；
(c) 柱与角形肋梁相连；(d) 柱与 T 形肋梁相连

第8章

钢筋混凝土剪力墙及叠合构件与装配式结构

8.1 剪力墙结构

8.1.1 一般规定

剪力墙的一般规定如表 8-1 所示。

剪力墙的一般规定 表 8-1

序号	项目	内　容
1	定义及适用范围	(1) 当竖向构件截面的长边 (h) 大于其短边厚度 (b) 的 4 倍时（即 $h>4b$），应按钢筋混凝土墙（剪力墙）的要求进行设计，否则按钢筋混凝土柱的要求进行设计，如图 8-1 所示 (2) 剪力墙结构施工简单，没有凸出墙面的梁柱，特别适用于居住建筑 (3) 现浇剪力墙结构的适用最大高度为 150m
2	混凝土强度等级	剪力墙的混凝土强度等级不应低于 C20，如表 8-2 所示
3	剪力墙厚度 b	剪力墙厚度 b 取用下列情况的较厚者（图 8-2） (1) 支撑预制楼（屋面）的钢筋混凝土剪力墙的厚度 $b \geqslant 140mm$ (2) 对剪力墙结构，$b \geqslant H/25$ (3) 框架-剪力墙结构，$b \geqslant H/20$，此处，H 为楼层高度
4	预制楼板	当采用预制楼板时，支撑的墙的厚度尚应满足墙内竖向钢筋贯通的要求
5	结构布置	(1) 剪力墙结构的平面布置，应力求简单规整，不应有过多的凸凹。结构平面和刚度分布应尽量均匀对称，上、下楼层剪力墙宜拉通对直 (2) 门窗洞口的平面位置应满足图 8-3 的要求。如个别门窗洞口开设的位置不能满足图 8-3 的要求时，应适当采取加强措施 (3) 剪力墙中的门窗洞口宜上下对齐，洞口之间的连梁除应满足正截面抗弯承载力及斜截面受剪承载力要求外，尚应满足剪力墙抗水平荷载的刚度要求 剪力墙中不宜设置叠合错洞。当不得不采用叠合错洞时，应在洞周边增设暗框架钢筋骨架，如图 8-4 (a) 所示 当剪力墙底层设有局部错洞时，应在一、二层洞口两侧形成上、下连续的暗柱，并在一层洞口上部增设暗梁，如图 8-4 (b) 所示 (4) 各层楼板及屋面板设置在同一标高，避免同一楼层的楼板或屋面板高低错层 (5) 屋顶的局部突出部分（如电梯间机房和水箱间等）不采用混合结构 (6) 在首层地面、各层楼板及屋面板标高处，应沿全部剪力墙设置水平圈梁连成构造框架 (7) 应尽量减轻建筑物自重，非承重外墙或内隔墙尽可能采用轻质材料 (8) 结构单元的两端或拐角不宜设置楼梯间和电梯间，必须设置时，应采取有效措施，保证山墙与纵墙连接的可靠性及整体性 (9) 较长的剪力墙宜结合洞口设置弱连梁，将一道剪力墙分成较均匀的若干墙段，各墙段（包括小开洞墙及联肢墙）的高宽比不宜小于 2 (10) 房屋底部有框支层时，框支层的刚度不应小于相邻上层刚度的 50%，落地剪力墙数量不宜小于上部剪力墙数量的 50%，其间距不宜大于四开间和 24m 的较小值 (11) 剪力墙宜拉通对直，刚度沿房屋高度不宜突变

剪力墙的混凝土强度等级   表 8-2

序号	总层数	层 次			
		1～7	8～15	16～23	24 以上
1	≤10	C20～C30	C30	—	—
2	20	C30～C40	C30～C40	C30	—
3	30	C30～C40	C30～C35	C25～C30	C25
4	40	C40～C50	C30～C40	C25～C30	C20～C30

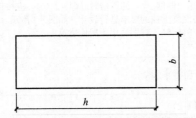

图 8-1 剪力墙墙肢的截面（$h > 4b$）

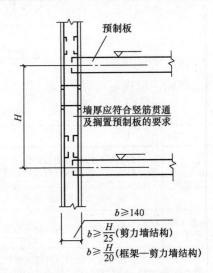

图 8-2 剪力墙的最小厚度

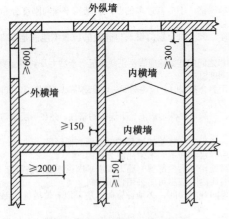

图 8-3 门窗洞口控制位置

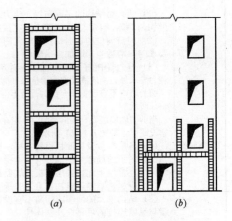

图 8-4 错洞剪力墙的加强配筋

（a）叠合错洞墙；（b）底层局部错洞墙

8.1.2　剪力墙分布钢筋的加强部位

需加强配置水平和竖向分布钢筋的剪力墙结构的加强部位如表 8-3、图 8-5 和图 8-6 所示。

水平和竖向分布钢筋的加强部位　　　　　　　　　　表 8-3

编 号	剪力墙结构的加强部位		
①	剪力墙结构的顶层		
②	剪力墙结构的底部加强区，取右列情况的较大者（图 8-6）	墙肢总高度 H_w 的 $\frac{1}{8}$	
		底层层高 H_1	
		墙肢截面长边 h	
③	现浇端山墙		
④	楼梯间		
⑤	电梯间		
⑥	端开间的内纵墙		

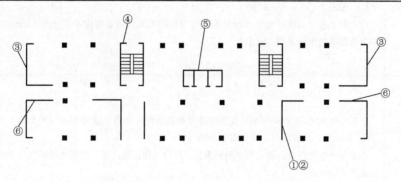

图 8-5　属分布钢筋加强区的剪力墙

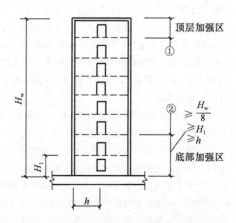

图 8-6　一般剪力墙的加强区

8.1.3 剪力墙配筋规定

剪力墙配筋规定如表 8-4 所示。

剪力墙配筋规定 表 8-4

序号	项 目	内 容
1	竖向受力钢筋及墙的翼缘计算宽度	(1) 剪力墙墙肢两端应配置竖向钢筋，并与墙内的竖向分布钢筋共同用于墙的正截面受弯承载力计算。每端的竖向受力钢筋不宜少于 4 根直径为 12mm 或 2 根直径为 16mm 的钢筋，并宜沿该竖向钢筋方向配置直径不小于 6mm、间距为 250mm 的箍筋或拉筋 (2) 在承载力计算中，剪力墙的翼缘计算宽度可取剪力墙的间距、门窗洞间翼墙的宽度、剪力墙厚度加两侧各 6 倍翼墙厚度、剪力墙墙肢总高度的 1/10 四者中的最小值
2	配筋率	(1) 墙水平及竖向分布钢筋直径不宜小于 8mm，间距不宜大于 300mm。可利用焊接钢筋网片进行墙内配筋 (2) 见表 1-159 中有关规定 (3) 对于房屋高度不大于 10m 且不超过 3 层的墙，其截面厚度不应小于 120mm，其水平与竖向分布钢筋的配筋率均不宜小于 0.15%
3	其他要求	(1) 厚度大于 160mm 的墙应配置双排分布钢筋网；结构中重要部位的剪力墙，当其厚度不大于 160mm 时，也宜配置双排分布钢筋网 双排分布钢筋网应沿墙的两个侧面布置，且应采用拉筋连系；拉筋直径不宜小于 6mm，间距不宜大于 600mm (2) 墙中配筋构造应符合下列要求： 1) 墙竖向分布钢筋可在同一高度搭接（即接头面积百分率 100%），搭接长度不应小于 $1.2l_a$ 2) 墙水平分布钢筋的搭接长度不应小于 $1.2l_a$。同排水平分布钢筋的搭接接头之间以及上、下相邻水平分布钢筋的搭接接头之间，沿水平方向的净间距不宜小于 500mm 3) 墙中水平分布钢筋应伸至墙端，并向内水平折 $10d$，d 为钢筋直径 4) 端部有翼墙或转角的墙，内墙两侧和外墙内侧的水平分布钢筋应伸至翼墙或转角外边，并分别向两侧水平弯折 $15d$。在转角墙处，外墙外侧的水平分布钢筋应在墙端外角处弯入翼墙，并与翼墙外侧的水平分布钢筋搭接 5) 带边框的墙，水平和竖向分布钢筋宜分别贯穿柱、梁或锚固在柱、梁内 (3) 墙洞口连梁应沿全长配置箍筋，箍筋直径不应小于 6mm，间距不宜大于 150mm。在顶层洞口连梁纵向钢筋伸入墙内的锚固长度范围内，应设置间距不大于 150mm 的箍筋，箍筋直径宜与跨内箍筋直径相同。同时，门窗洞边的竖向钢筋应满足受拉钢筋锚固长度的要求 墙洞口上、下两边的水平钢筋除应满足洞口连梁正截面受弯承载力的要求外，尚不应少于 2 根直径不小于 12mm 的钢筋。对于计算分析中可忽略的洞口，洞边钢筋截面面积分别不宜小于洞口截断的水平分布钢筋总截面面积的一半。纵向钢筋自洞口边伸入墙内的长度不应小于受拉钢筋的锚固长度

8.1.4　剪力墙身水平与竖向钢筋构造图例

剪力墙身水平与竖向钢筋构造图例如表 8-5 所示。

剪力墙身水平与竖向钢筋构造图例　　　　　　　　　表 8-5

序号	项　目	内　　　　容
1	剪力墙身水平钢筋构造	(1) 括号内为非抗震纵筋搭接和锚固长度 (2) 本图所示拉筋应与剪力墙每排的竖向筋和水平筋绑扎 (3) 剪力墙钢筋配置若多于两排，中间排水平筋端部构造同侧内钢筋 (4) 当墙体水平钢筋伸入端柱的直锚长度≥l_{aE} (l_a) 时，可不必上下弯折，但必须伸至端柱对边竖向钢筋内侧位置。其他情况，墙体水平钢筋必须伸入端柱对边竖向钢筋内侧位置，然后弯折 (5) 括号内数字用于非抗震设计 (6) 端部无暗柱时剪力墙水平钢筋端部做法如图 8-7 所示，其中图 8-7 (a) 为当剪力墙厚度较小时；图 8-7 (b) 为当剪力墙厚度较大时 (7) 端部有暗柱时剪力墙水平钢筋端部做法如图 8-8 所示 (8) 剪力墙水平钢筋交错搭接，如图 8-9 所示，沿高度每隔一根错开搭接 (9) 斜交转角剪力墙暗柱水平钢筋做法如图 8-10 所示 (10) 转角剪力墙水平钢筋构造做法如图 8-11 所示： 1) 图 8-11 (a) 为连接区域按暗柱范围外，外侧水平筋连续通过转弯，上下相邻两排水平筋在转角一侧交错搭接 2) 图 8-11 (b) 为连接区域在暗柱范围外，上下相邻两排水平筋在转角两侧交错搭接 3) 图 8-11 (c) 为外侧水平筋在转角处搭接 (11) 剪力墙身水平钢筋构造可分为双排配筋、三排配筋、四排配筋，如图 8-12 所示： 1) 图 8-12 (a) (b_w≤400mm) 为双排配筋 2) 图 8-12 (b) (400mm<b_w≤700mm) 为三排配筋，水平、竖向钢筋均匀分布，拉筋需与各排分布筋绑扎 3) 图 8-12 (c) (>700mm) 为四排配筋，水平、竖向钢筋均匀分布，拉筋需与各排分布筋绑扎 (12) 端柱转角剪力墙水平钢筋构造如图 8-13 所示 (13) 端柱翼墙水平钢筋构造如图 8-14 所示 (14) 翼墙与斜交翼墙水平钢筋构造如图 8-15 所示 (15) 端柱端部墙与水平变截面墙 (b_{w1}>b_{w2}) 水平钢筋构造如图 8-16 所示 (16) l_{ab}、l_{abE} 见本书表 1-113 所示 (17) l_a、l_{aE} 见本书表 1-114、表 1-115 及表 1-116 所示 (18) 见表 8-4 的有关规定
2	剪力墙身竖向钢筋构造	(1) 端柱、小墙肢的竖向钢筋与箍筋构造与本书中框架柱相同。其中抗震竖向钢筋与箍筋构造与非抗震纵向钢筋构造与箍筋均详见本书中的有关规定 (2) 这里所指小墙肢为截面高度不大于截面厚度 4 倍的矩形截面独立墙肢 (3) 所有暗柱纵向钢筋绑扎搭接长度范围内的箍筋直径及间距要求见本书中的相关规定 (4) 纵向钢筋的连接应符合本书中的相关规定要求 (5) 剪力墙身竖向分布钢筋连接构造如图 8-17 所示 1) 图 8-17 (a) 为一、二级抗震等级剪力墙底部加强部位钢筋搭接构造

序号	项 目	内 容
2	剪力墙身竖向钢筋构造	2）图 8-17（b）为各级抗震等级或非抗震钢筋机械连接构造 3）图 8-17（c）为各级抗震等级或非抗震钢筋焊接构造 4）图 8-17（d）为一、二级抗震等级剪力墙非底部加强部位或三、四级抗震等级剪力墙或非抗震剪力墙钢筋可在同一部位搭接 （6）剪力墙身竖向钢筋构造可分为双排配筋、三排配筋、四排配筋，如图 8-18 所示： 1）图 8-18（a）（$b_w \leqslant 400mm$）为双排配筋 2）图 8-18（b）（$400mm < b_w \leqslant 700mm$）为三排配筋，水平、竖向钢筋均匀分布，拉筋需与各排分布筋绑扎 3）图 8-18（c）（$b_w > 700mm$）为四排配筋，水平、竖向钢筋均匀分布，拉筋需与各排分布筋绑扎 （7）剪力墙竖向钢筋顶部构造如图 8-19 所示： 1）图 8-19（a）为边部剪力墙顶部钢筋构造 2）图 8-19（b）为中部剪力墙顶部钢筋构造 3）图 8-19（c）为边框梁与剪力墙顶部钢筋构造 （8）剪力墙变截面处竖向分布钢筋构造如图 8-20 所示： 1）图 8-20（a），边部剪力墙变截面处竖向分布钢筋构造（1） 2）图 8-20（b），中部剪力墙变截面处竖向分布钢筋构造（1） 3）图 8-20（c），中部剪力墙变截面处竖向分布钢筋构造（2） 4）图 8-20（d），边部剪力墙变截面处竖向分布钢筋构造（2） （9）剪力墙竖向分布钢筋锚入连梁构造如图 8-21 所示 （10）见本表序号 1 中有关规定 （11）应符合表 8-4 中有关规定

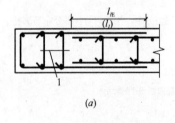
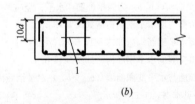
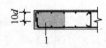

图 8-7   端部无暗柱时剪力墙双排钢筋端部做法

（a）端部做法（1）；（b）端部做法（2）

1—双列拉筋

图 8-8   端部由暗柱时剪力墙水平钢筋端部做法

1—暗柱

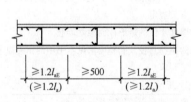
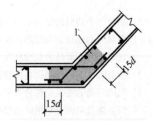

图 8-9   剪力墙水平钢筋交错搭接

图 8-10   斜交转角剪力墙水平钢筋构造

1—暗柱

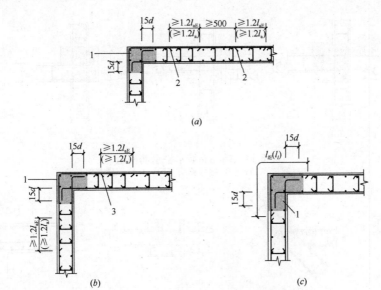

图 8-11　转角剪力墙水平钢筋构造做法

(a) 构造做法 (1)；(b) 构造做法 (2)；(c) 构造做法 (3)

1—暗柱范围；2—上下相邻两排水平筋在转角一侧交错搭接；

3—上下相邻两排水平筋在转角两侧交错搭接

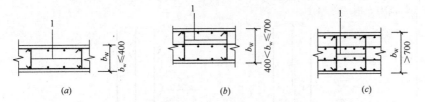

图 8-12　剪力墙身水平钢筋构造

(a) $b_w \leqslant 400$mm 双排钢筋做法；(b) 400mm$ < b_w \leqslant 700$mm 三排钢筋做法；

(c) $b_w > 700$mm 四排钢筋做法

1—拉筋规格、间距详见设计

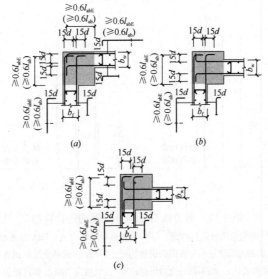

图 8-13　端柱转角剪力墙水平钢筋构造

(a) 端柱转角剪力墙 (1)；(b) 端柱转角剪力墙 (2)；(c) 端柱转角剪力墙 (3)

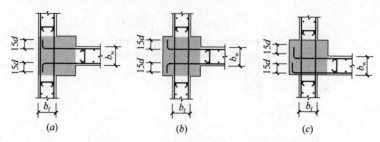

图 8-14　端柱翼墙水平钢筋构造

（a）端柱翼墙（1）；（b）端柱翼墙（2）；（c）端柱翼墙（3）

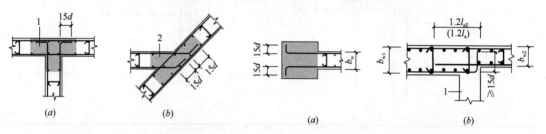

图 8-15　翼墙与斜交翼墙水平钢筋构造

（a）翼墙水平钢筋构造；（b）斜交翼墙
水平钢筋构造

1—翼墙暗柱范围；2—暗柱

图 8-16　端柱端部墙与水平变截面墙水平钢筋构造

（a）端柱端部墙钢筋构造；（b）水平变截面墙水平钢筋构造

1—剪力墙

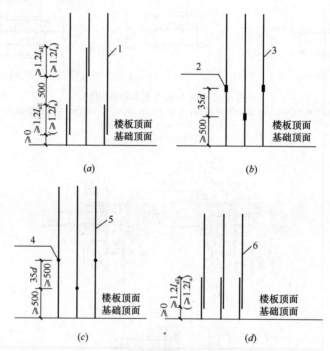

图 8-17　剪力墙身竖向分布钢筋连接构造

（a）分布钢筋搭接构造；（b）分布钢筋机械连接构造；（c）分布钢筋焊接构造；（d）分布钢筋可在同一部位搭接构造

1——一、二级抗震等级剪力墙底部加强部位竖向分布钢筋搭接构造；2—相邻钢筋交错机械连接；3—各级抗震等级或非抗震剪力墙竖向分布钢筋机械连接构造；4—相邻钢筋交错焊接；5—各级抗震等级或非抗震剪力墙竖向分布钢筋焊接构造；

6——一、二级抗震等级剪力墙非底部加强部位或三、四级抗震等级或非抗震剪力墙竖向分布钢筋可在同一部位搭接

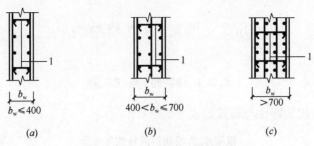

图 8-18　剪力墙身竖向钢筋构造

(a) b_w≤400mm 双排钢筋做法；（b）400mm<b_w≤700mm 三排钢筋做法；（c）b_w>700mm 四排钢筋做法
1—拉筋规格、间距详见设计

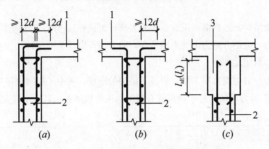

图 8-19　剪力墙竖向钢筋顶部构造
（a）边部剪力墙顶部钢筋构造；（b）中部剪力墙顶部钢筋构造；（c）边框梁与剪力墙顶部钢筋构造
1—屋面板或楼板；2—剪力墙；3—边框梁

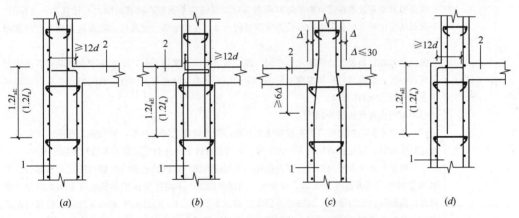

图 8-20　剪力墙变截面处竖向分布钢筋构造
（a）边部剪力墙变截面处竖向分布钢筋构造（1）；（b）中部剪力墙变截面处竖向分布钢筋构造（1）；（c）中部剪力墙变截面处竖向分布钢筋构造（2）；（d）边部剪力墙变截面处竖向分布钢筋构造（2）
1—剪力墙；2—楼板

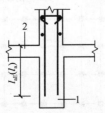

图 8-21　剪力墙竖向分布钢筋锚入连梁构造
1—连梁；2—楼板

8.2 框架-剪力墙结构

8.2.1 特 性 与 布 置

框架-剪力墙结构的特性与布置如表 8-6 所示。

框架-剪力墙结构的特性与布置 表 8-6

序号	项 目	内 容
1	特性	(1) 框架结构的适当部位设置一些剪力墙,组成框架-剪力墙结构体系。框架主要承受竖向荷载和部分侧力,大部分侧力由剪力墙承受,剪力墙可以是单片墙体,也可以是电梯井、楼梯井、管道井组成的封闭式井筒 (2) 框架与剪力墙协同工作,提高了结构的刚度,减小了层间位移和顶点位移 (3) 框架-剪力墙结构是一种经济有效的抗风结构体系,其适用最大高度为 130m
2	布置	(1) 框架-剪力墙结构体系是由框架和剪力墙共同承担风荷载作用,为使框架与剪力墙协同工作,剪力墙的平面布置宜均匀分布,各片墙的刚度宜接近 横向剪力墙宜设置在建筑物的端部附近,以增强结构承受偏心扭转的能力;楼梯间、电梯间、平面形状变化处及恒载较大的部位亦应设置剪力墙。在伸缩缝、沉降缝、防震缝两侧不宜设置剪力墙 纵向剪力墙宜布置在结构单元的中间区段,房屋纵向长度较长时,不宜集中在两端布置纵向剪力墙,否则会造成墙对框架温度变形的约束。纵向剪力墙间距较大时宜在其间留施工后浇带以减少温度和收缩应力的影响 剪力墙的设置可如图 8-22 所示 (2) 楼盖平面内的变形将影响楼层侧力在各抗侧力构件之间的分配,横向剪力墙的间距和剪力墙之间楼盖的长宽比宜满足表 8-7 的要求,如楼盖有较大的开洞时,剪刀墙的间距应予减少 (3) 楼盖是保证水平作用沿平面传递的重要横向构件,因此必须有足够的刚度和整体性。框架-剪力墙结构高度超过 50m 时,应优先采用现浇楼盖。不超过 50m 的建筑也可采用装配整体式楼盖,预制板应均匀排列,板缝拉开的宽度不宜小于 40mm,板缝大于 40mm 时应在板缝内配置钢筋,并宜贯通整个结构单元。预制板板缝和板缝梁后浇混凝土强度等级不应低于 C20

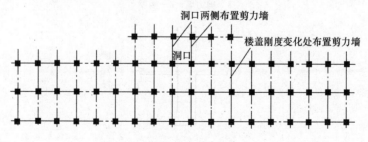

图 8-22 剪力墙平面布置示意图

剪力墙的间距（m）　　　　　　　　　　　　　　　　　表 8-7

序号	楼盖形式	非抗震设计（取较小值）	抗震设防烈度		
			6度、7度（取较小值）	8度（取较小值）	9度（取较小值）
1	现　浇	5.0B，60	4.0B，50	3.0B，40	2.0B，30
2	装配整体	3.5B，50	3.0B，40	2.5B，30	—

注：1. 表中 B 为剪力墙之间的楼盖宽度（m）；

2. 装配整体式楼盖的现浇层应符合本书表 10-27 序号 1 之（3）条的有关规定；

3. 现浇层厚度大于 60mm 的叠合楼板可作为现浇板考虑；

4. 当房屋端部未布置剪力墙时，第一片剪力墙与房屋端部的距离，不宜大于表中剪力墙间距的 1/2。

8.2.2　有边框剪力墙的截面及配筋

有边框剪力墙的边框梁、柱对剪力墙起约束作用，即使剪力墙破坏后，周边框架仍能承受竖向荷载，且具有一定抗侧力能力。楼层处设置的横梁能控制剪力墙斜裂缝的延伸，因此边框柱和梁应有足够的截面，以便承受剪力墙通裂时对边框柱产生的附加剪力。

如图 8-23 所示，周边带有梁柱的有边框的现浇剪力墙，当剪力墙与梁柱有可靠连接时，其主要竖向受力钢筋应配置在柱截面内。它的梁、柱、墙的截面尺寸及配筋需符合下列要求。

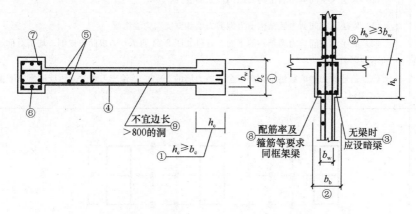

图 8-23　有边框剪力墙的截面及配筋要求

以下按图 8-23 中的编号顺序说明如下：

①边柱截面宽度 $b_c \geqslant 2.5b_w$，截面高度 $h_b \geqslant 3b_w$，此处，b_w 为墙厚；

②梁截面宽度 $b_b \geqslant 2b_w$，截面高度 $h_b \geqslant 3b_w$；

③墙周边有柱无梁时，则应设暗梁；

④墙厚 $b_w \geqslant 160mm$ 及 $b_w \geqslant \dfrac{H_n}{20}$，此处，$H_n$ 为层间净高，墙与边柱中线宜重合；

⑤水平和竖向分布钢筋配筋率 $\rho_{sh} = \rho_{sv} \geqslant 0.2\%$，且配双排钢筋，$d \geqslant \phi 8mm$；

⑥边柱纵向钢筋的配置及构造要求同关于对框架柱的要求；

⑦边柱箍筋应符合底部加强部位的要求，即 $d \geqslant \phi 6mm$，$s \leqslant 150mm$；

⑧梁的纵向钢筋及箍筋等构造要求同关于对框架梁的要求；

⑨不宜开边长 >800mm 的洞口，如洞口边长 ≤800mm 时，应在洞口周边按有关要求

配置洞边钢筋。

8.2.3　其　他　构　件

框架—剪力墙结构中的其他构件，如框架梁和框架柱、连系梁等构件的有关构造规定均同前面有关章节中相应构件的要求。

8.3　底层大空间剪力墙结构

8.3.1　特　性　与　布　置

底层大空间剪力墙结构的特性与布置如表 8-8 所示。

底层大空间剪力墙结构的特性与布置　　　　　　　　表 8-8

序号	项　目	内　容
1	特性	(1) 底层大空间剪力墙结构（也称为部分框支剪力墙结构）。当高层剪力墙结构的底层要求有较大空间时，可将部分剪力墙设计为框支剪力墙，但还应设置足够的落地剪力墙 (2) 底层大空间剪力墙结构的适用最大高度为 120m
2	布置	(1) 底层大空间剪力墙结构由落地剪力墙和框支剪力墙组成 (2) 底层大空间剪力墙结构的平面布置应如图 8-24 所示，力求简单规则，均衡对称，避免扭转的不利影响 (3) 落地剪力墙的数量不宜少于全部剪力墙的 30%。落地剪刀墙的间距应满足以下条件： $l \leqslant 3B$ 且 $\leqslant 36m$

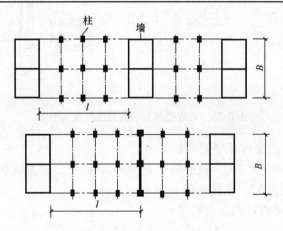

图 8-24　底层大空间剪力墙结构平面示意图

8.3.2　转换层的楼板及配筋

为了保证转换层楼板的整体刚度应采用现浇楼板。

转换层的楼板加强措施及其配筋需符合表 8-9 的要求（图 8-25）。

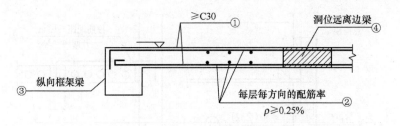

图 8-25　转换层的楼板及配筋

转换层的楼板及配筋要求　　　　　　　　　　　　　　　　表 8-9

图中编号	说　明
①	转换层楼板混凝土强度等级宜≥C30，板厚宜≥180mm
②	楼板应采用双向上下层配筋，每层每一方向的配筋率宜 $\rho \geqslant 0.25\%$
③	楼板外侧可利用纵向框架梁或纵向外墙予以加强
④	楼板开洞位置尽可能远离外侧边梁，在大空间部分的楼板不宜开洞

8.4　预制板与梁和剪力墙的连接构造

8.4.1　预制板板缝

如图 8-26 所示，预制板间的板缝构造需符合下列要求。

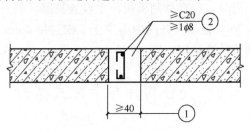

图 8-26　板缝构造要求

以下按图 8-26 中的编号顺序说明如下：

①框架—剪力墙结构、房屋高度 $H < 50\mathrm{m}$ 的框架结构或剪力墙结构，预制板间的缝宽宜≥40mm；

②板缝宽度≥40mm 时，板缝配置不少于 1 根直径 8mm 的通长钢筋，以形成板缝梁，并贯通整个结构，板缝混凝土强度等级≥C20。

8.4.2　预制板与剪力墙或梁的连接

如图 8-27 所示，预制板与剪力墙或梁的连接构造，需符合下列要求。

以下按图 8-27 中的编号顺序说明如下：

①预制板搁置于墙或梁上的长度≥35mm；墙上搁板后，剩余的上下贯通面积应大于总截面面积的 60%；

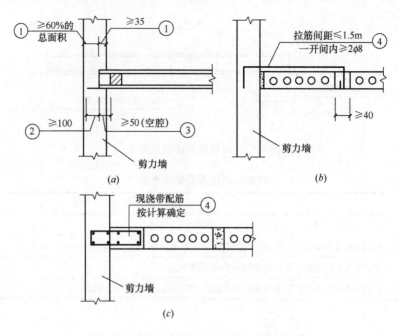

图 8-27　预制板与剪力墙的连接及板缝构造

②预制板板端留出胡子筋长度≥100mm；

③预制空心板堵头一侧应留出≥50mm 长的空腔，空腔内与板缝同时浇灌≥C20 的细石混凝土；

④预制板与剪力墙平行时，应在预制板板面上设置拉筋，其一端锚入墙内，另一端钩入板缝底，拉筋间距≤1.5m，且每一开间内不少于 2 根直径 8mm 拉筋；也可在预制板与剪力墙留现浇带，其配筋按计算确定。

8.5　叠合构件与装配式结构

8.5.1　叠合构件

叠合构件如表 8-10 所示。

叠　合　构　件　　　　　　　　　　　　表 8-10

序号	项　目	内　　容
1	说明	预制（既有）-现浇叠合式构件的特点是两阶段成形，两阶段受力。第一阶段可为预制构件，也可为既有结构；第二阶段则为后续配筋、浇筑而形成整体的叠合混凝土构件。叠合构件兼有预制装配和整体现浇的优点，也常用于既有结构的加固，对于水平的受弯构件（梁、板）及竖向的受压构件（柱、墙）均适用 叠合构件主要用于装配整体式结构，其原则也适用于对既有结构进行重新设计。基于上述原因及建筑产业化趋势，近年国内外叠合结构的发展很快，是一种有前途的结构形式

序号	项 目	内 容
2	水平叠合构件	(1) 二阶段成形的水平叠合受弯构件，当预制构件高度不足全截面高度的 40% 时，施工阶段应有可靠的支撑 施工阶段有可靠支撑的叠合受弯构件，可按整体受弯构件设计计算，但其斜截面受剪承载力和叠合面受剪承载力应按有关规定计算 施工阶段无支撑的叠合受弯构件，应对底部预制构件及浇筑混凝土后的叠合构件按有关的要求进行二阶段受力计算 (2) 混凝土叠合梁、板应符合下列规定： 1) 叠合梁的叠合层混凝土的厚度不宜小于 100mm，混凝土强度等级不宜低于 C30。预制梁的箍筋应全部伸入叠合层，且各肢伸入叠合层的直线段长度不宜小于 10d，d 为箍筋直径。预制梁的顶面应做成凹凸差不小于 6mm 的粗糙面 2) 叠合板的叠合层混凝土厚度不应小于 40mm，混凝土强度等级不宜低于 C25。预制板表面应做成凹凸差不小于 4mm 的粗糙面。承受较大荷载的叠合板以及预应力叠合板，宜在预制底板上设置伸入叠合层的构造钢筋 (3) 在既有结构的楼板、屋盖上浇筑混凝土叠合层的受弯构件，应符合本序号上述 (2) 条的规定，并按承载能力极限状态计算、既有结构设计原则的有关规定进行施工阶段和使用阶段计算
3	竖向叠合构件	(1) 由预制构件及后浇混凝土成形的叠合柱和墙，应按施工阶段及使用阶段的工况分别进行预制构件及整体结构的计算 (2) 在既有结构柱的周边或墙的侧面浇筑混凝土而成形的竖向叠合构件，应考虑承载历史以及施工支顶的情况，并按有关承载能力极限状态计算、既有结构设计原则规定的原则进行施工阶段和使用阶段的承载力计算 (3) 依托既有结构的竖向叠合柱、墙在使用阶段的承载力计算中，应根据实测结果考虑既有构件部分几何参数变化的影响 竖向叠合柱、墙既有构件部分混凝土、钢筋的强度设计值按既有结构的设计应符合的规定确定；后浇混凝土部分混凝土、钢筋的强度应按有关规定乘以强度利用的折减系数确定，且宜考虑施工时支顶的实际情况适当调整 (4) 柱外二次浇筑混凝土层的厚度不应小于 60mm，混凝土强度等级不应低于既有柱的强度。粗糙结合面的凹凸差不应小于 6mm，并宜通过植筋、焊接等方法设置界面构造钢筋。后烧层中纵向受力钢筋直径不应小于 14mm；箍筋直径不应小于 8mm 且不应小于柱内相应箍筋的直径，箍筋间距应与柱内相同 墙外二次浇筑混凝土层的厚度不应小于 50mm，混凝土强度等级不应低于既有墙的强度。粗糙结合面的凹凸差应不小于 4mm，并宜通过植筋、焊接等方法设置界面构造钢筋。后浇层中竖向、水平钢筋直径不宜小于 8mm 且不应小于墙中相应钢筋的直径

8.5.2 装配式结构

装配式结构如表 8-11 所示。

装 配 式 结 构 表 8-11

序号	项 目	内 容
1	设计原则	(1) 装配式、装配整体式混凝土结构中各类预制构件及连接构造应按下列原则进行设计： 1) 应在结构方案和传力途径中确定预制构件的布置及连接方式，并在此基础上进行整体结构分析和构件及连接设计 2) 预制构件的设计应满足建筑使用功能，并符合标准化要求 3) 预制构件的连接宜设置在结构受力较小处，且宜便于施工；结构构件之间的连接构造应满足结构传递内力的要求 4) 各类预制构件及其连接构造应按从生产、施工到使用过程中可能产生的不利工况进行验算，对预制非承重构件尚应符合本序号下述（2）条的规定 (2) 非承重预制构件的设计应符合下列要求： 1) 与支承结构之间宜采用柔性连接方式 2) 在框架内镶嵌或采用焊接连接时，应考虑其对框架抗侧移刚度的影响 3) 外挂板与主体结构的连接构造应具有一定的变形适应性
2	其他要求	(1) 预制混凝土构件在生产、施工过程中应按实际工况的荷载、计算简图、混凝土实体强度进行施工阶段验算。验算时应将构件自重乘以相应的动力系数：对脱模、翻转、吊装、运输时可取 1.5，临时固定时可取 1.2 注：动力系数尚可根据具体情况适当增减 (2) 装配式、装配整体式混凝土结构中各类预制构件的连接构造，应便于构件安装、装配整体式。对计算时不考虑传递内力的连接，也应有可靠的固定措施 (3) 装配整体式结构中框架梁的纵向受力钢筋和柱、墙中的竖向受力钢筋宜采用机械连接、焊接等形式；板、墙等构件中的受力钢筋可采用搭接连接形式；混凝土接合面应进行粗糙处理或做成齿槽；拼接处应采用强度等级不低于预制构件的混凝土灌缝 装配整体式结构的梁柱节点处，柱的纵向钢筋应贯穿节点；梁的纵向钢筋应满足本书中关于柱、梁柱节点及牛腿的锚固要求 当柱采用装配式榫式接头时，接头附近区段内截面的轴心受压承载力宜为该截面计算所需承载力的 1.3～1.5 倍。此时，可采取在接头及其附近区段的混凝土内加设横向钢筋网、提高后浇混凝土强度等级和设置附加纵向钢筋等措施 (4) 采用预制板的装配整体式楼盖、屋盖应采取下列构造措施： 1) 预制板侧应为双齿边；拼缝上口宽度不应小于 30mm；空心板端孔中应有堵头，深度不宜少于 60mm；拼缝中应浇灌强度等级不低于 C30 的细石混凝土 2) 预制板端宜伸出锚固钢筋互相连接，并宜与板的支承结构（圈梁、梁顶或墙顶）伸出的钢筋及板端拼缝中设置的通长钢筋连接 (5) 整体性要求较高的装配整体式楼盖、屋盖，应采用预制构件加现浇叠合层的形式；或在预制板侧设置配筋混凝土后浇带，并在板端设置负弯矩钢筋、板的周边沿拼缝设置拉结钢筋与支座连接 (6) 装配整体式结构中预制承重墙板沿周边设置的连接钢筋应与支承结构及相邻墙板互相连接，并浇筑混凝土与周边楼盖、墙体连成整体

第9章

钢筋混凝土结构构件抗震构造

9.1 考虑地震作用的基本规定

9.1.1 考虑地震作用的设计要求

考虑地震作用的设计要求如表 9-1 所示。

考虑地震作用的设计要求 表 9-1

序号	项　目	内　容
1	说明	抗震设防的混凝土结构，除应符合本书非抗震各章节的有关要求外，尚应按本章的规定进行结构构件的抗震设计
2	应用标准	（1）抗震设防的混凝土结构，应符合现行国家标准《建筑抗震设计规范》GB 50011—2010 规定的设计原则与有关的具体设计规定 （2）抗震设防的混凝土建筑，应按现行国家标准《建筑工程抗震设防分类标准》GB 50223—2008 确定其抗震设防类别和相应的抗震设防标准 本书甲类、乙类、丙类建筑分别为现行国家标准《建筑工程抗震设防分类标准》GB 50223—2008 中特殊设防类、重点设防类、标准设防类建筑的简称
3	地震作用计算	抗震设防烈度为 6 度时，除本章有具体规定外，对乙、丙、丁类的建筑可不进行地震作用计算
4	房屋适用的最大高度	本章适用的现浇钢筋混凝土房屋的结构类型和最大高度应符合表 9-2 的要求。平面和竖向均不规则的结构，适用的最大高度宜适当降低

现浇钢筋混凝土房屋适用的最大高度（m） 表 9-2

序号	结　构　类　型		烈　度				
			6	7	8（0.2g）	8（0.3g）	9
1	框架		60	50	40	35	24
2	框架-剪力墙		130	120	100	80	50
3	剪力墙		140	120	100	80	60
4	部分框支剪力墙		120	100	80	50	不应采用
5	筒体	框架-核心筒	150	130	100	90	70
6		筒中筒	180	150	120	100	80

续表9-2

序号	结构类型	烈度				
		6	7	8（0.2g）	8（0.3g）	9
7	板柱-剪力墙	80	70	55	40	不应采用

注：1. 房屋高度指室外地面到主要屋面板板顶的高度（不包括局部突出屋顶部分）；

2. 框架-核心筒结构指周边稀柱框架与核心筒组成的结构；

3. 部分框支剪力墙结构指首层或底部两层为框支层的结构，不包括仅个别框支墙的情况；

4. 表中框架，不包括异形柱框架；

5. 板柱-剪力墙结构指板柱、框架和剪力墙组成抗侧力体系的结构；

6. 乙类建筑可按本地区抗震设防烈度确定其适用的最大高度；

7. 超过表内高度的房屋，应进行专门研究和论证，采取有效的加强措施。

9.1.2 地　震　影　响

地震影响如表9-3所示。

地　震　影　响　　　　　　　　　　　　　　表9-3

序号	项目	内容
1	说明	（1）地球在不停地运动过程中，深部岩石的应变超过容许值时，岩层将发生断裂、错动和碰撞，从而引发地面振动，称之为地震或构造地震。此外，火山喷发和地面塌陷也将引起地面振动，但其影响较小，因此，通常所说的地震是指构造地震。强烈的构造地震影响面广，破坏性大，发生的频率高，约占破坏性地震总量的90％以上 地震像刮风和下雨一样，是一种自然现象。地球上每年都有许许多多次地震发生，只不过它们之中绝大部分是人们难于感觉得到而已 地壳深处岩层发生断裂、错动和碰撞的地方称为震源。震源深度小于60km 的称为浅源地震；震源深度为60～300km 的称为中源地震；震源深度大于300km 的称为深源地震。浅源地震造成的地面破坏比中源地震和深源地震大。我国发生的地震绝大多数属浅源地震 震源正上方的地面为震中。地面上某点至震中的距离称为震中距。一般地说，震中距愈远，所遭受的地震破坏愈小 （2）震级是表示地震本身大小的尺度，是按一次地震本身强弱程度而定的等级。震级是衡量一次地震释放能量大小的等级，所以一次地震只有一个震级 衡量地震释放能量大小的等级，称为震级，用符号 M 表示 1935 年，里克特首先提出震级的确定方法，称为里氏震级。里氏震级的定义是：用周期为0.8s、阻尼系数为0.8 和放大倍数为2800 的标准地震仪，在距震中为100km 处记录的以微米（μm，$1\mu m=1\times10^{-3}mm$）为单位的最大水平地面位移（振幅）A 的常用对数值，表达式为 $$M=\lg A \qquad (9-1)$$ $M<2$ 的地震称为微震或无感地震；$M=2\sim4$ 的地震称为有感地震；$M>5$ 的地震称为破坏性地震；$M>7$ 的地震称为强震或大地震；$M>8$ 的地震称为特大地震 目前，世界上已记录到的最大地震震级为9 级 （3）地震烈度是指地震时在一定地点震动的强烈程度。有关规定将地震烈度分为12 度 震中的烈度称"震中烈度"。震级 M 与震中烈度 I_0 的对应关系如表9-4 所示 （4）50 年内超越概率约为63％的地震烈度为对应于统计"众值"的烈度，比基本烈度约低一度半，取为第一水准烈度，称为"多遇地震" 50 年超越概率约10％的地震烈度，即1990 中国地震区划图规定的"地震基本烈度"或中国地震动参数区划图规定的峰值加速度所对应的烈度，取为第二水准烈度，称为"设防地震" 50 年超越概率2％～3％的地震烈度，取为第三水准烈度，称为"罕遇地震"，当基本烈度6 度时为7 度强，7 度时为8 度强，8 度时为9 度弱，9 度时为9 度强

序号	项目	内　　容
2	地震影响	（1）建筑所在地区遭受的地震影响，应采用相应于抗震设防烈度的设计基本地震加速度和特征周期表征 （2）抗震设防烈度和设计基本地震加速度取值的对应关系，应符合表 9-5 的规定。设计基本地震加速度为 0.15g 和 0.30g 地区内的建筑，除本书另有规定外，应分别按抗震设防烈度 7 度和 8 度的要求进行抗震设计 设计基本地震加速度取值为 50 年设计基准期超越概率 10% 的地震加速度的设计取值 （3）特征周期 1）地震影响的特征周期应根据建筑所在地的设计地震分组和场地类别确定。本书的设计地震共分为三组（详见表 9-9），其特征周期应按下述的有关规定采用 2）建筑的场地类别，应根据土层等效剪切波速和场地覆盖层厚度按表 9-6 划分为四类，其中 I 类分为 I₀、I₁ 两个亚类。当有可靠的剪切波速和覆盖层厚度且其值处于表 9-6 所列场地类别的分界线附近时，应允许按插值方法确定地震作用计算所用的特征周期 3）建筑结构的地震影响系数应根据烈度、场地类别、设计地震分组和结构自振周期以及阻尼比确定。其水平地震影响系数最大值应按表 9-7 采用；特征周期应根据场地类别和设计地震分组按表 9-8 采用，计算罕遇地震作用时，特征周期应增加 0.05s 周期大于 6.0s 的建筑结构所采用的地震影响系数应专门研究

震级与震中烈度的对应关系　　表 9-4

震级 M	$4\frac{3}{4} \sim 5\frac{1}{4}$	$5\frac{1}{2} \sim 5\frac{3}{4}$	$6 \sim 6\frac{1}{2}$	$6\frac{3}{4} \sim 7$	$7\frac{1}{4} \sim 7\frac{3}{4}$	$8 \sim 8\frac{1}{8}$	$8\frac{1}{2} \sim 8.9$
震中烈度 I_0	6	7	8	9	10	11	12

抗震设防烈度和设计基本地震加速度值的对应关系　　表 9-5

序号	抗震设防烈度	6	7	8	9
1	设计基本地震加速度值	0.05g	0.10 (0.15) g	0.20 (0.30) g	0.40g

注：g 为重力加速度。

各类建筑场地的覆盖层厚度（m）　　表 9-6

序号	岩石的剪切波速或土的等效剪切波速（m/s）	场 地 类 别				
		I₀	I₁	II	III	IV
1	$\nu_S > 800$	0				
2	$800 \geqslant \nu_S > 500$		0			
3	$500 \geqslant \nu_{se} > 250$		<5	≥5		
4	$250 \geqslant \nu_{se} > 150$		<3	3~50	>50	
5	$N_{se} \leqslant 150$		<3	3~15	15~80	>80

注：表 ν_S 系岩石的剪切波速。

水平地震影响系数最大值　　表 9-7

序号	地震影响	6 度	7 度	8 度	9 度
1	多遇地震	0.04	0.08 (0.12)	0.16 (0.24)	0.32
2	罕遇地震	0.28	0.50 (0.72)	0.90 (1.2)	1.40

注：括号中数值分别用于设计基本地震加速度为 0.15g 和 0.30g 的地区。

特征周期值（s）　　　　　　　　　　　　　　　　　　　　表 9-8

序号	设计地震分组	场地类别				
		I_0	I_1	Ⅱ	Ⅲ	Ⅳ
1	第一组	0.20	0.25	0.35	0.45	0.65
2	第二组	0.25	0.30	0.40	0.55	0.75
3	第三组	0.30	0.35	0.45	0.65	0.90

9.1.3　我国主要城镇的设计地震分组

我国主要城镇（县级及县级以上城镇）中心地区的抗震设防烈度、设计基本地震加速度值和所属的设计地震分组，可按表 9-9 采用。

我国主要城镇抗震设防烈度、设计基本地震加速度和设计地震分组　　　　表 9-9

序号	省、市	内　容
1	首都和直辖市	（1）抗震设防烈度为 8 度，设计基本地震加速度值为 0.20g： 第一组：北京（东城、西城、崇文、宣武、朝阳、丰台、石景山、海淀、房山、通州、顺义、大兴、平谷），延庆，天津（汉沽），宁河 （2）抗震设防烈度为 7 度，设计基本地震加速度值为 0.15g： 第二组：北京（昌平、门头沟、怀柔），密云；天津（和平、河东、河西、南开、河北、红桥、塘沽、东丽、西青、津南、北辰、武清、宝坻），蓟县，静海 （3）抗震设防烈度为 7 度，设计基本地震加速度值为 0.10g： 第一组：上海（黄浦、卢湾、徐汇、长宁、静安、普陀、闸北、虹口、杨浦、闵行、宝山、嘉定、浦东、松江、青浦、南汇、奉贤） 第二组：天津（大港） （4）抗震设防烈度为 6 度，设计基本地震加速度值为 0.05g： 第一组：上海（金山），崇明；重庆（渝中、大渡口、江北、沙坪坝、九龙坡、南岸、北碚、万盛、双桥、渝北、巴南、万州、涪陵、黔江、长寿、江津、合川、永川、南川），巫山，奉节，云阳，忠县，丰都，壁山，铜梁，大足，荣昌，綦江，石柱，巫溪* 注：1. 仅提供我国抗震设防区各县级及县级以上城镇的中心地区建筑工程加速度值和所属的设计地震分组。下同。 　　2. 上标 * 指该城镇的中心位于本设防区和较低设防区的分界线。下同。 　　3. 一般把"设计地震第一、二、三组"简称为"第一组、第二组、第三组"。下同
2	河北省	（1）抗震设防烈度为 8 度，设计基本地震加速度值为 0.20g： 第一组：唐山（路北、路南、古冶、开平、丰润、丰南），三河，大厂，香河，怀来，涿鹿 第二组：廊坊（广阳、安次） （2）抗震设防烈度为 7 度，设计基本地震加速度值为 0.15g： 第一组：邯郸（丛台、邯山、复兴、峰峰矿区），任丘，河间，大城，滦县，蔚县，磁县，宣化县，张家口（下花园、宣化区），宁晋* 第二组：涿州，高碑店，涞水，固安，永清，文安，玉田，迁安，卢龙，滦南，唐海，乐亭，阳原，邯郸县，大名，临漳，成安

序号	省、市	内　　容
2	河北省	（3）抗震设防烈度为 7 度，设计基本地震加速度值为 0.10g： 第一组：张家口（桥西、桥东），万全，怀安，安平，饶阳，晋州，深州，辛集，赵县，隆尧，任县，南和，新河，肃宁，柏乡 第二组：石家庄（长安、桥东、桥西、新华、裕华、井陉矿区），保定（新市、北市、南市），沧州（运河、新华），邢台（桥东、桥西），衡水，霸州，雄县，易县，沧县，张北，兴隆，迁西，抚宁，昌黎，青县，献县，广宗，平乡，鸡泽，曲周，肥乡，馆陶，广平，高邑，内丘，邢台县，武安，涉县，赤城，走兴，容城，徐水，安新，高阳，博野，蠡县，深泽，魏县，藁城，栾城，武强，冀州，巨鹿，沙河，临城，泊头，永年，崇礼，南宫* 第三组：秦皇岛（海港、北戴河），清苑，遵化，安国，涞源，承德（鹰手营子*） （4）抗震设防烈度为 6 度，设计基本地震加速度值为 0.05g： 第一组：围场，沽源 第二组：正定，尚义，无极，平山，鹿泉，井陉县，元氏，南皮，吴桥，景县，东光 第三组：承德（双桥、双滦），秦皇岛（山海关），承德县，隆化，宽城，青龙，阜平，满城，顺平，唐县，望都，曲阳，定州，行唐，赞皇，黄骅，海兴，孟村，盐山，阜城，故城，清河，新乐，武邑，枣强，威县，丰宁，滦平，平泉，临西，灵寿，邱县
3	山西省	（1）抗震设防烈度为 8 度，设计基本地震加速度值为 0.20g： 第一组：太原（杏花岭、小店、迎泽、尖草坪、万柏林、晋源），晋中，清徐，阳曲，忻州，定襄，原平，介休，灵石，汾西，代县，霍州，古县，洪洞，临汾，襄汾，浮山，永济 第二组：祁县，平遥，太谷 （2）抗震设防烈度为 7 度，设计基本地震加速度值为 0.15g： 第一组：大同（城区、矿区、南郊），大同县，怀仁，应县，繁峙，五台，广灵，灵丘，芮城，翼城 第二组：朔州（朔城区），浑源，山阴，古交，交城，文水，汾阳，孝义，曲沃，侯马，新绛，稷山，绛县，河津，万荣，闻喜，临猗，夏县，运城，平陆，沁源*，宁武* （3）抗震设防烈度为 7 度，设计基本地震加速度值为 0.10g： 第一组：阳高，天镇 第二组：大同（新荣），长治（城区、郊区），阳泉（城区、矿区、郊区），长治县，左云，右玉，神池，寿阳，昔阳，安泽，平定，和顺，乡宁，垣曲，黎城，潞城，壶关 第三组：平顺，榆社，武乡，娄烦，交口，隰县，蒲县，吉县，静乐，陵川，盂县，沁水，沁县，朔州（平鲁） （4）抗震设防烈度为 6 度，设计基本地震加速度值为 0.05g： 第三组：偏关，河曲，保德，兴县，临县，方山，柳林，五寨，岢岚，岚县，中阳，石楼，永和，大宁，晋城，吕梁，左权，襄垣，屯留，长子，高平，阳城，泽州

序号	省、市	内　　容
4	内蒙古自治区	(1) 抗震设防烈度为8度，设计基本地震加速度值为0.30g： 第一组：土墨特右旗，达拉特旗 * (2) 抗震设防烈度为8度，设计基本地震加速度值为0.20g： 第一组：呼和浩特（新城、回民、玉泉、赛罕），包头（昆都仑、东河、青山、九原），乌海（海勃湾、海南、乌达），土墨特左旗，杭锦后旗，磴口，宁城 第二组：包头（石拐），托克托 * (3) 抗震设防烈度为7度，设计基本地震加速度值为0.15g： 第一组：赤峰（红山 *，元宝山区），喀喇沁旗，巴彦淖尔，五原，乌拉特前旗，凉城 第二组：固阳，武川，和林格尔 第三组：阿拉善左旗 (4) 抗震设防烈度为7度，设计基本地震加速度值为0.10g： 第一组：赤峰（松山区），察右前旗，开鲁，傲汉旗，扎兰屯，通辽 * 第二组：清水河，乌兰察布，卓资，丰镇，乌特拉后旗，乌特拉中旗 第三组：鄂尔多斯，准格尔旗 (5) 抗震设防烈度为6度，设计基本地震加速度值为0.05g： 第一组：满洲里，新巴尔虎右旗，莫力达瓦旗，阿荣旗，扎赉特旗，翁牛特旗，商都，乌审旗，科左中旗，科左后旗，奈曼旗，库伦旗，苏尼特右旗 第二组：兴和，察右后旗 第三组：达尔军茂明安联合旗，阿拉善右旗，鄂托克旗，鄂托克前旗，包头（白云矿区），伊金霍洛旗，杭锦旗，四子王旗，察右中旗
5	辽宁省	(1) 抗震设防烈度为8度，设计基本地震加速度值为0.20g： 第一组：普兰店，东港 (2) 抗震设防烈度为7度，设计基本地震加速度值为0.15g： 第一组：营口（站前、西市、鲅鱼圈、老边），丹东（振兴、元宝、振安），海城，大石桥，瓦房店，盖州，大连（金州） (3) 抗震设防烈度为7度，设计基本地震加速度值为0.10g： 第一组：沈阳（沈河、和平、大东、皇姑、铁西、苏家屯、东陵、沈北、于洪），鞍山（铁东、铁西、立山、千山），朝阳（双塔、龙城），辽阳（白塔、文圣、宏伟、弓长岭、太子河），抚顺（新抚、东洲、望花），铁岭（银州、清河），盘锦（兴隆台、双台子），盘山，朝阳县，辽阳县，铁岭县，北票，建平，开原，抚顺县 *，灯塔，台安，辽中，大洼 第二组：大连（西岗、中山、沙河口、甘井子、旅顺），岫岩，凌源 (4) 抗震设防烈度为6度，设计基本地震加速度值为0.05g： 第一组：本溪（平山、溪湖、明山、南芬），阜新（细河、海州、新邱、太平、清河门），葫芦岛（龙港、连山），昌图，西丰，法库，彰武，调兵山，阜新县，康平，新民，黑山，北宁，义县，宽甸，庄河，长海，抚顺（顺城） 第二组：锦州（太和、古塔、凌河），凌海，凤城，喀喇沁左翼 第三组：兴城，绥中，建昌，葫芦岛（南票）

序号	省、市	内 容
6	吉林省	(1) 抗震设防烈度为 8 度，设计基本地震加速度值为 0.20g： 前郭尔罗斯，松原 (2) 抗震设防烈度为 7 度，设计基本地震加速度值为 0.15g： 大安 * (3) 抗震设防烈度为 7 度，设计基本地震加速度值为 0.10g： 长春（南关、朝阳、宽城、二道、绿园、双阳），吉林（船营、龙潭、昌邑、丰满），白城，乾安，舒兰，九台，永吉 * (4) 抗震设防烈度为 6 度，设计基本地震加速度值为 0.05g： 四平（铁西、铁东），辽源（龙山、西安），镇赉，洮南，延吉，汪清，图们，珲春，龙井，和龙，安图，蛟河，桦甸，梨树，磐石，东丰，辉南，梅河口，东辽，榆树，靖宇，抚松，长岭，德惠，农安，伊通，公主岭，扶余，通榆 * 注：全省县级及县级以上设防城镇，设计地震分组均为第一组
7	黑龙江省	(1) 抗震设防烈度为 7 度，设计基本地震加速度值为 0.10g： 绥化，萝北，泰来 (2) 抗震设防烈度为 6 度，设计基本地震加速度值为 0.05g： 哈尔滨（松北、道里、南岗、道外、香坊、平房、呼兰、阿城），齐齐哈尔（建华、龙沙、铁锋、昂昂溪、富拉尔基、碾子山、梅里斯），大庆（萨尔图、龙凤、让胡路、大同、红岗），鹤岗（向阳、兴山、工农、南山、兴安、东山），牡丹江（东安、爱民、阳明、西安），鸡西（鸡冠、恒山、滴道、梨树、城子河、麻山），佳木斯（前进、向阳、东风、郊区），七台河（桃山、新兴、茄子河），伊春（伊春区、乌马、友好），鸡东，望奎，穆棱，绥芬河，东宁，宁安，五大连池，嘉荫，汤原，桦南，桦川，依兰，勃利，通河，方正，木兰，巴彦，延寿，尚志，宾县，安达，明水，绥棱，庆安，兰西，肇东，肇州，双城，五常，讷河，北安，甘南，富裕，尤江，黑河，肇源，青冈 *，海林 * 注：全省县级及县级以上设防城镇，设计地震分组均为第一组
8	江苏省	(1) 抗震设防烈度为 8 度，设计基本地震加速度值为 0.30g： 第一组：宿迁（宿城、宿豫 *） (2) 抗震设防烈度为 8 度，设计基本地震加速度值为 0.20g： 第一组：新沂，邳州，睢宁 (3) 抗震设防烈度为 7 度，设计基本地震加速度值为 0.15g： 第一组：扬州（维扬、广陵、邗江），镇江（京口、润州），泗洪，江都 第二组：东海，沭阳，大丰 (4) 抗震设防烈度为 7 度，设计基本地震加速度值为 0.10g： 第一组：南京（玄武、白下、秦淮、建邺、鼓楼、下关、浦口、六合、栖霞、雨花台、江宁），常州（新北、钟楼、天宁、戚墅堰、武进），泰州（海陵、高港），江浦，东台，海安，姜堰，如皋，扬中，仪征，兴化，高邮，六合，句容，丹阳，金坛，镇江（丹徒），溧阳，溧水，昆山，太仓 第二组：徐州（云龙、鼓楼、九里、贾汪、泉山），铜山，沛县，淮安（清河、青浦、淮阴），盐城（亭湖、盐都），泗阳，盱眙，射阳，赣榆，如东 第三组：连云港（新浦、连云、海州），灌云 (5) 抗震设防烈度为 6 度，设计基本地震加速度值为 0.05g： 第一组：无锡（崇安、南长、北塘、滨湖、惠山），苏州（金阊、沧浪、平江、虎丘、吴中、相成），宜兴，常熟，吴江，泰兴，高淳 第二组：南通（崇川、港闸），海门，启东，通州，张家港，靖江，江阴，无锡（锡山），建湖，洪泽，丰县 第三组：响水，滨海，阜宁，宝应，金湖，灌南，涟水，楚州

序号	省、市	内　　　容
9	浙江省	(1) 抗震设防烈度为 7 度，设计基本地震加速度值为 0.10g： 第一组：岱山，嵊泗，舟山（定海、普陀），宁波（北仑、镇海） (2) 抗震设防烈度为 6 度，设计基本地震加速度值为 0.05g： 第一组：杭州（拱墅、上城、下城、江干、西湖、滨江、余杭、萧山），宁波（海曙、江东、江北、鄞州），湖州（吴兴、南浔），嘉兴（南湖、秀洲），温州（鹿城、龙湾、瓯海），绍兴，绍兴县，长兴，安吉，临安，奉化，象山，德清，嘉善，平湖，海盐，桐乡，海宁，上虞，慈溪，余姚，富阳，平阳，苍南，乐清，永嘉，泰顺，景宁，云和，洞头 第二组：庆元，瑞安
10	安徽省	(1) 抗震设防烈度为 7 度，设计基本地震加速度值为 0.15g： 第一组：五河，泗县 (2) 抗震设防烈度为 7 度，设计基本地震加速度值为 0.10g： 第一组：合肥（蜀山、庐阳、瑶海、包河），蚌埠（蚌山、龙子湖、禹会、淮山），阜阳（颍州、颍东、颍泉），淮南（田家庵、大通），枞阳，怀远，长丰，六安（金安、裕安），固镇，凤阳，明光，定远，肥东，肥西，舒城，庐江，桐城，霍山，涡阳，安庆（大观、迎江、宜秀），铜陵县 * 第二组：灵璧 (3) 抗震设防烈度为 6 度，设计基本地震加速度值为 0.05g： 第一组：铜陵（铜官山、狮子山、郊区），淮南（谢家集、八公山、潘集），芜湖（镜湖、戈江、三江、鸠江），马鞍山（花山、雨山、金家庄），芜湖县，界首，太和，临泉，阜南，利辛，凤台，寿县，颍上，霍邱，金寨，含山，和县，当涂，无为，繁昌，池州，岳西，潜山，太湖，怀宁，望江，东至，宿松，南陵，宣城，郎溪，广德，泾县，青阳，石台 第二组：滁州（琅琊、南谯），来安，全椒，砀山，萧县，蒙城，亳州，巢湖，天长 第三组：濉溪，淮北，宿州
11	福建省	(1) 抗震设防烈度为 8 度，设计基本地震加速度值为 0.20g： 第二组：金门 * (2) 抗震设防烈度为 7 度，设计基本地震加速度值为 0.15g： 第一组：漳州（芗城、龙文），东山，诏安，龙海 第二组：厦门（思明、海沧、湖里、集美、同安、翔安），晋江，石狮，长泰，漳浦 第三组：泉州（丰泽、鲤城、洛江、泉港） (3) 抗震设防烈度为 7 度，设计基本地震加速度值为 0.10g： 第二组：福州（鼓楼、台江、仓山、晋安），华安，南靖，平和，云霄 第三组：莆田（城厢、涵江、荔城、秀屿），长乐，福清，平潭，惠安，南安，安溪，福州（马尾） (4) 抗震设防烈度为 6 度，设计基本地震加速度值为 0.05g： 第一组：三明（梅列、三元），屏南，霞浦，福鼎，福安，柘荣，寿宁，周宁，松溪，宁德，古田，罗源，沙县，尤溪，闽清，闽侯，南平，大田，漳平，龙岩，泰宁，宁化，长汀，武平，建守，将乐，明溪，清流，连城，上杭，永安，建瓯 第二组：政和，永定 第三组：连江，永泰，德化，永春，仙游，马祖

序号	省、市	内 容
12	江西省	(1) 抗震设防烈度为7度，设计基本地震加速度值为0.10g： 寻乌，会昌 (2) 抗震设防烈度为6度，设计基本地震加速度值为0.05g： 南昌（东湖、西湖、青云谱、湾里、青山湖），南昌县，九江（浔阳、庐山），九江县，进贤，余干，彭泽，湖口，星子，瑞昌，德安，都昌，武宁，修水，靖安，铜鼓，宜丰，宁都，石城，瑞金，安远，定南，龙南，全南，大余 注：全省县级及县级以上设防城镇，设计地震分组均为第一组
13	山东省	(1) 抗震设防烈度为8度，设计基本地震加速度值为0.20g： 第一组：郯城，临沭，莒南，莒县，沂永，安丘，阳谷，临沂（河东） (2) 抗震设防烈度为7度，设计基本地震加速度值为0.15g： 第一组：临沂（兰山、罗庄），青州，临朐，菏泽，东明，聊城，莘县，鄄城 第二组：潍坊（奎文、潍城、寒亭、坊子），苍山，沂南，昌邑，昌乐，诸城，五莲，长岛，蓬莱，龙口，枣庄（台儿庄），淄博（临淄*），寿光* (3) 抗震设防烈度为7度，设计基本地震加速度值为0.10g： 第一组：烟台（莱山、芝罘、牟平），威海，文登，高唐，茌平，定陶，成武 第二组：烟台（福山），枣庄（薛城、市中、峄城、山亭*），淄博（张店、淄川、周村），平原，东阿，平阴，梁山，郓城，巨野，曹县，广饶，博兴，高青，桓台，蒙阴，费县，微山，禹城，冠县，单县*，夏津*，莱芜（莱城*、钢城） 第三组：东营（东营、河口），日照（东港、岚山），沂源，招远，新泰，栖霞，莱州，平度，高密，垦利，淄博（博山），滨州*，平邑* (4) 抗震设防烈度为6度，设计基本地震加速度值为0.05g： 第一组：荣成 第二组：德州，宁阳，曲阜，邹城，鱼台，乳山，兖州 第三组：济南（市中、历下、槐荫、天桥、历城、长清），青岛（市南、市北、四方、黄岛、崂山、城阳、李沧），泰安（泰山、岱岳），济宁（市中、任城），乐陵，庆云，无棣，阳信，宁津，沾化，利津，武城，惠民，商河，临邑，济阳，齐河，章丘，泗水，莱阳，海阳，金乡，滕州，莱西，即墨，胶南，胶州，东平，汶上，嘉祥，临清，肥城，陵县，邹平
14	河南省	(1) 抗震设防烈度为8度，设计基本地震加速度值为0.20g： 一组：新乡（丑滨、红旗、凤泉、牧野），新乡县，安阳（北关、文峰、殷都、龙安），安阳县，淇县，卫辉，辉县，原阳，延津，获嘉，范县 第二组：鹤壁（淇滨、山城*、鹤山*），汤阴 (2) 抗震设防烈度为7度，设计基本地震加速度值为0.15g： 第一组：台前，南乐，陕县，武陟 第二组：郑州（中原、二七、管城、金水、惠济），濮阳，濮阳县，长垣，封丘，修武，内黄，浚县，滑县，清丰，灵宝，三门峡，焦作（马村*），林州* (3) 抗震设防烈度为7度，设计基本地震加速度值为0.10g： 第一组：南阳（卧龙、宛城），新密，长葛，许昌*，许昌县* 第二组：郑州（上街），新郑，洛阳（西工、老城、瀍河、涧西、吉利、洛龙*），焦作（解放、山阳、中站），开封（鼓楼、龙亭、顺河、禹王台、金明），开封县，民权，兰考，孟州，孟津，巩义，偃师，沁阳，博爱，济源，荥阳，温县，中牟，杞县* (4) 抗震设防烈度为6度，设计基本地震加速度值为0.05g： 第一组：信阳（浉河、平桥），漯河（郾城、源汇、召陵），平顶山（新华、卫东、湛河、石龙），汝阳，禹州，宝丰，鄢陵，扶沟，太康，鹿邑，郸城，沈丘，项城，淮阳，周口，商水，上蔡，临颍，西华，西平，栾川，内乡，镇平，唐河，邓州，新野，社旗，平舆，新县，驻马店，泌阳，汝南，桐柏，淮滨，息县，正阳，遂平，光山，罗山，潢川，商城，固始，南召，叶县*，舞阳* 第二组：商丘（梁园、睢阳），义马，新安，襄城，郏县，嵩县，宜阳，伊川，登封，柘城，尉氏，通许，虞城，夏邑，宁陵 第三组：汝州，睢县，永城，卢氏，洛宁，渑池

续表 9-9

序号	省、市	内　容
15	湖北省	(1) 抗震设防烈度为 7 度，设计基本地震加速度值为 0.10g： 竹溪，竹山，房县 (2) 抗震设防烈度为 6 度，设计基本地震加速度值为 0.05g： 武汉（江岸、江汉、硚口、汉阳、武昌、青山、洪山、东西湖、汉南、蔡甸、江夏、黄陂、新洲），荆州（沙市、荆州），荆门（东宝、掇刀），襄樊（襄城、樊城、襄阳），十堰（茅箭、张湾），宜昌（西陵、伍家岗、点军、猇亭、夷陵），黄石（下陆、黄石港、西塞山、铁山），恩施，咸宁，麻城，团风，罗田，英山，黄冈，鄂州，浠水，蕲春，黄梅，武穴，郧西，郧县，丹江口，谷城，老河口，宜城，南漳，保康，神农架，钟祥，沙洋，远安，兴山，巴东，秭归，当阳，建始，利川，公安，宣恩，咸丰，长阳，嘉鱼，大冶，宜都，枝江，松滋，江陵，石首，监利，洪湖，孝感，应城，云梦，天门，仙桃，红安，安陆，潜江，通山，赤壁，崇阳，通城，五峰*，京山* 注：全省县级及县级以上设防城镇，设计地震分组均为第一组
16	湖南省	(1) 抗震设防烈度为 7 度，设计基本地震加速度值为 0.15g： 常德（武陵、鼎城） (2) 抗震设防烈度为 7 度，设计基本地震加速度值为 0.10g： 岳阳（岳阳楼、君山*），岳阳县，汨罗，湘阴，临澧，澧县，津市，桃源，安乡，汉寿 (3) 抗震设防烈度为 6 度，设计基本地震加速度值为 0.05g： 长沙（岳麓、芙蓉、天心、开福、雨花），长沙县，岳阳（云溪），益阳（赫山、资阳），张家界（永定、武陵源），郴州（北湖、苏仙），邵阳（大祥、双清、北塔），邵阳县，泸溪，沅陵，娄底，宜章，资兴，平江，宁乡，新化，冷水江，涟源，双峰，新邵，邵东，隆回，石门，慈利，华容，南县，临湘，沅江，桃江，望城，溆浦，会同，靖州，韶山，江华，宁远，道县，临武，湘乡*，安化*，中方*，洪江* 注：全省县级及县级以上设防城镇，设计地震分组均为第一组
17	广东省	(1) 抗震设防烈度为 8 度，设计基本地震加速度值为 0.20g： 汕头（金平、濠江、龙湖、澄海），潮安，南澳，徐闻，潮州* (2) 抗震设防烈度为 7 度，设计基本地震加速度值为 0.15g： 揭阳，揭东，汕头（潮阳、潮南），饶平 (3) 抗震设防烈度为 7 度，设计基本地震加速度值为 0.10g： 广州（越秀、荔湾、海珠、天河、白云、黄埔、番禺、南沙、萝岗），深圳（福田、罗湖、南山、宝安、盐田），湛江（赤坎、霞山、坡头、麻章），汕尾，海丰，普宁，惠来，阳江，阳东，阳西，茂名（茂南、茂港），化州，廉江，遂溪，吴川，丰顺，中山，珠海（香洲、斗门、金湾），电白，雷州，佛山（顺德、南海、禅城*），江门（蓬江、江海、新会）*，陆丰* (4) 抗震设防烈度为 6 度，设计基本地震加速度值为 0.05g： 韶关（浈江、武江、曲江），肇庆（端州、鼎湖），广州（花都），深圳（尤岗），河源，揭西，东源，梅州，东莞，清远，清新，南雄，仁化，始兴，乳源，英德，佛冈，龙门，龙川，平远，从化，梅县，兴宁，五华，紫金，陆河，增城，博罗，惠州（惠城、惠阳），惠东，四会，云浮，云安，高要，佛山（三水、高明），鹤山，封开，郁南，罗定，信宜，新兴，开平，恩平，台山，阳春，高州，翁源，连平，和平，蕉岭，大埔，新丰* 注：全省县级及县级以上设防城镇，除大埔为设计地震第二组外，均为第一组

序号	省、市	内　容
18	广西壮族自治区	(1) 设防烈度为 7 度，设计基本地震加速度值为 0.15g： 灵山，田东 (2) 设防烈度为 7 度，设计基本地震加速度值为 0.10g： 玉林，兴业，横县，北流，百色，田阳，平果，隆安，浦北，博白，乐业 * (3) 设防烈度为 6 度，设计基本地震加速度值为 0.05g： 南宁（青秀、兴宁、江南、西乡塘、良庆、邕宁），桂林（象山、叠彩、秀峰、七星、雁山），柳州（柳北、城中、鱼峰、柳南），梧州（长洲、万秀、蝶山），钦州（钦南、钦北），贵港（港北、港南），防城港（港口、防城），北海（海城、银海），兴安，灵川，临桂，永福，鹿寨，天峨，东兰，巴马，都安，大化，马山，融安，象州，武宣，桂平，平南，上林，宾阳，武鸣，大新，扶绥，东兴，合浦，钟山，贺州，藤县，苍梧，容县，岑溪，陆川，凤山，凌云，田林，隆林，西林，德保，靖西，那坡，天等，崇左，上思，龙州，宁明，融水，凭祥，全州 注：全自治区县级及县级以上设防城镇，设计地震分组均为第一组
19	海南省	(1) 抗震设防烈度为 8 度，设计基本地震加速度值 0.30g： 海口（龙华、秀英、琼山、美兰） (2) 抗震设防烈度为 8 度，设计基本地震加速度值 0.20g： 文昌，定安 (3) 抗震设防烈度为 7 度，设计基本地震加速度值 0.15g： 澄迈 (4) 抗震设防烈度为 7 度，设计基本地震加速度值 0.10g： 临高，琼海，儋州，屯昌 (5) 抗震设防烈度为 6 度，设计基本地震加速度值 0.05g： 三亚，万宁，昌江，白沙，保亭，陵水，东方，乐东，五指山，琼中 注：全省县级及县级以上设防城镇，除屯昌、琼中为设计地震第二组外，均为第一组
20	四川省	(1) 抗震设防烈度不低于 9 度，设计基本地震加速度值不小于 0.40g： 第二组：康定，西昌 (2) 抗震设防烈度为 8 度，设计基本地震加速度值为 0.30g： 第二组：冕宁 * (3) 抗震设防烈度为 8 度，设计基本地震加速度值为 0.20g： 第一组：茂县，汶川，宝兴 第二组：松潘，平武，北川（震前），都江堰，道孚，泸定，甘孜，炉霍，喜德，普格，宁南，理塘 第三组：九寨沟，石棉，德昌 (4) 抗震设防烈度为 7 度，设计基本地震加速度值为 0.15g： 第二组：巴塘，德格，马边，雷波，天全，芦山，丹巴，安县，青州，江油，绵竹，什邡，彭州，理县，剑阁 * 第三组：荥经，汉源，昭觉，布拖，甘洛，越西，雅江，九龙，木里，盐源，会东，新龙 (5) 抗震设防烈度为 7 度，设计基本地震加速度值为 0.10g： 第一组：自贡（自流井、大安、贡井、沿滩）

序号	省、市	内　容
20	四川省	第二组：绵阳（涪城、游仙），广元（利州、元坝、朝天），乐山（市中、沙湾），宜宾，宜宾县，峨边，沐川，屏山，得荣，雅安，中江，德阳，罗江，峨眉山，马尔康 　　第三组：成都（青羊、锦江、金牛、武侯、成华、龙泽泉、青白江、新都、温江），攀枝花（东区、西区、仁和），若尔盖，色达，壤塘，石渠，白玉，盐边，米易，乡城，稻城，双流，乐山（金口河、五通桥），名山，美姑，金阳，小金，会理，黑水，金川，洪雅，夹江，邛崃，蒲江，彭山，丹棱，眉山，青神，郫县，大邑，崇州，新津，金堂，广汉 　　(6) 抗震设防烈度为 6 度，设计基本地震加速度值为 0.05g： 　　第一组：泸州（江阳、纳溪、龙马潭），内江（市中、东兴），宣汉，达州，达县，大竹，邻水，渠县，广安，华蓥，隆昌，富顺，南溪，兴文，叙永，古蔺，资中，通江，万源，巴中，阆中，仪陇，西充，南部，射洪，大英，乐至，资阳 　　第二组：南江，苍溪，旺苍，盐亭，三台，简阳，泸县，江安，长宁，高县，珙县，仁寿，威远 　　第三组：犍为，荣县，梓潼，筠连，井研，阿坝，红原
21	贵州省	(1) 抗震设防烈度为 7 度，设计基本地震加速度值为 0.10g： 　　第一组：望谟 　　第三组：威宁 　　(2) 抗震设防烈度为 6 度，设计基本地震加速度值为 0.05g： 　　第一组：贵阳（乌当 *、白云 *、小河、南明、云岩、花溪），凯里，毕节，安顺，都匀，黄平，福泉，贵定，麻江，清镇，龙里，平坝，纳雍，织金，普定，六枝，镇宁，惠水，长顺，关岭，紫云，罗甸，兴仁，贞丰，安龙，金沙，印江，赤水，习水，思南 * 　　第二组：六盘水，水城，册亨 　　第三组：赫章，普安，晴隆，兴义，盘县
22	云南省	(1) 抗震设防烈度不低于 9 度，设计基本地震加速度值不小于 0.40g： 　　第二组：寻甸，昆明（东川） 　　第三组：澜沧 　　(2) 抗震设防烈度为 8 度，设计基本地震加速度值为 0.30g： 　　第二组：剑川，嵩明，宜良，丽江，玉龙，鹤庆，永胜，潞西，龙陵，石屏，建水 　　第三组：耿马，双江，沧源，勐海，西盟，孟连 　　(3) 抗震设防烈度为 8 度，设计基本地震加速度值为 0.20g： 　　第二组：石林，玉溪，大理，巧家，江川，华宁，峨山，通海，洱源，宾川，弥渡，祥云，会泽，南涧 　　第三组：昆明（盘龙、五华、官渡、西山），普洱（原思茅市），保山，马龙，呈贡，澄江，晋宁，易门，漾濞，巍山，云县，腾冲，施甸，瑞丽，梁河，安宁，景洪，永德，镇康，临沧，凤庆 *，陇川 * 　　(4) 抗震设防烈度为 7 度，设计基本地震加速度值为 0.15g： 　　第二组：香格里拉，泸水，大关，永善，新平 * 　　第三组：曲靖，弥勒，陆良，富民，禄劝，武定，兰坪，云龙，景谷，宁洱（原普洱），沾益，个旧，红河，元江，禄丰，双柏，开远，盈江，永平，昌宁，宁蒗，南华，楚雄，勐腊，华坪，景东 * 　　(5) 抗震设防烈度为 7 度，设计基本地震加速度值为 0.10g： 　　第二组：盐津，绥江，德钦，贡山，水富 　　第三组：昭通，彝良，鲁甸，福贡，永仁，大姚，元谋，姚安，牟定，墨江，绿春，镇沅，江城，金平，富源，师宗，泸西，蒙自，元阳，维西，宣威 　　(6) 抗震设防烈度为 6 度，设计基本地震加速度值为 0.05g： 　　第一组：威信，镇雄，富宁，西畴，麻栗坡，马关 　　第二组：广南 　　第三组：丘北，砚山，屏边，河口，文山，罗平

序号	省、市	内　容
23	西藏自治区	(1) 抗震设防烈度不低于 9 度，设计基本地震加速度值不小于 0.40g： 第三组：当雄，墨脱 (2) 抗震设防烈度为 8 度，设计基本地震加速度值为 0.30g： 第二组：申扎 第三组：米林，波密 (3) 抗震设防烈度为 8 度，设计基本地震加速度值为 0.20g： 第二组：普兰，聂拉木，萨嘎 第三组：拉萨，堆龙德庆，尼木，仁布，尼玛，洛隆，隆子，错那，曲松，那曲，林芝（八一镇），林周 (4) 抗震设防烈度为 7 度，设计基本地震加速度值为 0.15g： 第二组：札达，吉隆，拉孜，谢通门，亚东，洛扎，昂仁 第三组：日土，江孜，康马，白朗，扎囊，措美，桑日，加查，边坝，八宿，丁青，类乌齐，乃东，琼结，贡嘎，朗县，达孜，南木林，班戈，浪卡子，墨竹工卡，曲水，安多，聂荣，日喀则 *，噶尔 * (5) 抗震设防烈度为 7 度，设计基本地震加速度值为 0.10g： 第一组：改则 第二组：措勤，仲巴，定结，芒康 第三组：昌都，定日，萨迦，岗巴，巴青，工布江达，索县，比如，嘉黎，察雅，友贡，察隅，江达，贡觉 (6) 抗震设防烈度为 6 度，设计基本地震加速度值为 0.05g： 第二组：革吉
24	陕西省	(1) 抗震设防烈度为 8 度，设计基本地震加速度值为 0.20g： 第一组：西安（未央、莲湖、新城、碑林、灞桥、雁塔、阎良 *、临潼），渭南，华县，华阴，潼关，大荔 第三组：陇县 (2) 抗震设防烈度为 7 度，设计基本地震加速度值为 0.15g： 第一组：咸阳（秦都、渭城），西安（长安），高陵，兴平，周至，户县，蓝田 第二组：宝鸡（金台、渭滨、陈仓），咸阳（杨凌特区），千阳，岐山，凤翔，扶风，武功，眉县，三原，富平，澄城，蒲城，泾阳，礼泉，韩城，合阳，略阳 第三组：凤县 (3) 抗震设防烈度为 7 度，设计基本地震加速度值为 0.10g： 第一组：安康，平利 第二组：洛南，乾县，勉县，宁强，南郑，汉中 第三组：白水，淳化，麟游，永寿，商洛（商州），太白，留坝，铜川（耀州、王益、印台 *），柞水 * (4) 抗震设防烈度为 6 度，设计基本地震加速度值为 0.05g： 第一组：延安，清涧，神木，佳县，米脂，绥德，安塞，延川，延长，志丹，甘泉，商南，紫阳，镇巴，子长 *，子洲 * 第二组：吴旗，富县，旬阳，白河，岚皋，镇坪 第三组：定边，府谷，吴堡，洛川，黄陵，旬邑，洋县，西乡，石泉，汉阴，宁陕，城固，宜川，黄龙，宜君，长武，彬县，佛坪，镇安，丹凤，山阳

序号	省、市	内　容
25	甘肃省	(1) 抗震设防烈度不低于 9 度，设计基本地震加速度值不小于 0.40g： 第二组：古浪 (2) 抗震设防烈度为 8 度，设计基本地震加速度值为 0.30g： 第二组：天水（秦州、麦积），礼县，西和 第三组：白银（平川区） (3) 抗震设防烈度为 8 度，设计基本地震加速度值为 0.20g： 第二组：岩昌，肃北，陇南，成县，徽县，康县，文县 第三组：兰州（城关、七里河、西固、安宁），武威，永登，天祝，景泰，靖远，陇西，武山，秦安，清水，甘谷，漳县，会宁，静宁，庄浪，张家川，通渭，华亭，两当，舟曲 (4) 抗震设防烈度为 7 度，设计基本地震加速度值为 0.15g： 第二组：康乐，嘉峪关，玉门，酒泉，高台，临泽，肃南 第三组：白银（白银区），兰州（红古区），永靖，岷县，东乡，和政，广河，临潭，卓尼，迭部，临洮，渭源，皋兰，崇信，榆中，定西，金昌，阿克塞，民乐，永昌，平凉 (5) 抗震设防烈度为 7 度，设计基本地震加速度值为 0.10g： 第二组：张掖，合作，玛曲，金塔 第三组：敦煌，瓜洲，山丹，临夏，临夏县，夏河，碌曲，泾川，灵台，民勤，镇原，环县，积石山 (6) 抗震设防烈度为 6 度，设计基本地震加速度值为 0.05g： 第三组：华池，正宁，庆阳，合水，宁县，西峰
26	青海省	(1) 抗震设防烈度为 8 度，设计基本地震加速度值为 0.20g： 第二组：玛沁 第三组：玛多，达日 (2) 抗震设防烈度为 7 度，设计基本地震加速度值为 0.15g： 第二组：祁连 第三组：甘德，门源，治多，玉树 (3) 抗震设防烈度为 7 度，设计基本地震加速度值为 0.10g： 第二组：乌兰，称多，杂多，囊谦 第三组：西宁（城中、城东、城西、城北），同仁，共和，德令哈，海晏，湟源，湟中，平安，民和，化隆，贵德，尖扎，循化，格尔木，贵南，同德，河南，曲麻莱，久治，班玛，天峻，刚察，大通，互助，乐都，都兰，兴海 (4) 抗震设防烈度为 6 度，设计基本地震加速度值为 0.05g： 第三组：泽库
27	宁夏回族自治区	(1) 抗震设防烈度为 8 度，设计基本地震加速度值为 0.30g： 第二组：海原 (2) 抗震设防烈度为 8 度，设计基本地震加速度值为 0.20g： 第一组：石嘴山（大武口、惠农），平罗 第二组：银川（兴庆、金凤、西夏），吴忠，贺兰，永宁，青铜峡，泾源，灵武，固原 第三组：西吉，中宁，中卫，同心，隆德 (3) 抗震设防烈度为 7 度，设计基本地震加速度值为 0.15g： 第三组：彭阳 (4) 抗震设防烈度为 6 度，设计基本地震加速度值为 0.05g： 第三组：盐池

序号	省、市	内　　容
28	新疆维吾尔 自治区	(1) 抗震设防烈度不低于 9 度，设计基本地震加速度值不小于 0.40g： 第三组：乌恰，塔什库尔干 (2) 抗震设防烈度为 8 度，设计基本地震加速度值为 0.30g： 第三组：阿图什，喀什，疏附 (3) 抗震设防烈度为 8 度，设计基本地震加速度值为 0.20g： 第一组：巴里坤 第二组：乌鲁木齐（天山、沙依巴克、新市、水磨沟、头屯河、米东），乌鲁木齐县，温宿，阿克苏，柯坪，昭苏，特克斯，库车，青河，富蕴，乌什 * 第三组：尼勒克，新源，巩留，精河，乌苏，奎屯，沙湾，玛纳斯，石河子，克拉玛依（独山子），疏勒，伽师，阿克陶，英吉沙 (4) 抗震设防烈度为 7 度，设计基本地震加速度值为 0.15g： 第一组：木垒 * 第二组：库尔勒，新和，轮台，和静，焉耆，博湖，巴楚，拜城，昌吉，阜康 * 第三组：伊宁，伊宁县，霍城，呼图壁，察布查尔，岳普湖 (5) 抗震设防烈度为 7 度，设计基本地震加速度值为 0.10g： 第一组：鄯善 第二组：乌鲁木齐（达坂城），吐鲁番，和田，和田县，吉木萨尔，洛浦，奇台，伊吾，托克逊，和硕，尉犁，墨玉，策勒，哈密 * 第三组：五家渠，克拉玛依（克拉玛依区），博乐，温泉，阿合奇，阿瓦提，沙雅，图木舒克，莎车，泽普，叶城，麦盖提，皮山 (6) 抗震设防烈度为 6 度，设计基本地震加速度值为 0.05g： 第一组：额敏，和布克赛尔 第二组：于田，哈巴河，塔城，福海，克拉玛依（马尔禾） 第三组：阿勒泰，托里，民丰，若羌，布尔津，吉木乃，裕民，克拉玛依（白碱滩），且末，阿拉尔
29	港澳特区和 台湾省	(1) 抗震设防烈度不低于 9 度，设计基本地震加速度值不小于 0.40g： 第二组：台中 第三组：苗栗，云林，嘉义，花莲 (2) 抗震设防烈度为 8 度，设计基本地震加速度值为 0.30g： 第二组：台南 第三组：台北，桃园，基隆，宜兰，台东，屏东 (3) 抗震设防烈度为 8 度，设计基本地震加速度值为 0.20g： 第三组：高雄，澎湖 (4) 抗震设防烈度为 7 度，设计基本地震加速度值为 0.15g： 第一组：香港 (5) 抗震设防烈度为 7 度，设计基本地震加速度值为 0.10g： 第一组：澳门

9.1.4　场地和地基

场地和地基如表 9-10 所示。

场 地 和 地 基   表 9-10

序号	项 目	内 容
1	场地选择	(1) 选择建筑场地时，应根据工程需要和地震活动情况、工程地质和地震地质的有关资料，对抗震有利、一般、不利和危险地段做出综合评价。对不利地段，应提出避开要求；当无法避开时应采取有效的措施。对危险地段，严禁建造甲、乙类的建筑，不应建造丙类的建筑 　1) 选择建筑场地时，应按表 9-11 划分对建筑抗震有利、一般、不利和危险的地段 　2) 建筑场地的类别划分，应以土层等效剪切波速和场地覆盖层厚度为准 　3) 土层剪切波速的测量，应符合下列要求： 　①在场地初步勘查阶段，对大面积的同一地质单元，测试土层剪切波速的钻孔数量不宜少于 3 个 　②在场地详细勘查阶段，对单幢建筑，测试土层剪切波速的钻孔数量不宜少于 2 个，测试数据变化较大时，可适量增加；对小区中处于同一地质单元内的密集建筑群，测试土层剪切波速的钻孔数量可适量减少，但每幢高层建筑和大跨空间结构的钻孔数量均不得少于 1 个 　③对丁类建筑及丙类建筑中层数不超过 10 层、高度不超过 24m 的多层建筑，当无实测剪切波速时，可根据岩土名称和性状，按表 9-12 划分土的类型，再利用当地经验在表 9-12 的剪切波速范围内估算各土层的剪切波速 　4) 在抗震设计中，场地指具有相似的反应谱特征的房屋群体所在地，不仅仅是房屋基础下的地基土，其范围相当于厂区、居民点和自然村，在平坦地区面积一般不小于 1km×1km (2) 建筑场地为 Ⅰ 类时，对甲、乙类的建筑应允许仍按本地区抗震设防烈度的要求采取抗震构造措施；对丙类的建筑应允许按本地区抗震设防烈度降低一度的要求采取抗震构造措施，但抗震设防烈度为 6 度时仍应按本地区抗震设防烈度的要求采取抗震构造措施 (3) 建筑场地为 Ⅲ、Ⅳ 类时，对设计基本地震加速度为 0.15g 和 0.30g 的地区，除本书另有规定外，宜分别按抗震设防烈度 8 度（0.20g）和 9 度（0.40g）时各抗震设防类别建筑的要求采取抗震构造措施 (4) 甲类、乙类及丙类建筑的抗震设防标准见本书表 1-132 所示，而地震作用、抗震措施和抗震构造措施要求依次如表 1-133、表 1-134 和表 1-135 所示
2	地基和基础	地基和基础设计应符合下列要求： (1) 同一结构单元的基础不宜设置在性质截然不同的地基上 (2) 同一结构单元不宜部分采用天然地基部分采用桩基；当采用不同基础类型或基础埋深显著不同时，应根据地震时两部分地基基础的沉降差异，在基础、上部结构的相关部位采取相应措施 (3) 地基为软弱黏性土、液化土、新近填土或严重不均匀土时，应根据地震时地基不均匀沉降和其他不利影响，采取相应的措施
3	山区建筑的场地和地基基础	山区建筑的场地和地基基础应符合下列要求： (1) 山区建筑场地勘查应有边坡稳定性评价和防治方案建议；应根据地质、地形条件和使用要求，因地制宜设置符合抗震设防要求的边坡工程 (2) 边坡设计应符合现行国家标准《建筑边坡工程技术规范》GB 50330 的要求；其稳定性验算时，有关的摩擦角应按设防烈度的高低相应修正 (3) 边坡附近的建筑基础应进行抗震稳定性设计。建筑基础与土质、强风化岩质边坡的边缘应留有足够的距离，其值应根据设防烈度的高低确定，并采取措施避免地震时地基基础破坏

有利、一般、不利和危险地段的划分　　　　　　　　表 9-11

序号	地段类别	地质、地形、地貌
1	有利地段	稳定基岩，坚硬土，开阔、平坦、密实、均匀的中硬土等
2	一般地段	不属于有利、不利和危险的地段
3	不利地段	软弱土，液化土，条状突出的山嘴，高耸孤立的山丘，陡坡，陡坎，河岸和边坡的边缘，平面分布上成因、岩性、状态明显不均匀的土层（含故河道、疏松的断层破碎带、暗埋的塘浜沟谷和半填半挖地基），高含水量的可塑黄土，地表存在结构性裂缝等
4	危险地段	地震时可能发生滑坡、崩塌、地陷、地裂、泥石流等及发震断裂带上可能发生地表位错的部位

土的类型划分和剪切波速范围　　　　　　　　表 9-12

序号	土的类型	岩土名称和性状	土层剪切波速范围（m/s）
1	岩石	坚硬、较硬且完整的岩石	$v_S>800$
2	坚硬土或软质岩石	破碎和较破碎的岩石或软和较软的岩石，密实的碎石土	$800{\geq}v_S>500$
3	中硬土	中密、稍密的碎石土，密实、中密的砾、粗、中砂，$f_{ak}>150$ 的黏性土和粉土，坚硬黄土	$500{\geq}v_S>250$
4	中软土	稍密的砾、粗、中砂，除松散外的细、粉砂，$f_{ak}{\leq}150$ 的黏性土和粉土，$f_{ak}>130$ 的填土，可塑新黄土	$250{\geq}v_S>150$
5	软弱土	淤泥和淤泥质土，松散的砂，新近沉积的黏性土和粉土，$f_{ak}{\leq}130$ 的填土，流塑黄土	$v_S{\leq}150$

注：f_{ak} 为由载荷试验等方法得到的地基承载力特征值（kN/m^2）；v_S 为岩土剪切波速。

9.1.5　建筑形体及其构件布置的规则性

建筑形体及其构件布置的规则性如表 9-13 所示。

建筑形体及其构件布置的规则性　　　　　　　　表 9-13

序号	项目	内　容
1	建筑设计	（1）建筑设计应根据抗震概念设计的要求明确建筑形体的规则性。不规则的建筑应按规定采取加强措施；特别不规则的建筑应进行专门研究和论证，采取特别的加强措施；严重不规则的建筑不应采用 形体指建筑平面形状和立面、竖向剖面的变化 1）合理的建筑形体和布置在抗震设计中是头等重要的。提倡平、立面简单对称。因为震害表明，简单、对称的建筑在地震时较不容易破坏。而且道理也很清楚，简单、对称的结构容易估计其地震时的反应，容易采取抗震构造措施和进行细部处理。"规则"包含了对建筑的平、立面外形尺寸，抗侧力构件布置、质量分布，直至承载力分布等诸多因素的综合要求。"规则"的具体界限，随着结构类型的不同而异，需要建筑师和结构工程师互相配合，才能设计出抗震性能良好的建筑

序号	项　目	内　容
1	建筑设计	2）规则与不规则的区分，本表序号 2 之（1）条与表 9-14 及表 9-15 规定了一些定量的参考界限，但实际上引起建筑不规则的因素还有很多，特别是复杂的建筑体型，很难一一用若干简化的定量指标来划分不规则程度并规定限制范围，但是，有经验的、有抗震知识素养的建筑设计人员，应该对所设计的建筑的抗震性能有所估计，要区分不规则、特别不规则和严重不规则等不规则程度，避免采用抗震性能差的严重不规则的设计方案 　3）对于特别不规则的建筑方案，只要不属于严重不规则，结构设计应采取比本表序号 2 之（1）条等的要求更加有效的措施 　4）严重不规则，指的是形体复杂，多项不规则指标超过本表序号 2 之（2）条上限值或某一项大大超过规定值，具有现有技术和经济条件不能克服的严重的抗震薄弱环节，可能导致地震破坏的严重后果者 　5）三种不规则程度的主要划分方法如下： 　①不规则，指的是超过表 9-14 和表 9-15 中一项及以上的不规则指标 　②特别不规则，指具有较明显的抗震薄弱部位，可能引起不良后果者，其参考界限可参见《超限高层建筑工程抗震设防专项审查技术要点》，通常有三类：其一，同时具有本表序号 2 之（1）条所列六个主要不规则类型的三个或三个以上；其二，具有表 9-16 所列的一项不规则；其三，具有表 9-14 和表 9-15 所列两个方面的基本不规则且其中有一项接近表 9-16 的不规则指标 　（2）建筑设计应重视其平面、立面和竖向剖面的规则性对抗震性能及经济合理性的影响，宜择优选用规则的形体，其抗侧力构件的平面布置宜规则对称、侧向刚度沿竖向宜均匀变化、竖向抗侧力构件的截面尺寸和材料强度宜自下而上逐渐减小、避免侧向刚度和承载力突变 　不规则建筑的抗震设计应符合本表序号 2 之（2）条的有关规定
2	建筑形体	（1）建筑形体及其构件布置的平面、竖向不规则性，应按下列要求划分： 　1）混凝土房屋、钢结构房屋和钢-混凝土混合结构房屋存在表 9-14 所列举的某项平面不规则类型或表 9-15 所列举的某项竖向不规则类型以及类似的不规则类型，应属于不规则的建筑 　2）砌体房屋、单层工业厂房、单层空旷房屋、大跨屋盖建筑和地下建筑的平面和竖向不规则性的划分，应符合本书有关章节的规定 　3）当存在多项不规则或某项不规则超过规定的参考指标较多时，应属于特别不规则的建筑 　图 9-1～图 9-6 为典型示例，以便理解表 9-14 和表 9-15 中所列的不规则类型 　（2）建筑形体及其构件布置不规则时，应按下列要求进行地震作用计算和内力调整，并应对薄弱部位采取有效的抗震构造措施： 　1）平面不规则而竖向规则的建筑，应采用空间结构计算模型，并应符合下列要求： 　①扭转不规则时，应计入扭转影响，且楼层竖向构件最大的弹性水平位移和层间位移分别不宜大于楼层两端弹性水平位移和层间位移平均值的 1.5 倍，当最大层间位移远小于规定限值时，可适当放宽 　②凹凸不规则或楼板局部不连续时，应采用符合楼板平面内实际刚度变化的计算模型；高烈度或不规则程度较大时，宜计入楼板局部变形的影响 　③平面不对称且凹凸不规则或局部不连续，可根据实际情况分块计算扭转位移比，对扭转较大的部位应采用局部的内力增大系数 　2）平面规则而竖向不规则的建筑，应采用空间结构计算模型，刚度小的楼层的地震剪力应乘以不小于 1.15 的增大系数，其薄弱层应按本书有关规定进行弹塑性变形分析，并应符合下列要求：

序号	项　目	内　　容
2	建筑形体	①竖向抗侧力构件不连续时，该构件传递给水平转换构件的地震内力应根据烈度高低和水平转换构件的类型、受力情况、几何尺寸等，乘以 1.25~2.0 的增大系数 ②侧向刚度不规则时，相邻层的侧向刚度比应依据其结构类型符合本书相关章节的规定 ③楼层承载力突变时，薄弱层抗侧力结构的受剪承载力不应小于相邻上一楼层的 65% 　3）平面不规则且竖向不规则的建筑，应根据不规则类型的数量和程度，有针对性地采取不低于本条 1）、2）款要求的各项抗震措施。特别不规则的建筑，应经专门研究，采取更有效的加强措施或对薄弱部位采用相应的抗震性能化设计方法
3	体形复杂、平立面不规则的建筑	体型复杂、平立面不规则的建筑，应根据不规则程度、地基基础条件和技术经济等因素的比较分析，确定是否设置防震缝，并分别符合下列要求： 　（1）当不设置防震缝时，应采用符合实际的计算模型，分析判明其应力集中、变形集中或地震扭转效应等导致的易损部位，采取相应的加强措施 　（2）当在适当部位设置防震缝时，宜形成多个较规则的抗侧力结构单元。防震缝应根据抗震设防烈度、结构材料种类、结构类型、结构单元的高度和高差以及可能的地震扭转效应的情况，留有足够的宽度，其两侧的上部结构应完全分开 　（3）当设置伸缩缝和沉降缝时，其宽度应符合防震缝的要求

平面不规则的主要类型　　　　　　　　　　　　　　　　表 9-14

序号	不规则类型	定义和参考指标
1	扭转不规则	在规定的水平力作用下，楼层的最大弹性水平位移或（层间位移），大于该楼层两端弹性水平位移（或层间位移）平均值的 1.2 倍
2	凹凸不规则	平面凹进的尺寸，大于相应投影方向总尺寸的 30%
3	楼板局部不连续	楼板的尺寸和平面刚度急剧变化，例如，有效楼板宽度小于该层楼板典型宽度的 50%，或开洞面积大于该层楼面面积的 30%，或较大的楼层错层

竖向不规则的主要类型　　　　　　　　　　　　　　　　表 9-15

序号	不规则类型	定义和参考指标
1	侧向刚度不规则	该层的侧向刚度小于相邻上一层的 70%，或小于其上相邻三个楼层侧向刚度平均值的 80%；除顶层或出屋面小建筑外，局部收进的水平向尺寸大于相邻下一层的 25%
2	竖向抗侧力构件不连续	竖向抗侧力构件（柱、剪力墙、抗震支撑）的内力由水平转换构件（梁、桁架等）向下传递
3	楼层承载力突变	抗侧力结构的层间受剪承载力小于相邻上一楼层的 80%

特别不规则的项目举例　　　　　　　　　　　　　　　　表 9-16

序号	不规则类型	简　要　涵　义
1	扭转偏大	裙房以上有较多楼层考虑偶然偏心的扭转位移比大于 1.4
2	抗扭刚度弱	扭转周期比大于 0.9，混合结构扭转周期比大于 0.85
3	层刚度偏小	本层侧向刚度小于相邻上层的 50%
4	高位转换	框支墙体的转换构件位置：7 度超过 5 层，8 度超过 3 层

序号	不规则类型	简　要　涵　义
5	厚板转换	7～9度设防的厚板转换结构
6	塔楼偏置	单塔或多塔质心与大底盘的质心偏心距大于底盘相应边长20%
7	复杂连接	各部分层数、刚度、布置不同的错层或连体两端塔楼显著不规则的结构
8	多重复杂	同时具有转换层、加强层、错层、连体和多塔类型中的2种以上

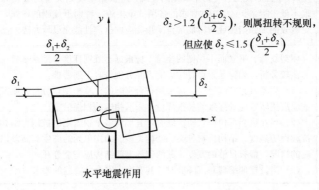

$\delta_2 > 1.2\left(\dfrac{\delta_1 + \delta_2}{2}\right)$，则属扭转不规则，

但应使 $\delta_2 \leqslant 1.5\left(\dfrac{\delta_1 + \delta_2}{2}\right)$

图 9-1　建筑结构平面的扭转不规则示例

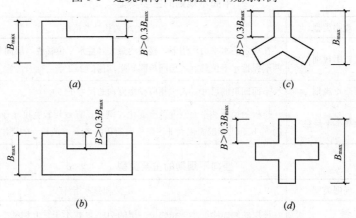

图 9-2　建筑结构平面的凸角或凹角不规则示例

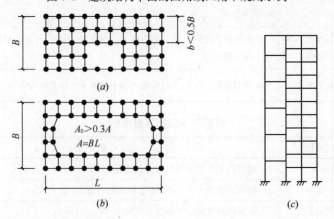

图 9-3　建筑结构平面的局部不连续示例（大开洞及错层）

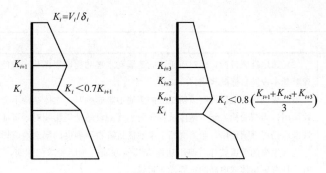

图 9-4　沿竖向的侧向刚度不规则（有软弱层）

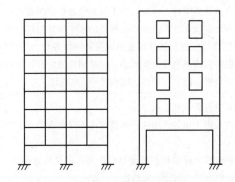

图 9-5　竖向抗侧力构件不连续示例

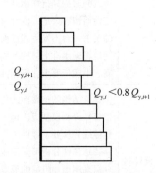

图 9-6　竖向抗侧力结构屈服抗剪
强度非均匀化（有薄弱层）

9.1.6　建筑抗震性能化设计

建筑抗震性能化设计如表 9-17 所示。

建筑抗震性能化设计　　　　　　　　　　　　　　　表 9-17

序号	项　目	内　容
1	建筑结构性能化设计根据	（1）当建筑结构采用抗震性能化设计时，应根据其抗震设防类别、设防烈度、场地条件、结构类型和不规则性，建筑使用功能和附属设施功能的要求、投资大小、震后损失和修复难易程度等，对选定的抗震性能目标提出技术和经济可行性综合分析和论证 （2）建筑结构的抗震性能化设计，应根据实际需要和可能，具有针对性：可分别选定针对整个结构、结构的局部部位或关键部位、结构的关键部件、重要构件、次要构件以及建筑构件和机电设备支座的性能目标
2	性能化设计应符合的要求	建筑结构的抗震性能化设计应符合下列要求： （1）选定地震动水准。对设计使用年限 50 年的结构，可选用本书的多遇地震、设防地震和罕遇地震的地震作用，其中，设防地震的加速度应按本书表 9-5 的设计基本地震加速度采用，设防地震的地震影响系数最大值，6 度、7 度（0.10g）、7 度（0.15g）、8 度（0.20g）、8 度（0.30g）、9 度可分别采用 0.12、0.23、0.34、0.45、0.68 和 0.90。对设计使用年限超过 50 年的结构，宜考虑实际需要和可能，经专门研究后对地震作用作适当调整。对处于发震断裂两侧 10km 以内的结构，地震动参数应计入近场影响，5km 以内宜乘以增大系数 1.5，5km 以外宜乘以不小于 1.25 的增大系数

序号	项　目	内　容
2	性能化设计应符合的要求	（2）选定性能目标，即对应于不同地震动水准的预期损坏状态或使用功能，应不低于下列对基本设防目标的规定： 当遭受低于本地区抗震设防烈度的多遇地震影响时，主体结构不受损坏或不需修理可继续使用；当遭受相当于本地区抗震设防烈度的设防地震影响时，可能发生损坏，但经一般性修理仍可继续使用；当遭受高于本地区抗震设防烈度的罕遇地震影响时，不致倒塌或发生危及生命的严重破坏。使用功能或其他方面有专门要求的建筑，当采用抗震性能设计时，具有更具体或更高的抗震设防目标 （3）选定性能设计指标。设计应选定分别提高结构或其关键部位的抗震承载力、变形能力或同时提高抗震承载力和变形能力的具体指标，尚应计及不同水准地震作用取值的不确定性而留有余地。设计宜确定在不同地震动水准下结构不同部位的水平和竖向构件承载力的要求（含不发生脆性剪切破坏、形成塑性铰、达到屈服值或保持弹性等）；宜选择在不同地震动水准下结构不同部位的预期弹性或弹塑性变形状态，以及相应的构件延性构造的高、中或低要求。当构件的承载力明显提高时，相应的延性构造可适当降低
3	性能化设计计算应符合的要求	建筑结构的抗震性能化设计的计算应符合下列要求： （1）分析模型应正确、合理地反映地震作用的传递途径和楼盖在不同地震动水准下是否整体或分块处于弹性工作状态 （2）弹性分析可采用线性方法，弹塑性分析可根据性能目标所预期的结构弹塑性状态，分别采用增加阻尼的等效线性化方法以及静力或动力非线性分析方法 （3）结构非线性分析模型相对于弹性分析模型可有所简化，但二者在多遇地震下的线性分析结果应基本一致；应计入重力二阶效应、合理确定弹塑性参数，应依据构件的实际截面、配筋等计算承载力，可通过与理想弹性假定计算结果的对比分析，着重发现构件可能破坏的部位及其弹塑性变形程度
4	性能化设计的参考目标和计算方法	结构及其构件抗震性能化设计的参考目标和计算方法，可按本书表 9-18 的规定采用

9.1.7　结构构件抗震性能设计方法

结构构件抗震性能设计方法如表 9-18 所示。

结构构件抗震性能设计方法　　　　　　　　　　　　　　　　表 **9-18**

序号	项　目	内　容
1	抗震性能要求	结构构件可按下列规定选择实现抗震性能要求的抗震承载力、变形能力和构造的抗震等级；整个结构不同部位的构件、竖向构件和水平构件，可选用相同或不同的抗震性能要求： （1）当以提高抗震安全性为主时，结构构件对应于不同性能要求的承载力参考指标，可按表 9-19 的示例选用 （2）当需要按地震残余变形确定使用性能时，结构构件除满足提高抗震安全性的性能要求外，不同性能要求的层间位移参考指标，可按表 9-20 的示例选用 （3）结构构件细部构造对应于不同性能要求的抗震等级，可按表 9-21 的示例选用；结构中同一部位的不同构件，可区分竖向构件和水平构件，按各自最低的性能要求所对应的抗震构造等级选用

序号	项 目	内 容
2	内力计算和验算	结构构件承载力按不同要求进行复核时，地震内力计算和调整、地震作用效应组合、材料强度取值和验算方法，应符合下列要求： (1) 设防烈度下结构构件承载力，包括混凝土构件压弯、拉弯、受剪、受弯承载力，钢构件受拉、受压、受弯、稳定承载力等，按考虑地震效应调整的设计值复核时，应采用对应于抗震等级而不计入风荷载效应的地震作用效应基本组合，并按下列公式验算： $$\gamma_G S_{GE} + \gamma_E S_{Ek}(I_2, \lambda, \zeta) \leqslant R/\gamma_{RE} \qquad (9\text{-}2)$$ 式中 I_2——表示设防地震动，隔震结构包含水平向减震影响 λ——按非抗震性能设计考虑抗震等级的地震效应调整系数 ζ——考虑部分次要构件进入塑性的刚度降低或消能减震结构附加的阻尼影响 其他符号同非抗震性能设计 (2) 结构构件承载力按不考虑地震作用效应调整的设计值复核时，应采用不计入风荷载效应的基本组合，并按下列公式验算： $$\gamma_G S_{GE} + \gamma_E S_{Ek}(I, \zeta) \leqslant R/\gamma_{RE} \qquad (9\text{-}3)$$ 式中 I——表示设防烈度地震动或罕遇地震动，隔震结构包含水平向减震影响 ζ——考虑部分次要构件进入塑性的刚度降低或消能减震结构附加的阻尼影响 (3) 结构构件承载力按标准值复核时，应采用不计入风荷载效应的地震作用效应标准组合，并按下列公式验算： $$S_{GE} + S_{Ek}(I, \zeta) \leqslant R_k \qquad (9\text{-}4)$$ 式中 I——表示设防地震动或罕遇地震动，隔震结构包含水平向减震影响 ζ——考虑部分次要构件进入塑性的刚度降低或消能减震结构附加的阻尼影响 R_k——按材料强度标准值计算的承载力 (4) 结构构件按极限承载力复核时，应采用不计入风荷载效应的地震作用效应标准组合，并按下列公式验算： $$S_{GE} + S_{Ek}(I, \zeta) < R_u \qquad (9\text{-}5)$$ 式中 I——表示设防地震动或罕遇地震动，隔震结构包含水平向减震影响 ζ——考虑部分次要构件进入塑性的刚度降低或消能减震结构附加的阻尼影响 R_u——按材料最小极限强度值计算的承载力；钢材强度可取最小极限值，钢筋强度可取屈服强度的 1.25 倍，混凝土强度可取立方强度的 0.88 倍
3	层间位移计算和验算	结构竖向构件在设防地震、罕遇地震作用下的层间弹塑性变形按不同控制目标进行复核时，地震层间剪力计算、地震作用效应调整、构件层间位移计算和验算方法，应符合下列要求： (1) 地震层间剪力和地震作用效应调整，应根据整个结构不同部位进入弹塑性阶段程度的不同，采用不同的方法。构件总体上处于开裂阶段或刚刚进入屈服阶段，可取等效刚度和等效阻尼，按等效线性方法估算；构件总体上处于承载力屈服至极限阶段，宜采用静力或动力弹塑性分析方法估算；构件总体上处于承载力下降阶段，应采用计入下降段参数的动力弹塑性分析方法估算 (2) 在设防地震下，混凝土构件的初始刚度，宜采用长期刚度 (3) 构件层间弹塑性变形计算时，应依据其实际的承载力，并应按本书的规定计入重力二阶效应；风荷载和重力作用下的变形不参与地震组合 (4) 构件层间弹塑性变形的验算，可采用下列公式验算： $$\Delta u_p(I, \zeta, \xi_y, G_E) < [\Delta u] \qquad (9\text{-}6)$$

序号	项　目	内　　容
3	层间位移计算和验算	式中　Δu_{p}（…）—— 竖向构件在设防地震或罕遇地震下计入重力二阶效应和阻尼影响取决于其实际承载力的弹塑性层间位移角；对高宽比大于 3 的结构，可扣除整体转动的影响 $[\Delta u]$ —— 弹塑性位移角限值，应根据性能控制目标确定；整个结构中变形最大部位的竖向构件，轻微损坏可取中等破坏的一半，中等破坏可取表 9-22 和表 9-23 规定值的平均值，不严重破坏按小于表 9-23 规定值的 0.9 倍控制

结构构件实现抗震性能要求的承载力参考指标示例　　　　表 9-19

序号	性能要求	多遇地震	设 防 地 震	罕 遇 地 震
1	性能 1	完好，按常规设计	完好，承载力按抗震等级调整地震效应的设计值复核	基本完好，承载力按不计抗震等级调整地震效应的设计值复核
2	性能 2	完好，按常规设计	基本完好，承载力按不计抗震等级调整地震效应的设计值复核	轻～中等破坏，承载力按极限值复核
3	性能 3	完好，按常规设计	轻微损坏，承载力按标准值复核	中等破坏，承载力达到极限值后能维持稳定，降低少于 5%
4	性能 4	完好，按常规设计	轻～中等破坏，承载力按极限值复核	不严重破坏，承载力达到极限值后基本维持稳定，降低少于 10%

结构构件实现抗震性能要求的层间位移参考指标示例　　　　表 9-20

序号	性能要求	多遇地震	设 防 地 震	罕 遇 地 震
1	性能 1	完好，变形远小于弹性位移限值	完好，变形小于弹性位移限值	基本完好，变形略大于弹性位移限值
2	性能 2	完好，变形远小于弹性位移限值	基本完好，变形略大于弹性位移限值	有轻微塑性变形，变形小于 2 倍弹性位移限值
3	性能 3	完好，变形明显小于弹性位移限值	轻微损坏，变形小于 2 倍弹性位移限值	有明显塑性变形，变形约 4 倍弹性位移限值
4	性能 4	完好，变形小于弹性位移限值	轻～中等破坏，变形小于 3 倍弹性位移限值	不严重破坏，变形不大于 0.9 倍塑性变形限值

注：设防烈度和罕遇地震下的变形计算，应考虑重力二阶效应，可扣除整体弯曲变形。

结构构件对应于不同性能要求的构造抗震等级示例　　表 9-21

序号	性能要求	构 造 的 抗 震 等 级
1	性能 1	基本抗震构造。可按常规设计的有关规定降低二度采用，但不得低于 6 度，且不发生脆性破坏
2	性能 2	低延性构造。可按常规设计的有关规定降低一度采用，当构件的承载力高于多遇地震提高二度的要求时，可按降低二度采用；均不得低于 6 度，且不发生脆性破坏
3	性能 3	中等延性构造。当构件的承载力高于多遇地震提高一度的要求时，可按常规设计的有关规定降低一度且不低于 6 度采用，否则仍按常规设计的规定采用
4	性能 4	高延性构造。仍按常规设计的有关规定采用

弹性层间位移角限值　　表 9-22

序号	结 构 类 型	$[\theta_e]$
1	钢筋混凝土框架	1/550
2	钢筋混凝土框架-剪力墙、板柱-剪力墙、框架-核心筒	1/800
3	钢筋混凝土剪力墙、筒中筒	1/1000
4	钢筋混凝土框支层	1/1000
5	多、高层钢结构	1/250

弹塑性层间位移角限值　　表 9-23

序号	结 构 类 型	$[\theta_p]$
1	单层钢筋混凝土柱排架	1/30
2	钢筋混凝土框架	1/50
3	底部框架砌体房屋中的框架-剪力墙	1/100
4	钢筋混凝土框架-剪力墙、板柱-剪力墙、框架-核心筒	1/100
5	钢筋混凝土剪力墙、筒中筒	1/120
6	多、高层钢结构	1/50

9.2　建筑的抗震等级及其他规定

9.2.1　丙类建筑的抗震等级

　　房屋建筑混凝土结构构件的抗震设计，应根据设防类别、烈度、结构类型和房屋高度采用不同的抗震等级，并应符合相应的计算和构造措施要求。丙类建筑的抗震等级应按表 9-24 确定。

混凝土结构丙类建筑的抗震等级　表 9-24

序号	结构类型		6		7			8			9	
			烈			度						
1	框架结构	高度(m)	≤24	>24	≤24	>24		≤24	>24		≤24	
		普通框架	四	三	三	二		二	一		一	
		大跨度框架	三		二			一			一	
2	框架-剪力墙结构	高度(m)	≤60	>60	≤24	>24且≤60	>60	≤24	>24且≤60	>60	≤24	>24且≤50
		框架	四	三	四	三	二	三	二	一	二	一
		剪力墙	三	三	三	二	二	二	一	一	一	一
3	剪力墙结构	高度(m)	≤80	>80	≤24	>24且≤80	>80	≤24	>24且≤80	>80	≤24	>24且≤60
		剪力墙	四	三	四	三	二	三	二	一	二	一
4	部分框支剪力墙结构	高度(m)	≤80	>80	≤24	>24且≤80	>80	≤24	>24且≤80			
	剪力墙	一般部位	四	三	四	三	二	三	二			
		加强部位	三	二	三	二	一	二	一			
		框支层框架	二	二	二	二	一	一	一			
5	筒体结构	框架-核心筒　框架	三		二			一			一	
		框架-核心筒　核心筒	二		二			一			一	
		筒中筒　内筒	三		二			一			一	
		筒中筒　外筒	三		二			一			一	
6	板柱-剪力墙结构	高度(m)	≤35	>35	≤35	>35		≤35	>35			
		板柱及周边框架	三	二	二	二		一	一			
		剪力墙	二	二	二	一		二	一			
7	单层厂房结构	铰接排架	四		三			二			一	

注：1. 建筑场地为 I 类时，除 6 度设防烈度外应允许按表内降低一度所对应的抗震等级采取抗震构造措施，但相应的计算要求不应降低；
2. 接近或等于高度分界时，应允许结合房屋不规则程度及场地、地基条件确定抗震等级；
3. 大跨度框架指跨度不小于 18m 的框架；
4. 表中框架结构不包括异形柱框架；
5. 房屋高度不大于 60m 的框架-核心筒结构按框架-剪力墙结构的要求设计时，应按表中框架-剪力墙结构确定抗震等级。

9.2.2　结构构件抗震等级尚应符合的抗震要求及剪力墙底部加强部位的范围

结构构件抗震等级尚应符合的抗震要求及剪力墙底部加强部位的范围如表 9-25 所示。

应符合的抗震要求及剪力墙底部加强部位的范围　　　　　　表 9-25

序号	项　目	内　　容
1	确定抗震等级尚应符合的要求	确定钢筋混凝土房屋结构构件的抗震等级时，尚应符合下列要求： （1）对框架-剪力墙结构，在规定的水平地震力作用下，框架底部所承担的倾覆力矩大于结构底部总倾覆力矩的 50% 时，其框架的抗震等级应按框架结构确定 （2）与主楼相连的裙房，除应按裙房本身确定抗震等级外，相关范围不应低于主楼的抗震等级；主楼结构在裙房顶板对应的相邻上下各一层应适当加强抗震构造措施。裙房与主楼分离时，应按裙房本身确定抗震等级 （3）当地下室顶板作为上部结构的嵌固部位时，地下一层的抗震等级应与上部结构相同，地下一层以下确定抗震构造措施的抗震等级可逐层降低一级，但不应低于四级。地下室中无上部结构的部分，其抗震构造措施的抗震等级可根据具体情况采用三级或四级 （4）甲、乙类建筑按规定提高一度确定其抗震等级时，如其高度超过对应的房屋最大适用高度，则应采取比相应抗震等级更有效的抗震构造措施
2	剪力墙底部加强部位的范围	剪力墙底部加强部位的范围，应符合下列规定： （1）底部加强部位的高度应从地下室顶板算起 （2）部分框支剪力墙结构的剪力墙，底部加强部位的高度可取框支层加框支层以上两层的高度和落地剪力墙总高度的 1/10 二者的较大值。其他结构的剪力墙，房屋高度大于 24m 时，底部加强部位的高度可取底部两层和墙肢总高度的 1/10 二者的较大值；房屋高度不大于 24m 时，底部加强部位可取底部一层 （3）当结构计算嵌固端位于地下一层的底板或以下时，按上述（1）、（2）确定的底部加强部位的范围尚宜向下延伸到计算嵌固端

9.2.3　考虑地震组合的验算

考虑地震组合的验算如表 9-26 所示。

考虑地震组合的验算　　　　　　表 9-26

序号	项　目	内　　容
1	承载力抗震调整系数	考虑地震组合验算混凝土结构构件的承载力时，均应按承载力抗震调整系数 γ_{RE} 进行调整，承载力抗震调整系数 γ_{RE} 应按表 9-27 采用
2	正截面抗震承载力的计算	正截面抗震承载力应按有关的规定计算，但应在相关计算公式右端项除以相应的承载力抗震调整系数 γ_{RE} 当仅计算竖向地震作用时，各类结构构件的承载力抗震调整系数 γ_{RE} 均应取为 1.0

承载力抗震调整系数　　　　　　　　　　　　　　　　　表 9-27

序号	结构构件类别	正截面承载力计算					斜截面承载力计算	受冲切承载力计算	局部受压承载力计算
		受弯构件	偏心受压柱		偏心受拉构件	剪力墙	各类构件及框架节点		
			轴压比小于 0.15	轴压比不小于 0.15					
1	γ_{RE}	0.75	0.75	0.8	0.85	0.85	0.85	0.85	1.0

注：预埋件锚筋截面计算的承载力抗震调整系数 γ_{RE} 应取为 1.0。

9.2.4　结构构件的纵向受力钢筋的锚固和连接及材料要求

结构构件的纵向受力钢筋的锚固和连接及材料要求如表 9-28 所示。

钢筋的锚固和连接及材料要求　　　　　　　　　　　　　表 9-28

序号	项　目	内　　容
1	纵向受力钢筋的锚固和连接	混凝土结构构件的纵向受力钢筋的锚固和连接除应符合本书表 1-108 和表 1-122 的有关规定外，尚应符合下列要求： （1）纵向受拉钢筋的抗震锚固长度 l_{aE} 应按下列公式计算： $l_{aE} = \zeta_{aE} l_a$　　　　　　　　（9-7） 式中　ζ_{aE}——纵向受拉钢筋抗震锚固长度修正系数，对一、二级抗震等级取 1.15，对三级抗震等级取 1.05，对四级抗震等级取 1.00 　　　l_a——纵向受拉钢筋的锚固长度，按本书公式（1-35）确定 （2）当采用搭接连接时，纵向受力钢筋的抗震搭接长度 l_{lE} 应按下列公式计算： $l_{lE} = \zeta_l l_{aE}$　　　　　　　　（9-8） 式中　ζ_l——纵向受拉钢筋搭接长度修正系数，按本书表 1-123 确定 （3）纵向受力钢筋的连接可采用绑扎搭接、机械连接或焊接 （4）纵向受力钢筋连接的位置宜避开梁端、柱端箍筋加密区；如必须在此连接时，应采用机械连接或焊接 （5）混凝土构件位于同一连接区段内的纵向受力钢筋接头面积百分率不宜超过 50% （6）箍筋宜采用焊接封闭箍筋、连续螺旋箍筋或连续复合螺旋箍筋。当采用非焊接封闭箍筋时，其末端应做成 135° 弯钩，弯钩端头平直段长度不应小于箍筋直径的 10 倍；在纵向钢筋搭接长度范围内的箍筋间距不应大于搭接钢筋较小直径的 5 倍，且不宜大于 100mm
2	材料要求	（1）混凝土结构的混凝土强度等级应符合下列规定： 1）剪力墙不宜超过 C60；其他构件，9 度时不宜超过 C60，8 度时不宜超过 C70 2）框支梁、框支柱以及一级抗震等级的框架梁、柱及节点，不应低于 C30；其他各类结构构件，不应低于 C20 （2）梁、柱、支撑以及剪力墙边缘构件中，其受力钢筋宜采用热轧带肋钢筋；当采用现行国家标准《钢筋混凝土用钢第 2 部分：热轧带肋钢筋》GB 1499.2 中牌号带 "E" 的热轧带肋钢筋时，其强度和弹性模量应按表 1-100 和表 1-102 有关热轧带肋钢筋的规定采用 （3）按一、二、三级抗震等级设计的框架和斜撑构件，其纵向受力普通钢筋应符合下列要求： 1）钢筋的抗拉强度实测值与屈服强度实测值的比值不应小于 1.25 2）钢筋的屈服强度实测值与屈服强度标准值的比值不应大于 1.30 3）钢筋最大拉力下的总伸长率实测值不应小于 9%

9.3 板

9.3.1 多层砌体房屋板的伸进长度及结构体系

多层砌体房屋板的伸进长度及结构体系如表 9-29 所示。

多层砌体房屋板的伸进长度及结构体系　　　　表 9-29

序号	项　目	内　容
1	多层普通砖、多孔砖房屋的楼、屋盖应符合的要求	多层普通砖、多孔砖房屋的楼、屋盖应符合下列要求： (1) 现浇钢筋混凝土楼板或屋面板伸进纵、横墙内的长度，均不应小于 120mm (2) 装配式钢筋混凝土楼板或屋面板，当圈梁未设在板的同一标高时，板端伸进外墙的长度不应小于 120mm，伸进内墙的长度不应小于 100mm，在梁上不应小于 80mm (3) 当板的跨度大于 4.8m 并与外墙平行时，靠外墙的预制板侧边应与墙或圈梁拉结 (4) 房屋端部大房间的楼盖，8 度时房屋的屋盖和 9 度时房屋的楼、屋盖，当圈梁设在板底时，钢筋混凝土预制板应相互拉结，并应与梁、墙或圈梁拉结
2	多层砌体房屋的建筑布置和结构体系，应符合的要求	多层砌体房屋的建筑布置和结构体系，应符合下列要求： (1) 应优先采用横墙承重或纵横墙共同承重的结构体系。不应采用砌体墙和混凝土墙混合承重的结构体系 (2) 纵横向砌体抗震墙的布置应符合下列要求： 1) 宜均匀对称，沿平面内宜对齐，沿竖向应上下连续；且纵横向墙体的数量不宜相差过大 2) 平面轮廓凹凸尺寸，不应超过典型尺寸的 50%；当超过典型尺寸的 25% 时，房屋转角处应采取加强措施 3) 楼板局部大洞口的尺寸不宜超过楼板宽度的 50%；且不应在墙体两侧同时开洞 4) 房屋错层的楼板高差超过 500mm 时，应按两层计算；错层部位的墙体应采取加强措施 5) 同一轴线上的窗间墙宽度宜均匀；墙面洞口的面积，6、7 度时不宜大于墙面总面积的 55%，8、9 度时不宜大于 50% 6) 在房屋宽度方向的中部应设置内纵墙，其累计长度不宜小于房屋总长度的 60%（高宽比大于 4 的墙段不计入） (3) 房屋有下列情况之一时宜设置防震缝，缝两侧均应设置墙，缝宽应根据烈度和房屋高度确定，可采用 70～100mm： 1) 房屋立面高差在 6m 以上 2) 房屋有错层，且楼板高差大于层高的 1/4 3) 各部分结构刚度、质量截然不同 (4) 楼梯间不宜设置在房屋的尽端或转角处 (5) 不应在房屋转角处设置转角窗 (6) 横墙较少、跨度较大的房屋，宜采用现浇钢筋混凝土屋盖
3	房屋中砌体墙段的局部尺寸限值	房屋中砌体墙段的局部尺寸限值，宜符合表 9-30 的要求

房屋的局部尺寸限值（m）　　　　　表 9-30

序号	部　位	6 度	7 度	8 度	9 度
1	承重窗间墙最小宽度	1.0	1.0	1.2	1.5
2	承重外墙尽端至门窗洞边的最小距离	1.0	1.0	1.2	1.5
3	非承重外墙尽端至门窗洞边的最小距离	1.0	1.0	1.0	1.0
4	内墙阳角至门窗洞边的最小距离	1.0	1.0	1.5	2.0
5	无锚固女儿墙（非出入口处）的最大距离	0.5	0.5	0.5	0.0

注：1. 局部尺寸不足时，应采取局部加强措施弥补，且最小宽度不宜小于 1/4 层高和表列数据的 80%；
　　2. 出入口处的女儿墙应有锚固。

9.3.2　预制楼板的现浇层

对预制楼板的现浇层要求如表 9-31 所示。

预制楼板现浇层　　　　　表 9-31

序号	项　目	内　容
1	现浇层的设置	对框架-剪力墙结构采用装配式楼板时，对板上的现浇层设置应符合下列规定（图 9-7） (1) 现浇层的厚度 $h_1 \geq 40mm$，混凝土强度等级应$\geq$C20 (2) 6.7 度时，宜每层设置现浇层 (3) 8.9 度时，应每层设置现浇层 (4) 现浇层内应双向配置钢筋直径为 4～6mm 钢筋网，其间距为 150～250mm
2	预制板的构造连接	预制板的板缝，预制板与梁及剪力墙的连接，叠合板的构造等，其要求同本书 7.4 节及其他有关的非抗震构造要求

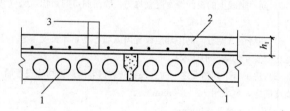

图 9-7　预制楼板上的现浇层
1—预制板；2—现浇层；3—钢筋直径为 4～6mm 双向钢筋网

9.4　框　架　梁

9.4.1　框架梁的截面尺寸

框架梁的截面尺寸如表 9-32 的要求。

框架梁的截面尺寸   表 9-32

序号	项目	内容
1	框架梁的截面尺寸	(1) 框架梁的几何尺寸关系如图 9-8 所示 (2) 框架梁截面高度 h_b 可按 $\left(\frac{1}{10}\sim\frac{1}{18}\right) l_0$ 确定，l_0 为框架梁的计算跨度 (3) 其他要求为 1) $b_b \geqslant 200\text{mm}$ 2) $b_b \geqslant b_c/2$ 3) $h_b/b_b \leqslant 4$ 4) $l_0/h_b \geqslant 5$ 5) $e \leqslant b_c/4$ 此处，b_b—框架梁的截面宽度；b_c—框架柱的截面宽度；h_b—框架梁的截面高度；l_0—框架梁的计算跨度；e—偏心距
2	框架扁梁	(1) 框架扁梁截面尺寸关系如图 9-9 所示 (2) 框架扁梁截面高度 h_b 应满足刚度要求，对于钢筋混凝土框架扁梁 h_b 可取 $\left(\frac{1}{16}\sim\frac{1}{22}\right) l_0$，对于预应力混凝土框架扁梁 h_b 可取 $\left(\frac{1}{20}\sim\frac{1}{25}\right) l_0$，跨度较大时截面高度 h_b 宜取较大值，跨度较小时截面高度 h_b 宜取较小值，此处，l_0 为框架扁梁的计算跨度。同时框架扁梁的截面高度 h_b 不宜小于 2.5 倍板的厚度 (3) 其他要求为 1) $b_b/h_b \leqslant 3$ 2) $b_b/b_c \leqslant 2$ 3) 当 $h_c > b_c$ 时，$b_b \leqslant b_c + h_c/2$ 4) $h_b \geqslant 16$ 倍柱纵向钢筋直径 5) 扁梁不宜用于一级框架结构 此处，b_b—框架扁梁的截面宽度；h_b—框架扁梁的截面高度；b_c—框架柱的截面宽度，圆形截面取柱直径的 0.8 倍；h_c—框架柱的截面高度
3	框架梁的截面符合条件	框架梁的受剪截面应符合下列条件： (1) 跨高比大于 2.5 的框架梁 $$V_b \leqslant \frac{1}{\gamma_{RE}} (0.2\beta_c f_c b_b h_0) \qquad (9\text{-}9)$$ (2) 跨高比不大于 2.5 的框架梁 $$V_b \leqslant \frac{1}{\gamma_{RE}} (0.15\beta_c f_c b_b h_0) \qquad (9\text{-}10)$$ 此处，V_b—调整后的梁端组合剪力设计值；f_c—混凝土轴心抗压强度设计值；b_b—梁的截面宽度；h_0—梁的截面有效高度；β_c—混凝土强度影响系数，当混凝土强度等级不超过 C50 时，β_c 取 1.0；混凝土强度等级为 C80 时，β_c 取 0.8，其间按线性内插法取用

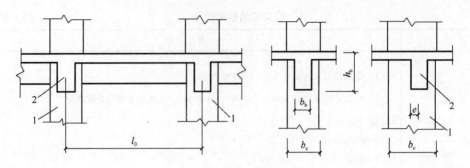

图 9-8　框架梁截面尺寸关系
1—框架柱；2—框架梁

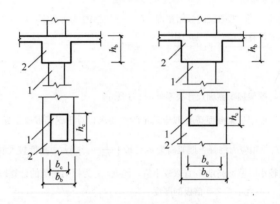

图 9-9　框架扁梁截面尺寸
1—框架柱；2—框架扁梁

9.4.2　框架梁纵向钢筋配置及图例

框架梁纵向钢筋的配置及图例要求如表 9-33 所示。

框架梁纵向钢筋的配置要求　　　　　　　　　　　　　　　　　表 9-33

序号	项　目	内　　容
1	纵向受拉钢筋的配筋率	(1) 钢筋混凝土框架梁中纵向受拉钢筋的配筋率，不应小于表 1-151 及表 1-152、表 1-153 与表 1-154 的规定的数值 (2) 框架梁纵向受拉钢筋的配筋率均不应大于 2.5%，如表 1-156 所示
2	梁顶面和底面通长钢筋的设置	沿梁全长顶面和底面至少应各配置两根纵向钢筋，对一、二级抗震等级，钢筋直径不应小于 14mm，且分别不应少于梁两端顶面和底面纵向受力钢筋中较大截面面积的 1/4；对三、四级抗震等级，钢筋直径不应少于 12mm；如表 9-34 所示
3	受压钢筋和受拉钢筋截面面积的比值	框架梁的两端箍筋加密区范围内，纵向受压钢筋和纵向受拉钢筋的截面面积的比值，应符合下列要求： 一级抗震等级 $$\frac{A'_s}{A_s} \geqslant 0.5 \qquad (9\text{-}11)$$

序号	项 目	内 容
3	受压钢筋和受拉钢筋截面面积的比值	二、三级抗震等级 $$\frac{A'_s}{A_s} \geqslant 0.3 \qquad (9\text{-}12)$$ 如表 9-35 所示
4	纵向钢筋	按抗震设计时，框架梁纵向钢筋宜采用直钢筋，不宜采用弯起钢筋。当框架梁承受较大竖向荷载且跨中钢筋较多时，可采用弯起钢筋。锚入柱内的弯起钢筋，当能有效的承受负弯矩时应计入受拉钢筋截面面积之内
5	配筋构造图例	（1）抗震屋面框架梁纵向钢筋构造如图 9-10 所示，要求如下： 1）跨度值 l_n 为左跨 l_{ni} 和右跨 l_{ni+1} 之较大值，其中 $i=1,2,3\cdots$ 2）图中 h_c 为柱截面沿框架方向的高度 3）梁上部通长钢筋与非贯通钢筋直径相同时，连接位置宜位于跨中 $l_{ni}/3$ 范围内；梁下部钢筋连接位置宜位于支座 $l_{ni}/3$ 范围内；且在同一连接区段内钢筋接头面积百分率不宜大于 50% 4）一级框架梁宜采用机械连接，二、三、四级可采用绑扎搭接或焊接连接 5）钢筋连接要求见本书表 1-122 中的有关规定 6）当梁纵筋采用绑扎搭接接长时，搭接区内箍筋直径及间距要求见本书中的有关规定 7）梁侧面构造钢筋要求见本书表 3-23 序号 1 中的有关规定 8）顶层端节点处梁上部钢筋与附加角部钢筋构造如图 9-27 所示 9）图中 l_{abE} 如本书表 1-113 所示，l_{aE} 如本书表 1-114、表 1-115 及表 1-116 所示，l_{lE} 如本书表 1-129 及表 1-130 所示 10）纵向钢筋弯折构造见本书图 3-16 所示 （2）抗震屋面框架梁顶层端节点梁下部钢筋的锚固构造如图 9-11 所示，要求如下： 1）图 9-11（a）为顶层端节点梁下部钢筋端头锚头（锚板）锚固构造 2）图 9-11（b）为顶层端支座梁下部钢筋直锚构造 3）见上述（1）条中的有关要求 （3）抗震屋面框架梁顶层中间节点梁下部筋在节点外搭接构造如图 9-12 所示，要求如下： 1）梁下部钢筋不能在柱内锚固时，可在节点外搭接。相邻跨钢筋直径不同时，搭接位置与较小直径一跨 2）见上述（1）条中的有关要求 （4）抗震楼层框架梁纵向钢筋构造如图 9-13 所示，要求如下： 1）跨度值 l_n 为左跨 l_{ni} 和右跨 l_{ni+1} 之较大值，其中 $i=1,2,3\cdots$ 2）图中 h_c 为柱截面沿框架方向的高度 3）梁上部通长钢筋与非贯通钢筋直径相同时，连接位置宜位于跨中 $l_{ni}/3$ 范围内；梁下部钢筋连接位置宜位于支座 $l_{ni}/3$ 范围内；且在同一连接区段内钢筋接头面积百分率不宜大于 50% 4）一级框架梁宜采用机械连接，二、三、四级可采用绑扎搭接或焊接连接 5）钢筋连接要求见本书表 1-122 中的有关规定 6）当梁纵筋采用绑扎搭接接长时，搭接区内箍筋直径及间距要求见本书中的有关规定 7）梁侧面构造钢筋要求见本书表 3-26 序号 1 中的有关规定 8）见上述（1）条中的有关规定

续表 9-33

序号	项　目	内　　容
5	配筋构造图例	（5）抗震楼层框架梁端支座锚固构造如图 9-14 所示，要求如下： 1）端支座加锚头（锚板）锚固如图 9-14（a）所示 2）端支座直锚如图 9-14（b）所示 3）见上述（4）条中的有关规定 （6）抗震楼层框架梁中间层中间节点梁下部筋在节点外搭接如图 9-15 所示，要求如下： 1）梁下部钢筋不能在柱内锚固时，可在节点外搭接。相邻跨钢筋直径不同时，搭接位置位于较小直径一跨 2）见上述（4）条中的有关规定

梁上、下通长纵向钢筋数量及接头位置　　　　表 9-34

序号	抗震等级	一、二级	三、四级	接头位置
1	上部纵向钢筋	$2\Phi 14$，且 $\geqslant\dfrac{1}{4}A_{smax}^{t}$	$2\Phi 12$	跨中
2	下部纵向钢筋	$2\Phi 14$，且 $\geqslant\dfrac{1}{4}A_{smax}^{b}$	$2\Phi 12$	支座或支座边 $\dfrac{1}{4}l_{b0}$ 处

注：1. 如采用搭接接头，应满足搭接长度要求；
2. A_{smax}^{t}、A_{smax}^{b} 分别为上、下最大配筋截面面积；
3. l_{b0} 为梁的净跨度。

框架梁端部下（A'_s）对上（A_s）纵向钢筋截面面积之比　　　　表 9-35

抗震等级	一级	二级	三级	一般情况
A'_s/A_s	$\geqslant 0.5$	$\geqslant 0.3$	$\geqslant 0.3$	$\leqslant 0.8$

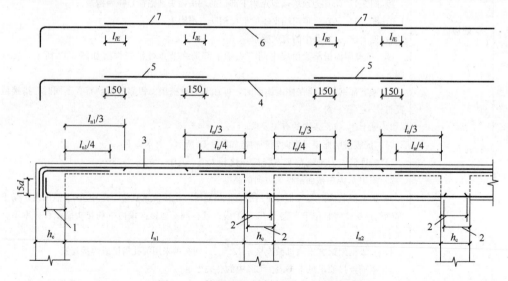

图 9-10　抗震屋面框架梁纵向钢筋构造

1—伸至梁上部纵筋弯钩段内侧且 $\geqslant 0.4l_{abE}$；2—$\geqslant l_{aE}$ 且 $\geqslant 0.5h_c+5d$；3—通长筋；4—用于梁上有架立筋时，架立筋与非贯通钢筋的搭接；5—架立筋；6—用于梁上部贯通钢筋由不同直径钢筋搭接时；7—通长筋（小直径）

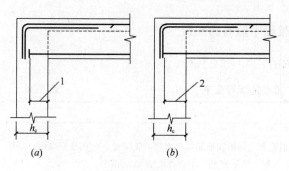

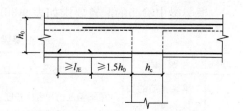

图 9-11 抗震屋面框架梁顶层端节点梁
下部钢筋的锚固构造

（a）顶层端节点梁下部钢筋端头加锚头（锚板）锚固；

（b）顶层端支座梁下部钢筋直锚

1—伸至梁上部纵筋弯钩段内侧，且$\geq 0.4l_{abE}$；

2—$\geq 0.5h_c+5d$ 且$\geq l_{aE}$

图 9-12 顶层中间节点梁下部筋
在节点外搭接

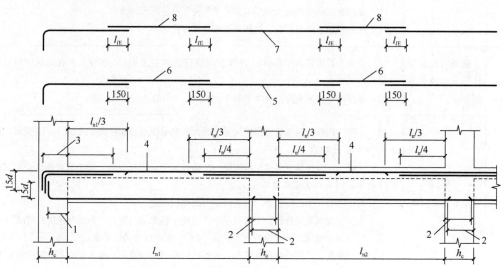

图 9-13 抗震楼层框架梁纵向钢筋构造

1—伸至梁上部纵筋弯钩段内侧或柱外侧纵筋内侧，且$\geq 0.4l_{abE}$；2—$\geq l_{aE}$且$\geq 0.5h_c+5d$；3—伸至柱外侧纵筋内侧，且$\geq 0.4l_{abE}l_{n1}/4$；4—通长筋；5—用于梁上有架立筋时，架立筋与非贯通钢筋的搭接；6—架立筋；
7—用于梁上部贯通钢筋由不同直径钢筋搭接时；8—通长筋（小直径）

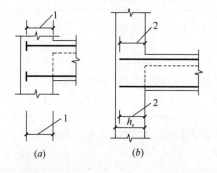

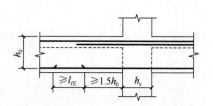

图 9-14 抗震楼层框架梁端支座锚固构造

（a）端支座加锚头（锚板）锚固；（b）端支座直锚

1—伸至柱外侧纵筋内侧，且$\geq 0.4l_{abE}$；2—$\geq l_{aE}$且$\geq 0.5h_c+5d$

图 9-15 中间层中间节点梁
下部筋在节点外搭接

9.4.3　框架梁中箍筋的配置

框架梁中箍筋的配置要求如表 9-36 所示。

框架梁中箍筋的配置要求　　　　　　　　　　　　　　　　　　表 9-36

序号	项　目	内　　　容
1	梁端箍筋的加密区长度、间距和直径	梁端箍筋的加密区长度、箍筋最大间距和箍筋最小直径，应按表 9-37 的规定取用；当梁端纵向受拉钢筋配筋率大于 2% 时，表中箍筋最小直径应增大 2mm
2	箍筋配置	(1) 第一个箍筋应设置在距构件节点边缘不大于 50mm 处，一般取用 50mm (2) 梁箍筋加密区长度内的箍筋肢距：一级抗震等级不宜大于 200mm 及 20 倍箍筋直径的较大值；二、三级抗震等级不宜大于 250mm 及 20 倍箍筋直径的较大值，四级抗震等级不宜大于 300mm (3) 非加密区的箍筋最大间距不宜大于加密区箍筋间距的 2 倍 (4) 纵向钢筋不应与箍筋、拉筋及预埋件等焊接
3	箍筋的配筋率计算公式及计算用表	(1) 沿梁全长箍筋的配筋率 ρ_{sv} 计算公式应符合本书表 1-144 序号 1 中有关规定的计算公式 (2) 梁箍筋计算用表应符合本书表 1-144 序号 2 中的有关计算用表
4	箍筋配筋图例	(1) 一级～四级抗震等级楼层框架梁、屋面框架梁端箍筋加密区要求如图 9-16 所示，图中 h_b 为梁截面高度 (2) 一级～四级抗震等级楼层框架梁、屋面框架梁（尽端为梁）端箍筋加密区要求如图 9-17 所示，图中 h_b 为梁截面高度 (3) 弧形梁沿梁中心线展开，箍筋间距沿凸面线量度 (4) 本图抗震框架梁箍筋加密区范围同样适用于框架梁与剪力墙平面内连接的情况 (5) 梁中附加箍筋、吊筋构造见本书表 3-28 与表 3-29 中的有关规定 (6) 当梁纵筋采用绑扎搭接接长时，搭接区内箍筋直径及间距要求见本书中的有关规定 (7) 见表 9-37 的有关规定

梁端箍筋加密区的构造要求　　　　　　　　　　　　　　　　　　表 9-37

序号	抗震等级	箍筋加密区长度	箍筋最大间距	箍筋最小直径
1	一级	$2h_b$ 和 500mm 二者中的较大值	纵向钢筋直径的 6 倍、梁高的 1/4 或 100mm 三者中的最小值	10mm
2	二级		纵向钢筋直径的 8 倍、梁高的 1/4 或 100mm 三者中的最小值	8mm
3	三级	$1.5h_b$ 和 500mm 二者中的较大值	纵向钢筋直径的 8 倍、梁高的 1/4 或 150mm 三者中的最小值	8mm
4	四级		取纵向钢筋直径的 8 倍、梁高的 1/4 或 150mm 三者中的最小值	6mm

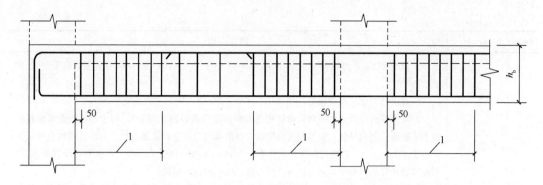

图 9-16 一级~四级抗震等级楼层框架梁、屋面框架梁梁端箍筋加密区

1—箍筋加密区长度：抗震等级为一级：≥2.0h_b且≥500；抗震等级为二~四级：≥1.5h_b且≥500

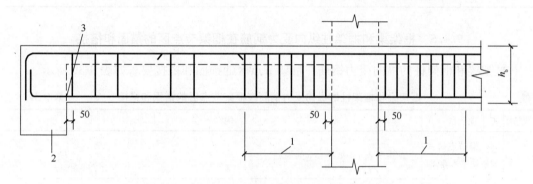

图 9-17 一级~四级抗震等级楼层框架梁、屋面框架梁（尽端为梁）端箍筋加密区

1—箍筋加密区长度：抗震等级为一级：≥2.0h_b且≥500；抗震等级为二~四级：≥1.5h_b且≥500；

2—主梁；3—此端箍筋构造可不设加密区，梁端箍筋规格及数量由设计确定

9.4.4 框架扁梁结构体系及构造要求

框架扁梁结构体系及构造要求如表 9-38 所示。

框架扁梁结构体系及构造要求 表 9-38

序号	项 目	内 容
1	结构体系	框架扁梁与周边普通梁柱框架结合可用于多层框架结构、设置足够的剪力墙形成框墙结构可用于高层建筑
2	构造要求	(1) 框架扁梁结构的楼板应现浇，宜双向布置，上、下柱中线不应有偏心，梁柱中线应重合，且不宜用于一级抗震等级的框架结构 (2) 有关扁梁宽度的取值见表 9-32 序号 2，截面设计应满足挠度及抗裂要求 (3) 扁梁的纵向钢筋在柱宽度范围一级框架应不少于配筋总面积的 75%，二、三、四级框架不少于 50%，柱宽以外的钢筋应由边梁受扭承载力来确定 (4) 扁梁箍筋肢数不少于 4 肢，箍筋肢距不宜大于 200mm。箍筋加密范围，一级框架不少于 2.5b_c（或 500mm），二、三、四级框架不少于 2b_c（或 500mm），箍距取 100mm (5) 边框架宜采用普通梁、柱框架，锚入边梁的扁梁纵向钢筋的保护层厚度靠边梁外侧不宜小于 50mm

序号	项　目	内　　容
2	构造要求	（6）扁梁纵向受力钢筋的最小配筋率不应小于 0.3%，一般为单层放置，间距不宜大于 100mm 　（7）扁梁两侧面应配置腰筋，其直径不宜小于 12mm，间距不宜大于 200mm 　（8）扁梁节点外核心区（两向扁梁相交面积扣除柱截面面积部分），对于中柱节点可配置附加水平箍筋及竖向拉筋，拉筋勾住扁梁纵向钢筋并与之绑扎；拉筋直径：一、二级抗震等级不宜小于 10mm，三、四级抗震等级不宜小于 8mm；当核心区受剪承载力不能满足计算要求时，可配置附加腰筋；对于扁梁边柱节点核心区，也可配置附加腰筋 　（9）扁梁节点的内、外核心区均可视为梁的支座，梁纵向受力钢筋在支座区的锚固和搭接均按有关框架梁的规定执行，其中支座梁底的钢筋宜贯通或按受拉钢筋一样搭接；梁面钢筋宜有 1/4～1/3 贯通

9.4.5　框架梁和框架柱纵向受力钢筋在框架节点区的锚固和搭接

框架梁和框架柱的纵向受力钢筋在框架节点区的锚固和搭接要求如表 9-39 所示。

框架梁和框架柱的纵向受力钢筋在框架节点区的锚固和搭接　　　　表 9-39

序号	项　目	内　　容
1	框架节点锚固与搭接基本要求	见本书表 1-108 序号 5 的规定
2	框架节点区箍筋	框架节点区箍筋的最大间距、最小直径宜按表 9-43 采用。对一、二、三级抗震等级的框架节点核心区，配箍特征值 λ_v 分别不宜小于 0.12、0.10 和 0.08，且其箍筋体积配筋率分别不宜小于 0.6%、0.5% 和 0.4%。当框架柱的剪跨比不大于 2 时，其节点核心区体积配筋率不宜小于核心区上、下柱端体积配箍率中的较大值

9.5　框　架　柱

9.5.1　框架柱截面尺寸

框架柱的截面尺寸应符合表 9-40 的规定。

框架柱截面尺寸要求　　　　表 9-40

序号	项　目	内　　容
1	框架柱的截面尺寸	（1）框架柱的几何尺寸关系如图 9-18 所示 　（2）矩形截面柱，抗震等级为四级或层数不超过 2 层时，其最小截面尺寸不宜小于 300mm，一、二、三级抗震等级且层数超过 2 层时不宜小于 400mm；圆柱的截面直径，抗震等级为四级或层数不超过 2 层时不宜小于 350mm，一、二、三级抗震等级且层数超过 2 层时不宜小于 450mm 　（3）柱截面沿竖向总高度的变化次数不宜超过三次 　（4）柱的剪跨比宜大于 2，柱截面长边与短边的边长比不宜大于 3 　（5）框架梁的纵向钢筋在节点范围内的锚固如图 1-19 所示

序号	项　目	内　　容
2	框架长柱	符合 $\dfrac{H_n}{h_c}>4$ 的按框架长柱设计。此处，H_n—框架柱的净高；h_c—框架柱的截面高度
3	框架短柱	符合 $\dfrac{H_n}{h_c}\leqslant 4$ 的按框架短柱设计
4	框架柱的截面符合条件	框架柱的受剪截面应符合下列条件： 剪跨比 λ 大于 2 的框架柱 $$V_c\leqslant\frac{1}{\gamma_{RE}}\,(0.2\beta_c f_c bh_0) \qquad (9\text{-}13)$$ 框支柱和剪跨比 λ 不大于 2 的框架柱 $$V_c\leqslant\frac{1}{\gamma_{RE}}\,(0.15\beta_c f_c bh_0) \qquad (9\text{-}14)$$

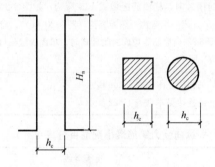

图 9-18　框架柱

9.5.2　框架柱和框支柱的钢筋配置

框架柱和框支柱的钢筋配置要求如表 9-41 所示。

框架柱和框支柱的钢筋配置要求　　　　　　　　　**表 9-41**

序号	项　目	内　　容
1	钢筋配置要求	框架柱和框支柱的钢筋配置，应符合下列要求： （1）柱全部纵向受力钢筋最小配筋百分率应符合表 9-42 的规定 （2）框架柱和框支柱上、下两端箍筋应加密，加密区的箍筋最大间距和箍筋最小直径应符合表 9-43 的规定 （3）框支柱和剪跨比不大于 2 的框架柱应在柱全高范围内加密箍筋，且箍筋间距应符合上述（2）条一级抗震等级的要求 （4）一级抗震等级框架柱的箍筋直径大于 12mm 且箍筋肢距不大于 150mm 及二级抗震等级框架柱的直径不小于 10mm 且箍筋肢距不大于 200mm 时，除底层柱下端外，箍筋间距应允许采用 150mm；四级抗震等级框架柱剪跨比不大于 2 时，箍筋直径不应小于 8mm
2	配筋百分率及纵向钢筋配置	柱的配筋最大百分率如表 1-157 所示 柱的纵向钢筋宜对称配置。截面尺寸大于 400mm 的柱，纵向钢筋的间距不宜大于 200mm

序号	项目	内容
3	箍筋加密区长度	框架柱的箍筋加密区长度，应取柱截面长边尺寸（或圆形截面直径）、柱净高的1/6和500mm中的最大值；一、二级抗震等级的角柱应沿柱全高加密箍筋。底层柱根箍筋加密区长度应取不小于该柱净高的1/3；当有刚性地面时，除柱端箍筋加密区外尚应在刚性地面上、下各500mm的高度范围内加密箍筋
4	箍筋肢距及箍筋形式	（1）柱箍筋加密区内的箍筋肢距：一级抗震等级不宜大于200mm；二、三级抗震等级不宜大于250mm和20倍箍筋直径中的较大值；四级抗震等级不宜大于300mm。每隔一根纵向钢筋宜在两个方向有箍筋或拉筋约束；当采用拉筋且箍筋与纵向钢筋有绑扎时，拉筋宜紧靠纵向钢筋并勾住箍筋 （2）当框架柱中全部纵向受力钢筋的配筋率超过3%时，箍筋应焊成封闭环式 为了加强箍筋对核芯混凝土的约束作用，根据实际需要，可以采用如图9-19所示的封闭式箍筋 箍筋为封闭式时，柱箍筋应做成135°弯钩，如图9-20（a）所示；拉筋箍可两端弯钩（图9-20（b）) 或一端弯钩一端为直钩（图9-20（c））；弯钩直线段长度不小于10d，直钩长度不小于6d；当箍筋需焊成封闭环式时，单面焊缝长度不小于50mm，且不小于5d，如图9-20（d）所示
5	钢筋的锚固与连接	（1）钢筋的锚固见本书表1-108所示 （2）钢筋的连接见本书表1-122所示

柱纵向受力钢筋最小配筋百分率（%） **表 9-42**

序号	柱类型	抗震等级					非抗震
		特一级	一级	二级	三级	四级	
1	中柱、边柱	1.4	0.9 (1.0)	0.7 (0.8)	0.6 (0.7)	0.5 (0.6)	0.5
2	角柱	1.6	1.1	0.9	0.8	0.7	0.5
3	框支柱	1.1	1.1	0.9	—	—	0.7

注：1. 表中括号内数值适用于框架结构；
　　2. 采用335N/mm² 级、400N/mm² 级纵向受力钢筋时，应分别按表中数值增加0.1和0.05采用；
　　3. 当混凝土强度等级高于C60时，上述数值应增加0.1采用；
　　4. 在钢筋混凝土框架体系中，角柱的受力条件比其他柱要差。震害调查也表明，角柱的破坏程度往往比边柱和中柱更严重一些。为了防止角柱的斜向压弯破坏，除考虑双向地震输入，进行角柱的斜向压弯承载力验算外；在构造上应特别注意加密箍筋，使两个方向箍筋的配置均符合对短柱的要求，以增强箍筋对受压区混凝土的约束作用。此外，为了增强角柱的斜截面压弯能力，对于高层建筑中较大截面的角柱，纵向受力钢筋的排列，在满足间距不大于200mm的条件下，尽量向角部集中；此外，还可在四角部位采用较密和较粗钢筋（图9-21）。

柱端箍筋加密区的构造要求 **表 9-43**

序号	抗震等级	箍筋最大间距（mm）	箍筋最小直径（mm）
1	特一级、一级	纵向钢筋直径的6倍和100中的较小值	10
2	二级	纵向钢筋直径的8倍和100中的较小值	8
3	三级	纵向钢筋直径的8倍和150（柱根100）中的较小值	8
4	四级	纵向钢筋直径的8倍和150（柱根100）中的较小值	6（柱根8）

注：柱根系指底层柱下端的箍筋加密区范围。

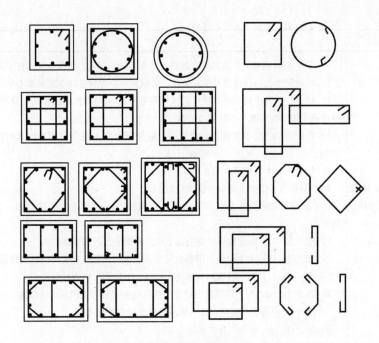

图 9-19　框架柱的箍筋形式

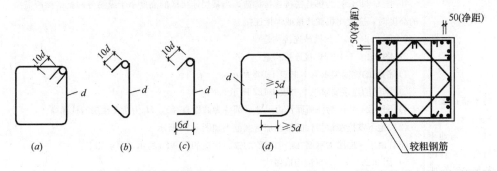

图 9-20　箍筋和拉筋的弯钩　　　　图 9-21　框架角柱纵向受力钢筋的排列构造

9.5.3　抗震框架柱配筋构造图例

抗震框架柱配筋构造图例如表 9-44 所示。

抗震框架柱配筋构造图例　　　　　　　　　　　表 9-44

序号	项　目	内　　容
1	抗震框架柱纵向钢筋连接构造	(1) 抗震框架中柱两边钢筋相同时纵向钢筋的连接构造如图 9-22 所示，要求如下： 1) 图 9-22 (a) 为柱两边纵向钢筋的绑扎搭接连接接头。当某层连接区的高度小于纵筋分两批搭接所需要的高度时，应改用机械连接或焊接连接 2) 图 9-22 (b) 为柱两边纵向钢筋的机械连接接头 3) 图 9-22 (c) 为柱两边纵向钢筋的焊接连接接头 4) 柱相邻纵向钢筋连接接头相互错开。在同一截面内钢筋接头面积百分率不宜大于 50%

序号	项　目	内　容
1	抗震框架柱纵向钢筋连接构造	5）图中 h_c 为柱截面长边尺寸（圆柱为截面直径），H_n 为所在楼层的柱净高 6）柱纵筋绑扎搭接长度及绑扎搭接、机械连接、焊接连接要求见本书中的有关规定 7）轴心受拉及小偏心受拉柱内的纵向钢筋不得采用绑扎搭接接头，设计者应在柱平法结构施工图中注明某平面位置及层数 8）当嵌固部位位于基础顶面以上时，嵌固部位以下地下室部分柱纵向钢筋连接构造，如图 9-24、图 9-25 及图 9-26 所示 9）钢筋的锚固要求见本书表 1-108 所示 10）钢筋的连接要求见本书表 1-122 所示 （2）抗震框架中柱之上柱与下柱的纵向钢筋不同时的连接构造如图 9-23 所示，要求如下： 1）图 9-23（a）为上柱纵向钢筋比下柱纵向钢筋多时的连接构造 2）图 9-23（b）为上柱纵向钢筋直径比下柱纵向钢筋直径大时的连接构造 3）图 9-23（c）为下柱纵向钢筋比上柱纵向钢筋多时的连接构造 4）图 9-23（d）为下柱钢筋直径比上柱纵向钢筋直径大时的连接构造 5）图 9-23 中为绑扎搭接，也可采用机械连接和焊接连接 6）见上述（1）条中的有关规定
2	地下室抗震框架柱的纵向钢筋连接构造与地下室抗震框架柱的箍筋加密区范围	（1）地下室抗震框架柱的纵向钢筋连接构造如图 9-24 所示，要求如下： 1）图 9-24（a）为绑扎搭接连接构造。当某层连接区的高度小于纵筋分两批搭接所需的高度时，应改用机械连接或焊接连接 2）图 9-24（b）为机械连接构造 3）图 9-24（c）为焊接连接构造 4）钢筋的锚固要求见本书表 1-108 所示 5）钢筋的连接要求见本书表 1-122 所示 6）图 9-24 中 h_c 为柱截面长边尺寸（圆柱为截面直径），H_n 为所在楼层的柱净高 （2）地下室抗震框架柱的箍筋加密区范围如图 9-25 所示 （3）地下一层增加钢筋在嵌固部位的锚固构造如图 9-26 所示，要求如下： 1）图 9-26（a）为弯锚构造做法 2）图 9-26（b）为直锚构造做法 3）地下一层柱截面每侧纵向钢筋不应小于地上一层柱对应纵向钢筋的 1.1 倍，且地下一层柱上端和节点左右梁端实配的抗震受弯承载力之和应大于地上一层柱下端实配的抗震受弯承载力的 1.3 倍 （4）图 9-24 及图 9-25 中钢筋连接构造及柱箍筋加密区范围用于嵌固部位不在基础底面情况下地下室部分（基础底面至嵌固部位）的柱 （5）见本序号上述（1）条中的有关规定
3	抗震框架边柱和角柱柱顶纵向钢筋构造	抗震框架边柱和角柱柱顶纵向钢筋构造如图 9-27 所示，要求如下： （1）如图 9-27（a）所示，柱筋作为梁上部钢筋使用 （2）如图 9-27（b）所示，为从梁底算起 $1.5l_{abE}$ 超过柱内侧边缘 （3）如图 9-27（c）所示，为从梁底算起 $1.5l_{abE}$ 未超过柱内侧边缘 （4）如图 9-27（d）所示，为用于图 9-27（b）或图 9-27（c）节点未伸入梁内的柱外侧钢筋锚固，当现浇板厚度不小于 100 时，也可按图 9-27（b）节点方式伸入板内锚固，且伸入板内长度不宜小于 15d （5）如图 9-27（e）所示，用于梁、柱纵向钢筋搭接接头沿节点外侧直线布置

序号	项 目	内　容
3	抗震框架边柱和角柱柱顶纵向钢筋构造	(6) 应符合表 9-39 和表 9-41 中有关规定 (7) 节点纵向钢筋弯折要求如图 3-16（括号内数值）所示 (8) 其他规定 1) 节点图 9-27 (a)、(b)、(c)、(d) 应配合使用，节点图 9-27 (d) 不应单独使用（仅用于未伸入梁内的柱外侧柱筋锚固），伸入梁内的柱外侧纵筋不宜少于柱外侧全部纵筋面积的 65%。可选择图 9-27 (b) ＋图 9-27 (d) 或图 9-27 (c) ＋图 9-27 (d) 或图 9-27 (a) ＋图 9-27 (b) ＋图 9-27 (d) 或图 9-27 (a) ＋图 9-27 (c) ＋图 9-27 (d) 的做法 2) 节点图 9-27 (e) 用于梁、柱纵向钢筋接头沿节点柱顶外侧直线布置的情况，可与节点图 9-27 (a) 组合使用
4	抗震框架中柱柱顶纵向钢筋构造和抗震框架柱变截面位置纵向钢筋构造	(1) 抗震框架中柱柱顶纵向钢筋可用直线方式锚入柱顶节点，自梁底算起的锚固长度不应小于 l_{aE}，且柱纵向钢筋必须伸至柱顶，配筋构造如图 9-28 所示，具体要求如下： 1) 如图 9-28 (a) 所示，当直锚长度<l_{aE}时，将柱两侧纵向钢筋伸至柱顶的锚固长度不小于 $0.5l_{abE}$ 后向柱内水平弯折，弯折后的水平投影段长度不应小于 $12d$，此处，d 为柱两侧纵向钢筋直径 2) 如图 9-28 (b) 所示，当直锚长度<l_{aE}，且顶层为现浇钢筋混凝土板，其混凝土强度等级不低于 C20、板厚不小于 100mm 时，将柱两侧纵向钢筋伸至柱顶的长度不小于 $0.5l_{abE}$ 后向柱外水平弯折锚入现浇钢筋混凝土板内，弯折后的水平段投影长度不应小于 $12d$，此处，d 为柱两侧纵向钢筋直径 3) 如图 9-28 (c) 所示，当直锚长度<l_{aE}，则将柱纵向钢筋端头加锚头（锚板），将柱两侧纵向钢筋伸至柱顶的长度不小于 $0.5l_{abE}$ 4) 如图 9-28 (d) 所示，自梁底算起的锚固长度不小于 l_{aE} 时，则柱两侧的纵向钢筋用直线方式锚至柱顶即可 5) 上述中柱柱头纵向钢筋构造分四种构造做法，施工人员应根据各种做法所要求的条件正确选用 (2) 抗震框架柱变截面位置纵向钢筋连接构造如图 9-29、图 9-30 所示 1) 图 9-29 (a) 为中柱，且应符合 $\Delta/h_b > 1/6$ 规定，连接要求如图中所示 2) 图 9-29 (b) 为中柱，且应符合 $\Delta/h_b \leqslant 1/6$ 规定，连接要求如图中所示 3) 图 9-29 (c) 为边柱，且应符合 $\Delta/h_b > 1/6$ 规定，连接要求如图中所示 4) 图 9-30 (a) 为边柱，且应符合 $\Delta/h_b \leqslant 1/6$ 规定，连接要求如图中所示 5) 图 9-30 (b) 为边柱，且应符合 $\Delta/h_b > 1/6$ 规定，连接要求如图中所示 6) 图 9-29 及图 9-30 中楼层（面）以上柱纵筋连接构造如图 9-22、图 9-23 及图 9-24 所示 (3) 纵向钢筋弯折要求见图 3-16 所示
5	抗震框架柱、剪力墙上柱、梁上柱箍筋加密区范围及抗震剪力墙上柱、梁上柱纵向钢筋构造与底层刚性地面箍筋加密范围	(1) 抗震框架柱、剪力墙上柱、梁上柱箍筋加密区范围如图 9-31 所示。抗震剪力墙上柱嵌固部位为墙顶面（图 9-32）、梁上柱嵌固部位为梁顶面（图 9-33） (2) 抗震剪力墙上柱纵筋构造如图 9-32 所示，其中图 9-32 (a) 为柱与剪力墙重叠一层构造做法，图 9-32 (b) 为柱纵筋锚固在剪力墙顶部时柱根构造做法

序号	项　目	内　　容
5	抗震框架柱、剪力墙上柱、梁上柱箍筋加密区范围及抗震剪力墙上柱、梁上柱纵向钢筋构造与底层刚性地面箍筋加密范围	(3) 梁上柱纵筋构造做法如图 9-33 所示 (4) 底层刚性地面柱上下箍筋各加密 500mm，如图 9-34 所示 (5) 纵向钢筋弯折要求见图 3-16 所示 (6) 见本书表 9-41 中有关规定 (7) 除具体工程设计标注有箍筋全高加密的柱外，柱箍筋加密区按图 9-31 规定所示 (8) 当柱纵筋采用搭接连接时，搭接区范围内箍筋构造见本书中有关规定 (9) 当柱在某楼层各向均无梁连接时，计算箍筋加密范围采用的 H_n 按该跃层柱的总净高取用，其余情况同普通柱 (10) 剪力墙上起柱，在剪力墙顶面标高以下锚固范围内的柱箍筋按上柱非加密区箍筋要求配置。梁上起柱，在梁内设两道柱箍筋 (11) 剪力墙上起柱（柱纵筋锚固剪力墙顶部时）和梁上起柱时，墙体和梁的平面外方向应设梁，以平衡柱脚在该方向的弯矩；当柱宽度大于梁宽时，梁应设水平加腋

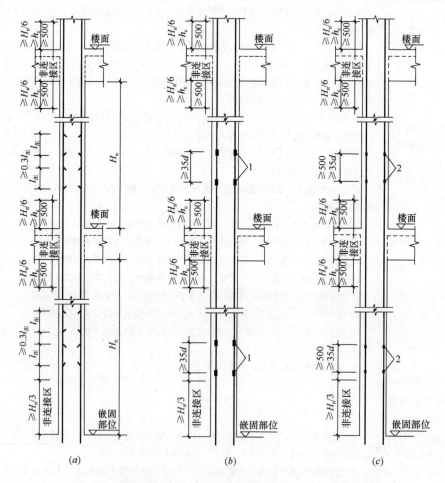

图 9-22　抗震框架中柱柱两边钢筋相同时纵向钢筋连接构造

(a) 绑扎搭接接头；(b) 机械连接接头；(c) 焊接连接接头

1—相邻纵向钢筋交错机械连接；2—相邻纵向钢筋交错焊接连接

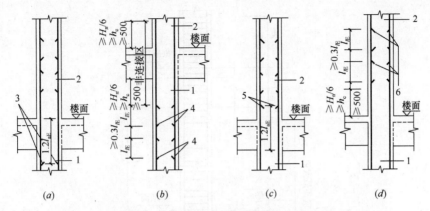

图 9-23　抗震框架中柱之上柱与下柱的纵向钢筋不同时的连接构造

(a) 上柱纵向钢筋比下柱纵向钢筋多时；(b) 上柱纵向钢筋直径比下柱纵向钢筋直径大时；(c) 下柱纵向钢筋比
上柱纵向钢筋多时；(d) 下柱纵向钢筋直径比上柱纵向钢筋直径大时

1—下柱；2—上柱；3—上柱比下柱多出的钢筋；4—上柱较大直径钢筋；5—下柱比上柱多出的钢筋；
6—下柱较大直径钢筋

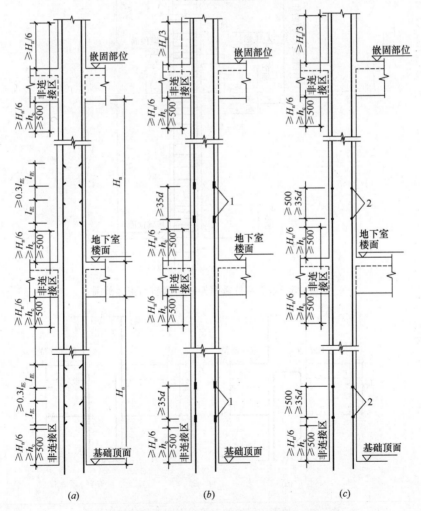

图 9-24　地下室抗震框架柱的纵向钢筋连接构造

(a) 绑扎搭接接头；(b) 机械连接接头；(c) 焊接连接接头

1—相邻纵向钢筋交错机械连接；2—相邻纵向钢筋交错焊接连接

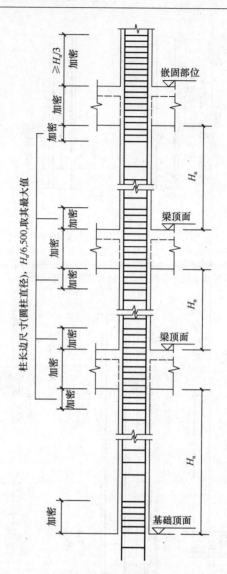

图 9-25　地下室抗震框架柱的箍筋加密区范围

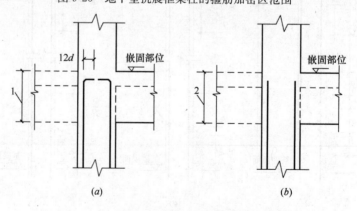

图 9-26　地下一层增加钢筋在嵌固部位的锚固构造
(a) 弯锚；(b) 直锚
1—伸至梁顶，且≥0.5l_{abE}；2—伸至梁顶，且≥l_{aE}

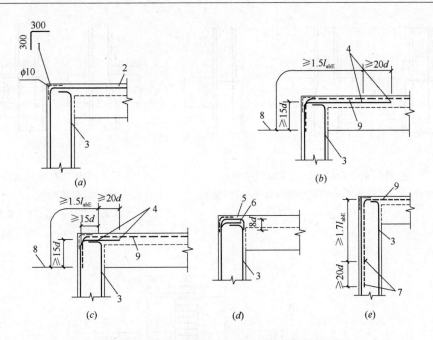

图 9-27　抗震框架边柱和角柱柱顶纵向钢筋配置构造

（a）柱筋作为梁上部钢筋使用；（b）从梁底算起 $1.5l_{abE}$ 超过柱内侧边缘；（c）从梁底算起 $1.5l_{abE}$ 未超过柱内侧边缘；（d）用于本图（b）或（c）节点未伸入梁内的柱外侧钢筋锚固；（e）梁上部纵向钢筋配筋率大于 1.2% 时，搭接接头沿柱顶外侧布置

1—当柱纵筋直径≥25 时，在柱宽范围的柱箍筋内侧设置间距＞150，但不少于 3 Φ 10 的角部附加钢筋；2—柱外侧纵向钢筋直径不小于梁上部钢筋时，可弯入梁内作上部纵向钢筋；3—柱内侧纵筋同中柱柱顶纵向钢筋构造，见图 9-28；4—柱外侧纵向钢筋配筋率＞1.2% 时分两批截断；5—柱顶第一层钢筋伸至柱内边下弯折 $8d$；6—柱顶第二层钢筋伸至柱内边；7—梁上部纵向钢筋配筋率＞1.2% 时，应分两批截断，当梁上部纵向钢筋为两排时，先断第二排钢筋；8—梁底；9—梁上部纵向钢筋

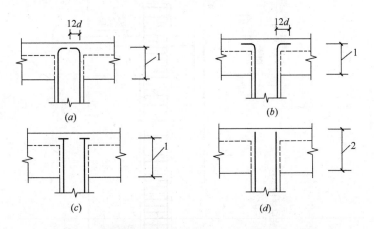

图 9-28　抗震框架中柱柱顶纵向钢筋配筋构造

（a）当直锚长度小于 l_{aE} 时（1）；（b）当直锚长度小于 l_{aE} 时（2）；（c）当直锚长度小于 l_{aE} 时（3）；
（d）当直锚长度大于等于 l_{aE} 时

1—伸至柱顶，且≥$0.5l_{abE}$；2—伸至柱顶，且≥l_{aE}

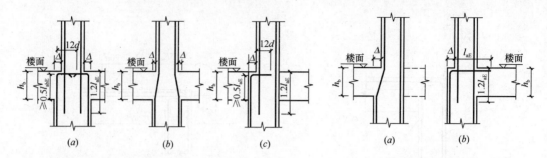

图 9-29   抗震框架柱变截面位置纵向钢筋构造（1）

(a) 中柱，$\Delta/h_b > 1/6$ 情况；(b) 中柱，$\Delta/h_b \leqslant 1/6$ 情况；

(c) 边柱，$\Delta/h_b > 1/6$ 情况

图 9-30   抗震框架柱变截面位置
纵向钢筋构造（2）

(a) 边柱，且 $\Delta/h_b \leqslant 1/6$ 情况；

(b) 边柱，$\Delta/h_b > 1/6$ 情况

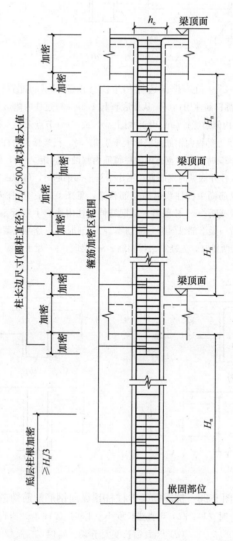

图 9-31   抗震框架柱、剪力墙上柱、梁上柱箍筋加密区范围

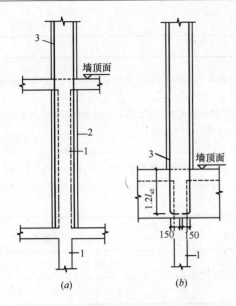

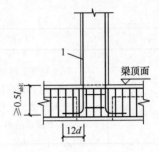

图9-33　梁上柱纵向钢筋构造

1—钢筋连接做法见图9-22、

图 9-23 及图 9-24

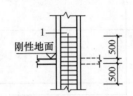

图 9-32　抗震剪力墙上柱纵向钢筋构造

（a）柱与剪力墙重叠一层；（b）柱纵筋锚固

在剪力墙顶部时柱根构造

1—剪力墙；2—柱；3—锚筋连接做法

见图 9-22、图 9-23 及图 9-24

图 9-34　底层刚性地面

上下各加密 500mm

1—箍筋加密

9.5.4　柱轴压比限值与箍筋加密区的体积配筋率

柱轴压比限值与箍筋加密区的体积配筋率如表 9-45 所示。

柱轴压比限值与箍筋加密区的体积配筋率　　　　　　　表 9-45

序号	项　目	内　　容
1	柱轴压比限值	一、二、三、四级抗震等级的各类结构的框架柱、框支柱，其轴压比不宜大于表 9-46 规定的限值。对Ⅳ类场地上较高的高层建筑，柱轴压比限值应适当减小
2	箍筋加密区箍筋的体积配筋率	箍筋加密区箍筋的体积配筋率应符合下列规定： （1）柱箍筋加密区箍筋的体积配筋率，应符合下列规定： $$\rho_v = \frac{\sum a_k l_k}{l_1 l_2 s} \geqslant \lambda_v \frac{f_c}{f_{yv}} \qquad (9\text{-}15)$$ 式中　ρ_v——柱箍筋加密区的体积配筋率，计算中应扣除重叠部分的箍筋体积 　　　　a_k——箍筋单肢截面面积 　　　　l_k——对应于 a_k 的箍筋单肢总长度，重叠段按一肢计算 　　　　l_1、l_2——柱核芯混凝土面积的两个边长 　　　　s——箍筋间距 　　　　f_{yv}——箍筋抗拉强度设计值 　　　　f_c——混凝土轴心抗压强度设计值；当强度等级低于 C35 时，按 C35 取值 　　　　λ_v——最小配箍特征值，按表 9-47 采用 （2）对一、二、三、四级抗震等级的柱，其箍筋加密区的箍筋体积配筋率分别不应小于 0.8%、0.6%、0.4% 和 0.4%

序号	项　目	内　容
2	箍筋加密区箍筋的体积配筋率	（3）框支柱宜采用复合螺旋箍或井字复合箍，其最小配箍特征值应按表 9-47 中的数值增加 0.02 采用，且体积配筋率不应小于 1.5% （4）当剪跨比 λ 不大于 2 时，宜采用复合螺旋箍或井字复合箍，其箍筋体积配筋率不应小于 1.2%；9 度设防烈度一级抗震等级时，不应小于 1.5%
3	在箍筋加密区外	在箍筋加密区外，箍筋的体积配筋率不宜小于加密区配筋率的一半；对一、二级抗震等级，箍筋间距不应大于 10d；对三、四级抗震等级，箍筋间距不应大于 15d，此处，d 为纵向钢筋直径

柱轴压比限值　　　　　　　　　　　　　　　　　　　　表 9-46

序号	结　构　类　型	抗　震　等　级			
		特一级、一级	二级	三级	四级
1	框架结构	0.65	0.75	0.85	0.90
2	板柱-剪力墙、框架-剪力墙、框架-核心筒、筒中筒结构	0.75	0.85	0.90	0.95
3	部分框支剪力墙结构	0.60	0.70	—	

注：1. 轴压比指柱考虑地震作用组合的轴压力设计值与柱全截面面积和混凝土轴心抗压强度设计值乘积的比值；
　　2. 表内数值适用于混凝土强度等级不高于 C60 的柱。当混凝土强度等级为 C65～C70 时，轴压比限值应比表中数值降低 0.05；当混凝土强度等级为 C75～C80 时，轴压比限值应比表中数值降低 0.10；
　　3. 表内数值适用于剪跨比大于 2 的柱；剪跨比不大于 2 但不小于 1.5 的柱，其轴压比限值应比表中数值减小 0.05；剪跨比小于 1.5 的柱，其轴压比限值应专门研究并采取特殊构造措施；
　　4. 当沿柱全高采用井字复合箍，箍筋间距不大于 100mm、肢距不大于 200mm、直径不小于 12mm，或当沿柱全高采用复合螺旋箍，箍筋螺距不大于 100mm、肢距不大于 200mm、直径不小于 12mm，或当沿柱全高采用连续复合螺旋箍，且螺距不大于 80mm、肢距不大于 200mm、直径不小于 10mm 时，轴压比限值可增加 0.10；
　　5. 当柱截面中部设置由附加纵向钢筋形成的芯柱，且附加纵向钢筋的截面面积不小于柱截面面积的 0.8% 时，柱轴压比限值可增加 0.05。当本项措施与注 4 的措施共同采用时，柱轴压比限值可比表中数值增加 0.15，但箍筋的配箍特征值仍可按轴压比增加 0.10 的要求确定；
　　6. 调整后的柱轴压比限值不应大于 1.05。

柱箍筋加密区的箍筋最小配箍特征值 λ$_v$　　　　　表 9-47

序号	抗震等级	箍　筋　形　式	轴　压　比								
			≤0.3	0.4	0.5	0.6	0.7	0.8	0.9	1.0	1.05
1	一级	普通箍、复合箍	0.10	0.11	0.13	0.15	0.17	0.20	0.23	—	—
2		螺旋箍、复合或连续复合矩形螺旋箍	0.08	0.09	0.11	0.13	0.15	0.18	0.21	—	—
3	二级	普通箍、复合箍	0.08	0.09	0.11	0.13	0.15	0.17	0.19	0.22	0.24
4		螺旋箍、复合或连续复合矩形螺旋箍	0.06	0.07	0.09	0.11	0.13	0.15	0.17	0.20	0.22

序号	抗震等级	箍筋形式	轴压比								
			≤0.3	0.4	0.5	0.6	0.7	0.8	0.9	1.0	1.05
5	三、四级	普通箍、复合箍	0.06	0.07	0.09	0.11	0.13	0.15	0.17	0.20	0.22
6		螺旋箍、复合或连续复合矩形螺旋箍	0.05	0.06	0.07	0.09	0.11	0.13	0.15	0.18	0.20

注：1. 普通箍指单个矩形箍筋或单个圆形箍筋；螺旋箍指单个螺旋箍筋；复合箍指由矩形、多边形、圆形箍筋或拉筋组成的箍筋；复合螺旋箍指由螺旋箍与矩形、多边形、圆形箍筋或拉筋组成的箍筋；连续复合矩形螺旋箍指全部螺旋箍为同一根钢筋加工成的箍筋；

2. 在计算复合螺旋箍的体积配筋率时，其中非螺旋箍筋的体积应乘以系数0.8；

3. 混凝土强度等级高于C60时，箍筋宜采用复合箍、复合螺旋箍或连续复合矩形螺旋箍，当轴压比不大于0.6时，其加密区的最小配箍特征值宜按表中数值增加0.02；当轴压比大于0.6时，宜按表中数值增加0.03。

9.5.5 钢筋混凝土柱箍筋加密区体积配箍率计算用表

钢筋混凝土柱箍筋加密区体积配箍率计算用表如表9-48所示。

钢筋混凝土柱箍筋加密区体积配箍率计算用表　　　　　　　　**表9-48**

序号	项目	内容
1	抗震框架柱箍筋加密区的箍筋最小体积配箍率	(1) 制表公式及依据 根据表9-47及公式 (9-15) 进行制表 (2) 计算用表 1) HPB300级钢筋，$f_{yv}=270\text{N/mm}^2$，如表9-49所示 2) HRB335、HRBF335级钢筋，$f_{yv}=300\text{N/mm}^2$，如表9-50所示 3) HRB400、HRBF400、RRB400级钢筋，$f_{yv}=360\text{N/mm}^2$，如表9-51所示 如用HRB500、HRBF500级钢筋，也可按$f_{yv}=360\text{N/mm}^2$，查表9-51应用
2	矩形截面柱加密区的普通箍筋、井字复合箍筋的体积配箍率	(1) 制表公式 根据公式 (9-15) 进行制表 (2) 计算用表 计算用表如表9-52所示 (3) 制表数据 如图9-34所示
3	圆柱截面加密区的外圆箍筋内加井字复合箍筋的体积配箍率	(1) 制表公式 根据公式 (9-15) 进行制表 (2) 计算用表 计算用表如表9-53所示。 (3) 圆内井字复合箍筋弦长的计算 先根据下列计算公式算出钢筋所在处弦长，在减去两端保护层厚度即得该处的弦长 1) 当钢筋为单数间距时（图9-36 (a)），计算公式为 $$l_i = a\sqrt{(n+1)^2-(2i-1)^2} \qquad (9\text{-}16)$$ 2) 当钢筋为双数间距时（图9-36 (b)），计算公式为 $$l_i = a\sqrt{(n+1)^2-(2i)^2} \qquad (9\text{-}17)$$ 式中　l_i——第i根（从圆心向两边计算）钢筋所在的弦长 　　　a——钢筋间距 　　　n——钢筋根数，等于$\dfrac{d}{a}-1$，d为圆直径 　　　i——从圆心向两边计算的序号数

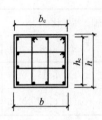

图 9-35　表 9-52 图例

（图中：$n_b=4$，$n_h=4$）

$h_c=h-60\text{mm}$；$b_c=b-60\text{mm}$；n_b—宽度
b 内箍筋肢数；n_h—高度 h 内箍筋肢数。

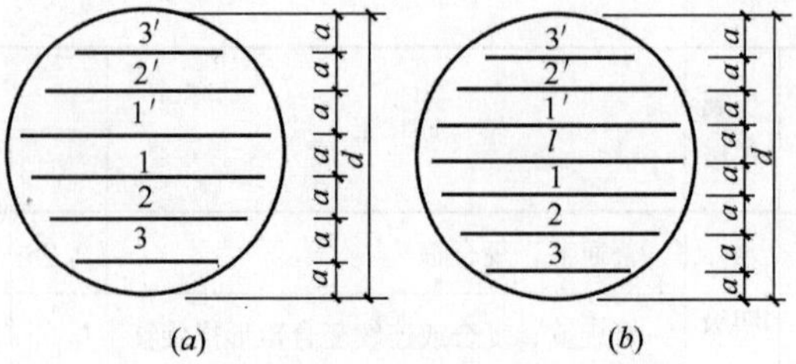

图 9-36　圆内弦长计算

（a）钢筋为单数间距时；（b）钢筋为双数间距时

抗震框架柱箍筋加密区最小体积配箍率 ρ_v（%）　　　表 9-49

HPB 300 级钢筋　　$f_{yv}=270\text{N/mm}^2$

序号	混凝土强度等级	抗震等级	箍筋形式	柱 轴 压 比								
				≤0.30	0.40	0.50	0.60	0.70	0.90	0.90	1.00	1.05
1	≤C35	特一级	普通箍、复合箍	0.800	0.804	0.928	1.051	1.175	1.361	1.546		
			螺旋箍、复合或连续复合螺旋箍	0.800	0.800	0.804	0.928	1.051	1.237	1.423		
2		一级	普通箍、复合箍	0.800	0.800	0.804	0.928	1.051	1.237	1.423		
			螺旋箍、复合或连续复合螺旋箍	0.800	0.800	0.800	0.804	0.928	1.113	1.299		
3		二级	普通箍、复合箍	0.600	0.600	0.680	0.804	0.928	1.051	1.175	1.361	1.484
			螺旋箍、复合或连续复合螺旋箍	0.600	0.600	0.600	0.680	0.804	0.928	1.051	1.237	1.361
4		三、四级	普通箍、复合箍	0.400	0.433	0.557	0.680	0.804	0.928	1.051	1.237	1.361
			螺旋箍、复合或连续复合螺旋箍	0.400	0.400	0.433	0.557	0.680	0.804	0.928	1.113	1.237
5	C40	特一级	普通箍、复合箍	0.849	0.920	1.061	1.203	1.344	1.556	1.769		
			螺旋箍、复合或连续复合螺旋箍	0.800	0.800	0.920	1.061	1.203	1.415	1.627		
6		一级	普通箍、复合箍	0.800	0.800	0.920	1.061	1.203	1.415	1.627		
			螺旋箍、复合或连续复合螺旋箍	0.800	0.800	0.800	0.920	1.061	1.273	1.486		
7		二级	普通箍、复合箍	0.600	0.637	0.778	0.920	1.061	1.203	1.344	1.556	1.698
			螺旋箍、复合或连续复合螺旋箍	0.600	0.600	0.637	0.778	0.920	1.061	1.203	1.415	1.556
8		三、四级	普通箍、复合箍	0.424	0.495	0.637	0.778	0.920	1.061	1.203	1.415	1.556
			螺旋箍、复合或连续复合螺旋箍	0.400	0.424	0.495	0.637	0.778	0.920	1.061	1.273	1.415

序号	混凝土强度等级	抗震等级	箍筋形式	柱 轴 压 比								
				≤0.30	0.40	0.50	0.60	0.70	0.90	0.90	1.00	1.05
9	C45	特一级	普通箍、复合箍	0.938	1.016	1.172	1.329	1.485	1.719	1.954		
			螺旋箍、复合或连续复合螺旋箍	0.800	0.860	1.016	1.172	1.329	1.563	1.797		
10		一级	普通箍、复合箍	0.800	0.860	1.016	1.172	1.329	1.563	1.797		
			螺旋箍、复合或连续复合螺旋箍	0.800	0.800	0.860	1.016	1.172	1.407	1.641		
11		二级	普通箍、复合箍	0.625	0.703	0.860	1.016	1.172	1.329	1.485	1.719	1.876
			螺旋箍、复合或连续复合螺旋箍	0.600	0.600	0.703	0.860	1.016	1.172	1.329	1.563	1.719
12		三、四级	普通箍、复合箍	0.469	0.547	0.703	0.860	1.016	1.172	1.329	1.563	1.719
			螺旋箍、复合或连续复合螺旋箍	0.400	0.469	0.547	0.703	0.860	1.016	1.172	1.407	1.563
13	C50	特一级	普通箍、复合箍	1.027	1.112	1.283	1.454	1.626	1.882	2.139		
			螺旋箍、复合或连续复合螺旋箍	0.856	0.941	1.112	1.283	1.454	1.711	1.968		
14		一级	普通箍、复合箍	0.856	0.941	1.112	1.283	1.454	1.711	1.968		
			螺旋箍、复合或连续复合螺旋箍	0.800	0.800	0.941	1.112	1.283	1.540	1.797		
15		二级	普通箍、复合箍	0.684	0.770	0.941	1.112	1.283	1.454	1.626	1.882	2.053
			螺旋箍、复合或连续复合螺旋箍	0.600	0.600	0.770	0.941	1.112	1.283	1.454	1.711	1.882
16		三、四级	普通箍、复合箍	0.513	0.599	0.770	0.941	1.112	1.283	1.454	1.711	1.882
			螺旋箍、复合或连续复合螺旋箍	0.428	0.513	0.599	0.770	0.941	1.112	1.283	1.540	1.711
17	C55	特一级	普通箍、复合箍	1.124	1.218	1.406	1.593	1.780	2.061	2.343		
			螺旋箍、复合或连续复合螺旋箍	0.937	1.031	1.218	1.406	1.593	1.874	2.155		
18		一级	普通箍、复合箍	0.937	1.031	1.218	1.406	1.593	1.874	2.155		
			螺旋箍、复合或连续复合螺旋箍	0.800	0.843	1.031	1.218	1.406	1.687	1.968		
19		二级	普通箍、复合箍	0.750	0.843	1.031	1.218	1.406	1.593	1.780	2.061	2.249
			螺旋箍、复合或连续复合螺旋箍	0.600	0.656	0.843	1.031	1.218	1.406	1.593	1.874	2.061
20		三、四级	普通箍、复合箍	0.562	0.656	0.843	1.031	1.218	1.406	1.593	1.874	2.061
			螺旋箍、复合或连续复合螺旋箍	0.469	0.562	0.656	0.843	1.031	1.218	1.406	1.687	1.874

序号	混凝土强度等级	抗震等级	箍筋形式	柱 轴 压 比								
				≤0.30	0.40	0.50	0.60	0.70	0.90	0.90	1.00	1.05
21	C60	特一级	普通箍、复合箍	1.222	1.324	1.528	1.731	1.935	2.241	2.546		
			螺旋箍、复合或连续复合螺旋箍	1.019	1.120	1.324	1.528	1.731	2.037	2.343		
22		一级	普通箍、复合箍	1.019	1.120	1.324	1.528	1.731	2.037	2.343		
			螺旋箍、复合或连续复合螺旋箍	0.815	0.917	1.120	1.324	1.528	1.833	2.139		
23		二级	普通箍、复合箍	0.815	0.917	1.120	1.324	1.528	1.731	1.935	2.241	2.444
			螺旋箍、复合或连续复合螺旋箍	0.611	0.713	0.917	1.120	1.324	1.528	1.731	2.037	2.241
24		三、四级	普通箍、复合箍	0.611	0.713	0.917	1.120	1.324	1.528	1.731	2.037	2.241
			螺旋箍、复合或连续复合螺旋箍	0.509	0.611	0.713	0.917	1.120	1.324	1.528	1.833	2.037
25	C65	特一级	普通箍、复合箍	1.540	1.650	1.870	2.090	2.420	2.750	3.080		
			螺旋箍、复合或连续复合螺旋箍	1.320	1.430	1.650	1.870	2.200	2.530	2.860		
26		一级	普通箍、复合箍	1.320	1.430	1.650	1.870	2.200	2.530	2.860		
			螺旋箍、复合或连续复合螺旋箍	1.100	1.210	1.430	1.650	1.980	2.310	2.640		
27		二级	普通箍、复合箍	1.100	1.210	1.430	1.650	1.980	2.200	2.420	2.750	2.970
			螺旋箍、复合或连续复合螺旋箍	0.880	0.990	1.210	1.430	1.760	1.980	2.200	2.530	2.750
28		三、四级	普通箍、复合箍	0.880	0.990	1.210	1.430	1.760	1.980	2.200	2.530	2.750
			螺旋箍、复合或连续复合螺旋箍	0.770	0.880	0.990	1.210	1.540	1.760	1.980	2.310	2.530
29	C70	特一级	普通箍、复合箍	1.649	1.767	2.002	2.238	2.591	2.944	3.298		
			螺旋箍、复合或连续复合螺旋箍	1.413	1.531	1.767	2.002	2.356	2.709	3.062		
30		一级	普通箍、复合箍	1.413	1.531	1.767	2.002	2.356	2.709	3.062		
			螺旋箍、复合或连续复合螺旋箍	1.178	1.296	1.531	1.767	2.120	2.473	2.827		
31		二级	普通箍、复合箍	1.178	1.296	1.531	1.767	2.120	2.356	2.591	2.944	3.180
			螺旋箍、复合或连续复合螺旋箍	0.942	1.060	1.296	1.531	1.884	2.120	2.356	2.709	2.944
32		三、四级	普通箍、复合箍	0.942	1.060	1.296	1.531	1.884	2.120	2.356	2.709	2.944
			螺旋箍、复合或连续复合螺旋箍	0.824	0.942	1.060	1.296	1.649	1.884	2.120	2.473	2.709

注：1. 普通箍指单个矩形箍筋或单个圆形箍筋；螺旋箍指单个螺旋箍筋；复合箍指由矩形、多边形、圆形箍筋或拉筋组成的箍筋；复合螺旋箍指由螺旋箍与矩形、多边形、圆形箍筋或拉筋组合成的箍筋；连续复合螺旋箍指全部螺旋箍为由同一根钢筋加工成的箍筋；

2. 当剪跨比 λ 不大于 2 时的柱，宜采用复合螺旋箍或井字复合箍，其箍筋体积配箍率不应小于 1.2%；9 度设防烈度不应小于 1.5%。

抗震框架柱箍筋加密区最小体积配箍率 ρ_v（%）　　表 9-50

HRB335、HRBF335 钢筋　　$f_{yv}=300\text{N/mm}^2$

序号	混凝土强度等级	抗震等级	箍筋形式	≤0.30	0.40	0.50	0.60	0.70	0.80	0.90	1.00	1.05
				柱轴压比								
1	≤C50	特一级	普通箍、复合箍	0.924	1.001	1.155	1.309	1.463	1.694	1.925		
1		特一级	螺旋箍、复合或连续复合螺旋箍	0.800	0.847	1.001	1.155	1.309	1.540	1.771		
2		一级	普通箍、复合箍	0.800	0.847	1.001	1.155	1.309	1.540	1.771		
2		一级	螺旋箍、复合或连续复合螺旋箍	0.800	0.800	0.847	1.001	1.155	1.386	1.617		
3		二级	普通箍、复合箍	0.616	0.693	0.847	1.001	1.155	1.309	1.463	1.694	1.848
3		二级	螺旋箍、复合或连续复合螺旋箍	0.600	0.600	0.693	0.847	1.001	1.155	1.309	1.540	1.694
4		三、四级	普通箍、复合箍	0.462	0.539	0.693	0.847	1.001	1.155	1.309	1.540	1.694
4		三、四级	螺旋箍、复合或连续复合螺旋箍	0.400	0.462	0.539	0.693	0.847	1.001	1.155	1.386	1.540
5	C55	特一级	普通箍、复合箍	1.012	1.096	1.265	1.434	1.602	1.856	2.108		
5		特一级	螺旋箍、复合或连续复合螺旋箍	0.843	0.928	1.096	1.265	1.434	1.687	1.940		
6		一级	普通箍、复合箍	0.843	0.928	1.096	1.265	1.434	1.687	1.940		
6		一级	螺旋箍、复合或连续复合螺旋箍	0.800	0.800	0.928	1.096	1.265	1.518	1.771		
7		二级	普通箍、复合箍	0.675	0.759	0.928	1.096	1.265	1.434	1.602	1.855	2.024
7		二级	螺旋箍、复合或连续复合螺旋箍	0.600	0.600	0.759	0.928	1.096	1.265	1.434	1.687	1.855
8		三、四级	普通箍、复合箍	0.506	0.590	0.759	0.928	1.096	1.265	1.434	1.687	1.855
8		三、四级	螺旋箍、复合或连续复合螺旋箍	0.422	0.506	0.590	0.759	0.928	1.096	1.265	1.518	1.687
9	C60	特一级	普通箍、复合箍	1.100	1.192	1.375	1.558	1.742	2.017	2.292		
9		特一级	螺旋箍、复合或连续复合螺旋箍	0.917	1.008	1.192	1.375	1.558	1.833	2.108		
10		一级	普通箍、复合箍	0.916	1.008	1.192	1.375	1.558	1.833	2.108		
10		一级	螺旋箍、复合或连续复合螺旋箍	0.800	0.825	1.008	1.192	1.375	1.650	1.925		
11		二级	普通箍、复合箍	0.733	0.825	1.008	1.192	1.375	1.558	1.742	2.017	2.200
11		二级	螺旋箍、复合或连续复合螺旋箍	0.600	0.642	0.825	1.008	1.192	1.375	1.558	1.833	2.017
12		三、四级	普通箍、复合箍	0.550	0.642	0.825	1.008	1.192	1.375	1.558	1.833	2.017
12		三、四级	螺旋箍、复合或连续复合螺旋箍	0.458	0.550	0.642	0.825	1.008	1.192	1.375	1.650	1.833

序号	混凝土强度等级	抗震等级	箍筋形式	柱 轴 压 比								
				≤0.30	0.40	0.50	0.60	0.70	0.80	0.90	1.00	1.05
13	C65	特一级	普通箍、复合箍	1.386	1.485	1.683	1.881	2.178	2.475	2.772		
			螺旋箍、复合或连续复合螺旋箍	1.188	1.287	1.485	1.683	1.980	2.277	2.574		
14		一级	普通箍、复合箍	1.188	1.287	1.485	1.683	1.980	2.277	2.574		
			螺旋箍、复合或连续复合螺旋箍	0.990	1.089	1.287	1.485	1.782	2.079	2.376		
15		二级	普通箍、复合箍	0.990	1.089	1.287	1.485	1.782	1.980	2.178	2.475	2.673
			螺旋箍、复合或连续复合螺旋箍	0.792	0.891	1.089	1.287	1.584	1.782	1.980	2.277	2.475
16		三、四级	普通箍、复合箍	0.792	0.891	1.089	1.287	1.584	1.782	1.980	2.277	2.475
			螺旋箍、复合或连续复合螺旋箍	0.693	0.792	0.891	1.089	1.386	1.584	1.782	2.078	2.277
17	C70	特一级	普通箍、复合箍	1.484	1.590	1.802	2.014	2.332	2.650	2.968		
			螺旋箍、复合或连续复合螺旋箍	1.272	1.378	1.590	1.802	2.120	2.438	2.756		
18		一级	普通箍、复合箍	1.272	1.378	1.590	1.802	2.120	2.438	2.756		
			螺旋箍、复合或连续复合螺旋箍	1.060	1.166	1.378	1.590	1.908	2.226	2.544		
19		二级	普通箍、复合箍	1.060	1.166	1.378	1.590	1.908	2.120	2.332	2.650	2.862
			螺旋箍、复合或连续复合螺旋箍	0.848	0.954	1.166	1.378	1.696	1.908	2.120	2.438	2.650
20		三、四级	普通箍、复合箍	0.848	0.954	1.166	1.378	1.696	1.908	2.120	2.438	2.650
			螺旋箍、复合或连续复合螺旋箍	0.742	0.848	0.954	1.166	1.484	1.696	1.908	2.226	2.438
21	C75	特一级	普通箍、复合箍	1.577	1.690	1.915	2.141	2.479	2.817	3.155		
			螺旋箍、复合或连续复合螺旋箍	1.352	1.465	1.690	1.915	2.253	2.591	2.929		
22		一级	普通箍、复合箍	1.352	1.465	1.690	1.915	2.253	2.591	2.929		
			螺旋箍、复合或连续复合螺旋箍	1.127	1.239	1.465	1.690	2.028	2.366	2.704		
23		二级	普通箍、复合箍	1.127	1.239	1.465	1.690	2.028	2.253	2.479	2.817	3.042
			螺旋箍、复合或连续复合螺旋箍	0.901	1.014	1.239	1.465	1.803	2.028	2.253	2.591	2.817
24		三、四级	普通箍、复合箍	0.901	1.014	1.239	1.465	1.803	2.028	2.253	2.591	2.817
			螺旋箍、复合或连续复合螺旋箍	0.789	0.901	1.014	1.239	1.577	1.803	2.028	2.366	2.591

序号	混凝土强度等级	抗震等级	箍筋形式	柱 轴 压 比								
				≤0.30	0.40	0.50	0.60	0.70	0.80	0.90	1.00	1.05
25	C80	特一级	普通箍、复合箍	1.675	1.795	2.034	2.274	2.633	2.992	3.351		
			螺旋箍、复合或连续复合螺旋箍	1.436	1.556	1.795	2.034	2.393	2.752	3.111		
26		一级	普通箍、复合箍	1.436	1.556	1.795	2.034	2.393	2.752	3.111		
			螺旋箍、复合或连续复合螺旋箍	1.197	1.316	1.556	1.795	2.154	2.513	2.872		
27		二级	普通箍、复合箍	1.197	1.316	1.556	1.795	2.154	2.393	2.633	2.992	3.231
			螺旋箍、复合或连续复合螺旋箍	0.957	1.077	1.316	1.556	1.915	2.154	2.393	2.752	2.992
28		三、四级	普通箍、复合箍	0.957	1.077	1.316	1.556	1.915	2.154	2.393	2.752	2.992
			螺旋箍、复合或连续复合螺旋箍	0.838	0.957	1.077	1.316	1.675	1.915	2.154	2.513	2.752

注：1. 普通箍指单个矩形箍筋或单个圆形箍筋；螺旋箍指单个螺旋箍筋；复合箍指由矩形、多边形、圆形箍筋或拉筋组成的箍筋；复合螺旋箍指由螺旋箍与矩形、多边形、圆形箍筋或拉筋组合成的箍筋；连续复合螺旋箍指全部螺旋箍为由同一根钢筋加工成的箍筋；

2. 当剪跨比 λ 不大于 2 时的柱，宜采用复合螺旋箍或井字复合箍，其箍筋体积配箍率不应小于 1.2%；9 度设防烈度不应小于 1.5%。

抗震框架柱箍筋加密区最小体积配箍率 ρ_v（%）　　表 9-51

HRB400、HRBF400、RRB400 钢筋　　$f_{yv}=360\text{N}/\text{mm}^2$

序号	混凝土强度等级	抗震等级	箍筋形式	柱 轴 压 比								
				≤0.30	0.40	0.50	0.60	0.70	0.80	0.90	1.00	1.05
1	≤C50	特一级	普通箍、复合箍	0.800	0.834	0.963	1.091	1.219	1.412	1.604		
			螺旋箍、复合或连续复合螺旋箍	0.800	0.800	0.834	0.963	1.091	1.283	1.476		
2		一级	普通箍、复合箍	0.800	0.800	0.834	0.963	1.091	1.283	1.476		
			螺旋箍、复合或连续复合螺旋箍	0.800	0.800	0.800	0.834	0.963	1.155	1.348		
3		二级	普通箍、复合箍	0.600	0.600	0.706	0.834	0.963	1.091	1.219	1.412	1.540
			螺旋箍、复合或连续复合螺旋箍	0.600	0.600	0.600	0.706	0.834	0.963	1.091	1.283	1.412
4		三、四级	普通箍、复合箍	0.400	0.449	0.578	0.706	0.834	0.963	1.091	1.283	1.412
			螺旋箍、复合或连续复合螺旋箍	0.400	0.400	0.449	0.578	0.706	0.834	0.963	1.155	1.283

序号	混凝土强度等级	抗震等级	箍筋形式	柱 轴 压 比								
				≤0.30	0.40	0.50	0.60	0.70	0.80	0.90	1.00	1.05
5	C55	特一级	普通箍、复合箍	0.843	0.914	1.054	1.195	1.335	1.546	1.757		
			螺旋箍、复合或连续复合螺旋箍	0.800	0.800	0.914	1.054	1.195	1.406	1.616		
6		一级	普通箍、复合箍	0.800	0.800	0.914	1.054	1.195	1.406	1.616		
			螺旋箍、复合或连续复合螺旋箍	0.800	0.800	0.800	0.914	1.054	1.265	1.476		
7		二级	普通箍、复合箍	0.600	0.633	0.773	0.914	1.054	1.195	1.335	1.546	1.687
			螺旋箍、复合或连续复合螺旋箍	0.600	0.600	0.633	0.773	0.914	1.054	1.195	1.406	1.546
8		三、四级	普通箍、复合箍	0.422	0.492	0.633	0.773	0.914	1.054	1.195	1.406	1.546
			螺旋箍、复合或连续复合螺旋箍	0.400	0.422	0.492	0.633	0.773	0.914	1.054	1.265	1.406
9	C60	特一级	普通箍、复合箍	0.917	0.993	1.146	1.299	1.451	1.681	1.910		
			螺旋箍、复合或连续复合螺旋箍	0.800	0.840	0.993	1.146	1.299	1.528	1.757		
10		一级	普通箍、复合箍	0.800	0.840	0.993	1.146	1.299	1.528	1.757		
			螺旋箍、复合或连续复合螺旋箍	0.800	0.800	0.840	0.993	1.146	1.375	1.604		
11		二级	普通箍、复合箍	0.611	0.688	0.840	0.993	1.146	1.299	1.451	1.681	1.833
			螺旋箍、复合或连续复合螺旋箍	0.600	0.600	0.688	0.840	0.993	1.146	1.299	1.528	1.681
12		三、四级	普通箍、复合箍	0.458	0.535	0.688	0.840	0.993	1.146	1.299	1.528	1.681
			螺旋箍、复合或连续复合螺旋箍	0.400	0.458	0.535	0.688	0.840	0.993	1.146	1.375	1.528
13	C65	特一级	普通箍、复合箍	1.155	1.238	1.402	1.568	1.815	2.062	2.310		
			螺旋箍、复合或连续复合螺旋箍	0.990	1.072	1.238	1.402	1.650	1.898	2.145		
14		一级	普通箍、复合箍	0.990	1.073	1.238	1.403	1.650	1.898	2.145		
			螺旋箍、复合或连续复合螺旋箍	0.825	0.908	1.073	1.238	1.485	1.733	1.980		
15		二级	普通箍、复合箍	0.825	0.908	1.073	1.238	1.485	1.650	1.815	2.063	2.228
			螺旋箍、复合或连续复合螺旋箍	0.660	0.743	0.908	1.073	1.320	1.485	1.650	1.898	2.063
16		三、四级	普通箍、复合箍	0.660	0.743	0.908	1.073	1.320	1.485	1.650	1.898	2.063
			螺旋箍、复合或连续复合螺旋箍	0.578	0.660	0.743	0.908	1.155	1.320	1.485	1.733	1.898

序号	混凝土强度等级	抗震等级	箍筋形式	≤0.30	0.40	0.50	0.60	0.70	0.80	0.90	1.00	1.05
							柱 轴 压 比					
17	C70	特一级	普通箍、复合箍	1.237	1.325	1.502	1.678	1.943	2.208	2.473		
			螺旋箍、复合或连续复合螺旋箍	1.060	1.148	1.325	1.502	1.767	2.032	2.297		
18		一级	普通箍、复合箍	1.060	1.148	1.325	1.502	1.767	2.032	2.297		
			螺旋箍、复合或连续复合螺旋箍	0.883	0.972	1.148	1.325	1.590	1.855	2.120		
19		二级	普通箍、复合箍	0.883	0.972	1.148	1.325	1.590	1.767	1.943	2.208	2.385
			螺旋箍、复合或连续复合螺旋箍	0.707	0.795	0.972	1.148	1.413	1.590	1.767	2.032	2.208
20		三、四级	普通箍、复合箍	0.707	0.795	0.972	1.148	1.413	1.590	1.767	2.032	2.208
			螺旋箍、复合或连续复合螺旋箍	0.618	0.707	0.795	0.972	1.237	1.413	1.590	1.855	2.032
21	C75	特一级	普通箍、复合箍	1.314	1.408	1.596	1.784	2.066	2.347	2.629		
			螺旋箍、复合或连续复合螺旋箍	1.127	1.221	1.408	1.596	1.878	2.159	2.441		
22		一级	普通箍、复合箍	1.127	1.221	1.408	1.596	1.878	2.159	2.441		
			螺旋箍、复合或连续复合螺旋箍	0.939	1.033	1.221	1.408	1.690	1.972	2.253		
23		二级	普通箍、复合箍	0.939	1.033	1.221	1.408	1.690	1.878	2.066	2.347	2.535
			螺旋箍、复合或连续复合螺旋箍	0.751	0.845	1.033	1.221	1.502	1.690	1.878	2.159	2.347
24		三、四级	普通箍、复合箍	0.751	0.845	1.033	1.221	1.502	1.690	1.878	2.159	2.347
			螺旋箍、复合或连续复合螺旋箍	0.657	0.751	0.845	1.033	1.314	1.502	1.690	1.972	2.159
25	C80	特一级	普通箍、复合箍	1.396	1.496	1.695	1.895	2.194	2.493	2.792		
			螺旋箍、复合或连续复合螺旋箍	1.197	1.296	1.496	1.695	1.994	2.294	2.593		
26		一级	普通箍、复合箍	1.197	1.296	1.496	1.695	1.994	2.294	2.593		
			螺旋箍、复合或连续复合螺旋箍	0.997	1.097	1.296	1.496	1.795	2.094	2.393		
27		二级	普通箍、复合箍	0.997	1.097	1.296	1.496	1.795	1.994	2.194	2.493	2.693
			螺旋箍、复合或连续复合螺旋箍	0.798	0.898	1.097	1.296	1.596	1.795	1.994	2.294	2.493
28		三、四级	普通箍、复合箍	0.798	0.898	1.097	1.296	1.596	1.795	1.994	2.294	2.493
			螺旋箍、复合或连续复合螺旋箍	0.698	0.798	0.898	1.097	1.396	1.596	1.795	2.094	2.294

注：1. 普通箍指单个矩形箍筋或单个圆形箍筋；螺旋箍指单个螺旋箍筋；复合箍指由矩形、多边形、圆形箍筋或拉筋组成的箍筋；复合螺旋箍指由螺旋箍与矩形、多边形、圆形箍筋或拉筋组合成的箍筋；连续复合螺旋箍指全部螺旋箍为由同一根钢筋加工成的箍筋；

2. 当剪跨比 λ 不大于 2 时的柱，宜采用复合螺旋箍或井字复合箍，其箍筋体积配箍率不应小于 1.2%；9 度设防烈度不应小于 1.5%。

矩形截面柱箍筋加密区的普通箍筋、井字复合箍筋的体积配筋率 ρ_v（％）　表 9-52

箍距 $s=100$mm，箍筋形式与表中附图相似

序号	柱截面尺寸				箍筋肢数		箍筋直径（mm）为				
	b	h	b_c	h_c	n_b	n_h	6	8	10	12	14
1	300	300	240	240	2	2	0.472	0.838	1.308	1.885	2.565
		350	240	290	2	2	0.431	0.766	1.196	1.723	2.344
		350	240	290	2	3	0.529	0.940	1.466	2.112	2.875
		400	240	340	2	2	0.402	0.715	1.116	1.608	2.188
		400	240	340	2	3	0.486	0.863	1.347	1.940	2.640
		450	240	390	2	3	0.454	0.806	1.258	1.812	2.466
2	350	350	290	290	2	2	0.390	0.694	1.083	1.560	2.123
		400	290	340	2	3	0.445	0.791	1.234	1.778	2.419
		450	290	390	2	3	0.413	0.734	1.145	1.650	2.245
		500	290	440	2	3	0.388	0.690	1.077	1.551	2.111
		500	290	440	3	3	0.486	0.863	1.347	1.941	2.641
		550	290	490	2	3	0.368	0.655	1.022	1.472	2.004
		550	290	490	3	3	0.466	0.828	1.293	1.862	2.534
		600	290	540	3	4	0.502	0.893	1.394	2.008	2.732
3	400	400	340	340	2	2	0.339	0.592	0.924	1.331	1.811
		400	340	340	3	3	0.499	0.888	1.385	1.996	2.716
		450	340	390	2	3	0.384	0.683	1.066	1.535	2.089
		450	340	390	3	3	0.467	0.831	1.296	1.868	2.542
		500	340	440	2	3	0.359	0.639	0.997	1.436	1.955
		500	340	440	3	3	0.443	0.787	1.228	1.769	2.407
		550	340	490	2	3	0.340	0.604	0.942	1.358	1.847
		550	340	490	3	3	0.423	0.752	1.173	1.690	2.300
		550	340	490	3	4	0.481	0.854	1.333	1.921	2.614
		600	340	540	2	3	0.324	0.575	0.898	1.294	1.760
		600	340	540	3	3	0.407	0.723	1.129	1.626	2.213
		600	340	540	3	4	0.459	0.816	1.274	1.836	2.498
4	450	450	390	390	3	3	0.435	0.774	1.208	1.740	2.368
		500	390	440	3	3	0.411	0.730	1.139	1.641	2.233
		500	390	440	3	4	0.475	0.844	1.317	1.898	2.583
		550	390	490	3	3	0.391	0.695	1.084	1.562	2.126
		550	390	490	3	4	0.449	0.798	1.245	1.793	2.440
		600	390	540	3	3	0.375	0.666	1.040	1.498	2.039
		600	390	540	3	4	0.427	0.760	1.185	1.708	2.324
		650	390	590	3	3	0.362	0.643	1.003	1.445	1.966
		650	390	590	3	4	0.410	0.728	1.136	1.637	2.227

序号	柱截面尺寸				箍筋肢数		箍筋直径（mm）为				
	b	h	b_c	h_c	n_b	n_h	6	8	10	12	14
5	500	500	440	440	3	3	0.386	0.686	1.070	1.542	2.099
		500	440	440	4	4	0.515	0.915	1.427	2.056	2.798
		550	440	490	3	3	0.366	0.651	1.016	1.464	1.992
		550	440	490	3	4	0.424	0.754	1.176	1.694	2.306
		550	440	490	4	4	0.488	0.868	1.354	1.951	2.655
		600	440	540	3	3	0.356	0.622	0.971	1.399	1.904
		600	440	540	3	4	0.403	0.716	1.117	1.609	2.189
		600	440	540	4	4	0.467	0.830	1.295	1.866	2.539
		650	440	590	3	3	0.337	0.599	0.934	1.346	1.832
		650	440	590	3	4	0.385	0.684	1.067	1.538	2.093
		650	440	590	4	4	0.449	0.798	1.246	1.795	2.442
		700	440	640	3	4	0.370	0.657	1.026	1.478	2.011
		700	440	640	4	4	0.434	0.772	1.204	1.735	2.361
		750	440	690	3	4	0.357	0.635	0.990	1.427	1.941
		750	440	690	4	4	0.421	0.749	1.169	1.684	2.291
		750	440	690	4	5	0.462	0.822	1.282	1.848	2.514
6	550	550	490	490	3	3	0.347	0.616	0.961	1.385	1.884
		550	490	490	4	4	0.462	0.821	1.282	1.847	2.513
		600	490	540	3	3	0.330	0.587	0.917	1.321	1.797
		600	490	540	3	4	0.383	0.681	1.062	1.530	2.082
		600	490	540	4	4	0.441	0.783	1.222	1.761	2.396
		650	490	590	3	3	0.317	0.564	0.880	1.268	1.725
		650	490	590	3	4	0.365	0.649	1.013	1.459	1.986
		650	490	590	4	4	0.423	0.752	1.173	1.690	2.300
		700	490	640	3	4	0.350	0.622	0.971	1.399	1.904
		700	490	640	4	4	0.408	0.725	1.131	1.630	2.218
		700	490	640	4	5	0.452	0.804	1.254	1.807	2.459
		750	490	690	3	4	0.337	0.600	0.936	1.348	1.834
		750	490	690	4	4	0.395	0.702	1.096	1.579	2.149
		750	490	690	4	5	0.436	0.775	1.210	1.743	2.372
		800	490	740	3	4	0.326	0.580	0.905	1.304	1.774
		800	490	740	4	5	0.422	0.750	1.171	1.687	2.296

续表 9-52

序号	柱截面尺寸				箍筋肢数		箍筋直径（mm）为				
	b	h	b_c	h_c	n_b	n_h	6	8	10	12	14
7	600	600	540	540	3	3	0.314	0.559	0.872	1.257	1.710
		600	540	540	4	4	0.419	0.745	1.163	1.676	2.280
		650	540	590	3	3	0.301	0.535	0.835	1.203	1.638
		650	540	590	4	4	0.401	0.714	1.114	1.605	2.183
		700	540	640	3	4	0.334	0.594	0.927	1.335	1.817
		700	540	640	4	4	0.387	0.687	1.072	1.545	2.102
		700	540	640	4	5	0.431	0.766	1.195	1.721	2.342
		750	540	690	3	4	0.321	0.571	0.891	1.284	1.747
		750	540	690	4	4	0.374	0.664	1.037	1.493	2.032
		750	540	690	4	5	0.415	0.737	1.150	1.657	2.255
		800	540	740	3	4	0.310	0.551	0.860	1.240	1.687
		800	540	740	4	4	0.363	0.644	1.006	1.449	1.972
		800	540	740	4	5	0.401	0.712	1.112	1.602	2.180
		900	540	840	3	4	0.292	0.519	0.810	1.167	1.588
		900	540	840	4	5	0.378	0.672	1.049	1.511	2.056
		900	540	840	4	6	0.412	0.732	1.142	1.646	2.239
8	650	650	590	590	4	4	0.384	0.682	1.064	1.534	2.087
		700	590	640	4	4	0.369	0.655	1.023	1.474	2.005
		700	590	640	4	5	0.413	0.734	1.145	1.650	2.246
		750	590	690	4	4	0.356	0.633	0.987	1.422	1.936
		750	590	690	4	5	0.397	0.706	1.101	1.586	2.159
		800	590	740	4	4	0.345	0.613	0.957	1.378	1.875
		800	590	740	4	5	0.383	0.681	1.063	1.531	2.083
		900	590	840	4	4	0.327	0.581	0.906	1.305	1.776
		900	590	840	4	5	0.360	0.640	0.999	1.440	1.959
		900	590	840	4	6	0.394	0.700	1.093	1.575	2.143
9	700	700	640	640	4	4	0.354	0.629	0.981	1.414	1.924
		700	640	640	5	5	0.442	0.786	1.227	1.767	2.405
		750	640	690	4	4	0.341	0.606	0.946	1.363	1.854
		750	640	690	5	5	0.426	0.757	1.182	1.703	2.318
		800	640	740	4	4	0.330	0.586	0.915	1.318	1.794
		800	640	740	5	5	0.412	0.733	1.144	1.648	2.242
		900	640	840	4	4	0.312	0.554	0.864	1.245	1.695
		900	640	840	4	5	0.345	0.614	0.958	1.380	1.878
		900	640	840	4	6	0.379	0.674	1.051	1.514	2.061
		1000	640	940	4	5	0.327	0.582	0.908	1.308	1.780
		1000	640	940	4	6	0.358	0.635	0.992	1.429	1.944

序号	柱截面尺寸				箍筋肢数		箍筋直径（mm）为				
	b	h	b_c	h_c	n_b	n_h	6	8	10	12	14
10	750	750	690	690	4	4	0.328	0.583	0.910	1.311	1.784
		750	690	690	4	5	0.369	0.656	1.024	1.475	2.007
		750	690	690	5	5	0.410	0.729	1.138	1.639	2.230
		800	690	740	4	4	0.317	0.563	0.879	1.267	1.724
		800	690	740	5	5	0.396	0.704	1.099	1.584	2.155
		900	690	840	4	4	0.299	0.531	0.829	1.194	1.625
		900	690	840	4	5	0.333	0.591	0.922	1.329	1.808
		900	690	840	5	6	0.407	0.724	1.130	1.627	2.215
		1000	690	940	4	5	0.315	0.559	0.873	1.257	1.711
		1000	690	940	5	6	0.386	0.686	1.070	1.541	2.098
11	800	800	740	740	4	4	0.306	0.544	0.849	1.223	1.664
		800	740	740	5	5	0.382	0.680	1.061	1.528	2.080
		900	740	840	4	4	0.288	0.511	0.798	1.150	1.565
		900	740	840	4	5	0.321	0.571	0.892	1.285	1.748
		900	740	840	5	6	0.393	0.699	1.091	1.572	2.139
		1000	740	940	4	5	0.304	0.539	0.842	1.213	1.651
		1000	740	940	5	6	0.372	0.661	1.031	1.486	2.022
		1200	740	1140	4	6	0.302	0.537	0.837	1.207	1.642
		1200	740	1140	4	7	0.327	0.581	0.906	1.306	1.777
		1200	740	1140	5	6	0.340	0.605	0.944	1.359	1.850
		1200	740	1140	5	7	0.365	0.649	1.012	1.459	1.985
12	900	900	840	840	4	4	0.270	0.479	0.748	1.077	1.466
		900	840	840	5	5	0.337	0.599	0.935	1.346	1.832
		900	840	840	6	6	0.404	0.719	1.121	1.616	2.199
		1000	840	940	4	5	0.285	0.507	0.791	1.140	1.551
		1000	840	940	5	5	0.319	0.567	0.885	1.275	1.735
		1000	840	940	6	6	0.383	0.680	1.062	1.530	2.082
		1200	840	1140	4	6	0.284	0.504	0.787	1.134	1.543
		1200	840	1140	4	7	0.309	0.548	0.856	1.233	1.678
		1200	840	1140	5	6	0.317	0.564	0.880	1.268	1.726
		1200	840	1140	5	7	0.342	0.608	0.949	1.368	1.861

续表 9-52

序号	柱截面尺寸				箍筋肢数		箍筋直径（mm）为				
	b	h	b_c	h_c	n_b	n_h	6	8	10	12	14
13	1000	1000	940	940	5	5	0.301	0.535	0.835	1.203	1.637
		1000	940	940	6	6	0.361	0.642	1.002	1.444	1.965
		1200	940	1140	5	5	0.275	0.488	0.762	1.098	1.494
		1200	940	1140	6	6	0.330	0.586	0.914	1.317	1.792
		1200	940	1140	5	7	0.324	0.576	0.900	1.296	1.764
		1400	940	1340	5	6	0.277	0.493	0.769	1.108	1.508
		1400	940	1340	5	7	0.298	0.530	0.828	1.192	1.623
		1400	940	1340	5	8	0.319	0.568	0.886	1.277	1.737
14	1100	1100	1040	1040	5	5	0.272	0.484	0.755	1.088	1.480
		1100	1040	1040	6	6	0.327	0.580	0.906	1.305	1.776
		1100	1040	1040	7	7	0.381	0.677	1.057	1.522	2.072
15	1200	1200	1140	1140	5	5	0.248	0.441	0.689	0.992	1.350
		1200	1140	1140	6	6	0.298	0.529	0.826	1.191	1.620
		1200	1140	1140	7	7	0.348	0.618	0.964	1.389	1.890
		1200	1140	1140	8	8	0.397	0.706	1.102	1.587	2.160
16	1300	1300	1240	1240	6	6	0.274	0.487	0.760	1.095	1.489
		1300	1240	1240	7	7	0.320	0.568	0.760	1.277	1.738
		1300	1240	1240	8	8	0.365	0.649	1.013	1.459	1.986
17	1400	1400	1340	1340	7	7	0.296	0.526	0.820	1.182	1.608
		1400	1340	1340	8	8	0.338	0.601	0.937	1.350	1.838
		1400	1340	1340	9	9	0.380	0.676	1.054	1.519	2.067
18	1500	1500	1440	1440	9	9	0.354	0.629	0.981	1.414	1.924
		1500	1440	1440	10	10	0.393	0.699	1.090	1.571	2.138
图例							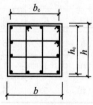				

圆柱截面加密区的外圆箍筋内加井字复合箍筋的体积配筋率 ρ_v（％）　　表 9-53

箍筋间距 $s=100\text{mm}$

序号	圆柱直径 d（mm）	$d-2\times30$（mm）	井字箍肢数		箍筋直径（mm）为					简图
			n_d	n_d	6	8	10	12	14	
1	350	290	—	—	0.390	0.694	1.083	1.560	2.123	
2	400	340	—	—	0.333	0.592	0.924	1.331	1.811	
		340	1	1	0.545	0.968	1.511	2.178	2.963	
3	450	390	—	—	0.290	0.516	0.805	1.160	1.578	
		390	1	1	0.475	0.844	1.318	1.898	2.583	
4	500	440	—	—	0.257	0.457	0.714	1.028	1.399	
		440	1	1	0.421	0.748	1.168	1.683	2.290	
		440	2	2	0.566	1.006	1.570	2.262	3.079	
5	550	490	—	—	0.231	0.411	0.641	0.923	1.256	
		490	1	1	0.378	0.672	1.049	1.511	2.056	
		490	2	2	0.508	0.904	1.410	2.032	2.764	
6	600	540	1	1	0.343	0.610	0.952	1.371	1.866	
		540	2	2	0.461	0.820	1.280	1.843	2.508	

序号	圆柱直径 d (mm)	$d-2\times30$ (mm)	井字箍肢数		箍筋直径 (mm) 为					简图
			n_d	n_d	6	8	10	12	14	
7	650	590	1	1	0.314	0.558	0.871	1.255	1.708	
		590	2	2	0.422	0.750	1.171	1.687	2.296	
8	700	640	1	1	0.289	0.515	0.803	1.157	1.574	
		640	2	2	0.389	0.692	1.080	1.555	2.117	
		640	3	3	0.485	0.861	1.344	1.936	2.635	
9	750	690	1	1	0.269	0.477	0.745	1.073	1.460	
		690	2	2	0.361	0.642	1.001	1.443	1.963	
		690	3	3	0.449	0.799	1.247	1.796	2.444	
10	800	740	2	2	0.337	0.598	0.934	1.345	1.831	
		740	3	3	0.419	0.745	1.162	1.675	2.279	
		740	4	4	0.500	0.888	1.386	1.997	2.717	
11	900	840	2	2	0.296	0.527	0.823	1.185	1.613	
		840	3	3	0.369	0.656	1.024	1.475	2.007	
		840	4	4	0.440	0.782	1.221	1.759	2.394	

序号	圆柱直径 d (mm)	d−2×30 (mm)	井字箍肢数		箍筋直径（mm）为					简图
			n_d	n_d	6	8	10	12	14	
12	1000	940	3	3	0.330	0.586	0.915	1.318	1.794	
		940	4	4	0.399	0.699	1.091	1.572	2.139	
		940	5	5	0.456	0.810	1.265	1.822	2.479	
13	1100	1040	3	3	0.298	0.530	0.827	1.192	1.621	
		1040	4	4	0.356	0.632	0.986	1.421	1.933	
		1040	5	5	0.412	0.732	1.143	1.647	2.241	
		1040	6	6	0.468	0.832	1.299	1.871	2.546	
14	1200	1140	4	4	0.324	0.576	0.900	1.296	1.764	
		1140	5	5	0.376	0.668	1.043	1.502	2.044	
		1140	6	6	0.427	0.759	1.185	1.707	2.323	
		1140	7	7	0.478	0.850	1.326	1.910	2.600	
15	1300	1240	4	4	0.298	0.530	0.827	1.192	1.621	
		1240	5	5	0.346	0.614	0.959	1.368	1.880	
		1240	6	6	0.393	0.698	1.089	1.569	2.136	
		1240	7	7	0.439	0.781	1.219	1.756	2.390	

序号	圆柱直径 d（mm）	d−2×30 （mm）	井字箍肢数		箍筋直径（mm）为					简图
			n_d	n_d	6	8	10	12	14	
16	1400	1340	4	4	0.276	0.490	0.765	1.103	1.500	
		1340	5	5	0.320	0.568	0.887	1.278	1.739	
		1340	6	6	0.363	0.646	1.008	1.452	1.976	
		1340	7	7	0.407	0.723	1.128	1.625	2.212	
		1340	8	8	0.450	0.800	1.248	1.798	2.446	
17	1500	1440	4	4	0.257	0.456	0.712	1.026	1.396	
		1440	5	5	0.298	0.529	0.826	1.189	1.619	
		1440	6	6	0.338	0.601	0.938	1.351	1.839	
		1440	7	7	0.378	0.673	1.050	1.512	2.058	
		1440	8	8	0.419	0.744	1.161	1.673	2.276	

9.5.6 异 形 柱

异形柱如表 9-54 所示。

异 形 柱　　　　表 9-54

序号	项 目	内 容
1	异形柱的截面	（1）异形柱的截面形式一般采用 L 形、T 形、十字形。且截面各肢的肢高肢厚比不大于 4。异形柱截面的肢厚不应小于 200mm，肢高不应小于 500mm。异形柱的剪跨比宜大于 2，抗震设计时不应小于 1.50 （2）抗震设计时，异形柱的轴压比不宜大于表 9-55 规定的限值

序号	项 目	内 容
2	异形柱的构造设计要求	(1) 异形柱的纵向钢筋 在同一截面内，纵向受力钢筋宜采用相同直径，其直径不应小于 14mm，且不应大于 25mm；内折角处应设置纵向受力钢筋；纵向钢筋间距；二、三级抗震等级不宜大于 200mm；四级不宜大于 250mm；非抗震设计不宜大于 300mm。当纵向受力钢筋的间距不能满足上述要求时，应设置纵向构造钢筋，其直径不应小于 12mm，并应设置拉筋，拉筋间距应与箍筋间距相同。异形柱纵向受力钢筋之间的净距不应小于 50mm。柱肢厚度为 200～250mm 时，纵向受力钢筋每排不应多于 3 根；根数较多时，可分两排设置 (2) 最大配筋率 异形柱全部纵向受力钢筋的配筋率，非抗震设计时不应大于 4%；抗震设计时不应大于 3% (3) 最小配筋率 异形柱中全部纵向受力钢筋的配筋百分率不应小于表 9-56 规定的数值，且按柱全截面面积计算的柱肢各肢端纵向受力钢筋的配筋百分率不应小于 0.2；建于 IV 类场地且高于 28m 的框架，全部纵向受力钢筋的最小配筋百分率应按表 9-56 中的数值增加 0.1 采用 (4) 异形柱的箍筋 异形柱应采用复合箍筋，严禁采用有内折角的箍筋。箍筋应做成封闭式，其末端应做成 135°的弯钩。弯钩端头平直段长度，非抗震设计时不应小于 5d（d 为箍筋直径）；当柱中全部纵向受力钢筋的配筋率大于 3% 时，不应小于 10d。抗震设计时不应小于 10d，且不应小于 75mm。当采用拉筋形成复合箍时，拉筋应紧靠纵向钢筋并钩住箍筋 非抗震设计时，异形柱的箍筋直径不应小于 0.25d（d 为纵向受力钢筋的最大直径），且不应小于 6mm；箍筋间距不应大于 250mm，且不应大于柱肢厚度和 15d（d 为纵向受力钢筋的最小直径）；当柱中全部纵向受力钢筋的配筋率大于 3% 时，箍筋直径不应小于 8mm，间距不应大于 200mm，且不应大于 10d（d 为纵向受力钢筋的最小直径）；箍筋肢距不宜大于 300mm 抗震设计时，异形柱箍筋加密区的箍筋应符合下列规定 加密区的体积配箍率应符合下列要求： $$\rho_v \geq \lambda_v f_c / f_{yv} \qquad (9-18)$$ 式中　ρ_v——异形柱的箍筋加密区的箍筋体积配箍率，计算复合箍的体积配箍率时，应扣除重叠部分的箍筋体积；对抗震等级为二、三、四级的异形框架柱，箍筋加密区的箍筋体积配箍率分别不应小于 0.8%、0.6%、0.5%。当剪跨比≤2 时，二、三级抗震等级的柱，箍筋加密区的箍筋体积配箍率不应小于 1.2% 　　　　f_c——混凝土轴心抗压强度设计值；强度等级低于 C35 时，应按 C35 计算 　　　　f_{yv}——箍筋或拉筋抗拉强度设计值，超过 300N/mm² 时应取 300N/mm² 计算 　　　　λ_v——最小配箍特征值，宜按表 9-57 采用 抗震设计时，异形柱箍筋加密区的箍筋最大间距和箍筋最小直径应符合表 9-58 的规定 异形柱箍筋加密区箍筋的肢距：二、三级抗震等级不宜大于 200mm，四级抗震等级不宜大于 250mm。此外，每隔一根纵向钢筋宜在两个方向均有箍筋或拉筋约束 异形柱的箍筋加密区范围应按下列规定采用： 柱端取截面长边尺寸、柱净高的 1/6 和 500mm 三者中的最大值；底层柱柱根不小于柱净高的 1/3；当有刚性地面时，除柱端外尚应取刚性地面上、下各 500mm；剪跨比不大于 2 的柱以及因设置填充墙等形成的柱净高与肢柱截面高度之比不大于 4 的柱取全高；二、三级抗震等级的角柱取柱全高 抗震设计时，异形柱非加密区箍筋的体积配箍率不宜小于箍筋加密区的 50%；箍筋间距不应大于肢柱截面厚度；二级抗震等级不应大于 10d（d 为纵向受力钢筋直径）；三、四级抗震等级不应大于 15d 和 250mm 当柱的纵向受力钢筋采用绑扎搭接接头时，搭接长度范围内箍筋直径不应小于搭接钢筋较大直径的 0.25 倍，箍筋间距不应大于搭接钢筋较小直径的 5 倍，且不应大于 100mm

异形柱的轴压比限值　　　　　　　　　　　　表 9-55

序号	结构体系	截面形式	抗震等级		
			二级	三级	四级
1	框架结构	L 形	0.50	0.60	0.70
2		T 形	0.55	0.65	0.75
3		十字形	0.60	0.70	0.80
4	框架-剪力墙结构	L 形	0.55	0.65	0.75
5		T 形	0.60	0.70	0.80
6		十字形	0.65	0.75	0.85

注：1. 轴压比 $N/(f_c A)$ 指考虑地震作用组合的异形柱轴向压力设计值 N 与柱全截面面积 A 和混凝土轴心抗压强度设计值 f_c 乘积的比值；

2. 剪跨比不大于 2 的异形柱，轴压比限值应按表内相应数值减小 0.05；

3. 框架-剪力墙结构，在基本振型地震作用下，当框架部分承担的地震倾覆力矩大于结构总地震倾覆力矩的 50％时，异形柱轴压比限值应按框架结构采用。

异形柱全部纵向受力钢筋的最小配筋百分率（％）　　　　　　　表 9-56

序号	柱类型	抗震等级			非抗震
		二级	三级	四级	
1	中柱、边柱	0.8	0.8	0.8	0.8
2	角柱	1.0	0.9	0.8	0.8

注：采用 HRB400 级钢筋时，全部纵向受力钢筋的最小配筋百分率应允许按表中数值减小 0.1，但调整后的数值不应小于 0.8。

异形柱箍筋加密区的箍筋最小配箍特征值 λ_v　　　　　　　表 9-57

序号	抗震等级	截面形式	柱轴压比										
			≤0.3	0.40	0.45	0.50	0.55	0.60	0.65	0.70	0.75	0.80	0.85
1	二级	L 形	0.1	0.13	0.15	0.18	0.20	—	—	—	—	—	—
2	三级		0.09	0.10	0.12	0.14	0.16	0.18	0.20	—	—	—	—
3	四级		0.08	0.09	0.10	0.11	0.12	0.14	0.16	0.18	0.20	—	—
4	二级	T 形	0.09	0.12	0.14	0.17	0.19	0.21	—	—	—	—	—
5	三级		0.08	0.09	0.11	0.13	0.15	0.17	0.19	0.21	—	—	—
6	四级		0.07	0.08	0.09	0.10	0.11	0.13	0.15	0.17	0.19	0.21	—
7	二级	十字形	0.08	0.11	0.13	0.16	0.18	0.20	0.22	—	—	—	—
8	三级		0.07	0.08	0.10	0.12	0.14	0.16	0.18	0.20	0.22	—	—
9	四级		0.06	0.07	0.08	0.09	0.10	0.12	0.14	0.16	0.18	0.20	0.22

异形柱箍筋加密区箍筋的最大间距和最小直径　　　　表 9-58

序号	抗震等级	箍筋最大间距（mm）	箍筋最小直径（mm）
1	二级	纵向钢筋直径的 6 倍和 100 的较小值	8
2	三级	纵向钢筋直径的 7 倍和 120（柱根 100）的较小值	8
3	四级	纵向钢筋直径的 7 倍和 150（柱根 100）的较小值	6（柱根 8）

注：1. 底层柱的柱根指地下室的顶面或无地下室情况的基础顶面；

　　2. 三、四级抗震等级的异形柱，当剪跨比 λ 不大于 2 时，箍筋间距不应大于 100mm，箍筋直径不应小于 8mm。

第 10 章

高层建筑混凝土结构构造

10.1 高层建筑结构设计的基本规定

10.1.1 说明、术语及定义

高层建筑结构说明、术语及定义如表 10-1 所示。

高层建筑结构说明、术语及定义 表 10-1

序号	项目	内　容
1	说明	（1）高层建筑混凝土结构构造，除应符合本书其他各章的有关规定外，尚应按本章的规定进行结构构造的设计 （2）目前为止，世界各国对多层建筑与高层建筑的划分界限并不统一。多少层的建筑或多少高度的建筑为高层建筑，不同国家根据本国的不同标准或结构形式有不同的规定。本表序号 3 为世界部分国家和组织对高层建筑起始高度及层数的规定；本表序号 4 为我国根据不同标准的结构用途或形式对高层建筑起始高度及层数的规定
2	术语	（1）框架结构。由梁和柱为主要构件组成的承受竖向和水平作用的结构 （2）剪力墙结构。由剪力墙组成的承受竖向和水平作用的结构 （3）框架-剪力墙结构。由框架和剪力墙共同承受竖向和水平作用的结构 （4）板柱-剪力墙结构。由无梁楼板和柱组成的板柱框架与剪力墙共同承受竖向和水平作用的结构 （5）筒体结构。由竖向筒体为主组成的承受竖向和水平作用的建筑结构。筒体结构的筒体分剪力墙围成的薄壁筒和由密柱框架或壁式框架围成的框筒等 （6）框架-核心筒结构。由核心筒与外围的稀柱框架组成的筒体结构 （7）筒中筒结构。由核心筒与外围框筒组成的筒体结构 （8）混合结构。由钢框架（框筒）、型钢混凝土框架（框筒）、钢管混凝土框架（框筒）与钢筋混凝土核心筒体所组成的共同承受水平和竖向作用的建筑结构 （9）转换结构构件。完成上部楼层到下部楼层的结构形式转变或上部楼层到下部楼层结构布置改变而设置的结构构件，包括转换梁、转换桁架、转换板等。部分框支剪力墙结构的转换梁亦称为框支梁 （10）转换层。设置转换结构构件的楼层，包括水平结构构件及其以下的竖向结构构件 （11）加强层。设置连接内筒与外围结构的水平伸臂结构（梁或桁架）的楼层，必要时还可沿该楼层外围结构设置带状水平桁架或梁 （12）连体结构。除裙楼以外，两个或两个以上塔楼之间带有连接体的结构

序号	项 目	内 容
2	术语	(13) 多塔楼结构。未通过结构缝分开的裙楼上部具有两个或两个以上塔楼的结构 (14) 裙楼（房）。与高层建筑相连的，建筑高度不超过 24m 的附属建筑 (15) 结构抗震性能设计。以结构抗震性能目标为基准的结构抗震设计 (16) 结构抗震性能目标。针对不同的地震地面运动水准设定的结构抗震性能水准 (17) 结构抗震性能水准。对结构震后损坏状况及继续使用可能性等抗震性能的界定 (18) 商业服务网点。住宅底部（地上）设置的百货店、副食店、粮店、邮政所、储蓄所、理发店等小型商业服务用房。该用房不超过 2 层、建筑面积不超过 300m²，采用耐火极限大于 1.5h 的楼板和耐火极限大于 2.00h 且不开门窗洞的隔墙与住宅和其他用房完全分隔，该房和住宅的疏散楼梯及安全出口应分别独立设置
3	世界部分国家和组织对高层建筑起始高度及层数的定义规定	(1) 前苏联 住宅为 10 层及 10 层以上，其他建筑为 7 层及 7 层以上 (2) 美国 22～25m 或 7 层以上 (3) 英国 24.3m (4) 法国 住宅为 8 层及 8 层以上，或大与等于 31m (5) 德国 大于等于 23m（从室内地面起） (6) 日本 11 层，31m (7) 比利时 25m（从室外地面起） (8) 国际高层建筑会议将高层建筑分为以下 4 类： 1) 第一类高层建筑为 9～16 层（最高 50m） 2) 第二类高层建筑为 17～25 层（最高 75m） 3) 第三类高层建筑为 26～40 层（最高 100m） 4) 第四类高层建筑为 40 层以上（高于 100m 以上时，为超高层建筑）
4	我国根据不同标准的结构用途或形式对高层建筑起始高度及层数的定义规定	(1)《高层建筑混凝土结构技术规程》JGJ 3—2010 规定： 高层建筑为 10 层及 10 层以上或房屋高度大于 28m 的住宅建筑和房屋高度大于 24m 的其他高层民用建筑 建筑高度大于 24m，层数在 2 层或 2 层以上的工业建筑属于高层工业建筑 房屋高度。自室外地面至房屋主要屋面的高度，不包括突出屋面的电梯机房、水箱、构架等高度 (2)《民用建筑设计通则》GB 50352—2005 规定： 1) 民用建筑按使用功能可分为居住建筑和公共建筑两大类 2) 民用建筑按地上层数或高度分类划分应符合下列规定： ①住宅建筑按层数分类：一层至三层为低层住宅，四层至六层为多层住宅，七层至九层为中高层住宅，十层及十层以上为高层住宅 ②除住宅建筑之外的民用建筑高度不大于 24m 者为单层和多层建筑，大于 24m 者为高层建筑（不包括建筑高度大于 24m 的单层公共建筑） ③建筑高度大于 100m 的民用建筑为超高层建筑

序号	项目	内　容
4	我国根据不同标准的结构用途或形式对高层建筑起始高度及层数的定义规定	注：本条建筑层数和建筑高度计算应符合防火规范的有关规定 　　3）民用建筑等级分类划分应符合有关标准或行业主管部门的规定 （3）《建筑设计防火规范》GB 50016—2014 规定： 　　1）高层建筑应根据其使用性质、火灾危险性、疏散和扑救难度等进行分类。并应符合表 10-2 的规定 　　2）上述 1）条是根据各种高层民用建筑的使用性质、火灾危险性、疏散和扑救难易程度等将高层民用建筑分为两类，其分类的目的是为了针对不同高层建筑类别在耐火等级、防火间距、防火分区、安全疏散、消防给水、防烟排烟等方面分别提出不同的要求，以达到既保障各种高层建筑的消防安全，又能节约投资的目的 　　对高层民用建筑进行分类是一个较为复杂的问题。从消防的角度将性质重要、火灾危险性大、疏散和扑救难度大的高层民用建筑定为一类。这类高层建筑有的同时具备上述几方面的因素，有的则具有较为突出的一二个方面的因素。例如医院病房楼不计高度皆划为一类，这是根据病人行动不便、疏散困难的特点来决定的

高层民用建筑分类　　　　　　　　　　　　　　　　　　　　表 10-2

序号	名　称	一　类	二　类
1	住宅建筑	建筑高度大于 54m 的住宅建筑（包括设置商业服务网点的住宅建筑）	建筑高度大于 27m，但不大于 54m 的住宅建筑（包括设置商业服务网点的住宅建筑）
2	公共建筑	（1）建筑高度大于 50m 的公共建筑 （2）建筑高度 24m 以上部分任一楼层建筑面积大于 1000m² 的商店、展览、电信、邮政、财贸金融建筑和其他多种功能组合的建筑 （3）医疗建筑、重要公共建筑 （4）省级及以上的广播电视和防灾指挥调度建筑、网局级和省级电力调度建筑 （5）藏书超过 100 万册的图书馆、书库	除一类高层公共建筑外的其他高层公共建筑

10.1.2　一般规定与房屋适用高度和高宽比

一般规定与房屋适用高度和高宽比如表 10-3 所示。

一般规定与房屋适用高度和高宽比　　　　　　　　　　　　表 10-3

序号	项　目	内　容
1	一般规定	（1）结构体系 　1）高层建筑钢筋混凝土结构可采用框架、剪力墙、框架—剪力墙、筒体和板柱剪力墙结构体系 　　高层建筑结构应根据房屋高度和高宽比、抗震设防类别、抗震设防烈度、场地类别、结构材料和施工技术条件等因素考虑其适宜的结构体系

序号	项　目	内　容
1	一般规定	目前，国内大量的高层建筑结构采用四种常见的结构体系：框架、框架-剪力墙、剪力墙和筒体，因此这里有若干内容是对这四种结构体系的设计做了详细的规定，以适应量大面广工程设计的需要。框架结构不包括板柱结构（无剪力墙或井筒），因为这类结构侧向刚度和抗震性能较差，不适宜用于高层建筑；由 L 形、T 形、Z 形或十字形截面（截面厚度一般为 180～300mm）构成的异形柱框架结构，目前一般适用于 6、7 度抗震设计或非抗震设计、12 层以下的建筑中，这里暂未列入。剪力墙结构包括部分框支剪力墙结构（有部分框支柱）、具有较多短肢剪力墙且带有筒体或一般剪力墙的剪力墙结构 　　板柱-剪力墙结构的板柱指无内部纵梁和横梁的无梁楼盖结构。由于在板柱框架体系中加入了剪力墙或井筒，主要由剪力墙构件承受侧向力，侧向刚度也有很大的提高。这种结构目前在高层建筑中有较多的应用，但其适用高度宜低于一般框架结构。震害表明，板柱结构的板柱结构破坏较严重，包括板的冲切破坏或柱压坏 　　筒体结构在 20 世纪 80 年代后在我国已广泛应用于高层办公建筑和高层旅馆建筑。由于其刚度较大、有较高承载能力，因而在层数较多时有较大优势。多年来，已经积累了许多工程经验和科研成果，在这里将做较详细的规定 　　一些较新颖的结构体系（如巨型框架结构、巨型桁架结构、悬挂和悬挑结构和隔震减振结构等），目前工程较少、经验还不多，宜针对具体工程研究其设计方法，待积累较多经验后再上升为这里的内容 　　2）高层建筑不应采用严重不规则的结构体系，并应符合下列要求： 　　①应具有必要的承载能力、刚度和变形能力 　　②应避免因部分结构或构件的破坏而导致整个结构丧失承受重力荷载、风荷载和地震作用的能力 　　③对可能出现的薄弱部位，应采取有效措施予以加强 　　3）高层建筑的结构体系尚宜符合下列要求： 　　①结构的竖向和水平布置宜具有合理的刚度和承载力分布，避免因局部突变和扭转效应而形成薄弱部位 　　②宜具有多道抗震防线 　　上述 2）与 3）这两条强调了高层建筑结构概念设计原则，宜采用规则的结构，不应采用严重不规则的结构 　　规则结构一般指：体型（平面和立面）规则，结构平面布置均匀、对称并具有较好的抗扭刚度；结构竖向布置均匀，结构的刚度、承载力和质量分布均匀、无突变 　　实际工程设计中，要使结构方案规则往往比较困难，有时会出现平面或竖向布置不规则的情况。表 10-22 及表 10-25 分别对结构平面布置及竖向布置的不规则性提出了限制条件。若结构方案中仅有个别项目超过了条款中规定的"不宜"的限制条件，此结构虽属不规则结构，但仍可按这里有关规定进行计算和采取相应的构造措施；若结构方案中有多项超过了条款中规定的"不宜"的限制条件，此结构属特别不规则结构，应尽量避免；若结构方案中有多项超过了条款中规定的"不宜"的限制条件，而且超过较多，或者有一项超过了条款中规定的"不应"的限制条件，则此结构属严重不规则结构，这种结构方案不应采用，必须对结构方案进行调整 　　无论采用何种结构体系，结构的平面和竖向布置都应使结构具有合理的刚度和承载力分布，避免因局部突变和扭转效应而形成薄弱部位；对可能出现的薄弱部位，在设计中应采取有效措施，增强其抗震能力；宜具有多道防线，避免因部分结构或构件的破坏而导致整个结构丧失承受水平风荷载、地震作用和重力荷载的能力

序号	项　目	内　　容
1	一般规定	4）高层建筑混凝土结构宜采取措施减小混凝土收缩、徐变、温度变化、基础差异沉降等非荷载效应的不利影响。房屋高度不低于 150m 的高层建筑外墙宜采用各类建筑幕墙 （2）计算分析 1）高层建筑结构的荷载和地震作用应按有关规定进行计算 2）复杂结构和混合结构高层建筑的计算分析，应符合有关规定 3）高层建筑结构的变形和内力可按弹性方法计算。框架梁及连梁等构件可考虑塑性变形引起的内力重分布 4）高层建筑结构分析模型应根据结构实际情况确定。所选取的分析模型应能较准确地反映结构中各构件的实际受力状况 高层建筑结构分析，可选择平面结构空间协同、空间杆系、空间杆-薄壁杆系、空间杆-墙板元及其他组合有限元等计算模型 5）进行高层建筑内力与位移计算时，可假定楼板在其自身平面内为无限刚性，设计时应采取相应的措施保证楼板平面内的整体刚度 当楼板可能产生较明显的面内变形时，计算时应考虑楼板的面内变形影响或对采用楼板面内无限刚性假定计算方法的计算结果进行适当调整 6）高层建筑结构按空间整体工作计算分析时，应考虑下列变形： ①梁的弯曲、剪切、扭转变形，必要时考虑轴向变形 ②柱的弯曲、剪切、轴向、扭转变形 ③墙的弯曲、剪切、轴向、扭转变形 7）高层建筑结构应根据实际情况进行重力荷载、风荷载和（或）地震作用效应分析，并应按有关的规定进行荷载效应和作用效应计算 8）高层建筑结构内力计算中，当楼面活荷载大于 $4kN/m^2$ 时，应考虑楼面活荷载不利布置引起的结构内力的增大；当整体计算中未考虑楼面荷载不利布置时，应适当增大楼面梁的计算弯矩 9）高层建筑结构在进行重力荷载作用效应分析时，柱、墙、斜撑等构件的轴向变形宜采用适当的计算模型考虑施工过程的影响；复杂高层建筑及房屋高度大于 150m 的其他高层建筑结构，应考虑施工过程的影响 10）高层建筑结构进行风作用效应计算时，正反两个方向的风作用效应宜按两个方向计算的较大值采用；体型复杂的高层建筑，应考虑风向角的不利影响 11）结构整体内力与位移计算中，型钢混凝土和钢管混凝土构件宜按实际情况直接参与计算。并应按本章 10.7（高层建筑混合结构）节的有关规定进行截面设计 12）体型复杂、结构布置复杂以及 B 级高度高层建筑结构，应采用至少两个不同力学模型的结构分析软件进行整体计算 13）抗震设计时，B 级高度的高层建筑结构、混合结构和本章 10.6（复杂高层建筑混凝土结构）节的规定的高层建筑结构，尚应符合下列要求： ①宜考虑平扭耦联计算结构的扭转效应，振型数不应小于 15，对多塔楼结构的振型数不应小于塔楼数的 9 倍，且计算振型数应使各振型参与质量之和不小于总质量的 90% ②应采用弹性时程分析法进行补充计算 ③宜采用弹塑性静力或弹塑性动力分析方法补充计算 14）对多塔楼结构，宜按整体模型和各塔楼分开的模型分别计算，并采用较不利的结构进行结构设计。当塔楼周边的裙楼超过两跨时，分塔楼模型宜至少附带两跨的裙楼结构 15）对受力复杂的结构构件，宜按应力分析的结果校核配筋设计 16）对结构分析软件的计算结果，应进行分析判断，确认其合理、有效后方可作为工程设计的依据

序号	项 目	内 容
1	一般规定	（3）计算参数 1）高层建筑结构地震作用效应计算时，可对剪力墙连梁刚度予以折减，折减系数不宜小于 0.5 2）在结构内力与位移计算中，现浇楼盖和装配整体式楼盖中，梁的刚度可考虑翼缘的作用予以增大。近似考虑时，楼面梁刚度增大系数可根据翼缘情况取为 1.3～2.0 对于无现浇面层的装配式楼盖，不宜考虑楼面梁刚度的增大 3）在竖向荷载作用下，可考虑框架梁端塑性变形内力重分布对梁端负弯矩乘以调幅系数进行调幅，并应符合下列规定： ①装配整体式框架梁端负弯矩调幅系数可取为 0.7～0.8；现浇框架梁端负弯矩调幅系数可取为 0.8～0.9 ②框架梁端负弯矩调幅后，梁跨中弯矩应按平衡条件相应增大 ③应先对竖向荷载作用下框架梁的弯矩进行调幅，再与水平作用产生的框架梁弯矩进行组合 ④截面设计时，框架梁跨中截面正弯矩设计值不应小于竖向荷载作用下按简支梁计算的跨中弯矩设计值的 50% 4）高层建筑结构楼面梁受扭计算中应考虑现浇楼盖对梁的约束所用。当计算中未考虑现浇楼盖对梁扭转的约束作用时，可对梁的计算扭矩予以折减。梁扭矩折减系数应根据梁周围楼盖的约束情况确定 （4）计算简图处理 1）高层建筑结构分析计算时宜对结构进行力学上的简化处理，使其既能反映结构的受力性能，又适应于所选用的计算分析软件的力学模型 2）楼面梁与竖向构件的偏心以及上、下层竖向构件之间的偏心宜按实际情况计入结构的整体计算。当结构整体计算中未考虑上述偏心时，应采用柱、墙端附加弯矩的方法予以近似考虑 3）在结构整体计算中，密肋板楼盖宜按实际情况进行计算。当不能按实际情况计算时，可按等刚度原则对密肋梁进行适当简化后再行计算 对平板无梁楼盖，在计算中应考虑板的面外刚度影响，其面外刚度可按有限元方法计算或近似将柱上板带等效为框架梁计算 4）在结构整体计算中，宜考虑框架或壁式框架梁、柱节点区的刚域（图 10-1）影响。梁端截面弯矩可取刚域端截面的弯矩计算值。刚域的长度可按下列公式计算： $$l_{b1}=a_1-0.25h_b \tag{10-1}$$ $$l_{b2}=a_2-0.25h_b \tag{10-2}$$ $$l_{c1}=c_1-0.25b_c \tag{10-3}$$ $$l_{c2}=c_2-0.25b_c \tag{10-4}$$ 当计算的刚域长度为负值时，应取为零 5）在结构整体计算中，转换层结构、加强层结构、连体结构、竖向收进结构（含多塔楼结构），应选用合适的计算模型进行分析。在整体计算中对转换层、加强层、连接体等做简化处理的，宜对其局部进行更细致的补充计算分析 6）复杂平面和立面的剪力墙结构，应采用适合的计算模型进行分析。当采用有限元模型时，应在截面变化处合理地选择和划分单元；当采用杆系模型计算时，对错洞墙、叠合错洞墙可采用适当的模型化处理，并应在整体计算的基础上对结构局部进行更细致的补充计算分析 7）高层建筑结构整体计算中，当地下室顶板作为上部结构嵌固部位时，地下一层与首层侧向刚度比不宜小于 2

续表10-3

序号	项 目	内 容
2	房屋适用高度和高宽比	（1）钢筋混凝土高层建筑结构的最大适用高度应区分为 A 级和 B 级。A 级高度钢筋混凝土乙类和丙类高层建筑的最大适用高度应符合表 10-4 的规定，B 级高度钢筋混凝土乙类和丙类建筑的最大适用高度应符合表 10-5 的规定 平面和竖向均不规则的高层建筑结构，其最大适用高度宜适当降低 （2）钢筋混凝土高层建筑结构的高宽比不宜超过表 10-6 的规定

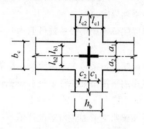

图 10-1 刚域

A 级高度钢筋混凝土高层建筑的最大适用高度（m） 表 10-4

序号	结构体系		非抗震设计	抗震设防烈度				
				6度	7度	8度		9度
						0.20g	0.30g	
1	框架		70	60	50	40	35	—
2	框架-剪力墙		150	130	120	100	80	50
3	剪力墙	全部落地剪力墙	150	140	120	100	80	60
4		部分框支剪力墙	130	120	100	80	50	不应采用
5	筒体	框架-核心筒	160	150	130	100	90	70
6		筒中筒	200	180	150	120	100	80
7	板柱-剪力墙		110	80	70	55	40	不应采用

注：1. 表中框架不含异形柱框架；

2. 部分框支剪力墙结构指地面以上有部分框支剪力墙的剪力墙结构；

3. 甲类建筑，6、7、8 度时宜按本地区抗震设防烈度提高一度后符合本表的要求，9 度时应专门研究；

4. 框架结构、板柱-剪力墙结构以及 9 度抗震设防的表列其他结构，当房屋高度超过本表数值时，结构设计应有可靠依据，并采取有效的加强措施。

B 级高度钢筋混凝土高层建筑的最大适用高度（m） 表 10-5

序号	结构体系		非抗震设计	抗震设防烈度			
				6度	7度	8度	
						0.20g	0.30g
1	框架-剪力墙		170	160	140	120	100
2	剪力墙	全部落地剪力墙	180	170	150	130	110
3		部分框支剪力墙	150	140	120	100	80

序号	结构体系		非抗震设计	抗震设防烈度			
				6度	7度	8度	
						0.20g	0.30g
4	筒体	框架-核心筒	220	210	180	140	120
5		筒中筒	300	280	230	170	150

注：1. 部分框支剪力墙结构指地面以上有部分框支剪力墙的剪力墙结构；

　　2. 甲类建筑，6、7度时宜按本地区设防烈度提高一度后符合本表的要求，8度时应专门研究；

　　3. 当房屋高度超过表中数值时，结构设计应有可靠依据，并采取有效的加强措施。

钢筋混凝土高层建筑结构适用的最大高宽比　　　　　　表 10-6

序号	结构体系	非抗震设计	抗震设防烈度			
			6度、7度	8度	9度
1	框架	5	4	3	—
2	板柱-剪力墙	6	5	4	—
3	框架-剪力墙、剪力墙	7	6	5	4
4	框架-核心筒	8	7	6	4
5	筒中筒	8	8	7	5

10.1.3　高层建筑结构抗震设防分类

高层建筑结构抗震设防分类如表 10-7 所示。

高层建筑结构抗震设防分类　　　　　　表 10-7

序号	项　目	内　容
1	一般规定	（1）高层建筑的抗震设防烈度必须按照国家规定的权限审批、颁发的文件（图件）确定。一般情况下，抗震设防烈度应采用根据中国地震动参数区划图确定的地震基本烈度 （2）抗震设计的高层混凝土建筑结构应按本书表 1-131 及表 1-136 的规定确定其抗震设防类别： 　1）特殊设防类。指使用上有特殊设施，涉及国家公共安全的重大建筑工程和地震时可能发生严重次生灾害等特别重大灾害后果，需要进行特殊设防的建筑。本书简称甲类 　2）重点设防类。指地震时使用功能不能中断或需尽快恢复的生命线相关建筑。以及地震时可能导致大量人员伤亡等重大灾害后果，需要提高设防标准的建筑。本书简称乙类 　3）标准设防类。指大量的（除 1）、2）、4）款以外按标准要求进行设防的建筑。本书简称丙类 　4）适度设防类。指使用上人员稀少且震损不致产生次生灾害，允许在一定条件下适度降低要求的建筑。本书简称丁类 （3）高层建筑没有"适度设防类"设防（简称丁类） （4）本书中甲类建筑、乙类建筑、丙类建筑分别为现行国家标准《建筑工程抗震设防分类标准》GB 50223—2008 中特殊设防类、重点设防类、标准设防类简称
2	建筑抗震设防标准	甲类建筑、乙类建筑、丙类建筑的抗震设防标准如表 10-8 所示

续表 10-7

序号	项　目	内　容
3	建筑的地震作用、抗震措施、抗震构造措施	(1) 甲类、乙类、丙类建筑地震作用要求如表 10-9 所示 (2) 甲类、乙类、丙类建筑抗震措施要求如表 10-10 所示 (3) 甲类、乙类、丙类建筑抗震构造措施要求如表 10-11 所示

甲类、乙类、丙类建筑的抗震设防标准　　　　　　　　　　　表 10-8

序号	建筑抗震设防类别	地震作用计算	抗震措施
1	甲类建筑	应高于本地区抗震设防烈度的要求，其值应按批准的地震安全性评价结果确定	当抗震设防烈度为 6～8 度时，应符合本地区抗震设防烈度提高一度的要求。当为 9 度时，应符合比 9 度抗震设防更高的要求
2	乙类建筑	应符合本地区抗震设防烈度的要求（6 度时可不进行计算①）	一般情况下，当抗震设防烈度为 6～8 度时，应符合本地区抗震设防烈度提高一度的要求。当为 9 度时，应符合比 9 度抗震设防更高的要求
3	丙类建筑	应符合本地区抗震设防烈度的要求（6 度时可不进行计算①）	应符合本地区抗震设防烈度的要求

①不规则建筑及建造于Ⅳ类场地上较高的高层建筑除外。

注：抗震设防标准是衡量抗震设防要求高低的尺度，由抗震设防烈度或设计地震动参数及建筑抗震设防类别确定。

甲类、乙类、丙类建筑地震作用要求　　　　　　　　　　　表 10-9

序号	设防烈度	6	7	7 (0.15g)	8	8 (0.30g)	9
1	甲类建筑			根据地震安全性评价结果确定			
2	乙类建筑	6	7	7 (0.15g)	8	8 (0.30g)	9
3	丙类建筑	6	7	7 (0.15g)	8	8 (0.30g)	9

注：地震作用由地震动引起的结构动态作用，包括水平地震作用和竖向地震作用。

甲类、乙类、丙类建筑抗震措施要求　　　　　　　　　　　表 10-10

序号	设防烈度	6	7	7 (0.15g)	8	8 (0.30g)	9
1	甲类建筑	7	8		9		9+
2	乙类建筑	7	8		9		9+
3	丙类建筑	6	7		8		9

注：1. 9+ 表示比 9 度更高的要求；

2. 抗震措施：除地震作用计算和抗力计算以外的抗震设计内容，包括抗震构造措施。

甲类、乙类、丙类建筑抗震构造措施要求　　　　　　　表 10-11

序号	设防烈度	6		7		7 (0.10g)	7 (0.15g)	8		8 (0.20g)	8 (0.30g)	9	
	场地类别	I	II III IV	I	II	III IV	III IV	I	II	III IV	III IV	I	II III IV
1	甲类建筑	6	7	7		8		9	8		9	9+	9	9+
2	乙类建筑	6	7	7		8		9	8		9	9+	9	9+
3	丙类建筑	6	6	6		7		8	7		8	8	8	9

注：1. 9+ 表示比 9 度更高的要求；

2. 抗震构造措施：根据抗震概念设计原则，一般不需计算而对结构和非结构各部分必须采取的各种细部要求。

10.1.4 结构设计抗震等级

高层建筑结构设计抗震等级如表 10-12 所示。

高层建筑结构设计抗震等级　　　　　　　表 10-12

序号	项目	内容
1	抗震措施	抗震等级是根据国内外高层建筑震害、有关科研成果、工程设计经验而划分的： (1) 各抗震设防类别的高层建筑结构，其抗震措施应符合下列要求： 1) 甲类、乙类建筑：应按本地区抗震设防烈度提高一度的要求加强其抗震措施，但抗震设防烈度为 9 度时应按比 9 度更高的要求来采取抗震措施；当建筑场地为 I 类时，应允许仍按本地区抗震设防烈度的要求来采取抗震构造措施。见表 10-10 及表 10-11 所示 2) 丙类建筑：应按本地区抗震设防烈度确定其抗震措施；当建筑场地为 I 类时，除 6 度外，应允许按本地区抗震设防烈度降低一度的要求采取抗震构造措施。如表 10-10 及表 10-11 所示 (2) 当建筑场地为 III、IV 类时，对设计基本地震加速度为 0.15g 和 0.30g 的地区，宜分别按抗震设防烈度 8 度 (0.20g) 和 9 度 (0.40g) 时各类建筑的要求采取抗震构造措施。如表 10-10 及表 10-11 所示
2	A 级高度丙类建筑的抗震等级	抗震设计时，高层建筑钢筋混凝土结构构件应根据抗震设防分类、烈度、结构类型和房屋高度采用不同的抗震等级，并应符合相应的计算和构造措施要求。A 级高度丙类建筑钢筋混凝土结构的抗震等级应按表 10-13 确定。当本地区的设防烈度为 9 度时，A 级高度乙类建筑的抗震等级应按特一级采用，甲类建筑应采取更有效的抗震措施 本书"特一级和一、二、三、四级"即"抗震等级为特一级和一、二、三、四级"的简称
3	B 级高度丙类建筑的抗震等级	抗震设计时，B 级高度丙类建筑钢筋混凝土结构的抗震等级应按表 10-14 确定

续表 10-12

序号	项 目	内 容
4	其他要求	（1）抗震设计的高层建筑，当地下室顶层作为上部结构的嵌固端时，地下一层相关范围的抗震等级应按上部结构采用，地下一层以下抗震构造措施的抗震等级可逐层降低一级，但不应低于四级；地下室中超出上部主楼相关范围且无上部结构的部分，其抗震等级可根据具体情况采用三级或四级 上述的"相关范围"一般指主楼周边外延 1~2 跨的地下室范围 （2）抗震设计时，与主楼连为整体的裙房的抗震等级，除应按裙房本身确定外，相关范围不应低于主楼的抗震等级；主楼结构在裙房顶板上、下各一层应适当加强抗震构造措施。裙房与主楼分离时，应按裙房本身确定抗震等级 上述的"相关范围"，一般指主楼周边外延不少于三跨的裙房结构，相关范围以外的裙房可按裙房自身的结构类型确定抗震等级。裙房偏置时，其端部有较大扭转效应，也需要适当加强 （3）甲、乙类建筑按本表序号 1 之（1）条提高一度确定抗震措施时，或Ⅲ、Ⅳ类场地且设计基本地震加速度为 $0.15g$ 和 $0.30g$ 的丙类建筑按本表序号 1 之（2）条提高一度确定抗震构造措施时，如果房屋高度超过提高一度后对应的房屋最大适用高度，则应采取比对应抗震等级更有效的抗震构造措施

A 级高度的高层建筑结构设计抗震等级　　　　　　　　　　表 10-13

序号	结 构 类 型			烈 度						
				6 度		7 度		8 度		9 度
1	框架结构	高度（m）		≤24	>24	≤24	>24	≤24	>24	≤24
		框架		四	三	三	二	二	一	一
		大跨度框架		三		二		二		一
2	框架-剪力墙结构	高度（m）		≤60	>60	≤60	>60	≤60	>60	≤50
3		框架		四	三	三	二	二	一	一
4		剪力墙		三		二		一		一
5	剪力墙结构	高度（m）		≤80	>80	≤80	>80	≤80	>80	≤60
6		剪力墙		四	三	三	二	二	一	一
7	部分框支剪力墙结构	非底部加强部位的剪力墙		四	三	三	二	二	一	
8		底部加强部位的剪力墙		三	二	二	一	一		
9		框支框架		二	二	一	一			
10	筒体结构	框架-核心筒	框架	三		二		一		
11			核心筒	二		二		一		
12		筒中筒	内筒	三		二		一		
			外筒							
13	板柱-剪力墙结构	高度		≤35	>35	≤35	>35	≤35	>35	
14		框架、板柱及柱上板带		三	二	二	二	一	一	
15		剪力墙		二	二	二	二	一		

注：1. 接近或等于高度分界的，应结合房屋不规则程度及场地、地基条件适当确定抗震等级；

　　2. 底部带转换层的筒体结构，其转换框架的抗震等级应按表中部分框支剪力墙结构的规定采用；

　　3. 当框架-核心筒结构的高度不超过 60m 时，其抗震等级应允许按框架-剪力墙结构采用。

B 级高度的高层建筑结构设计抗震等级　　　　表 10-14

序号	结构类型		烈　　度		
			6 度	7 度	8 度
1	框架-剪力墙	框架	二	一	一
2		剪力墙	二	一	特一
3	剪力墙	剪力墙	二	一	一
4	部分框支剪力墙	非底部加强部位剪力墙	二	一	一
5		底部加强部位剪力墙	一	一	特一
6		框支框架	一	特一	特一
7	框架-核心筒	框架	二	一	一
8		筒体	二	一	特一
9	筒中筒	外筒	二	一	特一
10		内筒	二	一	特一

注：底部带转换层的筒体结构，其转换框架和底部加强部位筒体的抗震等级应按表中部分框支剪力墙结构的规定
采用。

10.1.5　结构特一级构件设计规定

特一级构件设计规定如表 10-15 所示。

结构特一级构件设计规定　　　　表 10-15

序号	项　目	内　　容
1	说明	特一级抗震等级的钢筋混凝土构件除应符合一级钢筋混凝土构件的所有设计要求外，尚应符合本表规定的有关规定
2	框架柱	特一级框架柱应符合下列规定： (1) 宜采用型钢混凝土柱、钢管混凝土柱 (2) 柱端弯矩增大系数 η_c、柱端剪力增大系数 η_{vc} 应增大 20% (3) 钢筋混凝土柱柱端加密区最小配箍特征值 λ_v 应按本书表 9-47 规定的数值增加 0.02 采用；全部纵向钢筋构造配筋百分率，中、边柱不应小于 1.4%，角柱不应小于 1.6%
3	框架梁	特一级框架梁应符合下列规定： (1) 梁端剪力增大系数 η_{vb} 应增大 20% (2) 梁端加密区箍筋最小面积配筋率应增大 10%
4	框支柱	特一级框支柱应符合下列规定： (1) 宜采用型钢混凝土柱、钢管混凝土柱 (2) 底层柱下端及与转换层相连的柱上端的弯矩增大系数取 1.8，其余层柱端弯矩增大系数 η_c 应增大 20%；柱端剪力增大系数 η_{vc} 应增大 20%；地震作用产生的柱轴力增大系数取 1.8，但计算柱轴压比时可不计该项增大 (3) 钢筋混凝土柱柱端加密区最小配箍特征值 λ_v 应按本书表 7-58 的数值增大 0.03 采用，且箍筋体积配箍率不应小于 1.6%；全部纵向钢筋最小构造配筋百分率取 1.6%

序号	项 目	内 容
5	剪力墙、筒体墙	特一级剪力墙、筒体墙应符合下列规定： （1）底部加强部位的弯矩设计值应乘以 1.1 的增大系数，其他部位的弯矩设计值应乘以 1.3 的增大系数；底部加强部位的剪力设计值，应按考虑地震作用组合的剪力计算值的 1.9 倍采用，其他部位的剪力设计值，应按考虑地震作用组合的剪力计算值的 1.4 倍采用 （2）一般部位的水平和竖向分布钢筋最小配筋率应取为 0.35%，底部加强部位的水平和竖向分布钢筋的最小配筋率应为 0.40% （3）约束边缘构件纵向钢筋最小构造配筋率应取为 1.4%，配箍特征值宜增大 20%；构造边缘构件纵向钢筋的配筋率不应小于 1.2% （4）框支剪力墙结构的落地剪力墙底部加强部位边缘构件宜配置型钢，型钢宜向上、下各延伸一层 （5）连梁的要求同一级

10.1.6 结构设计构件材料

高层建筑混凝土结构构件材料要求如表 10-16 所示。

高层建筑混凝土结构构件材料要求 表 10-16

序号	项 目	内 容
1	一般要求	高层建筑混凝土结构宜采用高强高性能混凝土和高强钢筋；构件内力较大或抗震性能有较高要求时，宜采用型钢混凝土、钢管混凝土构件 采用高强度混凝土可以减小柱截面面积。C60 混凝土已广泛采用，取得了良好的效益 采用高强钢筋可有效减少配筋量，提高结构的安全度。目前我国已经可以大量生产满足结构抗震性能要求的 $400N/mm^2$、$500N/mm^2$ 级热轧带肋钢筋和 $300N/mm^2$ 级热轧光圆钢筋。$400N/mm^2$、$500N/mm^2$ 级热轧带肋钢筋的强度设计值比 $335N/mm^2$ 级钢筋分别提高 20% 和 45%；$300N/mm^2$ 级热轧光圆钢筋的强度设计值比 $235N/mm^2$ 级钢筋提高 28.5%，节材效果十分明显 型钢混凝土柱截面含型钢一般为 5%～8%，可使柱截面面积减小 30% 左右。由于型钢骨架要求钢结构的制作、安装能力，因此目前较多用在高层建筑的下层部位柱、转换层以下的框支柱等；在较高的高层建筑中也有全部采用型钢混凝土梁、柱的实例 钢管混凝土可使柱混凝土处于有效侧向约束下，形成三向应力状态，因而延性和承载力提高较多。钢管混凝土柱如用高强混凝土浇筑，可以使柱截面减小至原截面面积的 50% 左右。钢管混凝土在与钢筋混凝土梁的节点构造十分重要。也比较复杂。钢管混凝土柱设计及构造可按本章 10.7 节中的有关规定执行
2	混凝土强度等级	针对高层混凝土结构的特点，这里提出了不同结构部位、不同结构构件的混凝土强度等级最低要求及抗震上限限值。某些结构局部特殊部位混凝土强度等级的要求，在本书相关条文中做了补充规定 各类结构用混凝土的强度等级均不应低于 C20，并应符合下列规定： （1）抗震设计时，一级抗震等级框架梁、柱及其节点的混凝土强度等级不应低于 C30 （2）筒体结构的混凝土强度等级不宜低于 C30 （3）作为上部结构嵌固部位的地下室楼盖的混凝土强度等级不宜低于 C30 （4）转换层楼板、转换梁、转换柱、箱形转换结构以及转换厚板的混凝土强度等级均不应低于 C30

序号	项　目	内　　容
2	混凝土强度等级	（5）预应力混凝土结构的混凝土强度等级不宜低于 C40、不应低于 C30 （6）型钢混凝土梁、柱的混凝土强度等级不宜低于 C30 （7）现浇非预应力混凝土楼盖结构的混凝土强度等级不宜高于 C40 （8）抗震设计时，框架柱的混凝土强度等级，9 度时不宜高于 C60，8 度时不宜高于 C70；剪力墙的混凝土强度等级不宜高于 C60
3	受力钢筋及其性能	高层建筑混凝土结构的受力钢筋及其性能应符合本书的有关规定。按一、二、三级抗震等级设计的框架和斜撑构件，其纵向受力钢筋尚应符合下列规定： （1）钢筋的抗拉强度实测值与屈服强度实测值的比值不应小于 1.25 （2）钢筋的屈服强度实测值与屈服强度标准值的比值不应大于 1.30 （3）钢筋最大拉力下的总伸长率实测值不应小于 9%
4	混合结构	（1）抗震设计时混合结构中钢材应符合下列规定： 1）钢材的屈服强度实测值与抗拉强度实测值的比值不应大于 0.85 2）钢材应有明显的屈服台阶，且伸长率不应小于 20% 3）钢材应有良好的焊接性和合格的冲击韧性 （2）混合结构中的型钢混凝土竖向构件的型钢及钢管混凝土的钢管宜采用 Q345 和 Q235 等级的钢材，也可采用 Q390、Q420 等级或符合结构性能要求的其他钢材；型钢梁宜采用 Q235 和 Q345 等级的钢材

10.1.7　结构构件承载力设计

高层建筑结构构件承载力设计如表 10-17 所示。

高层建筑结构构件承载力设计　　　　　　　　　　　　　表 10-17

序号	项　目	内　　容
1	承载力验算	高层建筑结构构件的承载力应按下列公式验算： 持久设计状况、短暂设计状况 $$\gamma_0 S_d \leqslant R_d \tag{10-5}$$ 地震设计状况　　$$S_d \leqslant R_d/\gamma_{RE} \tag{10-6}$$ 式中　γ_0——结构重要性系数，对安全等级为一级的结构构件不应小于 1.1，对安全等级为二级的结构构件不应小于 1.0 　　　S_d——作用组合的效应设计值，应符合本书表 10-18 和表 10-19 的规定 　　　R_d——构件承载力设计值 　　　γ_{RE}——构件承载力抗震调整系数
2	承载力抗震调整系数	抗震设计时，钢筋混凝土构件的承载力抗震调整系数应按表 9-27 采用；型钢混凝土构件和钢构件的承载力抗震调整系数应按本书表 10-104 规定采用。当仅考虑竖向地震作用组合时，各类结构构件的承载力抗震调整系数均应取为 1.0

高层建筑结构荷载无地震作用组合的效应　　　　　　表 10-18

序号	项　目	内　容
1	荷载基本组合的效应设计值	持久设计状况和短暂设计状况下，当荷载与荷载效应按线性关系考虑时，荷载基本组合的效应设计值应按下列公式确定： $$S_d = \gamma_G S_{Gk} + \gamma_L \psi_Q \gamma_Q S_{Qk} + \psi_w \gamma_w S_{wk} \quad (10\text{-}7)$$ 式中　S_d——荷载组合的效应设计值 　　　γ_G——永久荷载分项系数 　　　γ_Q——楼面活荷载分项系数 　　　γ_w——风荷载的分项系数 　　　γ_L——考虑结构设计使用年限的荷载调整系数，设计使用年限为 50 年时取 1.0，设计使用年限为 100 年时取 1.1 　　　S_{Gk}——永久荷载效应标准值 　　　S_{Qk}——楼面活荷载效应标准值 　　　S_{wk}——风荷载效应标准值 　　　ψ_Q、ψ_w——分别为楼面活荷载组合值系数和风荷载组合值系数，当永久荷载效应起控制作用时应分别取 0.7 和 0.0；当可变荷载效应起控制作用时应分别取 1.0 和 0.6 或 0.7 和 1.0 对书库、档案库、储藏室、通风机房和电梯机房，本条楼面活荷载组合值系数取 0.7 的场合应取为 0.9
2	荷载基本组合的分项系数	持久设计状况和短暂设计状况下，荷载基本组合的分项系数应按下列规定采用： (1) 永久荷载的分项系数 γ_G：当其效应对结构承载力不利时，对由可变荷载效应控制的组合应取 1.2，对由永久荷载效应控制的组合应取 1.35；当其效应对结构承载力有利时，应取 1.0 (2) 楼面活荷载的分项系数 γ_Q：一般情况下应取 1.4 (3) 风荷载的分项系数 γ_w 应取 1.4

高层建筑结构荷载有地震作用组合的效应　　　　　　表 10-19

序号	项　目	内　容
1	荷载和地震作用基本组合效应	地震设计状况下，当作用与作用效应按线性关系考虑时，荷载和地震作用基本组合的效应设计值应按下列公式确定： $$S_d = \gamma_G S_{GE} + \gamma_{Eh} S_{Ehk} + \gamma_{Ev} S_{Evk} + \psi_w \gamma_w S_{wk} \quad (10\text{-}8)$$ 式中　S_d——荷载和地震作用组合的效应设计值 　　　S_{GE}——重力荷载代表值的效应 　　　S_{Ehk}——水平地震作用标准值的效应，尚应乘以相应的增大系数、调整系数 　　　S_{Evk}——竖向地震作用标准值的效应，尚应乘以相应的增大系数、调整系数 　　　γ_G——重力荷载分项系数 　　　γ_w——风荷载分项系数 　　　γ_{Eh}——水平地震作用分项系数 　　　γ_{Ev}——竖向地震作用分项系数 　　　ψ_w——风荷载的组合值系数，应取 0.2
2	荷载和地震作用基本组合分项系数	地震设计状况下，荷载和地震作用基本组合的分项系数应按表 10-20 采用。当重力荷载效应对结构的承载力有利时，表 10-20 中 γ_G 不应大于 1.0

序号	项目	内　容
3	有关说明	对非抗震设计的高层建筑结构，应按公式（10-7）计算荷载效应的组合；对抗震设计的高层建筑结构，应同时按公式（10-7）和公式（10-8）计算荷载效应和地震作用效应组合，并按本书的有关规定（如强柱弱梁、强剪弱弯等），对组合内力进行必要的调整。同一构件的不同截面或不同设计要求，可能对应不同的组合工况，应分别进行验算

地震设计状况时荷载和作用的分项系数　　　　　　　　表 10-20

序号	参与组合的荷载和作用	γ_G	γ_{Eh}	γ_{Ev}	γ_w	说　明
1	重力荷载及水平地震作用	1.2	1.3	—	—	抗震设计的高层建筑结构均应考虑
2	重力荷载及竖向地震作用	1.2	—	1.3	—	9 度抗震设计时考虑；水平长悬臂和大跨度结构 7 度（0.15g）、8 度、9 度抗震设计时考虑
3	重力荷载、水平地震及竖向地震作用	1.2	1.3	0.5	—	9 度抗震设计时考虑；水平长悬臂和大跨度结构 7 度（0.15g）、8 度、9 度抗震设计时考虑
4	重力荷载、水平地震作用及风荷载	1.2	1.3	—	1.4	60m 以上的高层建筑考虑
5	重力荷载、水平地震作用、竖向地震作用及风荷载	1.2	1.3	0.5	1.4	60m 以上的高层建筑，9 度抗震设计时考虑；水平长悬臂和大跨度结构 7 度（0.15g）、8 度、9 度抗震设计计时考虑
6		1.2	0.5	1.3	1.4	水平长悬臂结构和大跨度结构，7 度（0.15g）、8 度、9 度抗震设计时考虑

注：1. g 为重力加速度；

　　2. "—"表示组合中不考虑该项荷载或作用效应。

10.1.8　高层建筑混凝土结构布置的内容与要求及规定

高层建筑混凝土结构布置的内容与要求及规定如表 10-21 所示。

高层建筑混凝土结构布置的内容与要求及规定　　　　　　　　表 10-21

序号	项　目	内　容
1	结构布置的内容	在高层建筑结构设计中，除了要根据结构高度选择合理的结构体系外，还要恰当地设计和选择建筑物的平面、立面、剖面形状和总体型，也即进行结构布置。结构布置主要包括以下内容： 　　（1）结构平面布置，即确定梁、柱、墙、基础、电梯井和楼梯等在平面上的位置 　　（2）结构竖向布置，即确定结构竖向形式、楼层高度、电梯机房、屋顶水箱、电梯井和楼梯的高度，是否设置地下室、转换层、加强层、技术夹层以及它们的位置和高度等

序号	项　目	内　　容
2	结构布置要求	（1）选择有利的场地，避开不利的场地，采取措施保证地基的稳定性。危险场地不宜兴建高层建筑，如基岩有活动性断层和破碎带、不稳定的滑坡地带等等；而为不利场地时，高层建筑要采取相应措施以减轻震害，如场地冲积层过厚、沙土有液化危险、湿陷性黄土等等 （2）保证地基基础的承载力、刚度，以及足够的抗滑移、抗倾覆能力，使整个高层建筑形成稳定的结构体系，防止在外荷载作用下产生过大的不均匀沉降、倾覆和局部抗裂等 （3）合理设置防震缝。一般情况下宜采取调整平面形状与尺寸，加强构造措施，设置后浇带等方法，尽量不设缝、少设缝。设缝时必须保证有足够的缝宽 （4）应具有明确的计算简图和合理的地震作用传递途径。结构平面布置力求简单、规则、对称，避免凹角和狭长的缩颈部位；避免在凹角和端部设置楼电梯间；避免楼电梯间偏置。结构竖向体形尽量避免外挑、内收，力求刚度均匀渐变 （5）多道抗震设防能力，避免因局部结构或构件破坏导致整个结构体系丧失抗震能力。如框架为强柱弱梁，梁屈服后柱仍能保持稳定；剪力墙结构的连梁先屈服；框架-剪力墙的连梁首先屈服，然后才是墙肢、框架破坏等 （6）合理选择结构体系。对于钢筋混凝土结构，一般来说纯框架结构抗震能力有限；框架-剪力墙性能较好；剪力墙结构和筒体结构具有良好的空间整体性，刚度也较大 （7）结构应有足够的刚度，且具有均匀的刚度分布控制结构顶点总位移和层间位移，避免因局部突变和扭转效应而形成薄弱部位。在小震时，应防止过大的变形使结构或非结构构件开裂，影响正常使用；在强震下，结构应不发生倒塌、失稳或倾覆现象 （8）结构应有足够的结构承载力，具有较均匀的刚度和承载力分布。局部强度太大会使其他部位形成相对薄弱的环节 （9）节点的承载力应大于构件的承载力。要从构造上采取措施防止地震作用下节点的承载力和刚度过早退化 （10）结构应有足够的变形能力及耗能能力，应防止构件脆性破坏，保证构件有足够的延性。如采取提高抗剪能力、加强约束箍筋等措施 （11）突出屋面的塔楼必须具有足够的承载力和延性，以承受鞭梢效应影响。对可能出现的薄弱部位，应采取有效措施予以加强 （12）减轻结构自重，最大限度降低地震的作用，积极采用轻质高强材料。应避免因部分结构或构件破坏而导致整体结构丧失承载重力荷载、风荷载和地震作用的能力
3	结构布置规定	（1）高层建筑结构的平面布置如表 10-22 所示 （2）高层建筑结构的竖向布置如表 10-25 所示

高层建筑结构的平面布置　　　　　　　　　　　　　　　　　　表 10-22

序号	项　目	内　　容
1	结构平面布置原则	（1）在高层建筑的一个独立结构单元内，结构平面形状宜简单、规则，质量、刚度和承载力分布宜均匀。不应采用严重不规则的平面布置 建筑形体及其构件布置的平面结构房屋存在表 10-23 所列举的某项平面不规则类型以及类似的不规则类型应属于不规则的建筑 （2）抗震设计的混凝土高层建筑，其平面布置宜符合下列规定： 1）平面宜简单、规则、对称，减少偏心 2）平面长度不宜过长（图 10-2），L/B 宜符合表 10-24 的要求 3）平面突出部分的长度 l 不宜过大、宽度 b 不宜过小（图 10-2），l/B_{max}、l/b 宜符合表 10-24 的要求 4）建筑平面不宜采用角部重叠或细腰形平面布置 角部重叠和细腰形的平面图形（图 10-3），在中央部位形成狭窄部分，在地震中容易产生震害，尤其在凹角部位，因为应力集中容易使楼板开裂、破坏，不宜采用。如采用，这些部位应采取加大楼板厚度、增加板内配筋、设置集中配筋的边梁、配置 45°斜向钢筋等方法予以加强 需要说明的是，表 10-24 中，三项尺寸的比例关系是独立的规定，一般不具有关联性 （3）施工简便，造价低

序号	项 目	内 容
2	结构平面形状选择	（1）高层建筑宜选用风作用效应较小的平面形状 　高层建筑承受较大的风力。在沿海地区，风力成为高层建筑的控制性荷载，采用风压较小的平面形状有利于抗风设计 　对抗风有利的平面形状是简单规则的凸平面，如圆形、正多边形、椭圆形、鼓形等平面。对抗风不利的平面是有较多凹凸的复杂形状平面，如 V 形、Y 形、H 形、弧形等平面 　（2）抗震设计时，B 级高度钢筋混凝土高层建筑、混合结构高层建筑的最大适用高度已放松到比较高的程度，与此相应，对其结构的规则性要求必须严格；复杂高层建筑结构的竖向布置已不规则，对这些结构的平面布置的规则性应严格要求。因此，对上述结构的平面布置应简单、规则，减少偏心 　（3）结构平面布置应减少扭转的影响。在考虑偶然偏心影响的规定水平地震力作用下，楼层竖向构件最大的水平位移和层间位移，A 级高度高层建筑不宜大于该楼层平均值的 1.2 倍，不应大于该楼层平均值的 1.5 倍；B 级高度高层建筑、超过 A 级高度的混合结构及本章 10.6 节所指的复杂高层建筑不宜大于该楼层平均值的 1.2 倍，不应大于该楼层平均值的 1.4 倍。结构扭转为主的第一自振周期 T_t 与平动为主的第一自振周期 T_1 之比，A 级高度高层建筑不应大于 0.9，B 级高度高层建筑、超过 A 级高度的混合结构及本书 10.6 节中所指的复杂高层建筑不应大于 0.85 　当楼层的最大层间位移角不大于本书表 10-29 序号 3 规定的限值的 40% 时，该楼层竖向构件的最大水平位移和层间位移与该楼层平均值的比值可适当放松，但不应大于 1.6 　（4）当楼板平面比较狭长、有较大的凹入或开洞时，应在设计中考虑其对结构产生的不利影响。有效楼板宽度不宜小于该层楼面宽度的 50%；楼板开洞总面积不宜超过楼面面积的 30%；在扣除凹入或开洞后，楼板在任一方向的最小净宽度不宜小于 5m，且开洞后每一边的楼板净宽度不应小于 2m 　楼板有较大凹入或开有大面积洞口后，被凹口或洞口划分开的各部分之间的连接较为薄弱，在地震中容易相对振动而使削弱部位产生震害，因此对凹入或洞口的大小加以限制。设计中应同时满足本条规定的各项要求。以图 10-4 所示平面为例，L_2 不宜小于 $0.5L_1$，a_1 与 a_2 之和不宜小于 $0.5L_2$ 且不宜小于 5m，a_1 和 a_2 均不应小于 2m，开洞面积不宜大于楼面面积的 30% 　（5）楼（电）梯间无楼板而使楼面产生较大削弱，应将楼（电）梯间周边的楼板加厚，并加强配筋 　几类不规则平面定义的类型如表 10-23 及图 10-5、图 10-6 及图 10-7 所示 　（6）廾字形、井字形等外伸长度较大的建筑，当中央部分楼板有较大削弱时，应加强楼板以及连接部位墙体的构造措施，必要时可在外伸段凹槽处设置连接梁或连接板 　高层住宅建筑常采用廾字形、井字形平面以利于通风采光，而将楼电梯间集中配置于中央部位。楼电梯间无楼板而使楼面产生较大削弱，此时应将楼电梯间周边的剩余楼板加厚，并加强配筋。外伸部分形成的凹槽可加拉梁或拉板，拉梁宜宽扁放置并加强配筋，拉梁和拉板宜每层均匀设置 　（7）楼板开大洞削弱后，宜采取下列措施： 　1）加厚洞口附近楼板，提高楼板的配筋率，采用双层双向配筋 　2）洞口边缘设置边梁、暗梁 　3）在楼板洞口角部集中配置斜向钢筋

平面不规则的主要类型　　　　　　　　　　　　　　　　表 10-23

序号	不规则类型	定义和参考指标
1	扭转不规则	在规定的水平力作用下，楼层的最大弹性水平位移或（层间位移），大于该楼层两端弹性水平位移（或层间位移）平均值的 1.2 倍
2	凹凸不规则	平面凹进的尺寸，大于相应投影方向总尺寸的 30%
3	楼板局部不连续	楼板的尺寸和平面刚度急剧变化，例如，有效楼板宽度小于该层楼板典型宽度的 50%，或开洞面积大于该层楼面面积的 30%，或较大的楼层错层

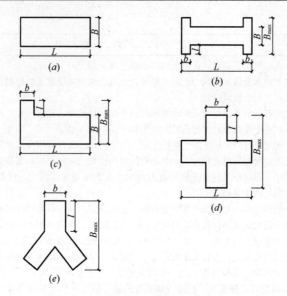

图 10-2   建筑平面示意

平面尺寸及突出部位尺寸的比值限值   表 10-24

序号	设防烈度	L/B	l/B_{max}	l/b
1	6、7 度	≤6.0	≤0.35	≤2.0
2	8、9 度	≤5.0	≤0.30	≤1.5

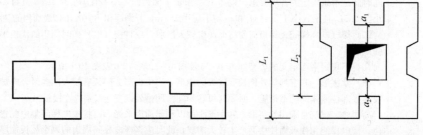

图 10-3   角部重叠和细腰形平面示意   图 10-4   楼板净宽度要求示意

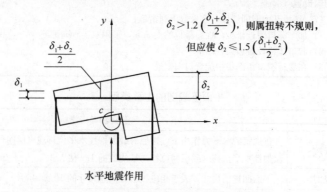

$\delta_2 > 1.2 \left(\dfrac{\delta_1 + \delta_2}{2} \right)$，则属扭转不规则，

但应使 $\delta_2 \leqslant 1.5 \left(\dfrac{\delta_1 + \delta_2}{2} \right)$

水平地震作用

图 10-5   建筑结构平面的扭转不规则示例

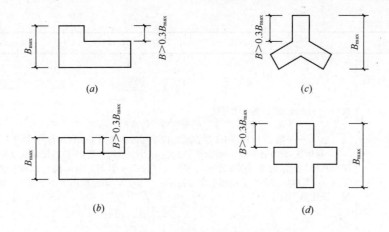

图 10-6　建筑结构平面的凸角或凹角比值示例

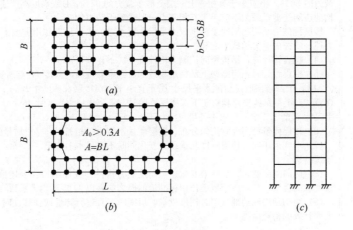

图 10-7　建筑结构平面的局部不连续示例（大开洞及错层）

高层建筑结构的竖向布置　　　　　　　　　　　　　　　**表 10-25**

序号	项　目	内　　容
1	结构竖向布置原则	（1）高层建筑的竖向体型宜规则、均匀，避免有过大的外挑和收进。结构的侧向刚度宜下大上小，逐渐均匀变化 建筑形体及其构件布置的竖向结构房屋存在表 10-26 所列举的某项竖向不规则类型以及类似的不规则类型应属于不规则的建筑 结构的侧向刚度，往往沿竖向分段改变构件截面尺寸和混凝土强度等级，这种改变使结构刚度自下向上递减。从施工角度来看，分段改变不宜太多；但从结构受力角度来看，分段改变却宜多而均匀。实际工程设计中，一般沿竖向变化不超过 4 段；每次改变，梁、柱尺寸减小 100~150mm，墙厚减少 50mm；混凝土强度降低一个等级；面且一般尺寸改变与强度改变错开楼层布置，避免楼层刚度产生较大突变 （2）抗震设计时，高层建筑相邻楼层的侧向刚度变化应符合下列规定： 1）对框架结构，楼层与其相邻上层的侧向刚度比 γ_1 可按公式（10-9）计算，且本层与相邻上层的比值不宜小于 0.7，与相邻上部三层刚度平均值的比值不宜小于 0.8

序号	项 目	内 容
1	结构竖向布置原则	$$\gamma_1 = \frac{V_i \Delta_{i+1}}{V_{i+1} \Delta_i} \tag{10-9}$$ 式中 γ_1—— 楼层侧向刚度比 V_i、V_{i+1}——第 i 层和第 $i+1$ 层的地震剪力标准值（kN） Δ_i、Δ_{i+1}——第 i 层和第 $i+1$ 层在地震作用标准值作用下的层间位移（m） 　　2）对框架-剪力墙、板柱-剪力墙结构、剪力墙结构、框架-核心筒结构、筒中筒结构，楼层与其相邻上层的侧向刚度比 γ_2 可按公式（10-10）计算，且本层与相邻上层的比值不宜小于 0.9；当本层层高大于相邻上层层高的 1.5 倍时，该比值不宜小于 1.1；对结构底部嵌固层，该比值不宜小于 1.5 $$\gamma_2 = \frac{V_i \Delta_{i+1}}{V_{i+1} \Delta_i} \frac{h_i}{h_{i+1}} \tag{10-10}$$ 式中 γ_2—— 考虑层高修正的楼层侧向刚度比 　　（3）A 级高度高层建筑的楼层抗侧力结构的层间受剪承载力不宜小于其相邻上一层受剪承载力的 80%，不应小于其相邻上一层受剪承载力的 65%；B 级高度高层建筑的楼层抗侧力结构的层间受剪承载力不应小于其相邻上一层受剪承载力的 75% 　　楼层抗侧力结构的层间受剪承载力是指在所考虑的水平地震作用方向上，该层全部柱、剪力墙、斜撑的受剪承载力之和 　　（4）抗震设计时，结构竖向抗侧力构件宜上、下连续贯通 　　（5）抗震设计时，当结构上部楼层收进部位到室外地面的高度 H_1 与房屋高度 H 之比大于 0.2 时，上部楼层收进后的水平尺寸 B_1 不宜小于下部楼层水平尺寸 B 的 75%（图 10-8（a）、（b））；当上部结构楼层相对于下部楼层外挑时，上部楼层水平尺寸 B_1 不宜大于下部楼层的水平尺寸 B 的 1.1 倍，且水平外挑尺寸 a 不宜大于 4m（图 10-8（c）、（d）） 　　（6）楼层质量沿高度宜均匀分布，楼层质量不宜大于相邻下部楼层质量的 1.5 倍 　　（7）不宜采用同一楼层刚度和承载力变化同时不满足本上述第（2）和（3）条规定的高层建筑结构 　　（8）侧向刚度变化、承载力变化、竖向抗侧力构件连续性不符合上述第（2）、（3）、（4）条要求的楼层，其对应于地震作用标准值的剪力应乘以 1.25 的增大系数 　　（9）结构顶层取消部分墙、柱形成空旷房间时，宜进行弹性或弹塑性时程分析补充计算并采取有效的构造措施
2	竖向不规则结构图形	几类不规则竖向定义的类型如表 10-26 及图 10-9、图 10-10 及图 10-11 所示
3	结构竖向突变的原因	（1）结构的竖向体型突变 由于竖向体型突变而使刚度变化，一般有下面两种情况： 　　1）建筑顶部内收形成塔楼。顶部小塔楼因鞭梢效应而放大地震作用，塔楼的质量和刚度越小，则地震作用放大越明显。在可能的情况下，宜采用台阶形逐级内收的立面 　　2）楼层外挑内收。结构刚度和质量变化大，地震作用下易形成较薄弱环节 　　（2）结构体系的变化 抗侧力结构布置改变在下列情况下发生： 　　1）剪力墙结构或框筒结构的底部大空间需要，底层或底部若干层剪力墙不落地，可能产生刚度突变。这时应尽量增加其他落地剪力墙、柱或筒体的截面尺寸，并适当提高相应楼层混凝土等级，尽量使刚度的变化减少 　　2）中部楼层部分剪力墙中断。如果建筑功能要求必须取消中间楼层的部分墙体，则取消的墙不宜多于 1/3，不得超过半数，其余墙体应加强配筋 　　3）顶层设置空旷的大空间，取消部分剪力墙或内柱。由于顶层刚度削弱，高震型影响会使地震力加大。顶层取消的剪力墙也不宜多于 1/3，不得超过半数。框架取消内柱后，全部剪力应由外柱箍筋承受，顶层柱子应全长加密配箍 　　当上下层结构轴线布置或者结构形式发生变化时，要设置结构转换层，如图 10-12 所示。目前常见的转换形式有厚板转换和箱形梁转换等。厚板转换层厚度可达 2m 以上

结构竖向不规则的主要类型   表 10-26

序号	不规则类型	定义和参考指标
1	侧向刚度不规则	该层的侧向刚度小于相邻上一层的 70%，或小于其上相邻三个楼层侧向刚度平均值的 80%；除顶层或出屋面小建筑外，局部收进的水平向尺寸大于相邻下一层的 25%
2	竖向抗侧力构件不连续	竖向抗倒力构件（柱、剪力墙、抗震支撑）的内力由水平转换构件（梁、桁架等）向下传递
3	楼层承载力突变	抗侧力结构的层间受剪承载力小于相邻上一楼层的 80%

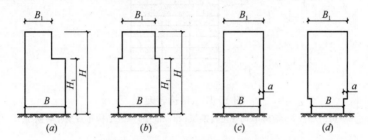

图 10-8　结构竖向收进和外挑示意

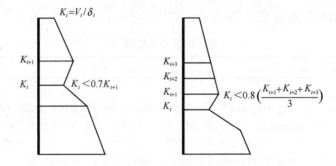

图 10-9　沿竖向的侧向刚度不规则（有软弱层）

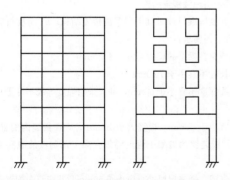

图 10-10　竖向抗侧力构件不连续示意

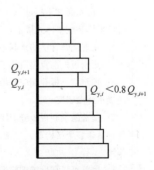

图 10-11　竖向抗侧力结构屈服抗剪强度非均匀化（有薄弱层）

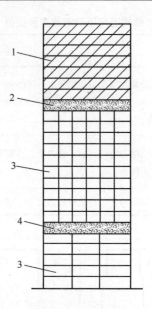

图 10-12　结构转换层

1—剪力墙；2—结构形式变化转换层；3—框架；4—结构布置变化转换层

10.1.9　高层建筑楼盖结构

高层建筑楼盖结构如表 10-27 所示。

高层建筑楼盖结构　　　　　　　　　　　　　表 10-27

序号	项　目	内　　容
1	楼盖结构	（1）在目前高层建筑结构计算中，一般都假定水平楼盖在自身平面内的刚度无限大，则结构中各竖向抗侧力结构（剪力墙、框架和筒体等）通过水平的楼盖结构连为空间整体，在水平荷载作用下楼面只有位移而不变形。所以在楼面构造设计上，要使楼面具有较大的刚度。所以，楼盖的刚性是保证建筑物的空间整体性和水平力的有效传递 （2）房屋高度超过 50m 时，框架-剪力墙结构、筒体结构及复杂高层建筑结构应采用现浇楼盖结构，剪力墙结构和框架结构宜采用现浇楼盖结构 （3）房屋高度不超过 50m 时，8、9 度抗震设计时宜采用现浇楼盖结构；6、7 度抗震设计时可采用装配整体式楼盖，且应符合下列要求： 　1）无现浇叠合层的预制板，板端搁置在梁上的长度不宜小于 50mm 　2）预制板板端宜预留胡子筋，其长度不宜小于 100mm 　3）预制空心板孔端应有堵头，堵头深度不宜小于 60mm，并应采用强度等级不低于 C20 的混凝土浇灌密实 　4）楼盖的预制板缝上缘宽度不宜小于 40mm，板缝大于 10mm 时应在板缝内配置钢筋，并宜贯通整个结构单元。现浇板缝、板缝梁的混凝土强度等级宜高于预制板的混凝土强度等级 　5）楼盖每层宜设置钢筋混凝土现浇层。现浇层厚度不应小于 50mm，并应双向配置直径不小于 6mm、间距不大于 200mm 的钢筋网，钢筋应锚固在梁或剪力墙内 （4）普通高层建筑楼面结构选型可按表 10-28 确定

序号	项 目	内 容
2	房屋的顶层及其他	(1) 房屋的顶层、结构转换层、大底盘多塔楼结构的底盘顶层、平面复杂或开洞过大的楼层、作为上部结构嵌固部位的地下室楼层应采用现浇楼盖结构。一般楼层现浇楼板厚度不应小于 80mm，当板内预埋暗管时不宜小于 100mm；顶层楼板厚度不宜小于 120mm，宜双层双向配筋；转换层楼板应符合本章 10.6 节的有关规定；普通地下室顶板厚度不宜小于 160mm；作为上部结构嵌固部位的地下室楼层的顶楼盖应采用梁板结构，楼板厚度不宜小于 180mm，应采用双层双向配筋，且每层每个方向的配筋率不宜小于 0.25% (2) 肋形楼盖在多、高层建筑中广泛应用，一般采用现浇式。要求混凝土等级不应低于 C20，不宜高于 C40。在框架-剪力墙结构中也采用装配整体式楼面（灌板缝加现浇面层）形成肋形楼盖方案 (3) 密肋楼盖多用于跨度较大而梁高受限的情况，在筒体结构的角区楼板也常用密肋楼盖。其肋间距为 0.9～1.5m，以 1.2m 较经济；密肋板的跨度一般不大于 9m；预应力混凝土密肋楼盖的跨度一般不超过 12m (4) 平板楼面一般用于剪力墙结构或筒体结构。板底平整，可不另加吊平顶；结构厚度小，适应于层高较低的情况；缺点是适用的跨度不能太大，一般非预应力平板跨度不大于 6～7m，预应力平板不大于 9m，否则厚度太大不经济 (5) 无梁楼盖适于在柱网尺寸近似方形以及层高受限制时采用的现浇结构，分为现浇带柱帽（托板）和不带柱帽（托板）两种。普通混凝土结构，无柱帽时楼盖跨度不宜大于 7m，有柱帽时跨度不宜大于 9m；预应力混凝土结构，楼盖跨度不宜大于 12m。在地震区，无梁楼盖应与剪力墙结合，形成板柱-剪力墙结构
3	现浇预应力混凝土楼板	采用预应力楼板可以大大减小楼面结构高度，压缩层高并减轻结构自重；改善结构使用功能，减小挠度，避免裂缝；大跨度楼板可以增加使用面积，容易适应楼面用途改变；施工速度加快，节省钢材和混凝土。预应力楼板近年来在高层建筑楼面结构中应用越来越广泛 为厂确定板的厚度，必须考虑挠度、抗冲切承载力、防火及钢筋防腐蚀要求等。现浇预应力楼板厚度可按跨度的 1/45～1/50 采用。板厚不宜小于 150mm，预应力楼板的预应力钢筋保护层厚度不宜小于 30mm 预应力楼板设计中应采取措施防止或减少竖向和横向主体结构对楼板施加预应力的阻碍作用

普通高层建筑楼面结构选型 表 10-28

序号	结 构 体 系	房 屋 高 度	
		不大于 50m	大于 50m
1	框架	可采用装配式楼面（灌板缝）	宜采用现浇楼面
2	剪力墙	可采用装配式楼面（灌板缝）	宜采用现浇楼面
3	框架-剪力墙	宜采用现浇楼面 可采用装配整体式楼面（灌板缝加现浇面层）	应采用现浇楼面
4	板柱-剪力墙	应采用现浇楼面	—
5	框架-核心筒和筒中筒	应采用现浇楼面	应采用现浇楼面

10.1.10　高层建筑结构水平位移限值

高层建筑结构水平位移限值要求如表 10-29 所示。

高层建筑水平位移限值要求　　　　　　　　　　　　　表 10-29

序号	项　目	内　容
1	简述与计算	（1）在正常使用条件下，高层建筑结构应具有足够的刚度，避免产生过大的位移而影响结构的承载力、稳定性和使用要求 （2）高层建筑层数多、高度大，为保证高层建筑结构具有必要的刚度，应对其楼层位移加以控制。侧向位移控制实际上是对构件截面大小、刚度大小的一个宏观指标 （3）在正常使用条件下，限制高层建筑结构层间位移的主要目的有两点： 　1）保证主结构基本处于弹性受力状态，对钢筋混凝土结构来讲，要避免混凝土墙或柱出现裂缝；同时，将混凝土梁等楼面构件的裂缝数量、宽度和高度限制在规定允许范围之内 　2）保证填充墙、隔墙和幕墙等非结构构件的完好，避免产生明显损伤 　迄今，控制层间变形的参数有三种：即层间位移与层高之比（层间位移角）；有害层间位移角；区格广义剪切变形。其中层间位移角是过去应用最广泛，最为工程技术人员所熟知的 　①层间位移与层高之比（即层间位移角） $$\theta_i = \frac{\Delta u_i}{h_i} = \frac{u_i - u_{i-1}}{h_i} \qquad (10\text{-}11)$$ 　②有害层间位移角 $$\theta_{id} = \frac{\Delta u_{id}}{h_i} = \theta_i - \theta_{i-1} = \frac{u_i - u_{i-1}}{h_i} - \frac{u_{i-1} - u_{i-2}}{h_{i-1}} \qquad (10\text{-}12)$$ 式中　θ_i、θ_{i-1} 为 i 层上、下楼盖的转角，即 i 层、$i-1$ 层的层间位移角 　③区格的广义剪切变形（简称剪切变形） $$\gamma_{ij} = \theta_i - \theta_{i-1,j} = \frac{u_i - u_{i-1}}{h_i} + \frac{v_{i,j} - v_{i-1,j-1}}{l_i} \qquad (10\text{-}13)$$ 式中　γ_{ij} —— 为区格 ij 剪切变形，其中脚标 i 表示区格所在层次，j 表示区格序号 　　　$\theta_{i-1,j}$ ——为区格 ij 下楼盖的转角，以顺时针方向为正 　　　l_{ij} ——为区格 ij 的宽度 $v_{i-1,j-1}$、$v_{i-1,j}$ ——为相应节点的竖向位移 　如上所述，从结构受力与变形的相关性来看，参数 γ_{ij} 即剪切变形较符合实际情况；但就结构的宏观控制而言，参数 θ_i 即层间位移角又较简便 　考虑到层间位移控制是一个宏观的侧向刚度指标，为便于设计人员在工程设计中应用，本书采用了层间最大位移与层高之比 $\Delta u/h$，即层间位移角 θ 作为控制指标
2	弹性方法计算	（1）正常使用条件下，结构的水平位移、地震作用等按有关规定计算 （2）目前，高层建筑结构是按弹性阶段进行设计的。地震按小震考虑；结构构件的刚度采用弹性阶段的刚度；内力与位移分析不考虑弹塑性变形。因此所得出的位移相应也是弹性阶段的位移，比在大震作用下弹塑性阶段的位移小得多，因而位移的控制指标也比较严
3	最大水平位移与层高之比规定	（1）按弹性方法计算的风荷载或多遇地震标准值作用下的楼层层间最大水平位移与层高之比 $\Delta u/h$ 宜符合下列规定： 　1）高度不大于 150m 的高层建筑，其楼层层间最大位移与层高之比 $\Delta u/h$ 不宜大于表 10-30 的限值 　2）高度不小于 250m 的高层建筑，其楼层层间最大位移与层高之比 $\Delta u/h$ 不宜大于 1/500

序号	项目	内容
3	最大水平位移与层高之比规定	3）高度在 150～250m 之间的高层建筑，其楼层层间最大位移与层高之比 $\Delta u/h$ 的限值可按本条第 1）和第 2）款的限值线性插入取用 4）楼层层间最大位移 Δu 以楼层竖向构件最大的水平位移差计算，不扣除整体弯曲变形。抗震设计时，本条规定的楼层位移计算可不考虑偶然偏心的影响 （2）对上述（1）条的理解与应用 本书采用层间位移角 $\Delta u/h$ 作为刚度控制指标，不扣除整体弯曲转角产生的侧移，即直接采用内力位移计算的位移输出值 高度不大于 150m 的常规高度高层建筑的整体弯曲变形相对影响较小，层间位移角 $\Delta u/h$ 的限值按不同的结构体系在 1/550～1/1000 之间分别取值。但当高度超过 150m 时，弯曲变形产生的侧移有较快增长，所以超过 250m 高度的建筑，层间位移角限值按 1/500 作为限值。150～250m 之间的高层建筑按线性插入考虑 本条层间位移角 $\Delta u/h$ 的限值指最大层间位移与层高之比，第 i 层的 $\Delta u/h$ 指第 i 和第 $i-1$ 层在楼层平面各处位移差 $\Delta u_i = u_i - u_{i-1}$ 中的最大值。由于高层建筑结构在水平力作用下几乎都会产生扭转，所以 Δu 的最大值一般在结构单元的尽端处 表 10-30 及表 10-31 序号 4 中，"除框架结构外的转换层"，包括了框架-剪力墙结构和筒体结构的托柱或托墙转换以及部分框支剪力墙结构的框支层；明确了水平位移限值针对的是风荷载或多遇地震作用标准值作用下结构分析所得到的位移计算值
4	结构薄弱层	（1）高层建筑结构在罕遇地震作用下的薄弱层弹塑性变形验算，应符合下列规定： 1）下列结构应进行弹塑性变形验算： ①7～9 度时楼层屈服强度系数小于 0.5 的框架结构 ②甲类建筑和 9 度抗震设防的乙类建筑结构 ③采用隔震和消能减震设计的建筑结构 ④房屋高度大于 150m 的结构 2）下列结构宜进行弹塑性变形验算： ①在表 10-32 所列高度范围且不满足本书表 10-25 序号 1 之（2）～（6）条规定的竖向不规则高层建筑结构 ②7 度Ⅲ、Ⅳ类场地和 8 度抗震设防的乙类建筑结构 ③板柱-剪力墙结构 3）楼层屈服强度系数为按构件实际配筋和材料强度标准值计算的楼层受剪承载力与按罕遇地震作用计算的楼层弹性地震剪力的比值 （2）结构薄弱层（部位）层间弹塑性位移应符合下列公式规定 $$\Delta u_p = \mu \Delta u_y \leqslant [\theta_p] h \qquad (10\text{-}14)$$ 式中　Δu_p——层间弹塑性位移 　　　μ——楼层延性系数 　　　Δu_y——层间屈服位移（mm） 　　　$[\theta_p]$——层间弹塑性位移角限值，可按表 10-31 采用；对框架结构，当轴压比小于 0.40 时，可提高 10%；当柱子全高的箍筋构造采用比本书中框架柱箍筋最小配箍特征值大 30% 时，可提高 20%，但累计提高不宜超过 25% 　　　h——层高

序号	结 构 体 系	$\Delta u/h$ 限值
1	框架	1/550
2	框架-剪力墙、框架-核心筒、板柱-剪力墙	1/800
3	筒中筒、剪力墙	1/1000
4	除框架结构外的转换层	1/1000

楼层层间最大位移与层高之比的限值   表 10-30

序号	结 构 体 系	$[\theta_p]$
1	框架结构	1/50
2	框架-剪力墙结构、框架-核心筒结构、板柱-剪力墙结构	1/100
3	剪力墙结构和筒中筒结构	1/120
4	除框架结构外的转换层	1/120

层间弹塑性位移角限值   表 10-31

采用时程分析法的高层建筑结构   表 10-32

序号	设防烈度、场地类别	建筑高度范围
1	8 度 Ⅰ、Ⅱ 类场地和 7 度	>100m
2	8 度 Ⅲ、Ⅳ 类场地	>80n
3	9 度	>60m

注：场地类别应按本书表 9-6 的规定来用。

10.1.11 高层建筑结构舒适度要求

高层建筑结构舒适度要求如表 10-33 所示。

高层建筑舒适度要求   表 10-33

序号	项 目	内 容
1	舒适度与风振加速度关系	高层建筑物在风荷载作用下将产生振动，过大的振动加速度将使在高楼内居住的人们感觉不舒适，甚至不能忍受，两者的关系可根据表 10-34 来确定
2	风振加速度限值	房屋高度不小于 150m 的高层混凝土建筑结构应满足风振舒适度要求。按有关标准规定的 10 年一遇的风荷载标准值作用下，结构顶点的顺风向和横风向振动最大加速度计算值 a_{lim} 不应超过表 10-35 的限值。也可通过风洞试验结果判断确定，计算时结构阻尼比宜取 $0.01 \sim 0.02$
3	楼盖结构舒适度	楼盖结构应具有适宜的舒适度。楼盖结构的竖向振动频率不宜小于 3Hz，竖向振动加速度峰值不应超过表 10-36 的限值。楼盖结构竖向振动加速度可按本表序号 4 计算
4	楼盖结构竖向振动加速度计算	(1) 楼盖结构的竖向振动加速度宜采用时程分析方法计算 (2) 人行走引起的楼盖振动峰值加速度可按下列公式近似计算： $$a_p = \frac{F_p}{\beta w}g \qquad (10\text{-}15)$$ $$F_p = p_0 e^{-0.35 f_n} \qquad (10\text{-}16)$$

续表 10-33

序号	项 目	内 容
4	楼盖结构竖向振动加速度计算	式中 a_p——楼盖振动峰值加速度（m/s²） F_p——接近楼盖结构自振频率时人行走产生的作用力（kN） p_0——人们行走产生的作用力（kN），按表 10-37 采用 f_n——楼盖结构竖向自振频率（Hz） β——楼盖结构阻尼比，按表 10-37 采用 w——楼盖结构阻抗有效重量（kN），可按下述（3）条计算 g——重力加速度，取 9.8m/s² （3）楼盖结构的阻抗有效重量 w 可按下列公式计算： $$w = \overline{w}BL \qquad (10\text{-}17)$$ $$B = CL \qquad (10\text{-}18)$$ 式中 $\overline{w}$——楼盖单位面积有效重量（kN/m²），取恒载和有效分布活载之和。楼层有效分布活荷载：对办公建筑可取 0.55kN/m²，对住宅可取 0.3kN/m² L——梁跨度（m） B——楼盖阻抗有效质量的分布宽度（m） C——垂直于梁跨度方向的楼盖受弯连续性影响系数，对边梁取 1，对中间梁取 2

舒适度与风振加速度关系　　　　　　　　　　　　表 10-34

序 号	不舒适的程度	建筑物的加速度
1	无感觉	$<0.005g$
2	有感	$0.005g \sim 0.015g$
3	扰人	$0.015g \sim 0.05g$
4	十分扰人	$0.05g \sim 0.15g$
5	不能忍受	$>0.15g$

结构顶点风振加速度限值 a_{lim}　　　　　　　　　　表 10-35

序号	使用功能	a_{lim}（m/s²）
1	住宅、公寓	0.15
2	办公、旅馆	0.25

楼盖竖向振动加速度限值　　　　　　　　　　　　表 10-36

序号	人员活动环境	峰值加速度限值（m/s²）	
		竖向自振频率不大于 2Hz	竖向自振频率不小于 4Hz
1	住宅、办公	0.07	0.05
2	商场及室内连廊	0.22	0.15

注：楼盖结构竖向自振频率为 2Hz～4Hz 时，峰值加速度限值可按线性插值选取。

人行走作用力及楼盖结构阻尼比　　　　　　　　　　　　表 10-37

序号	人员活动环境	人员行走作用力 p_0（kN）	结构阻尼比 β
1	住宅，办公，教堂	0.3	0.02～0.05
2	商场	0.3	0.02
3	室内人行天桥	0.42	0.01～0.02
4	室外人行天桥	0.42	0.01

注：1. 表中阻尼比用于钢筋混凝土楼盖结构和钢-混凝土组合楼盖结构；

2. 对住宅、办公、教堂居住，阻尼比 0.02 可用于无家具和非结构构件情况，如无纸化电子办公区、开敞办公区和教堂；阻尼比 0.03 可用于有家具、非结构构件，带少量可拆卸隔断的情况；阻尼比 0.05 可用于含全高填充场的情况；

3. 对室内人行天桥，阻尼比 0.02 可用于天桥带干挂吊顶的情况。

10.1.12　高层建筑结构抗震性能设计

高层建筑结构抗震性能设计如表 10-38 所示。

高层建筑结构抗震性能设计　　　　　　　　　　　　　表 10-38

序号	项　目	内　　容
1	结构抗震性能目标与水准	（1）结构抗震性能设计应分析结构方案的特殊性、选用适宜的结构抗震性能目标，并采取满足预期的抗震性能目标的措施 结构抗震性能目标应综合考虑抗震设防类别、设防烈度、场地条件、结构的特殊性、建造费用、震后损失和修复难易程度等各项因素选定。结构抗震性能目标分为 A、B、C、D 四个等级，结构抗震性能分为 1、2、3、4、5 五个水准（表 10-39），每个性能目标均与一组在指定地震地面运动下的结构抗震性能水准相对应 （2）结构抗震性能水准可按表 10-40 进行宏观判别
2	不同抗震性能水准的规定	不同抗震性能水准的结构可按下列规定进行设计： （1）第 1 性能水准的结构，应满足弹性设计要求。在多遇地震作用下，其承载力和变形应符合本书的有关规定；在设防烈度地震作用下，结构构件的抗震承载力应符合下列公式规定： $$\gamma_G S_{GE} + \gamma_{Eh} S_{Ehk}^* + \gamma_{Ev} S_{Evk}^* \leqslant R_d / \gamma_{RE} \qquad (10\text{-}19)$$ 式中　R_d、γ_{RE}——分别为构件承载力设计值和承载力抗震调整系数，同本书表 10-17 序号 1 的规定 　　　S_{GE}、γ_G、γ_{Eh}、γ_{Ev}——同本书表 10-19 序号 1 的规定 　　　S_{Ehk}^*——水平地震作用标准值的构件内力，不需考虑与抗震等级有关的增大系数 　　　S_{Evk}^*——竖向地震作用标准值的构件内力，不需考虑与抗震等级有关的增大系数 （2）第 2 性能水准的结构，在设防烈度地震或预估的罕遇地震作用下，关键构件及普通竖向构件的抗震承载力宜符合公式（10-19）的规定；耗能构件的受剪承载力宜符合公式（10-19）的规定，其正截面承载力应符合下列公式规定： $$S_{GE} + S_{Ehk}^* + 0.4 S_{Evk}^* \leqslant R_k \qquad (10\text{-}20)$$ 式中　R_k——截面承载力标准值，按材料强度标准值计算

序号	项　目	内　　容
2	不同抗震性能水准的规定	（3）第 3 性能水准的结构应进行弹塑性计算分析。在设防烈度地震或预估的罕遇地震作用下，关键构件及普通竖向构件的正截面承载力应符合公式（10-20）的规定，水平长悬臂结构和大跨度结构中的关键构件正截面承载力尚应符合公式（10-21）的规定，其受剪承载力宜符合公式（10-19）的规定；部分耗能构件进入屈服阶段，但其受剪承载力应符合公式（10-20）的规定。在预估的罕遇地震作用下，结构薄弱部位的层间位移角应满足本书表 10-29 序号 4 之（2）条的规定 $$S_{GE} + 0.4S_{Ehk}^* + S_{Evk}^* \leqslant R_k \tag{10-21}$$ （4）第 4 性能水准的结构应进行弹塑性计算分析。在设防烈度或预估的罕遇地震作用下，关键构件的抗震承载力应符合公式（10-20）的规定，水平长悬臂结构和大跨度结构中的关键构件正截面承载力尚应符合公式（10-21）的规定；部分竖向构件以及大部分耗能构件进入屈服阶段，但钢筋混凝土竖向构件的受剪截面应符合公式（10-22）的规定，钢-混凝土组合剪力墙的受剪截面应符合公式（10-23）的规定。在预估的罕遇地震作用下，结构薄弱部位的层间位移角应符合本书表 10-29 序号 4 之（2）条的规定 $$V_{GE} + V_{Ek}^* \leqslant 0.15 f_{ck}bh_0 \tag{10-22}$$ $$(V_{GE} + V_{Ek}^*) - (0.25f_{ak}A_a + 0.5f_{spk}A_{sp}) \leqslant 0.15 f_{ck}bh_0 \tag{10-23}$$ 式中　V_{GE}——重力荷载代表值作用下的构件剪力（N） 　　　V_{Ek}^*——地震作用标准值的构件剪力（N），不需考虑与抗震等级有关的增大系数 　　　f_{ck}——混凝土轴心拉压强度标准值（N/mm²） 　　　f_{ak}——剪力墙端部暗柱中型钢的强度标准值（N/mm²） 　　　A_a——剪力墙端部暗柱中型钢的截面面积（mm²） 　　　f_{spk}——剪力墙墙内钢板的强度标准值（N/mm²） 　　　A_{sp}——剪力墙墙内钢板的横截面面积（mm²） （5）第 5 性能水准的结构应进行弹塑性计算分析。在预估的罕遇地震作用下，关键构件的抗震承载力宜符合公式（10-20）的规定；较多的竖向构件进入屈服阶段，但同一楼层的竖向构件不宜全部屈服；竖向构件的受剪截面应符合公式（10-22）或公式（10-23）的规定；允许部分耗能构件发生比较严重的破坏；结构薄弱部位的层间位移角应符合本书表 10-29 序号 4 之（2）条的规定
3	结构弹塑性计算规定	结构弹塑性计算分析除应符合有关的规定外，尚应符合下列规定： （1）高度不超过 150m 的高层建筑可采用静力弹塑性分析方法；高度超过 200m 时，应采用弹塑性时程分析法；高度在 150～200m 之间，可视结构自振特性和不规则程度选择静力弹塑性方法或弹塑性时程分析方法。高度超过 300m 的结构，应有两个独立的计算，进行校核 （2）复杂结构应进行施工模拟分析，应以施工全过程完成后的内力为初始状态 （3）弹塑性时程分析宜采用双向或三向地震输入

结构抗震性能目标　　　　　　　　　　　　　　　　　**表 10-39**

序号	性能目标 地震水准＼性能水准	A	B	C	D
1	多遇地震	1	1	1	1
2	设防烈度地震	1	2	3	4
3	预估的罕遇地震	2	3	4	5

各性能水准结构预期的震后性能状况　　　　　　　　　　　表 10-40

序号	结构抗震性能水准	宏观损坏程度	损坏部位			继续使用的可能性
			关键构件	普通竖向构件	耗能构件	
1	1	完好、无损坏	无损坏	无损坏	无损坏	不需修理即可继续使用
2	2	基本完好、轻微损坏	无损坏	无损坏	轻微损坏	稍加修理即可继续使用
3	3	轻度损坏	轻微损坏	轻微损坏	轻度损坏、部分中度损坏	一般修理后可继续使用
4	4	中度损坏	轻度损坏	部分构件中度损坏	中度损坏、部分比较严重损坏	修复或加固后可继续使用
5	5	比较严重损坏	中度损坏	部分构件比较严重损坏	比较严重损坏	需排险大修

注："关键构件"是指该构件的失效可能引起结构的连续破坏或危及生命安全的严重破坏；"普通竖向构件"是指"关键构件"之外的竖向构件；"耗能构件"包括框架梁、剪力墙连梁及耗能支撑等。

10.1.13　高层建筑结构抗连续倒塌设计基本要求

高层建筑结构抗连续倒塌设计基本要求如表 10-41 所示。

高层建筑结构抗连续倒塌设计基本要求　　　　　　　　　表 10-41

序号	项目	内容
1	安全等级为一级的高层建筑结构	安全等级为一级的高层建筑结构应满足抗连续倒塌概念设计要求；有特殊要求时，可采用拆除构件方法进行抗连续倒塌设计
2	抗连续倒塌拆除构件方法规定	抗连续倒塌的拆除构件方法应符合下列规定： (1) 逐个分别拆除结构周边柱、底层内部柱以及转换桁架腹杆等重要构件 (2) 可采用弹性静力方法分析剩余结构的内力与变形 (3) 剩余结构构件承载力应符合下列公式要求： $$R_d \geqslant \beta S_d \qquad (10\text{-}24)$$ 式中　S_d——剩余结构构件效应设计值，可按本表序号 3 之（2）条的规定计算 　　　R_d——剩余结构构件承载力设计值，可按本表序号 3 之（4）条的规定计算 　　　β——效应折减系数。对中部水平构件取 0.67，对其他构件取 1.0
3	抗连续倒塌设计与构件截面承载力计算	(1) 抗连续倒塌概念设计应符合下列规定： 1) 应采取必要的结构连接措施，增强结构的整体性 2) 主体结构宜采用多跨规则的超静定结构 3) 结构构件应具有适宜的延性，避免剪切破坏、压溃破坏、锚固破坏、节点先于构件破坏 4) 结构构件应具有一定的反向承载能力 5) 周边及边跨框架的柱距不宜过大 6) 转换结构应具有整体多重传递重力荷载途径 7) 钢筋混凝土结构梁柱宜刚接，梁板顶、底钢筋在支座处宜按受拉要求连续贯通

序号	项　目	内　容
3	抗连续倒塌设计与构件截面承载力计算	8）钢结构框架梁柱宜刚接 9）独立基础之间宜采用拉梁连接 （2）结构抗连续倒塌设计时，荷载组合的效应设计值可按下列公式确定： $$S_d = \eta_d (S_{Gk} + \sum \psi_{qi} S_{Qi,k}) + \Psi_W S_{wk} \qquad (10\text{-}25)$$ 式中　S_{Gk}——永久荷载标准值产生的效应 　　　$S_{Qi,k}$——第 i 个竖向可变荷载标准值产生的效应 　　　S_{wk}——风荷载标准值产生的效应 　　　ψ_{qi}——可变荷载的准永久值系数 　　　Ψ_W——风荷载组合值系数，取 0.2 　　　η_d——竖向荷载动力放大系数。当构件直接与被拆除竖向构件相连时取 2.0，其他构件取 1.0 （3）当拆除某构件不能满足结构抗连续倒塌设计要求时，在该构件表面附加 $80kN/m^2$ 侧向偶然作用设计值，此时其承载力应满足下列公式要求： $$R_d \geqslant S_d \qquad (10\text{-}26)$$ $$S_d = S_{Gk} + 0.6 S_{Qk} + S_{Ad} \qquad (10\text{-}27)$$ 式中　R_d——构件承载力设计值，按本书表 10-17 序号 1 的规定采用 　　　S_d——作用组合的效应设计值 　　　S_{Gk}——永久荷载标准值的效应 　　　S_{Qk}——活荷载标准值的效应 　　　S_{Ad}——侧向偶然作用设计值的效应 （4）构件截面承载力计算时，混凝土强度可取标准值；钢材强度，正截面承载力验算时，可取标准值的 1.25 倍，受剪承载力验算时可取标准值

10.1.14　高层建筑设置地下室的结构功能及地下室设计

高层建筑设置地下室的结构功能及地下室设计如表 10-42 所示。

高层建筑设置地下室的结构功能及地下室设计　　　　　　表 10-42

序号	项　目	内　容
1	设置地下室的结构功能	（1）高层建筑宜设地下室 震害调查表明，有地下室的高层建筑的破坏比较轻，而且有地下室对提高地基的承载力有利，对结构抗倾覆有利。另外，现代高层建筑设置地下室也往往是建筑功能所要求的 如设置地下室，同一结构单元应全部设置地下室，不宜采用部分地下室，且地下室应当有相同的埋深 （2）高层建筑设置地下室有如下的结构功能： 1）利用土体的侧压力防止水平力作用下结构的滑移和倾覆 2）减小土的重量，降低地基的附加压力 3）提高地基土的承载能力 4）减少地震作用对上部结构的影响

序号	项　目	内　　容
2	地下室设计	(1) 高层建筑地下室顶板作为上部结构的嵌固部位时，应符合下列规定： 1) 地下室顶板应避免开设大洞口，其混凝土强度等级应符合本书表 10-16 序号 2 的有关规定，楼盖设计应符合本书表 10-27 序号 2 之 (1) 条的有关规定 2) 地下一层与相邻上层的侧向刚度比应符合本书表 10-3 序号 1 之 (4) 条的 7) 的规定 3) 地下室顶板对应于地上框架柱的梁柱节点设计应符合下列要求之一： ①地下一层柱截面每侧的纵向钢筋面积除应符合计算要求外，不应少于地上一层对应柱每侧纵向钢筋面积的 1.1 倍；地下一层梁端顶面和底面的纵向钢筋应比计算值增大 10% 采用 ②地下一层柱每侧的纵向钢筋面积不小于地上一层对应柱每侧纵向钢筋面积的 1.1 倍且地下室顶板梁柱节点左右梁端截面与下柱上端同一方向实配的受弯承载力之和不小于地上一层对应柱下端实配的受弯承载力的 1.3 倍 4) 地下室与上部对应的剪力墙墙肢端部边缘构件的纵向钢筋截面面积不应小于地上一层对应的剪力墙墙肢边缘构件的纵向钢筋截面面积 (2) 高层建筑地下室设计，应综合考虑上部荷载、岩土侧压力及地下水的不利作用影响。地下室应满足整体抗浮要求，可采取排水、加配重或设置抗拔锚桩（杆）等措施。当地下水具有腐蚀性时，地下室外墙及底板应采取相应的防腐蚀措施 (3) 高层建筑地下室不宜设置变形缝。当地下室长度超过伸缩缝最大间距时，可考虑利用混凝土后期强度，降低水泥用量；也可每隔 30～40m 设置贯通顶板、底部及墙板的施工后浇带。后浇带可设置在柱距三等分的中间范围内以及剪力墙附近，其方向宜与梁正交，沿竖向应在结构同跨内；底板及外墙的后浇带宜增设附加防水层；后浇带封闭时间宜滞后 45d 以上，其混凝土强度等级宜提高一级，并宜采用无收缩混凝土，低温入模 (4) 高层建筑主体结构地下室底板与扩大地下室底板交界处，其截面厚度和配筋应适当加强 (5) 高层建筑地下室外墙设计应满足水土压力及地面荷载侧压作用下承载力要求，其竖向和水平分布钢筋应双层双向布置，间距不宜大于 150mm，配筋率不宜小于 0.3% (6) 高层建筑地下室外周回填土应采用级配砂石、砂土或灰土，并应分层夯实 (7) 有窗井的地下室，应设外挡土墙，挡土墙与地下室外墙之间应有可靠连接

10.1.15　高层建筑结构地下建筑抗震设计

高层建筑结构地下建筑抗震设计如表 10-43 所示。

高层建筑结构地下建筑抗震设计　　　　　　　　　　　　**表 10-43**

序号	项　目	内　　容
1	一般规定	(1) 这里主要适用于地下车库、过街通道、地下变电站和地下空间综合体等单建式地下建筑。不包括地下铁道、城市公路隧道等 (2) 地下建筑宜建造在密实、均匀、稳定的地基上。当处于软弱土、液化土或断层破碎带等不利地段时，应分析其对结构抗震稳定性的影响，采取相应措施 (3) 地下建筑的建筑布置应力求简单、对称、规则、平顺；横剖面的形状和构造不宜沿纵向突变 (4) 地下建筑的结构体系应根据使用要求、场地工程地质条件及施工方法等确定，并应具有良好的整体性，避免抗侧力结构的侧向刚度和承载力突变

序号	项 目	内 容
1	一般规定	(5) 丙类钢筋混凝土地下结构的抗震等级，6、7 度时不应低于四级，8、9 度时不宜低于三级。乙类钢筋混凝土地下结构的抗震等级，6、7 度时不宜低于三级，8、9 度时不宜低于二级 (6) 裙房与主楼相连，除应按裙房本身确定抗震等级外，相关范围不应低于主楼的抗震等级；主楼结构在裙房顶板对应的相邻上下各一层应适当加强抗震构造措施。裙房与主楼分离时，应按裙房本身确定抗震等级 关于裙房的抗震等级。裙房与主楼相连，主楼结构在裙房顶板对应的上下各一层受刚度与承载力突变影响较大，抗震构造措施需要适当加强。裙房与主楼之间设防震缝，在大震作用下可能发生碰撞，该部位也需要采取加强措施 裙房与主楼相连的相关范围，一般可从主楼周边外延 3 跨且不小于 20m，相关范围以外的区域可按裙房自身的结构类型确定其抗震等级。裙房偏置时，其端部有较大扭转效应，也需要加强，如图 10-13(a)、(b) 所示 (7) 当地下室顶板作为上部结构的嵌固部位时，地下一层的抗震等级应与上部结构相同，地下一层以下抗震构造措施的抗震等级可逐层降低一级，但不应低于四级。地下室中无上部结构的部分，抗震构造措施的抗震等级可根据具体情况采用三级或四级 关于地下室的抗震等级。带地下室的多层和高层建筑，当地下室结构的刚度和受剪承载力比上部楼层相对较大时（见本身表 10-42 序号 2 之 (1) 条），地下室顶板可视作嵌固部位，在地震作用下的屈服部位将发生在地上楼层，同时将影响到地下一层。地面以下地震响应逐渐减小，规定地下一层的抗震等级不能降低；而地下一层以下不要求计算地震作用，规定其抗震构造措施的抗震等级可逐层降低，如图 10-13(c) 所示 (8) 位于岩石中的地下建筑，其出入口通道两侧的边坡和洞口仰坡，应依据地形、地质条件选用合理的口部结构类型，提高其抗震稳定性
2	计算要点	(1) 按这里要求采取抗震措施的下列地下建筑，可不进行地震作用计算： 1）7 度Ⅰ、Ⅱ类场地的丙类地下建筑 2）8 度（0.20g）Ⅰ、Ⅱ类场地时，不超过二层、体型规则的中小跨度丙类地下建筑 (2) 地下建筑的抗震计算模型，应根据结构实际情况确定并符合下列要求： 1）应能较准确地反映周围挡土结构和内部各构件的实际受力状况；与周围挡土结构分离的内部结构，可采用与地上建筑同样的计算模型 2）周围地层分布均匀、规则且具有对称轴的纵向较长的地下建筑，结构分析可选择平面应变分析模型并采用反应位移法或等效水平地震加速度法、等效侧力法计算 3）长宽比或高宽比均小于 3 及上述第 2）款以外的地下建筑，宜采用空间结构分析计算模型并采用土层-结构时程分析法计算 (3) 地下建筑抗震计算的设计参数，应符合下列要求： 1）地震作用的方向应符合下列规定： ①按平面应变模型分析的地下结构，可仅计算横向的水平地震作用 ②不规则的地下结构，宜同时计算结构横向和纵向的水平地震作用 ③地下空间综合体等体型复杂的地下结构，8、9 度时尚宜计及竖向地震作用 2）地震作用的取值，应随地下的深度比地面相应减少：基岩处的地震作用可取地面的一半，地面至基岩的不同深度处可按插入法确定；地表、土层界面和基岩面较平坦时，也可采用一维波动法确定；土层界面、基岩面或地表起伏较大时，宜采用二维或三维有限元法确定 3）结构的重力荷载代表值应取结构、构件自重和水、土压力的标准值及各可变荷载的组合值之和

序号	项　目	内　　容
2	计算要点	4）采用土层-结构时程分析法或等效水平地震加速度法时，土、岩石的动力特性参数可由试验确定 （4）地下建筑的抗震验算，除应符合本书的有关要求外，尚应符合下列规定： 1）应进行多遇地震作用下截面承载力和构件变形的抗震验算 2）对于不规则的地下建筑以及地下变电站和地下空间综合体等，尚应进行罕遇地震作用下的抗震变形验算。计算可采用本书的简化方法，混凝土结构弹塑性层间位移角限值 $[\theta_p]$ 宜取 1/250 3）液化地基中的地下建筑，应验算液化时的抗浮稳定性。液化土层对地下连续墙和抗拔桩等的摩阻力，宜根据实测的标准贯入锤击数与临界标准贯入锤击数的比值确定其液化折减系数
3	抗震构造措施和抗液化措施	（1）钢筋混凝土地下建筑的抗震构造，应符合下列要求： 1）宜采用现浇结构。需要设置部分装配式构件时，应使其与周围构件有可靠的连接 2）地下钢筋混凝土框架结构构件的最小尺寸应不低于同类地面结构构件的规定 3）中柱的纵向钢筋最小总配筋率，应增加 0.2%。中柱与梁或顶板、中间楼板及底板连接处的箍筋应加密，其范围和构造与地面框架结构的柱相同 （2）地下建筑的顶板、底板和楼板，应符合下列要求： 1）宜采用梁板结构。当采用板柱-剪力墙结构时，应在柱上板带中设构造暗梁，其构造要求与同类地面结构的相应构件相同 2）对地下连续墙的复合墙体，顶板、底板及各层楼板的负弯矩钢筋至少应有 50% 锚入地下连续墙，锚入长度按受力计算确定；正弯矩钢筋需锚入内衬，并均不小于规定的锚固长度 3）楼板开孔时，孔洞宽度应不大于该层楼板宽度的 30%；洞口的布置宜使结构质量和刚度的分布仍较均匀、对称，避免局部突变。孔洞周围应设置满足构造要求的边梁或暗梁 （3）地下建筑周围土体和地基存在液化土层时，应采取下列措施： 1）对液化土层采取注浆加固和换土等消除或减轻液化影响的措施 2）进行地下结构液化上浮验算，必要时采取增设抗拔桩、配置压重等相应的抗浮措施 3）存在液化土薄夹层，或施工中深度大于 20m 的地下连续墙围护结构遇到液化土层时，可不做地基抗液化处理，但其承载力及抗浮稳定性验算应计入土层液化引起的土压力增加及摩阻力降低等因素的影响 （4）地下建筑穿越地震时岸坡可能滑动的古河道或可能发生明显不均匀沉陷的软土地带时，应采取更换软弱土或设置桩基础等措施 （5）位于岩石中的地下建筑，应采取下列抗震措施： 1）口部通道和未经注浆加固处理的断层破碎带区段采用复合式支护结构时，内衬结构应采用钢筋混凝土衬砌，不得采用素混凝土衬砌 2）采用离壁式衬砌时，内衬结构应在拱墙相交处设置水平撑抵紧围岩 3）采用钻爆法施工时，初期支护和围岩地层间应密实回填。干砌块石回填时应注浆加强

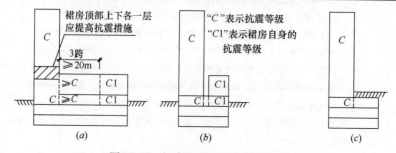

图 10-13　裙房和地下室的抗震等级

（a）、（b）裙房的抗震等级；（c）地下室的抗震等级

10.1.16 预应力混凝土结构抗震设计要求

预应力混凝土结构抗震设计要求如表 10-44 所示。

预应力混凝土结构抗震设计要求 表 10-44

序号	项 目	内 容
1	适用条件	(1) 预应力混凝土结构可用于抗震设防烈度 6 度、7 度、8 度区，当 9 度区需采用预应力混凝土结构时，应有充分依据，并采取可靠措施 　无粘结预应力混凝土结构的抗震设计，应采取措施防止罕遇地震下结构构件塑性铰区以外有效预加力松弛，并符合专门的规定 (2) 抗震设计的预应力混凝土结构，应采取措施使其具有良好的变形和消耗地震能量的能力，达到延性结构的基本要求；应避免构件剪切破坏先于弯曲破坏、节点先于被连接构件破坏、预应力筋的锚固粘结先于构件破坏 (3) 抗震设计时，后张预应力框架、门架、转换层的转换大梁，宜采用有粘结预应力筋。承重结构的受拉杆件和抗震等级为一级的框架，不得采用无粘结预应力筋，应采用有粘结预应力筋
2	混凝土强度等级与内力调整	(1) 预应力混凝土结构的混凝土强度等级，框架和转换层的转换构件不宜低于 C40。其他抗侧力的预应力混凝土构件，不应低于 C30 (2) 抗震设计时，预应力混凝土结构的抗震等级及相应的地震组合内力调整，应按本书对钢筋混凝土结构的要求执行
3	抗震计算	预应力混凝土结构的抗震计算，应符合下列规定： (1) 预应力混凝土框架结构的阻尼比宜取 0.03；在框架-剪力墙结构、框架-核心筒结构及板柱-剪力墙结构中，当仅采用预应力混凝土梁或板时，阻尼比应取 0.05 (2) 预应力混凝土结构构件截面抗震验算时，在地震组合中，预应力作用分项系数，当预应力作用效应对构件承载力有利时应取用 1.0，不利时应取用 1.2 (3) 预应力筋穿过框架节点核芯区时，节点核芯区的截面抗震验算，应计入总有效预加力以及预应力孔道削弱核芯区有效验算宽度的影响
4	抗震构造	预应力混凝土框架的抗震构造，除应符合钢筋混凝土结构的要求外，尚应符合下列规定： (1) 预应力混凝土框架梁端截面，计入纵向受压钢筋的混凝土受压区高度应符合本书表 1-144 的规定；按普通钢筋抗拉强度设计值换算的全部纵向受拉钢筋配筋率不宜大于 2.5% (2) 在预应力混凝土框架梁中，应采用预应力筋和普通钢筋混合配筋的方式，梁端截面配筋宜符合下列要求 $$A_s \geqslant \frac{1}{3}\left(\frac{f_{py}h_p}{f_y h_s}\right)A_p \qquad (10\text{-}28)$$ 　注：对二、三级抗震等级的框架-剪力墙、框架-核心筒结构中的后张有粘结预应力混凝土框架，公式 (10-28) 右端项系数 1/3 可改为 1/4 (3) 预应力混凝土框架梁梁端截面的底部纵向普通钢筋和顶部纵向受力钢筋截面面积的比值，应符合本书表 10-49 序号 2 的有关规定。计算顶部纵向受力钢筋截面面积时，应将预应力筋按抗拉强度设计值换算为普通钢筋截面面积 　框架梁端底面纵向普通钢筋配筋率尚不应小于 0.2% (4) 当计算预应力混凝土框架柱的轴压比时，轴向压力设计值应取用柱组合的轴向压力设计值加上预应力筋有效预加力的设计值，其轴压比应符合本书表 9-46 序号 2 的相应要求 (5) 预应力混凝土框架柱的箍筋宜全高加密。大跨度框架边柱可采用在截面受拉较大的一侧配置预应力筋和普通钢筋的混合配筋，另一侧仅配置普通钢筋的非对称配筋方式

序号	项　目	内　容
5	其他要求	（1）后张预应力混凝土板柱-剪力墙结构，其板柱柱上板带的端截面应符合本表序号 4 对受压区高度的规定和公式（10-28）对截面配筋的要求 板柱节点应符合有关的规定 （2）后张预应力筋的锚具不宜设置在梁柱节点核芯区。预应力筋-锚具组装件的锚固性能，应符合专门的规定

10.2　高层建筑混凝土框架结构

10.2.1　高层建筑混凝土框架结构的组成

高层建筑混凝土框架结构的组成如表 10-45 所示。

高层建筑混凝土框架结构的组成表 10-45

序号	项　目	内　容
1	混凝土框架结构的组成构件	框架结构是由梁和柱连接而成的承受竖向和水平作用的结构。梁柱交接处的框架节点通常为刚性连接，有时也将部分节点做成铰接或半铰接。柱底一般为固定支座，必要时也设计成铰支座。为利于结构受力，框架梁宜拉通、对直，框架柱宜纵横对齐、上下对中，梁柱轴线宜在同一竖向平面内。有时由于使用功能或建筑造型上的要求，框架结构也可做成缺梁、内收或梁斜向布置等，如图 10-14 所示 框架结构是高次超静定结构，既承受竖向荷载，又承受侧向作用力，如风荷载或水平地震作用等。一般情况下，计算时不考虑填充墙对框架抗侧的作用，因为填充墙的存在在建筑物的使用过程中具有不确定性，而且填充墙常常采用轻质材料，或在柱与墙之间留有缝隙仅通过钢筋柔性连接。但当填充墙采用砌体墙并与框架结构为刚性连接时，例如砌体填充墙的上部与框架梁底之间充分"塞紧"，或采用先砌墙后浇梁的施工顺序时，则在水平地震作用下，框架结构将发生侧向变形，填充墙将起斜压杆的作用。在水平地震作用下，刚性填充墙对框架侧向刚度有较大贡献，要注意尽量使结构的整体抗侧刚度对称，以免地震时产生过大的整体扭转
2	混凝土框架结构分类	（1）混凝土结构按施工方法的不同可分为现浇式、装配式和装配整体式等等 （2）现浇式框架即梁、柱、楼盖均为现浇钢筋混凝土结构。一般做法是每层的柱与其上部的梁板同时支模、绑扎钢筋，然后一次浇筑混凝土。板中的钢筋伸入梁内锚固，梁的纵向钢筋伸入柱内锚固。因此，全现浇式框架结构的整体性强、抗震（振）性能好，其缺点是现场施工的工作量大、工期长、需要大量的模板 （3）装配式框架是指梁、柱、楼板均为预制，通过焊接拼装连接成整体的框架结构。由于所有构件均为预制，可实现标准化、工厂化、机械化生产。因此，施工速度快、效率高。但由于在焊接接头处须预埋连接件，增加了用钢量。装配式框架结构的整体性较差，抗震（振）能力弱，不宜在地震区应用 （4）装配整体式框架是指梁、柱、楼板均为预制，在构件吊装就位后，焊接或绑扎节点区钢筋，浇筑节点区混凝土，从而将梁、柱、楼板连成整体框架结构。装配整体式框架既具有较好的整体性和抗震（振）能力，又可采用预制构件，减少现场浇筑混凝土的工作量。因此它兼有现浇式框架和装配式框架的优点，但节点区现场浇筑混凝土施工复杂是其缺点 （5）目前国内外大多采用现浇式混凝土框架结构

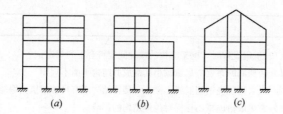

图 10-14　框架结构示例

(a) 缺梁的框架；(b) 内收的框架；(c) 有斜梁的框架

10.2.2　高层建筑混凝土框架结构一般规定

高层建筑混凝土框架结构一般规定如表 10-46 所示。

高层建筑混凝土框架结构一般规定　　　　　　　　　　表 10-46

序号	项　目	内　　　容
1	双向梁柱抗侧力体系	(1) 框架结构应设计成双向梁柱抗侧力体系。主体结构除个别部位外，不应采用铰接 (2) 抗震设计的框架结构不应采用单跨框架 震害调查表明，单跨框架结构，尤其是层数较多的高层建筑，震害比较严重。因此，抗震设计的框架结构不应采用冗余度低的单跨框架 单跨框架结构是指整栋建筑全部或绝大部采用单跨框架的结构，不包括仅局部为单跨框架的框架结构
2	填充墙及隔墙	(1) 框架结构的填充墙及隔墙宜选用轻质墙体。抗震设计时，框架结构如采用砌体填充墙，其布置应符合下列规定： 1) 避免形成上、下层刚度变化过大 2) 避免形成短柱 3) 减少因抗侧刚度偏心而造成的结构扭转 框架结构如采用砌体填充墙，当布置不当时，常能造成结构竖向刚度变化过大；或形成短柱；或形成较大的刚度偏心。由于填充墙是由建筑专业布置，结构图纸上不予表示，容易被忽略。国内、外皆有由此而造成的震害例子。本条目的是提醒结构工程师注意防止砌体（尤其是砖砌体）填充墙对结构设计的不利影响 (2) 抗震设计时，砌体填充墙及隔墙应具有自身稳定性，并应符合下列规定： 1) 砌体的砂浆强度等级不应低于 M5，当采用砖及混凝土砌块时，砌块的强度等级不应低于 MU5；采用轻质砌块时，砌块的强度等级不应低于 MU2.5。墙顶应与框架梁或楼板密切结合 2) 砌体填充墙应沿框架柱全高每隔 500mm 左右设置 2 根直径 6mm 的拉筋，6 度时拉筋宜沿墙全长贯通，7、8、9 度时拉筋应沿墙全长贯通 3) 墙长大于 5m 时，墙顶与梁（板）宜有钢筋拉结；墙长大于 8m 或层高的 2 倍时，宜设置间距不大于 4m 的钢筋混凝土构造柱；墙高超过 4m 时，墙体半高处（或门洞上皮）宜设置与柱连接且沿墙全长贯通的钢筋混凝土水平系梁 4) 楼梯间采用砌体填充墙时，应设置间距不大于层高且不大于 4m 的钢筋混凝土构造柱，并应采用钢丝网砂浆面层加强

序号	项　目	内　　容
3	楼梯间、电梯间	（1）抗震设计时，框架结构的楼梯间应符合下列规定： 1）楼梯间的布置应尽量减小其造成的结构平面不规则 2）宜采用现浇钢筋混凝土楼梯，楼梯结构应有足够的抗倒塌能力 3）宜采取措施减小楼梯对主体结构的影响 4）当钢筋混凝土楼梯与主体结构整体连接时，应考虑楼梯对地震作用及其效应的影响，并应对楼梯构件进行抗震承载力验算 　　2008 年汶川地震震害进一步表明，框架结构中的楼梯及周边构件破坏严重。抗震设计时，楼梯间为主要疏散通道，其结构应有足够的抗倒塌能力，楼梯应作为结构构件进行设计。框架结构中楼梯构件的组合内力设计值应包括与地震作用效应的组合，楼梯梁、柱的抗震等级应与框架结构本身相同 　　框架结构中，钢筋混凝土楼梯自身的刚度对结构地震作用和地震反应有着较大的影响，若楼梯布置不当会造成结构平面不规则，抗震设计时应尽量避免出现这种情况 　　震害调查中发现框架结构中的楼梯板破坏严重，被拉断的情况非常普遍，因此应进行抗震设计，并加强构造措施，宜采用双排配筋 　　（2）框架结构按抗震设计时，不应采用部分由砌体墙承重之混合形式。框架结构中的楼、电梯间及局部出屋顶的电梯机房、楼梯间、水箱间等，应采用框架承重，不应采用砌体墙承重 　　框架结构与砌体结构是两种截然不同的结构体系，其抗侧刚度、变形能力等相差很大，这两种结构在同一建筑物中混合使用，对建筑物的抗震性能将产生很不利的影响，甚至造成严重破坏
4	框架梁、柱中心线	（1）框架梁、柱中心线宜重合。当梁柱中心线不能重合时，在计算中应考虑偏心对梁柱节点核心区受力和构造的不利影响，以及梁荷载对柱子的偏心影响 　　梁、柱中心线之间的偏心距，9 度抗震设计时不应大于柱截面在该方向宽度的 1/4；非抗震设计和 6～8 度抗震设计时不宜大于柱截面在该方向宽度的 1/4，如偏心距大于该方向柱宽的 1/4 时，可采取增设梁的水平加腋（图 10-15）等措施。设置水平加腋后，仍须考虑梁柱偏心的不利影响 　　1）梁的水平加腋厚度可取梁截面高度，其水平尺寸宜满足下列要求： $$b_x/l_x \leqslant 1/2 \qquad (10\text{-}29)$$ $$b_x/b_b \leqslant 2/3 \qquad (10\text{-}30)$$ $$b_b + b_x + x \geqslant b_c/2 \qquad (10\text{-}31)$$ 式中　b_x——梁水平加腋宽度（mm） 　　　　l_x——梁水平加腋长度（mm） 　　　　b_b——梁截面宽度（mm） 　　　　b_c——沿偏心方向柱截面宽度（mm） 　　　　x——非加腋侧梁边到柱边的距离（mm） 　　2）梁采用水平加腋时，框架节点有效宽度 b_j 宜符合下列公式要求： ①当 $x=0$ 时，b_j 按下列公式计算： $$b_j \leqslant b_b + b_x \qquad (10\text{-}32)$$ ②当 $x \neq 0$ 时，b_j 取公式（10-33）和公式（10-34）二公式计算的较大值，且应满足公式（10-35）的要求： $$b_j \leqslant b_b + b_x + x \qquad (10\text{-}33)$$ $$b_j \leqslant b_b + 2x \qquad (10\text{-}34)$$

序号	项 目	内 容
4	框架梁、柱中心线	$$b_j \leqslant b_b + 0.5h_c \tag{10-35}$$ 式中 h_c——柱截面高度（mm） （2）不与框架柱相连的次梁，可按非抗震要求进行设计 不与框架柱（包括框架-剪力墙结构中的柱）相连的次梁，可按非抗震设计 图 10-16 为框架楼层平面中的一个区格。图中梁 L_1 两端不与框架柱相连，因而不参与抗震，所以梁 L_1 的构造可按非抗震要求。例如，梁端箍筋不需要按抗震要求加密，仅需满足抗剪强度的要求，其间距也可按非抗震构件的要求；箍筋无需弯 135°钩，90°钩即可；纵筋的锚固、搭接等都可按非抗震要求。图中梁 L_2 与 L_1 不同，其一端与框架柱相连，另一端与梁相连；与框架柱相连端应按抗震设计，其要求应与框架梁相同，与梁相连端构造可同 L_1 梁 （3）框架的柱端一般同时存在着弯矩 M 和剪力 V，可根据柱的剪跨比 $\lambda = M/Vh_0$ 来确定柱为长柱、短柱和超短柱，h_0 为与弯矩 M 平行方向柱截面有效高度。$\lambda > 2$（当柱反弯点在柱高度 H_0 中部时即 $H_0/h_0 > 4$）称为长柱；$1.5 < \lambda \leqslant 2$ 称为短柱；$\lambda \leqslant 1.5$ 称为超短柱。试验表明：长柱一般发生弯曲破坏；短柱多发生剪切破坏；超短柱发生剪切斜拉破坏，这种破坏属于脆性破坏。抗震设计的框架结构，柱端的剪力一般较大，从而剪跨比 λ 较小，易形成短柱或超短柱。柱的剪切受拉和剪切斜拉破坏属于脆性破坏，在设计中应特别注意避免发生这类破坏
5	延性耗能框架的概念设计	（1）为实现抗震设防目标，钢筋混凝土框架除了必须具有足够的承载力和刚度外，还应具有良好的延性和耗能能力。延性是指强度或承载力没有大幅度下降情况下的屈服后变形能力。耗能能力用往复荷载作用下构件或结构的力-变形滞回曲线包含的面积度量。在变形相同的情况下，滞回曲线包含的面积越大，则耗能能力越大，对抗震越有利 （2）钢筋混凝土框架应具有下列抗震性能： 1）梁铰机制（整体机制）优于柱铰机制（局部机制） 梁铰机制（图 10-17（a））是指塑性铰出在梁端，除柱脚外，柱端无塑性铰；柱铰机制（图 10-17（b））是指在同一层所有柱的上、下端形成塑性铰。梁铰机制之所以优于柱铰机制是因为：梁铰分散在各层，即塑性变形分散在各层，不至于形成倒塌机构；而柱铰集中在某一层，塑性变形集中在该层，该层为柔软层或薄弱层，形成倒塌机构；梁铰的数量远多于柱铰的数量，在同样大小的塑性变形和耗能要求下，对梁铰的塑性转动能力要求低，对柱铰的塑性转动能力要求高；梁是受弯构件，容易实现大的延性和耗能能力，柱是压弯构件，尤其是轴压比大的柱，不容易实现大的延性和耗能能力。实际工程设计中，很难实现完全梁铰机制，往往是既有梁铰、又有柱铰的混合铰机制（图 10-17（c））。 设计中，需要通过加大柱脚固定端截面的承载力，推迟柱脚出铰；通过"强柱弱梁"，尽量减少柱铰 2）弯曲（压弯）破坏优于剪切破坏 梁、柱剪切破坏是脆性破坏，延性小，力-变形滞回曲线"捏拢"严重，构件的耗能能力差；而弯曲破坏为延性破坏，滞回曲线呈"梭形"或捏拢不严重，构件的耗能能力大。因此，梁、柱构件应按"强剪弱弯"设计 3）大偏压破坏优于小偏压破坏 钢筋混凝土小偏心受压柱的延性和耗能能力显著低于大偏心受压柱，主要是因为小偏压柱相对受压区高度大，延性和耗能能力降低。因此，要限制抗震设计的框架柱的轴压比（平均轴向压应力与混凝土轴心抗压强度之比），并采取配置足够箍筋等措施，以获得较大的延性和耗能能力 4）不允许核芯区破坏以及纵向钢筋在核芯区的锚固破坏

序号	项　目	内　　容
5	延性耗能框架的概念设计	梁、拉核芯区的破坏为剪切破坏，可能导致框架失效。在地震往复作用下，伸入核芯区的纵向钢筋与混凝土之间的粘结破坏，会导致梁端转角增大，从而增大层间位移。因此，框架设计的重要环节之一是避免梁柱核芯区破坏以及纵向钢筋在核芯区锚固破坏 （3）框架结构的抗震设计必须遵循以下原则，才有可能形成延性耗能框架： 1）强柱弱梁。以保证塑性铰出现在梁端而不是在柱端，使结构形成梁铰机制，借以利用适筋梁良好的变形性能，吸收和耗散尽可能多的地震能量 2）强剪弱弯。以保证构件（包括框架梁和柱）受弯破坏而不是受剪破坏，使构件处于良好的变形性能下、尽可能多地吸收和耗散地震能量 3）强核芯区、强锚固。核芯区的受剪承载力应大于汇交在同一节点的两侧梁达到受弯承载力时对应的核芯区的剪力。在梁、柱塑性铰充分发展前，核芯区不破坏。伸入核芯区的梁、柱纵向钢筋，在核芯区内应有足够的锚固长度，避免因黏结、锚固破坏而增大层间位移，以保证结构的整体性 4）强压弱拉。以保证梁、柱各构件的受拉钢筋屈服早于混凝土的压溃和保证形成塑性铰。为此，构件的含钢率需介于它的最大与最小含钢率之间 5）局部加强。提高和加强柱根部以及角柱、框支柱等受力不利部位的承载力和抗震构造措施，推迟或避免其过早破坏 6）限制柱轴压比，加强柱箍筋对混凝土的约束

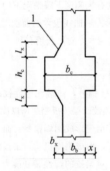 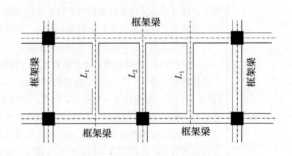

图 10-15　水平加腋梁　　　　　图 10-16　结构平面中次梁示意
　　1—水平加腋

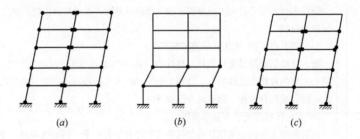

图 10-17　框架屈服机制

(a) 梁铰机制；(b) 柱铰机制；(c) 混合铰机制

10.2.3　高层建筑混凝土框架结构布置

高层建筑混凝土框架结构布置如表 10-47 所示。

高层建筑混凝土框架结构布置　　　　　　　　　表 10-47

序号	项　目	内　　容
1	一般说明	(1) 框架结构的布置既要满足建筑功能的要求，又要使结构体形规则、受力合理、施工方便。框架结构布置包括平面布置、竖向布置和构件选型 (2) 高层框架结构应双向布置框架（图 10-18）。主体结构除个别部位外，不应采用铰接 (3) 柱网尺寸不宜大于 10m×10m，柱网尺寸太大时，梁板截面尺寸大，不经济。墙下应设梁支承；梁柱轴线宜重合在一个平面内。当梁柱轴线不在一个平面内时，偏心距不宜大于柱截面在该方向边长的 1/4 (4) 如偏心距大于该方向柱宽的 1/4 时，可采用增设梁的水平加腋等措施（图 10-15）。设置水平加腋后，仍需考虑梁柱偏心的不利影响 (5) 应符合表 10-46 的有关规定
2	结构平面布置	(1) 柱网布置 结构平面的长边方向称为纵向，短边方向称为横向。平面布置首先是确定柱网。所谓柱网、就是柱在平面图上的位置，因经常布置成矩形网格而得名。柱网尺寸（开间、进深）主要由使用要求决定。民用建筑的开间常为 3.8～7.2m，进深为 4.5～7.0m (2) 承重框架的布置 一般情况下，柱在纵、横两个方向均应有梁拉结，这样就构成沿纵向的纵向框架和沿横向的横向框架，两者共同构成空间受力体系。该体系中承受绝大部分竖向荷载的框架称为承重框架。楼盖形式不同，竖向荷载的传递途径不同，可以有不同的承重框架布置方案，即横向框架承重、纵向框架承重和纵、横向框架混合承重方案。纵、横向梁柱连接除个别部位外，不应采用铰接 1) 横向框架承重方案。在横向布置主梁、楼板平行于长轴布置、在纵向布置连系梁构成横向框架承重方案，如图 10-18 (a) 所示。横向框架往往跨数少，主梁沿横向布置有利于提高结构的横向抗侧刚度。另外，主梁沿横向布置还有利于室内的采光与通风，对预制楼板而言，传力明确 2) 纵向框架承重方案。在纵向布置主梁、楼板平行于短轴布置、在横向布置连系梁构成纵向框架承重方案（图 10-18 (b)），横向框架梁与柱必须形成刚接。该方案楼面荷载由纵向梁传至柱子，所以横向梁的高度较小，有利于设备管线的穿行。当在房屋纵向需要较大空间时，纵向框架承重方案可获得较高的室内净高。利用纵向框架的刚度还可调整该方向的不均匀沉降。此外，该承重方案还具有传力明确的优点。纵向框架承重方案的缺点是房屋的横向刚度较小 3) 纵、横向框架混合承重方案。在纵、横两个方向上均布置主梁以承受楼面荷载就构成纵、横向框架混合承重方案，如图 10-18 (c)（采用预制板楼盖）和图 10-18 (d)（采用现浇楼盖）所示。纵、横向框架混合承重方案具有较好的整体工作性能
3	结构竖向布置	房屋的层高应满足建筑功能要求，一般为 2.8～4.2m，通常以 300mm 为模数。在满足建筑功能要求的同时，应尽可能使结构规则、简单、刚度、质量变化均匀。从有利于结构受力角度考虑，沿竖向框架柱宜上下连续贯通，结构的侧向刚度宜下大上小

序号	项　目	内　　　　容
4	结构构件选型	（1）构件选型包括确定构件的形式和尺寸。框架一般是高次超静定结构，因此，必须确定构件的截面形式和几何尺寸后才能进行受力分析。框架梁的截面一般为矩形。当楼盖为现浇板时，楼板的一部分可作为梁的翼缘。则梁的截面就成为 T 形或 L 形。当采用预制板楼盖时，为减小楼盖结构高度和增加建筑净空，梁的截面常取为十字形（图 10-19（a））或花篮形（图 10-19（b））；也可采用如图 10-19（c）所示的叠合梁，其中预制梁做成 T 形截面，在预制梁和预制板安装就位后，再现浇部分混凝土，使后浇混凝土与预制梁形成整体 （2）框架柱的截面形式常为矩形或正方形。有时由于建筑上的需要，也可设计成圆形、八角形、T 形、L 形、十字形等，其中 T 形、L 形、十字形也称异形柱 （3）构件的尺寸一般凭经验确定。如果选取不恰当，就无法满足承载力或变形限值的要求，造成返工。确定构件尺寸时，首先要满足构造要求，并参照过去的经验初步选定尺寸，然后再进行承载力的估算，并验算有关尺寸限值。楼盖部分构件的尺寸可按梁板结构的方法确定；柱的截面尺寸可先根据其所受的轴力按轴压比公式估算出，再乘以适当的放大系数（1.2～1.5）以考虑弯矩的影响

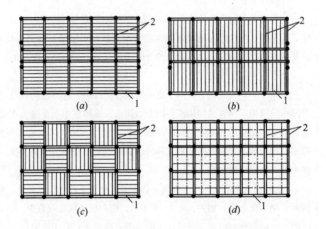

图 10-18　承重框架的布置方案

（a）横向承重；（b）纵向承重；（c）纵、横向承重（预制板）；

（d）纵、横向承重（现浇楼盖）

1—纵向框架；2—横向框架

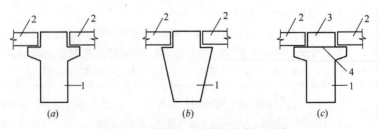

图 10-19　预制梁和叠合梁的截面形式

1—预制梁；2—预制板；3—后浇混凝土；4—叠合面

10.2.4 混凝土框架结构内力计算与截面设计

混凝土框架结构内力计算与截面设计如表 10-48 所示。

混凝土框架结构内力计算与截面设计 表 10-48

序号	项 目	内 容
1	内力计算简图	(1) 计算单元 　当框架间距相同、荷载相等、截面尺寸一样时，可取出一榀框架进行计算，如横向计算单元，纵向计算单元（图 10-20） 　(2) 各跨梁的计算跨度为每跨柱形心线至形心线的距离。底层的层高为基础顶面至第 2 层楼面的距离，中间层的层高为该层楼面至上层楼面的距离，顶层的层高为顶层楼面至屋面的距离（图 10-21）。需注意下列事项： 　1) 当上下柱截面发生改变时，取截面小的形心线进行整体分析，计算杆件内力时要考虑偏心影响 　2) 当框架梁的坡度 $i \leqslant 1/8$ 时，可近似按水平梁计算 　3) 当各跨跨长相差 $\leqslant 10\%$ 时，可近似按等跨梁计算 　4) 当梁端加腋，且截面高度之比相差 $\leqslant 1.6$ 时，可按等截面计算 　基顶高度应根据基础形式及基础埋置深度而定，要尽量采用浅基础 　(3) 楼面荷载分配 进行框架结构在竖向荷载作用下的内力计算前，先要将楼面上的竖向荷载分配给支承它的框架梁 　楼面荷载的分配与楼盖的构造有关。当采用装配式或装配整体式楼盖时，板上荷载通过预制板的两端传递给它的支承结构。如果采用现浇楼盖时，楼面上的恒荷载和活荷载根据每个区格板两个方向的边长之比，沿单向或双向传递。区格板长边边长与短边边长之比大于 3 时沿单向传递，小于或等于 3 时沿双向传递 　当板上荷载沿双向传递时，可以按双向板楼盖中的荷载分析原则，从每个区格板的四个角点作 45°线将板划成四块，每个分块上的恒荷载和活荷载向与之相邻的支承结构上传递。此时，由板传递给框架梁上的荷载为三角形或梯形
2	框架结构内力计算	(1) 高层建筑结构是一个高次超静定结构，目前已有许多计算机程序供内力、位移计算和截面设计。尽管如此，作为初学者，应该学习和掌握一些简单的手算方法。通过手算，不但可以了解各类高层建筑结构的受力特点，还可以对电算结果的正确与否有一个基本的判别力。除此之外，手算方法在初步设计中作为快速估算结构的内力和变形也十分有用 　(2) 在竖向荷载作用下，多层框架结构的内力分析可用力法、位移法等结构力学方法计算。在作初步设计时，如采用手算，可用更为简化的分层法计算 　(3) 水平荷载（风荷载或地震作用）一般都可简化为作用于框架节点上的水平力。但有些近似的手算方法目前仍为工程师们所常用，这些方法概念清楚、计算简单，计算结果易于分析与判断，能反映刚架受力的基本特点。如在水平荷载作用下的反弯点法和 D 值法等 　(4) 关于分层法、反弯点法和 D 值法的计算方法，见国振喜、张树义主编《实用建筑结构静力计算手册》，机械工业出版社，2011 年
3	框架结构截面设计	(1) 抗震设计时，除顶层、柱轴压比小于 0.15 者及框支梁柱节点外，框架的梁、柱节点处考虑地震作用组合的柱端弯矩设计值应符合下列要求： 　1) 一级框架结构及 9 度时的框架 $$\Sigma M_c = 1.2 \Sigma M_{bua} \tag{10-36}$$ 　2) 其他情况；

序号	项　目	内　　　　　容
3	框架结构 截面设计	$$\sum M = \eta_c \sum M_b \qquad (10\text{-}37)$$ 式中　$\sum M_c$——节点上、下柱端截面顺时针或逆时针方向组合弯矩设计值之和；上、下柱端的弯矩设计值，可按弹性分析的弯矩比例进行分配 　　　$\sum M_b$——节点左、右梁端截面逆时针或顺时针方向组合弯矩设计值之和；当抗震等级为一级且节点左、右梁端均为负弯矩时，绝对值较小的弯矩应取零 　　　$\sum M_{bua}$——节点左、右梁端逆时针或顺时针方向实配的正截面抗震受弯承载力所对应的弯矩值之和，可根据实际配筋面积（计入受压钢筋和梁有效翼缘宽度范围内的楼板钢筋）和材料强度标准值并考虑承载力抗震调整系数计算 　　　η_c——柱端弯矩增大系数；对框架结构，二、三级分别取 1.5 和 1.3；对其他结构中的框架，一、二、三、四级分别取 1.4、1.2、1.1 和 1.1 （2）抗震设计时，一、二、三级框架结构的底层柱底截面的弯矩设计值，应分别采用考虑地震作用组合的弯矩值与增大系数 1.7、1.5、1.3 的乘积。底层框架柱纵向钢筋应按上、下端的不利情况配置 （3）抗震设计的框架柱、框支柱端部截面的剪力设计值，一、二、三、四级时应按下列公式计算： 1）一级框架结构和 9 度时的框架： $$V = \frac{1.2(M_{cua}^t + M_{cua}^b)}{H_n} \qquad (10\text{-}38)$$ 2）其他情况： $$V = \frac{\eta_{vc}(M_c^t + M_c^b)}{H_n} \qquad (10\text{-}39)$$ 式中　M_c^t、M_c^b——分别为柱上、下端顺时针或逆时针方向截面组合的弯矩设计值，应符合上述（1）条、（2）条的规定 　　　M_{cua}^t、M_{cua}^b——分别为柱上、下端顺时针或逆时针方向实配的正截面抗震受弯承载力所对应的弯矩值，可根据实配钢筋面积、材料强度标准值和重力荷载代表值产生的轴向压力设计值并考虑承载力抗震调整系数计算 　　　H_n——柱的净高 　　　η_{vc}——柱端剪力增大系数。对框架结构，二、三级分别取 1.3、1.2；对其他结构类型的框架，一、二级分别取 1.4 和 1.2，三、四级均取 1.1 （4）抗震设计时，框架角柱应按双向偏心受力构件进行正截面承载力设计。一、二、三、四级框架角柱经按上述（1）条、（2）条及（3）条调整后的弯矩、剪力设计值应乘以不小于 1.1 的增大系数 （5）抗震设计时，框架梁端部截面组合的剪力设计值，一、二、三级应按下列公式计算；四级时可直接取考虑地震作用组合的剪力计算值 1）一级框架结构及 9 度时的框架： $$V = \frac{1.1(M_{bua}^l + M_{bua}^r)}{l_n} + V_{Gb} \qquad (10\text{-}40)$$ 2）其他情况： $$V = \frac{\eta_{vb}(M_b^l + M_b^r)}{l_n} + V_{Gb} \qquad (10\text{-}41)$$ 式中　M_b^l、M_b^r——分别为梁左、右端逆时针或顺时针方向截面组合的弯矩设计值。当抗震等级为一级且梁两端弯矩均为负弯矩时，绝对值较小一端的弯矩应取零

序号	项 目	内 容
3	框架结构截面设计	M_{bua}^l、M_{bua}^r——分别为梁左、右端逆时针或顺时针方向实配的正截面抗震受弯承载力所对应的弯矩值，可根据实配钢筋面积（计入受压钢筋，包括有效翼缘宽度范围内的楼板钢筋）和材料强度标准值并考虑承载力抗震调整系数计算 l_n——梁的净跨 V_{Gb}——梁在重为荷载代表值（9度时还应包括竖向地震作用标准值）作用下，按简支梁分析的梁端截面剪力设计值 η_{vb}——梁剪力增大系数，一、二、三级分别取 1.3、1.2 和 1.1

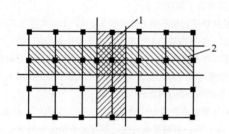

图 10-20 框架结构计算单元
1—横向计算单元；2—纵向计算单元

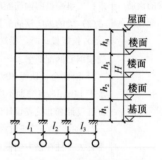

图 10-21 框架结构计算简图

10.2.5 高层建筑钢筋混凝土框架梁构造要求

高层建筑钢筋混凝土框架梁构造要求如表 10-49 所示。

高层建筑钢筋混凝土框架梁构造要求　　　　　　　　表 10-49

序号	项 目	内 容
1	梁的截面尺寸	(1) 梁的截面尺寸，宜符合下列各项要求： 1) 截面宽度不宜小于 200mm 2) 截面高宽比不宜大于 4 3) 净跨与截面高度之比不宜小于 4 (2) 梁宽大于柱宽的扁梁应符合下列要求： 1) 采用扁梁的楼、屋盖应现浇。梁中线宜与柱中线重合，扁梁应双向布置。扁梁的截面尺寸应符合下列要求，并应满足对挠度和裂缝宽度的规定： $$b_b \leqslant 2b_c \qquad (10\text{-}42)$$ $$b_b \leqslant b_c + h_b \qquad (10\text{-}43)$$ $$h_b \geqslant 16d \qquad (10\text{-}44)$$ 式中　b_c——柱截面宽度，圆形截面取柱直径的 0.8 倍 　　　　b_b、h_b——分别为梁截面宽度和高度 　　　　d——柱纵筋直径 2) 扁梁不宜用于一级框架结构

序号	项　目	内　　　容
2	梁的钢筋配置	(1) 框架梁设计应符合下列要求： 1) 抗震设计时，计入受压钢筋作用的梁端截面混凝土受压区高度与有效高度之比值，一级不应大于 0.25，二、三级不应大于 0.35。详见表 1-155 及表 1-156 所示 2) 纵向受拉钢筋的最小配筋百分率 ρ_{min}（%），非抗震设计时，不应小于 0.2 和 $45f_t/f_y$ 二者的较大值；抗震设计时，不应小于表 1-151 规定的数值，具体见表 1-152、表 1-153 与表 1-154 所示 3) 抗震设计时，梁端截面的底面和顶面纵向钢筋截面面积的比值，除按计算确定外，一级不应小于 0.5；二、三级不应小于 0.3 4) 抗震设计时，梁端箍筋的加密区长度、箍筋最大间距和最小直径应符合表 10-50 的要求；当梁端纵向钢筋配筋率大于 2% 时，表中箍筋最小直径应增大 2mm (2) 梁的纵向钢筋配置，尚应符合下列规定： 1) 抗震设计时，梁端纵向受拉钢筋的配筋率不宜大于 2.5%，不应大于 2.75%；当梁端受拉钢筋的配筋率大于 2.5% 时，受压钢筋的配筋率不应小于受拉钢筋的一半 2) 沿梁全长顶面和底面应至少各配置两根纵向配筋，一、二级抗震设计时钢筋直径不应小于 14mm，且分别不应小于梁两端顶面和底面纵向配筋中较大截面面积的 1/4；三、四级抗震设计和非抗震设计时钢筋直径不应小于 12mm 3) 一、二、三级抗震等级的框架梁内贯通中柱的每根纵向钢筋的直径，对矩形截面柱，不宜大于柱在该方向截面尺寸的 1/20；对圆形截面柱，不宜大于纵向钢筋所在位置柱截面弦长的 1/20 4) 高层框架梁宜采用直钢筋，不宜采用弯起钢筋
3	梁的箍筋	(1) 非抗震设计时，框架梁箍筋配筋构造应符合下列规定： 1) 应沿梁全长设置箍筋，第一个箍筋应设置在距支座边缘 50mm 处 2) 截面高度大于 800mm 的梁，其箍筋直径不宜小于 8mm；其余截面高度的梁不应小于 6mm。在受力钢筋搭接长度范围内，箍筋直径不应小于搭接钢筋最大直径的 1/4 3) 箍筋间距不应大于表 3-18 的规定；在纵向受拉钢筋的搭接长度范围内，箍筋间距尚不应大于搭接钢筋较小直径的 5 倍，且不应大于 100mm；在纵向受压钢筋的搭接长度范围内，箍筋间距尚不应大于搭接钢筋较小直径的 10 倍，且不应大于 200mm 4) 承受弯矩和剪力的梁，当梁的剪力设计值大于 $0.7f_tbh_0$ 时，其箍筋的面积配筋率应符合公式（1-45）的规定 5) 承受弯矩、剪力和扭矩的梁，其箍筋面积配筋率和受扭纵向钢筋的面积配筋率应分别符合公式（1-46）和公式（1-43）的规定 箍筋计算用表如表 1-145～表 1-149 所示 6) 当梁中配有计算需要的纵向受压钢筋时，其箍筋配置尚应符合下列规定： ①箍筋直径不应小于纵向受压钢筋最大直径的 1/4； ②箍筋应做成封闭式 ③箍筋间距不应大于 $15d$ 且不应大于 400mm；当一层内的受压钢筋多于 5 根且直径大于 18mm 时，箍筋间距不应大于 $10d$（d 为纵向受压钢筋的最小直径） ④当梁截面宽度大于 400mm 且一层内的纵向受压钢筋多于 3 根时，或当梁截面宽度不大于 400mm 但一层内的纵向受压钢筋多于 4 根时，应设置复合箍筋 (2) 抗震设计时，框架梁的箍筋尚应符合下列构造要求： 1) 沿梁全长箍筋的面积配筋率应符合计算公式（1-47）、公式（1-48）及公式（1-49）的规定

续表 10-49

序号	项 目	内 容
3	梁的箍筋	框架梁沿梁全长箍筋的最小面积配筋率如表 1-150 所示 　2）在箍筋加密区范围内的箍筋肢距：一级不宜大于 200mm 和 20 倍箍筋直径的较大值，二、三级不宜大于 250mm 和 20 倍箍筋直径的较大值，四级不宜大于 300mm 　3）箍筋应有 135°弯钩，弯钩端头直段长度不应小于 10 倍的箍筋直径和 75mm 的较大值 　4）在纵向钢筋搭接长度范围内的箍筋间距，钢筋受拉时不应大于搭接钢筋较小直径的 5 倍，且不应大于 100mm；钢筋受压时不应大于搭接钢筋较小直径的 10 倍，且不应大于 200mm 　5）框架梁非加密区箍筋最大间距不宜大于加密区箍筋间距的 2 倍
4	其他要求	（1）框架梁的纵向钢筋不应与箍筋、拉筋及预埋件等焊接 （2）框架梁上开洞时，洞口位置宜位于梁跨中 1/3 区段，洞口高度不应大于梁高的 40％；开洞较大时应进行承载力验算梁上洞口周边应配置附加纵向钢筋和箍筋（图 10-22），并应符合计算及构造要求

端箍筋加密区的长度、箍筋最大间距和最小直径 　　　　　　**表 10-50**

序号	抗震等级	加密区长度（取较大值） （mm）	箍筋最大间距（取最小值） （mm）	箍筋最小直径 （mm）
1	特一级、一级	$2.0h_b$，500	$h_b/4$，$6d$，100	10
2	二级	$1.5h_b$，500	$h_b/4$，$8d$，100	8
3	三级	$1.5h_b$，500	$h_b/4$，$8d$，150	8
4	四级	$1.5h_b$，500	$h_b/4$，$8d$，150	6

注：1. d 为纵向钢筋直径，h_b 为梁截面高度；
　　2. 一、二级抗震等级框架梁，当箍筋直径大于 12mm、肢数不少于 4 肢且肢距不大于 150mm 时，箍筋加密区最大间距应允许适当放松，但不应大于 150mm。

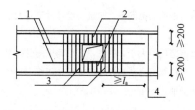

图 10-22　梁上洞口周边配筋构造示意
1—洞口上、下附加纵向钢筋；2—洞口上、下附加箍筋；
3—洞口两侧附加箍筋；4—梁纵向钢筋；
l_a—受拉钢筋的锚固长度

10.2.6　高层建筑钢筋混凝土框架柱构造要求

高层建筑钢筋混凝土框架柱构造要求如表 10-51 所示。

高层建筑钢筋混凝土框架柱构造要求 表 10-51

序号	项 目	内 容
1	柱截面尺寸	柱截面尺寸宜符合下列规定: (1) 矩形截面柱的边长,非抗震设计时不宜小于 250mm,抗震设计时,四级不宜小于 300mm,一、二、三级时不宜小于 400mm;圆柱直径,非抗震和四级抗震设计时不宜小于 350mm,一、二、三级时不宜小于 450mm (2) 柱剪跨比宜大于 2 (3) 柱截面高宽比不宜大于 3
2	柱轴压比	抗震设计时,钢筋混凝土柱轴压比不宜超过表 9-46 的规定;对于Ⅳ类场地上较高的高层建筑,其轴压比限值应适当减小
3	柱纵向钢筋和箍筋配置应符合的要求	柱纵向钢筋和箍筋配置应符合下列要求: (1) 柱全部纵向钢筋的配筋率。不应小于表 9-42 的规定值,且柱截面每一侧纵向钢筋配筋率不应小于 0.2%;抗震设计时,对Ⅳ类场地上较高的高层建筑,表中数值应增加 0.1 (2) 抗震设计时,柱箍筋在规定的范围内应加密,加密区的箍筋间距和直径,应符合下列要求: ①箍筋的最大间距和最小直径,应按表 9-43 采用 ②一级框架柱的箍筋直径大于 12mm 且箍筋肢距不大于 150mm 及二级框架柱箍筋直径不小于 10mm 且肢距不大于 200mm 时,除柱根外最大间距应允许采用 150mm;三级框架柱的截面尺寸不大于 400mm 时,箍筋最小直径应允许采用 6mm;四级框架柱的剪跨比不大于 2 或柱中全部纵向钢筋的配筋率大于 3% 时,箍筋直径不应小于 8mm ③剪跨比不大于 2 的柱,箍筋间距不应大于 100mm
4	柱的纵向钢筋配置应满足的规定	柱的纵向钢筋配置,尚应满足下列规定: (1) 抗震设计时,宜采用对称配筋 (2) 截面尺寸大于 400mm 的柱,一、二、三级抗震设计时其纵向钢筋间距不宜大于 200mm;抗震等级为四级和非抗震设计时,柱纵向钢筋间距不宜大于 300mm;纵向钢筋净距均不应小于 50mm (3) 全部纵向钢筋的配筋率,非抗震设计时不宜大于 5%、不应大于 6%,抗震设计时不应大于 5% (4) 一级且剪跨比不大于 2 的柱,其单侧纵向受拉钢筋的配筋率不宜大于 1.2% (5) 边柱、角柱及剪力墙端柱考虑地震作用组合产生小偏心受拉时,柱内纵筋总截面面积应比计算值增加 25%
5	柱中箍筋	(1) 抗震设计时,柱箍筋设置尚应符合下列规定: 1) 箍筋应为封闭式,其末端应做成 135°弯钩且弯钩末端平直段长度不应小于 10 倍的箍筋直径,且不应小于 75mm 2) 箍筋加密区的箍筋肢距,一级不宜大于 200mm,二、三级不宜大于 250mm 和 20 倍箍筋直径的较大值,四级不宜大于 300mm。每隔一根纵向钢筋宜在两个方向有箍筋约束;采用拉筋组合箍时,拉筋宜紧靠纵向钢筋并勾住封闭箍筋 3) 柱非加密区的箍筋,其体积配箍率不宜小于加密区的一半;其箍筋间距,不应大于加

序号	项　目	内　　容
5	柱中箍筋	密区箍筋间距的 2 倍，且一、二级不应大于 10 倍纵向钢筋直径，三、四级不应大于 15 倍纵向钢筋直径 　(2) 非抗震设计时，柱中箍筋应符合下列规定： 　1) 周边箍筋应为封闭式 　2) 箍筋间距不应大于 400mm，且不应大于构件截面的短边尺寸和最小纵向受力钢筋直径的 15 倍 　3) 箍筋直径不应小于最大纵向钢筋直径的 1/4，且不应小于 6mm 　4) 当柱中全部纵向受力钢筋的配筋率超过 3% 时，箍筋直径不应小于 8mm，箍筋间距不应大于最小纵向钢筋直径的 10 倍，且不应大于 200mm，箍筋末端应做成 135° 弯钩且弯钩末端平直段长度不应小于 10 倍箍筋直径 　5) 当柱每边纵筋多于 3 根时，应设置复合箍筋 　6) 柱内纵向钢筋采用搭接做法时，搭接长度范围内箍筋直径不应小于搭接钢筋较大直径的 1/4；在纵向受拉钢筋的搭接长度范围内的箍筋间距不应大于搭接钢筋较小直径的 5 倍，且不应大于 100mm；在纵向受压钢筋的搭接长度范围内的箍筋间距不应大于搭接钢筋较小直径的 10 倍，且不应大于 200mm。当受压钢筋直径大于 25mm 时，尚应在搭接接头端面外 100mm 的范围内各设置两道箍筋 　(3) 柱的纵筋不应与箍筋、拉筋及预埋件等焊接 　(4) 应该注意的是，由于规定中有一个柱箍筋肢距不大于 200mm 的规定，如将箍筋肢距一律按均匀分布且不大于 200mm，如图 10-23 (a) 所示，这样将使浇捣混凝土发生困难。因为混凝土在浇捣时，是不允许从高处直接坠落的，必须使用导管，将混凝土引导至柱根部，然后逐渐向上浇灌。如果箍筋肢距全部不大于 200mm，将无法使用导管。在柱的横剖面中箍筋的布置成图 10-23 (b) 所示，这样既便于施工，对柱纵向钢筋的拉结，也符合要求。当柱截面很大，且为矩形时，例如 1.2m×2.4m 等等，应考虑留 2 个导管的位置
6	柱箍筋加密区范围	抗震设计时，柱箍筋加密区的范围应符合下列规定： 　(1) 底层柱的上端和其他各层柱的两端，应取矩形截面柱之长边尺寸（或圆形截面柱之直径）、柱净高之 1/6 和 500mm 三者之最大值范围 　(2) 底层柱刚性地面上、下各 500mm 的范围 　(3) 底层柱柱根以上 1/3 柱净高的范围 　(4) 剪跨比不大于 2 的柱和因填充墙等形成的柱净高与截面高度之比不大于 4 的柱全高范围 　(5) 一、二级框架角柱的全高范围 　(6) 需要提高变形能力的柱的全高范围
7	体积配箍率与计算用表	(1) 柱加密区范围内箍筋的体积配箍率见本书表 9-45 的有关规定 　(2) 钢筋混凝土柱箍筋加密区体积配箍率计算用表见本书表 9-48 所示
8	框架节点	框架节点核心区应设置水平箍筋，且应符合下列规定： 　(1) 非抗震设计时，箍筋配置应符合本表序号 5 之 (2) 条的有关规定，但箍筋间距不宜大于 250mm；对四边有梁与之相连的节点，可仅沿节点周边设置矩形箍筋 　(2) 抗震设计时，箍筋的最大间距和最小直径宜符合本表序号 3 有关柱箍筋的规定。一、二、三级框架节点核心区配箍特征值分别不宜小于 0.12、0.10 和 0.08，且箍筋体积配箍率分别不宜小于 0.6%、0.5% 和 0.4%。柱剪跨比不大于 2 的框架节点核心区的体积配箍率不宜小于核心区上、下柱端体积配箍率中的较大值

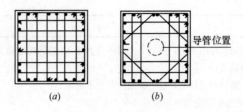

图 10-23 箍筋的肢距

10.2.7 高层建筑钢筋混凝土框架结构钢筋的连接和锚固

高层建筑钢筋混凝土框架结构钢筋的连接和锚固如表 10-52 所示。

高层建筑钢筋混凝土框架结构钢筋的连接和锚固　　　　　表 10-52

序号	项　目	内　　　　容
1	钢筋的连接与锚固要求	(1) 非抗震设计，抗震设计时，受拉钢筋的锚固要求与计算用表见本书表 1-108 的有关规定 (2) 非抗震设计，抗震设计时，受力钢筋的连接要求与计算用表见本书表 1-122 的有关规定 (3) 框架梁、柱节点的构造要求，见本书表 1-108 的有关规定
2	框架梁、柱的纵向钢筋在框架节点区的锚固和连接	(1) 非抗震设计时，框架梁、柱的纵向钢筋在框架节点区的锚固和搭接（图 10-24）应符合下列要求： 1) 顶层中节点柱纵向钢筋和边节点柱内侧纵向钢筋应伸至柱顶；当从梁底边计算的直线锚固长度不小于 l_a 时，可不必水平弯折，否则应向柱内或梁、板内水平弯折，当充分利用柱纵向钢筋的抗拉强度时，其锚固段弯折前的竖直投影长度不应小于 $0.5l_{ab}$，弯折后的水平投影长度不宜小于 12 倍的柱纵向钢筋直径。此处，l_{ab} 为钢筋基本锚固长度，应按本书的有关规定采用 2) 顶层端节点处，在梁宽范围以内的柱外侧纵向钢筋可与梁上部纵向钢筋搭接，搭接长度不应小于 $1.5l_a$；在梁宽范围以外的柱外侧纵向钢筋可伸入现浇板内，其伸入长度与伸入梁内的相同。当柱外侧纵向钢筋的配筋率大于 1.2% 时，伸入梁内的柱纵向钢筋宜分两批截断，其截断点之间的距离不宜小于 20 倍的柱纵向钢筋直径 3) 梁上部纵向钢筋伸入端节点的锚固长度，直线锚固时不应小于 l_a，且伸过柱中心线的长度不宜小于 5 倍的梁纵向钢筋直径；当柱截面尺寸不足时，梁上部纵向钢筋应伸至节点对边并向下弯折，弯折水平段的投影长度不应小于 $0.4l_{ab}$，弯折后竖直投影长度不应小于 15 倍纵向钢筋直径 4) 当计算中不利用梁下部纵向钢筋的强度时，其伸入节点内的锚固长度应取不小于 12 倍的梁纵向钢筋直径。当计算中充分利用梁下部钢筋的抗拉强度时，梁下部纵向钢筋可采用直线方式或向上 90° 弯折方式锚固于节点内，直线锚固时的锚固长度不应小于 l_a；弯折锚固时，弯折水平段的投影长度不应小于 $0.4l_{ab}$，弯折后竖直投影长度不应小于 15 倍纵向钢筋直径 5) 当采用锚固板锚固措施时，钢筋锚固构造应符合本书的有关规定 (2) 抗震设计时，框架梁、柱的纵向钢筋在框架节点区的锚固和搭接（图 10-25）应符合下列要求： 1) 顶层中节点柱纵向钢筋和边节点柱内侧纵向钢筋应伸至柱顶。当从梁底边计算的直线锚固长度不小于 l_{aE} 时，可不必水平弯折，否则应向柱内或梁内、板内水平弯折，锚固段弯

序号	项　目	内　　容
2	框架梁、柱的纵向钢筋在框架节点区的锚固和连接	折前的竖直投影长度不应小于 $0.5l_{abE}$，弯折后的水平投影长度不宜小于 12 倍的柱纵向钢筋直径。此处，l_{abE} 为抗震时钢筋的基本锚固长度，一、二级取 $1.5l_{ab}$，三、四级分别取 $1.05l_{ab}$ 和 $1.00l_{ab}$ 　　2）顶层端节点处，柱外侧纵向钢筋可与梁上部纵向钢筋搭接，搭接长度不应小于 $1.5l_{aE}$，且伸入梁内的柱外侧纵向钢筋截面积不宜小于柱外侧全部纵向钢筋截面面积的 65%；在梁宽范围以外的柱外侧纵向钢筋可伸入现浇板内，其伸入长度与伸入梁内的相同。当柱外侧纵向钢筋的配筋率大于 1.2% 时，伸入梁内的柱纵向钢筋宜分两批截断，其截断点之间的距离不宜小于 20 倍的柱纵向钢筋直径 　　3）梁上部纵向钢筋伸入端节点的锚固长度，直线锚固时不应小于 l_{aE}，且伸过柱中心线的长度不应小于 5 倍的梁纵向钢筋直径；当柱截面尺寸不足时，梁上部纵向钢筋应伸至节点对边并向下弯折，锚固段弯折前的水平投影长度不应小于 $0.4l_{abE}$，弯折后的竖直投影长度应取 15 倍的梁纵向钢筋直径 　　4）梁下部纵向钢筋的锚固与梁上部纵向钢筋相同，但采用 90° 弯折方式锚固时，竖直段应向上弯入节点内
3	配筋参考图例	（1）见本书表 3-34 及表 3-35 中有关配筋构造图例 （2）见本书表 6-10 及表 6-11 中有关配筋构造图例 （3）见本书表 9-33 及表 9-44 中有关配筋构造图例

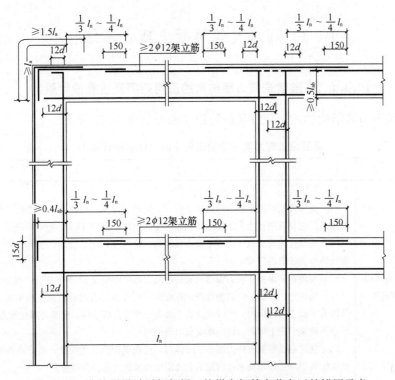

图 10-24　非抗震设计时框架梁、柱纵向钢筋在节点区的锚固示意

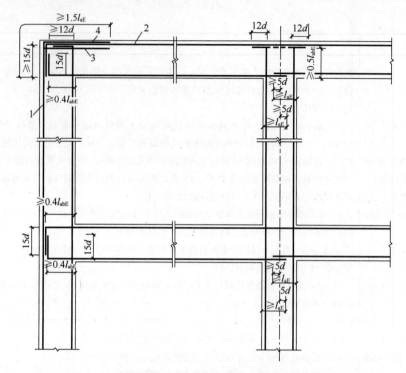

图 10-25　抗震设计时框架梁、柱纵向钢筋在节点区的锚固示意

1—柱外侧纵向钢筋；2—梁上部纵向钢筋；3—伸入梁内的柱外侧纵向钢筋；

4—不能伸入梁内的柱外侧纵向钢筋，可伸入板内

10.3　高层建筑混凝土剪力墙结构

10.3.1　高层建筑剪力墙结构的适用范围及抗震设计原则

高层建筑剪力墙结构的适用范围及抗震设计原则如表 10-53 所示。

高层建筑剪力墙结构的适用范围及抗震设计原则　　　　　　　　　　表 10-53

序号	项　　目	内　　　　容
1	剪力墙结构适用范围	（1）高层建筑混凝土剪力墙结构是由一系列的竖向纵、横墙和平面楼板所组成的空间结构体系。它具有刚度大、位移小、抗震性能好的特点，是高层建筑中常用的结构体系 （2）高层建筑现浇钢筋混凝土剪力墙结构，适用于住宅、公寓、饭店、医院病房楼等平面墙体布置较多的房屋 （3）现浇钢筋混凝土剪力墙结构的适用最大高度可按表 10-4 和表 10-5 规定采用 （4）当住宅、公寓、饭店等建筑，在底部一层或多层需设置机房、汽车房、商店、餐厅等较大平面空间用房时，可以设计成上部为一般剪力墙结构，底部为部分剪力墙落到基础，其余为框架承托上部剪力墙的框支剪力墙结构 （5）现浇钢筋混凝土剪力墙的平面体形，可根据建筑功能需要，设计成各种形状，剪力墙应按各类房屋使用要求，满足抗侧力刚度和承载力进行合理布置

序号	项　目	内　　　　容
1	剪力墙结构适用范围	（6）剪力墙广泛用于多层和高层钢筋混凝土房屋，剪力墙之所以是主要的抗震结构构件，是因为：剪力墙的刚度大，容易满足小震作用下结构尤其是高层建筑结构的位移限值；地震作用下剪力墙的变形小，破坏程度低；可以设计成延性剪力墙，大震时通过连梁和墙肢底部塑性铰范围的塑性变形，耗散地震能量；与其他结构（如框架）同时使用时，剪力墙吸收大部分地震作用，降低其他结构构件的抗震要求。设防烈度较高地区（8 度及以上）的高层建筑采用剪力墙，其优点更为突出 （7）应符合本书表 8-1 的有关规定 （8）结构特点 1）剪力墙体系是利用房屋的内、外墙作为承重构件的一种体系。承重墙同时也兼作维护和分隔墙使用，适用于开间较小的住宅、旅馆等高层建筑 2）剪力墙结构中竖向荷载由楼盖直接传到墙上，因此剪力墙的间距取决于楼板的跨度，剪力墙结构的开间一般为 3～8m，较适用于住宅、旅馆类建筑，层数在 10～40 层范围内都可采用，在 20～30 层的房屋中应用较为广泛 3）剪力墙作为平面构件，在自身平面内承载力和刚度较大，平面外的承载力和刚度较小，结构设计时一般不考虑墙的平面外承载力和刚度。因此，剪力墙要双向布置，分别抵抗各自平面内的侧向力，抗震设计的剪力墙结构，应尽量使两个方向的刚度接近 4）墙体的平面布置应综合考虑建筑使用功能、构件类型、施工工艺及技术经济指标等因素加以确定 5）住宅和旅馆客房具有开间较小、墙体较多、房间面积不太大的特点，采用剪力墙结构比较适合，而且房间内没有梁柱棱角、整体美观。但剪力墙结构墙体多，使建筑平面布置和使用要求受到一定的限制，不容易形成大空间。为了满足布置门厅、餐厅、会议室、商店和公用设施等大空间的要求，可以在底部一层或数层取消部分剪力墙而代之以框架，形成框支剪力墙结构
2	抗震设计原则	在抗震设防区内也应设计延性的剪力墙结构。为了实现延性剪力墙，剪力墙的抗震设计应符合下列原则： （1）强墙弱梁。连梁屈服先于墙肢屈服，使塑性变形和耗能分散于连梁中，避免因墙肢过早屈服使塑性变形集中在某一层而形成软弱层或薄弱层 （2）强剪弱弯。在侧向力作用下剪力墙墙肢底部一定高度内可能屈服形成塑性铰，适当提高塑性铰范围的抗剪承载力，实现墙肢强剪弱弯、避免墙肢剪切破坏 对于连梁，通过剪力增大系数调整剪力设计值，实现强剪弱弯 （3）限制墙肢的轴压比和墙肢设置边缘构件。轴压比是影响墙肢抗震性能的主要因素。限制底部加强部位墙肢的轴压比、设置边缘构件是提高剪力墙抗震性能的重要措施 （4）加强重点部位。剪力墙底部加强部位是其重点部位。除了适当提高底部加强部位的抗剪承载力、限制底部加强部位墙肢的轴压比外，还需要加强该部位的抗震构造措施，对一级剪力墙还需要提高其抗弯承载力 （5）连梁特殊措施。对抗震等级高的、跨高比小的连梁采取特殊措施，使其成为延性构件

10.3.2　高层建筑剪力墙结构设计一般规定

高层建筑剪力墙结构设计一般规定如表 10-54 所示。

高层建筑剪力墙结构设计一般规定　　　　表 10-54

序号	项　目	内　　　　容
1	剪力墙布置	（1）剪力墙结构应具有适宜的侧向刚度，其布置应符合下列规定： 1）平面布置宜简单、规则，宜沿两个主轴方向或其他方向双向布置，两个方向的侧向刚度不宜相差过大。抗震设计时，不应采用仅单向有墙的结构布置 2）宜自下到上连续布置，避免刚度突变 3）门窗洞口宜上下对齐、成列布置，形成明确的墙肢和连梁；宜避免造成墙肢宽度相差悬殊的洞口设置；抗震设计时，一、二、三级剪力墙的底部加强部位不宜采用上下洞口不对齐的错洞墙，全高均不宜采用洞口局部重叠的叠合错洞墙 （2）对上述（1）条的理解与应用 高层建筑结构应有较好的空间工作性能，剪力墙应双向布置，形成空间结构。特别强调在抗震结构中，应避免单向布置剪力墙，并宜使两个方向刚度接近 剪力墙的抗侧刚度较大，如果在某一层或几层切断剪力墙，易造成结构刚度突变，因此，剪力墙从上到下宜连续设置 剪力墙洞口的布置，会明显影响剪力墙的力学性能。规则开洞，洞口成列、成排布置，能形成明确的墙肢和连梁，应力分布比较规则，又与当前普遍应用程序的计算简图较为符合，设计计算结果安全可靠。错洞剪力墙和叠合错洞剪力墙的应力分布复杂，计算、构造都比较复杂和困难。剪力墙底部加强部位，是塑性铰出现及保证剪力墙安全的重要部位，一、二和三级剪力墙的底部加强部位不宜采用错洞布置，如无法避免错洞墙，应控制错洞墙洞口间的水平距离不小于 2m，并在设计时进行仔细计算分析，在洞口周边采取有效构造措施（图 10-26(a)、(b)）。此外，一、二、三级抗震设计的剪力墙全高都不宜采用叠合错洞墙，当无法避免叠合错洞布置时，应按有限元方法仔细计算分析，并在洞口周边采取加强措施（图 10-26(c)），或在洞口不规则部位采用其他轻质材料填充，将叠合洞口转化为规则洞口（图 10-26(d)），其中阴影部分表示轻质填充墙体 错洞墙或叠合错洞墙的内力和位移计算均应符合有关的规定。若在结构整体计算中采用杆系、薄壁杆系模型或对洞口作了简化处理的其他有限元模型时，应对不规则开洞墙的计算结果进行分析、判断，并进行补充计算和校核。目前除了平面有限元方法外，尚没有更好的简化方法计算错洞墙。采用平面有限元方法得到应力后，可不考虑混凝土的抗拉作用，按应力进行配筋，并加强构造措施 本书所指的剪力墙结构是以剪力墙及因剪力墙开洞形成的连梁组成的结构，其变形特点为弯曲型变形，目前有些项目采用了大部分由跨高比较大的框架梁联系的剪力墙形成的结构体系，这样的结构虽然剪力墙较多，但受力和变形特性接近框架结构，当层数较多时对抗震是不利的，宜避免
2	连梁设置要求	（1）剪力墙不宜过长，较长剪力墙宜设置跨高比较大的连梁将其分成长度较均匀的若干墙段，各墙段的高度与墙段长度之比不宜小于 3，墙段长度不宜大于 8m （2）对上述（1）条的理解与应用 剪力墙结构应具有延性，细高的剪力墙（高宽比大于 3）容易设计成具有延性的弯曲破坏剪力墙。当墙的长度很长时，可通过开设洞口将长墙分成长度较小的墙段，使每个墙段成为高宽比大于 3 的独立墙肢或联肢墙，分段宜较均匀。用以分割墙段的洞口上可设置约束弯矩较小的弱连梁（其跨高比一般宜大于 6）。此外。当墙段长度（即墙段截面高度）很长时，受弯后产生的裂缝宽度会较大，墙体的配筋容易拉断，因此墙段的长度不宜过大，一般定为 8m （3）跨高比小于 5 的连梁应按本章的有关规定设计，跨高比不小于 5 的连梁宜按框架梁设计

序号	项　目	内　　　容
2	连梁设置要求	（4）对上述（3）条的理解与应用 两端与剪力墙在平面内相连的梁为连梁。如果连梁以水平荷载作用下产生的弯矩和剪力为主，竖向荷载下的弯矩对连梁影响不大（两端弯矩仍然反号），那么该连梁对剪切变形十分敏感，容易出现剪切裂缝，则应按本章有关连梁设计的规定进行设计，一般是跨度较小的连梁；反之，则宜按框架梁进行设计，其抗震等级与所连接的剪力墙的抗震等级相同
3	剪力墙底部加强部位	（1）抗震设计时，剪力墙底部加强部位的范围，应符合下列规定： 1）底部加强部位的高度，应从地下室顶板算起 2）底部加强部位的高度可取底部两层和墙体总高度的 1/10 二者的较大值，部分框支剪力墙结构底部加强部位的高度应符合本书表 10-89 序号 1 之（3）条的规定 3）当结构计算嵌固端位于地下一层底板或以下时，底部加强部位宜延伸到计算嵌固端 （2）对上述（1）条的理解与应用 抗震设计时，为保证剪力墙底部出现塑性铰后具有足够大的延性，应对可能出现塑性铰的部位加强抗震措施，包括提高其抗剪切破坏的能力，设置约束边缘构件等，该加强部位称为"底部加强部位"。剪力墙底部塑性铰出现都有一定范围，一般情况下单个塑性铰发展高度约为墙肢截面高度 h_w，但是为安全起见，设计时加强部位范围应适当扩大。本规定统一以剪力墙总高度的 1/10 与两层层高二者的较大值作为加强部位。上述 3）明确了当地下室整体刚度不足以作为结构嵌固端，而计算嵌固部位不能设在地下室顶板时，剪力墙底部加强部位的设计要求宜延伸至计算嵌固部位
4	梁的布置与剪力墙的关系	（1）楼面梁不宜支承在剪力墙或核心筒的连梁上 在上述中，楼面梁支承在连梁上时，连梁产生扭转，一方面不能有效约束楼面梁，另一方面连梁受力十分不利，因此要尽量避免。楼板次梁等截面较小的梁支承在连梁上时，次梁端部可按铰接处理 （2）当剪力墙或核心筒墙肢与其平面外相交的楼面梁刚接时，可沿楼面梁轴线方向设置与梁相连的剪力墙、扶壁柱或在墙内设置暗柱，并应符合下列规定： 1）设置沿楼面梁轴线方向与梁相连的剪力墙时，墙的厚度不宜小于梁的截面宽度 2）设置扶壁柱时，其截面宽度不应小于梁宽，其截面高度可计入墙厚 3）墙内设置暗柱时，暗柱的截面高度可取墙的厚度，暗柱的截面宽度可取梁宽加 2 倍墙厚 4）应通过计算确定暗柱或扶壁柱的纵向钢筋（或型钢），纵向钢筋的总配筋率不宜小于表 10-55 的规定 5）楼面梁的水平钢筋应伸入剪力墙或扶壁柱，伸入长度应符合钢筋锚固要求。钢筋锚固段的水平投影长度，非抗震设计时不宜小于 $0.4l_{ab}$，抗震设计时不宜小于 $0.4l_{abE}$；当锚固段的水平投影长度不满足要求时，可将楼面梁伸出墙面形成梁头，梁的纵筋伸入梁头后弯折锚固（图 10-27），也可采取其他可靠的锚固措施 6）暗柱或扶壁柱应设置箍筋，箍筋直径，一、二、三级时不应小于 8mm，四级及非抗震时不应小于 6mm，且均不应小于纵向钢筋直径的 1/4；箍筋间距，一、二、三级时不应大于 150mm，四级及非抗震时不应大于 200mm 在上述中，剪力墙的特点是平面内刚度及承载力大，而平面外刚度及承载力都很小，因此，应注意剪力墙平面外受弯时的安全问题。当剪力墙与平面外方向的大梁连接时，会使墙肢平面外承受弯矩，当梁高大于约 2 倍墙厚时，刚性连接梁的梁端弯矩将使剪力墙平面外产生较大的弯矩，此时应当采取措施，以保证剪力墙平面外的安全 这里所列措施，是指在楼面梁与剪力墙刚性连接的情况下，应采取措施增大墙肢抵抗平面外弯矩的能力。在措施中强调了对墙内暗柱或墙扶壁柱进行承载力的验算，增加了暗柱、

序号	项　目	内　　容
4	梁的布置与剪力墙的关系	扶壁柱竖向钢筋总配筋率的最低要求和箍筋配置要求，并强调了楼面梁水平钢筋伸入墙内的锚固要求，钢筋锚固长度应符合本书的有关规定 　　当梁与墙在同一平面内时，多数为刚接，梁钢筋在墙内的锚固长度应与梁、柱连接时相同。当梁与墙不在同一平面内时，可能为刚接或半刚接，梁钢筋锚固都应符合锚固长度要求 　　此外，对截面较小的楼面梁，也可通过支座弯矩调幅或变截面梁实现梁端铰接或半刚接设计，以减小墙肢平面外弯矩。此时应相应加大梁的跨中弯矩，这种情况下也必须保证梁纵向钢筋在墙内的锚固要求 　　(3) 当墙肢的截面高度与厚度之比不大于 4 时，宜按框架柱进行截面设计 　　在上述中，剪力墙与柱都是压弯构件，其压弯破坏状态以及计算原理基本相同，但是截面配筋构造有很大不同，因此柱截面和墙截面的配筋计算方法也各不相同。为此，要设定按柱或按墙进行截面设计的分界点。这里规定截面高厚比 h_w/b_w 不大于 4 时，按柱进行截面设计
5	短肢剪力墙	(1) 抗震设计时，高层建筑结构不应全部采用短肢剪力墙；B 级高度高层建筑以及抗震设防烈度为 10 度的 A 级高度高层建筑，不宜布置短肢剪力墙，不应采用具有较多短肢剪力墙的剪力墙结构。当采用具有较多短肢剪力墙的剪力墙结构时，应符合下列规定： 　　1) 在规定的水平地震作用下，短肢剪力墙承担的底部倾覆力矩不宜大于结构底部总地震倾覆力矩的 50% 　　2) 房屋适用高度应比本书表 10-4 规定的剪力墙结构的最大适用高度适当降低，7 度、8 度 (0.2g) 和 8 度 (0.3g) 时分别不应大于 100m、80m 和 60m 　　(2) 短肢剪力墙是指截面厚度不大于 300mm、各肢截面高度与厚度之比的最大值大于 4 但不大于 8 的剪力墙 　　具有较多短肢剪力墙的剪力墙结构是指，在规定的水平地震作用下，短肢剪力墙承担的底部倾覆力矩不小于结构底部总地震倾覆力矩的 30% 的剪力墙结构 　　(3) 抗震设计时，短肢剪力墙的设计应符合下列规定： 　　1) 短肢剪力墙截面厚度除应符合本书表 10-65 序号 1、序号 2 的要求外，底部加强部位尚不应小于 200mm，其他部位尚不应小于 180mm 　　2) 一、二、三级短肢剪力墙的轴压比，分别不宜大于 0.45、0.50、0.55，一字形截面短肢剪力墙的轴压比限值应相应减少 0.1 　　3) 短肢剪力墙的底部加强部位应按表 10-56 序号 2 之 (3) 条调整剪力设计值。其他各层一、二、三级时剪力设计值应分别乘以增大系数 1.4、1.2 和 1.1 　　4) 短肢剪力墙边缘构件的设置应符合本书表 10-59 序号 1 的规定 　　5) 短肢剪力墙的全部竖向钢筋的配筋率，底部加强部位一、二级不宜小于 1.2%，三、四级不宜小于 1.0%；其他部位一、二级不宜小于 1.0%，三、四级不宜小于 0.8% 　　6) 不宜采用一字形短肢剪力墙，不宜在一字形短肢剪力墙上布置平面外与之相交的单侧楼面梁
6	承载力验算	剪力墙应进行平面内的斜截面受剪、偏心受压或偏心受拉、平面外轴心受压承载力验算。在集中荷载作用下，墙内无暗柱时还应进行局部受压承载力验算

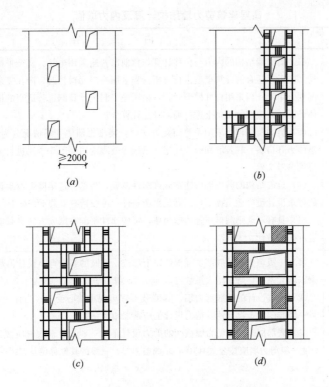

图 10-26 剪力墙洞口不对齐时的构造措施

（a）一般错洞墙；（b）底部局部错铜墙；（c）叠合错洞墙构造之一；

（d）叠合错洞墙构造之二

暗柱、扶壁柱纵向钢筋的构造配筋率　　表 10-55

序号	设计状况	抗震设计				非抗震设计
		一级	二级	三级	四级	
1	配筋率（%）	0.9	0.7	0.6	0.5	0.5

注：采用 400N/mm² 、335N/mm² 级钢筋时，表中数值宜分别增加 0.05 和 0.10。

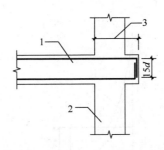

图 10-27 楼面梁伸出墙面形成梁头

1—楼面梁；2—剪力墙；3—楼面梁钢筋锚固水平投影长度

10.3.3 高层建筑剪力墙结构计算及内力取值

高层建筑剪力墙结构计算及内力取值如表 10-56 所示。

高层建筑剪力墙结构计算及内力取值　　　　　　　　　　　　　　　表 10-56

序号	项　目	内　　　　　容
1	剪力墙结构计算	（1）剪力墙结构的内力与位移计算，目前已普遍采用电算。复杂平面和立面的剪力墙结构，应采用适合的计算模型进行分析。当采用有限元模型时，应在复杂变化处合理地选择和划分单元；当采用杆件模型时，宜采用施工洞或计算洞进行适当的模型化处理后进行整体计算，并应在此基础上进行局部补充计算分析 （2）剪力墙结构当采用手算简化方法时，需根据墙体开洞情况分为实体墙、整截面墙、整体小开口墙、联肢墙和壁式框架，采用等效刚度协同工作方法进行分析。具体计算方法可见参考文献 （3）抗震结构的剪力墙中连梁允许塑性调幅，当部分连梁降低弯矩设计值后，其余部位的弯矩设计值应适当提高，以满足平衡条件；可按折减系数不宜小于 0.50 计算连梁刚度 （4）具有不规则洞口布置的错洞墙，可按弹性平面有限元方法进行应力分析，并按应力进行配筋设计
2	内力取值	（1）一级剪力墙的底部加强部位以上部位，墙肢的组合弯矩设计值和组合剪力设计值应乘以增大系数，弯矩增大系数可取为 1.2，剪力增大系数可取为 1.3（图 10-28） （2）抗震设计的双肢剪力墙，其墙肢不宜出现小偏心受拉；当任一墙肢为偏心受拉时，另一墙肢的弯矩设计值及剪力设计值应乘以增大系数 1.25 （3）底部加强部位剪力墙截面的剪力设计值，一、二、三级时应按公式（10-45）调整，9 度一级剪力墙应按公式（10-46）调整；二、三级的其他部位及四级时可不调整 $$V = \eta_{vw} V_w \qquad (10\text{-}45)$$ $$V = 1.1 \frac{M_{wua}}{M_w} V_w \qquad (10\text{-}46)$$ 式中　V——考虑地震作用组合的剪力墙墙肢底部加强部位截面的剪力设计值 　　　V_w——底部加强部位剪力墙截面考虑地震作用组合的剪力计算值 　　　η_{vw}——剪力增大系数，一级取 1.6，二级取 1.4，三级取 1.2 　　　M_{wua}——考虑承载力抗震调整系数 γ_{RE} 后的剪力墙墙肢正截面抗弯承载力，应按实际配筋面积、材料强度标准值和轴向力设计值确定，有翼墙时应考虑墙两侧各一倍翼墙厚度范围内的纵向钢筋 　　　M_w——考虑地震作用组合的剪力墙墙肢截面的弯矩设计值 （4）对于短肢剪力墙应符合表 10-54 序号 5 之（3）条的有关规定

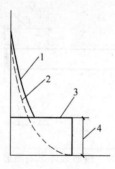

图 10-28　一级抗震等级设计的剪力墙各截面弯矩设计值

1—1.2 倍组合弯矩；2—组合弯矩图；3—底截面组合弯矩；4—底部加强部位及其上一层

图中虚线为计算的组合弯矩图，实线为应采用的弯矩设计值

10.3.4　高层建筑剪力墙的轴压比限值

高层建筑剪力墙的轴压比限值如表 10-57 所示。

高层建筑剪力墙的轴压比限值　　　　表 10-57

序号	项　目	内　容
1	墙轴压比限值	（1）重力荷载代表值作用下，一、二、三级剪力墙墙肢的轴压比不宜超过表 10-58 的限值 （2）在上述（1）条中，轴压比是影响剪力墙在地震作用下塑性变形能力的重要因素。清华大学及国内外研究单位的试验表明，相同条件的剪力墙，轴压比低的，其延性大，轴压比高的，其延性小；通过设置约束边缘构件，可以提高高轴压比剪力墙的塑性变形能力，但轴压比大于一定值后，即使设置约束边缘构件，在强震作用下，剪力墙仍可能因混凝土压溃而丧失承受重力荷载的能力。因此，规定了剪力墙的轴压比限值。将轴压比限值扩大到三级剪力墙；将轴压比限值扩大到结构全高，不仅仅是底部加强部位
2	短肢剪力墙轴压比	见本书表 10-54 序号 5 之（3）条的有关规定

剪力墙墙肢轴压比限值　　　　表 10-58

序号	抗震等级	一级（9 度）	一级（6、7、8 度）	二、三级
1	轴压比限值（N/f_cA）	0.4	0.5	0.6

注：1. 墙肢轴压比是指重力荷载代表值作用下墙肢承受的轴压力设计值与墙肢的全截面面积和混凝土轴心抗压强度设计值乘积之比值；
　　2. N 为重力荷载作用下剪力墙肢的轴力设计值；
　　3. A 为剪力墙墙肢截面面积；
　　4. f_c 为混凝土轴心抗压强度设计值。

10.3.5　高层建筑剪力墙的边缘构件设置

高层建筑剪力墙的边缘构件设置如表 10-59 所示。

高层建筑剪力墙的边缘构件设置　　　　表 10-59

序号	项　目	内　容
1	设置边缘构件应符合的规定	（1）剪力墙两端和洞口两侧应设置边缘构件，并应符合下列规定： 1）一、二、三级剪力墙底层墙肢底截面的轴压比大于表 10-60 的规定值时，以及部分框支剪力墙结构的剪力墙，应在底部加强部位及相邻的上一层设置约束边缘构件，约束边缘构件应符合本表序号 2 的规定 2）除上述 1）条所列部位外，剪力墙应按本表序号 3 设置构造边缘构件 3）B 级高度高层建筑的剪力墙，宜在约束边缘构件层与构造边缘构件层之间设置 1～2 层过渡层，过渡层边缘构件的箍筋配置要求可低于约束边缘构件的要求，但应高于构造边缘构件的要求 （2）在上述（1）条中，轴压比低的剪力墙，即使不设约束边缘构件，在水平力作用下也能有比较大的塑性变形能力。这里规定了可以不设约束边缘构件的剪力墙的最大轴压比。B 级高度的高层建筑，考虑到其高度比较高，为避免边缘构件配筋急剧减少的不利情况，规定了约束边缘构件与构造边缘构件之间设置过渡层的要求

序号	项　目	内　　容
2	约束边缘构件	(1) 剪力墙的约束边缘构件可为暗柱、端柱和翼墙（图 10-29），并应符合下列规定： 　1) 约束边缘构件沿墙肢的长度 l_c 和箍筋配箍特征值 λ_v 应符合表 10-61 的要求，其体积配箍率 ρ_v 应按下列公式计算： $$\rho_v = \lambda_v \frac{f_c}{f_{yv}} \qquad (10-47)$$ 式中　ρ_v——箍筋体积配箍率。可计入箍筋、拉筋以及符合构造要求的水平分布钢筋，计入的水平分布钢筋的体积配箍率不应大于总体积配箍率的 30% 　　　　λ_v——约束边缘构件配箍特征值 　　　　f_c——混凝土轴心抗压强度设计值；混凝土强度等级低于 C35 时，应取 C35 的混凝土轴心抗压强度设计值 　　　　f_{yv}——箍筋、拉筋或水平分布钢筋的抗拉强度设计值 　2) 剪力墙约束边缘构件阴影部分（图 10-29）的竖向钢筋除应满足正截面受压（受拉）承载力计算要求外，其配筋率一、二、三级时分别不应小于 1.2%、1.0% 和 1.0%，并分别不应少于 8ϕ16、6ϕ16 和 6ϕ14 的钢筋（ϕ 表示钢筋直径） 　3) 约束边缘构件内箍筋或拉筋沿竖向的间距，一级不宜大于 100mm，二、三级不宜大于 150mm；箍筋、拉筋沿水平方向的肢距不宜大于 300mm，不应大于竖向钢筋间距的 2 倍 　(2) 在上述 (1) 条中，对于轴压比大于表 10-60 规定的剪力墙，通过设置约束边缘构件，使其具有比较大的塑性变形能力 　截面受压区高度不仅与轴压力有关，而且与截面形状有关，在相同的轴压力作用下，带翼缘或带端柱的剪力墙，其受压区高度小于一字形截面剪力墙。因此，带翼缘或带端柱的剪力墙的约束边缘构件沿墙的长度，小于一字形截面剪力墙 　这里，增加了三级剪力墙约束边缘构件的要求；将轴压比分为两级，可计入符合规定条件的水平钢筋的约束作用；取消了计算配箍特征值时，箍筋（拉筋）抗拉强度设计值不大于 360N/mm² 的规定 　这里"符合构造要求的水平分布钢筋"，一般指水平分布钢筋伸入约束边缘构件，在墙端有 90°弯折后延伸到另一排分布钢筋并勾住其竖向钢筋，内、外排水平分布钢筋之间设置足够的拉筋、从而形成复合箍，可以起到有效约束混凝土的作用 　(3) 根据表 10-61，当 λ_v=0.12 时，应用公式（10-47）可求得约束边缘构件体积配箍率 ρ_{vmin}（%）如表 10-62 所示；当 λ_v=0.2 时，应用公式（10-47）可求得约束边缘构件体积配箍率 ρ_{vmin}（%）如表 10-63 所示
3	构造边缘构件	(1) 剪力墙构造边缘构件的范围宜按图 10-30 中阴影部分采用，其最小配筋应满足表 10-64 的规定，并应符合下列规定： 　1) 竖向配筋应满足正截面受压（受拉）承载力的要求 　2) 当端柱承受集中荷载时，其竖向钢筋、箍筋直径和间距应满足框架柱的相应要求 　3) 箍筋、拉筋沿水平方向的肢距不宜大于 300mm，不应大于竖向钢筋间距的 2 倍 　4) 抗震设计时，对于连体结构、错层结构以及 B 级高度高层建筑结构中的剪力墙（筒体），其构造边缘构件的最小配筋应符合下列要求： 　①竖向钢筋最小量应比表 10-64 中的数值提高 0.001A_c 采用 　②箍筋的配筋范围宜取图 10-30 中阴影部分，其配箍特征值 λ_v 不宜小于 0.1 　5) 非抗震设计的剪力墙，墙肢端都应配置不少于 4ϕ12 的纵向钢筋，箍筋直径不应小于 6mm、间距不宜大于 250mm 　(2) 剪力墙构造边缘构件中的纵向钢筋按承载力计算和构造要求二者中的较大值设置。设计时需注意计算边缘构件竖向最小配筋所用的面积 A_c 的取法和配筋范围。承受集中荷载的端柱还要符合框架柱的配筋要求。构造边缘构件中的纵向钢筋宜采用高强钢筋。构造边缘构件可配置箍筋与拉筋相结合的横向钢筋

剪力墙可不设约束边缘构件的最大轴压比 表 10-60

序号	等级或烈度	一级（9度）	一级（6、7、8度）	二、三级
1	轴压比	0.1	0.2	0.3

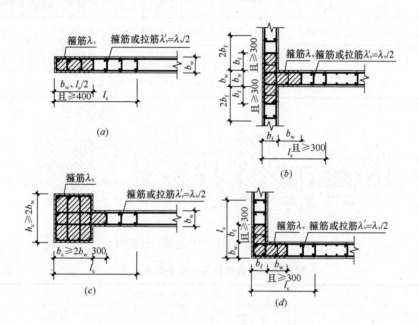

图 10-29　剪力墙的约束边缘构件

（a）暗柱；（b）有翼墙；（c）有端柱；（d）转角墙（L形墙）

约束边缘构件沿墙肢的长度 l_c 及其配箍特征值 λ_v 表 10-61

序号	项 目	一级（9度）		一级（6、7、8度）		二、三级	
		$\mu_N \leqslant 0.2$	$\mu_N > 0.2$	$\mu_N \leqslant 0.3$	$\mu_N > 0.3$	$\mu_N \leqslant 0.4$	$\mu_N > 0.4$
1	l_c（暗柱）	$0.20h_w$	$0.25h_w$	$0.15h_w$	$0.20h_w$	$0.15h_w$	$0.20h_w$
2	l_c（翼墙或端柱）	$0.15h_w$	$0.20h_w$	$0.10h_w$	$0.15h_w$	$0.10h_w$	$0.15h_w$
3	λ_v	0.12	0.20	0.12	0.20	0.12	0.20

注：1. μ_N 为墙肢在重力荷载代表值作用下的轴压比，h_w 为墙肢的长度；

2. 剪力墙的翼墙长度小于翼墙厚度的 3 倍或端柱截面边长小于 2 倍墙厚时，按无翼墙、无端柱查表；

3. l_c 为约束边缘构件沿墙肢的长度（图 10-29）。对暗柱不应小于墙厚和 400mm 的较大值；有翼墙或端柱时，不应小于翼墙厚度或端柱沿墙肢方向截面高度加 300mm。

约束边缘构件体积配箍率 ρ_{vmin}（%） $\lambda_v = 0.12$ 表 10-62

序号	箍筋及拉筋级别 f_{yv}（N/mm²）	≤C35	C40	C45	C50	C55	C60	C65	C70	C75	C80
1	270	0.742	0.849	0.938	1.027	1.124	1.222	1.320	1.413	1.502	1.596
2	300	0.668	0.764	0.844	0.924	1.012	1.100	1.188	1.272	1.352	1.436
3	360	0.557	0.637	0.703	0.770	0.843	0.917	0.990	1.060	1.127	1.197
4	435	0.461	0.527	0.582	0.637	0.698	0.759	0.819	0.877	0.932	0.990

约束边缘构件体积配箍率 ρ_{vmin} （%） $\lambda_v=0.20$ 表 10-63

序号	箍筋及拉筋级别 f_{yv} （N/mm²）	≤C35	C40	C45	C50	C55	C60	C65	C70	C75	C80
1	270	1.237	1.415	1.563	1.711	1.874	2.037	2.200	2.356	2.504	2.659
2	300	1.113	1.273	1.407	1.540	1.687	1.833	1.980	2.120	2.253	2.393
3	360	0.928	1.061	1.172	1.283	1.406	1.528	1.650	1.767	1.878	1.994
4	435	0.768	0.878	0.970	1.062	1.163	1.264	1.366	1.462	1.554	1.651

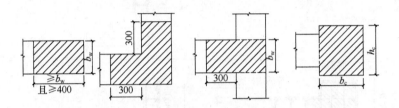

图 10-30 剪力墙的构造边缘构件范围

剪力墙构造边缘构件的最小配筋要求 表 10-64

序号	抗震等级	底部加强部位 竖向钢筋最小量（取较大值）	箍筋 最小直径（mm）	沿竖向最大间距（mm）
1	一	0.010A_c, 6ϕ16	8	100
2	二	0.008A_c, 6ϕ14	8	150
3	三	0.006A_c, 6ϕ12	6	150
4	四	0.005A_c, 4ϕ12	6	200

序号	抗震等级	其他部位 竖向钢筋最小量（取较大值）	拉筋 最小直径（mm）	沿竖向最大间距（mm）
1	一	0.008A_c, 6ϕ14	8	150
2	二	0.006A_c, 6ϕ12	8	200
3	三	0.005A_c, 4ϕ12	6	200
4	四	0.004A_c, 4ϕ12	6	250

注：1. A_c 为构造边缘构件的截面面积，即图 10-30 剪力墙截面的阴影部分；

2. 符号 ϕ 表示钢筋直径；

3. 其他部位的转角处宜采用箍筋。

10.3.6 高层建筑剪力墙截面厚度

高层建筑剪力墙截面厚度如表 10-65 所示。

高层建筑剪力墙截面厚度　　　　　　　　　　　　　　　　　**表 10-65**

序号	项　目	内　　　　　容
1	墙体稳定验算	(1) 剪力墙墙肢应满足下列公式的稳定要求： $$q \leqslant \frac{E_c t^3}{10 l_0^2} \qquad (10\text{-}48)$$ 式中　q——作用于墙顶组合的等效竖向均布荷载设计值 　　　　E_c——剪力墙混凝土的弹性模量 　　　　t——剪力墙墙肢截面厚度 　　　　l_0——剪力墙墙肢计算长度，应按本表下述（2）条确定 (2) 剪力墙墙肢计算长度应按下列公式计算： $$l_0 = \beta h \qquad (10\text{-}49)$$ 式中　β——墙肢计算长度系数，应按本表下述（3）条确定 　　　　h——墙肢所在楼层的层高 (3) 墙肢计算长度系数 β 应根据墙肢的支承条件按下列规定采用： 1) 单片独立墙肢按两边支承板计算，取 β 等于 1.0 2) T 形、L 形、槽形和工字形剪力墙的翼缘（图 10-31），采用三边支承板按公式（10-50）计算；当 β 计算值小于 0.25 时，取 0.25 $$\beta = \frac{1}{\sqrt{1 + \left(\dfrac{h}{2 b_f}\right)^2}} \qquad (10\text{-}50)$$ 式中　b_f——T 形、L 形、槽形、工字形剪力墙的单侧翼缘截面高度，取图 10-31 中各 b_{fi} 的较大值或最大值 3) T 形剪力墙的腹板（图 10-31）也按三边支承板计算，但应将公式（10-50）中的 b_f 代以 b_w 4) 槽形和工字形剪力墙的腹板（图 10-31），采用四边支承板按公式（10-51）计算；当 β 计算值小于 0.2 时，取 0.2 $$\beta = \frac{1}{\sqrt{1 + \left(\dfrac{3h}{2 b_w}\right)^2}} \qquad (10\text{-}51)$$ 式中　b_w——槽形、工字形剪力墙的腹板截面高度 (4) 当 T 形、L 形、槽形、工字形剪力墙的翼缘截面高度或 T 形、L 形剪力墙的腹板截面高度与翼缘截面厚度之和小于截面厚度的 2 倍和 800mm 时，尚宜按下列公式验算剪力墙的整体稳定： $$N \leqslant \frac{1.2 E_c I}{h^2} \qquad (10\text{-}52)$$ 式中　N——作用于墙顶组合的竖向荷载设计值 　　　　I——剪力墙整体截面的惯性矩，取两个方向的较小值
2	剪力墙的厚度	(1) 一、二级剪力墙：底部加强部位不应小于 200mm，其他部位不应小于 160mm；一字形独立剪力墙底部加强部位不应小于 220mm，其他部位不应小于 180mm (2) 三、四级剪力墙：不应小于 160mm，一字形独立剪力墙的底部加强部位尚不应小于 180mm (3) 非抗震设计时不应小于 160mm (4) 剪力墙井筒中，分隔电梯井或管道井的墙肢截面厚度可适当减小，但不宜小于 160mm

序号	项　目	内　　容
3	其他	设计人员可利用计算机软件进行墙体稳定验算，可按设计经验、轴压比限值及本表序号 2 之（1）、（2）、（3）条初步选定剪力墙的厚度，也可按有关规定进行初选：一、二级剪力墙底部加强部位可选层高或无支长度（图 10-32）二者较小值的 1/16，其他部位为层高或剪力墙无支长度二者较小值的 1/20；三、四级剪力墙底部加强部位可选层高或无支长度二者较小值的 1/20，其他部位为层高或剪力墙无支长度二者较小值的 1/25 一般剪力墙井筒内分隔空间的墙，不仅数量多，而且无支长度不大，为了减轻结构自重，可按本表序号 2 之（4）条规定其墙厚可适当减小

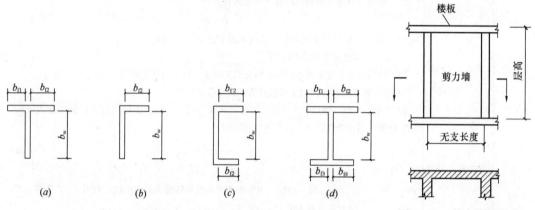

图 10-31　剪力墙腹板与单侧翼缘截面高度示意
（a）T 形；（b）L 形；（c）槽形；（d）工字形

图 10-32　剪力墙的层高
与无支长度示意

10.3.7　高层建筑剪力墙的配筋要求

高层建筑剪力墙的配筋要求如表 10-66 所示。

高层建筑剪力墙的配筋要求　　　　　　　表 10-66

序号	项　目	内　　容
1	配筋率	（1）剪力墙竖向和水平分布钢筋的配筋率，一、二、三级时均不应小于 0.25%，四级和非抗震设计时均不应小于 0.20% （2）短肢剪力墙的配筋率见本书表 10-54 序号 5 之（3）条的有关规定 （3）房屋顶层剪力墙、长矩形平面房屋的楼梯间和电梯间剪力墙、端开间纵向剪力墙以及端山墙的水平和竖向分布钢筋的配筋率均不应小于 0.25%，间距均不应大于 200mm
2	钢筋配置	（1）剪力墙的竖向和水平分布钢筋的间距均不宜大于 300mm，直径不应小于 8mm。剪力墙的竖向和水平分布钢筋的直径不宜大于墙厚的 1/10 （2）高层剪力墙结构的竖向和水平分布钢筋不应单排配置。剪力墙截面厚度不大于 400mm 时，可采用双排配筋；大于 400mm、但不大于 700mm 时，宜采用三排配筋；大于 700mm 时，宜采用四排配筋。各排分布钢筋之间拉筋的间距不应大于 600mm，直径不应小于 6mm，如图 8-12 及图 8-18 所示 （3）剪力墙的钢筋锚固和连接应符合下列规定： 　1）非抗震设计时，剪力墙纵向钢筋最小锚固长度应取 l_a；抗震设计时，剪力墙纵向钢筋最小锚固长度应取 l_{aE}。l_a、l_{aE} 的取值应符合本书表 10-52 的有关规定

续表 10-66

序号	项　目	内　　　　容
2	钢筋配置	2）剪力墙水平分布钢筋的搭接、锚固及连接如图 10-33 所示 非抗震设计的剪力墙竖向分布钢筋可在同一截面搭接，搭接长度不应小于 $1.2l_a$，且不应小于 300mm。同排水平分布钢筋的搭接接头之间以及上、下相邻水平分布钢筋的搭接接头之间，沿水平方向的净间距不宜小于 500mm。当分布钢筋直径大于 25mm 时，不宜采用搭接接头 抗震设计剪力墙的竖向分布钢筋连接构造应按抗震等级区别对待，钢筋连接要求如图 10-34 所示 3）楼板与剪力墙的连接部位宜按图 10-35 设置构造配筋，现浇钢筋混凝土楼板锚入剪力墙的配筋构造应符合本书第 2 章的有关要求 4）暗柱及端柱内纵向钢筋连接和锚固要求宜与框架柱相同，宜符合本书表 10-52 的有关规定
3	计算用表	剪力墙水平和竖向分布钢筋最小配筋率及不同墙厚时的最少配筋如表 10-67 所示。实际工程设计中水平和竖向分布筋的间距一般不宜大于 200mm，表 10-67 可供工程设计时及施工图审查时参考

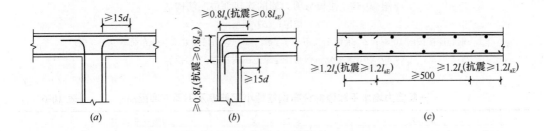

图 10-33　剪力墙水平分布钢筋的连接构造

（a）丁字节点；（b）转角节点；（c）墙体水平钢筋连接（沿高度每隔一根错开搭接）

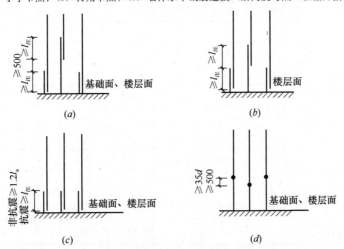

图 10-34　剪力墙竖向分布钢筋的连接构造

（a）一、二级抗震等级底部加强部位纵向钢筋直径≤25 时，钢筋搭接构造；（b）一、二、三级抗震搭接非加强部位纵向钢筋直径≤25 时，钢筋搭接构造；（c）非抗震及四级抗震等级纵向钢筋直径≤25 时，钢筋搭接构造；（d）纵向钢筋直径＞25 时，宜采用机械连接、焊接

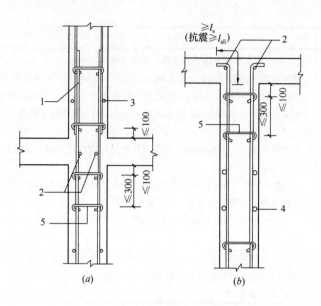

图 10-35　楼板与剪力墙的连接部位配筋构造

(a) 楼层；(b) 顶层

1—钢筋连接按图 10-34；2—沿墙全长不小于 2ϕ12；3—竖筋搭接处水平分布筋不少于 3 根；

4—墙体水平分布钢筋在连梁范围内贯通；5—拉筋

一般剪力墙水平和竖向分布钢筋最小配筋率及不同墙厚配筋　　　　表 10-67

序号	抗震等级		一、二、三级			四级和非抗震			配筋方式
	最小配筋率%		0.25			0.20			
	配筋用量		A_s	d	s	A_s	d	s	
1		160	400	8	250	320	8	300	
2		180	450	8	220	360	8	280	
3		200	500	8	200	400	8	250	
4	剪力墙厚度	220	550	8	180	440	8	220	双排配筋
5	(b_w)（mm）	250	625	8	160	500	8	200	
6		300	750	8	130	600	8	160	
7		350	875	8	110	700	8	140	
8		400	1000	8	100	800	8	120	
9		450	1125	10	200	900	10	260	
10		500	1250	10	180	1000	10	230	
11	剪力墙厚度	550	1375	10	170	1100	10	210	三排配筋
12	(b_w)（mm）	600	1500	10	150	1200	10	190	
13		650	1625	10	140	1300	10	180	
14		700	1750	10	130	1400	10	160	

序号	抗震等级		一、二、三级			四级和非抗震			配筋方式
	最小配筋率%		0.25			0.20			
	配筋用量		A_s	d	s	A_s	d	s	
15	剪力墙厚度 (b_w)(mm)	750	1875	12	230	1500	12	300	四排配筋
16		800	2000	12	220	1600	12	280	
17		900	2250	12	200	1800	12	250	
18		1000	2500	12	180	2000	12	220	

注：1. 表中 A_s 为钢筋总用量（mm^2），d 为钢筋直径（mm），s 为钢筋间距（mm）；

　　2. 与本书表 18-9 配合应用。

10.3.8　高层建筑剪力墙连梁截面设计

高层建筑剪力墙连梁截面设计如表 10-68 所示。

高层建筑剪力墙连梁截面设计　　　　　　　　　　　　表 10-68

序号	项　目	内　　　　容
1	连梁剪力设计值确定	连梁两端截面的剪力设计值 V 应按下列规定确定： （1）非抗震设计以及四级剪力墙的连梁，应分别取考虑水平风荷载、水平地震作用组合的剪力设计值 （2）一、二、三级剪力墙的连梁，其梁端截面组合的剪力设计值应按公式（10-53）确定，9 度时一级剪力墙的连梁应按公式（10-54）确定 $$V = \eta_{vb} \frac{M_b^l + M_b^r}{l_n} + V_{Gb} \quad (10\text{-}53)$$ $$V = 1.1 \frac{M_{bua}^l + M_{bua}^r}{l_n} + V_{Gb} \quad (10\text{-}54)$$ 式中　M_b^l、M_b^r ——分别为连梁左右端截面顺时针或逆时针方向的弯矩设计值 　　　M_{bua}^l、M_{bua}^r ——分别为连梁左右端截面顺时针或逆时针方向实配的抗震受弯承载力所对应的弯矩值，应按实配钢筋面积（计入受压钢筋）和材料强度标准值并考虑承载力抗震调整系数计算； 　　　l_n ——连梁的净跨 　　　V_{Gb} ——在重力荷载代表值作用下按简支梁计算的梁端截面剪力设计值 　　　η_{vb} ——连梁剪力增大系数，一级取 1.3，二级取 1.2，三级取 1.1
2	连梁剪力设计值应符合的规定	（1）连梁截面剪力设计值应符合下列规定： 1）永久、短暂设计状况 $$V \leqslant 0.25\beta_c f_c b_b h_{b0} \quad (10\text{-}55)$$ 2）地震设计状况 跨高比大于 2.5 的连梁 $$V \leqslant \frac{1}{\gamma_{RE}}(0.20\beta_c f_c b_b h_{b0}) \quad (10\text{-}56)$$ 跨高比不大于 2.5 的连梁 $$V \leqslant \frac{1}{\gamma_{RE}}(0.15\beta_c f_c b_b h_{b0}) \quad (10\text{-}57)$$

序号	项　目	内　　容
2	连梁剪力设计值应符合的规定	式中　V——按本表序号 1 调整后的连梁截面剪力设计值 　　　　b_b——连梁截面宽度 　　　　h_{b0}——连梁截面有效高度 　　　　β_c——混凝土强度影响系数：当混凝土强度等级不超过 C50 时，取 $\beta_c=1$；当混凝土强度等级为 C80 时，取 $\beta_c=0.8$，其间按线性内插法取用 　（2）剪力墙的连梁不满足上述（1）条的要求时，可采取下列措施： 　1）减小连梁截面高度或采取其他减小连梁刚度的措施 　2）抗震设计剪力墙连梁的弯矩可塑性调幅；内力计算时已经按本书表 10-3 序号 1 之（2）的 1）的规定降低了刚度的连梁，其弯矩值不宜再调幅，或限制再调幅范围。此时，应取弯矩调幅后相应的剪力设计值校核其是否满足上述（1）条的规定；剪力墙中其他连梁和墙肢的弯矩设计值宜视调幅连梁数量的多少而相应适当增大 　3）当连梁破坏对承受竖向荷载无明显影响时，可按独立墙肢的计算简图进行第二次多遇地震作用下的内力分析，墙肢截面应按两次计算的较大值计算配筋
3	连梁斜截面受剪承载力应符合的规定	连梁的斜截面受剪承载力应符合下列规定： （1）永久、短暂设计状况 $$V \leqslant 0.7 f_t b_b h_{b0} + f_{yv} \frac{A_{sv}}{s} h_{b0} \qquad (10\text{-}58)$$ （2）地震设计状况 跨高比大于 2.5 的连梁 $$V \leqslant \frac{1}{\gamma_{RE}} \left(0.42 f_t b_b h_{b0} + f_{yv} \frac{A_{sv}}{s} h_{b0} \right) \qquad (10\text{-}59)$$ 跨高比不大于 2.5 的连梁 $$V \leqslant \frac{1}{\gamma_{RE}} \left(0.38 f_t b_b h_{b0} + 0.9 f_{yv} \frac{A_{sv}}{s} h_{b0} \right) \qquad (10\text{-}60)$$ 式中　V——按本表序号 1 调整后的连梁截面剪力设计值

10.3.9　高层建筑剪力墙连梁配筋设置

高层建筑剪力墙连梁配筋设置如表 10-69 所示。

高层建筑剪力墙连梁配筋设置　　　　　　　　　　　　　　表 10-69

序号	项　目	内　　容
1	配筋率	（1）跨高比（l/h_b）不大于 1.5 的连梁，非抗震设计时，其纵向钢筋的最小配筋率可取为 0.2%；抗震设计时，其纵向钢筋的最小配筋率宜符合表 10-70 的要求；跨高比大于 1.5 的连梁，其纵向钢筋的最小配筋率可按框架梁的要求采用 （2）剪力墙结构连梁中，非抗震设计时，顶面及底面单侧纵向钢筋的最大配筋率不宜大于 2.5%；抗震设计时，顶面及底面单侧纵向钢筋的最大配筋率宜符合表 10-71 的要求。如不满足，则应按实配钢筋进行连梁强剪弱弯的验算

序号	项　目	内　　　容
2	配筋构造	连梁的配筋构造（图 10-36）应符合下列规定： （1）连梁顶面、底面纵向水平钢筋伸入墙肢的长度，抗震设计时不应小于 l_{aE}，非抗震设计时不应小于 l_a，且均不应小于 600mm （2）抗震设计时，沿连梁全长箍筋的构造应符合本书表 10-49 框架梁梁端箍筋加密区的箍筋构造要求；非抗震设计时，沿连梁全长的箍筋直径不应小于 6mm，间距不应大于 150mm （3）顶层连梁纵向水平钢筋伸入墙肢的长度范围内应配置箍筋，箍筋间距不宜大于 150m，直径应与该连梁的箍筋直径相同 （4）连梁高度范围内的墙肢水平分布钢筋应在连梁内拉通作为连梁的腰筋。连梁截面高度大于 700mm 时，其两侧面腰筋的直径不应小于 8mm，间距不应大于 200mm；跨高比不大于 2.5 的连梁，其两侧腰筋的总面积配筋率不应小于 0.3%
3	连梁开洞	剪力墙开小洞口和连梁开洞应符合下列规定： （1）剪力墙开有边长小于 800mm 的小洞口且在结构整体计算中不考虑其影响时，应在洞口上、下和左、右配置补强钢筋，补强钢筋的直径不应小于 12mm，截面面积应分别不小于被截断的水平分布钢筋和竖向分布钢筋的面积（图 10-37（a）） （2）穿过连梁的管道宜预埋套管，洞口上、下的截面有效高度不宜小于梁高的 1/3，且不宜小于 200mm；被洞口削弱的截面应进行承载力验算，洞口处应配置补强纵向钢筋和箍筋（图 10-37（b）），补强纵向钢筋的直径不应小于 12mm

跨高比不大于 1.5 的连梁纵向钢筋的最小配筋率（%）　　　　表 10-70

序号	跨　高　比	最小配筋率（采用较大值）
1	$l/h_b \leqslant 0.5$	0.20，$0.45 f_t / f_y$
2	$0.5 < l/h_b \leqslant 1.5$	0.25，$55 f_t / f_y$

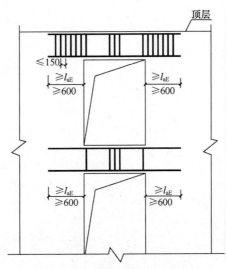

图 10-36　连梁配筋构造示意

注：非抗震设计时图中 l_{aE} 取 l_a

连梁纵向钢筋的最大配筋率（％） 表 10-71

序号	跨高比	最大配筋率
1	$l/h_b \leqslant 1.0$	0.6
2	$1.0 < l/h_b \leqslant 2.0$	1.2
3	$2.0 < l/h_b \leqslant 2.5$	1.5

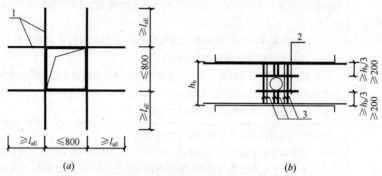

图 10-37　洞口补强配筋示意

（a）剪力墙洞口；（b）连梁洞口

1—墙洞口周边补强钢筋；2—连梁洞口上、下补强纵向箍筋；

3—连梁洞口补强箍筋，非抗震设计时图中 l_{aE} 取 l_a

第 11 章

地下工程防水构造与做法

11.1 地下工程防水构造规定

11.1.1 总则与有关规定

地下建筑防水构造与做法的术语与分类如表 11-1 所示。

地下工程防水总则与有关规定   表 11-1

序号	项 目	内 容
1	地下工程防水总则	(1) 地下工程由于深埋在地下, 时刻受地下水的渗透作用, 如防水问题处理不好, 致使地下水渗漏到工程内部, 将会带来一系列问题: 影响人员在工程内正常的工作和生活; 使工程内部装修和设备加快锈蚀。使用机械排除工程内部渗漏水, 需要耗费大量能源和经费, 而且大量的排水还可能引起地面和地面建筑物不均匀沉降和破坏等。另外, 据有关资料记载, 美国有 20% 左右的地下室存在氡污染, 而氡是通过地下水渗漏渗入到工程内部聚积在内表面的。我国地下工程内部氡污染的情况如何, 尚未见到相关报道, 但如地下工程存在渗漏水则会使氡污染的可能性增加 为适应我国地下工程建设的需要, 使新建、续建、改建的地下工程能合理正常地使用, 充分发挥其经济效益、社会效益、战备效益, 因此为使地下工程防水的设计和施工符合确保质量、技术先进、经济合理、安全适用的要求, 特编写本章内容, 供工程中应用 (2) 本章内容适用于普遍性的、带有共性要求的新建、改建和续建的地下工程防水, 包括: 1) 工业与民用建筑地下工程, 如医院、旅馆、商场、影剧院、洞库、电站、生产车间等 2) 市政地下工程, 如城市共用沟、城市公路隧道、人行过街道、水工涵管等 3) 地下铁道, 如城市地铁区间隧道、地下铁道车站等 4) 防护工程, 为战时防护要求而修建的国防和人防工程, 如指挥工程、人员掩蔽工程、疏散通道等 5) 铁路、公路隧道、山岭及水底隧道等 (3) 地下工程防水的设计和施工应遵循 "防、排、截、堵相结合, 刚柔相济, 因地制宜, 综合治理" 的原则 (4) 地下工程防水的设计和施工应符合环境保护的要求, 并应采取相应措施 (5) 地下工程的防水, 应积极采用经过试验、检测和鉴定并经实践检验质量可靠的新材料、新技术、新工艺 (6) 地下工程防水的设计和施工, 除应符合本章内容外, 尚应符合国家其他现行有关标准的规定

序号	项　目	内　容
2	有关规定	(1) 一般规定 1) 地下工程必须进行防水设计，防水设计应定级准确、方案可靠、施工简便、经济合理 2) 地下工程防水方案应根据工程规划、结构设计、材料选择、结构耐久性和施工工艺等确定 3) 地下工程的防水设计，应考虑地表水、地下水、毛细管水等的作用，以及由于人为因素引起的附近水文地质改变的影响确定。单建式的地下工程，应采用全封闭、部分封闭的防排水设计；附建式的全地下或半地下工程的防水设防高度，应高出室外地坪高程 500mm 以上 4) 地下工程迎水面主体结构应采用防水混凝土，并应根据防水等级的要求采取其他防水措施 5) 地下工程的变形缝（诱导缝）施工缝、后浇带、穿墙管（盒）、预埋件、预留通道接头、桩头等细部构造，应加强防水措施 6) 地下工程的排水管沟、地漏、出入口、窗井、风井等，应采取防倒灌措施；寒冷及严寒地区的排水沟应采取防冻措施 7) 地下工程的防水设计，应根据工程的特点和需要搜集下列资料： ①最高地下水位的高程、出现的年代，近几年的实际水位高程和随季节变化情况 ②地下水类型、补给来源、水质、流量、流向、压力 ③工程地质构造，包括岩层走向、倾角、节理及裂隙，含水地层的特性、分布情况和渗透系数，溶洞及陷穴，填土区、湿陷性土和膨胀土层等情况 ④历年气温变化情况、降水量、地层冻结深度 ⑤区域地形、地貌、天然水流、水库、废弃坑井以及地表水、洪水和给水排水系统资料 ⑥工程所在区域的地震烈度、地热，含瓦斯等有害物质的资料 ⑦施工技术水平和材料来源。 8) 工程防水设计，应包括下列内容： ①防水等级和设防要求 ②防水混凝土的抗渗等级和其他技术指标，质量保证措施 ③其他防水层选用的材料及其技术指标，质量保证措施 ④工程细部构造的防水措施，选用的材料及其技术指标，质量保证措施 ⑤工程的防排水系统，地面挡水、截水系统及工程各种洞口的防倒灌措施 (2) 其他要求 1) 地下工程与城市给、排水管道的水平距离宜大于 2.5m，当不能满足时，地下工程应采取有效的防水措施 2) 地下工程在施工期间对工程周围的地表水，应采取截水、排水、挡水和防洪措施 3) 地下工程雨季进行防水混凝土和其他防水层施工时，应采取防雨措施 4) 明挖法地下工程的结构自重应大于静水压力造成的浮力，在自重不足时应采取锚桩或其他抗浮措施 5) 明挖法地下工程防水施工时，应符合下列规定： ①地下水位应降至工程底部最低高程 500mm 以下，降水作业应持续至回填完毕 ②工程底板范围内的集水井，在施工排水结束后应采用微膨胀混凝土填筑密实 ③工程顶板、侧墙留设大型孔洞时，应采取临时封闭、遮盖措施 6) 明挖法地下工程的混凝土和防水层的保护层验收合格后，应及时回填，并应符合下列规定： ①基坑内杂物应清理干净、无积水

序号	项 目	内 容
2	有关规定	②工程周围 800mm 以内宜采用灰土、黏土或亚黏土回填，其中不得含有石块、碎砖、灰渣、有机杂物以及冻土 ③回填施工应均匀对称进行，并应分层夯实。人工夯实每层厚度不应大于 250mm，机械夯实每层厚度不应大于 300mm，并应采取保护措施；工程顶部回填土厚度超过 500mm 时，可采用机械回填碾压 7）地下工程上的地面建筑物周围应做散水，宽度不宜小于 800mm，散水坡度宜为 5% 8）地下工程建成后，其地面应进行整修，地质勘察和施工留下的探坑等应回填密实，不得积水。工程顶部不宜设置蓄水池或修建水渠 （3）安全与环境保护 1）防水工程中不得采用现行国家标准《职业性接触毒物危害程度分级》GB 5044—8 中划分为Ⅲ级（中度危害）和Ⅲ级以上毒物的材料 2）当配制和使用有毒材料时，现场必须采取通风措施，操作人员必须穿防护服、戴口罩、手套和防护眼镜，严禁毒性材料与皮肤接触和入口 3）有毒材料和挥发性材料应密封贮存，妥善保管和处理，不得随意倾倒 4）使用易燃材料时，应严禁烟火 5）使用有毒材料时，作业人员应按规定享受劳保福利和营养补助，并应定期检查身体

11.1.2 防水等级与防水设防要求

地下工程防水等级与防水设防要求如表 11-2 所示

地下工程防水等级与防水设防要求　　　　　　　　　　**表 11-2**

序号	项 目	内 容
1	防水等级	（1）地下工程的防水等级应分为四级，各等级防水标准应符合表 11-3 的规定 （2）地下工程不同防水等级的适用范围，应根据工程的重要性和使用中对防水的要求按表 11-4 选定 在进行防水设计时，可根据表 11-3 与表 11-4 中规定的适用范围，结合工程的实际情况合理确定工程的防水等级。如办公用房属人员长期停留场所，档案库、文物库属少量湿迹会使物品变质、失效的贮物场所，配电间、地下铁道车站顶部属少量湿迹会严重影响设备正常运转和危及工程安全运营的场所或部位，指挥工程属极重要的战备工程，故都应定为一级；而一般生产车间属人员经常活动的场所，地下车库属有少量湿迹不会使物品变质、失效的场所，电气化隧道、地铁隧道、城市公路隧道、公路隧道侧墙属有少量湿迹基本不影响设备正常运转和工程安全运营的场所或部位，人员掩蔽工程属重要的战备工程，故应定为二级；城市地下公共管线沟属人员临时活动场所，战备交通隧道和疏散干道属一般战备工程，可定为三级。对于一个工程（特别是大型工程），因工程内部各部分的用途不同，其防水等级可以有所差别，设计时可根据表中适用范围的原则分别予以确定。但设计时要防止防水等级低的部位的渗漏水影响防水等级高的部位的情况
2	防水设防要求	（1）地下工程的防水设防要求，应根据使用功能、使用年限、水文地质、结构形式、环境条件、施工方法及材料性能等因素确定 1）明挖法地下工程的防水设防要求应按表 11-5 选用 2）暗挖法地下工程的防水设防要求应按表 11-6 选用 地下工程的防水可分为两部分，一是结构主体防水，二是细部构造特别是施工缝、变形

续表 11-2

序号	项　目	内　　容
2	防水设防要求	缝、诱导缝、后浇带的防水。目前结构主体采用防水混凝土结构自防水其防水效果尚好，而细部构造，特别是施工缝、变形缝的渗漏水现象较多。针对目前存在的这种情况，明挖法施工时不同防水等级的地下工程防水方案分为四部分内容，即主体、施工缝、后浇带、变形缝（诱导缝）。对于结构主体，目前普遍应用的是防水混凝土自防水结构，当工程的防水等级为一级时，应再增设两道其他防水层，当工程的防水等级为二级时，可视工程所处的水文地质条件、环境条件、工程设计使用年限等不同情况，应再增设一道其他防水层。之所以做这样的规定，除了确保工程的防水要求外，还考虑到下面的因素：即混凝土材料过去人们一直认为是永久性材料，但通过长期实践，人们逐渐认识到混凝土在地下工程中会受地下水侵蚀，其耐久性会受到影响。现在我国地下水特别是浅层地下水受污染比较严重，而防水混凝土又不是绝对不透水的材料，据测定抗渗等级为 P8 的防水混凝土的渗透系数为 $(5\sim8)\times10^{-10}$ cm/s。所以地下水对地下工程的混凝土结构、钢筋的侵蚀破坏已是一个不容忽视的问题。防水等级为一、二级的工程，多是一些比较重要、投资较大、要求使用年限长的工程，为确保这些工程的使用寿命，单靠防水混凝土来抵抗地下水的侵蚀其效果是有限的，而防水混凝土和其他防水层结合使用则可较好地解决这一矛盾。对于施工缝、后浇带、变形缝，应根据不同防水等级选用不同的防水措施，防水等级越高，拟采用的措施越多，一方面是为了解决目前缝隙渗漏率高的状况，另一方面是由于缝的工程量相对于结构主体来说要小得多，采用多种措施也能做到精心施工，容易保证工程质量。暗挖法与明挖法不同处是工程内垂直施工缝多，其防水做法与水平施工缝有所区别 （2）处于侵蚀性介质中的工程，应采用耐侵蚀的防水混凝土、防水砂浆、防水卷材或防水涂料等防水材料 （3）处于冻融侵蚀环境中的地下工程，其混凝土抗冻融循环不得少于 300 次 （4）结构刚度较差或受振动作用的工程，宜采用延伸率较大的卷材、涂料等柔性防水材料

地下工程防水标准

表 11-3

序号	防水等级	防　水　标　准
1	一级	不允许渗水，结构表面无湿渍
2	二级	不允许漏水，结构表面可有少量湿渍 　工业与民用建筑：总湿渍面积不应大于总防水面积（包括顶板、墙面、地面）的 1/1000；任意 100m² 防水面积上的湿渍不超过 2 处，单个湿渍的最大面积不大于 0.1m² 　其他地下工程：总湿渍面积不应大于总防水面积的 2/1000；任意 100m² 防水面积上的湿渍不超过 3 处，单个湿渍的最大面积不大于 0.2m²；其中，隧道工程还要求平均渗水量不大于 0.05L/(m²·d)，任意 100m² 防水面积上的渗水量不大于 0.15L/(m²·d)
3	三级	有少量漏水点，不得有线流和漏泥砂 　任意 100m² 防水面积上的漏水或湿渍点数不超过 7 处，单个漏水点的最大漏水量不大于 2.5L/d，单个湿渍的最大面积不大于 0.3m²
4	四级	有漏水点，不得有线流和漏泥砂 　整个工程平均漏水量不大于 2L/(m²·d)；任意 100m² 防水面积上的平均漏水量不大于 4L/(m²·d)

不同防水等级的适用范围　　　　　　　　　　表 11-4

序号	防水等级	适 用 范 围
1	一级	人员长期停留的场所；因有少量湿渍会使物品变质、失效的贮物场所及严重影响设备正常运转和危及工程安全运营的部位；极重要的战备工程、地铁车站
2	二级	人员经常活动的场所；在有少量湿渍的情况下不会使物品变质、失效的贮物场所及基本不影响设备正常运转和工程安全运营的部位；重要的战备工程
3	三级	人员临时活动的场所；一般战备工程
4	四级	对渗漏水无严格要求的工程

明挖法地下工程防水设防要求　　　　　　　　　　表 11-5

序号	工程部位	主体结构							施工缝							后浇带					变形缝（诱导缝）					
		防水混凝土	防水卷材	防水涂料	塑料防水板	膨润土防水材料	防水砂浆	金属防水板	遇水膨胀止水条（胶）	外贴式止水带	中埋式止水带	外抹防水砂浆	外涂防水涂料	水泥基渗透结晶型防水涂料	预埋注浆管	补偿收缩混凝土	外贴式止水带	预埋注浆管	遇水膨胀止水条（胶）	防水密封材料	中埋式止水带	外贴式止水带	可卸式止水带	防水密封材料	外贴防水卷材	外涂防水涂料
1	防水措施																									
2	防水等级 一级	应选	应选一至二种						应选二种						应选	应选	应选二种			应选	应选一至二种					
3	防水等级 二级	应选	应选一种						应选一至二种						应选	应选	应选一至二种			应选	应选一至二种					
4	防水等级 三级	应选	宜选一种						宜选一至二种						应选	宜选	宜选一至二种			应选	宜选一至二种					
5	防水等级 四级	宜选	—						宜选一种						应选	宜选	宜选一种			应选	宜选一种					

暗挖法地下工程防水设防要求　　　　　　　　　　表 11-6

序号	工程部位	衬砌结构						内衬砌施工缝						内衬砌变形缝（诱导缝）				
		防水混凝土	塑料防水板	防水砂浆	防水涂料	防水卷材	金属防水层	外贴式止水带	预埋注浆管	遇水膨胀止水条（胶）	防水密封材料	中埋式止水带	水泥基渗透结晶型防水涂料	中埋式止水带	外贴式止水带	可卸式止水带	防水密封材料	遇水膨胀止水条（胶）
1	防水措施																	
2	防水等级 一级	必选	应选一至二种					应选一至二种					应选	应选	应选一至二种			
3	防水等级 二级	应选	应选一种					应选一种					应选	应选	应选一种			
4	防水等级 三级	宜选	宜选一种					宜选一种					应选	应选	宜选一种			
5	防水等级 四级	宜选	宜选一种					宜选一种					应选	应选	宜选一种			

11.2 地下工程混凝土结构主体防水要求

11.2.1 防水混凝土

防水混凝土要求如表 11-7 所示。

防水混凝土 表 11-7

序号	项 目	内 容
1	一般规定	(1) 防水混凝土可通过调整配合比，或掺加外加剂、掺合料等措施配制而成，其抗渗等级不得小于 P6。 (2) 防水混凝土的施工配合比应通过试验确定，试配混凝土的抗渗等级应比设计要求提高 0.2N/mm² (3) 防水混凝土应满足抗渗等级要求，并应根据地下工程所处的环境和工作条件，满足抗压、抗冻和抗侵蚀性等耐久性要求
2	设计要求	(1) 防水混凝土的设计抗渗等级，应符合本书表 7-15 的规定 (2) 防水混凝土的环境温度不得高于 80℃；处于侵蚀性介质中防水混凝土的耐侵蚀要求应根据介质的性质按有关标准执行 (3) 防水混凝土结构底板的混凝土垫层，强度等级不应小于 C15，厚度不应小于 100mm，在软弱土层中不应小于 150mm (4) 防水混凝土结构，应符合下列规定： 1) 结构厚度不应小于 250mm 2) 裂缝宽度不得大于 0.2mm，并不得贯通 3) 钢筋保护层厚度应根据结构的耐久性和工程环境选用，迎水面钢筋保护层厚度不应小于 50mm
3	材料标准	(1) 用于防水混凝土的水泥应符合下列规定： 1) 水泥品种宜采用硅酸盐水泥、普通硅酸盐水泥，采用其他品种水泥时应经试验确定 2) 在受侵蚀性介质作用时，应按介质的性质选用相应的水泥品种 3) 不得使用过期或受潮结块的水泥，并不得将不同品种或强度等级的水泥混合使用 (2) 防水混凝土选用矿物掺合料时，应符合下列规定： 1) 粉煤灰的品质应符合现行国家标准《用于水泥和混凝土中的粉煤灰》GB 1596 的有关规定，粉煤灰的级别不应低于 Ⅱ 级，烧失量不应大于 5%，用量宜为胶凝材料总量的 20%～30%，当水胶比小于 0.45 时，粉煤灰用量可适当提高 2) 硅粉的品质应符合表 11-8 的要求，用量宜为胶凝材料总量的 2%～5% 3) 粒化高炉矿渣粉的品质要求应符合现行国家标准《用于水泥和混凝土中的粒化高炉矿渣粉》GB/T 18046 的有关规定 4) 使用复合掺合料时，其品种和用量应通过试验确定 (3) 用于防水混凝土的砂、石，应符合下列规定： 1) 宜选用坚固耐久、粒形良好的洁净石子；最大粒径不宜大于 40mm，泵送时其最大粒径不应大于输送管径的 1/4；吸水率不应大于 1.5%；不得使用碱活性骨料；石子的质量要求应符合国家现行标准《普通混凝土用碎石或卵石质量标准及检验方法》JGJ 53 的有关规定 2) 砂宜选用坚硬、抗风化性强、洁净的中粗砂，不宜使用海砂；砂的质量要求应符合国家现行标准《普通混凝土用砂质量标准及检验方法》JGJ 52 的有关规定

续表 11-7

序号	项 目	内 容
3	材料标准	(4) 用于拌制混凝土的水,应符合国家现行标准《混凝土用水标准》JGJ 63 的有关规定。 (5) 防水混凝土可根据工程需要掺入减水剂、膨胀剂、防水剂、密实剂、引气剂、复合型外加剂及水泥基渗透结晶型材料,其品种和用量应经试验确定,所用外加剂的技术性能应符合国家现行有关标准的质量要求 (6) 防水混凝土可根据工程抗裂需要掺入合成纤维或钢纤维,纤维的品种及掺量应通过试验确定 (7) 防水混凝土中各类材料的总碱量(Na_2O 当量)不得大于 $3kg/m^3$;氯离子含量不应超过胶凝材料总量的 0.1%
4	施工做法	(1) 防水混凝土施工前应做好降排水工作,不得在有积水的环境中浇筑混凝土 (2) 防水混凝土的配合比,应符合下列规定: 1) 胶凝材料用量应根据混凝土的抗渗等级和强度等级等选用,其总用量不宜小于 $320kg/m^3$;当强度要求较高或地下水有腐蚀性时,胶凝材料用量可通过试验调整 2) 在满足混凝土抗渗等级、强度等级和耐久性条件下,水泥用量不宜小于 $260kg/m^3$ 3) 砂率宜为 35%~40%,泵送时可增至 45% 4) 灰砂比宜为 1:1.5~1:2.5 5) 水胶比不得大于 0.50,有侵蚀性介质时水胶比不宜大于 0.45 6) 防水混凝土采用预拌混凝土时,入泵坍落度宜控制在 120~160mm,坍落度每小时损失值不应大于 20mm,坍落度总损失值不应大于 40mm 7) 掺加引气剂或引气型减水剂时,混凝土含气量应控制在 3%~5% 8) 预拌混凝土的初凝时间宜为 6~8h (3) 防水混凝土配料应按配合比准确称量,其计量允许偏差应符合表 11-9 的规定 (4) 使用减水剂时,减水剂宜配制成一定浓度的溶液 (5) 防水混凝土应分层连续浇筑,分层厚度不得大于 500mm (6) 用于防水混凝土的模板应拼缝严密、支撑牢固 (7) 防水混凝土拌合物应采用机械搅拌,搅拌时间不宜小于 2min。掺外加剂时,搅拌时间应根据外加剂的技术要求确定 (8) 防水混凝土拌合物在运输后如出现离析,必须进行二次搅拌。当坍落度损失后不能满足施工要求时,应加入原水胶比的水泥浆或掺加同品种的减水剂进行搅拌,严禁直接加水 (9) 防水混凝土应采用机械振捣,避免漏振、欠振和超振 (10) 防水混凝土应连续浇筑,宜少留施工缝。当留设施工缝时,应符合下列规定: 1) 墙体水平施工缝不应留在剪力最大处或底板与侧墙的交接处,应留在高出底板表面不小于 300mm 的墙体上。拱(板)墙结合的水平施工缝,宜留在拱(板)墙接缝线以下 150~300mm 处。墙体有顶留孔洞时,施工缝距孔洞边缘不应小于 300mm 2) 垂直施工缝应避开地下水和裂隙水较多的地段,并宜与变形缝相结合 (11) 施工缝防水构造形式宜按图 11-1、图 11-2、图 11-3、图 11-4 选用,当采用两种以上构造措施时可进行有效组合 (12) 施工缝的施工应符合下列规定: 1) 水平施工缝浇筑混凝土前,应将其表面浮浆和杂物清除,然后铺设净浆或涂刷混凝土界面处理剂、水泥基渗透结晶型防水涂料等材料,再铺 30~50mm 厚的 1:1 水泥砂浆,并应及时浇筑混凝土 2) 垂直施工缝浇筑混凝土前,应将其表面清理干净,再涂刷混凝土界面处理剂或水泥基

序号	项　目	内　容
4	施工做法	渗透结晶型防水涂料，并应及时浇筑混凝土 　3）遇水膨胀止水条（胶）应与接缝表面密贴 　4）选用的遇水膨胀止水条（胶）应具有缓胀性能，7d 的净膨胀率不宜大于最终膨胀率的 60%，最终膨胀率宜大于 220% 　5）采用中埋式止水带或预埋式注浆管时，应定位准确、固定牢靠 （13）大体积防水混凝土的施工，应符合下列规定： 　1）在设计许可的情况下，掺粉煤灰混凝土设计强度等级的龄期宜为 60d 或 90d 　2）宜选用水化热低和凝结时间长的水泥 　3）宜掺入减水剂、缓凝剂等外加剂和粉煤灰、磨细矿渣粉等掺合料 　4）炎热季节施工时，应采取降低原材料温度、减少混凝土运输时吸收外界热量等降温措施，入模温度不应大于 30℃ 　5）混凝土内部预埋管道，宜进行水冷散热 　6）应采取保温保湿养护。混凝土中心温度与表面温度的差值不应大于 25℃，表面温度与大气温度的差值不应大于 20℃，温降梯度不得大于 3℃/d，养护时间不应少于 14d。 （14）防水混凝土结构内部设置的各种钢筋或绑扎铁丝，不得接触模板。用于固定模板的螺栓必须穿过混凝土结构时，可采用工具式螺栓或螺栓加堵头，螺栓上应焊方形止水环。拆模后应将留下的凹槽用密封材料封堵密实，并应用聚合物水泥砂浆抹平（图 11-5） （15）防水混凝土终凝后应立即进行养护，养护时间不得少于 14d （16）防水混凝土的冬期施工，应符合下列规定： 　1）混凝土入模温度不应低于 5℃ 　2）混凝土养护应采用综合蓄热法、蓄热法、暖棚法、掺化学外加剂等方法，不得采用电热法或蒸气直接加热法 　3）应采取保湿保温措施

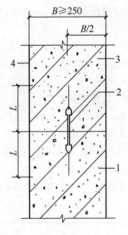

图 11-1　施工缝防水构造（1）

钢板止水带 $L \geqslant 150$；橡胶止水带 $L \geqslant 200$；

钢边橡胶止水带 $L \geqslant 120$

1—先浇混凝土；2—中埋止水带；

3—后浇混凝土；4—结构迎水面

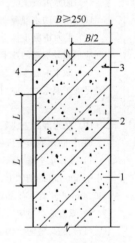

图 11-2　施工缝防水构造（2）

外贴止水带 $L \geqslant 150$；

外涂防水涂料 $L = 200$；

外抹防水砂浆 $L = 200$

1—先浇混凝土；2—外贴止水带；

3—后浇混凝土；4—结构迎水面

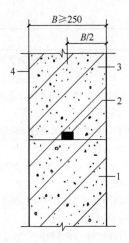

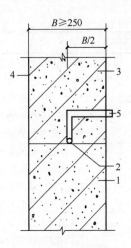

图 11-3 施工缝防水构造（3）

1—先浇混凝土；2—遇水膨胀止水条（胶）；

3—后浇混凝土；4—结构迎水面

图 11-4 施工缝防水构造（4）

1—先浇混凝土；2—预埋注浆管；

3—后浇混凝土；4—结构迎水面；5—注浆导管

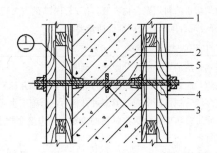

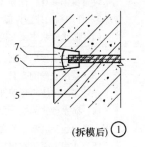

图 11-5 固定模板用螺栓的防水构造

1—模板；2—结构混凝土；3—止水环；4—工具式螺栓；

5—固定模板用螺栓；6—密封材料；7—聚合物水泥砂浆

硅粉品质要求 表 11-8

序号	项 目	指标
1	比表面积（m^2/kg）	≥15000
2	二氧化硅含量（%）	≥85

防水混凝土配料量允许偏差 表 11-9

序号	混凝土组成材料	每盘计算（%）	累计计量（%）
1	水泥、掺合料	±2	±1
2	粗、细骨料	±3	±2
3	水、外加剂	±2	±1

注：累计计量仅适用于微机控制计量的搅拌站。

11.2.2 水泥砂浆防水层

水泥砂浆防水层要求如表 11-10 所示。

水泥砂浆防水层　　　　　　　　　表 11-10

序号	项　目	内　容
1	一般规定	（1）防水砂浆应包括聚合物水泥防水砂浆、掺外加剂或掺合料的防水砂浆，宜采用多层抹压法施工 （2）水泥砂浆防水层可用于地下工程主体结构的迎水面或背水面，不应用于受持续振动或温度高于 80℃ 的地下工程防水 （3）水泥砂浆防水层应在基础垫层、初期支护、围护结构及内衬结构验收合格后施工
2	设计要求	（1）水泥砂浆的品种和配合比设计应根据防水工程要求确定 （2）聚合物水泥防水砂浆厚度单层施工宜为 6～8mm，双层施工宜为 10～12mm；掺外加剂或掺合料的水泥防水砂浆厚度宜为 18～20mm （3）水泥砂浆防水层的基层混凝土强度或砌体用的砂浆强度均不应低于设计值的 80%
3	材料标准	（1）用于水泥砂浆防水层的材料，应符合下列规定： 1）应使用硅酸盐水泥、普通硅酸盐水泥或特种水泥，不得使用过期或受潮结块的水泥 2）砂宜采用中砂，含泥量不应大于 ±1%，硫化物和硫酸盐含量不应大于 1% 3）拌制水泥砂浆用水，应符合国家现行标准《混凝土用水标准》JGJ63 的有关规定 4）聚合物乳液的外观：应为均匀液体，无杂质、无沉淀、不分层。聚合物乳液的质量要求应符合国家现行标准《建筑防水涂料用聚合物乳液》JC/T 1017 的有关规定 5）外加剂的技术性能应符合现行国家有关标准的质量要求 （2）防水砂浆主要性能应符合表 11-11 的要求
4	施工做法	（1）基层表面应平整、坚实、清洁，并应充分湿润、无明水 （2）基层表面的孔洞、缝隙，应采用与防水层相同的防水砂浆堵塞并抹平 （3）施工前应将预埋件、穿墙管预留凹槽内嵌填密封材料后，再施工水泥砂浆防水层 （4）防水砂浆的配合比和施工方法应符合所掺材料的规定，其中聚合物水泥防水砂浆的用水量应包括乳液中的含水量 （5）水泥砂浆防水层应分层铺抹或喷射，铺抹时应压实、抹平，最后一层表面应提浆压光 （6）聚合物水泥防水砂浆拌合后应在规定时间内用完，施工中不得任意加水 （7）水泥砂浆防水层各层应紧密粘合，每层宜连续施工；必须留设施工缝时，应采用阶梯坡形槎，但离阴阳角处的距离不得小于 200mm （8）水泥砂浆防水层不得在雨天、五级及以上大风中施工。冬期施工时，气温不应低于5℃。夏季不宜在 30℃ 以上或烈日照射下施工 （9）水泥砂浆防水层终凝后，应及时进行养护，养护温度不宜低于 5℃，并应保持砂浆表面湿润，养护时间不得少于 14d 　　聚合物水泥防水砂浆未达到硬化状态时，不得浇水养护或直接受雨水冲刷，硬化后应采用干湿交替的养护方法。潮湿环境中，可在自然条件下养护

防水砂浆主要性能要求　　　　　　　　　表 11-11

序号	防水砂浆种类	粘结强度（N/mm²）	抗渗性（N/mm²）	抗折强度（N/mm²）	干缩率（%）	吸水率（%）	冻融循环（次）	耐碱性	耐水性（%）
1	掺外加剂、掺合料的防水砂浆	>0.6	>0.8	同普通砂浆	同普通砂浆	≤3	>50	10%NaOH溶液浸泡14d 无变化	—
2	聚合物水泥防水砂浆	>1.2	≥1.5	≥8.0	≤0.15	≤4	>50	—	≥80

注：耐水性指标是指砂浆浸水 168h 后材料的粘结强度及抗渗性的保持率。

11.2.3　卷　材　防　水　层

卷材防水层要求如表 11-12 所示。

卷材防水层　　　　　　　　　　　　表 11-12

序号	项　目	内　　容
1	一般规定	(1) 卷材防水层宜用于经常处在地下水环境，且受侵蚀性介质作用或受振动作用的地下工程 (2) 卷材防水层应铺设在混凝土结构的迎水面 (3) 卷材防水层用于建筑物地下室时，应铺设在结构底板垫层至墙体防水设防高度的结构基面上；用于单建式的地下工程时，应从结构底板垫层铺设至顶板基面，并应在外围形成封闭的防水层
2	设计要求	(1) 防水卷材的品种规格和层数，应根据地下工程防水等级、地下水位高低及水压力作用状况、结构构造形式及施工工艺等因素确定 (2) 卷材防水层的卷材品种可按表 11-13 选用，并应符合下列规定： 1) 卷材外观质量、品种规格应符合国家现行有关标准的规定 2) 卷材及其胶粘剂应具有良好的耐水性、耐久性、耐刺穿性、耐腐蚀性和耐菌性 (3) 卷材防水层的厚度应符合表 11-14 的规定 (4) 阴阳角处应做成圆弧或 45°坡角，其尺寸应根据卷材品种确定。在阴阳角等特殊部位，应增做卷材加强层，加强层宽度宜为 300～500mm
3	材料标准	(1) 高聚物改性沥青类防水卷材的主要物理性能，应符合表 11-15 的要求 (2) 合成高分子类防水卷材的主要物理性能，应符合表 11-16 的要求 (3) 粘贴各类防水卷材应采用与卷材材性相容的胶粘材料，其粘结质量应符合表 11-17 的要求 (4) 聚乙烯丙纶复合防水卷材应采用聚合物水泥防水粘结材料，其物理性能应符合表 11-18 的要求
4	施工做法	(1) 卷材防水层的基面应坚实、平整、清洁，阴阳角处应做圆弧或折角，并应符合所用卷材的施工要求 (2) 铺贴卷材严禁在雨天、雪天、五级及以上大风中施工；冷粘法、自粘法施工的环境气温不宜低于 5℃，热熔法、焊接法施工的环境气温不宜低于−10℃。施工过程中下雨或下雪时，应做好已铺卷材的防护工作 (3) 不同品种防水卷材的搭接宽度，应符合表 11-19 的要求 (4) 防水卷材施工前，基面应干净、干燥，并应涂刷基层处理剂；当基面潮湿，应涂刷湿固化型胶粘剂或潮湿界面隔离剂。基层处理剂的配制与施工应符合下列要求： 1) 基层处理剂应与卷材及其粘结材料的材性相容 2) 基层处理剂喷涂或刷涂应均匀一致，不应露底，表面干燥后方可铺贴卷材 (5) 铺贴各类防水卷材应符合下列规定： 1) 应铺设卷材加强层 2) 结构底板垫层混凝土部位的卷材可采用空铺法或点粘法施工，其粘结位置、点粘面积应按设计要求确定；侧墙采用外防外贴法的卷材及顶板部位的卷材应采用满粘法施工 3) 卷材与基面、卷材与卷材间的粘结应紧密、牢固；铺贴完成的卷材应平整顺直，搭接尺寸应准确，不得产生扭曲和皱折 4) 卷材搭接处和接头部位应粘贴牢固，接缝口应封严或采用材性相容的密封材料封缝 5) 铺贴立面卷材防水层时，应采取防止卷材下滑的措施

序号	项　目	内　　容
4	施工做法	6）铺贴双层卷材时，上下两层和相邻两幅卷材的接缝应错开 1/3～1/2 幅宽，且两层卷材不得相互垂直铺贴 （6）弹性体改性沥青防水卷材和改性沥青聚乙烯胎防水卷材采用热熔法施工应加热均匀，不得加热不足或烧穿卷材，搭接缝部位应溢出热熔的改性沥青 （7）铺贴自粘聚合物改性沥青防水卷材应符合下列规定： 1）基层表面应平整、干净、干燥、无尖锐突起物或孔隙 2）排除卷材下面的空气，应辊压粘贴牢固，卷材表面不得有扭曲、皱折和起泡现象 3）立面卷材铺贴完成后，应将卷材端头固定或嵌入墙体顶部的凹槽内，并应用密封材料封严 4）低温施工时，宜对卷材和基面适当加热，然后铺贴卷材 （8）铺贴三元乙丙橡胶防水卷材应采用冷粘法施工，并应符合下列规定 1）基底胶粘剂应涂刷均匀，不应露底、堆积 2）胶粘剂涂刷与卷材铺贴的间隔时间应根据胶粘剂的性能控制 3）铺贴卷材时，应辊压粘贴牢固 4）搭接部位的粘合面应清理干净，并应采用接缝专用胶粘剂或胶粘带粘结 （9）铺贴聚氯乙烯防水卷材，接缝采用焊接法施工时，应符合下列规定： 1）卷材的搭接缝可采用单焊缝或双焊缝。单焊缝搭接宽度应为 60mm，有效焊接宽度不应小于 30mm；双焊缝搭接宽度应为 80mm，中间应留设 10mm～20mm 的空腔，有效焊接宽度不宜小于 10mm 2）焊接缝的结合面应清理干净，焊接应严密 3）应先焊长边搭接缝，后焊短边搭接缝 （10）铺贴聚乙烯丙纶复合防水卷材应符合下列规定： 1）应采用配套的聚合物水泥防水粘结材料 2）卷材与基层粘贴应采用满粘法，粘结面积不应小于 90%，刮涂粘结料应均匀，不应露底、堆积 3）固化后的粘结料厚度不应小于 1.3mm 4）施工完的防水层应及时做保护层 （11）高分子自粘胶膜防水卷材宜采用预铺反粘法施工，并应符合下列规定： 1）卷材宜单层铺设 2）在潮湿基面铺设时，基面应平整坚固、无明显积水 3）卷材长边应采用自粘边搭接，短边应采用胶粘带搭接，卷材端部搭接区应相互错开 4）立面施工时，在自粘边位置距离卷材边缘 10～20mm 内，应每隔 400～600mm 进行机械固定，并应保证固定位置被卷材完全覆盖 5）浇筑结构混凝土时不得损伤防水层 （12）采用外防外贴法铺贴卷材防水层时，应符合下列规定： 1）应先铺平面，后铺立面，交接处应交叉搭接 2）临时性保护墙宜采用石灰砂浆砌筑，内表面宜做找平层 3）从底面折向立面的卷材与永久性保护墙的接触部位，应采用空铺法施工；卷材与临时性保护墙或围护结构模板的接触部位，应将卷材临时贴附在该墙上或模板上，并应将顶端临时固定 4）当不设保护墙时，从底面折向立面的卷材接槎部位应采取可靠的保护措施 5）混凝土结构完成，铺贴立面卷材时，应先将接槎部位的各层卷材揭开，并应将其表面清理干净，如卷材有局部损伤，应及时进行修补；卷材接槎的搭接长度，高聚物改性沥青类

序号	项 目	内 容
4	施工做法	卷材应为 150mm，合成高分子类卷材应为 100mm；当使用两层卷材时，卷材应错槎接缝，上层卷材应盖过下层卷材 卷材防水层甩槎、接槎构造如图 11-6 所示 (13) 采用外防内贴法铺贴卷材防水层时，应符合下列规定： 1) 混凝土结构的保护墙内表面应抹厚度为 20mm 的 1∶3 水泥砂浆找平层，然后铺贴卷材 2) 卷材宜先铺立面，后铺平面；铺贴立面时，应先铺转角，后铺大面 (14) 卷材防水层经检查合格后，应及时做保护层，保护层应符合下列规定： 1) 顶板卷材防水层上的细石混凝土保护层，应符合下列规定： ①采用机械碾压回填土时，保护层厚度不宜小于 70mm ②采用人工回填土时，保护层厚度不宜小于 50mm ③防水层与保护层之间宜设置隔离层 2) 底板卷材防水层上的细石混凝土保护层厚度不应小于 50mm 3) 侧墙卷材防水层宜采用软质保护材料或铺抹 20mm 厚 1∶2.5 水泥砂浆层

卷材防水层的卷材品种　　　　　　　　　　　　　　　　　　表 11-13

序号	类 别	品 种 名 称
1	高聚物改性沥青类防水卷材	弹性体改性沥青防水卷材
2		改性沥青聚乙烯胎防水卷材
3		自粘聚合物改性沥青防水卷材
4	合成高分子类防水卷材	三元乙丙橡胶防水卷材
5		聚氯乙烯防水卷材
6		聚乙烯丙纶复合防水卷材
7		高分子自粘胶膜防水卷材

不同品种卷材的厚度　　　　　　　　　　　　　　　　　　表 11-14

序号	卷材品种	高聚物改性沥青类防水卷材			合成高分子类防水卷材			
		弹性体改性沥青防水卷材、改性沥青聚乙烯胎防水卷材	自粘聚合物改性沥青防水卷材		三元乙丙橡胶防水卷材	聚氯乙烯防水卷材	聚乙烯丙纶复合防水卷材	高分子自粘胶膜防水卷材
			聚酯毡胎体	无胎体				
1	单层厚度 (mm)	≥4	≥3	≥1.5	≥1.5	≥1.5	卷材：≥0.9 粘料：≥1.3 芯材厚度≥0.6	≥1.2
2	双层总厚度 (mm)	≥(4+3)	≥(3+3)	≥(1.5+1.5)	≥(1.2+1.2)	≥(1.2+1.2)	卷材：≥(0.7+0.7) 粘结料：≥(1.3+1.3) 芯材厚度≥0.5	—

注：1. 带有聚酯毡胎体的自粘聚合物改性沥青防水卷材应执行国家现行标准《自粘聚合物改性沥青聚酯胎防水卷材》JC 898；

　　2. 无胎体的自粘聚合物改性沥青防水卷材应执行国家现行标准《自粘橡胶沥青防水卷材》JC 840。

高聚物改性沥青类防水卷材的主要物理性能 表 11-15

序号	项 目		性 能 要 求				
			弹性体改性沥青防水卷材			自粘聚合物改性沥青防水卷材	
			聚酯毡胎体	玻纤毡胎体	聚乙烯膜胎体	聚酯毡胎体	无胎体
1	可溶物含量 (g/m²)		3mm 厚≥2100			3mm 厚≥2100	—
			4mm 厚≥2900				
2	拉伸 性能	拉力 (N/50mm)	≥800（纵横向）	≥500 （纵横向）	≥140（纵向）	≥450（纵横向）	≥180 （纵横向）
					≥120（横向）		
3		延伸率 （%）	最大拉力时≥40 （纵横向）	—	断裂时≥250 （纵横向）	最大拉力时 ≥30（纵横向）	断裂时≥200 （纵横向）
4	低温柔度（℃）		—25，无裂纹				
5	热老化后低温 柔度（℃）		—20，无裂缝			—22，无裂纹	
6	不透水性		压力 0.3N/mm²，保持时间 30min，不透水				

合成高分子防水卷材的主要物理性能 表 11-16

序号	项 目	性 能 要 求			
		三元乙丙橡胶 防水卷材	聚氯乙烯 防水卷材	聚乙烯丙纶 复合防水卷材	高分子自粘胶 膜防水卷材
1	拉伸强度	≥7.5N/mm²	≥12N/mm²	≥60N/10mm	≥100N/10mm
2	断裂伸长率	≥450%	≥250%	≥300%	≥400%
3	低温弯折性	—40℃，无裂纹	—20℃，无裂纹	—20℃，无裂纹	—20℃，无裂纹
4	不透水性	压力 0.3N/mm²，保持时间 120min，不透水			
5	撕裂强度	≥25kN/m	≥40kN/m	≥20N/10mm	≥120N/10mm
6	复合强度（表层与芯层）	—	—	1.2N/mm	—

防水卷材粘结质量要求 表 11-17

序号	项 目		自粘聚合物改性沥青 防水卷材粘合面		三元二丙橡胶和 聚氯乙烯防水 卷材胶粘剂	合成橡胶 胶粘带	高分子自粘 胶膜防水 卷材粘合面
			聚酯毡胎体	无胎体			
1	剪切状态下 的粘合性 （卷材-卷材）	标准试验条件 (N/10mm) ≥	40 或 卷材断裂	20 或 卷材断裂	20 或 卷材断裂	20 或 卷材断裂	40 或 卷材断裂
2	粘结剥离 强度（卷材- 卷材）	标准试验条件 (N/10mm) ≥	15 或卷材断裂		15 或 卷材断裂	4 或 卷材断裂	
3		浸水 168h 后 保持率(%) ≥	70		70	80	
4	与混凝土粘 结强度（卷材- 混凝土）	标准试验条件 (N/10mm) ≥	15 或卷材断裂		15 或 卷材断裂	6 或 卷材断裂	20 或 卷材断裂

聚合物水泥防水粘结材料物理性能　　　　　　　　　　表 11-18

序号	项　目		性能要求
1	与水泥基面的粘结拉伸强度（N/mm²）	常温 7d	≥0.6
2		耐水性	≥0.4
3		耐冻性	≥0.4
4	可操作时间（h）		≥2
5	抗渗性（N/mm²，7d）		≥1.0
6	剪切状态下的粘合性（N/mm，常温）	卷材与卷材	≥2.0 或卷材断裂
7		卷材与基面	≥1.8 或卷材断裂

防水卷材搭接宽度　　　　　　　　　　表 11-19

序号	卷材品种	搭接宽度（mm）
1	弹性体改性沥青防水卷材	100
2	改性沥青聚乙烯胎防水卷材	100
3	自粘聚合物改性沥青防水卷材	80
4	三元乙丙橡胶防水卷材	100/60（胶粘剂/胶粘带）
5	聚氯乙烯防水卷材	60/80（单焊缝/双焊缝）
6		100（胶粘剂）
7	聚乙烯丙纶复合防水卷材	100（粘结料）
8	高分子自粘胶膜防水卷材	70/80（自粘胶/胶粘带）

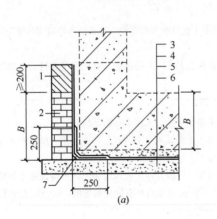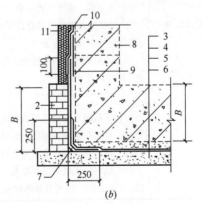

图 11-6　卷材防水层甩槎、接槎构造

(a) 甩槎；(b) 接槎

1—临时保护墙；2—永久保护墙；3—细石混凝土保护层；4—卷材防水层；
5—水泥砂浆找平层；6—混凝土垫层；7—卷材加强层；8—结构墙体；
9—卷材加强层；10—卷材防水层；11—卷材保护层

11.2.4　涂料防水层

涂料防水层要求如表 11-20 所示。

涂料防水层   表 11-20

序号	项　目	内　　容
1	一般规定	（1）涂料防水层应包括无机防水涂料和有机防水涂料。无机防水涂料可选用掺外加剂、掺合料的水泥基防水涂料、水泥基渗透结晶型防水涂料。有机防水涂料可选用反应型、水乳型、聚合物水泥等涂料 （2）无机防水涂料宜用于结构主体的背水面，有机防水涂料宜用于地下工程主体结构的迎水面，用于背水面的有机防水涂料应具有较高的抗渗性，且与基层有较好的粘结性
2	设计要求	（1）防水涂料品种的选择应符合下列规定： 1）潮湿基层宜选用与潮湿基面粘结力大的无机防水涂料或有机防水涂料，也可采用先涂无机防水涂料而后再涂有机防水涂料构成复合防水涂层 2）冬期施工宜选用反应型涂料 3）埋置深度较深的重要工程、有振动或有较大变形的工程，宜选用高弹性防水涂料 4）有腐蚀性的地下环境宜选用耐腐蚀性较好的有机防水涂料，并应做刚性保护层 5）聚合物水泥防水涂料应选用Ⅱ型产品 （2）采用有机防水涂料时，基层阴阳角应做成圆弧形，阴角直径宜大于 50mm，阳角直径宜大于 10mm，在底板转角部位应增加胎体增强材料，并应增涂防水涂料 （3）防水涂料宜采用外防外涂或外防内涂（图 11-7、图 11-8） （4）掺外加剂、掺合料的水泥基防水涂料厚度不得小于 3.0mm；水泥基渗透结晶型防水涂料的用量不应小于 1.5kg/m²，且厚度不应小于 1.0mm；有机防水涂料的厚度不得小于 1.2mm
3	材料标准	（1）涂料防水层所选用的涂料应符合下列规定： 1）应具有良好的耐水性、耐久性、耐腐蚀性及耐菌性 2）应无毒、难燃、低污染 3）无机防水涂料应具有良好的湿干粘结性和耐磨性，有机防水涂料应具有较好的延伸性及较大适应基层变形能力 （2）无机防水涂料的性能指标应符合表 11-21 的规定，有机防水涂料的性能指标应符合表 11-22 的规定
4	施工做法	（1）无机防水涂料基层表面应干净、平整、无浮浆和明显积水 （2）有机防水涂料基层表面应基本干燥，不应有气孔、凹凸不平、蜂窝麻面等缺陷。涂料施工前，基层阴阳角应做成圆弧形 （3）涂料防水层严禁在雨天、雾天、五级及以上大风时施工，不得在施工环境温度低于 5℃及高于 35℃或烈日暴晒时施工。涂膜固化前如有降雨可能时，应及时做好已完涂层的保护工作 （4）防水涂料的配制应按涂料的技术要求进行 （5）防水涂料应分层刷涂或喷涂，涂层应均匀，不得漏刷漏涂；接槎宽度不应小于 100mm （6）铺贴胎体增强材料时，应使胎体层充分浸透防水涂料，不得有露槎及褶皱 （7）有机防水涂料施工完后应及时做保护层，保护层应符合下列规定： 1）底板、顶板应采用 20mm 厚 1：2.5 水泥砂浆层和 40～50mm 厚的细石混凝土保护层，防水层与保护层之间宜设置隔离层 2）侧墙背水面保护层应采用 20mm 厚 1：2.5 水泥砂浆 3）侧墙迎水面保护层宜选用软质保护材料或 20mm 厚 1：2.5 水泥砂浆

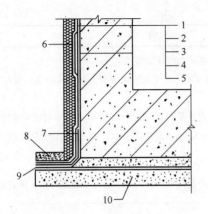

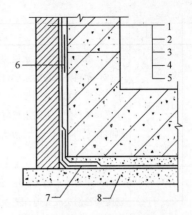

图 11-7　防水涂料外防外涂构造

1—保护墙；2—砂浆保护层；3—涂料防水层；

4—砂浆找平层；5—结构墙体；6—涂料防水

层加强层；7—涂料防水加强层；8—涂料防水

层搭接部位保护层；9—涂料防水层搭接部位；

10—混凝土垫层

图 11-8　防水涂料外防内涂构造

1—保护墙；2—涂料保护层；3—涂料防水层；

4—找平层；5—结构墙体；6—涂料防水层加强

层；7—涂料防水加强层；8—混凝土垫层

无机防水涂料的性能指标　　　　　　　　　　　　　　表 11-21

序号	涂 料 种 类	抗折强度 (N/mm²)	粘结强度 (N/mm²)	一次抗渗性 (N/mm²)	二次抗渗性 (N/mm²)	冻融循环 (次)
1	掺外加剂、掺合料水泥基防水涂料	≥4	≥1.0	>0.8	—	>50
2	水泥基渗透结晶型防水涂料	≥4	≥1.0	>0.8	>0.8	>50

有机防水涂料的性能指标　　　　　　　　　　　　　　表 11-22

序号	涂料种类	可操作时间 (Min)	潮湿基面粘结强度 (N/mm²)	抗渗性（N/mm²）			浸水 168h 后拉伸强度 (N/mm²)	浸水 168h 后断裂伸长率（%）	耐水性 (%)	表干 (h)	实干 (h)
				涂膜 (120min)	砂浆迎水面	砂浆背水面					
1	反应型	≥20	≥0.5	≥0.3	≥0.8	≥0.3	≥1.7	≥400	≥80	≤12	≤24
2	水乳型	≥50	≥0.2	≥0.3	≥0.8	≥0.3	≥0.5	≥350	≥80	≤4	≤12
3	聚合物水泥	≥30	≥1.0	≥0.3	≥0.8	≥0.6	≥1.5	≥80	≥80	≤4	≤12

注：1. 浸水 168h 后的拉伸强度和断裂伸长率是在浸水取出后只经擦干即进行试验所得的值；

　　2. 耐水性指标是指材料浸水 168h 后取出擦干即进行试验，其粘结强度及抗渗性的保持率。

11.2.5　塑料防水板防水层

塑料防水板防水层要求如表 11-23 所示。

塑料防水板防水层　　　　　　　　　　　　　　表 11-23

序号	项 目	内 容
1	一般规定	(1) 塑料防水板防水层宜用于经常受水压、侵蚀性介质或受振动作用的地下工程防水 (2) 塑料防水板防水层宜铺设在复合式衬砌的初期支护和二次衬砌之间 (3) 塑料防水板防水层宜在初期支护结构趋于基本稳定后铺设

续表 11-23

序号	项 目	内 容
2	设计要求	(1) 塑料防水板防水层应由塑料防水板与缓冲层组成 (2) 塑料防水板防水层可根据工程地质、水文地质条件和工程防水要求，采用全封闭、半封闭或局部封闭铺设 (3) 塑料防水板防水层应牢固地固定在基面上，固定点的间距应根据基面平整情况确定，拱部宜为 0.5～0.8m，边墙宜为 1.0～1.5m，底部宜为 1.5～2.0m。局部凹凸较大时，应在凹处加密固定点
3	材料标准	(1) 塑料防水板可选用乙烯—醋酸乙烯共聚物、乙烯—沥青共混聚合物、聚氯乙烯、高密度聚乙烯类或其他性能相近的材料 (2) 塑料防水板应符合下列规定： 1) 幅宽宜为 2～4m 2) 厚度不得小于 1.2mm 3) 应具有良好的耐刺穿性、耐久性、耐水性、耐腐蚀性、耐菌性 4) 塑料防水板主要性能指标应符合表 11-24 的规定 (3) 缓冲层宜采用无纺布或聚乙烯泡沫塑料，缓冲层材料的性能指标应符合表 11-25 的规定 (4) 暗钉圈应采用与塑料防水板相容的材料制作，直径不应小于 80mm
4	施工做法	(1) 塑料防水板防水层的基面应平整、无尖锐突出物；基面平整度 D/L 不应大于 1/6 注：D 为初期支护基面相邻两凸面间凹进去的深度，L 为初期支护基面相邻两凸面间的距离 (2) 铺设塑料防水板前应先铺缓冲层，缓冲层应采用暗钉圈固定在基面上（图11-9）。钉距应符合本表序号 2 之（3）条的规定 (3) 塑料防水板的铺设应符合下列规定： 1) 铺设塑料防水板时，宜由拱顶向两侧展铺，并应边铺边用压焊机将塑料板与暗钉圈焊接牢靠，不得有漏焊、假焊和焊穿现象。两幅塑料防水板的搭接宽度不应小于 100mm。搭接缝应为热熔双焊缝，每条焊缝的有效宽度不应小于 10mm 2) 环向铺设时，应先拱后墙，下部防水板应压住上部防水板 3) 塑料防水板铺设时宜设置分区预埋注浆系统 4) 分段设置塑料防水板防水层时，两端应采取封闭措施 (4) 接缝焊接时，塑料板的搭接层数不得超过三层 (5) 塑料防水板铺设时应少留或不留接头，当留设接头时，应对接头进行保护。再次焊接时应将接头处的塑料防水板擦拭干净 (6) 铺设塑料防水板时，不应绷得太紧，宜根据基面的平整度留有充分的余地 (7) 防水板的铺设应超前混凝土施工，超前距离宜为 5～20m，并应设置临时挡板防止机械损伤和电火花灼伤防水板 (8) 二次衬砌混凝土施工时应符合下列规定： 1) 绑扎、焊接钢筋时应采取防刺穿、灼伤防水板的措施 2) 混凝土出料口和振捣棒不得直接接触塑料防水板 (9) 塑料防水板防水层铺设完毕后，应进行质量检查，并应在验收合格后进行下道工序的施工

塑料防水板主要性能指标　　　　　　　　　表 11-24

序号	项　目	性能指标			
		乙烯-醋酸乙烯共聚物	乙烯-沥青共混聚合物	聚氯乙烯	高密度聚乙烯
1	拉伸强度（N/mm²）	≥16	≥14	≥10	≥16
2	断裂延伸率（%）	≥550	≥500	≥200	≥550
3	不透水性，120min（N/mm²）	≥0.3	≥0.3	≥0.3	≥0.3
4	低温弯折性	−35℃无裂纹	−35℃无裂纹	−20℃无裂纹	−35℃无裂纹
5	热处理尺寸变化率（%）	≤2.0	≤2.5	≤2.0	≤2.0

缓冲层材料性能指标　　　　　　　　　　表 11-25

序号	性能指标　　材料名称	抗拉强度（N/50mm）	伸长率（%）	质量（g/m²）	顶破强度（kN）	厚度（mm）
1	聚乙烯泡沫塑料	>0.4	≥100	—	≥5	≥5
2	无纺布	纵横向≥700	纵横向≥50	>300	—	—

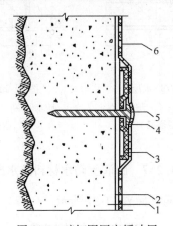

图 11-9　暗钉圈固定缓冲层

1—初期支护；2—缓冲层；3—热塑性暗钉圈；4—金属垫圈；5—射钉；6—塑料防水板

11.2.6　金属防水层

金属防水层要求如表 11-26 所示。

金属防水层　　　　　　　　　　　　　表 11-26

序号	项　目	内　容
1	适用条件及有关要求	（1）金属防水层可用于长期浸水、水压较大的水工及过水隧道，所用的金属板和焊条的规格及材料性能，应符合设计要求 （2）金属板的拼接应采用焊接，拼接焊缝应严密。竖向金属板的垂直接缝，应相互错开 （3）金属板防水层应用临时支撑加固。金属板防水层底板上应预留浇捣孔，并应保证混凝土浇筑密实，待底板混凝土浇筑完后应补焊严密 （4）金属板防水层如先焊成箱体，再整体吊装就位时，应在其内部加设临时支撑 （5）金属板防水层应采取防锈措施

序号	项　目	内　　容
2	对主体结构要求	（1）主体结构内侧设置金属防水层时，金属板应与结构内的钢筋焊牢，也可在金属防水层上焊接一定数量的锚固件（图 11-10） （2）主体结构外侧设置金属防水层时，金属板应焊在混凝土结构的预埋件工。金属板经焊缝检查合格后，应将其与结构间的空隙用水泥砂浆灌实（图 11-11）

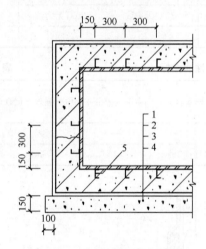

图 11-10　金属板防水层

1—金属板；2—主体结构；3—防水砂浆；
4—垫层；5—锚固筋

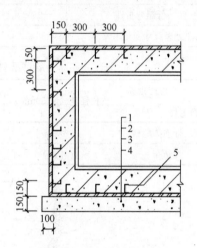

图 11-11　金属板防水层

1—防水砂浆；2—主体结构；3—金属板；
4—垫层；5—锚固筋

11.2.7　膨润土防水材料防水层

对膨润土防水材料防水层要求如表 11-27 所示

膨润土防水材料防水层　　　　　　　　　　　　表 11-27

序号	项　目	内　　容
1	一般规定	（1）膨润土防水材料包括膨润土防水毯和膨润土防水板及其配套材料，采用机械固定法铺设 （2）膨润土防水材料防水层应用于 pH 值为 4～10 的地下环境，含盐量较高的地下环境应采用经过改性处理的膨润土，并应经检测合格后使用 （3）膨润土防水材料防水层应用于地下工程主体结构的迎水面，防水层两侧应具有一定的夹持力
2	设计要求	（1）铺设膨润土防水材料防水层的基层混凝土强度等级不得小于 C15，水泥砂浆强度等级不得低于 M7.5 （2）阴、阳角部位应做成直径不小于 30mm 的圆弧或 30×30mm 的坡角 （3）变形缝、后浇带等接缝部位应设置宽度不小于 500mm 的加强层，加强层应设置在防水层与结构外表面之间 （4）穿墙管件部位宜采用膨润土橡胶止水条、膨润土密封膏或膨润土粉进行加强处理

续表 11-27

序号	项　目	内　容
3	材料标准	(1) 膨润土防水材料应符合下列规定： 1) 膨润土防水材料中的膨润土颗粒应采用钠基膨润土，不应采用钙基膨润土 2) 膨润土防水材料应具有良好的不透水性、耐久性、耐腐蚀性和耐菌性 3) 膨润土防水毯非织布外表面宜附加一层高密度聚乙烯膜 4) 膨润土防水毯的织布层和非织布层之间应连结紧密；牢固，膨润土颗粒分布均匀 5) 膨润土防水板的膨润土颗粒应分布均匀、粘贴牢固，基材应采用厚度为 0.6～1.0mm 的高密度聚乙烯片材 (2) 膨润土防水材料的性能指标应符合表 11-28 的要求
4	施工做法	(1) 基层应坚实、清洁，不得有明水和积水。平整度应符合本书表 11-23 序号 4 之 (1) 条的规定 (2) 膨润土防水材料应采用水泥钉和垫片固定。立面和斜面上的固定间距宜为 400～500mm，平面上应在搭接缝处固定 (3) 膨润土防水毯的织布面应与结构外表面或底板垫层混凝土密贴；膨润土防水板的膨润土面应与结构外表面或底板垫层密贴 (4) 膨润土防水材料应采用搭接法连接，搭接宽度应大于 100mm。搭接部位的固定位置距搭接边缘的距离宜为 25～30mm，搭接处应涂膨润土密封膏。平面搭接缝可干撒膨润土颗粒，用量宜为 0.3～0.5kg/m (5) 立面和斜面铺设膨润土防水材料时，应上层压着下层，卷材与基层、卷材与卷材之间应密贴，并应平整无褶皱 (6) 膨润土防水材料分段铺设时，应采取临时防护措施 (7) 甩槎与下幅防水材料连接时，应将收口压板、临时保护膜等去掉，并应将搭接部位清理干净，涂抹膨润土密封膏，然后搭接固定 (8) 膨润土防水材料的永久收口部位应用收口压条和水泥钉固定，并应用膨润土密封膏覆盖 (9) 膨润土防水材料与其他防水材料过渡时，过渡搭接宽度应大于 400mm，搭接范围内应涂抹膨润土密封膏或铺撒膨润土粉 (10) 破损部位应采用与防水层相同的材料进行修补，补丁边缘与破损部位边缘的距离不应小于 100mm；膨润土防水板表面膨润土颗粒损失严重时应涂抹膨润土密封膏

膨润土防水材料性能指标　　　　　　　　　　　　　　　　表 11-28

序号	项　目		性　能　指　标		
			针刺法钠基膨润土防水毯	刺覆膜法钠基膨润土防水毯	胶粘法钠基膨润土防水毯
1	单位面积质量（g/m², 干重）		≥4000		
2	膨润土膨胀指数（ml/2g）		≥24		
3	拉伸强度（N/100mm）		≥600	≥700	≥600
4	最大负荷下伸长率（%）		≥10	≥10	≥8
5	剥离强度	非制造布-编织布（N/10cm）	≥40	≥40	—
6		PE膜-非制造布（N/10cm）	—	≥30	—
7	渗透系数（cm/s）		≤5×10⁻¹¹	≤5×10⁻¹²	≤1×10⁻¹³
8	滤失量（ml）		≤18		
9	膨润土耐久性（ml/2g）		≥20		

11.2.8　地下工程种植顶板防水

对地下工程种植顶板防水要求如表 11-29 所示。

地下工程种植顶板防水　　　　　　　　　　　　　表 11-29

序号	项　目	内　容
1	一般规定	(1) 地下工程种植顶板的防水等级应为一级 (2) 种植土与周边自然土体不相连，且高于周边地坪时，应按种植屋面要求设计 (3) 地下工程种植顶板结构应符合下列规定： 1) 种植顶板应为现浇防水混凝土，结构找坡，坡度宜为 1%～2% 2) 种植顶板厚度不应小于 250mm，最大裂缝宽度不应大于 0.2mm，并不得贯通 3) 种植顶板的结构荷载设计应按国家现行标准《种植屋面工程技术规程》JGJ 155 的有关规定执行 (4) 地下室顶板面积较大时，应设计蓄水装置；寒冷地区的设计，冬秋季时宜将种植土中的积水排出
2	设计要求	(1) 种植顶板防水设计应包括主体结构防水、管线、花池、排水沟、通风井和亭、台、架、柱等构配件的防排水、泛水设计 (2) 地下室顶板为车道或硬铺地面时，应根据工程所在地区现行建筑节能标准进行绝热 (保温) 层的设计 (3) 少雨地区的地下工程顶板种植土宜与大于 1/2 周边的自然土体相连，若低于周边土体时，宜设置蓄排水层 (4) 种植土中的积水宜通过盲沟排至周边土体或建筑排水系统 (5) 地下工程种植顶板的防排水构造应符合下列要求： 1) 耐根穿刺防水层应铺设在普通防水层上面 2) 耐根穿刺防水层表面应设置保护层，保护层与防水层之间应设置隔离层 3) 排 (蓄) 水层应根据渗水性、储水量、稳定性、抗生物性和碳酸盐含量等因素进行设计；排 (蓄) 水层应设置在保护层上面，并应结合排水沟分区设置 4) 排 (蓄) 水层上应设置过滤层，过滤层材料的搭接宽度不应小于 200mm 5) 种植土层与植被层应符合国家现行标准《种植屋面工程技术规程》JGJ 155 的有关规定 (6) 地下工程种植顶板防水材料应符合下列要求： 1) 绝热 (保温) 层应选用密度小、压缩强度大、吸水率低的绝热材料，不得选用散状绝热材料 2) 耐根穿刺层防水材料的选用应符合国家相关标准的规定或具有相关权威检测机构出具的材料性能检测报告 3) 排 (蓄) 水层应选用抗压强度大且耐久性好的塑料排水板、网状交织排水板或轻质陶粒等轻质材料
3	绿化改造	(1) 已建地下工程顶板的绿化改造应经结构验算，在安全允许的范围内进行 (2) 种植顶板应根据原有结构体系合理布置绿化 (3) 原有建筑不能满足绿化防水要求时，应进行防水改造。加设的绿化工程不得破坏原有防水层及其保护层
4	细部构造	(1) 防水层下不得埋设水平管线。垂直穿越的管线应预埋套管，套管超过种植土的高度应大于 150mm (2) 变形缝应作为种植分区边界，不得跨缝种植 (3) 种植顶板的泛水部位应采用现浇钢筋混凝土，泛水处防水层高出种植土应大于 250mm (4) 泛水部位、水落口及穿顶板管道四周宜设置 200～300mm 宽的卵石隔离带

第 12 章

地下工程渗漏治理技术规定

12.1 地下工程渗漏治理简述与基本规定

12.1.1 简　述

地下工程渗漏治理简述如表 12-1 所示。

简　述　　　　　　　　　　　　　　表 12-1

序号	项　目	内　　　容
1	说明	（1）为规范地下工程渗漏治理的现场调查、方案设计、施工和质量验收，保证工程质量，做到经济合理、安全适用，则编写本章内容 渗漏是地下工程的常见病害之一。造成渗漏的原因很多，有客观原因也有人为因素，两者往往互相牵连。综合起来分析，主要有设计不当（设防措施不当）、施工质量欠佳（特别是细部处理粗糙）、材料问题（如选材不当或使用不合格材料）和使用管理不当四个方面 实践表明，渗漏治理是一项对从业人员技术水平、材料、施工工艺等方面要求均很高的工程，其实施难度往往超过新建工程。在长期的建筑工程渗漏治理实践中，工程技术人员总结出了灌（灌注化学灌浆材料）、嵌（嵌填刚性速凝材料）、抹（抹压防水砂浆）、涂（涂布防水涂料）等典型的施工工艺 （2）本章适用于地下工程渗漏的治理 以从背水面进行施工为主是地下工程渗漏治理的特点之一。为使本章技术架构清晰、便于使用，编制依照本书第 11 章中对地下工程范围的界定，从发生渗漏的结构形式对地下工程重新进行了梳理和总结，并将其划分现浇混凝土结构、预制衬砌隧道和实心砌体结构三大类型，如表 12-2 所示。喷锚支护结构及有现浇混凝土内衬的隧道渗漏的治理可参照现浇混凝土结构进行 （3）地下工程渗漏治理的设计和施工应遵循"以堵为主，堵排结合，因地制宜，多道设防，综合治理"的原则 渗漏发生的要素包括：水源、驱动力及渗漏通道，三者缺一不可。渗漏治理就是针对具体部位，运用合理可行的方式切断水源、消除渗漏驱动力或堵塞渗漏通道，其目的在于恢复或增强原防水构造的功能 新建工程的防水重视"防、排、截、堵"等措施相结合，本章中强调渗漏治理以堵为主，主要是考虑到一旦发生渗漏水，则必然会对建筑物或构筑物的使用功能造成负面的影响。将渗漏水拒于主体结构之外既符合防水工程的设计初衷，更是保证主体结构寿命的必要措施。应当指出，工程实际中仅通过"堵"往往不能彻底解决渗漏问题，在具备排水条件时，利用排水系统减少渗漏量也是一种有效的辅助手段。针对具体的渗漏问题，其治理工艺因时、因地变化而可能有所不同，故强调"因地制宜"。而"多道设防"是我国防水工程界长期实践经验的总结，

续表 12-1

序号	项 目	内 容
1	说明	是保证防水工程可靠性的必要措施。"综合治理"就是在渗漏治理过程中不仅仅满足达到治理部位不渗不漏，而是将工程看作一个整体，综合运用各种技术手段，达到渗漏治理的目的，避免陷入"年年修，年年漏"的恶性循环。本章针对常见的渗漏问题给出了一些典型的治理措施，不可能面面俱到，使用本章时时可灵活掌握 （4）地下工程渗漏治理除应符合本章外，尚应符合国家现行有关标准的规定
2	术语	（1）渗漏。透过结构或防水层的水量大于该部位的蒸发量，并在背水面形成湿渍或渗流的一种现象 （2）渗漏治理。通过修复或重建防（排）水功能，减轻或消除渗漏水不利影响的过程 （3）注浆止水。在压力作用下注入灌浆材料，切断渗漏水流通道的方法 （4）钻孔注浆。钻孔穿过基层渗漏部位，在压力作用下注入灌浆材料并切断渗漏水通道的方法 （5）压环式注浆嘴。利用压缩橡胶套管（或橡胶塞）产生的胀力在注浆孔中固定自身，并具有防止浆液逆向回流功能的注浆嘴 （6）埋管（嘴）注浆。使用速凝堵漏材料埋置的注浆管（嘴），在压力作用下注入灌浆材料并切断渗漏水通道的方法 （7）贴嘴注浆。对准混凝土裂缝表面粘贴注浆嘴，在压力作用下注入浆液的方法 （8）浆液阻断点。注浆作业时，预先设置在扩散通道上用于阻断浆液流动或改变浆液流向的装置 （9）内置式密封止水带。安装在地下工程变形缝背水面，用于密封止水的塑料或橡胶止水带 （10）止水帷幕。利用注浆工艺在地层中形成的具有阻止或减小水流透过的连续固结体 （11）壁后注浆。向隧道衬砌与围岩之间或土体的空隙内注入灌浆材料，达到防止地层及衬砌形变、阻止渗漏等目的的施工过程

按结构形式划分地下工程　　　　　　　　　　　表 12-2

序号	结构形式	地下工程类型
1	现浇混凝土结构	明挖法现浇混凝土结构
2		逆筑结构
3		矿山法隧道
4		地下连续墙
5	预制衬砌隧道	盾构法隧道
6		IBM 法隧道
7		沉管法隧道
8		顶管法隧道
9	实心砌体结构	砌体结构地下室

12.1.2 基 本 规 定

地下工程渗漏治理基本规定如表 12-3 所示。

基本规定　　　　　　　　　　　　　　　　　表 12-3

序号	项目	内容
1	现场调查	(1) 渗漏治理前应进行现场调查。现场调查宜包括下列内容： 1) 工程所在周围的环境 2) 渗漏水水源及变化规律 3) 渗漏水发生的部位、现状及影响范围 4) 结构稳定情况及损害程度 5) 使用条件、气候变化和自然灾害对工程的影响 6) 现场作业条件 (2) 地下工程渗漏水的现场量测宜符合现行国家标准《地下防水工程质量验收规范》GB 50208 的规定 (3) 渗漏治理前应收集工程的技术资料，并宜包括下列内容： 1) 工程设计相关资料 2) 原防水设防构造使用的防水材料及其性能指标 3) 渗漏部位相关的施工组织设计或施工方案 4) 隐蔽工程验收记录及相关的验收资料 5) 历次渗漏水治理的技术资料 (4) 渗漏治理前应结合现场调查结果和收集到的技术资料，从设计、材料、施工和使用等方面综合分析渗漏的原因，并应提出书面报告
2	方案设计	(1) 渗漏治理前应结合现场调查的书面报告进行治理方案设计。治理方案宜包括下列内容： 1) 工程概况 2) 渗漏原因分析及治理措施 3) 所选材料及其技术指标 4) 排水系统 (2) 有降水或排水条件的工程，治理前宜先采取降水或排水措施 (3) 工程结构存在变形和未稳定的裂缝时，宜待变形和裂缝稳定后再进行治理。接缝渗漏的治理宜在开度较大时进行 (4) 严禁采用有损结构安全的渗漏治理措施及材料 (5) 当渗漏部位有结构安全隐患时，应按国家现行有关标准的规定进行结构修复后再进行渗漏治理。渗漏治理应在结构安全的前提下进行 (6) 渗漏治理宜先止水或引水再采取其他治理措施
3	材料要求	(1) 渗漏治理所选用的材料应符合下列规定： 1) 材料的施工应适应现场环境条件 2) 材料应与原防水材料相容，并应避免对环境造成污染 3) 材料应满足工程的特定使用功能要求 (2) 灌浆材料的选择宜符合下列规定： 1) 注浆止水时，宜根据渗漏量、可灌性及现场环境等条件选择聚氨酯、丙烯酸盐、水泥-水玻璃或水泥基灌浆材料，并宜通过现场配合比试验确定合适的浆液固化时间 2) 有结构补强需要的渗漏部位，宜选用环氧树脂、水泥基或油溶性聚氨酯等固结体强度高的灌浆材料 3) 聚氨酯灌浆材料在存放和配制过程中不得与水接触，包装开启后宜一次用完 4) 环氧树脂灌浆材料不宜在水流速度较大的条件下使用，且不宜用作注浆止水材料

序号	项　目	内　　容
3	材料要求	5）丙烯酸盐灌浆材料不得用于有补强要求的工程 （3）密封材料的使用应符合下列规定： 1）遇水膨胀止水条（胶）应在约束膨胀的条件下使用 2）结构背水面宜使用高模量的合成高分子密封材料，施工前宜先涂布配套的基层处理剂，接缝底部应设置背衬材料 （4）刚性防水材料的使用应符合下列规定 1）环氧树脂类防水涂料宜选用渗透型产品，用量不宜小于 0.5kg/m^2，涂刷次数不应小于 2 遍 2）水泥渗透结晶型防水涂料的用量不应小于 1.5kg/m^2，且涂膜厚度不应小于 1.0mm 3）聚合物水泥防水砂浆层的厚度单层施工时宜为 $6\sim8\text{mm}$，双层施工时宜为 $10\sim12\text{mm}$ 4）新浇补偿收缩混凝土的抗渗等级及强度不应小于原有混凝土的设计要求 （5）聚合物水泥防水涂层的厚度不宜小于 2.0mm，并应设置水泥砂浆保护层
4	施工要求	（1）渗漏治理施工前，施工方应根据渗漏治理方案设计编制施工方案，并应进行技术和安全交底 （2）渗漏治理所用材料应符合相关标准及设计要求，并应由相关各方协商决定是否进行现场抽样复验。渗漏治理不得使用不合格的材料 （3）渗漏治理应由具有防水工程施工资质的专业施工队伍施工，主要操作人员应持证上岗 （4）渗漏部位的基层处理应满足材料及施工工艺的要求 （5）渗漏治理施工应建立各道工序的自检、交接检和专职人员检查的制度。上道工序未经检验确认合格前，不得进行下道工序的施工 （6）施工过程中应随时检查治理效果，并应做好隐蔽工程验收记录 （7）当工程现场条件与设计方案有差异时，应暂停施工。当需要变更设计方案时，应做好工程洽商及记录 （8）对已完成渗漏治理的部位应采取保护措施 （9）施工时的气候及环境条件应符合材料施工工艺的要求 （10）注浆止水施工应符合下列规定： 1）注浆止水施工所配置的风、水、电应可靠，必要时可设置专用管路和线路 2）从事注浆止水的施工人员应接受专业技术、安全、环境保护和应急救援等方面的培训 3）单液注浆浆液的配制宜遵循"少量多次"和"控制浆温"的原则，双液注浆时浆液配比应准确 4）基层温度不宜低于 5℃，浆液温度不宜低于 15℃ 5）注浆设备应在保证正常作业的前提下，采用较小的注浆孔孔径和小内径的注浆管路，且注浆泵宜靠近孔口（注浆嘴），注浆管路长度宜短 6）注浆止水施工可按清理渗漏部位、设置注浆嘴、清孔（缝）、封缝、配制浆液、注浆、封孔和基层清理的工序进行 7）注浆止水施工安全及环境保护应符合本表序号 5 的规定 8）注浆过程中发生漏浆时，宜根据具体情况采用降低注浆压力、减小流量和调整配比等措施进行处理，必要时可停止注浆 9）注浆宜连续进行，因故中断时应尽快恢复注浆 （11）钻孔注浆止水施工除应符合本表序号 4 之（10）的规定外，尚应符合下列现定： 1）钻孔注浆前，应使用钢筋检测仪确定设计钻孔位置的钢筋分布情况；钻孔时，应避开钢筋

序号	项 目	内 容
4	施工要求	2）注浆孔应采用适宜的钻机钻进，钻进全过程中应采取措施，确保钻孔按设计角度成孔，并宜采用高压空气吹孔，防止或减少粉末、碎屑堵塞裂缝 3）封缝前应打磨及清理混凝土基层，并宜使用速凝型无机堵漏材料封缝；当采用聚氨酯灌浆材料注浆时，可不预先封缝 4）宜采用压环式注浆嘴，并应根据基层强度、钻孔深度及孔径选择注浆嘴的长度和外径，注浆嘴应埋置牢固 5）注浆过程中，当观察到浆液完全代替裂缝中的渗漏水并外溢时，可停止从该注浆嘴注浆 6）注浆全部结束且灌浆材料固化后，应按工程要求处理注浆嘴、封孔，并清除外溢的灌浆材料 （12）速凝型无机防水堵漏材料的施工应符合下列规定： 1）应按产品说明书的要求严格控制加水量 2）材料应随配随用，并宜按照"少量多次"的原则配料 （13）水泥基渗透结晶型防水涂料的施工应符合下列规定： 1）混凝土基层表面应干净并充分润湿，但不得有明水；光滑的混凝土表面应打毛处理 2）应按产品说明书或设计规定的配合比严格控制用水量，配料时宜采用机械搅拌 3）配制好的涂料从加水开始应在 20min 内用完。在施工过程中，应不断搅拌混合料；不得向配好的涂料中加水加料 4）多遍涂刷时，应交替改变涂刷方向 5）涂层终凝后应及时进行喷雾干湿交替养护，养护时间不得小于 72h，不得采取浇水或蓄水养护 （14）渗透型环氧树脂防水涂料的施工应符合下列规定： 1）基层表面应干净、坚固、无明水 2）大面积施工时应按本表序号 5 的规定做好安全及环境保护 3）施工环境温度不应低于 5℃，并宜按"少量多次"及"控制温度"的原则进行配料 4）涂刷时宜按照由高到低、由内向外的顺序进行施工 5）涂刷第一遍的材料用量不宜小于总用量的 1/2，对基层混凝土强度较低的部位，宜加大材料用量。两遍涂刷的时间间隔宜为 0.5～1h 6）抹压砂浆等后续施工宜在涂料完全固化前进行 （15）聚合物水泥砂浆的施工应符合下列规定： 1）基层表面应坚实、清洁，并应充分湿润、无明水 2）防水层应分层铺抹，铺抹时应压实、抹平，最后一层表面应提浆压光 3）聚合物水泥防水砂浆拌和后应在规定时间内用完，施工中不得随意加水 4）砂浆层未达到硬化状态时，不得浇水养护，硬化后应采用干湿交替的方法进行养护，养护温度不宜低于 5℃，并应保持砂浆表面湿润，养护时间不应少于 14d。潮湿环境中，可在自然条件下养护
5	安全及环境保护	（1）注浆施工时，操作人员应穿防护服，戴口罩、手套和防护眼镜 （2）挥发性材料应密封贮存，妥善保管和处理，不得随意倾倒 （3）使用易燃材料时，施工现场禁止出现明火 （4）施工现场应通风良好

12.2 现浇混凝土结构渗漏治理

12.2.1 一 般 规 定

现浇混凝土结构渗漏治理一般规定如表 12-4 所示。

一 般 规 定 表 12-4

序号	项 目	内 容
1	技术措施	现浇混凝土结构地下工程渗漏的治理宜根据渗漏部位、渗漏现象选用表 12-5 中所列的技术措施
2	其他要求	(1) 当裂缝或施工缝采取注浆止水时，灌浆材料除应符合注浆止水要求外，尚宜满足结构补强需要。变形缝内注浆止水材料应选用固结体适应形变能力强的灌浆材料 (2) 当工程部位长期承受振动或周期性荷载、结构尚未稳定或形变较大时，应在止水后于变形缝背水面安装止水带 (3) 地下工程渗漏治理宜采取强制通风承受，并应避免结露

现浇混凝土结构地下工程渗漏治理的技术措施 表 12-5

序号	技术措施		裂缝或施工缝	变形缝	大面积渗漏	孔洞	管道根部	材 料
1	注浆止水	钻孔注浆	●	●	○	×	●	聚氨酯灌浆材料、丙烯酸盐灌浆材料、水泥—水玻璃灌浆材料、环氧树脂灌浆材料、水泥基灌浆材料等
2		埋管（嘴）注浆	×	○	×	○	○	
3		贴嘴注浆	○	×	×	×	×	
4	快速封堵		○	×	●	●	●	速凝型无机防水堵漏材料等
5	安装止水带		×	●	×	×	×	内置式密封止水带、内装可卸式橡胶止水带
6	嵌填密封		×	×	×	×	○	遇水膨胀止水条（胶）、合成高分子密封材料
7	设置刚性防水层		●	×	●	●	○	水泥基渗透结晶型防水涂料、缓凝型无机防水堵漏材料、环氧树脂类防水涂料、聚合物水泥防水砂浆
8	设置柔性防水层		×	×	×	×	○	Ⅱ型或Ⅲ型聚合物水泥防水涂料

注：●——宜选，○——可选，×——不宜选。

12.2.2 方案设计与施工做法

现浇混凝土结构渗漏治理方案设计与施工做法如表 12-6 所示。

		方案设计与施工做法 表 12-6

序号	项　目	内　　容
1	方案设计	(1) 裂缝渗漏宜先止水，再在基层表面设置刚性防水层，并应符合下列规定： 1) 水压或渗漏量大的裂缝宜采取钻孔注浆止水，并应符合下列规定： ①对无补强要求的裂缝，注浆孔宜交叉布置在裂缝两侧，钻孔应斜穿裂缝，垂直深度宜为混凝土结构厚度 h 的 $1/3\sim1/2$，钻孔与裂缝水平距离宜为 $100\sim250mm$，孔间距宜为 $300\sim500mm$，孔径不宜大于 $20mm$，斜孔倾角 θ 宜为 $45°\sim60°$。当需要预先封缝时，封缝的宽度宜为 $50mm$（图 12-1） ②对有补强要求的裂缝，宜先钻斜孔并注入聚氨酯灌浆材料止水，钻孔垂直深度不宜小于结构厚度 h 的 $1/3$；再宜二次钻斜孔，注入可在潮湿环境下固化的环氧树脂灌浆材料或水泥基灌浆材料，钻孔垂直深度不宜小于结构厚度 h 的 $1/2$（图 12-2） ③注浆嘴深入钻孔的深度不宜大于钻孔长度的 $1/2$ ④对于厚度不足 $200mm$ 的混凝土结构，宜垂直裂缝钻孔，钻孔深度宜为结构厚度 $1/2$ 2) 对水压与渗漏量小的裂缝，可按本表序号 1 之 (1) 的 1) 的规定注浆止水，也可用速凝型无机防水堵漏材料快速封堵止水。当采取快速封堵时，宜沿裂缝走向在基层表面切割出深度宜为 $40\sim50mm$、宽度宜为 $40mm$ 的"U"形凹槽，然后在凹槽中嵌填速凝型无机防水堵漏材料止水，并宜预留深度不小于 $20mm$ 的凹槽，再用含水泥基渗透结晶型防水材料的聚合物水泥防水砂浆找平（图 12-3） 3) 对于潮湿而无明水的裂缝，宜采用贴嘴注浆注入可在潮湿环境下固化的环氧树脂灌浆材料，并宜符合下列规定： ①注浆嘴底座宜带有贯通的小孔 ②注浆嘴宜布置在裂缝较宽的位置及其交叉部位，间距宜为 $200\sim300mm$，裂缝封闭宽度宜为 $50mm$（图 12-4） 4) 设置刚性防水层时，宜沿裂缝走向在两侧各 $200mm$ 范围内的基层表面先涂布水泥基渗透结晶型防水涂料，再宜单层抹压聚合物水泥防水砂浆。对于裂缝分布较密的基层，宜大面积抹压聚合物水泥防水砂浆 (2) 施工缝渗漏宜先止水，再设置刚性防水层，并宜符合下列规定： 1) 预埋注浆系统完好的施工缝，宜先使用预埋注浆系统注入超细水泥或水溶性灌浆材料止水 2) 钻孔注浆止水或嵌填速凝型无机防水堵漏材料快速封堵止水措施宜符合本表序号 1 之 (1) 的规定 3) 逆筑结构墙体施工缝的渗漏宜采取钻孔注浆止水并补强。注浆止水材料宜使用聚氨酯或水泥基灌浆材料，注浆孔的布置宜符合本表序号 1 之 (1) 的规定。在倾斜的施工缝面上布孔时，宜垂直基层钻孔并穿过施工缝 4) 设置刚性防水层时，宜沿施工缝走向在两侧各 $200mm$ 范围内的基层表面先涂布水泥基渗透结晶型防水涂料，再宜单层抹压聚合物水泥防水砂浆 (3) 变形缝渗漏的治理宜先注浆止水，并宜安装止水带，必要时可设置排水装置 (4) 变形缝渗漏的止水宜符合下列规定： 1) 对于中埋式止水带宽度已知且渗漏量大的变形缝，宜采取钻斜孔穿过结构至止水带迎水面、并注入油溶性聚氨酯灌浆材料止水，钻孔间距宜为 $500\sim1000mm$（图 12-5）；对于查清漏

序号	项　目	内　　容
1	方案设计	水点位置的，注浆范围宜为漏水部位左右两侧各2m，对于未查清漏水点位置的，宜沿整条变形缝注浆止水 2) 对于顶板上查明渗漏点且渗漏量较小的变形缝，可在漏点附近的变形缝两侧混凝土中垂直钻孔至中埋式橡胶钢边止水带翼部并注入聚氨酯灌浆材料止水，钻孔间距宜为500mm（图12-6） 3) 因结构底板中埋式止水带局部损坏而发生渗漏的变形缝，可采用埋管（嘴）注浆止水，并宜符合下列规定： ①对于查清渗漏位置的变形缝，宜先在渗漏部位左右各不大于3m的变形缝中布置浆液阻断点；对于未查清渗漏位置的变形缝，浆液阻断点宜布置在底板与侧墙相交处的变形缝中 ②埋设管（嘴）前宜清理浆液阻断点之间变形缝内的填充物，形成深度不小于50mm的凹槽 ③注浆管（嘴）宜使用硬质金属或塑料管，并宜配置阀门 ④注浆管（嘴）宜位于变形缝中部并垂直于止水带中心孔，并宜采用速凝型无机防水堵漏材料埋设注浆管（嘴）并封闭凹槽（图12-7） ⑤注浆管（嘴）间距可为500～1000mm，并宜根据水压、渗漏水量及灌浆材料的凝结时间确定 ⑥注浆材料宜使用聚氨酯灌浆材料，注浆压力不宜小于静水压力的2.0倍 (5) 变形缝背水面安装止水带应符合下列规定： 1) 对于有内装可卸式橡胶止水带的变形缝，应先拆除止水带然后重新安装 2) 安装内置式密封止水带前应先清理并修补变形缝两侧各100mm范围内的基层，并应做到基层坚固、密实、平整；必要时可向下打磨基层并修补形成深度不大于10mm凹槽 3) 内置式密封止水带应采用热焊搭接，搭接长度不应小于50mm，中部应形成Ω形，Ω弧长宜为变形缝宽度的1.2～1.5倍 4) 当采用胶粘剂粘贴内置式密封止水带时，应先涂布底涂料，并宜在厂家规定的时间内用配套的胶粘剂粘贴止水带，止水带在变形缝两侧基础上的粘结宽度均不应小于50mm（图12-8） 5) 当采用螺栓固定内置式密封止水带时，宜先在变形缝两侧基层中埋设膨胀螺栓或用化学植筋方法设置螺栓，螺栓间距不宜大于300mm，转角附近的螺栓可适当加密，止水带在变形缝两侧基层上的粘结宽度各不应小于100mm。基层及金属压板间应采用2～3mm厚的丁基橡胶防水密封胶带压密实，螺栓根部应做好密封处理（图12-9） 6) 当工程埋深较大且静水压力较高时，宜采用螺栓固定内置式密封止水带，并宜采用纤维内增强型密封止水带；在易遭受外力破坏的环境中使用，应采取可适应形变的止水带保护措施 (6) 注浆止水后遗留的局部、微量渗漏水或受现场施工条件限制无法彻底止水的变形缝，可沿变形缝走向在结构顶部及两侧设置排水槽。排水槽宜为不锈钢或塑料材质，并宜与排水系统相连，排水应畅通，排水流量应大于最大渗漏量 采用排水系统时，宜加强对渗漏水水质、渗漏量及结构安全的监测 (7) 大面积渗漏且有明水时，宜先采取钻孔注浆或快速封堵止水，再在基层表面设置刚性防水层，并应符合下列规定： 1) 当采取钻孔注浆止水时，应符合下列规定： ①宜在基层表面均匀布孔，钻孔间距不宜大于500mm，钻孔深度不应小于结构厚度的1/2，孔径不宜大于20mm，并宜采用聚氨酯或丙烯酸盐灌浆材料 ②当工程周围土体疏松且地下水位较高时，可钻孔穿透结构至迎水面并注浆，钻孔间距及注浆压力宜根据浆液及周围土体的性质确定，注浆材料宜采用水泥基、水泥—水玻璃或丙烯酸盐等灌浆材料。注浆时应采取有效措施防止浆液对周围建筑物及设施造成破坏

序号	项　目	内　　容
1	方案设计	2) 当采取快速封堵止水时，宜大面积均匀抹压速凝型无机防水堵漏材料，厚度不宜小于5mm。对于抹压速凝型无机防水堵漏材料后出现的渗漏点，宜在渗漏点处进行钻孔注浆止水 3) 设置刚性防水层时，宜先涂布水泥基渗透结晶型防水涂料或渗透型环氧树脂类防水涂料，再抹压聚合物水泥防水砂浆，必要时可在砂浆层中铺设耐碱纤维网格布 (8) 大面积渗漏而无明水时，宜先多遍涂刷水泥基渗透结晶型防水涂料或渗透型环氧树脂类防水涂料，再抹压聚合物水泥防水砂浆 (9) 孔洞的渗漏宜先采取注浆或快速封堵止水，再设置刚性防水层，并应符合下列规定： 1) 当水压大或孔洞直径大于等于50mm时，宜采用埋管（嘴）注浆止水。注浆管（嘴）宜使用硬质金属管或塑料管，并宜配置阀门，管径应符合引水卸压及注浆设备的要求。注浆材料宜使用速凝型水泥-水玻璃灌浆材料或聚氨酯灌浆材料。注浆压力应根据灌浆材料及工艺进行选择 2) 当水压小或孔洞直径小于50mm时，可按本表序号1之（9）的1)的规定采用埋管（嘴）注浆止水，也可采用快速封堵止水。当采用快速封堵止水时，宜先清除孔洞周围疏松的混凝土，并宜将孔洞周围剔凿成V形凹坑，凹坑最宽处的直径宜大于孔洞直径50mm以上，深度不宜小于40mm，再在凹坑中嵌填速凝型无机防水堵漏材料止水 3) 止水后宜在孔洞周围200mm范围内的基层表面涂布水泥基渗透结晶型防水涂料或渗透型环氧树脂类防水涂料，并宜抹压聚合物水泥防水砂浆 (10) 凸出基层管道根部的渗漏宜先止水、再设置刚性防水层，必要时可设置柔性防水层，并应符合下列规定： 1) 管道根部渗漏的止水应符合下列规定： ①当渗漏量大时，宜采用钻孔注浆止水，钻孔宜斜穿基层并到达管道表面，钻孔与管道外侧最近直线距离不宜小于100mm，注浆嘴不应少于2个，并宜对称布置。也可采用埋管（嘴）注浆止水。埋设硬质金属或塑料注浆管（嘴）前，宜先在管道根部剔凿直径不小于50mm、深度不大于30mm的凹槽，用速凝型无机防水堵漏材料以与基层呈30°~60°的夹角埋设注浆管（嘴），并封闭管道与基层间的接缝。注浆压力不宜小于静水压力的2.0倍，并宜采用聚氨酯灌浆材料 ②当渗漏量小时，可按本款第1项的规定采用注浆止水，也可采用快速封堵止水。当采用快速封堵止水时，宜先沿管道根部剔凿环行凹槽，凹槽的宽度不宜大于40mm、深度不宜大于50mm，再嵌填速凝型无机防水堵漏材料。嵌填速凝型无机防水堵漏材料止水后，预留凹槽的深度不宜小于10mm，并宜用聚合物水泥防水砂浆找平 2) 止水后，宜在管道周围200mm宽范围内的基层表面涂布水泥基渗透结晶型防水涂料。当管道热胀冷缩形变量较大时，宜在其四周涂布柔性防水涂料，涂层在管壁上的高度不宜小于100mm，收头部位宜用金属箍压紧，并宜设置水泥砂浆保护层。必要时，可在涂层中铺设纤维增强材料 3) 金属管道应采取除锈及防锈措施 (11) 支模对拉螺栓渗漏的治理，应先剔凿螺栓根部的基层，形成深度不小于40mm的凹槽，再切割螺栓并嵌填速凝型无机防水堵漏材料止水，并用聚合物水泥防水砂浆找平 (12) 地下连续墙幅间接缝渗漏的治理应符合下列规定： 1) 当渗漏量小时，宜先沿接缝走向按本表序号1之（1）的规定采用钻孔注浆或快速封堵止水，再在接缝部位两侧各500mm范围内的基层表面涂布水泥基渗透结晶型防水涂料，并宜用聚合物水泥防水砂浆找平或重新浇筑补偿收缩混凝土。接缝的止水宜符合下列规定： ①当采用注浆止水时，宜钻孔穿过接缝并注入聚氨酯灌浆材料止水，注浆压力不宜小于静水压力的2.0倍

序号	项　目	内　　　容
1	方案设计	②当采用快速封堵止水时，宜沿接缝走向切割形成 U 形凹槽，凹槽的宽度不应小于 100mm，深度不应小于 50mm，嵌填速凝型无机防水堵漏材料止水后预留凹槽的深度不应小于 20mm 　2）当渗漏水量大、水压高已可能发生涌水、涌砂、涌泥等险情或危及结构安全时，应先在基坑内侧渗漏部位回填土方或砂包，再在基坑接缝外侧用高压旋喷设备注入速凝型水泥-水玻璃灌浆材料形成止水帷幕，止水帷幕应深入结构底板 2.0m 以下。待漏水量减小后，再宜逐步挖除土方或移除砂包并按本条第 1 款的规定从内侧止水并设置刚性防水层 　3）设置止水帷幕时应采取措施防止对周围建筑物或构筑物造成破坏 　(13) 混凝土蜂窝、麻面的渗漏，宜先止水再设置刚性防水层，必要时宜重新浇筑补偿收缩混凝土修补，并应符合下列规定： 　1）止水前应先凿除混凝土中的酥松及杂质，再根据渗漏现象分别按本表序号 1 之（1）和（9）的规定采用钻孔注浆或嵌填速凝型无机防水堵漏材料止水 　2）止水后，应在渗漏部位及其周边 200mm 范围内涂布水泥基渗透结晶型防水涂料，并宜抹压聚合物水泥防水砂浆找平 　当渗漏部位混凝土质量差时，应在止水后先清理渗漏部位及其周边外延 1.0m 范围内的基层，露出坚实的混凝土，再涂布水泥基渗透结晶型防水涂料，并浇筑补偿收缩混凝土。当清理深度大于钢筋保护层厚度时，宜在新浇混凝土中设置直径不小于 6mm 的钢筋网片
2	施工做法	(1) 裂缝的止水及刚性防水层的施工应符合下列规定： 　1）钻孔注浆时应严格控制注浆压力等参数，并宜沿裂缝走向自下而上依次进行 　2）使用速凝型无机防水堵漏材料快速封堵止水应符合下列规定： 　①应在材料初凝前用力将拌合料紧压在待封堵区域直至材料完全硬化 　②宜按照从上到下的顺序进行施工 　③快速封堵止水时，宜沿凹槽走向分段嵌填速凝型无机防水堵漏材料止水并间隔留置引水孔，引水孔间距宜为 500～1000mm，最后再用速凝型无机防水堵漏材料封闭引水孔 　3）潮湿而无明水裂缝的贴嘴注浆宜符合下列规定： 　①粘贴注浆嘴和封缝前，宜先将裂缝两侧待封闭区域内的基层打磨平整并清理干净，再宜用配套的材料粘贴注浆嘴并封缝 　②粘贴注浆嘴时，宜先用定位针穿过注浆嘴、对准裂缝插入，将注浆嘴骑缝粘贴在基层表面，宜以拔出定位针时不粘附胶粘剂为合格。不合格时，应清理缝口，重新贴嘴，直至合格。粘贴注浆嘴后不可拔出定位针 　③立面上应沿裂缝走向自下而上依次进行注浆。当观察到临近注浆嘴出浆时，可停止从该注浆嘴注浆，并从下一注浆嘴重新开始注浆 　④注浆全部结束且孔内灌浆材料固化，并经检查无湿渍、无明水后，应按工程要求拆除注浆嘴、封孔、清理基层 　4）刚性防水层的施工应符合材料要求及本章的规定 　(2) 施工缝渗漏的止水及刚性防水层的施工应符合下列规定： 　1）利用预埋注浆系统注浆止水时，应符合下列规定： 　①宜采取较低的注浆压力从一端向另一端、由低到高进行注浆 　②当浆液不再流入并且压力损失很小时，应维持该压力并保持 2min 以上，然后终止注浆 　③需要重复注浆时，应在浆液固化前清洗注浆通道 　2）钻孔注浆止水、快速封堵止水及刚性防水层的施工应符合本表序号 2 之（1）的规定 　(3) 变形缝渗漏的注浆止水施工应符合下列规定：

序号	项　目	内　　　容
2	施工做法	1）钻孔注浆止水施工应符合本表序号 2 之（1）的规定 2）浆液阻断点应埋设牢固且能承受注浆压力而不破坏 3）埋管（嘴）注浆止水施工应符合下列规定： ①注浆管（嘴）应埋置牢固并应做好引水处理 ②注浆过程中，当观察到临近注浆嘴出浆时，可停止注浆，并应封闭该注浆嘴，然后从下一注浆嘴开始注浆 ③停止注浆且待浆液固化，并经检查无湿渍、无明水后，应按要求处理注浆嘴、封孔并清理基层 （4）变形缝背水面止水带的安装应符合下列规定： 1）止水带的安装应在无渗漏水的条件下进行 2）与止水带接触的混凝土基层表面条件应符合设计要求 3）内装可卸式橡胶止水带的安装应符合本书第 11 章的规定 4）粘贴内置式密封止水带符合下列规定： ①转角处应使用专用修补材料做成圆角或钝角 ②底涂料及专用胶粘剂应涂布均匀，用量应符合材料要求 ③粘贴止水带时，宜使用压辊在止水带与混凝土基层搭接部位来回多遍辊压排气 ④胶粘剂未完全固化前，止水带应避免受压或发生位移，并应采取保护措施 5）采用螺栓固定内置式密封止水带应符合下列规定： ①转角处应使用专用修补材料做成钝角，并宜配备专用的金属压板配件 ②膨胀螺栓的长度和直径应符合设计要求，金属膨胀螺栓宜采取防锈处理工艺。安装时，应采取措施避免造成变形缝两侧基层的破坏 6）进行止水带外设保护装置施工时应采取措施避免造成止水带破坏 （5）安装变形缝外置排水槽时，排水槽应固定牢固，排水坡度应符合设计要求，转角部位应使用专用的配件 （6）大面积渗漏治理施工应符合下列规定： 1）当向地下工程结构的迎水面注浆止水时，钻孔及注浆设备应符合设计要求 2）当采取快速封堵止水时，应先清理基层，除去表面的酥松、起皮和杂质，然后分多遍抹压速凝型无机防水堵漏材料并形成连续的防水层 3）涂刷水泥基渗透结晶型防水涂料或渗透型环氧树脂类防水涂料时，应按照从高处向低处、先细部后整体、先远处后近处的顺序进行施工 4）刚性防水层的施工应符合材料要求及本章的规定 （7）孔洞渗漏施工应符合下列规定： 1）埋管（嘴）注浆止水施工宜符合下列规定： ①注浆管（嘴）应埋置牢固并做好引水泄压处理 ②待浆液固化并经检查无明水后，应按设计要求处理注浆嘴、封孔并清理基层 2）当采用快速封堵止水及设置刚性防水层时，其施工应符合本表序号 2 之（1）的规定 （8）凸出基层管道根部渗漏治理施工应符合下列规定： 1）当采用钻斜孔注浆止水时，除宜符合本表序号 2 之（1）的规定外，尚宜采取措施避免由于钻孔造成管道的破损，注浆时宜自下而上进行 2）埋管（嘴）注浆止水的施工工艺应符合本表序号 2 之（7）的 1）的规定 3）快速封堵止水应符合本表序号 2 之（1）的 2）的规定 4）柔性防水涂料的施工应符合下列规定：

序号	项　目	内　容
2	施工做法	①基层表面应无明水，阴角宜处理成圆弧形 ②涂料宜分层刷涂，不得漏涂 ③铺贴纤维增强材料时，纤维增强材料应铺设平整并充分浸透防水涂料 （9）地下连续墙幅间接缝渗漏治理的施工应符合下列规定： 1）注浆止水或快速封堵止水及刚性防水层的施工宜符合本表序号2之（1）条的规定 2）浇筑补偿收缩混凝土前应先在混凝土基层表面涂布水泥基渗透结晶型防水涂料，补偿收缩混凝土的配制、浇筑及养护应符合本书第11章的规定 3）高压旋喷成型止水帷幕应由具有地基处理专业施工资质的队伍施工 （10）混凝土蜂窝、麻面渗漏治理的施工宜分别按照裂缝、孔洞或大面积渗漏等不同现象分别按本表序号2之（1）、（6）及（8）的规定进行施工

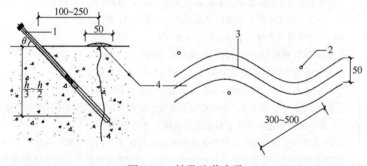

图 12-1　钻孔注浆布孔

1—注浆嘴；2—钻孔；3—裂缝；4—封缝材料

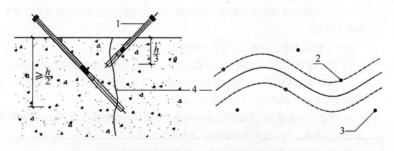

图 12-2　钻孔注浆止水及补强的布孔

1—注浆嘴；2—注浆止水钻孔；3—注浆补强钻孔；4—裂缝

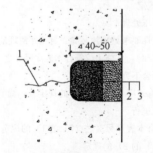

图 12-3　裂缝快速封堵止水

1—裂缝；2—速凝型无机防水堵漏材料；3—聚合物水泥防水砂浆

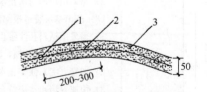

图 12-4　贴嘴注浆布孔

1—注浆嘴；2—裂缝；3—封缝材料

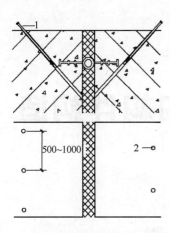

图 12-5 钻孔至止水带迎水面注浆止水

1—注浆嘴；2—钻孔

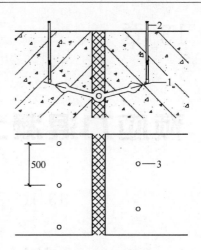

图 12-6 钻孔至止水带两翼钢边并注浆止水

1—中埋式橡胶钢边止水带；2—注浆嘴；3—注浆孔

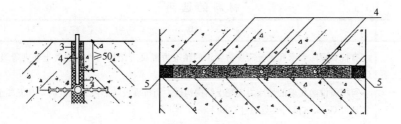

图 12-7 变形缝埋管（嘴）注浆止水

1—中埋式橡胶止水带；2—填缝材料；3—速凝型无机防水堵漏材料；4—注浆管（嘴）；5—浆液阻断点

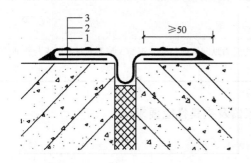

图 12-8 粘贴内置式密封止水带

1—胶粘剂层；2—内置式密封止水带；
3—胶粘剂固化形成的锚固点

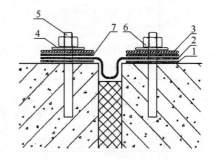

图 12-9 螺栓固定内置式密封止水带

1—丁基橡胶防水密封胶粘带；2—内置式密封止水
带；3—金属压板；4—垫片；5—预埋螺栓；6—螺
母；7—丁基橡胶防水密封胶粘带

第 13 章

预应力混凝土结构构件构造

13.1 一 般 规 定

13.1.1 材 料 的 选 用

预应力混凝土结构材料的选用如表 13-1 所示。

材料的选用 表 13-1

序号	项 目	内 容
1	混凝土强度等级	有抗震设防要求和无抗震设防要求的预应力混凝土结构构件的混凝土强度等级均 不宜低于 C40，且不应低于 C30 有抗震设防要求的预应力混凝土结构构件，当抗震设防烈度为 9 度时，其混凝土强度等级不宜超过 C60，8 度时不宜超过 C70
2	预应力筋	预应力筋宜采用预应力钢丝、钢绞线和预应力螺纹钢筋；对先张法中、小型预应力混凝土预制构件可采用强度较高的冷轧带肋钢筋。有关预应力筋的材料性能要求及设计强度取值见本书第 1 章中的有关内容
3	非预应力筋	预应力混凝土结构构件中的非预应力受力纵向钢筋、构造钢筋、箍筋的材料要求与普通钢筋混凝土结构构件的要求相同

13.1.2 锚具、连接器及夹具性能要求

锚具、连接器及夹具性能要求如表 13-2 所示。

锚具、连接器及夹具性能要求 表 13-2

序号	项 目	内 容
1	锚具和连接器的选用	(1) 预应力结构构件的设计，应根据工程环境、结构特点、预应力筋品种和张拉施工方法，合理选择适用的锚具和连接器，常用预应力筋的锚具和连接器可按表 13-3 选用 (2) 较高强度等级预应力筋用锚具（夹具或连接器）可用于较低强度等级的预成力筋；较低强度等级预应力筋用锚具（夹具或连接器）不得用于较高强度等级的预应力筋 (3) 在后张预应力混凝土结构构件中，预应力束（或孔道）曲线末端的切线应与锚垫板垂直，不同张拉力的预应力束曲线起始点与张拉锚固点之间的直线段最小长度应符合表 13-4 的规定

序号	项 目	内 容
2	性能要求	(1) 预应力筋用锚具，夹具和连接器的基本性能应符合现行国家标准《预应力筋用锚具、夹具和连接器》GB/T 14370 的规定 (2) 锚具的静载锚固性能，应由预应力筋—锚具组装件静载试验测定的锚具效率系数（η_a）和达到实测极限拉力时组装件中预应力筋的总应变（ε_{apu}）确定。锚具效率系数（η_a）不应小于 0.95，预应力筋总应变（ε_{apu}）不应小于 2.0%。锚具效率系数应根据试验结果并按下式计算确定： $$\eta_a = \frac{F_{apu}}{\eta_p \cdot \eta_{pm}} \qquad (13-1)$$ 式中　η_a——由预应力筋-锚具组装件静载试验测定的锚具效率系数 　　　η_{apu}——预应力筋-锚具组装件的实测极限拉力（N） 　　　η_{pm}——预应力筋的实际平均极限抗拉力（N），由预应力筋试件实测破断力平均值计算确定 　　　η_p——预应力筋的效率系数，其值应按下列规定取用：预应力筋-锚具组装件中预应力筋为 1～5 根时，$\eta_p = 1$；6～12 根时，$\eta_p = 0.99$；13～19 根时，$\eta_p = 0.98$；20 根及以上时，$\eta_p = 0.97$ 预应力筋-锚具组装件的破坏形式应是预应力筋的破断，锚具零件不应碎裂。夹片式锚具的夹片在预应力筋拉应力未超过 $0.8 f_{ptk}$ 时不应出现裂纹 (3) 预应力筋-锚具（或连接器）组装件破坏时，夹片式锚具的夹片可出现微裂或一条纵向断裂裂缝 (4) 夹片式锚具的锚板应具有足够的刚度和承载力，锚板性能由锚板的加载试验确定，加载至 $0.95 F_{ptk}$ 后卸载，测得的锚板中心残余挠度不应大于相应锚垫板上口直径的 1/600；加载至 $1.2 F_{ptk}$ 时，锚板不应出现裂纹或破坏 (5) 需做疲劳验算的结构所采用的锚具，应满足疲劳性能要求 (6) 有抗震要求的结构采用的锚具，应满足低周反复荷载性能要求 (7) 当锚具使用环境温度低于 −50℃ 时，锚具应满足低温锚固性能要求 (8) 锚具应满足分级张拉、补张拉和放松拉力等张拉工艺的要求。锚固多根预应力筋的锚具，除应具有整束张拉的性能外，尚应具有单根张拉的性能 (9) 承受低应力或动荷载的夹片式锚具应具有防松性能 (10) 预应力筋-夹具组装件的静载锚固性能试验实测的夹具效率系数（η_g）不应小于 0.92。实测的夹具效率系数应按下式计算： $$\eta_g = \frac{F_{gpu}}{F_{pm}} \qquad (13-2)$$ 式中　η_g——预应力筋-夹具组装件静载锚固性能试验测定的夹具效率系数 　　　F_{gpu}——预应力筋-夹具组装件的实测极限拉力（N） 　预应力筋-夹具组装件的破坏形式应是预应力筋破断，夹具零件不应破坏 (11) 夹具应具有良好的自锚、松锚和重复使用的性能，主要锚固零件应具有良好的防锈性能。夹具的可重复使用次数不宜少于 300 次 (12) 在后张预应力混凝土结构构件中的永久性预应力筋连接器，应符合锚具的性能要求；用于先张法施工且在张拉后还需进行放张和拆卸的连接器，应符合夹具的性能要求 (13) 锚垫板（图 13-1）应具有足够的刚度和承载力，并应符合下列规定： 1) 预应力钢绞线在锚具底口处的折角不宜大于 4° 2) 需设置灌浆孔时，其内径不宜小于 20mm 3) 宜设有锚具对中止口 (14) 锚口摩擦损失率不宜大于 6% (15) 与后张预应力筋用锚具或连接器配套的锚垫板、局部加强钢筋，在规定的试件尺寸及混凝土强度下，应满足锚固区传力性能要求

锚具和连接器选用 表 13 -3

序号	预应力筋品种	张拉端	固定端	
			安装在结构外部	安装在结构内部
1	钢绞线	夹片锚具 压接锚具	夹片锚具 挤压锚具 压接锚具	压花锚具 挤压锚具
2	单根钢丝	夹片锚具 镦头锚具	夹片锚具 镦头锚具	镦头锚具
3	钢丝束	镦头锚具 冷(热)铸锚	冷(热)铸锚	镦头锚具
4	预应力螺纹钢筋	螺母锚具	螺母锚具	螺母锚具

预应力束曲线起始点与张拉锚固点之间直线段最小长度 表 13 -4

序号	预应力束张拉力(kN)	<1500	1500~6000	>6000
1	直线段最小长度(m)	0.4	0.5	0.6

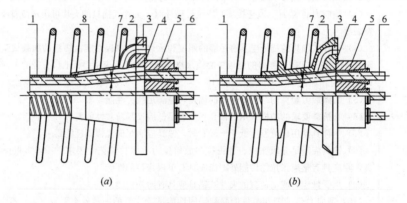

图 13 -1 锚垫板示意

(a) 普通锚垫板;(b) 铸造锚垫板

1—波纹管;2—锚垫板;3—灌浆孔;4—对中止口;5—锚板;6—钢绞线;7—钢绞线折角;8—焊接喇叭管

13.1.3 后张法结构构件用于钢绞线的锚具及连接器

后张法结构构件用于钢绞线的锚具及连接器如表 13 -5 所示。

后张法结构构件用于钢绞线的锚具及连接器 表 13 -5

序号	项 目	内 容
1	QM 型预应力钢绞线锚具及连接器	(1) 张拉端锚具 由三片或两片夹片和锚环组成一个独立的锚固单元,并由若干锚固单元组合成各种锚具(图 13 -2 及图 13 -3)。适用于 $\Phi^j 12$、$\Phi^j 12.7$、$\Phi^j 12.9$、$\Phi^j 15$、$\Phi^j 15.2$、$\Phi^j 15.7$mm,极限强度 1570~1860N/mm² 的各类型钢绞线。QM 锚具的锚板及夹片示意如图 13 -4 所示。锚具型号及相关件尺寸如表 13 -6 所示 当锚具在构件端部布置时,最小中距、边距和孔道直径要求如图 13 -5 及表 13 -7、表 13 -8 所示

序号	项目	内容
1	QM 型预应力钢绞线锚具及连接器	无粘结单孔锚具： 目前国内外无粘结预应力工程很多，大部分采用单根束。为适应无粘结全密封的要求，可在单孔锚具 QM15（QM13-1）张拉后，切除多余筋后涂油加密封端罩。其构造和尺寸如图 13-6、表 13-9 所示 为满足无粘结全密封要求，中国建筑科学研究院还研制出锚具与垫板制成一体的连体式 QMU 型锚具，结构和尺寸见图 13-7、表 13-10，QMU 型张拉端锚具要在混凝土浇筑前固定在模板上，并要安装穴模留出张拉空间及便于安装夹片。混凝土浇筑后应及时松动穴模，防止混凝土凝固后，取模困难和易损坏。锚具安装后不得松动，防止灰浆漏到锚具锥孔内和穴模里。待张拉后切去多余无粘结筋，涂防护油后加密封端罩 连体式锚具采用铸钢制作，应严格检查铸件质量，不得有砂眼、气孔等缺陷 （2）固定端锚具 非张拉端（不埋入混凝土中）也可以选用张拉端锚具，安装在构件外或端部穴槽内。但在张拉之前，必须将非张拉端锚具夹片敲紧，防止张拉时跟进不齐或滑脱。目前绝大部分工程固定端锚具采用挤压式锚具。在一些桥梁工程中有足够的粘结长度时，可采用压花锚具。下面分别介绍 QMJ 型挤压式锚具和 QMY 型压花锚具 1）QMJ 型挤压式锚具 图 13-8 是单根 QMJ 型挤压式锚具。在预应力筋端部安装异形钢丝衬套和挤压元件，经过挤压机模孔后，挤压元件被压缩在预应力筋上，形成牢固可靠连接，如图 13-9 及表 13-11 所示 图 13-10 中的 QMJ 型挤压锚适用于多根有粘结和无粘结钢绞线束做固定端，也能用于以钢绞线为提升重物的钢索固定端。其技术参数如表 13-12 所示 2）QMY 型压花式锚具 单根预应力钢绞线经过压花机使钢绞线端部成为梨状，如图 13-11 所示，为了确保锚固的可靠性，压花锚压后几何尺寸应符合要求，如表 13-13 所示 多根钢绞线束的 QMY 型压花锚几何尺寸如表 13-14 及图 13-12 所示 （3）QMZ 型中间锚具 QMZ 型中间锚具（或称环锚和游动锚）（图 13-13）主要用于环形预应力筋的张拉锚固，预应力筋的首、尾锚固在同一块锚板上，张拉时需加变角块在一个方向进行张拉，QMZ 系列锚具几何尺寸如表 13-15 所示 （4）QMB 型扁锚系列 QMB 型扁锚系列锚具，多用于空间高度小的箱形梁顶板和高层建筑的楼板内，锚具一字排列，其张拉端为在扁喇叭管上安装多个（3~5 个）单孔锚具，扁喇叭管几何尺寸如表 13-16 及图 13-14 所示。扁锚的固定端可为挤压式（表 13-17 及图 13-15）或压花式（表 13-18 及图 13-16） （5）QML 型连接器 连接器是用于预应力混凝土连续结构中预应力筋连接的一种装置。QML 体系中包括两种类型，一种为周边悬挂挤压式连接器（图 13-17），多用于各类连续桥梁；另一种为单根对接式连接器（图 13-18），可用于单根钢绞线预应力筋连接，或成束预应力筋逐根连接（图 13-19） 1）周边悬挂式连接器 其几何尺寸如表 13-19 及表 13-20 所示 2）单根对接式连接器 用于钢绞线中间连接结构，其几何尺寸如图 13-18 所示。QML 型单根对接式连接器也可用于先张台座作工具锚用。成束对接式逐根连接器几何尺寸如表 13-21 所示

序号	项　目	内　　容
2	XM 型预应力钢绞线锚具及连接器	（1）XM 型锚具 XM 型锚具由中国建筑科学研究院等单位开发研制而成，适用于锚固单根和多根 Φ^s15mm 的钢绞线或 7Φ^P5mm 的平行光面钢丝束，可用于先张、后张法施工的预应力混凝土结构和构件中。单根钢绞线锚具多用于无粘结后张法预应力混凝土结构。多根钢绞线锚具由锚板、夹片、垫板、喇叭管与螺旋筋组成（图 13-20 及图 13-21）。锚板上有多个锥形孔，利用每个锥形孔装三个夹片夹持一根钢绞线或 7Φ^P5mm 光面钢丝，形成独立的锚固单元，每个单元独立工作因而锚固可靠。锚具的尺寸如表 13-22 所示。几种常用的 XM 型锚具的最小中距及边距如表 13-23 及图 13-22 所示。锚板采用 45 号钢制作并经调质热处理，夹片采用 60Si$_2$MnA 合金钢制作，经整体淬火并回火，表面硬度为 HRC53～58，齿形为三角螺纹，斜开缝。钢垫板采用 Q235 钢制作，其表面上开有锚板对中用的凹槽。喇叭管由薄钢板制成，焊在钢垫板上。螺旋筋为 HPB235 级钢筋。锚板上的锥形孔沿圆周排列，孔中心线的倾角为 1：20 并垂直于锚板顶面以利夹片均匀塞紧 （2）XL 型连接器 XL 型连接器为周边悬挂挤压式，锚固头的衬套为内外有齿的半圆形衬套。其尺寸如图 13-23 及表 13-24 所示
3	OVM 型预应力钢绞线锚具及连接器	OVM 型锚具是以柳州建筑机械总厂为主，同济大学、广东省公路工程处协同研制而成，可锚固极限强度标准值为 1860N/mm^2、钢绞线直径 12～15.7mm、1～55 孔（根）钢绞线。已在国内外许多大型工程中应用 OVM 型锚具构造基本上与 QM 型锚具基本相同，两者的主要差别是：OVM 型锚具的锚固单元中夹片全部为二片式以进一步方便施工，并在夹片背面上部锯有一条弹性槽以提高锚固性能；此外 OVM 型锚具的外形尺寸较小 （1）张拉端锚具：如表 13-25 及图 13-24 所示 （2）固定端锚具 有 P 型挤压锚（表 13-26 及图 13-25）及 H 型压花锚（表 13-27 及图 13-26）两种类型 （3）OVML 型系列连接器 OVML 型连接器为周边悬挂的挤压式连接器，在钢绞线上装有圆钢丝套，经挤压机模孔将挤压套压接在钢绞线上。OVML 型连接器尺寸如表 13-28 及图 13-27 所示
4	B&S 型预应力钢绞线锚具及连接器	B&S 预应力锚具是由北京市建筑工程研究院与上海建研所合作开发的项目，于 1992 年被列为建设部推广项目，现已应用于多项工程，形成了较完整的预应力体系 （1）张拉端锚具 1）钢垫板张拉端锚具：其尺寸如图 13-28 及表 13-29、表 13-30 所示 2）铸铁垫板张拉端锚具：其尺寸如图 13-29 及表 13-31、表 13-32 所示 （2）固定端锚具 1）挤压式固定端锚具：其尺寸如表 13-33 及图 13-30 所示 2）压花式固定端锚具：其尺寸如表 13-34、表 13-35 及图 13-31 所示 （3）连接器：其尺寸如表 13-36、表 13-37 及图 13-32 所示

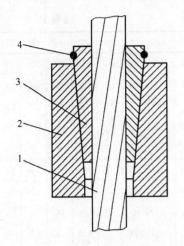

图 13-2　QM 锚固单元
1—钢绞线；2—锚环；3—夹片；4—弹性圈

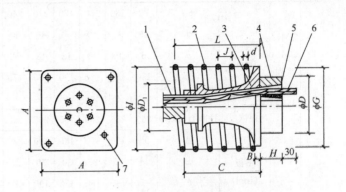

图 13-3　QM 锚具
1—波纹管；2—螺旋筋；3—铸铁垫板；4—锚板；
5—夹片；6—钢绞线；7—灌浆孔

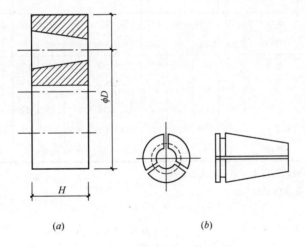

(a)　　　　　　　　　　　(b)

图 13-4　QM 锚具的锚板及夹片
(a) 锚板；(b) 夹片

QM 型锚具尺寸　　　　　　　　　　　　　　　　　　　表 13-6

序号	钢绞线束数量		1	3	4	5	6、7	8	9	12	14	19	22	27	31	37
1	每根钢绞线拉断力（kN）		186	186	186	186	186	186	186	186	186	186	186	186	186	186
	垫板 (mm)	A	80	130	150	160	165	190	190	220	245	80	290	340	360	390
		B	14	20	25	25	30	30	30	30	35	40	40	45	45	50
		C	—	—	135	160	170	190	190	220	230	240	250	300	330	360
QM12 QM13 系列		ϕD	—	—	115	115	125	140	140	160	170	180	190	210	230	240
	波纹管 (mm)	ϕF（内径）	—	35	40	45	55	55	60	65	70	80	85	95	105	115
	锚板 (mm)	ϕG	42	88	90	100	115	125	135	147	160	185	195	215	235	250
		H	45	50	50	50	55	55	55	60	63	65	70	75	80	90

序号	钢绞线束数量			1	3	4	5	6、7	8	9	12	14	19	22	27	31	37
1	QM12 QM13 系列	螺旋筋 (mm)	ϕI	90	130	160	170	210	240	250	270	310	350	370	420	500	520
			J	35	35	40	40	45	50	50	50	50	50	50	55	55	55
			d	6	10	10	12	12	12	12	14	14	14	16	16	18	20
			L	150	150	180	190	230	270	270	290	315	340	360	440	510	510
			圈数	4	4	4.5	4.5	5	5	5	5.5	6	6.5	7	8	9	9
2	QM15 QM16 系列	每根钢绞线拉断力（kN）		265	265	265	265	265	265	265	265	265	265	265	265	265	265
		垫板 (rnni)	A	90	150	160	165	190	220	220	265	280	330	350	360	420	450
			B	14	25	25	30	30	30	40	40	40	40	50	50	55	55
			C	—	135	160	170	190	190	220	260	270	290	310	330	380	460
			ϕD	—	—	120	120	140	160	160	180	190	210	220	230	300	320
		波纹管 (mm)	ϕF (内径)	—	40	45	55	60	65	70	75	80	95	105	115	130	140
		锚板 (mm)	ϕG	46	90	105	117	135	147	157	170	185	205	220	245	265	285
			H	48	50	50	50	55	60	60	65	70	75	80	85	90	98
		螺旋筋 (mm)	ϕI	100	160	200	220	250	260	270	330	400	420	460	510	550	620
			J	35	40	45	45	50	50	50	55	55	55	60	60	65	70
			d	6	10	12	12	12	14	14	14	16	16	18	18	20	20
			L	150	170	215	215	280	300	300	370	400	440	500	550	600	710
			圈数	4	4	4、5	4.5	5.5	6	6	6.5	7	8	8	9	9	10

注：1. 束长超过50m或两跨以上管道应加大5mm；

2. 整束穿束时，管道应加大5mm。

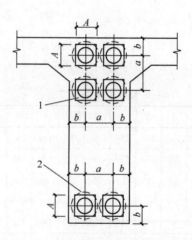

图 13 -5　QM锚具的最小边距及中距

1—垫板；2—螺旋筋

a—最小中距；b—最小边距

QM12 锚具的最小中距、边距和孔道直径（mm）　　　　　　表 13 -7

序号	锚具型号	QM12-4	QM12-5	QM12-6、7	QM12-8	QM12-9	QM12-12	QM12-14	QM12-19	QM12-27	QM12-31
1	最小中距	190	200	250	275	285	315	365	390	460	540
2	最小边距	110	110	140	150	155	170	195	205	240	280

注：QM13 锚具的最小中距和边距与本表相同。表中锚具型号 QM12-4 表示该锚具适用于 4 根直径 12mm 的钢
　　绞线。

QM15 锚具的最小中距、边距（mm）　　　　　　表 13 -8

序号	锚具型号	QM15-3	QM15-4	QM15-5	QM15-6、7	QM15-8	QM15-9	QM15-12	QM15-14	QM15-19
1	最小中距	190	235	255	285	300	340	370	440	460
2	最小边距	110	130	140	155	160	180	195	230	240

注：QM16 锚具的最小中距和边距与本表相同。表中锚具型号 QM15-3 表示该锚具适用于 3 根直径 15mm 的钢
　　绞线。

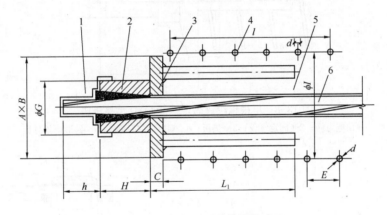

图 13 -6　QMA 型张拉端构造

1—密封罩；2—锚具；3—预埋垫板；4—螺旋筋；5—PE 保护层；6—预应力筋

QMA 型张拉端锚具尺寸　　　　　　表 13 -9

序号	尺寸（mm） 锚具型号	A	B	C	L_1	ϕG	H	h	l	E	d	ϕI
1	QM13 -1	80	80	14	90	42	45	30	150	35	6	90
2	QM15 -1	90	90	14	100	46	48	30	150	35	6	100

QMU 型张拉端锚具尺寸　　　　　　表 13 -10

序号	尺寸 锚具型号	A	B	H	h	h_1	C_1	C_2	ϕD	ϕF	l_1	l_2	l	E	d	ϕI
1	QMU13 -1	110	65	36	30	15	55	90	95	22	80	50	150	35	6	85
2	QMU15 -1	120	75	42	30	15	55	100	95	25	80	50	150	35	6	95

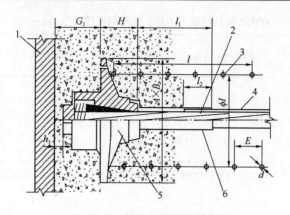

图 13-7 QMU 型张拉端构造

1—模板；2—应力筋；3—螺旋筋；4—PE 保护层；5—锚具；6—颈管

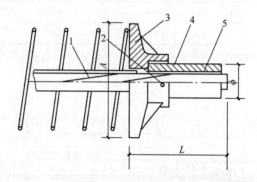

图 13-8 单根钢绞线固定端部 QMJ 型挤压锚

1—预应力筋；2—固定螺丝；3—垫板；4—QMJ 型挤压锚；5—异形钢丝衬套

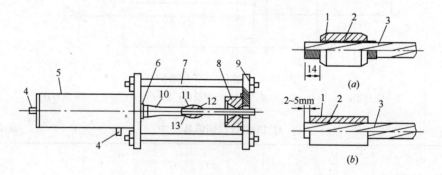

图 13-9 JY-45 型挤压机及挤压式锚具

(a) 挤压前；(b) 挤压后

1—挤压元件；2—特制钢丝衬套；3—钢绞线；4—油嘴；5—油缸；6—活塞；7—螺杆；
8—挤压模；9—端板；10—顶杆；11—钢绞线；12—钢丝衬套；13—挤压元件

单根钢绞线固定端 QMJ 锚具几何参数   表 13-11

序号	锚具型号	A	L	ϕ
1	QMU15-1	95	85	30.5
2	QMJ13-1	80	74	25.5

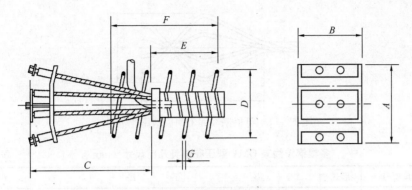

图 13-10 多根钢绞线束固定端部 QMJ 挤压端

QMJ 型挤压锚具尺寸（mm） 表 13-12

序号	锚具型号	形式	A	B	C	D	E	F	G	w（圈数）
1	QMJ15-3		230	70	330	180	100	250	12	4
2	QMJ 15-4	1	260	80	430	190	100	250	12	4
		2	145	145	380	180	100	250	12	4
3	QMJ15-7		270	140	430	200	140	320	14	5
4	QMJ15-12		270	230	430	230	140	320	14	5
5	QMJ15-19		370	270	630	300	140	320	16	5
6	QMJ 15—22		420	270	730	300	140	320	16	5
7	QMJ 15-31	1	600	270	980	400	170	380	18	6
		2	480	340	780	400	170	380	18	6
8	QMJ 15—37	1	720	270	1180	400	170	380	20	6
		2	560	340	980	400	170	380	20	6
9	QMJ13-3		190	60	260	130	90	190	8	4
10	QMJ 13-4	1	120	120	360	130	90	190	8	4
		2	230	65	360	130	90	190	8	4
11	QMJ 13-7		230	110	360	180	100	250	12	4
12	QMJ13-12		230	190	410	200	140	320	14	5
13	QMJ13-19		300	230	510	230	140	320	14	5
14	QMJ13-22		350	230	610	300	140	320	16	5
15	QMJ13-31		500	230	810	300	140	320	16	5
16	QMJ13-37		600	230	960	350	170	380	18	6

注：表中 QM15-7 表示 QM 体系挤压式锚具，适用于 7 根预应力筋直径 15 系列，即ϕ^j15、$\phi^j15.2$ 钢绞线或 7 根 ϕ 5 钢丝束。

单根钢绞线 QMY 型压花锚具几何尺寸 表 13-13

序号	锚具型号	Φ（mm）	L（mm）
1	QMY15、16-1	95	150
2	QMY12、13-1	80	130

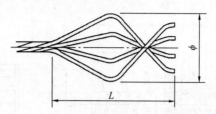

图 13-11　单根钢绞线 QMY 型压花锚具

多根钢绞线束 QMY 型压花锚具几何尺寸（mm）　　　表 13-14

序号	锚具型号	形式	A	B	C	D	E	F	G	n（螺旋筋圈数）
1	QMY15-3	1	290	90	950	—	—	—	—	—
2	QMY 15-4	1	390	90	950	—	—	—	—	—
		2	190	210	950	—	—	—	—	—
3	QMY15-7	1	450	90	1150	1300	200	155	14	7
		2	210	230	1150	1300	200	155	14	7
4	QMY15-12	1	430	230	1150	1300	230	155	14	7
		2	390	330	1150	1300	230	155	14	7
5	QMY15-19	1	570	230	1150	1300	300	155	16	7
		2	390	470	1150	1300	300	155	16	7
6	QMY15-22	1	690	230	1150	1300	350	155	16	7
		2	470	490	1150	1330	350	155	16	7
7	QMY15-31	1	810	260	1550	1700	400	165	18	7
		2	570	510	1550	1700	400	165	18	7
8	QMY15-37	1	1050	370	1850	2000	400	175	20	7
		2	690	510	1850	2000	400	175	20	7
9	QMY13-3	1	230	70	930	—	—	—	—	—
10	QMY 13-4	1	310	70	930	—	—	—	—	—
		2	150	170	930	—	—	—	—	—
11	QMY13-7	1	370	70	1130	1280	180	155	12	7
		2	170	190	1130	1280	180	155	12	7
12	QMY13-12	1	350	190	1130	1280	200	155	14	7
		2	310	270	1130	1280	230	155	14	7
13	QMY13-19	1	470	190	1130	1280	230	155	14	7
		2	310	390	1130	1280	230	155	14	7
14	QMY13-22	1	570	190	1130	1280	300	155	16	7
		2	390	390	1130	1280	300	155	16	7
15	QMY13-31	1	670	310	1330	1480	350	155	16	7
		2	479	430	1330	1480	350	155	16	7
16	QMY13-37	1	770	310	1530	1680	350	165	18	7
		2	470	550	1530	1680	350	165	18	7

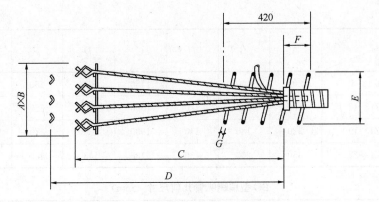

图 13-12　多根钢绞线束 QMY 压花锚具

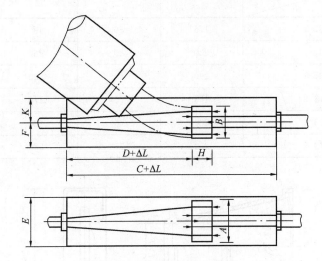

图 13-13　QMZ 型中间锚具

QMZ 锚具系列几何尺寸（mm）　　　　　　　　　　表 13-15

序号	尺寸 锚具型号	A	B	H	C	D	E	F	K
1	QMZ15-2	140	90	60	640	450	190	65	85
2	QMZ15-4	170	100	75	1200	900	220	70	90
3	QMZ15-6	210	140	90	1420	1000	260	90	110
4	QMZ15-8	210	160	110	1600	1100	260	100	120
5	QMZ15-12	300	160	130	1980	1350	350	100	120
6	QMZ15-19	380	200	160	2300	1450	430	120	140
7	QMZ15-22	400	250	180	2300	1500	450	145	165
8	QMZ13-2	130	80	55	580	400	180	60	80
9	QMZ13-4	160	90	65	740	500	210	65	85
10	QMZ13-6	200	130	82	1000	700	250	85	105

续表 13-15

序号	锚具型号 尺寸	A	B	H	C	D	E	F	K
11	QMZ13-8	200	140	90	1150	800	250	90	110
12	QMZ13-12	280	140	120	1500	1000	320	90	110
13	QMZ13-19	320	180	140	1930	1300	370	110	130
14	QMZ13-22	350	200	150	2130	1450	400	120	140

BG 型扁喇叭管几何尺寸（mm）　　　　表 13-16

序号	扁喇叭管型号 尺寸	A	B	C	E×F
1	BG15-3	175	80	190	25×70
2	BG15-4	230	80	260	25×90
3	BG15-5	290	80	320	25×90
4	BG13-3	155	75	170	25×70
5	BG13-4	200	75	230	25×90
6	BG13-5	250	75	280	25×90

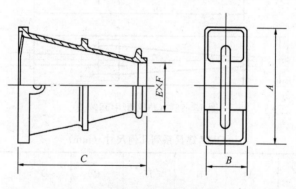

图 13-14　扁喇叭管

挤压锚几何尺寸（mm）　　　　表 13-17

序号	锚具型号 尺寸	A	B	C
1	QMJ13-3	190	75	380
2	QMJ13-4	250	75	380
3	QMJ13-5	300	75	380
4	QMJ15-3	200	80	440
5	QMJ15-4	260	80	440
6	QMJ15-5	310	80	440

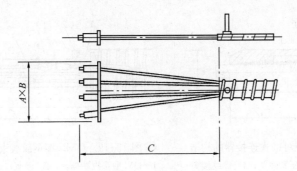

图 13 -15　QMB 型挤压式扁锚

压花锚几何尺寸（mm）　　　　　　　　表 13 -18

序号	尺寸 锚具型号	A	B	C
1	QMY13 -3	230	70	760
2	QMY13 -4	310	70	760
3	QMY13 -5	390	70	760
4	QMY15-3	300	90	960
5	QMY15-4	390	90	960
6	QMY15-5	490	90	960

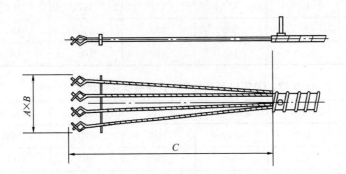

图 13 -16　QMB 型压花式扁锚

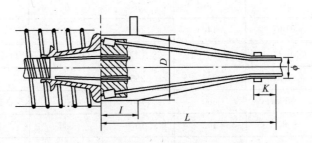

图 13 -17　QML 型周边悬挂式连接器

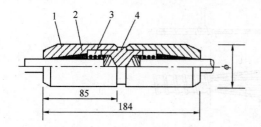

图 13 -18 单根钢绞线对接式连接器的构造

1—套筒；2—夹片；3—压紧弹簧；4—螺纹接头

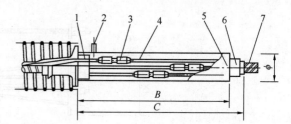

图 13 -19 QML 型钢绞线束逐根连接器的构造

1—QM 型张拉端描具；2—灌浆口；3—单根钢绞线连接器；
4—钢绞线；5—保护罩；6—钢套环；7—金属波纹管

QML15、QML16 型周边悬挂式连接器几何尺寸（mm） 表 13 -19

序号	连接器型号	QML15-3	QML15-4	QML15-5	QML15-6、7	QML15-8	QML15-9
1	D	150	160	170	190	210	220
2	L	440	460	500	550	600	630
3	ϕ	62	67	77	82	87	92
4	K	45	50	55	60	70	75
5	I	160	160	160	160	160	160
序号	连接器型号	QML15-12	QML15-19	QML15-22	QML15-27	QML15-31	QML15-37
1	D	235	280	300	330	370	430
2	L	660	790	820	960	1100	1300
3	ϕ	102	117	122	137	152	162
4	K	80	100	100	110	120	130
5	I	160	160	160	160	180	190

QML12、QML13 型周边悬挂式连接器几何尺寸（mm） 表 13 -20

序号	连接器型号	QML13 -3	QML13 -4	QML13 -5	QML13 -6	QML13 -8	QML13 -9
1	D	130	140	150	170	180	190
2	L	370	400	430	480	510	540
3	ϕ	57	62	67	77	77	82
4	K	50	50	55	60	70	75
5	I	140	140	140	140	140	140
序号	连接器型号	QML13 -12	QML13 -19	QML13 -22	QML13 -27	QML13 -31	QML13 -37
1	D	200	235	255	295	330	380
2	L	560	660	750	810	1030	1180
3	ϕ	87	102	107	117	122	137
4	K	80	90	100	100	120	130
5	I	140	140	140	140	140	140

成束对接式逐根连接器几何尺寸　　　　　　　　　　　　表 13-21

序号	尺寸（mm）＼钢绞线根数		3、4	5	6、7	8、9	12	19	27	31	37
1	QML12、13 系列	ϕ	125	140	150	180	500	200	250	270	280
2		B	700	800	850	1100	1300	1300	1380	1430	1500
3		C	800	850	900	1160	1360	1360	1460	1500	1580
4	QML15、16 系列	ϕ	125	140	150	180	500	250	280	300	330
5		B	700	800	850	1100	1300	1360	1500	1600	1700
6		C	800	850	900	1160	1360	1440	1560	1670	1780

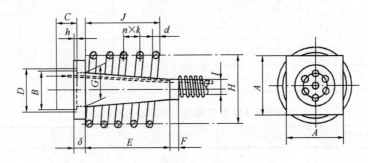

图 13-20　XM 锚具

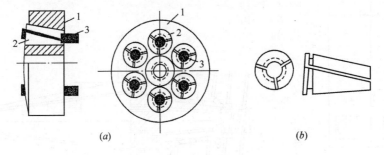

图 13-21　XM 锚具的锚板及夹片

（a）锚板；（b）夹片

1—锚板；2—夹片；3—钢绞线

XM15（16）锚具尺寸（mm）　　　　　　　　表 13-22

序号	XM15（16）	1	3	4	5	6	7	8	9	10	11/12	13/19	20/21	22/27	28/31	32/37
1	荷载（kN）	214	642	856	1070	1283	1497	1711	1925	2139	2567	4064	4492	5775	6631	7914
2	A	65	160	200	200	220	220	250	250	280	315	360	400	440	460	515
3	ϕB	44	98	108	125	145	145	155	165	175	184	230	270	295	305	348
4	C	50	50	50	50	55	55	60	60	65	75	78	86	90	100	110
5	ϕD	45	99	109	126	146	146	156	166	176	185	232	272	297	307	350
6	h	2	2	2	3	3	3	4	4	4	4	2	2	2	2	2
7	δ	14	22	25	25	30	30	35	35	38	40	46	46	54	60	64

序号	XM15（16）	1	3	4	5	6	7	8	9	10	11/12	13/19	20/21	22/27	28/31	32/37
8	E	—	120	155	235	215	215	295	395	395	500	525	680	720	800	840
9	F	—	50	50	50	60	60	60	80	80	80	80	80	80	80	80
10	ϕG	20	64	75	87	97	97	108	122	134	134	180	218	228	238	268
11	ϕI	—	50	50	55	66	66	69	72	75	84	110	115	130	140	155
12	ϕH	—	180	230	230	250	250	290	290	330	360	420	460	500	530	600
13	J	—	180	248	248	275	275	300	300	350	375	440	480	540	585	650
14	K	—	45	45	45	50	50	50	50	50	50	55	60	60	65	65
15	n	—	5	6.5	6.5	6.5	6.5	7	7	8	8.5	9	9	10	10.5	11
16	d	—	10	12	12	14	14	14	16	16	16	18	18	18	20	22

几种常用 XM 型锚具最小中距及边距（mm）　　**表 13 -23**

序号	锚具型号	XM15-5	XM15-6、7	XM15-8	XM15-9
1	最小中距	250	300	330	350
2	最小边距	130	150	160	170

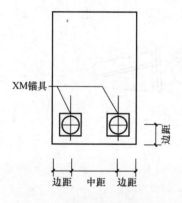

图 13 -22　XM 锚具的边距及中距

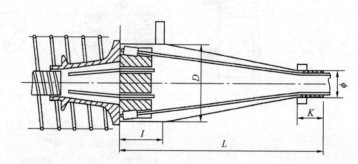

图 13 -23　XL 型连接器外形

XL 型连接器尺寸（mm）　　**表 13 -24**

序号	连接器型号　尺寸	XL15-3	XL15-4	XL15-5	XL15-7	XL15-9	XL15-12	XL15-19	XL15-22	XL15-27	XL15-31
1	D	128	138	148	183	208	228	268	295	341	386
2	I	200	200	200	200	200	200	200	200	200	200
3	ϕ	50	50	54	66	72	84	105	115	125	132
4	K	40	40	50	50	60	60	70	70	90	90
5	L	425	475	505	620	715	755	850	985	1115	1305

OVM15、OVM13 张拉端锚具主要尺寸（mm）　　　　　　　表 13-25

序号	锚具型号	钢绞线根数	锚垫板	波纹管φF	锚板		螺旋筋				孔距a	安装孔孔径φZ	张拉千斤顶型号
					φG	H	φI	d	J	圈数			
1	OVM15-1 (OVM13-1)	1	—	—	46 (43)	48 (43)							YCW22 YKD18
2	OVM15-2 (OVM13-2)	2	140	—	82	50	—						YCW100 (YCW100)
3	OVM15-3 (OVM13-3)	3	140×135×100 (130×130×105)	55 (50)	90 (80)	55 (50)	130 (120)	8 (8)	50 (50)	4 (4)	110 (100)	8 (8)	YCW100 (YCW100)
4	OVM15-4 (OVM13-4)	4	160×160×110 (140×140×105)	55 (50)	105 (90)	55 (50)	170 (130)	12 (8)	50 (50)	5 (4)	130 (110)	8 (8)	YCW100 (YCW100)
5	OVM15-5 (OVM13-5)	5	180×180×120 (150×150×115)	55 (50)	117 (100)	55 (55)	190 (150)	12 (10)	50 (50)	5 (4)	150 (120)	10 (8)	YCW100 (YCW100)
6	OVM15-6、7 (OVM13-6、7)	6，7	200×200×140 (170×170×130)	70 (60)	135 (115)	60 (55)	220 (170)	14 (12)	60 (50)	6 (5)	170 (135)	10 (10)	YCW150 (YCW100)
7	OVM15-8 (OVM13-8)	8	230×210×160 (200×200×140)	80 (60)	157 (130)	60 (55)	250 (220)	14 (14)	60 (60)	6 (6)	200 (160)	10 (10)	YCW250 (YCW150)
8	OVM15-9 (OVM13-9)	9	230×210×160 (200×200×150)	80 (70)	157 (137)	60 (60)	250 (220)	14 (14)	60 (60)	6 (6)	200 (165)	10 (10)	YCW250 (YCW150)
9	OVM15-12 (OVM13-12)	12	270×250×190 (230×230×170)	90 (80)	175 (157)	70 (60)	310 (250)	18 (14)	60 (60)	7 (6)	230 (190)	10 (10)	YCW350 (YCW250)
10	OVM15-15 (OVM13-M15)	15	330×330×190 (290×300×210)	100 (90)	217 (195)	90 (70)	380 (310)	18 (18)	60 (60)	8 (7)	290 (250)	10 (10)	YCW350 (YCW250)
11	OVM15-19 (OVM13-19)	19	320×310×240 (290×300×210)	100 (90)	217 (195)	90 (70)	380 (310)	18 (18)	60 (60)	8 (7)	280 (250)	10 (10)	YCW350 (YCW250)
12	OVM15-22 (OVM13-22)	22	370×370×280 (330×330×240)	120 (100)	260 (217)	120 (85)	450 (380)	20 (18)	70 (60)	8 (8)	310 (280)	10 (10)	YCW500 (YCW350)
13	OVM15-25 (OVM13-25)	25	370×370×280 (330×330×240)	120 (100)	260 (217)	120 (85)	390 (380)	20 (18)	70 (60)	8 (8)	310 (280)	10 (10)	YCW650 (YCW400)
14	OVM15-27 (OVM13-27)	27	370×350×280 (330×340×240)	120 (100)	260 (217)	120 (85)	450 (380)	20 (18)	70 (60)	8 (8)	310 (280)	10 (10)	YCW650 (YCW400)
15	OYM15-31 (OVM13-31)	31	400×360×300 (350×370×260)	130 (105)	275 (235)	130 (95)	490 (410)	20 (18)	70 (60)	9 (8)	340 (300)	10 (10)	YCW650 (YCW500)
16	OVM15-37 (OVM13-37)	37	440×440×320 (380×370×280)	140 (120)	310 (260)	140 (110)	550 (450)	20 (20)	70 (70)	10 (8)	380 (320)	10 (10)	YCW900 (YCW650)
17	OVM15-43 (OVM13-43)	43	480×490×340 (410×400×310)	160 (130)	340 (310)	150 (130)	600 (490)	20 (20)	70 (70)	10 (9)	420 (350)	10 (10)	YCW900 (YCW650)
18	OVM15-55 (OVM13-55)	55	560×580×380 (460×460×350)	160 (140)	360 (330)	180 (140)	680 (550)	23 (20)	80 (70)	10 (10)	500 (400)	10 (10)	YCW1200 (YCW900)

注：表中各尺寸参数符号如图 13-24。括号内尺寸仅用于 0VM13 型锚具。

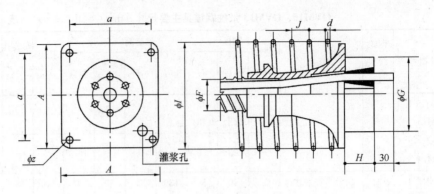

图 13 -24 OVM 锚具尺寸图

OVM15、0VM13 固定端 P 型挤压锚具尺寸（mm） 表 13 -26

序号	绞线根数 尺寸	3	4	5	6、7	9	12	19	27	31
1	A	120(100)	150(120)	170(130)	200(150)	220(170)	250(200)	300(250)	350(330)	(350)
2	B(min)	180(120)	240(180)	300(240)	380(300)	440(380)	500(440)	720(600)	860(720)	(860)
3	C	110(85)	110(110)	110(110)	120(110)	120(110)	135(120)	135(135)	135(135)	(135)
4	D	200(200)	250(200)	250(200)	250(250)	300(250)	300(250)	360(300)	360(360)	(360)
5	ϕE	110(110)	170(130)	190(150)	190(180)	220(190)	220(190)	250(220)	250(250)	290(250)

注：表中括号内数字适用于 0VM13P。

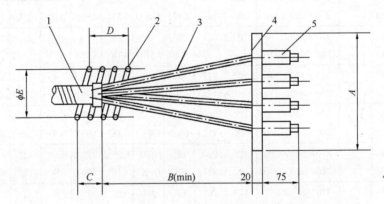

图 13 -25 OVM15、0VM13 固定端 P 型挤压锚具
1—波纹管；2—螺旋筋；3—预应力筋；4—固定锚板；5—挤压头

OVM15、OVM13 固定端 H 型压花锚具尺寸（mm） 表 13 -27

序号	型 号	钢绞线根数	A	B	C (min)	D	ϕE
1	OVM$^{15}_{13}$H-3	3	190 (130)	90 (70)	950 (650)	145 (145)	—
2	OVM$^{15}_{13}$H-4	4	190 (130)	210 (170)	950 (650)	145 (145)	—
3	OVM$^{15}_{13}$H-5	5	220 (100)	220 (180)	950 (650)	145 (145)	—
4	OVM$^{15}_{13}$H-6、7	6、7	210 (170)	230 (190)	1300 (850)	155 (155)	90 (150)
5	OVM$^{15}_{13}$H-9	9	270 (220)	310 (250)	1300 (850)	155 (155)	220 (180)

序号	型 号	钢绞线根数	A	B	C（min）	D	ϕE
6	OVM$_{13}^{15}$H-12	12	330（270）	390（310）	1300（850）	155（155）	220（210）
7	OVM$_{13}^{15}$H-19	19	390（310）	470（390）	1300（950）	155（155）	280（210）
8	OVM$_{13}^{15}$H-27	27	450（410）	520（430）	1700（1150）	165（155）	310（310）
9	OVM$_{13}^{15}$H-31	31	510（430）	570（470）	1700（1150）	165（165）	380（380）
10	OVM$_{13}^{15}$H-37	37	510（430）	690（570）	2000（1680）	185（165）	380（380）
11	OVM$_{13}^{15}$H-43	43	550（560）	750（580）	2500（1680）	210（185）	450（380）
12	OVM$_{13}^{15}$H-55	55	620（560）	850（680）	2500（1980）	240（185）	480（380）

注：表中括号内数字适用于 OVM13H。

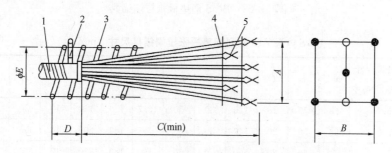

图 13-26 OVM15、0VM13 固定端 H 型压花锚具
1—波纹管；2—排气管；3—螺旋筋；4—支架；5—钢绞线梨形自锚头

OVM15L、OVM13L 连接器尺寸　　　　　　　　　　　　　表 13-28

序号	连接器型号 尺寸（mm）	OVM$_{13}^{15}$L-3	OVM$_{13}^{15}$L-4	OVM$_{13}^{15}$L-5	OVM$_{13}^{15}$L-6、7	OVM$_{13}^{15}$L-9	OVM$_{13}^{15}$L-12	OVM$_{13}^{15}$L-19
1	A	209（189）	209（194）	221（204）	239（219）	261（245）	281（261）	323（299）
2	B	638（594）	638（616）	690（660）	708（664）	761（734）	805（761）	945（883）
3	C	25（25）	25（25）	25（25）	25（25）	25（25）	25（25）	25（25）
4	D	169（149）	169（151）	181（164）	199（179）	221（205）	241（221）	283（259）
5	ϕE	59（49）	59（49）	59（49）	73（63）	83（73）	93（83）	103（93）

注：括号内适用于 OVM13L 尺寸。

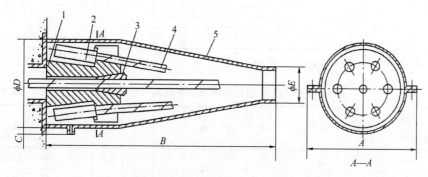

图 13-27 OVML 型连接器
1—联接体；2—挤压套；3—夹片；4—钢绞线；5—外罩

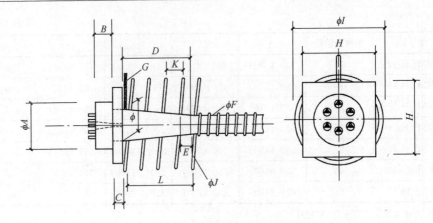

图 13 -28   B&S 钢垫板张拉端锚具

B&S 体系 Z15 系列钢垫板张拉端锚具尺寸（mm）   表 13 -29

序号	外形尺寸 / 锚具型号	φA	B	C	D	E	φF	G	H	φI	φJ	K	L	φ
1	Z15-3	88	50	18	120	30	50	12.7	120	150	10	50	200	65
2	Z15-4	98	50	20	140	30	55	19	160	200	10	50	250	70
3	Z15-5	118	50	20	160	50	60	19	180	220	12	50	250	80
4	Z15-7	128	55	30	200	50	65	19	200	250	12	50	300	90
5	Z15-9	155	60	30	240	50	75	19	220	270	14	60	360	115
6	Z15-12	168	70	35	300	50	85	19	270	340	16	60	360	125
7	Z15-13	170	70	35	300	50	85	19	270	340	16	60	360	145
8	Z15-14	170	70	35	300	50	85	19	270	340	16	60	360	145
9	Z15-19	190	85	40	400	60	100	25.4	320	400	18	60	420	165
10	Z15-21	215	90	45	440	80	120	25.4	350	440	18	60	420	190
11	Z15-22	225	907	45	400	80	120	25.4	350	440	18	60	420	200
12	Z15-25	240	100	50	480	80	140	38.1	380	480	20	70	490	215
13	Z15-31	240	100	55	480	80	140	38.1	420	520	20	70	490	215
14	Z15-37	265	115	60	540	100	150	38.1	480	600	22	70	560	240
15	Z15-43	295	125	70	640	100	180	50.8	520	650	25	70	560	270
16	Z15-55	310	150	80	740	100	180	50.8	580	740	25	70	630	285

注：Z15 系列的钢垫板张拉端锚具适用于锚固φ15、φ15、φ15.2、φ15.7 规格的预应力钢绞线或钢丝束。

B&S 体系 Z13 系列钢垫板张拉端锚具尺寸（mm）   表 13 -30

序号	外形尺寸 / 锚具型号	φA	B	C	D	E	φF	G	H	φI	φJ	K	L	φ
1	Z13 -3	80	45	18	120	30	45	12.7	110	130	10	50	150	55
2	Z13 -4	90	50	20	140	30	50	19	120	150	10	50	200	65
3	Z13 -5	100	50	20	140	55	55	19	140	180	10	50	250	75

序号	外形尺寸 锚具型号	ϕA	B	C	D	E	ϕF	G	H	ϕI	ϕJ	K	L	ϕ
4	Z13-7	110	55	25	150	30	60	19	160	200	12	50	250	85
5	Z13-9	130	60	25	150	50	70	19	180	220	12	50	300	105
6	Z13-12	140	60	30	250	50	75	19	220	270	14	60	300	120
7	Z13-13	155	60	30	250	50	75	19	220	270	14	60	300	130
8	Z13-14	155	60	30	250	50	80	19	220	270	16	60	300	130
9	Z13-19	175	70	35	350	60	90	25.4	270	340	16	60	360	150
10	Z13-21	195	80	40	380	60	95	25.4	300	370	18	60	360	170
11	Z13-22	205	80	40	380	60	95	25.4	300	370	18	60	360	180
12	Z13-25	215	90	45	440	80	105	25.4	350	440	18	60	420	190
13	Z13-31	215	90	50	440	80	105	25.4	350	440	18	60	420	190
14	Z13-37	240	100	55	480	80	130	38.1	390	490	20	70	420	215
15	Z13-43	270	110	60	540	100	140	38.1	420	520	20	70	490	245
16	Z13-55	280	130	70	540	100	150	50.8	480	600	22	70	660	255

注：Z13 系列的锚具适用于锚 ϕ12、ϕ12.5、ϕ12.7、ϕ12.9 的预应力钢绞线或钢丝束。

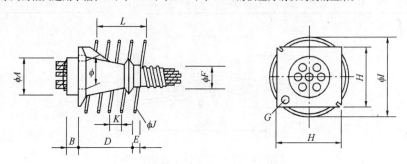

图 13-29 B&S铸铁垫板张拉端锚具

B&S体系 Z_T15 系列铸铁垫板张拉端锚具尺寸（mm）　　　表 13-31

序号	外形尺寸 锚具型号	ϕA	B	C	D	E	ϕF	G	H	ϕI	K	ϕJ	L	ϕ
1	Z_T15-4	98	50	130	60	63	12.7	160	190	12	50	150	80	—
2	Z_T15-5	118	50	130	60	68	12.7	180	210	12	50	150	40	—
3	Z_T15-7	128	55	130	60	73	19	200	230	14	50	200	90	—
4	Z_T15-9	155	60	160	60	83	19	220	220	16	60	240	110	—
5	Z_T15-12	168	70	190	60	93	19	240	240	18	60	240	125	—
6	Z_T15-19	190	85	200	60	108	19	260	260	18	60	240	155	—
7	Z_T15-22	225	90	240	70	128	25.4	300	300	20	70	280	175	—
8	Z_T15-25	240	100	280	70	148	25.4	340	340	20	70	280	190	—

注：本系列锚下肢承板与喇叭管为整体铸造。

B&S 体系 Z_T 13 系列锚具尺寸（mm）　　　　　表 13 -32

序号	外形尺寸 锚具型号	ϕA	B	C	D	E	ϕF	G	H	ϕI	K	ϕJ	L	ϕ
1	Z_T 13 -4	90	50	120	50	58	12.7	140	170	10	50	150	75	—
2	Z_T 13 -5	100	50	120	50	63	12.7	160	190	12	50	150	75	—
3	Z_T 13 -7	110	55	120	50	68	19	180	210	12	50	150	85	—
4	Z_T 13 -9	130	60	150	60	78	19	200	230	14	60	180	105	—
5	Z_T 13 -12	140	60	170	60	83	19	220	250	16	60	180	115	—
6	Z_T 13 -19	175	70	180	60	98	19	240	270	18	60	240	145	—
7	Z_T 13 -22	205	80	210	60	103	25.4	280	310	18	60	240	160	—
8	Z_T 13 -25	215	90	250	70	113	25.4	320	350	20	70	280	170	—

B&S 体系 Z_P 系列挤压式锚具尺寸（mm）　　　　　表 13 -33

序号	锚具型号	A	B	D	L	序号	锚具型号	A	B	D	L
1	Z_P15-2	100	100	130	180	4	Z_P15-7	200	350	220	260
2	Z_P15-3	120	150	190	260	5	Z_P15-12	250	480	260	320
3	Z_P15-4	150	220	190	260	6	Z_P15-19	300	620	260	320

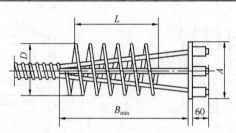

图 13 -30　B&S 挤压式锚具

B&S 体系 Z_H 15 系列压花式锚具尺寸（mm）　　　　　表 13 -34

序号	外形尺寸 锚具型号	A	B	C	D	ϕI	ϕJ	G	E	K	L
1	Z_H15-3	290	90	950		150	10	12.7	100	50	200
2	Z_H15-4	190	210	950		200	10	12.7	1000	50	250
3	Z_H15-5	190	210	950		220	12	12.7	100	50	250
4	Z_H15-7	210	230	1150	1300	250	12	12.7	150	50	300
5	Z_H15-9	210	230	1150	1300	270	14	12.7	180	60	360
6	Z_H15-12	430	230	1150	1300	340	16	19	180	60	360
7	Z_H15-19	390	470	1150	1300	400	18	19	180	60	420
8	Z_H15-22	470	490	1150	1300	440	18	19	180	60	420
9	Z_H15-31	570	510	1150	1700	520	20	25.4	200	70	490

B&S 体系 Z_H13 系列压花式锚具尺寸（mm） 表 13-35

序号	锚具型号 外形尺寸	A	B	C	D	ϕI	ϕJ	G	E	K	L
1	Z_H13-3	230	70	930		130	10	12.7	100	50	200
2	Z_H13-4	150	170	930		150	10	12.7	100	50	200
3	Z_H13-5	150	170	930		180	10	12.7	100	50	250
4	Z_H13-7	170	190	1130	1280	200	12	12.7	150	50	250
5	Z_H13-9	170	190	1130	1280	220	12	12.7	150	50	300
6	Z_H13~12	350	190	1130	1280	270	14	12.7	180	60	300
7	Z_H13-19	390	390	1130	1280	340	16	19	180	60	360
8	Z_H13-22	390	390	1130	1280	370	18	19	180	60	360
9	Z_H13-31	470	430	1130	1480	440	18	19	180	60	360

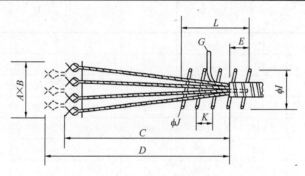

图 13-31 B&S 压花式锚具

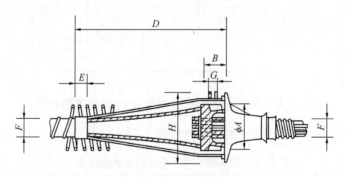

图 13-32 B&S 连接器

B&S 体系 Z_L15 系列连接器尺寸（mm） 表 13-36

序号	连接器型号 外形尺寸	ϕA	B	C	D	E	G	H
1	Z_L15-3	168	110	30	440	50	12，7	220
2	Z_L15-4	178	110	30	470	50	19	210
3	Z_L15-5	188	110	30	500	50	19	220
4	Z_L15-7	198	120	30	570	60	19	230

续表 13-36

序号	连接器型号 外形尺寸	ϕA	B	C	D	E	G	H
5	Z_L15-9	220	120	30	600	60	19	250
6	Z_L15-12	230	120	35	670	60	19	270
7	Z_L15-19	270	130	40	780	80	25.4	300
8	Z_L15-21	295	130	40	850	80	25.4	330
9	Z_L15-31	320	140	45	1120	100	38.1	360
10	Z_L15-37	345	150	55	1290	100	38.1	380
11	Z_L15-55	390	170	60	1500	100	50.8	440

B&S 体系 Z_L13 系列连接器尺寸（mm） 表 13-37

序号	连接器型号 外形尺寸	ϕA	B	C	D	E	G	H
1	Z_L13-3	160	100	25	380	50	12.7	190
2	Z_L13-4	170	100	25	430	50	19	200
3	Z_L13-5	180	100	25	450	50	19	210
4	Z_L13-7	190	110	30	480	60	19	220
5	Z_L13-9	210	110	30	550	60	19	240
6	Z_L13-12	220	110	30	600	60	19	255
7	Z_L13-19	255	110	35	650	60	25.4	285
8	Z_L13-21	275	110	40	720	80	25.4	305
9	Z_L13-31	295	110	40	1020	80	25.4	325
10	Z_L13-37	320	140	45	1180	100	38.1	355
11	Z_L13-55	360	160	55	1220	100	50,8	400

13.1.4 后张法结构构件用于平行钢丝束的锚具

后张法结构构件用于平行钢丝束的锚具如表 13-38 所示。

后张法结构构件用于平行钢丝束的锚具 表 13-38

序号	项 目	内 容
1	中国建筑科学研究院的 QM-LZM 锚具	该锚具生产采用铸造方法，可锚固 31～97 根 ϕ 7 及 91～169 根 ϕ 5 消除应力钢丝（极限强度为 1570N/mm² 及 1860N/mm²），具有可靠的锚固性能。钢丝端部镦头后锚固在锚具的锚板上，筒体锥形段灌注环氧铁砂，可保证钢丝镦头失效后，锚具仍有较好的锚固性能。该锚具适用于大跨度屋架及大型预应力混凝土工程（如斜拉桥的缆索等）。锚具的构造如图 13-33、技术参数如表 13-39 所示
2	柳州工程机械厂的 OVM-LZM 锚具	该锚具的生产方法和构造与 QM-LZM 锚具基本相同，但可锚固的 ϕ 5、ϕ 7 消除应力钢丝根数更多。锚具适用于大型预应力混凝土工程，其锚固性能良好，已在国内许多桥梁工程中采用。锚具的构造如图 13-34、技术参数如表 13-40 所示

续表 13-38

序号	项 目	内 容
3	华东预应力中心东南大学预应力开发部 DM 锚具	每个锚具可锚固直径 5mm 的消除应力钢丝 10～45 根或更多 镦头锚具有 A 型和 B 型。A 型用于张拉端,B 型用于非张拉端。A 型锚具由锚杯及螺母组成,B 型锚具由锚板组成,其外形如图 13-35 所示,常用锚具尺寸如表 13-41 及表 13-42 所示 镦头锚具的锚杯及锚板均采用 45 号钢经调质热处理加工而成 镦头锚具的张拉端需要扩大孔道直径,当钢丝束为两端张拉时,已镦头的一端扩孔长度为 $l_1 = \Delta l + H + 400 \sim 600$ (mm);穿束后待镦头的一端扩孔长度为 $l_2 = 0. \Delta l + H$ (mm);式中 Δl 为按孔道长度计算的引伸量 (mm),H 为锚杯高度 (mm)。当钢丝束为一端张拉时,张拉端扩孔长度为 l_1。一些常用镦头锚具间的最小中距及孔道直径如表 13-43 及表 13-44 所示

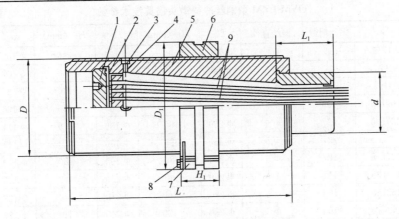

图 13-33　QM-LZM 冷铸锚构造图

1—压板;2—橡胶垫;3—镦头锚板;4—定位螺栓;5—筒体;6—螺母;7—锁紧螺钉;8—垫圈;9—钢丝束

QM-LZM 冷铸锚技术参数表　　　　　　　　　　　　表 13-39

序号	锚具型号	钢丝直径 (mm)	钢丝根数	D_1 (mm)	D (mm)	d (mm)	L_1 (mm)	L (mm)	H_1 (mm)
1	LZM91-5	Φ5	91	Φ250	Φ175	Φ125	160	440	80
2	LZM109-5	Φ5	109	Φ270	Φ200	Φ120	80	440	80
3	LZM12-5	Φ5	127	Φ270	Φ200	Φ140	165	480	80
4	LZM151-5	Φ5	151	Φ290	Φ220	Φ140	80	480	90
5	LZM169-5	Φ5	169	Φ290	Φ220	Φ150	165	530	90
6	LZM31-7	Φ7	31	170	130	80	50	530	80
7	LZM31-7G	Φ7	31	170	130	80	50	450	80
8	LZM85-7	Φ7	85	Φ300	Φ230	Φ130	200	575	110
9	LZM85-7G	Φ7	87	Φ300	Φ230	Φ130	200	495	110
10	LZM91-7	Φ7	91	Φ300	Φ300	Φ130	200	575	110
11	LZM91-7G	Φ7	97	Φ300	Φ230	Φ130	200	495	110

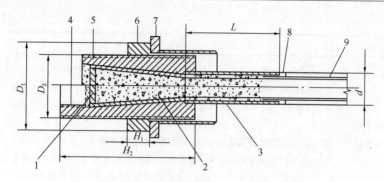

图 13 -34　QVM-LZM 冷铸锚构造图

1—定位板；2—环氧混合料；3—连接筒；4—张拉端锚环；5—固定端锚环；
6—螺母；7—索孔垫板；8—密封环；9—PE 套管

OVM-LZM 型钢丝冷铸镦头锚具技术参数　　　　表 13 -40

序号	型　号	钢丝根数	钢丝直径	D_1	H_1 (mm)	D_2	H_2 (mm)	d	L (mm)
1	LZM91L-5	91	Φ5	Φ230	90	Φ176	340	Φ102	200
2	LZM91G-5	91	Φ5	Φ230	90	Φ176	295	Φ102	2.00
3	LZM91L-5	91	Φ5	Φ250	80	Φ175	440	Φ125	160
4	LZM109L-5	109	Φ5	Φ270	80	Φ200	440	Φ120	80
5	LZM127L-5	127	Φ5	Φ250	90	Φ186	375	Φ114	200
6	LZM127G-5	127	Φ5	Φ250	90	Φ186	310	Φ114	200
7	LZM127L-5	127	Φ5	Φ270	80	Φ200	480	Φ140	165
8	LZM151L-5	151	Φ5	Φ290	90	Φ220	480	Φ140	80
9	LZM163L-5	163	Φ5	Φ280	160	Φ210	450	Φ127	355
10	LZM163G-5	163	Φ5	Φ280	130	Φ210	340	Φ127	355
11	LZM169L-5	169	Φ5	Φ290	90	Φ220	530	Φ150	165
12	LZM180L-5	180	Φ5	Φ320	110	Φ240	445	Φ158	180
13	LZM180G-5	180	Φ5	Φ320	110	Φ240	365	Φ158	180
14	LZM199L-5	199	Φ5	Φ330	100	Φ260	550	Φ140	180
15	LZM211L-5	211	Φ5	Φ300	210	Φ230	500	Φ133	380
16	LZM211G-5	211	Φ5	Φ300	180	Φ230	390	Φ133	380
17	LZM217L-5	217	Φ5	Φ330	100	Φ260	560	Φ170	165
18	LZM265L-5	265	Φ5	Φ320	210	Φ250	420	Φ146	380
19	LZM265G-5	265	Φ5	Φ320	180	Φ250	420	Φ146	380
20	L2M269L-5	269	Φ5	Φ330	120	Φ260	500	Φ179	275
21	LZM303L-5	303	Φ5	Φ330	120	Φ260	500	Φ179	275
22	LZM91L-7	91	Φ7	Φ300	110	Φ230	600	Φ130	200
23	LZM91G-7	91	Φ7	Φ300	110	Φ230	520	Φ130	200
24	LZM127L-7	127	Φ7	Φ280	130	Φ230	460	Φ127	570
25	LZM127G-7	127	Φ7			Φ230	395		
26	LZM151L-7	151	Φ7	Φ310	130	Φ250	500	Φ151	570
27	LZM151G-7	15.1	Φ7			Φ250	425		
28	LZM163L-7	163	Φ7	Φ320	130	Φ260	510	Φ158	570
29	LZM163G-7	163	Φ7			Φ260	435		
30	LZM187L-7	187	Φ7	Φ330	150	Φ270	540	Φ167	570

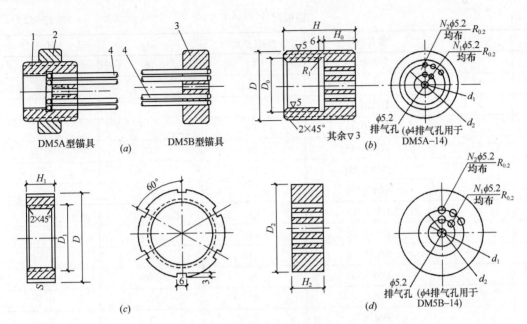

图 13 -35　镦头锚具

(a) 装配图；(b) DM5A 锚杯；(c) DM5A 螺母；(d) DM5B 锚板

1—锚杯；2—螺母；3—锚板；4—钢丝束

锚杯及螺母尺寸（mm）　　　　　　　　　　表 **13 -41**

序　号	锚具型号	钢丝根数	内螺纹 D_0	外螺纹 D	H	H_1	D_1
1	DM5A-10	10	M35×2	M49×2	50	20	70
2	DM5A-12	12	M37×2	M52×2	60	22	80
3	DM5A-14	14	M39×2	M55×2	60	22	85
4	DM5A-16	16	M41×2	M58×2	70	25	90
5	DM5A-18	18	M43×2	M62×2	70	25	95
6	DM5A-20	20	M46×2	M65×3	70	25	95
7	DM5A-22	22	M48×2	M68×3	75	30	100
8	DM5A-24	24	M52×2	M72×3	75	30	100
9	DM5A-28	28	M55×2	M76×3	75	30	110
10	DM5A-32	32	M57×2	M80×3	80	35	115
11	DM5A-36	36	M60×2	M84×3	85	35	120
12	DM5A-39	39	M63×2	M88×3	85	35	125
13	DM5A-42	42	M65×2	M91×3	90	40	125
14	DM5A-45	45	M68×2	M94×3	90	40	130

锚板尺寸（mm）　　　　　　　　　　　表 13-42

序　号	锚具型号	钢丝根数	D_2	H_2
1	DM5B-10	10	70	20
2	DM5B-12	12	75	25
3	DM5B-14	14	80	25
4	DM5B-16	16	80	30
5	DM5B-18	18	85	30
6	DM5B-20	20	85	30
7	DM5B-22	22	90	35
8	DM5B-24	24	90	35
9	DM5B-28	28	95	35
10	DM5B-32	32	95	40
11	DM5B-36	36	100	40
12	DM5B-39	39	100	40
13	DM5B-42	42	110	45
14	DM5B-45	45	110	45

当两端采用 A 型锚具时，常用镦头锚具的最小中距及孔道直径（mm）　表 13-43

序　号	锚具型号	锚具最小中距	中间孔道直径	端部扩孔直径
1	DM5A-12	95	50	64
2	DM5A-14	95	50	64
3	DM5A-16	100	50	68
4	DM5A-18	100	50	68
5	DM5A-20	105	56	76
6	DM5A-24	115	60	80
7	DM5A-28	120	63	89

当一端采用 A 型一端采用 B 型锚具时，常用镦头锚具的
最小中距及孔道直径（mm）　　　　　　　表 13-44

序　号	锚具型号	锚具最小中距	中间孔道直径	A 型锚具端部扩孔直径
1	$DM5_B^A-12$	95	50	64
2	$DM5_B^A-14$	95	50	64
3	$DM5_B^A-16$	100	50	68
4	$DM5_B^A-18$	100	50	68
5	$DM5_B^A-20$	100	56	76
6	$DM5_B^A-24$	110	60	80
7	$DM5_B^A-28$	115	63	89

13.1.5 后张法结构构件用于预应力螺纹钢筋(精轧螺纹钢筋)的锚具及连接器

预应力螺纹钢筋的锚具及连接器如表 13-45 所示

预应力螺纹钢筋的锚具及连接器   表 13-45

序号	项目	内容
1	说明	由于预应力螺纹钢筋是采用特殊工艺生产带有特殊外螺纹的直条钢筋,因而可在钢筋任意截面处均能用连接器连接或用锚具锚固,具有连接、张拉、锚固方便可靠;施工简便;强度高;节省钢材等优点。该钢筋通常的规定长度为9m及12m,还可根据用户需求商定定尺长度,但最大长度可生产18m。该钢筋特别适合用于先张法、后张法施工的大跨度屋架的直线预应力杆件及岩土锚固工程中锚杆。目前我国有多家钢厂或公司可生产预应力螺纹钢筋及其配套锚具,现将其锚具及连接器列举部分如下
2	鞍山新瑞华公司	鞍山新瑞华预应力设备有限责任公司的锚具及连接器(图13-36及表13-46)可提供屈服强度标准值为735N/mm²、785N/mm²、800N/mm²、930N/mm²、1080N/mm²级别、直径φ8、25、32、40mm的预应力螺纹钢筋及其配套锚具(YGM)、锚垫板(YGD)及连接器(YGL)
3	天津市大铁轧二制钢公司	天津市大铁轧二制钢公司的锚具及连接器 可提供预应力螺纹钢筋φ15~φ56,强度级别500/630~1080/1250N/mm²,具有200万次疲劳寿命,定尺长度可达16.5m,及其配套锚具及连接器(图13-37及表13-47)
4	柳州市威尔姆公司	柳州市威尔姆预应力有限公司锚具及连接器 可提供与直径φ5、32、36mm预应力螺纹钢筋配套的锚具(螺母和垫板)及连接器。其外形尺寸如图13-38及表13-48所示
5	柳州市欧维姆公司	柳州市欧维姆机械股份有限公司的锚具及连接器 其锚具 JLM-25、32 及连接器 JLL-25、32 主要用于直径为 25、32mm 的预应力螺纹钢筋,其外形尺寸如图 13-39 及表 13-49 所示

锚具、垫板及连接器尺寸(mm)   表 13-46

锚具型号	s	D	H	h	ϕd	垫板型号	A	H	ϕd	连接器型号	L	I	E	ϕD	ϕd
YGM-25	50	57.7	60	13	35	YGD-25	120	24	35	YGL-25	132	45	46	50	38
YGM-32	65	75	72	16	45	YGD-32	140	24	45	YGL-32	160	60	56	60	46

锚具螺母及连接器尺寸(mm)   表 13-47

预应力螺纹筋直径		H	S	D	ϕd	h	b		B	H	h	ϕ		L	D	I	ϕ
20	锚具	45	32	37	—	—	—	垫板	80	16	—	28	连接器	100	36	—	—
25		54	50	57.7	35	13	3		120	20	13.5	35		126	50	45	45
32		72	65	75	45	16	4		140	24	15.5	45		168	60	60	54
36		80	65	75	50	15	4		150	30	15	50		180	70	65	66
40		100	70	81	55	15	4		160	30	15	55		220	74	80	70

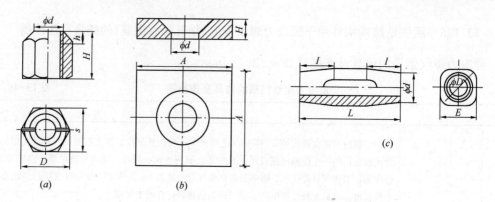

图 13-36　YGM 锚具、YGD 锚垫板及 YGL 连接器

(a) YGM 锚具；(b) YGD 锚垫板；(c) YGL 连接器

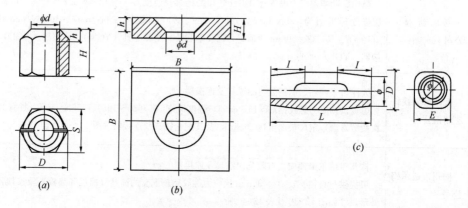

图 13-37　锚具、垫板及连接器

(a) 锚具；(b) 垫板；(c) 连接器

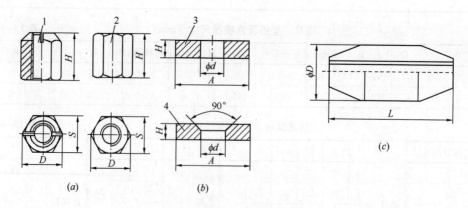

图 13-38　锚具、垫板及连接器

(a) 锚具；(b) 垫板；(c) 连接器

1—JLM 张拉端螺母；2—JLM 固定端螺母；3—JLM 固定端垫板；4—JLM 张拉端垫板

JLM 型锚具和连接器尺寸（mm） 表 13 -48

锚具型号	S	D	H	垫板型号	A	H	ϕd	连接器型号	L	ϕD
JLM-25	50	58	65	JLM-25D	110	25	35	JLM-25L	160	45
JLM-32	58	67	72	JLM-32D	130	25	42	JLM-32L	180	55
JLM-36	66	75	100	JLM-36D	145	25	46	JLM-36L	200	65

注：以上锚具、垫板及连接器配合直径φ5、32、36mm预应力螺纹钢筋使用。

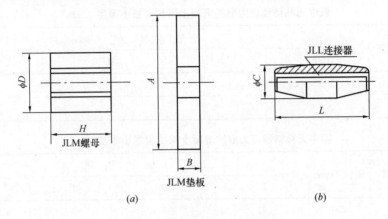

图 13 -39　JLM 锚具及 JLL 连接器

(a) JLM 锚具；(b) JLL 连接器

JLM 锚具及 JLL 连接器尺寸（mm） 表 13 -49

锚具型号	ϕD	H	A	B	连接器型号	L	ϕC
JLM-25	57.1	65	100	25	JLL-25	160	45
JLM-32	67	72	120	25	JLL-32	180	45

13.1.6　混凝土保护层

对混凝土保护层要求如表 13 -50 所示。

混凝土保护层 表 13 -50

序号	项目	内容
1	耐久性及粘结锚固要求	根据耐久性及粘结锚固受力性能要求的预应力结构构件中受力钢筋保护层，其厚度不应小于钢筋的公称直径，且应符合本书第1章的有关要求
2	耐火等级要求	根据建筑物耐火等级不同，对民用建筑中的结构构件要求满足不同的耐火极限及燃烧性能（表 13 -51），此时，无粘结预应力筋的混凝土保护层应符合表 13 -52 及表 13 -53 的规定 对其他预应力混凝土构件尚应根据现行国家标准《建筑设计防火规范》GB 50016 的规定选择合适的混凝土保护层厚度，当不能满足该规范要求时应采取有效的措施

民用建筑物耐火等级与结构构件的耐火极限、燃烧性能　　　表 13-51

序号	结构构件 建筑物的耐火等级	一级	二级
1	楼板	1.5h、不燃烧体	1.0h、不燃烧体
2	梁	2.0h、不燃烧体	1.5h、不燃烧体
3	柱	3.0h、不燃烧体	2.5h、不燃烧体

板中无粘结预应力筋的混凝土保护层最小厚度（mm）　　　表 13-52

序号	约束条件	耐 火 极 限			
		1h	1.5h	2h	3h
1	简支	25	30	40	55
2	连续	20	20	25	30

梁中无粘结预应力筋的混凝土保护层最小厚度（mm）　　　表 13-53

序号	约束条件	梁宽（mm）	耐 火 极 限			
			1h	1.5h	2h	3h
1	简支	200	45	50	65	采取特殊措施
2		>300	40	45	50	65
3	连续	200	40	40	45	50
4		>300	40	40	40	45

注：1. 梁宽在 200~300mm 之间时，混凝土保护层最小厚度可取表中的插入值；
　　2. 当混凝土保护层厚度不能满足表列要求时，应使用防火涂料。

13.1.7　预应力钢筋间距及预留孔道

预应力钢筋间距及预留孔道如表 13-54 所示。

预应力钢筋间距及预留孔道　　　表 13-54

序号	项 目	内 容
1	先张法构件	（1）先张法预应力混凝土构件的预应力钢筋、钢丝、钢绞线之间的净距离应根据浇灌混凝土、施加预应力及预应力筋的锚固等的要求确定 （2）先张法预应力筋之间的净间距不宜小于其公称直径的 2.5 倍和混凝土粗骨料最大粒径的 1.25 倍，且应符合下列规定：预应力钢丝不应小于 15mm；三股钢绞线不应小于 20mm；七股钢绞线不小于 25mm；冷轧带肋钢筋不应小于 15mm。当混凝土振捣密实性具有可靠保证时，对混凝土粗骨料最大粒径要求的净间距可放宽为其粒径的 1.0 倍 （3）当小型先张法预应力构件采用预应力钢丝或冷轧带肋钢筋配筋时，若按单根配筋困难，可采用相同直径的中强度预应力螺旋肋钢丝或冷轧带肋钢筋并筋的配筋方式（图 13-40）。并筋的等效直径，对双并筋应取为单筋直径的 1.4 倍，对三并筋应取为单筋直径的 1.7 倍。并筋之间的净距离应按等效直径及混凝土粗骨料最大粒径考虑

续表 13-54

序号	项 目	内 容
2	后张法构件	(1) 后张法预应力筋及预留孔道布置应符合下列构造要求: 1) 预制构件中预留孔道之间的水平净间距不宜小于 50mm,且不宜小于粗骨料粒径的 1.25 倍;孔道至构件边缘的净间距不宜小于 30mm,且不宜小于孔道直径的 50% 2) 现浇混凝土梁中预留孔道在竖直方向的净间距不应小于孔道外径,水平方向的净间距不宜小于 1.5 倍孔道外径,且不应小于粗骨料最大粒径的 1.25 倍;从孔道外壁至构件边缘的净间距,对梁底不宜小于 50mm,对梁侧不宜小于 40mm,对裂缝控制等级为三级的混凝土梁,梁底、梁侧分别不宜小于 60mm 和 50mm 3) 预留孔道的内径宜比预应力束及需穿过孔道的连接器外径大 6~15mm,且孔道的截面面积宜为穿入预应力束截面面积的 3.0~4.0 倍 4) 当有可靠经验并能保证混凝土浇筑质量时,预留孔道可水平并列紧贴布置,但每 一并一列孔道数量不应超过两个 5) 在现浇楼板中采用扁形锚固体系时,穿过每个预留孔道的预应力筋数量宜为 3~5 根;在常用荷载情况下,孔道在水平方向的净间距不应超过 8 倍板厚及 1.5m 中的较大值 6) 板中单根无粘结预应力筋的间距不宜大于板厚的 6 倍,且不宜大于 lm;带状束的无粘结预应力筋根数不宜多于 5 根;带状束间距不宜大于板厚的 12 倍,且不宜大于 2.4m 7) 梁中集束布置的无粘结预应力筋,集束的水平净间距不宜小于 50mm,束至构件边缘的净距不宜小于 40mm 8) 按设计或施工要求需要在制作时预先起拱的构件,预留孔道宜随构件同时起拱 9) 在构件两端及跨中部位(构件长度较大时),有粘结预应力筋的预留孔道上应设置灌浆孔或排气孔,其孔距对建筑结构构件不宜大于 15m。当曲线孔道波峰和波谷的高差大于 300mm 时,尚应在孔道波峰处设置排气孔 (2) 后张法构件的预应力筋孔道成型可采用预埋金属波纹管、预埋钢管、钢管抽芯预埋、塑料波纹管等方式。其中预埋金属波纹管使用最广泛,特别适用于曲线预应力束情况。金属波纹管按径向刚度不同分为标准型和加强型;按截面形状分为圆形和扁形;也可按每两个相邻折叠咬口之间凸起波纹的数量分为双波和多波(图 3-41)。按钢带表面镀层情况分为不镀锌型和镀锌型。其长度由于考虑方便运输,一般每节为 4~6m,当生产厂将卷管机运到施工现场卷管时,则每节长度可更长。金属波纹管需连接长时,可采用大一号直径同类管作为连接管,其长度可取为 3 倍内径,且不宜小于 200mm 并用密封胶带或热塑料管封口(图 13-42)。塑料波纹管接长时,可采用塑料焊接机热熔焊接或采用专用连接管。金属波纹管的内外径尺寸如表 13-55 及表 13-56 所示。预应力钢绞线束常用金属波纹管可按表 13-57 及表 13-58 选用。圆形塑料波纹管规格如表 13-59 所示

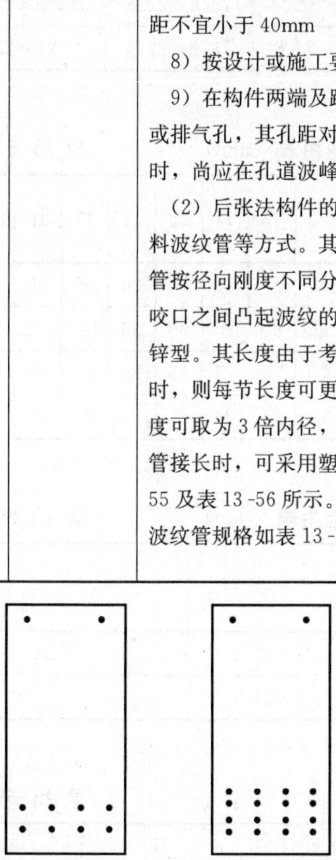

图13-40 先张法预应力混凝土梁配筋示意

(a) 钢丝数量较少时;(b) 钢丝数量较多时并筋

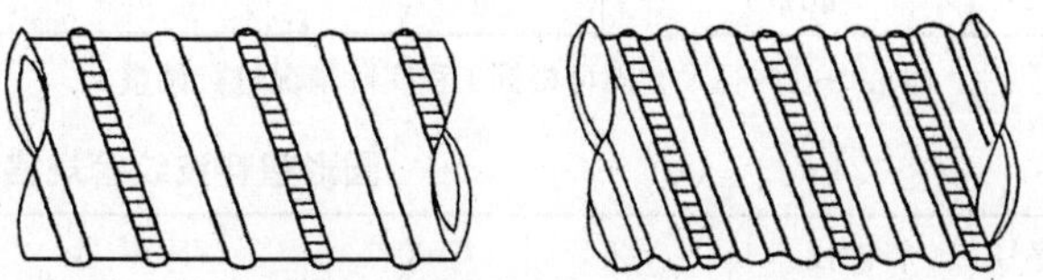

图 13-41 单波及双波圆形波纹管

(a) 单波管;(b) 双波管

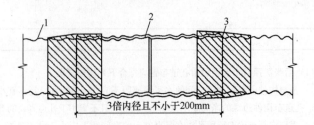

图 13-42 圆形波纹管接头

1—波纹管；2—接头管；3—密封胶带

圆形金属波纹管的内径及外径（mm）   表 13-55

序号	内径	40	45	50	55	60	65	70	75	80	85	90	95	96	102	108	114	120	126	132
1	标准型外径	40.56	50.56	50.6	55.6	60.6	65.6	70.6	75.6	80.7	85.7	90.7	95.7	96.8	102.8	108.8	114.8	120.8	126.8	132.8
2	增强型外径	40.6	45.6	50.7	55.7	60.7	65.7	70.8	75.8	80.8	85.9	90.9	—	97	103	109	115	121	127	133

注：表中内径 95mm 的波纹管仅用作连接用管。外径尺寸等于内径加 2 倍管壁厚度。

扁形金属波纹管的内径及外径（mm）   表 13-56

序号	内径	52×20	65×20	78×20	60×22	76×22	90×22
1	标准型外径	52.6×20.6	65.7×20.7	78.8×20.8	60.7×22.7	76.8×22.8	90.9×22.9
2	增强型外径	52.7×20.7	65.8×20.8	78.9×20.9	60.8×22.8	76.9×22.9	91×23

注：表中未列尺寸由供需双方协议确定。

预应力钢绞线束常用圆形金属波纹管内径选用表（mm）   表 13-57

序号	钢绞线直径＼预应力束根数		3	4	5	6	7	8	9	10	11	12	13	14	15	16	17	18	19
1	φ15.2	先穿束	45	50	55	60	65	70	75	75	80	80	85	85	90	90	96	96	102
		后穿束	50	55	60	65	70	75	80	80	85	85	90	90	96	96	102	102	108
2	φ12.7	先穿束	40	45	50	55	60	60	65	65	70	70	75	75	80	80	85	85	85
		后穿束	40	50	55	60	60	65	65	70	70	75	75	80	80	85	85	90	90

注：本表中的内径尺寸尚可根据工程实际情况进行调整。

预应力钢绞线束常用扁形金属波纹管内径选用表（mm）   表 13-58

序号	钢绞线直径＼钢绞线束根数	2	3	4	5
1	φ15.2	60×22	60×22	76×22	90×22
2	φ12.7	52×20	65×20	78×20	—

注：本表中的内径尺寸尚可根据工程实际情况进行调整。

圆形塑料波纹管规格（mm）   表 13-59

序号	管内径	50	60	75	90	100	115	130
1	管外径	63	73	88	106	116	131	146
2	壁厚	2	2	2	2.5	2.5	2.5	2.5

注：管外径已包括波纹管的凸缘尺寸。

13.1.8 先张法构件预应力钢筋的基本锚固长度及预应力传递长度

先张法构件预应力钢筋的基本锚固长度及预应力传递长度如表 13-60 所示。

先张法构件预应力钢筋的基本锚固长度及预应力传递长度   表 13-60

序号	项目	内容

1	计算方法	(1) 预应力筋基本锚固长度为 $$l_{ab} = \alpha \frac{f_{py}}{f_t} d \qquad (13-3)$$ 式中 l_{ab}——受拉钢筋的基本锚固长度
		
		f_y、f_{py}——普通钢筋、预应力筋的抗拉强度设计值
		
		f_t——混凝土轴心抗拉强度设计值，混凝土强度等级高于 C60 时，按 C60 取值
		
		d——锚固钢筋的直径
		
		α——锚固钢筋的外形系数，按本书表 1-109 取用
		(2) 先张法构件预应力筋的预应力传递长度 l_{tr} 应按下列公式计算： $$l_{tr} = \alpha \frac{\sigma_{pe}}{f_{tk}} d \qquad (13-4)$$ 式中 σ_{pe}——放张时预应力筋的有效预应力
		
		d——预应力筋的公称直径，按本书表 18-7、表 18-8 采用
		
		α——预应力筋的外形系数，按本书表 1-109 采用
		
		f_{tk}——与放张时混凝土立方体抗压强度 f'_{cu} 相应的轴心抗拉强度标准值，按本书表 1-12 以线性内插法确定
		    当采用骤然放张预应力的施工工艺时，对光面预应力钢丝，l_{tr} 的起点应从距构件末端 $l_{tr}/4$ 处开始计算
		   (3) 对先张法预应力混凝土构件端部进行正截面、斜截面抗裂验算时，应考虑预应力筋在其预应力传递长度 l_{tr} 范围内实际应力值的变化。预应力筋的实际应力可考虑为线性分布，在构件端部取为零，在其预应力传递长度的末端取有效预应力 σ_{pe} 值（图 13-43），预应力筋的预应力传递长度 l_{tr} 应按公式（13-4）确定
		   (4) 当对先张法预应力混凝土构件端部锚固区的正截面和斜截面受弯承载力进行计算时，锚固区内的预应力冷轧带肋钢筋抗拉强度设计值可按下列规定取用：
		   1) 在锚固起点处为 0，在锚固终点处为 f_{py}，在两点之间按直线内插法取用
		   2) 预应力冷轧带肋钢筋锚固长度 l_a 不应小于表 13-61 规定的数值
		   (5) 当冷轧带肋钢筋先张法预应力构件端部区段进行正截面和斜截面抗裂验算时，应考虑预应力筋在其预应力传递长度 l_{tr} 范围内实际应力值的变化。预应力筋的实际预应力值按线性规律增大，在构件端部取 0，在其预应力传递长度的末端取有效预应力值 σ_{pe}（参见图 13-43），预应力筋的预应力传递长度 l_{tr} 可按表 13-62 取用

2	计算用表	(1) 为便于设计，表 13-63 及表 13-64 列出按公式（13-3）计算所得的基本锚固长度及表 13-61 的最小锚固长度 (2) 为便于设计，表 13-65 及表 13-66 列出按公式（13-4）计算所得及表 13-62 的预应力筋的预应力传递长度 l_{tr}

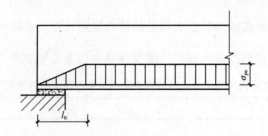

图 13 -43　预应力传递长度范围内有效预应力值的变化

预应力冷轧带肋钢筋的最小锚固长度（mm）　　　　　　　　表 13 -61

序号	钢筋级别	混凝土强度等级				
		C30	C35	C40	C45	≥C50
1	CRB650 CRB650H	37d	33d	31d	29d	28d
2	CRB800 CRB800H	45d	41d	38d	36d	34d
3	CRB970	55d	50d	46d	44d	42d

注：1. 当采用骤然放松预应力筋的施工工艺时，锚固长度 l_a 的起点应从距构件末端 $0.25l_{tr}$ 处开始计算，预应力筋的传递长度 l_{tr} 应按表 13 -62 取用；

2. d 为钢筋公称直径（mm）。

预应力冷轧带肋钢筋的预应力传递长度 l_{tr}（mm）　　　　　表 13 -62

序号	钢筋级别	混凝土强度等级					
		C25	C30	C35	C40	C45	≥C50
1	CRB650 CRB650H	24d	22d	20d	18d	17d	17d
2	CRB800 CRB800H	32d	28d	26d	24d	22d	21d
3	CRB970	40d	35d	32d	30d	28d	27d

注：1. 确定传递长度 l_{tr} 时，表中混凝土强度等级应取用放松时的混凝土立方体抗压强度；

2. 当采用骤然放松预应力筋的施工工艺时，l_{tr} 的起点应从距构件末端 $0.25l_{tr}$ 处开始计算；

3. d 为钢筋公称直径（mm）。

先张法常用预应力筋的基本锚固长度 l_{ab}（mm）　　　　　　表 13 -63

序号	预应力筋种类	预应力筋的抗拉强度设计值 f_{py}（N/mm²）	混凝土强度等级						
			C30	C35	C40	C45	C50	C55	≥C60
1	中强度预应力螺旋肋钢丝	510	46d	42d	39d	37d	35d	34d	33d
		650	59d	54d	49d	47d	45d	43d	41d
		810	74d	67d	62d	59d	56d	54d	52d

续表 13-63

序号	预应力筋种类	预应力筋的抗拉强度设计值 f_{py} (N/mm²)	混凝土强度等级						
			C30	C35	C40	C45	C50	C55	≥C60
2	三股钢绞线	1110	124d	113d	104d	99d	94d	91d	87d
		1320	148d	135d	124d	117d	112d	108d	104d
		1390	156d	142d	130d	124d	118d	113d	109d

注：1. 表中基本锚固长度的 d 为预应力筋的公称直径（mm）；

2. 当采用骤然放张的预应力施工工艺时，基本锚固长度应从构件末端 0.25 倍预应力传递长度处开始计算。

先张法预应力冷轧带肋钢筋的最小锚固长度（mm）　表 13-64

序号	钢筋级别	混凝土强度等级				
		C30	C35	C40	C45	≥C50
1	CRB650 CRB650H	37d	33d	31d	29d	28d
2	CRB800 CRB800H	45d	41d	38d	36d	34d
3	CRB970	55d	50d	46d	44d	42d

先张法预应力筋的预应力传递长度 l_{tr}　表 13-65

序号	预应力筋种类	混凝土强度等级								
		C20	C25	C30	C35	C40	C45	C50	C55	≥C60
1	中强度预应力螺旋肋钢丝 $\sigma_{pe}=1000$N/mm²	84.4d	73.0d	64.7d	59.1d	54.4d	51.8d	49.2d	47.4d	45.6d
2	三股钢绞线 $\sigma_{pe}=1000$N/mm²	103.9d	89.9d	79.6d	72.7d	66.9d	63.7d	60.6d	58.4d	56.1d

注：1. 确定传递长度 l_{tr} 时，表中混凝土强度等级应取用放松预应力时的混凝土立方体抗压强度；

2. d 为钢筋公称直径（mm）；

3. 当采用骤然放张的预应力施工工艺时，l_{tr} 的起点应从距构件末端 $0.25l_{tr}$ 处开始计算；

4. 当预应力筋实际的有效预应力值大于或小于 1000N/mm² 时，其预应力传递长度应根据表 13-65 的数值按比例增减。

先张法预应力冷轧带肋钢筋的预应力传递长度　表 13-66

序号	钢筋级别	混凝土强度等级					
		C25	C30	C35	C40	C45	≥C50
1	CRB650 CRB650H	24d	22d	20d	18d	17d	17d

序号	钢筋级别	混凝土强度等级					
		C25	C30	C35	C40	C45	≥C50
2	CRB800 CRB800H	$32d$	$28d$	$26d$	$24d$	$22d$	$2d$
3	CRB970	$40d$	$35d$	$32d$	$30d$	$28d$	$27d$

13.1.9 纵向受拉预应力筋最小配筋量

纵向受拉预应力筋最小配筋量如表 13-67 所示。

纵向受拉预应力筋最小配筋量   表 13-67

序号	项 目	内 容
1	受弯构件的纵向受拉钢筋及冷轧带肋钢筋	(1) 预应力混凝土受弯构件中纵向受拉预应力筋最小配筋量应符合下列要求: $$M_u \geqslant M_{cr} \qquad (13\text{-}5)$$ 式中 M_u——构件的正截面受弯承载力设计值;按有关的规定确定 M_{cr}——构件的正截面开裂弯矩值;$M_{cr} = (\sigma_{pc} + \gamma f_{tu}) W_0$,其中 γ 为构件的截面抵抗矩塑性影响系数、σ_{pc} 为扣除全部预应力损失后,由预加力在抗裂验算边缘产生的混凝土预压应力、W_0 为构件换算截面受拉边缘的弹性抵抗矩 (2) 对冷轧带肋预应力钢筋配筋的预应力混凝土单筋受弯构件中纵向受拉预应力筋的 最小配筋率应符合下式要求: $$\rho_{min} \geqslant \alpha_0 f_{tk} / (f_{py} - \beta_0 \sigma_{p0}) \qquad (13\text{-}6)$$ 其中换算截面的几何特征系数 α_0、β_0 分别按下式计算: $$\alpha_0 = \frac{\gamma W_0}{b h_0^2} \qquad (13\text{-}7)$$ $$\beta_0 = (W_0/A_0 + e_{p0}) / h_0 \qquad (13\text{-}8)$$ 式中 ρ_{min}——预应力混凝土单筋受弯构件的纵向受拉预应力筋最小配筋率,取 $\rho_{min} = A_{pmin} / (b h_0)$,其中 A_{pmin} 为受拉区最小纵向预应力筋截面面积 (mm²);b 为矩形截面宽度,T形、I形截面的受压翼缘宽度 (mm);h_0 为截面有效高度 (mm) A_0——构件换算截面面积 (mm²) γ——对预应力混凝土空心板可取 1.35 e_{p0}——预应力合力点至换算截面重心的偏心距 (mm) f_{py}——预应力冷轧带肋钢筋抗拉强度设计值 σ_{p0}——预应力筋合力点处混凝土法向应力等于零时的预应力冷轧带肋钢筋应力 对于受拉区同时配有纵向预应力和非预应力筋的单筋受弯构件,当验算最小配筋率时,可将纵向非预应力筋截面面积折算为预应力筋截面面积,此时,应将公式 (13-6) 中的 $\rho_{min} = A_{pmin} / (b h_0)$ 以 $\rho_{min} = \left(A_p + \dfrac{A_s f_y}{f_{py}}\right) / (b h_0)$ 代替、公式 (13-8) 中的 $\beta_0 \sigma_{p0}$ 以 $\beta_0 \sigma_{p0} (A_p - \sigma_{15} A_s / \sigma_{p0}) / \left(A_p + \dfrac{A_s f_y}{f_{py}}\right)$ 代替,其中 σ_{15} 为预应力筋的由于混凝土收缩和徐变引起受拉区纵向预应力筋的预应力损失;A_s 为受拉区配置的非预应力钢筋截面面积;f_y 为非预应力钢筋的抗拉设计强度 (3) 当冷轧带肋预应力钢筋配筋的预应力混凝土受弯构件正截面承载力符合下列条件时: $$1.4M \leqslant M_{cr} \qquad (13\text{-}9)$$ 则可不遵守公式 (13-6) 的规定,式中 M 为弯矩设计值

序号	项目	内 容
2	任意对称截面及其他	(1) 任意对称截面先张法预应力轴心受拉构件且配置对称预应力筋时的最小配筋量 A_{pmin} 应符合下列要求: $$A_{pmin} \geq f_{tk}A / (f_{py} - \sigma_{pe}) \qquad (13-10)$$ 式中 A_{pmin}——轴心受拉构件截面中全部预应力筋截面面积 A——轴心受拉构件截面面积 (2) 预应力纵向受拉预应力筋的最小配筋量,除根据以上各项规定通过计算确定外,尚可根据工程实践经验对某类构件进行专门规定

13.1.10 构件中的受拉非预应力钢筋

构件中的受拉非预应力钢筋如表 13-68 所示。

构件中的受拉非预应力钢筋 **表 13-68**

序号	项目	内 容
1	纵向受拉非预应力钢筋	(1) 当受拉区的预应力钢筋已能使构件符合裂缝控制的设计要求时,则按正截面承载力计算所需的其余受拉钢筋允许采用非预应力钢筋。非预应力钢筋的截面面积可根据计算或构造要求确定,但在裂缝控制验算时应考虑非预应力钢筋由于混凝土收缩和徐变引起的内力影响 (2) 施工阶段预拉区允许出现拉应力的构件,预拉区纵向钢筋的配筋率 $(A'_s + A'_p)/A$ 不宜小于 0.15% (其中 A'_s 为预拉区的纵向非预应力钢筋截面面积;A'_p 为预拉区的预应力筋截面面积;A 为构件截面面积),对后张法构件不应计入 A'_p。预拉区纵向非预应力钢筋的直径不宜大于 14mm,并应沿构件预拉区外边缘均匀配置 (3) 施工阶段预拉区不允许出现裂缝的板类构件,预拉区纵向受拉非预应力的配筋可根据具体情况按实践经验确定 (4) 在后张无粘结预应力混凝土受弯构件中,应配置一定数量的纵向非预应力钢筋,不仅可克服纯无粘结受弯构件只出现一条或少数几条宽裂缝,使混凝土压应变集中,从而引起脆性破坏的缺点,还有利于分散裂缝、改善受弯构件的变形性能和提高正截面抗弯强度 (5) 纵向受拉非预应力钢筋的配筋应符合下列规定: 1) 单向板沿跨度方向配置的非预应力钢筋截面面积 A_s 不应小于 0.002bh,其中 b 为板的宽度,h 为板的高度。其直径不应小于 8mm,间距不应大于 200mm,并应靠近受拉边缘配置。单向板垂直于跨度方向尚应配置不宜小于该方向板的截面面积 0.15% 的分布钢筋。分布钢筋的直径不宜小于 6mm,间距不宜大于 250mm;当板面作用有较大集中荷载时,尚应适当增加其截面面积,且间距不宜大于 200mm 2) 边支承实心双向板非预应力纵向受力钢筋的最小截面面积应取下列两式计算结果的较大值: $$A_s \geq \frac{1}{3}\left(\frac{\sigma_{pu}h_p}{f_y h_s}\right)A_p \qquad (13-11)$$ $$A_s \geq 0.003bh \qquad (13-12)$$ 式中 σ_{pu}——无粘结预应力筋的应力设计值,应按有关规定经计算确定 h_p——无粘结预应力筋合力点至截面受压边缘的距离 f_y——非预应力钢筋的抗拉设计强度 h_s——非预应力钢筋合力点至截面受压边缘的距离

序号	项　　目	内　　　　容
1	纵向受拉非预应力钢筋	A_p——无粘结预应力筋的截面面积 　　b——梁截面宽度 　　h——梁截面高度 纵向受拉非预应力钢筋直径不宜小于 14mm，且宜均匀分布在梁的受拉边缘 对按一级裂缝控制等级设计的梁，当无粘结预应力筋承担不小于 75％的弯矩设计值时，由于梁不允许出现裂缝，因而纵向受拉非预应力钢筋截面面积应满足承载力计算和公式（13-12）的要求 　　3）无粘结预应力混凝土板柱结构中的双向平板，其纵向受拉非预应力钢筋的最小截面 面积 A_s 及其分布应符合下列规定： 　　① 在柱边的负弯矩区：每一方向上纵向受拉非预应力钢筋截面面积不应小于 $0.00075hl$，其中 l 为平行于计算纵向受力钢筋方向上板的跨度，h 为板的高度。这些纵向受拉非预应力钢筋应分布在各离柱边 1.5h 的板宽范围内，并应靠近受拉边缘布置，其间距不应大于 300mm，外伸出柱边的长度不小于支座每一边净跨的 1/6，且每一方向至少应设置 4 根直径不少于 16mm 的钢筋。在受弯承载力计算中考虑纵向受拉非预应力钢筋的作用时，其伸出柱边的长度应按计算确定，并满足延伸锚固长度的要求 　　② 在板跨中的正弯矩区；当正弯矩区每一方向上抗裂验算边缘的混凝土法向拉应力满足下列规定时，正弯矩区可仅按构造要求配置纵向受拉非预应力钢筋： $$\sigma_{ck}-\sigma_{pc}\leqslant 0.4f_{tk} \qquad (13 \text{-}13)$$ 式中　σ_{ck}——荷载标准组合下抗裂验算边缘的混凝土法向拉应力 　　　σ_{pc}——扣除全部预应力损失后在抗裂验算边缘的混凝土预压应力 　　　f_{tk}——混凝土轴心抗拉强度标准值 　　若正弯区每一方向上抗裂验算边缘的混凝土法向拉应力按公式（13-13）计算的结果超过 $0.4f_{tk}$ 但不大于 $1.0f_{tk}$ 时，纵向受拉非预应力钢筋的截面面积 A_s 应符合下列要求： $$A_s\geqslant\frac{N_{tk}}{0.5f_y} \qquad (13 \text{-}14)$$ 式中　N_{tk}——在标准组合下构件混凝土未开裂截面受拉区的合力 　　　f_y——非预应力钢筋的抗拉强度设计值，当 f_y 大于 $360N/mm^2$ 时，取 $360N/mm^2$ 纵向受拉非预应力钢筋应均匀分布在板的受拉区内，并应靠近受拉边缘通长布置 　　③ 在板的外边缘和拐角处，应设置暗圈梁或设置钢筋混凝土边梁。暗圈梁的纵向钢筋直径不应小于 12mm，且不应少于 4 根，箍筋直径不应小于 6mm，间距不大于 150mm （6）后张法预应力混凝土结构构件，由于构造和施工方面的原因，通常在截面的受拉区和受压区设置纵向非预应力钢筋。纵向非预应力钢筋一般布置在预应力筋的外侧并靠近构件外边缘通长布置，其截面面积及间距根据工程的实际情况确定 （7）抗震设计的预应力混凝土框架、门架、板柱结构中的平板等结构构件中的纵向非预应力受拉钢筋的配置构造要求详见本书表 13-75、表 13 -76 及表 13 -77 的有关规定
2	曲线预应力束弯折处构造配筋	（1）后张法预应力混凝土构件在预应力束弯折处的曲线半径应满足下式要求，且不宜小于 4m $$r_p\geqslant\frac{\rho}{0.35f_cd_p} \qquad (13 \text{-}15)$$ 式中　ρ——预应力束的合力设计值（kN），其值对有粘结预应力混凝土构件取 1.2 倍张拉控制力；对无粘结预应力混凝土构件取 1.2 倍张拉控制力和（$f_{ptk}A_p$）中的较大值。其中 f_{ptk} 为预应力筋极限强度标准值，A_p 为预应力束的截面面积

序号	项 目	内 容
2	曲线预应力束弯折处构造配筋	r_p——预应束的曲率半径（m） d_p——预应力束孔道的外径（mm） f_c——混凝土轴心抗压强度设计值（N/mm²）；当验算张拉阶段曲率半径时，可取与施工阶段混凝土立方体抗压强度 f'_{cu} 对应的抗压强度设计值 f'_c 当曲率半径 r_p 不满足上述要求时，可在曲线预应力束弯折处内侧设置钢筋网片或螺旋筋（图13-44），防止混凝土局部受压破坏 (2) 当在预应力混凝土构件中布置凹形曲线的预应力束时（图13-45），应进行防崩裂设计。若曲率半径 r_p 满足下列公式要求时，可仅配置构造 U 形插筋 $$r_p \geqslant \frac{P}{f_t(0.5d_p + C_p)} \qquad (13 -16)$$ 式中 C_p——预应力束孔道净混凝土保护层厚度（mm） f_t——混凝土轴心抗拉强度设计值（N/mm²） 若曲线半径 r_p 不满足上式要求时，每单肢 U 形插筋的截面面积应按下列公式确定： $$A_{sv1} \geqslant \frac{PS_v}{2r_p f_{yv}} \qquad (13 -17)$$ 式中 A_{sv1}——每单肢插筋截面面积（mm²） S_v——U 形插筋间距（mm） f_{yv}——U 形插筋的抗拉强度设计值，当其值大于 360N/mm² 取 360N/mm² r_p——预应力束采用的曲率半径（m） U 形插筋的锚固长度不应小于 l_a，当实际锚固长度 l_e 小于 l_a 时，每单肢 U 形插筋的截面面积可按 A_{sv1}/k 取值。其中 k 取 $l_e/(15d)$ 和 $l_e/200$ 中的小值，且 k 不应取大于 1 当有平行的几个孔道，且中心距不大于 $2d_p$ 时，预应力束的合力设计值应按相邻全部孔道内的预应力筋确定

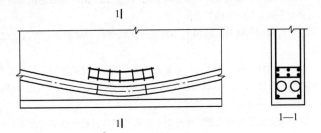

图 13 -44　在弯折处内侧设置钢筋网片

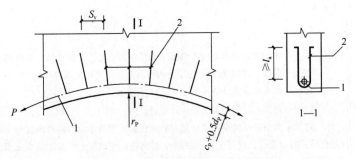

图 13 -45　抗崩裂 U 形插筋构造示意

1—预应力束；2—沿曲线预应力束均匀布置的 U 形插筋

13.1.11 构件端部的配筋构造及其他

构件端部的配筋构造及其他如表 13-69 所示。

构件端部的配筋构造及其他　　　　　　　　　　　　　　表 13-69

序号	项　目	内　　　容
1	后张法构件	(1) 为防止施加预应力时在构件端部产生沿截面中部的纵向水平裂缝，宜将一部分预 应力钢筋在靠近支座区段弯起，并使预应力钢筋尽可能沿构件端部均匀布置。此外为减少使用阶段构件在端部区段的混凝土主拉应力（简支构件）也宜将一部分预应力钢筋在靠近支座处弯起 (2) 当预应力钢筋在构件端部不能均匀布置而需集中布置在端部截面的下部或集中 布置在上部和下部时，应在构件端部沿跨度方向 0.2h（h 为端部截面高度）范围内设置附加竖向防端面裂缝构造钢筋（图 13-46）。此类钢筋可采用焊接钢筋网、封闭式箍筋或其他形式的构造钢筋，且宜采用带肋钢筋。附加竖向构造钢筋的截面面积 A_{sv} 应符合下列公式要求： $$A_{sv} \geqslant \frac{T_s}{f_{yv}} \qquad (13-18)$$ $$T_s = \left(0.25 - \frac{e}{h}\right)P \qquad (13-19)$$ 式中　T_s——锚固端端面拉力 　　　P——作用在构件端部截面重心线上部或下部预应力筋的合力设计值，对有粘结预应力筋取 1.2 倍张拉控制力；对无粘结预应力筋取 1.2 倍张拉控制力和（$f_{ptk}A_p$）中的较大值 　　　e——截面重心线上部或下部预应力筋合力点至截面边缘的距离 　　　h——构件端部高度 　　　f_{yv}——附加竖向钢筋的抗拉强度设计值 当 e 大于 0.2h 时，可根据实际情况，适当配置构造钢筋 当端部截面上部和下部均有预应力筋时，附加竖向钢筋的总截面面积应按上部和下部的预应力合力分别采用计算的较大值 在构件端面的横向也应按上述方法计算抗端面裂缝钢筋，并与上述竖向钢筋形成网片筋配置 (3) 对构件的端部锚固区，当采用普通垫板时，应满足局部受压承载力计算的要求，并配置间接钢筋（图 13-47），其体积配筋率 p_v 不应小于 0.5%。当采用整体铸造垫板时，其局部受压区的设计应符合相关标准的规定 (4) 为防止沿预留孔道产生劈裂，在构件端部长度不小于截面重心线上部或下部预应力筋合力点至邻近边缘距离 e 的 3 倍且不大于 1.2h（h 为构件端部高度）高度为 2e 范围内，均匀布置防沿孔道劈裂的附加箍筋或网片，配筋面积可按下式计算且体积配筋率不应小于 5%（图 13-47） $$A_{sb} \geqslant 0.18\left(1 - \frac{l_l}{l_b}\right)\frac{P}{f_{yv}} \qquad (13-20)$$ 式中　P——作用在端部重心线上部或下部预应力筋的合力设计值，取值同本条第（2）款 　　　l_l——混凝土局部受压面积 A_l 沿构件高度方向的边长或直径 　　　l_b——局部受压的计算底面积 A_b 沿构件高度方向的边长或直径 　　　f_{yv}——附加防劈裂钢筋的抗拉强度设计值 (5) 对预应力钢筋在构件端部全部弯起的预制受弯构件，当构件端部与下部支承结构焊接时（如鱼膜式后张预应力混凝土吊车梁等），应考虑由于混凝土收缩和徐变及温度变化对构件产生的不利影响，在构件端部可能产生裂缝的部位，应配置足够的附加纵向非预应力钢筋（图 13-48）

序号	项　目	内　　容
1	后张法构件	（6）当构件在端部有局部凹进时，为防止在预加应力过程中，端部转折处产生裂缝，应增设折线构造钢筋（图 13-49）或其他有效的构造钢筋 （7）当后张法预应力混凝土构件端部有特殊要求时，可采用有限元方法进行设计并配置相应的构件端部钢筋
2	先张法构件	（1）单根配置的预应力筋，其端部宜设置螺旋筋 （2）分散布置的多根预应力筋，在端部 10d（d 为预应力筋的公称直径）且不小于 100mm 长度范围内，宜设置 3～5 片与预应力筋垂直的钢筋网片 （3）采用预应力钢丝配筋的薄板，在板端 100mm 长度范围内宜适当加密附加横向钢筋 （4）直线配筋的先张法预制构件，当构件端部与下部支承结构焊接时，应考虑混凝土收缩、徐变及温度变化所产生的不利影响，宜在端部可能产生裂缝的部位设置纵向构造钢筋 （5）槽形板类构件应在端部 100mm 长度范围内沿构件板面设置不小于 2 根附加横向钢筋，以防止板面产生沿跨度方向的纵向裂缝 （6）采用先张法长线台座生产有端横肋的预应力混凝土肋形板时，应在设计和制作上采取防止放张预应力时端横肋产生裂缝的有效措施
3	其他	后张预应力混凝土外露金属锚具的防腐及防水措施 （1）外露无粘结预应力筋锚具应采用注入足量防腐油脂的塑料帽封闭锚具端头，并应采用无收缩砂浆或细石混凝土封闭 （2）对处于二 b、三 a、三 b 环境条件下的无粘结预应力锚固系统，应采用全封闭的防腐蚀体系、其封锚端及各连接部位应能承受 10N/mm² 的静水压力而不得透水 （3）采用混凝土封闭锚具时，其强度等级宜与构件混凝土强度等级一致，且不应低于 C30。封锚混凝土与构件混凝土应可靠粘结，在封闭锚具前应将周围混凝土界面凿毛并冲洗干净，且宜配置 1～2 片钢筋网，钢筋网应与构件混凝土拉结牢固 （4）采用无收缩砂浆或混凝土封闭锚具时，锚具及预应力筋端部的保护层厚度不应小于：一类环境时 20mm，二 a、二 b 类环境时 50mm，三 a、三 b 类环境时 80mm

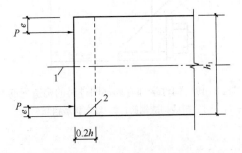

图 13-46　构件端部受力情况

1—截面重心线；2—竖向附加钢筋配置范围

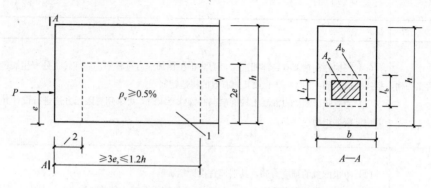

图 13-47 局部受压间接钢筋防止沿孔道劈裂配筋范围

1—附加防劈裂配筋区；2—局部受压间接钢筋配置区≥2e

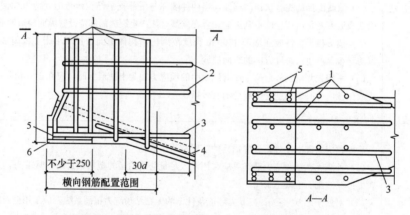

图 13-48 后张法预应力混凝土吊车梁端部配筋示例

1—横向钢筋；2—水平钢筋；3—附加纵向非预应力钢筋；

4—下翼缘非预应力钢筋；5—短筋；6—支承钢板

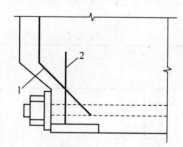

图 13-49 构件端部有局部凹进时的构造配筋

1—折线构造钢筋；2—竖向构造钢筋

第 14 章

钢筋混凝土结构预埋件及连接件

14.1 预埋件及连接件计算与计算例题

14.1.1 预 埋 件 计 算

钢筋混凝土结构中的预埋件及连接件应按表 14-1 的要求计算。

预埋件及连接件计算　　　　　　　　表 14-1

序号	项　目	内　　　　容
1	由锚板和对称配置的直锚筋所组成的受力预埋件及连接件计算	由锚板和对称配置的直锚筋所组成的受力预埋件及连接件，其锚筋的总截面面积 A_s，应按下列公式计算（图 14-1）： （1）当有剪力、法向拉力和弯矩共同作用时，应按下列两个公式计算，并取其中的较大值： $$A_s \geqslant \frac{V}{\alpha_r \alpha_v f_y} + \frac{N}{0.8 \alpha_b f_y} + \frac{M}{1.3 \alpha_r \alpha_b f_y z} \qquad (14\text{-}1)$$ $$A_s \geqslant \frac{N}{0.8 \alpha_b f_y} + \frac{M}{0.4 \alpha_r \alpha_b f_y z} \qquad (14\text{-}2)$$ （2）当有剪力、法向压力和弯矩共同作用时，应按下列两个公式计算，并取其中的较大值： $$A_s \geqslant \frac{V - 0.3N}{\alpha_r \alpha_v f_y} + \frac{M - 0.4Nz}{1.3 \alpha_r \alpha_b f_y z} \qquad (14\text{-}3)$$ $$A_s \geqslant \frac{M - 0.4Nz}{0.4 \alpha_r \alpha_b f_y z} \qquad (14\text{-}4)$$ 当 $M < 0.4Nz$ 时，取 $M - 0.4Nz = 0$ 在上述公式中的系数 α_v、α_b，应按下列公式计算 $$\alpha_v = (4.0 - 0.08d) \sqrt{\frac{f_c}{f_y}} \qquad (14\text{-}5)$$ 当 $\alpha_v > 0.7$ 时，取 $\alpha_v = 0.7$ $$\alpha_b = 0.6 + 0.25 \frac{t}{d} \qquad (14\text{-}6)$$ 当采取措施防止锚板弯曲变形时，可取 $\alpha_b = 1$ 式中　f_y——锚筋的抗拉强度设计值，按本书表 1-100 采用，但不应大于 300N/mm² 　　　V——剪力设计值 　　　N——法向拉力或法向压力设计值，法向压力设计值不应大于 $0.5 f_c A$，此处，A 为锚板的面积 　　　M——弯矩设计值 　　　α_r——锚筋层数的影响系数；当锚筋按等间距布置时：两层取 1.0；三层取 0.9；四层取 0.85

序号	项 目	内 容
1	由锚板和对称配置的直锚筋所组成的受力预埋件及连接件计算	α_v ——锚筋的受剪承载力系数 d ——锚筋直径 α_b ——锚板的弯曲变形折减系数 t ——锚板厚度 z ——沿剪力作用方向最外层锚筋中心线之间的距离
2	由锚板和对称配置的弯折锚筋及直锚筋共同承受剪力的预埋件及连接件计算	由锚板和对称配置的弯折锚筋及直锚筋共同承受剪力的预埋件及连接件，如图 14-2 所示，其弯折锚筋的截面面积 A_{sb} 应符合下列规定： $$A_{sb} \geqslant 1.4\frac{V}{f_y} - 1.25\alpha_v A_s \qquad (14-7)$$ 式中系数 α_v 按公式（14-5）取用。当直锚筋按构造要求设置时，取 $A_s=0$ 弯折锚筋与钢板之间的夹角不宜小于 15°，也不宜大于 45°

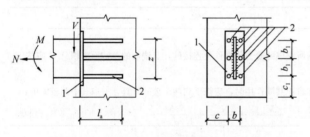

图 14-1 由锚板和直锚筋组成的预埋件
1—锚板；2—直锚筋

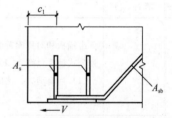

图 14-2 由锚板和弯折锚筋及直锚筋组成的预埋件

14.1.2 计 算 例 题

[例题 14-1] 已知承受拉力设计值 $N=172.19$kN 的直锚筋预埋件，构件的混凝土强度等级为 C25，锚筋为 HRB335 级钢筋，$f_y=300$N/mm²，锚板采用 Q235 钢，厚度 $t=10$mm。求预埋件直锚筋的总截面面积及直径。

[解] 假设锚筋直径 $d=14$mm，由公式（14-6）计算，得

$$\alpha_b = 0.6 + 0.25 \times 10/14 = 0.779$$

公式（14-1）中 $V=M=0$，得

$$A_s = \frac{N}{0.8\alpha_b f_y} = \frac{172190}{0.8 \times 0.779 \times 300} = 921 \text{ mm}^2$$

选用锚筋 6 Φ 14，$A_s=924$mm²>921mm² 满足要求。

按混凝土强度等级 C25，查表 14-6 得锚固长度 $l_a=463$mm。

又 $$\frac{t}{d} = \frac{10}{14} = 0.7 > 0.6$$

锚板厚度 t 符合要求。

[例题 14-2] 已知承受剪力设计值 $V=266.12$kN 的直锚筋预埋件，构件混凝土强度等

级为 C30，$f_c = 14.3\text{N/mm}^2$，锚筋为 HRB335 级钢筋，$f_y = 300\text{N/mm}^2$，钢板采用 Q235 钢，板的厚度 $t = 14\text{mm}$。求预埋件锚筋的总截面面积及直径。

[**解**] 设锚筋为三层，则 $\alpha_r = 0.9$，假设取锚筋直径为 $d = 20\text{mm}$，由公式（14-5）计算，得

$$\alpha_v = (4 - 0.08d)\sqrt{\frac{f_c}{f_y}} = (4 - 0.08 \times 20) \times \left(\frac{14.3}{300}\right)^{1/2} = 0.524 < 0.7$$

公式（14-1）中，$N = M = 0$，得

$$A_s = \frac{V}{\alpha_r \alpha_b f_y} = \frac{266120}{0.9 \times 0.524 \times 300} = 1881 \text{ mm}^2$$

选用直锚筋 6 Φ 20，$A_s = 1884\text{mm}^2 > 1881\text{mm}^2$，分三层布置，每层 2 Φ 20。

受剪锚筋的锚固长度为

$$l_a = 15d = 15 \times 20 = 300\text{mm}$$

又

$$\frac{t}{d} = \frac{14}{20} = 0.7 > 0.6$$

满足要求。

[**例题 14-3**] 已知承受法向拉力设计值 $N = 178\text{kN}$，剪力设计值 $V = 152.52\text{kN}$ 的焊有直锚筋的预埋件，构件混凝土强度等级为 C30，$f_c = 14.3\text{N/mm}^2$，锚筋为 HRB335 级钢筋，$f_y = 300\text{N/mm}^2$，锚板采用 Q235 钢，板的厚度 $t = 14\text{mm}$。求预埋件锚筋的总截面面积及直径。

[**解**] 假设锚筋采用四层，$\alpha_r = 0.85$，假设锚筋直径为 $d = 18\text{mm}$，由公式（14-6）计算，得

$$\alpha_b = 0.6 + 0.25\frac{t}{d} = 0.6 + 0.25 \times \frac{14}{18} = 0.794$$

由公式（14-5）计算，得

$$\alpha_v = (4 - 0.08d)\sqrt{\frac{f_c}{f_y}} = (4 - 0.08 \times 18) \times \left(\frac{14.3}{300}\right)^{1/2} = 0.559 < 0.7$$

由公式（14-1）计算，得

$$A_s = \frac{N}{0.8\alpha_b f_y} + \frac{V}{\alpha_r \alpha_v f_y} = \frac{178000}{0.8 \times 0.794 \times 300} + \frac{152520}{0.85 \times 0.559 \times 300} = 2004 \text{ mm}^2$$

选用直锚筋 8 Φ 18，$A_s = 2036\text{mm}^2 > 2004\text{mm}^2$，分四层布置，每层 2 Φ 18。

又

$$\frac{t}{d} = \frac{14}{18} = 0.78 > 0.6$$

满足要求。

[**例题 14-4**] 已知焊有直锚筋的预埋件，承受法向压力设计值 $N = 400\text{kN}$ 和剪力设计值 $V = 340\text{kN}$ 的共同作用，锚筋分布情况如图 14-3 所示。锚板采用 Q235 钢，预埋钢板厚 $t = 12\text{mm}$，锚筋采用 HRB335 级钢筋，$f_y = 300\text{N/mm}^2$，锚筋之间的距离 $b_1 = 100\text{mm}$，$b = 120\text{mm}$，边层锚筋中心到钢板边缘的距离 $a = 35\text{mm}$，构件混凝土强度等级为 C25，$f_c = $

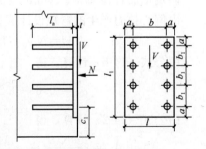

图 14-3 [例题 14-4] 示图

11.9N/mm^2。求预埋件锚筋的总截面面积及锚筋直径。

[解]

锚筋为四层，$\alpha_r = 0.85$

计算预埋锚板尺寸：

锚板宽度：$l = b + 2a = 120 + 2 \times 35 = 190 \text{mm}$

锚板长度：$l_1 = 3b_1 + 2a = 3 \times 100 + 2 \times 35 = 370 \text{mm}$

锚板面积：$A = ll_1 = 190 \times 370 = 70300 \text{mm}^2$

由下列公式计算，得

$$0.5 f_c A = 0.5 \times 11.9 \times 190 \times 370 = 418.29 \times 10^3 \text{N} > 400 \times 10^3 \text{N}$$

符合要求。

假定锚筋直径 $d = 16 \text{mm}$

由公式（14-5）计算，得

$$\alpha_r = (4 - 0.08d) \sqrt{\frac{f_c}{f_y}} = (4 - 0.08 \times 16) \times \sqrt{\frac{11.9}{300}} = 0.542 < 0.7$$

由公式（14-3）计算，得

$$A_s = \frac{V - 0.3N}{\alpha_r \alpha_v f_y} = \frac{340000 - 0.3 \times 400000}{0.85 \times 0.540 \times 300} = 1592 \text{mm}^2$$

选用直锚筋 $8 \Phi 16$，$A_s = 1608 \text{mm}^2 > 1592 \text{mm}^2$

又

$$\frac{t}{d} = \frac{12}{16} = 0.75 > 0.6$$

满足要求。

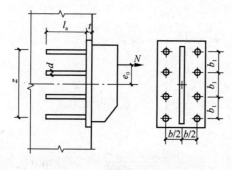

图 14-4 ［例题 14-5］示图

[例题 14-5] 已知承受偏心拉力 $N = 131 \text{kN}$ 的直锚筋预埋件。如图 14-4 所示。作用拉力对锚筋截面重心的偏心距 $e_0 = 90 \text{mm}$，锚筋采用 HRB335 级钢筋，$f_y = 300 \text{N/mm}^2$，锚板采用 Q235 钢，钢板的厚度 $t = 10 \text{mm}$。构件混凝土强度等级为 C25，$f_c = 11.9 \text{N/mm}^2$。外层锚筋中心线之间的距离 $z = 270 \text{mm}$。求预埋件锚筋的总截面面积及锚筋直径。

[解]

锚筋为四层，$\alpha_r = 0.85$

假定锚筋直径为 $d = 14 \text{mm}$

由偏心拉力产生的弯矩设计值为：

$$M = N e_0 = 131000 \times 90 = 11.79 \times 10^6 \text{N} \cdot \text{mm}$$

由公式（14-6）计算，得

$$\alpha_b = 0.6 + 0.25 \frac{t}{d} = 0.6 + 0.25 \times \frac{10}{14} = 0.779$$

由公式（14-2）计算，得

$$A_s = \frac{N}{0.8 \alpha_b f_y} + \frac{M}{\alpha_r \alpha_v f_y z}$$

$$= \frac{131000}{0.8 \times 0.779 \times 300} + \frac{11790000}{0.4 \times 0.85 \times 0.779 \times 300 \times 270}$$

$$= 1230 \text{ mm}^2$$

选用直锚筋 8 Φ 14，$A_s = 1231 \text{mm}^2 > 1230 \text{mm}^2$

又
$$\frac{t}{d} = \frac{10}{14} = 0.71 > 0.6$$

满足要求。

锚固长度 $l_a = 460 \text{mm}$。

[**例题 14-6**] 已知焊有直锚筋的预埋件承受法向压力 $N = 458 \text{kN}$，偏心距 $e_0 = 150 \text{mm}$。锚板采用 Q235 钢，板的厚度选用 $t = 10 \text{mm}$，锚筋采用 HRB335 级钢筋，$f_y = 300 \text{N/mm}^2$，锚筋为四层，外层锚筋中心线之间的距离为 $z = 270 \text{mm}$。构件混凝土强度等级为 C25，$f_c = 11.9 \text{N/mm}^2$。求预埋件直锚筋的总截面面积及锚筋直径。

[**解**] 由偏心压力产生的弯矩为
$$M = N e_0 = 458000 \times 150 = 68.7 \times 10^6 \text{N} \cdot \text{mm}$$

锚筋为四层，$\alpha_r = 0.85$。假定锚筋直径为 $d = 12 \text{mm}$，由公式 (11-6) 计算，得
$$\alpha_b = 0.6 + 0.25 \frac{t}{d} = 0.6 + 0.25 \times \frac{10}{12} = 0.808$$

由公式 (14-4) 计算，得
$$A_s = \frac{M - 0.4Nz}{0.4\alpha_r\alpha_v f_y z} = \frac{68700000 - 0.4 \times 458000 \times 270}{0.4 \times 0.85 \times 0.808 \times 300 \times 270} = 864 \text{ mm}^2$$

选用直锚筋 8 Φ 12，$A_s = 904 \text{mm}^2 > 864 \text{mm}^2$

又
$$\frac{t}{d} = \frac{10}{12} = 0.833 > 0.6$$

满足要求。

[**例题 14-7**] 如图 14-5 所示，作用于倒 T 形钢牛腿的剪力为 $V = 119 \text{kN}$，荷载作用点到预埋件的锚板边的距离为 $a = 120 \text{mm}$，锚板采用 Q235 钢，板的厚度 $t = 10 \text{mm}$，三层锚筋，锚筋之间的距离为 $b_1 = 120 \text{mm}$，锚筋为 HRB335 级钢筋，$f_y = 300 \text{N/mm}^2$。构件混凝土强度等级为 C30，$f_c = 14.3 \text{N/mm}^2$。求预埋件直锚筋的总截面面积及锚筋直径。

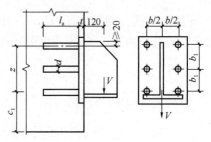

图 14-5　[例题 14-7] 示图

[**解**] 外层锚筋中心线之间的距离为 $z = 240 \text{mm}$。

锚筋为三层，$\alpha_r = 0.9$。假定锚筋直径为 $d = 14 \text{mm}$，弯矩设计值为
$$M = V a = 119000 \times 120 = 14.28 \times 10^6 \text{N} \cdot \text{mm}$$

由公式 (14-5) 计算，得
$$\alpha_v = (4 - 0.08d)\sqrt{\frac{f_c}{f_y}} = (4 - 0.08 \times 14) \times \sqrt{\frac{14.3}{300}} = 0.629$$

由公式 (14-6) 计算，得
$$\alpha_b = 0.6 + 0.25 \frac{t}{d} = 0.6 + 0.25 \times \frac{10}{14} = 0.779$$

由公式 (14-1) 计算，得

$$A_s = \frac{V}{\alpha_r \alpha_v f_y} + \frac{M}{1.3\alpha_r\alpha_b f_y z}$$

$$= \frac{119000}{0.9 \times 0.629 \times 300} + \frac{14280000}{1.3 \times 0.9 \times 0.779 \times 300 \times 240}$$

$$= 918 \text{ mm}^2$$

由公式 (14-4) 计算，得

$$A_s = \frac{M - 0.4Nz}{0.4\alpha_r\alpha_v f_y z} = \frac{14280000}{0.4 \times 0.9 \times 0.779 \times 300 \times 240} = 707 \text{mm}^2$$

比较计算结果，选用 $A_s = 918\text{mm}^2$

选用 6 Φ 14，$A_s = 923\text{mm}^2 > 918\text{mm}^2$

由

$$\frac{t}{d} = \frac{10}{14} = 0.714 > 0.6$$

均满足要求。

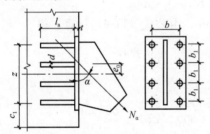

图 14-6 ［例题 14-8］示图

［例题 14-8］ 如图 14-6 所示，已知预埋件承受斜向偏心拉力 $N_\alpha = 178\text{kN}$，斜拉力作用点和预埋锚板之间的夹角 $\alpha = 45°$，对锚筋截面重心的偏心距 $e_0 = 50\text{mm}$，锚板厚 $t = 12\text{mm}$，锚筋为四层，锚筋之间的距离为 $b_1 = 100\text{mm}$，$b = 120\text{mm}$，锚板采用 Q235 钢，预埋件直锚筋采用 HRB335 级钢筋，$f_y = 300\text{N/mm}^2$。构件混凝土强度等级为 C30，$f_c = 14.3\text{N/mm}^2$。求预埋件直锚筋的总截面面积及锚筋直径。

［解］ 锚筋为四层，$\alpha_r = 0.85$。外层锚筋中心线间的距离为 $z = 3b_1 = 3 \times 100 = 300\text{mm}$。假定锚筋直径为 $d = 16\text{mm}$，由公式 (14-5) 计算，得

$$\alpha_v = (4 - 0.08d)\sqrt{\frac{f_c}{f_y}} = (4 - 0.08 \times 16) \times \sqrt{\frac{14.3}{300}} = 0.594 < 0.7$$

由公式 (14-6) 计算，得

$$\alpha_b = 0.6 + 0.25\frac{t}{d} = 0.6 + 0.25 \times \frac{12}{16} = 0.788$$

由 $N_\alpha = 178\text{kN}$，$\alpha = 45°$，计算 V、N、M 为

$$V = N_\alpha \cos\alpha = 178000 \times \cos45° = 125865\text{N}$$

$$N = N_\alpha \sin\alpha = 178000 \times \sin45° = 125865\text{N}$$

$$M = N e_0 = 125865 \times \sin45° \times 50 = 6293250\text{N} \cdot \text{mm}$$

由公式 (14-1) 计算，得

$$A_s = \frac{V}{\alpha_r\alpha_v f_y} + \frac{N}{0.8\alpha_b f_y} + \frac{M}{1.3\alpha_r\alpha_b f_y z}$$

$$= \frac{125865}{0.85 \times 0.594 \times 300} + \frac{125865}{0.8 \times 0.788 \times 300} + \frac{6293250}{1.3 \times 0.85 \times 0.788 \times 300 \times 300}$$

$$= 1577\text{mm}^2$$

由公式 (14-2) 计算，得

$$A_s = \frac{N}{0.8\alpha_b f_y} + \frac{M}{0.4\alpha_r\alpha_b f_y z}$$

$$= \frac{125865}{0.8 \times 0.788 \times 300} + \frac{6293250}{0.4 \times 0.85 \times 0.788 \times 300 \times 300}$$

$$= 927 \text{ mm}^2$$

比较计算结果，选用 $A_s = 1577\text{mm}^2$

选用 8 Φ 16，$A_s = 1608\text{mm}^2 > 1577\text{mm}^2$

由 $$\frac{t}{d} = \frac{12}{16} = 0.75 > 0.6$$

均满足要求。

[例题 14-9] 如图 14-7 所示，已知预埋件承受斜向偏心压力 $N_a = 469\text{kN}$，斜向压力作用点对锚筋截面重心的偏心距 $e_0 = 50\text{mm}$，斜向压力与预埋件锚板平面间的夹角 $\alpha = 30°$，锚板采用 Q235 钢，预埋锚板的厚度为 $t = 14\text{mm}$，锚筋为四层，直锚筋采用 HRB335 级钢筋，$f_y = 300\text{N/mm}^2$，锚筋之间的距离为 $b_1 = 100\text{mm}$，$b = 120\text{mm}$，锚板尺寸为 $l \times l_1 = 190 \times 370\text{mm}^2$。构件混凝土强度等级为 C30，$f_c = 14.3\text{N/mm}^2$。求预埋件直锚筋的总截面面积及锚筋直径。

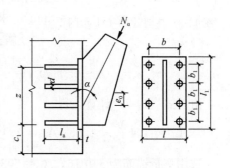

图 14-7　[例题 14-9] 示图

[解] 锚筋为四层，$\alpha_r = 0.85$。外层锚筋中心线间的距离为 $z = 3b_1 = 3 \times 100 = 300\text{mm}$。假定锚筋直径为 $d = 20\text{mm}$，由公式（14-5）计算，得

$$\alpha_v = (4 - 0.08d)\sqrt{\frac{f_c}{f_y}} = (4 - 0.08 \times 20) \times \sqrt{\frac{14.3}{300}} = 0.524 < 0.7$$

由 $N_a = 469000\text{N}$，$\alpha = 30°$，计算 N、V、M 为

$$N = N_a\cos\alpha = 469000 \times \cos30° = 406166\text{N}$$

$$V = N_a\sin\alpha = 469000 \times \sin30° = 234500\text{N}$$

$$M = N e_0 = 234500 \times 50 = 11725000\text{N} \cdot \text{mm}$$

$$0.4Nz = 0.4 \times 234500 \times 300 = 28140000\text{N} \cdot \text{mm}$$

则 $M = 11725000\text{N} \cdot \text{mm} < 0.4Nz = 28140000\text{N} \cdot \text{mm}$

故取 $M - 0.4Nz = 0$，则只需按公式（14-3）计算。

又 $0.5f_cA = 0.5 \times 14.3 \times 190 \times 370 = 502645\text{N} > 234500\text{N}$

则 N 按实际取用。

由公式（14-3）计算，得

$$A_s = \frac{V - 0.3N}{\alpha_r\alpha_v f_y} = \frac{406166 - 0.3 \times 234500}{0.85 \times 0.524 \times 300} = 2513 \text{ mm}^2$$

选用 8 Φ 20，$A_s = 2513\text{mm}^2$

由 $$\frac{t}{d} = \frac{14}{20} = 0.7 > 0.6$$

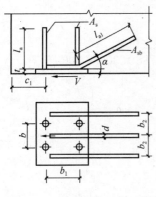

图 14-8 ［例题 14-10］示图

均满足要求。

［例题 **14-10**］如图 14-8 所示，由预埋板和对称于力作用线配置的弯折锚筋与直锚筋共同承受剪力的预埋件，已知承受的剪力设计值为 $V=240.6$kN，直锚筋直径 $d=14$mm，为 4 根，$A_s=615$mm²，弯折钢筋与预埋钢板面间夹角 $\alpha=25°$，直锚筋间的距离为 $b=b_1=100$mm，弯折锚筋之间的距离 $b_2=100$mm。构件混凝土强度等级为 C35，$f_c=16.7$N/mm²。锚板采用 Q235 钢，锚板厚度为 $t=10$mm，直锚筋与弯折锚筋均采用 HRB335 级钢筋，$f_y=300$N/mm²。求弯折锚筋的总截面面积及锚筋直径。

［**解**］由公式（14-5）计算，得

$$\alpha_v = (4 - 0.08d)\sqrt{\frac{f_c}{f_y}} = (4 - 0.08 \times 14) \times \sqrt{\frac{16.7}{300}} = 0.68$$

由公式（14-7）计算，得

$$A_{sb} = 1.4 \frac{V}{f} - 1.25\alpha_v A_s = 1.4 \times \frac{240600}{300} - 1.25 \times 0.68 \times 615 = 600 \text{ mm}^2$$

选用弯折锚筋为 3 Φ 16，$A_{sb}=603$mm²＞600mm²
满足要求。

14.2 预埋件及连接件的构造规定

14.2.1 受力预埋件的锚板与锚筋

受力预埋件的锚板与锚筋如表 14-2 所示。

受力预埋件的锚板与锚筋   表 14-2

序号	项 目	内 容
1	受力预埋件的锚板	受力预埋件的锚板宜采用 Q235、Q345 级钢，锚板厚度应根据受力情况计算确定，且不宜小于锚筋直径的 60%；受拉和受弯预埋件的锚板厚度尚宜大于 $b/8$，b 为锚筋的间距
2	受力预埋件的锚筋	受力预埋件的锚筋应采用 HRB335 或 HPB300 钢筋，不应采用冷加工钢筋
3	锚板与锚筋的焊接	直锚筋与锚板应采用 T 形焊接。当锚筋直径不大于 20mm 时宜采用压力埋弧焊；当锚筋直径大于 20mm 时宜采用穿孔塞焊。当采用焊条电弧焊时，焊缝高度不宜小于 6mm，且对 300N/mm² 级钢筋不宜小于 0.5d，对其他钢筋不宜小于 0.6d，d 为锚筋的直径

14.2.2 受力预埋件的锚筋间距与预制构件

受力预埋件的锚筋间距与预制构件如表 14-3 所示。

受力预埋件的锚筋间距与预制构件 表 14-3

序号	项目	内 容
1	受力预埋件的锚筋间距	(1) 预埋件锚筋中心至锚板边缘的距离不应小于 $2d$ 和 20mm。预埋件的位置应使锚筋位于构件的外层主筋的内侧 (2) 预埋件的受力直锚筋直径不宜小于 8mm，且不宜大于 25mm。直锚筋数量不宜少于 4 根，且不宜多于 4 排；受剪预埋件的直锚筋可采用 2 根 (3) 对受拉和受弯预埋件（图 14-1），其锚筋的间距 b、b_1 和锚筋至构件边缘的距离 c、c_1，均不应小于 $3d$ 和 45mm (4) 对受剪预埋件（图 14-1），其锚筋的间距 b 及 b_1 不应大于 300mm，且 b_1 不应小于 $6d$ 和 70mm；锚筋至构件边缘的距离 c_1 不应小于 $6d$ 和 70mm，b、c 均不应小于 $3d$ 和 45mm (5) 受拉直锚筋和弯折锚筋的锚固长度不应小于本书表 1-108 序号 1 规定的受拉钢筋锚固长度；当锚筋采用 HPB300 级钢筋时末端还应有弯钩。当无法满足锚固长度的要求时，应采取其他有效的锚固措施。受剪和受压直锚筋的锚固长度不应小于 $15d$，d 为锚筋的直径
2	预制构件	(1) 预制构件宜采用内埋式螺母、内埋式吊杆或预留吊装孔，并采用配套的专用吊具实现吊装，也可采用吊环吊装 内埋式螺母或内埋式吊杆的设计与构造，应满足起吊方便和吊装安全的要求。专用内埋式螺母或内埋式吊杆及配套的吊具，应根据相应的产品标准和应用技术规定选用 (2) 混凝土预制构件吊装设施的位置应能保证构件在吊装、运输过程中平稳受力。设置预埋件、吊环、吊装孔及各种内埋式预留吊具时，应对构件在该处承受吊装荷载作用的效应进行承载力的验算，并应采取相应的构造措施，避免吊点处混凝土局部破坏

14.3 预制构件及连接件吊环与计算用表

14.3.1 材料选用与计算原则

预制构件吊环材料选用与计算原则如表 14-4 所示。

吊环材料选用原则 表 14-4

序号	项目	内 容
1	材料选用及计算原则	(1) 预制构件应尽可能采用绑扎吊装，不设吊环，以节省钢筋 (2) 吊环应采用 HPB300 级钢筋制作，锚入混凝土的深度不应小于 $30d$ 并应焊接或绑扎在钢筋骨架上，d 为吊环钢筋的直径。在构件的自重标准值作用下，每个吊环按 2 个截面计算的钢筋应力不应大于 $65N/mm^2$；当在一个构件上设有 4 个吊环时，应按 3 个吊环进行计算 (3) 吊环应满足图 14-9 的构造要求，埋入构件深度不应小于 $30d$（d 为吊环直径），并应焊接或绑扎在钢筋骨架上。对于图 14-9a、b 形式的吊环直径 d 不宜大于 12mm
2	吊环选用表	吊环选用表如表 14-5 所示

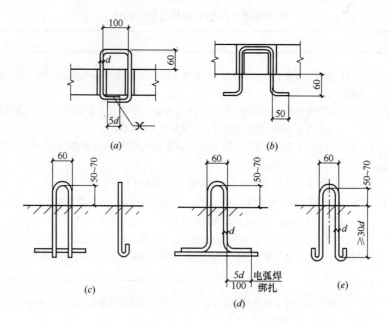

图 14-9 吊环形式

14.3.2 吊环计算用表

吊环计算用表如表 14-5 所示。

计 算 用 表

表 14-5

序号	吊环直径 （mm）	吊环两个截面面积 （mm²）	每个吊环承受拉力设计值 （kN）	两个吊环承受拉力设计值 （kN）	四个吊环承受拉力设计值 （kN）
1	10	157.0	10.21	20.41	30.62
2	12	226.2	14.70	29.41	44.11
3	14	307.8	20.00	40.01	60.02
4	16	402.2	26.14	52.29	78.43
5	18	509.0	33.09	66.17	99.29
6	20	628.4	40.85	81.69	122.54
7	22	760.2	49.41	98.69	148.24
8	25	981.8	63.82	127.63	191.45
9	28	1231.5	80.05	160.10	240.14

注：1. 本表吊环承受拉力按 65N/mm² 计算；

2. 一个构件设有四个吊环时，只考虑其中有三个发挥作用。

14.3.3 受拉锚筋最小锚固长度计算用表

受拉锚筋最小锚固长度计算用表如表 14-6 所示。

受拉锚筋最小锚固长度 l_a（mm） 表 14-6

钢筋级别	锚筋直径	混凝土强度等级						
		C20	C25	C30	C35	C40	C45	C50
HRB300 $f_y=270\text{N/mm}^2$	8	314	272	242	220	202	192	183
	10	393	340	302	275	253	240	229
	12	471	408	363	330	303	288	274
	14	550	476	423	385	354	336	320
	16	628	544	483	440	404	384	366
	18	707	612	544	495	455	432	411
	20	785	680	604	550	505	480	457
	22	864	748	665	695	556	528	503
	25	982	850	755	688	632	600	571
HRB335、HRBF335 级 $f_y=300\text{N/mm}^2$	8	305	265	235	214	196	187	178
	10	382	331	294	268	246	233	222
	12	458	397	352	321	295	280	267
	14	535	463	411	375	344	327	311
	16	611	529	470	428	393	373	356
	18	687	595	529	482	442	420	400
	20	764	661	587	535	491	467	444
	22	840	728	646	589	540	513	489
	25	955	827	734	669	614	583	556

注：对 HPB300 级热轧钢筋，锚固末端应做成 180°标准弯钩。

第 15 章

支 撑 系 统

15.1 设置支撑的目的及分类

15.1.1 设置支撑的目的及要求

在单层装配式钢筋混凝土结构厂房及单层空旷的钢筋混凝土结构房屋中，设置支撑的目的及要求如表 15-1 所示。

设置支撑的目的及要求 表 15-1

序号	项　目	内　　　　容
1	设置支撑的目的	(1) 保证厂房或空旷房屋结构构件的稳定与正常工作，将平面结构联结成整体，形成空间结构，以增强房屋的空间刚度及整体的稳定性 (2) 传递某些水平荷载、纵向风荷载及纵向地震作用等 (3) 在结构构件安装施工阶段，设置临时支撑保证施工质量和工程进度，避免安全事故发生
2	对支撑的要求	(1) 对屋盖支撑的要求 应保证屋盖结构的空间工作能力，承担和传递水平力的作用，避免压杆失稳，防止拉杆产生过大的振动。工业厂房应根据屋盖结构形式（有檩体系或无檩体系、有托架或无托架）、厂房内吊车的设置、有无振动设备以及房屋的高度和跨度等具体情况设置支撑 对于单层单跨高大而空旷房屋的屋盖和支撑可按本书单层厂房的要求设置 (2) 对柱间支撑的一般要求 与排架柱组成刚强的纵向构架，要保证厂房的纵向刚度，承受作用在厂房端部山墙的风荷载。吊车纵向水平荷载及温度应力等，在地震区应保证能承受地震的纵向作用，并将其传至基础。能为排架柱在平面外提供可靠的支撑，以减少柱在排架平面外的计算长度

15.1.2 支 撑 的 分 类

装配式单层工业厂房设置的支撑有二类：一是屋盖支撑；二是柱间支撑，其分类如表 15-2 所示。

支 撑 的 分 类　　　　　　　　　　　　　　　　　　　　　　　　　　**表 15-2**

序号	项 目	内 容
1	屋盖支撑	屋盖支撑包括设置在屋面承重构件间的垂直支撑、水平系杆，以及设置在上、下弦平面内的横向支撑和通常设置在下弦平面内的纵向水平支撑。上述各支撑，除独立的受压系杆可采用钢筋混凝土构件外，其他杆件宜采用钢结构。屋盖上弦横向水平支撑和下弦纵向水平支撑宜采用十字交叉的形式，交叉杆件的倾角一般为 $30°\sim60°$ 之间，如图 15-1 所示，有时亦可采用 K 字形支撑 屋盖竖向支撑系指布置在屋架间和天窗架（包括挡风板立柱）间的支撑。竖向支撑的形式如图 15-2 所示
2	柱间支撑	柱间支撑一般包括上段柱间支撑、中段柱间支撑及下段柱间支撑。同时，屋架端部竖向支撑及在屋架上弦水平处的纵向系杆、吊车梁及辅助桁架，柱的本身也是柱间支撑的组成部分。柱间支撑的形式一般分为六类，如图 15-3 所示 柱间支撑一般宜采用十字交叉形支撑，它具有构造简单、传力直接及刚度较大的特点。交叉杆件的倾角一般作成 $35°\sim55°$。在特殊情况下如因生产工艺的要求及结构空间的限制，可采用其他形式支撑。当 $l/h\geqslant2$ 时采用人字形支撑，$l/h\geqslant2.5$ 时采用八字形支撑，当柱距为 $12m$ 且 h_2 比较小时，采用斜柱式支撑比较合理，如图 15-3c 所示 为减小柱间支撑在支撑平面外的计算长度，可将两个柱肢平面内的两片柱间支撑以联系杆连接，当两片支撑间距等于或小于 600mm 时应采用直缀杆；两片支撑间距大于 600mm 时应采用斜缀杆，如图 15-4 所示

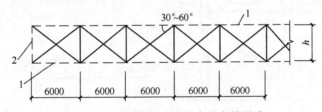

图 15-1　屋盖横向或纵向水平支撑形式

注：1. 当本图为屋盖横向水平支撑时：

1—为屋架；2—为屋架的纵向系杆

2. 当本图为屋盖纵向支撑时：

1—为屋架纵向系杆；2—为厂房屋架

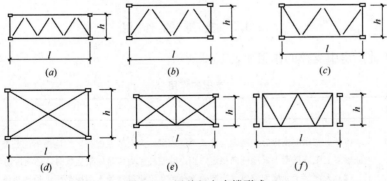

图 15-2　屋盖竖向支撑形式

(a) $h/l<0.2$；(b) $h/l=0.2\sim0.4$；(c) $h/l=0.2\sim0.4$；(d) $h/l>0.6$；(e) $h/l=0.4\sim0.6$；(f) $h/l=0.2\sim0.4$

注：$(a)\sim(e)$ 为钢支撑；(f) 为钢筋混凝土支撑

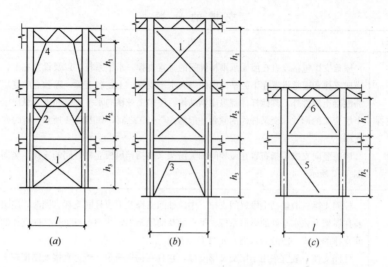

图 15-3 柱间支撑形式

1—十字交叉形支撑；2—空腹门形支撑；3—实腹门形支撑；4—八字形支撑；

5—斜柱形支撑；6—人字形支撑

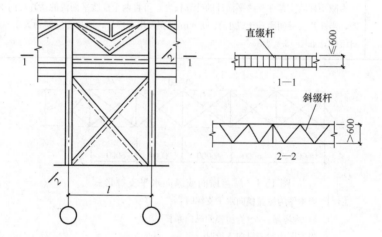

图 15-4 柱间支撑的缀杆形式

15. 1. 3 支 撑 的 作 用

在单层工业厂房中支撑的作用如表 15-3 所示。

支撑的作用   表 15-3

序号	项　　目	内　　　　　容
1	上弦支撑及系杆	（1）上弦横向支撑。当屋盖为檩条系统或虽然为大型屋面板，但连接不能起整体作用时，保证屋架上弦或横梁上翼缘侧向稳定，当山墙壁柱风力传至屋架上弦时，还能传递风力至柱顶 （2）天窗架上弦横向支撑。当屋盖为檩条系统或虽然为大型屋面板，但连接不能起整体作用时，保证天窗架上弦的侧向稳定 （3）上弦水平系杆。保证天窗架下部的屋架上弦或横梁上翼缘的侧向稳定

序号	项 目	内 容
2	下弦支撑及下弦水平系杆、竖向支撑	（1）下弦横向水平支撑。在屋架下弦设有悬挂吊车或其他设备产生水平力时，或山墙壁柱风力传至屋架下弦时，能保证水平力或风力传至柱顶 （2）下弦水平系杆及其竖向支撑。改善屋架下弦的侧向稳定。若下弦横向水平支撑或竖向支撑设在第二柱间时，则第一柱间的水平系杆，除改善屋架下弦侧向稳定外，当山墙壁柱与屋架下弦连接时，尚有传递山墙风力及稳定壁柱的作用 （3）天窗架竖向支撑。传递天窗端壁所承受的风力及纵向地震作用，并保证天窗架的侧向稳定
3	纵向支撑及柱间支撑	（1）纵向支撑。使吊车产生的横向力分布到邻近的排架柱，提高厂房空间刚度。若厂房设有托架梁时，则保证托架梁上翼缘侧向稳定。纵向支撑一般设置在屋架下弦，当承重结构为拱形或多边形屋架时，也可设置在屋架上弦 （2）柱间支撑。传递吊车产生的纵向力、山墙壁柱风力及纵向地震作用至基础，并保证厂房空间刚度 特殊性的局部水平荷载由支撑传递。各种不同类型的新式屋架、弦杆的稳定也由支撑保证

15.2 厂房结构的支撑布置

15.2.1 屋盖支撑布置

工业厂房的屋盖有两大类：一是有檩屋盖；二是无檩屋盖，其支撑布置应符合表 15-4、表 15-5 及表 15-6 的要求。

有檩屋盖的支撑布置　　　　　　　　　　　　　　　表 15-4

序号	支 撑 名 称		非抗震设计	抗 震 设 防 烈 度		
				6 度和 7 度	8 度	9 度
1	屋架支撑	上弦横向水平支撑	厂房单元端开间各设一道		厂房单元端开间及厂房单元长度大于 66m 的柱间支撑开间各设一道；天窗开洞范围的两端，各增设局部的支撑一道	厂房单元端开间及厂房单元长度大于 42m 的柱间支撑开间各设一道；天窗开洞范围的两端，各增设局部的支撑一道
2		下弦横向水平支撑	在屋架下弦传递水平力时，应在厂房单元两端第一开间或靠近水平力作用处设置一道			
3		跨中竖向支撑	屋架跨度 $l>18m$ 及 $\leqslant30m$ 时，在厂房单元两端第一或第二开间及厂房单元长度大于 66m 的柱间支撑开间的屋架跨度中点，设置一道垂直支撑及下弦通长系杆；当有天窗时还应设置上弦通长系杆。屋架跨度 $l>30m$ 时，在上述厂房开间内的屋架跨度 1/3 左右处设置二道垂直支撑及下弦通长系杆		
4		端部竖向支撑	屋架端部高度大于 900mm 时，厂房单元端开间及柱间支撑开间各设一道			

序号	支 撑 名 称		非抗震设计	抗震设防烈度		
				6度和7度	8度	9度
5	天窗架支撑	上弦横向支撑	厂房单元天窗端开间各设一道	厂房单元天窗两端第一开间及每隔 30m 各设一道		厂房单元天窗两端第一开间及每隔 18m 各设一道
6		两侧竖向支撑	厂房单元天窗端开间及每隔36m 各设一道			

注：1. 表中"单元"指厂房独立结构单元；

2. 天窗跨度不小于12m时，对于应设置两侧竖向支撑的天窗，尚应在天窗架中央增设竖向支撑。

无檩屋盖的支撑布置 表 15-5

序号	支 撑 名 称		非抗震设计	抗震设防烈度		
				6度和7度	8度	9度
1	屋架支撑	上弦横向水平支撑	各种跨度均可不设置横向水平支撑；有较大振动设备的厂房、吊车工作级别 A6～A8 的厂房、工作级别 A1～A5 且起重量大于 30t 的厂房，在单元端开间各设置一道；当天窗通过温度伸缩缝时，在温度伸缩缝两旁天窗下各设置局部支撑一道	屋架跨度小于 18m 时，同非抗震设计；屋架跨度不小于 18m 时，在厂房单元端开间各设一道	厂房单元端开间及柱间支撑开间各设一道；天窗开洞范围的两端，各增设局部支撑一道	
2		上弦、下弦通长水平系杆	无天窗时可不设置；当有天窗时在有天窗开洞范围内设一道		沿屋架跨度不大于15m 设一道，但装配整体式的屋面可不设；围护墙在屋架上弦高度设有现浇圈梁时，屋架端部处可不另设	沿屋架跨度不大于 12m 设一道，但装配整体式的屋面可不设；围护墙在屋架上弦高度处设有现浇圈梁时，屋架端部处可不另设
3		下弦横向水平支撑	在屋架下弦传递水平力时，宜在厂房单元两端第一开间或靠近水平力作用处设置一道			同上弦横向水平支撑
4		跨中垂直支撑	屋架跨度 $l>18m$ 及 $\leqslant30m$ 时在厂房单元两端第一或第二开间，以及厂房单元长度大于66m 时在柱间支撑开间的屋架跨度中点，设置一道垂直支撑及下弦通长系杆；有天窗时，还应设置上弦天窗系杆。屋架跨度 $l>30m$ 时，在上述厂房开间内的屋架跨度 1/3 左右处设置二道垂直支撑及下弦通长系杆			同上弦横向水平支撑

序号	支撑名称		非抗震设计	抗震设防烈度		
				6度和7度	8度	9度
5	屋架支撑	两端竖向支撑	屋架端部高度≤900mm	可不设置	厂房单元端开间各设一道	厂房单元端开间及每隔48m各设一道
6			屋架端部高度>900mm	厂房单元端开间各设一道	厂房单元端开间及柱间支撑开间各设一道	厂房单元端开间、柱间支撑开间及每隔30m各设一道
7	天窗架支撑		天窗两侧竖向支撑	厂房单元天窗端开间及每隔30m各设一道	厂房单元天窗端开间及每隔24m各设一道	厂房单元天窗端开间及每隔18m各设一道
8			上弦横向水平支撑	天窗单元端开间各设一道	天窗跨度≥9m时,厂房单元天窗端开间及柱间支撑开间各设一道	厂房单元端开间及柱间支撑开间各设一道

注：1. 表中"单元"指厂房独立结构单元；

　　2. 天窗跨度不小于12m时,对于应设置两侧竖向支撑的天窗,尚应在天窗架中央增设竖向支撑；

　　3. 设防烈度8度和9度时,跨度不大于15m的厂房屋盖采用屋面梁时,可仅在单元两端各设竖向支撑一道。单坡屋面梁屋盖的支撑布置,宜按端部高度大于900mm的屋盖支撑布置的规定采用。

中间井式天窗无檩屋盖支撑布置　　　　　　表 15-6

序号	支撑名称		非抗震设计	抗震设防烈度		
				6度和7度	8度	9度
1	上弦横向水平支撑 下弦横向水平支撑		厂房单元端开间各设一道		厂房单元端开间及柱间支撑开间各设一道	
2	上弦通长水平系杆		天窗范围内屋架跨中上弦节点处设置			
3	下弦通长水平系杆		天窗两侧及天窗范围内屋架下弦节点处设置			
4	跨中竖向支撑		有上弦横向支撑开间设置,位置与下弦通长系杆相对应			
5	屋架两端竖向支撑	屋架端部高度≤900mm	厂房单元端开间各设一道		有上弦横向支撑开间且间距不大于48m	有上弦横向支撑开间且间距不大于48m
		屋架端部高度>900mm	厂房单元端开间各设一道		有上弦横向支撑开间且间距不大于48m	有上弦横向支撑开间且间距不大于30m

注：表中"单元"指厂房独立结构单元。

15.2.2　屋盖支撑布置图例规定

屋盖支撑布置图例规定如表15-7所示。

屋盖支撑布置图例规定
表 15-7

序号	项　目	内　　　　　　容
1	上弦横向水平支撑	上弦横向水平支撑的作用是保证屋架上弦或屋面梁上翼缘的侧向稳定，并传递水平力至柱顶。凡属下列情况之一者，应设置上弦横向水平支撑 （1）凡采用有檩条系统，不论有无天窗，应按表15-4的要求设置支撑。上弦横向支撑的承压杆，可用檩条代替，但此时檩条应符合压杆要求，并保证与屋架连接可靠（图15-5～图15-8） （2）非抗震设计的厂房，采用无檩屋盖时，若大型屋面板的搁置长度、焊接、混凝土填缝等均满足有关要求，则可不设置上弦横向水平支撑。当厂房设有天窗，且天窗通过温度伸缩缝时，则须在温度缝两旁的天窗下面各设置上弦横向水平支撑一道 若山墙柱的水平力传于屋架上弦，虽采用大型屋面板，但大型屋面板与屋架的连接不能满足有关的要求时，则应按有檩屋盖设置支撑 （3）抗震设计的厂房，若为无檩屋盖除应按表15-5布置支撑外，大型屋面板的搁置长度、焊接要求以及板顶面的附加焊接措施，均应满足有关的要求
2	下弦横向水平支撑	屋盖下弦横向水平支撑的作用是作为垂直支撑的支承点，并将山墙和屋面上的水平力传递到两旁柱子上。凡属下列情况之一者，应设置下弦横向水平支撑 （1）屋架下弦悬挂吊车的纵向水平力较大而无其他措施传至屋盖时（图15-9）。下弦横向水平支撑设在吊车梁的两端，当吊车通过温度伸缩缝时则宜在伸缩缝的第一柱间设置 （2）山墙柱的水平力传至屋架下弦时 （3）当悬挂吊车沿厂房横向（平行于屋架跨度方向）行驶时，应在其两侧相邻的柱间内增设下弦横向水平支撑及在轨道两端增设水平支撑（图15-10） （4）设置屋盖下弦纵向水平支撑时，为保证厂房空间刚度，必须同时设置相应的下弦横向水平支撑（图15-11）
3	屋面竖向支撑	（1）屋架跨中竖向支撑 屋架跨中竖向支撑在跨度方向的间距，6～8度时不大于15m，9度时不大于12m；当仅在跨中设一道时，应设在跨中屋架屋脊处；当设两道时，应在跨度方向均匀布置 1）屋架间距为6m时 ①非抗震及6～8度时，钢筋混凝土屋架的跨度大于18m，但不超过30m时只要在厂房单元两端第一或第二跨间的屋架中点设置一道竖向支撑和系杆（图15-12、图10-13、图13-14）。9度时，单元端开间及单元长度大于42m的柱间支撑开间各设一道屋架跨中竖向支撑；天窗开洞范围的两端各增设局部的屋架跨中竖向支撑一道 ②非抗震及6～8度时，钢筋混凝土屋架的跨度超过30m时，在厂房单元两端第一或第二开间的屋架1/3左右节点处设置二道竖向支撑和系杆（图15-15～图15-17）。9度时，单元端开间及单元长度大于42m的柱间支撑开间各设一道屋架跨中竖向支撑；天窗开洞范围的两端各增设局部的屋架跨中竖向支撑一道 ③钢筋混凝土屋架跨度不超过18m时 一般厂房，当无天窗时可不设置竖向支撑和水平系杆，当有天窗时可在屋架脊节点设置一道水平系杆（图15-18、图15-19） 设有不小于750kg锻锤的厂房，应在屋架中点设置一道竖向支撑和水平系杆 ④竖向支撑一般在温度伸缩缝区段的两端各设置一道。但在下列情况时，尚应增加设置： 当厂房长度大于66m时，在柱间支撑跨内，增设一道竖向支撑。当锻锤不小于3t时，在锻锤跨内及其附近30m范围内每隔一榀屋架跨间，应增设一道竖向支撑 ⑤对于屋面大梁或刚架，无论是无檩（大型屋面板）或有檩体系，垂直屋面大梁或刚架的悬挂吊车梁，可设置斜撑，将吊车纵向水平力传至屋盖（图15-20） 2）屋架间距大于6m时

序号	项 目	内 容
3	屋面竖向支撑	除因屋架间距较大,下弦水平系杆可改作斜撑外,其他支撑布置皆可参照上述各项处理。在温度伸缩缝区段内两端的斜撑,应按压杆设计或采用一般的竖向支撑作法(图 15-21b) (2)天窗架竖向支撑 1)厂房单元天窗端开间的天窗架两侧应各设置一道垂直支撑(图 15-22a)。当天窗较长时,在设有柱间支撑的开间,天窗架两侧宜增设一道竖向支撑。支撑的最大间距,不宜超过表 15-8 的要求 2)当天窗架的跨度≥12m 时,应在天窗架中央竖杆平面内增设一道垂直支撑(图 15-22d、e) 3)当天窗架较高时,为了减少天窗架立柱平面外的计算长度,可以在天窗架立柱的中间高度处,设置一道系杆(图 15-23) 4)当厂房内设有大于 1t 锻锤时,则应在锻锤跨内天窗两侧设置一道竖向支撑,其余部分的支撑间距仍要求满足表 15-4、表 15-5 的规定 5)天窗设有挡风板时,在挡风板第一开间内,应设置挡风板柱间支撑(图 15-22b) 6)为了不妨碍天窗的开启,非抗震设计及抗震设防烈度 6 度、7 度的厂房,可将天窗支撑设在天窗架斜杆平面内(图 15-22c)
4	纵向水平支撑	纵向水平支撑的作用是提高厂房的空间刚度,使吊车产生的横向水平力分布到邻近的排架上去,保证托架梁上翼缘侧向稳定并提供墙架柱的支承点。纵向支撑一般设置在屋架下弦,当屋架为拱形、多边形及端斜杆为下降式屋架时,可设置在屋架的上弦 纵向支撑的布置,有关因素很多,如厂房的跨数和高度,厂房是否等高,吊车的类型、吨位和工作制,屋架形式,屋面承重结构形式等,设计时应本着安全与经济的原则,布置纵向支撑 (1)当厂房柱距为 6m 且符合下列情况之一时,须设置下弦纵向水平支撑: 1)厂房内设有 5t 及 5t 以上悬挂吊车时 2)厂房内设有较大的振动设备,如 5t 及 5t 以上的锻锤、重型水压机或锻压机、铸件水瀑池及其他类似的振动设备时 3)厂房内设有硬钩、磁力、抓斗、夹钳和刚性料耙等桥式吊车,壁行吊车和双层桥式吊车时 4)屋架利用托架支承时 5)厂房排架柱之间设有墙架柱,且以屋架下弦纵向水平支撑为支承点时 (2)设有桥式吊车的厂房屋盖采用有檩条系统时,当吊车工作级别为 A8 或符合表 15-9 的情况时,应布置纵向水平支撑 (3)设有桥式吊车的厂房柱顶高度大于 24m 应布置纵向水平支撑(图 15-24) (4)不论采用无檩大型屋面板或有檩体系,只要设有托架,都必须设置下弦纵向水平支撑(图 15-25)。如果只在部分柱间设有托架,必须在设有托架的柱间和两端相邻的一个柱间设置下弦纵向水平支撑(图 15-26)。当厂房结构单元内沿同一柱列间断设置托架(梁)时,宜沿厂房全长设置 (5)纵向支撑的布置,尚应根据具体情况沿所有纵向柱列或只沿着部分纵向柱列,设置在屋架端部节间内,形成封闭的支撑系统。等高多跨厂房(或多跨厂房的相邻等高部分),可沿厂房两侧(或多跨相邻等高部分两侧)柱列设置(图 15-27)。对于设有桥式吊车的厂房,尚应根据各跨吊车的起重量和工作制等级,在中间柱列增设纵向水平支撑(图 15-28)
5	通长水平系杆	有檩屋盖和无檩屋盖,应按下列规定设置纵向通长水平系杆: (1)设置有天窗的厂房,应在天窗开洞范围内的屋架脊点处以及天窗架与屋架连接处,设置纵向通长水平系杆 (2)抗震设计 8 度Ⅲ、Ⅳ类场地和 9 度时,梯形屋架端部上节点处应设置纵向通长水平系杆 (3)设置跨中竖向支撑和屋架端部竖向支撑的厂房,在对应竖向支撑位置,应设置上、下弦纵向通长水平系杆。纵向通长水平系杆应按压杆设计。对于有檩屋盖,当上弦水平系杆位置有檩条时,可用檩条替代上弦水平系杆。此时檩条应按压弯构件设计 (4)屋架端部高度不大于 900mm,当不设置端部竖向支撑时,在柱顶支座处应设置通长刚性系杆

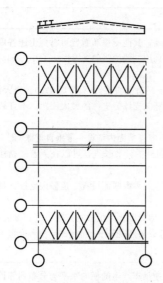

图 15-5　有檩屋盖体系的上弦横向水平支撑(1)

无天窗

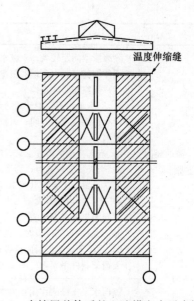

图 15-6　有檩屋盖体系的上弦横向水平支撑(2)

（天窗通过温度伸缩缝）

注:仅表示一个温度伸缩缝区段

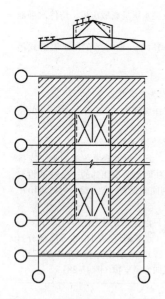

图 15-7　有檩屋盖体系的天窗

上弦横向水平支撑(1)

（天窗不通过温度伸缩缝）

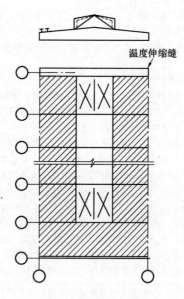

图 15-8　有檩屋盖体系的天窗

上弦横向水平支撑(2)

（天窗通过温度伸缩缝）

注:仅表示一个温度伸缩缝区段。

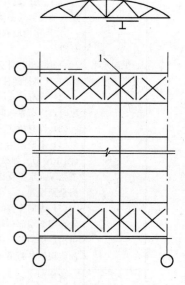

图 15-9　屋盖系统的下弦

横向水平支撑(1)

1—吊车轨道与屋架连接

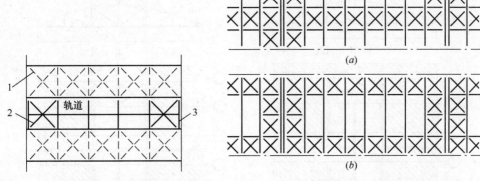

图15-10　屋盖系统的下弦横向水平支撑(2)
1—下弦横向水平支撑;2—水平支撑;3—支承梁

图 15-11　屋盖系统的下弦横向水平支撑(3)
(a)在屋架中部设置;(b)在屋架端部设置

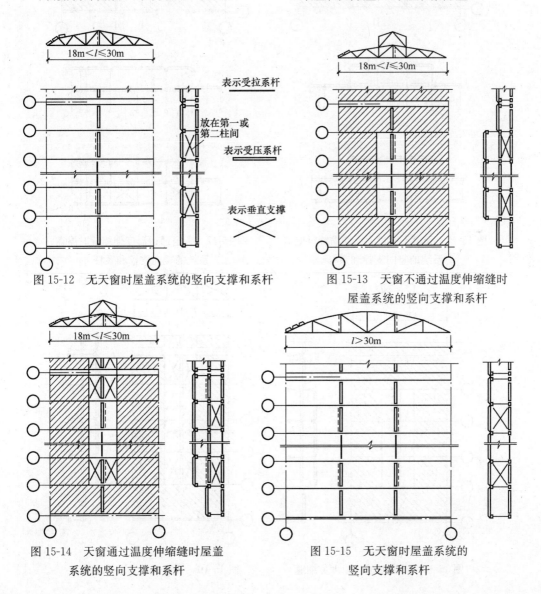

图 15-12　无天窗时屋盖系统的竖向支撑和系杆

图 15-13　天窗不通过温度伸缩缝时
屋盖系统的竖向支撑和系杆

图 15-14　天窗通过温度伸缩缝时屋盖
系统的竖向支撑和系杆

图 15-15　无天窗时屋盖系统的
竖向支撑和系杆

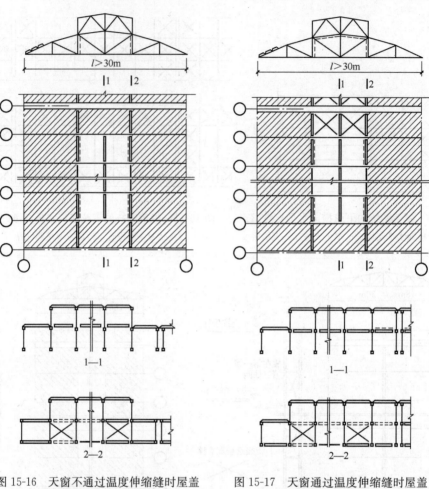

图 15-16　天窗不通过温度伸缩缝时屋盖
系统的竖向支撑和系杆

图 15-17　天窗通过温度伸缩缝时屋盖
系统的竖向支撑和系杆

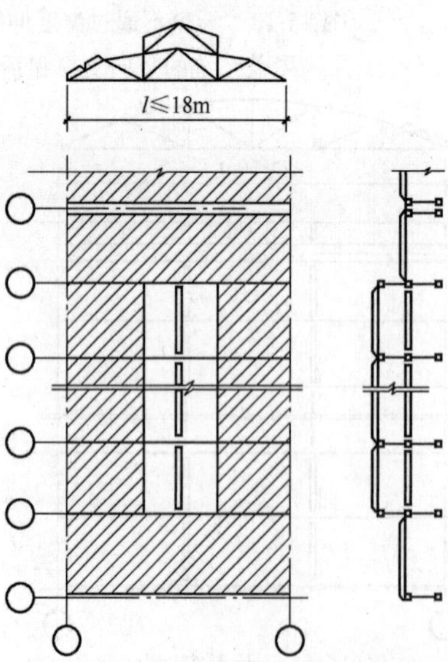

图 15-18　天窗不通过温度伸缩缝

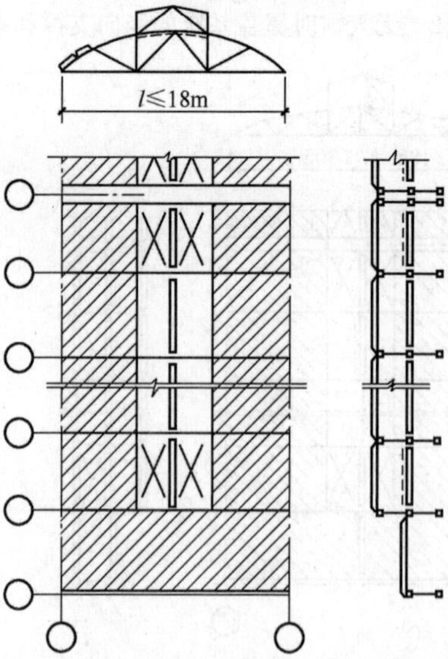

图 15-19　天窗通过温度伸缩缝

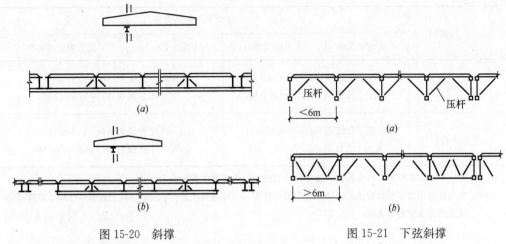

图 15-20 斜撑

(a) 1—1 吊车梁通过伸缩缝；(b) 1—1 吊车梁不通过伸缩缝

图 15-21 下弦斜撑

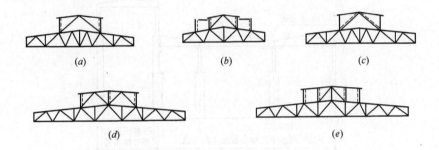

图 15-22 天窗竖向支撑

(a) ～ (c) 天窗架跨度<12m；(d)、(e) 天窗架跨度≥12m

天窗两侧竖向支撑最大间距（m） 表 15-8

序号	屋盖类型	非抗震设计及抗震设防烈度为 6 度、7 度	抗震设防烈度	
			8 度	9 度
1	有檩体系	36	30	18
2	有檩体系	30	24	

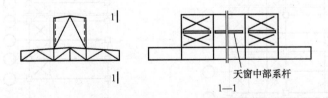

图 15-23 天窗支撑及中部系杆

纵向水平支撑布置

表 15-9

厂房类型		屋架下弦标高为			
		有天窗≤15m	无天窗≤18m	有天窗>15m	无天窗>18m
1	单跨厂房	吊车工作级别 A4、A5 Gn≥50t 吊车工作级别 A6、A7 Gn≥15t		吊车工作级别 A4、A5 Gn≥30t 吊车工作级别 A6、A7 Gn≥10t	
2	等高多跨厂房	吊车工作级别 A4、A5 Gn≥75t 吊车工作级别 A6、A7Gn≥20t		吊车工作级别 A4、A5 Gn≥50t 吊车工作级别 A6、A7 Gn≥15t	

注：1. 当厂房有高低跨时，可根据同一高度厂房的跨数，参考表中数据选用，如图 15-24 所示；

2. 当承重结构为拱形或多边形屋架和大型屋面板时，在非地震区若考虑屋盖结构能起整体作用，可降低表中
规定的要求来布置支撑。

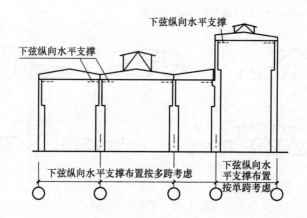

图 15-24　下弦纵向水平支撑（1）

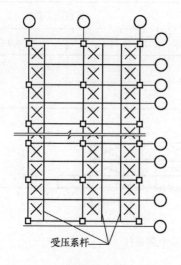

图 15-25　下弦纵向水平支撑（2）

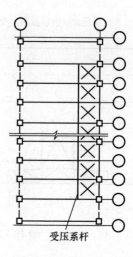

图 15-26　下弦纵向水平支撑（3）

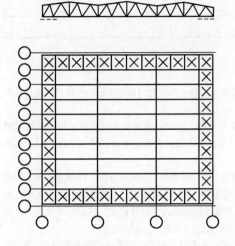

图 15-27　下弦纵向水平支撑（4）（无吊车）

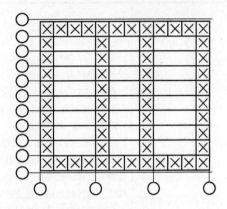

图 15-28　下弦纵向水平支撑（5）（有吊车）

15.2.3　柱间支撑布置

柱间支撑布置如表 15-10 所示。

柱间支撑布置　　　　　　　　　　　　　　表 15-10

序号	项　目	内　　　　容
1	说明	（1）柱间支撑是用来保证厂房结构的纵向刚度和稳定，并将水平荷载（包括天窗端部和厂房山墙上的风荷载、吊车纵向水平制动力以及作用于厂房纵向的其他荷载）传至柱子基础上 （2）柱间支撑布置在温度区段的中央或临近中央（上柱间支撑在厂房两端第一个柱距内也应同时设置），并在柱顶设置通长刚性联系杆以传递水平荷载，如图 15-29 所示。当屋架端部设有下弦联系杆时，柱顶端联系杆可以不另外设置
2	柱间支撑的设置	（1）凡有下列情况之一者，均应在厂房单元中部设置上、下柱间支撑，（图 15-30）且下柱支撑应与上柱支撑配套设置 　1）抗震设计的厂房 　2）设有悬臂壁式吊车或 3t 及 3t 以上悬挂式吊车 　3）设有重级工作制吊车，或设有中级、轻级工作制吊车，其起重量在 10t 或 10t 以上 　4）厂房跨度在 18m 或 18m 以上，或柱高在 8m 以上 　5）纵向柱的总数在 7 根以下 　6）露天吊车栈桥的柱列 （2）柱间支撑的布置宜符合表 15-11 的要求 （3）柱间支撑是厂房纵向的主要受力构件，布置时应避免使屋盖水平力集中传给柱间支撑，宜多点分流 　图 15-30（a）、（d）表示：上、下柱间支撑只设在厂房单元中部。此时，屋盖水平力只能由支撑跨的大型屋面板或檩条传递，屋面板和焊缝受力都较大，震害也较多

续表 15-10

序号	项 目	内 容
2	柱间支撑的设置	图 15-30（*b*）、（*e*）表示：厂房单元两端增设了上柱支撑，此时屋盖水平力已得到分流，支撑受力性能已有一定改善 图 15-30（*c*）所示：柱顶增设了通长的水平压杆。此时屋盖水平力由屋面板均匀传给屋架（或梁）端顶部，再传给柱顶压杆及支撑，柱顶压杆在很大程度上改善了传力条件，同时屋架（或梁）的稳定也得到保证 图 15-30（*f*）所示：适当多设屋架端部竖向支撑，屋盖水平力多点分流，柱顶压杆和吊车梁协同工作，使支撑及其连接的受力条件也得到改善。柱间支撑体系（包括沿柱列的屋面板、屋架端部支撑、柱顶压杆、吊车梁等）的杆件截面及连接应通过计算确定。根据杆件传力大小选择受力条件较好的布置方法，并满足表 15-11 和表 15-4～表 15-6 的要求 厂房单元较长或 8 度 Ⅲ、Ⅳ 类场地和 9 度时，水平剪力较大，宜采用分散支撑方案（图 15-31），可在厂房单元中部 1/3 区段内设置两道柱间支撑，且下柱支撑应与上柱支撑配套设置，不应采用一道支撑加大刚度和截面等不利抗震的做法 （4）交叉支撑一般采用钢结构，柱顶压杆可采用钢筋混凝土压杆。钢筋混凝土压杆自重产生的挠度 $\delta \leqslant \dfrac{1}{200}l_0$（$l_0$ 为压杆计算跨度），采用矩形断面时要求对称配筋 （5）吊车梁以上部分的柱间支撑可设计成单片；吊车梁以下部分的柱间支撑应设计成 双片。对钢筋混凝土矩形柱和工字形柱，两片支撑的距离等于柱宽减 200mm（图 15-32）。双肢柱在吊车梁以下部分的柱间支撑，宜设置在柱肢的中心线平面内，并尽量靠近吊车梁垂直平面。边列柱当有墙骨架时，可设单片下柱支撑；上段柱当有人孔时，宜设双片支撑（图 15-33） （6）非地震区厂房的围护结构及内部隔墙，若属永久性设施，亦可代替柱间支撑，但此时必须保证墙体有足够强度和稳定性，并与柱有可靠的连接起整体作用 （7）当厂房较高（$H \geqslant 15$m）、吊车吨位较大或地震设防烈度 >8 度时，山墙抗风柱间宜设间支撑。在柱间支撑节点处，设置刚性水平系杆作为未与柱间支撑相连的抗风柱的侧向支点

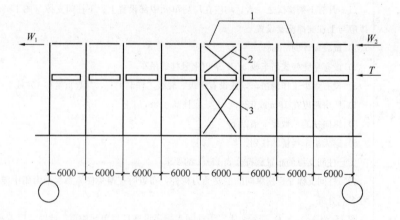

图 15-29 柱间支撑

1—柱顶系杆；2—上部柱间支撑；3—下部柱间支撑

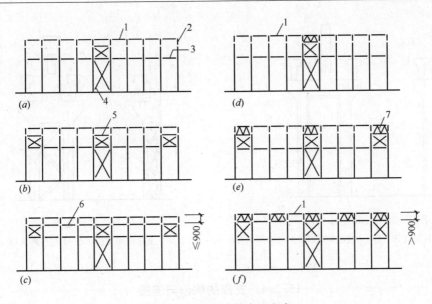

图 15-30　柱间支撑布置方案

(*a*) 屋架端部不设竖向支撑；(*b*) 厂房单元两端加设上柱支撑；(*c*) 情况同 (*b*) 且屋架端部高度≤900；
(*d*) 厂房单元中部屋架端部设竖向支撑；(*e*) 情况同 (*d*) 且在厂房两端设上柱支撑及屋架端部支撑；
(*f*) 情况同 (*e*) 且在厂房中部加设屋架端部竖向支撑

1—屋面板；2—屋架；3—吊车梁；4—下柱支撑；5—上柱支撑；6—柱顶压杆；7—屋架端部支撑

柱　间　支　撑　表 15-11

序号	部　位	非抗震设计及抗震设防烈度为 6 度、7 度	抗震设防烈度	
			8 度Ⅰ、Ⅱ类场地	8 度Ⅲ、Ⅳ类场地和 9 度
1	柱顶水平压杆	见表注 1	厂房跨度≥18m 的中部柱顶，边柱柱顶，见表注	各柱顶
2	上柱支撑	下柱支撑处设一道及见表注 1	除下柱支撑处外，在厂房单元两端增设一道	
3	下柱支撑	厂房单元中部设置一道	厂房单元中部设置一道或二道	

注：1. 厂房单元两端上柱支撑及柱顶水平压杆，应根据受力大小考虑是否设置；
　　2. 有起重机或 8 度和 9 度时，宜在厂房单元两端增设上柱支撑。

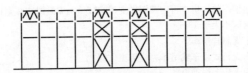

图 15-31　分散支撑方案
注：两道支撑尽量靠近

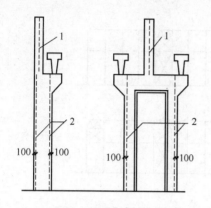

图 15-32　柱间支撑 (1)

1—上柱柱间支撑；2—下柱柱间支撑

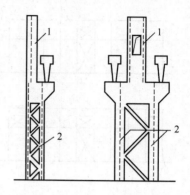

图 15-33　柱间支撑 (2)

1—上柱柱间支撑；2—下柱柱间支撑

15.2.4　支撑的构造与连接

支撑的构造与连接如表 15-12 所示。

支撑的构造与连接　　　　　　　　　　　表 15-12

序号	项　　目	内　　　　　容
1	支撑的构造	为保证车间的刚度，吊车梁宜与柱间支撑分开，使柱间支撑的杆件不承受吊车荷载 柱间支撑一般采用钢结构，当车间设有中级或轻级工作制的吊车时，柱间支撑可采用钢筋混凝土结构，其钢筋混凝土联系杆因自重产生的挠度要求 $\leqslant \dfrac{l}{200}$；采用矩形断面时要求对称配筋 钢结构支撑拉杆宜采用单角钢或双角钢；压杆采用双角钢组成的十字形或丁字形截面。只在特殊的情况下才考虑使用其他截面形式 传递水平剪力的各类支撑，一般应经计算决定。采用型钢支撑时，尚应满足长细比的要求，其值按表 15-13 及本书表 4-34 采用
2	支撑的连接	(1) 天窗支撑 天窗支撑连接的节点位置图如图 15-34 所示，节点详图如图 15-35 所示 支撑杆的安装螺栓均为 M16，孔均为 Φ18 永久螺栓，连接焊缝均按计算确定 杆件截面按计算确定 (2) 屋盖支撑 1) 型钢支撑的连接（适用于 8 度、9 度地震区） ①屋架上弦节点连接如图 15-36 所示 ②屋架下弦节点连接如图 15-37 所示 2) 圆钢拉杆支撑的连接如图 15-38 所示 符合下述情况的厂房也可用圆钢做支撑拉杆（但安装时应注意拉紧） ①厂房跨区不大于 18m ②屋架上无悬挂吊车 ③厂房内无桥式吊车或吊车为轻级工作制 ④厂房内无较大振动设备 3) 型钢斜杆与混凝土压杆组成的支撑的连接（适用于 7 度及以下地震区） ①屋架上弦节点连接如图 15-39 所示

序号	项　目	内　　　　容
2	支撑的连接	②屋架下弦节点连接如图 15-40 所示 （3）柱间支撑 1）柱顶压杆 ①混凝土压杆如图 15-41 或图 15-42 所示 ②钢压杆如图 15-43 所示 2）上柱支撑 ①螺栓连接顶节点，如图 15-44 所示 支撑杆件、节点焊缝、永久螺栓（数量和截面）及埋件的锚筋均按计算确定，图中所注的为最小尺寸。安装螺栓均为 M16，孔均为Φ18 如螺栓强度（拉、剪）足够，焊缝可以取消 ②焊接连接顶节点如图 15-45 所示 支撑杆件，节点、焊缝和埋件的锚筋均按计算确定。安装螺栓均为 M16，孔均为Φ18 3）下柱支撑 ①螺栓连接顶节点，如图 15-46 所示 ②焊接连接顶节点，如图 15-47 所示 ③螺栓连接中节点，如图 15-48 所示 ④焊接连接中节点，如图 15-49 所示 ⑤柱脚连接 柱间支撑在柱脚无水平杆，如图 15-50 所示，仅适用于有混凝土地坪、基础埋置不深及水平力不大的厂房 柱间支撑在柱脚有水平杆或斜杆直接交于基础中心的如图 15-51 至图 15-54 所示，共 4 个方案，适用于抗震结构，可根据水平力大小选择。对方案二、三应注意水平力对基础的不利影响 支撑杆件、节点焊缝、埋件均按计算确定。安装螺栓均为 M16，孔均为Φ18 地面以下的钢构件应采取防腐性措施，如采用 C15 混凝土保护层等 浇筑混凝土地坪时，宜在支撑斜杆周围留洞并浇筑沥青

交叉支撑的最大长细比（非地震区）　　　　　　**表 15-13**

序号	类　别	构 件 名 称	最 大 长 细 比	
			设有较大振动设备及吊车工作级别 A6～A8 的厂房	其他厂房
1	受拉构件	下部柱间支撑 其他所有受拉构件	200（按压杆考虑） 350	300 400
2	受压构件	所有受压构件	200	200

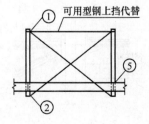
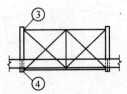
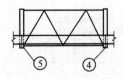

图 15-34　天窗支撑（1）

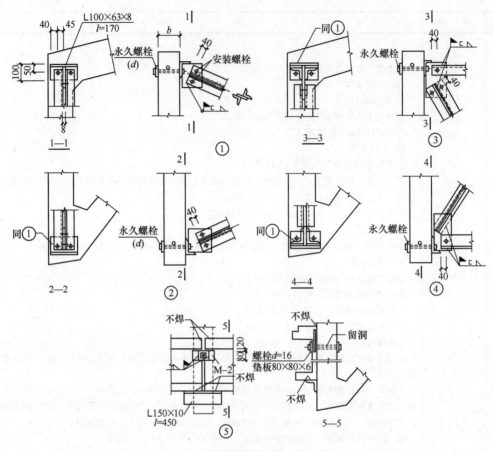

图 15-35　天窗支撑（2）

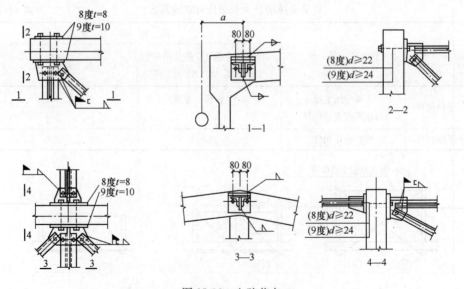

图 15-36　上弦节点

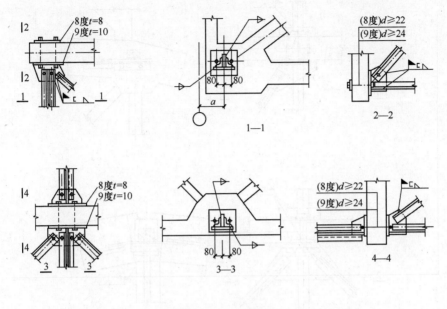

图 15-37　下弦节点

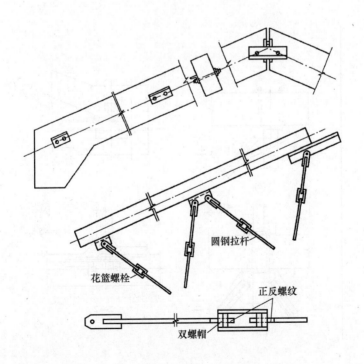

图 15-38　圆钢拉杆支撑

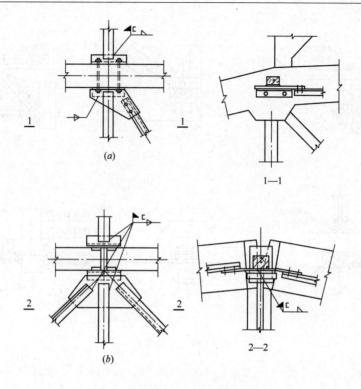

图 15-39　上弦节点
(a) 天窗立柱处节点；(b) 屋脊处节点

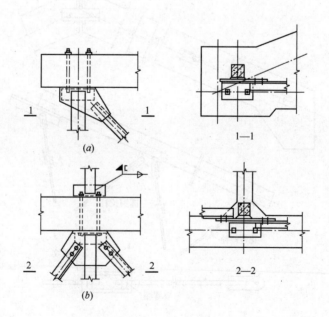

图 15-40　下弦节点
(a) 屋架端部节点；(b) 下弦中间节点

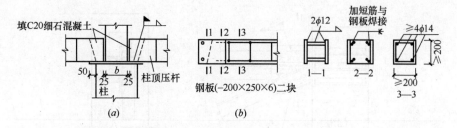

图 15-41　混凝土压杆支撑（1）

（a）混凝土压杆与柱直接焊接；（b）混凝土压杆端部构造

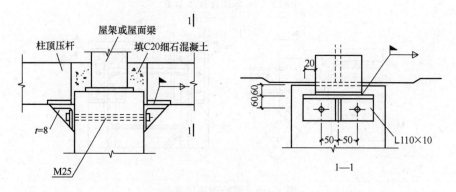

图 15-42　混凝土压杆支撑（2）

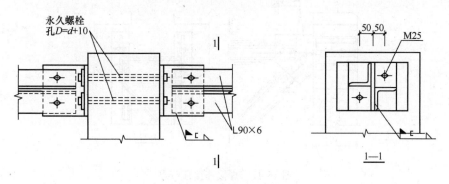

图 15-43　钢压杆支撑

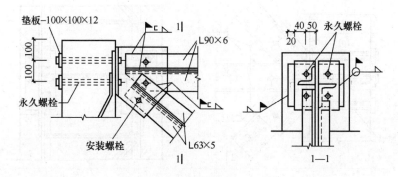

图 15-44　螺栓连接顶节点

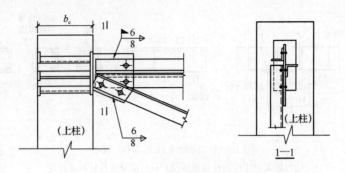

图 15-45　焊接连接顶节点

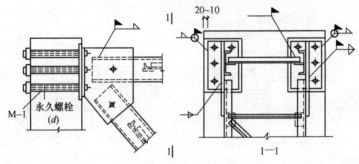

图 15-46　螺栓连接顶节点

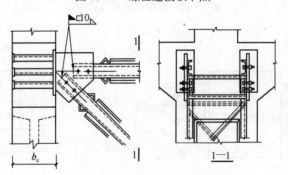

图 15-47　焊接连接顶节点

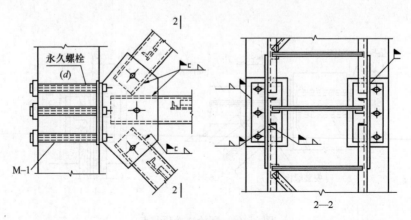

图 15-48　螺栓连接中节点

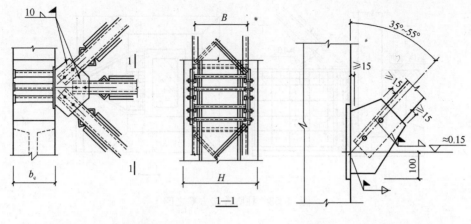

图 15-49　焊接连接中节点　　　　　图 15-50　柱脚连接方案之一

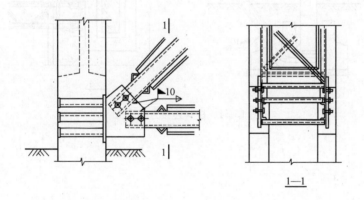

图 15-51　柱脚连接方案之二

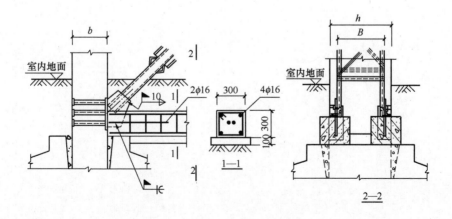

图 15-52　柱脚连接方案之三

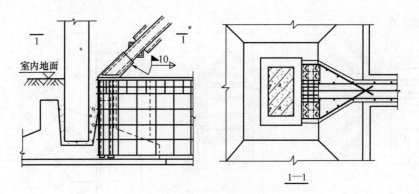

图 15-53　柱脚连接方案之四

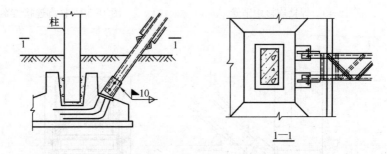

图 15-54　柱脚连接方案之五

第 16 章

挡土墙及建筑基坑支护

16.1 一般设计要求

16.1.1 概述及对材料的要求

对挡土墙及建筑基坑支护一般情况介绍及对材料的使用要求如表 16-1 所示。

概述及对材料的要求　　　　　　　　　　　　　　　表 16-1

序号	项目	内容
1	概述	（1）挡土墙是防止土体坍塌的条形构筑物，其特点是纵向长度一般大于其高度，承受主要外荷载为土体对墙背产生的侧压力（主动土压力）。因为截面在相当长的范围内不变，在计算土压力时可取一延米长墙体进行分析 （2）挡土墙是防止土体坍塌的构筑物，广泛应用在工业与民用建筑、道路及水利建设中。由于高层、超高层和城市地下空间的利用，促进了建筑基坑工程设计与施工技术的进步与发展，使建筑基坑支护工程成为挡土工程的重要分支 （3）挡土墙及基坑支护工程的类型繁多，本章仅介绍工程中最常见的重力式挡土墙，钢筋混凝土挡土墙以及建筑基坑支护中常用的以混凝土和钢为主的支护结构，如内撑式支护结构、拉锚杆式支护结构、地下连续墙等 基坑支护结构设计应根据表 16-2 选用相应的侧壁安全等级及重要性系数 γ_0 （4）支护结构选型 1）支护结构选型时，应综合考虑下列因素： ①基坑深度 ②土的性状及地下水条件 ③基坑周边环境对基坑变形的承受能力及支护结构失效的后果 ④主体地下结构和基础形式及其施工方法、基坑平面尺寸及形状 ⑤支护结构施工工艺的可行性 ⑥施工场地条件及施工季节 ⑦经济指标、环保性能和施工工期 2）支护结构应按表 16-3 选型
2	材料要求	本章中选用的材料主要有砌体材料、混凝土及钢筋混凝土。其适用范围如表 16-4 所示

支护结构的安全等级及重要性系数　　　　　　　　　　表 16-2

序号	安全等级	破坏后果	γ_0
1	一级	支护结构失效、土体过大变形对基坑周围环境或土体结构施工安全的影响很严重	1.10
2	二级	支护结构失效、土体过大变形对基坑周围环境或土体结构施工安全的影响严重	1.0
3	三级	支护结构失效、土体过大变形对基坑周围环境或土体结构施工安全的影响不严重	0.9

各类支护结构的适用条件　　　　　　　　表 16-3

序号	结构类型		适　用　条　件	
		安全等级	基坑深度、环境条件、土类和地下水条件	
1	锚拉式结构		适用于较深的基坑	（1）排桩适用于可采用降水或截水帷幕的基坑
2	支撑式结构		适用于较深的基坑	（2）地下连续墙宜同时用作主体地下结构外墙，可同时用于截水
3	悬臂式结构		适用于较浅的基坑	（3）锚杆不宜用在软土层和高水位的碎石土、砂土层中
4	双排桩	一级二级三级	当锚拉式、支撑式和悬臂式结构不适用时，可考虑采用双排桩	（4）当临近基坑有建筑物地下室、地下构筑物等，锚杆的有效锚固长度不足时，不应采用锚杆
5	支护结构与主体结构结合的逆作法		适用于基坑周边环境条件很复杂的深基坑	（5）当锚杆施工会造成基坑周边建（构）筑物的损害或违反城市地下空间规划等规定时，不应采用锚杆
6	单一土钉墙		适用于地下水位以上或降水的非软土基坑，且基坑深度不宜大于12m	
7	预应力锚杆复合土钉墙		适用于地下水位以上或降水的非软土基坑，且基坑深度不宜大于15m	
8	水泥土桩复合土钉墙	二级三级	用于非软土基坑时，基坑深度不宜大于12m；用于淤泥质土基坑时，基坑深度不宜大于6m；不宜用在高水位的碎石土、砂土层中	当基坑潜在滑动面内有建筑物、重要地下管线时，不宜采用土钉墙
9	微型桩复合土钉墙		适用于地下水位以上或降水的基坑，用于非软土基坑时，基坑深度不宜大于12m；用于淤泥质土基坑时，基坑深度不宜大于6m	
10	重力式水泥土墙	二级三级	适用于淤泥质土、淤泥基坑，且基坑深度不宜大于7m	
11	放坡	三级	（1）施工场地满足放坡条件（2）放坡与上述支护结构形式结合	

注：1. 当基坑不同部位的周边环境条件、土层性状、基坑深度等不同时，可在不同部位分别采用不同的支护形式；
　　2. 支护结构可采用上、下部以不同结构类型组合的形式。

选用材料及适用范围　　　　　　　　　　　　表 16-4

序号	材 料 选 择	适用范围
1	现浇钢筋混凝土 采用不低于 C20 混凝土 HPB300、HRB335、HRB400 级钢筋	墙身、基础及基坑
2	素混凝土或块石混凝土 用 C15 素混凝土，在地震区用不小于 C20 混凝土，在混凝土内可掺加总体积小于 25% 的块石	一般用于墙身基础及基坑
3	块石砌体 块石选用≥MU20，水泥砂浆≥M5，在地震及寒冷地区选用 MU≥30 块石，水泥砂浆≥M7.5；块石应满足抗冻抗风化要求	墙身及基础
4	砖砌体 黏土砖选用 MU10，水泥砂浆选用≥M5，在地震地区对上列强度等级应再提高一级；严寒地区或盐渍土地区不宜使用砖砌体 砖砌体仅适用于低矮的挡土墙	墙身及基础

16.1.2　挡土墙设计资料及对基坑的保护措施

设计挡土墙、建筑基坑的围护结构时需要的设计资料及对建筑基坑应采取的保护措施如表 16-5 所示。

挡土墙的设计资料及对深基坑的保护措施　　　　　　　　表 16-5

序号	项　目	内　容
1	挡土墙的设计资料	在设计挡土墙和建筑基坑围护结构时，建设单位提供的地质勘查报告应包括以下内容： （1）文字部分 1）工程概况、勘查任务、勘查基本要求、勘查技术及勘查工作简况 2）场地位置、地形地貌、地质构造、不良地质现象及地震设防烈度等 3）场地的岩土类型、地层分布、岩土结构构造或风化程度、场地土的均匀性、岩土的物理力学性质、地基承载力以及变形和动力等其他设计计算参数或指标 4）地下水的埋藏条件、分布变化规律、含水层的性质类型、其他水文地质参数、场地土或地下水的腐蚀性以及地层的冻结深度 5）关于建筑场地及地基的综合工程地质评价以及场地的稳定性和适宜性等结论 6）针对工程建设中可能出现或存在的问题，提出相关的处理方案、预防防治措施和施工建议 （2）图表部分 1）勘查点（线）的平面位置图及场地位置示意图；钻孔柱状图；工程地质剖面图；综合地质柱状图 2）土工试验结果总表和其他测试成果图表（如现场载荷试验、标准贯入试验、静力触探试验等原位测试成果图表） （3）土工试验成果总表应包括以下内容： 1）土压力设计参数，如土的分类名称、重力密度、密实度、内摩擦角等 2）地基承载能力的计算参数，如在基础埋置深度范围内的地基承载能力、确定剪切参数及土体滑坍可能影响的范围等

序号	项 目	内 容
1	挡土墙的设计资料	3) 验算稳定性所需设计参数。应确定基础与地基土间的基底摩擦系数 4) 计算基础沉降时所需的参数。报告书中应提供土层的种类、厚度、密实度、地下水位的高度及其变化情况等
2	对建筑基坑的保护措施	(1) 对建筑基坑的保护措施要较浅基础的难度大许多。首先要做好基坑的支护工作。因为基坑支护结构是对地下工程安全施工起决定性作用的结构物,建筑基坑一般要经历较长施工周期,因此不能简单地将基坑支护结构作为临时性结构而不适当地降低结构的安全度 对基坑支护结构体系的设计应符合以下几点: 1) 要保证基坑周围土体的稳定性,即不发生土体的滑动破坏,因渗流造成流砂、流土、管涌以及支护结构、支撑体系的失稳 2) 要保证支护结构,包括支撑体系或锚杆结构的强度应满足构件强度设计的要求 3) 要保证不因基坑开挖造成的地层移动及地下水位变化引起的地面变形,不得超过基坑周围建筑物、地下设施的允许变形值,不得影响基坑工程基桩的安全或地下结构的施工 4) 要组织专业人员对基坑工程施工过程进行监测,应包括对支护结构的监测和对周边环境的监测。随基坑开挖,通过对支护结构桩、墙及其支撑系统的内力、变形的测试,掌握其工作性能和状态。通过对影响区域内的建筑物、地下管线的变形监测,了解基坑降水和开挖过程中对其影响的程度,作出在施工过程中基坑安全性的评价 (2) 土方开挖完成后应立即对基坑进行封闭,防止水浸和暴露,并应及时进行地下结构施工。基坑土方开挖应严格按设计要求进行,不得超挖。基坑周边超载,不得超过设计荷载限制条件 基坑开挖是大面积的卸荷过程,易引起基坑周边土体应力场变化及地面沉降。降雨或施工用水渗入土体会降低土体的强度和增加侧压力,黏性土随着基坑暴露时间延长,坑底土强度逐渐降低,从而降低支护体系的安全度。基底暴露后应及时铺筑混凝土垫层,这对保护坑底土不受施工扰动、延缓应力松弛具有重要的作用,特别是在雨季施工中作用更为明显 基坑周边荷载,会增加墙后土压力,增加滑动力矩,降低支护体系的安全度。施工过程中,不得随意在基坑周围堆土,形成超过设计要求的地面超载

16.2 重力式挡土墙

16.2.1 重力式挡土墙的构造

重力式挡土墙的构造如表 16-6 所示。

重力式挡土墙的构造　　　　　　　　　　　　表 16-6

序号	项 目	内 容
1	挡土墙的各部分名称	(1) 挡土墙各部分的名称如图 16-1 所示 (2) 在计算挡土墙的侧压力时有: α —— 墙背与竖直面的夹角称墙背倾角 β —— 墙后填土面的倾斜角,或称地面倾角 δ —— 墙背与填土间的摩擦角

序号	项　目	内　　容
2	墙身构造	(1) 重力式挡土墙按墙背的倾斜形式可分为仰斜式、竖直式和俯斜式三种（图 16-2）。仰斜式承受的主动土压力为最小，仰斜墙面和墙背宜平行，倾斜度不宜小于 1：0.25；俯斜式承受的主动土压力为最大，俯斜墙背坡度不大于 1：0.36。竖直式承受的主动土压力居中。如从减小主动土压力方面来考虑，采用仰斜式挡土墙为最经济，但这种挡土墙墙后的填土夯实施工比较困难，仅适用于墙前地势比较平坦时 (2) 重力式挡土墙顶宽一般采用 $\frac{1}{12}h$（h 为墙高），并不小于 0.5m；底宽一般选用 $\left(\frac{1}{2} \sim \frac{1}{3}\right)h$。为增加挡土墙的抗滑稳定性，可将基底做成逆坡，一般坡度取(0.1～0.2)：1.0（图 16-3a）对较高大的挡土墙，墙趾宜设台阶（图 16-3b）。墙顶帽的做法有三种： 　1) 用与墙身同样的材料砌筑，在墙顶面抹 20 厚 1：3 水泥砂浆 　2) 用不小于 C15 现浇混凝土浇筑 0.3～0.4m 厚压顶 　3) 用粗料石砌筑，并砌帽檐突出墙面 0.1m，帽檐厚 0.4m (3) 在抗震设防场地，对仰斜式、直立式墙面的坡度 1：m_1 和俯斜式墙背的坡度 1：m_2，均可视为变量，要合理地加大墙面和墙背的坡度，使墙身重心下移提高墙体的抗震能力
3	墙后填土料选择及墙身排水	(1) 墙厚填土料选择 挡土墙的回填土料应尽量选择透水性好的土，如砂土、碎石、砾石、矿渣等，这些土的抗剪强度指标 φ 值均比较稳定，易于排水。不应采用淤泥、耕植土、膨胀土作填料；对重要的、高度较大的挡土墙，更不宜采用黏土作回填土。当采用黏性土作回填料时，应掺入适量的块石或矿渣、碎石等松散材料。在冬季施工时，回填土不应夹有大的冻土块 回填土应按施工规定分层夯实 (2) 墙身排水 为防止大量雨水渗入回填土内，降低土的抗剪强度，增加土对挡土墙的侧压力，应在挡土墙的适当部位设置排水孔。孔眼尺寸一般为 50×100mm、100×100mm、150×200mm 或 50～100mm 的圆孔，外斜 5%，孔眼间距为 2～3m。对于高度较大的挡土墙，应根据不同高度加设排水孔，最下层的排水孔应高出地面，如图 16-4 所示 为防止墙后积水渗入基础，在最低排水孔下部应铺设黏土层并夯实；为防止墙前积水渗入基础，也应将墙前的回填土分层夯实，不使漏水。在排水孔附近应填充具有反滤作的粗颗粒材料，并设法避免淤塞排水孔；在严寒地区，填土有可能冻胀时，最好以炉渣填充
4	沉降缝及伸缩缝的设置及构造	沉降缝与伸缩缝应同时设置，有时两缝合在一起设置，用两缝隔开的各段，必须设置在同一力学性质的地基上。伸缩缝间距一般为 10～20m，缝宽约 20mm。在渗水量较大而填料又易于流失或在冻害严重的地区，在沉降缝及伸缩缝处可塞以沥青防水层、金属防水层或嵌入涂以沥青的木板 此外，在挡土墙的拐角处亦应采取适当的加强措施
5	墙身防水	一般情况下可不设防水层，但用片石砌的挡土墙，须用比砌筑墙身高一个等级且不小于 M5 的水泥砂浆抹成平缝。遇有侵蚀性水或在严寒地区一般采取以下的特殊处理方法： (1) 石砌挡土墙，在墙背后先抹一层 M5 水泥砂浆 20 厚，再涂以一层热沥青 2～3mm 厚 (2) 素混凝土挡土墙，涂刷两层热沥青各 2～3mm 厚 (3) 钢筋混凝土挡土墙，常用石棉沥青浸制麻布各二层防护，或增设混凝土保护层

序号	项　目	内　　容
6	基础埋置深度	基础埋置深度应按地基的性质、承载力的要求、冻胀的影响、地形和水文地质等条件确定 挡土墙基础置于土质地基时，其基础深度应符合下列要求： （1）基础埋置深度不小于1m。当有冻结时，应在冻结线以下不小于0.25m；当冻结深度超过1m时，可在冻结线下0.25m内换填不冻胀材料，但埋置深度不小于1.25m。不冻胀土层（例如碎石、卵石、中砂或粗砂等）中的基础，埋置深度可不受冻深的限制 （2）受水流冲刷时，基础应埋置在冲刷线以下不小于1m （3）路堑挡土墙基础顶面应低于边沟底面不小于0.5m 　　挡土墙基础置于硬质岩石地基上时，应置于风化层以下。当风化层较厚，难以全部清除时，可根据地基的风化程度及其相应的承载力将基底埋于风化层中。置于软质岩石地基上时，埋置深度不小于0.8m 　　挡土墙基础置于斜坡地面时，其趾部埋入深度和距地面的水平距离应符合表16-7的要求

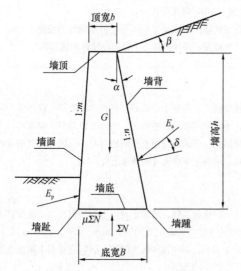

图 16-1　挡土墙各部分名称

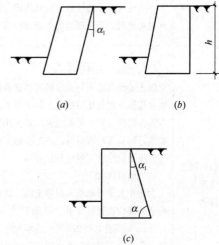

图 16-2　重力式挡土墙墙背倾斜形式

(a) 仰斜式；(b) 竖直式；(c) 俯斜式

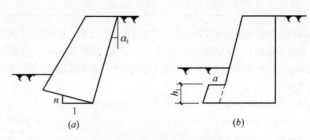

图 16-3　基底逆坡及墙趾台阶

(a) 基底逆坡；(b) 墙趾台阶

土质地基 $n:1=0.1:1$　　$h_1:a=2:1$

岩基地基 $n:1=0.2:1$　　$a>200mm$

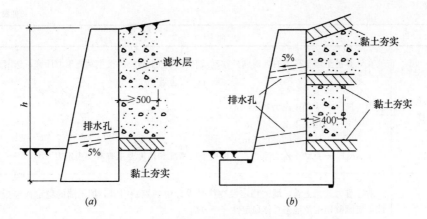

图 16-4　挡土墙排水措施

(*a*) 高度较小挡土墙排水孔布置；(*b*) 高度较大挡土墙排水孔布置

墙趾埋入斜坡地面的最小尺寸　　　　　　　　　　表 16-7

序号	地层类别	h（m）	L（m）	嵌入示意图
1	较完整的硬质岩层	0.25	0.25～0.5	
2	一般硬质岩层	0.60	0.6～1.5	
3	软质岩层	0.70	1.0～2.0	
4	土层	≥1.00	1.5～2.5	

16.2.2　重力式挡土墙的验算

重力式挡土墙的验算内容及验算步骤如表 16-8 所示。

重力式挡土墙的验算内容及验算步骤　　　　　　　表 16-8

序号	项目	内容
1	作用在挡土墙上的荷载	挡土墙是用来承受土体侧压力的构筑物，作用在墙体上的力系，按荷载的性质可分为永久荷载（静荷载）、可变荷载（活荷载）和偶然荷载三类： （1）永久荷载是长期作用在挡土墙上的，如图 16-5 所示，它包括下列一些力： 1）由填土自重产生的土压力 E_a，可分解为水平土压力 E_x 与垂直土压力 E_y 2）墙身自重 G 3）填土（包括基础襟边以上土）自重 4）墙顶上的有效荷载 W_0 5）预加应力等 （2）可变荷载主要有： 1）车辆荷载引起的土压力 2）常水位时的浮力及静水压力 3）冻胀压力和冰压力 4）温度变化的影响力等 （3）偶然荷载是属于灾害性的临时荷载，其发生的概率极小，包括如地震作用、有较大的施工荷载或其他的临时荷载作用。对于冻胀压力和温度变化的影响力等，在墙体结构设计时采用正确的构造措施可以不考虑其存在 （4）计算挡土墙土压力、地基或斜坡稳定及滑坡推力时，荷载效应应按承载能力极限状态下荷载效应的基本组合，但分项系数均为 1.0

序号	项　目	内　　　容
2	主动土压力计算	在计算挡土墙土压力时，对向外移动或转动的挡土墙，可按主动土压力计算，选用计算公式 $$E_a = \frac{1}{2}\gamma h^2 K_a \tag{16-1}$$ 式中　E_a——主动土压力（kN/m） 　　　γ——填土重度（kN/m³） 　　　h——挡土墙的高度（m） 　　　K_a——主动土压力系数，可根据土质情况和精度要求查有关规定表
3	抗滑及抗倾覆稳定性验算	对于重力式挡土墙，墙的稳定性往往是设计中的控制因素。挡土墙的稳定性包括抗滑稳定性，抗倾覆稳定及地基总体稳定性三个方面 （1）抗滑稳定性验算 在土压力作用下，挡土墙有可能沿基础底面发生滑动。验算时应将挡土墙的重力 G 和土压力 E_a 分别分解为垂直和平行于基底的分力 G_n、G_t 和 E_{an}、E_{at}（图 16-6）则作用在挡土墙上的各力应满足： $$\frac{(G_n + E_{an})\eta}{E_{at} - G_t} \geqslant 1.3 \tag{16-2}$$ $$G_n = G \cdot \cos\alpha_0;\ \ G_t = G \cdot \sin\alpha_0$$ $$E_{at} = E_a \sin(\alpha - \alpha_0 - \delta)$$ $$E_{an} = E_a \cos(\alpha - \alpha_0 - \delta)$$ 式中　G——挡土墙每延米自重 　　　α_0——挡土墙基底的倾角 　　　α——挡土墙墙背的倾角 　　　δ——土对挡土墙墙背的摩擦角，可按有关规定选用 　　　η——土对挡土墙基底的摩擦系数（见表 16-9） （2）抗倾覆稳定性验算 在土压力作用下，挡土墙的倾覆破坏通常是绕墙趾 0 点转动（图 16-7）验算时将主动土压力 E_a 分解为竖向分力 E_{az} 和水平分力 E_{ax}；作用在挡土墙上的各力应满足： $$\frac{Gx_0 + E_{az}x_f}{E_{ax}z_f} \geqslant 1.6 \tag{16-3}$$ $$E_{ax} = E_a \sin(\alpha - \delta)$$ $$E_{az} = E_a \cos(\alpha - \delta)$$ $$x_f = b - z\cot\alpha$$ $$z_f = z - b\tan\alpha_0$$ 式中　z——土压力作用点离墙踵的高度 　　　x_0——挡土墙重心离墙趾的水平距离 　　　b——基底的水平投影宽度
4	墙身及地基承载力验算	（1）墙身强度验算 挡土墙墙身的截面尺寸一般均较大，一般不需要对截面作承载力验算 （2）地基承载力验算 挡土墙地基承载力应满足下列条件： 1）基础底面的压力，应符合下式要求： 当轴心荷载作用时 $$P_k \leqslant f_a \tag{16-4}$$ 式中　P_k——相应于荷载效应标准组合时，基础底面处的平均压力值 　　　f_a——修正后的地基承载力特征值

序号	项　目	内　　容
4	墙身及地基承载力验算	当偏心荷载作用时，除符合式（16-4）要求外，尚应符合下列公式要求： $$p_{kmax} \leqslant 1.2 f_a \qquad (16\text{-}5)$$ 式中　p_{kmax}——相应于荷载效应标准组合时，基础底面边缘的最大压力值 2）基础底面的压力，可按下列公式确定： ①当轴心荷载作用时 $$p_k = \frac{F_k + G_k}{A} \qquad (16\text{-}6)$$ 式中　F_k——相应于荷载效应标准组合时，上部结构传至基础顶面的竖向力值 　　　G_k——基础自重和基础上的土重 　　　A——基础底面面积 ②当偏心荷载作用时 $$p_{kmax} = \frac{F_k + G_k}{A} + \frac{M_k}{W} \qquad (16\text{-}7)$$ $$p_{kmin} = \frac{F_k + G_k}{A} - \frac{M_k}{W} \qquad (16\text{-}8)$$ 式中　M_k——相应于荷载效应标准组合时，作用于基础底面的力矩值 　　　W——基础底面的抵抗矩 　　　P_{kmin}——相应于荷载效应标准组合时，基础底面边缘的最小压力值 ③当偏心距 $e > b/6$ 时（图 16-8），p_{kmax} 应按下式计算： $$p_{kmax} = \frac{2(F_k + G_k)}{3la} \qquad (16\text{-}9)$$ 式中　l——垂直于力矩作用方向的基础底面边长 　　　a——合力作用点至基础底面最大压力边缘的距离
5	增加抗滑、抗倾覆稳定性的措施	（1）增加抗滑稳定性的措施 　设置向内倾斜的基底：该措施可以增加抗滑力和减小滑动力，从而增加稳定性。基底倾角越大，越有利于抗滑稳定性，但应考虑挡土墙连同地基土体一起滑动的可能性，因此，对地基倾斜度应加以控制。通常，对建筑工程边坡，土质地基不陡于 1：10；对岩石地基不陡于 1：5；对道路工程边坡，土质地基不陡于 1：5，对岩石地基不陡于 1：3。此外，还应验算通过墙踵的地基水平面的滑动稳定性 　改善地基：如在黏性土地基踵夯打碎石，以增大基底摩擦系数 （2）增加抗倾覆稳定性的措施 　展宽墙趾：在墙趾处展宽基础以增加稳定力臂，是增加抗倾覆稳定性的常用方法，但在地面横坡较陡处会引起墙高的增加 　改变墙面及墙背坡度，改缓墙面坡度可增加稳定力臂，改陡俯斜墙背或改缓仰斜墙背可减少土压力，从而增加了抗倾覆稳定性 　改变墙身断面类型或断面尺寸。当地面横坡较陡时，应使墙胸尽量陡立，这时可改用衡重式墙或墙后加设卸荷平台、卸荷板，以减少土压力并增加稳定力矩

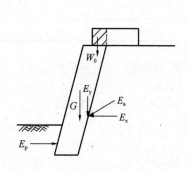

图 16-5 作用于挡土墙上的永久荷载

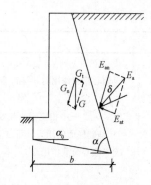

图 16-6 挡土墙抗滑稳定验算示意

土对挡土墙基底的摩擦系数 μ 表 16-9

序号	土 的 类 别		摩 擦 系 数 μ
1	黏性土	可塑	0.25～0.30
2		硬塑	0.30～0.35
3		坚硬	0.35～0.45
4	粉土		0.30～0.40
5	中砂、粗砂、砾砂		0.40～0.50
6	碎石土		0.40～0.60
7	软质岩		0.40～0.60
8	表面粗糙的硬质岩		0.65～0.75

注：1. 对易风化的软质岩和塑性指数 I_p 大于 22 的黏性土，基底摩擦系数通过试验确定；

2. 对碎石土，可根据其密实程度、填充物状况、风化程度等确定。

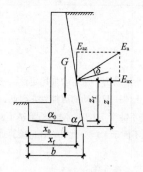

图 16-7 挡土墙抗倾覆稳定验算示意

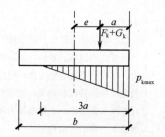

图 16-8 偏心荷载（$e > b/6$）下基底压力计算示意
b—力矩作用方向基础底面边长

16.3 其他类型挡土墙

16.3.1 钢筋混凝土悬臂式挡土墙

钢筋混凝土悬臂式挡土墙如表 16-10 所示。

钢筋混凝土悬臂式挡土墙 表 16-10

序号	项　目	内　　　　容
1	构造要求	（1）挡土墙高度土坡一般不超过 8m，岩坡≤10m。土层较差或对挡墙变形要求较高时，不宜采用 （2）竖壁与底板常采用变截面，厚度不小于 200mm （3）竖壁与底板相交处，当墙高 $H<4$m 时不设加腋斜角，如图 16-9 悬臂式（1）所示，当墙高≥4m 时设置加腋斜角如图 16-9 悬臂式（2）所示 （4）底板长度 B 与竖壁高度 H 的比值：当挡土墙后无地下水作用时 $B/H=1/3\sim1/2$。当挡土墙后有地下水作用时 B/H 的比值会明显增大，但不大于 1.0 （5）为满足挡土墙抗滑稳定性要求，常采取下列措施： 1）通常将底板做成逆坡，对土质地基，基底逆坡坡度不宜大于 1：10；对于岩质地基，基底逆坡坡度不宜大于 1：5（图 16-9） 2）在挡土墙底板下设置钢筋混凝土抗滑键，抗滑时键外侧产生的被动土压力，将增强挡土墙的抗滑稳定性。抗滑键的尺寸常取 $h=b-H/12$，并要求 $h\geqslant500$mm。当土质较差挡土墙又较高时应经计算确定其尺寸。抗弯与抗剪的钢筋应≥Φ12@200，并做强度验算。抗滑键可在底板的中间或后踵端部设置（图 16-10） 3）在底板后踵后面再连接一块抗滑板（图 16-11），此措施仅适用于墙背抗滑板以上的土均为填方，其构造应满足以下要求： ①抗滑板的厚度应与挡土墙底板后踵端部的厚度相同 ②抗滑板上、下各配一层Φ8@200 钢筋网 ③底板与抗滑板的连接钢筋应经计算确定，且不宜小于Φ25@500，锚固长度应满足 l_a 要求（图 16-12） （6）基础埋置深度、墙后回填土料选择、防排水及在横坡上修建挡土墙的要求，均与重力式挡土墙相同 （7）材料 悬臂式钢筋混凝土挡土墙混凝土采用 C25，严寒和寒冷地区混凝土采用 C30。受力钢筋采用 HRB335 级和 HRB400 级，构造钢筋可采用 HPB300 级。垫层用 C10 混凝土，混凝土保护层：基础不应小于 40mm，竖壁不应小于 25mm （8）变形缝与施工缝 钢筋混凝土挡土墙伸缩缝最大间距为 20m，当墙高 $H>7$m 时，伸缩间距不宜大于 15m。在地基土质有突变处，宜设置沉降缝。变形缝宽 20～30mm，沿缝的三边填塞沥青麻筋或涂沥青木板，塞入墙体深度宜大于 200mm 竖壁施工缝采用错开式，位置设在底板以上 500mm 左右处，要求缝表面粗糙、坚实，浇灌上部混凝土前，应将表面冲洗干净，铺一层 M15 水泥砂浆或刷优质界面剂后再绕灌上部混凝土
2	截面选择	钢筋混凝土悬臂式挡土墙的竖壁嵌固在底板上，在上侧压力作用下，沿墙身高度产生的弯矩从底部向上逐渐变小，到顶部弯矩为零，因此墙身需要的厚度和配筋沿墙高可逐渐减少，一般只将底部钢筋的 1/3～12 伸至墙顶，其余钢筋可交替在墙身一处或两处切断，水平分布钢筋应与垂直钢筋绑扎在一起形成一个整体网片，分布钢筋当墙高 $H<6$m 时，用ϕ10@300，当 $H\geqslant$ 6m 用ϕ12@250（图 16-13） 当竖壁厚度>200mm 时，为防止墙身外侧面产生收缩与温度裂缝，可在墙外侧配置ϕ10@300～ϕ12@250 的钢筋网 竖壁前的基础板（前趾）在土反力的作用下向上弯曲，计算时一般可忽视前趾板的自重及其上所压的少量土体的作用（上部土体在使用过程中有可能被移走），由此求得的钢筋应配在前趾的下面 竖壁后的基础板（后踵）在土体自重、竖壁与底板自重及基底土反力共同作用下，向下弯曲，计算求得的受力钢筋应放在基础板的上部，基础板的下面可按构造配筋

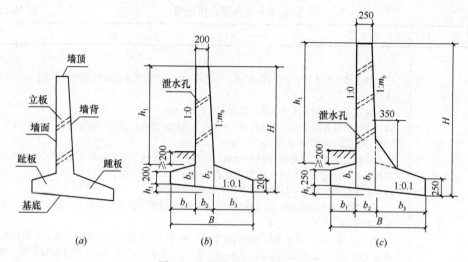

图 16-9 悬臂式挡土墙剖面图
(a) 悬臂式各部名称；(b) 悬臂式 (1)；(c) 悬臂式 (2)

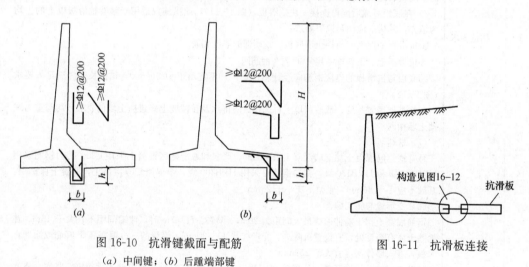

图 16-10 抗滑键截面与配筋
(a) 中间键；(b) 后踵端部键

图 16-11 抗滑板连接

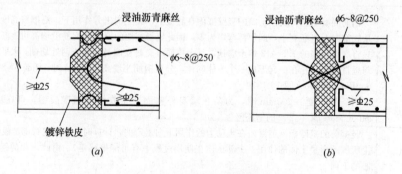

图 16-12 抗滑板连接构造
(a) 有地下水时；(b) 无地下水时

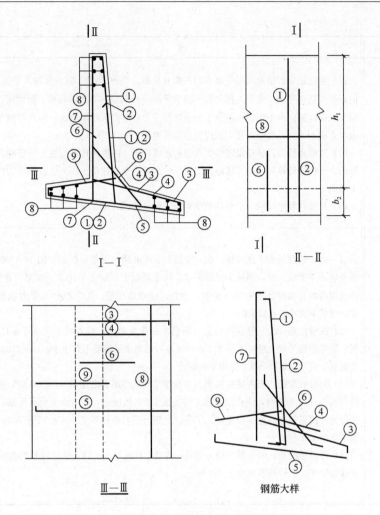

图 16-13　悬臂式挡土墙配筋

16.3.2　钢筋混凝土扶壁式挡土墙

钢筋混凝土扶壁式挡土墙如表 16-11 所示。

钢筋混凝土扶壁式挡土墙　　　　　　　　　　　　　　　表 16-11

序号	项　目	内　　　　　容
1	构造要求	(1) 挡土墙高度 $H \geqslant 8\text{m}$ 时，宜采用扶壁式挡土墙如图 16-14 所示 (2) 基础宽度 B 应根据挡土墙后回填土料的性质经计算确定，当挡土墙后无地下水作用时，一般采用 $B = (1/3 \sim 1/2) H$ (3) 扶壁间距取 $(1/3 \sim 1/2) H$，扶壁厚宜取扶壁间距 l_1 的 1/8～1/6，可采用 300～400mm (4) 底板外挑板厚度不应小于 200mm，内挑板厚度不应小于 250mm (5) 竖壁顶部厚度不宜小于 200mm，底部厚度由计算确定，也不宜小于 200mm

序号	项　　目	内　　　　容
2	受力特点	（1）竖壁是以扶壁及底板为支点的三面支承板，当 $h_1/l_1 \geqslant 2$ 时，可按水平连续单向板计算，但必须注意到竖壁与底板连接处尚有固端弯矩。当 $h_1/l_1 < 2$ 时，可按三面固定、顶面自由的三面支承板计算。由于作用在竖壁上的土体侧压力自上而下逐渐增加，因此竖壁的水平正负弯矩也自上而下增大，竖壁在竖向的内力也相应增加 （2）基础底板是以扶壁及竖壁为支点的连续板带，内挑板计算方法与竖壁相同按三面支承板配筋。外挑板计算时一般可忽略其上所压的少量土重及被动土压力，在土反力作用下外挑板向上弯曲 （3）扶壁与竖壁如同一个整体的变截面悬臂 T 形梁一样工作
3	扶壁式挡土墙的配筋	（1）由于竖壁是水平连续板，在一般情况下板的跨中可单面配筋如图 16-15 剖面 1—1 所示；当竖壁的厚度较大时，为减少温度裂缝，防止混凝土收缩常采用双面配筋。在竖壁底部 $1.5l_1$ 的范围内尚有底板对竖壁的（约束）弯矩，应双面配筋。⑦⑧⑬号为受力钢筋，应按计算确定，配筋不宜小于$\phi 12@200$ （2）扶壁配筋：①⑯号钢筋为受力钢筋，由计算确定，其直径不宜小于$\phi 16$ 沿扶壁斜向布置，⑱号钢筋为架立筋，不少于 $2\phi 16$，②号筋为水平箍筋不宜小于$\phi 10@250$，③号筋为垂直钢筋不宜小于$\phi 12@300$ 锚固于底板内 （3）内挑板配筋：当内挑板净宽 b_1 与扶壁之间的净距 l_1 之比 $b_1/l_0 \leqslant 1.5$ 时，按三边支承板配筋；当 $b_3/l_1 > 1.5$ 时，则由竖壁起至内挑板 $1.5l_1$ 范围内，按三面支承板配筋，在此范围以外部分的外挑板按单向连续板配筋，④⑤⑭号筋为受力钢筋不宜小于$\phi 12@200$，⑮号为构造钢筋不宜小于$\phi 10@300$ （4）外挑板配筋：⑥号筋为受力钢筋，直径常用$\phi 14 \sim \phi 16$，⑨⑩⑪号筋为构造钢筋不宜小于$\phi 10@300$，⑰号筋不宜小于 $2\phi 16$

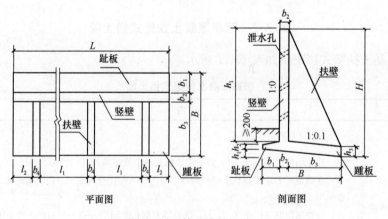

平面图　　　　　　　　剖面图

图 16-14　扶壁式挡土墙

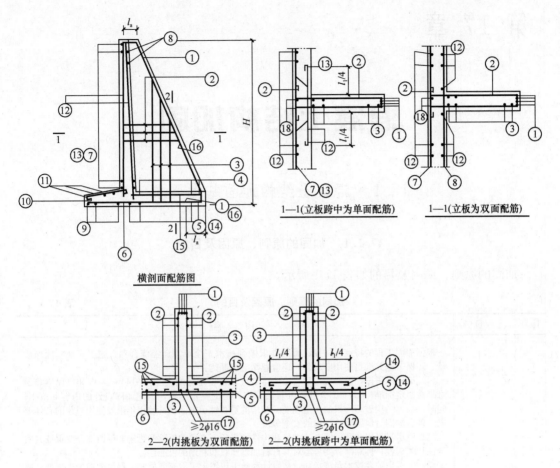

横剖面配筋图

1—1(立板跨中为单面配筋)　　　1—1(立板为双面配筋)

2—2(内挑板为双面配筋)　　2—2(内挑板跨中为单面配筋)

图 16-15　扶壁式挡土墙配筋示图

第 17 章

混凝土结构加固

17.1 混凝土结构加固基本要求

17.1.1 加固的原则、原因及目的

加固的原则、原因及目的如表 17-1 所示。

加固的原则、原因及目的 表 17-1

序号	项目	内　容
1	加固的原则要求	根据加固工程的特点，加固设计除要求做到技术安全可靠、经济合理、施工简便、确保质量、环保节能并满足使用要求外，还应遵循下述原则： （1）结构加固设计前，应遵照《工业建筑可靠性鉴定标准》GB 50144－2008 和《民用建筑可靠性鉴定标准》GB 50292 进行可靠性鉴定，根据鉴定结果，确定加固设计的内容和范围；同时，根据结构破坏后果的严重程度、结构的重要性、加固设计使用年限及使用单位的具体要求，确定加固后房屋建筑结构的安全等级 （2）应尽量保留和利用原有的结构和构件，避免不必要的拆除和更换。保留部分要保证其安全性和耐久性；拆除部分要考虑对其材料加以回收和利用的可能性 （3）应考虑综合技术经济指标，从设计和施工组织上采取有效措施，尽量缩短施工工期，减少停工、停产，尽可能不影响或少影响建筑物的正常使用 （4）由于高温、高湿、低温、化学腐蚀、冻融、振动、温度应力、地基不均匀沉降等原因造成的原结构损坏，加固时必须同时考虑消除、减小或抵御这些不利因素的有效措施和防治对策，先治理后加固，合理安排治理与加固顺序以免加固后的结构继续受害，避免二次加固 （5）结构或构件加固除满足承载力要求外，还要有足够的抗震能力，符合抗震设计的基本要求，不应存在因局部加强或刚度突变而形成新的对抗震不利的薄弱层或薄弱部位，同时也要注意由于结构刚度的增大而导致地震力增大所带来的影响。结构加固应满足抗震有关要求和提高结构的延性和整体性 （6）加固设计除必须对结构的分析和承载力的校核和计算外，还要求新旧构件构造合理、连接可靠，新旧截面粘结牢固，保证可靠地协调受力 （7）加固设计在可能的条件下考虑建筑美观，结合立面造型和室内装修，进行必要的建筑艺术处理，尽量避免遗留加固的痕迹 （8）加固施工往往是在荷载存在的情况下进行，必须采取有效措施，如设置临时支撑，进行卸载处理等，对可能导致的倾斜、失稳、开裂或坍塌的混凝土结构，应事先采取安全措施和有效的防治对策，防止和避免在加固施工中发生安全事故 （9）加固确有困难或通过经济综合比较确实不合理，而原结构损坏又不严重时，可采用改变结构用途或减少和限制荷载的方法进行处理。减载处理方法可改用轻质隔墙、轻质保温或隔热材料，上部结构改用钢结构；楼面的设备在工艺允许情况下合理挪位；减少或限制楼层的使用荷载等 （10）混凝土结构加固的使用年限，应由业主和设计单位共同商定，一般情况下，宜按 30 年考虑 （11）未经技术鉴定或设计许可，不得改变加固后结构的用途和使用环境 （12）现有混凝土结构加固的构造设计和施工要求除符合《混凝土结构加固设计规范》GB 50367－2006 的规定外，尚应符合国家现行有关标准、规程及规范的规定

序号	项目	内　　容
2	加固的原因及目的	房屋结构和一般构筑物的钢筋混凝土承重结构应具有足够的强度、刚度、抗裂度以及局部和整体的稳定性，以满足安全性、耐久性和适用性的要求。但是，在工程实践中，导致建筑物未能满足上述要求而需要进行加固补强的原因主要有以下几方面： 　　(1) 勘查、设计和施工中的问题：由于勘查资料不准确、不齐全，设计不周，施工管理不严、施工质量欠佳以及建筑材料不符合要求等原因而造成的工程事故 　　(2) 使用功能改变：建筑物用途变更、工厂技术改造、设备更新以及厂房的改建、扩建，原有结构不能适应新的使用要求 　　(3) 自然灾害与偶然事故：地震、风灾、火灾、水灾、爆炸、滑坡、地基塌陷和其他事故 　　(4) 结构耐久性降低：由于建筑物所处环境条件影响，导致构件的裂缝、钢筋的锈蚀、混凝土的碳化和冻融、材料的老化等，影响结构的耐久性 　　加固补强的目的主要是提高结构或构件的强度和刚度、稳定性和耐久性；提高结构的安全度以减少事故的隐患，从而延长结构的使用寿命，保证正常的使用要求

17.1.2　减少结构加固面的途径及加固方法的选择

减少结构加固面的途径及加固方法的选择如表 17-2 所示。

减少结构加固面的途径及加固方法的选择　　　　　　　　表 17-2

序号	项目	内　　容
1	减少结构加固的途径	在保证结构或构件的安全条件下，可以采用一些调整结构内力的方法，改善结构和构件的受力状况，利用结构实际工作的有利因素，充分发挥结构的潜力，以减少结构加固面，具体做法可有以下几方面： 　　(1) 当多跨厂房各列柱均需加固时： 　　1) 重点加固某列柱，增大其刚度，使其他列柱减轻负荷，以减少或免除这些列柱的加固 　　2) 重点加固主跨，使副跨作为静定体系简支在主跨上，以免除副跨列柱的加固 　　3) 重点加固副跨，在使用允许条件下，可在一些副跨加设砖或钢筋混凝土横墙，利用副跨屋盖或楼盖的水平刚度，把部分厂房的水平力传到副跨横墙，再由横墙传到基础，这样，主跨在支撑副跨屋盖或楼盖处的水平方向具有不动点，大大减小主跨柱的水平位移，提高了柱的承载力，以免除主跨柱的加固 　　(2) 单层厂房柱或框架底层柱，当柱子的承载力不足时，可以在地面以下，基础顶面以上的一定高度范围内做钢筋混凝土围套，这样缩短了柱子的计算长度，增大柱的稳定系数，从而提高了柱子的承载能力。一般要求柱加围套后与原柱的截面面积之比不宜小于 3；惯性矩之比不宜小于 10 　　(3) 增加屋面支撑和柱间支撑以加强结构的空间刚度，使结构可按整体空间工作，从而相应提高了结构承载力 　　(4) 在屋架或桁架系统中，当杆件的承载力不足时，可以增设支撑或辅助杆件，以减小构件的计算长度和长细比，使受压的杆件稳定系数增大，从而提高构件的抗压承载力 　　(5) 当框架结构因抗水平力而需要加固时，可以在某跨间增设剪力墙或消能支撑以提高框架结构抗水平荷载的能力和刚度 　　(6) 当框架、连续梁和单向连续板的承载力不足而需要加固时，对直接承受静力作用的结构，可恰当地考虑结构的塑性内力重分布，建立弹塑性的内力计算方法，不仅可以使结构的内力分析与截面计算相协调，而且还能更正确地估计结构的承载力；充分发挥结构的潜力；合理调整配筋，方便施工，从而达到少加固或不加固的目的 　　(7) 在有充分依据的情况下，还可以考虑结构实际工作的一些有利因素：如混凝土后期强度的增长；计算梁截面时考虑受压钢筋的作用；框架梁的支座弯矩考虑柱宽而调整到柱边的修正等

续表 17-2

序号	项目	内　　容
2	加固方法的选择	根据上述加固原则，分析加固的原因，结合结构特点、当地具体条件和新的功能要求等因素，综合分析，确定加固方法 当前工程实践中较为常用的几种加固方法列表如表 17-3 所示

混凝土结构常用加固方法概况一览　　　　　　　　　　　　　　表 17-3

序号	加固方法	主要加固特点	适用范围
1	增大截面加固法	用增大结构构件截面面积，以提高其承载力和满足正常使用的传统加固方法。加固效果好、经济、适用面广，但施工复杂，湿作业工作量大，工期长，对房屋的净空和美观也会有一定影响。原构件混凝土等级不应低于 C15	板、梁、柱、墙、基础等一般构件
2	外包型钢加固法	在结构构件四角（或两角）包以型钢的一种传统加固方法。受力可靠、施工简便、工期短，使用空间影响小，但耗钢量较大，外露钢件应进行有效的防腐、防火处理	梁、柱、屋（桁）架
3	预应力加固法	采用外加预应力的钢拉杆、钢绞线或型钢撑杆是卸荷、加固及改变结构受力三者合一的加固方法。材料简便快捷，施工时不影响使用，但要有一套施工预应力的工序及设备机具，要求长期使用环境温度不超过 60℃，否则应采取有效防护措施，外露预应力钢件，要求有效防锈蚀、防火处理	梁、板、柱、屋（桁）架
4	增设支点加固法	通过增设支点，减小结构跨度和内力，提高结构承载力的加固方法。受力明确、简单可靠、效果好，但使用空间受到一定影响	板、梁、桁架
5	粘贴钢板加固法	用结构胶把钢板粘贴在构件外部以提高结构承载力和满足正常使用的加固方法。施工工艺简单、速度快，对生产和生活影响小。要求长期使用环境温度不超过 60℃、相对湿度不超过 70%。对于高温、高湿、有害介质环境，有防火要求及直接暴露于阳光下的室外条件，应采用特种胶粘剂，且有专门的防护措施	梁、板、柱、墙、屋（桁）架
6	粘贴纤维复合材加固法	利用树脂胶结材料将纤维复合材粘贴于构件表面，从而提高结构承载力的加固方法。材料轻质高强、施工方便，适用面广。但耐老化性能较差，不耐火，不能焊接。要求长期使用环境温度不超过 60℃，相对湿度不超过 70%。对高温、高湿、存在有害介质环境及直接暴露于阳光下的室外条件应采用特种胶粘剂，且有专门的防护措施 原结构构件实际的混凝土强度等级不应低于 C15，且混凝土表面的正拉粘结强度不应低于 $1.5N/mm^2$	板、梁、柱、墙、屋（桁）架
7	钢丝绳网片-聚合物砂浆外加层加固法	在结构构件表面加一层钢丝网片-聚合物砂浆，形成整体工作以提高其承载力和刚度的一种新型加固技术。易施工、效果好，具有一定耐老化、耐腐蚀特点，要求长期使用环境温度不超过 60℃，对于特殊环境下的混凝土结构应采用耐环境因素作用的聚合物配制砂浆，且采取相应的防护措施。原构件混凝土强度等级不应低于 C15，且混凝土表面的正拉粘结强度不应低于 $1.5N/mm^2$	板、梁、柱和墙体

序号	加固方法	主要加固特点	适用范围
8	置换混凝土加固法	在承重结构中，存在着混凝土强度低、蜂窝、孔洞、疏松等质量问题，采用优质的混凝土将局部的劣质混凝土置换掉的加固方法，加固后可达到恢复结构原貌和基本功能的目的。施工工艺简单、费用低、不改变使用空间，但新旧混凝土的粘结力较差，湿作业期长	梁、柱、墙
9	绕丝加固法	在被加固构件表面缠绕退火的冷拔钢丝，使构件受到约束作用，从而提高其极限承载力和延性的一种加固方法。施工简单、不改变构件外形和使用空间，但适用面窄，对非圆形构件的作用不大	圆形或方形柱

17.1.3 混凝土结构加固材料要求

混凝土结构加固材料要求如表 17-4 所示。

混凝土结构加固材料要求　　　　　　　　　　　　　　　　表 17-4

序号	项目	内　　容
1	混凝土材料	(1) 根据加固结构的特点，加固使用的水泥宜选用快硬、早强、收缩性小的硅酸盐水泥或普通硅酸盐水泥，最好采用早强型水泥或微膨胀水泥，严禁使用安定性不合格的水泥、含氧化物的水泥、过期水泥和受潮水泥 水泥强度等级不宜低于 42.5 级，配制聚合物砂浆用的水泥，其强度等级不应低于 42.5 级，且应符合聚合物砂浆产品证明书的规定 (2) 根据加固结构的特点，应采用收缩性小、微膨胀、粘结力强、早期强度高的混凝土 1) 结构加固用的混凝土等级应比原结构、构件混凝土强度等级提高一级且不应低于 C20 级。当原结构、构件混凝土强度较高时，如果采用与原结构相同的强度等级，必须采取技术措施以保证新、旧混凝土间有足够的粘结强度 2) 配制结构加固用的混凝土，粗骨料选用坚硬、耐久性好的碎石或卵石，不得使用含有活性二氧化硅石料制成的粗骨料。粗细骨料的品种和质量除应符合国家现行标准外，尚应符合以下规定 ① 粗骨料的最大粒径：对现场拌合混凝土，不宜大于 20mm；对喷射混凝土或细石混凝土，不宜大于 12mm；对掺入短纤维的混凝土，不宜大于 10mm ② 细骨料选用中，细砂的细度模数不宜小于 2.5 ③ 聚合物砂浆的用砂，应采用粒径不大于 2.5mm 的石英砂配制的细度模数不小于 2.5 的中砂 3) 结构加固用的混凝土，当在现场搅拌时，不得掺入粉煤灰。当采用掺有粉煤灰的预拌混凝土时，其粉煤灰应为 I 级，且烧失量不应大于 5% 4) 当结构加固工程选用聚合物混凝土、微膨胀混凝土、喷射混凝土、钢纤维混凝土、合成短纤维混凝土时，或结构加固用的混凝土须采用早强、防冻或其他外加剂时，应在施工前进行试配，经检验其性能符合设计要求后方可使用 5) 普通混凝土中掺用的外加剂（不包括阻锈剂），其质量及应用技术应符合现行国家标准的要求。结构加固用的混凝土不得使用含有氯化物或亚硝酸盐的外加剂；不得使用铝粉作为混凝土的膨胀剂；上部结构加固用的混凝土不得使用膨胀剂，必要时，应使用减缩剂

序号	项目	内　　容
2	钢筋材料	根据加固结构的特点，充分发挥加固部分的潜力，混凝土结构加固宜选用比例极限变形较小、强度较低、可焊性较好的热轧钢材 （1）混凝土结构加固用的钢筋： 1）纵向受力钢筋宜采用 HRB400 和 HRB335 级热轧带肋钢筋；箍筋或构造钢筋宜采用 HPB300 级热轧光圆钢筋；预应力筋宜采用预应力螺纹钢筋和钢绞线 2）不得使用无出厂合格证、无标志或未经进场检验的钢筋以及再生钢筋（也称改制钢筋） 3）加固用的钢筋应平直、无损伤、表面不得有裂纹、油污以及颗粒状或片状老锈，也不得将弯折钢筋敲直后作受力钢筋使用 4）钢丝绳网片应根据设计规定选用小直径不松散的高强度钢丝绳或航空用高强度镀锌碳素钢丝绳在工厂预制。制作网片的钢丝绳，其结构形式应为 6×7＋ IWS 金属股芯右交互捻钢丝绳或 1×19 单股左捻钢丝绳。钢丝绳不得涂有油脂 （2）混凝土结构加固用的钢板、型钢、扁钢和钢管，一般采用 Q235-B 级（3 号钢）的碳素结构钢或 Q345-B 级（16Mn 钢）的低合金高强度结构钢。不得使用无出厂合格证、无标志或未经进场检验的钢材
3	金属连接件	混凝土结构加固中采用的金属连接件材料： （1）当锚固件为钢螺杆时，应采用全螺纹的螺杆，不得采用锚入部位无螺纹的螺杆。螺杆的钢材等级应为 Q345 级或 Q235 级 （2）当锚固件为锚栓时，应采用碳素钢、合金钢或不锈钢等钢材制作的 （3）当锚固件为植筋时，应采用 HRB400 级和 HRB335 级热轧带肋钢筋，不得使用光圆钢筋 （4）混凝土结构加固中，一般采用电弧焊的焊接方法，焊条的型号应与被焊钢材的强度相适应。焊条应无焊芯锈蚀、药皮脱落等影响、焊条质量的损伤和缺陷；焊剂的含水率应符合现行国家相应产品标准规定
4	外贴纤维复合材	混凝土结构加固采用外贴纤维复合材时，选用的纤维必须是连续纤维，要求具有良好适配性的配套粘贴材料和表面防护材料 （1）承重结构加固用的碳纤维，应选用聚丙烯腈基（PAN 基）12K 或 12K 以下的小丝束纤维。当有可靠工程经验，且有条件采用其他新品种碳纤维时，应按采用不符合工程建设强制性标准的新材料的有关规定办理行政许可手续后予以使用 （2）承重结构加固用的玻璃纤维，必须选用高强度的 S 玻璃纤维或碱金属氧化物含量低于 0.8％的 E 玻璃纤维，严禁使用 A 玻璃纤维或 C 玻璃纤维 （3）结构加固用的纤维主要力学性能和纤维复合材的安全性能指标必须符合有关规范的要求 （4）符合规范规定安全性能指标要求的纤维复合材或板材，当它与其他改性环氧树脂胶粘剂配套使用时，必须重新做适配性检验 （5）当进行材料性能检验和加固设计时，纤维复合材截面面积的计算应符合下列规定： 1）①纤维织物应按纤维的净截面面积计算。净截面面积取纤维织物的计算厚度乘以宽度。纤维织物的计算厚度按其单位面积质量除以纤维密度（由厂商提供，并应出具独立检验或鉴定机构的抽样检测证明文件）确定 ②单位碳纤维布单位面积质量不宜小于 150g/m²，不宜大于 450g/m² ③单位玻璃纤维布的单位面积质量不宜小于 300g/m²，不宜大于 900g/m² 2）①单向纤维预成型板应按不扣除树脂体积的板截面面积计算，即应按实测的板厚度乘以宽度计算

序号	项目	内　容
4	外贴纤维复合材	②单向纤维预成型板的纤维体积含量不宜小于 60% （6）承重结构的现场粘贴加固，当采用涂刷法施工时，不得使用单位面积质量大于 $300g/m^2$ 的碳纤维织物；当采用真空灌注法施工时，不得使用单位面积质量大于 $450g/m^2$ 的碳纤维织物；在现场粘贴条件下，尚不得采用预浸法生产的碳纤维织物 （7）纤维复合材的纤维应连续、排列均匀；织物尚不得有皱褶、断丝、结扣等严重缺陷；板材尚不得有表面划痕、异物夹杂、层间裂纹和气泡等严重缺陷 （8）粘贴纤维复合材料进行抗弯加固和抗剪加固时，被加固混凝土构件的实测混凝土强度等级不应低于 C15 级，且混凝土表面的正拉粘结强度不应低于 $1.5N/mm^2$；采用纤维复合材约束加固混凝土柱时，实测混凝土强度等级不应低于 C15
5	钢丝绳网片	采用钢丝绳网片-聚合物砂浆外加层加固钢筋混凝土结构，构件时的材料选用： （1）钢丝绳网片 1）重要结构、构件，或结构处于腐蚀介质环境、潮湿环境和露天环境时，应选用高强度不锈钢丝绳制作的网片。高强度不锈钢丝应采用碳含量不大于 0.15%，硫、磷含量不大于 0.025% 的优质不锈钢制丝 2）处于正常温度、温度环境中的一般结构、构件，可采用高强度镀锌钢丝绳制作的网片，但应采取有效的阻锈措施。高强度镀锌钢丝应采用硫、磷含量均不大于 0.03% 的优质碳素结构钢制丝；其锌层重量及镀锌质量应符合现行国家标准《钢丝镀锌层》GB/T 15393 对 AB 级的规定 3）高强度不锈钢丝绳和高强度镀锌钢丝绳的抗拉强度标准值、抗拉强度设计值、弹性模量及拉应变设计值均应符合现行国家规范的规定 4）钢丝绳网片应无破损、无死折、无散束，卡口无开口、脱落，主筋和横向筋间距均匀，表面不得涂有油脂、油漆等污物，网片主筋规格和间距应满足设计要求 （2）结构加固专用界面剂 1）界面剂乳液的挥发性有机化合物和游离甲醛含量应符合有关规范的要求 2）界面剂乳液不得受冻，无分层离析、结絮现象，无杂质，在有效使用期内 3）配置界面剂的粉料不得受潮、结块，在有效使用期内 （3）聚合物砂浆 1）品种的选用 ① 对重要构件的加固，应选用改性环氧类聚合物砂浆 ② 对一般构件的加固，可选用改性环氧类聚合物砂浆或改性丙烯酸酯共聚物乳液配制的聚合物砂浆 ③ 乙烯-醋酸乙烯共聚物配制的聚合物砂浆，仅允许用于非承重结构构件 ④ 苯丙乳液配制的聚合物砂浆不得用于结构加固 ⑤ 在结构加固工程中不得使用主成分及主要添加剂成分不明的任何型号聚合物砂浆；不得使用未提供安全数据清单的任何品种聚合物；也不得使用在产品说明书规定的贮存期内已发生分相现象的乳液 2）承重结构用的聚合物砂浆分为Ⅰ级和Ⅱ级。梁和柱的加固及原构件混凝土强度等级为 C30~C50 的板和墙的加固，均应采用Ⅰ级聚合物砂浆；原构件混凝土强度等级为 C25 及其以下的板和墙的加固，可采用Ⅰ级或Ⅱ级聚合物砂浆 3）Ⅰ级和Ⅱ级聚合物砂浆必须进行基本性能检验，其各项性能指标必须满足规范要求 4）混凝土结构加固用的聚合物砂浆，其粘结剪切性能必须经湿热老化检验合格。寒冷地区加固混凝土结构使用的聚合物砂浆，应具有耐冻融性能检验合格的证书

序号	项目	内　　容
5	钢丝绳网片	5）配制聚合物砂浆用的聚合物乳液，必须进行毒性检验。乳液完全固化后的检验结果应达到实际无毒的卫生等级 6）配制聚合物砂浆用的聚合物乳液不得受冻，无分层离析、结絮现象，无杂质，在有效使用期内，配制聚合物砂浆的粉料不得受潮、结块，应在有效使用期内使用 7）聚合物砂浆内严禁含有氯化物和亚硝胺盐成分 （4）原有构件混凝土的实际强度等级不应低于 C15，且混凝土表面的正拉粘结强度不应低于 1.5N/mm^2
6	结构胶粘剂	混凝土结构加固中应采用粘结强度高、收缩性小、抗老化、耐久性好、无毒的结构胶粘剂： （1）承重结构用的胶粘剂，宜按其基本性能分为 A 级胶和 B 级胶；对重要结构、悬挑构件、承受动力作用的结构、构件，应采用 A 级胶；对一般结构可采用 A 级胶或 B 级胶 （2）承重结构用的胶粘剂，必须进行安全性能检验。检验时，其粘结抗剪强度标准值应根据置信水平 $c=0.90$、保证率为 95% 的要求 （3）浸渍、粘结纤维复合材的胶粘剂必须采用专门配制的改性环氧树脂胶粘剂，其安全性能指标必须符合规范的要求。承重结构加固工程中不得使用不饱和聚酯树脂、醇酸树脂等作浸渍、粘结胶粘剂 （4）底胶和修补胶应与浸渍、粘结胶粘剂相适配，其安全性能指标应符合规范的要求。如选用免底涂，且浸渍、粘结与修补兼用的单一胶粘剂，应有厂商出具免底涂胶粘剂的证书 （5）粘贴钢板或外粘型钢的胶粘剂必须采用专门配制的改性环氧树脂胶粘剂，其安全性能指标必须符合规范的要求 （6）种植锚固件的胶粘剂，必须采用专门配制的改性环氧树脂胶粘剂或改性乙烯基酯类胶粘剂（包括改性氨基甲酸酯胶粘剂），其安全性能指标必须符合规范的要求。种植锚固件的胶粘剂，其填料必须在工厂制胶时添加，严禁在施工现场掺入 （7）钢筋混凝土承重结构加固用的胶粘剂其钢－钢粘结抗剪性能必须经湿热老化检验合格。处于寒冷地区加固混凝土结构使用的胶粘剂，应具有耐冻融性能试验合格的证书 （8）混凝土结构加固用的胶粘剂必须通过毒性检验。对完全固化的胶粘剂，其检验结果应符合实际无毒卫生等级的要求 （9）加固工程中，严禁使用下列结构胶粘剂产品： 1）过期或出厂日期不明 2）包装破损，或中文标志、产品使用说明书为复印件 3）掺有挥发性溶剂或非反应性稀释剂 4）固化剂主要成分不明或固化剂主要成分为乙二胺 5）游离甲醛含量超标 6）以"植筋-粘钢两用胶"命名
7	结构裂缝的修补	混凝土结构裂缝的修补应采用强度高、粘结力强、收缩性小、抗渗性能和抗老化性能较好的合成树脂或无机胶凝材料 （1）修补裂缝的胶液和灌浆料的基本安全性能指标应符合规范的要求 （2）改性环氧树脂类、改性丙烯酸酯类、改性聚氨酯类等的修补胶液（包括配套的打底胶和修补胶）和聚合物灌浆料等的合成树脂类修补材料，适用于裂缝的封闭或补强，可采用表面处理法或压力灌浆法进行修补 （3）无流动性的有机硅酮、聚硫橡胶、改性丙烯酸酯、聚氨酯等柔性的嵌缝密封胶类修补材料，适用于活动裂缝的修补，以及混凝土与其他材料接缝界面干缩性裂隙的封堵

序号	项目	内　容
7	结构裂缝的修补	（4）超细无收缩水泥灌浆料、改性聚合物水泥灌浆料以及不回缩微膨胀水泥等的无机胶凝材料类修补材料，适用于裂缝宽度大于 1mm 的静止裂缝的修补 （5）E 玻璃或 S 玻璃纤维织物、碳纤维织物等的纤维复合材与其适配的胶粘剂，适用于裂缝表面的封护与增强
8	钢筋防锈	混凝土结构的钢筋防锈，宜采用喷涂型阻锈剂 （1）承重构件应采用烷氧基类或氨基类喷涂型阻锈剂，其质量标准和性能指标应符合规范的规定 （2）对掺加氯盐、使用除冰盐和海砂以及受海水侵蚀的混凝土承重结构加固时，必须采用喷涂型阻锈剂，并在构造上采取措施进行补救 （3）对混凝土承重结构破损界面的修复，不得在新浇筑的混凝土中采用以亚硝酸盐类为主要成分的阳极型阻锈剂

17.1.4　混凝土结构加固施工要求

混凝土结构加固施工要求如表 17-5 所示。

混凝土结构加固施工要求　　　　　　　　　　　　表 17-5

序号	项目	内　容
1	增大截面法	（1）原有构件混凝土表面处理：把构件表面的抹灰层或饰面层铲除，对混凝土表面存在的缺陷清理至露出骨料新面后，尚应将表面凿毛，要求打成麻坑或沟槽，坑和槽深度不宜小于 6mm，麻坑每 100mm×100mm 的面积内不宜少于 6 个；沟槽间距不宜大于 150mm；采用三面或四面外包方法加固梁或柱时，应将其棱角打掉 （2）由钢丝刷等工具清除混凝土表面的浮块、碎渣、粉末，并用压力水冲洗干净，若采用喷射混凝土加固，宜用压缩空气和水交替冲洗干净。如构件表面凹处有积水，应用麻布吸去 （3）若原构件有裂缝，应采用相容性良好的裂缝修补材料进行修补 （4）为了加强新、旧混凝土的整体结合，在浇筑混凝土前，在原有混凝土结合面上先涂刷一层高粘结性能的混凝土结构界面剂 （5）为了提高新、旧混凝土粘结强度，增强结合面的抗剪能力，必要时还可在结合面凿小坑，埋入 φ10 短钢筋，其长度为 100～150mm，伸进、出坑面各半，间距宜为 200～300mm 呈梅花状，插入短钢筋后灌结构胶 （6）在加固施工中，由于某种原因而不便在原有混凝土表面进行凿毛处理，也可在构件的结合面锚入锚栓。在安装锚栓前，应清除混凝土表面的污物，用 5%的火碱溶液擦洗，并用清水冲洗干净。如锚栓的螺杆露出构件表面太短，可用些短角钢或铁件与原构件紧固，对于受弯构件，锚栓的直径和数量根据新、旧混凝土结合面的抗剪要求确定 （7）加固钢筋和原有构件受力钢筋之间采用连接短钢筋焊接时，应凿除混凝土的保护层并至少裸露出钢筋截面的一半，对原有和新加受力钢筋都必须进行除锈处理，在受力钢筋上施焊前应采取卸荷载或临时支撑措施。为了减小焊接造成的附加应力，施焊时应逐根分区、分段、分层和从中部向两端进行焊接，焊缝要饱满，尽可能减少或避免受力钢筋的损伤，应由有相当专业水平的技工来操作 （8）对于原有受力钢筋在施焊中由于电焊过烧可能对其截面面积的削弱，计算时宜考虑折减系数为 0.8～0.9

序号	项目	内　　容
1	增大截面法	对于原有梁或柱上箍筋焊接新加的"U"形或"〔"形（"卷边槽型"）箍筋或在原有板下的钢筋焊接加固钢筋，一般原有钢筋或钢箍和新加钢筋或钢箍的直径不宜小于8mm，同时在施焊时要求选择小直径焊条和控制焊接电流，以减少和避免钢筋灼烧而造成钢筋截面面积的削弱 （9）对于新加受力钢筋和原构件受力钢筋之间用短钢筋或扁钢连接时，一般采用水泥砂浆做保护层，其施工要求如下： 1）在抹水泥砂浆保护层之前，应在原构件的接触面涂刷结构界面剂 2）抹灰分层、多遍成活，一般分为底层、中层和面层，各层所用的水泥砂浆的稠度控制如下： 底层：100～120mm 中层：70～80mm 面层：100mm 3）为了减少收缩差，抹灰时每层砂浆厚度不宜过大，一般在6～10mm之间，每层抹灰应在前层砂浆初凝之后进行，以免几层湿砂浆合在一起，造成收缩率过大 4）为了保证砂浆与基层粘结牢固，抹灰时可在砂浆中掺入胶质悬浮剂材料 5）抹灰完毕应及时浇水养护，减少水泥砂浆收缩量，一般养护不少于3d （10）对于厚度小于100mm的混凝土加固层，宜采用细石混凝土 （11）为了新浇混凝土的强度和新、旧结合面的粘结，应控制新浇混凝土的水胶比和坍落度，一般坍落度以40～60mm为宜 （12）由于构件的加固层厚度都不大，加固钢筋也较密，采用一般支模、机械振捣浇筑混凝土都会带来困难，也难以确保质量，因此，要求施工仔细，振捣密实，必要时配以喇叭浇捣口，使用膨胀水泥等措施。在可能条件下，还可采用喷射混凝土浇筑工艺，施工简便、保证质量，同时也提高混凝土强度和新、旧混凝土的粘结强度 （13）由于原结构混凝土收缩已完成，后浇混凝土凝固收缩时易造成界面开裂或板面后浇层龟裂。因此，在浇筑加固混凝土12小时内就开始饱水养护，养护期为两周，要用两层麻袋覆盖，定时浇水
2	外包型钢加固法	（1）湿式外包型钢 1）清理、定位：清除原构件表面的尘土、浮浆、污垢、油渍、原有涂装、抹灰层或饰面层，如出现剥落、空鼓、腐蚀等老化现象的部位应予以剔除，用指定的修补材料修补，裂缝部位也进行填补和封闭处理 2）表面处理： ① 将混凝土结合面凿毛（但不应凿成沟、槽），然后打磨平整。加固梁和柱时，应将其截面的棱角打磨成半径 $r>7mm$ 的圆角，并用钢丝刷刷毛，用压缩空气吹净 ② 原构件混凝土表面的含水率不宜大于4%，且不应大于6%，若其含水率降不到6%时，应改用高潮湿面专用的结构胶进行粘合 ③ 角钢、扁钢及箍板与混凝土的结合面应除锈和糙化处理，糙化可采用喷砂或砂轮打磨，有砂轮磨光机打磨出金属光泽，其糙度越大越好，打磨纹路应与钢材受力方向垂直，最后用丙酮或二甲苯擦净 3）骨架安装： ① 在混凝土的结合面刷一薄层结构界面剂或环氧树脂浆 ② 采用专门卡具将角钢及扁钢箍卡贴于构件预定结合面，并箍牢和顶紧，应在原构件表面上每隔一定距离粘贴小垫片，使钢骨架与原构件之间留有一定的缝隙，以备注胶液

序号	项目	内　　容
2	外包型钢 加固法	③ 型钢骨架各肢安装并校准后应彼此进行焊接，扁钢箍与角钢应采用平焊连接，若扁钢箍焊在角钢外表面上，应用环氧胶泥填塞扁钢箍与混凝土之间的缝隙 ④ 封缝：型钢骨架全部杆件的缝隙边缘，应采用封缝胶或环氧胶泥进行严密封缝，应保持杆件与原构件混凝土之间注胶通道畅通，型钢骨架上的注胶孔、排气孔的位置和间距应按产品使用说明书的规定采用，待封缝胶固化后，进行通气试压 ⑤ 封缝、注胶等工序均应在型钢构架全部焊接完成后才进行 4）注胶： ① 灌注用的结构胶粘剂应经试配，并测定其初黏度；对结构构造复杂工程和夏季施工工程还应测定其适应期 ② 灌注压力的取值应按产品使用说明书提供了合适的压力范围及推荐值，即可按其推荐的灌注压力对加压注胶全过程进行实时控制。压力应保持稳定。当排气孔出现浆液后，应停止加压，并以环氧胶泥封堵排气孔，再以较低压力维持 10min 以上方可停止注胶 ③ 胶缝厚度宜控制在 3～5mm；局部允许有长度不大于 300mm，厚度不大于 8mm 的胶缝，但不得出现在角钢端部 600mm 范围内 ④ 被加固构件注胶后的外观应无污渍、无胶液挤出的残留物；注胶孔和排气孔的封闭应平整；注胶咀底座及其残片应全部铲除干净 ⑤ 养护：注胶施工结束后，应静置 72h 进行固化过程的养护。养护期间，被加固部位不得受任何撞击和振动的影响 （2）干式外包型钢：在钢骨架与原构件之间缝隙的充填，有填塞胶泥和注浆两种不同的材料和施工方法： 1）清理、定位：见湿式外包型钢 2）表面处理：原构件混凝土表面应清理洁净，打磨平整，以能安装角钢肢为度。混凝土截面的棱角应进行圆化打磨，圆化半径应不小于 20mm，磨圆的混凝土表面应无松动的骨料和粉尘，若钢材表面的锈皮、氧化膜对涂装有影响，也应予以除净 3）骨架安装： ① 采用专门卡具将角钢卡贴于构件预定部位，并箍牢和顶紧，应在原构件表面上，每隔一定距离粘贴小垫片，使钢骨架与原构件之间留有 4～5mm 的缝隙，以备填塞胶泥或压入注浆料 ② 将扁钢箍与角钢焊接，一般扁钢箍焊于角钢外面上，如灌注充填用注浆料时，也应采用平焊的方法 ③ 封缝：采用注浆料充填钢骨架与杆件之间的缝隙，就必须对其边缘进行严密封缝，具体做法可参见湿法外包型钢 4）填塞胶泥或注浆： ① 钢骨架与原构件之间的空隙采用环氧胶泥干捻塞紧、填实 ② 钢骨架与原构件之间的空隙采用水泥基注浆料灌注充填，水泥基注浆料应按规范进行试配和检验，加压注浆的方法及工序与湿式外包型钢的注胶类同 5）养护：填塞胶泥或注浆完毕后，应静置固化，并按有关产品说明书要求的固化环境气温和固化时间进行养护，在固化过程中，严禁对钢骨架进行锤击和扰动 （3）外包型钢加固的防护：外包型钢加固混凝土构件时，型钢表面（包括混凝土表面）必须进行防护处理，可以在外包型钢的表面点焊一层钢丝网，然后用高强度等级的水泥砂浆抹不小于 25mm 厚的保护层，也可采用聚合物砂浆或其他具有防腐和防火性能的饰面材料加以保护
3	预应力加 固法	（1）预应力拉杆加固 1）采用预应力拉杆加固时，其预应力的施工方法宜根据工程条件和需加预应力的大小选定，

序号	项目	内　　容
3	预应力加固法	预应力较大时宜用机械张拉法或电热法；预应力较小（在 150kN 以下）且工厂要求不停产时，则宜采用横向张拉法 2）拉杆在安装前必须进行检查、校正、调直，拉杆几何尺寸和安装位置必须准确 3）张拉前应对接头、螺杆、螺帽的质量进行认真检查，并做好记录，以保证拉杆传力可靠，避免张拉过程中断裂或滑动，造成事故 4）预应力拉杆端部的传力结构质量很重要，应要求有施工记录、检查记录，即检查—锚具附近细石混凝土的填灌、钢托套与原构件间空隙的填塞、拉杆端部与预埋件或钢托套的连接焊缝等，并详细记录施工日期、负责施工和负责检查人员、质量检查结果、试验数据等等。预加应力的施工应在质量检查合格后进行 5）横向张拉控制，可先适当拉紧螺栓，再逐渐放松，至拉杆仍基本上平直而并未松弛弯垂时停止放松，记录这时的有关读数，作为控制横向张拉量 ΔH 的起点 6）横向张拉分一点张拉和两点张拉。两点张拉必须同时拧紧螺栓，扳手的转数应彼此相同，保证两点均匀张拉 7）当横向或竖向张拉量达到要求后，宜用点焊将拧紧螺栓上的螺帽固定，切除栓杆伸出螺帽以外部分，然后涂防锈漆或防火保护层 8）预应力拉杆的锚固件应用高强度水泥砂浆、铁屑砂浆牢固粘结在坚实的混凝土基层上，必要时还应加上锚栓加强，结合面应进行粗糙和清洁处理 9）对于较大跨度的构件（如屋架、屋面梁），进行张拉钢筋时，应做好变形观测，如发现起拱或产生左右扭曲，应立即停止张拉，待慎重检查并处理后，方可继续进行张拉 10）防火保护层的一般做法是采用直径 1.5～2mm 的软钢丝缠绕加固后的拉杆及附件，或用钢丝网包裹构件，然后抹水泥砂浆保护层，其厚度不宜小于 30mm。若环境条件有较强腐蚀作用，可在水泥砂浆保护层外再涂防侵蚀的特种油漆或涂料 （2）预应力撑杆加固 1）宜在施工现场附近，先用缀板焊连两个角钢，形成压杆肢，然后在压杆肢中点处，将角钢的侧立肢切割出三角形缺口，弯折成所设计的形状；再将补强钢板弯好，焊在弯折后角钢的正肢上（如图 17-1 所示） 2）撑杆末端处角钢（及其垫板）与构件混凝土间的嵌入深度、传力焊缝的施焊工艺数据、焊工及检查人员、质量检查结果等均应有记录，检查合格后，将撑杆两端用螺栓临时固定，然后进行填灌。传力处细石混凝土或砂浆填灌的施工日期、负责施工及负责检查人员、有关配合比及试块试验数据，施加预应力时混凝土的龄期等均要有检查记录。施工质量经检查合格后，方可进行横向张拉 3）预应力撑杆的横向张拉量应按计算结果认真进行控制，两根拉紧螺栓应同步拧紧，确保两点均匀张拉 4）横向张拉完毕后，应用连接板焊连双侧加固的两个压杆肢，单侧加固时用连接板焊连在被加固柱另一侧的短角钢上，以固定压杆肢的位置。焊接连接板时，应防止预压应力因施焊时受热而损失；可采取上下连接板轮流施焊或同一连接板分段施焊等措施来防止预应力损失，焊好连接板后，撑杆与被加固柱之间的缝隙，应用砂浆或细石混凝土填灌密实 5）加固的压杆肢、连接板、缀板和拉紧螺栓等均应采用有效的防腐、防火的保护措施
4	增设支点加固法	（1）采用预加力增设支点加固时，除直接卸除梁、板荷载外，预加力应采用测力计控制。若仅采用打入钢楔以变形控制 ＿，应先进行试验，在确知支撑为 N 与变位 Δ 关系后，方可应用 （2）若采用湿式连接，在节点处梁及柱与后浇混凝土的接触面，应进行凿毛、清除浮渣、洒水湿润，浇筑前最好在结合面涂刷一层结构界面剂，然后用微膨胀混凝土浇筑为宜

序号	项目	内　　　容
4	增设支点加固法	（3）若采用型钢套箍干式连接，型钢套箍与梁接触面间应用水泥砂浆坐浆，待型钢套箍与支柱焊牢后，再用较干硬砂浆将全部接触缝隙塞紧填实；对于楔块顶升法，顶升完毕后，应将所有楔块焊连，再用环氧砂浆封闭
5	粘贴钢板加固法	（1）表面处理：表面处理包括加固构件结合面处理和钢板贴合面处理，它是粘钢加固施工过程最关键的工序。首先应打掉构件的抹灰层，如局部有凹陷、破损，应凿毛后用高强度水泥砂浆或修补胶修补后再进行处理。对裂缝部位也应封闭处理 　1）对于混凝土构件结合面应根据构件表面的新旧、坚实、干湿程度，分别按以下四种情况处理： 　①对很旧很脏的混凝土构件的结合面，应先用硬毛刷沾高效洗涤剂，刷除表面油垢污物后用水冲洗，再对粘合面进行打磨，除去 2～3mm 厚表层，直至完全露出新面，并用无油压缩空气吹除粉粒 　②如果混凝土表面不是很脏很旧，则可直接对粘合面进行打磨，去掉 1～2mm 厚表层，使之平整，用压缩空气除去粉尘，或用清水冲洗干净，待完全干燥后，再用脱脂棉花沾丙酮擦拭表面即可 　③对于新混凝土粘合面，先用磨机将粘合面磨平，用钢丝刷将表面散松浮渣刷去，再用硬毛刷沾洗涤剂洗刷表面，或用有压冷水冲洗，待完全干后即可涂结构胶粘剂 　④外粘钢板部位的混凝土，其表层含水率不宜大于 4%，且不应大于 6%。对含水率超限的混凝土梁、柱、墙等，应改用高潮湿面专用的胶粘剂。对俯贴加固的混凝土板，若有条件，也可采用人工干燥处理 　2）对于钢板贴合面，应根据钢板锈蚀程度，分别按以下两种方法处理： 　①如钢板未生锈或微锈蚀，可用喷砂、砂布或干砂轮打磨，直至出现金属光泽。打磨粗糙度越大越好，打磨纹路尽量与钢板受力方向垂直，然后用脱脂棉花沾丙酮擦洗干净 　②如钢板严重锈蚀，须先用适度盐酸浸泡 20 分钟，使锈层脱落，再用石灰水冲洗，中和酸离子，然后用平砂轮打磨出纹道，最后用丙酮擦拭干净 　3）若需在钢板和混凝土钻制锚栓孔，应先探明混凝土中原钢筋位置，并在画线定位时予以避让。若探测有困难，且已在钻孔过程中遇到钢筋的障碍，允许移位 2d（d 为钻孔直径）重钻，但应用植筋胶将废孔填实 　钻好的孔洞，应采用压缩空气吹净孔内及周边的粉尘、碎渣；若孔壁的混凝土含水率超限，宜用电热棒吊人烘烤孔壁 　4）钢板粘贴前，应用工业丙酮擦拭钢板和混凝土的粘合面各一道。若结构胶粘剂产品使用说明书要求刷底胶，应按规定进行涂刷 　（2）卸荷：为减轻和消除后粘钢板的应力、应变滞后现象，粘贴钢板前宜对构件进行卸荷，如用千斤顶顶升方式卸荷，对于承受均布荷载的梁，应采用多点（至少两点）均匀顶升；对于有次梁作用的主梁，每根次梁下要设一个千斤顶。顶起吨位以顶面不出现裂缝为准 　（3）配胶：粘贴钢板使用的结构胶粘剂在使用前应进行现场质量检验，合格后方能使用，使用时应按产品说明书规定进行配制，一般采用低速搅拌器搅拌至色泽均匀为止，容器内不得有油污，搅拌时应避免水、油、灰尘等杂质进入容器，并按同一方向进行搅拌，以免带人空气形成气泡，降低粘结性能 　（4）涂敷胶及粘贴：胶粘剂配制好后，用抹刀同时涂抹在已处理好的混凝土表面和钢板上，然后将钢板贴于预定位置。为使胶能充分浸润、渗透、扩散、粘附于结合面，宜先用少量胶于结合面来回刮抹数遍，粘贴后的胶层平均厚度应控制在 2～3mm，俯贴时，胶层宜中间厚、边缘薄；竖贴时，胶层宜上厚下薄；仰贴时，胶液的垂流度不应大于 3mm 　（5）固定与加压：钢板粘贴时表面应平整，段差过渡应平滑，不得有折角。钢板粘贴后应立

序号	项目	内　　容
5	粘贴钢板加固法	即用卡具夹紧或支撑，最好是采用铺栓固定，并适当加压，加压点均匀布置，其之间距离不应大于 500mm，加压顺序应从钢板的一端向另一端逐点加压，或由钢板中间向两端逐点加压；不得由钢板两端向中间加压。加压时，应按胶缝厚度控制在 2～2.5mm 进行调整。锚栓一般是钢板的永久附加锚固，其埋设孔洞应与钢板一道于涂胶前配钻。在任何情况下，均不得考虑锚栓与胶层的受力 （6）混凝土与钢板粘结的养护温度不低于 15℃ 时，固化 24 小时即可卸除加压夹具或支撑；3 天后可进入下一工序。若养护温度低于 15℃，应按产品使用说明书的规定，采取升温措施或改用低温固化型结构胶粘剂。固化期间不得对钢板有任何扰动 （7）钢板与混凝土之间的粘结质量可用锤击法或其他有效探测法进行检查。按检查结果推定的有效粘贴面积不应小于总面积的 95% 检查时，应将粘贴的钢板分区即逐区测定空鼓面积即无效粘贴面积若单个空鼓面积不大于 10000mm²，可采用钻孔注射法充胶修复；若单个空鼓面积大于 10000mm²，应揭去重贴，并重新检查验收 对于重大工程，为真实检验其加固效果，尚需抽样进行荷载试验，一般仅作标准使用荷载试验，即将卸去的荷载重新全部加上，其结构的变形和裂缝开展应满足设计要求 （8）防腐粉刷：粘贴钢板加固的钢板，应按设计要求进行防腐处理。可在钢板表面粉刷水泥砂浆保护，如钢板面积较大，为了有利于砂浆粘结，可粘一层铅丝网或点粘一层细石，并在抹灰时涂刷一道混凝土界面剂。水泥砂浆的厚度：对于梁不应小于 20mm；对于板不应小于 15mm
6	粘贴纤维复合材加固法	（1）施工准备： 1）根据设计图纸，确定加固范围，在加固部位放线定位 2）对施工现场的环境温度、相对湿度及粘贴部位混凝土表面含水率进行测量，并采取相应措施 ①　施工宜在环境温度为 5～35℃ 的条件下进行，当环境温度低于 5℃ 时，应采用适用于低温环境的配套树脂或采取升温措施 ②　当环境湿度超过 70% 时，应计入环境湿度对树脂固化的不利影响 ③　粘贴纤维复合材部位的混凝土，其表层含水率不宜大于 4%，且不应大于 6%。对含水率超限的混凝土应进行人工干燥处理，或改用高潮湿面专用的结构胶粘贴 （2）表面处理： 1）清除被加固构件表面的剥落、疏松、蜂窝、腐蚀等劣化混凝土部分，至露出混凝土结构层。对于较大面积的劣质层，在剔除后应用聚合物水泥砂浆进行修补 2）若有裂缝，应按设计要求对裂缝进行灌缝或封闭处理。然后用裂缝修补胶等将表面修复平整 3）粘贴部位的混凝土，若其表面坚实，必应除去表面浮浆层和油污等杂质，并打磨平整，直至露出混凝土结构新面，且平整度应达到模板接头处、模板段差均须打磨平整形成平顺斜面；转角粘贴处要打磨成圆弧状，圆弧半径应不小于 20mm 4）表面打磨后，应用强力吹风器或吸尘器将表面粉尘彻底清除干净并保持干燥 （3）涂刷底胶： 1）当粘贴纤维材料采用粘结材料是配有底胶的结构胶粘剂时，应按底胶使用说明书的要求进行涂刷和养护，不得擅自免去涂刷底胶的工序。若粘贴纤维材料采用的粘结材料是免底涂胶粘剂，应检查产品有关证明书并得到有单位确认后，方允许免涂底胶

序号	项目	内　　容
6	粘贴纤维复合材加固法	2) 底胶应按产品使用说明书提供的工艺要求进行配制，用滚筒刷或特制的毛刷将底层胶均匀涂抹在已用丙酮擦净的混凝土表面，要求含胶饱满，不得漏刷、有流淌或气泡，当底胶表面指触干燥后才可进行下一道工序。若在底胶指触干燥时，未能及时粘贴纤维材料，延误时间超过 1h，则应等待 12h 后粘贴，且应在粘贴前用细软羊毛刷或洁净棉纱团沾工业丙酮擦拭一遍，以清除不洁残留物和新落的灰尘。调好的底胶应在规定的时间内用完 　(4) 找平处理：应按产品使用说明书提供的工艺要求进行配制修补胶。经清理打磨后的混凝土表面，若有凹陷部位，用修补胶填补平整；若有凸起处，应用细砂纸磨光，并应重刷一遍。不应有棱角，转角部位应用修补胶修复为光滑圆弧，宜在修补胶表面指触干燥后尽快进行下一工序 　(5) 粘贴纤维材料：浸渍、粘结专用的结构胶粘剂，应按产品使用说明书提供的工艺要求进行配制；拌合应采用低速搅拌机充分搅拌；拌好的胶液色泽应均匀、无气泡；其初黏度应符合规范的要求；胶液注入盛胶容器后，应采取措施防止水、油、灰尘等杂物混入 　1) 纤维织物应按下列步骤和要求粘贴： 　① 按设计要求的尺寸裁剪纤维织物，其宽度不宜小于 150mm；且不应小于 100mm，严禁折叠；若纤维织物原件已有折痕，应裁去有折痕一段织物 　② 将配制好的浸渍、粘结专用的结构胶粘剂均匀涂抹于需要粘贴部位的混凝土面上。在搭接、混凝土拐角等部位要多涂刷一些，涂刷厚度要比底胶稍厚，严禁出现漏刷现象，要特别注意粘贴纤维织物的边缘部位 　③ 将裁剪好的纤维织物敷在涂好结构胶粘剂的基层上。织物应充分展平，不得有褶皱 　④ 用专用的滚筒顺纤维方向在已贴好纤维织物的面上多次滚压，挤除气泡，使胶液充分浸透纤维织物中，滚压时不得损伤纤维织物 　⑤ 多层粘贴时，逐层重复上述步骤。应在纤维织物表面指触干燥后立即进行下一层的粘贴。如超过 60 分钟，则应等 12 小时后，才能涂刷结构胶粘剂粘贴下一层，但粘贴前应重新将织物粘合面上的灰尘擦拭干净 　⑥ 在最后一层纤维织物的表面应均匀涂抹一道浸渍，粘结专用的结构胶 　2) 预成型板应按下列步骤和要求粘贴： 　① 按设计要求的尺寸切割预成型板，当采用表面未经粗糙化处理的预成型板时，应将预成型板粘贴面打磨处理 　② 将预成型板要粘贴的表面用丙酮擦拭干净，并用白布擦拭检查无碳粒为止。再将配制好的胶粘剂即时涂刷在预成型板上，使胶层呈中间突起，平均厚度为 1.5～2mm (图 17-2) 　③ 将涂有胶粘剂的预成型板用手轻压贴于需粘贴的位置，用特制橡皮滚筒顺纤维方向均匀平稳压实，使胶液从板两侧边溢出，保证密实无空洞。当平行粘贴多条预成型板时，两条板带之间的空隙应不小于 5mm。注意在加压时，不要使板移动错位 　④ 需粘贴两层预成型板时，应连续粘贴。底层预成型板的两面均应粗糙并擦拭干净。如不能立即粘贴，应在重新开始粘贴前，对底层预成型板表面重做清洁工作 　(6) 养护：纤维复合材胶粘完毕后应静置固化，并应按胶粘剂产品说明书规定的固化环境温度和固化时间进行养护 　(7) 施工质量检验：纤维复合材与混凝土之间的粘结质量可用锤击法或其他有效探测法进行检查。根据检查结果确认的总有效粘结面积不应小于总粘结面积的 95% 　探测时，应将粘贴纤维复合材分区，逐区测定空鼓面积（即无效粘结面积）；若单个空鼓面积不大于 10000mm^2，允许采用注射法充胶修复；若单个空鼓面积≥10000mm^2，应割除修补，重新粘贴等量纤维复合材。粘贴时，其受力方向（顺纹方向）每端的搭接长度不应小于 200mm；若粘贴层数超过 3 层，该搭接长度不应小于 300mm；对非受力方向（横纹方向）每边的搭接长度可取为 100mm

序号	项目	内　　容
6	粘贴纤维复合材加固法	（8）表面防护：纤维复合材不能当作防护材料使用，当被加固混凝土结构有防护要求时，采用纤维复合材加固修复也应采取相应的防护措施，同时必须保证防护材料与浸渍、粘结专用的结构胶粘剂粘结可靠 　　一般情况下均需考虑防火要求，选用的防火材料及其处理方法应使加固后建筑物达到要求的防火等级。当被加固结构处于其他特殊环境（腐蚀、放射、高温等）时，应根据具体情况采取可靠的防护措施和选择有效的防护材料
7	钢丝绳网片-聚合物砂浆外加层	（1）放线定位、基层处理 　　按图纸现场放线定位，确定加固范围。清除混凝土结构原有抹灰等装修面层，应处理至裸露原结构坚实面，基层处理的边缘应比设计抹灰尺寸外扩 50mm。对松散、剥落等缺陷较大的部分剔除后应涂刷界面剂后用聚合物砂浆进行修补，表面刮毛，经修补后的基面必须适时进行喷水养护，养护时间不得少于 24h，若混凝土有裂缝，还应用结构加固用的裂缝修补胶进行修补。待加固的构件基面必须用水将其浸透，以免结构加固外加层与原结构产生空鼓。基层处理除上述要求外尚应满足设计要求 　　（2）钢丝绳网片安装：宜采用喷涂型阻锈剂进行处理 　　1）钢丝绳网片下料：应按照设计文件的说明和加固的具体部位尺寸进行钢丝绳网片下料。下料尺寸应考虑钢丝绳绷紧时的施工余量和端头错开锚固的构造要求（图 17-3） 　　用钢丝绳网片单向双层加固构件时，两层钢丝绳网片端部锚固区位置应错开 100mm（图 17-4）。钢丝绳裁剪时不得使断口处钢丝散开 　　2）安装钢丝绳端部套环：在钢丝绳网片的主筋端部安装套环，套环安装应保证夹裹力一致，安装牢固。钢丝绳端部应从套环包裹处露出少许，以不影响网片安装为宜（图 17-5） 　　3）钻孔：钻孔采用 φ6 钻头，钻孔深度控制在 40～45mm。钻孔位置要符合设计要求，同时注意采取有效方法避让构件原有钢筋并满足端头错开锚固的构造要求 　　4）钢丝绳网一端固定：确认钢丝绳网片布置的纵横方向及正反面，平行于主受力方向钢丝绳在加固面外侧，垂直于主受力方向钢丝绳在加固面内侧。有抗弯和抗剪两层钢丝绳网片的必须先布置抗弯钢丝绳网片，再布置抗剪钢丝绳网片。钢丝绳网片固定必须采用打入式专用金属胀栓，穿过端部套环锤击至已钻好孔中。为避免钢丝绳网片滑落，可采用 U 形卡具卡在胀栓顶部和套环之间（图 17-6） 　　5）钢丝绳网片绷紧、固定：专业紧丝器将钢丝绳网片绷紧，绷紧的程度为钢丝绳平直，用手推压受力钢丝绳，有可以恢复绷紧状态的弹性。根据钢丝绳网片预计绷紧位置钻孔，钢丝绳拉紧后采有专用金属胀栓将其另一端固定于加固构件上 　　6）钢丝绳网片调整、定位：调整安装过程中扯动的钢丝绳网连接点，保持钢丝绳网片间距均匀，纵横向钢丝绳垂直。在钢丝绳网片的纵横交叉的空格处钻孔，用专用金属胀栓和 U 形卡具固定网片。胀栓间距按照设计文件要求确定，一般对于板面胀栓布置间距为 300mm，呈梅花形布置（图 17-7），对于梁其胀栓间距为 300mm，每一截面不少于两个胀栓 　　7）钢丝绳网片需要搭接时，沿主筋方向的搭接长度应符合设计要求，如设计未注明，其搭接长度不应小于 200mm，且不应位于受力最大位置 　　（3）基层清理养护 　　用高压气泵将构件加固面上因作业带来的浮尘、浮渣，尤其胀栓周围清理干净。在喷涂界面剂之前，应提前 6 小时对被加固构件表面进行喷水养护保持湿润，并晾至构件表面潮湿且无明水 　　（4）界面剂施工 　　1）界面剂配制：界面剂乳液应采用液状产品，按产品使用说明将界面剂乳液与粉料按规定配比在搅拌桶中配制，用电动搅拌器搅拌均匀

序号	项目	内　　容
7	钢丝绳网片-聚合物砂浆外加层	2）界面剂喷涂：基层养护完成后即可涂刷或喷涂界面剂。界面剂施工应按聚合物砂浆抹灰施工段进行，界面剂应随用随搅拌，分布应均匀，尤其是被钢丝绳网片遮挡的基层 （5）聚合物砂浆抹灰 1）聚合物砂浆配制：按照产品说明要求配比进行砂浆的配制，采用小型砂浆搅拌机进行搅拌，搅拌约 3～5min 至均匀，然后倒入灰桶进行抹灰。拌好的砂浆，其色泽应均匀，无结块、无气泡、无沉淀、并应防止水、油、灰尘等混入。一次搅拌的聚合物砂浆不宜过多，要根据施工进度进行制备，以免制备的砂浆存放时间过长，砂浆存放时间不得超过 30min 2）第一层聚合物砂浆抹灰：在界面剂凝固前抹第一遍聚合物砂浆。第一遍聚合物砂浆施工时应使用铁抹子压实，使聚合物砂浆透过钢丝绳网片与被加固构件基层结合紧密。第一遍抹灰厚度以基本覆盖钢丝绳网片为宜。第一遍抹灰表面应拉毛，为下层抹灰做好准备 3）后续聚合物砂浆抹灰：后续抹灰应在前次抹灰初凝时进行，后续抹灰的分层厚度控制在 10～15mm。抹灰要求挤压密实，使前后抹灰层结合紧密。如尚未抹至设计厚度，抹灰表面应拉毛，为下层抹灰做好准备；如已抹至设计厚度，表面用铁抹子抹平、压实、压光 采用钢丝绳网片单向双层加固构件时，应于安装第一层网片后进行界面剂和抹灰施工至将钢丝绳网片基本覆盖，抹灰表面拉毛；待砂浆终凝后安装第二层钢丝绳网片，尚应涂刷界面剂再进行后续抹灰施工 聚合物砂装外加层的厚度，不应小于 25mm，也不宜大于 35mm 4）聚合物砂浆抹灰范围应比设计抹灰范围边缘外扩尺寸不小于 15mm 5）钢丝绳网片保护层厚度不应小于 15mm 喷抹聚合物砂浆，也可采用喷射法 （6）养护 常温下，聚合物砂浆施工完毕 6h 内，应采取可靠保温养护措施，养护时间不少于 7d，并应满足产品使用说明规定的时间 （7）施工质量检验 1）聚合物砂浆面层的外观质量不应有严重缺陷及影响结构性能和使用功能的尺寸偏差 2）聚合物砂浆面层与原构件混凝土之间有效粘结面积不应小于该构件总粘结面面积的 95%。否则应揭去重做，并重新检查、验收 3）聚合物砂浆面层与原构件混凝土间的正拉粘结强度，应符合施工规范所规定的合格指标的要求。若不合格，应揭去重做，并重新检查、验收 （8）聚合物砂浆外加层的表面应喷涂一层与该品种砂浆相适配的防护材料，提高外加层耐环境因素作用的能力
8	置换混凝土加固法	（1）现场勘查 1）置换混凝土之前必须对房屋结构及构件进行必要的检测和鉴定 2）通过检测查出承重结构裂损或混凝土存在蜂窝、孔洞、夹渣、疏松等缺陷或混凝土强度偏低的位置和范围，并在构件上标志 3）对原构件非置换部分混凝土强度等级，按现场检测结果不应低于该混凝土结构建造时规定的强度等级 （2）卸荷：置换混凝土加固是要求在完全卸荷状态下进行，因此，置换前应对被置换构件进行卸荷，除在外荷载的直接卸除外，主要是靠支顶卸荷，为了确保置换混凝土施工全过程中原结构、构件的安全，必须采取有效的支顶措施。对柱、墙等承重构件完全支顶有困难时，允许通过验算和监测进行全过程控制 （3）剔除劣质混凝土

658   第 17 章   混凝土结构加固

序号	项目	内　　容
8	置换混凝土加固法	1）为了保证置换混凝土的密实性，剔凿范围不宜过小，当剔凿到达缺陷边缘后，应再向边缘外坚实部分延伸不小于 100mm，其洞口总宽度和总长度不应小于 200mm，洞深向坚实部分加深不应小于 10mm，且置换总深度：板不应小于 40mm；梁、柱采用人工浇筑时，不应小于 60mm，采用喷射法施工时，不应小于 50mm。置换混凝土的顶面，其外口应略高于内口，倾角不大于 10° 2）置换部位应位于构件截面受压区内，且应根据受力方向，将有缺陷混凝土剔除；剔除位置应在沿构件整个宽度的一侧或对称的两侧；不得仅剔除截面的一隅 3）在剔凿劣质混凝土过程中不得损伤或截断原纵向受力钢筋。如果需要局部截断箍筋，应在缺陷清理完毕后立即补焊箍筋 （4）界面处理：置换部位剔凿后，用钢丝刷及压缩空气将混凝土表面的碎屑、粉尘清除干净，用清水或压力水冲洗干净。为了增强置换混凝土与原基材混凝土的结合能力，应在其粘合面涂刷一道结构界面剂 （5）置换混凝土施工 1）根据置换的工程量及施工条件，置换的施工可采用普通混凝土或喷射混凝土 2）置换的混凝土应采用膨胀混凝土或膨胀树脂混凝土；当体量较小时，应采用细石膨胀混凝土或聚合物砂浆 3）置换用混凝土的强度等级应比原构件混凝土提高一级，且不应低于 C25 4）在加固竖向构件时应严格控制混凝土的用水量，每根柱（墙）浇筑时应一次浇筑完成，尚应在混凝土置换面的上方设置漏斗口，并使浇筑的混凝土顶面高出柱（墙）的置换面 100mm，使得新浇混凝土与原构件混凝土之间不致有空隙，突出构件表面的漏斗口混凝土应在初凝后铲除 5）置换混凝土的模板及支架拆除时，其混凝土强度应达到设计规定的强度等级 （6）养护：混凝土浇筑完毕后，应按施工技术方案，采取有效的养护措施，以保证置换混凝土强度正常增长
9	绕丝加固法	（1）清理原结构：原构件表面的尘土、污垢、油渍、原有涂装，抹灰层或其他饰面层等应清除掉。若原构件有裂缝应采用相容性良好的裂缝修补材料进行修补和封闭处理 （2）表面处理 1）凿除绕丝、焊接部位的混凝土保护层，其露出的钢筋长度以能进行焊接作业为度，凿除后，应清除已松动的骨料和粉尘，并鉴去其尖锐、凸出部位、但应保持粗糙状态 2）对方形截面构件，尚应凿除其四周棱角并进行圆化加工；圆化半径不宜小于 40mm，且不应小于 30mm 3）将绕丝部位的混凝土表面用清洁压力水冲洗干净后涂刷一层结构界面剂 （3）绕丝 1）绕丝前，应采用间歇点焊法将钢丝及构造钢筋的端部焊牢在原构件纵向钢筋上。若混凝土保护层较厚，焊接构造钢筋时，可在原纵向钢筋上加焊短钢筋作为过渡 2）绕丝应连续、间距应均匀；在施工绷紧的同时，尚应每隔一定距离以点焊加以固定；绕丝的末端也应与原钢筋焊牢 3）绕丝焊接固定完成后，尚应在钢丝与原构件表面之间有未绷紧部位打入钢片予以锲紧 （4）混凝土面层：混凝土面层的施工，可根据工程实际情况和施工单位经验选用人工浇筑法或喷射法，考虑到喷射混凝土与原混凝土之间具有良好的粘结力，故宜优先采用喷射法，但也可采用现浇混凝土。面层采用细石混凝土；钢丝的保护层厚度不应小于 30mm （5）养护：混凝土浇筑完毕后应及时对混凝土加以覆盖，并在 12 小时内开始浇水养护；一般养护期为两周，加覆盖养护，定时浇水，应保持混凝土处于湿润状态

续表 17-5

序号	项目	内　　容
10	喷射混凝土补强法	(1) 原材料：材料质量应符合有关部门颁发的有关工程技术规定： 1) 水泥：宜采用强度等级不低于 42.5 的硅酸盐水泥、普通硅酸盐水泥或其他早强水泥。但不得采用矾土水泥 2) 砂：采用坚硬的中砂或祖砂或中粗混合砂，含泥土及杂物不大于 3%，硫化物和硫酸盐含量不大于 1%，砂的含水率以 5%～7% 为宜 3) 石子：采用坚硬耐久性好的卵石或碎石即可，以卵石为好，粒径不宜大于 12mm，软弱颗粒含量不大于 5%，含泥量不大于 1%，硫化物和硫化盐（折算为 SO_2）含量不大于 1%。当使用碱性速凝剂时，集料不得含碱活性矿物成分 4) 水：不得使用污水及含硫酸盐量（按 SO_4 计）超过水重 1% 的水 5) 速凝剂：速凝剂主要是使喷射混凝土速凝快硬早强，速凝剂应采用无机盐类，且与水泥相容，必须使用符合质量要求的产品，使用前应按标准作水泥净浆凝结效果试验，要求初凝在 5min 以内；终凝在 10min 以内；8d 后强度不小于 $0.3N/mm^2$；极限强度（28d 强度）不应低于加速凝剂的试件强度 70% (2) 配合比：宜通过试配试喷确定，一般每立方米混凝土的水泥用量为 375～400kg 1) 喷射混凝土配合比一般为 水泥与砂石重量比　　1∶4～1∶4.5 砂率　　　　　　　　45%～55% 水胶比　　　　　　　0.4～0.5 2) 常用配合比一般为 侧喷：水泥∶中砂∶石子＝1∶(2.0～2.5)∶(2.5～2.0) 顶喷：水泥∶中砂∶石子＝1∶2.0∶(1.5～2.0) 3) 喷射混凝土中掺速凝剂时，应采用无盐类速凝剂： ① 水泥与速凝剂相容性，掺入速凝剂的喷射混凝土性能须符合设计要求 ② 要有出厂合格证，使用前按出厂使用说明书要求进行水泥凝结时间检验，初凝时间不应超过 5min；终凝时间不应超过 10min ③ 保持干燥，防止受潮变质，过期不得使用 ④ 掺量控制在水泥用量的 2%～4%，最佳掺量在施工前试验确定 (3) 施工要求： 1) 清除结构表面的疏松、破碎部分，并作必要的钻孔、剔槽及凿毛处理，并用高压风、水冲洗干净，充分湿润，以保证喷补层与基层良好粘结 2) 喷射作业面较大时，应分区分段进行，分段长度一般不超过 6m，喷射前应埋设喷射厚度标志，喷射顺序由下而上，从一边到另一边移动，当喷射配筋构件时，最好分两步进行，第一步覆盖钢筋，第二步在大面上找平 3) 喷头与喷射面间距离，直接影响混凝土的回弹量与强度，一般以 0.8～1.0m 为宜。喷头喷射方向与喷射面应基本保持垂直，这样回弹少，且混凝土硬化后强度高，但当穿过钢筋喷射时则应稍偏一个小角度 4) 喷射时，应先喷裂缝、孔洞处，后喷一般的补强面。对于喷射裂缝、孔洞或配置钢筋的结构面，喷头与受喷面的距离宜减小为 0.3～0.7m，以确保喷射质量 5) 一次喷射厚度如表 17-6 所示 6) 当设计喷补厚度较厚时，需分层喷射作业，喷射层间歇时间应在前一层混凝土终凝后才进行后一层喷射，若在终凝后 1～2h 后再进行喷射，则应用风吹扫或用水清洗湿润混凝土表面。前后层的间歇时间还与水泥品种及有无掺速凝剂有关 7) 一般应在终凝 2h 后开始浇水养护，每昼夜至少 3 次，养护时间不应少于 14d 8) 如采用喷射钢纤维混凝土补强加固结构物时，有关构造及施工要求应符合《钢纤维混凝土结构设计与施工规程》CECS 38∶92

序号	项目	内　　容
11	压力灌浆修补法	（1）水泥灌浆法 1）水泥灌浆修补混凝土的蜂窝、孔洞 ① 在混凝土表面的清理和洗刷后洒水浸透并保持湿润 ② 埋嘴：灌浆嘴用 φ25 的管子，管长视孔洞深度及外露长度而定，一般外露 80～100m，管子最小埋深及管子周围覆盖的混凝土都不应小于 50mm，以免松动。每个灌浆处理管子两根，一根压浆，一根排气或排除积水。管子外露端略高些，约朝上倾斜 10°～12°，以免漏浆。埋管的间距视灌浆压力大小、蜂窝孔洞情况及水胶比而定，一般为 500mm，埋管用比原构件混凝土强度等级高一级的混凝土或用 1：2 水泥砂浆固定，并养护三天 在埋管时，用混凝土把外露孔洞填补密实，可先在凿好的孔洞下面，安装事先预制好的模板，以便填补混凝土，在填补混凝土的同时，埋入管子 ③ 压力灌浆：在填补及埋设的混凝土凝结三天后（相当于强度达到 1.2～1.8N/mm²），就可以灌浆，预先配好浆液，用灌浆泵进行压力灌浆，一般使用压力为 0.4～0.8N/mm²，灌浆顺序一般从较低点的灌浆管注入，当水泥浆液从较高处的排气管流出时立即关闭，在第一次压浆初凝后，再用原理的管子进行第二次压浆，还可压进些浆液，如此顺序进行。在没有明显的吸浆情况下，压力稳定 2～10min 后可中止灌浆。压浆 2～3d 后拆除管子，然后用 1：2 水泥砂浆填补抹平封口 2）水泥灌浆修补混凝土裂缝 ① 裂缝处理：沿着混凝土构件上的裂缝用手工剔凿或机械开槽成"V"形槽，便于有效封缝，在布嘴的位置，需凿深和直径均为 30～50mm 的凹槽，以便埋嘴 ② 埋嘴：凹槽处需清理并洗刷干净，湿润后涂一道水泥净浆，然后用 1：2 水泥砂浆固定嘴，布嘴埋管的原则同前所述 ③ 封缝：在已清理的"V"形槽上及两侧用水洒淋湿润后涂刷一遍水泥净浆，然后用 1：2 水泥砂浆勾缝或抹平封闭 ④ 试漏：待封缝砂浆有一定强度（常温季节为 3d）后进行试漏，如有漏水处要重新修补 ⑤ 浆液配制：根据裂缝情况和设备条件选用无机胶凝材料类的水泥浆液 ⑥ 压力灌浆：灌浆所用的压力根据可灌性能、裂缝宽度、承压强度、升压设备条件等方面决定，一般使用压力为 0.4～0.6N/mm²。灌浆压力和浆液稠度还要根据实际情况有所调整，一般是先用低压，后用高压，先用稀浆，后用稠浆，以适应裂缝粗细不均，灌浆体渗漏等具体情况，当灌浆量不大或裂缝粗细比较均匀，一般可使用同一压力，同一个稠度。其他方法同前所述 （2）化学灌浆法 1）裂缝处理：灌浆前应根据裂缝进行处理，其处理方法可分为： ① 清理裂缝：对于混凝土构件上较细（小于 0.3mm）的裂缝，可用钢丝刷等工具，清除裂缝表面的灰尘、白灰、浮渣及松散层等污物；然后再用毛刷蘸甲苯、酒精等有机溶液，把沿裂缝两侧 20～30mm 处擦洗干净并保持干燥 ② 凿槽：对于混凝土构件上较宽（大于 0.3mm）的裂缝，应沿裂缝用钢钎或风镐凿成"V"形槽，槽宽与槽深可根据裂缝深度和有利于封缝来确定。凿槽时先沿裂缝打开，再向两侧加宽，凿完后用钢丝刷及压缩空气将混凝土碎屑粉尘清除干净 ③ 钻孔：对于大体积混凝土或大型结构上的深裂缝，可在裂缝上进行钻孔；对于走向不规则的裂缝，除骑缝钻孔外，需加钻斜孔，必要时可布置多排斜孔，扩大灌浆通路，以便充分均匀灌浆。钻孔直径一般风钻为 56mm，机钻应选最小孔径。钻孔的孔距和排距应根据裂缝宽度、浆液黏度及灌浆压力而定，一般裂缝宽度大于 0.5mm，孔距可用 2～3m；裂缝宽度小于 0.5mm，应适当缩小距离。钻孔后应清除孔内的碎屑粉尘，孔径大于 10mm 时，可用粒径小于孔径的干净卵石填入孔内至离埋设灌浆嘴约 200mm 左右处，以减少耗浆量

序号	项目	内　　容
11	压力灌浆修补法	2）埋设灌浆嘴（盒、管）： ① 不需凿槽的裂缝宜埋设灌浆盒或灌浆嘴；凿"V"形槽的裂缝宜用灌浆嘴，钻孔内宜设灌浆管 ② 在裂缝交叉处、较宽处、端部以及裂缝贯穿处，钻孔内均应埋设灌浆嘴（管或盒）。其间距当裂缝宽度小于1mm时为350～500mm；当裂缝宽度大于1mm时为500～1000mm。在一条裂缝上必须有进浆嘴、排气嘴、出浆嘴 ③ 埋设灌浆嘴、灌浆盒是先在灌浆嘴或灌浆盒的底盘上（事先用甲苯擦净）抹上一层厚约1mm的环氧胶泥，将灌浆嘴的进浆孔骑缝粘贴在预定的位置上。钻孔埋设灌浆管是在孔内用水泥砂浆埋设铁管，孔口接一般灌浆管 3）封缝：封缝质量的好坏直接影响灌浆效果与质量，根据不同裂缝情况及灌浆要求，其封缝方法可分为： ① 环氧树脂胶泥封缝。对于不凿槽的裂缝可用环氧树脂胶泥或封缝胶封闭。先在裂缝两侧（宽20～30mm）涂一层环氧树脂基液，后抹一层厚1mm左右、宽20～30mm的环氧树脂胶泥或封缝胶。抹胶泥时应防止产生小孔和气泡，要刮平整，保证封闭可靠 ② 粘贴玻璃纤维布封缝。对于不凿槽的裂缝，还可以用环氧树脂基液粘贴玻璃纤维布封闭。作法是先在裂缝两侧（宽80～100mm），均匀地涂上一层底胶，当底胶面呈指触干燥后，立即在底胶层上均匀涂上胶粘剂，然后将玻璃纤维布沿缝从一端向另一端粘贴并用滚筒滚压密实，不得有鼓泡和皱纹。照此法再粘贴第二和第三层 ③水泥砂浆封缝。对凿"V"形槽的裂缝，可用水泥砂浆封缝。可先在"V"形槽面上，用毛刷涂刷一层（厚1～2mm）环氧树脂浆液，涂刷要平整均匀，防止出现气孔和波纹，待初凝后用水泥砂旅（水泥∶中砂∶水=100∶200∶30）抹平封闭 ④ 聚化物水泥堵漏。对较宽的裂缝，如果漏水严重或在灌浆过程中临时发生局部漏浆时，可采用水泥砂浆中掺入作为改性剂聚合物的材料密封堵漏 4）压气试漏：裂缝封闭后，为了检查裂缝的密封效果和贯通情况，需进行压气试漏，试漏需待封缝胶泥固化后或封缝砂浆经养护一段时间，具有一定强度时（常温季节需三天）进行。试漏前沿裂缝涂一层肥皂水，从灌浆嘴通入压缩空气，若封闭不严，产生漏气处，肥皂水会起泡。对于漏气处，可采用裂缝修补胶修补密封至不漏为止 5）配浆：采用的灌浆料或浆液应按照产品说明书的要求进行配制和拌合。根据浆液的凝固时间及进浆速度，确定每次配浆量，当灌浆操作熟练后，可适当增加配浆量 6）灌浆： ① 灌浆机具、器具及管子在灌浆前应进行检查，运行正常时方可使用。接通管路，打开所有灌浆嘴（盒或管）上的阀门，用压缩空气将孔道及裂缝吹干净 ② 根据裂缝区域大小，可采用单孔灌浆或分区群孔灌浆。在一条裂缝上灌浆可由一端到另一端 ③ 灌浆压力应按产品说明书进行控制，灌浆作业按从下而上的顺序进行。灌浆压力常用0.2N/mm²，压力应逐渐升高，防止骤然加压。达到规定压力后，应保持压力稳定，以满足灌浆要求 ④ 灌浆过程中出现下列标志之一时，即可确认裂缝腔内已灌满浆液，可以转入下一个灌浆嘴（盒或管）进行灌浆，直到灌完整条裂缝： 　a. 在灌浆压力下，上部灌浆嘴（盒或管）有浆液流出 　b. 在浆液适用期内，吸浆率小于0.05L/min 　当上部灌浆嘴（盒或管）或排气管有浆液流出时，应及时关闭上部灌浆嘴（盒或管），并维持压力1～2min

序号	项目	内　　容
11	压力灌浆修补法	7) 封口：待缝内浆液达到初凝而不外流时，应立即拆下灌浆嘴（盒）和排气管，并用环氧胶泥将灌浆嘴处抹平封口 8) 检查：灌浆结束后，应检查补强效果和质量，发现不密实或其他不合格情况时，应采取补灌等措施，以确保工程质量 　① 压水检查：一般在构件裂缝多，灌浆质量较差的部位设检查孔，进行压水检查，压水的压力值一般为灌浆压力的 70%～80%，压力试验达到基本不进水，而且也不渗漏时，即可认为合格 　② 钻芯取样检查：对于大型构件，除用压水检查外，还可选择适当部位进行钻芯取样检查，并可把芯样加工成试件进行力学试验 （3）注射法 1) 表面处理：用压缩空气清除裂缝表面和缝内的灰尘和浮渣，并充分干燥 2) 确定注浆嘴：沿裂缝全长每隔 100～300mm 距离设置一个注浆嘴。注浆嘴尽量设在裂缝交叉点、较宽处和端部等较畅通位置 3) 封闭裂缝：采用封缝胶沿着裂缝表面涂刷进行封缝，但应留出注浆嘴部位并用胶带贴上 4) 安装底座：揭去注浆嘴处的胶带，用封缝胶将底座粘在注浆嘴上 5) 安装注浆嘴：将配好的注浆液装入注浆器中，把装有浆液的注浆器施紧于底座上 6) 灌浆：松开注浆器弹簧，注浆液以低压注入裂缝腔内，如浆液不足，可再继续补充注入 7) 注浆完毕：待注入速度降低，确认不再进浆液后，可拆除注浆器，用堵头将底座堵死。用过的注浆器应立即用酒精浸泡清洗保存，以便下次使用 8) 浆液固化后，敲掉底座和堵头，清理表面封缝胶，必要时采用砂轮磨平混凝土表面
12	构件上植筋	（1）基材要求 1) 原构件的混凝土强度等级对一般结构构件不得低于 C20；对悬挑结构构件不得低于 C25 2) 基材表面温度应符合胶粘剂使用说明书要求；若未标明温度要求，应按不低于 15℃进行控制 3) 基材孔内表层含水率应符合胶粘剂产品使用说明书的规定；当基材孔内表层含水率无法降低到胶粘剂使用说明书的要求时，应改用高潮湿面适用的胶粘剂 4) 原构件锚固部位的混凝土不得有局部缺陷，若有局部缺陷，应先进行补强或加固处理后再植筋 （2）定位：植筋位置应经放线并采用金属探测仪探测原构件内部钢筋位置，进行核对，如植筋与原构件内钢筋相碰，应与有关单位研究进行调整后，在原构件表面标出钻孔的定位 （3）成孔 1) 应采用电锤钻机钻孔，不宜采用钻石钻孔机钻孔，以确保孔壁的粗糙度，成孔后的孔壁必须完整无损，无裂缝、无蜂窝孔洞等 2) 植筋的钻孔深度按设计计算确定，一般不应小于 $10d$（d 为植筋直径）。钻孔孔径约为植筋直径的 1.25 倍；植筋的钻孔深度应比植入钢筋长度大 3～5mm （4）清孔 1) 植筋孔洞钻好后应先用钢丝刷或毛刷套上加长棒伸至孔底来回抽动，把灰尘、碎渣清带出孔，再用洁净无油的压缩空气或手动吹气筒清除孔内粉尘，如此反复处理不应少于 3 次。必要时尚应用干净棉纱沾少量工业丙酮擦净孔壁 2) 植筋孔壁清理洁净后，若不立即种植钢筋，应暂时封闭其孔口，防止尘土、碎屑、油污和水分等落入孔中以影响锚固质量 （5）钢筋处理 1) 选用带肋钢筋，要求表面洁净、无锈蚀和油渍，否则应采用钢丝刷或角磨机反复磨刷，清除锈污后用丙酮擦拭干净。钢筋应有足够长度以便于植筋、检测及搭接

序号	项目	内　容
12	构件上植筋	2）植筋焊接应在注胶前进行，若个别钢筋确需后焊时，除应采取断续施焊的降温措施外，尚应要求施焊部位距注胶孔顶面的距离不小于 $15d$，且不应小于 200mm；同时必须用冰水浸渍的多层湿巾包裹植筋外露的根部 （6）配胶与注胶 1）当采用自动搅拌注射筒包装的胶粘剂时，可选用硬包装产品，也可采用软包装产品。对软包装产品的使用，应将软包装产品置于硬质容器内运输和贮存，以防胶粘剂受损、变质。其植筋作业应按产品使用说明书的规定进行，但应进行试操作。若试操作结果表明，该自动搅拌器搅拌的胶不均匀，应予弃用 2）当采用现场配制的植筋胶时，应在无尘土飞扬的室内，按产品使用说明书规定配合比和工艺要求严格执行。调胶时应根据现场环境温度确定树脂的每次拌合量；使用的工具应为低速搅拌器；搅拌好的胶液应色泽均匀，无结块，无气泡产生。在拌合和使用过程中，应防止灰尘、油、水等杂质混入，并应按规定的操作时间完成植筋作业 3）将搅拌均匀的结构胶粘剂用胶枪、手动注射器、手动泵浆机或直接用送胶棒等方法将胶液灌入孔内，胶液从孔的底部开始注入，灌注量应按产品使用说明书确定，并以植入钢筋后有少许胶液溢出为度。在任何工程中均不得采用钢筋从胶桶中粘胶塞进孔洞的施工方法 （7）插筋：注胶后将钢筋施加一定压力，向同一方向转动缓缓植入孔内，转动时将胶中存在少量空气排出，直接达到规定的深度，使胶溢出少许，以保证注胶饱满。从注入胶粘剂至植好钢筋所需的时间，应少于产品使用说明书规定的适用期（可操作时间），否则应拔掉钢筋，并立即清除失效的胶粘剂，重新按原工序返工。植入的钢筋必须立即校正方向，使植入的钢筋与孔壁间的间隙均匀 （8）养护：养护的条件应按产品使用说明书的要求执行，在胶液的固化过程中应静置养护，不得扰动所植钢筋 （9）检验：植筋的胶粘剂固化时间达到 7d 的当日，应抽样进行现场锚固承载力检验 注：对于构件上的钢筋（螺杆）穿孔胶（浆）锚也可参照上述有关的施工程序和要求
13	锚栓	（1）基材要求 1）混凝土结构采用锚栓技术时，其混凝土强度等级：对重要构件不应低于 C30 级；对于一般构件不应低于 C20 级 2）严重风化和裂损的混凝土，不密实混凝土，结构抹灰层和装饰层均不得作为锚固基材 （2）表面清理 1）清除原构件表面的尘土、污垢、油渍、原有涂装，抹灰层及其他饰面层和附着物 2）锚板范围内的基材表面如有不平应打磨以达到光滑平整，无残留的粉尘、碎屑 （3）定位：锚栓位置应按设计图纸进行放线，并采用金属探测仪探测原构件内部钢筋位置，进行核对，如锚栓与原构件内钢筋相碰，应与有关单位研究进行调整后，在原构件表面标出钻孔的定位 （4）钻孔：后扩底型锚栓的钻孔，应采用该产品使用说明书规定的钻头及配套工具，并按该说明书规定的钻孔要求进行操作 （5）锚孔清理 1）应用压缩空气或手动气筒清除锚孔内粉屑；壁应无油污；锚栓、锚板应无污锈、油污；锚板范围内的基材表面无残留的粉尘、碎屑 2）锚孔清孔后，若未立即安装锚栓，应暂时封闭其孔口，防止尘土、碎屑、油污和水分等落入孔内，以影响锚固质量

序号	项目	内　　容
13	锚栓	3）若有废孔，应用胶粘剂或聚合物水泥砂浆填实 （6）锚栓安装 1）自扩底锚栓：应使用专门安装工具并利用锚栓专制套筒上的切底钻头边旋转、边切底、边就位；同时通过目测位移，判断安装是否到位；若已到位，其套筒顶端应低于混凝土表面的距离为 1～3mm；对穿透或自扩底锚栓，此距离系指套筒顶端应低于被固定物的距离 2）模扩底锚栓：应使用专门的模具或钻头切底，将锚栓套筒敲至柱锥体规定位置以实现正确就位；同时通过目测位移，判断安装是否到位；若已到位，其套筒顶端至混凝土表面的距离也约为 1～3mm （7）检验：锚栓安装，紧固完毕后，应根据规范要求进行锚固承载力现场检验与评定

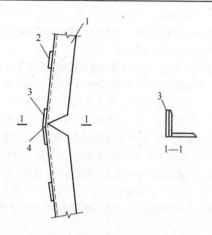

图 17-1　角钢缺口加强

1—角钢撑杆；2—缀板；3—补强板；4—撑杆中点

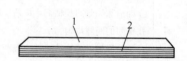

图 17-2　胶粘剂在预成型板示意图

1—胶粘剂；2—预成型板

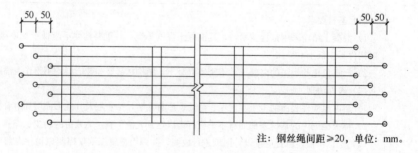

注：钢丝绳间距≥20，单位：mm。

图 17-3　钢丝绳网端部错开锚固示意图

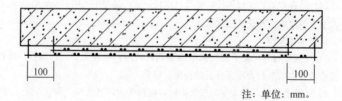

注：单位：mm。

图 17-4　单向双层钢丝绳网端部锚固区错开示意图

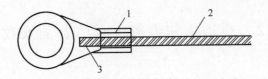

图 17-5　钢丝绳网端部套环安装示意图

1—端部套环；2—钢丝绳；3—钢丝绳露出部分

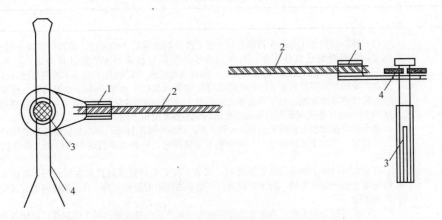

图 17-6　U 形卡具环安装示意图

1—端部套环；2—钢丝绳；3—专用胀栓；4—U 形卡具

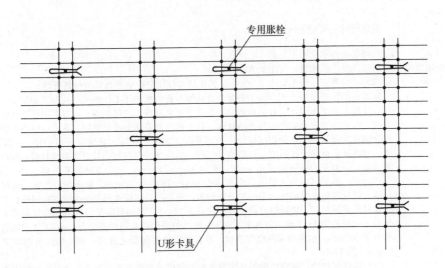

图 17-7　梅花形胀栓布置示意图

一次喷射混凝土厚度（mm）　　　　　　　　　　　表 17-6

序号	喷射方向	掺速凝剂	不掺速凝剂	序号	喷射方向	掺速凝剂	不掺速凝剂
1	向上	50～60	30～40	3	向下	100～150	100～150
2	平	70～100	50～70				

17.2　现浇钢筋混凝土板的加固及改造

17.2.1　单面增厚及增设支点加固板

单面增厚及增设支点加固板如表 17-7 所示。

单面增厚及增设支点加固板　　　　　　　　　　表 17-7

序号	项目	内　　容
1	单面增厚加固板	（1）新旧板整体工作：在钢筋混凝土板上浇筑新的混凝土增厚层，若新旧混凝土结合可靠，则考虑新旧混凝土整体工作。新加的板厚是根据原板跨中配筋量计算而定，但不宜小于 50mm。考虑到新旧混凝土的收缩差，一般在新加板的上部配有 $\phi 6@250$ 的钢筋网，各支座按照负弯矩的计算需要另加 $\phi 6@250$ 的负弯矩钢筋其直径不小于 8mm，也可以各支座加负弯矩钢筋按计算需要配置，而在两支座之间另配 $\phi 6@250$ 的构造钢筋网并与负弯矩钢筋搭接，其长度为 150mm，有关配筋及其他构造要求均同一般现浇板（图 17-8） 施工前应在原板下设间距约为 1m 的顶撑，以减小板的挠度，待新加混凝土达到设计强度后方可拆除。当由于某种原因而不能在板下设顶撑时，应在加固设计中考虑板二次受力的效应影响 有关加固的施工要求均见本书表 17-4 及表 17-5，清洁处理后严禁在板面凹处有积水，新旧板的结合面一般可涂刷一道结构界面剂。如板的加固面积较大时，可分段浇筑细石混凝土，留出施工缝 （2）新旧板分别受荷：当需要加固的板面受到严重污秽或油污而不能保证原板和新加混凝土之间牢固结合时，则考虑新旧板分别工作，新旧板所承受的弯矩按新旧板的刚度比分配 　　设原混凝土板厚度为 h_1，新加混凝土板厚度为 h_2，按新的设计要求计算所得的弯矩为 M_0，则：原混凝土板弯矩分配系数 $K_1 = \dfrac{h_1^3}{h_1^3 + h_2^3}$ 新加混凝土板弯矩分配系数 $K_2 = \dfrac{h_2^3}{h_1^3 + h_2^3}$ 原混凝土板承受的弯矩值 $M_1 = K_1 M_0$ 新加混凝土板承受的弯矩值 $M_2 = K_2 M_0$ 新加板的厚度一般不宜小于 50mm，其配筋根据所分配到的弯矩值计算所得 新加板的构造及施工要求除不必凿毛外其他与新旧板整体工作相同，其形式如图 17-9 所示 （3）板下增厚加固：当板的承载力不够又不便采取板面增厚加固，可以采用板下增厚的加固方法。施工时板底面应凿毛和清洁处理，对于板内钢筋锈蚀或保护层脱落，应按施工要求喷涂或涂刷喷涂型阻锈剂，涂刷前应彻底清理混凝土表面，剔除劣化混凝土保护层，清除钢筋锈渍，板底面应彻底干燥后刷一道结构界面剂，然后加挂钢筋网，其受力钢筋截面和间距应由计算确定，一般受力钢筋采用 $\phi 8 \sim \phi 10$、间距 $150 \sim 200$mm；非受力钢筋采用 $\phi 6 \sim \phi 8$、间距 $200 \sim 250$mm，钢筋网由植入板底面的 $\phi 6$ 钢筋拉结，间距为 300mm，呈梅花形布置，钢筋网四周与锚入穿过墙的短筋或植入梁内的短筋相连，短筋的总截面面积不得少于钢筋网各自方向的钢筋截面面积的总和，短筋的直径一般不宜小于 12mm，间距可取受力方向钢筋间距的 1 倍；非受力方向钢筋的 $1 \sim 2$ 倍，但每米不少于 3 根，短筋和钢筋网的搭接为 $40d$（d 为短筋直径）且不小于 500mm，也可以采用电焊连接。最后采用喷射混凝土浇筑，板下增厚板的厚度不小于 50mm（图 17-10） （4）悬臂板加固：悬臂板的裂缝多数是板的刚度或强度不足，但也有的是由于施工中板的负弯矩钢筋被踩下去或者是板的模板支撑下沉而造成的。悬臂板的加固方法是在原板上做细石混凝土增厚层，其范围及配筋要求应根据受力和裂缝情况而定，增厚层的厚度不宜小于 50mm。在原板上表面的增厚层范围应凿毛和清洁处理，浇筑混凝土前涂刷一道结构界面剂。由于悬臂板的受力特点和为了加强新旧混凝土的共同作用，一般宜在增厚层的两端加锚栓，其间距为 $300 \sim 400$，并有通长钢筋与其点焊固定，新加受力钢筋与通长钢筋扎牢，必要时还可距锚栓 300 处凿有一排小坑，深取板厚 2/3，间距约为 300mm，锚入 $\phi 10$ 短筋后灌结构胶，以增强新旧板间的抗剪能力（图 17-11）。悬臂板加固时，应在板下设有顶撑，待增厚层的混凝土达到强度时方可拆除

序号	项目	内　容
2	增设支点加固板	(1) 说明 由于板的强度或刚度不足而需要加固，可在板的跨中新加梁作为板的支点以减小板的计算跨度，这种方法的特点是可以避免大面积的凿毛和清洁处理，也可不必拆除楼层上的设备或家具 原单向板的跨中上部是受压区，一般是没有配置钢筋的，由于原板已经受荷而变形，新增设梁的支点后板的计算跨度减半，一般情况下，新增设梁不会使支点处的板面产生负弯矩，如活荷载很大经计算支点处产生负弯矩时，可按支点处的负弯矩为零计算，求得该点变位 Δ，施工时，新增设梁顶与原板底间留有 Δ 值的空隙 新加支点的梁可采用钢梁或钢筋混凝土梁，钢梁除造价较高外还有防腐蚀和维护问题，但施工制作简便，工期短。钢筋混凝土梁有现浇梁和预制梁两种，钢梁与预制梁的构造相似 (2) 现浇钢筋混凝土梁：梁的支承端是砖墙就可在墙上凿洞；支承端是梁则做钢托座支承，钢托座由角钢和加劲钢板组成，角钢不宜小于L125×10，加劲板厚度为6mm，钢托座用锚栓固定在支承梁的梁腰，梁顶部楼板处凿洞100mm×150mm，间距不大于1m，以便浇灌混凝土（图 17-12） (3) 预制钢筋混凝土梁：梁的支承构造同现浇梁一样。安装时在支承梁或墙体附近的板上凿洞口约 $\phi300$mm，用手链葫芦把预制梁吊上去，吊装前在预制梁顶铺一薄层水泥砂浆，就位后在梁下用撑杆顶紧，装上钢托座，然后把梁端与钢托座焊牢，如有缝隙可垫以薄钢板，梁端的空隙可用水泥砂浆充填（图 17-13） (4) 钢梁：可采用槽钢或工字钢，其施工方法与构造与预制钢筋混凝土梁相同

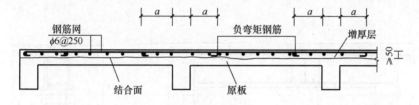

图 17-8　新旧板整体结合加固

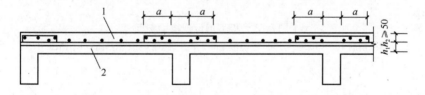

图 17-9　新旧板分别受荷加固

1—新加板；2—原板

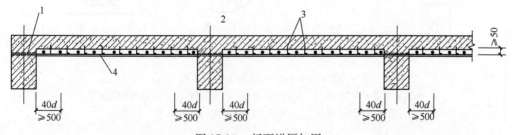

图 17-10　板下增厚加固

1—支座为梁时植短筋 d，支座为砖墙时，锚入穿墙短筋；2—穿梁短筋 d；

3—拉结短筋 $\phi6@300$ 梅花形布置；4—钢筋网

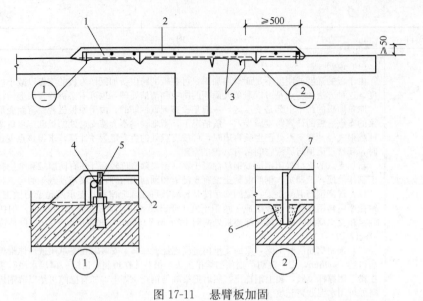

图 17-11　悬臂板加固

1—细石混凝土增厚层；2—新加受力钢筋；3—裂缝；4—Φ12 通长钢筋；

5—锚栓 $d=10$；6—结构胶；7—$\phi10$，$l=100$

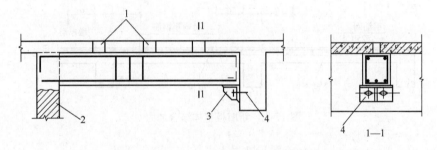

图 17-12　板下增设现浇梁支点

1—凿洞 $100\times150@\leqslant1000$ 供浇灌混凝土；2—砖墙；3—钢拖座；4—锚栓

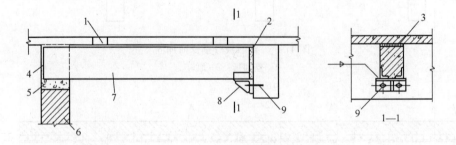

图 17-13　板下增设预制梁支点

1—$\phi300$ 洞供吊装预制梁；2—水泥砂浆充填；3—水泥砂浆；4—水泥砂浆抹平；

5—灌细石混凝土垫块；6—砖墙；7—预制梁；8—钢托座；9—锚栓

17.2.2　粘贴钢板及纤维复合材加固法

粘贴钢板及纤维复合材加固法如表 17-8 所示。

<h2 style="text-align:center">粘贴钢板及纤维复合材加固法</h2>

表 17-8

序号	项目	内　容
1	粘贴钢板加固法	(1) 在板进行受弯加固时，加固钢板应粘贴在受拉区一侧，即板跨中的下部和连续板、悬臂板的上部，加固钢板条沿着板的受力方向粘贴 (2) 加固钢板的截面和间距均应根据计算确定。采用手工涂胶时，钢板宜裁成多条粘贴，但不宜太厚，因为钢板愈厚，而需粘贴延伸长度愈长，其硬度也大，不便于粘贴。一般钢板厚度以 3mm、4mm 为宜，不应大于 5mm，钢板条的宽度以 100～200mm；间距以 400～600mm 为宜，并宜均匀布置 (3) 板正弯矩区的正截面加固： 1) 受拉钢板的截断位置距其充分利用截面的距离不应小于按现行规范计算确定的粘贴延伸长度 l_{SP}，且不应小于 $170t_{SP}$（t_{SP} 为粘贴的钢板总厚度），亦不宜小于 600mm 2) 受拉面沿板的受力方向连续粘贴的加固钢板宜延长至支座边缘，且应在钢板的端部设置横向钢压条进行锚固（图 17-8） 3) 当粘贴的钢板延伸至支座边缘的不满足延伸长度 l_{SP} 的要求时，应在延伸长度范围内通长设置垂直于受力钢板方向的钢压条。钢压条应在延伸长度范围内均匀布置，且应在延伸长度的端部设置一道。压条的宽度不应小于受弯加固钢板宽度的 3/5，钢压条的厚度不应小于受弯加固钢板厚度的 1/2 (4) 板负弯矩区正截面加固 1) 加固钢板的截断位置距支座边缘的距离，除应根据负弯矩包络图并考虑延伸长度而确定外，尚应不小于板邻跨净跨度的 1/4（图 17-14a）。为了加强加固钢板粘贴面的抗剪强度和锚固作用，必要时可在其端部设置 2～3 个直径为 6～8mm 锚栓（图 17-14b） 2) 端支座的锚固处理：端支座为边梁，加固钢板的粘贴延伸长度一般未能满足设计规范中的要求，可以把钢板弯折 90°至边梁外侧（该处截面棱角圆化打磨，其圆化半径与钢板的弯折相协调），粘紧贴实，并在其端部采用粘贴钢板压条或设锚栓进行锚固（图 17-15） 3) 墙支座锚固处理：板的端支座或中间支座为混凝土整体墙时，加固钢板受阻而无法通过，可以把加固钢板与横向角钢坡口焊接，而角钢用螺栓或高强螺栓穿墙固定；并用螺栓穿板连接，安装后在其粘贴面灌注结构胶粘剂。穿墙螺栓直径与间距根据加固钢板的受力情况计算确定，其直径不小于 16mm；穿板螺栓直径一般采用 10mm 或 12mm、间距为加固钢板间距相同或 1 倍，横向角钢不小于L75×5（图 17-16） (5) 用钢压条加强锚固加固钢板，应弯折粘贴于加固钢板表面，其弯折角度不应大于 20°，局部孔隙用胶粘剂填满（图 17-17） (6) 一般情况下板在受弯区都是采用一层钢板粘贴，当需粘贴二层钢板时，相邻两层钢板的截断位置应错开不小于 300mm，并应在截断处加设横向钢压条进行锚固
2	粘贴纤维复合材加固法	(1) 在板进行受弯加固时，纤维复合材应粘贴在受拉区一侧，即板跨中的下部和连续板支座或悬臂板的上部。纤维复合材沿着板的受力方向粘贴 (2) 板正弯矩区的正截面加固 1) 纤维复合材的截断位置距其充分利用截面的距离不应小于按现行规范计算确定的粘贴延伸长度 l_c，且不宜小于 600mm 2) 受拉面沿轴向粘贴的纤维复合材应延伸至支座边缘，且应在纤维复合材的端部粘贴设置不小于 200mm 宽的横向纤维织物压条（图 17-18）。当采用纤维织物受弯加固时，横向纤维织物压条的宽度和厚度分别不宜小于受弯加固纤维织物条带宽度和厚度的 1/2；当采用纤维预成型板进行受弯加固时，横向纤维织物压条的截面面积不宜小于预成型板截面面积的 1/4 3) 当纤维复合材延伸至支座边缘仍不满足延伸长度 l_c 的要求时，应在延伸长度范围内通长设置垂直于受力纤维方向的纤维织物压条（图 17-18）。压条应在延伸长度范围内均匀布置。压条宽度不应小于受弯加固纤维复合材条宽的 3/5，压条的厚度不应小于受弯加固纤维复合材厚度的 1/2 (3) 板负弯矩区的正截面加固 1) 纤维复合材截断位置距支座边缘的距离不应小于加固后纤维复合材抗弯承载力的应充分利用截面到不需要纤维复合材截面的距离加 200mm，且不宜小于板邻跨净跨度的 1/4（图 17-19a） 2) 为了加强纤维复合材粘贴面的抗剪强度和锚固作用，必要时可在其端部设置横向纤维织物压条锚固（图 17-19a）或钢板压条胶粘和附加锚栓锚固（图 17-19b），纤维织物压条的宽度和厚度可参照上述构造要求；钢板压条厚度不小于 3mm；宽度不小于 60mm；锚栓直径一般采用 6mm 或 8mm。锚栓设于纤维复合材净距之间；一般设一个，如净距大于 300mm 时宜设 2 个

序号	项目	内　　容
2	粘贴纤维复合材加固法	3）端支座锚固处理：其处理方法与粘贴钢板加固类同，即可把其加固钢板改为纤维复合材；钢板压条改为纤维织物压条；锚栓锚固改为钢板压条与锚栓锚固即可，有关示意图也参见图 17-15 所示 4）墙支座锚固处理：板的端支座或中间支座为混凝土整体墙时，加固的纤维复合材受阻而无法通过，可把纤维复合材弯折 90°后粘贴于墙体内侧（端支座）或两侧（中支座）并用横向角钢胶粘压贴，再用穿墙螺栓或高强螺栓固定于墙；穿板螺栓连接于楼板，螺栓均设置在纤维复合材净距之间。横向角钢不小于L75×5；穿墙螺栓的直径和间距应根据计算确定，其直径不小于 16mm；穿板螺栓直径一般采用 10mm 或 12mm（图 17-20） （4）板受弯加固时，纤维复合材应选择多条密布的方式进行粘贴，不得使用未经裁剪成条的整幅织物满贴，纤维复合材条带之间的净间距不应大于受力钢筋的间距，且不应大于 200mm （5）纤维织物沿纤维受力方向的搭接长度不得小于 200mm。当采用多条纤维织物加固时，各条纤维织物之间的搭接位置应相互错开距离不应小于 250mm，采用预成型板对板的抗弯加固时，在主要加固受力区预成型板不宜采用搭接

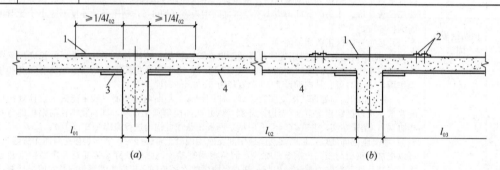

图 17-14　正负弯矩区粘贴钢板加固
(a)一般构造；(b)加强锚固措施
注：全部加固钢板和钢压条均用结构胶粘剂粘贴
1—负弯矩加固钢板；2—锚栓 M6～M8；3—钢压条；4—正弯矩加固钢板

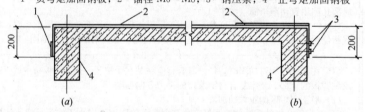

图 17-15　端支座加固钢板锚固
(a)钢压条锚固；(b)锚栓锚固
1—钢板压条结构胶粘贴；2—加固钢板结构胶粘贴；3—锚栓 M6～M8；4—边梁

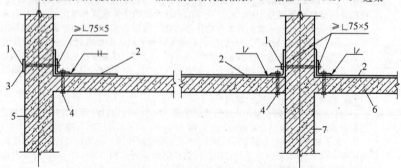

图 17-16　墙支座加固钢板的锚固
注：角钢和钢板的粘贴面安装后均用结构胶粘剂灌注
1—等代穿墙螺栓 $d\geqslant16$；2—加固钢板；3—钢垫板；4—穿板螺栓 $d=10\sim12$；5—端墙；6—板；7—墙体

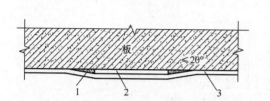

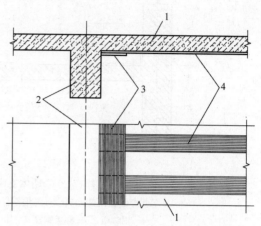

图 17-17　用钢压条加强加固钢板示意图
1—胶粘剂填满；2—加固钢板；3—钢压条

图 17-18　板粘贴纤维复合材端部锚固措施
1—板；2—梁；3—横向压条；4—纤维复合材

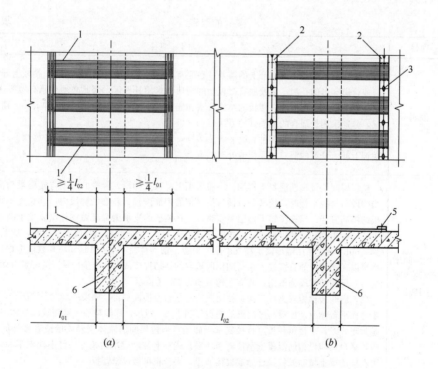

图 17-19　负弯矩区粘贴纤维复合材的加强锚固措施

(a) 粘贴纤维织物压条；(b) 胶粘钢板压条加锚栓

1—纤维织物压条；2—钢板压条；3—锚栓 M6～M8 净距间设 1～2 个；

4—纤维织物；5—螺栓与钢板压条；6—梁

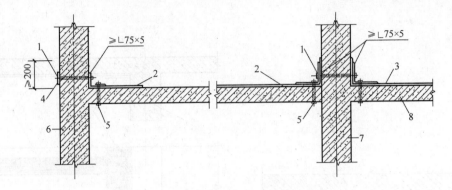

图 17-20 墙体支座纤维复合材的锚固

1—等代穿墙螺栓 $d \geqslant 16$；2—纤维复合材；3—纤维复合材端部弯折贴于墙面；
4—钢垫板；5—穿板螺栓 $d = 10 \sim 12$；6—端墙；7—墙体；8—板

17.2.3 楼 板 的 改 造

楼板的改造如表 17-9 所示。

楼板的改造 表 17-9

序号	项目	内 容
1	说明	由于使用上的变更或装饰上的需要，在原有楼层间增设楼梯或自动扶梯；楼板上开设吊物洞口或管道穿过的孔洞；以及原有楼板上的洞口要求填补等等，因此必须对原有楼板进行改造，在加固处理时应根据原有楼板的结构形式和配置、开设洞口的部位、形状和大小、荷载分布情况，分别采用最合适的加固处理方法 由于楼板的结构形式多种和改造方法多样，现仅就现浇钢筋混凝土结构中楼层间增设楼梯和楼板上补、开洞的洞口加固构造处理如下
2	楼层层间增设钢筋混凝土楼梯	楼层层间增设钢筋混凝土楼梯：一般采用现浇板式梯段，梯段的两端与楼层梁为简支连接，当梯段与楼板平接时，楼梯洞口被打掉楼板的钢筋应锚入新加的梯段内，其长度不小于 40 倍板的钢筋直径；当梯段错下楼层一步时，应在楼层的支承梁梁腰做钢托座以支承新加的梯段，钢托座由角钢和加劲钢板组成，角钢不宜小于L160×10，长度与梯段宽度相同，加劲肋厚度宜为 8mm，钢托座用锚栓固定在支承梁的梁腰，锚栓直径不小于 16mm，其数量根据计算确定，也可以在梁腰植筋直接锚入与新加梯段板内的钢筋焊接或绑紧连接。梯段的配置有两种情况： (1) 层间的梯段为单跑：其节点构造如图 17-21 所示 (2) 层间楼梯为双跑或三跑：楼层层间必须新设楼梯平台，梯段一端支于楼层梁，另一端支于楼梯平台梁上，梯段与楼层梁的构造如图 17-21 所示，梯段与平台梁浇筑成整体。当楼梯间是封闭式时，平台梁和板可直接支承于砖墙；当楼梯间的墙体是轻质墙或者楼梯间是敞开式时，平台梁应设钢筋混凝土小柱支承，平台梁与小柱形成小门架，平台小柱支于原楼层梁上，可在楼层梁上植筋或打锚栓做成铰接节点，平台板可做成悬臂板
3	板上的补洞处理	板上的补洞处理：钢筋混凝土板的补洞有以下几种构造： (1) 当洞口尺寸（宽、长或圆洞直径）小于 300mm 时，则将洞口边缘打成斜口，用混凝土补上（图 17-22） (2) 当洞口尺寸在 300~1000mm 时，一般有两种构造形式：一种是将板上原洞口四周的混凝土打掉，使其露出板内的钢筋，清洁处理后用新配的钢筋与其搭接或焊接，用混凝土补上（图 17-23a）；另一种是把板上原洞口四周的混凝土楼角打掉，抹上 1：1 水泥砂浆，挤入角钢，然后焊上新加钢筋，最后用混凝土补上（图 17-23b）

序号	项目	内　　容
3	板上的补洞处理	（3）当洞口在受力方向有梁时，一般有两种构造形式：一种是把梁打个缺口，把新补的板搁置在梁上，其搁置长度 b：$l_0 \leqslant 1000\text{mm}$，$b = 60\text{mm}$；$l_0 > 1000\text{mm}$，$b \geqslant 100\text{mm}$（图 17-24$a$）。另一种是将梁上边的棱角打掉，抹上 1∶1 水泥砂浆挤入角钢，焊上钢筋，最后用混凝土补上（图 17-24b） （4）当洞口比较大时，应根据板的受力方向和洞口附近梁的布置情况进行补洞处理，一般有以下两种情况： 　1）洞边缘或附近有梁时，可把洞口周边的板凿掉，并在原有周边的梁上凿出新加板的支承缺口，然后在上面做现浇板，如图 17-25a 所示，同时必须对原有洞口周边梁的承载力进行验算 　2）洞口边缘无梁时，一般尽量不改变原有板的受力状况，可以采用新加钢筋混凝土梁或钢梁以支承填补洞口的板，新加梁的端部可用角钢作支托并用锚栓固定在原有梁的梁腰上，也可在原有梁的梁腰上植筋锚入新加梁的纵向钢筋，然后做补洞口的钢筋混凝土板（图 17-25b），同时必须对原有支承梁作承载力验算
4	板上的开洞处理	板上的开洞处理：楼板上开洞应根据楼板的结构形式、结构配置、开洞部位、开洞大小、形状以及洞口边缘上的荷载情况，分别采用相应的加固处理方法，一般有以下几种形式和做法： （1）钢筋混凝土加固洞口 　1）当洞口尺寸 d 或 $b \leqslant 500\text{mm}$ 时，可按所开洞口尺寸每边多凿掉 200～250mm 板的混凝土，原板内的钢筋截断，但要预留一段弯入洞口边缘内并配上洞口加强钢筋（图 17-26） 　其中：d 为圆形洞口直径；b 为垂直于单向板受力方向的矩形洞口宽度；a 为平行于单向板非受力方向矩形洞口宽度 　当洞口边缘要求埋设地脚螺栓时，宜在洞口边缘加置角钢，以便固定地脚螺栓，其他构造要求同上述（图 17-27） 　2）当洞口尺寸 $500\text{mm} < b \leqslant 1000\text{mm}$ 时，宜在洞口周边加设小梁（图 17-28a），如需在洞口周边设置反沿时，小梁应向上翻（图 17-28b）。施工时可按洞口尺寸每边将板多凿掉 200～250mm，将原板内钢筋截断后分别弯折作为小梁箍筋，小梁截面一般为 100mm×200mm，上下各配有两根加强钢筋，并互相锚入小梁内不小于钢筋的锚固长度，其直径不宜小于 12mm 　3）当洞口宽度 $b > 1000\text{mm}$，或洞口边缘有较大的外荷载（如墙体、设备等）时，应在洞口边缘增设现浇钢筋混凝土梁，即洞口 b 边方向设梁支于洞口 a 边方向的梁，该梁梁端则用钢托座和锚栓支于原有楼板梁上，也可在原有楼板梁梁腰植筋与该梁内钢筋相连接，施工时凿掉洞口部分的楼板和洞口边缘梁上的板部分，并把凿除板内的钢筋锚入洞口周边小梁内 　4）楼板上加设地漏的做法与板上开洞相同，具体构造如图 17-29 所示 （2）粘贴钢板或粘贴纤维复合材加固洞口 　1）一般构造 　① 洞口平行于受力方向两侧的附加钢板或附加纤维复合材的截面强度之和不应小于洞口宽度内被切断的受力钢筋强度之总和 　② 洞口粘贴附加材料应伸过洞边粘贴延伸长度： 　粘贴钢板为 l_{sp}，且 $\geqslant 170 t_{sp}$（t_{sp} 为粘贴的钢板总厚度） 　粘贴纤维复合材为 l_c，且 $\geqslant 600\text{mm}$ 　l_{sp} 和 l_c 按现行规范计算确定 　③ 对于加固在板面的附加钢板或附加纤维复合材如遇到梁或墙体阻碍而不能满足其延伸长度时，可采用锚栓把角钢固定于梁腰或用螺栓穿墙把角钢固定于墙上，以便与附加钢板或附加纤维复合材拉结锚固，传递拉力 　④ 一般附加钢板的宽度为 100～200mm、厚为 3～4mm；附加纤维复合材的宽度为 200～300mm、面积质量为 200～300g/m² 　⑤ 为了加强附加钢板的粘结和锚固，必要时可在其两端各加一个直径为 6～8mm 的锚栓，对于附加纤维复合材，可在其两端各加一钢压板，其厚度为 3mm、宽度为 60mm，并各端用两个直径为 6mm 的锚栓锚固

序号	项目	内　容
4	板上的开洞处理	⑥ 连续单向板开洞，当洞口位于正弯矩区，附加钢板或附加纤维复合材宜粘贴于洞口边缘的板底；当洞口位于板负弯矩区，附加钢板或附加纤维复合材宜粘贴于洞口边缘的板底和板面，双面加固 2）连续单向板洞口加固示意：（图中 SP 为洞口附加钢板，f 为洞口附加纤维复合材） ① $a \leqslant 1000$mm 且 $300 < b \leqslant 1000$mm 时洞口附加钢板加固如图 17-30 所示 ② 当 $a > 1000$mm 且 $300 < b \leqslant 1000$mm 时的洞口板加固：可把平行于受力方向的洞口边缘上下均粘贴钢板延伸并支承于两端的楼板梁上，把上下钢板和楼板看成简支的组合梁，钢板的厚度和宽度，由计算确定，而垂直于受力方向的短向洞口边缘板底粘贴钢板简支于组合梁上，为了加强在支座的连接可加上锚栓或穿板螺栓，如图 17-31 所示 ③ 当 $a \leqslant 1000$mm 且 $300 < b \leqslant 1000$mm 时洞口纤维复合材加固，如图 17-32 所示 （3）采用钢梁加固楼板开洞：当要求在楼板上开的洞口比较大或者洞口边缘有较大的外荷载时，可以采用钢梁加固楼板上的洞口。在平行板的受力方向的洞口边缘设置型钢梁 L_a 其梁端支于楼板梁，可在其梁腰用锚栓固定焊有连接短角钢的锚板，钢梁 L_a 只连接短角钢用安装螺栓固定后焊牢。另方向的洞边钢梁 L_b 以同样构造形式与钢梁 L_a 连接，如图 17-33 所示。钢梁距离洞口边缘尺寸是根据切割洞口部分的楼板后洞口边缘板内钢筋的锚固长度要求和型钢梁与楼板的连接锚栓距洞口边的最小距离要求而定。型钢梁的截面形式和型号根据计算确定，可采用单槽钢、工字钢或组合槽钢、组合工字钢，型钢的上翼缘用锚栓与楼板连接，并灌注结构胶粘剂。支承钢梁的楼板梁应验算其承载力

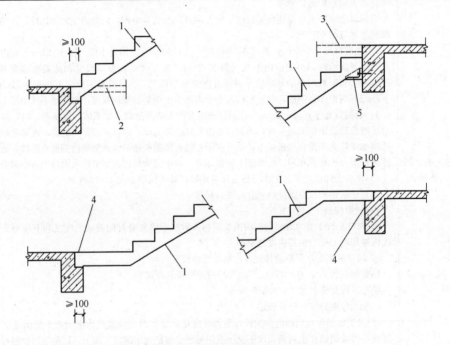

图 17-21　单跑梯段节点构造

1—新加梯段；2—板打掉板上、下钢筋锚入梯板不小于 $40d$；3—周边板打掉，钢筋切除后表
面用水泥砂浆抹平；4—嵌入梁内不小于 100 楼板上、下钢筋锚入梯板不小于 $40d$；5—钢托
座用锚栓固定或植筋与梯板内的钢筋连接

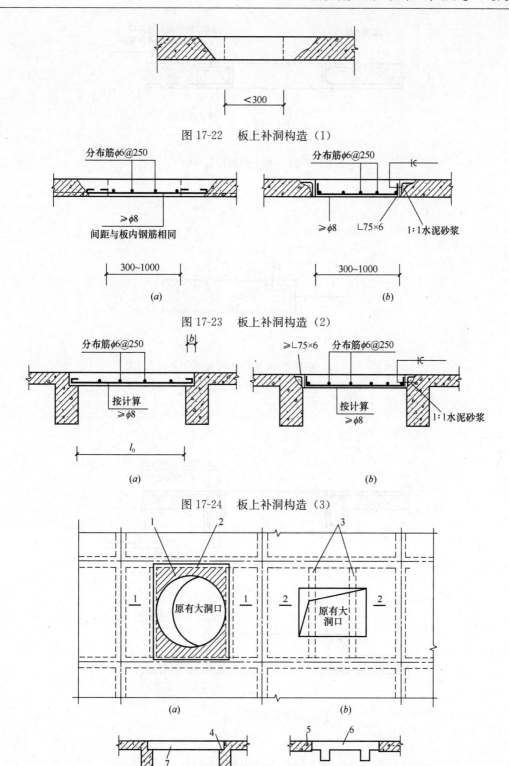

图 17-22 板上补洞构造（1）

图 17-23 板上补洞构造（2）

图 17-24 板上补洞构造（3）

图 17-25 板上补洞构造（4）

（a）洞边缘或附近有梁；（b）洞口边缘无梁

1—凿除部分；2—梁上凿缺口；3—新加梁；4—缺口；5—原有板；6—填补洞口梁板；7—填补的楼板

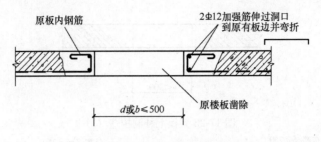

图 17-26   板上开洞构造（5）

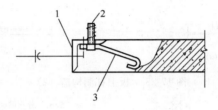

图 17-27   洞口边缘螺栓

1—洞边缘角钢；2—螺栓与角钢焊牢；3—锚筋

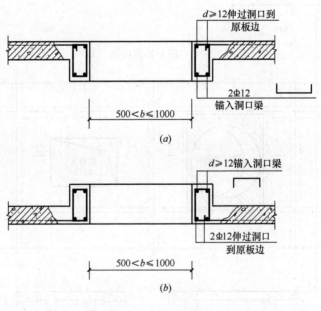

图 17-28   板上补洞构造（6）

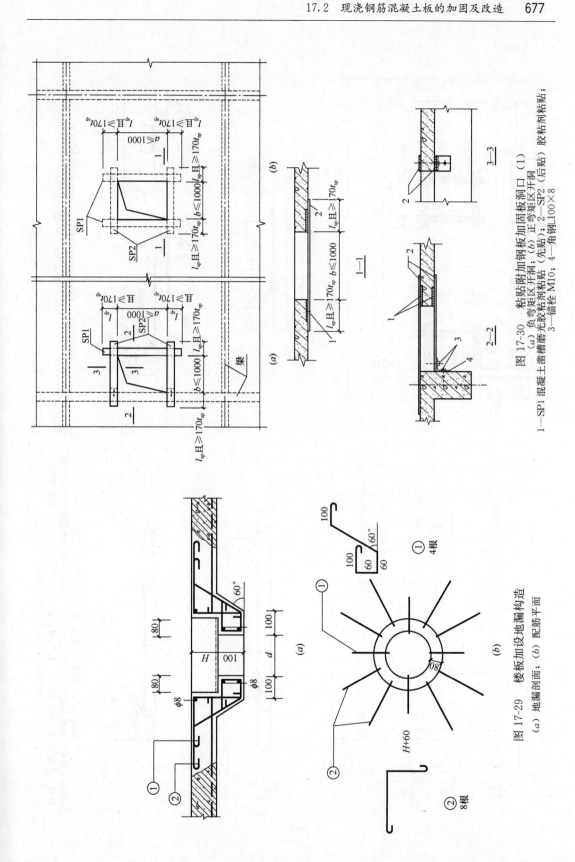

图 17-30　粘贴附加钢板加固板洞口（1）

（a）负弯矩区开洞；（b）正弯矩区开洞

1—SP1 混凝土凿槽磨光胶粘剂粘贴（先贴）；2—SP2（后贴）胶粘剂粘贴；

3—锚栓 M10；4—角钢 L100×8

图 17-29　楼板加设地漏构造

（a）地漏剖面；（b）配筋平面

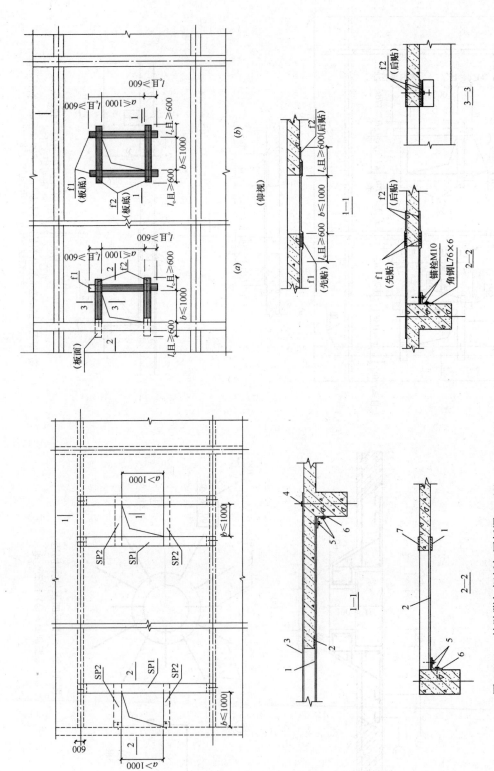

图 17-31　粘贴附加钢板板加固板洞口（2）

1—SP1（板底）（后贴）；2—SP2（板底）混凝土凿槽磨光胶粘剂
粘贴（先贴）；3—SP1（板面）胶粘剂粘贴；4—锚栓 M12；5—锚栓 M10；
6—角钢100×8；7—SP1（板面）

图 17-32　粘贴附加纤维复合材加固板洞口

(a) 负弯矩区；(b) 正弯矩区

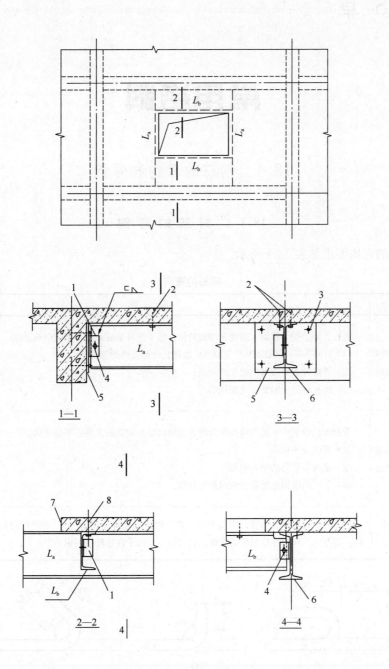

图 17-33 钢梁加固板洞口

1—连接短角钢≥L60×6；2—螺栓 M10@400 左右交错；3—锚栓≥M16；4—d=16 安装螺栓；
5—锚板 t≥12 后灌胶粘剂；6—L_a 工字钢顶面后灌胶粘剂；7—洞口边缘；8—M10 锚栓@400

第 18 章

常用资料

18.1 钢筋的弯钩和弯折

18.1.1 钢 筋 的 弯 钩

对钢筋的弯钩要求如表 18-1 所示。

钢筋的弯钩 表 18-1

序号	项 目	内 容
1	绑扎骨架的受力钢筋	绑扎骨架的受力钢筋,应在末端做弯钩。但下列骨架的末端可不做弯钩: (1) HRB335、HRB400 及 RRB400 级热轧骨架及热处理钢筋 (2) 焊接骨架焊接网中的光面钢筋 (3) 绑扎骨架中的受压光面钢筋
2	末端可不做弯钩的钢筋	下列绑扎骨架中不受力或按构造配置的纵向附加钢筋的末端可不做弯钩: (1) 板的分布钢筋 (2) 梁内不受力的架立钢筋 (3) 梁柱内按构造配置的纵向附加钢筋
3	钢筋弯钩的形式	弯钩的形式可分为三种:半圆弯钩、直弯钩和斜弯钩 (图 18-1)。半圆弯钩是最常用的一种钩。直弯钩,只用在柱钢筋的底部。斜弯钩主要用于直径较小的钢筋中

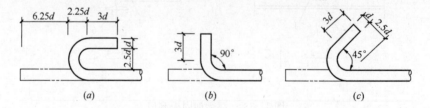

图 18-1 钢筋弯钩形式及其增长长度
(a) 半圆弯钩;(b) 直弯钩;(c) 斜弯钩

18.1.2 钢 筋 的 弯 折

对钢筋的弯折要求如表 18-2 所示。

钢筋的弯折　　　　　　　　　　　　　　　　　　　　　　　　　　　　表 18-2

序号	项　目	内　　容
1	带肋钢筋	HRB335、HRB400 及 RRB400 级钢筋末端需作 90°或 135°弯折时，钢筋的弯曲直径 $D \geqslant 4d$（HRB335 级钢）或 $5d$（HRB400、RRB400 级钢），如图 18-2 所示。平直部分长度应按设计要求确定
2	弯曲直径	弯起钢筋中间部位弯折处的弯曲直径 $D \geqslant 5d$，如图 18-3 所示。各边长关系如表 18-3 所示

弯起钢筋斜长系数表　　　　　　　　　　　　　　　　　　　　　　　表 18-3

序号	弯起角度	$\alpha=30°$	$\alpha=45°$	$\alpha=60°$
1	斜边长度 s	$2h$	$1.41h$	$1.15h$
2	底边长度 l	$1.732h$	h	$0.575h$
3	增加长度	$0.268h$	$0.41h$	$0.575h$

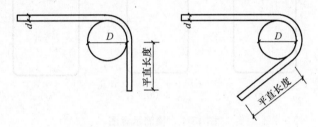

图 18-2　钢筋末端 90°或 135°弯折示意图

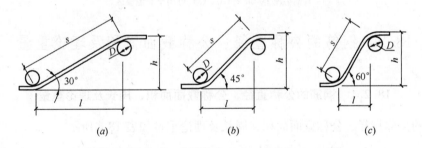

(a)　　　　　　　　　　　(b)　　　　　　　　　　　(c)

图 18-3　弯起钢筋斜长计算简图

(a) 弯起角度 30°；(b) 弯起角度 45°；(c) 弯起角度 60°

18.1.3　箍　筋　的　弯　钩

箍筋的弯钩要求如表 18-4 所示。

箍筋的弯钩要求　　　　　　　　　　　　　　　　　　　　　　　　　表 18-4

序号	项　目	内　　容
1	用 HPB235 级钢筋制作的箍筋	用 HPB235 级钢筋制作的箍筋，其末端应做成弯钩，弯钩的弯曲直径应大于受力钢筋直径，且不小于箍筋直径的 2.5 倍（图 18-4）。对有抗震或抗扭要求的结构，箍筋形式应选用图 18-4a 的形式，如无特殊要求时，才可选择图 18-4 中的 b 或 c 的形式
2	弯钩增加长度	为了满足图 18-4 对 135°弯钩平直段长度的要求，箍筋二个弯钩增加长度可按表 18-5 选用

箍筋弯钩增加长度（mm） 表 18-5

序号	图 形	使用条件	箍筋直径			
			6	8	10	12
1	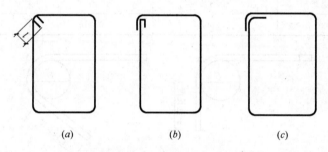	抗震结构 l≥10d	160	210	260	310
2		抗扭结构 l≥5d 及 50mm，其他情况 l≥5d	100	130	160	190

注：弯钩增加长度按平直长度 l+3d 计算，已包括箍筋弯曲时的伸长长度。

(a)　　　　　　(b)　　　　　　(c)

图 18-4 箍筋示意图

(a) 用于抗震时：l≥10d，用于抗扭时 l≥5d 及 50mm，
其他情况 l≥5d；(b)、(c) 可用于非地震区

18.2 钢筋的公称直径、公称截面面积及理论重量

18.2.1 钢筋的公称直径、公称截面面积、周长及理论重量

钢筋的公称直径、公称截面面积、周长及理论重量如表 18-6 所示。

钢筋的公称直径、公称截面面积、周长及理论重量 表 18-6

公称直径 (mm)	不同根数钢筋的公称截面面积 A_s（mm²）									单根钢筋周长 (mm)	单根钢筋理论重量 (kg/m)
	1	2	3	4	5	6	7	8	9		
5	19.63	39	59	79	98	118	137	157	177	15.71	0.054
6	28.27	57	85	113	141	170	198	226	254	18.85	0.222
7	38.48	77	115	154	192	231	269	308	346	21.99	0.302
8	50.27	101	151	201	251	302	352	402	452	25.13	0.395
9	63.62	127	191	254	318	382	445	509	573	28.27	0.499
10	78.54	157	236	314	393	471	550	628	707	31.42	0.617
12	113.10	226	339	452	565	679	792	905	1018	37.70	0.888
14	153.94	308	462	616	770	924	1078	1232	1385	43.98	1.21
16	201.06	402	603	804	1005	1206	1407	1608	1810	50.27	1.58
18	254.47	509	763	1018	1272	1527	1781	2036	2290	56.55	2.00 (2.11)

公称直径 (mm)	不同根数钢筋的公称截面面积 A_s (mm²)									单根钢筋周长 (mm)	单根钢筋理论重量 (kg/m)
	1	2	3	4	5	6	7	8	9		
20	314.16	628	942	1257	1571	1885	2199	2513	2827	62.83	2.47
22	380.13	760	1140	1521	1901	2281	2661	3041	3421	69.12	2.98
25	490.87	982	1473	1963	2454	2945	3436	3927	4418	78.54	3.85 (4.10)
28	615.75	1232	1847	2463	3079	3695	4310	4926	5542	87.96	4.83
32	804.25	1608	2413	3217	4021	4825	5630	6434	7238	100.53	6.31 (6.65)
36	1017.88	2036	3054	4072	5089	6107	7125	8143	9161	113.10	7.99
40	1256.64	2513	3770	5027	6283	7540	8796	10053	11310	125.66	9.87 (10.34)
50	1963.50	3927	5890	7854	9817	11781	13744	15708	17671	157.08	15.41 (16.28)

注：括号内为预应力螺纹钢筋的数值。

18.2.2　钢绞线的公称直径、公称截面面积及理论重量

钢绞线的公称直径、公称截面面积及理论重量如表 18-7 所示。

钢绞线的公称直径、公称截面面积及理论重量　　　　　　　　表 18-7

序号	种类	公称直径 (mm)	公称截面面积 (mm²)	理论重量 (kg/m)
1	1×3	8.6	37.7	0.296
2		10.8	58.9	0.462
3		12.9	84.8	0.666
4	1×7 标准型	9.5	54.8	0.430
5		12.7	98.7	0.775
6		15.2	140	1.101
7		17.8	191	1.500
8		21.6	285	2.237

18.2.3　钢丝的公称直径、公称截面面积及理论重量

钢丝的公称直径、公称截面面积及理论重量如表 18-8 所示。

钢丝的公称直径、公称截面面积及理论重量　　　　　　　　表 18-8

序号	公称直径 (mm)	公称截面面积 (mm²)	理论重量 (kg/m)
1	5.0	19.63	0.154
2	7.0	38.48	0.302
3	9.0	63.62	0.499

18.2.4　各种钢筋间距时板每米宽钢筋截面面积

各种钢筋间距时板每米宽钢筋截面面积如表 18-9 所示。

各种钢筋间距时板每米宽钢筋截面面积   表 18-9

钢筋间距 (mm)	钢筋直径 (mm)											
	6	6/8	8	8/10	10	10/12	12	12/14	14	14/16	16	16/18
70	404	561	718	920	1122	1369	1616	1907	2199	2536	2872	3254
75	377	524	670	859	1047	1278	1508	1780	2053	2367	2681	3037
80	353	491	628	805	982	1198	1414	1669	1924	2219	2513	2847
85	333	462	591	758	924	1127	1331	1571	1811	2088	2365	2680
90	314	436	559	716	873	1065	1257	1484	1710	1972	2234	2531
95	298	413	529	678	827	1009	1190	1405	162	1868	2116	2398
100	283	393	503	644	785	958	1131	1335	1539	1775	2011	2278
110	257	357	457	585	714	871	1028	1214	1399	1614	1828	2071
120	236	327	419	537	654	798	942	1113	1283	1479	1676	1898
130	217	302	387	495	604	737	870	1027	1184	1365	1547	1752
140	202	280	359	460	561	684	808	954	1100	1268	1436	1627
150	188	262	335	429	524	639	754	890	1026	1183	1340	1518
160	177	245	314	403	491	599	707	834	962	1109	1257	1424
170	166	231	296	379	462	564	665	785	906	1044	1183	1340
180	157	218	279	358	436	532	628	742	855	986	1117	1265
190	149	207	265	339	413	504	595	703	810	934	1058	1199
200	141	196	251	322	393	479	565	668	770	887	1005	1139
210	135	187	239	307	374	456	539	636	733	845	957	1085
220	129	178	228	293	357	436	514	607	700	807	914	1035
230	123	171	219	280	341	417	492	581	669	772	874	990
240	118	164	209	268	327	399	471	556	641	740	838	949
250	113	157	201	258	314	383	452	534	616	710	804	911
260	109	151	193	247	302	369	435	514	592	683	773	876
270	105	145	186	239	291	355	419	495	570	657	745	844
280	101	140	180	230	280	342	404	477	550	634	718	813
290	97	135	173	222	271	330	390	460	531	612	693	785
300	94	131	168	215	262	319	377	445	513	592	670	759
310	91	127	162	208	253	309	365	431	497	573	649	735
320	88	123	157	201	245	299	353	417	481	555	628	712
330	86	119	152	195	238	290	343	405	466	538	609	690

注：钢筋直径中的 6/8，8/10；10/12……是指两种直径的钢筋间隔放置。

18.3 部分建筑结构荷载

18.3.1 常用材料和构件的自重

一般材料和构件的单位自重可取其平均值，对于自重变异较大的材料和构件，自重的标准值应根据对结构的不利或有利状态，分别取上限值或下限值。常用材料和构件单位体积的自重可按表 18-10 采用。

常用材料和构件的自重表　　　　　　表 18-10

序号	名　称		自重	备　注
1	一、木材 （kN/m³）	杉木	4.0	随含水率而不同
2		冷杉、云杉、红松、华山松、樟子松、铁杉、拟赤杨、红椿、杨木、枫杨	4.0～5.0	随含水率而不同
3		马尾松、云南松、油松、赤松、广东松、枱木、枫香、柳木、檫木、秦岭落叶松、新疆落叶松	5.0～6.0	随含水率而不同
4		东北落叶松、陆均松、榆木、桦木、水曲柳、苦楝、木荷、臭椿	6.0～7.0	随含水率而不同
5		锥木（栲木）、石栎、槐木、乌墨	7.0～8.0	随含水率而不同
6		青冈栎（槠木）、栎木（柞木）、桉树、木麻黄	8.0～9.0	随含水率而不同
7		普通木板条、椽檩木料	5.0	随含水率而不同
8		锯末	2.0～2.5	加防腐剂时为 3kN/m³
9		木丝板	4.0～5.0	—
10		软木板	2.5	—
11		刨花板	6.0	—
12	二、胶合板材 （kN/m²）	胶合三夹板（杨木）	0.019	
13		胶合三夹板（椴木）	0.022	
14		胶合三夹板（水曲柳）	0.028	
15		胶合五夹板（杨木）	0.030	
16		胶合五夹板（椴木）	0.034	
17		胶合五夹板（水曲柳）	0.040	
18		甘蔗板（按 10mm 厚计）	0.030	常用厚度为 13mm，15mm，19mm，25mm
19		隔音板（按 10mm 厚计）	0.030	常用厚度为 13mm，20mm
20		木屑板（按 10mm 厚计）	0.120	常用厚度为 6mm，10mm
21	三、金属矿产 （kN/m³）	锻铁	77.5	—
22		铁矿渣	27.6	
23		赤铁矿	25.0～30.0	
24		钢	78.5	
25		紫铜、赤铜	89.0	
26		黄铜、青铜	85.0	
27		硫化铜矿	42.0	
28		铝	27.0	
29		铝合金	28.0	

序号	名 称		自重	备 注
30		锌	70.5	—
31		亚锌矿	40.5	—
32		铅	114.0	—
33		方铅矿	74.5	—
34		金	193.0	—
35		白金	213.0	—
36		银	105.0	—
37		锡	73.5	—
38		镍	89.0	—
39		水银	136.0	—
40		钨	189.0	—
41	三、金属矿产 (kN/m^3)	镁	18.5	—
42		锑	66.6	—
43		水晶	29.5	—
44		硼砂	17.5	—
45		硫矿	20.5	—
46		石棉矿	24.6	—
47		石棉	10.0	压实
48		石棉	4.0	松散，含水量不大于15%
49		石垩(高岭土)	22.0	—
50		石膏矿	25.5	—
51		石膏	13.0~14.5	粗块堆放 $\varphi=30°$ 细块堆放 $\varphi=40°$
52		石膏粉	9.0	—
53	四、土、砂、砂砾、岩石 (kN/m^3)	腐殖土	15.0~16.0	干，$\varphi=40°$；湿，$\varphi=35°$；很湿，$\varphi=25°$
54		黏土	13.5	干，松，空隙比为1.0；
55		黏土	16.0	干，$\varphi=40°$，压实
56		黏土	18.0	湿，$\varphi=35°$，压实
57		黏土	20.0	很湿，$\varphi=25°$，压实
58		砂土	12.2	干，松
59		砂土	16.0	干，$\varphi=35°$，压实
60		砂土	18.0	湿，$\varphi=35°$，压实
61		砂土	20.0	很湿，$\varphi=25°$，压实
62		砂子	14.0	干，细砂
63		砂子	17.0	干，粗砂
64		卵石	16.0~18.0	干
65		黏土夹卵石	17.0~18.0	干，松

序号		名　　称	自重	备　　注
66		砂夹卵石	15.0~17.0	干，松
67		砂夹卵石	16.0~19.2	干，压实
68		砂夹卵石	18.9~19.2	湿
69		浮石	6.0~8.0	干
70		浮石填充料	4.0~6.0	—
71		砂岩	23.6	—
72		页岩	28.0	
73		页岩	14.8	片石堆置
74		泥灰石	14.0	$\varphi=40°$
75		花岗岩、大理石	28.0	
76		花岗岩	15.4	片石堆置
77		石灰石	26.4	
78	四、土、砂、砂砾、岩石（kN/m³）	石灰石	15.2	片石堆置
79		贝壳石灰岩	14.0	
80		白云石	16.0	片石堆置，$\varphi=48°$
81		滑石	27.1	—
82		火石(燧石)	35.2	—
83		云斑石	27.6	—
84		玄武岩	29.5	
85		长石	25.5	
86		角闪石、绿石	30.0	
87		角闪石、绿石	17.1	片石堆置
88		碎石子	14.0~15.0	堆置
89		岩粉	16.0	黏土质或石灰质的
90		多孔黏土	5.0~8.0	作填充料用，$\varphi=35°$
91		硅藻土填充料	4.0~6.0	—
92		辉绿岩板	29.5	
93		普通砖	18.0	240mm×115mm×53mm(684 块/m³)
94		普通砖	19.0	机器制
95		缸砖	21.0~21.5	230mm×110mm×65mm(609 块/m³)
96		红缸砖	20.4	
97	五、砖及砌块（kN/m³）	耐火砖	19.0~22.0	230mm×110mm×65mm(609 块/m³)
98		耐酸瓷砖	23.0~25.0	230mm×113mm×65mm(590 块/m³)
99		灰砂砖	18.0	砂：白灰=92：8
100		煤渣砖	17.0~18.5	
101		矿渣砖	18.5	硬矿渣：烟灰：石灰=75：15：10
102		焦渣砖	12.0~14.0	—

序号	名 称		自重	备 注
103	五、砖及砌块（kN/m³）	烟灰砖	14.0～15.0	炉渣：电石渣：烟灰＝30：40：30
104		黏土坯	12.0～15.0	—
105		锯末砖	9.0	—
106		焦渣空心砖	10.0	290mm×290mm×140mm(85 块/m³)
107		水泥空心砖	9.8	290mm×290mm×140mm(85 块/m³)
108		水泥空心砖	10.3	300mm×250mm×110mm(121 块/m³)
109		水泥空心砖	9.6	300mm×250mm×160mm(83 块/m³)
110		蒸压粉煤灰砖	14.0～16.0	干重度
111		陶粒空心砌块	5.0	长 600mm、400mm，宽 150mm、250mm，高 250mm、200mm
			6.0	390mm×290mm×190mm
112		粉煤灰轻渣空心砌块	7.0～8.0	390mm×290mm×190mm，390mm×240mm×190mm
113		蒸压粉煤灰加气混凝土砌块	5.5	—
114		混凝土空心小砌块	11.8	390mm×190mm×190mm
115		碎砖	12.0	堆置
116		水泥花砖	19.8	200mm×200mm×24mm(1042 块/m³)
117		瓷面砖	17.8	150mm×150mm×8mm(5556 块/m³)
118		陶瓷马赛克	0.12kg/m²	厚 5mm
119	六、石灰、水泥、灰浆及混凝土（kN/m³）	生石灰块	11.0	堆置，$\varphi=30°$
120		生石灰粉	12.0	堆置，$\varphi=35°$
121		熟石灰膏	13.5	—
122		石灰砂浆、混合砂浆	17.0	—
123		水泥石灰焦渣砂浆	14.0	—
124		石灰炉渣	10.0～12.0	—
125		水泥炉渣	12.0～14.0	—
126		石灰焦渣砂浆	13.0	—
127		灰土	17.5	石灰：土＝3：7，夯实
128		稻草石灰泥	16.0	—
129		纸筋石灰泥	16.0	—
130		石灰锯末	3.4	石灰：锯末＝1：3
131		石灰三合土	17.5	石灰、砂子、卵石
132		水泥	12.5	轻质松散，$\varphi=20°$
133		水泥	14.5	散装，$\varphi=30°$
134		水泥	16.0	袋装压实，$\varphi=40°$
135		矿渣水泥	14.5	—
136		水泥砂浆	20.0	—

序号	名　称		自重	备　注
137		水泥蛭石砂浆	5.0～8.0	—
138		石棉水泥浆	19.0	—
139		膨胀珍珠岩砂浆	7.0～15.0	—
140		石膏砂浆	12.0	—
141		碎砖混凝土	18.5	—
142		素混凝土	22.0～24.0	振捣或不振捣
143		矿渣混凝土	20.0	—
144		焦渣混凝土	16.0～17.0	承重用
145		焦渣混凝土	10.0～14.0	填充用
146	六、石灰、水泥、灰浆及混凝土（kN/m³）	铁屑混凝土	28.0～65.0	
147		浮石混凝土	9.0～14.0	
148		沥青混凝土	20.0	
149		无砂大孔性混凝土	16.0～19.0	
150		泡沫混凝土	4.0～6.0	
151		加气混凝土	5.5～7.5	单块
152		石灰粉煤灰加气混凝土	6.0～6.5	
153		钢筋混凝土	24.0～25.0	
154		碎砖钢筋混凝土	20.0	
155		钢丝网水泥	25.0	用于承重结构
156		水玻璃耐酸混凝土	20.0～23.5	
157		粉煤灰陶砾混凝土	19.5	
158	七、沥青、煤灰、油料（kN/m³）	石油沥青	10.0～11.0	根据相对密度
159		柏油	12.0	—
160		煤沥青	13.4	—
161		煤焦油	10.0	—
162		无烟煤	15.5	整体
163		无烟煤	9.5	块状堆放，$\varphi=30°$
164		无烟煤	8.0	碎块堆放，$\varphi=35°$
165		煤末	7.0	堆放，$\varphi=15°$
166		煤球	10.0	堆放
167		褐煤	12.5	—
168		褐煤	7.0～8.0	堆放
169		泥炭	7.5	—
170		泥炭	3.2～4.2	堆放
171		木炭	3.0～5.0	
172		煤焦	12.0	
173		煤焦	7.0	堆放，$\varphi=45°$

序号	名　称		自重	备　注
174	七、沥青、煤灰、油料（kN/m³）	焦渣	10.0	—
175		煤灰	6.5	—
176		煤灰	8.0	压实
177		石墨	20.8	—
178		煤蜡	9.0	—
179		油蜡	9.6	—
180		原油	8.8	—
181		煤油	8.0	—
182		煤油	7.2	桶装，相对密度 0.82~0.89
183		润滑油	7.4	—
184		汽油	6.7	—
185		汽油	6.4	桶装，相对密度 0.72~0.76
186		动物油、植物油	9.3	—
187		豆油	8.0	大铁桶装，每桶 360kg
188	八、杂项（kN/m³）	普通玻璃	25.6	—
189		钢丝玻璃	26.0	—
190		泡沫玻璃	3.0~5.0	—
191		玻璃棉	0.5~1.0	作绝缘层填充料用
192		岩棉	0.5~2.5	—
193		沥青玻璃棉	0.8~1.0	导热系数 0.035~0.047[W/(m·K)]
194		玻璃棉板（管套）	1.0~1.5	
195		玻璃钢	14.0~22.0	—
196		矿渣棉	1.2~1.5	松散，导热系数 0.031~0.044[W/(m·K)]
197		矿渣棉制品（板、砖、管）	3.5~4.0	导热系数 0.047~0.07[W/(m·K)]
198		沥青矿渣棉	1.2~1.6	导热系数 0.041~0.052[W/(m·K)]
199		膨胀珍珠岩粉料	0.8~2.5	干、松散，导热系数 0.052~0.076[W/(m·K)]
200		水泥珍珠岩制品、憎水珍珠岩制品	3.5~4.0	强度 1N/m²，导热系数 0.058~0.081[W/(m·K)]
201		膨胀蛭石	0.8~2.0	导热系数 0.052~0.07[W/(m·K)]
202		沥青蛭石制品	3.5~4.5	导热系数 0.081~0.105[W/(m·K)]
203		水泥蛭石制品	4.0~6.0	导热系数 0.093~0.14[W/(m·K)]
204		聚氯乙烯板（管）	13.6~16.0	
205		聚苯乙烯泡沫塑料	0.5	导热系数不大于 0.035[W/(m·K)]
206		石棉板	13.0	含水率不大于 3%
207		乳化沥青	9.8~10.5	—

序号	名　称		自重	备　注
208	八、杂项 （kN/m³）	软性橡胶	9.30	—
209		白磷	18.30	
210		松香	10.70	
211		磁	24.00	
212		酒精	7.85	100%纯
213		酒精	6.60	桶装，相对密度 0.79～0.82
214		盐酸	12.00	浓度 40%
215		硝酸	15.10	浓度 91%
216		硫酸	17.90	浓度 87%
217		火碱	17.00	浓度 60%
218		氯化铵	7.50	袋装堆放
219		尿素	7.50	袋装堆放
220		碳酸氢铵	8.00	袋装堆放
221		水	10.00	温度 4℃密度最大时
222		冰	8.96	—
223		书籍	5.00	书架藏置
224		道林纸	10.00	—
225		报纸	7.00	—
226		宣纸类	4.00	—
227		棉花、棉纱	4.00	压紧平均重量
228		稻草	1.20	—
229		建筑碎料（建筑垃圾）	15.00	—
230	九、食品 （kN/m³）	稻谷	6.00	$\varphi=35°$
231		大米	8.50	散放
232		豆类	7.50～8.00	$\varphi=20°$
233		豆类	6.80	袋装
234		小麦	8.00	$\varphi=25°$
235		面粉	7.00	—
236		玉米	7.80	$\varphi=28°$
237		小米、高粱	7.00	散装
238		小米、高粱	6.00	袋装
239		芝麻	4.50	袋装
240		鲜果	3.50	散装
241		鲜果	3.00	装箱
242		花生	2.00	袋装带壳
243		罐头	4.50	箱装

序号	名　称		自重	备　注
244	九、食品（kN/m³）	酒、酱、油、醋	4.00	成瓶装箱
245		豆饼	9.00	圆饼放置，每块 28kg
246		矿盐	10.0	成块
247		盐	8.60	细粒散放
248		盐	8.10	袋装
249		砂糖	7.50	散装
250		砂糖	7.00	袋装
251	十、砌体（kN/m³）	浆砌细方石	26.4	花岗石、方整石块
252		浆砌细方石	25.6	石灰石
253		浆砌细方石	22.4	砂岩
254		浆砌毛方石	24.3	花岗石，上下面大致平整
255		浆砌毛方石	24.0	石灰石
256		浆砌毛方石	20.8	砂岩
257		干砌毛石	20.8	花岗石，上下面大致平整
258		干砌毛石	20.0	石灰石
259		干砌毛石	17.6	砂岩
260		浆砌普通砖	18.0	—
261		浆砌机砖	19.0	—
262		浆砌缸砖	21.0	—
263		浆砌耐火砖	22.0	—
264		浆砌矿渣砖	21.0	—
265		浆砌焦渣砖	12.5～14.0	—
266		土坯砖砌体	16.0	—
267		黏土砖空斗砌体	17.0	中填碎瓦砾，一眠一斗
268		黏土砖空斗砌体	13.0	全斗
269		黏土砖空斗砌体	12.5	不能承重
270		黏土砖空斗砌体	15.0	能承重
271		粉煤灰泡沫砌块砌体	8.0～8.5	粉煤灰：电石渣：废石膏＝74：22：4
272		三合土	17.0	灰：砂：土＝1：1：9～1：1：4
273	十一、隔墙与墙面（kN/m²）	双面抹灰板条隔墙	0.90	每面抹灰厚 16～24mm，龙骨在内
274		单面抹灰板条隔墙	0.50	灰厚 16～24mm，龙骨在内
275		C 形轻钢龙骨隔墙	0.27	两层 12mm 纸面石膏板，无保温层
276			0.32	两层 12mm 纸面石膏板，中填岩面保温板 50mm
277			0.38	三层 12mm 纸面石膏板，无保温层

序号	名　称	自重	备　注
278	C形轻钢龙骨隔墙	0.43	三层12mm纸面石膏板，中填岩面保温板50mm
279		0.49	四层12mm纸面石膏板，无保温层
280		0.54	四层12mm纸面石膏板，中填岩面保温板50mm
281	十一、隔墙与墙面（kN/m²） 贴瓷砖墙面	0.50	包括水泥砂浆打底，共厚25mm
282	水泥粉刷墙面	0.36	20mm厚，水泥粗砂
283	水磨石墙面	0.55	25mm厚，包括打底
284	水刷石墙面	0.50	25mm厚，包括打底
285	石灰粗砂粉刷	0.34	20mm厚
286	剁假石墙面	0.50	25mm厚，包括打底
287	外墙拉毛墙面	0.70	包括25mm，水泥砂浆打底
288	十二、屋架、门窗（kN/m²） 木屋架	$0.07+0.007l$	按屋面水平投影面积计算，跨度l以m计算
289	钢屋架	$0.12+0.011l$	无天窗，包括支撑，按屋面水平投影面积计算，跨度l以m计算
290	木框玻璃窗	0.20~0.30	—
291	钢框玻璃窗	0.40~0.45	—
292	木门	0.10~0.20	—
293	钢铁门	0.40~0.45	—
294	十三、屋顶（kN/m²） 黏土平瓦屋面	0.55	按实际面积计算，下同
295	水泥平瓦屋面	0.50~0.55	—
296	小青瓦屋面	0.90~1.10	—
297	冷摊瓦屋面	0.50	—
298	石板瓦屋面	0.46	厚6.3mm
299	石板瓦屋面	0.71	厚9.5mm
300	石板瓦屋面	0.96	厚12.1mm
301	麦秸泥灰顶	0.16	以10mm厚计
302	石棉板瓦	0.18	仅瓦自重
303	波形石棉瓦	0.20	1820mm×725mm×8mm
304	镀锌薄钢板	0.05	24号
305	瓦楞铁	0.05	26号
306	彩色钢板波形瓦	0.12~0.13	0.6mm厚彩色钢板
307	拱形彩色钢板屋面	0.30	包括保温及灯具重0.15kN/m²
308	有机玻璃屋面	0.06	厚1.0mm
309	玻璃屋顶	0.30	9.5mm夹丝玻璃，框架自重在内
310	玻璃砖顶	0.65	框架自重在内

序号	名　称		自重	备　注
311	十三、屋顶 (kN/m²)	油毡防水层(包括改性沥青防水卷材)	0.05	一层油毡刷油两遍
312		油毡防水层(包括改性沥青防水卷材)	0.25～0.3	四层作法,一毡二油上铺小石子
313		油毡防水层(包括改性沥青防水卷材)	0.3～0.35	六层作法,二毡三油上铺小石子
314		油毡防水层(包括改性沥青防水卷材)	0.35～0.4	八层作法,三毡四油上铺小石子
315		捷罗克防水层	0.1	厚 8mm
316		屋顶天窗	0.35～0.4	9.5mm 夹丝玻璃,框架自重在内
317	十四、顶棚 (kN/m²)	钢丝网抹灰吊顶	0.45	—
318		麻刀灰板条顶棚	0.45	吊木在内,平均灰厚 20mm
319		砂子灰板条顶棚	0.55	吊木在内,平均灰厚 25mm
320		苇箔抹灰顶棚	0.48	吊木在龙骨内
321		松木板顶棚	0.25	吊木在内
322		三夹板顶棚	0.18	吊木在内
323		马粪纸顶棚	0.15	吊木及盖缝条在内
324		木丝板吊顶棚	0.26	厚 25mm,吊木及盖缝条在内
325		木丝板吊顶棚	0.29	厚 30mm,吊木及盖缝条在内
326		隔声纸板顶棚	0.17	厚 10mm,吊木及盖缝条在内
327		隔声纸板顶棚	0.18	厚 13mm,吊木及盖缝条在内
328		隔声纸板顶棚	0.20	厚 20mm,吊木及盖缝条在内
329		V 型轻钢龙骨吊顶	0.12	一层 9mm 纸面石膏板,无保温层
330			0.17	二层 9mm 纸面石膏板,有厚 50mm 的岩棉板保温层
331			0.20	二层 9mm 纸面石膏板,无保温层
332			0.25	二层 9mm 纸面石膏板,有厚 50mm 的岩棉板保温层
333		V 型轻钢龙骨及铝合金龙骨吊顶	0.10～0.12	一层矿棉吸声板厚 15mm,无保温层
334		顶棚上铺焦渣锯末绝缘层	0.20	厚 50mm 焦渣、锯末按 1∶5 混合
335	十五、地面 (kN/m²)	地板格栅	0.20	仅格栅自重
336		硬木地板	0.20	厚 25mm,剪刀撑、钉子等自重在内,不包括格栅自重
337		松木地板	0.18	—
338		小瓷砖地面	0.55	包括水泥粗砂打底
339		水泥花砖地面	0.60	砖厚 25mm,包括水泥粗砂打底

序号	名　称			自重	备　注
340	十五、地面 （kN/m²）	水磨石地面		0.65	10mm 面层，20mm 水泥砂浆打底
341		油地毡		0.02～0.03	油地纸，地板表面用
342		木块地面		0.70	加防腐油膏铺砌厚 76mm
343		菱苦土地面		0.28	厚 20mm
344		铸铁地面		4.00～5.00	60mm 碎石垫层，60mm 面层
345		缸砖地面		1.70～2.10	60mm 砂垫层，53mm 面层，平铺
346		缸砖地面		3.30	60mm 砂垫层，115mm 面层侧铺
347		黑砖地面		1.50	砂垫层，平铺
348	十六、建筑用 压型钢板 （kN/m²）	单波型 V-300(S-30)		0.120	波高 173mm，板厚 0.8mm
349		双波型 W-500		0.110	波高 130mm，板厚 0.8mm
350		三波型 V-200		0.135	波高 70mm，板厚 1mm
351		多波型 V-125		0.065	波高 35mm，板厚 0.6mm
352		多波型 V-115		0.079	波高 35mm，板厚 0.6mm
353	十七、建筑 墙板 （kN/m²）	彩色钢板金属幕墙板		0.11	两层，彩色钢板厚 0.6mm，聚苯乙烯芯材厚 25mm
354		金属绝热材料（聚氨酯）复合板		0.14	板厚 40mm，钢板厚 0.6mm
355				0.15	板厚 60mm，钢板厚 0.6mm
356				0.16	板厚 80mm，钢板厚 0.6mm
357		彩色钢板夹聚苯乙烯保温板		0.12～0.15	两层，彩色钢板厚 0.6mm，聚苯乙烯芯材厚 50～250mm
358		彩色钢板岩棉夹心板		0.24	板厚 100mm，两层彩色钢板，Z 型龙骨岩棉芯材
359				0.25	板厚 120mm，两层彩色钢板，Z 型龙骨岩棉芯材
360		GRC 增强水泥聚苯复合保温板		1.13	—
361		GRC 空心隔墙板		0.30	长(2400～2800)mm，宽 600mm，厚 60mm
362		GRC 内隔墙板		0.35	长(2400～2800)mm，宽 600mm，厚 60mm
363		轻质 GRC 保温板		0.14	3000mm×600mm×60mm
364		轻质 GRC 空心隔墙板		0.17	3000mm×600mm×60mm
365		轻质大型墙板（太空板系列）		0.70～0.90	6000mm×1500mm×120mm，高强水泥发泡芯材
366		轻质条型墙板（太空板系列）	厚度 80mm	0.40	准规格 3000mm×1000(1200、1500)mm 高强水泥发泡
367			厚度 100mm	0.45	芯材，按不同檩距及荷载配有不同钢骨架及冷拔钢丝网
368			厚度 120mm	0.50	

序号	名 称		自重	备 注
369	十七、建筑墙板（kN/m²）	GRC墙板	0.11	厚10mm
370		钢丝网岩棉夹芯复合板（GY板）	1.10	岩棉芯材厚50mm，双面钢丝网水泥砂浆各厚25mm
371		硅酸钙板	0.08	板厚6mm
372			0.10	板厚8mm
373			0.12	板厚10mm
374		泰柏板	0.95	板厚10mm，钢丝网片夹聚苯乙烯保温层，每面抹水泥砂浆层20mm
375		蜂窝复合板	0.14	厚75mm
376		石膏珍珠岩空心条板	0.45	长(2500～3000)mm，宽600mm，厚60mm
377		加强型水泥石膏聚苯保温板	0.17	3000mm×600mm×60mm
378		玻璃幕墙	1.00～1.50	一般可按单位面积玻璃自重增大20%～30%采用

18.3.2 雪荷载、风荷载及温度作用

雪荷载、风荷载及温度作用如表 18-11 所示。

雪荷载、风荷载及温度作用 表 18-11

序号	项目	内 容
1	雪荷载标准值及基本雪压	(1) 屋面水平投影面上的雪荷载标准值，应按下列公式计算： $$s_k = \mu_r s_0 \qquad (18\text{-}1)$$ 式中 s_k——雪荷载标准值（kN/m²） μ_r——屋面积雪分布系数 s_0——基本雪压（kN/m²） (2) 基本雪压应采用按有关规定的方法确定的 50 年重现期的雪压；对雪荷载敏感的结构，应采用 100 年重现期的雪压 (3) 全国城市的基本雪压值应按表 18-13 现期 R 为 50 年的值采用。当城市或建设地点的基本雪压值在本表 18-13 中没有给出时，基本雪压值应按有关规定的方法，根据当地年最大雪压或雪深资料，按基本雪压定义，通过统计分析确定，分析时应考虑样本数量的影响。当地没有雪压和雪深资料时，可根据附近地区规定的基本雪压或长期资料，通过气象和地形条件的对比分析确定；也可比照全国基本雪压分布图近似确定 (4) 山区的雪荷载应通过实际调查后确定。当无实测资料时，可按当地邻近空旷平坦地面的雪荷载值乘以系数 1.2 采用 (5) 雪荷载的组合值系数可取 0.7；频遇值系数可取 0.6；准永久值系数应按雪荷载分区Ⅰ、Ⅱ和Ⅲ的不同，分别取 0.5、0.2 和 0；雪荷载分区应按表 18-13 的规定采用
2	风荷载标准值及基本风压	(1) 垂直于建筑物表面上的风荷载标准值，应按下列规定确定： 计算主要受力结构时，应按下列公式计算： $$w_k = \beta_z \mu_s \mu_z w_0 \qquad (18\text{-}2)$$ 式中 w_k——风荷载标准值（kN/m²） β_z——高度 z 处的风振系数 μ_s——风荷载体型系数 μ_z——风压高度变化系数 w_0——基本风压（kN/m²）

续表 18-11

序号	项目	内　　容
2	风荷载标准值及基本风压	(2) 计算围护结构时，应按下列公式计算： $$w_k = \beta_{gz}\mu_{sl}\mu_z w_0 \qquad (18\text{-}3)$$ 式中　β_{gz}——高度 z 处的阵风系数 　　　μ_{sl}——风荷载局部体型系数 (3) 全国各城市的基本风压值应按表 18-13 重现期 R 为 50 年的值采用。当城市或建设地点的基本风压值在本表 18-13 没有给出时，基本风压值应按有关规定的方法，根据基本风压的定义和当地年最大风速资料，通过统计分析确定，分析时应考虑样本数量的影响。当地没有风速资料时，可根据附近地区规定的基本风压或长期资料，通过气象和地形条件的对比分析确定；也可比照有关全国基本风压分布图近似确定 (4) 风荷载的组合值系数、频遇值系数和准永久值系数可分别取 0.6、0.4 和 0.0
3	温度作用	(1) 一般规定 1) 温度作用应考虑气温变化、太阳辐射及使用热源等因素，作用在结构或构件上的温度作用应采用其温度的变化来表示 2) 计算结构或构件的温度作用效应时，应采用材料的线膨胀系数 α_T。常用材料的线膨胀系数可按表 18-12 采用 3) 温度作用的组合值系数、频遇值系数和准永久值系数可分别取 0.6、0.5 和 0.4 (2) 基本气温 1) 基本气温可采用按有关规定的方法确定的 50 年重现期的月平均最高气温 T_{max} 和月平均最低气温 T_{min}。全国各城市的基本气温值可按表 18-13 采用。当城市或建设地点的基本气温值在有关规定中没有给出时，基本气温值可根据当地气象台站记录的气温资料，按有关规定的方法通过统计分析确定。当地没有气温资料时，可根据附近地区规定的基本气温，通过气象和地形条件的对比分析确定；也可比照有关规定的方法近似确定 2) 对金属结构等对气温变化较敏感的结构，宜考虑极端气温的影响，基本气温 T_{max} 和 T_{min} 可根据当地气候条件适当增加或降低 (3) 均匀温度作用 1) 均匀温度作用的标准值应按下列规定确定： ① 对结构最大温升的工况，均匀温度作用标准值按下列公式计算： $$\Delta T_k = T_{s,max} - T_{0,min} \qquad (18\text{-}4)$$ 式中　ΔT_k——均匀温度作用标准值（℃） 　　　$T_{s,max}$——结构最高平均温度（℃） 　　　$T_{0,min}$——结构最低初始平均温度（℃） ② 对结构最大温降的工况，均匀温度作用标准值按下列公式计算： $$\Delta T_k = T_{s,min} - T_{0,max} \qquad (18\text{-}5)$$ 式中　$T_{s,min}$——结构最低平均温度（℃） 　　　$T_{0,max}$——结构最高初始平均温度（℃） 2) 结构最高平均温度 $T_{s,max}$ 和最低平均温度 $T_{s,min}$ 宜分别根据基本气温 T_{max} 和 T_{min} 按热工学的原理确定。对于有围护的室内结构，结构平均温度应考虑室内外温差的影响；对于暴露于室外的结构或施工期间的结构，宜依据结构的朝向和表面质吸热性质考虑太阳辐射的影响 3) 结构的最高初始平均温度 $T_{0,max}$ 和最低初始平均温度 $T_{0,min}$ 应根据结构的合拢或形成约束的时间确定，或根据施工时结构可能出现的温度按不利情况确定

常用材料的线膨胀系数 α_T　　　　　　　　　　　　　表 18-12

序号	材　料	线膨胀系数 α_T（$\times 10^{-6}$/℃）
1	轻骨料混凝土	7
2	普通混凝土	10
3	砌体	6～10
4	钢，锻铁，铸铁	12
5	不锈钢	16
6	铝，铝合金	24

全国各城市的雪压、风压和基本气温

表 18-13

序号	省市名	城市名	海拔高度 (m)	风压 (kN/m²)			雪压 (kN/m²)			基本气温 (℃)		雪荷载准永久值系数分区
				R=10	R=50	R=100	R=10	R=50	R=100	最低	最高	
1	(1) 北京	北京市	54.0	0.30	0.45	0.50	0.25	0.40	0.45	-13	36	II
2	(2) 天津	天津市	3.3	0.30	0.50	0.60	0.25	0.40	0.45	-12	35	II
3		塘沽	3.2	0.40	0.55	0.65	0.20	0.35	0.40	-12	35	II
4	(3) 上海	上海市	2.8	0.40	0.55	0.60	0.10	0.20	0.25	-4	36	III
5	(4) 重庆	重庆市	259.1	0.25	0.40	0.45	—	—	—	1	37	—
6		奉节	607.3	0.25	0.35	0.40	0.20	0.35	0.40	-1	35	III
7		梁平	454.6	0.20	0.30	0.35	—	—	—	-1	36	—
8		万州	186.7	0.20	0.35	0.45	—	—	—	0	38	—
9		涪陵	273.5	0.20	0.30	0.35	—	—	—	1	37	—
10		金佛山	1905.9	—	—	—	0.35	0.50	0.60	-10	25	II
11	(5) 河北	石家庄市	80.5	0.25	0.35	0.40	0.20	0.30	0.35	-11	36	II
12		蔚县	909.5	0.20	0.30	0.35	0.20	0.30	0.35	-24	33	II
13		邢台市	76.8	0.20	0.30	0.35	0.25	0.35	0.40	-10	36	II
14		丰宁	659.7	0.30	0.40	0.45	0.15	0.25	0.30	-22	33	II
15		围场	842.8	0.35	0.45	0.50	0.20	0.30	0.35	-23	32	II
16		张家口市	724.2	0.35	0.55	0.60	0.15	0.25	0.30	-18	34	II
17		怀来	536.8	0.25	0.35	0.40	0.15	0.20	0.25	-17	35	II
18		承德市	377.2	0.30	0.40	0.45	0.20	0.30	0.35	-19	35	II
19		遵化	54.9	0.30	0.40	0.45	0.25	0.40	0.50	-18	35	II
20		青龙	227.2	0.25	0.30	0.35	0.25	0.40	0.45	-19	34	II
21		秦皇岛市	2.1	0.35	0.45	0.50	0.15	0.25	0.30	-15	33	II
22		霸县	9.0	0.25	0.40	0.45	0.20	0.30	0.35	-14	36	II
23		唐山市	27.8	0.30	0.40	0.45	0.20	0.35	0.40	-15	35	II
24		乐亭	10.5	0.30	0.40	0.45	0.25	0.40	0.45	-16	34	II
25		保定市	17.2	0.30	0.40	0.45	0.20	0.35	0.40	-12	36	II
26		饶阳	18.9	0.30	0.35	0.40	0.20	0.30	0.35	-14	36	II
27		沧州市	9.6	0.30	0.40	0.45	0.20	0.30	0.35	—	—	II
28		黄骅	6.6	0.30	0.40	0.45	0.20	0.30	0.35	-13	36	II
29		南宫市	27.4	0.25	0.35	0.40	0.15	0.25	0.30	-13	37	II

续表18-13

序号	省市名	城市名	海拔高度 (m)	风压 (kN/m²)			雪压 (kN/m²)			基本气温 (℃)		雪荷载准永久值系数分区
				R=10	R=50	R=100	R=10	R=50	R=100	最低	最高	
30	(6) 山西	太原市	778.3	0.30	0.40	0.45	0.25	0.35	0.40	−16	34	II
31		右玉	1345.8	—	0.40	—	0.20	0.30	0.35	−29	31	II
32		大同市	1067.2	0.35	0.55	0.65	0.15	0.25	0.30	−22	32	II
33		河曲	861.5	0.30	0.50	0.60	0.20	0.30	0.35	−24	35	II
34		五寨	1401.0	0.30	0.40	0.45	0.20	0.25	0.30	−25	31	II
35		兴县	1012.6	0.25	0.45	0.55	0.20	0.25	0.30	−19	34	II
36		原平	828.2	0.30	0.50	0.60	0.20	0.30	0.35	−19	34	II
37		离石	950.8	0.30	0.45	0.50	0.20	0.30	0.35	−19	34	II
38		阳泉市	741.9	0.30	0.40	0.45	0.20	0.35	0.40	−13	34	II
39		榆社	1041.4	0.20	0.30	0.35	0.20	0.30	0.35	−17	33	II
40		隰县	1052.7	0.25	0.35	0.40	0.20	0.30	0.35	−16	34	II
41		介休	743.9	0.25	0.40	0.45	0.20	0.30	0.35	−15	35	II
42		临汾市	449.5	0.25	0.40	0.45	0.15	0.25	0.30	−14	37	II
43		长治县	991.8	0.30	0.50	0.60	—	—	—	−15	32	—
44		运城市	376.0	0.30	0.45	0.50	0.15	0.25	0.30	−11	38	II
45		阳城	659.5	0.30	0.45	0.50	0.20	0.30	0.35	−12	34	II
46	(7) 内蒙古	呼和浩特市	1063.0	0.35	0.55	0.60	0.25	0.40	0.45	−23	33	II
47		额右旗拉布达林	581.4	0.35	0.50	0.60	0.35	0.45	0.50	−41	30	I
48		牙克石市图里河	732.6	0.30	0.40	0.45	0.40	0.60	0.70	−42	28	I
49		满洲里市	661.7	0.50	0.65	0.70	0.20	0.30	0.35	−35	30	I
50		海拉尔市	610.2	0.45	0.65	0.75	0.35	0.45	0.50	−38	30	I
51		鄂伦春小二沟	286.1	0.30	0.40	0.45	0.35	0.50	0.55	−40	31	I
52		新巴尔虎右旗	554.2	0.45	0.60	0.65	0.25	0.40	0.45	−32	32	I
53		新巴尔虎左旗阿木古郎	642.0	0.40	0.55	0.60	0.25	0.35	0.40	−34	31	I
54		牙克石市博克图	739.7	0.40	0.55	0.60	0.35	0.55	0.65	−31	28	I
55		扎兰屯市	306.5	0.30	0.40	0.45	0.35	0.55	0.65	−28	32	I
56		科右翼前旗阿尔山	1027.4	0.35	0.50	0.55	0.45	0.60	0.70	−37	27	I
57		科右翼前旗索伦	501.8	0.45	0.55	0.60	0.25	0.35	0.40	−30	31	I

续表18-13

省市名	序号	城市名	海拔高度 (m)	风压 (kN/m²)			雪压 (kN/m²)			基本气温 (℃)		雪荷载准永久值系数分区
				R=10	R=50	R=100	R=10	R=50	R=100	最低	最高	
	58	乌兰浩特市	274.7	0.40	0.55	0.60	0.20	0.30	0.35	−27	32	I
	59	东乌珠穆沁旗	838.7	0.35	0.55	0.65	0.20	0.30	0.35	−33	32	I
	60	额济纳旗	940.5	0.40	0.60	0.70	0.05	0.10	0.15	−23	39	II
	61	额济纳旗拐子湖	960.0	0.45	0.55	0.60	0.05	0.10	0.10	−23	39	II
	62	阿左旗巴彦毛道	1328.1	0.40	0.55	0.60	0.10	0.15	0.20	−23	35	II
	63	阿拉善右旗	1510.1	0.45	0.55	0.60	0.05	0.10	0.10	−20	35	II
	64	二连浩特市	964.7	0.55	0.65	0.70	0.15	0.25	0.30	−30	34	II
	65	那仁宝力格	1181.6	0.40	0.55	0.60	0.20	0.30	0.35	−33	31	I
	66	达茂旗满都拉	1225.2	0.50	0.75	0.85	0.15	0.20	0.25	−25	34	II
	67	阿巴嘎旗	1126.1	0.35	0.50	0.55	0.30	0.45	0.50	−33	31	I
	68	苏尼特左旗	1111.4	0.40	0.50	0.55	0.25	0.35	0.40	−32	33	II
	69	乌拉特后旗海力素	1509.6	0.45	0.50	0.55	0.10	0.15	0.20	−25	33	II
	70	苏尼特右旗朱日和	1150.8	0.50	0.65	0.75	0.15	0.20	0.25	−26	33	II
	71	乌拉特中旗海流图	1288.0	0.45	0.60	0.65	0.20	0.30	0.35	−26	33	II
	72	百灵庙	1376.6	0.50	0.75	0.85	0.25	0.35	0.40	−27	32	II
	73	四子王旗	1490.1	0.40	0.60	0.70	0.30	0.45	0.55	−26	30	II
	74	化德	1482.7	0.45	0.75	0.85	0.15	0.25	0.30	−26	29	II
	75	杭锦后旗陕坝	1056.7	0.30	0.45	0.50	0.15	0.20	0.25	—	—	II
	76	包头市	1067.2	0.35	0.55	0.60	0.15	0.25	0.30	−23	34	II
(7) 内蒙古	77	集宁市	1419.3	0.40	0.60	0.70	0.25	0.35	0.40	−25	30	II
	78	阿拉善左旗吉兰泰	1031.8	0.35	0.50	0.55	0.05	0.10	0.15	−23	37	II
	79	临河市	1039.3	0.30	0.50	0.60	0.15	0.25	0.30	−21	35	II
	80	鄂托克旗	1380.3	0.35	0.55	0.65	0.15	0.20	0.20	−23	33	II
	81	东胜市	1460.4	0.30	0.50	0.60	0.25	0.35	0.40	−21	31	II
	82	阿腾席连	1329.3	0.40	0.50	0.55	0.20	0.30	0.35	—	—	II
	83	巴彦浩特	1561.4	0.40	0.60	0.70	0.15	0.20	0.25	−19	33	II
	84	西乌珠穆沁旗	995.9	0.45	0.55	0.60	0.30	0.40	0.45	−30	30	I
	85	扎鲁特鲁北	265.0	0.40	0.55	0.60	0.20	0.30	0.35	−23	34	II

续表 18-13

序号	省市名	城市名	海拔高度 (m)	风压 (kN/m²)			雪压 (kN/m²)			基本气温 (°C)		雪荷载准永久值系数分区
				R=10	R=50	R=100	R=10	R=50	R=100	最低	最高	
86	(7) 内蒙古	巴林左旗林东	484.4	0.40	0.55	0.60	0.20	0.30	0.35	−26	32	II
87		锡林浩特市	989.5	0.40	0.55	0.60	0.20	0.40	0.45	−30	31	I
88		林西	799.0	0.45	0.60	0.70	0.25	0.40	0.45	−25	32	I
89		开鲁	241.0	0.40	0.55	0.60	0.20	0.30	0.35	−25	34	II
90		通辽	178.5	0.40	0.55	0.60	0.20	0.30	0.35	−25	33	II
91		多伦	1245.4	0.40	0.55	0.60	0.20	0.30	0.35	−28	30	I
92		翁牛特旗乌丹	631.8	—	—	—	0.20	0.30	0.35	−23	32	II
93		赤峰市	571.1	0.30	0.55	0.65	0.20	0.30	0.35	−23	33	II
94		敖汉旗宝国图	400.5	0.40	0.50	0.55	0.25	0.40	0.45	−23	33	II
95	(8) 辽宁	沈阳市	42.8	0.40	0.55	0.60	0.30	0.50	0.55	−24	33	I
96		彰武	79.4	0.35	0.45	0.50	0.20	0.30	0.35	−22	33	II
97		阜新市	144.0	0.40	0.60	0.70	0.25	0.40	0.45	−23	33	II
98		开原	98.2	0.30	0.45	0.50	0.35	0.45	0.55	−27	33	I
99		清原	234.1	0.25	0.40	0.45	0.45	0.70	0.80	−27	33	I
100		朝阳市	169.2	0.40	0.55	0.60	0.30	0.45	0.55	−23	35	II
101		建平县叶柏寿	421.7	0.30	0.35	0.40	0.25	0.35	0.40	−22	35	II
102		黑山	37.5	0.45	0.65	0.75	0.30	0.45	0.50	−21	33	II
103		锦州市	65.9	0.40	0.60	0.70	0.30	0.40	0.45	−18	33	II
104		鞍山市	77.3	0.30	0.50	0.60	0.30	0.45	0.55	−18	34	II
105		本溪市	185.2	0.35	0.45	0.50	0.40	0.55	0.60	−24	33	I
106		抚顺市章党	118.5	0.30	0.45	0.50	0.35	0.45	0.50	−28	33	I
107		桓仁	240.3	0.25	0.30	0.35	0.35	0.50	0.55	−25	32	I
108		绥中	15.3	0.25	0.40	0.45	0.25	0.35	0.40	−19	33	II
109		兴城市	8.8	0.35	0.45	0.50	0.20	0.30	0.35	−19	32	II
110		营口市	3.3	0.40	0.65	0.75	0.30	0.40	0.45	−20	33	II
111		盖县熊岳	20.4	0.30	0.40	0.45	0.25	0.40	0.45	−22	33	II
112		本溪县草河口	233.4	0.25	0.45	0.55	0.35	0.55	0.60	—	—	I
113		岫岩	79.3	0.30	0.45	0.50	0.35	0.50	0.55	−22	33	II

续表18-13

序号	省市名	城市名	海拔高度(m)	风压 (kN/m²)			雪压 (kN/m²)			基本气温(℃)		雪荷载准永久值系数分区
				R=10	R=50	R=100	R=10	R=50	R=100	最低	最高	
114	(8) 辽宁	宽甸	260.1	0.30	0.50	0.60	0.40	0.60	0.70	−26	32	Ⅱ
115		丹东市	15.1	0.35	0.55	0.65	0.30	0.40	0.45	−18	32	Ⅱ
116		瓦房店市	29.3	0.35	0.50	0.55	0.20	0.30	0.35	−17	32	Ⅱ
117		新金县皮口	43.2	0.35	0.50	0.55	0.20	0.30	0.35	—	—	Ⅱ
118		庄河	34.8	0.35	0.50	0.55	0.25	0.35	0.40	−19	32	Ⅱ
119		大连市	91.5	0.40	0.65	0.75	0.25	0.40	0.45	−13	32	Ⅱ
120	(9) 吉林	长春市	236.8	0.45	0.65	0.75	0.30	0.45	0.50	−26	32	Ⅰ
121		白城市	155.4	0.45	0.65	0.75	0.15	0.20	0.25	−29	33	Ⅱ
122		乾安	146.3	0.35	0.45	0.55	0.15	0.20	0.23	−28	33	Ⅱ
123		前郭尔罗斯	134.7	0.30	0.45	0.50	0.15	0.25	0.30	−28	33	Ⅱ
124		通榆	149.5	0.35	0.50	0.55	0.15	0.25	0.30	−28	33	Ⅱ
125		长岭	189.3	0.30	0.45	0.50	0.15	0.20	0.25	−27	32	Ⅱ
126		扶余市三岔河	196.6	0.40	0.60	0.70	0.25	0.35	0.40	−29	32	Ⅱ
127		双辽	114.9	0.35	0.50	0.55	0.20	0.30	0.35	−27	33	Ⅰ
128		四平市	164.2	0.40	0.55	0.60	0.20	0.35	0.40	−24	33	Ⅱ
129		磐石县烟筒山	271.6	0.30	0.40	0.45	0.25	0.40	0.45	−31	31	Ⅰ
130		吉林市	183.4	0.40	0.50	0.55	0.30	0.45	0.50	−31	32	Ⅰ
131		蛟河	295.0	0.30	0.45	0.50	0.50	0.75	0.85	−31	32	Ⅰ
132		敦化市	523.7	0.30	0.45	0.45	0.30	0.50	0.60	−29	30	Ⅰ
133		梅河口市	339.9	0.30	0.40	0.45	0.30	0.45	0.50	−27	32	Ⅰ
134		桦甸	263.8	0.30	0.40	0.45	0.40	0.65	0.75	−33	32	Ⅰ
135		靖宇	549.2	0.25	0.35	0.40	0.40	0.65	0.70	−32	31	Ⅰ
136		抚松县东岗	774.2	0.30	0.45	0.55	0.80	1.15	1.30	−27	30	Ⅰ
137		延吉市	176.8	0.35	0.50	0.55	0.35	0.55	0.65	−26	32	Ⅰ
138		通化市	402.9	0.30	0.50	0.60	0.50	0.80	0.90	−27	32	Ⅰ
139		浑江市临江	332.7	0.20	0.30	0.30	0.45	0.70	0.80	−27	33	Ⅰ
140		集安市	177.7	0.20	0.30	0.35	0.45	0.70	0.80	−26	33	Ⅰ
141		长白	1016.7	0.35	0.45	0.50	0.40	0.60	0.70	−28	39	Ⅰ

续表18-13

序号	省市名	城市名	海拔高度 (m)	风压 (kN/m²)			雪压 (kN/m²)			基本气温 (℃)		雪荷载准永久值系数分区
				$R=10$	$R=50$	$R=100$	$R=10$	$R=50$	$R=100$	最低	最高	
142	(10) 黑龙江	哈尔滨市	142.3	0.35	0.55	0.70	0.30	0.45	0.50	−31	32	I
143		漠河	296.0	0.25	0.35	0.40	0.60	0.75	0.85	−42	30	I
144		塔河	357.4	0.25	0.30	0.35	0.50	0.65	0.75	−38	30	I
145		新林	494.6	0.25	0.35	0.40	0.50	0.65	0.75	−40	29	I
146		呼玛	177.4	0.30	0.50	0.60	0.45	0.60	0.70	−40	31	I
147		加格达奇	371.7	0.25	0.35	0.40	0.45	0.65	0.70	−38	30	I
148		黑河市	166.4	0.35	0.50	0.55	0.60	0.75	0.85	−35	31	I
149		嫩江	242.2	0.40	0.55	0.60	0.40	0.55	0.60	−39	31	I
150		孙吴	234.5	0.40	0.60	0.70	0.45	0.60	0.70	−40	31	I
151		北安市	269.7	0.30	0.50	0.60	0.40	0.55	0.60	−36	31	I
152		克山	234.6	0.30	0.45	0.50	0.30	0.50	0.55	−34	31	I
153		富裕	162.4	0.30	0.40	0.45	0.25	0.35	0.40	−34	32	I
154		齐齐哈尔市	145.9	0.35	0.45	0.50	0.25	0.40	0.45	−30	32	I
155		海伦	239.2	0.35	0.55	0.65	0.30	0.40	0.45	−32	31	I
156		明水	249.2	0.35	0.45	0.50	0.25	0.40	0.45	−30	31	I
157		伊春市	240.9	0.25	0.35	0.40	0.50	0.65	0.75	−36	31	I
158		鹤岗市	227.9	0.30	0.40	0.45	0.45	0.65	0.70	−27	31	I
159		富锦	64.2	0.30	0.45	0.50	0.40	0.55	0.60	−30	31	I
160		泰来	149.5	0.30	0.45	0.50	0.20	0.30	0.35	−28	33	I
161		绥化市	179.6	0.35	0.55	0.65	0.35	0.50	0.60	−32	31	I
162		安达市	149.3	0.35	0.55	0.65	0.20	0.30	0.35	−31	32	I
163		铁力	210.5	0.25	0.35	0.40	0.50	0.75	0.85	−34	31	I
164		佳木斯市	81.2	0.40	0.65	0.75	0.60	0.85	0.95	−30	32	I
165		依兰	100.1	0.45	0.65	0.75	0.30	0.45	0.50	−29	32	I
166		宝清	83.0	0.30	0.40	0.45	0.55	0.85	1.00	−30	31	I
167		通河	108.6	0.35	0.50	0.55	0.50	0.75	0.85	−30	32	I
168		尚志	189.7	0.35	0.55	0.60	0.40	0.55	0.60	−32	32	I
169		鸡西市	233.6	0.40	0.55	0.65	0.45	0.65	0.75	−27	32	I

续表 18-13

序号	省市名	城市名	海拔高度 (m)	风压 (kN/m²)			雪压 (kN/m²)			基本气温 (℃)		雪荷载准永久值系数分区
				R=10	R=50	R=100	R=10	R=50	R=100	最低	最高	
170	(10) 黑龙江	虎林	100.2	0.35	0.45	0.50	0.95	1.40	1.60	−29	31	I
171		牡丹江市	241.4	0.35	0.50	0.55	0.50	0.75	0.85	−28	32	I
172		绥芬河市	496.7	0.40	0.60	0.70	0.60	0.75	0.85	−30	29	I
173	(11) 山东	济南市	51.6	0.30	0.45	0.50	0.20	0.30	0.35	−9	36	II
174		德州市	21.2	0.30	0.45	0.50	0.20	0.35	0.40	−11	36	II
175		惠民	11.3	0.40	0.50	0.55	0.25	0.35	0.40	−13	36	II
176		寿光县羊角沟	4.4	0.30	0.45	0.50	0.15	0.25	0.30	−11	36	II
177		龙口市	4.8	0.45	0.60	0.65	0.25	0.35	0.40	−11	35	II
178		烟台市	46.7	0.40	0.55	0.60	0.30	0.40	0.45	−8	32	II
179		威海市	46.6	0.45	0.65	0.75	0.30	0.50	0.60	−8	32	II
180		荣成市成山头	47.7	0.60	0.70	0.75	0.25	0.40	0.45	−7	30	II
181		莒县朝城	42.7	0.35	0.45	0.50	0.25	0.35	0.40	−12	36	II
182		泰安市泰山	1533.7	0.65	0.85	0.95	0.40	0.55	0.60	−16	25	II
183		泰安市	128.8	0.30	0.40	0.45	0.20	0.35	0.40	−12	33	II
184		淄博市张店	34.0	0.30	0.40	0.45	0.30	0.45	0.50	−12	36	II
185		沂源	304.5	0.30	0.35	0.40	0.20	0.30	0.35	−13	35	II
186		潍坊市	44.1	0.30	0.40	0.45	0.25	0.35	0.40	−12	36	II
187		莱阳市	30.5	0.30	0.40	0.45	0.15	0.25	0.30	−13	35	II
188		青岛市	76.0	0.45	0.60	0.70	0.15	0.20	0.25	−9	33	II
189		海阳	65.2	0.40	0.55	0.60	0.10	0.15	0.15	−10	33	II
190		荣城市石岛	33.7	0.40	0.55	0.65	0.10	0.15	0.15	−8	31	II
191		菏泽市	49.7	0.25	0.40	0.45	0.20	0.30	0.35	−10	36	II
192		兖州	51.7	0.25	0.40	0.45	0.25	0.35	0.45	−11	36	II
193		营县	107.4	0.25	0.35	0.40	0.20	0.35	0.40	−11	35	II
194		临沂	87.9	0.30	0.40	0.45	0.25	0.40	0.45	−10	35	II
195		日照市	16.1	0.30	0.40	0.45	—	—	—	−8	33	—
196	(12) 江苏	南京市	8.9	0.25	0.40	0.45	0.40	0.65	0.75	−6	37	II
197		徐州市	41.0	0.25	0.35	0.40	0.25	0.35	0.40	−8	35	II

续表 18-13

序号	省市名	城市名	海拔高度 (m)	风压 (kN/m²)			雪压 (kN/m²)			基本气温 (℃)		雪荷载准永久值系数分区
				$R=10$	$R=50$	$R=100$	$R=10$	$R=50$	$R=100$	最低	最高	
198		赣榆	2.1	0.30	0.45	0.50	0.25	0.35	0.40	-8	35	Ⅱ
199		盱眙	34.5	0.25	0.35	0.40	0.20	0.30	0.35	-7	36	Ⅱ
200		淮阴市	17.5	0.25	0.40	0.45	0.25	0.40	0.45	-7	35	Ⅱ
201		射阳	2.0	0.30	0.40	0.45	0.15	0.20	0.25	-7	35	Ⅲ
202		镇江	26.5	0.30	0.40	0.45	0.25	0.35	0.40	—	—	Ⅲ
203		无锡	6.7	0.30	0.45	0.50	0.30	0.40	0.45	—	—	Ⅲ
204		泰州	6.6	0.25	0.40	0.45	0.25	0.35	0.40	—	—	Ⅱ
205	(12) 江苏	连云港	3.7	0.35	0.55	0.65	0.25	0.40	0.45	—	—	Ⅲ
206		盐城	3.6	0.25	0.45	0.55	0.20	0.35	0.40	—	—	Ⅲ
207		高邮	5.4	0.25	0.40	0.45	0.20	0.35	0.40	-6	36	Ⅲ
208		东台市	4.3	0.30	0.40	0.45	0.20	0.30	0.35	-6	36	Ⅲ
209		南通市	5.3	0.30	0.45	0.50	0.15	0.25	0.30	-4	36	Ⅲ
210		启东县吕泗	5.5	0.35	0.50	0.55	0.10	0.20	0.25	-4	35	Ⅲ
211		常州市	4.9	0.25	0.40	0.45	0.20	0.35	0.40	-4	37	Ⅲ
212		溧阳	7.2	0.25	0.40	0.45	0.30	0.50	0.55	-5	37	Ⅲ
213		吴县东山	17.5	0.30	0.45	0.50	0.25	0.40	0.45	-5	36	Ⅲ
214		杭州市	41.7	0.30	0.45	0.50	0.30	0.45	0.50	-4	38	Ⅲ
215		临安县天目山	1505.9	0.55	0.75	0.85	1.00	1.60	1.85	-11	28	Ⅱ
216		平湖县乍浦	5.4	0.35	0.45	0.50	0.25	0.35	0.40	-5	36	Ⅲ
217		慈溪市	7.1	0.30	0.45	0.50	0.25	0.35	0.40	-4	37	Ⅲ
218		嵊泗	79.6	0.85	1.30	1.55	—	—	—	-2	34	—
219	(13) 浙江	嵊泗县嵊山	124.6	1.00	1.65	1.95	—	—	—	0	30	—
220		舟山市	35.7	0.50	0.85	1.00	0.30	0.50	0.60	-2	35	Ⅲ
221		金华市	62.6	0.25	0.35	0.40	0.35	0.55	0.65	-3	39	Ⅲ
222		嵊县	104.3	0.25	0.40	0.50	0.35	0.55	0.65	-3	39	Ⅲ
223		宁波市	4.2	0.30	0.50	0.60	0.20	0.30	0.35	-3	37	Ⅲ
224		象山县石浦	128.4	0.75	1.20	1.45	0.20	0.30	0.35	-2	35	Ⅲ
225		衢州市	66.9	0.25	0.35	0.40	0.30	0.50	0.60	-3	38	Ⅲ
226		丽水市	60.8	0.20	0.30	0.35	0.30	0.45	0.50	-3	39	Ⅲ

续表18-13

序号	省市名	城市名	海拔高度 (m)	风压 (kN/m²)			雪压 (kN/m²)			基本气温 (℃)		雪荷载准永久值系数分区
				R=10	R=50	R=100	R=10	R=50	R=100	最低	最高	
227		龙泉	198.4	0.20	0.30	0.35	0.35	0.55	0.65	-2	38	Ⅲ
228		临海市括苍山	1383.1	0.60	0.90	1.05	0.45	0.65	0.75	-8	29	Ⅲ
229	(13) 浙江	温州市	6.0	0.35	0.60	0.70	0.25	0.35	0.40	0	36	Ⅲ
230		椒江市洪家	1.3	0.35	0.55	0.65	0.20	0.30	0.35	-2	36	Ⅲ
231		椒江市下大陈	86.2	0.95	1.45	1.75	0.25	0.35	0.40	-1	33	Ⅲ
232		玉环县坎门	95.9	0.70	1.20	1.45	0.20	0.35	0.40	0	34	Ⅲ
233		瑞安市北麂	42.3	1.00	1.80	2.20	—	—	—	2	33	Ⅱ
234		合肥市	27.9	0.25	0.35	0.40	0.40	0.60	0.70	-6	37	Ⅱ
235		砀山	43.2	0.25	0.35	0.40	0.25	0.40	0.45	-9	36	Ⅱ
236		亳州市	37.7	0.25	0.45	0.55	0.25	0.40	0.45	-8	37	Ⅱ
237		宿县	25.9	0.25	0.40	0.50	0.25	0.40	0.45	-8	36	Ⅱ
238		寿县	22.7	0.25	0.35	0.40	0.30	0.50	0.55	-7	35	Ⅱ
239		蚌埠市	18.7	0.25	0.35	0.40	0.30	0.45	0.55	-6	36	Ⅱ
240		滁县	25.3	0.25	0.35	0.40	0.30	0.50	0.60	-6	36	Ⅱ
241	(14) 安徽	六安市	60.5	0.20	0.35	0.40	0.35	0.55	0.60	-5	37	Ⅱ
242		霍山	68.1	0.20	0.35	0.40	0.45	0.65	0.75	-6	37	Ⅱ
243		巢湖	22.4	0.25	0.35	0.40	0.30	0.45	0.50	-5	37	Ⅱ
244		安庆市	19.8	0.25	0.40	0.45	0.20	0.35	0.40	-3	36	Ⅲ
245		宁国	89.4	0.25	0.35	0.40	0.30	0.50	0.55	-6	38	Ⅲ
246		黄山	1840.4	0.50	0.70	0.80	0.35	0.45	0.50	-11	24	Ⅲ
247		黄山市	142.7	0.25	0.35	0.40	0.30	0.45	0.50	-3	38	Ⅱ
248		阜阳市	30.6	—	—	—	0.35	0.55	0.60	-7	36	Ⅲ
249		南昌市	46.7	0.30	0.45	0.55	0.30	0.45	0.50	-3	38	Ⅲ
250		修水	146.8	0.20	0.30	0.35	0.25	0.40	0.50	-4	37	Ⅲ
251	(15) 江西	宜春市	131.3	0.20	0.30	0.35	0.20	0.40	0.45	-3	38	Ⅲ
252		吉安	76.4	0.25	0.30	0.35	0.25	0.35	0.45	-2	38	Ⅲ
253		宁冈	263.1	0.20	0.30	0.35	0.30	0.45	0.50	-3	38	Ⅲ
254		遂川	126.1	0.20	0.30	0.35	0.30	0.45	0.55	-1	38	Ⅲ

续表 18-13

序号	省市名	城市名	海拔高度 (m)	风压 (kN/m²)			雪压 (kN/m²)			基本气温 (℃)		雪荷载准永久值系数分区
				R=10	R=50	R=100	R=10	R=50	R=100	最低	最高	
255	(15) 江西	赣州市	123.8	0.20	0.30	0.35	0.20	0.35	0.40	0	38	Ⅲ
256		九江	36.1	0.25	0.35	0.40	0.30	0.40	0.45	−2	38	Ⅲ
257		庐山	1164.5	0.40	0.55	0.60	0.60	0.95	1.05	−9	29	Ⅲ
258		波阳	40.1	0.25	0.40	0.45	0.35	0.60	0.70	−3	38	Ⅲ
259		景德镇市	61.5	0.25	0.35	0.40	0.25	0.35	0.40	−3	38	Ⅲ
260		樟树市	30.4	0.20	0.30	0.35	0.25	0.40	0.45	−3	38	Ⅲ
261		贵溪	51.2	0.20	0.30	0.35	0.35	0.50	0.60	−2	38	Ⅲ
262		玉山	116.3	0.20	0.30	0.35	0.35	0.55	0.65	−3	38	Ⅲ
263		南城	80.8	0.25	0.30	0.35	0.20	0.35	0.40	−3	37	Ⅲ
264		广昌	143.8	0.20	0.30	0.35	0.30	0.45	0.50	−2	38	Ⅲ
265		寻乌	303.9	0.25	0.30	0.35	—	—	—	−0.3	37	—
266	(16) 福建	福州市	83.8	0.40	0.70	0.85	0.25	0.35	0.40	3	37	Ⅲ
267		邵武市	191.5	0.20	0.30	0.35	0.40	0.60	0.70	−1	37	Ⅲ
268		崇安县七仙山	1401.9	0.55	0.70	0.80	0.40	0.60	0.70	−5	28	Ⅲ
269		浦城	276.9	0.20	0.30	0.35	0.35	0.55	0.65	−2	37	Ⅲ
270		建阳	196.9	0.25	0.35	0.40	0.35	0.50	0.55	−2	38	Ⅲ
271		建瓯	154.9	0.25	0.35	0.40	0.25	0.35	0.40	0	38	Ⅲ
272		福鼎	36.2	0.35	0.70	0.90	—	—	—	1	37	—
273		泰宁	342.9	0.20	0.30	0.35	0.30	0.50	0.60	−2	37	Ⅲ
274		南平市	125.6	0.20	0.35	0.45	—	—	—	2	38	—
275		福鼎县台山	106.6	0.75	1.00	1.10	—	—	—	4	30	—
276		长汀	310.0	0.20	0.35	0.40	0.15	0.25	0.30	0	36	Ⅲ
277		上杭	197.9	0.25	0.30	0.35	—	—	—	2	36	—
278		永安市	206.0	0.25	0.40	0.45	—	—	—	2	38	—
279		龙岩市	342.3	0.20	0.35	0.45	—	—	—	3	36	—
280		德化县九仙山	1653.5	0.60	0.80	0.90	0.25	0.40	0.50	−3	25	Ⅲ
281		屏南	896.5	0.20	0.30	0.35	0.25	0.45	0.50	−2	32	Ⅲ
282		平潭	32.4	0.75	1.30	1.60	—	—	—	4	34	—

续表 18-13

序号	省市名	城市名	海拔高度 (m)	风压 (kN/m²) R=10	风压 R=50	风压 R=100	雪压 (kN/m²) R=10	雪压 R=50	雪压 R=100	基本气温 (℃) 最低	基本气温 最高	雪荷载准永久值系数分区
283	(16) 福建	崇武	21.8	0.55	0.85	1.05	—	—	—	5	33	—
284		厦门市	139.4	0.50	0.80	0.95	—	—	—	5	35	—
285		东山	53.3	0.80	1.25	1.45	—	—	—	7	34	—
286	(17) 陕西	西安市	397.5	0.25	0.35	0.40	0.20	0.25	0.30	−9	37	II
287		榆林市	1057.5	0.25	0.40	0.45	0.20	0.25	0.30	−22	35	II
288		吴旗	1272.6	0.25	0.40	0.50	0.15	0.20	0.20	−20	33	II
289		横山	1111.0	0.30	0.40	0.45	0.15	0.25	0.30	−21	35	II
290		绥德	929.7	0.30	0.40	0.45	0.20	0.35	0.40	−19	35	II
291		延安市	957.8	0.25	0.35	0.40	0.15	0.25	0.30	−17	34	II
292		长武	1206.5	0.20	0.30	0.35	0.20	0.30	0.35	−15	32	II
293		洛川	1158.3	0.25	0.35	0.40	0.25	0.35	0.40	−15	32	II
294		铜川市	978.9	0.20	0.35	0.40	0.15	0.20	0.25	−12	33	II
295		宝鸡市	612.4	0.20	0.35	0.40	0.15	0.20	0.25	−8	37	II
296		武功	447.8	0.20	0.35	0.40	0.20	0.25	0.30	−9	37	II
297		华阴县华山	2064.9	0.40	0.50	0.55	0.50	0.70	0.75	−15	25	II
298		略阳	794.2	0.25	0.35	0.40	0.10	0.15	0.15	−6	34	III
299		汉中市	508.4	0.20	0.30	0.35	0.15	0.20	0.25	−5	34	III
300		佛坪	1087.7	0.25	0.35	0.45	0.15	0.25	0.30	−8	33	III
301		商州市	742.2	0.25	0.30	0.35	0.20	0.30	0.35	−8	35	II
302		镇安	693.7	0.20	0.35	0.40	0.20	0.30	0.35	−7	36	III
303		石泉	484.9	0.20	0.30	0.35	0.20	0.30	0.35	−5	35	III
304		安康市	290.8	0.30	0.45	0.50	0.10	0.15	0.20	−4	37	III
305	(18) 甘肃	兰州市	1517.2	0.20	0.30	0.35	0.10	0.15	0.20	−15	34	II
306		吉诃德	966.5	0.45	0.55	0.60	—	—	—	—	—	—
307		安西	1170.8	0.40	0.55	0.60	0.10	0.20	0.25	−22	37	II
308		酒泉市	1477.2	0.40	0.55	0.60	0.20	0.30	0.35	−21	33	II
309		张掖市	1482.7	0.30	0.50	0.60	0.05	0.10	0.15	−22	34	II
310		武威市	1530.9	0.35	0.55	0.65	0.15	0.20	0.25	−20	33	II

续表 18-13

序号	省市名	城市名	海拔高度 (m)	风压 (kN/m²)			雪压 (kN/m²)			基本气温 (℃)		雪荷载准永久值系数分区
				R=10	R=50	R=100	R=10	R=50	R=100	最低	最高	
311	(18) 甘肃	民勤	1367.0	0.40	0.50	0.55	0.05	0.10	0.10	−21	35	II
312		乌鞘岭	3045.1	0.35	0.40	0.45	0.35	0.55	0.60	−22	21	II
313		景泰	1630.5	0.25	0.40	0.45	0.10	0.15	0.20	−18	33	II
314		靖远	1398.2	0.20	0.30	0.35	0.15	0.20	0.25	−18	33	II
315		临夏市	1917.0	0.20	0.30	0.35	0.15	0.25	0.30	−18	30	II
316		临洮	1886.6	0.20	0.30	0.35	0.30	0.50	0.55	−19	30	II
317		华家岭	2450.6	0.30	0.40	0.45	0.25	0.40	0.45	−17	24	II
318		环县	1255.6	0.20	0.30	0.35	0.15	0.25	0.30	−18	33	II
319		平凉市	1346.6	0.25	0.30	0.35	0.15	0.25	0.30	−14	32	II
320		西峰镇	1421.0	0.20	0.30	0.35	0.25	0.40	0.45	−14	31	II
321		玛曲	3471.4	0.25	0.30	0.35	0.15	0.25	0.25	−23	21	III
322		夏河县合作	2910.0	0.25	0.30	0.35	0.25	0.40	0.45	−23	24	II
323		武都	1079.1	0.25	0.35	0.40	0.05	0.10	0.15	−5	35	III
324		天水市	1141.7	0.20	0.35	0.40	0.10	0.20	0.25	−11	34	II
325		马宗山	1962.7	—	—	—	0.10	0.15	0.20	−25	32	II
326		敦煌	1139.0	—	—	—	0.10	0.15	0.20	−20	37	II
327		玉门市	1526.0	—	—	—	0.15	0.20	0.25	−21	33	II
328		金塔县鼎新	1177.4	—	—	—	0.05	0.10	0.15	−21	36	II
329		高台	1332.2	—	—	—	0.10	0.15	0.20	−21	34	II
330		山丹	1764.6	—	—	—	0.15	0.20	0.25	−21	32	II
331		永昌	1976.1	—	—	—	0.10	0.15	0.20	−22	29	II
332		榆中	1874.1	—	—	—	0.15	0.20	0.25	−19	30	II
333		会宁	2012.2	—	—	—	0.20	0.30	0.35	—	—	II
334		岷县	2315.0	—	—	—	0.10	0.15	0.20	−19	27	II
335	(19) 宁夏	银川市	1111.4	0.40	0.65	0.75	0.15	0.20	0.25	−19	34	II
336		惠农	1091.0	0.45	0.65	0.70	0.05	0.10	0.10	−20	35	II
337		陶乐	1101.6	—	—	—	0.05	0.10	0.10	−20	35	II
338		中卫	1225.7	0.30	0.45	0.50	0.05	0.10	0.15	−18	33	II

续表18-13

序号	省市名	城市名	海拔高度 (m)	风压 (kN/m²)			雪压 (kN/m²)			基本气温 (℃)		雪荷载准永久值系数分区
				R=10	R=50	R=100	R=10	R=50	R=100	最低	最高	
339	(19) 宁夏	中宁	1183.3	0.30	0.35	0.40	0.10	0.15	0.20	-18	34	II
340		盐池	1347.8	0.30	0.40	0.45	0.20	0.30	0.35	-20	34	II
341		海源	1854.2	0.25	0.35	0.40	0.25	0.40	0.45	-17	30	II
342		同心	1343.9	0.20	0.30	0.35	0.10	0.10	0.15	-18	34	II
343		固原	1753.0	0.25	0.35	0.40	0.30	0.40	0.45	-20	29	II
344		西吉	1916.5	0.20	0.30	0.35	0.15	0.20	0.20	-20	29	II
345	(20) 青海	西宁市	2261.2	0.25	0.35	0.40	0.15	0.20	0.25	-19	29	II
346		茫崖	3138.5	0.30	0.40	0.45	0.05	0.10	0.10	—	—	II
347		冷湖	2733.0	0.40	0.55	0.60	0.05	0.10	0.10	-26	29	II
348		祁连县托勒	3367.0	0.30	0.40	0.45	0.20	0.25	0.30	-32	22	II
349		祁连县野牛沟	3180.0	0.30	0.40	0.45	0.15	0.20	0.20	-31	21	II
350		祁连县	2787.4	0.30	0.35	0.40	0.10	0.15	0.15	-25	25	II
351		格尔木市小灶火	2767.0	0.30	0.40	0.45	0.05	0.10	0.10	-25	30	II
352		大柴旦	3173.2	0.30	0.40	0.45	0.10	0.15	0.15	-27	26	II
353		德令哈市	2918.5	0.25	0.35	0.40	0.10	0.15	0.20	-22	28	II
354		刚察	3301.5	0.25	0.35	0.40	0.20	0.25	0.30	-26	21	II
355		门源	2850.0	0.25	0.35	0.40	0.20	0.30	0.30	-27	24	II
356		格尔木市	2807.6	0.30	0.40	0.45	0.10	0.20	0.25	-21	29	II
357		都兰县诺木洪	2790.4	0.35	0.50	0.60	0.05	0.10	0.10	-22	30	II
358		都兰	3191.1	0.30	0.45	0.55	0.20	0.25	0.30	-21	26	II
359		乌兰县茶卡	3087.6	0.25	0.35	0.40	0.15	0.20	0.25	-25	25	II
360		共和县恰卜恰	2835.0	0.25	0.35	0.40	0.10	0.15	0.20	-22	26	II
361		贵德	2237.1	0.25	0.30	0.35	0.05	0.10	0.10	-18	30	II
362		民和	1813.9	0.20	0.30	0.35	0.10	0.10	0.15	-17	31	II
363		唐古拉山五道梁	4612.2	0.35	0.45	0.50	0.20	0.25	0.30	-29	17	I
364		兴海	3323.2	0.25	0.35	0.40	0.15	0.20	0.20	-25	23	II
365		同德	3289.4	0.25	0.35	0.40	0.20	0.30	0.35	-28	23	II
366		泽库	3662.8	0.25	0.30	0.35	0.30	0.40	0.45	—	—	II

续表 18-13

序号	省市名	城市名	海拔高度 (m)	风压 (kN/m²)			雪压 (kN/m²)			基本气温 (℃)		雪荷载准永久值系数分区
				R=10	R=50	R=100	R=10	R=50	R=100	最低	最高	
367	(20) 青海	格尔木市托托河	4533.1	0.40	0.50	0.55	0.25	0.35	0.40	−33	19	I
368		治多	4179.0	0.25	0.30	0.35	0.15	0.20	0.25	—	—	I
369		杂多	4066.4	0.25	0.35	0.40	0.20	0.25	0.30	−25	22	II
370		曲麻莱	4231.2	0.25	0.35	0.40	0.15	0.25	0.30	−28	20	I
371		玉树	3681.2	0.20	0.30	0.35	0.15	0.20	0.25	−20	24.4	II
372		玛多	4272.3	0.30	0.40	0.45	0.25	0.35	0.40	−33	18	I
373		称多县清水河	4415.4	0.25	0.30	0.35	0.25	0.30	0.35	−33	17	I
374		玛沁县仁峡姆	4211.1	0.30	0.35	0.40	0.20	0.30	0.35	−33	18	I
375		达日县吉迈	3967.5	0.25	0.35	0.40	0.20	0.25	0.30	−27	20	I
376		河南	3500.0	0.25	0.40	0.45	0.20	0.25	0.30	−29	21	II
377		久治	3628.5	0.20	0.30	0.35	0.20	0.25	0.30	−24	21	II
378		昂欠	3643.7	0.25	0.30	0.35	0.10	0.20	0.25	−18	25	II
379		班玛	3750.0	0.20	0.30	0.35	0.15	0.20	0.25	−20	22	II
380	(21) 新疆	乌鲁木齐市	917.9	0.40	0.60	0.70	0.65	0.90	1.00	−23	34	I
381		阿勒泰市	735.3	0.40	0.70	0.85	1.20	1.65	1.85	−28	32	I
382		阿拉山口	284.8	0.95	1.35	1.55	0.20	0.25	0.25	−25	39	I
383		克拉玛依市	427.3	0.65	0.90	1.00	0.20	0.30	0.35	−27	38	I
384		伊宁市	662.5	0.40	0.60	0.70	1.00	1.40	1.55	−23	35	I
385		昭苏	1851.0	0.25	0.40	0.45	0.65	0.85	0.95	−23	26	I
386		达板城	1103.5	0.55	0.80	0.90	0.15	0.20	0.20	−21	32	I
387		巴音布鲁克	2458.0	0.25	0.35	0.40	0.55	0.75	0.85	−40	22	I
388		吐鲁番市	34.5	0.50	0.85	1.00	0.15	0.20	0.25	−20	44	II
389		阿克苏市	1103.8	0.30	0.45	0.50	0.15	0.20	0.30	−20	36	II
390		库车	1099.0	0.35	0.50	0.60	0.15	0.20	0.30	−19	36	II
391		库尔勒	931.5	0.30	0.45	0.50	0.15	0.20	0.30	−18	37	II
392		乌恰	2175.7	0.25	0.35	0.40	0.35	0.50	0.60	−20	31	II
393		喀什	1288.7	0.35	0.55	0.65	0.30	0.45	0.50	−17	36	II

序号	省市名	城市名	海拔高度(m)	风压 (kN/m²)			雪压 (kN/m²)			基本气温 (℃)		雪荷载准永久值系数分区
				R=10	R=50	R=100	R=10	R=50	R=100	最低	最高	
394		阿合奇	1984.9	0.25	0.35	0.40	0.25	0.35	0.40	−21	31	II
395		皮山	1375.4	0.20	0.30	0.35	0.15	0.20	0.25	−18	37	II
396		和田	1374.6	0.25	0.40	0.45	0.10	0.20	0.25	−15	37	II
397		民丰	1409.3	0.20	0.30	0.35	0.10	0.15	0.15	−19	37	II
398		安德河	1262.8	0.20	0.30	0.35	0.05	0.05	0.05	−23	39	II
399		于田	1422.0	0.20	0.30	0.35	0.10	0.15	0.15	−17	36	II
400		哈密	737.2	0.40	0.60	0.70	0.15	0.25	0.30	−23	38	II
401		哈巴河	532.6	—	—	—	0.70	1.00	1.15	−26	33.6	I
402		吉木乃	984.1	—	—	—	0.85	1.15	1.35	−24	31	I
403		福海	500.9	—	—	—	0.30	0.45	0.50	−31	34	I
404		富蕴	807.5	—	—	—	0.95	1.35	1.50	−33	34	I
405		塔城	534.9	—	—	—	1.10	1.55	1.75	−23	35	I
406		和布克赛尔	1291.6	—	—	—	0.25	0.40	0.45	−23	30	I
407	(21) 新疆	青河	1218.2	—	—	—	0.90	1.30	1.45	−35	31	I
408		托里	1077.8	—	—	—	0.55	0.75	0.85	−24	32	I
409		北塔山	1653.7	—	—	—	0.55	0.65	0.70	−25	28	I
410		温泉	1354.6	—	—	—	0.35	0.45	0.50	−25	30	I
411		精河	320.1	—	—	—	0.20	0.30	0.35	−27	38	I
412		乌苏	478.7	—	—	—	0.40	0.55	0.60	−26	37	I
413		石家子	442.9	—	—	—	0.50	0.70	0.80	−28	37	I
414		蔡家湖	440.5	—	—	—	0.40	0.50	0.55	−32	38	I
415		奇台	793.5	—	—	—	0.55	0.75	0.85	−31	34	I
416		巴仑台	1752.5	—	—	—	0.20	0.30	0.35	−20	30	II
417		七角井	873.2	—	—	—	0.05	0.10	0.15	−23	38	II
418		库米什	922.4	—	—	—	0.10	0.15	0.15	−25	38	II
419		焉耆	1055.8	—	—	—	0.15	0.20	0.25	−24	35	II
420		拜城	1229.2	—	—	—	0.20	0.30	0.35	−26	34	II
421		轮台	976.1	—	—	—	0.15	0.20	0.30	−19	38	II
422		吐尔格特	3504.4	—	—	—	0.40	0.55	0.65	−27	18	II

续表18-13

序号	省市名	城市名	海拔高度 (m)	风压 (kN/m²)			雪压 (kN/m²)			基本气温 (℃)		雪荷载准永久值系数分区
				R=10	R=50	R=100	R=10	R=50	R=100	最低	最高	
423	(21) 新疆	巴楚	1116.5	—	—	—	0.10	0.15	0.20	-19	38	II
424		柯坪	1161.8	—	—	—	0.05	0.10	0.15	-20	37	II
425		阿拉尔	1012.2	—	—	—	0.05	0.10	0.10	-20	36	II
426		铁干里克	846.0	—	—	—	0.10	0.15	0.15	-20	39	II
427		若羌	888.3	—	—	—	0.10	0.15	0.20	-18	40	II
428		塔吉克	3090.9	—	—	—	0.15	0.25	0.30	-28	28	II
429		莎车	1231.2	—	—	—	0.15	0.20	0.25	-17	37	II
430		且末	1247.5	—	—	—	0.10	0.15	0.20	-20	37	II
431		红柳河	1700.0	—	—	—	0.10	0.15	0.15	-25	35	II
432	(22) 河南	郑州市	110.4	0.30	0.45	0.50	0.25	0.40	0.45	-8	36	II
433		安阳市	75.5	0.25	0.45	0.55	0.25	0.40	0.45	-8	36	II
434		新乡市	72.7	0.30	0.40	0.45	0.20	0.30	0.35	-8	36	II
435		三门峡市	410.1	0.25	0.40	0.45	0.15	0.20	0.25	-8	36	II
436		卢氏	568.8	0.20	0.30	0.35	0.20	0.30	0.35	-10	35	II
437		孟津	323.3	0.30	0.45	0.50	0.30	0.40	0.50	-8	35	II
438		洛阳市	137.1	0.25	0.40	0.45	0.25	0.35	0.40	-6	36	II
439		栾川	750.1	0.20	0.30	0.35	0.25	0.40	0.45	-9	34	II
440		许昌市	66.8	0.30	0.40	0.45	0.25	0.40	0.45	-8	36	II
441		开封市	72.5	0.30	0.45	0.50	0.20	0.30	0.35	-8	36	II
442		西峡	250.3	0.25	0.35	0.40	0.20	0.30	0.35	-6	36	II
443		南阳市	129.2	0.25	0.35	0.40	0.30	0.45	0.50	-7	36	II
444		宝丰	136.4	0.25	0.35	0.40	0.20	0.30	0.35	-8	36	II
445		西华	52.6	0.25	0.45	0.55	0.30	0.45	0.50	-8	37	II
446		驻马店市	82.7	0.25	0.40	0.45	0.30	0.45	0.50	-8	36	II
447		信阳市	114.5	0.25	0.35	0.40	0.35	0.55	0.65	-6	36	II
448		商丘市	50.1	0.20	0.35	0.45	0.30	0.45	0.50	-8	36	II
449		固始	57.1	0.20	0.35	0.40	0.35	0.50	0.60	-6	36	II

续表 18-13

序号	省市名	城市名	海拔高度 (m)	风压 (kN/m²)			雪压 (kN/m²)			基本气温 (℃)		雪荷载准永久值系数分区
				R=10	R=50	R=100	R=10	R=50	R=100	最低	最高	
450	(23) 湖北	武汉市	23.3	0.25	0.35	0.40	0.30	0.50	0.60	−5	37	II
451		郧县	201.9	0.20	0.30	0.35	0.25	0.40	0.45	−3	37	II
452		房县	434.4	0.20	0.30	0.35	0.20	0.30	0.35	−7	35	III
453		老河口市	90.0	0.20	0.30	0.35	0.25	0.35	0.40	−6	36	II
454		枣阳	125.5	0.25	0.40	0.45	0.25	0.40	0.45	−6	36	II
455		巴东	294.5	0.15	0.30	0.35	0.15	0.20	0.25	−2	38	III
456		钟祥	65.8	0.20	0.35	0.45	0.25	0.35	0.40	−4	36	II
457		麻城市	59.3	0.20	0.35	0.45	0.35	0.55	0.65	−4	37	III
458		恩施市	457.1	0.20	0.30	0.35	0.15	0.20	0.25	−2	36	III
459		巴东县绿葱坡	1819.3	0.30	0.35	0.40	0.65	0.95	1.10	−10	26	III
460		五峰县	908.4	0.20	0.30	0.35	0.25	0.35	0.40	−5	34	III
461		宜昌市	133.1	0.20	0.30	0.35	0.20	0.30	0.35	−3	37	III
462		荆州	32.6	0.20	0.30	0.35	0.25	0.40	0.45	−4	36	II
463		天门市	34.1	0.20	0.30	0.35	0.25	0.35	0.45	−5	36	II
464		来凤	459.5	0.20	0.30	0.35	0.15	0.20	0.25	−3	35	III
465		嘉鱼	36.0	0.20	0.35	0.45	0.25	0.35	0.40	−3	37	III
466		英山	123.8	0.20	0.30	0.35	0.25	0.40	0.45	−5	37	III
467		黄石市	19.6	0.25	0.35	0.40	0.25	0.35	0.40	−3	38	III
468	(24) 湖南	长沙市	44.9	0.25	0.35	0.40	0.30	0.45	0.50	−3	38	III
469		桑植	322.2	0.20	0.30	0.35	0.25	0.35	0.40	−3	36	III
470		石门	116.9	0.25	0.30	0.35	0.25	0.35	0.40	−3	36	III
471		南县	36.0	0.25	0.40	0.50	0.30	0.45	0.50	−3	36	III
472		岳阳市	53.0	0.25	0.40	0.45	0.35	0.55	0.65	−2	36	III
473		吉首市	206.6	0.20	0.30	0.35	0.20	0.30	0.35	−2	36	III
474		沅陵	151.6	0.20	0.30	0.35	0.20	0.35	0.40	−3	37	III
475		常德市	35.0	0.25	0.40	0.50	0.30	0.50	0.60	−3	36	III
476		安化	128.3	0.20	0.30	0.35	0.30	0.45	0.50	−3	38	II
477		沅江市	36.0	0.25	0.40	0.45	0.35	0.55	0.65	−3	37	III

续表 18-13

序号	省市名	城市名	海拔高度 (m)	风压 (kN/m²)			雪压 (kN/m²)			基本气温 (℃)		雪荷载准永久值系数分区
				R=10	R=50	R=100	R=10	R=50	R=100	最低	最高	
478	(24) 湖南	平江	106.3	0.20	0.30	0.35	0.25	0.40	0.45	-4	37	Ⅲ
479		芷江	272.2	0.20	0.30	0.35	0.25	0.35	0.45	-3	36	Ⅲ
480		雪峰山	1404.9	—	—	—	0.50	0.75	0.85	-8	27	Ⅱ
481		邵阳市	248.6	0.20	0.30	0.35	0.20	0.30	0.35	-3	37	Ⅲ
482		双峰	100.0	0.20	0.30	0.35	0.25	0.40	0.45	-4	38	Ⅲ
483		南岳	1265.9	0.60	0.75	0.85	0.50	0.75	0.85	-8	28	Ⅲ
484		通道	397.5	0.25	0.30	0.35	0.15	0.25	0.30	-3	35	Ⅲ
485		武冈	341.0	0.20	0.30	0.35	0.20	0.30	0.35	-3	36	Ⅲ
486		零陵	172.6	0.25	0.40	0.45	0.15	0.25	0.30	-2	37	Ⅲ
487		衡阳市	103.2	0.25	0.40	0.45	0.20	0.35	0.40	-2	38	Ⅲ
488		道县	192.2	0.25	0.35	0.40	0.15	0.20	0.25	-1	37	Ⅲ
489		郴州市	184.9	0.20	0.30	0.35	0.20	0.30	0.35	-2	38	Ⅲ
490	(25) 广东	广州市	6.6	0.30	0.50	0.60	—	—	—	6	36	
491		南雄市	133.8	0.20	0.30	0.35	—	—	—	1	37	
492		连县	97.6	0.20	0.30	0.35	—	—	—	2	37	
493		韶关	69.3	0.20	0.35	0.45	—	—	—	2	37	
494		佛岗	67.8	0.20	0.30	0.35	—	—	—	4	36	
495		连平	214.5	0.20	0.30	0.35	—	—	—	2	36	
496		梅县	87.8	0.20	0.30	0.35	—	—	—	4	37	
497		广宁	56.8	0.20	0.30	0.35	—	—	—	4	36	
498		高要	7.1	0.30	0.50	0.60	—	—	—	6	36	
499		河源	40.6	0.20	0.30	0.35	—	—	—	5	36	
500		惠阳	22.4	0.35	0.55	0.60	—	—	—	6	36	
501		五华	120.9	0.20	0.30	0.35	—	—	—	4	36	
502		汕头市	1.1	0.50	0.80	0.95	—	—	—	6	35	
503		惠来	12.9	0.45	0.75	0.90	—	—	—	7	35	
504		南澳	7.2	0.50	0.80	0.95	—	—	—	9	32	
505		信宜	84.6	0.35	0.60	0.70	—	—	—	7	36	

续表 18-13

序号	省市名	城市名	海拔高度(m)	风压 (kN/m²) R=10	R=50	R=100	雪压 (kN/m²) R=10	R=50	R=100	基本气温 (℃) 最低	最高	雪荷载准永久值系数分区
506	(25) 广东	罗定	53.3	0.20	0.30	0.35	—	—	—	6	37	—
507		台山	32.7	0.35	0.55	0.65	—	—	—	6	35	—
508		深圳市	18.2	0.45	0.75	0.90	—	—	—	8	35	—
509		汕尾	4.6	0.50	0.85	1.00	—	—	—	7	34	—
510		湛江市	25.3	0.50	0.85	0.95	—	—	—	9	36	—
511		阳江	23.3	0.45	0.75	0.90	—	—	—	7	35	—
512		电白	11.8	0.45	0.70	0.80	—	—	—	8	35	—
513		台山县上川岛	21.5	0.75	1.05	1.20	—	—	—	8	35	—
514		徐闻	67.9	0.45	0.75	0.90	—	—	—	10	36	—
515	(26) 广西	南宁市	73.1	0.25	0.35	0.40	—	—	—	6	36	—
516		桂林市	164.4	0.20	0.30	0.35	—	—	—	1	36	—
517		柳州市	96.8	0.20	0.30	0.35	—	—	—	3	36	—
518		蒙山	145.7	0.20	0.30	0.35	—	—	—	2	36	—
519		贺山	108.8	0.20	0.30	0.35	—	—	—	2	36	—
520		百色市	173.5	0.25	0.45	0.55	—	—	—	5	37	—
521		靖西	739.4	0.20	0.30	0.35	—	—	—	4	32	—
522		桂平	42.5	0.20	0.30	0.35	—	—	—	5	36	—
523		梧州市	114.8	0.20	0.30	0.35	—	—	—	4	36	—
524		龙州	128.8	0.20	0.30	0.35	—	—	—	7	36	—
525		灵山	66.0	0.20	0.30	0.35	—	—	—	5	35	—
526		玉林	81.8	0.20	0.30	0.35	—	—	—	5	36	—
527		东兴	18.2	0.45	0.75	0.90	—	—	—	8	34	—
528		北海市	15.3	0.45	0.75	0.90	—	—	—	7	35	—
529		涠洲岛	55.2	0.70	1.10	1.30	—	—	—	9	34	—
530	(27) 海南	海口市	14.1	0.45	0.75	0.90	—	—	—	10	37	—
531		东方	8.4	0.55	0.85	1.00	—	—	—	10	37	—
532		儋县	168.7	0.40	0.70	0.85	—	—	—	9	37	—
533		琼中	250.9	0.30	0.45	0.55	—	—	—	8	36	—

续表 18-13

序号	省市名	城市名	海拔高度 (m)	风压 (kN/m²) R=10	风压 R=50	风压 R=100	雪压 (kN/m²) R=10	雪压 R=50	雪压 R=100	基本气温 (℃) 最低	基本气温 最高	雪荷载准永久值系数分区
534	(27) 海南	琼海	24.0	0.50	0.85	1.05	—	—	—	10	37	—
535		三亚市	5.5	0.50	0.85	1.05	—	—	—	14	36	—
536		陵水	13.9	0.50	0.85	1.05	—	—	—	12	36	—
537		西沙岛	4.7	1.05	1.80	2.20	—	—	—	18	35	—
538		珊瑚岛	4.0	0.70	1.10	1.30	—	—	—	16	36	—
539	(28) 四川	成都市	506.1	0.20	0.30	0.35	0.10	0.10	0.15	−1	34	III
540		石渠	4200.0	0.25	0.30	0.35	0.35	0.50	0.60	−28	19	II
541		若尔盖	3439.6	0.25	0.30	0.35	0.30	0.40	0.45	−24	21	II
542		甘孜	3393.5	0.35	0.45	0.50	0.30	0.50	0.55	−17	25	II
543		都江堰市	706.7	0.20	0.30	0.35	0.15	0.25	0.30	—	35	III
544		绵阳市	470.8	0.20	0.30	0.35	—	—	—	−3	35	—
545		雅安市	627.6	0.20	0.30	0.35	0.10	0.20	0.20	0	34	III
546		资阳	357.0	0.20	0.30	0.35	—	—	—	1	33	—
547		康定	2615.7	0.30	0.35	0.40	0.30	0.50	0.55	−10	23	II
548		汉源	795.9	0.20	0.30	0.35	—	—	—	2	34	—
549		九龙	2987.3	0.20	0.30	0.35	0.15	0.20	0.20	−10	25	III
550		越西	1659.0	0.25	0.30	0.35	0.15	0.25	0.30	−4	31	III
551		昭觉	2132.4	0.25	0.30	0.35	0.25	0.35	0.40	−6	28	III
552		雷波	1474.9	0.20	0.30	0.40	0.20	0.30	0.35	−4	29	III
553		宜宾市	340.8	0.20	0.30	0.35	—	—	—	2	35	—
554		盐源	2545.0	0.20	0.30	0.35	0.20	0.30	0.35	−6	27	III
555		西昌市	1590.9	0.20	0.30	0.35	0.20	0.30	0.35	−1	32	III
556		会理	1787.1	0.20	0.30	0.35	—	—	—	−4	30	—
557		万源	674.0	0.20	0.30	0.35	0.05	0.10	0.15	−3	35	III
558		阆中	382.6	0.20	0.30	0.35	—	—	—	−1	36	—
559		巴中	358.9	0.20	0.30	0.35	—	—	—	−1	36	—
560		达县市	310.4	0.20	0.35	0.45	—	—	—	0	37	—
561		遂宁市	278.2	0.20	0.30	0.35	—	—	—	0	36	—

续表 18-13

序号	省市名	城市名	海拔高度(m)	风压 (kN/m²)			雪压 (kN/m²)			基本气温 (℃)		雪荷载准永久值系数分区
				R=10	R=50	R=100	R=10	R=50	R=100	最低	最高	
562		南充市	309.3	0.20	0.30	0.35	—	—	—	0	36	—
563		内江市	347.1	0.25	0.40	0.50	—	—	—	0	36	—
564		泸州市	334.8	0.20	0.30	0.35	—	—	—	1	36	—
565		叙永	377.5	0.20	0.30	0.35	—	—	—	1	36	—
566		德格	3201.2	—	—	—	0.15	0.20	0.25	−15	26	Ⅲ
567	(28) 四川	色达	3893.9	—	—	—	0.30	0.40	0.45	−24	21	Ⅲ
568		道孚	2957.2	—	—	—	0.15	0.20	0.25	−16	28	Ⅲ
569		阿坝	3275.1	—	—	—	0.25	0.40	0.45	−19	22	Ⅲ
570		马尔康	2664.4	—	—	—	0.15	0.25	0.30	−12	29	Ⅲ
571		红原	3491.6	—	—	—	0.25	0.40	0.45	−26	22	Ⅱ
572		小金	2369.2	—	—	—	0.10	0.15	0.15	−8	31	Ⅱ
573		松潘	2850.7	—	—	—	0.20	0.30	0.35	−16	26	Ⅱ
574		新龙	3000.0	—	—	—	0.10	0.15	0.15	−16	27	Ⅱ
575		理塘	3948.9	—	—	—	0.35	0.50	0.60	−19	21	Ⅱ
576		稻城	3727.7	—	—	—	0.20	0.30	0.30	−19	23	Ⅲ
577		峨眉山	3047.4	—	—	—	0.40	0.55	0.60	−15	19	Ⅱ
578		贵阳市	1074.3	0.20	0.30	0.35	0.10	0.20	0.25	−3	32	Ⅲ
579		威宁	2237.5	0.25	0.35	0.40	0.25	0.35	0.40	−6	26	Ⅲ
580		盘县	1515.2	0.25	0.35	0.40	0.25	0.35	0.45	−3	30	Ⅲ
581		桐梓	972.0	0.20	0.30	0.35	0.10	0.15	0.20	−4	33	Ⅲ
582	(29) 贵州	习水	1180.2	0.20	0.30	0.35	0.15	0.20	0.25	−5	31	Ⅲ
583		毕节	1510.6	0.20	0.30	0.35	0.15	0.25	0.30	−4	30	Ⅲ
584		遵义市	843.9	0.20	0.30	0.35	0.10	0.15	0.20	−2	34	Ⅲ
585		湄潭	791.8	—	—	—	0.15	0.20	0.25	−3	34	Ⅲ
586		思南	416.3	0.20	0.30	0.35	0.10	0.20	0.25	−1	36	Ⅲ
587		铜仁	279.7	0.20	0.30	0.35	0.20	0.30	0.35	−2	37	Ⅲ
588		黔西	1251.8	—	—	—	0.15	0.20	0.25	−4	32	Ⅲ
589		安顺市	1392.9	0.20	0.30	0.35	0.20	0.30	0.35	−3	30	Ⅲ

续表 18-13

序号	省市名	城市名	海拔高度 (m)	风压 (kN/m²)			雪压 (kN/m²)			基本气温 (℃)		雪荷载准永久值系数分区
				R=10	R=50	R=100	R=10	R=50	R=100	最低	最高	
590		凯里市	720.3	0.20	0.30	0.35	0.15	0.20	0.25	-3	34	III
591		三穗	610.5	0.20	—	—	0.20	0.30	0.35	-4	34	III
592	(29) 贵州	兴仁	1378.5	0.20	0.30	0.35	0.20	0.35	0.40	-2	30	III
593		罗甸	440.3	0.20	0.30	0.35	—	—	—	1	37	—
594		独山	1013.3	—	0.30	—	0.20	0.30	0.35	-3	32	III
595		榕江	285.7	—	—	—	0.10	0.15	0.20	-1	37	III
596		昆明市	1891.4	0.20	0.30	0.35	0.20	0.30	0.35	-1	28	III
597		德钦	3485.0	0.25	0.35	0.40	0.60	0.90	1.05	-12	22	II
598		贡山	1591.3	0.20	0.30	0.35	0.45	0.75	0.90	-3	30	II
599		中甸	3276.1	0.20	0.30	0.35	0.50	0.80	0.90	-15	22	II
600		维西	2325.6	0.20	0.30	0.35	0.45	0.65	0.75	-6	28	III
601		昭通市	1949.5	0.25	0.35	0.40	0.15	0.25	0.30	-6	28	III
602		丽江	2393.2	0.25	0.30	0.35	0.20	0.30	0.35	-5	27	III
603		华坪	1244.8	0.30	0.45	0.55	—	—	—	-1	35	—
604		会泽	2109.5	0.25	0.35	0.40	0.25	0.35	0.40	-4	26	III
605	(30) 云南	腾冲	1654.6	0.20	0.30	0.35	—	—	—	-3	27	—
606		泸水	1804.9	0.20	0.30	0.35	—	—	—	1	26	—
607		保山市	1653.5	0.20	0.30	0.35	—	—	—	-2	29	—
608		大理市	1990.5	0.45	0.65	0.75	—	—	—	-2	28	—
609		元谋	1120.2	0.25	0.35	0.40	—	—	—	2	35	—
610		楚雄市	1772.0	0.20	0.30	0.35	—	—	—	-2	29	—
611		曲靖市沾益	1898.7	0.25	0.30	0.35	0.25	0.40	0.45	-1	28	III
612		瑞丽	776.6	0.20	0.30	0.35	—	—	—	3	32	—
613		景东	1162.3	0.20	0.30	0.35	—	—	—	1	32	—
614		玉溪	1636.7	0.20	0.30	0.35	—	—	—	-1	30	—
615		宜良	1532.1	0.25	0.45	0.55	—	—	—	1	28	—
616		泸西	1704.3	0.25	0.30	0.35	—	—	—	-2	29	—
617		孟定	511.4	0.25	0.40	0.45	—	—	—	-5	32	—

续表18-13

序号	省市名	城市名	海拔高度 (m)	风压 (kN/m²)			雪压 (kN/m²)			基本气温 (℃)		雪荷载准永久值系数分区
				R=10	R=50	R=100	R=10	R=50	R=100	最低	最高	
618	(30) 云南	临沧	1502.4	0.20	0.30	0.35	—	—	—	0	29	—
619		澜沧	1054.8	0.20	0.30	0.35	—	—	—	1	32	—
620		景洪	552.7	0.20	0.40	0.50	—	—	—	7	35	—
621		思茅	1302.1	0.25	0.45	0.50	—	—	—	3	30	—
622		元江	400.9	0.25	0.30	0.35	—	—	—	7	37	—
623		勐腊	631.9	0.20	0.30	0.35	—	—	—	7	34	—
624		江城	1119.5	0.20	0.40	0.50	—	—	—	4	30	—
625		蒙自	1300.7	0.25	0.35	0.45	—	—	—	3	31	—
626		屏边	1414.1	0.20	0.40	0.45	—	—	—	2	28	—
627		文山	1271.6	0.20	0.30	0.35	—	—	—	3	31	—
628		广南	1249.6	0.25	0.35	0.40	—	—	—	0	31	—
629	(31) 西藏	拉萨市	3658.0	0.20	0.30	0.35	0.10	0.15	0.20	-13	27	III
630		班戈	4700.0	0.35	0.55	0.65	0.20	0.25	0.30	-22	18	I
631		安多	4800.0	0.45	0.75	0.90	0.25	0.40	0.45	-28	17	I
632		那曲	4507.0	0.30	0.45	0.50	0.30	0.40	0.45	-25	19	I
633		日喀则市	3836.0	0.20	0.30	0.35	0.10	0.15	0.15	-17	25	III
634		乃东县泽当	3551.7	0.20	0.30	0.35	0.10	0.15	0.15	-12	26	III
635		隆子	3860.0	0.30	0.45	0.50	0.10	0.15	0.20	-18	24	III
636		索县	4022.8	0.30	0.40	0.50	0.20	0.25	0.30	-23	22	I
637		昌都	3306.0	0.20	0.30	0.35	0.15	0.20	0.20	-15	27	II
638		林芝	3000.0	0.25	0.35	0.45	0.10	0.15	0.15	-9	25	III
639		葛尔	4278.0	—	—	—	0.10	0.15	0.15	-27	25	I
640		改则	4414.9	—	—	—	0.20	0.30	0.35	-29	23	I
641		普兰	3900.0	—	—	—	0.50	0.70	0.80	-21	25	I
642		申扎	4672.0	—	—	—	0.15	0.20	0.20	-22	19	I
643		当雄	4200.0	—	—	—	0.30	0.45	0.50	-23	21	II

续表 18-13

序号	省市名	城市名	海拔高度 (m)	风压 (kN/m²)			雪压 (kN/m²)			基本气温 (℃)		雪荷载准永久值系数分区
				R=10	R=50	R=100	R=10	R=50	R=100	最低	最高	
644	(31) 西藏	尼木	3809.4	—	—	—	0.15	0.20	0.25	−17	26	III
645		聂拉木	3810.0	—	—	—	2.00	3.30	3.75	−13	18	I
646		定日	4300.0	—	—	—	0.15	0.25	0.30	−22	23	II
647		江孜	4040.0	—	—	—	0.10	0.10	0.15	−19	24	III
648		错那	4280.0	—	—	—	0.60	0.90	1.00	−24	16	III
649		帕里	4300.0	—	—	—	0.95	1.50	1.75	−23	16	II
650		丁青	3873.1	—	—	—	0.25	0.35	0.40	−27	22	II
651		波密	2736.0	—	—	—	0.25	0.35	0.40	−9	27	III
652		察隅	2327.6	—	—	—	0.35	0.55	0.65	−4	29	III
653	(32) 台湾	台北	8.0	0.40	0.70	0.85	—	—	—	—	—	—
654		新竹	8.0	0.50	0.80	0.95	—	—	—	—	—	—
655		宜兰	9.0	1.10	1.85	2.30	—	—	—	—	—	—
656		台中	78.0	0.50	0.80	0.90	—	—	—	—	—	—
657		花莲	14.0	0.40	0.70	0.85	—	—	—	—	—	—
658		嘉义	20.0	0.50	0.80	0.95	—	—	—	—	—	—
659		马公	22.0	0.85	1.30	1.55	—	—	—	—	—	—
660		台东	10.0	0.65	0.90	1.05	—	—	—	—	—	—
661		冈山	10.0	0.55	0.80	0.95	—	—	—	—	—	—
662		恒春	24.0	0.70	1.05	1.20	—	—	—	—	—	—
663		阿里山	2406.0	0.25	0.35	0.40	—	—	—	—	—	—
664		台南	14.0	0.60	0.85	1.00	—	—	—	—	—	—
665	(33) 香港	香港	50.0	0.80	0.90	0.95	—	—	—	—	—	—
666		横澜岛	55.0	0.95	1.25	1.40	—	—	—	—	—	—
667	(34) 澳门	澳门	57.0	0.75	0.85	0.90	—	—	—	—	—	—

18.4 常用构件代号、风级表及降雨等级

18.4.1 常用构件代号

常用构件代号如表 18-14 所示。

常用构件代号 表 18-14

序号	名称	代号	序号	名称	代号	序号	名称	代号
1	板	B	19	圈梁	QL	37	承台	CT
2	屋面板	WB	20	过梁	GL	38	设备基础	SJ
3	空心板	KB	21	连系梁	LL	39	桩	ZH
4	槽形板	CB	22	基础梁	JL	40	挡土墙	DQ
5	折板	ZB	23	楼梯梁	TL	41	地沟	DG
6	密肋板	MB	24	框架梁	KL	42	柱间支撑	ZC
7	楼梯板	TB	25	框支梁	KZL	43	垂直支撑	CC
8	盖板或沟盖板	GB	26	屋面框架梁	WKL	44	水平支撑	SC
9	挡雨板或檐口板	YB	27	檩条	LT	45	梯	T
10	吊车安全走道板	DB	28	屋架	WJ	46	雨篷	YP
11	墙板	QB	29	托架	TJ	47	阳台	YT
12	天沟板	TGB	30	天窗架	CJ	48	梁垫	LD
13	梁	L	31	框架	KJ	49	预埋件	M—
14	屋面梁	WL	32	刚架	GJ	50	天窗端壁	TD
15	吊车梁	DL	33	支架	ZJ	51	钢筋网	W
16	单轨吊车梁	DDL	34	柱	Z	52	钢筋骨架	G
17	轨道连接	DGL	35	框架柱	KZ	53	基础	J
18	车挡	CD	36	构造柱	GZ	54	暗柱	AZ

注：1. 预制钢筋混凝土构件、现浇钢筋混凝土构件、钢构件和木构件，一般可直接采用本表中的构件代号。在绘图中，当需要区别上述构件的材料种类时，其他材料的构件可在构件代号前加注材料代号，并在图纸中加以说明；

2. 预应力混凝土构件的代号，应在构件代号前加注"Y"，如 Y-DL 表示预应力混凝土吊车梁。

18.4.2 风级表

风级表如表 18-15 所示。

风级表 表 18-15

序号	风力名称		海岸及陆地面征象标准		相当风速 (m/s)
	风级	概况	陆地	海岸	
1	0	无风	静，静烟直上		0~0.2
2	1	软风	烟能表示方向，但风向标不能转动	渔船不动	0.3~1.5
3	2	轻风	人面感觉有风，树叶微响，寻常的风向标转动	船张帆时，可以随风移动	1.6~3.3
4	3	微风	树叶及微枝摇动不息，旌旗展开	渔船渐觉起簸动	3.4~5.4
5	4	和风	能吹起地面灰尘和纸张，树的小枝摇动	渔船满帆时，倾于一方	5.5~7.9
6	5	清风	小树摇动	水面起波	8.0~10.7
7	6	强风	大树枝摇动，电线呼呼有声，举伞有困难	渔船加倍缩帆，捕鱼需注意风险	10.8~13.8
8	7	疾风	大树摇动，迎风步行感觉不便	渔船停息港中，去海外的下锚	13.9~17.1
9	8	大风	树枝折断，迎风行走感觉阻力很大	进港海船均留停不出	17.2~20.7
10	9	烈风	烟囱及平屋顶受到损坏	汽船航行困难	20.8~24.4
11	10	狂风	陆上少见，可拔树毁屋	汽船航行颇危险	24.5~28.4
12	11	暴风	陆上很少见，有则必受重大损毁	汽船遇之极危险	28.5~32.6
13	12	飓风	陆上绝少见，其摧毁力极大	海浪滔天	32.6 以上

18.4.3 降 雨 等 级

降雨等级如表 18-16 所示。

降雨等级　　　　　　　　　　　　　　　　　　表 18-16

序号	降雨等级	现 象 描 述	降雨量范围（mm）	
			一天内总量	半天内总量
1	小雨	雨能使地面潮湿，但不泥泞	1～10	0.2～5.0
2	中雨	雨降到屋顶上有淅淅声，凹地积水	10～25	5.1～15
3	大雨	降雨如倾盆，落地四溅，平地积水	25～50	15.1～30
4	暴雨	降雨比大雨还猛，能造成山洪暴发	50～100	30.1～70
5	大暴雨	降雨比暴雨还大，或时间长，造成洪涝灾害	100～200	70.1～140
6	特大暴雨	降雨比大暴雨还大，能造成洪涝灾害	>200	>140

18.5 常用计量单位换算关系及钢筋的截面面积、重量和排成一层时矩形截面梁的最小宽度 b 值

18.5.1 非法定计量单位与法定计量单位的换算关系

非法定计量单位与法定计量单位的换算关系如表 18-17 所示。

非法定计量单位与法定计量单位的换算关系　　　　　表 18-17

序号	量的名称	非法定计算单位		法定计量单位		单位换算关系
		名 称	符号	名 称	符号	
1	力、重力	千克力 吨力	kgf tf	牛顿 千牛顿	N kN	1kgf=9.80665N 1tf=9.80665kN
2	力矩、弯矩、扭矩	千克力米 吨力米	kgf·m tf·m	牛顿米 千牛顿米	N·m kN·m	1kgfm=9.80665Nm 1tfm=9.80665kNm
3	应力、材料强度	千克力每平方毫米 千克力每平方厘米	kgf/mm² kgf/cm²	牛顿每平方毫米（兆帕斯卡） 牛顿每平方毫米（兆帕斯卡）	N/mm²（MPa） N/mm²（MPa）	$1kgf/mm^2=9.80665N/mm^2(MPa)$ $1kgf/cm^2=0.0980665N/mm^2(MPa)$
4	弹性模量变形模量	千克力每平方厘米	kgf/cm²	牛顿每平方毫米（兆帕斯卡）	N/mm²（MPa）	$1kgf/cm^2=0.0980665N/mm^2(MPa)$

注：非法定计算单位与法定计算单位量值的换算，规范取近似的整数换算值。例如 1kgf=10N，$1kgf/cm^2=0.1N/mm^2(N/mm^2)$，本书同。

18.5.2 钢筋的截面面积、重量和排成一层时矩形截面梁的最小宽度 b 值

钢筋的截面面积、重量和排成一层时矩形截面梁的最小宽度 b 值如表 18-18 所示。

钢筋的截面积、重量和排成一层时矩形截面梁的最小宽度 b 值

表 18-18

直径 (mm)	二根 A_s	二根 b	三根 A_s	三根 b	四根 A_s	四根 b	五根 A_s	五根 b	六根 A_s	六根 b	七根 A_s	七根 b	八根 A_s	八根 b	九根 A_s	九根 b	每米质量 (kg)	周边长度 (mm)	弯钩长度 6.25d (mm)	弯钩长度 12.5d (mm)
12	226	120	339	180/150	452	200	565	250	678	300	791	350/300	904	400/350	1017	450/400	0.888	37.7	80	150
14	308	120	461	180	615	220/200	769	300/250	923	300	1077	350	1231	400/350	1385	450/400	1.208	44.0	90	180
16	402	150/120	603	180	804	220	1005	300/250	1206	350/300	1407	400/350	1608	450/400	1809	450	1.578	50.3	100	200
18	509	150	763	180	1017	250/220	1272	300	1527	350/300	1781	400/350	2036	450/400	2290	500/450	1.998	56.5	120	230
20	628	150	942	200/180	1256	250	1570	300	1884	350	2199	400	2513	450	2827	500/450	2.466	62.8	130	250
22	760	150	1140	200	1520	300/250	1900	350/300	2281	400/350	2661	450/400	3041	500/450	3421	550/500	2.984	69.1	140	280
25	982	180/150	1473	220/200	1964	300/250	2454	350/300	2945	450/350	3436	500/400	3927	550/450	4418	600/500	3.850	78.5	160	310
28	1232	180/150	1847	250	2463	350/300	3079	400/350	3695	450/400	4310	550/450	4926	600/500	5542	700/550	4.830	88.0	180	350
32	1609	200/180	2413	300/250	3217	350/300	4021	450/400	4826	550/450	5630	600/500	6434	700/550	7238	750/650	6.313	100.5	200	400
36	2036	200/180	3054	300/250	4072	400/350	5089	500/400	6017	600/500	7125	650/550	8193	750/650	9161	850/700	7.990	113.1	230	450
40	2513	220/200	3770	350/300	5027	450/350	6283	550/450	7540	650/550	8796	750/600	10053	850/700	11310	950/750	9.865	125.7	250	500
50	3927	250	5890	400/350	7854	500/450	9817	650/550	11781	750/650	13744	900/750	15708	1000/850	17671	1150/950	15.413	157.1	320	630

注：1. b 值中分子系指梁上面钢筋排成一层时的最小梁宽度，分母系指梁下面钢筋排成一层时的最小梁宽度。

2. 梁的环境等级为二 a，保护层厚度取 25mm；

3. 钢筋直径为 φ12~φ18 时箍筋直径取 6mm，钢筋直径为 φ20~φ28 时，箍筋直径取 8mm，钢筋直径为 φ32~φ50 时，箍筋直径取 10mm；

4. 梁的上部钢筋较密时，为保证振动棒插入有效工作，梁截面宜适当加宽；

5. 当下部钢筋多于两层时，两层以上钢筋水平方向的中距应比下面两层的中距增大一倍；

6. 应符合本书表 3-8 的规定。

参 考 文 献

[1] 中华人民共和国国家标准.《混凝土结构设计规范》GB 50010-2010. 北京：中国建筑工业出版社，2010

[2] 中华人民共和国国家标准.《建筑抗震设计规范》GB 50011-2010. 北京：中国建筑工业出版社，2010

[3] 中华人民共和国国家标准.《建筑地基基础设计规范》GB 50007-2011. 北京：中国建筑工业出版社，2011

[4] 中华人民共和国行业标准.《高层建筑混凝土结构技术规程》JGJ 3-2010. 北京：中国建筑工业出版社，2010

[5] 中华人民共和国行业标准.《高层建筑筏形与箱形基础技术规范》JGJ 6-2011. 北京：中国建筑工业出版社，2011

[6] 中华人民共和国国家标准.《建筑工程抗震设防分类标准》GB 50223-2008. 北京：中国建筑工业出版社，2008

[7] 中华人民共和国行业标准.《建筑桩基技术规范》JGJ 94-2008. 北京：中国建筑工业出版社，2008

[8] 中华人民共和国国家标准.《建筑设计防火规范》GB 50016-2014. 北京：中国计划出版社，2014

[9] 中华人民共和国国家标准.《民用建筑设计通则》GB 50352-2005. 北京：中国建筑工业出版社，2005

[10] 中华人民共和国国家标准.《建筑结构荷载规范》GB 50009-2012. 北京：中国建筑工业出版社，2012

[11] 中华人民共和国国家标准.《混凝土结构工程施工规范》GB 50666-2011. 北京：中国建筑工业出版社，2011

[12] 中华人民共和国国家标准.《砌体结构设计规范》GB 50003-2011. 北京：中国建筑工业出版社，2012

[13] 中华人民共和国行业标准.《普通混凝土配合比设计规程》JGJ 55-2011. 北京：中国建筑工业出版社，2011

[14] 中华人民共和国行业标准.《钢筋焊接及验收规程》JGJ 18-2012. 北京：中国建筑工业出版社. 2012

[15] 中华人民共和国行业标准.《钢筋机械连接技术规程》JGJ 107-2010. 北京：中国建筑工业出版社，2010

[16] 中华人民共和国国家标准.《混凝土强度检验评定标准》GB/T 50107-2010. 北京：中国建筑工业出版社，2010

[17] 王文栋主编. 混凝土结构构造手册(第四版). 北京：中国建筑工业出版社，2012

[18] 国振喜主编. 简明钢筋混凝土结构构造手册(第4版). 北京：机械工业出版社，2013

[19] 施岚青主编. 建筑抗震设计. 北京：机械工业出版社，2011

[20] 国振喜编. 高层建筑混凝土结构设计手册. 北京：中国建筑工业出版社，2012